离 心 泵
Centrifugal Pumps (3rd Ed.)

（原书第 3 版）

[德] 约翰·弗里德里希·古里希　著
（Johann Friedrich Gülich）

周　岭　施卫东　李　伟　王　川　等译

机械工业出版社

本书对离心泵内部的流动机理、受力振动、机械磨损和设计方法进行了深入细致地讲解和阐述，包括离心泵的水力设计、设计工况与非设计工况的三维流动、空化、压力脉动、振动与噪声等内部流动的理论机理。同时也涵盖了气液、固液等离心泵内部极其复杂的多相流现象，以及叶轮等关键水力部件的磨损、侵蚀及材料选择等关键问题。

本书共 17 章，主要包括流体动力学原理、离心泵的分类和性能参数、泵水力学和物理概念、特性曲线、部分载荷工况下三维流动对泵性能的影响、吸入性能和空化、水力部件设计、流动数值计算、液力、振动与噪声、离心泵的运行、透平工况及特性、介质对性能的影响、高流速下材料的选择、泵选型和质量控制、泵的测试、数据资料和其他文献及标准资料。

本书图文并茂、深入浅出，其中大量数据和图表都是作者多年来工作经验的总结和部分研究成果的凝练结晶。部分数据和图表属于国内首次公开发表，具有重要的理论价值和工程实践指导意义。

本书适合从事流体力学和泵技术研究的科研技术人员及院校师生学习参考。

序 言

泵是一种应用极为广泛的通用机械，在国民经济、日常生活中占有非常重要的地位。随着经济发展和科技进步，泵的应用范围不断扩大，各行各业对泵的性能以及稳定性的要求也越来越高。尤其是在计算流体动力学和数值模拟方法快速发展的促进下，近年来泵的设计方法也得到了长足的进步和发展。

江苏大学流体机械工程技术研究中心成立于1962年，2011年获批组建国家水泵及系统工程技术研究中心。作为流体机械及工程国家重点学科，我们的首要任务是推动泵行业的技术进步、引领国内外泵行业的发展。同时，根据泵行业的需要，引进和普及国外先进的泵设计理论和技术也是我们的重要工作。鉴于目前市面上的国外著作较少，引进国外先进的泵设计理念与技术，在借鉴、吸收的基础上再创新，将有助于我国泵设计技术的进一步提高并促进整个泵行业的高质量发展。正是在这样的背景下，我们组织开展了该书的版权引进和翻译工作。

约翰·弗里德里希·古里希博士长期工作于国际著名企业苏尔寿泵业设计部门，在泵设计方面发表了大量论文、著作，学术成就在国内外享有盛名。该书对泵的设计方法、内部流动规律、汽蚀、数值计算、振动噪声等进行了深入浅出的介绍和总结，自出版以来在国内外深受好评。该书内容丰富、图文并茂，其英文版长达1100余页，详细列举了泵各个水力部件的设计过程。不管是对于工程设计人员还是科学研究人员，该书都有极大的参考和实用价值。该书涉及大量的图表、公式、术语，翻译工作难度较大，译者花费了大量的时间和精力进行翻译和校对，相信该书中文版的出版发行能够为我国泵行业的发展提供帮助。

袁寿其

2019 年 5 月

译 者 序

泵是把原动机的机械能转换成液体能量的机械，是液体输送系统的"心脏"，在国民经济和社会发展中发挥着重要作用。可以说，凡是有液体流动之处，几乎都有泵在工作。该书是泵水力设计领域的经典著作之一，其作者约翰·弗里德里希·古里希博士在德国达姆施塔特工业大学取得博士学位后，于1966年加入苏尔寿泵业工作，曾领导苏尔寿泵业水力设计部长达23年，具有扎实的理论功底和丰富的工程实践经验。该书在1999年以德文首次发行，于2008年发行英文版第一版，引起了强烈反响，深受读者好评，并分别于2010年、2014年再版发行，在国际上有着"泵设计圣经"的美誉。本书不仅包含基础的泵知识，也有经典的泵设计理论，还囊括了数值模拟、空化、振动噪声等研究热点。本书不仅适用于初学者，也适用于资深的工程师和相关学者。

本书的第1章由周岭、侯云鹤翻译，第2章由邵佩佩、李慧文翻译，第3章由金永鑫、李慧文翻译，第4章由杨勇飞、程成翻译，第5章由王海宇、陈宗贺翻译，第6章由石磊、陈刻强翻译，第7章由徐媛晖、白玲翻译，第8章由白玲、周岭翻译，第9章由胡啟祥、石磊翻译，第10章由金永鑫、侯云鹤翻译，第11章由潘大志、常浩翻译，第12章由代珣、张智伟翻译，第13章由刘光辉、白玲翻译，第14章由邢津、金永鑫翻译，第15章由胡啟祥、杨阳翻译，第16章由金永鑫翻译，第17章由常浩翻译。第1至5章由周岭校对，第6章由潘中永、邱宁校对，第7、8章由陈建华校对，第9、10章由王川校对，第11、12章由李伟校对，第13、14章由曹卫东校对，第15、16章由徐云峰校对。全书由施卫东统稿。

在本书的翻译过程中，得到了江苏大学袁寿其研究员、李红研究员、陆伟刚研究员，以及原书作者约翰·弗里德里希·古里希博士的指导和答疑，在此一并表示感谢。本书的出版得到了"动力工程及工程热物理"江苏省高校优势学科项目、国家自然科学基金面上项目（51979138、52079058）、国家重点研发计划项目（2020YFC1512400）和江苏省优秀青年科学基金项目（BK20190101）的资助。

尽管译者在翻译和校对过程中做出了很大的努力，但错误和不尽人意之处在所难免，恳请读者批评指正。

译者
2018. 12

原书第 3 版前言

　　液体输送在日常生活中处处可见，对工业经济也有重要影响。类似的液体输送装置，如人的心脏、锅炉给水泵、汽车冷却泵等，都属于输送系统的核心部件，一旦出现故障都将会导致严重的后果。在泵的选型、运行和设计过程中必须掌握一些基本知识。取决于应用场合的不同，离心泵既可以通过简单的作坊式的工艺来加工；也可以作为一个高科技产品，需要结合高超的设计技巧、广泛的测试来制造完成。在描述离心泵当前最新的技术时，必然要考虑泵高科技的层面，而不是那些要求不高的应用场合。

　　离心泵涉及广泛的流动现象，这些流动现象对泵设计和运行过程中的效率、扬程、振动、噪声、疲劳失效、汽蚀、磨蚀等都会产生影响。泵的运行和使用寿命在很大程度上取决于在设计过程中对这些流动现象和规律的理解。

　　本书重点描述与泵设计、选型、运行和故障排除过程中相关的水力现象，侧重于阐明物理机制和实际应用之间的关联，而不是无黏流动的求解方法和数学理论。

　　第 3 版的主要改动为：

　　1）7.4 提供了一种用于径向叶轮设计的全解析方法，它可以用于各种形式、各种比转速和任何边界条件的泵设计中。该方法为给定的设计条件提供了一个独特的几何形状，使任何设计者都可以在短时间内得到这样一个相同的几何形状。该方法除了可以大幅度提高叶轮的设计速度外，还可以减少设计和性能在预测过程中的不确定因素。

　　2）5.8 中增加了对双吸泵和双蜗壳泵的水力不稳定性的讨论。

　　3）由于双吸泵的轴向力受到叶轮出口不均匀速度分布的影响，故在 9.2.4 中提供了用于评估这一影响的相关因素。另外，给出了计算公式用于估算复杂形状的叶轮侧腔对于泵性能和轴向力的影响。

　　4）7.4 补充了关于污水泵设计的内容，9.3.9 增加了单流道泵水力不稳定力的分析和计算。

　　5）为了对振动进行深入分析，第 10 章增加了关于非稳定流动现象及其对水力激振力影响的分析。提出了一种物理模型用于计算单级双吸泵的轴向力。增加了一些与振动相关的案例，以及增加了关于叶轮流道内的声波与水力激振力的相互作用的讨论。

　　6）6.8 增加了关于导叶和蜗壳内汽蚀影响的分析。

　　7）第 4 章和第 13 章增加了关于高黏度流体的水力损失分析和相关数据。

　　8）新增第 16 章，描述了离心泵的测试。

　　9）修正了一些印刷错误。

Johann Friedrich Gülich
2014 年 6 月于 Villeneuve（瑞士）

致　谢

本书的第 1 版归功于苏尔寿泵业的倡议和资助，为此我由衷感谢发起该项目的 A. Schachenmann 博士、R. Paley 和 R. Gerdes 博士。

本书的出版得益于苏尔寿泵业同事们的帮助，我向他们致以诚挚的谢意。尤其要感谢 M. Cropper 组织完成了对于本书英文版的审阅，以及感谢 S. Bradshaw、R. Davey、J. Daly 博士、D. Eddy、M. Hall、A. Kumar 博士、P. Sandford、D. Townson 和 C. Whilde 均参与了个别章节的审阅。

J. H. Timcke 审阅了第 1 版英文版的大部分内容，以便与第 2 版德文版保持一致，并提出了一系列的建议，使得文本和数字更容易理解。H. Kirchmeier 夫人帮助解决了图表和计算机编排问题。同时，我的妻子 Rosemarie Gülich 在审阅和修订最终文本方面也提供了巨大的帮助。

我对提供参考文献和图片使用许可的各位表示感谢：洛桑理工学院的 F. Avellan 教授、M. Farhat 博士、O. Braun 博士、S. Berten 博士；凯泽斯劳滕技术大学的 D. H. Hellmann 教授、M. Böhle 博士和 H. Roclawski 博士；布伦瑞克工业大学的 G. Kosyna 教授、U. Stark 教授、I. Goltz 博士、P. Perez 夫人、H. Saathoff 博士；C. H. van den Berg，MTI Holland 公司；H. Wurm 教授，威乐泵业 A. Töws；P. Dupont 博士，苏尔寿泵业；U. Diekmann，威乐泵业；A. Nicklas，斯特林流体系统公司；T. Folsche（CP 泵业公司）；H. Bugdayci（IHC Merwede 公司）等。特别感谢 R. Palgrave 提供了有关泵部件磨损的照片。

本书第 1 版和第 2 版的个别章节得到了以下各位的审阅指导：G. Scheuerer 博士、ANSYS 公司和 P. Heimgartner 博士、W. Bolliger、W. Schöffler、W. Wesche 博士、P. Dupont 博士、S. Berten 博士、G. Caviola、E. Leibundgut、T. Felix、A. Frei、E. Kläui、W. Handloser 和 J. H. Timcke。

下列单位和个人提供了图片的使用许可：苏尔寿泵业、美国电力研究院 T. McCloskey、德国机械设备制造协会（VDMA）、VDI 出版社、法国巴黎皮埃特勒法学院 J. Falcimaigne 先生及美国机械工程师学会。

相关图片的标题中给出了图片的引用来源。

目　　录

绪　　论

1. 本书阅读要点

（1）提示　本书是根据美英拼写规则编写的。小数点的使用是按照英文出版物的惯例。

（2）命名法　由于没有普遍接受的命名法和技术术语，本书尽可能地参考了各种标准进行命名。下面的符号说明供读者参考，同时也给出了符号对应的章节、表格或方程式。为保证全文的连贯性和统一性，部分依照德文规则的标注下标未进行替换。

（3）惯例说明　方程式，表格和图形按章节编号。叶轮，导叶和蜗壳的几何参数在表 0.2 中定义。

为了提高可读性，有时会使用简化的表达方法。为了避免单调重复技术术语，（谨慎地）使用了一些同义词。

在工程实践中经常使用的公式被汇集在表格中，以便于提供解决特定问题所需的计算步骤。这些表能够帮助快速查找相关信息，而无需查看大量文本。表格中的方程式在命名时增加了前缀"T"。如方程（T3.5.8）表示表 3.5 中的式（8）。一般表格按照"表6.1"的形式命名，但也有部分被命名为"表 D6.1"的形式，这是由于原书中为了区分德文排版形式而设定的。但本书翻译后均按章顺序重新编制表序号。

（4）数学表达式　文献中的经验数据通常以图形的形式呈现。在大多数情况下，这些数据在本书中是以近似方程的形式给出的，以便于编程和节省空间。

为了简化，有时对变量的求和未进行完全标注，例如 $\sum_{\mathrm{st}} P_{\mathrm{RR}}$ 等同 $\sum_{i=1}^{1=z_{\mathrm{st}}} P_{\mathrm{RR},i}$，用以表示多级泵各级圆盘摩擦损失之和。

方程式 $y = a\exp(b)$ 等同于 $y = a \times e^b$，其中"e"是自然对数的基数。

符号 ~ 用于表示"与……成比例"；如 $P_{\mathrm{RR}} \sim d_2^5$ 代表"圆盘摩擦损失与叶轮直径的 5 次方成正比"。

文中频繁使用到的比转速，是以 n（r/min），Q（m³/s）和 H（m）来计算。若要转换为其他单位，请参阅表 3.4[⊖]。为简单起见，比转速 n_q 被视为无量纲变量（即便这不正确）。

⊖　译注：原文中的比转速是以德国通用的 $n_q = \dfrac{n\sqrt{Q}}{H^{0.75}} = \dfrac{n\ \sqrt{\mathrm{m^3/s}}}{\mathrm{m^{0.75}}}$，而我国通用的比转速公式为 $n_q =$

$\dfrac{3.65n\sqrt{Q}}{H^{0.75}} = \dfrac{3.65n\ \sqrt{\mathrm{m^3/s}}}{\mathrm{m^{0.75}}}$，因此本文中的比转速乘以 3.65 即可换算至我国通用的比转速。

很多图表是采用 Excel 编辑的，在图表样式方面功能有限，如 1E + 03 代表 10^3；曲线的注解无法显示符号或下标。另外，一些草图不应被理解为技术图样。为了清楚起见，这些图表的文本中的等式使用了乘数符号，即 $a \times b$（而不是 ab）。在其他已标号的方程式中并不是这样的。

(5) 文献　一般参考文献按照 [1]、[2] 及 [B.1]、[B.2] 的形式引用，标准是按照 [N.1]、[N.2] 的形式引用。大部分参考文献都是按照单独章节引用的，这有助于按照特定的主题查找相关文献。文中大概引用了 600 篇文献，仅代表了大概 1%（数量级）的相关文献。这部分说明适用于本书中的所有章节。文献引用的目的是：①提供具体的数据或信息来源；②支撑论断或观点；③对于特定的主题，为读者提供更多的信息；④提供相近领域更多的文献参考。尽管有这些标准，但引用文献的选择在某种程度上是随机的。

为了提高可读性，代表当前技术水平的论断并不能通过引用可能已被报道的文献来系统地提供出处，因为在许多情况下，很难确定这些论断是在何处首次发布的。

(6) 专利　本书可能提及了一些专利设计的设备或设计特征。不应将这种提及理解为这些装置或特征可以供所有人自由地使用。

(7) 免责声明　尽管经过仔细检查，文字叙述、方程式和数字，无论 Springer 公司或作者，都未曾：

1）做出任何明示或暗示的保证或陈述，即①关于使用本书中披露的任何信息，仪器，方法，过程或类似项目，包括适销性和实用性；②此类使用不侵犯或干扰私人拥有的权利，包括知识产权；③本书适用于任何用户的特定情况；或

2）对因使用本书中披露的任何信息，仪器，方法，过程或类似项目而导致的任何损害或其他类似问题（包括间接损害）承担责任。

在这种情况下，应该注意的是：许多关于泵水力设计的公开信息本质上是经验性的。这些信息来自特定泵的测试。将这些信息应用于新设计存在难以评估和量化的不确定性。

最后应该指出的是：泵行业各个领域的技术焦点是完全不同的。例如许多低扬程泵的设计和制造是参考其他标准的，而不一定符合工程高压泵的标准。这意味着本书中给出的建议和设计规则不能模糊地应用于所有类型的泵。另外，本书未涉及标准化和制造问题。

2. 符号、缩写、定义

除非另有说明，否则所有方程都以统一的单位（SI 国际单位）编写。大多数符号的定义如下所示。同时，符号对应的方程式或章节也进行了说明。本书和方程式中的向量以粗体字符显示，并仅对具有局部意义的符号进行了定义。

下列表格有助于理解各种重要参数的物理意义：

- 表 0.1 和表 0.2：流道的几何尺寸、流动角和速度；
- 表 2.2：扬程和汽蚀余量（NPSH）；

- 表 3.1 和表 3.2：速度三角形；
- 表 3.4：模型定律和无量纲参数。

表 0.1　几何参数与流动参数

位置，主要几何参数		叶片堵塞	流动参数	叶片角
叶轮： z_{La}	进口：d_{1a}, d_{1m}, d_{1i}, d_n, a_1, e_1	无	u_{1a}, u_{1m}, u_{1i}, c_{1m}, c_{1u}, c_1, w_1, α_1, β_1	$\beta_{1B,a}$
		$\tau_1 = \dfrac{1}{1 - \dfrac{z_{La}e_1}{\pi d_1 \sin\beta_{1B}\sin\lambda_{La}}}$	c'_{1m}, c_{1u}, w'_1, c'_1, α'_1, β'_1 $w_{1q} = Q_{La}/(z_{La}A_{1q})$	β_{1B} $\beta_{1B,i}$
	出口：d_{2a}, d_{2m}, d_{2i}, b_2, a_2, e_2, e	$\tau_2 = \dfrac{1}{1 - \dfrac{z_{La}e_2}{\pi d_2 \sin\beta_{2B}\sin\lambda_{La}}}$	c'_{2m}, c_{2u}, c'_2, w_{2u}, w'_2, α'_2, β'_2	$\beta_{2B,a}$ β_{2B}
		无	u_{2a}, u_{2m}, u_{2i}, c_{2m}, c_{2u}, c_2, w_{2u}, w_2, α_2, β_2	$\beta_{2B,i}$
导叶或 蜗壳： z_{Le}	进口：d_3, b_3, a_3, e_3, $A_{3q} = a_3 b_3$	无	c_{3m}, c_{3u}, c_3, α_3	$\alpha_{3B,a}$
		$\tau_3 = \dfrac{1}{1 - \dfrac{z_{Le}e_3}{\pi d_3 \sin\alpha_{3B}\sin\lambda_{Le}}}$	c'_{3m}, c_{3u}, c'_3, α'_3 $c_{3q} = Q_{Le}/(z_{Le}A_{3q})$	α_{3B} $\alpha_{3B,i}$
	出口：d_4, b_4, a_4, e_4, $A_4 = a_4 b_4$	$c_4 = \dfrac{Q_{Le}}{z_{Le}b_4 a_4}$		$\alpha_{4B,a}$ α_{4B} $\alpha_{4B,i}$
反导叶： z_R	进口：d_5, b_5, a_5, e_5	无	c_{5m}, c_{5u}, c_5, α_5	$\alpha_{5B,a}$
		$\tau_5 = \dfrac{1}{1 - \dfrac{z_R e_5}{\pi d_5 \sin\alpha_{5B}}}$	c'_{5m}, c_{5u}, c'_5, α'_5	α_{5B} $\alpha_{5B,i}$
	出口：d_6, b_6, a_6, e_6	$\tau_6 = \dfrac{1}{1 - \dfrac{z_R e_6}{\pi d_6 \sin\alpha_{6B}}}$	c'_{6m}, c_{6u}, c'_6, α'_6	$\alpha_{6B,a}$ α_{6B}
		无	c_{6m}, c_{6u}, c_6, α_6	$\alpha_{6B,i}$

注：

1. 所有流动参数用下标 a、m 或 i 补充定义，如 $c_{1m,a}$，β_{1a}，β_{1i}。

2. 无特别说明：$u_1 \equiv u_{1a}$，$d_1 \equiv d_{1a}$；同样，若 $d_{2a} \equiv d_{2i}$，则 $d_2 \equiv d_{2a}$。

3. 在相对和绝对系统中，径向速度分量是相等的：$w_m = c_m$。

4. 圆周速度分量 c_u 和 w_u 不受叶片堵塞的影响。

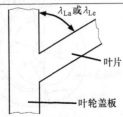

叶片倾斜对叶片堵塞的影响（扭曲叶片）

表 0.2　几何参数

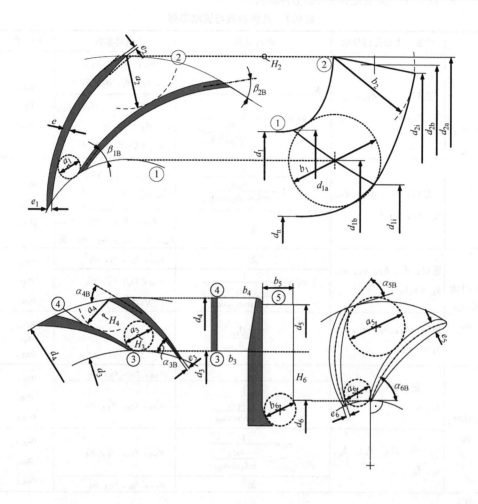

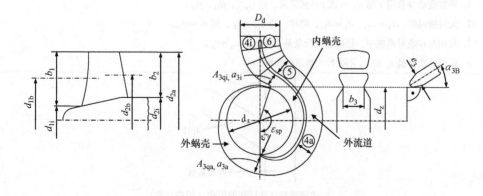

（续）

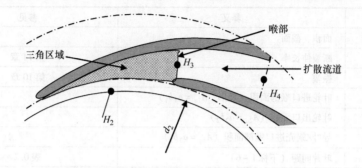

适用于多级泵的叶轮侧壁间隙和导叶进口几何参数

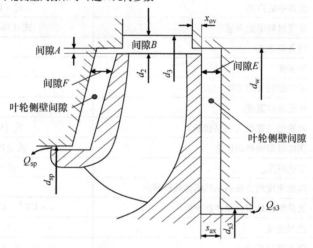

适用于多级泵，有倒角导叶的进口几何参数[第10章,61]

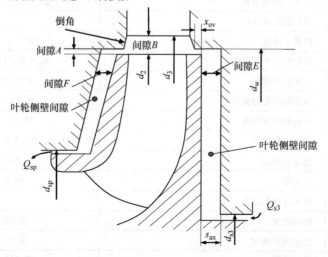

表 0.3   符号表

符号	释义	参见
A	面积、截面	
A	断裂伸长率	第 14 章
A	振幅	第 10 章
A_{1q}	叶轮进口喉部面积（梯形：$A_{1q}=a_1 b_1$）	
A_{2q}	叶轮出口面积（$A_{2q}=a_2 b_2$）	
A_{3q}	导叶/蜗壳进口喉部面积（$A_{3q}=a_3 b_3$）	
a	叶片间距（下标 $1\sim6$）	表 0.2
a	管道中的声速	式（10.17）
a_0	流体中的声速	式（10.17）
a_L	泵壳材料中的声速	式（T6.1.7）
BEP	最高效率点	
b	加速度	
b	子午面的流道宽度	
b_2	叶轮出口宽度	
b_{2tot}（b_{2ges}）	叶轮出口宽度（包括盖板）	式（9.6）
b_{ks}	固体载荷噪声加速度	式（10.6）
CNL	空化声压	表 6.1
CV	以加速度均方根表示的固体载荷噪声	
CV *	无量纲固体载荷噪声加速度	$\text{CV}^*=\text{CV}\times d_1/u_1^2$
c	绝对速度	1.1
c	转子阻尼系数	式（10.7）
c_A	轴向力降低系数	式（9.4），表 9.1
c_d	出口处的流速	
c_{Fe}	铁离子浓度	式（14.7），表 14.7
c_{3q}	导叶喉部平均流速	$c_{3q}=Q_{Le}/(z_{Le}A_{3q})$
c_c	交叉耦合阻尼	式（10.7）
c_{eq}	表面粗糙度等效系数	式（1.36b）
c_f	平板的摩擦因数	式（1.33）
c_p	压力恢复系数	式（1.11），式（1.40），式（T9.1.5）
c_p	比定压热容	13.2
c_{ph}	相速度	10.7.1
c_s	吸入口处的流速	
c_s	固相浓度	表 14.16
$c_{s,eq}$	当量固相浓度	表 14.16
c_T	进口速度	式（11.15）

（续）

符号	释义	参见
c_v	固相体积浓度	表13.6
D	阻尼系数	10.6.5
D, d	直径	
D_{fz}	扩散系数	表7.8
DE	驱动端	
DR	液体、气体密度比	13.2
D_T	吸入口直径	图（11.20）
d_{3q}	蜗壳喉部的等效直径	式（T7.7.7）
d_b	叶轮或导叶直径的算术平均数	表0.2
d_d	排出口内径	
d_k	球形流道（污水泵或疏浚泵）	7.4
d_m	叶轮或导叶的几何平均直径	表0.2
d_n	轮毂直径	
d_D	轴封直径	表0.2
d_s	吸入口内径	
d_s	固体颗粒直径	表14.16
E	弹性模量	
E_R	最大侵蚀速率	表6.4
$E_{R,a}$	金属损失率	表14.7和表14.16
e	叶片厚度	表0.2
F	力	
F_{ax}	轴向力	
F_{Dsp}	双蜗壳径向力修正系数	
F_R	径向力	式（9.6），表9.4
Fr	弗劳德数	11.7.3
F_r, F_t	转子上的径向力和切向力	式（10.8）
F_{cor}	侵蚀系数	表6.4
F_{Mat}	空蚀的材料因素	表6.4，磨损：表14.16
f	固有频率	
f_{EB}	运行速度的固有频率	10.6.5
f_{el}	固有频率	10.6.2
f_{kr}	临界转速	10.6.5
f_L	泄漏流量对圆盘摩擦的影响	式（T3.6.7），表3.6
f_n	旋转频率：$f_n = n/60$	
f_q	叶轮进口数：单吸$f_q=1$；双吸$f_q=2$	

（续）

符号	释义	参见
f_H	扬程修正系数（表面粗糙度，黏度）	式（3.32）
f_Q	流量修正系数（黏度）	式（3.32）
f_R	表面粗糙度对圆盘摩擦的影响	式（T3.6.6）
f_{RS}	旋转失速的频率	
f_η	效率修正系数（表面粗糙度，黏度）	式（3.31）
g	重力加速度（$g = 9.81\,\mathrm{m/s^2}$，圆整）	17.4
H	单级扬程	表2.2，表3.3
H_{Mat}	材料的硬度	表14.16
H_s	固体颗粒的硬度	表14.16
H_{tot}	多级泵的总扬程	表2.2
H_p	叶轮静压上升	式（T3.3.8）
h_{tot}	总焓	式（1.4）
h	测量点的壁厚	表6.4
h_D	壁厚	表6.4
I_{ac}	声强度	表6.4
I_{Ref}	强度的参考值	表6.4
i	冲角（$i=$叶片安放角减去液流角）	表3.1
J_{sp}	导叶或蜗壳喉部区域的积分	式（3.15）、式（4.13）
k	叶轮侧壁间隙中的流体旋转：$k = \beta/\omega$	式（9.1），表9.1
k_E，k_z	叶轮侧壁间隙入口处的流体旋转	图9.1
k	刚度	式（10.7）
k_c	交叉耦合刚度	式（10.7）
k_n	轮毂堵塞系数：$k_n = 1 - d_n^2/d_1^2$	
k_R	径向力系数（稳态分量）	式（9.6）
$k_{R,D}$	基于 d_2 的径向力系数（稳态）	表9.4
$k_{R,dyn}$	动态（非稳态）径向力系数	表9.4
$k_{R,tot}$	总径向力系数（稳态和非稳态）	表9.4
$k_{R,o}$	$Q = 0$ 时的径向力系数（稳态）	表9.4
k_{Ru}	径向力系数（稳态）	式（9.7）
k_{RR}	圆盘摩擦因数	表3.6
L	长度	
L_{PA}	A 型声压级	表10.5
L_{Dam}	损伤长度	
L_{cav}	空腔长度	
M	转矩	

（续）

符号	释义	参见
m	叶轮和导叶周期的差异	10.7.1
m	质量系数	式（10.7）
$\dot{m}$	质量流量	
m_c	交叉耦合质量	式（10.7）
NDE	非驱动端	
NPSH	净正吸头，汽蚀余量	
NPSH_A	可用净正吸头，有效汽蚀余量	表2.2，表6.6
NPSH_i	汽蚀开始所需的净正吸头	
NPSH_R	根据特定的空化准则需要的净正吸头，必需汽蚀余量	6.2.2，6.2.5，6.3
NPSH_x	扬程降低 $x\%$ 所需的净正吸头	6.2.2
NL	液体声压的均方根值：$NL^* = 2NL/(\rho u_1^2)$	
NL_o	背景声压	6.5
n	转速（每分钟转数）	
$n^{(s)}$	转速（每秒转数）	
n_N	标识转速	
n_q^*	比转速 $[\text{r/min，m}^3/\text{s，m}]$	表2.3，3.4，表3.4
n_{ss}	吸入比转速 $[\text{r/min，m}^3/\text{s，m}]$	6.2.4，表3.4
P	功率；无下标：耦合功率	
P_i	内在功率	表3.5
P_m	机械功率损失	表3.5
P_u	有用功率：$P_u = \rho g H_{tot} Q$	表3.5
P_{RR}	圆盘摩擦消耗的功率	表3.5，表3.6
P_{ER}	比侵蚀力：$P_{ER} = U_R E_R$	表6.4
P_{er}	平衡装置引起的圆盘摩擦功率损耗	表3.6
P_{s3}	级间密封的功率损耗	表3.5，表3.7
PI	点蚀指数	式（14.8）
p	静压	
p	周期性	10.7.1
p_{amb}	泵安装位置的环境压力（通常为大气压）	
p_e	高于吸入储液罐液位的压力	表2.2
p_g	气体压力（分压）	17.3
p_i	内爆压力	表6.4
p_v	蒸汽压力	
Q	流量，体积流量	
Q_{La}	通过叶轮的流量：$Q_{La} = Q + Q_{sp} + Q_E + Q_h = Q/\eta_v$	

符号	释义	参见
Q_{Le}	通过导叶的流量：$Q_{Le} = Q + Q_{s3} + Q_E$	
Q_E	通过轴向力平衡装置的流量	
Q_h	通过辅机的流量（大部分为零）	
Q_R	额定流量	第 15 章
Q_{sp}	通过叶轮入口密封的泄漏流量	表 3.5，表 3.7
Q_{s3}	通过级间密封的泄漏流量	表 3.5，表 3.7
q^*	最高效率点流量：$q^* \equiv Q/Q_{opt}$	
R, r	半径或气体常数	表 13.3
R_G	反应程度	3.2
Re	雷诺数，流道：$Re = cD_h/v$； 平板或叶片：$Re = wL/v$	
Ro	罗斯比数	5.2
R_m	抗拉强度	
RMS	均方根	
r_{3q}	蜗壳喉部面积当量半径	表 7.10
S	浸没	11.7.3
S	进口壳体的吸声面	表 6.4
SG	相对密度：$SG \equiv \rho/\rho_{Ref}$ 与 $\rho_{Ref} = 1000 kg/m^3$	
Sr	斯特劳哈尔数	表 10.14
s	径向间隙	式 (3.12)，图 3.12，图 3.15，表 3.7
s_{ax}	叶轮和壳体之间的轴向距离	图 9.1
T	温度	
t	时间	
t	角间距 $t = \pi d/z_{La}$（或 z_{Le}）	
t_{ax}	叶轮侧壁间隙中的轴向壳体部分	图 9.1
U	（管道或流道的）湿周	
U_R	弹性极限：$U_R = R_m^2/(2E)$	表 6.4
u	圆周速度	$u = \pi dn/60$
V	体积	
w	相对速度	
w_{1q}	叶轮喉部平均速度	$w_{1q} = Q_{La}/(z_{La}A_{1q})$
x	无量纲半径：$x = r/r_2$	表 9.1
x	气体（或蒸气）质量含量；固体的质量浓度	第 13 章
x_D	溶解气体的质量浓度	17.3
x_{ov}	叶轮/导叶侧壁重叠量	图 9.1

（续）

符号	释义	参见
Y	比功	$Y = gH$
$Y_{sch} \equiv Y_{th}$	叶轮叶片产生的比功：$Y_{th} = gH_{th}$	表3.3
$Y_{th\infty}$	等流量叶片叶轮产生的比功	
y^+	壁面无量纲距离	表8.1
Z	真实气体因子	表13.3
z_h	水力损失（叶轮：z_{La}，导叶：z_{Le}）	
z	高度坐标	
z_{La}	叶轮叶片数	
z_{Le}	导叶叶片数（蜗壳：隔舌数）	
z_R	反导叶叶片数	
z_{pp}	并联泵的数量	
z_{st}	级数	
z_{VLe}	预旋控制装置的叶片数	
$\alpha \equiv GVF$	气体含量，气体体积分数，空隙率	表13.2
α	圆周速度与绝对速度的夹角	
α_k	切口系数	式（T14.1.7）
α_T	总吸收系数	表6.4
β	相对速度矢量与圆周速度负方向的夹角	
β	叶轮与壳体之间流体的角速度	9.1
β	传质系数	14.3，表14.8
γ	叶轮流量系数（滑移系数）	表3.2
δ^*	位移厚度	式（1.18）
Δp_d^*	压力脉动（无量纲）	式（10.1）
Δp_a	压力脉动幅度	10.2.6
Δp_{p-p}	压力脉动的峰峰值	10.2.6
ε	极坐标系中的角度	
ε	当量表面粗糙度	1.5.2
ε_{sp}	内蜗壳包角（双蜗壳）	表0.2
ζ	损失系数（含下标La、LE、sp等）	表3.8
ζ_a	升力系数	表7.1，表7.7
ζ_w	阻力系数	表7.7
η_{vol}，η_v	容积效率	式（T3.5.9）
η	整体效率（耦合时）	式（T3.5.3）
η_i	内部效率	式（T3.5.5）
η_h	水力效率	式（T3.5.8）和表3.8

（续）

符号	释义	参见
η_D	导叶效率	式 (1.43)
η_{st}	单级效率	式 (T3.5.7)
θ_u	空蚀相似参数	表6.4
θ	导叶安放角	式 (1.42)
κ	等熵膨胀/压缩指数	表13.3
λ	叶片和盖板之间的角度（叶轮或导叶）	表0.1
λ	功率系数	表3.4
λ	波长	表10.13
λ_c，λ_w	NPSH 计算系数	式 (6.10)
λ_R	管道和流道的摩擦因数	式 (1.36)
μ	动力黏度：$\mu = \rho\nu$	
ν	运动黏度：$\nu = \mu/\rho$	
υ	轮毂比	$\upsilon = d_n/d_{1a}$
υ_1，υ_2	振动次数，自然数（1，2，3，…）	
ξ	叶片水力载荷	表7.1
ρ	密度	
ρ''	气体密度或饱和蒸汽	
ρ_{mat}	材料的密度	
ρ_p	泵壳材料的密度	
ρ_s	悬浮在流体中的固体的密度	13.4，14.5
σ	空化系数（与 NPSH 相同的下标）	表3.4
σ	机械应力	14.1
τ	叶片堵塞系数	表0.1
τ	切应力	
φ	流量系数	表3.4
φ_{sp}	叶轮侧壁间隙的流量系数	
ψ	扬程系数	表3.4
ψ_p	叶轮静压上升系数	表3.3
Ω	轨迹（振动）圆周频率	10.6.2
Ω_{limit}	稳定极限轨迹频率	式 (10.9)
ω	角速度	
ω_E	圆周固有频率	第10章
ω_s	通用比转速	表2.3，表3.4

下标、上标、缩写

计算顺序：在泵模式下从 1 号流向 6 号，在透平模式下从 6 到 1：

符号	项目	参见
1	叶轮叶片前缘（低压）	
2	叶轮叶片后缘（高压）	
3	导叶叶片前缘或蜗壳隔舌	
4	导叶叶片后缘	
5	反导叶叶片前缘	
6	反导叶叶片尾缘	
A	装置	
a	装置，模型泵，原型	
al	允许	
ax	轴向	
A，m，i	外、内、内流线	
B	叶片（叶轮、导叶、隔舌）	
cor	腐蚀	
DE	驱动端（泵轴的连接端）	
Ds（FS）	前盖板	
d	排出口	
ER	腐蚀	
eff	有效	
FS	前盖板	
GVF	气体体积分数，空隙率	表13.2
ISR	叶轮室（叶轮侧壁间隙）	9.1
h	水力的	
L	透平模式下的失控（$M=0$）	第12章
La	叶轮	
Le	导叶	
LE	前缘	
M	模型	
m	径向分量	
max	最大	
min	最小	
mix	两相混合物	
NDE	非驱动端（泵轴）	
o	关死点（$Q=0$）	
opt	在最优（最高）工况运行的效率（BEP）	
P	泵模式	13.2
PS（DS）	压力面（压力侧）	
pol	多变	13.2
q	由连续性方程计算得到的平均速度（与速度矢量不同）	

（续）

符号	项目	参见
RB	循环起动	
Rec（Rez）	流动循环，回流	
Ref	参考值	
RR	圆盘摩擦	3.6.1，表3.6
RS	后盖板或轮毂	
r	径向	
s	进口或吸入段	
s	固体颗粒	
sch	叶片	
SF	无冲击流动（零冲角）	
Sp	蜗壳	
sp	环形密封，泄漏流	
SPL	单相液体	
SS	吸力面（吸力侧）	
st	级	
stat	静态的	
T	涡轮（透平）模式	第12章
TE	后缘	
TP	两相流	
Ts	（RS）后盖板或轮毂	
th	理论流量条件（流量无损失）	
tot	总压力（总压力＝静态压力＋驻点压力）	
u	圆周分量	
v	损失	
v	黏性流体	
w	水	
w	透平模式锁定转子的电阻曲线（$n=0$）	第12章
zul（al）	允许	

以下是上标

'	考虑叶片堵塞	表0.1，表3.1
*	无量纲数量：如所有尺寸都是以 d_2 为参照，则 $b_2^* = b_2/d_2$，速度以 u_2 为参照，则 $w_1^* = w_1/u_2$	
'	液相	第6章和第13章
"	气相	第6章和第13章

第1章 流体动力学原理

几乎所有的流动现象，如血液的流动、离心泵中液体的流动及全球的天气变化，都是基于一些基本物理定律的。本章将简要回顾并阐述这些规律，重点将放在泵工程师感兴趣和有意义的现象上，也包含流体动力学相关的术语和基本知识。还可以参考相关的流体动力学教科书和手册，见文献 [1, 2, 3, 6, 7, 11, 15, 18, 19]。

1.1 绝对和相对参考系下的流动

在旋转机械设计中，固定坐标系中的流动被称为"绝对"运动，而旋转参考系中的流动称为"相对"运动。相对参考系下的流动可以理解为一个处于同向旋转的观察者看到的运动。在相对参考系中，旋转盘中的一个点是静止的，而它在绝对参考系中运动了一圈。如果一个质点在一个倾斜状的旋转盘上沿径向向外移动，它在相对参考系中是直线运动，而它在绝对参考系中是一个螺旋状的运动。当把运动从绝对参考系转换到相对参考系时，必须引入离心力和科里奥利力。绝对加速度 b_{abs} 为相对加速度、离心加速度和科里奥利加速度的矢量[⊖]和，即

$$b_{abs} = dw/dt - \omega^2 r + 2(\omega w)$$

速度由三个矢量描述：圆周速度 $u = \omega r$，其中，w 为相对速度，c 为绝对速度，绝对速度 c 由 u 和 w 的矢量和得到：$c = u + w$。在旋转机械的设计中，这种关系通常通过图 1.1 中的"速度三角形"来描述（见 3.1）。

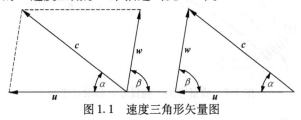

图 1.1 速度三角形矢量图

1.2 守恒定律

质量守恒定律、能量守恒定律和动量守恒定律形成了流体动力学的现实基础。这些定律（并非严格推论得到的）描述不管是质量、能量还是动量在一个封闭的

⊖ 矢量是黑色字体。

系统或空间中都不能被毁灭或创造。因此，对于上述各量 X，存在如下等式：

$$X_1 - X_2 + \frac{\Delta X}{\Delta t} + Z = 0 \tag{1.1}$$

式中：X_1 为输入；X_2 为输出；$\Delta X / \Delta t$ 为随 Δt 在控制体内产生的变化率；Z 为一个额外的量（表示增加或减少的质量、热量或功）。在这个一般形式下，守恒定律适用于有无损失的、任何复杂性的稳态和非稳态过程。$\Delta X / \Delta t = 0$ 的稳态过程将在下文中讨论。如果没有质量、功或热量的增加或减少（即 $Z = 0$），输入则等于输出。

通过这些看似微不足道的平衡式，无须诉诸试验，就可以定量地处理一些复杂的问题。将这些守恒定律运用到一个无限小的体积元的流体流动上，便可得到偏微分方程。在一般情况下，这些完全描述三维流场的方程（如连续性和纳维 – 斯托克斯方程），不能用解析法，只能用数值法求解。

1.2.1　质量守恒

要构成守恒定律，首先根据图 1.2 建立控制体，可以是一条流线、一段管道或一台机器。在进口截面上的控制面 A_1，流体以速度 c_1 和密度 ρ_1 进入；出口控制面上相应的变量以下标 2 表示。根据质量守恒式（1.1）与 $Z = 0$ 得

$$\dot{m} = \rho_1 A_1 c_1 = \rho_2 A_2 c_2 = \mathrm{const} \tag{1.2}$$

对于不可压缩流动（恒定密度），则有 $A_1 c_1 = A_2 c_2$，这样便建立了连续性方程。对于一个给定的控制体，输入和输出的质量流量在稳态条件下是相同的。

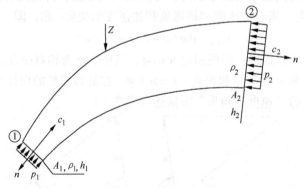

图 1.2　质量守恒、能量守恒和动量守恒

1.2.2　能量守恒

如果输入或输出的热功率 P_w 和机械功率 P 之和用 Z 替代，能量守恒是可以由热力学第一定律描述，即

$$\dot{m}_1 h_{\mathrm{Tot},1} + \dot{m}_2 h_{\mathrm{Tot},2} + P_w + P = 0 \tag{1.3}$$

式中，h_{Tot} 为总焓[B.3]，它等于单位质量的内部能量 U、静压能的 p/ρ、动能 $c^2/2$、势能 gz 的总和：

$$h_{Tot} = U + \frac{p}{\rho} + \frac{c^2}{2} + gz \tag{1.4}$$

如果在控制体进出口的质量流量相等（即 $\dot{m}_2 = -\dot{m}_1 = \dot{m}$），没有热交换（$P_w = 0$），则涡轮机械的功率是由质量流量和机械进出口总焓之差的乘积得到的，即

$$P_1 = \dot{m}(h_{Tot,2} - h_{Tot,1}) \tag{1.5}$$

式中，P_1 为内部功率，是转化为流体的机械能和加热流体产生的热损失之和，见 3.5。如高压泵的精确计算、效率的测定及所有涡轮机械的可压缩流动，都可通过式（1.5）求解。焓差由式（1.4）和式（1.5）得

$$\Delta h_{Tot} = \frac{P_1}{\dot{m}} = U_2 - U_1 + \frac{p_2 - p_1}{\rho} + \frac{c_2^2 - c_1^2}{2} + g(z_2 - z_1) \tag{1.6}$$

当与外部环境的热交换被忽略时，内部能量的变化 U 是仅由于控制体或机械内消耗的热得到的。对于不可压缩流体，可以设置为 $(U_2 - U_1) = \Delta p_v / \rho$。

式（1.6）满足热力学第一定律，它描述了在没有外部功交换时，一条流线上的能量（$\Delta h_{Tot} = 0$）：

$$p_1 + \frac{\rho}{2}c_1^2 + \rho g z_1 = p_2 + \frac{\rho}{2}c_2^2 + \rho g z_2 + \Delta p_v + \rho \int_{s_1}^{s_2} \frac{\partial c}{\partial t} ds \tag{1.7}$$

这就是不可压缩流体的伯努利方程。因为所有的流动过程不可避免地受到损失影响，所以包含损失元 Δp_v。伯努利方程只能施加于一条流线或一段封闭的通道，这是因为与外界的质量和能量的交换被假定为零。对于非定常过程，可以结合式（1.22）对式（1.7）的右侧进行适当扩展。当 $\partial c / \partial t \neq 0$ 时，等式在 s_1 与 s_2 之间成立。

上述的式（1.5）和式（1.6）包括所有转换为流体热量而产生的损失。如果式（1.6）只有水力损失（流体流过机械产生的损失），则 $(U_2 - U_1) = \Delta p_v / \rho$，总焓差 Δh_{Tot} 就对应于泵的理论功 Y_{th}：

$$Y_{th} = \frac{\Delta p_v}{\rho} + \frac{p_2 - p_1}{\rho} + \frac{c_2^2 - c_1^2}{2} + g(z_2 - z_1) \tag{1.8}$$

式中，Y_{th} 为输送每单位质量介质所需要的功。通常 Y_{th} 大部分转换成有用功，而损失（$\Delta p_v / \rho$）部分会转换为流体的热量，一般可以忽略不计。

如果设定 $U_2 = U_1$，式（1.6）可表示特定的有用功（等熵的），如 $\Delta h_{is} = Y = gH$ 可表示泵工作导致的总压的增加，见 2.2。

1.2.3　动量守恒

根据牛顿第二定律，质点上动量的变化（$\rho Q c$）等于作用在质点上所有体积力和表面力的矢量和。例如：①控制体边界上的压力 $p_1 A_1$ 和 $p_2 A_2$；②作用在壁面上的外部力 F_w；③重力或其他作用在质点上的加速度（体积力）；④由于壁面的切应力产生的摩擦力 F_t。基于图 1.2 中建立的控制体，稳态的不可压缩流体可以这样描述：

$$(p_1 + \rho c_1^2) A_1 \boldsymbol{n}_1 + (p_2 + \rho c_2^2) A_2 \boldsymbol{n}_2 = \boldsymbol{F}_{\text{vol}} + \boldsymbol{F}_{\text{w}} + \boldsymbol{F}_{\tau} \tag{1.9}$$

式中，$\boldsymbol{n}_1$ 和 $\boldsymbol{n}_2$ 是垂直于面 A_1 和 A_2 向外的单位矢量，当体积流量被直接引入到式 (1.9) 中时，可以得

$$p_1 A_1 \boldsymbol{n}_1 + \rho Q c_1 \boldsymbol{n}_1 + p_2 A_2 \boldsymbol{n}_2 + \rho Q c_2 \boldsymbol{n}_2 = \boldsymbol{F}_{\text{vol}} + \boldsymbol{F}_{\text{w}} + \boldsymbol{F}_{\tau} \tag{1.10}$$

当使用式 (1.9) 或式 (1.10) 形式的动量守恒式时，必须遵守以下几点：① 对稳定不可压缩流体是有效的，且在面 A_1 和 A_2 上速度和压力均匀分布；②A_1 和 A_2 必须垂直于速度矢量；③指向向外的单位矢量符号必须规范处理：$c_1 = -c_1 \times \boldsymbol{n}_1$，$c_2 = c_2 \times \boldsymbol{n}_2$；④所有的项均为矢量，必须根据矢量规则计算；⑤动量守恒式能否成功应用往往在于控制体是否选择适当，控制体表面上的压力和速度必须能够量化；⑥当控制体选定时，应避免产生无法定义的力。

如图 1.3 所示，以突扩流道 （"卡诺冲击"） 作为应用动量守恒和伯努利方程的例子。控制面 1 设置在下游，压力 p_1 作用在整个截面 A_2 上，因为在尾迹和射流中存在相同的压力。控制面 2 被选在足够远的下游，使得在此处流动再次变得均匀。没有外力作用在流道壁面上，即 $F_{\text{w}} = 0$。忽略重力 F_{vol} 和壁面切应力 F_{τ}，基于式 (1.10)，压力恢复可从下式得

$$p_2 A_2 + \rho Q c_2 - p_1 A_1 - \rho Q c_1 = 0$$

可以得

$$p_2 - p_1 = c_{\text{p}} \frac{\rho}{2} c_1^2 \tag{1.11}$$

式中，$c_{\text{p}} = 2 \dfrac{A_1}{A_2} \left(1 - \dfrac{A_1}{A_2}\right)$。

基于式 (1.7)，可以用式 (1.11) 计算压力损失：

$$\Delta p_{\text{v}} = \frac{\rho}{2} (c_1 - c_2)^2 = \xi_1 \frac{\rho}{2} c_1^2 \tag{1.12}$$

式中，$\xi_1 = \left(1 - \dfrac{A_1}{A_2}\right)^2$。

文献 [1] 中测得的压力恢复值大约为由式 (1.11) 计算得到的理论值的 95%。

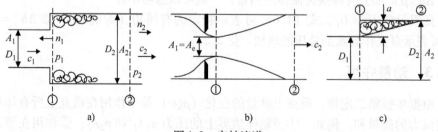

图 1.3 突扩流道
a) 两侧 b) 孔 c) 单侧

为了得到均匀的流动，需要一定长度的向下游扩张的流道。可由式 (1.12a)

给出：

$$\frac{L}{D_2} \approx b(1 - \frac{D_1}{D_2})$$
(1.12a)

对于图 1.3a 和 b 所示的两边扩散的情况，令参数 $b = 10$，而对于图 1.3c 所示的单边扩散，必须使得 $b = 20$。这两种 b 的取值对应于小于 3° 的扩散角，小的扩散角限制了尾迹的产生（这些关系来自文献［1］中的数据）。式（1.11）和式（1.12）也可用于节流孔或其他射流收缩的情况，例如 A_1 被如图 1.3b 所示的收缩截面 A_e 代替（也被称为"急剧收缩"）。如果 $A_1 \ll A_2$，可以计算收缩截面：$A_e = \mu A_1$；急剧收缩孔的系数约为 $\mu = 0.61$。

角动量守恒定律：牛顿第二定律的另一种应用是角动量（或"动量矩"）守恒，这是所有涡轮机械所遵守的基本原理。角动量的变化等于外部的力矩总和，如入口和出口的角动量 $\rho Q r c_u$、外部扭矩 M 和由于切应力产生的作用在叶轮或导叶上的摩擦力矩 M_τ。因为在圆周方向上没有创建作用在圆柱面上的压力，可将式（1.10）写为

$$\rho Q(c_{2u} r_2 - c_{1u} r_1) = M + M_\tau$$
(1.13)

这是涡轮机械的欧拉方程，其中 c_{2u} 是控制体出口流速的周向分量，r_2 是叶轮出口半径，c_{1u} 和 r_1 是在进口处相对应的量。忽略 M_τ，叶轮所做的功可由式（1.13）和 $M\omega = P$ 得出（这一点会在 3.2 中进行解释），

$$Y_{th} = c_{2u} u_2 - c_{1u} u_1$$
(1.14)

将式（1.14）代入到式（1.8）中，得到相对参考坐标系的伯努利方程（$z_1 = z_2$）。在推导中使用了 $c^2 = w^2 - u^2 + 2u c_u$，见 3.1 中的速度三角形：

$$p_1 + \frac{\rho}{2}w_1^2 - \frac{\rho}{2}u_1^2 = p_2 + \frac{\rho}{2}w_2^2 - \frac{\rho}{2}u_2^2 + \Delta p_v$$
(1.15)

这表明在不可压缩流中，能量守恒总是与动量守恒同时满足的。

如果没有有效的外部力矩，即式（1.13）中的 M 和 M_τ 为零，则根据角动量守恒，$c_u r$ 为常数。这对具有切向速度分量的所有径向流动来说具有重要意义。如从叶轮排出流入蜗壳或导叶等的流动，径向进气室和泵吸入室中的流动；概括地说，就是与旋涡的产生相关的运动（如龙卷风）。

1.3　边界层和边界层控制

在与工业相关的流动过程中，流动往往相对于静止壁面（如管道或管槽）或移动结构（如翼型或叶轮）而形成。虽然近壁流体只占整个流场的一小部分，但它很大程度上决定了流场中的损失和速度分布。在经典流体力学中，用无黏主流和近壁面的边界层流动来描述流场。在这个概念中，设定流体在壁面处的相对速度为零（即"无滑移条件"），且在边界层内垂直于壁面的静压梯度为零（$\partial p/\partial y = 0$）。

因此，主流传递压力到边界层中，决定了整个流场中的压力分布。所有流线在流动方向上具有相同的压力梯度 $\partial p/\partial x$，但具有不同的动能。

由于无滑移条件的设定，附着在静止壁面（如管道或导叶）上流体的绝对速度为零。与此相反，附着在旋转叶轮壁面上流体的相对速度为零。因此，附着在壁面或叶轮叶片上的流体粒子的绝对速度为 $c_u = u = \omega r$。

在层流中，除了分子扩散，不同流线之间不存在其他的交换。而在湍流中，存在垂直于流动方向的掺混运动，这是由于湍流中各种尺度涡的运动产生了横向的输送。这种由湍流引起的动量交换在很大程度上决定了湍流边界层的厚度和其中的速度分布。以这种方式，近壁流体层利用湍动得到能量，从而导致边界层厚度减小并形成充分发展的速度分布。

在半径为 R 的管子中，充分发展的湍流速度分布可以大致由式（1.16）给出：

$$\frac{w}{w_{\max}} = \left(1 - \frac{r}{R}\right)^x \quad \text{和} \quad \frac{w}{w_{\max}} = \frac{(y+1)(2y+1)}{2y^2} \tag{1.16}$$

式中，$x = \lambda^{0.5}$，$y = \lambda_R^{-0.5}$。

该式考虑到了雷诺数和表面粗糙度的影响，因为摩擦因数 λ_R 取决于这两个量。壁面表面粗糙度降低了边界层中的速度，从而产生较高的水力损失（见 1.5.1）。边界层厚度随表面粗糙度增加而增加，且随着边界层厚度增加，水力损失增加，而壁面切应力下降。

图 1.4 描绘了管槽中二维边界层的发展。假设该管槽在 A 段具有不变的横截面，则有 w 为常数，$\partial w_x/\partial x = 0$。在入口处边界层厚度约为零，且随流道长度而增加；边界层在入口处为层流。如果主流为湍流，那么边界层在经过一段长度的流动后也会变成湍流，但会保持层流底层。

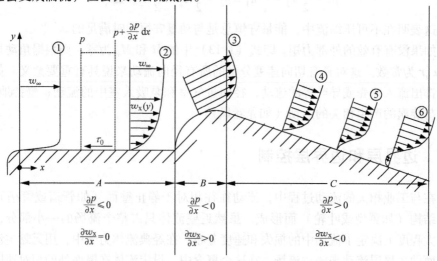

图 1.4 正、负压力梯度的边界层

　　从层流转换到湍流边界层（图 1.5）取决于：雷诺数、表面粗糙度、边界层外流动的湍动程度、压力梯度和壁面曲率。

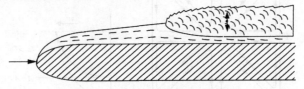

图 1.5 层流到湍流的边界层过渡

　　如果流动是加速的（图 1.4 中的 *B* 段），根据式（1.7）有 $\partial w_x / \partial x > 0$，$\partial p / \partial x < 0$。边界层的厚度会下降，相应地水力损失也会降低。最大壁面切应力发生在 $\partial p / \partial x < 0$ 段，且随着不断加速速度分布范围更大。因此加速入水能够产生更均匀的叶轮入流条件。

　　在减速流中（图 1.4 中的 *C* 段），有 $\partial w_x / \partial x < 0$，$\partial p / \partial x > 0$。边界层厚度会增加而壁面切应力会下降，直到某一点降为零（图 1.4 中速度分布⑤）。在这一点上流体从壁面分离（即"失速"），导致在下游的边界层中出现逆流（如速度分布⑥）。分离使得主流区域缩小并加速（由于横截面减小），并通过动量交换在下游与尾迹相互混合。这些过程相应地产生了较大的水力损失，从而造成静压的下降（见 1.6）。

　　如果管槽的横截面不是圆形，而是其他形状，则速度分布将不是旋转对称的。类似于式（1.16），可以预测正方形管道（图 1.6）的截面 *A* – *A* 和 *B* – *B*（对角线）上的不同的速度分布。因此，壁面切应力会沿管道周长变化。切应力在对角线 *B* – *B* 处最低，而在截面 *A* – *A* 处最高。由于静压在横截面上是不变的（直管道中的流动），则有式

$$\Delta p = \tau U \Delta L = \rho c_f \frac{w^2}{2} U \Delta L \qquad (1.17)$$

式中，*U* 为湿周长。

　　只有当流体通过垂直于轴线的补偿流，从切应力低的区域向切应力高的区域输运时，才能够满足条件。如在三角形或正方形的管道中（图 1.6）会发生这样的二次流，因此也会出现在叶轮或导叶管道中。涡流（"角涡"）发生在管道角落、叶片和覆环之间或支柱和底板之间。当流体中携带微粒而引起侵蚀时，其效果可以被观察到，见 14.5。

　　涡核压力相对于主流压力有所降低，因此角涡也能诱导空化发生（见第 6 章），具体见 1.4.2。该二次流的速度分量可达到管道中心流速的 1% ~ 2%[11]。通过修圆角，可以在一定程度上降低损失。

　　为了减少流动阻力和延迟失速，有多种边界层控制方法：①导叶或翼型截面上的分离点可以通过边界层吸收向下游移动；②通过射流，可以向边界层或被迫分离

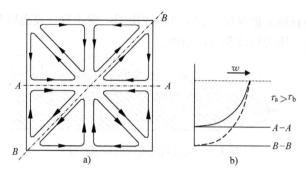

图 1.6 正方形管道里面的二次流

a）横截面 b）截面 $A - A$ 和 $B - B$（对角线）速度分布

区域提供能量；③可以设计边界层导流栅来改变边界层中的流动方向，以防止大尺度旋涡的产生；或迫使边界层流与主流具有相同的偏向；④通过设置非常精细的纵向沟槽，影响边界层中的旋涡结构，可以使流动阻力降低几个百分点；⑤添加摩阻减低剂与减少边界层厚度也有类似的效果；⑥利用湍动或涡流通过动量交换将能量提供给近壁流体，可以减小边界层厚度、边界层损失，以及分离倾向。

泵内减速流的边界层大多是三维的。在叶轮中它们还受到离心力和科氏力的影响。这种复杂的条件不适合用解析法求解。但如果需要估计边界层的厚度，那么可以参照无压力梯度的平板流动来分析；即可以使用位移厚度 δ^*，由式（1.18）给定：

$$\delta^* \equiv \int_0^\delta \left(1 - \frac{w_x}{w_\infty}\right) \mathrm{d}y \tag{1.18}$$

该积分上限为边界层厚度 δ，此值由局部速度达到主流平均速度 99% 的临界点决定。水力光滑平板上的层流或湍流位移厚度可由下式获得

$$\delta^*_{\text{lam}} = \frac{1.72x}{\sqrt{Re_x}} \tag{1.19a}$$

$$\delta^*_{\text{turb}} = \frac{0.0174x}{Re_x^{0.139}} \tag{1.19b}$$

$$Re_x = \frac{w_x x}{v} \tag{1.19c}$$

式中，x 为从板的前缘开始计算出的流道长度，它取决于上游流动的湍动程度和板的表面粗糙度，层流到湍流边界层的变化发生在 $2 \times 10^4 < Re_x < 2 \times 10^6$ 的范围内，见式（1.33b）。

式（1.19a）～式（1.19c）表明边界层厚度从前缘（$x = 0$）起，随管道长度和流体黏度而增加。式（1.19a）～式（1.19c）也可用于管道或其他部件的入口，倘若其边界层厚度明显小于管道水力直径的一半，这是因为两边的边界层不会产生明

显的相互影响。如一个叶轮的出口宽度 $b_2 = 20\text{mm}$，叶片长度 $L = x = 250\text{mm}$，以 $w_x = 24\text{m/s}$ 的相对速度输送冷水。根据式（1.19b）和式（1.19c）可得到在叶轮出口：$Re_x = 6 \times 10^6$ 和 $\delta_{\text{turb}}^* = 0.5\text{mm}$。由于 δ^* 比 b_2 小得多，所以前后盖板边界层之间不会产生明显的相互作用。因此，式（1.19a）~ 式（1.19c）可作为边界层估算的第一选择。

入口长度 L_e 对管道内形成充分发展的流动来说是必要的，可参考式（1.19d）及文献［3］（层流的 L_e 比湍流长得多）：

$$\frac{L_e}{D_h} = 14.2\lg Re - 46, Re > 10^4 \tag{1.19d}$$

式中，$Re = \dfrac{cD_h}{v}$。

1.4　弯曲流线的流动

1.4.1　力的平衡

根据牛顿运动定律，如果物体所受合外力为零，则会保持匀速直线运动（或静止状态）。因此要使物体或流体质点沿曲线运动，必须有外力作用在该物体上。举例来说，考虑一个旋转盘上的质点，该质点被弹簧拉住，并且能够在径向移动，如图 1.7 所示。当转盘以角速度 ω 旋转时，弹簧被拉伸，在半径 r_g 处，弹簧力 $K\Delta r$ 等于向心力 $m\omega^2 r_g$。该径向向内的弹簧力迫使质点沿圆形运动，因此被称为向心力。

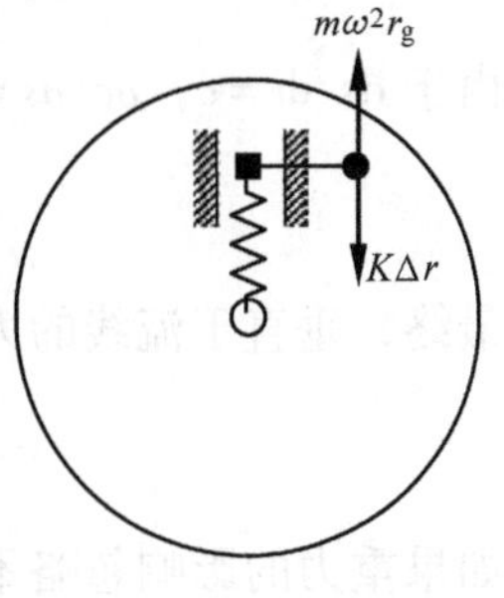

下面来解释任意三维曲线流线上的流体质点更普遍的运动：在任何点和任何时间，可以选择局部速度矢量方向上的路径微元 $\text{d}s$，如图 1.8 所示。流体微元 $\text{d}n$ 受到流动方向上和垂直于流线方向上的力。牛顿定律 $F = m\text{d}c/\text{d}t$ 是计算这些力的基础。

图 1.7　质点在弯曲路径上的运动

首先考虑作用于运动方向的力，由于速度 $c(t, s)$ 是时间和空间的函数，速度变化可表示为

$$\text{d}c = \frac{\partial c}{\partial t}\text{d}t + \frac{\partial c}{\partial s}\text{d}s \tag{1.20}$$

考虑到 $\text{d}s/\text{d}t = c$，加速度变成：

$$\frac{\text{d}c}{\text{d}t} = \frac{\partial c}{\partial t} + \frac{\partial c}{\partial s}\frac{\text{d}s}{\text{d}t} = \frac{\partial c}{\partial t} + c\frac{\partial c}{\partial s} \tag{1.21}$$

根据图 1.8，流体微元会受到压力和重力 $\text{d}mg\partial z/\partial s$，由式（1.21）给出：

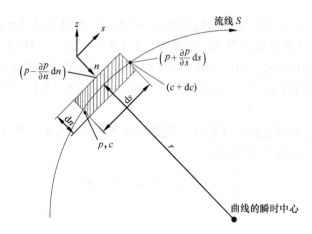

图 1.8 作用流体微元上的力的平衡

$$\frac{\partial c}{\partial t} + c\frac{\partial c}{\partial s} + \frac{1}{\rho}\frac{\partial p}{\partial s} + g\frac{\partial z}{\partial s} = 0 \tag{1.22}$$

对式（1.22）进行积分能够得到如式（1.7）的无损失项的伯努利方程。

和上述过程相似，我们可以写出流线法线方向的速度 c_n (s, t) 的变化：

$$\frac{\mathrm{d}c_n}{\mathrm{d}t} = \frac{\partial c_n}{\partial t} + \frac{\partial c_n}{\partial s}\frac{\mathrm{d}s}{\mathrm{d}t} \tag{1.23}$$

由于 $\mathrm{d}s/\mathrm{d}t = c$，$\partial c/\partial s = c/r$，流线法线方向的加速度变成：

$$\frac{\mathrm{d}c_n}{\mathrm{d}t} = \frac{\partial c_n}{\partial t} + \frac{c^2}{r} \tag{1.24}$$

最终，垂直于流线的力的平衡为

$$\frac{\partial c_n}{\partial t} + \frac{c^2}{r} + g\frac{\partial z}{\partial n} + \frac{1}{\rho}\frac{\partial p}{\partial n} = 0 \tag{1.25}$$

如果重力的影响忽略不计，对于定常流动我们可得到（$\mathrm{d}n = -\mathrm{d}r$）：

$$\frac{\mathrm{d}p}{\mathrm{d}r} = \rho\frac{c^2}{r} \tag{1.26}$$

这些等式可以无条件地应用到有损失的流动中，证明了曲线上的流动总是存在垂直于流动方向的压力梯度。因此，压力指向流线曲率的瞬时中心且从外向内减少。这种压差提供了向心力，并平衡了作用在流体微元上的体积力（离心力），使得流体可以沿曲线流动。反过来，直线流动中不存在截面方向的压力梯度。因此，在平板流动中会产生平行的阻力，但在流动的法线方向不受任何力。

一般情况下，绕流流动会产生一个垂直于流动方向的力，被称为升力；同时还会有相对于流动的阻力。只有流动法线方向存在压力梯度时才能产生升力。就像上面推导的，绕流需要沿曲线运动。当绕流为非对称时才能产生升力，这可能是由于入流角度或者绕流物体具有非对称的形状。

图 1.9 所示为一个控制体中的翼型，该控制体足够大且能够使得其所有边界上

具有相同的大气压力 p_0。假定翼型的下面基本上是平的，且与来流 w_0 平行，而翼型的上面是弯曲的。必须假定翼型下面的流场为几乎不受干扰的平行流（除了前缘部位）。翼型上面的流动由于位移效应而加速，导致局部静压从 p_0 下降到 p［由式（1.7）可得］。p_0 和 p 之间的压差与流线弯曲程度有关，见文献［B.27］。将压力分布沿翼型上、下表面积分，然后求差即可得到水动力升力。

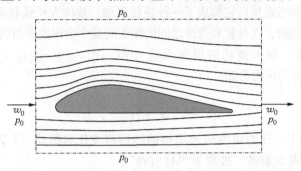

图 1.9 翼型周围的流动

对于图 1.10 所示的拱形翼型，根据式（1.26）可知，在翼型下面有 $p_{PS} > p_0$，而在上面有 $p_{SS} < p_0$。当然，这些情况不局限于图 1.9 或图 1.10 所指定的翼型形状，而是可普遍应用于斜面和所有可能形状的翼型、叶片或结构，即流线的曲率产生了垂直于主流方向的压力梯度，从而形成了水动力升力。因此式（1.25）对于理解涡轮叶片上或翼型上的升力的起源有着重要意义。根据无黏性流动的库塔 - 儒科夫斯基（Kutta - Joukowsky）定律，水动力升力总是被描述成平行流动上的环量叠加。这种方法可用于数学处理，但没有明显的物理意义，因为环量不能被实际测量。

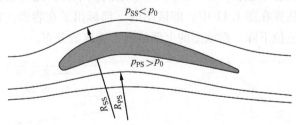

图 1.10 弯曲翼型周围的流动

在涡轮机械叶轮中，绝对流动总是沿着弯曲的路径，弯曲的形状由旋转叶片周围的流动动力学特征决定。对一个有很多密集径向叶片的叶轮，这一点也是成立的。这里叶轮的压力分布基本是由式（1.25）确定的。这些关系可以解释为什么叶轮内的压力由内到外增加，为什么泵内的流体从低压向高压流动，为什么虽然叶轮内的绝对流动是加速的，而压力却逐渐增加。

1.4.2 强制涡和自由涡

（1）强制旋涡 考虑当充满流体的圆柱形容器绕轴旋转时流体沿同心圆路径

的运动，这里的液体像固体一样旋转，速度为：$c_u = u = \omega r$（假设静止情况）。因此，对式（1.26）积分得到容器中的压力分布，如式（1.27）：

$$p - p_0 = \frac{\rho}{2}\omega^2(r^2 - r_0^2) = \frac{\rho}{2}c_{u,0}^2\left(\frac{r^2}{r_0^2} - 1\right) \tag{1.27}$$

在相对参考系里（从共同旋转的观察者的角度看），此案例中没有流动，流体是静止的。在绝对参考系里，它构成了一种旋转流动，被称为"强制涡"。如当侧壁间隙中不存在泄漏流时，在叶轮和壳体之间的侧壁间隙中会形成强制涡，见9.1。

（2）自由涡　如果流动遵循角动量守恒，把 $c_u r = c_{u,0} r_0 = \text{constant}$ 代入式（1.26）再积分得到压力分布：

$$p - p_0 = \frac{\rho}{2}c_{u,0}^2\left(1 - \frac{r_0^2}{r^2}\right) \tag{1.28}$$

在这种情况下，压力由内向外增加的剧烈程度比根据式（1.27）得到的要小得多。这种流动是无旋的，被称为"自由涡"。

（3）气流旋涡　考虑一个容器中的涡，该容器的尺寸比涡的尺寸大得多。测量该涡任意半径 r_0 处速度 $c_{u,0}$，此处的压力假定为 p_0。在一个大的充满液体的容器中，这通常是一个自由涡。然而在涡中心（即半径 $r = 0$ 处），根据式（1.28）将会产生一个无限大的压力降。由于这在物理上是不可能的，所以在涡核区域建立一个 ω 为常数的强制涡。因此，实际流体中的涡是由强制旋转的涡核区域和遵循自由涡定律的外部流动组成。这种混合涡被称为"朗肯涡"。朗肯涡模型近似描述了龙卷风[3]中或泵入口旋涡中的流动条件（详细的讨论见11.7.3）。

朗肯涡的公式总结在表1.1中，其中 r_k 是涡核半径，此为强制涡与自由涡的边界。这些公式估算在图1.11中。即该图的下部标出了在容器内或在河流里具有自由表面旋涡的液位下降，而该图的上部给出了速度的分布。

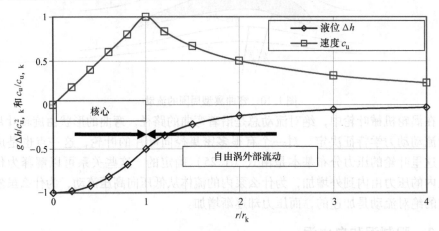

图1.11　朗肯涡中的速度曲线和液位

表 1.1　朗肯涡

域	半径为 r_k 的涡核 强制涡 $0 < r < r_k$	外域 自由涡 $r > r_k$	式号
速度分布	$c_u = \omega r = c_{u,k} \dfrac{r}{r_k}$	$c_u = \dfrac{\Gamma}{2\pi r} = c_{u,k} \dfrac{r_k}{r}$	T1.1.1
环量	$\Gamma = 2\pi r c_u = 2\pi r^2 \omega$	$\Gamma = 2\pi r_k c_{u,k}$	T1.1.2
涡量 $\Omega = c_u$	$\Omega = 2\omega$　$\omega = c_{u,k}/r_k$	$\Omega = 0$	T1.1.3
压力分布	$p - p_0 = \dfrac{\rho}{2}\omega^2(r^2 - r_k^2) = \dfrac{\rho}{2}c_{u,k}^2\left(\dfrac{r^2}{r_k^2} - 1\right)$	$p - p_0 = \dfrac{\rho}{2}c_{u,k}^2\left(1 - \dfrac{r_k^2}{r^2}\right)$	T1.1.4
液位下降	$\dfrac{2g\Delta h}{c_{u,k}^2} = -1.0$	$\dfrac{2g\Delta h}{c_{u,k}^2} = 1.0,\ r \to \infty$	T1.1.5
总液位下降	理论上：$\dfrac{2g\Delta h}{c_{u,k}^2} = 2.0$　实际上：$\dfrac{2g\Delta h}{c_{u,k}^2} = 0.6 \sim 0.72$		T1.1.6

根据表 1.1，涡核和外流中的压力（或液面）下降值是相同的。速度和压力或液位曲线只是理论上的，因为实际流动中会受到黏度影响，在涡核向外过渡区域产生较为平缓的速度梯度。真实的液位下降只有大约理论值的 30% ~ 36%，即 $\Delta h = (0.3 \sim 0.36)c_{u,k}^2/g$[9]。由于已做无量纲化，图 1.11 是普遍适用的。

1.4.3　弯曲管道内的流动

根据式（1.26），弯曲通道中的压力在曲率中心方向从外向内减少。这种压力梯度提供了流体沿曲线路径运动所需的向心加速度。壁面附近的流速（边界层中）低于在通道中心的流速，但垂直于流线的压力梯度是主流施加的。因此根据式（1.26），边界层流动必须比主流半径窄，才能建立平衡。边界层流动偏向内，如图 1.12a 所示；满足连续性条件下，通道中心的流体被输送到外面而产生二次流，如图 1.12b 所示。在该管道截面上，这种流动显示为叠加在主流上的旋涡对，并产生了一个螺旋状的流动路径。需要注意的是，主流向外偏转以抵消一个正压力梯度。

二次流的发展也可以按如下描述：通道中心具有更大速度的流体质点比近壁处的低速流体质点受到更大的离心力，因而中心的流动质点向外偏转；由于连续性定律，流体将通过边界层流回到内部。

二次流的形成需要一定的流动长度，在弯管的入口处最初会形成类似于角动量守恒 $c_u r$ 为常数的速度分布，因此内流线附近速度最大。接下来二次流将流体向外输送，其中出口流体速度最大，如图1.12c所示。在突转弯管中，流动分离发生在入口域的外侧流线处，这是由于流动必须要抵抗正压梯度［$p_a > p_1$，根据式（1.26）］。分流同样发生在出口区域的内侧流线处，也是由于流动必须要抵抗正压梯度（$p_i < p_2$），如图1.12c所示。弯曲对压力和速度分布的影响在上游 $L = 1 \times D$ 处就已经很明显。由于旋流通常是不易消失的，均匀的压力和速度分布在弯管下游 50～70mm 管径距离处才能被得到。做实验时这一事实必须要考虑到。二次流对静止或旋转弯曲通道（叶轮）中的速度分布有重要影响。这些流动机制基本上适用于所有的弯曲通道，同时通道截面形状会产生额外的影响。

在溪流或河流中可以观察到二次流的主要影响，如砂沉积在弯道内侧而河道外侧被侵蚀（表面上看来由于离心力砂会沉积在河道外侧）。

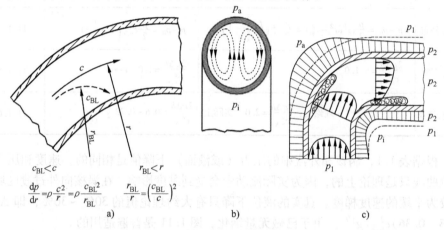

图1.12　弯管中的流动

a）二次流的起源（下标 BL 指边界层）　b）二次流　c）压力和速度分布

二次流导致的旋涡对是不稳定的，它们的形状和尺寸随时间变化，见10.12.4。

对于 $Re = cD/\nu > 5 \times 10^5$，弯管内外侧的压差可直接由式（1.26）计算，代入 $\Delta r = R_a - R_i = D$，则

$$p_a - p_i = \frac{D}{R_m}\rho c^2 \qquad (1.29)$$

式中，R_m 为中心流线的曲率半径；D 为管道直径。

在 $R_m/D = 2$ 的弯管中，内外侧压差等于停滞压力。在 $4000 < Re < 5 \times 10^5$ 范围内，根据式（1.29）得到的压差必须乘以因子 $(5 \times 10^5/Re)^{0.17}$。

1.5　压力损失

在流动系统中的能量损失是由摩擦和流动分离造成的，而且由失速流体与非分

离流混合导致的失速会造成特别高的损失。在实践中，通常需要计算压力损失。常用部件的损失系数见表 1.2，更为全面的经验损失系数的数据可以在文献［3, 6, 11］中找到。

表 1.2　压力损失系数

	公式	$\Delta p = \zeta \dfrac{\rho}{2} w_1^2$	$f \equiv \dfrac{A_1}{A_2}$
无端壁管道或孔/嘴的入口		$\zeta = e^{-17\frac{r}{D_H}}$	$0 \leqslant \dfrac{r}{D_H} \leqslant 0.2$
有端壁的圆形入口		$\zeta = 0.5 e^{-14\frac{r}{D_H}}$	$0 \leqslant \dfrac{r}{D_H} \leqslant 0.2$
有端壁，倒角 45°的入口		$\zeta = 0.5 e^{-4.6\frac{a}{D_H}}$	$0 \leqslant \dfrac{a}{D_H} \leqslant 0.15$
收缩		$\zeta = 0.5(1-f) e^{-14\frac{r}{D_H}}$	$0 \leqslant \dfrac{r}{D_H} \leqslant 0.2$
以 45° 角收缩		$\zeta = 0.5(1-f) e^{-4.6\frac{a}{D_H}}$	$0 \leqslant \dfrac{a}{D_H} \leqslant 0.15$
突扩		$\zeta = (1-f)^2$	
锋缘薄孔		$\zeta = \{0.7\sqrt{1-f} + 1-f\}^2$	
锋缘厚孔 $L/D_H = 1$		$\zeta = (1-f)\{1.5 - f + 0.24\sqrt{1-f}\}$	
圆孔		$\zeta = (1-f)\{1-f+\zeta' + 2\sqrt{\zeta'(1-f)}\}$	$\zeta' = 0.5 e^{-14\frac{r}{D_H}}$
急转弯		$\zeta = 1.2\left(\dfrac{\delta°}{90°}\right)^2$	

弯管	$\zeta = F_R F_F \dfrac{0.23}{\left(\dfrac{R_m}{D_H}\right)^x}\sqrt{\dfrac{\delta°}{90°}}$	$\dfrac{R_m}{D_H}$		x	
		$0.5 \sim 1$		2.5	
		> 1		0.5	
	表面粗糙度的影响		F_R	截面	F_F
	水力平滑		1	圆形、方形	1.0
	$\dfrac{\varepsilon}{D_H} > 10^{-3}$	$Re > 4 \times 10^4$	2	矩形 $b/h = 2 \sim 4$	0.4

（续）

分叉管	δ	15°	22.5°	30°	45°	60°	90°
	ζ	0.15	0.23	0.3	0.7	1.0	1.4
带底阀的吸入过滤器	$\zeta = 2.2 \sim 2.5$						
闸阀	$\zeta = 0.1 \sim 0.5/1$				ζ 与阀的公称直径计算的速度有关		
德标（DIN）阀	$\zeta = 3 \sim 6$						
止回阀	$\zeta = 6$						
蝶阀，全开	$\zeta = 0.2$						

1.5.1　摩擦损失（表面摩擦）

流动中由不分离边界层引起的能量损失被称为摩擦阻力损失。边界层中的速度梯度导致切应力为

$$\tau = \rho(\nu + \nu_t) \frac{dw}{dy} \tag{1.30}$$

式中，ν 为运动黏度，是流体物理属性，而"涡黏度" ν_t 取决于湍流强度和结构。在层流中 $\nu_t = 0$，而在充分发展的湍流中，$\nu_t \gg \nu$。因为在实际中式（1.30）不易被估算出来，所以壁面切应力可由平板摩擦因数 c_f 表示：

$$\tau_0 = c_f \frac{\rho}{2} w^2 \tag{1.31}$$

壁面切应力等于单位面积上的摩擦力 dF_τ，即 $dF_\tau = \tau_0 dA$，功率耗散为

$$dP_d = w dF_\tau = 1/2 \rho c_f w^3 dA \tag{1.32}$$

平板摩擦因数 c_f 必须由试验获得（或者通过边界层计算得到）。平板的摩擦因数经常被用来估算，如图 1.13 所示，这些系数为雷诺数和相对表面粗糙度的函数[3]。对于湍流，这些系数也可以近似从式（1.33）中得到，但只适用于 $10^5 < Re_L < 10^8$ 和 $0 < \varepsilon/L < 10^{-3}$ 的范围（$L = $ 平板的长度）：

$$c_f = \frac{0.136}{\left\{ -\lg\left(0.2 \frac{\varepsilon}{L} + \frac{12.5}{Re_L} \right) \right\}^{2.15}} \quad Re_L = \frac{wL}{\nu} \tag{1.33}$$

对于 $0.01 < Re < Re_{crit}$ 范围内的层流，平板摩擦因数可以式（1.33a）[4]计算得

$$c_f = c_{f,lam} = \frac{2.65}{Re_L^{0.875}} - \frac{2}{8Re_L + 0.016/Re_L} + \frac{1.328}{\sqrt{Re_L}} \tag{1.33a}$$

从层流到湍流的转换发生在临界雷诺数 Re_{crit}，该值取决于湍流强度 T_u 和表面粗糙度。而湍流强度 T_u 为

$$Re_{\mathrm{crit}} = \frac{3 \times 10^6}{1 + 10^4 T_{\mathrm{u}}^{1.7}} \quad 适用于\ T_{\mathrm{u}} < 0.1 \tag{1.33b}$$

式（1.33）、式（1.33a）和图 1.13 提供了长度为 L 的平板的阻力系数。局部阻力系数主要取决于边界层厚度，比其约小 $10\% \sim 30\%$（取决于 Re_{L} 和 L/ε）。宽度为 b 的平板一侧的阻力为

$$F_{\mathrm{w}} = 1/2 \rho w_\infty^2 c_{\mathrm{f}} bL \tag{1.33c}$$

式中，长度为 L 恒定截面的管道中，对式（1.32）在管道湿面上积分得到 $A = \pi DL$ 和耗散功率：

$$P_{\mathrm{d}} = c_{\mathrm{f}} \frac{\rho}{2} w^3 \pi DL \tag{1.34}$$

耗散功率和压力损失与 $P_{\mathrm{d}} = \Delta p_{\mathrm{v}} Q$ 相关。代入 $Q = (\pi/4) D^2 w$ 得到管内压力损失式（1.35）：

$$\Delta p_{\mathrm{v}} = 4 c_{\mathrm{f}} \frac{L}{D} \frac{\rho}{2} w^2 = \lambda_{\mathrm{R}} \frac{L}{D} \frac{\rho}{2} w^2 \tag{1.35}$$

因此，关系式 $\lambda_{\mathrm{R}} = 4 c_{\mathrm{f}}$ 在管道摩擦因数 λ_{R} 和平板摩擦因数 c_{f} 之间成立。式（1.35）也能从式（1.9）给出的动量守恒中得到，由 $(\pi/4) D^2 \Delta p = \pi \tau DL$，结合式（1.31）推导出式（1.35）。

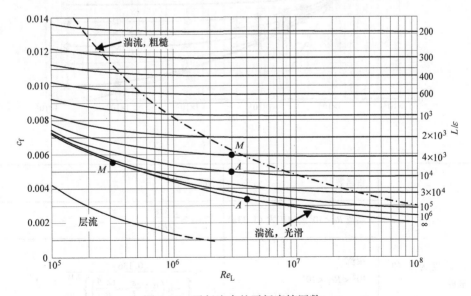

图 1.13　平行流中的平板摩擦因数 c_{f}

管道或管槽中湍流的摩擦因数可以根据式（1.36）计算，也可从表 1.3 中读出。

表 1.3 平板和管道的摩擦损失

	水力直径	$D_h = \dfrac{4A}{U}$	雷诺数	$Re = \dfrac{wD_h}{v}$
管道或管槽 A = 面积 U = 湿周长 L = 长度	层流 $Re < 2300$	$\lambda_R = \dfrac{64}{Re}$		
	湍流，式（1.36） $4000 < Re < 10^8$ $0 < \varepsilon/D_h < 0.05$	$\lambda_R = \dfrac{0.31}{\left\{ \lg\left(0.135\dfrac{\varepsilon}{D_h} + \dfrac{6.5}{Re}\right) \right\}^2}$		
	压降	$\Delta p_v = \lambda_R \dfrac{L}{D_h}\dfrac{\rho}{2}w^2$		

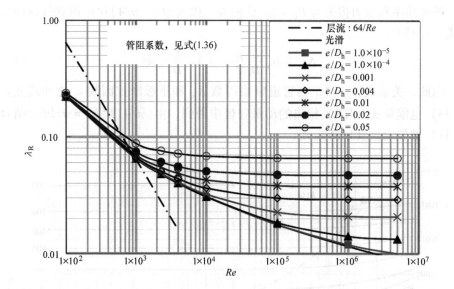

	雷诺数	$Re_L = \dfrac{wL}{v}$	
长度为 L 的 平板	层流 $Re < 10^5$ 或使用式（1.33a）	$c_{f,lam} = \dfrac{1.328}{\sqrt{Re_L}}$	
	湍流 $10^5 < Re_L < 10^8$ $0 < \varepsilon/L < 10^{-3}$	$c_f = \dfrac{0.136}{\left\{ -\lg\left(0.2\dfrac{\varepsilon}{L} + \dfrac{12.5}{Re}\right) \right\}^{2.15}}$	
	宽度为 b 和长度为 L 的平板的 一侧阻力	$F_w = 1/2 \rho w_\infty^2 c_f bL$	
	c_f 是总阻力摩擦因数（局部阻力系数取决于边界层厚度）		

$$\lambda_{\text{R}} = \frac{0.31}{\left\{ \lg\left(0.135 \frac{\varepsilon}{D_{\text{h}}} + \frac{6.5}{Re} \right) \right\}^2} \tag{1.36}$$

其中，$Re = \frac{wD_{\text{h}}}{v}$。

有效范围是：$4000 < Re < 10^8$ 和 $0 < \varepsilon/D_{\text{h}} < 0.05$。式（1.36）可以用于圆形管道（$D_{\text{h}} = D$）和任意横截面的管槽，其中 $D_{\text{h}} = 4A/U$（U 是管槽横截面 A 的湿周长）。它适用于充分发展的流动，即长度 $L/D_{\text{h}} > 50$ 的管道。而对于 $L/D_{\text{h}} < 5$ 的短管槽，最好是根据式（1.33）~式（1.35）使用平板摩擦因数。

式（1.35）只能用来计算通道壁面摩擦产生的压力损失。为了使用该式，必须使用横截面上的平均速度。一般情况下，应使用式（1.32），如计算放置在一个平行流管道中的平板引起的能量损失。在这种情况下，不可能给平板引起的干扰分配特定的流量。

管或平板的摩擦因数适用于流动方向没有压力梯度的流动。如果存在这样的梯度，摩擦因数 c_{f} 必须被耗散系数 c_{d} 修改或取代。在加速流中，更薄的边界层导致 $c_{\text{d}} < c_{\text{f}}$，而 $c_{\text{d}} > c_{\text{f}}$ 适用于较厚边界层的减速流（表 3.8）。

1.5.2　表面粗糙度对摩擦损失的影响

经验表明，表面粗糙度会增加湍流的流动阻力，然而只有当表面粗糙度远超过层流底层时才会发生。在层流中表面粗糙度对阻力没有影响，因为流动在横向没有动量交换。如果所有的粗糙尖峰保持在层流底层内，那么这种流动条件中的壁面被认为是"水力光滑"的，意为摩擦因数的最小值。雷诺数不断增加，边界层厚度减小，允许的表面粗糙度也要下降。如果粗糙尖峰显著大于层流底层的厚度，那么壁面为"水力粗糙的"。涡从粗糙尖峰脱落产生形阻，这是由于与主流发生了动量交换。在完全粗糙区域，损失与雷诺数无关，而是随流动速度的平方而增加。在水力光滑和粗糙的过渡区，高的粗糙尖峰从层流底层突出到湍流区域，只有这些有效的尖峰会增加流动阻力。表 1.4 表示了表面粗糙度极限 ε，分三个区域讨论。

表 1.4　表面粗糙度极限 ε

水力光滑	从光滑向粗糙过渡	水力粗糙
$\varepsilon < \dfrac{100\nu}{w}$	$100 \dfrac{\nu}{w} < \varepsilon < 1000 \dfrac{\nu}{w}$	$\varepsilon > 1000 \dfrac{\nu}{w}$

根据表 1.4，水力粗糙流动条件的极限是从 $Re = 1000L/\varepsilon$ 获得，相应的曲线示于图 1.13。

表 1.4 适用于平板。在缺乏详细的数据时，该表可用于评估其他部件的外部或内部流动。通常这样分析的目的是确定合理的制造精度以便尽量减少损失。上述关

系表明，表面光滑流动必须通过增加流速和（或）降低运动黏度来提高。因为入口处的边界层较薄，所以部件入口的表面粗糙度应该比靠近出口处的低。通常来说泵中的流动比平板平行流动的湍动程度高，泵的表面粗糙度极限往往低于表 1.4 所估计的。对于导叶或蜗壳来说尤其如此。

表面粗糙度导致的阻力增加依赖于粗糙元深度和单位面积上粗糙尖峰的数目或它们之间的距离。在平板和管道中摩擦因数的基本测量是在黏合了沙粒的测试表面进行的。使用不同的沙粒尺寸，可以确定不同粗糙高度对流动阻力的影响，参见文献 ［12］。沙粒黏合在一层漆上，然后再刷一层漆以防止被洗掉，这样就产生了一个规则的表面结构。由此产生的表面粗糙度深度 $\varepsilon_{\max}$ 等于粒径，因为间隙存在于单个颗粒之间。由此确定的表面粗糙度系数只适用于这种特定表面结构，这就是所谓的“沙粒表面粗糙度”ε（通常被称为 k_s）。沙表面粗糙度由沙粒直径 d_s（$\varepsilon \equiv k_s = d_s$）确定。

在水力光滑和水力粗糙之间的过渡区域，这种类型的规则表面粗糙度导致了曲线 $\lambda_R = (Re)$ 中的最小值，这是因为当刷漆颗粒的顶端稍微从层流底层伸出时不会产生明显的形阻。

虽然沙粒粗糙可形成一个均匀的表面结构，但技术表面（即底面，铸造面或机加工面）却具有不规则的表面粗糙度，如具有最大粗糙深度 $\varepsilon_{\max}$（“技术表面粗糙度”）。随着雷诺数增加，边界层厚度减少，更多的粗糙尖峰逐渐穿过层流底层。在这些表面上从水力光滑到完全粗糙区域摩擦因数不断下降，这种情况可见于图 1.13 和表 1.3。对于常规表面结构，粗糙表面在过渡区域不会达到函数 $\lambda_R = (Re)$ 的最小值，因为只有规则表面才能达到此最小值。

根据图 1.14 粗糙深度 $\varepsilon_{\max}$ 是由所有的粗糙波峰和波谷决定的。由于技术表面有效表面粗糙度的测量相当复杂，所以表面标准（如 Rugotest 表面粗糙度）在实际上经常被使用。表面粗糙度由接触表面和与表面粗糙度

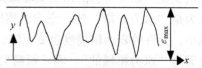

图 1.14 最大粗糙深度 $\varepsilon_{\max}$ 的定义

标本（不同表面粗糙度的板）比较来确定。表面粗糙度被定义为 N1、N2、N3、… 等级。从一个等级到下一个等级表面粗糙度增加为 2 倍。测量的表面粗糙度表征为算术平均表面粗糙度 ε_a（相应于 CLA = 中心线平均或 AA = 算术平均）；ε_a 定义为

$$\varepsilon_a = \frac{1}{L} \int_0^L | y | \mathrm{d}x \tag{1.36a}$$

最大表面粗糙度深度 $\varepsilon_{\max}$ 和算术平均表面粗糙度 ε_a 之间的关系是 $\varepsilon_{\max} = (5 \sim 7) \varepsilon_a$。平均而言，我们可以大致估计：$\varepsilon_{\max} = 6\varepsilon_a$[5]。

如果摩擦因数 λ_R 由测量出的给定粗糙深度的管内压力损失决定，那么等效的沙粒表面粗糙度 ε 可由式（1.36）计算。为了这样分析，定义“等效因子”c_{eq} 为

$$c_{eq} \equiv \frac{\varepsilon_{max}}{\varepsilon} \qquad (1.36b)$$

用等效因子去除任意给定表面的最大表面粗糙度深度 ε_{max}，可以得到等效的沙粒表面粗糙度，此为式（1.36）的基础。

等效因子取决于粗糙结构，即机加工过程和相对于流动方向的粗糙纹理的方向；因此 c_{eq} 可以在很宽范围内变化。如图 1.15 所示，单位面积上粗糙尖峰的数量对等效因子的影响尤其。

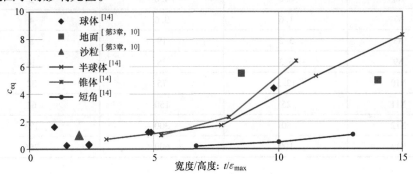

图 1.15　等效因子 c_{eq} 随粗糙密度的变化

为了确定表面粗糙度为 ε_a 或 ε_{max} 的部件的摩擦因数 c_f 或 λ_R，等效沙粒表面粗糙度 ε 必须根据式（1.36c）算得

$$\varepsilon = \frac{\varepsilon_{max}}{c_{eq}} \quad \varepsilon_{max} = 6\varepsilon_a \quad \varepsilon = \frac{6\varepsilon_a}{c_{eq}} \qquad (1.36c)$$

计算出等效沙粒表面粗糙度后，使用式（1.33）和图 1.13 或式（1.36），或表 1.3 来确定摩擦因数。

文献中很少有关于 c_{eq} 的信息。表 1.5 提供了一些数据，也可参见文献［5］。

表 1.5　表面粗糙度等效因子 c_{eq}

粗糙结构	c_{eq}
加工纹理垂直于流动方向	2.6
加工纹理平行于流动方向	5
拉制金属管	2～2.6
光滑的涂层（如油漆）	0.63

表 1.6 给出了标准表面的表面粗糙度 ε_a，由式（1.36c）得到的最大表面粗糙度值 ε_{max} 和等效沙粒表面粗糙度 ε（ε_a 是各个表面粗糙度等级的上限）。

沙粒表面粗糙度和技术表面粗糙度的阻力系数图的区别仅在从光滑到粗糙的过渡区域；因此，在完全粗糙的区域中对于任何给定的 ε/d 值，它们产生相同的阻力系数。为了根据式（1.33）或式（1.36）定义摩擦因数，我们必须使用"技术表面粗糙度"ε。一些实例列于表 1.7 中, 这些值来自测试结果, 可在文献 [3, 6, 14]中找到。

表1.6 表面粗糙度等级

表面粗糙度等级	算术平均表面粗糙度	最大表面粗糙度 (图1.14)	等效沙粒表面粗糙度
	$\varepsilon_a / \mu m$	$\varepsilon_{max} / \mu m$	$\varepsilon / \mu m$
N5	0.4	2.4	1
N6	0.8	4.8	2
N7	1.6	9.6	4
N8	3.2	19	8
N9	6.3	38	16
N10	12.5	75	32
N11	25	150	64
N12	50	300	128
N13	100	600	256

表1.7 等效沙粒表面粗糙度 ε

实例	ε / mm
玻璃、涂料、塑料、拉制金属管, 抛光表面	0.001 ~ 0.002
新的拉制钢管	0.02 ~ 0.1
轻微生锈的拉制钢管	0.15 ~ 1
严重生锈或有沉积物的钢管	1 ~ 3
铸铁管和泵部件	0.3 ~ 1
混凝土管道	1 ~ 3

计算湍流的摩擦损失时, 一个主要的不确定因素是确定物理相关的表面粗糙度, 即如果表面粗糙度被以 2 倍的因子不正确评估, 那么损失计算的不确定度大约为 15% ~ 35%。表面粗糙度对泵效率的影响见 3.10。

垂直于流动方向的规则表面粗糙度会导致旋涡脱落, 从而使得流动阻力大大增加。例如, 锅炉中磁铁矿粉的沉积会显著增加"波纹粗糙", 会使压力损失显著增加, 这种现象也可能发生在有波纹状沉积物的管道中。

1.5.3 涡耗散造成的损失 (形阻)

静压力可以转换成动能, 且不会有大的损失 (加速流)。但将动能转换成静压的逆过程会有较大的损失。这是因为实际流动中速度分布大多不均匀, 并会进一步变形直至减速。非均匀流通过流线间动量交换的湍流耗散产生损失。这种压力损失可称为"形状"或"混合"损失。这些类型的损失会在流经弯曲通道、阀门、支管、导叶、叶轮和涡轮机的压水室中，或在翼型、车辆或任何类型结构的流动中发展。由于复杂的三维流动，该损失不能从理论上预测。要么使用压力损失经验系数来估计（如文献［3，6，11］），要么采用数值方法。表1.2 给出了一些常用部件的压力损失系数。

由于通过动量交换进行混合，流动分离和二次流增加了速度分布的非均匀性和能量损失。流动分离和回流会导致相当高的损失，这是因为尾迹中动能基本为 0，而由于尾迹的堵塞，主流中有大量的动能。为了尽量减少这些类型的能量损失，失速区范围必须尽可能小。

除了完全水力粗糙流动，摩擦损失取决于雷诺数，如形状损失（混合损失）在 $Re > 10^4$ 情况下的完全湍流中，通常表现不明显。另外，对于分离位置的结构，即尾迹范围也取决于雷诺数，这方面的例子主要是球体或圆柱体的绕流；而在钝体或锋利边缘的流动分离中，失速的发生大多又与雷诺数无关。

不均匀速度分布导致的混合损失是泵特别是高比转速泵中能量损失的主要原因。而这又是很难从理论上预测的损失。

管流中非均匀流总是比均匀流包含更多的动能（假设相同的流量和横截面）。只有小部分非均匀和均匀流之间的动能差可以被回收为有用功，因为动能损失对所有混合过程都是固有的（混合增加熵）。

非均匀向均匀速度分布的转变可近似由能量和动量守恒定律计算，也可参考1.2.3 中突扩管的计算，即式（1.11）和式（1.12）。为此，可以考虑如图 1.16 所示的具有恒定截面的通道，该通道入口处具有非均匀的速度分布。假设通道是直的，这意味着在通道横截面上静压 p_1 是不变的（见 1.4.1）。经过一段必要的距离后，得到压力 p_2 和均匀速度 c_{av}；从连续性式（1.2）中获得 c_{av}，通过 $dQ = cdA$ 和 $c_{av} = Q/A = \int cdA/A$。以下都没有考虑摩擦的影响［这些都必须从式（1.32）~ 式（1.34）中估算］，即对于控制面 1 和面 2，根据式（1.10）动量守恒得

$$p_2 A + \rho Q c_{av} - \int p_1 dA - \rho \int c dQ = 0$$

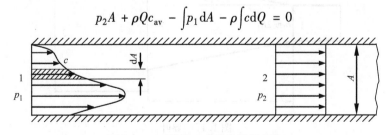

图 1.16　不均匀速度分布的均衡化

由于动量交换产生的压力补偿系数为

$$c_p \equiv \frac{p_2 - p_1}{\frac{\rho}{2} c_{av}^2} = 2 \left\{ \int \left(\frac{c}{c_{av}} \right)^2 \frac{dA}{A} - 1 \right\} \tag{1.37}$$

指定混合损失为 Δp_{mix}，可从能量守恒式（1.7）中得到式：$\int (p_1 + \frac{\rho}{2} c) \mathrm{d}Q = (p_2 +$

$\frac{\rho}{2} c_{\mathrm{av}} + \Delta p_{\mathrm{mix}}) Q$。从而式（1.37）中的损失系数变为

$$\zeta_{\mathrm{mix}} \equiv \frac{\Delta p_{\mathrm{mix}}}{\frac{\rho}{2} c_{\mathrm{av}}^2} = \int \left(\frac{c}{c_{\mathrm{av}}}\right)^3 \frac{\mathrm{d}A}{A} - c_{\mathrm{p}} - 1 \tag{1.38}$$

式（1.37）和式（1.38）在整个通道横截面上积分后可用来估算。如果速度恒定为 c_1 和 c_2 的两种（或多种）流体混合的话，可以用求和代替积分。在 CFD 计算中是对控制面上的所有网格单元进行求和。

1.6 导叶

导叶起到减速的作用，从而将动能转换成势能（或静压能）。因此这种扩压元件是泵非常重要的组成部分。考虑建立图 1.17 中的导叶，入口和出口的横截面分别被称为 1 和 2。假设一个组件被布置在导叶的下游。将水力损失纳入考虑范围，因为经常需要优化 1 和 3 之间的整体系统。首先将伯努利方程，即式（1.7）应用于截面 1 和 2 之间的实际扩压段。引入压力损失系数 ζ_{1-2}，式（1.7）就可以被求解获得导叶中静压的上升，有式（1.39）：

$$\frac{p_2 - p_1}{\frac{\rho}{2} c_1^2} = 1 - \frac{c_2^2}{c_1^2} - \frac{\Delta p_{\mathrm{v},1-2}}{\frac{\rho}{2} c_1^2} = 1 - \frac{1}{A_{\mathrm{R}}^2} - \zeta_{1-2} \tag{1.39}$$

式中，$A_{\mathrm{R}} = A_2/A_1$ 为导叶的面积比（或减速比）。

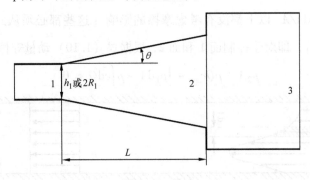

图 1.17 导叶

导叶中的压力恢复通常被表征为一个无量纲系数 c_{p}

$$c_{\mathrm{p}} \equiv \frac{p_2 - p_1}{\frac{\rho}{2} c_1^2} = 1 - \frac{1}{A_{\mathrm{R}}^2} - \zeta_{1-2} = c_{\mathrm{Pid}} - \zeta_{1-2} \tag{1.40}$$

式中，$c_{Pid} = 1 - 1/A_R^2$ [⊖] 为理想情况下（无损耗）导叶中的压力恢复。

实际导叶中的压力恢复无法从理论上计算，因为存在不可避免的能量损失，可用 $\Delta p = 1/2\rho\zeta c^2$ 来描述。有必要借助图 1.18 所示的平面导叶和图 1.19 所示的锥形导叶的测试结果。这些图展示了 c_p 作为参数的曲线簇，其中面积为纵坐标，导叶的长度为横坐标。曲线 c_p^* 提供了指定长度导叶的最佳面积比，而 c_p^{**} 提供了给定面积比的最佳长度。这些最佳值对应于给定约束条件下导叶的最大压力恢复。

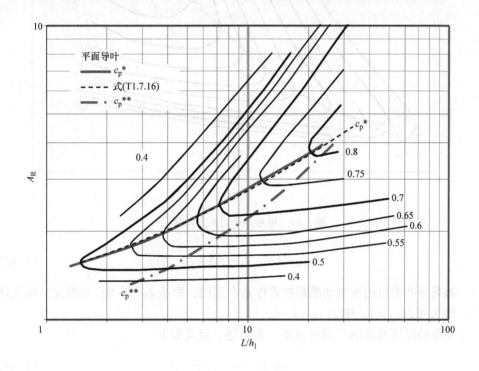

图 1.18　平面导叶的压力恢复（入口边界层堵塞 1.5%）[13]

图 1.18 和图 1.19 适用于直导叶。弯曲导叶中的压力恢复较低（见文献 [17] 中的测量）。

如果指定了一定的减速比，根据图 1.18 和图 1.19 能够确定最大压力恢复所需的导叶长度。实际中，导叶通常被设计为指定长度，使得 $A_R < 3$。

通常情况下，需要一起优化导叶及其下游部件，它们之间的压力损失可用式（1.41）来描述：

$$\Delta p_{v,2-3} = \zeta_{2-3}\frac{\rho}{2}c_2^2 \tag{1.41}$$

因此，下面的损失系数是对应于截面 1 和 3 之间的系统的，即

⊖　在先前的版本中，纵坐标为 $(A_R - 1)$，而不是现在的 A_R。

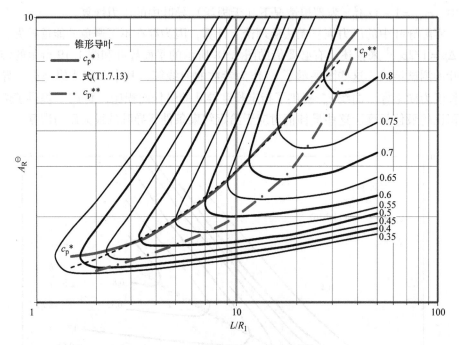

图 1.19 锥形导叶的压力恢复[10]

$$\zeta_{1-3} = 1 - c_p - \frac{1}{A_R^2}(1 - \zeta_{2-3}) \tag{1.42}$$

如果导叶出口的所有动能都被算作是有用的,那么 $\zeta_{2-3} = 0$;如果完全损失掉了,那么有 $\zeta_{2-3} = 1$,则 $\zeta_{1-3} = 1 - c_p$。

导叶的好坏通常由"导叶效率"来描述,定义如下:

$$\eta_D \equiv \frac{c_p}{c_{Pid}} = \frac{c_p}{1 - \frac{1}{A_R^2}} \tag{1.43}$$

正如 1.3(图 1.4)所述,当流体相对于正压梯度流动时,边界层厚度随着流动路径长度的增加而增加。过度的流动减速会导致流动从壁面分离。根据减速的幅度,导叶中可分为 4 种流态,如图 1.20 所示[8,B.3]。

1)通过式(1.44)或 $a-a$ 曲线定义的减速流是附着流动,如图 1.20 中 A 所示。

2)如果边界层超过一定厚度,会发生局部间歇性失速,如图 1.20 中 B 所示。

3)随着更大程度的减速,流动在一侧完全分离,如图 1.20 中 C 所示。

4)最后,通道壁面过度发散,在两侧都发生流动分离,流动像射流一样射过导叶,如图 1.20 中 D 所示。

⊖ 在先前的版本中,纵坐标为 $(A_R - 1)$,而不是现在的 A_R。

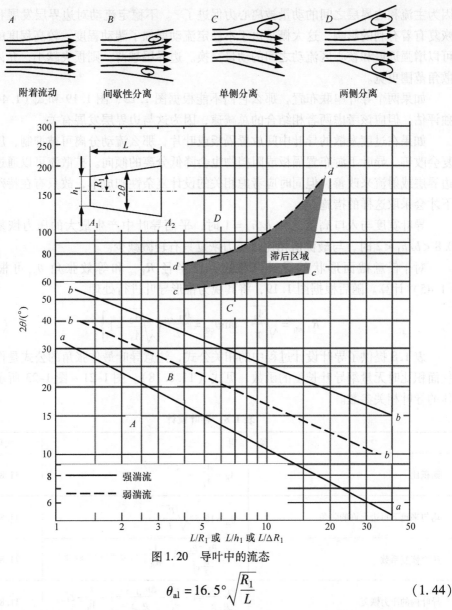

图 1.20　导叶中的流态

$$\theta_{\mathrm{al}} = 16.5° \sqrt{\frac{R_1}{L}} \qquad (1.44)$$

根据式（1.44）所得到的可允许的扩散角仅适用于良好的入流条件。要认识到可允许的扩散角绝不是一个通用的常数，但它严格取决于导叶的长度。流动路径的长度对边界层厚度的发展和失速有很大的影响。此外，导叶中的流动很大程度上取决于在入口的条件，因为速度分布、边界层厚度和湍流决定了导叶中边界层的发展。入口处的边界层越薄，湍动程度越高，则导叶中的损失和失速倾向越低。厚边界层不利于扩散流，会导致过早的失速。在长管或因上游弯曲导致的非均匀速度分布中会产生厚的边界层。相反地，导叶入口的旋流对导叶的性能有着有利的影响，因为主流和边界层之间的动量被离心力促进了[一]。不稳定流动对边界层发展和压力恢复有着有利的影响，这大概是由于不稳定流动增加了湍动程度。较高程度的湍流可以增强近壁和核心区流动之间的动量交换。边界层越薄，则损失越小，允许的扩散角范围更宽。

如果两个导叶串联布置，那么它们不能根据图 1.18、图 1.19 和式 (1.44) 单独评估。但应该考虑两者相结合的总减速，因为这与边界层发展有关。

如果在过度发散的导叶中间放置隔板或叶片，那么流动分离可被抑制，压力恢复会改善。导叶下游布置隔板或阻挡物也会降低分离的倾向。扩散流可以通过优化边界层或射流来改善，但同时应考虑相关的设计复杂性和成本，故只有在特殊情况下才会采取这样的措施。

导叶宽度与入口高度之比 $b/h_1 = 1$ 时，平面导叶中产生最大的压力恢复。当 $0.8 < b/h_1 < 2$ 时，与最优值相比，压力恢复只有轻微减少。

对于任意截面形状的导叶，等效入口半径 $R_{1,\mathrm{eq}}$ 和等效张角 θ_{eq} 可根据式 (1.45) 计算。随后根据图 1.19，将其视为锥形导叶进行处理。

$$R_{1,\mathrm{eq}} = \sqrt{\frac{A_1}{\pi}} \quad \tan\theta_{\mathrm{eq}} = \frac{R_{1,\mathrm{eq}}}{L}\left\{\sqrt{\frac{A_2}{A_1}} - 1\right\} \tag{1.45}$$

表 1.8 提供了导叶设计过程中的相关公式，注意导叶最佳张角的公式是作为最优面积比时无量纲导叶长度的函数，见式 (T1.8.18)。图 1-21 ~ 图 1-23 所示为最佳的导叶相关参数。

表 1.8 导叶设计

说 明		式号
面积比	$A_{\mathrm{R}} = \dfrac{A_2}{A_1}$	T1.8.1
均匀来流下每边允许的张角	$\theta_{\mathrm{al}} = 16.5° \sqrt{\dfrac{R_1}{L}}$	T1.8.2
压力恢复系数	$c_{\mathrm{p}} = \dfrac{p_2 - p_1}{\dfrac{\rho}{2}c_1^2} = 1 - \dfrac{1}{A_{\mathrm{R}}^2} - \zeta_{1-2} = c_{\mathrm{Pid}} - \zeta_{1-2}$	T1.8.3
导叶内的压力恢复	$\dfrac{p_2 - p_1}{\dfrac{\rho}{2}c_1^2} = 1 - \dfrac{c_2^2}{c_1^2} - \dfrac{\Delta p_{v,1-2}}{\dfrac{\rho}{2}c_1^2} = 1 - \dfrac{1}{A_{\mathrm{R}}^2} - \zeta_{1-2}$	T1.8.4
出口能量有用时导叶内的压力损失	$\zeta_{1-2} \equiv \dfrac{\Delta p_{\mathrm{v}}}{c_1^2 \dfrac{\rho}{2}} = 1 - c_{\mathrm{p}} - \dfrac{1}{A_{\mathrm{R}}^2}$	T1.8.5
导叶内的压力损失加出口压力损失	$\zeta_{1-3} \equiv \dfrac{\Delta p_{\mathrm{v}}}{c_1^2 \dfrac{\rho}{2}} = 1 - c_{\mathrm{p}} - \dfrac{1}{A_{\mathrm{R}}^2}(1 - \zeta_{2-3})$	T1.8.6

一 如从蜗壳流出后进入导叶流道内的流动，参见 7.8.2。

（续）

说　明		式号
从导叶流入到增压室时的压力损失（出口速度能量耗散）	$\zeta_{1-2} \equiv \dfrac{\Delta p_{\mathrm{v}}}{\rho \dfrac{c_1^2}{2}} = 1 - c_{\mathrm{p}}$	T1.8.7
平板导叶	$c_{\mathrm{p}} = f\left(A_{\mathrm{R}},\ L/h_1\right)$（图 1.18）	T1.8.8
锥形导叶	$c_{\mathrm{p}} = f\left(A_{\mathrm{R}},\ L/R_1\right)$（图 1.19）	T1.8.9
任意导叶	$c_{\mathrm{p}} = f\left(A_{\mathrm{R}},\ L/R_{1,\mathrm{eq}}\right)$（图 1.19）	T1.8.10
当量进口半径	$R_{1,\mathrm{eq}} = \sqrt{\dfrac{A_1}{\pi}}$	T1.8.11
当量张角	$\tan\theta_{\mathrm{eq}} = \dfrac{R_{1,\mathrm{eq}}}{L}\left\{\sqrt{\dfrac{A_2}{A_1}} - 1\right\}$	T1.8.12
锥形导叶		
给定导叶长度的最佳面积比	$A_{\mathrm{R,opt}} = 1.05 + 0.184\dfrac{L}{R_{\mathrm{eq}}}$	T1.8.13
导叶中最佳的压力分布	$c_{\mathrm{p,opt}} = 0.36\left(\dfrac{L}{R_{\mathrm{eq}}}\right)^{0.26}$	T1.8.14
导叶的最佳每边张角	$\theta_{\mathrm{opt}} = \arctan\left\{\dfrac{R_{\mathrm{eq}}}{L}\left(\sqrt{A_{\mathrm{R,opt}}} - 1\right)\right\}$	T1.8.15
平板导叶		
给定导叶长度的最佳面积比	$A_{\mathrm{R,opt}} = 1.0 + 0.45\left(\dfrac{L}{h_1}\right)^{0.588}$	T1.8.16
导叶的最佳压力分布	$c_{\mathrm{p,opt}} = 0.46\left(\dfrac{L}{h_1}\right)^{0.19}$	T1.8.17
导叶的最佳每边张角	$\theta_{\mathrm{opt}} = \arctan\left\{\dfrac{h_1}{2L}\left(A_{\mathrm{R,opt}} - 1\right)\right\}$	T1.8.18

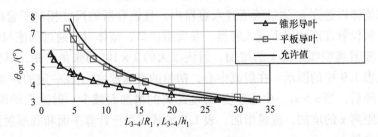

图 1.21　最佳的导叶张角

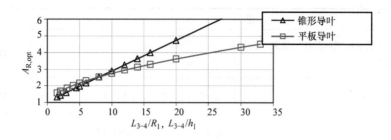

图 1.22　最佳的导叶面积比

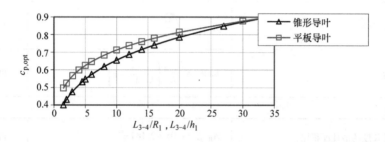

图 1.23　最佳的导叶压力恢复系数

1.7　淹没射流

当液体或气体以有限的速度进入充满液体的腔室时会产生"射流"。射流和静态介质之间的相互作用在许多应用中是相关的。可区分为：①带有液体/气体界面的流体射流（如喷泉）；②无相界面的射流，即气－气或液－液，称为"淹没射流"，如空气进入房间；水通过喷嘴或管道进入容器（假如射流充分淹没在液面以下）。

淹没射流与腔室中流体的混合对于管道弯道处，以及试验台凹陷和吸液箱（见 11.7.3）或叶轮入口上游环形密封泄漏的评估有意义。

考虑流体以速度 c_0 通过管道进入容器内，且该容器的尺寸相对于管的直径 d_0 足够大。假设管在液面以下通入容器。在管道出口，流体射流通过湍流与容器内部分混合。随着离喷嘴距离 x 的增加，射流以大约 $2 \times 10^\circ$ 的张角扩张，其速度逐渐下降，见表 1.9 中的图示。在射流中心，初始的喷嘴速度 c_0 在一定的距离 x_1 内保持不变。随后，当 $x > x_1$ 时，中心速度 c_m 随距离的增加而减少。射流带动周围流体，因此随着距离 x 的增加，流量增加。表 1.9 的式可用于计算平面和圆形射流的扩张和速度减少量。

表 1.9　淹没射流

适用于：$Re = \dfrac{d_o c_o}{v} > 3000$，$10 < \dfrac{x}{r_o} < 200$

说　明		平面射流	圆形射流	式号
中心长度 $c_m = c_o$		$x_1 = 12b_o$	$x_1 = 10r_o$	T1.9.1
中心线速度	只适用于 $X > X_1$	$c_m = 3.4c_o\sqrt{\dfrac{b_o}{x}}$	$c_m = 12\dfrac{r_o}{x}c_o$	T1.9.2
速度分布		$c = c_m e^{-57\left(\frac{y}{x}\right)^2}$	$c = c_m e^{-94\left(\frac{r}{x}\right)^2}$	T1.9.3
在射流的中心线速度下降50%的宽度或半径		$b_{50} = 0.11x$	$r_{50} = 0.086x$	T1.9.4
射流中产生的体积流量；最初流量是 Q_o		$Q = 0.44Q_o\sqrt{\dfrac{x}{b_o}}$	$Q = 0.16\dfrac{x}{r_o}Q_o$	T1.9.5

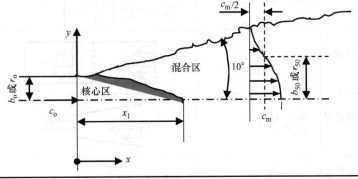

1.8　非均匀速度分布的均衡化

　　如果速度分布不均匀的流体遇到通道横截面上均匀分布的流阻（如多孔挡板或过滤网），那么流阻下游的速度差会降低。均衡机制可以定性地解释如下：流阻导致的局部压力损失为 $\Delta p(y) = 1/2\rho\zeta_A c$ ［局部速度：$c = f(y)$］。这将导致通道宽度 y 上的压力是不均匀的。然而在直线流动中横截面上的静压必须是相等的（见 1.4.1）。由于这个原因产生了交叉流动，并在其作用下使速度分布变得趋于平滑。

　　非均匀的速度分布也可以通过加速流动来均衡化。这种效应很有优势，尤其是在设计多级或双吸泵径向入口室时，见 7.13。出于同样的原因，为了改善叶轮入口来流的速度分布，立式泵中流体通过吸入喇叭嘴或加速弯管进入到叶轮中，加速流中的速度波动也会相应减少。因此，流动加速减少了湍流强度。因此高速喷嘴有时也被用于产生具有湍流强度非常低的流动。

速度的降低量可以根据表 1.10 给出的公式来估计。为了推导这些公式，伯努利方程被应用于入口截面 A_1 和出口截面 A_2 之间，在一个虚构的流线 $c_{1\max} = c_q + \Delta c_1$ 和另一流线 $c_{1\min} = c_q - \Delta c_1$ 上[16]。因为推导时忽略了交叉流动，表 1.10 中的公式只是近似计算。

速度过大的流线在流阻上游被减速；这种影响随流阻的损失系数 ζ 的增加而增加。因此，每个流阻不应超过 $\zeta \approx 1$。串联安装多个流阻比安装一个大的流阻更易达到最佳的均衡效果。

为使速度均衡，可考虑安装多孔板、导流筛、板或其他可以产生相对均匀的湍流结构，其效果好坏取决于所使用的滤网尺寸。

表 1.10　通过流阻或加速实现非均匀速度分布的均衡

说　　明			式号
平均流速和压降	$c_q = \dfrac{Q}{A}$		$\Delta p = \dfrac{\rho}{2} \zeta_A c_q^2$	T1.10.1
局部过量速度	$\Delta c_1 \equiv c_{1\max} - c_q$ $\Delta c_2 \equiv c_{2\max} - c_q$	$\dfrac{c_{2,\max}}{c_q} = 1 + \dfrac{\Delta c_2}{\Delta c_1}\left\{ \dfrac{c_{1,\max}}{c_q} - 1 \right\}$	T1.10.2
流阻导致的过量速度的降低	$\dfrac{\Delta c_2}{\Delta c_1} = \dfrac{1}{(1 + \zeta_A)^n}$		T1.10.3
加速流导致的过量速度的降低	$\dfrac{\Delta c_2}{\Delta c_1} = \dfrac{A_2}{A_1}$		T1.10.4
与平均速度 c_q 相关的压力损失系数 ζ_A	$\zeta_A = \zeta \dfrac{A_2^2}{A_1^2} = \dfrac{\zeta}{f^2}$	（表 1.11） $f \equiv \dfrac{A_1}{A_2}$	T1.10.5

注：1. 下标 1 表示入口，2 表示出口。

2. n 为串联流阻的数量。

3. 表 1.2 给出的用于锋利边缘或圆形厚孔板的压力损失系数也可以应用于多孔板、导流筛等类似的部件。注意：表 1.2 中的流阻系数与喉部面积有关；这些系数必须由式（T1.10.5）转换，以得到与平均速度相关的值。

1.9　并行管路及管网中的流量分布

一般管网是由各种仪器，配件和阀门串联和/或并联连接组成。为了计算（表 1.11）任何复杂的网络，可以做出一个流程示意图，描绘所有并联或串联的流阻组件。每个组件都由压力损失系数 ζ_i 和横截面 A_i 来描述，这样任何组件的压力损失为 $\Delta p_i = 1/2 \rho \zeta_i (Q_i/A_i)$。

如果组件被串联连接，那么流经每个组件的流量 Q 相同；所有组件的压力损失加起来得到系统的压力损失，即 $\Delta p = \sum \Delta p_i$。为串联管网的所有部件选择任意一个参考截面 A_{RS}，那么根据式（T1.11.1）位于所考虑管网分支的部件可以被融合到流阻 ζ_{RS} 中。

并联连接的所有部件都受到相同的压力差，各个流量 Q_i 相加得到总流量 $Q = \sum Q_i$。根据式（T1.11.5）各个截面的总和被选择为参考截面。根据这些关系，可以由式（T1.11.8）计算出系统或子系统的阻力系数 ζ_{PS}。随后可以确定每个并联支路的流量（表 1.11）。

对于所有这些计算，必须保证阻力系数是为每一种情况下所使用的参考速度定义的（即 ζ_1 对应于 Q_1/A_1）。

表 1.11 中给出的方法不仅可用于管道系统的计算，而且有更普遍的意义。如果压力差是给定的，那么联合表 1.11 得到的串联流动阻力可以求得想要的流量值。如根据表 3.7 和式（T3.7.6）可以计算出一个阶梯式环形密封的泄漏流流量。

表 1.11 还可以被用来估算叶轮中的流量分配到双蜗壳单个通道中的比例，依据各个通道不同的流阻，见 7.8.2。

表 1.11 管网的计算

说明		式号
串联连接管段：所有管段或组件具有相同的流量 Q	$\Delta p = \sum \Delta p_i$	
产生的总流阻	$\zeta_{RS} = \sum_i \zeta_i \left(\dfrac{A_{RS}}{A_i}\right)^2$ 　　　A_{RS} 为选择的参考截面	T1.11.1
单个管段或组件的压降	$\Delta p_i = \dfrac{\rho}{2} \zeta_i \left(\dfrac{Q}{A_i}\right)^2$	T1.11.2
总压降	$\Delta p = \dfrac{\rho}{2} \zeta_{RS} \left(\dfrac{Q}{A_{RS}}\right)^2$	T1.11.3
给定（强加）压降 Δp 的流量	$Q = A_{RS} \sqrt{\dfrac{2\Delta p}{\rho \zeta_{RS}}}$	T1.11.4
并联管路：所有管段或部件都有相同的压降，所有分流量的和等于总流量	$\Delta p = \Delta p_i$	

（续）

说明		式号
参考截面	$A_{PS} = \sum A_i$	T1. 11. 5
总流量	$Q = \sum Q_i$	T1. 11. 6
单个管段或组件的压降	$\Delta p = \dfrac{\rho}{2} \zeta_1 \left(\dfrac{Q_1}{A_1} \right)^2 = \cdots = \dfrac{\rho}{2} \zeta_i \left(\dfrac{Q_i}{A_i} \right)^2$	T1. 11. 7
总流阻	$\zeta_{PS} = \dfrac{1}{\left\{ \sum \dfrac{A_i}{A_{PS} \sqrt{\zeta_i}} \right\}^2}$	T1. 11. 8
总压降	$\Delta p = \dfrac{\rho}{2} \zeta_{PS} \left(\dfrac{Q}{A_{PS}} \right)^2$	T1. 11. 9
给定的（强加的）压降 Δp 的流量	$Q = A_{PS} \sqrt{\dfrac{2\Delta p}{\rho \zeta_{PS}}}$	T1. 11. 10
通过单个（并联）管段的流量	$\dfrac{Q_i}{Q} = \dfrac{A_i}{A_{PS}} \sqrt{\dfrac{\zeta_{PS}}{\zeta_i}}$	T1. 11. 11

参 考 文 献

[1] Ackeret, J.: Aspects of internal flow. In: Fluid Mechanics of Internal Flow. Elsevier Science, Amsterdam (1967)

[2] Albring, W.: Angewandte Strömungslehre, 6th edn. Akademie, Berlin (1990)

[3] Blevins, R.D.: Applied Fluid Dynamics Handbook. Van Nostrand Reinhold, New York (1984)

[4] Churchill, S.W.: Viscous Flows. The practical use of theory. Butterworth Ser Chem Engng (1988), ISBN:0-409-95185-4

[5] Grein, H.: Einige Bemerkungen über die Oberflächenrauheit der benetzten Komponenten hydraulischer Großmaschinen. Escher Wyss Mitteilungen (1975), Nr. 1, pp. 34–40

[6] Idelchick, I.E.: Handbook of Hydraulic Resistance, 3rd edn. CRC Press, Boca Raton (1994)

[7] Johnson, R.W.: The Handbook of Fluid Dynamics. CRC Press LLC, Boca Raton (1998)

[8] Kline, S.J.: On the nature of stall. ASME J. Basic. Engng. **81**, 305–320 (1959)

[9] Knauss, J. (Hrsg): Swirling Flow Problems at Intakes. IAHR Hydraulic structures design manual. AA Balkema, Rotterdam (1987), ISBN:90 6191 643 7

[10] McDonald, A.T., Fox, R.W.: An experimental investigation of incompressible flow in conical diffusers. Int. J. Mech. Sci. **8**, 125–139 (1966)

[11] Miller, D.S.: Internal Flow Systems, 2nd edn. BHRA, Cranfield (1990)

[12] Nikuradse, J.: Strömungsgesetze in rauhen Rohren. VDI Forschungsheft **361** (1933)

[13] Reneau, L.R., et al.: Performance and design of straight, two-dimensional diffusers. ASME J. Basic. Engng. **89**, 141–150 (1967)

[14] Schlichting, H.: Grenzschicht-Theorie, 8th edn. Braun, Karlsruhe (1982)

[15] Siekmann, H.E.: Strömungslehre Grundlagen. Springer, Berlin (2000)

[16] Siekmann, H.E.: Strömungslehre für den Maschinenbau. Springer, Berlin (2000)

[17] Sprenger, H.: Experimentelle Untersuchungen an geraden und gekrümmten Diffusoren. Diss. ETH Zürich (1959)

[18] Truckenbrodt, E.: Fluidmechanik, 4th edn. Springer, Berlin (1996)

[19] White, F.M.: Fluid Mechanics, 2nd edn. McGraw Hill, New York (1986)

第 2 章 离心泵的分类和性能参数

某一确定转速下的泵性能可以通过输送流体的流量、扬程、消耗的功率、效率和汽蚀余量等参数来描述。市场上的离心泵多种多样，其类型主要取决于其用途，但都至少有一个叶轮和一个用来将叶轮出口的大部分动能转换为压能的压水室。不同形式的叶轮、导叶、蜗壳和吸入室可用于构造径流、混流、轴流、单级、多级等形式的离心泵及立式、卧式安装的离心泵，以满足特定的用途和需求。

2.1 构成、原理及分类

离心泵是通过对一定体积流量的流体做功，使其压力提高到指定压力的方式，实现液体输送的叶轮机械。叶轮机械中能量的传递是基于流体动力学过程的，其特征在于所有的压强和能量差都与转子的平方成正比。相比之下，容积泵（如活塞泵）在确定的流动速度或转速情况下，每个冲程具有相同的体积 V_{stroke}，那么总流量为 $Q = nV_{\text{stroke}}$；压力的上升仅仅是由于活塞压力面挤压而产生的。

如图 2.1 所示，离心泵主要是由泵壳、轴承座、泵轴和叶轮组成的，被输送的液体通过吸入口流入安装在轴上由电动机驱动的悬臂式叶轮。叶轮提供输送液体所需的能量，同时使液体在圆周方向上加速。由于流体沿着曲线路径流动，所以其静压和动压会有所增加（见1.4.1）。为了尽可能利用叶轮出口的动能以增大静压，从叶轮流出的液体在蜗壳或导叶内减速，因此一般将导叶设计为开放型喷嘴的形式。

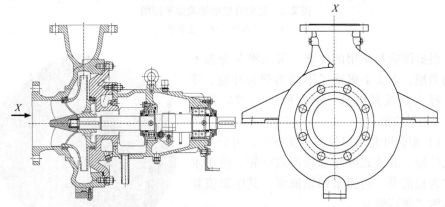

图 2.1 带有轴承架的单级蜗壳式泵

轴封（如填料密封或机械密封）是为了防止液体泄漏到外部环境或轴承座中（图 2.1 未表示出轴封）。如图 2.1 所示，可以通过在叶轮进口增设诱导轮来改善吸入性能（见7.7），但在大部分应用中都不使用诱导轮。

叶轮进口口环处和泵壳之间形成一个狭窄的环形密封，通过该密封间隙部分泄漏流从叶轮出口回流到进口。叶轮后盖板上的后口环与泵体形成第二个环形密封，该处间隙使得作用在叶轮前盖板和后盖板的轴向力平衡。经过该密封间隙处的泄漏流将通过位于后盖板上的"轴向力平衡孔"回流到叶片进口处。

叶轮由轮毂、后盖板和流体间传递能量的叶片及前盖板组成。半开式叶轮一般是不存在前盖板结构的。

图2.2为叶轮的轴面投影图和平面投影图。在相同半径处，旋转叶轮叶片的工作面相对背面承受更高压力，因此工作面被称为压力面或压力侧，背面具有较低压力被称为吸力面或吸力侧。从叶轮吸入口方向看叶轮内部时可看到吸力面，因此背面也被称为"可见叶片面"或"下叶片面"；而从叶轮吸入口看不见压力面，被称为"上叶片面"，对于一些含糊不清的叫法应该避免。在图2.2中还定义了叶片进水边为LE，出水边为TE。图2.3是通过3D – CAD程序设计的叶轮（移除了前盖板）。

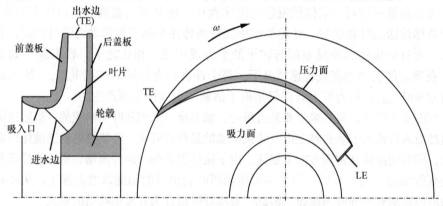

图2.2　径向叶轮的轴截面平面图

LE—进水边　TE—出水边

根据性能和应用的要求，可以将泵分为不同的类型。表2.1概括了不同类型的叶轮、导叶、吸入室及其组合。下列的1）~ 7）是与表2.1相对应的。

1）根据叶轮出口处的流动方向，可分为径流式叶轮、混流式叶轮和轴流式叶轮，使用术语称为径流泵，斜流泵和轴流泵，其中轴流泵又称为"螺旋桨泵"。

2）带有前盖板的叶轮称为"闭式叶轮"，无前盖板的叶轮称为"半开式叶轮"，在后盖板处有大切口的叶轮称为"开式叶轮"。

图2.3　$n_q = 85$ 的径向叶轮三维模型

（苏尔寿泵业）

表 2.1 泵组件及特点

组件或特点	径向	斜向	轴向
叶轮形式，特点，叶轮出口流动方向	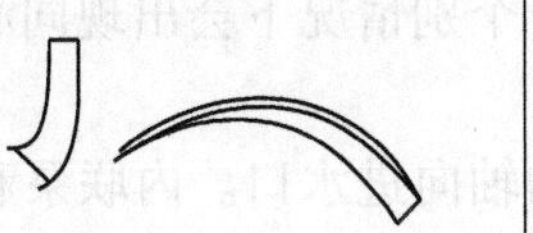	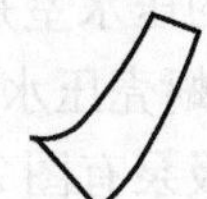	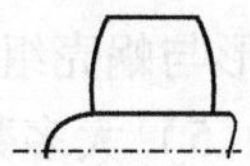
叶轮类型	闭式 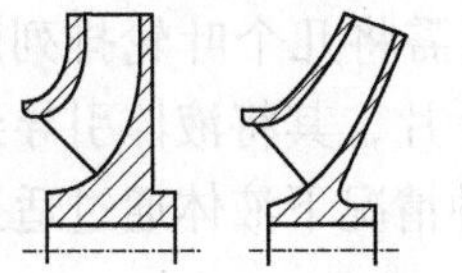	开式 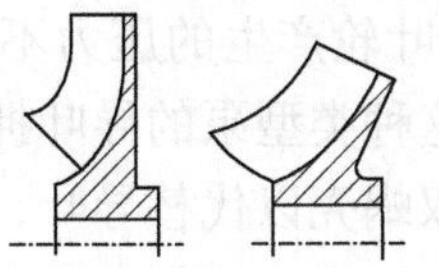	半开式 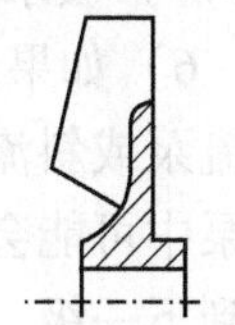
导叶，特点，导叶进口的流动方向	径向 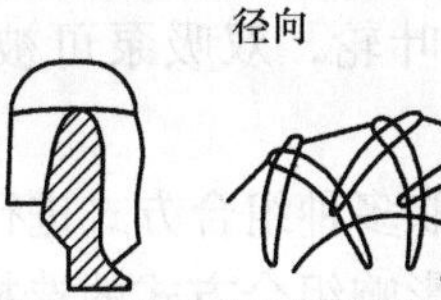	斜向 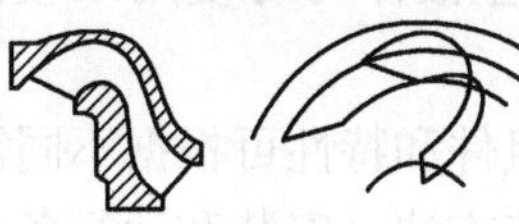	
压水室	单蜗壳 双蜗壳 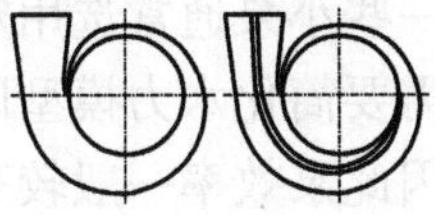	环形压水室 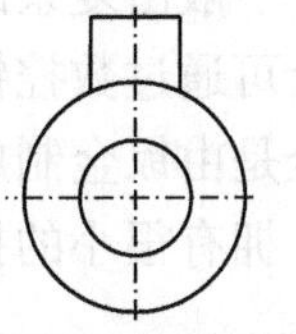	准环形压水室 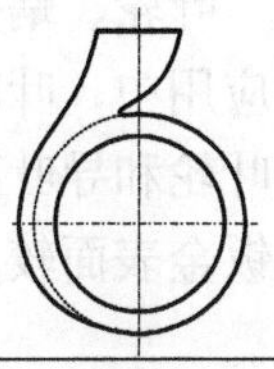
吸入室	环形吸入室 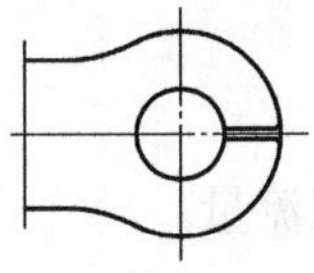	对称型吸入室 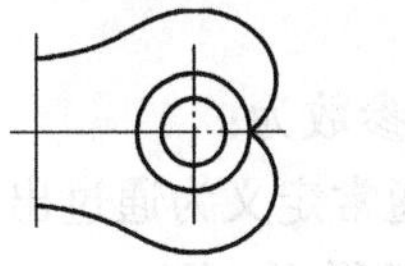	非对称型吸入室 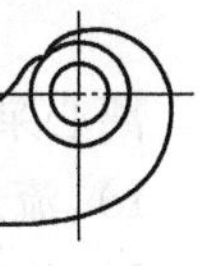
串列叶轮，多级泵	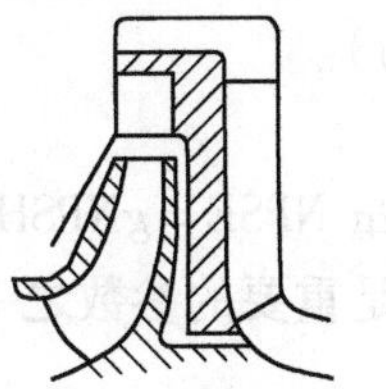	多级斜流泵，如图 2.14 所示	
并列叶轮，双吸叶轮	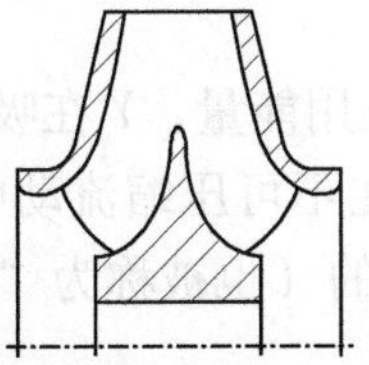 单级	多级双吸泵，如图 2.13 所示	

3）根据压水室进口的流动方向，分为径流式、混流式和轴流式压水室，其中无叶式压水室很少使用。

4）单级泵中最常见的压水室是蜗壳，个别情况下会出现同心形状压水室，或环形与蜗壳组合而成的半蜗壳压水室。

5）大多数的单级单吸泵有图2.1中的轴向进水口。内联泵和轴承间的叶轮需要径向进水口（图2.4～图2.12），立式泵通常是通过吸入喇叭口（也简称为"喇叭口"）吸水。

6）如果由一个叶轮产生的压力不够，则需将几个叶轮排列起来组成"多级"径流泵或斜流泵。这种类型泵的导叶拥有反叶片，其将液体引导到下一级叶轮。多级泵中可能会配有双蜗壳以代替导叶，在这种情况下液体通过适当形状的通道被引导到下一级。

7）当输送大流量液体时可使用双吸式径向叶轮，双吸泵可被制造为单级或多级。

表2.1所示的组件和特性可根据不同需求采取多种组合方式进行优化，性能参数、设计规范、制造方法、安装和运行条件都会影响组合方式的选择。

叶轮、蜗壳和导叶一般由复杂的三维曲面构成，通常采用铸件制造。在一些特殊应用中，叶轮和导叶可通过数控铣削加工。一些小泵通常选用塑料材料制造，有些叶轮和导叶甚至完全是由钣金制成的。尽管需要简化水力模型以便于制造，但由于钣金表面较为光滑，拥有很小的排挤系数，因此泵效率一般较高。

2.2　性能参数

离心泵的性能参数为：

1）流量 Q，通常定义为通过出口的有效体积流量。

2）比功 Y 或扬程 $H = Y/g$。

3）泵联轴器处所消耗的功率 P（制动马力）。

4）泵联轴器处的效率 η。

5）泵进口的净正吸头 NPSH，或净正吸能量 NPSE $= g$NPSH。

除了以上性能参数，泵转子的转速 n 是也是重要的参数之一。

2.2.1　比功和扬程

比功 Y 是单位质量流体通过泵传输的总有用能量，Y 在吸入口和排出口之间测量，Y 等于总的有用的（等熵）焓增 Δh_{tot}。在不可压缩流动中，$Y = \Delta h_{tot} = \Delta p_{tot}/\rho$（见1.2.2）。事实上，扬程 $H = Y/g$ 是最常用的（也被称为"总动压头"），通常理解成特定的能量单位（或者是比功），即

$$Y = \Delta h_{\text{tot}} = \frac{p_{2,\text{tot}} - p_{1,\text{tot}}}{\rho} = gH \qquad (2.1)$$

根据式（1.7），总压由静压（或系统压力 ρgz）及停滞压力（ρc^2）/2 构成。见表 2.2，在吸入段和排出段之间测量的泵的总压头被表示为扬程 $H = H_d - H_s$ 的总压差得出（下标 d 为排出段，s 为吸入段）。

$$H = \frac{p_d - p_s}{\rho g} + z_d - z_s + \frac{c_d^2 - c_s^2}{2g} \qquad (2.2)$$

在这个式中，所有能量都被表示为"扬程"：在吸入段或排出段可测量静压头 $p/(g\rho)$，势能 z 和速度头 $c^2/(2g)$，扬程和比功与介质密度或种类无关。因此，当输送水、水银或空气时，泵所产生的理论扬程是相同的，但绝不会产生相同的压升 $\Delta p = \rho gH$，该压升可通过压力计测量。在性能参数中压差、功率、作用力和应力都与密度成比例。

表 2.2 显示了在测量或计算中应考虑的不同部分对扬程的影响。在卧式泵中，应在轴中心线处选择基准面，对于泵轴垂直或倾斜的泵，轴线与上部吸入叶轮的进口中心的交点为参考平面（见标准文献［N.1］）。应将在其他情况下测压计的读数修正到基准面（见标准文献［N.2］）。计算扬程时，只考虑压差，则式（T2.2.1）到式（T2.2.6）采用绝对压力或表压（即压力高于大气压）均可。为了确保通过泵装置的液体达到指定体积流量，泵必须产生特定的扬程，其被称为装置必需扬程 H_A，是基于伯努利方程并考虑系统内所有扬程损失得到的，见表 2.2 及式（T2.2.6）。在稳定运转期间，泵的扬程等于装置必需扬程：$H = H_A$。

表 2.2 总动压头和净正吸头（NPSH）

类别	泵	式号	装置	式号
进口压头	$H_s = \dfrac{p_s}{\rho g} + z_s + \dfrac{c_s^2}{2g} = H_e - H_{v,s}$	T2.2.1	$H_e = \dfrac{p_e}{\rho g} + z_e + \dfrac{c_e^2}{2g}$	T2.2.2
出口压头	$H_d = \dfrac{p_d}{\rho g} + z_d + \dfrac{c_d^2}{2g} = H_a + H_{v,d}$	T2.2.3	$H_a = \dfrac{p_a}{\rho g} + z_a + \dfrac{c_a^2}{2g}$	T2.2.4
总动压头	$H_{\text{tot}} = H_d - H_s$		$H = H_d - H_s = H_a - H_e + H_{v,d} + H_{v,s}$	
	$H_{\text{tot}} = \dfrac{p_d - p_s}{\rho g} + z_d - z_s + \dfrac{c_d^2 - c_s^2}{2g}$	T2.2.5	$H_A = \dfrac{p_a - p_e}{\rho g} + z_a - z_e + \dfrac{c_a^2 - c_e^2}{2g} + H_{v,d} + H_{v,s}$	T2.2.6
高于蒸汽压力的总动压头 $p_{\text{abs}} = p_{\text{amb}} + p_s$	$\text{NPSH} = H_s + (p_{\text{amb}} - p_v)/(\rho g)$		$\text{NPSH}_A = H_s + (p_{\text{amb}} - p_v)/(\rho g)$	
	$\text{NPSH} = \dfrac{p_{s,\text{abs}} - p_v}{\rho g} + z_s + \dfrac{c_s^2}{2g}$	T2.2.7	$\text{NPSH}_A = \dfrac{p_{e,\text{abs}} - p_v}{\rho g} + z_e + \dfrac{c_e^2}{2g} - H_{v,s}$	T2.2.8
吸入口处的静压			$p_{s,\text{abs}} = p_{e,\text{abs}} + \rho g(z_e - z_s - H_{v,s}) + \dfrac{\rho}{2}(c_e^2 - c_s^2)$	T2.2.9

（续）

类别	泵	式号	装置	式号
最大允许的测量吸入压头/最小要求的测量吸入压头			$z_e = \text{NPSH}_R + H_{v,s} - \dfrac{p_{e,abs} - p_v}{\rho g} - \dfrac{c_e^2}{2g} + a$	T2.2.10

1）注意所有物理量 z 的正负

2）$H_{v,s}$、$H_{v,d}$ 分别是吸入管路和排出管路的压头损失

3）p_s、p_d 表示在吸入口和排出口测得的静压

4）p_e、p_a 表示吸入口和排出口对应的参考基准面处的静压

2.2.2　净正吸头 NPSH

在叶片进口边周围由于液体快速运动导致了局部压力下降，当液体压力降到低于蒸汽压力时将引起部分液体蒸发，这种现象被称为"空化"，这将在第 6 章详细讨论。大范围的空化将会影响性能，甚至是中断流动。因此，吸入室的入流条件是影响泵的布局和选择的重要指标，相关参数有"净正吸能量"NPSE 或"净正吸头"NPSH。其定义为绝对吸入水头 $H_{s,abs}$ 减去蒸汽压力头 $p_v/(\rho g)$，表 2.2 给出了方程和定义。要注意区分（通常为测量的）对完全或部分抑制空化必需的 NPSH（"必需 NPSH"或 NPSH$_A$）和装置有效 NPSH 的概念。一般在水/蒸汽表中给出了作为绝对压力的蒸汽压力 p_v，绝对压力必须代入式（T2.2.7）和式（T2.2.8）以计算 NPSH。

从伯努利方程我们可以计算出位于转子轴线以上距离"a"的叶轮最高点处的绝对压力。此处压力不应低于由于空化在叶轮进口形成大量气体时所对应的压力。任何给定的泵都具有对应于特定空化的必需 NPSH$_R$ = $f(Q)$，NPSH$_A$ 或液位 z_e 对装置的正常运行很必要，需在 NPSH$_A$ > NPSH$_R$ 条件下计算，见式（T2.2.10）及第6 章。

1）如果从式（T2.2.10）得到的 z_e 结果为负，则该值是最大的测量吸入压水头：$|z_{s,geo,max}| = -z_e$。

2）如果能从式（T2.2.10）得到正值，则泵需要一个吸头，这意味着液面必须在泵之上。式（T2.2.10）证明了这通常适用于输送饱和沸腾的液体，因为在该种情况下 $p_{e,abs} = p_v$。

除了一些特殊类型的泵，离心泵起动时必须充满液体；若其不是"自吸"式

的，则无法从吸水管排出空气。自吸泵的类型包括侧流道泵和液环泵，其径向叶轮可与侧通道级相结合以获得径向自吸，见2.3.4。

2.2.3 功率和效率

比功用于表示单位质量的能量转换，泵的有效功率可以通过将输运的质量流量 $m = \rho Q$ 乘以比功 Y 而得

$$P_u = \rho Y Q = \rho g H Q = Q \Delta p \qquad (2.3)$$

在采用电动机驱动泵时需要输入功率 P 大于有效功率，因为它包括了泵内的所有损失。这两个值的比值即泵的效率：

$$\eta = \frac{P_u}{P} = \frac{\rho g H Q}{P} \qquad (2.4)$$

2.2.4 泵特性

当泵的流量变化时，扬程、功率和效率也将随之改变。通过绘制这些参数与流量的关系可得到泵的性能变化特性，如图 2.4 所示。在某一流量下泵的效率有最大值，叫"最高效率点"（BEP）。通过在给定转速下的 Q_{opt}、H_{opt}、P_{opt} 和 η_{opt} 可以设计出具有最高效率点的泵。

在泵产生的扬程与装置所需扬程相等处 $H = H_A$，对应的泵工况点是不变的。由另一角度来解释，就是在泵特性与系统特性是相互匹配的，如图 2.4 所示及 11.1 的详细论述。

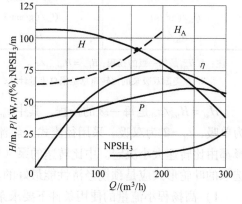

图 2.4 泵特性和系统特性 H_A

2.3 泵的类型及其应用

2.3.1 概论

在生活和工业生产中，离心泵具有很高的技术要求和实用价值（离心泵的国际市场成交量约为每年 20 亿美元）。其应用范围包括几瓦的小泵，如中央供暖循环泵或汽车冷却循环泵，以及 60MW 的蓄能泵和在输送模式下大于 250MW 的水泵水轮机。

术语"离心泵"包括径流泵、混流泵、轴流泵，以及前面所述的侧流道、液环泵，但它们的工作原理不尽相同。

狭义范围内的离心泵的设计流量为 0.001～60m³/s，扬程为 1～5000m，转速

为每分钟几百转变化到每分钟约 3 万转。这些性能参数范围说明了离心泵的应用范围非常广，没有绝对的规定限制泵的使用范围。

任何泵的应用是通过流量 Q_{opt}、扬程 H_{opt} 和转子转速 n 来表征的。在很大程度上，这些参数决定了叶轮类型及泵的结构型式。在 3.4 中将介绍这三个性能参数与"比转速" n_q、N_s 或 ω_s 的相互关联，这些都对泵的选择和设计非常重要。在表 2.3 中的式（2.5）定义了 n_q、N_s 和 ω_s。在欧洲通常使用 n_q，而在美国常用 N_s。对于理论研究或推导出的基本方程应首选真正的无量纲数 ω_s，但尚未被大多数泵工程师用于实际中。这是因为现有的参考文献通常使用的是 n_q 或 N_s。然而，在文献中可发现比转速的各种各样其他的定义。

表 2.3 比转速的定义

1. 欧洲常用单位	2. 美国常用单位	3. 真正的无量纲表示	式号
$n_q = n \dfrac{\sqrt{Q_{opt}/f_q}}{H_{opt}^{0.75}}$	$N_s = n \dfrac{\sqrt{Q_{opt}/f_q}}{H_{opt}^{0.75}} = 51.6 n_q$	$\omega_s = \dfrac{\omega \sqrt{Q_{opt}/f_q}}{(gH_{opt})^{0.75}} = \dfrac{n_q}{52.9}$	2.5
$n_{in}/(\text{r/min})$	$n_{in}/(\text{r/min})$	$\omega_{in}/(1/s)$	
$Q_{in}/(\text{m}^3/\text{s})$	$Q_{in}/(\text{g/min})$	$Q_{in}/(\text{m}^3/\text{s})$	
H_{in}/m	H_{in}/ft	H_{in}/m	

注：1. H_{opt} 是每一级的扬程：$H_{opt} = H_{tot,opt}/z_s$。
　　2. 在美国双吸泵的比转速总是用总流量计算，这种情况下式（2.5）里的 f_q 必须忽略。

$H_{st} = H_{tot}/z_{st}$ 是每一级的扬程，其中 z_{st} 是泵的级数。f_q 是泵进口的数目，$f_q = 1$ 为单吸，$f_q = 2$ 为双吸。采用径流式、斜流式还是轴流式叶轮及泵的结构型式的选择都由比转速大小决定。中比转速的泵（如 $n_q = 60$）叶轮可选用径向式或斜向式，选取的叶轮形式应是预期经济性能最好的。由式（2.5）可见：

1）高扬程小流量的使用条件下要求泵为低比转速类型的泵。当 $n_q < 20$ 时，随着比转速的减小，效率快速下降（见 3.9，图 3.23 ~ 图 3.29）。因此，离心泵应用的最小比转速对于小泵来说一般是 $n_q = 5 ~ 8$；对于大泵为 $n_q = 10 ~ 15$，实际的选择中取决于实际应用和保持能源消耗最低的原则。低于限制比转速时必须增加泵的比转速，或者必须按式（2.5）使用多级泵结构来提高比转速；否则就必须选择其他类型的泵。

2）比转速低至 $n_q = 1$ 的带有径向叶片的特殊泵或皮托管泵是有可能制造出来的，尽管该类型的泵效率很低，见 7.3。

3）大流量、低扬程的使用条件要求泵具有高比转速。考虑经济运行，上限通常在 $n_q = 350 ~ 450$。如果超过限制，经济成本和水力损失可能变得很高。但经济性能不单是由比转速决定的，选择泵的类型时还需要考虑流道的流动特性和泵的尺寸。如果给定的性能要求需要非常高的比转速，为了减小泵的尺寸和 n_q，必须分成为两个或多个并行泵。将流量分配到多个单元，在驱动成本、设备布置和泵发生故障情况下利用备用泵来维持运行有很大的优势。

为了说明比转速对设计和性能范围的影响，表 2.4 列出了不同叶轮类型及它们对应的性能。对于表 2.4 进行如下解释。

1）表中在最高效率点给出的每级扬程大概表示了可达到的最大值。每级可达到的圆周速度、扬程及扬程系数随着比转速的增加而下降。

2）定义扬程系数为 $\Psi_{opt} = 2gH_{opt,st}/u_2^2$（见 3.4）。

3）泵的效率不仅取决于比转速，还取决于泵的类型、设计及几何尺寸。对于非常小的泵，它甚至可能小于表 2.4 所列的限值，详见第 3 章。

4）普遍应用的径流泵、斜流泵和轴流泵的比转速一般在 $7 < n_q < 400$ 的范围内。

5）多级泵中径向叶轮通常为卧式结构，混流式叶轮通常为立式结构，其比转速一般不超过 50，因为比转速低于 50 的多级泵一般效率较高。

表 2.4 所给出的数值用于说明典型应用的取值范围，所有的样本中也许会出现超出这些限制的极端情况。每级非常高的扬程只能在限定的比转速范围内才能实现（通常 $25 < n_q < 40$），见 14.1。

表 2.4　泵的类型

n_q	类型	叶片类型	最大 $H_{st,opt}$	Ψ_{opt}	η_{opt}（%）	说明
<0.5	柱塞泵	容积式泵	由机械约束条件限制		85~95	
<2	齿轮泵				75~90	
2~10	螺杆泵				65~85	也可输送气/液混合物
0.5~4	旋涡泵	图 2.22	400m	5~15	30~35	单级和多级
2~11	侧流道泵	图 2.18	250m	3~10	34~47	
1~10	摩擦泵			0.5	25~35	
7~30	径向泵		800m（1200m）	1~1.2	40~88	通常小泵 $n_q < 10$ 在大多数情况下：$H_{st,opt} < 250m$
50			400m	0.9	70~92	
100			60m	0.65	60~88	对于轴流泵 $n_q = 100$ 是基本上限

（续）

n_q	类型	叶片类型	最大 $H_{st,opt}$	Ψ_{opt}	η_{opt}（%）	说明
35	斜流泵		100m	1	70～90	一般的多级泵 $n_q < 50$，$n_q > 75$ 多级泵很少
160		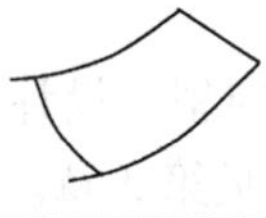	20m	0.4	75～90	只在单级泵里面 $n_q > 100$
160～400	轴向泵	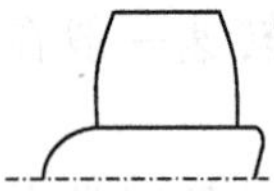	2～15m	0.1～0.4	70～88	单级泵的流量可达到 $60m^3/s$

2.3.2　泵的分类及应用

由于泵的类型及应用很多，可根据不同侧重点来分类。下面列举了几种常见的泵分类方法。

1）工作原理，如叶片式泵、侧流道泵、容积泵。

2）特殊功能，如"自吸"。

3）通过叶轮出口的流动方向来描述泵的类型，如径流式、斜流式、轴流式。

4）通过压水室形式来描述泵的类型，如蜗壳式和导叶式。

5）通过结构型式来描述泵的类型，如单级泵、多级泵、单吸泵、双吸泵、立式泵、潜水泵、磁耦合无密封泵（即没有轴封）、屏蔽电泵。

6）输送介质，如输送饮用水的泵、锅炉给水泵、冷凝泵、污水泵、纸浆泵、泥浆泵、酸、油或气液混合泵。

7）应用情况，如冷却水泵、给水泵和增压泵。

离心泵被用于许多不同的领域，不能全部列举出来。表 2.5 给出了一些常见应用情况，同时也列出了一些有着特殊要求的应用情况。

在许多系统中，泵是唯一一个复杂的部件，它的失效往往意味着严重的经济损失，例如大型电厂中的锅炉给水泵。因此，运行可靠至关重要，这不仅针对特殊应用场合的泵，同时也是对批量生产项目的要求，如汽车冷却水泵或中央供暖循环。

表 2.5　泵的应用

类型或应用	常用的泵类型	功率等级 P/kW	特性，应用场合，特殊要求
"一般的"或标准的泵	径向、单吸泵	2～200	低投资成本
特种泵	1 级，径向	10～300	高可靠性；往往根据特殊标准设计，见文献［N.6］中零泄漏、防爆、安全
	多级，径向或斜流	50～1000	

（续）

类型或应用	常用的泵类型	功率等级 P/kW	特性，应用场合，特殊要求
中心电站冷却水泵	单级，轴向或斜流泵	500～3000	高比转速立式泵
锅炉给水泵	多级轴向	100～2000	工业发电
中央电站锅炉给水泵	多级轴向	5000～45000	高速增压泵，需要针对振动和空化问题进行特殊设计
喷射泵	多级轴向	1000～20000	对石油层注水从而增加石油产量
管线泵	多级轴向	1000～20000	远距离输送饮用水或油
矿用泵	多级轴向	500～3000	矿用排水 水中携带的泥沙会造成泵体的磨损
灌溉或排水泵	轴向，斜流	200～2000	大幅变化的降雨量会造成流量变化很大，并伴随着泥沙磨损
排污泵	径向，斜流、轴向斜	10～1000	流道宽；通过性能良好
船用泵	径向，斜流、轴向斜	1～1000	安装空间狭小；多采用立式内联结构；低 NPSH 值
潜水泵	径向，斜流、轴向斜	5～500	污水、排水；对进水条件不敏感
气液混输泵		10～5000	主要用在工业流程和石油行业；具有特殊的水力结构
屏蔽泵	单级，径向	5～250	针对输送危险或有毒液体（无泄漏）而采用密封电动机或磁力耦合器
疏浚泵	单级，径向	200～5000	要求流道宽，通过性能良好，同时要耐磨损
渣浆泵	单级，径向	50～1000	耐磨损
火箭泵	径向或混流	1000	外缘高速旋转，使用寿命短；带有诱导轮
食品工业	所有	1～50	要求极高的清洁度，无润滑油泄漏，要求保护输送介质
医疗行业（如血泵）	所有	<0.1	要求极高的清洁度和可靠性，同时要求保护输送介质

2.3.3 泵的类型

本节介绍了一些广泛使用的泵类型作为例子。

1. 单级单吸蜗壳泵

该类型是目前最常见的泵型，基本结构如图 2.1 所示，这种泵被用于很多地方。在各种标准中已定义了经常使用的单级蜗壳式泵的主要尺寸，如 EN733（水泵）和 ISO 2858（化工泵）和一些 ANSI 标准。

通常比转速为 7~100 的泵设计成该类型的径流泵，例如流量从每分钟几升到每秒钟几立方米。这种类型的径向叶轮泵可设计成卧式结构或者立式轴向流动结构，但也有具有吸入段和排出段同轴排列的"内联泵"，如图 2.5 所示。

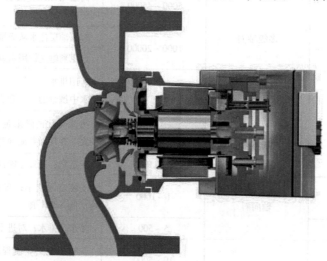

图 2.5 用于供暖系统的循环泵（WILO AG）

在许多不同的工业领域中单吸蜗壳式泵的应用是很普遍的，供水、排污、化学流程（包括油气处理）和能源设备是其重要的应用领域。同时也存在大量的小型泵用于泵送汽车冷却水或家用和建筑物内的供暖循环水。对这些叶轮直径小于100mm 的泵的可靠性和噪声方面是有要求的，尽管这类小泵的功率只有 30~200W，但其效率或能源消耗对经济存在一定的影响。在欧洲市场每年销量约 500万台泵，假设每台泵的平均功率为 60W，累计耗能相当于一个 300MW 发电厂的输出功率[1]。

小直列泵通常被作为整装泵，其叶轮安装在电动机轴上。如图 2.5 所示的泵为湿式（或"屏蔽"）电动机设计。电动机和轴承是暴露在介质中的，同时利用输送介质冷却，无轴封结构。通过电动机外壳保护流体外的电动机定子线圈；转子线圈由屏蔽套筒保护，部分通过转子和定子之间间隙的液体可以消除由电动机损耗及流体摩擦产生的热量。轴承通过输送介质润滑；叶轮进口的泄漏损失由浮环密封控制；泵安装在管道法兰间，不需要额外的支座；电子控制集成到电动机内。

无论是径向叶轮还是混流式叶轮，其比转速低于 $n_q = 140$ 都可使用蜗壳式压水室。低比转速的小型泵可以用环形压水室替代蜗壳。对于输送固体或气体含量较高的液体则有一系列的闭式或开放式叶轮可供选择。

当运输高温液体时，必须对轴封（图 2.1 的冷却箱和冷却水的连接）进行冷却。轴承壳和泵壳应与泵轴同心，以减小因热变形不均而产生的不利影响，避免驱动器偏心及轴和泵壳的变形导致叶轮口环磨损坏。所使用材料的范围取决于被输送的介质特性和材料应用，可选材料包括铸铁、碳钢、青铜和各种不锈钢及塑料、玻璃和陶瓷等。

2. 单级双吸蜗壳泵

在给定转速下具有特定流量时，双吸叶轮泵的吸入压力（或 $NPSH_A$）明显低于单吸泵（见6.2.4）。同时，双吸泵的效率往往优于单吸泵的效率（在 $n_q < 40$）。双吸设计使叶轮上轴向水力趋于平衡（见9.2），因此设计过程中使用较小的推力轴承就可满足要求。

图2.6为位于饮用水输送管道内的立式双吸增压泵，所使用的双吸蜗壳相比于单吸蜗壳来说大大减小了径向力（见9.3）。由于下部的径向轴承是采用水润滑的，故不需要设置轴封结构；这种轴承的冷却是通过蜗壳内的水实现的。

上部的径向轴承是滑动轴承，由可倾瓦推力轴承平衡轴向力，两部分轴承均采用油润滑。对于轴径较大的低比转速泵，可用填料密封对轴进行密封。

单级双吸泵的比转速大约为 10～100，大多采用带有吸入室和排出管的卧式结构。因此，泵可以安装在直管道内不需要设置急弯或额外的配件，这种结构和安装方式对节约成本意义重大。对于输送低温介质（温度仍然达到130℃）的双吸泵，大多数是轴向分离的。这种类型泵通过轴心的法兰可将泵分离，在拿掉上泵盖后可将泵转子整体取出。进水管和出水管位于拆分法兰的下部，不妨碍上下泵壳分离。对于高温、高压及化学过程中使用的单级双吸泵，会设置筒壳及一个或两个支承轴承和安放轴封的套盖，其设计理念与图2.12类似。

3. 多级单吸泵

如果按照单级设计，有可能得到的比转速非常低，低到一定程度时会使效率降得很低，造成能量消耗过高，因此要选择多级泵结构（如果转速不能增加）。通常需要利用机械设计中的多级理念来限制每级的扬程。一般每一级提供相同的体积流量，系统中每一级的扬程加起来即为总扬程。本质上来说振动问题限制了最大泵级数，其中一个原因是转子长度的增加将会引起泵轴的"临界转速"下降；另一个原因是激励振动随着叶轮圆周速度 u_2 的平方而增长，u_2 越大，被迫振动及自激振动越严重，最终导致允许的级数随着圆周速度的增加而减少。

多级泵在欧洲通常制造成导叶式结构，而在北美多采用双蜗壳式。图2.7为一个导叶式多级泵（6级），也称为"节段式多级泵"。通常流体通过径向入口的吸入室进入，但是也有具有轴向吸入的泵，同时在吸入侧一般存在着采用输送介质润滑的轴承。图2.7中的泵中存在采用输送介质润滑的轴承。该类型轴承使泵结构更加紧凑，从而减小转子长度、占用空间、质量，并降低成本[2]。

为了减小必需 NPSH，第一级叶轮的进口直径比之后（"次级"）几级的叶轮的要大，如图2.7所示。压水室可能是环形或蜗壳式的，引导流体从最后一级进入到排出管中。

　　每一级节段都安装在进口和出口泵壳之间，使用强拉力紧固螺钉连接。每级节段包括叶轮和居于承压壳中间的导叶，反导叶引导液体从正导叶出口进入下一级叶轮进口，轴承座通过法兰与泵壳用螺栓相连。

　　筒袋式导叶结构多级泵一般应用在高压系统中，如图2.8所示。同样是采用导叶结构，正反导叶在节段内部形成一个整体部件，相互间用螺栓连接。最终形成包含泵壳、转子、轴承座及端盖在内的装配单元。

　　可通过拆开连接器和挡圈连接来将泵内芯从泵筒中移除。图2.8中的泵为几百兆瓦功率的火电厂典型的锅炉给水泵。所示的泵与文献［3］中所描述的为同一类型，和油田高压注水泵类似。

　　进水管引导液流进入环形吸入室，并通过叶轮进口前嵌

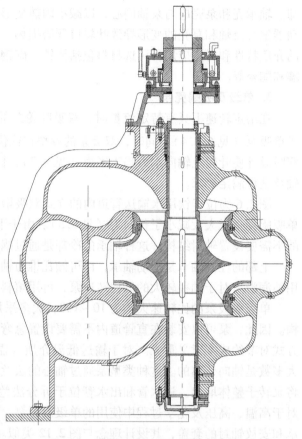

图2.6　立式双吸增压泵（苏尔寿泵业）

$n = 596 \mathrm{r/min}$, $Q_{\mathrm{opt}} = 2.4\mathrm{m^3/s}$, $H_{\mathrm{opt}} = 48\mathrm{m}$,

$P_{\mathrm{opt}} = 1250\mathrm{kW}$, $n_{\mathrm{q}} = 36$

的导流叶片进入叶轮吸入口。叶轮吸入口前的导流叶片消除了大部分入流速度的圆周分量，从而确保进入叶轮的液流均匀无环量，同时嵌入的导流叶片也使泵壳和电机端盖间的机械强度和连接对称性增加。

　　部分多级泵可能配备有"中间引流结构"以取回一部分流量，锅炉给水泵上的中间引流通过注水控制循环加热器上游蒸汽的温度就是其中一个例子。在这种情况下，通过全部泵级的流量并不相同；在泵的设计过程中这点必须考虑在内。一些锅炉给水泵配备有"增幅节段"，其结构包括安装在最后一级的辅助叶轮，专门为控制燃煤锅炉的过热器上游或下游蒸汽温度的一小部分排放流量所设计的。

　　在多级泵内，正常尺寸的轴向推力轴承无法承受各级液压轴向力的总和，即为转子上的轴向力。出于这个原因，多级泵通常设置有轴向力平衡装置，见9.2。图2.7中的泵设有平衡盘，而图2.8的筒袋式泵设有平衡活塞。

　　另一种可用以平衡轴向推力的方式是背靠背安装的两组叶轮（也称为"对称

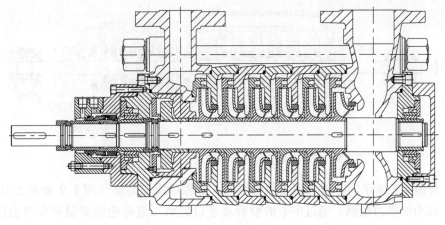

图 2.7　带有吸入叶轮和平衡盘的分段式多级泵（苏尔寿泵业）

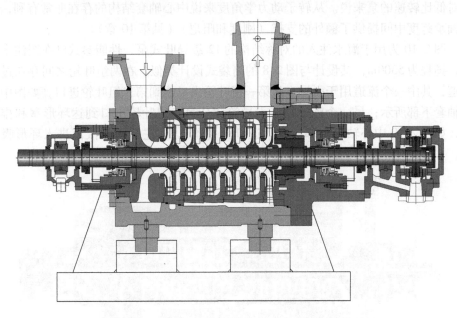

图 2.8　简袋式高压锅炉给水泵（苏尔寿泵业）

$n = 5800\text{r/min}$, $H = 3900\text{m}$, $P = 34000\text{kW}$

叶轮设计"）。如图 2.9 所示为双蜗壳结构 12 级泵，泵壳为水平中开式的，使得移去泵壳的上半部分后能够移除整个转子；蜗壳被分为上半部分和下半部分，通过蜗壳和导叶后到达汇合流道（"短交叉流道"）引导流体进入随后的叶轮。吸入管和排出管在泵壳的下半部分，故无须拆卸管道就可以打开泵。排出管位于泵的中部，位于转子中间的中心轴承控制了从第二组叶轮到第一组叶轮的泄漏。在第二组叶轮进口需要另一个轴承来平衡轴向力并降低轴封处的压力。图 2.9 中外壳的铸件相当复杂且不利于标准化。

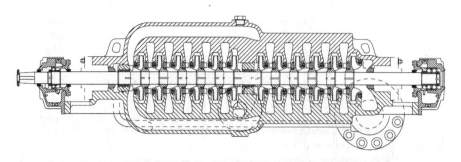

图 2.9　带有双蜗壳的多级中开式管道泵（苏尔寿泵业）

与图 2.8 所示的叶轮直列式结构不同，对称结构仅需要（图 2.9 和图 2.10 右侧）较小的推力轴承。通过中心的轴套及进口到第二组叶轮的泄漏损失将会比叶轮直列式结构小。因此对称结构泵与叶轮直列式泵相比有时有可能效率更高，尤其是对低比转速的泵来说。从转子动力学角度来说中心轴套结构的存在非常有利，它在轴承跨度中间提供了额外的支撑（刚度和阻尼）（见第 10 章）。

图 2.10 为用于海水注入的对称结构的 12 级导叶式泵，性能参数已在图注中给出，扬程为 5300m，其设计与图 2.8 的筒袋式设计类似。在两组叶轮之间存在过渡流道，其中一个流道用于引导水从第一组叶轮出口流到第二组叶轮进口，如图中中心轴套下部所示；另一个流道用于引导流体从第二组叶轮出口到达环形室和排出管，如图 2.10 中心轴套上部所示。进口管（图 2.10 左）引导液流进入环形吸入室，并通过叶轮进口前嵌入的导流叶片进入叶轮吸入口（图 2.8）。

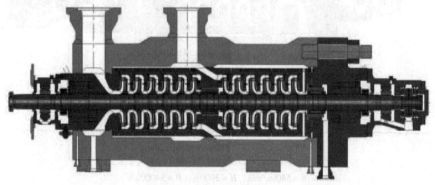

图 2.10　高压海水注入泵

额定工况：$n = 6000\text{r/min}$，$Q = 400\text{m}^3/\text{h}$，$H = 5300\text{m}$，$P = 7700\text{kW}$，$n_q = 21$

图 2.7 ~ 图 2.10 所示的各种多级泵可配备有如图 2.11 所示的双吸叶轮。

对于直驱形式（如 3600r/min）这样设置是有利的，因为它使得在指定的 NPSH_A 内有更高转速（小型泵）。液流由双吸叶轮进入到导叶内后再进入到环形蜗壳内，经过引流流道到达第二级。与图 2.10 类似，对于叶轮对称排列的筒袋式泵，安装一般是从非驱动端进入筒内（图 2.11 的左边）。非驱动端的端盖一般采用

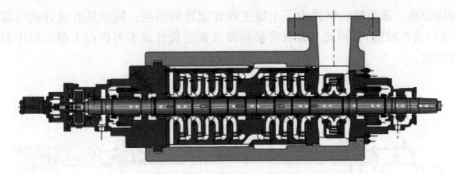

图 2.11　具有双吸叶轮的对称结构筒袋式高压泵（苏尔寿泵业）（排出口未在平面图中画出）

"旋转锁"设计，这种设计避免了图 2.10 中传统设计对栓接强度要求过高的弊端。对称结构也可用于两级泵，如图 9.19 所示。

　　图 2.12 为带有首级双吸和第二级单吸的"径向剖分"流程泵。两个叶轮都可以通过拆除安装在叶轮所在端的端盖拆除。双蜗壳和过渡流道与泵壳一起整体浇铸而成。

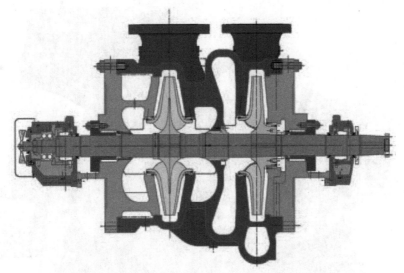

图 2.12　带有双吸叶轮的两级流程泵（苏尔寿泵业）

4. 多级双吸泵

　　两级或三级泵也可设计成双吸结构。图 2.13 为采用这种理念设计的二级输水泵。液流由分叉管分配到吸入管，进而到达单吸叶轮（并行的），然后液流过导叶级间流道进入第二级双吸叶轮。接着由双吸叶轮流出的液流通过双吸蜗壳进入到与分叉管直联的排出管。双吸设计降低了 $\mathrm{NPSH_A}$ 的要求（与单吸泵对比），使得投资成本降低。而且，因为不需要轴向力平衡装置，它实现了更高的效率（且因此能源消耗低）。由于通过平衡装置和轴向轴承的泄漏很小，使得容积效率和机械效率也相应较高。该类型的泵减少了土建工程和能源的消耗，同时具有良好的可靠性（即维护成本较低），因此多级双吸泵稍微昂贵的设计成本可以在大型泵站中很快获得回报。

图 2.13　两级双吸输水泵（苏尔寿泵业）

$n = 1490 \mathrm{r/min}$, $Q_{\mathrm{opt}} = 1.7 \mathrm{m^3/s}$, $H_{\mathrm{opt}} = 465 \mathrm{m}$, $P_{\mathrm{opt}} = 8600 \mathrm{kW}$, $n_{\mathrm{q}} = 23$

5. 混流泵

相对于径向叶轮蜗壳式结构，混流泵有助于减小导叶外径。出于经济原因，一般会将钻孔直径控制到最小，可以满足该类型的井泵一般是多级混流泵。对于流量较小的井泵，即使其比转速低至 $n_q = 20$，一般也采用混流式导叶，在设计中叶轮不会出现太大变化。低比转速立式多级流程泵或冷凝泵一般设计成混流式筒式结构。图 2.14 所示为吸入管和排出管布置在同一直线上的设计，导叶和级间节段铸造成整体再用螺栓连接形成泵体，液体从最后一级流出进入到圆柱形排出管内。泵组件被安装到一个筒内，在筒内流体通过吸入喇叭口进入到叶轮吸入口。通过平衡孔和叶轮后盖板上的环形密封来控制轴向力，与图 2.1 所示类似；这种设计还与图 2.14 中利用 3 个或 4 个流道的蜗壳以代替导叶的情况类似。

当比转速在 40 ~ 170 时，混流泵具有最佳的水力特性。该比转速范围内的立式泵主要用于输送饮用水或冷却水及灌溉和排水，常常被安装在水中以作为"水下装置"。图 2.15a 是比转速为 $n_q = 150$ 的泵和水下吸水喇叭口，导叶安放在圆柱形管内，其内轴通过润滑轴承支撑。对于低扬程（高比转速）泵需要特别重视出水弯肘处良好的水力设计，该处可能会引起几个百分点的压力损失，会增加能源的消耗。

6. 轴流泵

比转速大于 170 时使用轴流泵。如图 2.15b 所示，通过叶轮和导叶的流动是沿轴向的，其设计过程与混流泵的非常类似。

7. 屏蔽泵

当必须防止有害或有毒物质泄漏到环境中时，需要使用没有轴封的泵（"屏蔽泵"）。文献 [B.14] 中深入讨论了屏蔽泵技术。

去除轴封结构的一种方法是如图 2.16 所示的"磁力耦合"式结构或图 2.5 所示"湿电动机"结构。对于小泵而言，这种紧凑的设计大

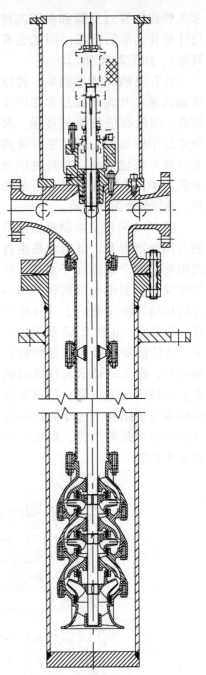

图 2.14 多级混流式流程泵
（苏尔寿泵业）

大降低了安装成本，从而抵扣了湿式电动机较高的成本。当保护电动机的衬垫有缺陷时，可利用磁耦合消除电动机绕组接触液体的风险。安装在驱动器轴和泵轴上的

永久性磁铁穿过空隙和金属内衬向叶轮传递旋转磁场（因此也有转矩），如图 2.16 所示。

具有磁耦合结构的泵，转矩从轴传递到叶轮是通过永磁同步耦合，而没有任何机械接触。泵壳密封于驱动端，通过密封隔离套和外界环境隔离，并将磁耦合分成两半，这样就可以不需要轴封，并降低泄漏的危险。

图 2.17 所示是电动机直连的磁力耦合流程泵。磁耦合是由彼此相对的两个磁性转子组成，外部模块连接到电动机的转子不与介质接触，湿式磁转子与叶轮形成一个单元。在图 2.17 所示的泵中，叶轮绕着在吸入口处的静止轴旋转，静止的轴承元件通过锁定装置被固定至该轴，没有附加的轴承壳体结构。这样的结构设计仅需要少量的组件，形成的结构非常紧凑。

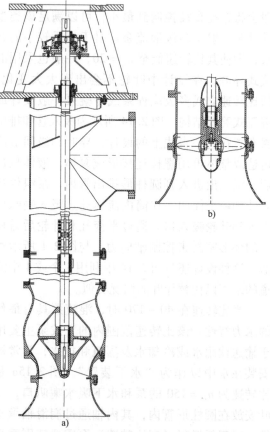

图 2.15 井下安装的单级立式泵（苏尔寿泵业）
a）混流泵 b）轴流泵

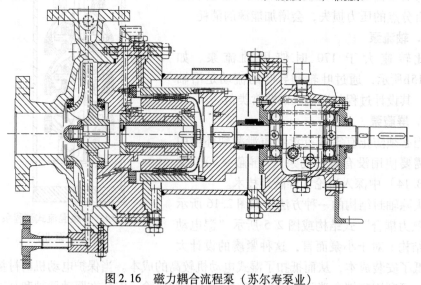

图 2.16 磁力耦合流程泵（苏尔寿泵业）

图 2.17　采用标准金属工艺的紧凑型磁耦合流程泵（CP Pumpen AG 公司）

两个转子均设有形成交替极性的永久磁铁，如图 2.18 所示。转子由穿过隔离套和驱动转子之间的空气间隙、隔离套壁厚和隔离套和驱动转子之间的充液间隙的磁场同步传递（无滑移）。传递转矩所需的切向力是由驱动转子和被驱动转子间形成一个小角度 $\Delta\varepsilon$（相对于静止不动的位置）而产生的，这个角度与转矩大致是成正比的，如果角度过大转矩耦合可能会发生滑移。

图 2.18 展示出了一种可行的磁耦合设计方案，转矩由驱动端传递到叶轮上的被驱动端，在驱动末端的转子通过飞轮固定在轴上。飞轮会吸收在开启电动机过程中产生转矩峰值，这种磁耦合设计方案是为了维持电动机额定转矩的稳定，同时避免不必要的电涡流损耗。

一些稀土类永久磁铁（主要成分是钴和钐），在高达 350℃ 的温度下仍可以只有磁性制造出磁耦合结构产生高达 5000Nm 的转矩。驱动转子和隔离套之间的空气填充间隙几乎不会导致任何能量损失；然而，为了提高磁力线密度，该间隙要尽可能小，一般取径向间隙宽度是隔离套半径的 1%～2%。如果隔离套包含导电材料（如金属），由于磁场的旋转，在隔离套内会产生电涡流。电涡流的产生和流体摩擦的作用，使间隙内的流体被加热。为了降低间隙内流体的温度，叶轮出口流体的一小部分将引流到通过转子和隔离套的间隙再回流到叶轮吸入口。

由电涡流引起的功率损耗在传输功率的 0～10% 的范围内，其大小主要取决于隔离套的材料和壁厚。通过将隔离套设计得尽可能地薄，或者使用高电阻的材料（如塑料或陶瓷），电涡流可以被降低或完全避免。如果隔离套使用非导电材料制造，除了流体摩擦及磁耦合器内的冷却流所造成的损失外没有其他损失。

除了由电涡流引起的损失外，隔离套和液体内部旋转磁体之间的液体还会引起

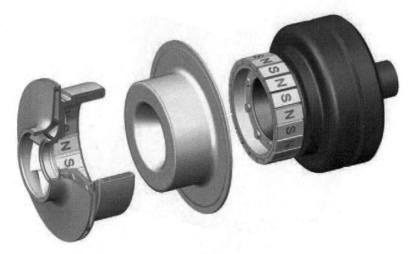

图 2.18 磁耦合连接器（CP 公司）

左：带叶轮的被驱动转子　右：隔离套、驱动转子

摩擦损失，其中流体填充间隙径向宽度约为隔离套半径的 2% ~ 3%。功耗 P_{RZ} 可由式（T3.6.4）估算，如果磁铁单位面积产生的磁力为 τ_{mag}，施加的切向力 F_t 是正比于转子的圆柱面：$F_t = 2\pi RL\tau_{mag}$。转子上流体摩擦产生的功率 P_{RZ} 与传输功率 P 的比值可由式（2.5）获得

$$\frac{P_{RZ}}{P} = \frac{ak_{RZ}\rho\omega^2 R^2}{2\pi\tau_{mag}} \tag{2.5}$$

如果驱动转子被放置在叶轮磁体内（图 2.17），在式（2.5）中设定 $a=2$，存在有两个润湿间隙，一个在隔离套和旋转磁铁之间，一个在转子与泵壳之间。然而，如果转矩从外到内传递，即 $a=1$ 时，隔离套内的液体应该基本上跟随转子旋转。

由式（2.5）可知，在设计过程中选择尽可能长的（在机械设计限制内）和具有最小的可行半径的磁体来控制液体摩擦损失以提高磁耦合结构的效率。除了在液内磁体圆柱表面的摩擦损失 P_{RZ}，液内的转子其他部分的表面也要考虑。转子摩擦耗损 $\frac{P_{RZ}}{P}$ 估计值为的 1% ~ 4%，具体值的大小取决于具体设计。对于最佳效率点的损失可表示为：$\tau_{mag} = P/(2\pi\omega R^2 L)$。预期可传送的最大转矩在 60000 ~ 70000N/m^2 范围内。

转矩由外到内传递产生的摩擦损失比从内到外传递小，因为在后者结构中流体内的旋转结构的直径较大，如图 2.16 和图 2.17 所示。然而，考虑到安全及操作方面，转矩从外到内传递是有利的，如立式泵的通风。当泵输送的流体接近沸点时能更有效地冲洗和冷却隔离套，如果流体中含有固体颗粒时能更有效地减小隔离套的磨损；在轴承损坏的情况下可防止轴承材料的碎片进入隔离套内。对于有特殊要求

的或者是小尺寸的泵，在这些优势条件下摩擦损失增加的缺点可以被忽略。

由于避免了固有的机械密封的损失，补偿了磁耦合造成的部分损失。总体而言，与传统工艺泵相比预计功率损失会降低 1% ~ 2%（最多 5%），具体值的大小取决于泵的尺寸和结构型式。

叶轮轴承通常是自润滑动压滑动轴承，可承受径向力和轴向力。当副叶片或平衡孔应用在叶轮上时，作用在轴承上的轴向力可被最小化，详见第 9 章。图 2.17 中泵的轴承通过润滑通道供给工作流体，该润滑通道将流体从排出口流向轴承。

液体的润滑性能各有不同，因此润滑通道的设计必须考虑到不同的工作流体和泵的各种操作条件。

当一个叶轮具有最佳的轴向力平衡和适当的润滑通道时，持久运行并且无磨损就可以实现。然而在泵起动或关闭过程中可能出现润滑膜瞬间中断现象，可通过选用合适的材料防止该过程中的损坏，如轴承材料常常使用的烧结碳化硅或硬质合金。如果存在空载运行的情况，可以另外施加降摩擦涂层到轴承部件的滑动表面上。

密封良好的磁耦合泵经常用于化工行业中，如酸或碱性溶液的输送。因此，在许多应用场合中必须使用耐蚀性良好的材料，如高合金不锈钢、镍合金和钛等材料。磁耦合泵也可以由工程塑料或带有塑料涂层的金属制成，尤其是使用如 PTFE、PVDF 或 PFA 类型的塑料时可实现普遍的化学耐腐蚀性。

8. 潜水泵

将泵和电动机浸入输送的液体中，使用长管输送将降低设备的复杂性和成本。采用充油电动机配合机械密封以防止油泄漏到输送流体的设计是可行的。小型污水泵大多数都属于潜水泵，这些泵可以方便地放置或取出于低洼处的污水中，并通过和排出管的简单连接就可以将污水排出。图 2.19 是带有充油电动机的潜水排污泵。油通过在叶轮后盖板上部的换热器来进行冷却；油通过安装在电动机转子下部的叶轮进行循环流通，外管将油从换热器引导到电动机顶部。为了避免泄漏时污染环境，需使用特殊的油；同样为了避免油污染的出现，可利用水对电动机外壳进行冷却，该设计利用空气间隙将转子和定子绕组分隔开。

2.3.4　特殊泵型

1. 旋涡泵

如图 2.20 所示的旋涡泵，在泵壳前壁和开式叶轮之间存在一个很大的轴向距离，故从吸入管道到排出管的流动路径几乎不受限制。配备有径向或后弯式叶片的叶轮由于离心力的作用而生成循环流动（或"旋涡"），使得进入泵体的液流强烈旋转。以这种方式发展的离心式压力场将液体及可能夹杂的固体或气体同时输送到排出管。由于在叶轮外部旋转的流体只有通过动量交换来移动，而离心泵内的流动比较规则，相比之下旋涡泵内的湍流耗散严重而产生额外损失。因此，旋涡泵的效率比同尺寸和同比转速的普通离心泵低30%左右，见7.4。

旋涡泵的典型参数为：比转速 $n_q = 10 \sim 80$；效率 $\eta_{opt} = 0.34 \sim 0.55$；在最高效率点的压力系数 $\psi_{opt} = 0.2 \sim 0.6$；在关死点处为 $\psi_{opt} = 0.8 \sim 1.3$；叶轮叶片出口角 $\beta_{2B} = 30° \sim 65°$ 或角度为90°的径向叶片；压出室进口宽度与叶轮出口宽度之比为 $d_a / d_2 = 1.25 \sim 2.1$，数据来自文献 [4]。

图 2.19　潜水排污泵（Wilo - Emu SE）

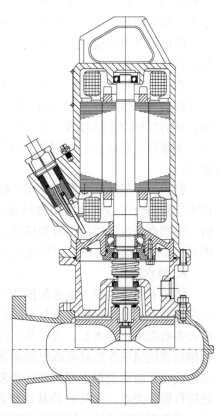

图 2.20　排污用潜水旋涡泵
（Wilo - Emu SE）

由于叶轮只是稍微接触介质，因此旋涡泵适合输送各种介质，包括纺织品、纤维、磨料固体和气体（在没有阻塞或堵塞的情况下），这种泵也可用于运输易损物品，如鱼、蔬菜或晶体。小型旋涡泵被大量应用于污水输送。

2. 摩擦泵

摩擦泵的叶轮由光滑的圆盘组成，它们通过螺栓紧密地连接在一起，并由垫片隔开（表2.4中的草图）。圆盘通过驱动器带动旋转，由于在这些圆盘上的边界层内存在离心力和切应力从而产生抽送作用。

直接黏附在圆盘的流体随着转子的旋转而进行圆周运动（在绝对参考系内）。

由于层流和湍流都存在切应力，使得圆盘之间的液体被拖拽进行旋转运动并通过产生的离心力向外运输介质。圆盘之间的流态可能是层流或是湍流，当 $Re_b = 1200 \sim 2300$ 范围内时发生过渡（$Re_b = rb\omega/v$，b 表示圆盘之间的距离）。在接近断流的低流量处，扬程系数 ψ 接近 2，随着流量的增加扬程系数迅速降低，这是因为通过切应力转换的动量是有限的。扬程系数的大小取决于圆盘之间的距离，通过式 $\psi = 2 - 0.06n_q$ 可以粗略地计算出扬程系数。摩擦泵的工作效率一般在 25% ~ 35% 范围内。

摩擦泵具有一个或多个并排运行的圆盘。由于叶片光滑，这类泵在运行的时候很安静，且在很大程度上避免了振动和空化。因此，当需要低噪声运行时可考虑选择这类泵。摩擦泵对存在于泵输送介质中的固体颗粒产生的磨损非常敏感。更多关于摩擦泵的细节可参考文献 [5 - 7，11]。

3. 侧流道泵

在侧流道泵中，能量传递是由叶轮和定子流道内流动的动量交换完成的。由于叶轮内的离心力，在叶轮和泵壳流道之间产生了流动，如图 2.21 所示。

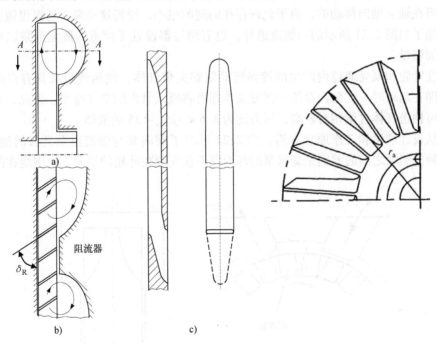

图 2.21 侧流道泵

a）轴截面 b）带有阻流器的截面 A c）侧流道的展开

回流增强了动量的交换，因为流体的圆周速度和叶轮的圆周速度基本相同，但明显高于流道内的圆周速度。从侧道回流的流体以螺旋线形流动轨迹进入叶轮，这种情况在边界处更容易发生，且发生的频率越高，传递的能量和压升就越高；当流量减少时，流体螺旋循环次数会增加，因此在小流量工况时能量传递迅速上升，使流体通过侧流道时压力从入口到出口快速增加。两者都是由于阻流器的作用使得压力增加成为可能。螺旋流引起了强烈的动量交换，使侧流道叶轮能够获得比径向叶轮更高的扬程系数（表 2.4）。在部分负荷工况下，扬程系数高于 $\psi = 10$ 是很常见的。上述的能量转换机制可表述为"部分流"泵。通过激光测速仪测得的详细流动特性证实了这一流动规律[8]。

侧流道泵最佳叶轮叶片数为 22～26 之间，其叶片可以是径向的、向后或向前倾斜（$\beta_{2B} = 70° \sim 140°$）；它们的外形及倾斜度如图 2.21（其中前倾角 $\delta_R < 90°$）所示。然而，通常使用无倾斜的径向叶片，侧流道周向环绕 270°～320°。

这类泵的缺点是效率相对较低、噪声较大，设计时需特别注意叶片通过频率（旋转频率乘以叶片数），这些缺陷是由于回流和相关损失引起的。因为抽水时的叶尖速度在 35m/s 左右，阻流器的形状对噪声的影响很大，这类泵对空化空蚀也很敏感。

叶轮和泵壳间的轴向间隙不应超过 0.05～0.15mm。但是，在大部分设计中叶轮是可在轴上轴向移动的，由于允许存在的间隙很小，使得这类泵对磨损很敏感。

除了如图 2.21 所示的一侧流道外，也有两边都设置了流道的侧流道泵以成倍地增加流量。

在叶轮和泵壳通道内产生的旋涡流动能够夹带气体，使侧流道泵具有自吸功能，即在起动时，在泵内存留一部分液体即可将吸入管内的空气排出。因此，侧流道泵可抽送气体含量相对较高，压力比为 $1.6 < p_d/p_s < 35$ 的液体。

从设计理论和工作原理来看，图 2.22 示出了旋涡泵与侧流道泵类似的地方。这两种类型泵之间的差别是旋涡泵的环形室不仅安置在叶轮的横向，也围绕在外径方向。

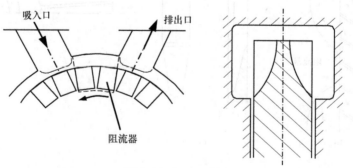

图 2.22　旋涡泵[9]

旋涡泵可在同一圆盘不同直径设置 3 套叶片，可以形成"3 级"设计，扬程可达到 2000m，流量达到 80m³/h。叶轮是对称的，且轴向力平衡。侧流道泵和旋涡泵的更多相关介绍参见文献 [B.8，B.13]。

4. 液环泵

若在泵壳中有足够的液体，则液环泵具有自吸功能。将带有径向叶片的转子安置在泵壳的偏心位置，如图 2.23 所示。叶轮旋转产生的离心力在泵壳外围形成与泵壳同心的液环，由叶片形成的控制体容积随着叶轮的旋转在圆周方向发生变化，液环对泵壳与叶轮之间形成的间隙起到密封作用。在控制体容积最大的位置，气体通过连接到吸入口的通道吸入，在控制体容积最小的位置，气体通过缝隙经排出口排出，输送介质的体积流量取决于控制体的尺寸和速度。根据工作原理对其进行分类，液环泵是容积式泵而不是离心泵。

液环泵对于含气液体的输送是非常适用的。由文献［10］可知，液环泵常被用作化工流程中的真空泵。液环泵也可输送纯液体，但是由于靠近出口的面积变窄，导致其性能较差。

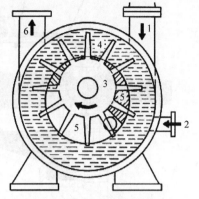

图 2.23 液环泵的工作原理
1—气入口 2—环流体进入口
3—叶轮 4—环液 5—镰刀形腔
6—气体和环流体出口[10]

5. 皮托管泵

如图 2.24 所示，被输送的液体通过吸入口进入旋转的泵壳，然后液体随泵壳一起旋转形成强制旋涡。根据式（1.27），由于离心力的作用，泵壳内的静压与圆周速度的平方成正比。在泵壳和流体之间会出现"滑移"现象，滑移随着流量的增加而增长。旋转泵壳内固定的皮托管将液体从泵壳内引出，并将其引入到排出口。在皮托管的进口，流体的绝对速度为 $c_{2u} = \gamma u_2$，进口内静压头为 $c_{2u}^2/(2g)$，进口外动压头为 $c_{2u}^2/(2g)$；γ 是滑移系数。流体在皮托管内的导叶中减速后流向排出口。皮托泵的理论扬程系数可达 $\psi = 2.0$，由于滑移作用和损失，最大扬程系数可达到 $\psi = 1.9$。

泵壳的侧壁也可带有简单的叶片、沟槽或者流道，以减小滑移，从而改善关死点扬程、提高运行扬程和稳定性。旋转的泵壳使得出水端不需要设置机械密封结构；只需要在吸入侧设置一个机械密封。

由于壳体在空气环境中旋转，圆盘摩擦损失较低。因此，尽管皮托泵的比转速很低，但其效率却相对较高。以下的数据描述了典型的性能范围：关死点扬程可达 2000m；$n_q = 2$ 的效率为 50%，$n_q = 5$ 的效率为 62%；在最高效率点处的流量可达 100m^3/h；扬程 $H_o/H_{opt} = 1.2 \sim 1.3$。

旋转液体环绕下保持静止的皮托管可以减小水力损失和旋涡脱落。由于没有叶片式叶轮结构存在，压力脉动很微弱。小流量工况下的回流一般不会出现，因此也不需要最小流量控制阀。

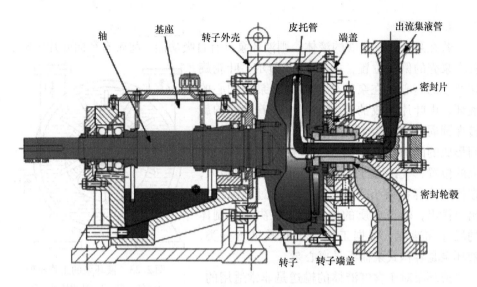

轴　基座　转子外壳　皮托管　端盖　出流集液管

密封片

密封轮毂

转子　转子端盖

图 2. 24　皮托管泵，Sterling Fluid 系统

参 考 文 献

[1] Genster, A.: Erhöhung des Wirkungsgrades bei kleinen Heizungsumwälzpumpen. Pumpentagung Karlsruhe, A2–3 (1996)

[2] Leibundgut, E.: Mediumgeschmierte Pumpenlager. Techn. Rev. Sulzer. **3**, 8–11 (1998)

[3] Laux, C.H., et al.: New size of boiler feedpump in the fossil-fired power stations of the VEAG. ASME Paper 94-JPGC-PWR-47 (1994)

[4] Surek, D.: Einfluß der Schaufelgeometrie auf den Kennliniengradienten von Seitenkanalmaschinen. Forsch. Ing. **64**, 173–182 (1998)

[5] Roddy, P.J.: Characteristics of a multiple disk pump with turbulent rotor flow. MSc Thesis Mech. Engng. Dep. Texas A&M University (1985)

[6] Osterwalder, J.: Experimentelle Untersuchungen an Reibungspumpen im turbulenten Strömungsbereich. Pumpentagung Karlsruhe, K10 (1978)

[7] Köhler, M.: Die Strömung durch das Spaltelement einer Reibungspumpe. Diss. TU Karlsruhe (1969)

[8] Heilmann, C.: Strömungsentwicklung längs der Peripherie eines Seitenkanalverdichters. Diss. Tu Berlin, Mensch & Buch Verlag, Berlin (2005)

[9] Tonn, E.: Zur Berechnung von Peripheralpumpen. Konstruktion **44,** 64–70 (1992)

[10] Sobieszek, T.: Umweltfreundliches Evakuieren von Gasen und Dämpfen. Techn. Rundschau. Sulzer. **4,** 27–29 (1986)

[11] Straub, H.: Experimentelle Untersuchungen an Reibungspumpen im turbulenten Strömungsbereich. Diss. TH Darmstadt (1983)

第 3 章　泵水力学和物理概念

本章介绍了除特殊类型叶轮外适用于绝大多数叶轮和导叶的计算方法。后续第7章将具体讨论各类叶轮及压水室的计算和设计方法。

3.1　速度三角形的一维计算

离心泵流动计算的目的是确定特定泵的叶轮及压水室的主要尺寸和叶片安放角。为此，计算点（通常是最高效率点）的流量、扬程和转速必须是已知的。在计算时，忽略叶轮和导叶内的二次流和不均匀速度分布，用理想一维流动代替真实流动（流线理论）。一维流动理论对于基本流动过程的理解和叶轮、蜗壳、导叶及反导叶的初步设计是必不可少的，即使这些部件随后会通过数值方法进行优化。

水力计算要遵循液体通过机械的过程。在这个过程中，要考虑流道中每个部件的进口和出口，这就形成了如下（1）~（6）所示的计算基准。具有相应主要尺寸、角度和计算基准的叶轮、导叶和蜗壳见表0.1和表0.2。

LE 表示叶片或导叶的进口边，TE 表示叶片或导叶的出口边。

对于蜗壳式泵，计算基准（5）和（6）仅在双蜗壳中才需要设置（表0.2）。

泵计算遵循压强增加的方向（忽略进口管及反导叶等处局部压强的微降）。同样，透平的计算在流动方向上（见第12章）遵循压

多级导叶式泵	蜗壳式泵
（1）叶轮进口（LE）	（1）叶轮进口（LE）
（2）叶轮出口（TE）	（2）叶轮出口（TE）
（3）导叶进口（LE）	（3）蜗壳进口
（4）导叶出口（TE）	（4）蜗壳出口
（5）反导叶进口（LE）	（5）外蜗壳
（6）反导叶出口（TE）	（6）出水口

力递减的过程，计算基准的编号不变，则其计算顺序是从（6）到（1），计算中应确定如下内容。

1）圆周速度：$u = \omega r = \pi d n / 60 = \pi d n^{(s)}$（$n$ 的单位为 r/min，$n^{(s)}$ 的单位为 r/s）。

2）绝对速度：c。

3）相对速度：w。

4）绝对参考系中的角度：α。

5）相对参考系（旋转参考系）中的角度：β。

6）组件的叶片或导叶角：下标 B。除非另有说明，这就是指叶轮叶片、导叶叶片、反导叶叶片或蜗壳隔舌的外倾角。

7）叶片之间的流道宽度：a（叶片间的最短距离，表0.2）。

8）轴面宽度：b。

9）轴面速度分量：下标 m；其中，$c_m = Q_{La}/(f_q \pi db)$；注意利用 $w_m = c_m$。

10）圆周速度分量：下标 u；其中 $u = c_u + w_u$。

11）当 c_u 的方向与 u 同向时，则认为 c_u 为正；当与 u 的方向相反时则为负。

12）当 w_u 的方向与 u 相反时，则认为是正的。

13）外流线、平均流线及内流线用下标 a、m、i 表示，如 $c_{1m,m}$、$\beta_{1B,a}$。下标 m 通常表示从进口或出口直径开始或结束的流线，作为计算几何平均值（叶轮的 d_{1m}、d_{2m} 和导叶的 d_{3m}、d_{4m}）。一维计算假设典型流动是基于平均流线的。在低比转速下，通常只要考虑外流线和内流线，而在高比转速下需考虑三条、五条或更多的流线。

14）当液流进入或离开叶栅，由于有限叶片厚度而产生了堵塞效应。轴面上的流速发生突然改变（理论上）。因此，可以在任何计算位置定义有堵塞或无堵塞的速度；用上标一撇来表示考虑堵塞的量，如 c'_{1m}。

15）必须区别在叶片入口的两个速度：①通过速度三角形（矢量图）计算的速度矢量；②由连续式得到的平均速度，用下标 q 来避免混淆；因此有 $c_q = Q/A$，$w_q = Q/A$，其中 A 是所考虑的局部截面。

16）叶轮的流量 Q_{La} 由有效流量 Q、叶轮进口环形密封的泄漏流量 Q_{sp} 及平衡流量 Q_E 组成，即 $Q_{La} = Q + Q_{sp} + Q_E$。此外，在多级泵内可能会有级间泄漏。

叶片周围的流动是以叶片为参照观察而得的。因此，相对速度以叶轮为参照，而在蜗壳或导叶的计算中使用绝对速度。叶轮圆周速度 u，相对速度 w 和绝对速度 c 之间的关系通过用速度三角形的向量法得到（见1.1）。因此，描述三角形几何关系的公式适用于所有速度，以及它们在圆周或轴面方向的分量和角度 α、β 的计算。

1）进口三角形：叶轮进口处的速度关系见表 3.1。叶轮叶片进口边前的轴面速度是 $c_{1m} = Q_{La}/A_1$，其中 A_1 根据进口边位置算得，参见式（T3.1.2）。由于叶片堵塞，进口边后的轴面速度增加到 $c'_{1m} = \tau c_{1m}$。后者是由 $\tau_1 = t_1/\{t_1 - e_1/(\sin\beta_{1B} \sin\lambda_{La})\}$ 获得，即式（T3.1.7），并参照了表 3.1（叶片间距 $t_1 = \pi d_1/z_{La}$）⊖。如果叶轮与前盖板不垂直（$\lambda_{La} \neq 90°$），由于叶片堵塞明显比 $\lambda_{La} = 90°$ 的大，更多的流体被偏移。表 0.1 中所示的 λ_{La} 考虑了这种影响。绝对速度或相对速度的圆周分量不受堵塞影响，遵循角动量守恒定律。

流向叶轮的液体主要是沿轴向的（$\alpha_1 = 90°$）。因此绝对入流速度的圆周分量为 $c_{1u} = 0$。然而，如果安装预旋控制装置或者当吸水室或反导叶产生的入流 $\alpha_1 \neq 90°$ 时，圆周分量可由式（T3.1.3）得到。图 3.1 展示了无旋入流（$\alpha_1 = 90°$）、预旋（$\alpha_1 < 90°$）和反旋（$\alpha_1 > 90°$）的进口三角形。可见，有预旋时叶片液流角增大，而反旋时减小。由于叶片堵塞使得 c_{1m} 变化到 c'_{1m}，故液流角从 β_1 增大到 β'_1。

⊖ 对于扭曲叶片，在一些情况下堵塞的效果并不容易定义。一般地，应该将横截面相对于下一个叶片最窄的间距设为 e_1。必须考虑角度 λ（如果有的话）的影响。

表 3.1 叶轮进口速度三角形

给定或所选择的量	n，Q_{La}，d_2，d_1，d_n，b_2，z_{La}，α_1，e_1，e，η_h		式号
圆周速度	$u_1 = \pi d_1 n/60$		T3.1.1
绝对速度轴向分量 b_1，见表底部示意图	$c_{1m} = \dfrac{Q_{La}}{f_q A_1}$	$A_1 = \dfrac{\pi}{4}(d_1^2 - d_n^2)$	T3.1.2
		$A_1 = \pi d_{1b} b_1$	
绝对速度圆周分量	$c_{1u} = \dfrac{c_{1m}}{\tan\alpha_1}$		T3.1.3
相对速度	$w_1 = \sqrt{c_{1m}^2 + (u_1 - c_{1u})^2}$		T3.1.4
流动系数	$\varphi_1 = c_{1m}/u_1$		T3.1.5
无阻塞液流角	$\beta_1 = \arctan\dfrac{c_{1m}}{u_1 - c_{1u}}$		T3.1.6
叶片阻塞	$\tau_1 = \left\{ 1 - \dfrac{z_{La} e_1}{\pi d_1 \sin\beta_{1B} \sin\lambda_{La}} \right\}^{-1}$		T3.1.7
考虑阻塞的液流角	$\beta_1' = \arctan\dfrac{c_{1m}\tau_1}{u_1 - c_{1u}}$		T3.1.8
所选冲角对应的叶片安放角，i_1 定义为：$i_1' = \beta_{1B} - \beta_1'$	$\beta_{1B} = \beta_1' + i_1'$		T3.1.9
无冲击进口定义为 $\beta_1' = \beta_{1B}$ 并给出 c_{1m}	$\varphi_{1,SF} = \left(1 - \dfrac{c_{1u}}{u_1} \right) \dfrac{\tan\beta_{1B}}{\tau_1}$		T3.1.10

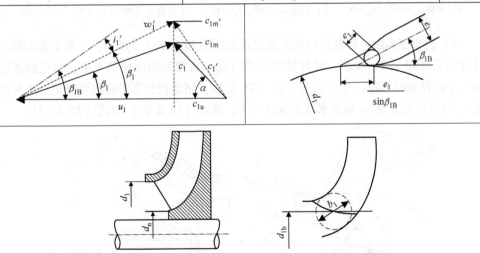

叶片安放角 β_{1B} 和液流角 β_1' 之间的差值被称为冲角：$i_1' = \beta_{1B} - \beta_1'$。如果冲角为 0，叶片对流动只有偏移作用；局部过流速度相应较低。如图 3.1d 所示，局部过流速度随冲角增大而增加直至发生流动分离，这是由于 $i_1 \neq 0$ 时进口边周围会产生回流。由式（T3.1.6）和式（T3.1.8）可计算出有堵塞和无堵塞时的液流角。

对于某一流量（即特定 c'_{1m}），叶片安放角和液流角相等（$\beta_{1B} = \beta'_1$），则冲角为 0。该流动条件称为"无冲击入流"，可由式（T3.1.10）$\tan\beta'_1 = \tan\beta_{1B}$ 计算得到，其中 $\varphi_{1,SF} = c'_{1m}/u_1$ 是 3.4 中所介绍的流动系数。如果液流角降到小于叶片安放角（$i_1 > 0$），则驻点位于叶片的压力面；如果泵流量超过无冲击入流的值，则冲角是负的，驻点位于叶片吸力面。

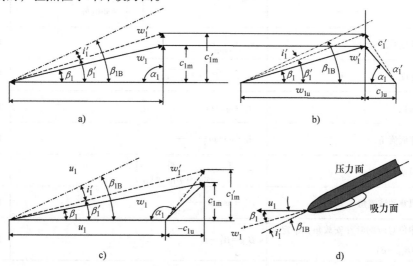

a) b) c) d)

图 3.1 叶轮进口的速度三角形

a) 无旋 $\alpha_1 = 90°$（$c_{1u} = 0$） b) 预旋 $\alpha_1 < 90°$（$c_{1u} > 0$） c) 反旋 $\alpha_1 > 90°$（$c_{1u} < 0$） d) 冲角

2）出口三角形：叶轮出口的速度关系如图 3.2a 和表 3.2 所示。叶轮下游的轴面速度由式（T3.2.2）得到。叶片堵塞仍然存在于紧接叶轮出口的上游，相应的速度会大于出口边的下游：$c'_{2m} = c_m\tau_2$，式（T3.2.3）。堵塞仍然不影响圆周分量。绝对速度 c_2 及出口液流角 α_2 与压水室的设计相关，见式（T3.2.10）和式（T3.2.13）。

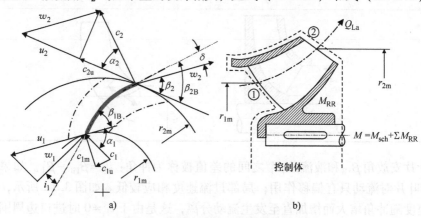

a) b)

图 3.2 作用在叶轮上的角动量平衡

a) 速度矢量 b) 控制体

表 3.2　叶轮出口速度三角形

类别	公式		式号
圆周速度	$u_2 = \pi d_2 n/60$		T3.2.1
绝对速度的轴向分量 $A_2 = \pi d_{2b} b_2$	$c_{2m} = \dfrac{Q_{La}}{f_q A_2}$	$\varphi_{2,La} = \dfrac{c_{2m}}{u_2}$	T3.2.2
叶片阻塞	$\tau_2 = \left\{ 1 - \dfrac{e z_{La}}{\pi d_2 \sin\beta_{2B} \sin\lambda_{La}} \right\}^{-1}$		T3.2.3
叶轮进口直径对滑移系数的影响，当 $d_{1m}^* \leqslant \varepsilon_{1m}$ 时，$k_w = 1$	$\varepsilon_{Lim} = \sqrt{\left\{ -\dfrac{8.16\sin\beta_{2B}}{z_{La}} \right\}}$		T3.2.4
	$k_w = 1 - \left(\dfrac{d_{1m}^* - \varepsilon_{Lim}}{1 - \varepsilon_{Lim}} \right)^3$		T3.2.5
$z_{La} \geqslant 3$ 时的滑移系数 径流式: $f_1 = 0.98$ 混流式: $f_1 = 1.02 + 1.2 \times 10^{-3}(n_q - 50)$	$\gamma = f_1 \left(1 - \dfrac{\sqrt{\sin\beta_{2B}}}{z_{La}} \right) k_w$		T3.2.6
绝对速度圆周分量 预测	$c_{2u} = u_2 \left(\gamma - \dfrac{c_{2m} \tau_2}{u_2 \tan\beta_{2B}} \right)$		T3.2.7
根据测量的扬程 H 计算	$c_{2u} - \dfrac{gH}{\eta_h u_2} + \dfrac{u_{1m} c_{1m}}{u_2}$		T3.2.8
试验所得滑移系数	$\gamma = \dfrac{c_{2u}}{u_2} + \dfrac{\varphi_{2,La} \tau_2}{\tan\beta_{2B}}$		T3.2.9
绝对速度	$c_2 = \sqrt{c_{2m}^2 + c_{2u}^2}$		T3.2.10
相对速度	$w_{2u} = u_2 - c_{2u}$		T3.2.11
	$w_2 = \sqrt{c_{2m}^2 + w_{2u}^2}$		T3.2.12
无堵塞绝对出口液流角	$\alpha_2 = \arctan c_{2m}/c_{2u}$		T3.2.13
有堵塞相对出口液流角	$\beta_2' = \arctan c_{2m} \tau_2/w_{2u}$		T3.2.14
无堵塞相对出口液流角	$\beta_2 = \arctan c_{2m}/w_{2u}$		T3.2.15
滑移角	$\delta' = \beta_{2B} - \beta_2'$ 或 $\delta = \beta_{2B} - \beta_2$		T3.2.16

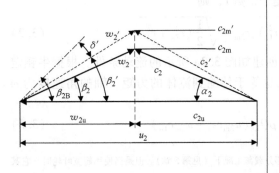
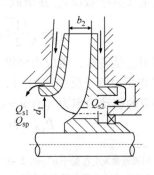

3.2 叶轮内的能量转换、比功和扬程

扬程 H 的定义为进水口和出水口之间泵产生的有用总水头差，见表 2.2。然而，式（T2.2.5）没有说明叶轮是如何将作用于转子的功率转变为输送功。

为了计算从叶轮转移到流体的能量，可利用式（1.10）中的动量守恒定理，其将流动的一些物理量与外力联系在一起。通过选择合适的控制面，依据动量守恒，在不了解控制体内详细流动的情况下，就可进行总体概述。

如图 3.2b 所示，选择叶轮周围以轴面形式表示的控制体，将以下量用于其边界：

1）通过区域 1 进入到叶轮的流量 Q_{La}，角动量为 $\rho Q_{La} r_{1m} c_{1u}$。

2）通过区域 2 离开叶轮的流量，角动量为 $\rho Q_{La} r_{2m} c_{2u}$。

3）轴穿过控制面，因此交界面的外力为 $M = M_{sch} + \sum M_{RR}$。

4）根据 3.6.1 可估计前盖板和后盖板上黏性切应力引起的摩擦力矩 M_{RR}。但是当计算作用于叶片上的力矩时，这些不需要考虑。

5）由于控制面的位置不垂直速度矢量 c_1 和 c_2，故在区域 1 和 2 的圆周方向会产生湍流切应力。这些切应力产生了一个力矩 M_τ，在根据流线理论计算时该值可忽略不计。从数值计算的结果可以推断，当无回流时 M_τ 通常为叶轮所传递力矩的 1%[⊖]。

区域 1 和 2 上的静压在圆周方向上不产生任何作用力，因此不计入动量平衡。同样，径向速度分量不影响作用于叶片上的角动量，因此只需要考虑圆周分量 c_{1u} 和 c_{2u}。当应用一维流动理论时，平均速度取代了控制面上的非均匀速度分布。它们在平均半径 r_{1m}、r_{2m} 上产生相同的角动量，即在实际流动分布上的积分。受这些条件的影响，动量守恒定律以"欧拉透平方程"的形式提供作用于叶片上的动量矩，即

$$M_{sch} = \rho Q_{La} (r_{2m} c_{2u} - r_{1m} c_{1u}) \tag{3.1}$$

而平均半径 r_{1m}、r_{2m} 是指将进口和出口截面划分为两个区域，每个区域都有相同的流量（其中假设 c_m 在横截面上是个常数），则

$$r_{1m} = \sqrt{\frac{1}{2}(r_{1a}^2 + r_{1i}^2)}, r_{2m} = \sqrt{\frac{1}{2}(r_{2a}^2 + r_{2i}^2)} \tag{3.2}$$

因 M_{sch} 是转矩，需应用到轴上以创建如图 3.2a 所示的流动条件。根据牛顿定理（"作用力等于反作用力"），M_{sch} 也等于传输到流体的力矩。轴的角速度为 ω 时，相应的驱动功率为（有 $u = \omega r$）

$$P_{sch} = M_{sch} \omega = \rho Q_{La} (u_{2m} c_{2u} - u_{1m} c_{1u}) \tag{3.3}$$

⊖ 回流通常发生在低于 $q^* = 0.5 \sim 0.7$ 的部分载荷工况下（见第 5 章）。但是当使用超宽叶轮时，它甚至可能发生在最高效率点附近（如疏浚泵中）。

叶片产生的比功由 P_{sch} 除以通过叶轮的质量流量 m（$m = \rho Q_{La}$）得到（见 1.2.2）：

$$Y_{sch} = Y_{th} = \frac{P_{sch}}{\rho Q_{La}} = u_{2m} c_{2u} - u_{1m1u} \tag{3.4}$$

由式（3.1）、式（3.3）和式（3.4）可证明预旋（$\alpha_1 < 90°$）会降低叶片力矩、功耗和扬程，而反旋会导致这些量的增加。式（3.4）中的叶片比功不包括任何损失（尽管它适用于有损失的流动），它也被称为"理论比功"。因此，$H_{th} = Y_{sch}/g$ 是"理论扬程"。

传递给流体的能量 Y_{sch} 包括由式（2.1）得到的排水管内的有用能量和水力损失［见 1.2.2 和式（1.8）］。因此 $Y_{sch} = Y + g \sum Z_h$。通过式（3.5）定义的"水力效率" η_h 来描述这些损失，即

$$\eta_h = \frac{Y}{Y_{sch}} = \frac{H}{H_{th}} = \frac{H}{H + \sum Z_h} \tag{3.5}$$

水力效率考虑了包括吸入口和排出口之间的所有水力损失，即在进口段、叶轮、导叶和排出段的损失。η_h 的详情见 3.9、式（3.28a）及图 3.30 ~ 图 3.32。

从速度三角形的几何关系得到 $u c_u = 1/2 (u^2 + c^2 - w^2)$。将该表达式代入式（3.4）中得到式（T3.3.2）。根据该式可知比功由三部分组成：离心分量 $u_2^2 - u_1^2$，相对速度的减速 $w_1^2 - w_2^2$ 及绝对速度的增加 $c_2^2 - c_1^2$。叶轮出口速度 c_2 在压水室内减小，其动能大部分转变成静压。参考式（1.15），前两项表示叶轮内静压的增加和叶轮损失，见式（T3.3.3）。

叶轮传递给流体的能量 Y_{sch} 使得叶轮出口处的总压增加了 $Y_{tot,La}$。Y_{sch} 的一小部分损耗在叶轮内，因此有 $Y_{sch} = Y_{tot,La} + g z_{La}$（见 1.2.2）。$Y_{tot}$ 是叶轮出口的有用水力能量（吸入管进口的能量较低）。在排水管和吸入管之间测量的比功 $Y = gH$，当减去导叶中的损失时，变为 $Y = Y_{tot,La} - g z_{Le}$。表 3.3 总结了比功、总压及静压增加之间的关系。由相对参考系中的伯努利方程得到叶轮内静压的增加 H_P（表示为静扬程），见式（1.15）。静扬程与泵扬程的比值称为"反应系数"，即 $R_G = H_P/H$。表 3.3 还包括相对参考系下的能量传输式。

表 3.3　功在叶轮内的转换

类别	公式	式号
叶片比功 Y_{sch}（无损失）	$Y_{sch} = gH_{th} = u_2 c_{2u} - u_1 c_{1u} = u_2^2 \left(\dfrac{c_{2u}}{u_2} - d_{1m}^* \dfrac{c_{1u}}{u_2} \right)$	T3.3.1
理论扬程：$H_{th} = Y_{th}/g$	$Y_{sch} = \dfrac{1}{2} (u_2^2 - u_1^2 + w_1^2 - w_2^2 + c_2^2 - c_1^2)$	T3.3.2
叶轮内静压增加有关的比功（无损失）	$Y_{P,th} = gH_{P,th} = \dfrac{1}{2} (u_2^2 - u_1^2 + w_1^2 - w_2^2) = \dfrac{p_2 - p_1}{\rho} + g z_{La}$	T3.3.3
	$Y_{P,th} = gH_{P,th} = u_2 c_{2u} - u_1 c_{1u} - \dfrac{1}{2} (c_2^2 - c_1^2)$	T3.3.4

（续）

类别	公式	式号
叶轮内总压（焓）的上升	$Y_{tot,La} = \Delta h_{tot} = \dfrac{p_2 - p_1}{\rho} + \dfrac{1}{2}(c_2^2 - c_1^2) = \dfrac{p_{2tot} - p_{1tot}}{\rho}$	T3.3.5
叶轮损失	$gz_{La} = Y_{sch} - Y_{tot,La} = Y_{P,th} - \dfrac{p_2 - p_1}{\rho}$	T3.3.6
扬程	$H = \dfrac{\eta_h u_2^2}{g}\left\{\gamma - \dfrac{Q_{La}}{f_q A_2 u_2 \tan\beta_{2B}}\left[\tau_2 + \dfrac{A_2 d_{1m}^* \tan\beta_{2B}}{A_1 \tan\alpha_1}\right]\right\}$	T3.3.7
叶轮内静水头的上升	$H_P = \dfrac{1}{2g}(u_2^2 - u_1^2 + w_1^2 - w_2^2) - z_{La}$	T3.3.8
理论扬程系数（无损失）	$\psi_{th} = 2\left(\dfrac{c_{2u}}{u_2} - d_{1m}^* \dfrac{c_{1u}}{u_2}\right)$	T3.3.9
	$\psi_{th} = 2\left\{\gamma - \dfrac{\varphi_{2,La}}{\tan\beta_{2B}}\left[\tau_2 + \dfrac{A_2 d_{1m}^* \tan\beta_{2B}}{A_1 \tan\alpha_1}\right]\right\}$	T3.3.10
扬程系数	$\psi = 2\eta_h\left\{\gamma - \dfrac{\varphi_{2,La}}{\tan\beta_{2B}}\left[\tau_2 + \dfrac{A_2 d_{1m}^* \tan\beta_{2B}}{A_1 \tan\alpha_1}\right]\right\}$	T3.3.11
静扬程系数	$\psi_P = 1 - \dfrac{u_1^2}{u_2^2} + \dfrac{w_1^2}{u_2^2} - \dfrac{w_2^2}{u_2^2} - \zeta_{La}$	T3.3.12
相对系统中叶轮的比功（无损失）	$Y_{sch} = u_2^2 - u_1^2 - (u_2 w_{2u} - u_1 w_{1u})$	T3.3.13
相对系统中总焓的增加	$Y_{tot,La} = \dfrac{p_2 - p_1}{\rho} + \dfrac{1}{2}\{w_{2m}^2 - w_{1m}^2 + (u_2 - w_{2u})^2 - (u_1 - w_{1u})^2\}$	T3.3.14
	$w_{2m} = c_{2m} \quad w_{1m} = c_{1m}$	
u、c、w 是相对于平均流线（几何平均或质量平均），或者任何选择的流线（a、b、c、m、i）		
Q_{opt} 与比功间的关系	$Q_{opt} = f_q \dfrac{\omega_s^2 \psi_{opt}^{1.5}}{2\sqrt{2}} \omega r_2^3 = f_q n_q^2 \ \left(\dfrac{\psi_{opt}}{2g}\right)^{1.5} \left(\dfrac{\pi}{60}\right)^3 n d_2^3$	T3.3.15

　　根据式（3.4），叶片作用力产生了流动条件，其仅需要通过叶轮进口和出口绝对速度的圆周分量来描述，不需要考虑静压。根据 1.4.1，由流线曲率产生的静压与离心力保持平衡。

　　与第 5 章中讨论的在部分载荷工况下发生回流的情况相似，上述公式不包括作用于叶轮进口和出口的角动量。最需要注意的是：上述讨论的一维泵理论只适用于没有回流的泵工况，忽略这点通常会导致错误的结论，这个问题将在 8.4 详细讨论。

3.3　由叶片引起的流动偏移、滑移系数

如上所述,当应用动量守恒定理时,只考虑所选控制面的平均速度,忽略控制体内部复杂的流动条件。因此用动量守恒不能展示出控制面上产生流动的方式,以及如何设计叶轮的出口宽度和叶片角度,以在给定的 Q_{La} 和 ω 上产生。

叶片力可以被想象为分布在叶片表面的压力和切应力的积分,就如翼型升力可由其表面的压力积分得到。如果叶片(或翼型)要产生一个净力,这个积分明显不能为零,即在叶片压力面的压强必须比吸力面的大。因为叶轮机械内的压力分布仅由叶片周围的速度分布引起,故可以断定在叶片压力面和吸力面会有不同的流动条件,且流动不能够完全按照叶片的形状发展(流动与叶片不一致)。功的转换只有通过叶片安放角和液流角之间的偏差才成为可能。因此,在图 3.2a 中液流角 β_2 比叶片角安放 β_{2B} 小。所描述的现象可通过"滑移系数"或"滑移角" δ 来量化,$\delta = \beta_{2B} - \beta_2$。这两个术语假设了与叶片一致的流动,并且考虑了真实流动相对于叶片出口安放角的偏差。

正如第 5 章将要详细讨论的,叶轮出口的流动分布,以及平均液流角和滑移系数,来源于复杂的力的平衡。真实流动相对于叶片一致流的偏差基本上受以下机理的影响。

1)叶片压力面和吸力面之间的速度差是由功的转换引起的,如图 3.3a 中 k 所示。

2)科氏加速度 b_c 与旋转方向相反,引起了二次流,使得流体流向压力面,从而减小了液流角 β(图 3.2a,以及第 5 章)。

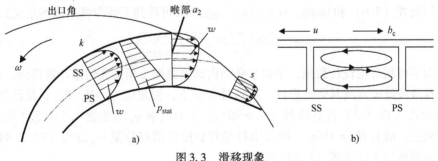

图 3.3　滑移现象

a)叶片间的流动　b)二次流

3)由于只有通过不同的流线曲率才能维持自由流中的压差,在紧接着出口边的下游,叶片压力面和吸力面的静压差消失了。上述速度分布适用于叶轮出口喉部下游的三角形部分,满足出流条件且出口边周围的环量不是很大。在喉部前面,叶轮通道内的流动被更有效地引导,偏离叶片安放角更小(图 3.3a 中的剖面 k 和 s)。图 3.4 通过三维纳维 – 斯托克斯式计算的相对速度流线来说明这些影响。直到

喉部 a_2 处，流动路径与用虚线标记的叶片轮廓几乎一致；在 a_2 后面，压力面方向的流动路径和流动角 β 向着叶轮出口相应减小。对于后弯叶片，滑移系数很大程度上取决于叶轮出口三角形。相反，对于径向叶片（进口角和出口角为 90°），滑移系数主要由科氏力引起。

这些流动过程不能用简单的方法计算，在根据流线理论计算流动出口角时必须使用经验数据。图 3.5 显示了紧接出口边前面（即有堵塞）的出口速度三角形，其中下标 ∞ 表示叶片一致流动。已知量为 u_2、c'_{2m}，（根据 Q_{La}）和叶片出口角 β_{2B}。定义 $c_{2u\infty}$ 和 c_{2u} 之差为

$$c_{2u\infty} - c_{2u} = (1 - \gamma) u_2 \tag{3.6}$$

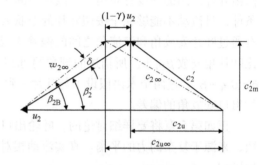

图 3.4　径向叶轮内的流线［由三维纳维 –
斯托克斯（Navier – Stokes）式计算］虚线
对应于叶片一致流

图 3.5　滑移角

此处，γ 为滑移系数，而 $(1 - \gamma)$ 是"滑移"。因此，$\gamma = 1$ 意味着叶片一致流动。γ 越小，液流角和叶片安放角之间的偏差越大。

根据式（3.6）和 $\tan\beta_{2B} = c'_{2m}/(u_2 - c_{2u\infty})$，可得到下列滑移系数的定义式：

$$\gamma \equiv 1 - \frac{c_{2u\infty} - c_{2u}}{u_2} = \frac{c_{2u}}{u_2} + \frac{c_{2m}\tau_2}{u_2\tan\beta_{2B}} \tag{3.7}$$

为了得到叶轮设计数据，系数 γ 必须由试验数据及相关几何量计算得到。该计算应在最高效率点或其附近进行。在这种情况下，测量值 Q、H、P、η 是已知的，c_{1u} 可由式（T3.1.3）计算得到（$\alpha_1 \neq 90°$）。水力效率 η_h 可根据 3.6 和 3.7 的损失分析确定，故有 $H_{th} = H/\eta_h$。叶轮出口绝对速度的圆周分量 c_{2u} 由式（T3.2.8）得到。该值可用于计算式（3.7）的系数 γ。

维斯纳式[44]的改进形式用于关联这种方法得到的数据。基于布斯曼[3]的计算，维斯纳建立了预测滑移系数的公式，并将它与压缩机和泵的测量结果进行了比较。为了将这种关联方法适应于更广范围的泵，将整个叶片的厚度用来计算堵塞并引入修正系数 f_1，产生了滑移系数预测式（T3.2.6）。这种关联反映径向叶轮的 γ 测试结果具有约 ±4% 的标准偏差，这意味着一个 95% 的置信界限 ±8%。由于在扬程计算中强调了滑移系数的公差，见式（T3.3.7），根据流线理论进行性能预测

会有很多不确定因素，除非可以得到更多相似泵的准确测试数据。文献中尚未有比式（T3.2.6）更加准确的数据。迄今为止，试图通过额外参数（如 b_2^* 或 d_1^*）来提高经验公式准确度的研究并没有成功。尽管这些参数有些影响，但不够系统，流动的三维效应尚不明晰。

受长叶片可以改善流动诱导从而减少滑移的观点启发，Pfleiderer 结合流线静力矩（投影到轴截面）建立了滑移系数式[B.1]。然而，所分析泵的标准偏差不低于上述所提的标准偏差 ±4%。这些可解释为：实际叶片流道内的流动诱导性很好，故在该区域叶片长度只有轻微的影响。滑移主要发生在 a_2 和 d_2 之间的"三角形"区域上，在很大程度上主要是由科氏力决定的。

由于三维叶轮流动不能用一维方法来描述，所以流线理论的不确定性是固有的，其不确定性的主要来源如下：

1）式（T3.2.4）~ 式（T3.2.6）中滑移系数的计算只考虑了出口角 β_{2B}、叶片数 z_{La}、叶片堵塞，间接考虑了进口直径 d_{1m}^*。然而，整个叶片和流道的发展决定了叶轮出口的速度分布，因此也决定了式（3.4）中平均值 c_{2u} 的积分。

2）叶轮内的二次流随着出口宽度的增加而增大，这将会增大叶片安放角和液流角之间的偏差。相对出口宽度 b_2^* 较大的叶轮产生非常不均匀的出流分布。如之前所提及的，当存在回流时，流线理论不适用，滑移系数也是如此，尤其是极宽叶轮的情况。

3）为了计算叶轮中功的转换，不仅要使用名义出口角，也要考虑叶轮出口附近整个叶片的发展。为了与滑移和扬程的预测相关，β_{2B} 在扩散范围内应大致不变，直到 a_2 截面。根据表 0.2，喉部的叶片距离 a_2 在设计及检验铸件中是个重要的尺寸。角 β_{a2} 定义如下：

$$\beta_{a2} = \arcsin \frac{a_2}{t_2} = \arcsin \frac{a_2 z_{La}}{\pi d_2} \tag{3.8}$$

4）比值 $\tan\beta_{a2}/\tan\beta_{2B}$ 越小，扬程越低且根据式（T3.2.6）中 β_{2B} 计算得到的滑移系数的偏差越大。这已被文献［42］中的测量所证实，其中出口宽度的变化范围很大而进口角和出口角保持不变。由此产生的 $Q-H$ 曲线由陡峭变得平滑。利用现有的滑移系数公式都无法预测出这些结果。

5）切削出口边对叶轮流动有一定影响，同样扬程也会受到影响。根据出口边的形状，出口角有不同的定义，可以是外倾角 β_{2B}，压力侧角 $\beta_{2B,DS}$ 及吸力侧角 $\beta_{2B,SS}$。叶片没有切削时，三个角度大致相同。叶片对称切削时，外倾角代表平均值。相反，外倾角明显大于压力侧的角。在压力侧切削叶片时，$\beta_{2B} < \beta_{2B,SS}$（图 3.6）。

6）随着叶轮进口直径的增加（在其他设计参数相同的情况下），扬程系数有减小的趋势。但这点并未在滑移系数式中充分体现出来。

图 3.6 叶轮叶片出口形状

3.4 无量纲系数、相似定律和比转速

复杂几何中的湍流流动不能用简单的解析方法来精确分析。事实上，这种流动具有相似特性（"模型定律"），通过无量纲系数能够将实验结果一般化，并用于新设计的预测。该方法也适用于类似直管的简单几何体，其中雷诺数、相对表面粗糙度和摩擦因数用于预测压降，见 1.5.1。

模型试验可以转换成其他转速和尺寸泵的数据，为泵的设计及应用提供重要的依据。应用相似定律的前提是几何相似和动力学相似。当两台泵流动部件的所有尺寸能够被缩放至相同的比例 $\lambda = D_a/D_M$，则满足几何相似（下标"a"表示原型泵，下标"M"表示模型泵）。动力学相似要求原型和模型的欧拉数、雷诺数和弗劳德数相同。需要满足哪种特定的相似特性取决于研究的物理过程。在泵设计中，只需要使得模型和原型的欧拉数相同即可。雷诺数的影响一般较小，因此只在研究具体的损失时才考虑它，见 3.10[⊖]。

如果重力的影响很大，则必须保持弗劳德相似。这适用于自由面流动，如包含模型泵的吸水池，见第 11 章。

根据不同的方法[1,12,45]均可建立相似理论或模型理论；不涉及相似理论的细节，泵（和透平）的模型定律可直接由速度三角形得到。为此，考虑无量纲的进出口速度三角形，其中所有速度都分别参照圆周速度 u_1 和 u_2（图 3.7），同时所有的流动角都保持不变。因此，图 3.7 所示的量与圆周速度无关，也与叶轮直径和转速无关。由于几何相似是一个不可缺少的条件，故 u_1 和 u_2 的关系是固定的。所有速度与 nd 成正比。对于几何相似的叶轮，进出口速度三角形完全由 c_m/u 和 c_u/u 决定（图 3.7）。

由于轴面速度与体积流量成正比，比值 c_m/u 描述了流量的影响。因此，可以定义两个流量系数：叶轮进口 $\varphi_1 = c_{1m}/u_1$ 及叶轮出口 $\varphi_{2,\mathrm{La}} = c_{2m}/u_2$，见表 3.4 中式（T3.4.6）和式（3.4.7）。在给定流量系数下，不管叶轮直径和转速，几何相似的叶轮基本具有相同的流动条件。严格来说，流量系数必须参照通过叶轮的体积流量 $Q_{\mathrm{La}} = Q/\eta_v$。然而，通常流量系数是参照有用流量 Q 计算的。只要模型和原型

⊖ 相对于水，输送油或其他高黏度介质时，泵的扬程和效率都会显著降低，见 13.1。

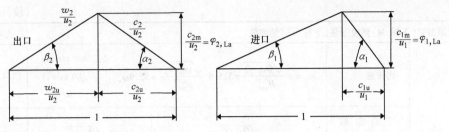

图 3.7 无量纲速度三角形

的容积效率差别不大，就非常近似。

表 3.4 缩放定律和无量纲系数

从原型泵（下标：M）到模型泵（下标"a"）的缩放					式号
缩放定律	流量	$Q_a = Q_M \dfrac{n_a}{n_M} \left(\dfrac{D_a}{D_M}\right)^3 \dfrac{\eta_{v,a}}{\eta_{v,M}}$		近似：$\eta_{v,a} = \eta_{v,M}$	T3.4.1
	扬程	$H_a = H_M \left(\dfrac{n_a}{n_M}\right)^2 \left(\dfrac{D_a}{D_M}\right)^2 \dfrac{z_{st,a}}{z_{st,M}} \dfrac{\eta_{h,a}}{\eta_{h,M}}$		近似：$\eta_{h,a} = \eta_{h,M}$	T3.4.2
	汽蚀余量	$\mathrm{NPSH}_a = \mathrm{NPSH}_M \left(\dfrac{n_a}{n_M}\right)^2 \left(\dfrac{D_a}{D_M}\right)^2$			T3.4.3
	功率	$p_a = p_M \left(\dfrac{n_a}{n_M}\right)^3 \left(\dfrac{D_a}{D_M}\right)^5 \dfrac{\rho_a}{\rho_M} \dfrac{z_{st,a}}{z_{st,M}} \dfrac{\eta_M}{\eta_a}$		近似：$\eta_a = \eta_M$	T3.4.4
	力	$F_a = F_M \left(\dfrac{n_a}{n_M}\right)^2 \left(\dfrac{D_a}{D_M}\right)^4 \dfrac{\rho_a}{\rho_M}$			T3.4.5
无量纲系数	流量系数（出口）	$\varphi_2 = \dfrac{Q/f_q}{\pi d_{2b} b_2 u_2} = \dfrac{\psi^{1.5}}{b_2^*} \left(\dfrac{n_q}{316}\right)^2$		$\varphi_{2,La} = \dfrac{Q/f_q}{\pi d_{2b} b_2 u_2} = \dfrac{c_{2m}}{u_2}$	T3.4.6
	流量系数（进口）	$\varphi_1 = \dfrac{4 Q_{La}}{f_q \pi (d_1^2 - d_n^2) u_1} = \dfrac{4 b_2^* \varphi_{2,La}}{d_1^{*3} k_n} = \dfrac{c_{1m}}{u_1}$			T3.4.7
	扬程系数	$\psi = \dfrac{2gH}{u_2^2} = \dfrac{2Y}{u_2^2}$			T3.4.8
	与 b_2 有关的功率系数	$\lambda = \dfrac{2P}{f_q \rho \pi z_{st} d_{2b} b_2 u_{2a}^3} = \dfrac{\varphi_2 \psi}{\eta}$			T3.4.9
	与 d_2 有关的功率系数	$\lambda_D = \dfrac{2P}{z_{st} \rho d_2^2 u_2^3} = \lambda \pi b_2^* f_q$			T3.4.10
	空化系数	$\sigma = \dfrac{2g\mathrm{NPSH}}{u_1^2}$			T3.4.11
	雷诺数	$Re = \dfrac{cD}{v}$	$Re = \dfrac{wL}{v}$	$Re = \dfrac{uR}{v}$ $\quad$ $Re_u = \dfrac{2 s u_{sp}}{v}$	T3.4.12
	弗劳德数 Fr 欧拉数 Eu	$Fr = \dfrac{c}{\sqrt{gD}}$		$Eu = \dfrac{2\Delta p}{\rho c^2}$	T3.4.13, T3.4.14

（续）

从原型泵（下标:M）到模型泵（下标"a"）的缩放			式号
比转速	比转速	$n_q = n\dfrac{\sqrt{Q_{opt}/f_q}}{H_{opt}^{0.75}} = 315.6\dfrac{\sqrt{\varphi_{2opt}b_2^*}}{\psi_{opt}^{0.75}} = 52.9\omega_s$	$n/(r/min)$ $Q/(m^3/s)$ H/m	T3.4.15
	"类型数" DIN 24260 $n/(r/min)$	$n_q = 5.55n\dfrac{\sqrt{Q_{opt}/f_q}}{(gH_{opt})^{0.75}}$	$\omega_s = \dfrac{\omega}{}\dfrac{\sqrt{Q_{opt}/f_q}}{(gH_{opt})^{0.75}} = \dfrac{n_q}{52.9}$	T3.4.16
	吸入比转速	$n_{ss} = n\dfrac{\sqrt{Q_{opt}/f_q}}{NPSH_{opt}^{0.75}} = 157.8\dfrac{\sqrt{\varphi_{1opt}k_n}}{\sigma_{opt}^{0.75}}$	$n/(r/min)$ $Q/(m^3/s)$ $NPSH/m$	T3.4.17
	USA – 单位	$n_q = 0.0194N_s$ $n_{ss} = 0.0194N_{ss}$	$N_s, N_{ss}: Q/(gal/min)$[①], $H(ft)$[②]	T3.4.18

① $1\,UKgal/min = 7.57682 \times 10^{-5}\,m^3/s$，$1\,USgal/min = 6.30902 \times 10^{-5}\,m^3/s$。

② $1\,ft = 0.3048\,m$。

由于运动条件相同，模型和原型中的 c_{2u}/u_2 和 c_{2m}/u_2（图 3.7）相同，因此满足式（3.7）的滑移系数在两个模型中也相同。根据式（T3.3.1）可进一步推断模型泵和原型泵的比功与圆周速度的平方成正比。因此，扬程系数定义为：$\psi = 2Y/u_2^2$，即式（T3.4.8）。$\psi = f(\varphi)$ 也是一个无量纲特性，其与转速和叶轮直径无关。

求解流量 Q 的式（T3.4.6）和扬程 H 的式（T3.4.8），代入根据式（2.4）得到的式 $P_{st} = \rho g H_{st} Q/\eta$，功率系数 λ 可根据式（T3.4.9）计算。

几何相似泵的以下比例关系直接来源于式（T3.4.6）～式（T3.4.9）：$Q \sim nd^3$；$H \sim n^2 d^2$ 及 $P \sim n^3 d^5$。式（T3.4.1）～式（T3.4.4）的模型和原型泵之间的相似定律或模型定律由这些关系得出。

由于所有的力和压强与面积的乘积成正比，因此 $F \sim n^2 d^4$ 也适用，见式（T3.4.5）。

以上的关系假设了模型和原型的效率相同。如果这个前提不满足精度要求，需根据 3.6～3.10 中的损失分析来进行校正。6.2.3 涉及空化流动的相似条件。

根据式（T3.4.8）和式（T3.4.2）可得到扬程公式：

$$H = \psi\frac{u_2^2}{2g} = k_1 n^2 d_2^2 \psi \tag{3.9}$$

而且，根据式（T3.4.6）和式（T3.4.1）得出流量公式：

$$Q = \varphi_2 \pi d_2^2 b_2^* u_2 = k_2 \varphi_2 b_2^* n d_2^3 \tag{3.10}$$

式中，k_1 和 k_2 是常量。

从这些关系式中去掉叶轮直径，经过多次变换后（对于最高效率点）可得到式（3.11）：

$$\frac{\sqrt{k_2}}{k_1^{0.75}}\frac{\sqrt{\varphi_2 b_2^*}}{\varphi_{opt}^{0.75}} = n\frac{\sqrt{Q_{opt}}}{H_{opt}^{0.75}} = \text{ISC} \qquad (3.11)$$

该式的右边 "ISC" 对于几何相似泵来说是个常数；其与叶轮直径和转速都无关。中间项描述了泵转速、体积流量及扬程之间的关系。

考虑到第 2 章描述的各种叶轮形状（径向、斜向、轴向，表 2.1）及离心泵广泛的应用范围，流动特性 Q、H 和 n 之间的关系对泵的选型具有重要意义。

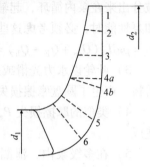

因此，ISC（叶轮形状系数）被称为 "比转速" 或 "型数"，图 3.8 说明了其相关性。如一个叶轮，给定了转速 n_x、流量 Q_x。如果叶轮具有不同出口直径或出口边形状（图 3.8 的 1～6），根据式（3.9），扬程随直径的平方降低。由于 n_x 和 Q_x 是常量，Q、H 和 n 之间的关系发生了变化，这意味着随着比转速增加，图 3.8 中叶轮的形状由径向（1～4a）变化到斜向。最后，得到出口边为 6 的轴向叶轮。从图 3.8 可见，b_2/d_2 和 d_1/d_2 随着比转速的增加而增大。

图 3.8　叶轮形状随比转速的变化

比转速必须使用最高效率点的性能数据和单级扬程计算。对于双吸叶轮，欧洲用单个叶轮的流量来定义比转速，见式（T3.4.15）。然而，在北美使用总流量（省略因子 f_q，参见 2.2）。实际上，n_q 不是严格的无量纲数。为了得到一个无量纲特征，可通过参考量 $Q_1 = 1\text{m}^3/\text{s}$ 来划分 Q_{opt}，同样引入了 $H_1 = 1\text{m}$ 和 $n_1 = 1\text{r/min}$，这样处理后 n_q 是个无量纲数。事实上，n_q 虽被视为无量纲数，但没有明确写出参考量。根据式（T3.4.16），ω 是真正的无量纲数。

通过比转速可以对几何不相似的叶轮进行比较。因此，它可用于比较不同供应商生产的泵。但是比转速只提供关于水力特性、设计及叶轮形状的大概参考。根据具体应用情况，给定 n、Q_{opt} 和 H_{opt}（故比转速也是给定的）的泵可以设计为不同形状的叶轮。如：①通常排污泵或疏浚泵的叶轮出口宽度是同比转速下清水泵的两倍；②根据所需的吸入能力，叶轮进口直径与出口直径的比值 d_1/d_2 会因给定的 n_q 而明显不同（见第 6 章）；③为了得到平坦或陡峭的特性曲线而不严重影响比转速，扬程系数可在相对较宽的范围内变化，即扬程 H_o/H_{opt} 可适应不同的要求。

3.5　功率平衡和效率

当流体流经一台泵或部件时，会出现损失。因此，2.2 介绍的有效功率 P_u 通常比泵的轴功率 P 小。所有损失 $\sum P_v = P - P_u$ 都耗散为热量。除了式（3.5）的水力损失外，泵内还有额外的损失（"二次流损失"），故总的来说需要考虑以下损失来源：

1）轴承和轴封内的机械损失 P_m。这些损失一般不会导致流体变热，因而被称为外部损失。

2）容积损失是由于叶轮输送泄漏所造成的，包括：①通过叶轮进口处环形密封的泄漏 Q_sp。②通过轴向力平衡装置的泄漏 Q_E。这些泄漏（图 3.16 中的 Q_s2）可以是通过单级或多级泵内的平衡孔产生的或通过中央平衡装置（如平衡活塞或平衡盘）产生（图 3.16 中的 Q_E），见 9.2。在特殊情况下，额外流量（Q_h）可能被分出来在泵内循环，起辅助作用，如补给静压轴承冲洗或冷却。当计算容积效率和泵性能时，必须考虑这些流动。为了输送所有的这些泄漏，叶轮需提供的功率为 $P_\mathrm{L} = \rho g H_\mathrm{th}(Q_\mathrm{sp} + Q_\mathrm{E} + Q_\mathrm{h}) = \rho g H_\mathrm{th} Q / \eta_\mathrm{v}$，其中 η_v 是容积效率，式（T3.5.9）。

3）叶轮以水力光滑或水力粗糙圆盘的方式在液体中旋转，在叶轮前盖板或后盖板上产生了圆盘摩擦损失 P_RR。

4）类似的摩擦损失 P_er 由轴向力平衡装置部件（平衡活塞或平衡盘，见 9.2）造成。

5）在多级泵内，泄漏也会发生在"级间密封"，即分隔两级的环形密封中，如图 3.16 所示。这些泄漏不流经叶轮，造成能量的损失。它们构成了节流损失 P_s3，可高达扬程的 40%，见 3.6.3。

6）吸入口和排出口之间所有部件内的摩擦和湍流耗散引起的水力损失都包括在水力效率 η_h 内（见 3.7）。损失的功率为 $P_\mathrm{vh} = \rho g H Q (1/\eta_\mathrm{h} - 1)$。

7）由于失速区和无分离流动区域之间的动量交换，部分载荷工况下的回流会产生较高的损失 P_Rec。如果设计合理，这些损失在最高效率点附近（或高于最高效率点）为零。当在阀门关闭或小流量下运行时，它们会造成很大一部分功耗（见第 4 和 5 章）。

其中 2）~ 7）所述的损失是在泵内产生的。平衡流动仅适用于 Q_E 返回到吸入口的情况。所有这些损失被称为"内部损失"，因为它们使泵内的液体升温。

图 3.9 所示为根据式（T3.5.1）得到的泵总功率平衡图。表 3.5 包含了相关经验公式估算的二次流损失。

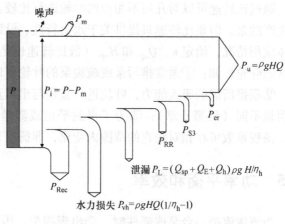

图 3.9 泵内的总功率平衡

表 3.5　功率平衡，效率和损失

类别	公式					式号
参考值	$Q_{Ref} = 1\,m^3/s \quad n_{Ref} = 1500\,r/min$					
功率平衡	$P = \sum\limits_{st} \dfrac{\rho g H Q}{\eta_v \eta_h} + \sum\limits_{st} P_{RR} + \sum P_{s3} + P_m + P_{er} + P_{Rez}$					T3.5.1
有用功 P_u	$P_u = \rho g H_{tot} Q$					T3.5.2
总效率（在联轴器处）η	$\eta = \dfrac{P_u}{P} = \dfrac{\rho g H_{tot} Q}{P}$					T3.5.3
	$\eta = \dfrac{\eta_v \eta_h \rho g H_{tot} Q}{\rho g H_{tot} Q + \eta_v \eta_h (\sum\limits_{st} P_{RR} + \sum P_{s3} + P_m + P_{er} + P_{Rez})}$					
内部功率 P_i	$P_i = P - P_m$					T3.5.4
内部效率 η_i	$\eta_i = \dfrac{\rho g H_{tot} Q}{P_i} = \dfrac{\eta}{\eta_m}$					T3.5.5
机械效率 η_m	$\eta_m = 1 - \dfrac{P_m}{P}$					T3.5.6
机械损失 P_m	$\dfrac{P_m}{P_{opt}} = 0.0045 \left(\dfrac{Q_{Ref}}{Q}\right)^{0.4} \left(\dfrac{n_{Ref}}{n}\right)^{0.3}$					T3.5.6a
每级效率	$\eta_{st} = \dfrac{\rho g\,(H_{tot} + z_{EA})\,(Q + Q_E + Q_h)}{P - P_m - P_{er}} = \dfrac{\eta}{\eta_m}\left\{1 + \dfrac{z_{EA}}{H_{tot}}\right\}\left\{1 + \dfrac{Q_E}{Q}\right\}$					T3.5.7
根据试验得到的水力效率（$P_{Rec}=0$）	$\eta_h = \dfrac{\rho g H_{tot}(Q + Q_{sp} + Q_E + Q_h)}{P - \sum P_{RR} - \sum P_{s3} - P_m - P_{er}} = \dfrac{1 + \frac{Q_{sp}}{Q} + \frac{Q_E}{Q} + \frac{Q_h}{Q}}{\frac{1}{\eta} - \frac{\sum P_{RR} + \sum P_{s3} + P_m + P_{er}}{P_u}}$					T3.5.8
容积效率 η_v	$\eta_v = \dfrac{Q}{Q + Q_{sp} + Q_E + Q_h} = \dfrac{1}{1 + \frac{Q_{sp}}{Q} + \frac{Q_E}{Q} + \frac{Q_h}{Q}}$					T3.5.9
叶轮泄漏损失（API – 间隙）	$\dfrac{Q_{sp}}{Q_{opt}} = \dfrac{a z_H}{n_q^m}$	n_q	a	m	有平衡	T3.5.10
		< 27	4.1	1.6	孔：$z_H = 2$	
		$\geqslant 27$	0.15	0.6	其他：$z_H = 1$	
级间密封泄漏损失	$\dfrac{Q_{s3}}{Q_{opt}} = \dfrac{5.5}{n_q^{1.8}}$				$\dfrac{\Delta H_{s3}}{H_{opt}} \approx 0.4$	T3.5.11
级间密封的功率损失	$P_{s3} = \rho\, g \Delta H_{S3} Q_{S3}$				$\dfrac{P_{s3}}{P_{u,st,opt}} = \dfrac{2.2}{n_q^{1.8}}$	T3.5.11a
径向叶轮的圆盘摩擦损失。$f_{R,La}$ 来自式（T3.6.6）；f_L 来自式（T3.6.7）	$\dfrac{P_{RR}}{P_{u,opt}} = \dfrac{770 f_{R,La} f_L}{n_q^2 \psi_{opt}^{2.5} Re^{0.2} f_q}$				湍流：$Re > 10^5$	T3.5.12
	$\dfrac{P_{RR}}{P_{u,opt}} = \dfrac{38500 k_{RR}}{n_q^2 \psi_{opt}^{2.5} f_q}$				一般	T3.5.13

此外，还定义了以下效率：式（T3.5.6）中的机械效率、式（T3.5.5）中的内部效率及式（T3.5.9）中的容积效率。

3.6 讨论了二次流损失，3.8 讨论了水力损失。所有损失的计算不确定度为 ±（20%～30%）。如果所考虑到单个损失只达到联轴器功率的百分之几——假如泵具有 80% 以上的总体效率——这些不确定性不是太严重。然而，在小型泵及低比转速情况下，不确定性很显著。损失分析不仅对新设计来说很必要，它也对分析工厂或试验台上观测到的性能不足的起因分析非常有用。当进行损失分析时，通常不大关注损失的绝对值，而是确定由设计偏差所造成的趋势或估计改进的影响。在这种情况下，合理考虑损失比计算方法的选择更重要。

3.6　二次流损失的计算

以下将圆盘摩擦损失和泄漏损失单独分析，这些可以在某些特殊试验台上，在泵内甚至在泵外进行测量。然而，叶轮出口主流、叶轮侧壁间隙内的流动、环形密封的泄漏流与圆盘摩擦损失之间有着密切的相互作用关系。这种相互作用无论是用试验方法还是用数值方法都很难分析（见9.1）。

3.6.1　圆盘摩擦损失

当圆盘或圆柱在流体中旋转时，对应于局部摩擦因数的切应力在其表面上产生，见1.5.1。在静止流体内旋转的圆盘上（不受外壁的影响）的切应力为 $\tau = 1/2\rho c_f u^2$，其中 $u = \omega R$ 见式（1.31）。表面微元 $\mathrm{d}A = 2\pi r \mathrm{d}r$ 上的摩擦力为 $\mathrm{d}F = 2\pi \tau r \mathrm{d}r$，由摩擦力表示转矩：$\mathrm{d}M = r\mathrm{d}F = 2\pi \tau r^2 \mathrm{d}r$。通过积分 $P_{RR} = \omega \int_{r_1}^{r_2} \mathrm{d}M$（$r_1$ 为内径，r_2 为外径）得到圆盘每边的摩擦功率 $P_{RR} = \omega M$ 为 $P_{RR} = (\pi/5)\rho c_f \omega^3 r_2^5 \times (1 - r_1^5/r_2^5)$，摩擦因数 c_f 取决于雷诺数和表面粗糙度，它与平行流中的平板上的值大致相同见式（1.33）。

对于旋转圆柱来说（长度为 L，半径为 r_2），由于半径是常数，故不需要积分，用上述同样的方法可以得到：$P_{RZ} = \pi \rho c_f \omega^3 r_2^4 L$。

与表3.4 中的相似定律一致，圆盘摩擦功率随转速三次方和直径五次方变化（假设几何相似 L/r_2 为常量，且忽略雷诺数的影响）。

如果物体在泵壳内旋转（就如在泵内的情况），泵壳与旋转体之间的速度分布取决于叶轮盖板和泵壳壁面之间的距离及在静止面和旋转面上形成的边界层。可以得到速度近似为 $c_u = 1/2\omega r$ 的核心流动（换句话说，不能再假设 $u = \omega R$）。因此，在湍流情况下，泵壳内圆盘得到的功率是静止液体中旋转的自由圆盘所获功率的一半⊖。

⊖　该数据来自文献［35］中的试验结果，它不能通过在前面给出的角速度公式来推导。

可以根据表 3.6 中的式（T3.6.2）～式（T3.6.4）计算叶轮盖板或圆柱的圆盘摩擦损失。所要求的摩擦因数 k_{RR} 和 k_{RZ} 可由试验数据推算确定。表 3.6 汇编了相关的公式，它们均从水力光滑圆盘的测量数据推导而来[⊖]。

表 3.6　旋转圆盘或圆柱的摩擦损失

类别	公式		式号
雷诺数	$Re = \dfrac{uR}{v} = \dfrac{\omega R^2}{v}$		T3.6.1
$\delta < 45°$ 时的旋转圆盘每边的摩擦功率适用于 $Re > 10$	$P_{RR} = \dfrac{k_{RR}}{\cos\delta}\rho\omega^3 R^5 \left\{ 1 - \left(\dfrac{R_n}{R}\right)\right\}^5$		T3.6.2
	$k_{RR} = \dfrac{\pi R}{2Res_{ax}} + \dfrac{0.02}{Re^{0.2}} \cdot \dfrac{1 + \dfrac{s_{ax}}{R}}{1 + \dfrac{s_{ax}}{2R}} f_L f_{R,La}$		T3.6.3
旋转圆柱的摩擦功率，适用于 $Re > 10$	$P_{RZ} = k_{RZ}\rho\omega^3 R^4 L$		T3.6.4
	$k_{RZ} = \dfrac{2\pi R}{Res} + \dfrac{0.075}{Re^{0.2}} \cdot \dfrac{1 + \dfrac{s}{R}}{1 + \dfrac{s}{2R}} \cdot f_R$		T3.6.5
表面粗糙度的影响可根据旋转圆盘表面粗糙度计算	$f_{R,La} = \dfrac{k_{RR}(\varepsilon)}{k_{RR}(\varepsilon = 0)} = \left\{ \dfrac{\lg\dfrac{12.5}{Re}}{\lg\left(0.2\dfrac{\varepsilon}{r_2} + \dfrac{12.5}{Re}\right)}\right\}^{2.15}$	此处未考虑泵壳表面粗糙度，但在式（3.6.13）中考虑了 $\varepsilon = \varepsilon_{max}/c_{eq}$	T3.6.6
泄漏影响适用于：$r_{sp}/r_2 > 0.3$，$k_E \approx 0.5$	$f_L = \dfrac{k_{RR}(Q_{sp})}{k_{RR}(Q_{sp}=0)} = \exp\left\{ -350\varphi_{sp}\left(\left[\dfrac{r_2}{r_{sp}}\right]^a - 1\right)\right\}$	泄漏方向：径向向内；φ_{sp} 为正；$a = 1.0$ 径向向外；φ_{sp} 为负；$a = 0.75$	T3.6.7
除式（T3.6.3）之外，水力光滑的情况；无泄漏；类似于文献 [6] 中的结论	$k_{RR} = \dfrac{\pi R}{2Res_{ax}}$	$Re_{lam} \leqslant 8.7\left(\dfrac{s_{ax}}{R}\right)^{-1.87}$　层流，合并边界层	T3.6.8
	$k_{RR} = \dfrac{0.925}{Re^{0.5}}\left(\dfrac{s_{ax}}{R}\right)^{0.1}$	$Re_{lam} < Re < 2 \times 10^5$　层流，分离边界层	T3.6.9
	$k_{RR} = \dfrac{0.02}{Re^{0.25}}\left(\dfrac{R}{s_{ax}}\right)^{1/6}$	$10^5 < Re < 10^6$　湍流，合并边界层	T3.6.10
	$k_{RR} = \dfrac{0.0255}{Re^{0.2}}\left(\dfrac{s_{ax}}{R}\right)^{0.1}$	$Re > 2 \times 10^5$　湍流，分离边界层	T3.6.11

⊖　式（T3.6.3）和式（T3.6.5）是基于文献 [33] 和文献 [25] 推导出的，式（T3.6.8）～式（T3.6.11）是基于文献 [6] 推导出的，式（T3.6.12）是基于文献 [14] 推导出的。

（续）

项目	公式		式号
考虑影响边壁间隙内旋转的所有系数[14]	$$k_{RR} = \frac{\pi R}{2 Re s_{ax}} + \frac{0.0625}{Re^{0.2}}(1-k_0)^{1.75} f_{R,La} f_L$$	适用于 $Re > 10$	T3.6.12
	$$k_0 = \cfrac{1}{1 + (\frac{r_w}{r_2})^2 \sqrt{(\frac{r_w}{r_2} + 5\frac{t_{ax}}{r_2}) \frac{c_{f,casing}}{c_{f,impeller}}}}$$	c_f 来自式(1.33)	T3.6.13

对于湍流，可通过修正因子 f_R 和 f_L 进行扩展，这样可以估计表面粗糙度及叶轮侧壁间隙泄漏流的影响。相对于水力光滑圆盘，粗糙圆盘上摩擦力的增加由以下方法来确定：从式（1.33）、$Re = u r_2 / v$ 和 ε / r_2 中，可计算出粗糙表面摩擦因数 c_f 及水力光滑面摩擦因数 $c_{f,0}$（$\varepsilon = 0$），于是根据式（T3.6.6）可得到修正因子 $f_R = c_f / c_{f,0}$。

式（T3.6.3）可得到与式（T3.6.8）～式（T3.6.11）相似的摩擦因数，如图 3.10 所示。然而，式（T3.6.3）有一优势，即从层流到湍流的整个范围可用单一式表示，而且在过渡区没有不稳定性。

大量试验表明轴向泵壳间隙 s_{ax} 对圆盘摩擦只有很小的影响；而式（T3.6.11）夸大了这个影响，随着 s_{ax} 趋于零，摩擦因数变得很小，随着 s_{ax} 趋于无穷大，摩擦因数又太大。相反，即使轴向间隙 s_{ax} 趋于极值，式（T3.6.3）也会产生合理的值。s_{ax} 趋于无穷大时，式（T3.6.3）大致给出自由圆盘的相关因子，摩擦因数由 $k_{RR} = 0.0365/Re^{0.2}$ 给定[35]。进一步的解释可参考表 3.6。

在文献［14］中，建立了一种通过考虑叶轮侧壁间隙内的液体旋转来计算圆盘摩擦损失的方法，见式（T3.6.12）和式（T3.6.13）。公式中包括了叶轮侧壁间隙几何形状及泵壳和叶轮盖板表面粗糙度的影响。特别当泵壳和叶轮圆盘有不同的表面粗糙度值时，这些公式作用更大，详细讨论参见 9.1。

图 3.10 对表 3.6 的各种关联进行了比较。可见式（T3.6.3）和式（T3.6.12）是等价的且适当地反映了式（T3.6.8）～式（T3.6.11）。式（T3.6.6）涵盖了表面粗糙度的影响。

关于圆盘摩擦损失的文献概述可见文献［14，17 和 34］；基本理论见文献［35］。当与其他数据源作对比时，需考虑转矩系数的不同定义方法（通常定义是包括圆盘两侧的转矩或摩擦功率的）。

泵内的圆盘摩擦损失取决于以下因素。

1）雷诺数：就绕平板或通过管道的流动而言，摩擦因数随着雷诺数的增大而降低。当输送水时，叶轮侧壁间隙内的流动通常为湍流。当输送油或其他高黏度的液体时，流动变为层流，圆盘摩擦显著增大，见 13.1。

2）旋转圆盘表面粗糙度：假若表面粗糙度峰值超过边界层厚度，静止或旋转

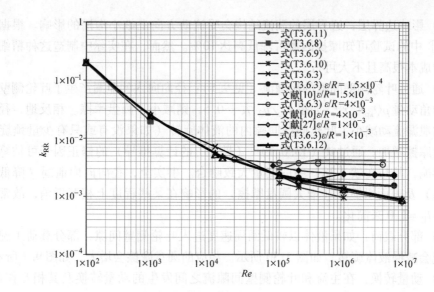

图 3.10　$s_{ax}/R = 0.08$ 时，光滑面和粗糙面的圆盘摩擦因数（无叶轮边壁间隙泄漏）

ε—表面粗糙度

面的表面粗糙度会增大摩擦功率。圆周方向的沟槽，如在车床上加工盖板所产生的沟槽，比在浇铸面上非结构表面粗糙度的损害小[11]。根据文献 [11] 的测量，$\varepsilon_{max} = 120\mu m$ 的机加工圆盘的摩擦因数基本上与 $\varepsilon \approx 0$ 的抛光圆盘相同。因此，一般在计算机加工圆盘时，认为 $\varepsilon \approx 0$。对于浇铸或喷砂处理的圆盘，可假设 $\varepsilon = \varepsilon_{max}/c_{eq}$。当量因子 $c_{eq} = 2.6$，ε_{max} 是最大粗糙高度，见 3.10。当达到水力光滑条件时，圆盘的摩擦损失是最小的。为此，在根据表 1.4 估算最大允许表面粗糙度时，须使用 $w = c_u \approx 1/2\omega r$。在 3.10 也讨论了表面粗糙度的问题。

3）泵壳壁面的表面粗糙度：当转子和泵壳具有相同的表面粗糙度时，叶轮侧壁间隙内液体的旋转与表面粗糙度无关，见式（T3.6.13）。然而，如果 $\varepsilon_{impeller} \neq \varepsilon_{casing}$，表面粗糙度对旋转和圆盘摩擦均有影响。当 $\varepsilon_{impeller} > \varepsilon_{casing}$ 时，旋转增强，而当 $\varepsilon_{impeller} < \varepsilon_{casing}$ 时旋转减小。同时，圆盘摩擦依照式（T3.6.12）和式（T3.6.13）变化。更加详细的计算见 9.1。

4）轴向侧壁间隙 s_{ax}：叶轮盖板与泵壳之间的距离很小，$s_{ax} < \delta$（δ 为边界层厚度）时，轴向侧壁间隙内的速度分布是线性的（库埃特流动），平均流动速度近似为 $1/2\omega r$。当增大轴向侧壁间隙时，摩擦损失在增加之前降低到最小值（由于现实中不可能实现，没有实际意义）。如前所述，轴向侧壁间隙的影响对湍流是很小的，而在层流中影响很大。侧壁间隙中泵壳的湿润面积越大，液体旋转越慢。

5）泵壳形状和叶轮侧壁间隙尺寸：对液体旋转有影响，故对圆盘摩擦也有影响。复杂形状的泵壳、大泵壳面、肋板和其他结构等与粗糙面类似，会增大了圆盘摩擦损失，见 9.1。

6）影响边界层：边界层的湍流结构会受流动方向上细小沟槽的影响。根据文献［2］中的试验可知摩擦因数可降低高达10%。然而，在实际中制造这种精细的沟槽的成本很高且不大可行。

7）通过叶轮侧壁间隙的泄漏流（见9.1）：径向向内的泄漏产生了叶轮侧壁间隙内的角动量$\rho Q_{sp} c_{2u} r_2$，如果c_{2u}/u_2大于0.5，则减小了圆盘摩擦。相反地，径向向外的泄漏流动减小了叶轮侧壁间隙内的液体旋转（如果没有或只有少量预旋），故圆盘摩擦增加。通过式（T3.6.7）⊖（见9.1的计算推导）的修正因子可估算泄漏的影响，其与文献［38］中的测量大致吻合。事实上，径向向内泄漏（降低圆盘摩擦）及表面粗糙度（增大圆盘摩擦）的影响在某些程度上相互抵消，故常利用$f_L = f_R = 1.0$来简化。

8）部分载荷：如果液体以较低圆周速度进入叶轮侧壁间隙，部分载荷工况下的回流会减慢液体旋转，如图5.30所示。相应的圆盘摩擦会增大，如图9.7所示。

9）动量转换：在主流和叶轮侧壁间隙流之间发生的动量转换及其相互作用，见9.1。

最后三个因素对圆盘摩擦损失的影响很大，以致其计算不确定性很大，特别是有大量的泄漏流及在部分载荷的情况下。即使在最高效率点，计算圆盘摩擦损失的误差也约为±25%。由于侧壁间隙流对计算作用于叶轮的轴向力非常重要，9.1将综合讨论它的物理机制。

当确定泵内的圆盘摩擦损失时，需利用表3.6中的公式计算液体内所有的旋转面的影响，包括叶轮前后盖板、轮毂、叶轮上的环形密封及其他一些平衡装置。对于径向叶轮，盖板上的摩擦远超其他所有部件带来的影响。由于$(r_1/r_2)^5 << 1$，叶轮进口直径的尺寸影响很小，见式（T3.6.2）。

对于典型的径向叶轮，可从有用功率P_u和n_q、Re、ψ_{opt}中计算圆盘摩擦损失。这样得到了适用于湍流的式（T3.5.12），或（更具一般性）适用于层流及湍流的式（T3.5.13）。在这些公式中，对于典型的叶轮几何形状来说，需要考虑前后盖板的作用，包括轮毂和环形密封。这些公式表明：

1）泵功率消耗中圆盘摩擦损失所占的份额随比转速和扬程系数的增加呈指数下降。低比转速情况下，圆盘摩擦是损失的主要来源：在$n_q = 10$，$\psi_{opt} = 1$，$Re = 10^7$情况下，圆盘摩擦约为叶轮有用功率的30%。

2）在低比转速下，所选扬程系数必须尽量大，以提高效率（由于$P_{RR} \sim d_2^5$，高扬程系数可减小叶轮直径，因此圆盘损失较小）。

3.6.2　通过环形密封的泄漏损失

叶轮和泵壳之间转动间隙（"环形密封"）限制了从叶轮出口到进口的泄漏，

⊖　表9.1中叶轮侧壁间隙上的积分计算需要更严密的研究。

如图 3.15、图 3.16 及表 3.7 所示。任何泄漏都会降低泵的效率。因为由叶轮传递给泄漏流的所有机械能（即增加静扬程和动能）在密封处受到节流作用而转化成热能，1% 的泄漏流就意味着 1% 的效率损失。泄漏流同样也发生在轴向力平衡装置内，在这些装置中泄漏流将叶轮出口压力变成入口压力（此处，1% 的泄漏流也相当于效率降低 1%）。

表 3.7 泄漏损失 I：环形密封

类别	公式		式号
叶轮产生的静压增量	$H_p = \dfrac{u_2^2 - u_1^2 + w_1^2 + w_2^2}{2g} - z_{La}$	$H_p = R_G H$ $n_q < 40$ 时，$R_G \approx 0.75$	T3.7.1
旋转系数 k	Q_{sp} 径向向内 $\quad k = 0.9 y_{sp}^{0.087}$ Q_{sp} 径向向外 $\quad k = 0.24 y_{sp}^{-0.096}$	$y_{sp} = Re_{u2}^{0.3} \dfrac{s d_{sp}}{d_2^2} \sqrt{\dfrac{s}{L_{sp}}}$	T3.7.2
泄漏为径向向内时密封的压差	$\Delta H_{sp} = H_p - k^2 \dfrac{u_2^2}{2g} \left\{ 1 - \dfrac{d_{sp}^2}{d_2^2} \right\}$	$Re_{u2} = \dfrac{u_2 r_2}{v}$	T3.7.3
泄漏为径向向外时密封的压差	$\Delta H_{s3} = H - H_p + k^2 \dfrac{u_2^2}{2g} \left\{ 1 - \dfrac{d_{s3}^2}{d_2^2} \right\}$		T3.7.4
平衡装置的压差	$\Delta H_{EK} = (z_{st} - 1) H + H_p - k^2 \dfrac{u_2^2}{2g} \left\{ 1 - \dfrac{d_{EK}^2}{d_2^2} \right\}$		T3.7.5
间隙 ΔH_{sp}、ΔH_{s3} 或 ΔH_{EK} 内的轴向速度 i 是泵腔的数目	$c_{ax} = \sqrt{\dfrac{2g \Delta H}{\zeta_{EA} + \lambda \dfrac{L_{sp}}{2s} + \sum_i (\dfrac{d_{sp}}{d_{si}})^2 (\dfrac{s}{s_i})^2 \left\{ \zeta_K + \lambda_i \dfrac{L_i}{2s_i} \right\}}}$		T3.7.6
泄漏流量	$Q_{sp} = \pi d_{sp} s c_{ax}$		T3.7.7
损失系数	$\zeta_{EA} = 1 \sim 1.2$，出口加进口损失；$\zeta_K = 1 \sim 1.3$，每个泵腔的损失		T3.7.8
雷诺数	$Re_u = \dfrac{2su_{sp}}{v}$ $\quad u_{sp} = \dfrac{\pi d_{sp} n}{60}$ $\quad Re = \dfrac{2sc_{ax}}{v}$		T3.7.9
$Re^* = 2000$ 时，层流/湍流过渡	$Re^* = \sqrt{Re^2 + \dfrac{1}{4} Re_u^2} = Re \sqrt{1 + \dfrac{1}{4} (\dfrac{u_{sp}}{c_{ax}})^2}$		T3.7.10
层流摩擦因数，$Re < 2000$（$u_{sp} = 0$）	$\lambda_0 = \dfrac{96}{Re} (1 - 0.6 \dfrac{e_x}{s}) e_x$ 是离心率		T3.7.11
湍流摩擦因数，$Re > 2000$（$u_{sp} = 0$）	$\lambda_0 = \dfrac{0.31}{\left\{ \lg (A + \dfrac{6.5}{Re}) \right\}^2}$	密封面 $\qquad\qquad A$ 粗糙 $\qquad\qquad 0.135\, \varepsilon/s$ 锯齿状 $\qquad\quad 0.005 \sim 0.01$ 均布状 $\qquad\quad 0.01 \sim 0.03$	T3.7.12
层流 - 湍流过渡	使用 $\lambda = Max(\lambda_{lam}; \lambda_{tur})$ 来避免不连续		

（续）

类别	公式	式号
旋转对湍流的影响 $Re > 2000$	$\dfrac{\lambda}{\lambda_0} = \left\{ 1 + 0.19 \left(\dfrac{Re_u}{Re} \right)^2 \right\}^{0.375}$	T3.7.13
旋转对流动的影响 $Re < 2000$	$\dfrac{\lambda}{\lambda_0} = 1 + 0.2 \left(\dfrac{Re_u}{2000} \right)^{1.03}$	T3.7.14

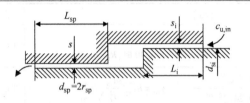 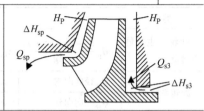

泄漏损失Ⅱ：径向或对角间隙，开式叶轮

		公式		式号
半开式叶轮	扬程损失	$\dfrac{\psi_{(s=0)} - \psi_{(s)}}{\psi_{(s=0)}} = \dfrac{2.5 \dfrac{s}{d_2}}{\sqrt{b_2^* (1 - d_1^*) z_{La}} \left(\dfrac{e}{t_2} \right)^{0.2} n_q^{0.1} (\sin\beta_2)^{1.2} (\sin\beta_1)^{0.4}}$		T3.7.15
	效率损失	$\dfrac{\eta_{(s=0)} - \eta_{(s)}}{\eta_{(s=0)}} = \dfrac{2}{3} \dfrac{\psi_{(s=0)} - \psi_{(s)}}{\psi_{(s=0)}}$		T3.7.16
	根据文献[B.16]的 $\Delta\eta$	$\Delta\eta = 0.3 \dfrac{s}{b_2 - s}$ 对于 $\dfrac{s}{b_2 - s} < 0.13$		T3.7.16a
	功率的降低	$\dfrac{\lambda_{(s=0)} - \lambda_{(s)}}{\lambda_{(s=0)}} = \dfrac{1}{3} \dfrac{\psi_{(s=0)} - \psi_{(s)}}{\psi_{(s=0)}}$		T3.7.17
对角间隙	扬程损失	$\dfrac{\psi_{(s=0)} - \psi_{(s)}}{\psi_{(s=0)}} = (2.3 \sim 3.3) \dfrac{s}{b_2}$	光滑间隙的上限值；带有泵出口叶片的间隙的下限值如图3.15所示	T3.7.18
	效率损失	$\dfrac{\eta_{(s=0)} - \eta_{(s)}}{\eta_{(s=0)}} = (1.6 \sim 1.9) \dfrac{s}{b_2}$		T3.7.19
	NPSH₃的增加	$\dfrac{\sigma_{(s)} - \sigma_{(s=0)}}{\sigma_{(s=0)}} = (15 \sim 40) \dfrac{s}{b_2}$		T3.7.20
径向间隙	雷诺数	$Re = \dfrac{2sc_i}{v} \sqrt{a_r}$ $\qquad$ $Re = \dfrac{2s\omega r_a}{v} \sqrt{a_r}$ $\qquad$ $a_r = \dfrac{r_i}{r_a}$		T3.7.21
	摩擦因数	$\lambda = f(Re, Re_u, \varepsilon)$ 基于表3.7		
	通过间隙的压差	基于表3.7		

径向间隙	常量	泄漏流量	旋转因子 k	
			$Re < 10^4$	$Re > 10^4$
		径向向内	0.4	0.5
		径向向外	0.5	0.6

（续）

类别		公式	式号

泄漏损失 Ⅱ：径向或对角间隙，开式叶轮

类别			公式	式号
径向间隙	间隙中内径 r_i 处的径向速度	径向向内泄漏	$c_i = \sqrt{\dfrac{\dfrac{2\Delta p}{\rho} - k^2 \omega^2 r_a^2 (1 - a_r^2)}{\zeta_E a_r^2 + \dfrac{\lambda r_i}{2s}(1 - a_r) + 1}}$	T3.7.22
		径向向外泄漏	$c_i = \sqrt{\dfrac{\dfrac{2\Delta p}{\rho} + k^2 \omega^2 r_a^2 (1 - a_r^2)}{\zeta_E + \dfrac{\lambda r_i}{2s}(1 - a_r) + a_r^2}}$	T3.7.23
		泄漏流量	$Q_{sp} = 2\pi r_i s c_i$	T3.7.24

湍流中的螺旋式沟槽[3.13]

只有当 $\dfrac{c_{ax}}{u_{sp}} < 0.7$ 且 $\dfrac{L_{sp}}{s} > 50$ 时，才选择此沟槽	几何参数的选择与 $\dfrac{c_{ax}}{u_{sp}}$ 有关	

给定量	$d_{sp}, L_{sp}, n, \Delta H, s, \rho, v$			式号
间隙内轴向速度 首次迭代估算：$\lambda = 0.06$	$c_{ax} = \sqrt{\dfrac{2g\Delta H}{\zeta_{EA} + \lambda \dfrac{L_{sp}}{2s}}}$			T3.7.30
损失系数	对于进出口损失，$\zeta_{EA} = 1.5$			T3.7.31
雷诺数	$Re_u = \dfrac{2su_{sp}}{v} \quad u_{sp} = \dfrac{\pi d_{sp} n}{60} \quad Re = \dfrac{2sc_{ax}}{v}$			T3.7.32
流动为湍流	$\dfrac{su_{sp}}{v} > 700$			T3.7.33
螺纹数（整数）	$z = \dfrac{\pi d_{sp}\sin\alpha}{a + b} = \dfrac{\pi d_{sp}\sin\alpha}{\left(\dfrac{a+b}{s}\right)s}$			T3.7.34
倾斜角 $\alpha = 7° \sim 13°$（可达到 15°）	$\alpha = 13° - 8°\dfrac{c_{ax}}{u_{sp}}$	式（T3.7.39）和式（T3.7.40）对右列所给定的参数是有效的	$\alpha = 10°$	T3.7.35
沟槽深度	$\dfrac{h}{s} = 1.2\left(\dfrac{c_{ax}}{u_{sp}}\right)^{-0.68}$		$\dfrac{h}{s} = 2.5$	T3.7.36
沟槽宽度	$\dfrac{a}{a+b} = 0.5 \sim 0.7$		$\dfrac{a}{a+b} = 0.5$	T3.7.37
检查核对	$\dfrac{a+b}{s} = 15 \sim 20$		$\dfrac{a+b}{s} = 17$	T3.7.38
$u_{sp} = 0$ 时，湍流中的摩擦因数	$\lambda_0 = \dfrac{0.32}{\left\{ \lg\left(0.0022 + \dfrac{20}{Re}\right) \right\}^2}$			T3.7.39
旋转摩擦因数	$\lambda = \lambda_0 \left\{ 1 + k\dfrac{Re_u}{Re} \right\}^2$		$k = 0.0243 Re^{0.2255}$	T3.7.40

利用式（T3.7.40）的摩擦因数，根据式（T3.7.30）进行迭代计算轴向速度 c_{ax}

（续）

给定量	$d_{sp}, L_{sp}, n, \Delta H, s, \rho, v$		式号
泄漏流量	$Q_{sp} = \pi d_{sp} s c_{ax}$		T3.7.41

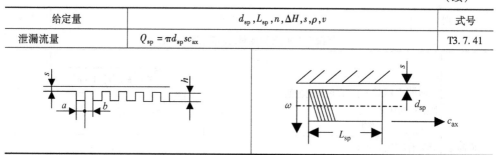

环形密封由泵壳口环和旋转的叶轮口环组成。口环之间的径向间隙与旋转部件的半径相比很小（$s \ll r_{sp}$）。密封两侧的压差会导致产生轴向流动速度 c_{ax}。当转子静止时，如果使用水力直径 $d_h = 2s$，该轴向流动可被视为管流。

通过内侧口环的旋转，周向流动与轴向流动叠加。为描述这些流动条件，需要两个雷诺数：轴向流动雷诺数 Re 和周向流动雷诺数 Re_u。表3.7、式（T3.7.9）给出了这两个雷诺数的定义。雷诺数 $Re^* = 2000$ 时，层流到湍流的过渡发生，可由平均矢量速度 c_{ax} 和 $u_{sp}/2$ 计算，见式（T3.7.10）。

环形密封内的周向速度 c_u 取决于环形密封进口的预旋，$k_{in} = c_u/(\omega r)$；根据式（3.11a）[5]，环形密封内的 c_u 随流动路径长度 z 的增加而增加。对于长环形密封，它达到由 $k_{out} = c_u/\omega r = 0.5$ 给定的渐进值。

$$k = \frac{c_u}{u_{sp}} = 0.5 + (k_{in} - 0.5) \exp\left\{ -\frac{\lambda z}{4s}\left(1 + \frac{0.75}{1 + 4\left(\frac{Re}{Re_u}\right)^2} \right) \right\} \qquad (3.11a)$$

在层流中，周向上的速度分布是线性的，且在定子上 $c_u = 0$，在转子上 $c_u = \omega r_{sp} = u_{sp}$。因为随着直径的增加，$c_u$ 从转子到定子减小，离心力也是从转子到定子减小。因此，速度分布是不稳定的。"泰勒旋涡" 在圆周方向上产生，而且与相反的旋涡结构形成旋涡对。旋涡发展的稳定准则由泰勒数 $Ta = u_{sp}s/v(s/r_{sp})^{0.5} = Re_u/2(s/r_{sp})^{0.5}$ 确定[35]，泰勒旋涡在 $Ta > 41.3$ 时产生。然而，在足够小的雷诺数 Re 下，流动保持层流直到大约 $Ta = 41.3$。在层流中，由于泰勒旋涡的存在（2 或 3 个），阻力系数增大很多，参见文献 [34，35]。

在稳定层流内（$Ta < 41.3$），旋转对摩擦因数 λ 无显著影响，$\lambda = 96/Re$，这是通过 $Re_u = 0$ 时图3.11中的试验验证的。相反，在湍流中 λ 和周向雷诺数与轴向雷诺数的比值 Re_u/Re 有关。如式（T3.7.10），在 $Re_u > 4000$ 时，即使无轴向流动（$Re = 0$），流动也总是为湍流。式（T3.7.14）可用来估算 $Re < 2000$ 时流动的摩擦因数。

在实际应用中，层流和湍流之间的过渡没有一个准确的标准（$Re^* = 2000$ 或泰勒数）。层流和湍流之间的过渡取决于表面粗糙度和表面结构（如锯齿）、轴向雷诺数 Re 和圆周雷诺数 Re_u。到目前为止，还没有可靠的机理来描述这种过渡。在管道和平板上的测试数据表明，在层流中的摩擦因数通常不低于任何轴向雷诺数的湍流。为了避免曲线 $\lambda = f(Re)$ 上的不连续性，因此建议使用层流和湍流的最大值计算所有摩擦因数：$\lambda = \max(\lambda_{lam}, \lambda_{tur})$。

上述说法的一个例外是：当表面粗糙不平时，在曲线 $\lambda = f(Re)$ 上可观测到一个局部最小值（在计算中可以忽略）。由于结构化表面（沟槽、锯齿或蜂巢状）的尺寸大于湍流长度尺度，因此它们与表面粗糙度均匀的表面情况又有所不同。

为计算环形密封泄漏，将试验确定的摩擦因数用于湍流。图 3.11 为直平环形密封上的测量，图 3.12 为具有大沟槽直锯齿形密封的测量[41]（图 3.15 为不同密封的几何形状）。图 3.11 由文献 ［36］ 的 $Re_u = 30000$ 和 50000 的试验进行补充。与所有的湍流流动一样，环形密封的阻力取决于壁面表面粗糙度。在小间隙情况下，由于相对表面粗糙度 ε/d_h 很大（水力直径很小），所以这种依赖性特别大。

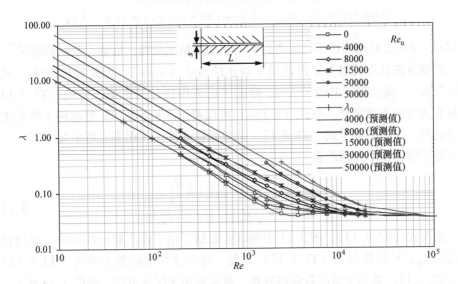

图 3.11　光滑环形密封的摩擦因数

试验数据来源于文献 ［36, 41］ $\varepsilon/s = 0.01$；$L/s = 413$；$s = 0.315\mathrm{mm}$。标记为 "预测值"
的曲线由式 （T3.7.11）~式 （T3.7.14）计算而得

所要求的高压差和测量精度的问题使得在过宽雷诺数范围内通过试验方法确定环形密封摩擦因数的难度加大。因此，通常需要在现有的试验数据基础上进行外推。

流道中的阻力公式（1.36）很适合用于外推法，因为其描述了湍流流动从水力光滑到水力粗糙的整个范围。在该式中表面粗糙度的影响用 ε/s 表示。相比于

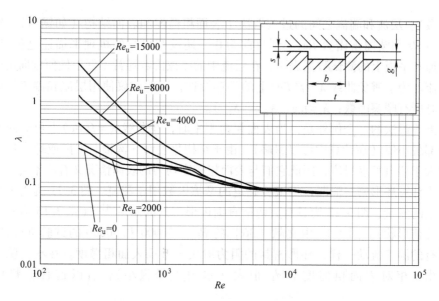

图 3.12　锯齿状环形密封的摩擦因数

试验数据来自文献 [41]；$s = 0.31\text{mm}$；$b/t = 0.7$；$t/s = 16.1$；$g/s = 3.2$。

$\varepsilon/(2s)$，ε/s 很好地描述了环形密封内的流动的精细结构，能够反映试验结果[⊖]。

用该方法计算的阻力系数适用于静止的转子（$u = 0$），因此被称为 λ_0，见式（T3.7.12）。试验确定的因子 λ/λ_0 涵盖了湍流中旋转的影响，见式（T3.7.13），其具有很大的不确定性。从式（3.11b）可以看出，$Re_\text{u}/Re < 2$ 更适用于叶轮上的环形密封。因此，基于式（T3.7.13）的旋转影响修正在很多应用中低于 25%，故该不确定性通常不是很严重。

$$\frac{Re_\text{u}}{Re} = d_\text{sp}^* \sqrt{\frac{\zeta_\text{EA} + \lambda \dfrac{L}{2s}}{R_\text{G}\psi - k^2(1 - d_\text{sp}^{*2})}} \tag{3.11b}$$

根据式（T3.7.13），图 3.11 中的试验数据可用于修正旋转的影响。通过该方法得到 λ_0，可将其与式（T3.7.12）比较。这个计算的结果表明式（T3.7.12）~式（T3.7.13）适用于试验数据的外推，甚至可用于层流范围，如图 3.13 所示。

光滑环形密封、有粗或细锯齿的密封，以及粗糙均匀的密封的摩擦因数可从图 3.14 估计。除了摩擦损失，在环形密封中也应该考虑进口和出口损失。ζ_E 和 ζ_A 或系数之和 $\zeta_\text{EA} = \zeta_\text{E} + \zeta_\text{A}$ 涵盖了这些损失。无旋转时，$\zeta_\text{E} = 0.5$ 和 $\zeta_\text{A} = 1$ 适用于边缘锋锐的进口。由于旋转作用使得这两个值下降，故可使用 $\zeta_\text{EA} = 1 \sim 1.2$。现有的测试表现出很大的分散性，这是因为进口和出口损失依赖于 Re 和 Re_u，即使是一

⊖ 是 ε/s 还是 $\varepsilon/2s$ 更适用于小尺度的间隙，目前仍存在争议。毫无疑问，水力直径 $d_\text{h} = 2s$。考虑到流动结构可能倾向于选择 ε/s，将其视为局部流动阻塞。

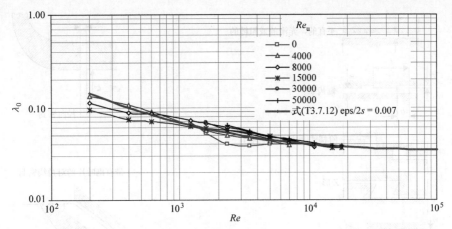

图 3.13 基于图 3.11，$u_{sp} = 0$ 的光滑环形密封的摩擦因数（eps 代表沙子表面粗糙度 ε）

个微小半径的密封进口倒角也会严重降低系数 ζ_E。例如间隙为 0.3mm，一个 0.2mm 半径的倒角使得 $r/d_h = 0.33$，将进口损失系数从 0.5 减小到 0.03 （表 1.4）。

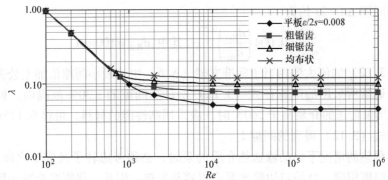

图 3.14 由表 3.7 计算出的环形密封的摩擦因数，$Re_u / Re = 2$

图 3.15 汇总了不同形状的环形密封：

1）平板环形密封对制造要求不高。

2）阶梯式环形密封通过 1 到 2 级阶梯或中间室来增加阻力，大致相当于一个滞止压力的水头被消耗在一个腔内：$\zeta_k = 1 \sim 1.3$。利用阶梯式密封可优化环形密封的长度和直径。

3）Z 形环形密封的阻力系数 ζ_k 比阶梯式密封大。

4）多重密封（迷宫式密封）是最复杂的设计。对于这种密封，必须注意间隙 "a" 与间隙 s 的比值应较大，以避免转子的不稳定性（见第 10 章）。

5）可根据 3.6.5 设计径向、斜或对角线密封。

密封间隙的形状与相关的机械设计有关，其主要目的是为了防止转子和定子之间的接触。设计中应考虑以下几个标准：在转子重量和径向力作用下的轴弯曲，转

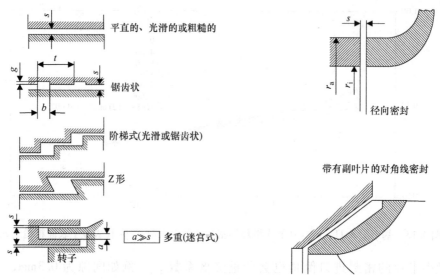

图 3.15 密封类型

子和泵壳热变形及所用材料的特性。

径向间隙 $\Delta d = 2s$ 约为

$$\frac{\Delta d}{d_{sp}} = 0.004 \left\{ \frac{d_{Ref}}{d_{sp}} \right\}^{0.53} \quad 其中，d_{Ref} = 100mm \quad (3.12)$$

式（3.12）的值大致相当于标准文献［N.6］中的最小间隙值加上公差 H7/h7 的一半。通常所采用的间隙在式（3.12）所计算间隙的 ±30% 范围内。根据文献 ［N.6］，当泵输送的介质高于 260℃ 时，应采用高性能的材料，可将 0.125mm 许可量添加到式（3.12）得到的间隙上。

在未预热的情况下启动输送热介质的泵时，必须考虑转子及定子之间的温差。由于材料厚度很薄，叶轮口边缘比泵壳更容易发热。因此，热膨胀会减小间隙。

所有类型的密封可设计成光滑表面或具有不同类型的沟槽或均布状模式（蜂窝状或多孔状）以减小流动阻力。制造工艺中的"光滑"与"水力光滑"不同。在计算泄漏损失时，假如流动是湍流，必须考虑表面粗糙度。如加工间隙为 0.4mm 达到 N7 等级的密封（即沙粒表面粗糙度为 $4\mu m$）提供了 $\varepsilon/s = 0.01$ 的相对粗糙度，其水力表面粗糙度很大（表1.3 中的图）。

应尽可能选择较小的密封直径，密封件长度通常为 $L_{sp} = (0.1 \sim 0.14) d_{sp}$。

（1）泄漏损失的计算过程（表3.7） 首先，必须建立作用于密封件上的压差。可由式（T3.7.1）计算叶轮出口静压 H_p。在多数情况下，利用反应度 $H_p = R_G H$ 能够较准确地估算 H_p。对于中低比转速，最好假设 $R_G = 0.75$。对于径向向内泄漏（图3.16 中的 Q_{s1} 和 Q_{s2}），叶轮出口和密封之间的压力随叶轮侧壁间隙内液体的旋转而下降。该现象由旋转因子 $k = \beta/\omega$（β 是液体的角速度）描述。

按式（1.27），叶轮侧壁间隙内的压降可由 $\Delta p = 1/2\rho\beta^2 (r_2^2 - r_{sp}^2) = 1/2\rho k^2 u_2^2$

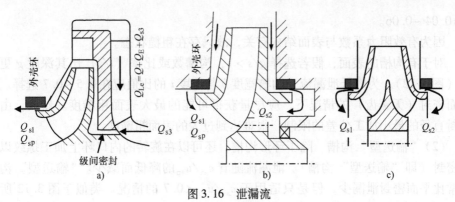

图 3.16　泄漏流

a) 多级泵　b) 带有平衡孔的叶轮　c) 双吸叶轮

$(1 - d_{sp}^{*2})$ 计算而得；式（T3.7.3）用于计算叶轮进口处整个密封件上的压差。

流体旋转越快（即 k 越大），侧壁间隙内的压降越大，密封件的压差越小，产生的泄漏流也越小。由于 k 随着泄漏量的增加而增大（见 9.1），径向向内泄漏取决于其自身且部分受其自身限制。

然而，在多级泵的级间密封中，如果泄漏 Q_{s3} 径向向外流动，由于叶轮边壁间隙内流体的旋转，式（T3.7.4）可知，压差被加到导叶内的压升 $\Delta H_{Le} = H - H_p = (1 - R_G)H$。通过侧壁间隙的大量流动会减小流体旋转或后盖板的抽吸作用，并减少密封两侧的压差，因此泄漏再次受到自身限制。

可用不同的方法计算旋转因子 k：①根据式（T3.7.2），式中的变量为雷诺数和密封几何形状；②从图 9.8 或图 9.9 读取；③根据式（T9.1.4）；④根据表 9.1 计算。

通过多级泵轴向力平衡装置的泄漏（见 9.2.3）通常会回流到吸入口。在这种情况下，$(z_{st} - 1)$ 级产生的扬程，加上从式（T3.7.3）计算得到的静压头，会使平衡装置节流损耗掉一部分。因此，平衡流动必须通过式（T3.7.5）定义的水头差来计算。

由于摩擦因数与雷诺数有关（即依赖于 c_{ax}），环形密封内的轴向速度 c_{ax} 必须根据式（T3.7.6）迭代计算。根据 1.9，阶梯式密封或多重密封的阻力需串联计算。为此，按式（T3.7.6）添加每级密封的阻力。

为了减少泄漏流，建立了能够增大阻力系数的沟槽均布状密封。文献［41］测试了大尺度沟槽；文献［9］测试精细和粗糙的沟槽；文献［4］测试了蜂窝状分布的密封。这些结构通过泄漏流与沟槽内流体间的湍流动量交换而增加能量耗散。这类似于一种"形状阻力"，其引起水力光滑向完全粗糙的过渡，而且与无沟槽密封相比，能够适用于更低的雷诺数。因此，对于 $Re > 10000$，可以将这样的几何以用于初始近似，来计算与雷诺数无关的阻力系数。如上述解释，旋转对 λ/λ_0 的影响很小。在很多情况下，$Re > 10000$ 时，可得到如下的阻力系数：蜂窝状：$\lambda = 0.1 \sim 0.18$；精细沟槽：$\lambda = 0.07 \sim 0.09$；孔状：$\lambda = 0.07 \sim 0.1$；粗糙沟槽：

$\lambda = 0.04 \sim 0.06$。

因为有效阻力系数与表面结构有关，故只存在粗糙状态。

对于有沟槽的表面，假若选择 $g/s > 1$，沟槽数或比率（t/s）比其深度 g 更重要（图 3.12）。为降低泄漏流，沟槽宽度 b 与跨度 t 的比值应在 $0.5 \sim 0.7$ 选择。在平面密封（无锯齿）的情况下，应尽量获得可能的最大表面粗糙度。然而，由于密封直径的最小加工公差的限制，很难达到过大的表面粗糙度。

（2）"输送型"沟槽 除了环形沟槽，还可以在旋转的内口环上加工螺纹以用来密封（即"输送型"沟槽）。泄漏流随着 c_{ax}/u_{sp} 的降低而减少。"输送型"沟槽通常比平面密封泄漏少，但是只适用于 $c_{ax}/u_{sp} < 0.7$ 的情况。类似于图 3.12 所示的环形沟槽在该限制之外更加有效。密封长度与间隙的比值应该高于 50。如果以下参数相同，则"输送型"沟槽几何相似：倾斜角 α，沟槽宽度 a 与跨度（$a+b$）的比值 $a/(a+b)$；沟槽深度 h 与间隙 s 的比值 h/s；跨度与间隙的比值 $(a+b)/s$。给定这些参数后，摩擦因数与间隙无关。

由于合适参数的选择依赖于密封内轴向速度与转子周向速度之比，故需要进行迭代计算。表 3.7 提供了所需的数据及由试验[18]总结出的相关公式。式（T3.7.39）和式（T3.7.40）适用于式（T3.7.35）～式（T3.7.38）所指定的几何参数，误差约为 ±10%。

（3）环形密封泄漏的评定及优化

1）由于泄漏流大约随间隙的 1.5 次幂而增加，故密封间隙是最重要的参数。密封间隙大小对低比转速下的效率影响显著。如 $n_q = 15$ 的泵，间隙从 0.25mm 变化到 0.28mm，增加了 0.03mm 意味着效率降低了一个百分点。通常，根据公称直径计算的间隙为最小的间隙。（统计上）预期平均间隙会比这个最小间隙大。因此，泄漏计算必须基于平均间隙，平均间隙是公差等级的一半加最小间隙得到的。

2）假如在计算中使用相对表面粗糙度 ε/s，间隙实际上对摩擦因数没有影响。当 $Re > 10000$，由于比值 ε/s 通常很大，对于泄漏流的分析必须考虑表面粗糙度。

3）当就形状、密封长度和表面结构来优化密封的设计（图 3.15）时，除效率外还必须考虑转子的动力学特性（见第 10 章）。

4）在湍流情况下，内口环的偏心率可忽略不计。相反，对于层流，密封阻力随着偏心率的增大而降低，见式（T3.7.11）。

5）由密封泄漏引起的效率降低的程度会随着比转速的增大而降低，这是因为密封两侧的压差泄漏流随着有效流量（Q_{sp}/Q_{opt}）的增加而降低。式（T3.5.10）提供了一个关系式以估算泄漏，如当 $n_q > 60$ 时，密封损失约为 1% 以下（如果使用平衡孔则为 2%）。

6）泄漏流、叶轮侧壁间隙内的压力分布、圆盘摩擦及主流间有紧密的相互作用（见 9.1）。对于泄漏量过大的情况，式（3.12）的计算结果会偏大很多，则需根据 9.1 中表 9.1 来进行计算。

由于影响因素众多而且相关试验数据有限，泄漏计算约有 ±30% 的不确定性，其主要影响因素有：

1）湍流及粗糙的表面结构（及它们间的相互作用）。

2）整个密封上的压差（叶轮侧壁间隙流）。

3）加工公差引起的沿圆周和长度方向变化的有效间隙。

4）实际间隙可被以下因素影响：①定子的温度与转子稍有不同；②材料不同意味着转子和定子之间的热膨胀系数不同；③离心力使转子偏心旋转也会减小间隙。

5）定子在载荷下的变形。

6）进、出口损失系数 ζ_E 和 ζ_A 取决于密封进口的预旋。而密封侧壁在理论上应是尖锐的，但即使是很小的圆角或倒角也会减小损失系数。

3.6.3　级间密封引起的能量损失

根据表 3.7 可计算多级泵级间密封的泄漏流。然而，级间泄漏导致的效率损失比叶轮泄漏的小，因为导叶内的扬程增加只达到叶轮的四分之一。因此，泄漏流 Q_{s3} 在水头差 ΔH_{s3} 上的节流损失被看作是此密封上的能量损失：$P_{s3} = \rho g Q_{s3} \Delta H_{s3}$。这个损失不包括在容积效率内，它几乎与泵的运行点无关。比值 P_{s3}/P_u 随着比转速的提高而减小，式（T3.5.11a）可用于近似估算这个损失。为了得到更精确的结果，可由式（T3.7.4）计算得到 ΔH_{s3}，式（T3.7.7）~式（T3.7.13）得到泄漏量，式（T3.5.11a）得到能量损失 P_{s3}。

3.6.4　径向或斜线密封的泄漏损失

具有径向流或斜线流的密封（图 3.15）用于输送混有细小颗粒液体的离心泵。该密封避免了流体在密封上游或下游的流动偏转引起的磨损。

在径向或斜线密封中的流动受到密封内流动速度周向分量产生的离心力的影响。这种影响涵盖在 3.6.2 中的旋转因子 k 中。密封两侧的压差 Δp 可用附加项 $\frac{1}{2}\rho(k\omega r)^2$ 适当修正。如果流动是从内到外的，那么这一项是正的，泄漏相应增加。相反，如果流体沿径向向内流动，离心力与流动方向相反，密封内的抽吸作用会减少泄漏。

径向流动密封的泄漏损失可根据文献［40］计算：

1）根据表 3.7，类比式（T3.7.1）~ 式（T3.7.13），确定密封的压差。

2）与轴向密封一样，需根据式（T3.7.12）和式（T3.7.13）迭代得到摩擦因数 $\lambda = f(Re, \varepsilon)$。利用进口和出口间的几何平均得到的径向和周向速度计算雷诺数，见式（T3.7.21）；相应地该式中包含了半径比 $a_r = r_a/r_i$。

3）从表 3.7、式（T3.7.22）及式（T3.7.23）得到密封内的径向速度及泄漏量。

当输送磨料悬浮液时,在磨损的作用下,间隙可能会增大很多,扬程及效率会随之减小,这不仅仅是由容积损失引起的。泄漏流较大时会在叶轮进口产生预旋,根据欧拉方程,这会降低扬程,见表3.3。强烈的预旋对空化也有影响,故 $NSPH_R$ 增加。通过副叶片可降低泄漏流(图3.15)。可根据式(T3.7.18)~ 式(T3.7.20)来粗略估算泄漏对扬程、效率及 $NSPH_R$ 的影响⊖。

3.6.5 开式叶轮的泄漏损失

在开式或半开式叶轮中(表2.1),流体通过泵壳与叶片间的间隙从叶片压力面流到吸力面。在该过程中,泄漏流耗散掉大量动能,主流能量降低(滑移系数相应降低)。因此,效率和扬程随间隙增大而下降。然而,泄漏流的动能被补给到吸力面的能量较低区域(如尾迹,见第5章)。这对混流泵的扬程 – 流量特性曲线的稳定性有利。由于泄漏流与主流混合,也促进了自由气体的输运,从而使叶片吸力面上气体积累的风险降低了(见13.2)。同时,泄漏流加强了流道内的二次流,对叶轮内的三维流动产生了更大的影响。

较大的间隙可允许流体从蜗壳回流到叶片与泵壳之间的间隙内,并再回流到叶轮中。该情况与图2.20中旋涡泵的情况类似。泵对间隙改变的敏感度与从蜗壳回流的流体的周向速度分量有关。泄漏流与压水室的相互作用进一步增大了预测由泄漏引起的性能下降的不确定性。

由于泄漏流和主流之间的相互作用,将泄漏损失从水力损失及泵壳壁上的摩擦中严格区分出来是不大可能的。在间隙较小的情况下($s/b_2 < 0.01$),如高比转速的混流式叶轮,一般将泄漏损失包括在水力损失中而不是单独分出来。

参考文献[7,8,22,29]通过试验中测量了间隙对扬程、功率及效率的影响。根据这些研究,对于开式叶轮泵的水力性能可做如下分析。

1)根据 $(H_{(s=0)} - H_{(s)})/H_{(s=0)} = gs$,泵的扬程随着间隙的增加呈线性降低。下标 $s = 0$ 表示间隙为0的情况,下标 s 为有间隙的情况。描述扬程降低的梯度 g 在很大程度上取决于叶轮的设计。由于叶轮内的三维流动不能用简单的几何参数描述,梯度 g 与叶轮参数之间无明显的相关性。不同的叶轮对间隙的变化有不同的敏感度。当叶片数和/或出口角增加时,性能降低的程度减少。因此,具有较多径向叶片数且 $\beta_{2B} = 90°$ 的叶轮,尽管比转速很低,但对间隙的敏感度并不大。具有较大叶片出口安放角时的不敏感性,可用间隙内的流动具有较大圆周分量速度来解释,这部分能量有助于流动偏转。相反,在叶片角较小的情况下,泄漏流具有与主流相反的径向向内的分量。根据先前提到的试验结果,可导出扬程降低的关系式,见式(T3.7.15)。式(T3.7.15)定性地描述了上述的影响,但是较为分散。

⊖ 为了得出这些关系,对文献[21]中的测量值进行了重新计算。

2）由于较低的流动偏转，能量耗损随着间隙的增大而降低。效率也有这种规律，其下降的程度更多。式（T3.7.16）和式（T3.7.17）证明了这些影响，效率降低约是扬程下降程度的 2/3，能量损耗降低程度大概是扬程下降程度的 1/3。

3）在整个负载范围内，扬程都会随间隙增大而下降。相对地下降程度随着流量的增加而增加。关死点处扬程下降的程度约为最高效率点处扬程下降程度的一半。

4）最高效率点随着间隙的增加而趋向小流量点。

根据文献 [B.1]，可粗略地估计间隙对径向、斜向及轴向叶轮的扬程和效率的影响：

$$\frac{\Delta \eta}{\eta} = \frac{\Delta H}{H} = \frac{\Delta Q}{Q} = \frac{s}{b_2} \tag{3.13}$$

另外，由于 $n_q > 70 \sim 100$ 的混流泵通常采用半开式叶轮（无前盖板），其原因是大直径的前盖板将会产生较大的圆盘摩擦损失且会减小效率（通常减小 3%）。

3.6.6　机械损失

机械损失 P_m 由径向轴承、轴向轴承及轴封引起。有时 P_m 包括由泵轴驱动其他的辅助设备。这些损失与泵的设计有关，即与滑动轴承或填料式机械密封的选择有关。

大型泵的机械效率在 99.5% 左右，甚至更高。相反，小型泵（如低于 5kW）的机械损失会消耗很大一部分的联轴器功率，如通常配备有双机械密封的流程泵。

若无更加准确的数据，则可根据式（T3.5.6a）估算机械损失。同时也要根据相关的机械装配加工要求，尤其是对于一些特殊设计（如湿式电机或磁力驱动），需要更加精确的分析。

当在低于设计转速的情况下进行泵性能试验时，需考虑此时机械损失的转速指数比泵功率的低：$P_m \sim n^x$，$x = 1.3 \sim 1.8$，而功率为 $P \sim n^3$。另外，所给定泵的机械效率随转速降低而降低。$^{\ominus}$

3.7　压水室的基本水力计算

在叶轮出口，流体具有圆周速度 $c_{2u} = c_2 \cos\alpha_2$ 及比动能 $E_{kin} = \frac{1}{2}c_2^2$。一直到中比转速时，$\cos\alpha_2$ 接近 1.0。对于自由旋涡入流，从式（T3.3.9）可得到 $c_{2u}/u_2 = \frac{1}{2}\psi_{th}$。理论比功是 $Y_{th} = \frac{1}{2}\psi_{th}u_2^2$。利用这些表达式我们可以得到压水室入口的动能

$\ominus$　这并不与式（T3.5.6a）矛盾。式（T3.5.6a）适用于各个机械部件处于最佳运行条件下的泵，而这里的机械损失 P_m 的适用范围是低速运转时，给定的机械部件尺寸过大的情况。

$E_{kin}/Y_{th} = \psi_{th}/4$。因此，只要叶轮出口处的动能能够在扩压元件中有效地减速，即可达到较为满意的效率。压水室的设计试图将尽可能多的 E_{kin} 转化为静压[⊖]。

表 2.1 介绍了以下的扩压部件：蜗壳、叶片式或无叶片导叶或环形压水室，所有的这些都可用相似原理来设计。

根据牛顿惯性定律，即如果没有外力的作用，物体将保持其动量不变。因此，流体在叶轮下游具有维持其角动量 $\rho Q r_2 c_{2u}$（即"旋转"）的趋势，除非其受到结构或壁面摩擦影响。因此，在无叶片泵壳内，流动满足 $c_u r = c_{2u} r_2 = constant$（除去摩擦影响）。因此，可由 $c_u = c_{2u} r_2 / r$ 计算任一泵壳横截面上流动速度的圆周分量。扩压部件的设计要求使得压水室中的流场与角动量守恒相吻合。如果能够保持角动量守恒，就能实现叶轮周围旋转对称，也就能降低压水室内和叶轮内流动的相互作用。

扩压部件内的流量 $Q_{Le} = Q_{opt} + Q_{s3} + Q_E$，其中，$Q_e$ 是通过轴向力平衡装置的体积流量，Q_{s3} 是级间密封的泄漏流量。

（1）蜗壳 考虑蜗壳上位于圆周方向 ε 的任意横截面，如图 3.17 所示。通过横截面 A 上半径为 r 的微元 $dA = bdr$ 的流量为 $dQ = c_u bdr = c_{2u} r_2 / rbdr$。使用积分 $Q(\varepsilon) = c_{2u} r_2 \int b/rdr$ 可得到通过整个横截面的流量。从蜗壳进口（图 3.17 中的点

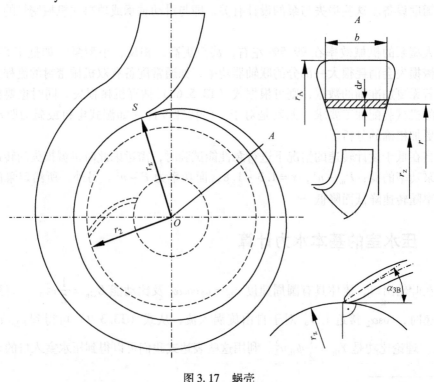

图 3.17 蜗壳

S) 到横截面 A，叶轮在设计点排出的流量为 $Q(\varepsilon) = Q_{\text{opt}}\varepsilon/360$。为了使流动满足 $c_u r = c_{2u} r_2 = \text{constant}$，横截面 A 必须满足式（3.14）：

$$\int_{r_z}^{r_A} \frac{b}{r} dr = \frac{Q_{\text{opt}}\varepsilon}{360 c_{2u} r_2} \tag{3.14}$$

经验证实如果蜗壳的尺寸能够在设计点使流动满足角动量守恒，对应的损失最小。这意味着需根据式（3.14）选择蜗壳横截面，其中最重要的是末端横截面即"喉部区域"。喉部区域满足式（3.15）：

$$Q = z_{\text{Le}} \int c_{2u} \frac{r_2}{r} b dr \text{ 或 } Q = c_{2u} r_2 J_{\text{sp}}, \text{其中 } J_{\text{sp}} = z_{\text{Le}} \int_{r_z}^{r_A} \frac{b}{r} dr \tag{3.15}$$

式中，z_{Le} 为形成泵壳的蜗壳数。最常用的是：包角 $\varepsilon = 360°$ 的单级蜗壳（即 $z_{\text{Le}} = 1$），每个包角为 $180°$ 的双级蜗壳，$z_{\text{Le}} = 2$。有时会使用三个或四个蜗壳以减小泵壳尺寸。双蜗壳也会被设计成包角 $\varepsilon_{\text{sp}} < 180°$，相应地使用 $z_{\text{Le}} = 360°/\varepsilon_{\text{sp}}$。

由式（T3.2.7）或式（T3.7.8）可得到蜗壳进口处的角动量 $r_2 c_{2u}$。如果将带叶片或无叶片导叶安装在蜗壳上游，需把其出口的角动量 $c_{4u} r_4$ 代入式（3.14）或式（3.15）中。

蜗壳隔舌与圆周方向形成的外倾角 α_{3B} 必须根据入流角来选择。可从式（3.16）~式（3.19）获得适用于蜗壳和导叶的外倾角。冲角在 $i = \pm 3°$ 范围内选择；对于蜗壳设定 $\tau_3 = 1.0$。

叶轮出口的轴面速度 c_{2m} 不能突然扩展到入口宽度 b_3 中，尤其是比率 b_3/b_2 大的时候。尽管如此，b_3 还是被式（3.16）使用来设计导叶叶片或具有低入口角的隔舌。这对于部分载荷工况运行是有利的，因为其减少了隔舌处的流动分离。

有阻塞时的轴面分量（表0.1）；

对于蜗壳，设定 $\tau_3 = 1.0$：

$$c'_{3m} = \frac{Q_{\text{Le}}\tau_3}{\pi d_3 b_3} \tag{3.16}$$

根据角动量守恒，得到圆周分量（$d_z = d_3$）：

$$c'_{3u} = c_{2u} \frac{d_2}{d_3} \tag{3.17}$$

有阻塞时的液流角：

$$\tan\alpha'_3 = \frac{c'_{3m}}{c_{3u}} \tag{3.18}$$

导叶叶片进口安放角：

$$\alpha_{3B} = \alpha'_3 + i_3 \tag{3.19}$$

一般将隔舌做成椭圆形，因其对冲角（或泵流量）的变化不大敏感。可如图3.17所示设计为对称的，或设计为非对称的以在部分载荷工况下得到较小的冲角。截面变化要均匀，以保持隔舌上的压力在可接受水平范围内。小型泵中隔舌截面不能过大。

与蜗壳一起配合使用的导叶须参考1.6进行设计。基于水力和设计的原因，叶轮出口和隔舌之间需要保持一定间距。因此这段空间为流体的流动遵循无叶式导叶的规律,但是蜗壳内产生的强烈二次流对近壁流仍有影响。

(2) 导叶 如图 3.18 所示,导叶由 z_{Le} 个叶片形成的三角形入口区域和封闭流道组成(表 0.2 的"扩压流道"),这可根据 1.6 计算而得。三角形区域的流动类似于局部蜗壳内的运动方式。导叶叶片数越少,该情况越类似。当导叶的叶片数很多时,流动并不满足关系式 $c_u r = c_{2u} r_2 = \mathrm{constant}$,导叶 a_3 处喉部区域不能完全根据式(3.15)设计。然而,如果选用合适的修正因子 f_{a3},式(3.15)会形成一个物理上可以计算的喉部区域,见第 7 章。对于给定的进口宽度 b_3,导叶进口区域可由式(3.20)确定:

$$a_3 = f_{a3} \frac{d_3}{2} \left\{ \exp \frac{2Q_{Le}}{z_{Le} b_3 d_2 c_{2u}} - 1 \right\} \tag{3.20}$$

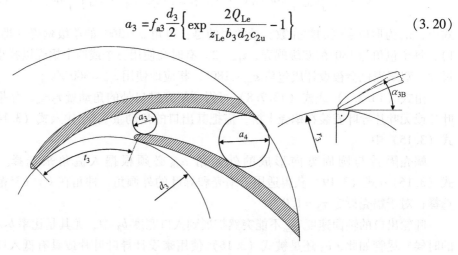

图 3.18 叶片式导叶

此关系式对应于矩形横截面蜗壳的积分,见式(3.15)。至于其他参数,导叶可根据与蜗壳类似的准则计算:①根据式(3.16)~式(3.19)得到的叶片角 α_{3B},其中 $i = \pm 3°$;②根据 1.6 得到扩压流道;③如上所述的切削(见第 7 章)。

(3) 无叶式导叶 无叶式导叶如图 3.19 所示,其中的流动按角动量守恒发展,由式(1.28)可知压力沿径向增大。由连续性方程可计算出轴面分量,如式(3.21)所示:

$$c_m = \frac{Q_{Le}}{2\pi r b} = \frac{c_{3m} r_2 b_3}{rb} \tag{3.21}$$

设 $c_u = c_{2u} r_2 / r$,忽略摩擦,液流动角由式(3.22)得

$$\tan\alpha = \frac{c_m}{c_u} = \frac{c_{3m} b_3}{c_{2u} b} = \tan\alpha_3 \frac{b_3}{b} \tag{3.22}$$

式(3.22)表明若摩擦力忽略不计,液流角在宽度不变的无叶式导叶中保持不变。

事实上,与无切应力的角动量守恒相比,由于壁面摩擦,圆周分量 c_u 降低,使液流角随着半径的增加而增大。根据文献 [B.1],满足以下关系:

$$\frac{c_u r}{c_{2u} r_2} = \left\{ 1 + \frac{c_f r_2}{b_3 \tan\alpha_3} \left(\frac{r}{r_2} - 1 \right) \right\}^{-1} \qquad (3.23)$$

根据式（3.23）推导出黏性流动中的液流角，即

$$\tan\alpha_4 = \tan\alpha_3 + c_f \frac{r_2}{b_3} \left(\frac{r_4}{r_2} - 1 \right) \qquad (3.24)$$

轴面速度由连续性方程得出，因此不受摩擦影响。

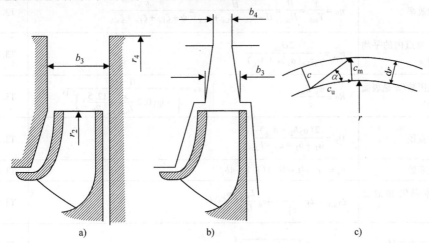

图 3.19　无叶式导叶

a）平行壁面　b）锥形壁面　c）速度矢量

　　宽度不变的无叶式导叶内的摩擦损失可近似确定：在一环形微元中（图 3.19c），速度 $c = c_u / \cos\alpha = c_{2u} r_2 / (r \cos\alpha)$，壁面切应力 $\tau = 1/2 \rho c_f c^2$。因此，被耗散掉的功率 $\mathrm{d}P_d = c\mathrm{d}F = 1/2 \rho c_f c^3 \mathrm{d}A$，见 1.5。将 $\mathrm{d}P_d$ 从 $r_2 \sim r_4$ 积分，然后利用式（T3.8.23）$\zeta_{LR} = 2P_d / (\rho Q u_2^2)$，可得到摩擦损失系数 ζ_{LR}，其包含了无叶式导叶的两侧的摩擦。

　　表 3.8 中的式（T3.8.23）表明由于圆周分量 c_u 降低，摩擦损失随着流量的增加而减小。同时，液流角 α 增大，摩擦路径长度变短。为此，如果用无叶式导叶取代蜗壳或导叶，最高效率点会偏向大流量。

　　应注意的是，在叶轮出口会有最优流动角使得在设计流量下获得最佳效率，而这意味着宽度 b_2 或 b_3 不能任意选择。

　　由于 c_u 随着流量增加而降低，压力恢复也会下降。因此只要流动不分离，无叶式导叶就会保持稳流的作用。叶轮出口液流角 α_2 越小，无叶式导叶内的损失就越大。因此，低比转速时，无叶式导叶效率较低。如果其宽度从内到外逐渐减小（$b_4 < b_3$），根据式（3.22）液流角会随着半径的增加而增大，则流动路径长度和损失都会减小。

　　如果无叶式导叶的宽度 b_3 比叶轮出口宽度 b_2 大，则轴面速度从 c_{2m} 减小到 c_{3m}

就会产生冲击损失。相关损失见表 3.8 中式（T3.8.24）所示，其考虑了叶轮出口处叶片阻塞的影响。这种突然减速会产生较小的压力恢复，可根据式（1.11）计算。依据角动量守恒原理，圆周分量 c_{2u} 不受从 b_2 扩展到 b_3 的影响。

表 3.8 叶轮水力损失

类别	公式		式号
水力效率	$\eta_h = \dfrac{Y}{Y_{sch}} = \dfrac{H}{H_{th}} = \dfrac{H}{H + z_{La} + z_{Le} + z_{EA}} = \dfrac{\psi}{\psi + \zeta_{La} + \zeta_{Le} + \zeta_{EA}}$		T3.8.1
叶轮流道内的平均相对速度	$w_{av} = \dfrac{2Q_{La}}{f_q z_{La}(a_2 b_2 + A_{1q})}$		T3.8.2
摩擦因数（ε 是表面粗糙度）	$Re = \dfrac{w_{av} L_{sch}}{v}$	$c_f = \dfrac{0.136}{\left\{ -\lg(0.2\dfrac{\varepsilon}{L_{sch}} + \dfrac{12.5}{Re}) \right\}^{2.15}}$	T3.8.3
水力直径	$D_h = \dfrac{2(a_2 b_2 + A_{1q})}{a_1 + b_1 + a_2 + b_2}$		T3.8.4
耗散系数	$c_d = (c_f + 0.0015)(1.1 + 4b_2^*)$		T3.8.5
摩擦损失和混合损失	$\zeta_{La,R} = 2g\dfrac{z_{La,R}}{u_2^2} = 4c_d \dfrac{L_{sch}}{D_h}(\dfrac{w_{av}}{u_2})^2$		T3.8.6
相对速度矢量	$w_{1m} = \sqrt{c_{1m}^2 + (u_1 - c_{1u})^2}$		T3.8.7
叶轮喉部速度	$w_{1q} = \dfrac{Q_{La}}{f_q z_{La} A_{1q}}$		T3.8.8
叶轮进口的冲击损失	$\zeta_{La,C} = 2g\dfrac{z_{La,C}}{u_2^2} = 0.3(\dfrac{w_{1m} - w_{1q}}{u_2})^2$ 仅当: $\dfrac{w_{1q}}{w_{1m}} > 0.65$		T3.8.9
叶轮损失	$\zeta_{La} = \zeta_{La,R} + \zeta_{La,C}$		T3.8.10
另一种计算方法,考虑湿表面并用 c_f 代替 c_d			
径向叶轮的湿表面（每侧）	$A_{ben} = \dfrac{\pi}{4}(d_{2a}^2 + d_{2i}^2 - d_1^2 - d_n^2) + z_{La} L_{sch}(b_1 + b_2)$		T3.8.11
平均相对速度	$\overline{w} = 0.5(w_1 + w_2)$		T3.8.12
叶轮每侧的耗散功率	$P_d = \dfrac{\rho}{2}c_f \overline{w}^3 A_{ben} = \rho g Q z_{La,R}$		T3.8.13
摩擦损失	$\zeta_{La,R} = 2g\dfrac{z_{La,R}}{u_2^2} = \dfrac{c_f A_{ben}}{\varphi_2 A_2}(\dfrac{\overline{w}}{u_2})^3$		T3.8.14

（续）

类别		公式			式号
		导叶或蜗壳内的水力损失			
水力效率		$\eta_h = \dfrac{Y}{Y_{sch}} = \dfrac{H}{H_{th}} = \dfrac{H}{H + z_{La} + z_{Le} + z_{EA}} = \dfrac{\psi}{\psi + \zeta_{La} + \zeta_{Le} + \zeta_{EA}}$			T3.8.1
导叶	叶轮出口速度	$c_{2u} = \dfrac{gH}{\eta_h u_2} + d_{1m}^* c_{1u}$	$c_{2m} = \dfrac{Q_{La}}{\pi d_2 b_2}$	$c_2 = \sqrt{c_{2u}^2 + c_{2m}^2}$	T3.8.15
	喉部流动速度	$c_{3q} = \dfrac{Q + Q_E}{z_{Le} a_3 b_3}$			T3.8.16
	导叶 c_p 来自图 1.18 或图 1.19	$A_R = \dfrac{a_4 b_4}{a_3 b_3}$	$\dfrac{L_{3-4}}{R_1} = L_{3-4} \sqrt{\dfrac{\pi}{a_3 b_3}}$	$c_p = f(A_R, \dfrac{L_{3-4}}{R_1})$	T3.8.17
	进口区域的摩擦损失	$\zeta_{2-3} = \dfrac{2gZ_{2-3}}{u_2^2} = (c_f + 0.0015)(a_3^* + b_3^*)\dfrac{\pi^3 (\varphi_2 b_2^*)^2}{8(z_{Le} a_3^* b_3^*)^3}(1 + \dfrac{c_2}{c_{3q}})^3$			T3.8.18
	包括叶片流道的导叶损失	$\zeta_{Le} = \dfrac{2gz_{Le}}{u_2^2} = \zeta_{2-3} + (\dfrac{c_{3q}}{u_2})^2 \left\{ 0.3(\dfrac{c_2}{c_{3q}} - 1)^2 + 1 - c_p - \dfrac{1 - \zeta_{ov}}{A_R^2} \right\}$			T3.8.19
	叶片流道（单独的）	$\Delta\zeta_R = \zeta_{ov}\dfrac{c_4^2}{u_2^2}$	$\zeta_{ov} = 0.2 \sim 1.5$		T3.8.20
蜗壳	摩擦损失, ΔA 是湿表面面积	$\zeta_{Sp,R} = \dfrac{2gz_{Sp}}{u_2^2} = \dfrac{2P_d}{\rho Q u_2^2} = \dfrac{1}{Qu_2^2}\sum (c_f + 0.0015)c^3 \Delta A$			T3.8.21
	导叶/排出管（c_x 是导叶进口速度）	$\zeta_{Sp,D} = \dfrac{c_x^2}{u_2^2}(1 - c_p - \dfrac{1}{A_R^2})$			T3.8.22
	包括排出管的蜗壳损失	$\zeta_{Sp} = \zeta_{Sp,R} + \zeta_{Sp,D} + \zeta_{LS} + (\zeta_{Le} - \zeta_{Le,min})$ 　ζ_{LS} 由式(T3.8.24)得到			T3.8.22a
无叶式导叶	宽度不变的无叶式导叶内的摩擦	$\zeta_{LR} = \dfrac{2c_f r_2}{b_3 \sin\alpha_3 \cos^2\alpha_3}(\dfrac{c_{2u}}{u_2})^2 (1 - \dfrac{r_2}{r_4})$			T3.8.23
	冲击损失	$\zeta_{LS} = \varphi_{2,La}^2 (\tau_2 - \dfrac{b_2}{b_3})^2$			T3.8.24
叶片式导叶及蜗壳中的减速和冲击损失		$\zeta_{Le} - \zeta_{Le,min} = a + b\dfrac{c_{3q}}{c_2} + c(\dfrac{c_{3q}}{c_2})^2$	蜗壳 $c = 0.63$ $x_o = 0.87$ $a = cx_o^2$ $b = -2x_o c$	导叶 $c = 0.65$ $x_o = 0.93$ $a = cx_o^2$ $b = -2x_o c$	T3.8.25

注：在叶轮和导叶或蜗壳之间加上无叶片空间（即泵腔）的损失。

蜗壳和导叶与无叶式导叶一样也有从 b_2 到 b_3 的扩展。

（4）环形压水室 有时低比转速泵或小型泵会使用环形压水室。流体通过导叶而从环形压水室排出。环形压水室与无叶式导叶不同，其进口宽度比叶轮出口宽，因此径向扩展较小。轴面速度从 $c_{2m} \sim c_{3m}$ 减小得较多时，环形压水室与叶轮之间的二次流及动量交换会增加。因为其横截面与根据角动量守恒的设计方法不一致，在设计点也无法获得圆周对称的流场分布。因此，环形压水室易产生了如 9.3 所讨论的较大的径向力。

3.8 水力损失

根据 $H = \eta_h H_{th}$ 或 $H = H_{th} - z_E - z_{Le} - z_{Sp} - z_A$ 可知，泵内的水力损失减小了有用扬程。它们包括位于吸入口和排出口之间所有部件的损失，即在泵进口（z_E）、叶轮（z_{La}）、导叶（z_{Le}）、蜗壳（z_{Sp}）及出口 z_A 的所有损失。摩擦和涡流耗散产生的水力损失（见 1.5.2）如下。

1）表面摩擦损失是由固体结构边界层内的切应力引起的。与雷诺数和表面粗糙度有关的表面摩擦对较薄的边界层和附着流很重要，尤其是在加速流中。但摩擦、雷诺数及表面粗糙度对减速流或分离流的损失影响很小。

2）流动减速导致较厚的边界层，使得速度分布不均匀。在非均匀流动中，由于不同尺度涡的存在，不同流线之间的动量交换逐渐增加。大涡分裂成较小尺度的湍流结构，最后变为增强的分子运动，使得流体变热。

如下第 2）项及 1.5.3 中所描述的那样，非均匀流动对泵的水力效率影响很大。非均匀流有以下不同的产生机理：

1）叶片传递的功固有地关联到整个叶片上的非均匀流中。流动的非均匀性随叶片的载荷的增加而增大（即非均匀性随着压强系数的增加和叶片长度的减小而增大）。

2）入流会产生局部减速流动区域，甚至会在叶片上的产生分离（冲击损失），无论是否有空化发生。

3）当叶轮或导叶喉部区域与来流速度（w_{1q}/w_1 和 c_{3q}/c_2）不匹配时，流动的突然减速必然会导致流道内的流动呈现非均匀分布。流动机理大致类似于突然扩张的"卡诺冲击"，如图 1.3 所示。

4）任何种类的弯曲流动路径，尤其是轴面和叶片的弯曲，产生了如图 1.12 所示的非均匀流动。

5）流动分离意味着存在具有局部回流循环的失速流区域。失速流体阻塞了部分流动通道，因此，非失速区域流体被加速，并可能形成喷射流。射流状的流动和失速区域的动量交换会产生较大的损失。

6）科氏力，流线弯曲（图 1.12）和离心力引起的二次流，第 5 章详细讨论了这些影响。另外一种二次流是由叶片和侧壁上不同的边界层引起的，如图 1.6 所示。二次流的强度可以根据最小阻力原理来确定。

7) 在 c_m 分布、局部预旋和冲角的作用下，叶轮进口密封处的泄漏流会在前盖板附近混合并产生非均匀流动。

8) 尾迹位于叶片或肋板下游，叶轮叶片吸力面附近的低能流体会使叶片尾迹增加。

9) 当轮毂或盖板上的边界层流动进入到叶轮叶栅（或叶片式导叶）时，一旦接近叶片前缘就开始减速。由于叶片及失速流造成的阻塞，液体离开壁面进入到流道内，从而形成了"马蹄形"旋涡，如图 3.20 所示。它有阻塞作用，会增加流动的非均匀性且可诱导空化和磨损的发生。14.5.6 中展示了它对隔舌和叶片造成的破坏图片。

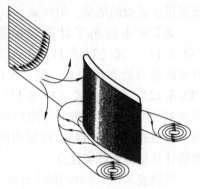

10) 在半开式叶轮中，叶片和泵壳之间的泄漏与叶轮流道主流的相互作用。

图 3.20　"马蹄形"旋涡的形成

这些现象基本上不能通过简化模型来分析。为此，水力效率主要是基于式（T3.5.8）由所测量泵的能量平衡来决定的。这要求通过 3.6 给出的关系来计算二次流损失。一旦确定了泵并测量了其性能，就可以知道水力效率。在泵的设计过程中，则主要依赖前期试验或关系式来合理估计 η_h。

由于通过能量平衡计算的水力效率不能够说明每个泵部件对损失的影响，因此要估算每个部件的损失。由于叶轮及扩压元件内的三维速度分布决定了摩擦和湍流损失，这种计算具有经验性，即不能用简单的方法描述，且只有在最高效率点附近这种计算才有意义。另外若不考虑回流循环流体的动量交换，对极低流量工况的计算是完全不适用的。

依据表 3.8，叶轮的损失计算包含以下步骤和假设：

1) 式（T3.8.2）定义了叶轮流道内的平均速度，其位于被进口 a_1 和出口 a_2 定义的喉部区域。

2) 式（T3.8.3）提供了相应于平行流中平板上的摩擦因数，并作为雷诺数和表面粗糙度的函数。该平板模型优于流道模型，假设叶轮叶片长度较短而为未充分发展的流动。式（T3.8.3）包括了表面粗糙度，可用于评估叶轮流道精加工带来的效率提升。

3) 式（T3.8.5）使用了一个耗散系数。根据文献［B.3］，摩擦因数应增加 0.0015，因为减速流动相比平板流动会产生更厚的边界层，从而损失也更大。在计算时，通过该方法获得的值需再乘以包含相对叶轮出口宽度的经验系数。根据这些式可知，损失随着 b_2^* 值或比转速的增加而明显增大。因此，可将经验系数看作是非均匀速度分布及二次流所造成的影响。

4）通过式（T3.8.6）可得到叶轮的损失系数，其包括了摩擦、减速和湍流的影响。

5）通过式（T3.8.9），可估算叶轮进口处的冲击损失。该式描述了平均入流速度 w_{1m}（来自速度三角形）到喉部区域 A_{1q} 速度 w_{1q} 的减小，由式（T3.8.8）计算得到。在这种情况下，假设冲击损失为卡诺冲击的 30%，这为中等程度的减速流提供了近似的结果。但在 $w_{1q}/w_{1m} < 0.6$ 时，则不能应用这个关系。

表3.8 中给出了计算摩擦损失的另外一种方法，即式（T3.8.11）~ 式（T3.8.14）。式（T3.8.11）考虑了叶轮流道内所有的湿表面，包括前、后盖板及叶片的吸力面和压力面。进、出口相对速度矢量的平均值作为平均速度，见式（T3.8.12）。根据由式（T3.8.13）推出的式（1.34）及由式（T3.8.14）得到的损失系数可计算出耗散的摩擦功率。这个计算与蜗壳（如下）的损失计算步骤相符。按照式（T3.8.14），叶轮内的摩擦损失随着比转速的下降而增加，但试验和数值计算却都未证实这点。

根据表3.8，导叶的损失计算包括以下步骤和假设：

1）不考虑非均匀入流引起的混合损失。

2）式（T3.8.15），叶轮出口速度矢量的计算。

3）式（T3.8.16），导叶喉部区域的速度。

4）式（T3.8.17），确定导叶流道内的压力恢复系数 c_p。对于平面导叶，如图 1.18所示。对于其他类型的导叶，由式（1.45）计算出等价的锥形导叶，再根据图 1.19 确定 c_p。

5）叶轮出口和导叶喉部区域之间的摩擦损失可根据 1.5.1 的式（1.32）~ 式（1.35）估算，通过叶片和侧壁的壁面切应力的能量损耗计算，转换之后得到式（T3.8.18）。

6）式（T3.8.19）为包含反导叶的导叶提供了压力损失系数计算方法。如果在导叶的下游有蜗壳（即无反导叶），其损失系数 ζ_{ov} 必须设置为0。由于从 $c_2 \sim c_{3q}$ 的减速，式（T3.8.19）的第一项考虑了该损失。实际的流动减速通过项 $1 - c_p - 1/A_p^2$ 进行描述（见 1.6）。

7）反导叶流道内的损失取决于它自身的结构。在最优的设计中，对于连续流道可达到 $\zeta_{ov} = 0.2$；而当设计不良时，停滞压力 $c_4^2/2g$ 将会全部损失掉（即 $\zeta_{ov} = 1.0$）。

根据表3.8，蜗壳的损失计算包括以下步骤和假设：

1）不考虑非均匀入流造成的混合损失。

2）因为蜗壳中的流量沿圆周方向变化，所以摩擦造成的损耗需根据式（1.34）计算，即式（T3.8.21）。蜗壳内速度沿截面和周向的变化遵循 $c_u r = $ 常数。可基于要求的准确度，将表面离散成微元后进行计算。对于叶轮来说，在根据平板模型来计算摩擦因数时，如果是减速流，就将计算结果再加上 0.0015。双蜗壳情况下，就对两个蜗壳都进行积分（或累加）。这个累加包括了所有湿表面上的有效摩擦，且适用于泵的整个流量区间。

3）实际中有时蜗壳连接着导叶或出水管。导叶的处理方式类似于式（T3.8.17），即计算出 1.6 所述的等效锥形导叶，再由图 1.19 确定压力恢复系数，然后根据式（T3.8.22）得到导叶内的压力损失。

4）双蜗壳情况下，外流道内的压力损失被加到外蜗壳上。根据表 1.4，外流道可近似为弯管进行计算。如果横截面逐渐扩大，就根据图 1.19 计算出额外的扩散损失。由于外蜗壳和内蜗壳有不同的阻力，所以两个蜗壳中的流动分布会与理论值不相符。通过两个蜗壳流道的流量可利用表 1.5 所描述的平行流动阻力的概念来确定。通过全面考虑各种损失，设计中可使内外蜗壳有近似相同的流量。

5）在多级泵中，有时流体从蜗壳流出到溢流流道内，该流道引导液流进入下一级。由于该流道弯曲严重，极易产生分离和附加损失[13]。偏转损失可根据表 1.4 估算。

6）可根据式（T3.8.23）计算无叶式导叶内的摩擦损失。式中使用的是叶轮出口液流角 α_2，而不是式（3.18）中的 α_3，这是因为流道截面宽度不可能突然从 b_2 扩张到 b_3。

7）由式（T3.8.24）计算叶轮出口的冲击损失。这也会发生在蜗壳内。对于导叶，式（T3.8.19）隐含了从 $b_2 \sim b_3$ 流道扩张的影响。叶片堵塞的影响可如式（T3.8.24）中所考虑的那样，利用 c_2' 替换 c_2。

8）因为蜗壳、外流道和导叶、出水管的设计方式各不同，因此要注意以上所描述的损失计算的适用对象。

叶轮进口处的损失通常很小，在端吸泵中可忽略不计。如果进口有延长的管段，吸入喇叭管或相似部件位于吸入管测量点和叶轮进口之间，压力损失可根据一般规则（表 1.4 和表 1.6）来计算。通常吸入室的压力损失系数为 $\zeta_E = 0.15 \sim 0.4$。根据文献［B.21］中的测量，进口损失随着吸入室内流体减速的平方而减小，其满足关系：

$$\zeta_E = 0.75 \left(\frac{d_1^2 - d_n^2}{d_s^2} \right) \qquad (3.25)$$

由于导叶/出口段内的损失包括在蜗壳损失内，故很多泵中无须考虑出口段损失。多级泵出口段的损失与其本身的设计有很大关联，通常为单级扬程的 $1\% \sim 2\%$。

表 3.8 所述的计算过程已应用于 $n_q = 7 \sim 85$ 的单级端吸蜗壳式泵中。所有泵都设计为 $Q_{opt} = 0.1 m^3/s$，这样它们就具有相同的叶轮进口直径。在式（T3.8.5）和式（T3.8.21）中，将减速因子设置为零，这样得到的损耗系数如图 3.21 所示。蜗壳和出口段中的损失随着比转速的减小而急剧增加，而叶轮损耗几乎随 n_q 线性增加。

计算得到的水力效率如图 3.22 所示，并与根据式（T3.9.1）所得数据进行了比较。两个曲线都显示了相同的趋势，且在 $n_q = 30 \sim 60$ 的范围内具有平坦的高效区。

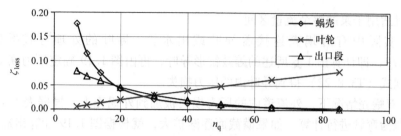

图 3.21　根据表 3.8 计算得到的损失系数

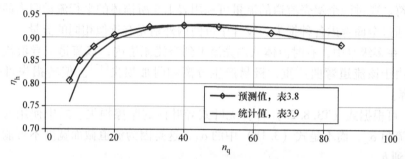

图 3.22　根据表 3.8 计算得到的水力效率

　　鉴于数据的分散性，预测的水力效率与统计数据吻合得相当好。这同样适用于高于的设计流量的工况，但在较低流量下两者的差异会增加。

　　单级端吸蜗壳式泵在不同转速和黏度高达 620cSt 下的试验结果如图 3.23 所示，并与基于表 3.8 得到的计算结果进行比较。这些计算是在实际最高效率点（BEP）下进行的。试验是在 $Re = 800000$ 时用水进行的。

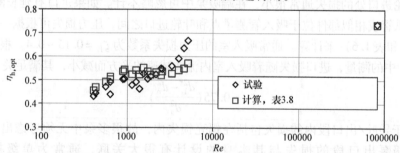

图 3.23　不同黏度和转速下测试得到的水力效率，并与表 3.8 的计算结果做比较

　　这种比较存在一些问题：①在黏性流体中 $n_q = 7$ 的泵的水力效率是很难确定的；②层流和湍流之间过渡区域的摩擦因数的计算精度是不确定的；③在低雷诺数下没有关于导叶性能的数据。然而结果表明，表 3.8 可以用于估计黏性流体中的水力效率。其原因是低雷诺数下的流动由摩擦效应支配，而摩擦效应在很大程度上构成了表 3.8 的计算基础。

　　图 3.22 中曲线之间良好的吻合在某种程度上可以被认为是巧合，因为表 3.8 中的损失计算并没能很好地描述泵的流动。

3.9 压力系数、效率及水力损失的统计数据

基于对各种类型离心泵的大量试验测量得到了相应的扬程系数和效率，可借助这些已有的经验值对泵性能做出可靠的评价。这些经验值提供了基于所有统计数据的平均值及平均误差，但是不能得到某个具体泵测量的可能偏差（原则上该偏差可以是任意大小）。

图 3.24 提供了压力系数 ψ_{opt} 与比转速的函数关系，与 ψ_{opt} 是基于外流线处的出口直径 d_{2a} 进行计算的相反，文献［19］中 ψ_i 是基于内流线 d_{2i} 处的出口直径进行计算的。而加载于轮毂的叶片载荷限制了混流式和轴流式叶轮可达到的压力系数。

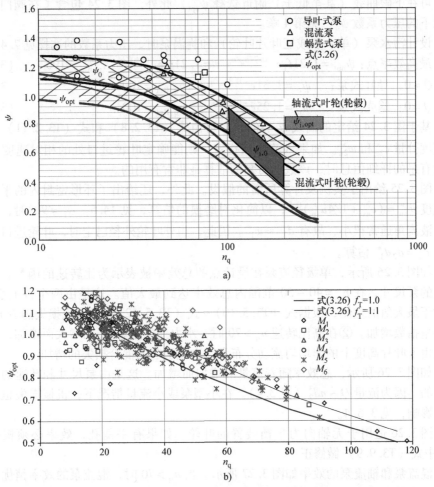

图 3.24 压力系数
a）总体趋势（轮毂上的值）[19] b）来自不同制造商的单级蜗壳泵的 ψ_{opt}（在最高效率点）

根据式（T3.3.2），扬程的离心分量随着 n_q 的增大而降低，且在轴流泵中变

为零，所以可达到的压力系数会随着比转速的增加而降低。

最高效率点处和 $Q = 0$ 处对应的压力系数的解析函数可由式（3.26）~ 式（3.28）得到。

压力系数取决于泵的类型和应用。图 3.24a 给出了总体趋势图，图 3.24b 给出了来自不同制造商的单级蜗壳泵在最高效率点处的压力系数（$M_1 \sim M_6$）。可以看出这些低扬程泵（包括基于 EN 733 标准的泵）的扬程系数高于将 $f_T = 1.0$ 代入式（3.26）计算出的扬程系数，且 $f_T = 1.1$ 将更适合于这种情况。来自不同制造商的数据证实 $f_T = 1.0$ 适用于多级泵。

一般选择高的 ψ_{opt}，能够得到相对平坦的特性曲线，但 $Q - H$ 曲线不稳定的风险也会增加。然而越是这样，应越选择较大的 ψ_{opt} 值。如果需要一个陡峭的特性曲线，可在下限曲线（甚至低于）附近选择 ψ_{opt}。此外，图 3.24 包含了在阀门关闭情况下的压力系数 ψ_o，见第 4 章。

设计污水泵（单、双或三叶片叶轮）和旋涡泵时，压力系数的选择见 7.4。

最高效率点：$\psi_{opt} = 1.21 f_T e^{-0.77 n_q / n_{q,Ref}} = 1.21 f_T e^{-0.408 \omega_s}, n_{q,Ref} = 100$ （3.26）

$Q = 0$：导叶式泵：$\psi_o = 1.31 e^{-0.3 n_q / n_{q,Ref}}, n_{q,Ref} = 100$ （3.27）

$Q = 0$：蜗壳式泵：$\psi_o = 1.25 e^{-0.3 n_q / n_{q,Ref}}, n_{q,Ref} = 100$ （3.28）

基于图 3.24 给定的曲线 $\psi = f(n_q)$，可由式（T3.2.8）和式（T3.2.11）计算出速度分量 c_{2u}^* 和 w_{2u}^*。如果入流角已指定，则能确定叶轮进口处的相对速度 w_1^*。当没有泵的详细信息时，该数据对泵的估算是非常有用的。

图 3.25 给出了实例及计算所需的假设。此外，还给出了环形密封内的平均相对速度 $w_{sp}^* = (c_{ax}^2 + 1/4 u_{sp}^*)^{0.5}$，以简化对磨损的估算，见 14.5。$\alpha_1 = 90°$ 时，由于进口液流角通常很小，故有 $d_1^* \approx w_1^*$。因此，当外叶轮外径已定时，叶轮进口直径可由 $d_1 = d_2 d_1^*$ 估算。

如图 3.26 所示，单级径流泵在设计点的总效率被表示为比转速的函数。对于给定的泵尺寸，在 $n_q = 40 \sim 50$ 范围内总效率达到最大值。这是由两个方面引起：①对于最大值的左侧，根据式（T3.5.10）~ 式（T3.5.12），二次流损失随着 n_q 的减小呈指数增加。②在高比转速 $n_q > 70$ 时，水力损失随着 n_q 的增大而增加，这主要是由于叶片高度上的非均匀流动分布和二次流引起的混合损失的增加。

如图 3.26 所示，总效率随着流量的增加而增加。这是由泵尺寸和转速的影响引起的，因为流量 $Q \sim n d_2^3$（见 3.4）。在小型泵或小流量情况下，机械损失也有很大的影响，见 3.6.4。

图 3.26 适用于无轴向力平衡装置的叶轮。如果有平衡孔，效率必须根据表 3.9 中式（T3.9.9）做修正。

混流泵和轴流泵的效率如图 3.27 所示。当 $n_q > 70$ 时，混流泵的效率稍优于径流泵。这是由叶轮形状的不同引起的，即径向叶轮的前盖板比轴流叶轮更弯曲。因此，在叶片高度上的流动分布随着比转速的增大变得不均匀，进而引起了更高的湍流耗散。

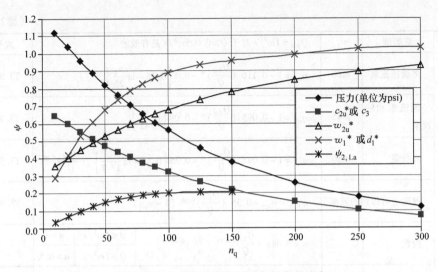

图 3.25 叶轮进出口和环形密封内的速度

注：$\eta_h = 0.87$，$k_n = 1$，$\beta_{1a} = 15°$；由式（3.12）得到的间隙 s；由式（T3.5.10）

得到的泄漏流量；所有的速度都相对于 u_2；$\alpha_1 = 90°$ 时，$d_1^* \approx w_1^*$。

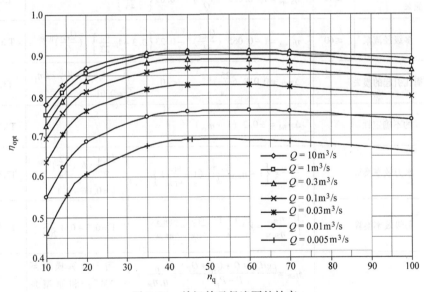

图 3.26 单级单吸径流泵的效率

表 3.9 效率的统计数据和换算

	泵类型	n_q	$Q_{Ref} = 1m^3/s$ 对于 $Q \geqslant 0.005 m^3/s$ 是有效的			式号
总效率	指数		$m = 0.1a \left(\dfrac{Q_{Ref}}{Q}\right)^{0.15} \left(\dfrac{45}{n_q}\right)^{0.06}$	$Q \leqslant 1m^3/s$	$a = 1$	
				$Q > 1m^3/s$	$a = 0.5$	
	单级径流泵	$\leqslant 100$	$\eta_{opt} = 1 - 0.095 \left(\dfrac{Q_{Ref}}{Q}\right)^m - 0.3 \left\{0.35 - \lg \dfrac{n_q}{23}\right\}^2 \left(\dfrac{Q_{Ref}}{Q}\right)^{0.05}$			T3.9.1

（续）

	泵类型	n_q	$Q_{Ref} = 1\,m^3/s$ 对于 $Q \geqslant 0.005\,m^3/s$ 是有效的		式号
总效率	多级径流泵	$\leqslant 60$	$\eta_{opt} = 1 - 0.116\left(\dfrac{Q_{Ref}}{Q}\right)^m - 0.4\left\{0.26 - \lg\dfrac{n_q}{25}\right\}^2$		T3.9.2
	混流泵和轴流泵	$\geqslant 45$	$\eta_{opt} = 1 - 0.095\left(\dfrac{Q_{Ref}}{Q}\right)^m - 0.09\left\{\lg\dfrac{n_q}{45}\right\}^{2.5}$		T3.9.3
	双吸泵	$\leqslant 50$	$\eta_{opt} = 1 - 0.095\left(\dfrac{Q_{Ref}}{Q}\right)^m - 0.35\left\{0.35 - \lg\dfrac{n_q}{17.7}\right\}^2\left(\dfrac{Q_{Ref}}{Q}\right)^{0.05}$		T3.9.4
	理论上可得到的效率		$\eta_{th,er} = \eta_{opt} + 0.35\left(\dfrac{Q_{Ref}}{Q}\right)^{0.08}(1 - \eta_{opt})$		T3.9.5
水力效率	指数		$m = 0.08a\left(\dfrac{Q_{Ref}}{Q}\right)^{0.15}\left(\dfrac{45}{n_q}\right)^{0.06}$	$Q \leqslant 1\,m^3/s$ $\quad a=1$ $Q > 1\,m^3/s$ $\quad a=0.5$	
	单级径流泵	$\leqslant 100$	$\eta_{h,opt} = 1 - 0.055\left(\dfrac{Q_{Ref}}{Q}\right)^m - 0.2\left\{0.26 - \lg\dfrac{n_q}{25}\right\}^2\left(\dfrac{Q_{Ref}}{Q}\right)^{0.1}$		T3.9.6
	混流泵和轴流泵	$\geqslant 45$	$\eta_{h,opt} = 1 - 0.055\left(\dfrac{Q_{Ref}}{Q}\right)^m - 0.09\left\{\lg\dfrac{n_q}{45}\right\}^{2.5}$		T3.9.7
	多级径流泵	$\leqslant 60$	$\eta_{h,opt} = 1 - 0.065\left(\dfrac{Q_{Ref}}{Q}\right)^m - 0.23\left\{0.3 - \lg\dfrac{n_q}{23}\right\}^2\left(\dfrac{Q_{Ref}}{Q}\right)^{0.05}$		T3.9.8
由平衡孔引起的损失			$\Delta\eta_{EL} = 0.018\left(\dfrac{25}{n_q}\right)^{1.6},\ n_q < 40$	$n_q > 40,\ \Delta\eta_{EL} = 0.01$	T3.9.9
效率 η 的不确定性			$\Delta\eta_{Tol} = \pm 0.2(1 - \eta_{opt})$		T3.9.10
效率换算	水力效率换算		$\dfrac{\eta_{h,a}}{\eta_{h,M}} = \left\{1 - \eta_{h,M}\dfrac{\zeta_{R,M}}{\psi}\left(1 - \dfrac{c_{f,a}}{c_{f,M}}\right)\right\}^{-1}$	$\dfrac{\zeta_{R,M}}{\psi} = b\left(\dfrac{12}{n_q}\right)^{0.83}$ $b = 0.06 \sim 0.1$	T3.9.11
	每级效率换算		$\dfrac{1 - \eta_{St,a}}{1 - \eta_{St,M}} = V + \dfrac{1-V}{2}\left(\dfrac{c_{f,a}}{c_{f,M}} + \dfrac{k_{RR,a}}{k_{RR,M}}\right)$	$V = 0.3 + 0.4\dfrac{n_q}{200}$	T3.9.12
	根据标准文献 [N.5] 的效率换算方法		$\eta_{hR} = \dfrac{\rho g H_{tot}(Q + Q_{sp} + Q_E)}{P - P_m} = \dfrac{\eta}{\eta_v \eta_m}$ $\Delta\eta = (0.4 \sim 0.6)(1 - \eta_{hR,M})\left[1 - \left(\dfrac{Re_M}{Re_a}\right)^{0.2}\right]$	用于计算模型泵（"M"）和原型泵 "a"）。 $\eta_a = \eta_{hR,a} + \Delta\eta$ η_{hR} 包括水力损失和圆盘	T3.9.13

图 3.26 和图 3.27 所示的效率是根据式（T3.9.1）~式（T3.9.3）计算结果而绘制的。而这些经验式表明在宽范围的泵尺寸和比转速内，损失不能用简单的幂次

定律涵盖；当从一个模型泵转换到具有大直径和/或转速的原型泵时，在换算效率过程中必须考虑这些损失，见 3.10。

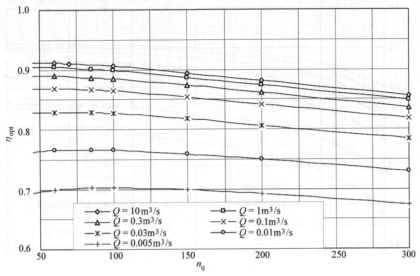

图 3.27 混流泵和轴流泵的效率

　　根据图 3.28 和式（T3.9.2）可知，工业用大型多级泵的效率值通常低于单级泵的，这是因为在反导叶流道内有额外的损失。然而结构没那么紧凑的储能泵能够达到类似于图 3.26 中的效率。

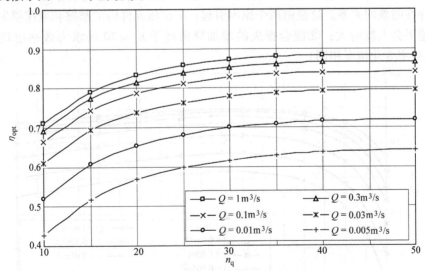

图 3.28 多级单吸径流泵的效率

　　根据图 3.29 和式（T3.9.4），$n_q < 40$ 的双吸泵可得到比相同比转速的单吸泵

更高的效率。这是因为圆盘摩擦损失只占总损失的一半；而设计成 2 倍流量的蜗壳内的损失变得更小。

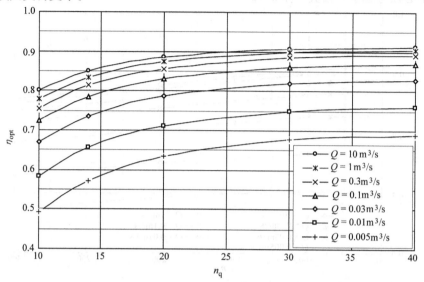

图 3.29　单级双吸泵的效率

Q 相应于泵的 Q_{opt}，而 n_q 根据叶轮每侧的流量计算，式（T3.4.15）

图 3.30 ~ 图 3.32 和式（T3.9.6）~ 式（T3.9.8）所给定的水力效率也与比转速及流量（或泵的尺寸和转速）有关，但其最大值没有像总效率那样与比转速和流量存在明显的关系。这是由两个原因引起：①扩压元件内的摩擦和减速损失在低比转速下会大幅增大；②混合损失的增加导致高于 $n_q = 70$ 的水力效率出现降低（与总效率变化情况相同）。

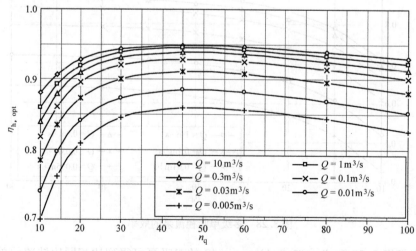

图 3.30　单级单吸径流泵的水力效率

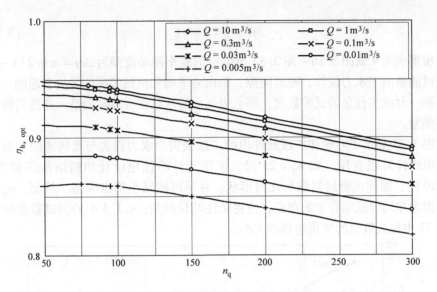

图 3.31　混流泵和轴流泵的水力效率

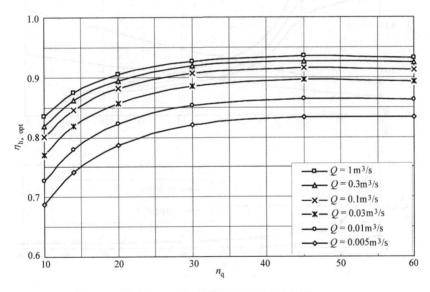

图 3.32　多级单吸径流泵的水力效率

小型泵的水力效率随着相对表面粗糙度的增加而降低。因为其绝对表面粗糙度几乎保持不变（其由铸造工艺决定）；其狭窄的流道无法很好地打磨。另外，提高小型泵效率的经济意义也不是很大。

当很难对水力效率做出合理的估算时，可使用式（3.28a），尤其适用于小型泵和小流量工况，甚至在 $Q=0$ 的情况下也适用[⊖]。

⊖　在非常低的总效率（小泵）或小流量工况，$\eta_h = \eta^{0.5}$，并不能提供任何有用的值。

$$\eta_h = \frac{1}{2}(1 + \eta) \tag{3.28a}$$

根据表 3.9 或图 3.26 ~ 图 3.32 所确定的效率浮动范围为 $\Delta\eta = \pm 0.2(1 - \eta)$。偏差可能是由于水力设计、密封间隙、轴向力平衡和机械装配的缘故引起的。如果能得到一台或多台泵的试验数据，那么表 3.9 的系数就很容易调整，并达到较小的标准偏差。

图 3.33 显示了叶轮和扩压元件内的二次损失、水力损失与比转速的关系，这对于粗略计算很有用。如 $n_q < 25$ 时，扩压元件的优化设计和精细加工很重要；$n_q < 20$ 时，需优化密封间隙和几何形状，并尽可能减小圆盘摩擦。然而，$n_q > 50$ 时，因为非均匀流动分布的存在，应更关注叶轮损失。4.1.3 中的测试数据证实了图 3.33 中相关数据的变化趋势和大小。

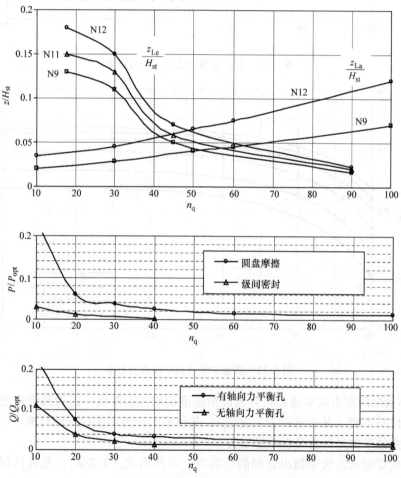

图 3.33　与比转速相关的各种损失

由于损失与泵尺寸、类型及表面粗糙度有关，很明显图3.33不适合精确的损失分析，精确损失分析见3.6和表3.5~表3.9。

为了评定一台泵所能达到的效率，可能会使用"可实现效率"的概念，它是泵在最优设计情况下所能达到的效率。"可实现效率"可以基于研究目标和关注的问题用各种假设和方法来定义。如果不考虑机械约束（如安全的密封间隙）、可靠性问题和各种成本，那么可能无法得到可靠的"可实现效率"。因此，通常进行效率对决定水力损失和二次流损失的所有参数的敏感度分析是很有用的。

基于表3.5~表3.8，"可实现效率"可根据以下假设确定：

1) 按水力光滑计算圆盘摩擦损失，将为计算所得损失的75%。

2) 确定最小密封间隙的泄漏，假设只有70%的计算值作为假设的下限。本章中，也能够研究不同环形密封设计的影响，如密封长度、阶梯形密封、沟槽型或均布型密封。

3) 水力损失用水力光滑表面来计算，且将 $c_d = c_f$ 代入到式（T3.8.6）中。这意味着叶轮不受减速和二次流等不利影响。

4) 假设叶轮到导叶的冲击损失为零。

文献［23］讨论了关于单级蜗壳泵最大"可实现效率"，文献［B.21］也有详细的讨论。如果将图3.26或式（T3.9.1）中的 η_{opt} 值代入，则文献［23］的结果可通过式（T3.9.5）来反映。"可实现效率"与泵的设计有关。实际上在很大程度上受机械设计、成本及可靠性的影响。因此，所有细致的损失分析和实际泵的优化改进空间应与理论上的可行值进行比较。

3.10　表面粗糙度和雷诺数的影响

3.10.1　概述

离心泵内的损失及效率与部件的表面粗糙度和雷诺数 Re 有关。Re 包括了泵尺寸、转速和黏度的影响，具有很大的实用价值。

1) 根据模型泵试验（下标"M"）中测量的效率 $\eta_M = f(Re_M, \varepsilon_M/d_M)$ 来确定原型泵效率（下标"a"）$\eta_{opt} = f(Re_a, \varepsilon_a/d_a)$。

2) 以在较低转速和/或不同黏性下试验测量的效率为依据，确定制造商所期望的泵效率。典型的应用是锅炉给水泵，其以1500r/min的转速在水温为20℃的试验台测量，但是实际上以6000r/min转速在水温为180℃的电站运行。

3) 评估冷水试验，对高黏性流体（如 $3000 \times 10^{-6} \mathrm{m}^2/\mathrm{s}$ 的油）进行运行特性评估。

4) 评估表面粗糙度减小后能得到的预期效率。

5) 不同部件（叶轮、导叶、叶轮侧壁及泵壳）的表面粗糙度对效率的影响；

或在特定情况下如何最大可能地提高效率；这些影响与比转速 n_q 和泵的类型有关。

以下假设一个原型泵（下标"a"）的特性和效率 $\eta_a = f(Re_a, \varepsilon_a/d_a)$ 是基于模型泵或基本试验（下标"M"）确定的，模型泵试验已经测得了效率 $\eta_M = f(Re_M, \varepsilon_M/d_M)$。

1）和2）被广泛包含在相关文献中，如关键词"效率换算"或"效率增加"。现有的效率换算公式缺乏一般性，因为它们未包括比转速和表面粗糙度的影响。13.1 讨论了有关运输高黏度介质的内容。基于简化的损失分析，可通过一种通用方法处理上述提及的五个方面，该方法在 3.10.3 中做了讨论，并在文献 [16] 中与试验数据做了比较。

3.10.2 效率换算

效率换算是指基于几何相似模型泵的试验数据来预测一台给定泵（"原型泵"）的效率。

见 3.6 和 3.8，圆盘摩擦、泄漏损失和部分水力损失（及水力效率和总效率）与雷诺数和相对表面粗糙度有关。评估雷诺数对效率的影响，以及效率换算有如下几种方法。

1）根据表 3.6 和表 3.7 分别确定模型泵和原型泵的有效机械损失和二次流损失。根据表 3.9 计算模型泵和原型泵之间水力效率的不同，将这种差异加到模型泵的水力效率上。用这种方法可以由式（T3.5.1）确定泵的能量耗损，并根据式（T3.5.3）确定效率。需注意：通常模型泵和原型泵的机械损失是不同的，这是因为所使用的轴承和轴封是不同的（如所提及的 $P_m \sim n^x$，其中 $x = 1.3 \sim 1.8$，而不是 $P_m \sim n^3$）。

2）根据 3.10.3 对每一项损失分别估算，这与 1）中所提的步骤大致相符。以该方式进行效率换算大概是目前最准确的方法，因为其考虑了模型泵和原型泵之间所有相关的特定设计差异和设备差异。

3）继续 1），根据表 3.8 计算由原型泵和模型泵不同雷诺数和/或相对表面粗糙度引起的水力损失的差异。需注意：所计算水力损失的绝对值将会变得不大准确，因为不能完全估计混合损失。

4）使用"经验公式"。

5）图 3.26 ~ 图 3.29 及表 3.9 中的式提供了总效率和流量 Q_{opt} 之间的关系。由于 $Q \sim nd^3$，这种表述间接包括了泵尺寸和转速对效率的影响。假如模型泵和原型泵的绝对表面粗糙度相同，若黏性为常量，这就意味着要考虑雷诺数（$Re \sim nd^2$）及相对表面粗糙度的影响。因此，根据表 3.9 利用 $\eta_a = \eta_M + \Delta\eta$ 进行效率换算。$\Delta\eta$ 是根据式（T3.9.1）~ 式（T3.9.4）算出的模型泵和原型泵之间的效率差。

6）模型泵和原型泵的水力效率可利用数值方法得到。剩下的步骤与 1）中的一样。

经验公式：已公布的各种效率换算式总结在文献［20，30 – 32，43］中。内部效率 η_i 相关式可将损失划分成可衡量损失（与雷诺数相关）和不可衡量损失。圆盘摩擦损失和由摩擦引起的部分水力损失是"可衡量的"。这两种损失随着雷诺数的增大而减小，且当相对表面粗糙度 ε/d_h 减小时两者都降低。这些影响组成了适当意义上的效率缩放。然而，泄漏损失有相反的趋势：它们随着 Re 增大而增加，随着相对表面粗糙度 ε/d_h 增大而减小。

如图 3.26 ~ 图 3.32 和表 3.9 所示，效率和损失的变化与比转速及泵尺寸有关。加大设计流量会引起不同的效率修正，而现有的效率换算公式并未考虑这点（或不完全）。鉴于这些原因，根据 5）所描述的表 3.9 的效率换算方法更合理。

如前所述，水力损失由摩擦损失和混合损失构成：只有摩擦损失在理论上是可衡量的。模型泵和原型泵的雷诺数与相对表面粗糙度在水力光滑或粗糙上是如何相关联的，这导致了不同换算定律的产生。如果模型泵和原型泵表面都是水力光滑的，则满足关系 Re^x，并且指数 x 随着 Re 数增加而下降；且雷诺数与叶轮直径、转速和黏度都相关。相反，如果两个泵都位于完全粗糙的范围内，则相对表面粗糙度对效率有影响，而雷诺数对其没有影响。这些关系从图 1.13 中可以清楚地看出，即标记为 M 和 A 的点。具有雷诺数常数指数的经验公式只有在表面粗糙度影响很小时才能提供近似的结果。

利用式（T3.9.11）和式（T3.9.12）可避免这种问题：摩擦因数 $c_f = f(Re,\ \varepsilon/L)$ 由式（1.33）或有关模型泵和原型泵的图 1.13 确定，水力效率通过式（T3.9.11）给定的比值 $c_{f,a}/c_{f,M}$ 进行换算。系数 $\zeta_{R,M}$ 包括了泵内所有的摩擦损失（尤其是在叶轮或扩压元件内）。摩擦损失可根据给定的关系式 $\zeta_{R,M}/\psi$ 计算，而 $\zeta_{R,M}/\psi$ 是基于表 3.8 计算各种泵而得到的。此外，$\zeta_{R,M}/\psi$ 也可由表 3.8 中的公式确定。

圆盘摩擦可以用类似的方式处理：摩擦因数 k_{RR} 可从式（T3.6.3）中模型泵和原型泵的雷诺数和表面粗糙度的函数确定。然后内部效率根据式（T3.9.12）进行换算；且在式（T3.9.12）中圆盘摩擦损失和水力损失的影响被做平均处理。在换算内部效率和水力效率时，与可衡量的雷诺数无关的损失可按式（T3.9.12）中比转速的函数来估算。最后，如果机械损失的差异忽略不计，那么式（T3.9.12）也可用于总效率的换算。

式（T3.9.13）依照文献［N.5］提供了换算准则，其定义且包含水力损失和圆盘摩擦损失的效率 η_{hR}。并分别计算了模型泵和原型泵的环形密封损失和机械损失，将其包含在 $\eta_{hR,M}$ 和 $\eta_{hR,a}$ 内。

模型泵到原型泵的效率换算具有一些不确定性，在 3.10.3 中进行了详细讨论。通常，根据 3.10.3 所述的细致损失分析能够提供最准确的预测，但换算经验公式有着能够快速估算的优势。这两种方法都很重要，如当在买方和制造商之间商定用于评估保证泵效率的合同时，或者换算结果必须同样地适用于所有的项目投标人的。

3.10.3　根据损失分析计算效率

本节建立了一套完整的公式（表3.10），用于估算雷诺数和表面粗糙度对效率的影响。该方法适用于水力光滑面或完全粗糙面的湍流和层流，其包括了不同流态间的过渡。

效率转换考虑了水力损失、容积损失及圆盘摩擦损失。这些损失与雷诺数、表面粗糙度及不同形式的比转速有关。表3.10汇总了所需的公式。

表3.10　表面粗糙度及雷诺数对效率的影响

"模型"泵的给定量	n_M, $Q_{opt,M}$, $H_{opt,M}$, $d_{2,M}$, η_M, v_M, 不同部件的表面粗糙度 ε_M		式号
"原型"泵的给定量	n_a, $Q_{opt,a}$, $d_{2,a}$, v_a, 不同部件的表面粗糙度 ε_a		
比转速	$\omega_s = \omega \dfrac{\sqrt{Q_{opt}/f_q}}{(gH_{opt})^{0.75}} = \dfrac{n_q}{52.9}$	ω_s 是无量纲数；n_q 单位为 r/min, m³/s, m	T3.10.1
雷诺数	$Re = \dfrac{u_2 r_2}{v} = \dfrac{\omega r_2^2}{v}$	Re 用于水力流道和圆盘摩擦	T3.10.2
泄漏流计算	$\dfrac{Q_{sp}}{Q_{opt}} = \dfrac{4.1}{n_q^{1.6}} = \dfrac{7.16 \times 10^{-3}}{\omega_s^{1.6}}$	可用于 Q_{sp} 和 Q_E, 作为第一次近似	T3.10.3
容积效率	$\eta_{vol} = \dfrac{Q}{Q + Q_{sp} + Q_E + Q_{s3}\dfrac{\Delta H_{s3}\ (z_{st}-1)}{H_{st}z_{st}}}$	可选用 $\Delta H_{s3}/H_{st} = 0.4$	T3.10.4
当量（沙粒）表面粗糙度 c_{eq} =2.6	$\varepsilon = \dfrac{\varepsilon_{max}}{c_{eq}} = \dfrac{6\varepsilon_{CLA}}{c_{eq}}$ 其中 $\varepsilon_{max} = 6\varepsilon_{CLA}$	在式（T3.10.7）和式（T3.10.16）内使用	T3.10.5
水力流道的平均表面粗糙度	$\varepsilon_{av,h} = (1-a_\varepsilon)\varepsilon_{La} + a_\varepsilon \varepsilon_{Le}$	$a_\varepsilon = 0.98 - 0.0012 n_q \sqrt{f_q}$	T3.10.6
表面粗糙度对圆盘摩擦的影响，右项只适用于湍流	$f_R = \dfrac{c_{f,rough}}{c_{f,smooth}} = \left\{ \dfrac{\lg\dfrac{12.5}{Re}}{\lg\left(0.2\dfrac{\varepsilon}{r_2} + \dfrac{12.5}{Re}\right)} \right\}^{2.15}$	以当量（沙粒）表面粗糙度 $\varepsilon_{impeller}$ 和 ε_{casing} 计算	T3.10.7
零泄漏（Q_{sp} =0）时流体的旋转	$k_o = \dfrac{c_u}{\omega_r} = \dfrac{1}{1 + \left(\dfrac{r_w}{r_2}\right)^2 \sqrt{\left(\dfrac{r_w}{r_2} + 5\dfrac{t_{ax}}{r_2}\right)\dfrac{f_{R,casing}}{f_{R,impeller}}}}$	开式侧壁间隙：$r_w = r_2$ $t_{ax} = 0$	T3.10.8
圆盘摩擦损失	$k_{RR} = \left[\dfrac{\pi r_2}{2Res_{ax}} + \dfrac{0.0625}{Re^{0.2}}(1-k_o)^{1.75}f_{R,imp}f_L f_{RS}\right]f_{therm}$		T3.10.9

（续）

"模型"泵的给定量	n_M, $Q_{opt,M}$, $H_{opt,M}$, $d_{2,M}$, η_M, v_M, 不同部件的表面粗糙度 ε_M		式号
"原型"泵的给定量	n_a, $Q_{opt,a}$, $d_{2,a}$, v_a, 不同部件的表面粗糙度 ε_a		
副叶片的影响	$f_{SR} = 0.63 + 0.6 d_{RS}/d_2$	d_{RS} = o.d. 叶轮副叶片的外径；如果无叶轮副叶片：$f_{SR} = 1.0$	T3.10.10
热效应对圆盘摩擦的影响（经验）	$f_{therm} = \exp\left\{ -2 \times 10^{-5} \left(\dfrac{v}{v_{Ref}} \right)^{1.34} \right\}$	$v_{Ref} = 10^{-6} \, m^2/s$ 见 13.1	T3.10.11
泄漏影响，适用于：$r_{sp}/r_2 > 0.3$	$f_L = \exp\left\{ -350 \varphi_{sp} \left[\left(\dfrac{r_2}{r_{sp}} \right) - 1 \right] \right\}$	* 径向向内：φ_{sp} 正；$a = 1.0$； * 径向向外：φ_{sp} 负；	T3.10.12
$f_{geo} \approx 1.22$ 时典型径流泵的圆盘摩擦	$\left(\dfrac{P_{RR}}{P_u} \right)_M = \dfrac{8\sqrt{2} k_{RR,M} f_{geo}}{\omega_s^2 \psi_{opt}^{2.5} f_q} = \dfrac{31680 k_{RR,M} f_{geo}}{n_q^2 \psi_{opt}^{2.5} f_q}$		T3.10.13
机械损失	$\dfrac{P_m}{P_u} = \dfrac{0.0045}{\eta} \left(\dfrac{Q_{Ref}}{Q} \right)^{0.4} \left(\dfrac{n_{Ref}}{n} \right)^{0.3}$	$Q_{Ref} = 1 \, m^3/s$ $n_{Ref} = 1500 \, r/min$	T3.10.14
模型或基准的水力效率	$\eta_{h,M} = \dfrac{\eta}{\eta_{vol} \left\{ 1 - \eta \left[\left(\dfrac{P_{RR}}{P_u} \right)_M + \dfrac{P_m}{P_u} \right] \right\}}$	根据模型和原型所测量总效率和损失分析计算	T3.10.15
水力流道的摩擦因数 $Re > Re_{crit}$，湍流	$c_f = \dfrac{0.316}{\left\{ -\lg \left(0.2 \dfrac{\varepsilon}{r_2} + \dfrac{12.5}{Re} \right) \right\}^{2.15}}$ $Re_{crit} = \dfrac{3 \times 10^6}{1 + 10^4 Tu^{1.7}}$	c_f 根据式（T3.10.6）的 ε_{av} 计算 Tu 表示湍流度；适用于 $Tu < 0.1$	T3.10.16
水力流道的摩擦因数，层流	$c_{f,lam} = \dfrac{2.65}{Re^{0.875}} - \dfrac{2}{8Re + 0.016/Re} + \dfrac{1.328}{\sqrt{Re}}$	$0.01 < Re < Re_{crit}$	T3.10.17
与表面粗糙度和雷诺数有关的损失系数	$\dfrac{\zeta_{R,M}}{\psi_{opt}} = \left\{ \dfrac{1}{\eta_{h,M}} - 1 \right\} (a_1 - b_1 n_q \sqrt{f_q})$	$a_1 = 0.635$ $b_1 = 0.0016$	T3.10.18
水力效率修正系数	$f_{\eta h, opt} = 1 - \dfrac{\zeta_{R,M}}{\psi_{opt}} \left(\dfrac{c_{f,a}}{c_{f,M}} - 1 \right)$	$c_{f,a}$ 和 $c_{f,M}$ 来自于式（T3.10.16）	T3.10.19
$f_{\eta vol} = 1.0$ $f_{\eta m} = 1.0$; $\rho_a = \rho_M$ $f_Q = f_H = f_{\eta h}$ 对应的效率修正系数	$f_\eta = \dfrac{\eta_a}{\eta_M} = \dfrac{f_{\eta h} \left[1 + \left\{ \left(\dfrac{P_{RR}}{P_u} \right)_M + \left(\dfrac{P_m}{P_u} \right)_M \right\} \eta_{vol,M} \eta_{h,M} \right]}{1 + \left\{ \left(\dfrac{P_{RR}}{P_u} \right)_M \dfrac{k_{RR,a}}{k_{RR,M}} + \left(\dfrac{P_m}{P_u} \right)_M \right\} \dfrac{\eta_{vol,M} \eta_{h,M}}{f_{\eta h}}}$		T3.10.20

（续）

"模型"泵的给定量	n_M，$Q_{opt,M}$，$H_{opt,M}$，$d_{2,M}$，η_M，ν_M，不同部件的表面粗糙度 ε_M	式号
"原型"泵的给定量	n_a，$Q_{opt,a}$，$d_{2,a}$，ν_a，不同部件的表面粗糙度 ε_a	
效率 Q_{opt}	$\eta_a = f_\eta \eta_M$ f_η 来自式（T3.10.20）	T3.10.21
水力效率	$\eta_{ha} = f_{\eta h} \eta_M$ $f_{\eta h}$ 来自式（T3.10.19） 对于高黏度流体，有 $f_Q = f_H = f_{\eta h}$（见 13.1）	T3.10.22

注：1. 以上效率换算步骤在最高效率点进行。因子 f_η 适用于整个曲线：$\eta_a(Q_a) = f_\eta \eta_M(Q_M)$。

2. f_{geo} 表示叶轮上全部圆盘摩擦损失（在所有的旋转面上）与前后盖板上摩擦损失的比值。

（1）效率转换系数　在最高效率点处。根据式（T3.5.1），功率和效率可用如下简化的形式（无回流时）：

$$P = \frac{\rho g H z_{st} Q}{\eta_{vol} \eta_h} + P_{RR} + P_m \quad \eta = \frac{P_u}{P} = \frac{\rho g H z_{st} Q}{P} \tag{3.29}$$

式中，通过加权的容积效率［由式（T3.10.4）定义］考虑了多级泵级间密封的影响。而且，式中的圆盘摩擦功率 P_{RR} 包含了泵转子的所有部件，即包括了轴向力平衡装置内的摩擦（P_{er}）。

然后基于式（3.29）的效率可表示为

$$\eta = \frac{\eta_{vol} \eta_h}{1 + \eta_{vol} \eta_h \left(\dfrac{P_{RR}}{P_u} + \dfrac{P_m}{P_u} \right)} \tag{3.30}$$

式中，η_{vol}、η_h 和 P_{RR} 取决于雷诺数和表面粗糙度，并假设 P_m/P_u 是常量。为了从模型泵（"M"）到原型泵（"a"）重新计算泵的特性，需引入式（3.31）中的系数。这些系数仅考虑了模型泵换算定律的偏差。在分析之前，需依据表3.4计算转速和/或叶轮直径的变化（如果有的话）。

$$f_\eta = \frac{\eta_a}{\eta_M} \quad f_{\eta h} = \frac{\eta_{h,a}}{\eta_{h,M}} \quad f_{\eta vol} = \frac{\eta_{vol,a}}{\eta_{vol,M}} \quad f_{\eta m} = \frac{\eta_{m,a}}{\eta_{m,M}} \tag{3.31}$$

$$f_Q = \frac{\varphi_a}{\varphi_M} \quad f_H = \frac{\psi_a}{\psi_M} \quad 或 \quad f_Q = \frac{Q_a}{Q_M} \quad f_H = \frac{H_a}{H_M} \tag{3.32}$$

原型泵和模型泵中的圆盘摩擦损失分别为

$$P_{RR,a} = k_{RR,a} \rho_a \omega^3 r_2^5 f_{geo} \quad P_{RR,M} = k_{RR,M} \rho_M \omega^3 r_2^5 f_{geo} \tag{3.32a}$$

相应的有用功为 $P_{u,a} = \rho_a g H_a Q_a$ 和 $P_{u,M} = \rho_M g H_M Q_M$。

使用式（3.32）中的 f_Q 和 f_H，有 $P_{u,A} = P_{u,M} f_H f_Q \rho_a / \rho_M$。根据这些关系得到

$$\left(\frac{P_{RR}}{P_u} \right)_a = \left(\frac{P_{RR}}{P_u} \right)_M \frac{k_{RR,a}}{f_Q f_H k_{RR,M}} \quad \frac{P_{u,M}}{P_{u,a}} = \frac{1}{f_Q f_H} \tag{3.33}$$

如果式（3.30）是为原型泵（"a"）和模型泵（"M"）所编写的，那么通过式（3.31）~式（3.33）可以得到如下效率系数：

$$f_{\eta} = \frac{\eta_a}{\eta_M} = \frac{f_{\eta h} f_{\eta vol} \left[1 + \left\{ \left(\dfrac{P_{RR}}{P_u} \right)_M + \left(\dfrac{P_m}{P_u} \right)_M \right\} \eta_{vol,M} \eta_{h,M} \right]}{1 + \left\{ \left(\dfrac{P_{RR}}{P_u} \right)_M \dfrac{k_{RR,a}}{k_{RR,M}} + \left(\dfrac{P_m}{P_u} \right)_M \dfrac{\rho_M f_{\eta m}}{\rho_a} \right\} \dfrac{f_{\eta h}}{f_H f_Q} \eta_{vol,M} \eta_{h,M}} \tag{3.34}$$

式 (3.34) 包括了所有损失。如果环形密封的几何形状已知，容积效率与雷诺数相关性可根据表 (3.7) 计算，且在 $f_{\eta vol}$ 中考虑。这里做了如下假设和简化：① $f_{\eta vol} = f_{\eta m} = 1.0$；$\rho_a = \rho_M$；$f_H = f_{\eta h}$。②当输送黏度高于 $(50 \sim 100) \times 10^{-6} \, \mathrm{m^2/s}$ 的黏性液体时，最高效率点或多或少会沿着蜗壳特性移动（见 4.2）。因此，设置 $f_Q = f_H = f_{\eta h} < 1$（见第 13 章的详细论述）。在这些条件下，得到了稍微简化的效率换算式（T3.10.20）。

（2）扬程转换系数　由于因子 f_H（与 f_{η} 相反）不能由试验直接确定，需假设 $f_Q = f_H$；但是可以利用黏度足够高的介质进行试验，得到如下结论。

1）随着雷诺数的改变，密封泄漏变化，由于通过叶轮的流量 $Q_{La} = Q/\eta_{vol}$ 变化，使得 $Q - H$ 曲线有轻微移动，如图 4.29 所示。

2）叶轮盖板具有类似摩擦泵的输送作用。被叶轮盖板甩出的边界层流体的速度约为 $c_{2u} \approx u_2$，这有助于能量的转换。这种效应随着比转速的降低、雷诺数的减小及表面粗糙度的增大而增大。

3）当叶轮流道的表面粗糙度增加时，需反复测量以确定扬程的变化。更大的表面粗糙度意味着固体壁面附近相对速度的降低及边界层的加厚。然而，更低的相对速度意味着绝对速度更大，因此也表示滑移系数和理论扬程的增加。H_{th} 的这种增加可以（但不总是这样）超过由表面粗糙度引起的额外损失。黏度增加与此有着相同的机制。

与扬程增加相关的一些试验结果汇总如下。

1）双吸叶轮，$n_q = 10$，流道内和叶轮盖板外侧的表面粗糙度从 $\varepsilon = 0.025 \mathrm{mm}$ 变化到 $0.87 \mathrm{mm}$[39]：扬程增加为 $f_H = 1.1$，效率损失为 $f_{\eta} = 0.84$。

2）单吸泵叶轮，$n_q = 7$，表面粗糙度从 $\varepsilon = 7 \mu \mathrm{m}$ 变化至 $46 \mu \mathrm{m}$[15]：扬程的增加为 $f_H = 1.01$。

3）即使是 $n_q = 135$ 的混流泵，测量发现表面粗糙度的增加导致了扬程略微增加。

4）文献 [24] 的试验显示了介质黏度达 $45 \times 10^{-6} \, \mathrm{m^2/s}$ 时扬程增加；仅在 $100 \times 10^{-6} \, \mathrm{m^2/s}$ 时扬程突然下降。然而，这种影响可能是因为密封泄漏所引起的 $Q - H$ 曲线移动导致的。

5）文献 [26, 37] 分别对 $n_q = 12$、$n_q = 20$ 的单级泵进行了测量，观察到扬程略微上升。

水力设计水平越高（即叶轮在薄边界层和无分离条件下运行），表面粗糙度对 ψ_{th} 的影响越大。与此相反，具有分离流动、水力设计水平较低的情况下，ψ_{th} 受表面粗糙度的影响不大。

无论是由于环形密封流动变化所引起的 $Q - H$ 曲线移动，还是叶轮盖板的抽送效应，或是因为边界层厚度，或叶轮内二次流所引起的滑移系数变化，都无法从摩擦损失中区分，因此，可尝试由试验直接确定系数 f_H，而且很准确。

(3) 水力损失 如 3.8 所述，水力损失包括摩擦损失 $\zeta_R = f(Re，\varepsilon)$ 和混合损失 ζ_M，且进口、叶轮和扩压元件的所有摩擦损失和混合损失都包括在这两个量中。因此，原型泵和模型泵的理论扬程系数可表示为（或见表 3.8）

$$\psi_{th} = \psi_M + \zeta_{R,M} + \zeta_{M,M} = \psi_a + \zeta_{R,a} + \zeta_{M,a} \tag{3.35}$$

在式（3.35）中，假设滑移系数大致保持不变，因此理论扬程也大致为常量，详见 13.1。如果叶片功保持不变，扬程系数 f_H 则与水力效率系数相同，有 $f_H = f_{\eta h}$。

假设混合损失与雷诺数无关，即式（3.35）中 $\zeta_{M,M} = \zeta_{M,a}$ 相互消去，故 ψ_a 和 ψ_M 之间的关系可以用 $f_{\eta h}$ 的形式来表示：

$$f_{\eta h} = \frac{\eta_{h,a}}{\eta_{h,M}} = 1 - \frac{\zeta_{R,M}}{\psi_M}\left(\frac{\zeta_{R,a}}{\zeta_{R,M}} - 1\right) = 1 - \frac{\zeta_{R,M}}{\psi_M}\left(\frac{c_{f,a}}{c_{f,M}} - 1\right) \tag{3.36}$$

式（3.36）适用于流量不变的情况。

如果摩擦损失比 $\zeta_{R,M}/\psi_M$ 是已知的，式（3.36）可用于判断扬程随不同的表面粗糙度和/或雷诺数是如何变化的。为此，假设摩擦损失 $\zeta_{R,a}/\zeta_{R,M}$ 与相应的摩擦因数 $c_{f,a}/c_{f,M}$ 成正比。这些摩擦因数与雷诺数和表面粗糙度有关。它们可用于式（1.33）和式（1.33a）中的湍流和层流情况。

根据表 3.8，以及 3.8 的叙述，可估算出摩擦损失占泵内部水力损失的比例。其与比转速、泵类型及水力部件的几何形状有关。由表 3.8 估计 $\zeta_{R,M}/\psi_M$ 是非常复杂的且有不确定性。为此，基于大量的试验，建立了如式（T3.10.18）的经验公式[15]。

(4) 二次流损失 圆盘摩擦损失可根据表 3.6 及 9.1，由式（T3.10.9）计算。表面粗糙度对泵壳壁面及叶轮盖板的影响可通过式（T3.10.8）得到。式（T3.10.10）考虑了后盖板上的副叶片；式（T3.10.12）考虑了叶轮侧壁间隙泄漏的影响；式（T3.10.7）考虑了叶轮圆盘的表面粗糙度。在高黏度（$\nu > 400 \times 10^{-6}$ m^2/s）下，可通过经验系数 f_{therm} 考虑叶轮侧壁间隙内流体的升温，这点在 13.1 中做了详细讨论。容积损失可由式（T3.10.4）估算，机械损失可通过式（T3.10.14）估算。

(5) 表面粗糙度 根据式（T3.10.5）和 1.5.2，利用等价因子 $c_{eq} = 2.6$ 来计算各种部件的表面粗糙度，且假设最大表面粗糙度是平均表面粗糙度的 6 倍。为了简化，用 r_2 来计算叶轮盖板和水力流道的雷诺数。这些假设的影响不大，这是由于式（T3.10.8）和式（T3.10.19）、式（T3.10.20）中只出现了摩擦因数之比。根据式（T3.10.6）给出的经验公式将叶轮和压水室的表面粗糙度取平均值，这样可得到与比转速有关的加权平均表面粗糙度[15]。

参考文献 [15] 根据表 3.10 给定的步骤分析了不同表面粗糙度和雷诺数的 32 个试验，并优化了用于式（T3.10.6）的平均表面粗糙度和式（T3.10.18）中可衡量水力损失的经验系数，使标准偏差最小化。文献 [15] 中的研究包含以下范围：$n_q = 7 \sim 135$；$d_2 = 180 \sim 405 \text{mm}$；$u_2 = 22 \sim 113 \text{m/s}$；$n = 1200 \sim 7000 \text{r/min}$；$T = 20 \sim 160℃$；$Re = 2.5 \times 10^6 \sim 9.1 \times 10^7$；当量沙粒表面粗糙度 $\varepsilon = 1 \sim 130 \mu\text{m}$，平均表面粗糙度 $\varepsilon_{\text{CLA}} = 0.4 \sim 75 \mu\text{m}$。

测量和计算间的标准偏差对于 f_η 是 $\pm 1.0\%$，对于 $f_{\eta h}$ 是 $\pm 1.5\%$，其分散性随比转速的降低而增大。由于当量系数 c_{eq} 的变化并没有产生更好的结果，因此可假设 $c_{\text{eq}} = 2.6$。

用于叶轮和压水室的表面粗糙度加权关系式 $a_\varepsilon = 0.98 - 0.0012 n_q f_q^{0.5}$，表明叶轮内表面粗糙度的影响比扩压元件内的小得多，即便是在高比转速下。可衡量的损失随着比转速的增加而减小，见式（T3.10.18）。以上两个函数如图 3.34 所示。另外，式（T3.10.18）提供了与式（T3.9.12）中（$1 - V$）相似的值。

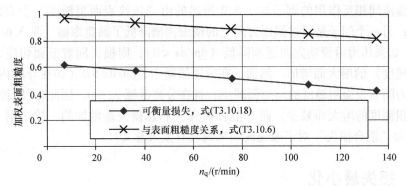

图 3.34　由式（T3.10.6）得到的加权表面粗糙度
由式（T3.10.18）得到的可衡量损失 $a_1 - b_1 n_q f_q^{0.5}$。

（6）效率计算的不确定性　效率计算方法和目的的多样性（如效率换算、表面粗糙度影响评定或高黏度介质计算）决定了效率计算有一系列的不确定性。

1）换算涉及两个大数字（相对于变化量）间的细小差异。即使效率在试验中的测量精度很高，模型泵和原型泵的效率差 $\Delta \eta = \eta_a - \eta_M$ 的不确定性还是相当大的。由于通常会在不同的试验回路上用不同的设备测量 η_a 和 η_M，所以不确定性是不可避免的，因此很难用试验验证换算的准确性。

2）模型泵和原型泵的铸造公差和加工公差不同。

3）环形密封间隙通常被认为是有关泵尺寸的函数，但它不总是严格地与模型几何相似。

4）出于经济原因，通常较小的设计偏差是不可避免的。如环形密封几何形状、轴上叶轮的定位、叶轮侧壁间隙或进出口段均会引起偏差。

5）圆盘摩擦损失和环形密封泄漏的计算具有相当大的不确定性。

如同湍流一样，表面粗糙度需要一个统计描述而不是确定性的描述。因此，与流体动力相关的表面粗糙度定量化是确定效率的主要难点之一，还包括以下几个方面的难点。

1）无法确定表面粗糙度对流动的影响，甚至通过准确的表面测量也不能确定。

2）表面粗糙度在不同的流道内通常会有差异，这取决于加工所能达到的精度。

3）表面粗糙度导致的损失是由壁面附近的速度分布和粗糙壁面导致的湍流之间的相互作用引起的，因此壁面的精细结构和湍流及损失有关。表面粗糙度和湍流之间的相互作用一方面由壁面粗糙高度的大小、形状及数目决定的；另一方面又是由近壁湍流旋涡的尺寸和频率决定的。湍流结构与加速或减速、科氏力和离心力及流动分离所给定的局部速度分布有关（图 1.15，见 1.5.2 和文献 [16]）。表面粗糙度和湍流间相互作用的例子如 1.5.2 所述的由"波纹表面粗糙度"引起的压降的增加；另一个例子是通过圆周方向上的精细沟槽降低了圆盘摩擦（见 3.6.1）。

4）如果压力沿流动方向逐渐降低（$dp/dx < 0$），则损失随着壁面切应力（或表面粗糙度）的增大而增加。然而，在减速流动中，$dp/dx > 0$（如在导叶内），壁面切应力随着表面粗糙度的增加而减小，且在分离区域 $\tau_w \approx 0$。因此，"摩擦损失"随表面粗糙度的增大而减少，而"混合损失"和总损失是增加的。故区别"摩擦损失"和"混合损失"对于减速流动来说没有太大意义。

3.11 损失最小化

事实上，能得到的效率受特定应用和机械设计等相关条件的影响；同时，泵尺寸、所要求的吸入比转速、$Q - H$ 曲线形状要求及制造费用等对其也有显著的影响。为减小损失，首先需要利用表 3.5 ~ 表 3.8 分析泵中的二次流损失和水力损失；同时，这些表格评价了通过合理改进能得到的效率提升空间。

（1）水力损失（见第 7 章和第 8 章）

1）均匀流动会减小叶轮内的损失。

2）优化叶片载荷和压力分布。因叶片过长会引起摩擦损失；叶片太短也会引起混合损失。

3）叶轮出口宽度过宽会引起混合损失。

4）太大的进口直径会引起混合损失、摩擦损失和环形密封泄漏损失的增加，并降低部分载荷工况时性能。

5）对于导叶和蜗壳，导叶必须根据 1.6 进行优化。

6）仔细对扩压流道内的流动减速进行优化：①在速度（和摩擦损失）很大的导叶或蜗壳喉部区域的下游设计稳定、有效的减速；②避免导叶出口附近安放角突然增大，此处的边界层很厚且濒临失速的边缘。

7）避免流动分离、曲率过大，以及角度和过流面积发展的不稳定性。

8）降低表面粗糙度获得水力光滑特性。

9）当在一台现有泵内用改进的叶轮替代过大的叶轮以适应小流量工况时，蜗壳或导叶的水力损失（除非也被改进）仍旧太大，相比原始性能曲线效率不会增加。

（2）二次流损失（见3.6）

1）圆盘摩擦：避免叶轮侧壁间隙内的凸起或空腔，因为这些结构会降低流体的旋转；避免粗糙壁面和过大的叶轮侧壁间隙。

2）在低比转速下，圆盘摩擦损失可通过选择较高的扬程系数来降低，但是其对 $Q-H$ 曲线的影响必须考虑（见第 4 章和第 5 章）。

3）环形密封损失：环形密封间隙的减小是有益的，但是在任何情况下都不能破坏泵的可靠性。如果选择较紧的间隙，必须确保没有转子和定子干摩擦的风险。可通过对环形密封材料或表面结构的正确选择来降低该风险，见14.4.4。另外较紧的密封间隙在运行中会加快磨损，并无多大利处。精细沟槽、孔或蜂窝状分布可降低环形密封损失，增加环形密封的长度也能有限地减少泄漏。

4）通过轴向力平衡装置的流动：在多级泵中，就效率而言，平衡盘优于平衡活塞。然而，由于平衡活塞对流量变化不大敏感，因此在很多应用中其比平衡盘更加可靠。

5）机械损失：耐磨轴承比一般滑动轴承所引起的损失少。机械密封比填料密封所耗的能量少。在实际设计中，应综合考虑如何选择这些元件。

3.12　水力计算公式

本章列出的表格汇总了所有水力计算公式，可结合符号列表，以及表3.1和表3.2中定义的尺寸和量纲进行使用，这里不再另外加以说明。

参 考 文 献

[1] Baker, W.E., et al.: Similarity methods in engineering dynamics. Revised edn. Elsevier, Amsterdam (1991)

[2] Brodersen, S.: Reduzierung der Scheibenreibung bei Strömungsmaschinen. Forsch Ing Wes. **59**, 184–186 (1993)

[3] Busemann, A.: Das Förderhöhenverhältnis radialer Kreiselpumpen mit logarithmisch-spiraligen Schaufeln. ZAMM **8**, 5 (1928)

[4] Childs, D.W. et al.: Annular honeycomb seal test results for leakage and rotordynamic coefficients. ASME Paper 88-Trib-35

[5] Childs, D.W.: Dynamic analysis of turbulent annular seals based on Hirs' lubrication equation. ASME 82-Lub-41 (1982)

[6] Dailey, J.W., Nece, R.E.: Chamber dimension effects on frictional resistance of enclosed rotating disks. ASME J Basic Engng. **82**, 217–232 (1960)

[7] Engeda, A., et al.: Correlation of tip clearance effects to impeller geometry and fluid dynamics. ASME Paper 88-GT-92 (1988)

[8] Engeda, A.: Untersuchungen an Kreiselpumpen mit offenen und geschlossenen Laufrädern im Pumpen- und Turbinenbetrieb. Diss. TU Hannover, Deutschland (1987)

[9] Florjancic S: Annular seals of high energy centrifugal pumps: A new theory and full scale measurement of rotordynamic coefficients and hydraulic friction factors. Diss. ETH Zürich. (1990)

[10] Fukuda, H.: The effect of runner surface roughness on the performance of a Francis turbine. Bulletin JSME. 7(4), 346–356 (1964)

[11] Geis, H.: Experimentelle Untersuchungen der Radseitenverluste von Hochdruck-Wasserturbinen radialer Bauart. Diss. TH Darmstadt, Deutschland (1985)

[12] Görtler, H.: Dimensionsanalyse. Springer, Berlin (1975)

[13] Graf E., et al.: Three-dimensional analysis in a multi-stage pump crossover diffuser. ASME Winter Annual Meeting. 22–29 (1990)

[14] Gülich, J.F.: Disk friction losses of closed turbomachine impellers. Forsch Ing Wes. **68**, 87–97 (2003)

[15] Gülich, J.F.: Effect of Reynolds-number and surface roughness on the efficiency of centrifugal pumps. ASME J Fluids Engng. **125**(4), 670–679 (2003)

[16] Gülich JF: Pumping highly viscous fluids with centrifugal pumps. World Pumps, 395/396, Aug/Sept. 1999

[17] Hamkins, C.P.: The surface flow angle in rotating flow: Application to the centrifugal impeller side gap. Diss. TU Kaiserslautern, Shaker, Aachen, Deutschland (2000)

[18] Henning, H.: Experimentelle Untersuchungen an als Drosseln arbeitenden Gewinderillendichtungen für hydraulische Strömungsmaschinen. Diss. TU Braunschweig, Deutschland (1979)

[19] Hergt, P.: Hydraulic design of rotodynamic pumps. In: Rada Krishna (Hrsg) Hydraulic design of hydraulic machinery. Avebury, Aldershot (1997)

[20] Hippe, L.: Wirkungsgradaufwertung bei Radialpumpen unter Berücksichtigung des Rauheitseinflusses. Diss. TH Darmstadt, Deutschland (1984)

[21] Kosyna, G., Lünzmann, H.: Experimental investigations on the influence of leakage flow in centrifugal pumps with diagonal clearance gap. ImechE Paper C439/010 (1992)

[22] Lauer, J., et al.: Tip clearance sensitivity of centrifugal pumps with semi-open impellers. ASME Paper FEDSM97-3366 (1997)

[23] Lauer, J., Stoffel, B.: Theoretische Untersuchungen zum maximal erreichbaren Wirkungsgrad von Kreiselpumpen. Industriepumpen + Kompressoren. **3**(4), 222–228 (1997)

[24] Li, W.G.: The "sudden-rising head" effect in centrifugal oil pumps. World Pumps. **409**, 34–36 (Oct, 2000)

[25] Linneken, H.: Der Radreibungsverlust, insbesondere bei Turbomaschinen. AEG Mitt **47**(1/2), 49–55 (1957)

[26] Münch, A.: Untersuchungen zum Wirkungsgradpotential von Kreiselpumpen. Diss. TU Darmstadt, Deutschland (1999)

[27] Nece, R.E., Dailey, J.W.: Roughness effects on induced flow and frictional resistance of enclosed rotating disks. ASME J Basic Engng **82**, 553–562 (1960)

[28] Nemdili, A.: Einzelverluste von Kreiselpumpen mit spezifischen Drehzahlen von $n_q = 15$ bis 35 rpm. Diss. Uni Kaiserslautern, SAM Forschungsberichte, Bd. 1 (2000)

[29] Ni, L.: Modellierung der Spaltverluste bei halboffenen Pumpenlaufrädern. Fortschrittber VDI Reihe. **7**, 269 (1995)

[30] Osterwalder, J., Hippe, L.: Betrachtungen zur Aufwertung von Serienpumpen. VDI Ber. **424**, pp. 1–17 (1981)

[31] Osterwalder, J., Hippe, L.: Guidelines for efficiency scaling process of hydraulic turbo-machines with different technical roughnesses of flow passages. J Hydraul Res. **22**(2), 77–102 (1984)

[32] Osterwalder, J.: Efficiency scale-up for hydraulic turbo-machines with due consideration of surface roughness. J Hydraul Res. **16**(1), 55–76 (1978)

[33] Pantell, K.: Versuche über Scheibenreibung. Forsch Ing Wes. **16**, 97–108 (1949/1950)

[34] Schilling, R., et al.: Strömung und Verluste in drei wichtigen Elementen radialer Kreiselpumpen. Strömungsmech Strömungsmasch. **16** (1974)

[35] Schlichting H: Grenzschicht-Theorie. 8. Aufl, Braun, Karlsruhe, 1982

[36] Stampa, B.: Experimentelle Untersuchungen an axial durchströmten Ringspalten. Diss. TU Braunschweig, Deutschland (1971)

[37] Tamm, A., Eikmeier, L., Stoffel, B.: The influences of surface roughness on head, power input and efficiency of centrifugal pumps. Proc XXIst IAHR Symp Hydraulic Machinery and Systems, Lausanne (2002)

[38] Thomae H, Stucki R: Axialschub bei mehrstufigen Pumpen. Techn Rundschau Sulzer (1970) 3, 185–190

[39] Varley, F.A.: Effects of impeller design and surface roughness on the performance of centrifugal pumps. Proc Instn Mech Engrs. **175**(21), 955–969 (1961)

[40] Wagner, W.: Experimentelle Untersuchungen an radial durchströmten Spaltdichtungen. Diss. TU Braunschweig, Deutschland (1972)

[41] Weber, D.: Experimentelle Untersuchungen an axial durchströmten kreisringförmigen Spaltdichtungen für Kreiselpumpen. Diss. TU Braunschweig, Deutschland (1971)

[42] Welz, E.: Der Einfluß der Laufschaufelform auf Förderhöhe und Wirkungsgrad der Kreiselpumpen. Schweizer Archiv. 114–126 (April 1966)

[43] Wiesner, F.J.: A new appraisal of Reynolds-number effects on centrifugal compressor performance. ASME J Engng Power. **101**, 384–396 (1979)

[44] Wiesner, F.J.: A review of slip factors in centrifugal impellers. ASME J Engng Power **89**, 558–566 (1967)

[45] Zierep, J.: Ähnlichkeitsgesetze u. Modellregeln der Strömungslehre. Braun, Karlsruhe (1971)

第 4 章　特　性　曲　线

由于对运行工况的不同要求，在实际情况中几乎所有的泵都会出现偏离设计工况点运行的情况。故设计工况运行被定义为 $q^* \equiv Q/Q_{opt} = 1$；超负荷运行工况被定义为 $q^* > 1$；而 $q < 1$ 时，对应的运转工况称为"部分载荷工况"。泵的特性曲线描述了泵的扬程、功率和效率相对于流量的函数关系（NPSH $= f(Q)$ 的关系将在第 6 章进行讨论）。在工业系统中，所用的泵从关死点到最大流量的性能曲线形状对于泵的运行性能具有很大影响，如泵的并行或开机运行时（见 1.1）。多数应用场合需要泵的性能曲线随着流量的增加而平稳降低，即 $\partial H/\partial q < 0$，这种特性被称之为稳定特性；反之，如果曲线包含 $\partial H/\partial Q > 0$ 的区间，则该曲线特性被称之为非稳定特性。非稳定特性曲线或平坦特性曲线的泵在并行运行中会导致系统问题，或导致平坦的系统特性（见 1.1）。

泵的特性曲线可通过试验测得，测量过程中通过调节节流阀获得不同流量工况下泵的特性。当转速一定时，每个特定的流量点对应着唯一的扬程和功率值，而所获得曲线 $H = f(Q)$ 被称为"扬程流量曲线"或"$Q-H$ 曲线"。

叶轮和导叶的设计准则是：在最高效率点运行时，内部不发生流动分离和回流现象（除特殊设计，如一些污水泵或疏浚泵）。然而，在小流量工况下（通常为 $q^* < 0.4 \sim 0.75$），叶轮的进出口会发生回流，且这些现象在很大程度上影响着部分载荷工况下泵的性能曲线。在第 5 章中，将会对这些现象与泵性能曲线的关系，以及改变性能曲线的方法进行详细论述。

4.1　扬程－流量特性和功率消耗

4.1.1　理论扬程曲线（不考虑损失）

如第 3 章所述，泵的理论扬程（H_{th}）可由叶轮进出口角动量的差求得，见式（T3.3.1）。该公式中所需的绝对速度圆周分量 c_{2u} 可从出口速度三角形获得。图 4.1（表 3.2）给出了不同流量下无量纲叶轮出口速度三角形。绝对速度 c_{2u} 的圆周分量随着 c_{2m} 的增加，或随着给定出口角和滑移系数下叶片的流量的增加而降低。在图 4.1 中，若矢量②对应设计点，则矢量①对应部分载荷工况，而矢量③对应过载工况。在矢量④对应的情况下，由于 $c_{2u} = 0$，因此没有角动量转化为绝对流动。而矢量⑤对应的情况下，c_{2u} 为负值，此时泵相当于一个制动器或者一个反向运转的透平（见第 12 章）。如果没有预旋（就是说 $\alpha_1 = 90°$），可运用 $\psi_{th} = 2c_{2u}/u_2$ 的关系进行计算。在这个最常见的案例中，图 4.1 用无量纲速度三角形描述了 $\psi_{th} = f(\varphi)$ 的关系，阐述了无量纲理论扬程的特性。根据式（T3.3.10），$\psi_{th} = f(\varphi)$ 可具体表述为以下形式：

$$\psi_{th} = 2\left(\gamma - K_1 \frac{\varphi_{2,La}}{\tan\beta_{2B}}\right) \quad K_1 \equiv \tau_2 + \frac{A_2 d_{1m}^* \tan\beta_{2B}}{A_1 \tan\alpha_1} \tag{4.1}$$

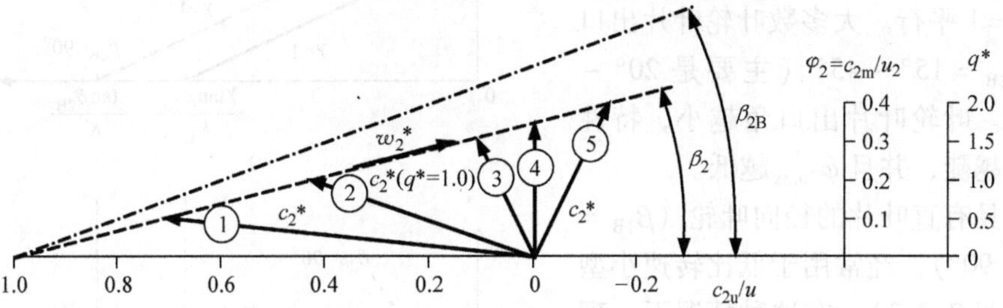

图 4.1　不同流量下的无量纲叶轮出口速度三角形，φ_2 或 $q^* \sim \varphi_2$

理论特性也可以通过液流角 β_2 代替叶片角 β_{2B} 表达。将表达式 $c_{2u} = u_2 - w_{2u}$ 和 $w_{2u}/u_2 = \varphi_{2,La}\tau_2\cot\beta_2$ 代入式（T3.3.9）（由出口速度三角形），从而得到 $\alpha_1 = 90°$ 时，

$$\psi_{th} = 2\left(1 - \tau_2 \frac{\varphi_{2,La}}{\tan\beta_2}\right), \cot\beta_2 = \cot\beta_{2B} + \frac{1 - \gamma}{\varphi_{2,La}\tau_2} \tag{4.2}$$

由于叶片内部流动情况复杂（见第 5 章和第 3 章），液流角和滑移系数通常取决于泵的流量。然而作为第一假设，当泵没有发生部分载荷下回流现象时，可认为滑移系数 γ 与流量是不相关的。在这种情况下，根据式（4.1）理论特性获得了一个流量的线性函数（图 8.11 的 CFD 计算和试验数据）。经验表明，出口角 β_2 在设计点附近几乎是恒定的，因此式（4.2）描述了一个近乎线性的理论扬程特性（图 4.1）。

如果没有预旋，即 $\alpha_1 = 90°$，则式（4.1）中的常量 K_1 减小为 $K_1 = \tau_2$（并且接近 1.0）。如果流体进入叶轮时 $\alpha_1 \neq 90°$，则还需考虑进口速度三角形，见式（T3.1.3）。

虽然理论扬程在 $Q_{La} = 0$ 达到 $\psi_{th,o} = 2\gamma$，但是当出现回流时无法准确预测滑移系数。在 $Q_{La} = 0$ 时，预期滑移系数 γ_o 在 BEP 和 1.0 之间，即 $\gamma_{opt} < \gamma_o < 1.0$。

因此，在 $Q_{La} = 0$ 时，$2\gamma < \psi_{th,o} < 2.0$。实际的 $\psi_{th,o}$ 几乎不可以预测，因为回流的影响难以量化。式（4.1）进一步表明，在流量系数 $\varphi_{2,max}$ 时 ψ_{th} 为零：

$$\varphi_{2,max} = \frac{\gamma}{K_1}\tan\beta_{2B} \tag{4.3}$$

然而通常情况下，泵不会在这样低的流量工况下工作。因为大多数工业系统中在小流量下（见第 6 章）泵会出现空化现象，当然这主要适用于中、低比转速泵。轴流泵经常可以运转到 $H = 0$（叶轮抽吸气体也可以做到这一点）。

图 4.2a 所示为 $\beta_{2B} < 90°$，$\beta_{2B} = 90°$ 和 $\beta_{2B} > 90°$ 三种情况下的 $\psi_{th} = f(\varphi_{La})$ 的关

系。虚线代表了 $\gamma = 1$，即叶片同等流动。实线考虑了滑移系数 γ，其值通常是在 $0.7 \sim 0.8$ 之间。如果没有回流发生，则恒定滑移曲线与实线 $\gamma = 1$ 平行。大多数叶轮叶片出口角 $\beta_{2B} = 15° \sim 45°$（主要是 $20° \sim 35°$）。叶轮叶片出口角越小，特性曲线越陡，并且 φ_{2max} 越低。

具有直叶片的径向叶轮（$\beta_{1B} = \beta_{2B} = 90°$），经常用于低比转速小型泵（见 7.3.3）。在这种情况下，理论特性曲线 $\psi_{th} = f(\varphi)$ 与横坐标平行。$\beta_{2B} > 90°$ 的叶片并不用在泵里，因为其特性曲线具有固有的不稳定性。侧流道泵和旋涡泵是个例外，见 2.3.4。

理论功率消耗可由 $P_{th} = \rho g H_{th} Q_{La}$ 计算得到，或根据式（T3.4.9）与式（4.1）所得的无量纲表达式如下：

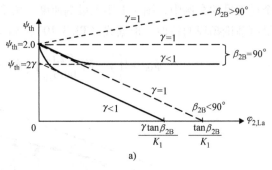

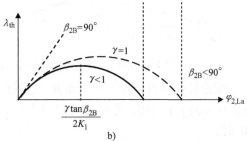

图 4.2 理论扬程和理论功率特性曲线
（没有损失或部分载荷工况下的回流）
a）压力系数 b）功率系数

$$\lambda_{th} = \varphi_{2,La}\psi_{th} = 2\left(\gamma\varphi_{2,La} - K_1\frac{\varphi_{2,La}^2}{\tan\beta_{2B}}\right) \qquad (4.4)$$

后掠式叶片（$\beta_{2B} < 90°$）的理论功率曲线 $\lambda_{th} = f(\varphi_{2,La})$ 一般是抛物线的形状，如图 4.2b 所示。根据式（4.3）零点为 $\varphi_{2,La} = 0$ 及 $\varphi_{2,La} = \varphi_{2,max}$，对微分式（4.4）求导，在 $\varphi_{2,La} = 0.5\varphi_{2,max}$ 处，根据式（4.5）得到功率消耗最大值为

$$\lambda_{th,max} = \frac{\gamma^2\tan\beta_{2B}}{2K_1} \qquad (4.5)$$

由式（4.4）可知，$\beta_{2B} = 90°$ 时，理论功率与流量成线性正相关的关系（当 $\beta_{2B} > 90°$ 时和流量的平方成正比）。

4.1.2 考虑损失的真实性能

根据第 3 章式（T3.3.7），其实际性能是通过从理论扬程中减去摩擦和涡流耗散造成的水力损失所得到的。通常我们假定摩擦损失和流量的二次方成正比，在最高效率点由不适当的流动所导致（"冲击损失"）的损失为零。在 $q^* = 1$ 的摩擦损失总计为 $Z_{r,opt} = H_{th,opt} - H_{opt} = (1 - \eta_{h,opt})H_{th,opt}$。损失的量随着流量的平方的增加而增加，其关系可表示为 $Z_{r,opt} = (1 - \eta_{h,opt})H_{th,opt}q^{*2}$。

因此，可以假设泵中的速度随流量而成比例增加。这种假设需要满足以下条件：①通常情况下，当液流角低于20°时，叶轮入口处相对速度与流量是独立的。②在叶轮出口处相对速度矢量的增加比值小于流量的增加比例。根据式（T3.2.7）、式（T3.2.11），表达式 $w_2^* \approx w_{2u}^* = 1 - \gamma + \varphi_{2,La} \tau_2 \cot\beta_{2B}$ 是适用的。图 5.15 中的结果也验证了 $w_{2u} = u_2 - c_{2u}$ 这一结论。③叶轮相对速度值 $w_{av} = 1/2(w_1 + w_2)$ 在流量变化时波动较小。④随着流量的增加，蜗壳进口处的绝对速度有所下降；而导叶内隔舌下游处的速度则与流量成正比。多级泵入口段的损失、反导叶内的损失以出口段损失随着流量平方的增加而增加。

在设计工况点，由于不适当的来流导致的损失通常较低。在非设计工况下，能量以 $(q^* - 1)^x$ 的规律损失，通常取 $x = 2$。文献中把这种损失称作"冲击损失"，流向叶轮叶片和导叶叶片的非理想来流通常被认为是导致损失的原因。如第 5 章所述，由于涡流耗散导致的损失（包括冲击损失）主要由叶轮及蜗壳内的非均匀流动所导致。这一结论对于高比转速泵尤为适用。当 $n_q < 40$ 时，导叶内压力恢复受到非均匀来流的影响从而带来能量损失。即使在设计工况点，流速分布也不是均匀

的，实际上 $Z_{opt} = H_{th,opt} - H_{opt}$ 已经包含了摩擦与涡流耗散损失。后者的影响在高比转速泵中（$n_q = 50 \sim 60$，以及以上）更为显著。由于叶轮与蜗壳的流道相比其水力半径较短（L/D_h 较小），因而摩擦损失较低。

在部分载荷下叶轮进/出口刚开始发生回流时，由于回流与主流之间的动量交换，使涡流耗散损失不断增大。但是这些回流现象的理论推导或者数值模拟都不能给出一个通用的结果；因此相关的经验系数通常更加适用。目前已提出了一些相应的经验性方法，但是还没有被普遍接受。图 4.3 是实际特性 $H(Q)$ 的描述，它是由理论特性 $H_{th}(Q)$ 减去所有的摩擦和涡流耗散损失所得。

当 $q^* \gg 1$ 时，流动分离和高流速引起的损失在叶轮和蜗壳的隔舌处呈"指数增长"。这是

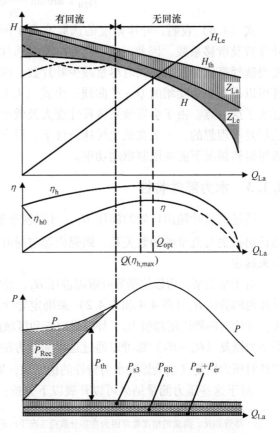

图 4.3 泵特性中损失和回流的影响

零扬程点 $H=0$ 对应的流量远低于式（4.3）计算结果的原因。这点在低比转速泵中尤为适用，当工作点略高于最高效率点时蜗壳喉部通常就会发生空化现象。对于高比转速泵，过载范围也是有限制的，因为通常高比转速泵要选择较低的扬程系数和较高的流量系数。因此，$\varphi_{2,opt}$ 和 $\varphi_{2,max}$ 之间的范围必然比式（4.1）计算所得的区间要窄。

泵的实际功率损耗是由理论功率 $P_{th}=\rho g H_{th} Q_{La}$ 减去 3.6 中（或图 4.3）讨论的二次流损失得到。泄漏损失包括 Q_{La}，其他二次流损失［根据式（T3.5.1）中 P_{RR}，P_m，P_{s3} 和 P_{er}］可以近似认为与流量独立。曲线 P 和 P_{th} 之间的差值包含了二次流损失和回流造成的功率损耗 P_{Rec}。

在一些应用场合，使最大功率点与最高效率点重合是有利的，即 $q^*=1$。这时该泵具有"无过载"特性。根据式（4.3）最大功率是在 $\varphi_{(Pmax)}=\dfrac{1}{2}\varphi_{2,max}$，无过载特性所对应的 β_{2B} 可根据式（4.6）获得

$$\beta_{2B}=\arctan\frac{2K_1}{\gamma}\varphi_{opt} \tag{4.6}$$

式（4.6）表明，叶片角度的选取取决于所选择的流动系数、叶轮出口宽度、叶片数及滑移系数。因此，式（4.6）需要迭代求解。为了得到无过载功率曲线，需要选择高流量系数，同时尽量减少叶片数，以及减小出口宽度和出口安放角。这样可以得到一个陡峭的 $Q-H$ 曲线；由式（4.1）和式（4.6）可得到 $\psi_{th}=\gamma$，也证实了这一点。由于会导致泵体尺寸变大及效率降低，因此将中低比转速泵设计成这样是不理想的。一般在低比转速条件下，只有特定场合才会有无过载要求，即大流量运转情况下需要限制驱动功率。

4.1.3 水力部件特性

通过测量叶轮出口处的静压 H_2，可以初步确定叶轮与蜗壳内部的损失，进而估计出损失与流量的函数关系。蜗壳内部与导叶下游的损失可通过测量蜗壳喉部静压来确定。

对于多级泵，可以测量导叶喉部静压 H_3、导叶外部静压 H_4，条件允许也可测量叶片内的静压 H_6（图 4.4 和表 4.2）来确定导叶内的压力恢复和不同部位的各项损失。叶轮内的静压增加值 H_P、导叶进口三角区域的压力恢复（H_3-H_2）及整个导叶的压力恢复（H_6-H_2）都可以通过这种测量方法获得。这些研究可以用于单个水力部件对压力恢复（也会影响水力特性的稳定性，见第 5 章）和水力损失⊖的影响。

对于这些压力测量结果可以开展以下分析：

⊖ 尽管如此，测量的精度常常因为在部分载荷工况下叶轮沿圆周压力分布不均而受到限制。而且在导叶中变化相对较小，在蜗壳中变化较大，因此需要多个压力测量点以得到可靠结果。此外，由于叶轮与导叶损失是两个较大数值做差所得的较小数值，因此存在较大的相对误差。

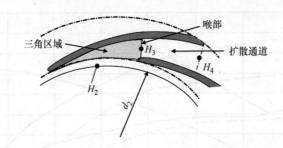

图 4.4 测压点 H_2 到 H_4，导叶进口的三角区，喉部静压 H_3

1）由式（T3.5.8）得到的水力效率 η_h，要先根据表 3.5 ~ 表 3.7 确定二次损失。式（T3.5.8）只适用于在不存在回流的情况，因为在不知道回流流量和回流速度的情况下无法考虑回流的影响（否则在回流时，c_{2u} 将得到不切实际的过高数值）。而在部分载荷工况下，假设滑移系数（常数）$\gamma < 1$ 更为合适。

2）当给出 η_h 后，可通过式（T3.5.8）可计算出 c_{2u} 的值。进、出口速度三角形的其他分量可由表 3.1 和表 3.2 来确定。

3）对 $H_{P,th}$ 和测得静压的增量 $H_P = H_2 - H_1$ 做差，根据式（T3.3.8）可得到叶轮损失：

$$z_{La} = \frac{1}{2g}(u_2^2 - u_1^2 + w_1^2 - w_2^2) - H_p \tag{4.7}$$

4）在叶轮和导叶出口之间运用伯努利方程（1.7）得到导叶损失：

$$z_{Le} = \frac{1}{2g}(c_2^2 - c_6^2) - (H_6 - H_2) \tag{4.8}$$

式中，$H_6 - H_2$ 为测得的导叶内静压的增加值。

下面通过三个实例解释内部压力测量的结果。图 4.5 给出了比转速为 $n_q = 22$、33 的导叶式泵的测量结果。描绘了 q^* 所对应的扬程系数（通过 $u_2^2/2g$ 进行无量纲化）。最高效率点的反动度为 $R_G = 0.75$。当扬程系数接近 $Q = 0$ 时，低于 $q^* = 0.3$，所有泵叶轮产生的静压 H_P 迅速增加。正如第 5 章所述，这是由叶轮进口的回流所引起的。导叶入口三角区域，在 $q^* < 1$ 时，压力 ψ_{2-3} 增加。当 $n_q = 33$ 时，压力增加达到关死点扬程的 10%；当 $n_q = 22$ 时，甚至达到 17%。在叶轮出口和导叶入口三角区域处回流充分发展后，导叶内压力会上升。只有当 $q^* > 1$ 时，导叶内压力恢复效率较高；且随着流量平方的增加而增加。随着流量降低至 $Q = 0$，导叶损失 ζ_{Le} 迅速降低。相反，叶轮损失 ζ_{La} 与流量几乎无关；流量降低至 $Q = 0$ 并未出现经典冲击损失理论提出的损失增加，其原因可能是回流导致了强烈的预旋。

图 4.6a 所示为一个叶轮（$n_q = 33$）的测量结果，该叶轮首先与导叶相连，其后连接一个双蜗壳。值得注意的是：蜗壳与叶轮的相互作用远远弱于导叶与叶轮之间的作用。这可以通过部分载荷下低功率及叶轮的低静水头 ψ_p 来解释。还应该注意的是：蜗壳中的流动分离情况与导叶中的情况类似，可由曲线 ψ_{2-3} 和 ψ_{2-6}（喉

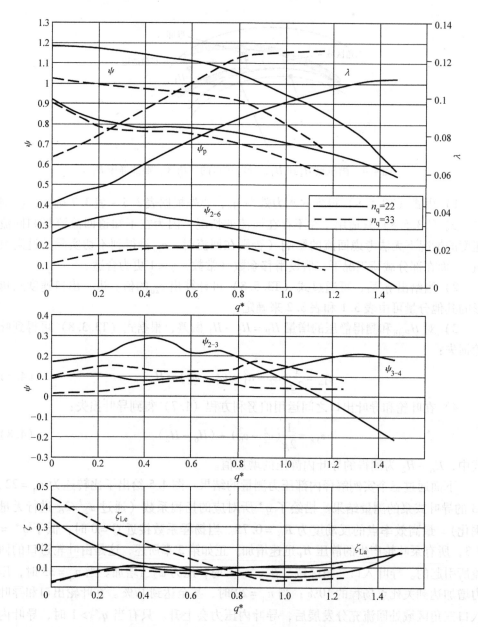

图 4.5 $n_q = 22$、33[1] 导叶式泵的部件性能

部面积比导叶中小 10% 左右）来解释；此外即使在关死点工况下，压力依然会增大。当流量向 $Q = 0$ 降低时，蜗壳中的能量损失不断增大而叶轮入口无法测到冲击损失。在极小流量情况下，导叶喉部的压力恢复 ψ_{3-4} 很小。它一般与流量的平方成正比。文献［5］中所述的测量结果也证实了这些发现。

在蜗壳式泵中，在距离叶轮出口一定位置只有一个或两个隔舌；而在导叶式泵

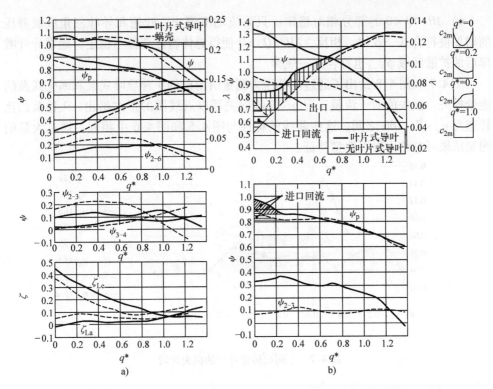

图 4.6　$n_q = 33$ 时，蜗壳与导叶装配同一个叶轮时的部件特性

中，在叶轮出口不远处安装了 8 ~ 12 个导叶叶片。一般认为蜗壳内的不稳定来流造成的损失小于导叶内的损失。尽管如此，两种压水室内的损失较为接近（见图 4.6a）。以上分析说明，导叶或蜗壳三角区域主流（从 $c_2 \sim c_{3q}$）减速所导致流动分离对损失的影响远大于不稳定来流（如攻角过大等）所致冲击损失的影响。

　　图 4.6b 为 $n_q = 33$ 的叶轮分别与无叶式导叶（虚线）和叶片式导叶（实线）相组合的测量结果。当 $Q = 0$ 时，无叶式导叶与叶轮间的相互作用比叶片式导叶与叶轮的相互作用弱很多。因而，两种形式导叶的总体外特性及功率消耗存在显著的差异。

　　图 4.5 和图 4.6a、b 的测量结果本质上可用于所有离心泵的定性分析。还可以在图 5.30、图 5.31 和图 5.34，以及文献［B.20，4］中找到相关案例。在径流式压缩机的测量中也发现类似的结果[2]。关于水力部件性能曲线的相关总结如下：

　　1）蜗壳中的回流影响着叶轮中静压的增加。

　　2）当导叶喉部上游三角区域或蜗壳扁平区域的压力曲线 ψ_{2-3} 上升时，该区域所对应的流量区间的 $Q - H$ 特性表现得较为平坦。

　　3）因为回流所导致的预旋使得流动很大程度上适应了叶片，因此叶轮中小流量工况下不稳定来流引起的"冲击损失"很难得到证实。

4）$\partial H/\partial Q < 0$ 的部分相对稳定。只要流动不停止，叶轮和导叶三角区域静压的增加便符合这一规律。相反，$\partial H/\partial Q > 0$ 使得总体特性变得不稳定。通常导叶喉部后的扩散区域 ψ_{3-4} 也符合这一规律。

图 4.7 和图 4.8 给出了通过内部压力测量所得出的 9 种导叶式泵和蜗壳式泵的能量损失，损失值对于流量工况 q^* 的函数关系以点线图的形式给出，9 种泵的比转速为 $n_q = 7 \sim 160$ 之间。这些曲线的特性与图 4.5 和图 4.6 中相似。通过大量的测量结果可总结出以下典型特征。

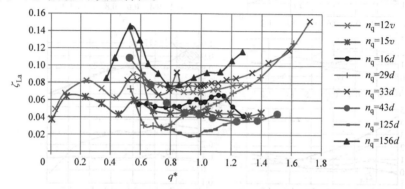

图 4.7　不同比转速叶轮的损失比较

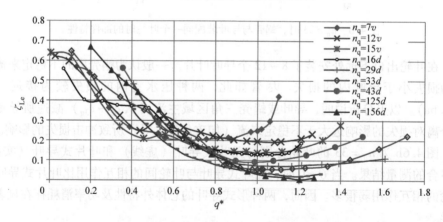

图 4.8　不同比转速的叶片式导叶（d）和蜗壳（v）的损失比较

1）随着比转速的增加，叶轮在最高效率点的损失相应减小。主要原因是比转速 n_q 的增加会导致 c_2/u_2 和能量转换的减小，如图 4.9 所示。

2）从趋势上看，最高效率点的叶轮损失随着比转速的增加而增加，如图 4.9 所示。主要原因是随着叶片高度的增加，叶轮内部速度场和压力场会变得不均匀，从而使得涡流耗散与二次流损失增加。

3）在偏离设计工况运行时，导叶或蜗壳内的损失 $\hat{u}_{Le} = f(q^*)$ 与流量呈抛物线关系，其极小值为最高效率点（BEP）。这证实了"冲击损失"理论。但是，所

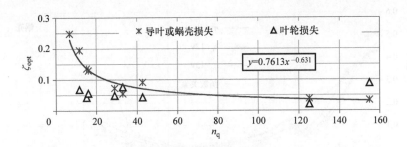

图 4.9　叶轮和导叶在最高效率点 BEP 的损失与比转速的函数关系

涉及的损失可能只有少部分是对导叶和蜗壳隔舌不恰当的冲击所导致，而更多的是叶轮出口处的速度矢量与压水室截面不匹配所致：$c_{3q} = Q/(z_{Le} a_3 b_3) \ll c_2$；即意味着一个突然的流动减速。当超过三角区域的合理减速（见图 4.5 和图 4.6，$q^* = 0.4 \sim 1$）时，会出现导叶进口三角区域压力 $H_3 - H_2$ 的突增和大量的涡流耗散损失。合理减速的估计值约为 $c_{3q}/c_2 = 0.8$ 左右。冲击损失理论假设不恰当的来流冲击是导叶内损失的主要原因，而导叶前缘下游压力的突增却与这一假设相悖。

4）图 4.10 和图 4.11 给出了减速和冲击损失（$\zeta_{Le} - \zeta_{Le,min}$）与减速速率 c_{3q}/c_2 的函数关系，其中 $\zeta_{Le,min}$ 为曲线 $\zeta_{Le,min} = f(q^*)$ 中的最小值。比转速为 $n_q = 125 \sim 160$ 的混流泵中最小导叶损失与最高效率点（BEP）的损失相等，即 $\zeta_{Le,min} = \zeta_{Le,opt}$。导叶损失可由减速速率获得，这对于蜗壳损失也同样适用。最小损失分布在 $c_{3q}/c_2 = 0.6 \sim 1.2$，主要集中在 $0.8 \sim 1.0$ 的范围。由于大流量工况下空化和导叶中流动分离（影响到压力恢复）等现象的存在，静止部件的损失在大流量工况下不断增大。冲击与减速损失可由表 3.8 中的式（T3.8.25）估计。

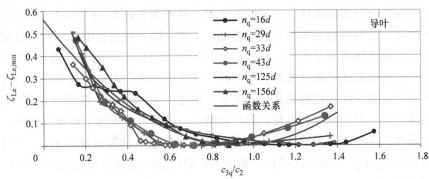

图 4.10　导叶中的减速和冲击损失与减速速率 c_{3q}/c_2 的函数关系［由式（T3.8.25）给出］

5）叶轮出口非均匀流动对这些损失具有很大影响。

6）当 $Q = 0$ 时，导叶损失达到最大值。在叶轮出口处，当回流与主流交汇时会产生动量交换，这会耗散掉很大一部分动能。如果过流部件的结构抑制了流体的自由旋转运动，动量交换将变得更加剧烈。环绕叶轮的光滑圆环结构只会产生极小

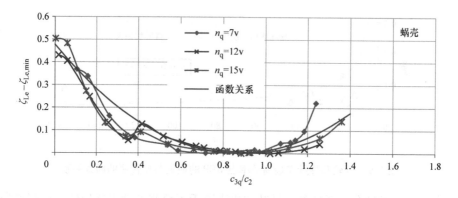

图 4.11 蜗壳中的减速和冲击损失与减速速率 c_{3q}/c_2 的函数关系 [式（T3.8.25）给出]

的摩擦损失，但是环形蜗壳由于其容积的突然增大，动量交换也会变大。当液体从叶轮流向蜗壳式导叶时，在回流其产生的损失会进一步增大，此损失在叶轮出口与导叶入口的中间位置达到最大值。由于导叶叶片（位于叶轮出口附近）对旋转的液体会产生冲击作用，因此导叶入口处会产生极大的速度梯度和动量交换，这在很大程度上又决定了关死点的功能消耗。

7）在较宽的流量范围内，叶轮损失与流量的关系并不大，一般叶轮损失的最小值发生在 $Q=0$ 时[5]。能够检测到的冲击损失极小，只有在较高的比转速时可以检测到（图 4.7，$n_q=156$）。随着流量的降低，叶轮入口开始发生回流，冲击损失也进一步降低。因此，由于回流缓解了入射角 $\omega_1 \sim \omega_{1q}$ 和减速损失的影响，主要冲击损失似乎并不会发生。这是一种"自愈效果"，可由最小阻力法则解释。

下面参照图 4.12 考虑正反冲角条件下的区别。在正冲角条件下，叶片前缘下游的吸力面处会形成脱流区。由于叶片之间的喉部面积过大，$q^* \ll 1$，以至于流动不得不减速。这种减速会发生在失速流动的下游，因为在到达喉部之前有足够的长度。这些失速液体就像是改变了形状的叶片，而这样的形状似乎更能让流线适应。即使当失速流动堵住了部分喉部面积，流动依然会减速。在反冲角条件下，情况则会大不相同。脱流区会迅速堵住部分流道，但是当 $q^* > 1$ 时，脱流区面积非常小。这时流速增加，根据伯努利方程，静压会减小。即使失速流体下游速度得到了一定程度的减小，导叶流道内的损失依然会随着因堵塞造成的有效速度 $c_{3q,eff}$（与没有堵塞时的值 c_{3q} 相比）呈二次增长。根据 1.6 的内容，此状态可由式（4.8a）定性描述（图 4.12）：

$$\frac{z_{Le,eff}}{z_{Le}} = \left(\frac{c_{3q,eff}}{c_{3q}}\right)^2 \frac{(1-c_{p,eff})}{(1-c_p)} \tag{4.8a}$$

这些理论可以应用于叶轮入口、导叶及蜗壳中。正如第 6 章中所讨论的（并通过试验测量进行了验证）与流动分离区发生空化的情况十分相似，其不稳定来流引起的分离区并非充满了失速流体，而是充满了蒸汽。

可见，部分载荷工况下蜗壳中 $c_2 \sim c_{3q}$ 的突然减速对损失具有极大的影响，最终会影响到外特性曲线的形状。除了在最高工况点附近，部分载荷工况下蜗壳内的损失显著高于叶轮损失（$z_{Le} \gg z_{La}$）。相反，叶轮损失对部分载荷工况性能曲线的影响相当小（忽略特殊情况）。但是，叶轮形状对回流和 $Q - H$ 曲线有显著影响，见第 5 章。

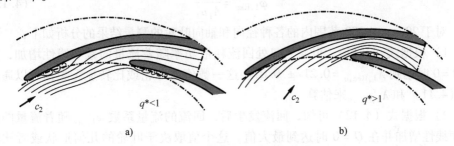

图 4.12　叶轮或导叶进口的流动分离
a）正冲角：失速流体下游的减速（对喉部的流动影响较小）
b）反冲角：失速流体阻碍部分喉部面积，流动加速

4.1.4　关死点的扬程和功率

"关死点扬程"（在 $Q = 0$ 时运行）决定了出水管的设计压力，因此它成了一个值得制造商注意的重要参数。"关死扬程"能够通过图 3.24 中的扬程系数 ψ_o 估计。通常导叶式泵相比蜗壳式泵具有更高的"关死点扬程"，因为导叶叶片提高了叶轮和导叶之间的动量交换（及由此所导致的关死点工况下的能量转换）。同样具有代表性的无叶式导叶泵或环形压水室泵趋向于具有更小的关死点扬程，因为没有导叶叶片的作用，转子与压水室之间的动量交换被最小化。关死点扬程（与压力等其他参数）随着叶轮出口宽度 b_2 的增加而增加，具体内容见第 5 章。

在小流量工况下叶轮进、出口处会发生回流，这在第 5 章中将做具体讨论。当出流阀关闭，流量减小至 $Q = 0$ 时，回流强度最大。典型的叶轮进口速度场分布如图 4.13 所示。可以定性地认为，这些速度场分布形状与比转速和叶轮参数无关。回流可通过出口流线中轴面速度中的负值进行识别。随着叶轮中回流的增强，叶轮叶片前缘上游所测得的圆周速度也会增加，因为叶轮叶片向回流的液体提供了角动量。旋转的回流液体的能量在吸水室内会耗散掉一部分，这进一步增加了泵的损失（湍流损失、功率耗散）。

回流的流量 Q_{Rec} 和角动量 M_{Rec} 可以通过对回流区进行积分获得

$$Q_{Rec} = 2\pi \int c_{1m} r \mathrm{d}r \tag{4.9}$$

$$M_{Rec} = 2\pi\rho \int c_{1m} c_{1u} r^2 \mathrm{d}r \tag{4.10}$$

由回流导致的功率耗散 $P_{\mathrm{Rec}} = \omega M_{\mathrm{Rec}}$ 可由功率系数 $\lambda_{1,\mathrm{Rec}}$ 来估算：

$$\lambda_{1,\mathrm{Rec}} = \frac{2P_{\mathrm{Rec}}}{\rho u_1^3 r_1^2} \qquad (4.11)$$

回流的流量由流量系数确定：

$$\varphi_{1,\mathrm{Rec}} = \frac{Q_{\mathrm{Rec}}}{A_1 u_1} \qquad (4.12)$$

对于 $20 < n_{\mathrm{q}} < 200$ 范围内的各种径向和轴向叶轮的测量结果的分析如下：

1）根据式（4.11），叶轮入口处回流耗散功率随着流量的减小线性增加，直到 $Q = 0$ 时达到 $\lambda_{1,\mathrm{Rec},\mathrm{o}} = 0.21 \pm 0.01$。这一数值与叶轮或比转速无关，可以通过式（4.11）和 $\lambda_{1,\mathrm{Rec},\mathrm{o}}$ 来估算。

2）根据式（4.12）可知，回流发生后，回流的流量系数 $\varphi_{1,\mathrm{Rec}}$ 随着流量的减小而线性增加并在 $Q = 0$ 时达到最大值。这个值取决于叶轮的几何形状或者比转速。在图 4.13 中，回流系数在 $Q = 0$ 时达到了 $\varphi_{1,\mathrm{Rec}} = 0.08$。估计值（$n_{\mathrm{q}} = 20 \sim 220$）位于区间 $\varphi_{1,\mathrm{Rec}} = 0.05 \sim 0.1$。

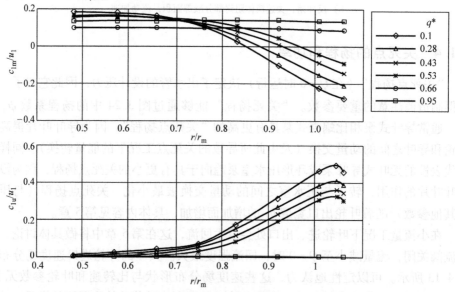

图 4.13　一台轴流泵叶轮进口的速度分布，$n_{\mathrm{q}} = 213$[3]

叶轮出口处的动量交换，以及在 3.6 中所述的二次流损失和叶轮进口处的回流耗散功率的总和为关死点的功率消耗值，这在图 4.14 中以功率系数的形式给出。其中，λ_{o} 的定义如式（T3.4.9），$d_{2\mathrm{b}} = 1/2 (d_{2\mathrm{a}} + d_{2\mathrm{i}})$，$b_2 = 1/2 (d_{2\mathrm{a}} - d_{2\mathrm{i}})$；这个功率系数也能运用于轴向叶轮。当比转速由 $n_{\mathrm{q}} = 10$ 增加到 $n_{\mathrm{q}} = 250$，回流消耗功率由 50% 增加到 95%。

在关死点，$n_{\mathrm{q}} > 20$ 的导叶式泵相比蜗壳泵或环形压水室泵消耗更多的功率，因为在叶轮出口不远处排布了很多的导叶叶片。因此，正如前文所述，在压水室中流体的旋转运动受到阻碍而动量交换得到了加强。当叶轮被切割时，叶轮叶片与导叶叶片（或隔舌）之间的距离增大，λ_o 则相应的减小。图 4.14 中的试验数据也证实，λ_o 通常会随着叶轮出口宽度的增加（如在污水泵或泥浆泵中）而减小。因而，关死点功率 P_o 的增长小于出口宽度增长的比例。

由式（T3.3.12）可得关死点叶轮出口无量纲静扬程：$\psi_{p,o} = 1 - (w_2/u_2)2 - \zeta_{La}$，其中 $w_{12} = u_{12} + c_{12}$，$c_1 = 0$。根据第 5 章和图 5.15 预计 w_2/u_2 在 0.3 ~ 0.5 的范围内。因此，预计 $\psi_{p,o} = (0.75 ~ 0.91) - \zeta_{La}$。若减速到 $w_2 = 0$（虽然理论上不可能达到），并且流动没有任何损失，将得到上限为 $\psi_{p,th,o} = 1$。

在导叶式泵（$n_q < 35$）中，$\psi_{p,o}$ 的测量值是在 $\psi_{p,o} = 0.8 ~ 1$ 的范围内。在 $Q = 0$ 时它们指向最低的叶轮损失。在关死点时由式（T3.3.10）和 $\gamma = 1$ 得到理论扬程系数：$\psi_{th,o,max} = 2$。因此，最低水力效率为：$\eta_{h,o,min} = \psi_o / \psi_{th,o,max} = 1/2\psi_o$。如果滑移系数 γ 小于 1，$\eta_{h,o}$ 则更高。

对于 $n_q < 35$，关死点处导叶的压力恢复系数测量值为：$(H_3 - H_2)/H_o = 0.08 ~ 0.29$，$(H_o - H_2)/H_o = 0.12 ~ 0.31$[B.20]。这意味着 $Q = 0$ 时由于动量交换而发生静压增加，但这仅发生在导叶喉部上游的三角区。

4.1.5　泵尺寸和转速的影响

3.4 中的相似理论对于几何相似的泵是适用于任何流量的（即任何工况）。如果所有的速度分量均参考圆周速度 u_2，那么进出口速度三角形和泵尺寸无关（图 4.1）。任何流量系数 φ 都对应一个特定的扬程系数 ψ_{th}。由雷诺数和表面粗糙度决定的摩擦损失只占水力损失的一小部分，水力效率（在几个百分点内）与尺寸和转速无关，因此 $\psi = f(\varphi)$ 构建了几何相似性泵的普遍特征。在进行转速和尺寸转换时，二次损失会导致更大的偏差，但一般不超过 5%。因此，表 3.4 将相似理论用于对任意转速或叶轮尺寸的泵进行足够精确的性能比例换算。在相似换算时，为了得到正确的效率（表 3.9），一般使用效率优先准则。即便如此，当工作介质为高黏性流体（如重油）或两相混合物，则有必要对性能进行修正，这点将在第 13 章继续讨论。

4.1.6　比转速对性能曲线的影响

在计算关死点扬程系数与图 3.24 所示最高效率点的扬程系数时，由图 4.15 可见，$\psi_o / \psi_{opt} = H_o / H_{opt}$ 随着比转速的增加不断增加。因为关死点扬程系数主要取决于回流和动量交换，而随着比转速的减小，最高效率点的扬程系数下降速率比关死点扬程系数下降速率快得多（见第 5 章）。

从低比转速泵到轴流泵，关死点与设计工况点的功率比率 P_o / P_{opt} 由 0.5 增长至 2 ~ 4。随着比转速的增加，图 4.15 中的效率曲线逐渐变陡，因为叶片及流道高度方向上速度场的非均匀分布所产生的损失的影响在逐渐变大。

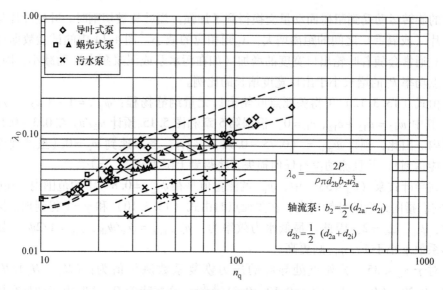

图 4.14 关死点工况的功率损耗

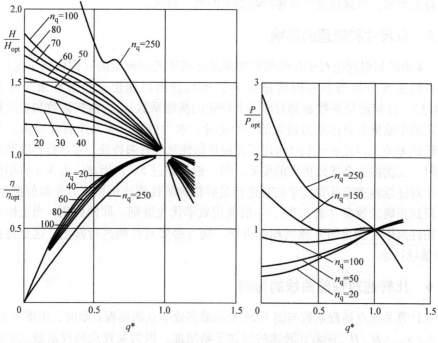

图 4.15 比转速对泵性能曲线形状的影响

4.2 最高效率点

根据 3.7 所述，叶轮下游区域流体趋于保持其角动量 $\rho Q r_2 c_{2u}$。

　　试验表明根据角动量守恒定律 $c_u r = c_{2u} r_2$ 设计的蜗壳中，在设计点流动损失最小。这表明蜗壳截面，特别对于尾部或喉部截面的选择，需要根据式（3.15）进行。如果以式（T3.2.8）中所得的 c_{2u} 代入式（3.15），根据表 4.1 中式（T4.1.1）可得压水室的线性特性关系 $H_{Le} = f(Q_{Le})$。以上所得直线与式（T3.3.7）或式（T3.3.11）中叶轮特性曲线的交点所对应的流量能够满足喉部的角动量守恒。理论上，这一流量对应最高效率点。式（T4.1.3）给出了最高效率点的流量值（简称为"最高效率点"或 BEP），如图 4.16 所示。由式（3.15），$Q = c_{2u} r_2 J_{sp}$，结合式（T3.2.7）所得 c_{2u} 可推导出式（T4.1.3）。

　　蜗壳与导叶的特性无法直接测量，只有在最高效率点才有意义。这一概念有助于估算改变蜗壳或导叶喉部面积时最高效率点的平移，如图 4.16 所示。

　　根据图 4.16，通过减小蜗壳喉部面积可以将最高效率点（叶轮 2）对应的流量由 Q_B 降低到点 C。这使得蜗壳特性由 V_1 变为 V_2。相反的，同一个蜗壳内若更换叶轮，则两个叶轮（见图 4.16 叶轮 1 与叶轮 2，）的最高效率点 Q_A 和 Q_B 对应相同的蜗壳特性 V_1。如果对一特定的泵做以上计算，最好将试验中计算所得的真实滑移系数［根据式（T3.2.9）］代入计算。表 4.1 和式（3.15）可应用于导叶是或者蜗壳式泵。对于截面为四边形的蜗壳，可用式（4.13）计算：

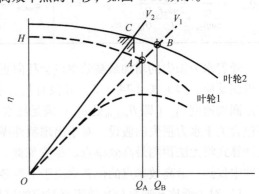

图 4.16　最高效率点的位置

$$J_{sp} = z_{Le} b_3 \ln\left(1 + \frac{2a_3}{d_3 + 2e_3}\right) \tag{4.13}$$

　　试验表明测得最高效率点和式（T4.1.3）计算得到的理论值相近。对于喉部半径为 r_{3q} 的圆形截面蜗壳的积分为

$$J_{sp} = 2\pi z_{Le} r_z \left\{1 + \frac{r_{3q}}{r_z} - \sqrt{1 + 2\frac{r_{3q}}{r_z}}\right\} \tag{4.13a}$$

　　根据效率的定义 $\eta = P_u/P = P_u/(P_u + \sum P_v) = 1/(1 + \sum P_v/P_u)$，当泵的功率损失与有效功率的比值 $\sum P_v/P_u$ 为最小值时效率达到最大值。由于损失类型的多样性（见 3.6 与 3.7）及主流与叶轮间隙流动（影响圆盘与泄漏损失）的影响，通过导叶及叶轮特性曲线的交点来大概确定最高工况点只能得到一个"估计值"，而不是一个通过严格物理推导得到的定理。可以发现导叶特性对这一现象的描述效果很好，可以通过叶轮及导叶特性进行解释，根据图 4.8 可见在最高效率点处导叶损失

具有明显的最小值，同时叶轮损失也呈现出不同的特性（图 4.5 和图 4.7）。

表 4.1　导叶/蜗壳性能曲线和最高效率点

尺寸表示	无量纲表示	式号
$Q_{La} = Q + Q_{s1} + Q_{s2} + Q_E$ $Q_{Le} = Q + Q_{s3} + Q_E$		
$H_{Le} = \eta_h \dfrac{u_2^2}{g} \left\{ \dfrac{Q_{Le}}{u_2 r_2 J_{sp}} - \dfrac{c_{1u} d_{1m}^*}{u_2} \right\}$	$\psi_{Le} = 2\eta_h \left\{ \dfrac{2\pi b_2 f_q \varphi_2}{J_{sp}} \dfrac{Q_{Le}}{Q} - \dfrac{c_{1u} d_{1m}^*}{u_2} \right\}$	T4.1.1
$H = \eta_h \dfrac{u_2^2}{g} \left\{ \gamma - \dfrac{Q_{La} \tau_2}{f_q A_2 u_2 \tan\beta_{2B}} - \dfrac{c_{1u} d_{1m}^*}{u_2} \right\}$	$\psi = 2\eta_h \left\{ \gamma - \dfrac{\varphi_{La} \tau_2}{\tan\beta_{2B}} - \dfrac{c_{1u} d_{1m}^*}{u_2} \right\}$	T4.1.2
$Q_{opt,th} = \dfrac{\eta_v f_q A_2 u_2 \gamma}{\dfrac{\tau_2}{\tan\beta_{2B}} + \dfrac{2\pi b_2 f_q}{J_{sp}} \dfrac{Q_{Le}}{Q_{La}}}$	$\varphi_{opt,th} = \dfrac{f_q \eta_v \gamma}{\dfrac{\tau_2}{\tan\beta_{2B}} + \dfrac{2\pi b_2 f_q}{J_{sp}} \dfrac{Q_{Le}}{Q_{La}}}$	T4.1.3

随着水力损失的增加最高效率点会移向更小的流量。这一发现并不在导叶特性中得到反应，因为式（T4.1.3）并没有包含水力损失。式（T4.1.3）只能得到在给定圆周速度 c_{2u}（即 $H_{opt,th}$ 处 c_{2u}）满足压水室动量守恒的流量。式（T4.1.3）并不包含关于水力损失的假设。对于出现额外损失，如抽送高黏度流体时，表 4.1 中的计算式将无法预测最高效率点。尽管如此，最高效率点依然可在 13.1 的压水室特性中找到。最高效率点的位置取决于下列参数：

1）对于低比转速泵最高效率点对应的流量主要取决于压水室的喉部面积，因为和叶轮的损失相比，蜗壳或导叶的损失是主要部分。

2）当比转速 $n_q > 75$，且叶轮入口无冲击时，最高效率受流量的影响增大，因为叶轮损失的影响逐渐增大。但是，导叶中的减速损失在 $q^* < 1$ 时也对损失具有很大影响，如图 4.8 所示。

3）严格来讲，计算仅仅适用于蜗壳到喉部的区域，因为下游的导叶或出水口的水力损失是不考虑在内的。这些损失越大，实际最高效率点相对表 4.1 的理论值向左偏移得越多。应用于导叶时，计算仅仅对导叶喉部有效。因此，如果是蜗壳或导叶下游连接的部件导致主要损失的情况，就会推荐稍微增大喉部面积，从而减小导叶中的动能和相应损失。

4）由于叶轮出口和导叶喉部之间的距离较短，根据角动量守恒定律流动几乎不能发展。在计算导叶时，理论值和试验值会有更大的偏差，而反导叶流道内的损失是这一现象的主要原因。应注意：此处角动量守恒描述的是不受外力影响的流动；但这又受到了导叶的影响。一般而言，凡是能够产生摩擦和流动偏向的结构都会有影响。

5）如果蜗壳下游的扩散段很短，蜗壳喉部截面面积的扩大对最高效率点影响就很小。同样的，如果不调整相应的蜗壳扩散段，而仅通过局部收缩比来调整最高效率点，则无法使最高效率点向小流量移动（局部收缩可参考文丘里孔板，其对长管的通过流量影响很小）。然而，对于低比转速泵，可通过改变喉部面积和调整导叶来改变最高效率点。

不同的叶轮采用同一个给定的蜗壳，或一个给定的叶轮采用不同的蜗壳，这两种情况下可以参照图 4.17 和图 4.18 中的描述来分析。曲线① ~ ③为三个不同的叶轮分别与同一个蜗壳配合时的测量值，蜗壳的设计比转速为 $n_q = 16$。曲线①为 $n_q = 16$ 的叶轮测试结果。曲线②是对于 $n_q = 21$ 的叶轮测试结果，而曲线③是对 $n_q = 13$ 的叶轮的测试结果。三个不同叶轮的最高效率点位于三个 $Q - H$ 曲线和 $n_q = 16$ 蜗壳特性曲线的交点附近。由此产生的最高效率点均靠近 $n_q = 16$ 叶轮的最高效率点，虽然各叶轮尺寸分别对应 $n_q = 13$、16、21。这些试验证实，蜗壳在很大程度上决定了低比转速叶轮的最高效率点对应的流量，并且叶轮损失对泵特性的影响较小——虽然对于大尺寸的叶轮（$n_q = 21$）最高效率点流量比其特性曲线与蜗壳特性曲线交点处流量大了几个百分点，而小尺寸的叶轮其最高效率点则稍微偏向小流量。

图 4.18 所示为给定叶轮与不同蜗壳配合的情况。这几组测试的叶轮比转速为 $n_q = 21$。曲线②表示 $n_q = 16$ 的蜗壳性能，而曲线④是蜗壳喉部面积增加 37% 的测试。由于其水力损失存在差异，曲线②与曲线④在大流量处逐渐分离——这与图 4.16 所描述的理想情况相反。只有对各种不同的水力效率组合进行计算，才能通过表 4.1 来分析。

除非在极小流量下运行，功率消耗基本上是由叶轮单独决定的。依据欧拉方程，最高效率随流量或者有用功率 P_u 的增加而增加，因为二次流损失（圆盘摩擦、机械和泄漏损失）在很大程度上是和叶轮与蜗壳无关的。因此，二次流损失与功率消耗的比率随 P_u 的增加而减小。

为了扩大一个给定的泵的运行范围，有时会试图通过图 4.18 修改导叶的喉部面积来改变最高效率点。

通过减小喉部面积，最高效率点向小流量偏移。然而，实际的最高效率会减小，其原因是比转速的降低及二次流损失所占比重的增加。由于蜗壳中的减速损失减少，部分载荷工况下的效率有所增加。在 $q^* > 1$ 时，随着流量的增加，效率急剧下降，这是因为从叶轮出口到喉部面积的流体加速造成导叶中能量的大量损失。

最后必须强调的是，根据图 4.17 和图 4.18 所得的相互关系对比转速低于 $n_q = 35$ 的场合比较有代表性。随着 n_q 的增加，叶轮进口流动的影响增加，在大于 $n_q = 100$ 时成为主要影响。如果在设计流量叶片进口安放角是接近液流角的（冲角接近 0），那么即使在高比转速时，最高效率点也会位于叶轮和压水室特性曲线的交点附近；但是随着冲角增加，这种情况将不再符合。

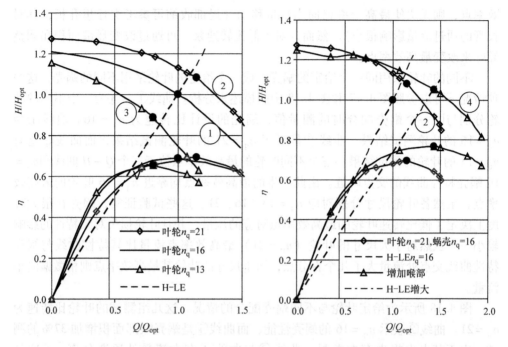

图 4.17 三个不同的叶轮采用同一个给定的蜗壳（蜗壳设定 $n_q = 16$）（所有 $Q-H$ 曲线以 $Q_{opt} = 280\text{m}^3/\text{h}$，$H_{opt} = 194\text{m}$ 的测试结果为基线进行标准化）

图 4.18 蜗壳喉部面积增加 37%，同一个叶轮设定（$n_q = 21$）

4.3 泵性能预测

由于水力损失和回流损失都无法事先进行精确计算，对于性能的预测只能通过经验（或数值模拟）方法来进行。经验方法是基于泵测试数据的统计进行估算。新泵所涉及的参数与数据库中的参数相差越多，经验方法所估计出的泵性能的可靠性就越低。下面给出一种可行的泵性能预测方法。

1）由设计计算得到最高效率点的数据：Q_{opt}、H_{opt}、η_{opt}、$\eta_{h,opt}$、γ_{opt}。根据 3.6 可计算出二次流损失。

2）滑移因数 γ 和水力效率 η_h 取决于流量系数 q^*。综合评估大量的测试结果，得到如图 4.19 和图 4.20 所示关系。水力效率可以通过式（4.14）来表示：

$$\frac{\eta_h}{\eta_{h,max}} = 1 - 0.6(q^* - 0.9)^2 - 0.25(q^* - 0.9)^3 \tag{4.14}$$

滑移因子由式（4.14a）得出，但对低流量工况不确定。因为滑移因子概念并不适用于出现回流的工况。

$$\frac{\gamma}{\gamma_{\mathrm{opt}}} = 1.38 - q^* + 0.87q^{*2} - 0.25q^{*3} \tag{4.14a}$$

根据估算结果，水力效率在 $q^* = 0.9$（而不是在 $q^* = 1$）达到最大值。正如 4.1.3 所解释的，此计算仅仅适用于没有回流发生的流量范围。图 4.19 和图 4.20 分析 $\beta_{2B} \leqslant 90°$ 的数据时，假定回流在 $\gamma \geqslant 0.95$ 时出现。

3）建立一个表格，从图 4.19 和图 4.20 中读取 $Q = 0$ 到 $Q_{\max}$ 对应的 $\eta_{\mathrm{h}}/\eta_{\mathrm{h,max}}$ 和 $\gamma/\gamma_{\mathrm{opt}}$ 的值，并填入表格。计算 η_{h} 和 γ，随后由式（T3.3.7）得到扬程。

4）功率消耗由式（T3.5.1）计算，设置回流为 $P_{\mathrm{Rez}} = 0$，二次损失由表 3.5 或参考 3.6 确定。

5）这些计算步骤仅在负载范围内 $\gamma < 0.95$ 使用（可以稍微降低上限值）。由图 3.24 和图 4.14 可估算出扬程系数及功率系数。在根据 4.3.2 计算流量区间 $Q = 0$ 到不发生回流最大流量之间的扬程和功率时，必须通过经验进行插值计算。计算中通过经验观察，可以发现最高效率点特性曲线与过 Q（$H_{\mathrm{th}} = 0$）、Q_{opt} 和 H_{opt} 点的直线相切。

该方法的缺点也很明显。ψ_{o} 和 λ_{o} 离散度很大，并且图 4.19 和图 4.20 的统计数据不确定性较大，特别是对 $Q - H$ 曲线是否失稳无法辨别。

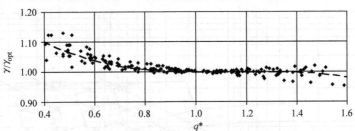

图 4.19　滑移因数与流量比率的关系

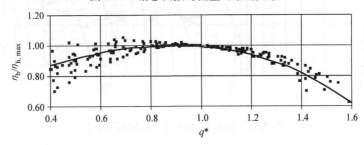

图 4.20　水力效率 η_{h} 与流量比率的关系

4.4　型谱图

正如第 2 章中所述，离心泵的应用范围很广，针对不同的流量、扬程及应用场合需要可设计出不同类型的离心泵。一个特定的类型，如单级泵，其具体性能应适应不同市场要求，如 $Q = 3 \sim 800\,\text{m}^3/\text{h}$，$H = 20 \sim 250\,\text{m}$。由于经济上的原因——设计的成本、测试、外形、制造、备件和库存——覆盖这些参数的泵型号数越少越好。

图 4.21 所示为一个单级蜗壳泵在 $n = 2950\,\text{r/min}$ 的转速下运行的型谱图。它包含 27 个尺寸的泵，是通过出口公称直径（见第 1 幅图）和叶轮名义外径来划分的。美国的泵型号的定义形式为"$8 \times 6 \times 14$ MSD"，第一个数字代表吸入口的尺寸，第 2 个代表出水口的尺寸，第 3 个代表叶轮直径（所有单位为英寸，in）；这个例子中 MSD 表示某一泵制造商的泵型号。竖着排列的泵型号的流量较接近，因此它们具有同样的出口管径。水平排列的泵型号，其叶轮直径相同且扬程接近。比转速由上而下，从左到右逐渐增大。如图 4.21 所示，具有相同比转速的泵排列在双对数图中的斜线上。

理论上，如果比转速相同，任何尺寸叶轮和压水室都应是几何相似的（节约了设计和测试的成本）。但是不同尺寸的泵，即使比转速相同，在一些细节上往往会有一些差别（如轴和轮毂直径）。叶轮外径大小的间隔为 $10^{0.1} \approx 1.26$。此范围内的所有泵都可以以更低的转速运行，这样系列产品的适用范围就变得更广。然而，除非 NPSH_A 要求较低的转速，否则选择这样的泵可能会不经济。

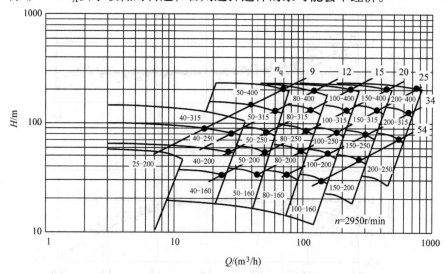

图 4.21　流程泵型谱图（苏尔寿泵业）

根据图 4.21 所提供的型谱图，可以对泵进行快速选择。对于多级泵，型谱图可以为单级扬程提供参照。对于低速运行的大泵，可将转速作为参数画出型谱图。总的来说，所有的参数（叶轮直径、比转速、级数及额定转速）需要进行优化以覆盖整个需求区间。在确定流量的步骤中，可以考虑到不同的标准：①最重要的是要完全覆盖需求范围；②型号的种类数；③主要规格，如泵的额定工作范围为 $0.8 < q < 1.1$；④避免在允许范围以外的部分载荷工况或过载工况下运行；⑤当泵

在其性能范围边界运行时的效率损失，可以根据这个标准来进行划分，即 Δη = 3% 的效率下降定义为范围的极限（图 4.21）。

在定义扬程时，需要考虑叶轮允许的切割量（见 4.5.1）。总的来说，随着泵尺寸、功率及叶轮出口速度的增加，对泵流量及叶轮大小的划分需要变得更加精细。因为，如果间隔过大，投资、能耗及维修的花费也会变得大。

当绘制型谱图时，对于流量和叶轮尺寸间隔的选择都应基于以上考虑。通常流量的因数为 1.5 ~ 2。叶轮直径的因数通常为 1.12 ~ 1.32（一般为标准数值 10*）。对于各个尺寸，最高效率点应该在性能区间的右边界处，这样可以避免选泵时出现过载问题。通过选择的转速及比转速，可以计算出所有尺寸泵的最高效率点。

图 4.22 所示的等效率曲线通常被用来描述叶轮切割后泵的特性，见 4.5.1。为了绘出这样的曲线，用一系列水平直线（如在 50%、60%、70%、75%、80% 和 82%）去截不同直径叶轮的效率曲线。再将所得的交点转化到对应流量下的 $Q - H$ 曲线上，所得的点再相连则得到等效率曲线。图 4.22 所示为绘制 $\eta = 0.75$ 等效曲线的步骤。

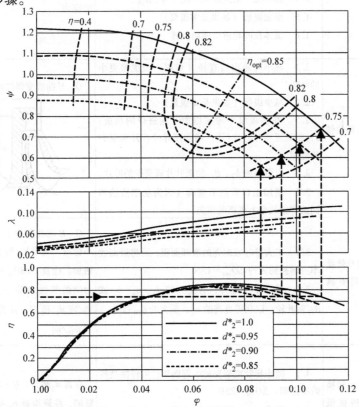

图 4.22 等效率曲线的测定（请注意，所有的压力系数均以完整的叶轮直径为参照）

$$d_2^* = d_2'/d_2$$

4.5 泵性能曲线的修正

在许多应用场合中，需要将泵的特性调整到不同的运行工况点上。有很多的方式和组合可以达到这样的目的，通常是减小功率、扬程或者增加功率。根据表 4.2，常用方法包含了简单的切割或改进新叶轮的样式（如改变叶片安放角），或更换多级泵的整体外壳。表 4.2 列出了可选的特性曲线调整方法，在具体情况中调整方法的有效范围，以及在特定设计中是需要考虑的细节。

表 4.2　泵性能的修正

目标	可选的方法	备注
1. 在 Q = 常量的情况下增加扬程	1.1　磨削叶轮叶片出口的吸入面 1.2　焊接叶片和 1.1 磨削 1.3　减小水力损失 1.4　新叶轮，更大的 d_2、z_{La}、b_2、β_{2B} 1.5　增加级数（如果是多级泵） 1.6　流体在叶轮进口逆向旋转	$Q-H$ 曲线变得平坦，不稳定性的风险增加，注意检查轴和轴套的应力
2. 在 Q = 常量的情况下减小扬程	2.1　减小叶轮出口直径（切割）或更换更小的叶轮 2.2　减少级数（如果是多级泵） 2.3　在多级泵中考虑增加叶轮进口的预旋：a) 缩短反导叶叶片；b) 增加反导叶叶片和泵壳的缝隙 2.4　以更小的 b_2、β_{2B} 的新叶轮或更少的叶片 2.5　增加出口管路节流阀（因为功率依然相同这导致效率上更高的损失）	$Q-H$ 曲线变得陡峭 1mm
3. 增加扬程及转换最高效率点到更高流量	3.1　扩大导叶或蜗壳的喉部面积；可将最高效率点转换到大约 $\Delta Q_{opt} \approx 15\%$ 3.2　除了 3.1 之外，有更大的 d_2、z_{La}、b_2 或 β_{2B} 新叶轮，以获得更高的 n_q，更大的 β_{1B} 和 d_1	$Q-H$ 曲线变得更平坦，可能会不稳定（驼峰）。对于小的 n_q 影响增加。检查 $NPSH_A$ 的要求值。压力侧的气蚀风险增加：除非 β_{1B} 和/或 d_1 适应，注意检查入射角和 w_{1q}/w_1
4. 减小扬程及转换最高效率点到更低流量	4.1　减小导叶或蜗壳的喉部面积；可转换最高效率点到：$\Delta Q_{opt} \approx 25\%$ 4.2　除了 4.1，更换有更小的 z_{La}、b_2 或 β_{2B} 及 d_1、β_{1B} 的新叶轮	在低 n_q 运行，$Q-H$ 曲线变得更陡峭，注意检查 $n_q < 25$ 的导叶或蜗壳发生汽蚀的风险

4.5.1　叶轮切割

从经济上考虑,如 4.4 中所述,通常会用一个特定尺寸的泵来覆盖一个范围的特性,这可以通过减小叶轮直径来实现。通过这种"切割"可以减小叶轮的扬程,从而达到制造商的需求,避免了节流所造成的能源浪费。

切割后的叶轮性能曲线不能通过相似定律计算得到,因为切割后的叶轮和原始完整的叶轮并非是几何相似的。叶轮出口宽度保持不变或稍微增加,叶片出口安放角发生改变且叶轮变短。叶片变短造成了叶片的负载增加及流动变形的减小,这导致了滑移系数 γ 的降低。这些分析在图 4.23a 中以出口三角形的形式描述。在给定流量情况下,c_{2m} 随着 d_2 的减少而成比例增长,从而导致扬程降低 [根据式 (T3.3.7)]。在绝对坐标系下出口角由 α_2 增加到 α_2'。因为压水室依然不变,对于给定的流量比率,c_{3q}/c_2 增加,如图 4.23b 所示(见 5.3.1)。在全直径下,最高效率点会向小流量移动。4.2 所述和图 4.16 所示的内容也反映了这一点,当扬程降低时蜗壳性能依然未变。但是,最高效率点的偏移比通过几何相似所得叶轮和蜗壳的减少量要小(图 4.23)。

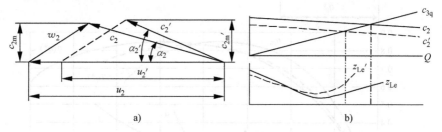

图 4.23　叶轮切割

图 4.24 为一个双吸叶轮泵($n_q = 25$)对于全叶轮直径和切割 10% 后的叶轮性能曲线,同时给出了尺寸缩小 10% 和几何相似的泵性能(H_{gs},η_{gs})曲线的对比。切割导致的偏差量,取决于叶轮的尺寸大小和叶片上的压力分布。叶片长度越短(即高比转速),给定切割比率的扬程减小越多。因为这些关系不可能由理论精确地计算出来,因此对于切割叶轮的性能计算主要是根据经验关系进行的。原则上,这些关系(如叶轮的几何形状)与每台泵的类型有关。根据文献 [B.17],其计算过程可参考图 4.24。为了导出关于切割直径 d_2' 的性能曲线 $H' = f(Q')$ [由全叶轮直径 d_2 特性曲线 $H = f(Q)$],由原点向性能曲线 $H = f(Q)$ 绘制出随机射线(图 4.24 中 1 ~ 3)。对于每一对 Q 和 H,根据式(4.15)可计算得到 Q' 和 H':

$$\frac{Q'}{Q} = \left(\frac{d_2'}{d_2}\right)^m \text{ and } \frac{H'}{H} = \left(\frac{d_2'}{d_2}\right)^m = \frac{Q'}{Q} \tag{4.15}$$

指数 m 位于 2 ~ 3。如果对叶片出口进行切割,切割长度小于剖面长度时,m 更靠近 3。如果切割超过叶轮直径的 5%,m 更接近于 2。如果 β_{2B} 和 b_2 并不随半

径而改变，理论上可选择 $m=2$。指数 m 可由切割测试计算得

$$m = \frac{\ln \dfrac{H'}{H}}{\ln \dfrac{d'_2}{d_2}} \tag{4.16}$$

叶轮切割后泵的最高效率对应流量 Q'_{opt} 位于原点向全直径叶轮最高效率点的射线右侧（如图 4.24 的射线 2）。所有切割曲线的最高效率点都位于通过全直径 d_2 测量的最高效率点的那条直线（图 4.24 的射线 4）上，它的交点横坐标位于区间 $q_a^* \approx (0.005 \sim 0.01) n_q$（图 4.24）。

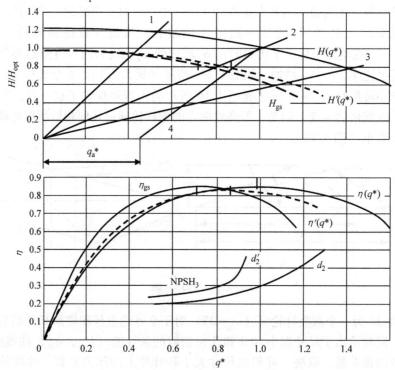

图 4.24　通过切割叶轮进行泵性能曲线的修正

文献中也有不同的切割定律：根据文献 [B.2] 应选择 $m=2$，并假设切割叶轮的最高效率点在通过原点的直线上。

给定目标扬程 H' 时，对应切割量的计算方法如下：

$$\frac{d'_2}{d_2} = \left(\frac{H'}{H}\right)^{\frac{1}{m}} \tag{4.17}$$

文献 [N.2] 给出了式 (4.18) 切割曲线的计算公式：

$$\frac{Q'}{Q} = K, \frac{H'}{H} = K^2, K = \sqrt{\frac{d'^2_{2b} - d^2_{1b}}{d^2_{2b} - d^2_{1b}}} \tag{4.18}$$

由切割导致的最高效率点（BEP）处效率的降低值可由式（4.19）估算：

$$\Delta\eta = \varepsilon(1 - d_2'/d_2) \tag{4.19}$$

对于蜗壳泵设 $\varepsilon = 0.15 \sim 0.25$，导叶泵设 $\varepsilon = 0.4 \sim 0.5$。对于低比转速泵，效率有时会随着稍微切割叶轮而增加。因为叶轮的圆盘摩擦损失随着叶轮直径的 5 次方而降低，见式（T3.6.2）。

根据式（4.19），切割叶轮的功率损耗与未切割的叶轮（η_o）相比要有所增加（$\eta' = \eta_o - \Delta\eta$）。增加的功率大约为

$$\Delta P = \frac{P'}{\eta_o}\varepsilon(1 - d_2^*) \tag{4.20}$$

式中，$d_2^* = d_2'/d_2$，d_2 为全尺寸叶轮直径。

如果 k_{kW} 是设计功率下每千瓦的能耗成本，根据式（4.20）功率的增加会产生一个额外的能耗成本 ΔK_E：

$$\Delta K_E = z_{pp}k_{kW}\frac{P'}{\eta_o}\varepsilon(1 - d_2^*) \tag{4.21}$$

式中，z_{pp} 代表了切割叶轮所影响的并行运行泵的数量。

根据式（4.21），如果能量成本超出了新型号的支出（包含设计成本），通过调整蜗壳和导叶使其适用于新的叶轮将是个经济的（及生态的）做法。

对于蜗壳泵（$\varepsilon = 0.2$），式（4.21）估算了能耗成本 $k_{kW} = 2000$ 美元/kW，如图 4.25 所示。这个图表说明了要限制使用高能耗的切割叶轮的理由。如果选用的泵不止一台（$z_{pp} > 1$），能耗的增加值则需根据式（4.21）计算，模具生产调整费是一次性的，而能量损耗的浪费则为 $z_{pp}\Delta K_E$。图 4.25 为一个实例说明。如果确定了能耗 ΔK_E 的上限，可用的切割叶轮直径可通过式（4.22）计算：

$$d_2^* = 1 - \frac{\eta_o\Delta K_E}{z_{pp}\varepsilon k_{kW}P'} \tag{4.22}$$

对大型泵叶轮的切割，除了经济上的限制，也应该考虑运行状况，因为切割过量会使叶片变得过短，运行情况可能变得更差。如图 4.26 所示，$n_q = 25$ 泵的全直径叶轮（$d_2^* = 1.0$）和切割直径 $d_2^* = 0.8$ 的性能曲线，其运行点假设在叶轮切割直径为 $d_2^* = 0.8$ 泵的最高效率点 80% 处（根据标准文献［N.6］，它依然允许出现）；由于叶轮进口无冲击且没有因切割而改变，叶轮进口运行流量约为全尺寸叶轮最高效率点流量的 57%。如果这样对泵进行选型，进口总会出现回流现象，这对于低功耗的小泵是可以接受的。然而，对于大功率的泵，由于回流带来的能量耗散，振动和噪声将变得十分严重；又由于切割，叶片变短，叶片负荷增加，导致空化、诱导噪声增大。如果大型低压泵选择这种方式，现场可能会变得非常嘈杂，因为薄壁壳体的表面辐射噪声非常强。

例：四台并行运行的泵（每台泵功率 250kW）的叶轮切割 10%；因此总功率为 $z_{pp}P = 1000$kW。对于 $d_2' = 0.9$，读取曲线"1000kW"，50000 美元的额外能耗

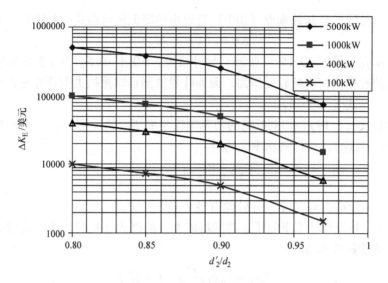

图 4. 25 $n_q = 25$ 泵性能曲线

由于切割而产生的效率损失导致额外的能量成本；对蜗壳泵有效，由 k_{kW} = 2000 美元/kW，$\eta_o = 0.8$ 和 $\varepsilon = 0.2$ 计算得到。切割泵的组合功率为 $z_{pp}P$，其中 P 是一台泵的功率。

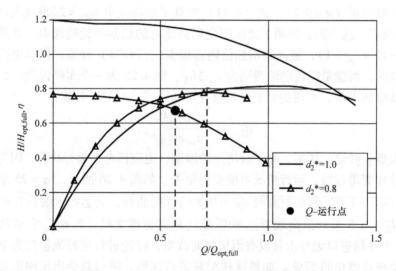

图 4. 26 全直径叶轮及切割 80% 后的性能曲线

运行点是在 $d_2^* = 0.8$ 的性能曲线的最高效率点的 80% 流量处，但是在全直径叶轮的最高效率点的 57% 流量处。

成本。如果一个新的型号或一个修改后型号的成本低于此值，对于这个新型号的投资就是经济的。这对于材料成本和生态成本都是适用的（图 4. 25）。

为了避免叶片过短，建议蜗壳泵的直径减少极限如下：

$$\frac{d_2'}{d_2} \geqslant 0.8 \sim 0.85 \ (n_q < 40)$$

$$\frac{d_2'}{d_2} \geqslant (0.8 \sim 0.85) + 0.0025(n_q - 40), \ 40 < n_q < 100 \tag{4.23}$$

式（4.23）所定义的极限适用于中型泵。小泵的叶轮（这里指噪声和振动没有作为主要因素被考虑）有时比式（4.23）规定的切割直径要小。尽管如此，泵的功率消耗越大，为了极少振动，噪声及汽蚀的风险而切割叶轮的部分就应越小。由式（4.21）或图 4.25 所定义的经济限制 $d_2^* = d_2'/d_2$ 可作为一个选择标准。

如果高于允许 $NPSH_R$ 的余量很小，或进口流动状况不佳，或对噪声、振动有严格要求，式（4.23）中的值应选择 0.85，或进一步限制切割程度。

关于叶轮切割的一些建议：

1）对于导叶泵，过度的叶轮切割可能会导致性能的不稳定。必须通过试验来决定切割量的多少。如果不做试验测试，建议切割量不要超过 5%。如果需要切割的量较大，建议减小导叶进口直径。因为导叶开模比泵体开模投资小得多，即对于叶轮切割过的导叶泵重新设计导叶，比蜗壳泵重新设计蜗壳要经济得多。

2）在蜗壳泵中，叶轮盖板保留全直径（图 4.27b，仅仅切割叶片）以防性能的不稳定，以及在部分载荷工况时的轴向力偏移，同时尽可能地降低主流和叶轮侧壁间隙的旋转流体动量交换。

3）因为导叶泵的叶轮盖板并不切割，切割导致的效率损失比蜗壳泵（叶轮圆盘摩擦损失与 d^5 成正比）的要大。

4）对于蜗壳泵，叶轮盖板切割到与叶片相同的直径以减少圆盘摩擦损失，如图 4.27a 所示。

5）在通常情况下，倾斜切割（图 4.27c）比平行切割得到的叶轮关死点扬程要高（正如第 5 章中所讨论），同时可以防止性能曲线出现接近 $Q = 0$ 急剧下降的情况。切割角度通常选择在 5° ~ 15°之间。

6）对于 $n_q > 40$ 的泵一般推荐用斜切，这样外部流线不会太短。

7）对于混流叶轮，叶片切割边缘的位置对功率和关死点扬程（见第 5 章）有很大的影响。d_{2a}/d_{2i} 的比率越小，P_o 和 H_o 越小。

8）对于低比转速双吸泵的切割，通常采用平行切割，切割后叶片出口边与轴平行，如图 4.27e 所示。

9）通常，少量的叶轮切割可以减少噪声和振动，因为叶轮叶片和压水室之间的距离增加。而随着切割量的增大，叶片负荷增加，水力激振力会上升。

10）由于不能精确决定切割量，而这些切割会导致扬程降低，叶轮最好逐步进行切割。这样可以减小因过度切割无法达到预期运行点的风险。

11）大幅切割（超过 10%）也会导致吸入性能的恶化，如图 4.24 中曲线所示，$NPSH_3$ 会随之增加。原因之一就是叶片变短改变了压力分布，同时叶片负载变大（见第6章）。另外，由于在扬程严重下降后大幅切割使扬程再减小3%，其实际改变量已相对很小，空化还是不易发生的。总之，对于多级泵吸入叶轮倾向于不进行切割；如果级数较少，可对首级进行少量切割，而对其他级叶轮可适当增加切割量。

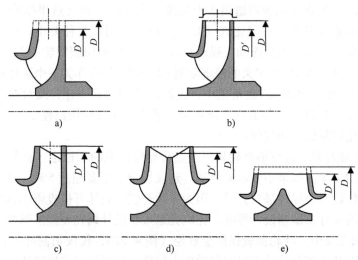

图 4.27　叶轮切割
a）平行切割（蜗壳泵）　b）平行切割（导叶泵）　c）倾斜切割（通用泵）
d）倾斜切割（双吸泵）　e）平行切割（双吸泵）

4.5.2　叶轮尾缘的锉削

通过锉削叶轮叶片吸力面的尾缘（"下锉削"），叶片间的距离会从 a_2 增加到 a_2'（表 0.2 和图 3.6）。因此，流体减速更快，从而扬程增加。扬程的增加量取决于叶片尾缘附近的压力分布。如果叶片负荷高，或者流动接近失速，流体不能跟上由下锉削产生的轮廓，扬程就会变小。出口角 β_{2B} 越小，相对增长率 $\Delta H/H$ 越大。图 4.28 展示了 $n_q = 28$ 的蜗壳泵的叶轮下锉削的例子。通常下锉削会带来以下效果：

1）最高效率点处的扬程增长比率为 $H'/H = (a_2'/a_2)^x$，其指数 $x = 0.4 \sim 0.8$；x 值随着叶片出口角的增大而减小。

2）在关死点 $\Delta H/H$ 的增长约为最高效率点的一半。

3）$\Delta H/H$ 随着流量增加而增加，在过载工况 $q^* > 1$ 时最大。

4）根据 4.2，BEP 在导叶/蜗壳性能曲线上移动。

5）最高效率点的效率通常会增加 0.5% ~ 1%（很少超过），因为尾流脱离尾缘后变窄，除非产生了流动分离。

6）功率消耗随着扬程的增加而增加，有时可用效率增值来修正。

显然，叶片锉削时必须保证其机械强度不受损。当估计机械特性时，叶顶速度 u_2、叶片宽度（或 n_q）及叶片和正导叶间的距离都要考虑（见第 10 章、14.1 和表 10.1）。

如果使用合格的（及被认可的）焊接工艺，吸力面锉削后对叶片压力面进行填充焊接，可增加扬程（在极端情况下）。用这种方式可能增加叶片出口角和 a_2。

与一些其他意见相反，叶片压力面锉削并不会带来扬程的降低或者性能曲线变陡峭。因为经过压力面锉削后，叶片间距离（a_2）不变。压力面锉削只是使得尾缘后的尾迹宽度变窄（见 10.1）。这使得尾迹旋涡得到控制，扬程可能会得到稍微提高。

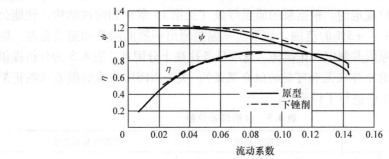

图 4.28　叶轮叶片的尾缘锉削
a_2 有 6.5% 的增加

4.5.3　压水室的修正

通过增加或减小蜗壳或导叶喉部面积，可以改变最高工况点的流量。图 4.18 展示了一台 $n_q = 16$ 的例子，其蜗壳喉部面积扩大了 37%，这使最高效率点的流量增加了 25% 及比转速由 $n_q = 15.9$ 上升到 18.2。最高效率点流量大概和蜗壳性能曲线相一致（对比导叶/出口管没有优化的设计方案，在效率点上有大幅增长）。

以下是增加导叶或蜗壳喉部面积的效果（喉部面积降低表示相反的趋势）：

1）在 $q^* > 1$ 时扬程因为压水室的损失及减速率 c_{3q}/c_2 的缩小而增加。随着比转速的增长这种现象变弱。

2）关死点扬程和部分载荷工况下的扬程稍微降低。

3）当没有回流时，（理论上）功率消耗仅仅是由叶轮决定的，而且几乎不变。在关死点，由于动量交换的增加，功率消耗增加。

4）对于低比转速泵，当增大蜗壳/导叶喉部面积时效率增加。因为压水室中损失的下降及最高效率点流量的增加；二次流损失保持恒定；因此有用功率 P_u 相对变大。

5）在 $n_q < 12$ 时，对于不同蜗壳/导叶喉部面积，所有效率曲线在本质上可由图 7.15 描述的曲线覆盖。相反，对于高比转速泵如果蜗壳横截面减小，部分载荷

工况下的效率会有所提高，在 $q^* = 0.5$ 附近提高量最大。

6）当比转速增加，最高效率点位置对蜗壳修正的影响降低。对于蜗壳泵，这种情况大概适用于 $n_q > 60 \sim 80$。对于导叶泵，面积 A_{3q} 的影响远远超过了蜗壳泵；尽管如此，随着 n_q 的增加，修正的影响也会降低。

7）除了影响程度不同外，导叶和蜗壳泵喉部面积的修正有着类似的影响。

4.6 性能偏差的分析

在测试或工程中可能会发生测试性能低于预期值和超出公差范围的现象。允许公差范围是由客户规定的。根据泵的质量等级（见第15章）和测试结构，性能公差通常是在 $\pm 2\% \sim \pm 5\%$ 的范围。如果实际偏差超出一般的测量和制造公差，则需要确定偏差的原因并制定纠正措施。这项任务往往十分困难，表4.3为分析提供了一些参考（注意个体误差和可能的组合误差）。关于 NPSH 曲线的偏差和纠正措施在6.9和表6.9中进行了讨论。

表4.3　性能偏差分析

发现的问题	可能的原因	可能的补救方法
1. $H < H_{required}$，$P < P_{required}$	1）b_2、a_2、β_{2B} 太小。叶片太厚。如果效率正确，b_2、a_2 或 β_{2B} 太小 2）过度的预旋	1）根据4.5.2叶轮出口处锉削叶片（在吸力侧） 2）检查入流情况
2. $H < H_{required}$，$P \geqslant P_{required}$	1）水力损失太大 2）节流效应 3）间隙过大。在运行过程中由于磨损，磨蚀或腐蚀导致间隙增加 4）错误的流量测量	1）根据式（T3.5.8）为计算 η_h。如果 $(H/\eta_h)_{test} = (H/\eta_h)_{required}$，水力损失太大；减小表面粗糙度，或增加导叶/蜗壳喉部面积 2）检查 A_{1q}、a_3、b_3、A_{3q}、A_5、A_6 3）检查间隙（如果可能的话尽量减少）
3. $H = H_{required}$，$P > P_{required}$，$\eta_{opt} < \eta_{opt,required}$	1）错误的功率测量 2）P_m、P_{RR}、P_{s3}、P_{ER} 太大 3）b_2、a_2、β_{2B} 太大及 η_h 太低	1）检查测量方法和设备 2）检查二次流损失 3）检查叶轮几何尺寸和表面处理情况，如果需要，做适当的修正
4. $H > H_{required}$，$P > P_{required}$	b_2、a_2、β_{2B} 太大	如果要达到要求的效率，可调整叶轮（4.5.1）。如果 η 太低，详见表4.3中第2和3项

（续）

发现的问题	可能的原因	可能的补救方法
5. $Q_{opt} < Q_{opt,required}$	$n_q < 35$： 1）导叶/蜗壳喉部面积太小 2）水力损失较大	1）导叶：增加 a_3；蜗壳：增加 A_{3q} 2）详见第 2 和 3 项
6. $Q_{opt} > Q_{opt,required}$	$n_q < 35$：导叶/蜗壳喉部面积太大 $n_q > 60$：叶轮叶片进口安放角和/或喉部太大	减少喉部面积（嵌件、补焊、再设计）
7. 扬程只有要求的 50%	叶轮旋转方向错误 双吸叶轮在轴上的安装错误	检查电动机的旋转方向 叶轮旋转的错误概念（判定方式错误） 旋转 180°
8. $Q - H$ 曲线不稳定		见第 5 章
9. H_o 或 P_o 太高，H_o 或 P_o 太高		见第 5 章
10. 泵全速运行，产生扬程但不传递任何流体	在出口管部分，泵不能充满虹吸管（见 11.8，图 11.28）	增加结构阻止由叶轮进口的回流导致的流体旋转

在对下列 3）~9）步的进行细节分析之前，建议先检查 1）和 2）步：

1）验证预期值：设计计算和使用的数据库是否正确？

2）验证测量：①旋转方向；②使用其他的工具检查测量；③测点处有没有空气；④进口压力分布是否由于部分载荷工况下的回流造成失真（图 5.16）；⑤势流量测量的问题：设备的上游和下游保证有足够的直管长度使速度均匀，在低压下的空气分离，在孔板或喷嘴处的空化，测试环路的支路（如阀门泄漏），预旋，孔板或设备的正确安装；⑥电力测量通常有相当大的不确定性的因素（精度、电动机的效率、功率因数）；⑦如果泵由齿轮驱动，齿轮箱的效率；⑧检查测试的设置，尤其是进口流动状况；特别需要注意的是高比转速泵和排水装置（预旋，部分载荷工况下的效果）；⑨工厂开展的测试常常是有问题的，需要特别注意检查。

3）如果预期值和测试过程是正确的话，必须对叶轮、导叶及蜗壳进行几何检查，与草绘中的设计尺寸做比较。作为第一步需要测量叶轮的以下尺寸：d_2、b_2、a_2、a_1、d_1、d_n，如果可以的话，还有叶片厚度和叶片进出口的形状。为达到设计扬程，d_2、b_2、a_2 的尺寸是不可或缺的；从 a_2 和 a_1 可以大概判断叶片位置是否正确。对于导叶，必须测量 d_3、a_3、b_3，反导叶叶片的出口也必须要检查。这些叶片是否产生了无意义的预旋或反旋？a_5、b_5、a_6 和 b_6（表 0.2）的尺寸很容易测量。如果这些是由于铸造公差产生的偏差过多，则会产生扬程损失；并且随后各级叶轮的入口来流会被改变。蜗壳的喉部面积和宽度很容易测量。如上所述，喉部面积对损失和最高效率点的位置具有重要影响。然而，闭式叶轮的轴面形状很难测量；同样，对于复杂导叶流道和叶片形状的测量存在同样的问题。这些三维流道的形状可能对 $Q-H$ 曲线稳定性具有强烈的影响，但解决这些问题难度较大且成本很高。

4）测量叶轮和平衡装置的环形焊接缝隙。比转速越低，其对性能的影响越高。

5）测量和评估流道的表面质量和表面粗糙度。对于低中比转速泵，压水室的表面粗糙度具有特别重要的影响，见 3.10 。

6）表 3.5～表 3.8（图 3.33）推荐了损失分析中具有重要影响的因素。如当处理低比转速泵时，压水室的表面质量需要格外注意，而不是仅改变叶轮表面质量，见 3.10。

7）如果发现主要几何偏差，根据 4.7 内容，可以定量地估量它们的影响。

8）无量纲特性 ψ_{opt}、ψ_o、λ_{opt}、λ_o、σ 常常可以对绝对值进行评估，并判断结果是否可信。

9）导致性能偏差的原因通常不是一个单独的个体误差，而是不同（有时很小）偏差共同作用的结果。如若发现 b_2 和 a_2 都在较低公差极限内，那么叶片太厚，环形焊接缝隙是在上限及流动管路的表面粗糙度过大，这些偏差的综合效应可能导致大的性能偏差。

在长时间运行后，叶轮（如果采用轴向力平衡装置）的环形焊接缝隙会逐渐增大。这样的磨损可能是由于焊缝中高速流动的流体导致的侵蚀、磨蚀和/或流体中存在的固体颗粒和焊缝的偶然接触导致的，对于低转速泵泄漏的增加有着十分显著的影响。图 4.29 提供的一个有平衡鼓装置的三级泵（$n_q = 14$）例子证实了这一

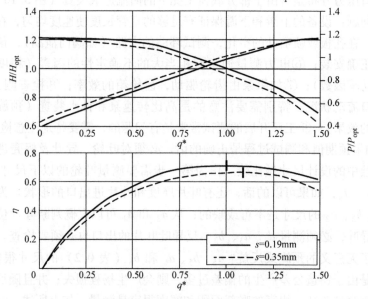

图 4.29　环形焊缝对泵性能（$n_q = 14$）的影响

点。扬程和功率消耗随着泄漏率的增加而向左偏移；效率下降且最高效率点向大流量偏移。流体泄漏的同时也会在叶轮的上游产生一定的预旋，因为它以约 u_1 一半大小的圆周速度流出密封。

4.7　泵性能调整的计算

有时候需要对泵进行调整使其适应新的使用要求，或者需要考虑一些有意或无意的几何结构改变所带来的影响。一些应用实例如下：

1）分析性能的不足，并根据 4.6 和表 4.3 内容分析可行的补救方法。

2）电厂的性能升级。

3）现有工厂对于不同运行工况的改造，包括产品改变时高黏度流体影响的计算。

4）在一个给定的壳体中，通过安装不同的叶轮得到陡峭的或平坦的性能曲线。为此，叶片数、叶轮出口宽度或出口安放角和/或预旋都可进行改进并计算。

5）在叶片出口处，对叶片厚度或叶片距离 a_2 的影响的计算。

6）对于蜗壳或导叶喉部面积的改变前后，最高效率点的转换计算。

7）环形焊接缝隙或水力效率对性能曲线影响的计算。

8）计算预旋或反转对性能的影响。

详细的计算过程见表 4.4。首先，对于给定特性的二次损失（见表 4.4 中称为"基线"）可由表 3.5 ~ 表 3.7 给出的数据计算得到的。这一损失分析提供了式（T4.4.4）中的水力效率和式（T4.4.6）中的滑移系数。因为它的圆周速度 c_{usp}，泄漏流量和主流混合从而引起了预旋。式（T4.4.5）考虑了这些影响，此式是由主流和泄漏流动的角动量平衡得到的。

在调整泵性能时，如果所改变的参数对滑移系数有影响，则可根据基准滑移系数 γ（由上述损失分析所得）通过式（T4.4.12）计算出修正滑移系数 γ'。这避免了直接由修正值计算滑移系数时所带来的误差。

为了获得最高效率点与任意截面参数蜗壳匹配的蜗壳特性，可根据式（T4.4.11）计算出系数 J_{sp}（表 4.1）。对于蜗壳和导叶喉部面积进行修正时，最有效的方法就是将其对应的 J_{sp} 值乘上一个合适的修正系数。

如果期望修正后的水力效率偏离基线，则需要选用新的值，否则可直接用式（T4.4.4）计算出的 η_h。表面粗糙度对效率的影响可由表 3.10 及 3.10.3 进行。几何修正对水力部件的影响可由表 3.8 估算。

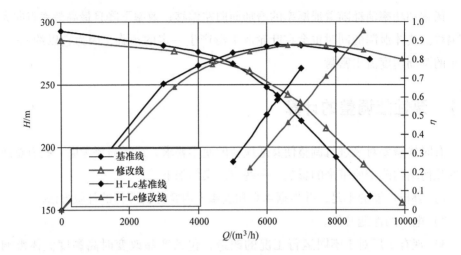

图 4.30 增加叶轮出口宽度 b_2（为 10%）和蜗壳横截面扩大 A_{3q}（为 15%）的影响的计算
$n = 1490 \text{r/min}$，双吸叶轮 $n_q = 23$，修改之前的性能曲线称为"基准线"

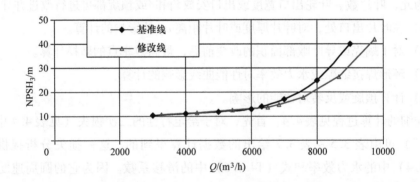

图 4.31 通过增加叶轮的进口直径 2.3% 增加流量如图 4.30 中同样的泵，
修改前的 NPSH 曲线被作为"基准线"

根据表 4.4 中的步骤可以分析任意的修改，如可以估算各种铸件公差的影响。

图 4.30 为计算一个双吸泵增大流量的例子。其叶轮出口宽度增加了 10%，蜗壳喉部面积扩大了 15%。通过这种方式，最高效率点的流量增加了 10%。

根据式（T4.4.26）~ 式（T4.4.29）可以估算出这些修改对 NPSH$_3$ 的影响。假定对于修改前的基准叶轮，空化系数与冲角 $\sigma = f(i'_{1a})$ 之间的相互关系不变。当增加叶片的进口安放角时，这一假设可能会更合理。图 4.31 所示为叶轮进口直径增加 2.3% 时的影响；泵参数与图 4.30 所示一样。表 4.4 可以分析调整以下参数的影响：叶轮进口直径、轮毂直径、叶片进口安放角及预旋角。

表 4. 4 泵性能的调整

	给定：泵性能曲线，"基准线"： $H = f(Q)$；$\eta = f(Q)$；$P = f(Q)$ 和几何数据 要求：调整后泵的性能；下列称为"调整的"		表号、式号
1	最高效率点的泄漏损失	$(Q_{s1}, Q_{s2}, Q_{s3}, Q_E)_{opt}$ 根据泵型号和是否有轴向力平衡装置	表 3. 7
2	圆盘摩擦损失 平衡活塞或平衡盘摩擦 级间密封 机械密封	总级数 总的平衡活塞或平衡盘 轴承和轴封	表 3. 6、 表 3. 5
	作为流量的函数，由基准线计算；3~13 步		
3	泄漏损失作为流量的函数	$Q_{sx} = Q_{sx,opt} \sqrt{\dfrac{H}{H_{opt}}}$	T4. 4. 1
4	通过叶轮的体积流量	$Q_{La} = Q + Q_{s1} + Q_{s2} + Q_E$	T4. 4. 2
5	通过导叶的体积流量	$Q_{Le} = Q + Q_{s3} + Q_E$	T4. 4. 3
6	水力效率	$\eta_h = \dfrac{\rho g H_{tot} Q_{La}}{P - \sum P_{RR} - \sum P_{s3} - P_m - P_{er}}$	T4. 4. 4
7	式 (3.11a) 中泄漏流量所导致的 $c_{u,sp}/u_{sp}$，α_1 或 α_6 所产生的预旋	$\dfrac{c_{1u}}{u_2} = \dfrac{c_{u,sp}}{u_{sp}} d_{sp}^* \dfrac{(Q_{s1} + Q_{s2})}{Q_{La}} + \dfrac{(Q + Q_E)^2}{f_q A_1 u_2 Q_{La} \tan\alpha_6}$	T4. 4. 5
8	滑移系数 $H = H_{tot}/z_{st}$	$\gamma = \dfrac{gH}{\eta_h u_2^2} + \dfrac{Q_{La}\tau_2}{f_q A_2 u_2 \tan\beta_{2B}} + \dfrac{d_{1m}^* c_{1u}}{u_2}$	T4. 4. 6
9	最高效率点处通过叶轮的体积流量	$q_{La}^* = \dfrac{Q_{La}}{Q_{La,opt}}$	T4. 4. 7
10	滑移系数和水力效率作为 q^* 的函数。对于修正性能的计算这些数据是必要的	$\dfrac{\eta_h}{\eta_{h,opt}} = f(q_{La}^*)$	T4. 4. 8
11		$\dfrac{\gamma}{\gamma_{opt}} = f(q_{La}^*)$	T4. 4. 9
12	从叶轮出口到导叶喉部的减速	$\dfrac{c_{3q}}{c_2} = \dfrac{Q + Q_E + Q_{s3}}{z_{Le} A_{3q} \sqrt{\left(\dfrac{Q_{La}}{f_q A_2}\right)^2 + u_2^2 \left(\gamma - \dfrac{Q_{La}\tau_2}{f_q A_2 u_2 \tan\beta_{2B}}\right)^2}}$	T4. 4. 10
13	对于任意蜗壳横截面，系数 J_{sp} 可以由基准线测试得到	$J_{sp} = \dfrac{2\pi b_2 f_q}{\dfrac{f_q A_2 u_2 \gamma}{Q_{Le,opt}} - \dfrac{\tau_2 Q_{La,opt}}{\tan\beta_{2B} Q_{Le,opt}}}$	T4. 4. 11

（续）

给定：泵性能曲线，"基准线"： $H=f(Q)$；$\eta=f(Q)$；$P=f(Q)$ 和几何数据 要求：调整后泵的性能；下列称为"调整的"		表号、式号
最高效率点，"调整的"；14～18 步		
14	修改量的定义，以（′）为标志	A'_{3q}，b'_2，d'_2，z'_{La}，β'_{2B}，e'，α'_1，α'_6，η'_h，Q'_E，Q'_{s1} 或（a'_2）	—
15	在最高效率点的滑移系数 γ_{opt} 从式（T4.4.6）得出	$\gamma'_{opt}=\gamma_{opt}\dfrac{\left(1-\dfrac{\sqrt{\sin\beta'_{2B}}}{z'^{0.7}_{La}}\right)}{\left(1-\dfrac{\sqrt{\sin\beta_{2B}}}{z^{0.7}_{La}}\right)}$	T4.4.12
16	a_3 从 J_{sp} 得出	$a_3=\dfrac{d_z+2e_3}{2}\left\{\exp\left(\dfrac{J_{sp}}{z_{Le}b_3}\right)-1\right\}$	T4.4.13
17	修改后的叶轮的理论最高效率点对应的流量	$Q'_{La,opt}=\dfrac{f_q A'_2 u'_2 \gamma'}{\dfrac{\tau'_2}{\tan\beta'_{2B}}+2\pi b'_2 f_q\dfrac{Q'_{Le}}{Q'_{La}}}$	T4.4.14
18	水力效率	$\eta'_{h,opt}=\eta_{h,opt}$ 或（T4.4.4）或表3.8、表3.9	T4.4.15
作为流量的函数，开展调整后的水力计算，19～28 步		
19	通过叶轮的体积流量	$Q'_{La}=q^* L_a\, Q'_{La,opt}$	T4.4.16
20	泄漏损失 Q'_E，Q'_{s1} Q'_{s3}，作为流量的函数	$Q'_{sx}=Q'_{sx,opt}\sqrt{\dfrac{H}{H_{opt}}}$	T4.4.17
21	水力效率 $\eta'_h=f(Q'_{La})$	$\eta'_h=\eta'_{h,opt}\dfrac{\eta_h}{\eta_{h,opt}}$ ｜ $\dfrac{\eta_h}{\eta_{h,opt}}$ 从式（T4.4.8）	T4.4.18
22	滑移系数 $f(Q'_{La})$	$\gamma'=\gamma'_{opt}\dfrac{\gamma}{\gamma_{opt}}$ ｜ $\dfrac{\gamma}{\gamma_{opt}}$ 从式（T4.4.9）	T4.4.19
23	有用流量	$Q'=Q'_{La}-Q'_{s1}-Q'_{s2}-Q'_E$	T4.4.20
24	由泄漏流动，α'_1 或 α'_6 导致的预旋	$\dfrac{c'_{1u}}{u'_2}=\dfrac{c'_{u,sp}}{u'_{sp}}d'^*_{sp}\dfrac{(Q'_{s1}+Q'_{s2})}{Q'_{La}}+\dfrac{(Q'+Q'_E)^2}{f_q A'_1 u'_2 Q'_{La}\tan\alpha'_6}$	T4.4.21
25	从叶轮出口到导叶喉部的减速	$\dfrac{c'_{3q}}{c'_2}=\dfrac{Q'+Q'_E+Q'_{s3}}{z'_{Le}A'_{3q}\sqrt{\left(\dfrac{Q'_{La}}{f_q A'_2}\right)^2+u'^2_2\left(\gamma'-\dfrac{Q'_{La}\tau'_2}{f_q A'_2 u'_2\tan\beta'_{2B}}\right)^2}}$	T4.4.22
26	扬程	$H'_{tot}=z_{st}\dfrac{\eta'_h u'^2_2}{g}\left\{\gamma'-\dfrac{Q'_{La}\tau'_2}{f_q A'_2 u'^2_2\tan\beta'_{2B}}-\dfrac{d'^*_{1m}c'_{1u}}{u'^2_2}\right\}$	T4.4.23
27	功率损耗	$P'=\dfrac{\rho\, g\, H'_{tot}Q'_{La}}{\eta_h}+\sum_{st} P'_{RR}+\sum P'_{s3}+P'_m+P'_{er}$	T4.4.24
28	效率	$\eta'=\dfrac{\rho g H'_{tot}Q'}{P'}$	T4.4.25

（续）

给定：泵性能曲线，"基准线"： $H = f(Q)$；$\eta = f(Q)$；$P = f(Q)$ 和几何数据 要求：调整后泵的性能；下列称为"调整的"		表号、式号
NPSH 计算		
给定：		
29	参考基准线，空化系数与入射 角的函数关系	$\sigma = \dfrac{2g\mathrm{NPSH}}{u_1^2}$	T4.4.26
		$i_1' = \beta_{1B} - \beta_1' = \beta_{1B} - \arctan\dfrac{c_{1m}\tau_1}{u_1 - c_{1u}}$	T4.4.27
30	假定修改前后空化系数 $\sigma = f(i_{1a}')$ 之间的相关性相同。由外部流线计算得到		
31	根据 29 步中确定的入射角计算 流量	$Q' = \dfrac{f_q A_1 u_1}{\dfrac{1}{\tan\alpha_1} + \dfrac{\tau_1}{\tan(\beta_{1B} - i_1')}}$	T4.4.28
32	NPSH 值和 31 步所确定的流量 的关系如下：	$\mathrm{NPSH}' = \sigma(i_1')\dfrac{u_1^2}{2g}$	T4.4.29

参 考 文 献

[1] Gülich, J.F.: Bemerkungen zur Kennlinienstabilität von Kreiselpumpen. Pumpentagung Karlsruhe (B3) (1988)

[2] Hunziker, E.: Einfluß der Diffusorgeometrie auf die Instabilitätsgrenze eines Radialverdichters. Diss. ETH Zürich (1993)

[3] Toyokura, T.: Studies on the characteristics of axial-flow pumps. Bull JSME **4**(14), 287–293 (1961)

[4] Ubaldi, M., Zunino, P.: Experimental investigation of the stalled flow in a centrifugal pump-turbine with vaned diffuser. ASME Paper 90-GT-216 (1990)

[5] Wesche. W.: Experimentelle Untersuchungen am Leitrad einer radialen Kreiselpumpe. Diss. TU Braunschweig (1989)

第5章 部分载荷工况下三维流动对泵性能的影响

当一台泵在小于最高效率流量点运行时，称这台泵处于部分载荷工况。可以粗略地估计，部分载荷工况发生在低比转速 $q^* < 0.8$，高比转速 $q^* < 0.9$ 时。由于叶片进口角和流道的截面积对于小流量流动来说太大，使得部分载荷工况下的流动形态相较设计工况点而言发生了质的变化。由于叶轮和压水室中的流动分离，三维流动发展迅速。最终当流量小到一定程度时，在叶轮进、出口都观察到了回流。通过对速度矢量的频闪成像技术能够较为容易地获得叶轮内部流动的信息。在一个比转速 $n_q = 22$ 的径向叶轮内的流动形态如图 5.1[B.20] 所示。由图中可以看出，$q^* > 0.8$ 时流动依附于几何边界，而随着流量的减小，流动分离和回流的区域不断扩大。在 $n_q = 26$ 和 33 的叶轮中，也存在相似的流动形态。

叶轮和泵壳在进、出口处的相互作用对于泵在部分载荷工况运行时的性能有很大的影响，很大程度上决定了泵的 $Q-H$ 性能曲线、径向力、轴向力、水力激振、

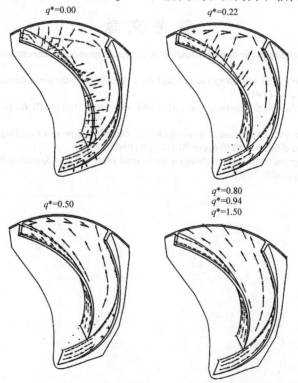

图 5.1 采用频闪成像技术观测到的（叶轮中的速度分布）[B.20]

噪声及空化。因为这类复杂的流动很难理解，所以设计一台在部分载荷工况下运行性能良好的泵在很大程度上依赖于经验。在设计过程中，依据内在物理机理来将试验观测到的现象进行归类就显得很有意义，本章的讨论将围绕这一主题展开。

虽然叶轮、压水室中局部失速也在大流量工况（$q^* > 1$）出现，但是没有观察到回流现象。第 5 章中主要讨论了稳态流动现象，有关非稳态流动的内容详见第 10 章。

5.1 基本思想

首先需要分析一下，有哪些载荷的物理特性能够通过基本原理、试验观测及经验推断展现出来。

设计合理的泵在最佳工作点的水力效率能够达到 85% ~ 95%，该效率与比转速、泵的尺寸及表面光滑度有关。因此，最高效率点处的流动可以认为是"贴壁"的，即此时的流动没有发生分离，因为流动分离会造成更大的流动损失。对叶轮和压水室内速度场的测量和观察肯定了这个结论。

相反地，当泵在闭阀运行时在叶轮进口和出口处形成完整的回流。推理如下：假想一个充满液体的管道中有一个带有径向筋板（叶片）的轮盘被安装在轴上，如图 5.2a 所示。显然，当轴旋转时，流体受筋板的带动呈周向运动。由于受离心力的作用，旋转的流体区域会出现一个垂直于旋转轴的压力梯度。于是，管道内产生了一个抛物线型的压力梯度，由式（1.27）给出；且最高压力在转子半径末端处产生。这导致泵体内的液体沿径向向内运动，而在带有筋板的圆盘转子内的液体则是沿径向向外的，"回流"便以这种形式产生了。考虑到连续性，在轮毂处进入叶轮的流量一定和出口流量相等。

考虑不带后盖板的叶片转子，如图 5.2b 所示，在上例中描述的流动情况也出现在 A 边和 E 边处。将 A 边和 E 边视为泵壳端壁，图 5.2b 则抽象展示了轴流泵闭阀运行时的情况。回流流体从叶轮外缘流线离开叶轮，流回吸入口；同时也可以观察到叶轮出口处产生的回流，在轮毂处流回叶轮。

这些推理在内外流线存在明显径向差别的情况中均有应用，也就是说，这些分析适用于叶轮叶片进口边或出口边不与轴线平行的情况，混流式和轴流式叶轮的进、出口边正是如此，对于径向式叶轮的叶片前伸至叶轮吸入口的情况下（通常都会如此）也同样适用。由于离心力的作用，在出口边与轴线平行的径向式叶轮内则不会出现这种回流。

当 $Q = 0$ 时，受离心力作用而成的回流实质上没有因叶轮叶片的类型或泵壳的设计而改变。依据经验及大量试验测量，这种基本的回流形式在多种结构中均有出现，如在带有反导叶的多级径向叶轮的进口、装有钟形吸水室的轴流泵中及混流泵、轴流泵叶轮的出口。不论压水室的形式是蜗壳、是环形压水室还是导叶，均会发生这种基本形式回流。

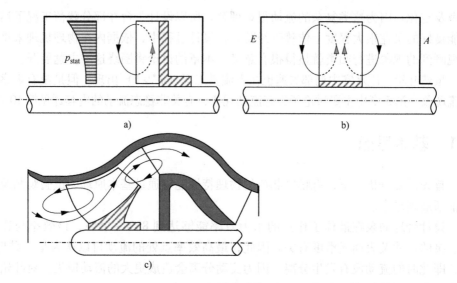

图 5.2　回流的产生

a) 径向叶片, 半开式叶轮　b) 径向叶片, 开式叶轮　c) 混流泵

图 5.2c 展示了图 5.2b 所示的流动结构在混流泵中的流动形式（1938 年由 Pfleiderer 最先发现[37]）。正如上文推断的那样, 该结论也被试验结果所证实, 这种现象在 $Q=0$ 工况点出现。回流不会突然出现, 在流量较大的工况下液体一般从叶轮内靠近外部流线的地方流出再回流至轮毂处, 如图 5.2c 所示。

以上描述的回流是受离心力的作用而逐渐发展起来。定性地说, 它与泵的类型和设计参数无关。如果泵在最佳工况点附近运行, 虽然观察到回流消失了, 但我们可以得出结论: 流动分离出现在最佳工况点和 $Q=0$ 工况点之间, 具体位置在叶轮和压水室的某处。该现象在所有的泵里都是不可避免的——不论泵的 $Q-H$ 曲线是否稳定、是否有剧烈的水力激振和压力脉动的存在, 以及是否出现由部分载荷引起的空化; 所以, 流动分离和回流的出现是部分载荷问题的必要条件而非充分条件。在设计过程中, 可以尝试将流动分离点和回流发生点尽可能向小流量转移（这个最小流量称为 q^*）, 但是流动分离和回流不能完全避免, 应尽可能避免有害回流的发生。但是, 对此并没有明确的定义, 因为回流作用（可能是有害的）的强度是由泵的设计决定的。如给定水力激振的泵的振动幅值测量结果受环形密封和轴承的转子阻尼的影响较大; 汽蚀发生与否不仅与水力空化强度有关, 也与叶轮材料和流体性质有关（见 6.6）。

由最高效率点的贴壁流动现象和在 $Q=0$ 时（完全发展）的回流现象, 可以得出另外一个结论: 在贴壁流动时, 叶轮将能量传递给流体的物理机理可能与分离流动时的能量传递机理是完全不同的。根据 4.1.6, 关死点扬程和额定扬程的比值随着比转速的提高而快速增加, 在轴流泵中该值达到 3～5 左右。如果回流过程中能够产生如此高压力，那么其能量转换必定是十分高效的（不考虑扬程系数的绝对值随n_q的增大而减小）。

5.2　叶轮中的流动

5.2.1　概论

叶轮中的三维流动分布不仅决定了从叶片到流体的能量传递（包括了滑移）和水力损失，也决定了压水室中的压力恢复和可能的流动分离。这是因为叶轮出口的速度分布对扩压部件内的流动发展有着重大影响。忽视这个因素是一元理论的一个主要缺陷，相关内容在第 3、4 章有所论述。从对不同叶轮的多次测量结果可以看出，受多个几何参数和水力参数影响，速度分布各不相同，所以无法通过简单的方法测得流动形态。下文所论述的模型是为了帮助理解复杂流动因素之间的关系，得出数值流动计算的结论并用该思路设计叶轮。

叶轮中的流动轨迹在绝对坐标系中是曲线型的。正如在 1.4.1 所讨论的那样，这只有在压力梯度作用在流线曲率的瞬时中心上时才会发生。这个压力梯度产生了保持流体质点沿曲线运动所需的向心力，且由流线曲率所产生的压力梯度是叶轮能够增加静压的唯一机理。该理论解释了流体能够从较低压力的进口流动到压力较高的出口的机理，以及在叶轮中流体虽然加速但静压仍然提升的原因。

因此，叶轮内的压力提升仅仅是由叶片给予的一个切向分量为c_u的绝对速度导致的。压力场以一种体积力平衡的方式发展，如果从在旋转系统中的观察者的角度观察叶轮中的流动，离心力加速度和科氏力加速度都应考虑进去，且这些体积力由以下几种方式产生：①由旋转而产生的离心力加速度$b_z = \omega^2 r$；②科氏力加速度$b_c = 2\omega w$；③由于流线曲率而产生的离心力$b_z = w^2/R_{s1}$（R_{s1}是流线的瞬时半径）。忽略由于壁面摩擦和流线间动量传递而产生的切应力，可以写出稳态流动时力的平衡式：

$$\frac{1}{\rho}\frac{\partial p}{\partial n} = 2\omega w + r\omega^2 \frac{\partial r}{\partial n} - \frac{w^2}{R_{s1}} \tag{5.1}$$

由于边界层的作用、子午面流动偏转及叶片导向作用发生偏转，叶轮中的速度分布永远是非均匀的。由叶轮的几何结构决定的流动动力学产生了一个压力场，该压力场会对这些非均匀速度分布产生影响。根据式（5.1），为了在任意一点保持力的平衡，流线曲率必须变化以生成垂直于主流的补偿流动。这些"二次流动"及其对叶轮中速度分布的作用将在接下来的小节中讨论。二次流动对流动损失、压水室中的压力恢复及流量－扬程曲线特性的稳定（"$Q-H$曲线"）也都有很大的影响。

通常，当流动受到垂直于主流方向的力时，二次流就产生了。这些力产生相应的压力梯度，根据式（5.1），该压力梯度由离心力加速度和科氏力加速度的合加

速度决定,而这些加速度的比值决定了流动偏转的方向。我们用"罗斯比数"定义该比值:

$$Ro = \frac{b_z}{b_c} \tag{5.2}$$

因为罗斯比数与两个垂直于主流方向的力有关,所以它又被称为"二次流参数"。在接下来的讨论中,至少三个罗斯比数会被用来描述叶片间、轴向叶轮中及曲线型子午面间的二次流。本书中会用到不同定义的罗斯比数,应注意加以区分。

叶轮中的流动分布实质上依赖于以下效应的相互作用:

1)叶片力(环量或升力),由叶片周围的流动产生[⊖]。

2)离心力。经验表明,由叶片赋予流体的周向速度随着出口半径和进口半径的比值的提高而增加。我们用"离心效应"来解释这个现象,虽然离心力没有产生任何直接抽吸作用。

3)科氏力。

4)叶轮进口的速度分布。

5)边界层。

6)环形密封泄漏。

7)回流过程中叶轮和导叶的相互作用。

经验显示,$Q-H$ 曲线的形状和稳定性几乎不受转速影响(在实际运行范围之内)[15,31,51,53]。文献 [19] 中的三级泵试验得出十分相似的 $\varphi-\psi$ 曲线,其转速范围为 1:4,雷诺数范围是 1:20(用冷水和热水试验)。这一发现可得出结论:整体上,部分载荷特性对于雷诺数或者边界层效应并不敏感,虽然这两个因素导致了最初的局部流动分离。所以,部分载荷特性实质上由与雷诺无关的体积力平衡决定的,如式(5.1)。完全发展的回流,即不是在初始阶段,可以用 3D 欧拉方法(如无黏流动)得到较好的计算结果。

5.2.2　物理原理

5.2.2.1　叶轮旋转的作用

以一个后弯叶片的径向叶轮为例(图 5.3),假设垂直于图示平面的速度分量为 0。一个流体微元沿曲线运动到半径为 R_{s1} 处,相对速度为 w,会受到如下体积力(除压力梯度外):

1)沿 w 的方向受到离心力加速度的分量 $b_{z1} = w^2 R \sin\beta$。

2)与 w 的方向正交的离心加速度分量 $b_{z2} = w^2 R \cos\beta$。

3)由于流线曲率作用而产生垂直于 w 的加速度 $b_{z3} = w^2 / R_{s1}$。

⊖ 引入"叶片力"一词,是为了便于理解,但实际上并不准确:作用在叶片上的力是叶片上压力分布的积分,这个压力分布只取决于叶轮内的速度分布。

4）与 w 正交，但方向与 b_{z2} 和 b_{z3} 相反的科氏力加速度 $b_c = 2w\omega$。

垂直于瞬时流动方向的加速度是形成二次流动的首要原因，进而也产生了叶轮流道中的速度分布。很显然，比率 $(b_{z2} + b_{z3})/b_c$ 决定了流体微团是否向叶片工作面或者背面偏转。这个比率就是在式（5.2）中定义的罗斯比数（下标 B 代表叶片）：

$$Ro_B = \frac{u\cos\beta}{2w} + \frac{wR}{2uR_{s1}} \tag{5.3}$$

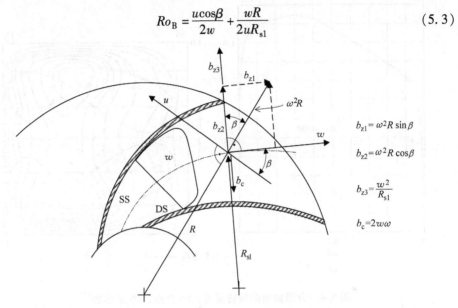

$$b_{z1} = \omega^2 R \sin\beta$$

$$b_{z2} = \omega^2 R \cos\beta$$

$$b_{z3} = \frac{w^2}{R_{s1}}$$

$$b_c = 2w\omega$$

图 5.3　径向叶轮中流体微元的加速度

如果罗斯比数接近 1.0，预测没有明显的二次流；如果小于 1.0，科氏力占主导地位，流动向叶片压力面分离；如果超过 1.0，二次流将流体运输到叶片的背面。由于受到边界层、子午面的曲率和叶片力的影响，流动分布是非均匀的，而实际情况中二次流在 $Ro_B = 1$ 时也会出现。

令 $w = w_u/\cos\beta$，$w_u = u - c_u$，$\psi_{th} = 2c_u/u$，得到如下罗斯比数的表达式：

$$Ro_B = \frac{\cos^2\beta}{2\left(1 - \dfrac{c_u}{u}\right)} + \left(1 - \frac{c_u}{u}\right)\frac{R}{2\cos\beta R_{s1}} \tag{5.4}$$

$$Ro_B = \frac{\cos^2\beta}{2 - \psi_{th}} + \left(1 - \frac{\psi_{th}}{2}\right)\frac{R}{2\cos\beta R_{s1}} \tag{5.5}$$

由于叶轮流道内的局部相对速度并不恒定，作用在单个流体质点上的局部加速度也各不相同。在一个充满失速流体的区域内，相对速度 w 较低，Ro_B 趋向于无穷，离心力起主导作用，将失速流体向叶片背面输送，如图 5.1 中失速流体速度矢量的方向所示。

这些关系定性显示了叶轮旋转对二次流和轴向速度分布的作用，这一影响在一个旋转管道或流道中较为明显。在这种情况下，$\cos\beta$ 趋向于 0、R_{s1} 趋向无穷、Ro_B 趋向于 0，产生一个指向叶片工作面的二次流。用一个矩形面截旋转流道[8]，得到了如图 5.4[35] 所示的测量结果证实了这个结论；同时，在旋转导叶中这个结论也成立。

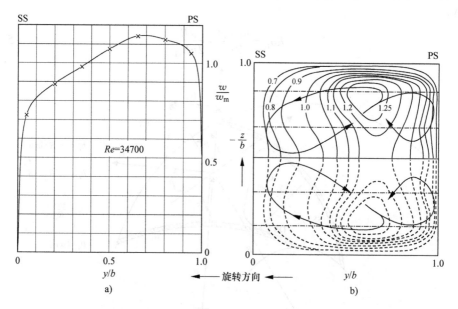

图 5.4 方形截面的旋转流道，SS 背面，PS 工作面[8]

a) 流道中的轴向速度分布 b) 等速度线和二次流

科氏力加速度的作用在边界层中消失，因为邻近壁面的相对速度趋向于 0，而 Ro_B 则趋向于无穷。由二次流动运输到工作面的流体能够在贴壁处回流至背面（满足连续性），这可以在图 5.4 和图 5.10 中看出。虽然有叶轮的情况下由于以下额外的影响会复杂得多，但还是可以大致估计出旋转的影响。

1）在径向叶轮（$\beta_{2B} \approx 90°$）中，流动情况和旋转流道内的情形类似。罗斯比数趋近于 0，叶片工作面方向会出现一个强二次流。这说明轴向速度分布在工作面附近存在一个最大值（形成射流），所以在叶片背面会出现速度衰减（即尾迹），如图 5.4 和图 5.11 所示。尾迹 - 射流流动形态常常出现在离心压缩机叶轮中。

2）在后弯式叶片中，根据式（5.5）罗斯比数接近 1.0，流动处在"近似的平衡"中。速度分布与许多因素有关使得其很难预测，几何边界或者流量的微小改变都会导致流动形态的变化。

3）罗斯比数随着流量的下降而略微上升，如式（5.3）所示，相对速度在部分载荷情况下有所下降，式中第一项对结果的影响较大，流体有向叶片工作面移动的趋势。

在叶轮流道内，上文所述的罗斯比数 Ro_B 在大多数情况下大约小于 1.0（除了流体失速的区域），故流动向叶片工作面偏移。式（5.2）～式（5.4）显示，叶片之间的二次流与多个参数有关，而这些参数又对公式右边的两项有着相反的效果。所以，后弯式径向叶轮中的流动可能通过多种方式建立平衡，其过程难以预测。综上所述，从对这类叶轮出口速度在轴截面分布的测量结果分析中并没有得到普适的规律。

5.2.2.2　叶片作用力的影响

当叶片背面的压力比叶片工作面的压力低时，叶轮就将能量传递给了流体。流体在叶片背面产生了比工作面更高的相对速度，如图 3.3 所示。所以，静压和相对速度在叶片长度上分布的变化情况如图 5.5 所示。理论上叶片所做的功可以通过压力的积分得到，应用比例 $Y_{th} \sim (p_{PS} - p_{SS})$ 和 $Y_{th} \sim (w_{SS}^2 - w_{PS}^2)$，随着流量的降低 Y_{th} 有所增加。如果由科氏力导致的二次流没有部分或完全地平衡掉这部分速度差，那么这也适用于 $(w_{SS} - w_{PS})$。

在叶片出口处压差趋向于 0，因为叶轮下游的自由流动是不会发生静压不连续分布的。叶轮中的速度分布适应出口以便出流状态得以满足（图 3.3）。这个过程导致了第 3 章中讨论的流动偏转，且主要在 a_2 下游、叶片的最后一部分发展（表 0.2 中的图片）。

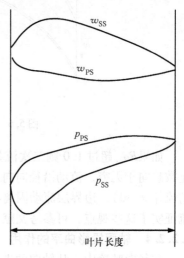

图 5.5　叶轮叶片上的压力和速度分布

在叶轮中，叶片力和科氏力的作用是相反的。绕叶片的流动倾向于在叶片背面产生一个速度最大值（图 3.3a，速度轴面分布 k），而根据图 5.4 所示，科氏力却使相对速度的最大值移向工作面。大量的测量显示，在 $q^* = 0.8 \sim 0.9$ 时，叶轮出口的速度分布比在设计流量处更加均匀，混合损失相应更小。这也部分地解释了最高水力效率点通常在这一范围内，但是与最大耦合效率点并不吻合，图 4.20 也证明了这点。

5.2.2.3　轴向流动的作用

在轴流式和混流式叶轮及径向式叶轮的轴向入口处，流体微元受到离心力加速度 $b_z = u^2/R$ 和科氏力加速度 $b_c = 2w_u\omega$ 的作用，如图 5.6 所示，由此产生了罗斯比数，用下标"ax"表示：

$$Ro_{ax} = \frac{1}{2\dfrac{w_u}{u}} = \frac{1}{2\left(1 - \dfrac{c_u}{u}\right)} = \frac{1}{2 - \psi_{th}} \tag{5.6}$$

式（5.6）表明，当流动未分离时，罗斯比数小于 1.0，流动有向轮毂处偏移的趋势。随着流量的增加，Ro_{ax} 不断减小，指向轮毂的二次流随之增加。

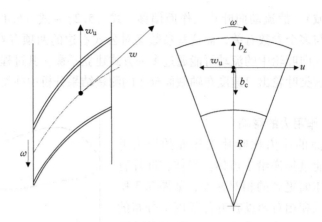

图 5.6 轴向流动中流体微元的加速

如果 Ro_{ax} 超过 1.0 则二次流是向外的。在流体失速区域（w_u 趋近于 0），罗斯比数趋向于无穷，流动沿径向向外加速。Ro_{ax} 在叶片边界层变得很大（因为附壁面的流体 $w \to 0$），边界层流动因离心力作用而向外加速。由试验所得的诱导轮内二次流证实了这些观点，可参考文献〔32〕及如图 5.7 所示。

5.2.2.4 轴面投影曲率的作用

在径向叶轮中，从轴向的进口到径向的出口流体偏转了 90°。轴面速度分量遵从图 1.10 中弯管流动的特点。在弯管的进口，内流线的速度较高是由角动量守恒产生的（cr 为常数）。由于流过弯管的流体受离心力的作用，在弯管出口附近最大速度分布转移到了弯管的壁面附近。这些机理可以用来解释图 5.8 中径向叶轮轴面上的流动。

由离心力加速度 $b_{z2} = c_m^2 / R_m$ 造成的前后盖板上的压力差总计为 $\Delta p = \rho c_m^2 B / R_m$，见式（1.29）；由弯管产生的离心力加速度和科氏力加速度分量 $b_c = 2w\omega$ 都导致流动向轮毂处转移，如图 5.8 所示。这个趋势与由旋转引起的离心力加速度分量

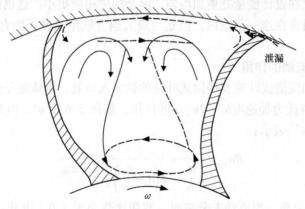

图 5.7 轴向诱导轮的二次流动[35]

$b_{z1} = u^2/R$ 相反（图 5.6 和图 5.8）。这里的二次流能够通过罗斯比数 Ro_m 表示：

$$Ro_m = \frac{b_{z1}\cos\varepsilon}{b_{z2} + b_c\cos\varepsilon} = \frac{1}{\left(\dfrac{c_m}{u}\right)^2 \dfrac{R}{R_m\cos\varepsilon} + 2\dfrac{w_u}{u}} \tag{5.7}$$

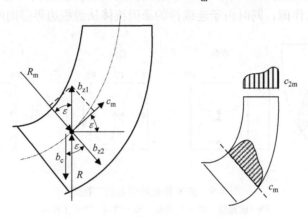

图 5.8　作用在轴面上的加速度和速度

这一过程受到叶片力和罗斯比数的双重影响，故流动是充分发展且不可预测的三维流动，其中部分载荷时来自压水室的回流也起一部分作用。因此，如果是轴面曲率控制流动，速度分布的最大值就在后盖板附近。如果是离心力在叶轮流道内的轴向分量起主要作用的话，则最大值在前盖板附近。

应当注意的是：轴面曲率对展向的速度分布有着很大的影响，而沿周向的分布则由叶片力和旋转速度决定。

5.2.3　不同机理的综合作用

从对施加在流体上的作用力的分析可以得出，叶轮内的速度分布（及叶轮出口处）在前、后盖板附近和叶片工作面、背面达到最大。然而给定的一台泵的速度分布既不能简单估计出来，也不可能便捷地通过试验或者数值计算得到，除非找到起主导作用的流动机理。另外，比转速在 $n_q = 50 \sim 100$ 之间的径向叶轮内的流动很难预测，因为叶片出口边附近的曲率变化较大。假设二次流在叶轮流道中是非对称的螺旋形的流动，那么叶轮出口的速度分布就取决于出口边"切断螺旋流动"的点。这个模型解释了为什么在叶轮出口观察到的完全不同的速度分布是关于比转速和流量的函数。

非对称螺旋形流动也能从轴面投影面中的曲线流动（图 5.8）和转动引起的二次流（图 5.4）叠加而得出。图 5.9 所示的流动形式，也可以在文献［21］中看到。

由体积力引起的二次流驱使流体从低压区向高压区流动；然后，由于连续性方程在边界层中的流体从高压区流向低压区，如图1.12、图5.9和图5.10所示。在轴面曲率作用（见5.2.2.4）和叶片力作用（见5.2.2.2）叠加的地方，产生了最小能量传递区域（称为"尾迹区"）。这个区域位于前盖板（图5.8，c_{2m}最小值处）和叶片背面的拐角处（图3.3，w最大值处）。除此以外，科氏力加速度驱动流体流向叶片工作面，同时由于连续性的原因流体从盖板边界层向叶片背面迁移。

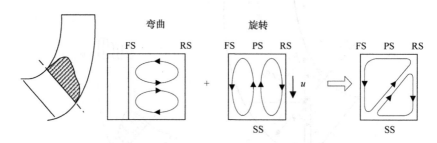

图5.9 曲率和旋转引起的二次流

FS—前盖板 RS—后盖板 SS—背面 PS—工作面

边界层中的低能量流体在前盖板和背面的拐角处聚集，尾迹流动也因此被加强。图5.10显示了所形成的二次流。

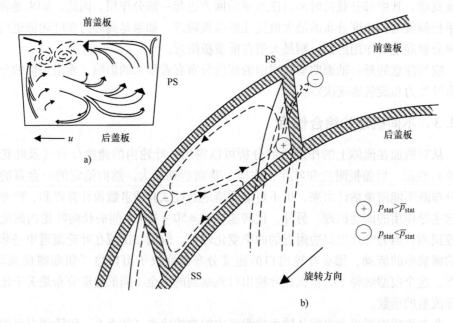

图5.10 径向叶轮中的二次流

a) 见文献［9］ b) 依据本章建立的模型

SS—背面 PS—工作面

在试验测量中经常会观测到这种流动形式，特别是在径流式压缩机及水泵中。图 5.11 显示了后弯式压缩机叶轮出口的 c_m 分布。文献 [13] 对混流式叶轮进行了测试，发现前盖板背面拐角处存在能量不足的现象。

叶轮中低能量传递区域通常位于前盖板，且覆盖了整个流道，而不只是集中在叶片背面附近的拐角。尾迹在压水室中有回升压力的作用，同时也对叶轮出口的回流和 $Q-H$ 曲线的稳定性有所影响。

理论上叶片所做的功可由对 uc_u 在叶轮出口积分得到，而传递给流体的有用功则由叶轮出口总压积分得到（减去相应的量在叶轮入口处的积分），这两个量的比值即为叶轮的水力效率。由于压水室损失的存在，以上计算得到的效率比整泵的水力效率高。不同的出口速度都能得到一个特定的积分值，所以在给定某积分值的情况下叶轮出口速度分布图的形状对能量转换没有直接影响，反而会对压水室中产生十分明显的影响。

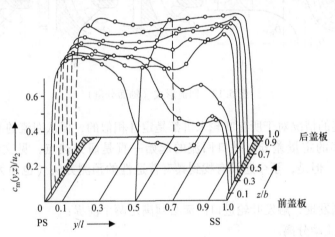

图 5.11　压缩机径向叶轮出口的轴面速度分布[10]

5.2.4　叶轮进口的回流

在关死点运行时，回流不可避免地在叶轮进口处发生；正如 5.1.2 讨论的那样，流体沿着近壁面的流线从叶轮回流到吸水室，并再次流入叶轮进口。由于这部分流体从叶片获得能量使得其获得一个圆周速度，回流流体和吸水室的流体混合并产生动量交换，在水泵净流量的基础上诱导产生了预旋。在小流量时，会形成从外侧流线到内侧流线的预旋，如图 4.13 所示。

流体的旋转在叶轮进口产生了抛物线型的压力分布。如果在叶轮上游没有筋板或其他结构消除旋转，随着流量减小旋涡逐渐延伸至吸入管，产生的旋涡甚至可以在吸入管 $L/D>10$ 的地方探测到；同时测得的进口压力会偏高，相应测得的扬程也会偏低，而 NPSH 偏高。所以当测试一台轴向吸入的泵时，在入口安装整流栅或者十字板就显得很有必要。在低载荷工况下，进口压力必须在这些整流装置的上游测量；而在最高效率点和大流量工况附近，进口压力测量则应在整流装置的下游进行，见5.2.6和如图5.16所示。

前文描述的回流特征都在大量关于径向式、混流式和轴流式叶轮的试验中得到了验证。离心和轴流式叶轮的轴面中，回流发展的形式如图5.12所示（混流式叶轮见图5.2c）。图4.9显示了在轴流式叶轮入口处测到的速度分布，且可以看到回流在 $q^* = 0.6$ 时始于前盖板；回流的强度随着流量的下降而升高，所以回流区域的范围随着流量 c_m 和预旋 c_u 的减小而增加。

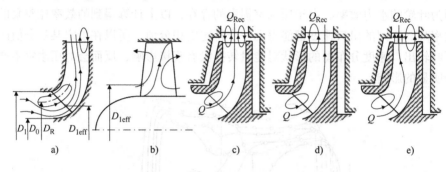

图 5.12　回流形式（轴面分量）

虽然前述的情况对于所有叶轮来讲都是定性相似的，但从回流的起始和强度来讲都有相当多的定量差异。进口回流的起始一直是研究热点，见文献［11，43，44，50，51］。但是，至今还没有找到具有普适性的预测方法（也尚无发展该类方法的可能性）。

通过观测发现，触发叶轮进口回流必须满足两个前提：

1）局部流动分离。

2）在与主流方向垂直的方向上有较强的压力梯度产生。

只满足一个条件是不够的：不论是在叶栅中出现全叶高的流动分离或是沿流动方向的压力梯度（如在弯曲较大的情况下）都不会在叶轮进口形成这种回流。局部流动分离不仅依赖于边界层效应，也与力的平衡相关。正如前述所讨论的那样，这个平衡由许多几何参数及流量决定，这些作用可以通过数值方法进行计算。考虑到复杂的几何形状和流动情况，很难用少数几个简单变量提出一种通用的方法来预测回流的产生。简单的关联性可在设计相似的一组泵的测试中得出[11]，但是无法得出规律性的结果[47, B.20]。

入口冲击对进口边的局部流动分离的影响被许多研究者视为回流发生的原因，但是这个观点忽略了沿流动方向上压力梯度的作用及叶轮喉部的减速作用。所以，回流起始点和入口冲击的相互关系无法推出，参见文献［51］⊖、［B.20］。在对五

⊖　这也是 Stoffel 和 Weiβ 从三个径向叶轮的 LDV 测量中得出的结论[48]。

种不同叶轮的混流泵（$n_q = 180$）的测试中，发现进口处的回流发生在冲击角 $0° \sim$ $11°$ 之间或者减速系数 $w_{1q}/w_{1a} = 0.42 \sim 0.61$ 时[51]。所以，如果进口边下游流动分离剧烈，回流甚至可以在零冲角时发生。相关流动现象的解析如图 5.13 所示，可以看出以下两个参数与流量的关系：①从外侧和内侧流线可获得的相对速度 w_1；②从连续性方程得到的喉部平均速度 $w_{1q} = Q_{La}/(z_{La}A_{1q})$。在点 1 右侧流动从 w_1 加速到 w_{1q}；而在点 1 的左侧，流动沿外侧流线减速。由于 $Q = 0$ 时的速度不能减小到 0，流动必定会在某一阶段分离。实际上，流动分离与冲角无关，而是由喉部面积决定（或者说是减速比率 w_{1q}/w_{1a}）。图 5.13a 也显示了压力如何在与主流垂直的方向上发展：由于内侧流线的相对速度比外侧流线的小很多（因为内侧流线的半径较小），故其附近在较低流速时便发生减速。当旋转失速发生时，外侧流线处的压力比轮毂处高。一旦分离区产生，其内部的相对速度就会急剧降低，失速的流体受离心力作用会向外侧运动（见 5.2.2.3）。当发生失速的流体区域足够大时，叶片背面会充满回流。外侧和内侧流线半径的比值 r_{1a}/r_{1i} 越大，与流动方向垂直的压差及回流的强度就越大。这一事实也解释了回流开始时，$q^*_{RB} = Q_{RB}/Q_{opt}$ 随着比转速的增加而增加的原因，也解释了为何在小流量下回流通常会在进口边与轴线平行（或者略有倾斜）的叶轮中发生。相反地，如果一组不同比转速的叶轮具有相同的进口参数，特别是 r_{1a}/r_{1i} 和 w_{1q}/w_{1a} 相同时（图 3.8 中有对此种情况的描述），回流在相同流量下发生，而叶轮出口对回流的发生几乎没有影响，文献 ［48］ 介绍了相关试验。

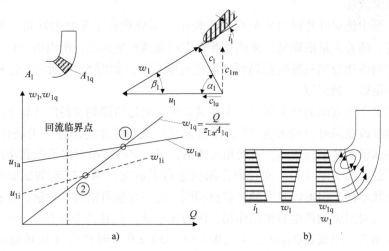

图 5.13　叶轮进口的流动减速[B.20]

如果假定冲角是回流发生的主要因素，但是下列分析（图 5.13b）又和这一假设相反：由于内侧流线的叶片安放角通常比外侧流线的大，当流量减小时，轮毂附近的冲角比盖板处的变化更快。如果回流主要依赖于冲角，那么它会在轮毂而不是在外侧流线处出现。然而，如果在叶高上考虑减速 w_{1q}/w_1 作用，又由于此处的相对速度最大，最大的负向加速度实质上是在外侧流线处出现的。正如前文所述，这一负向加速度也产生了沿主流横截面方向的压力梯度——这是回流产生的前提条件。

较大的负向加速度使相对速度从 w_1 减小到 w_{1q}，产生了进口边到喉部区域的非均匀速度分布，图 5.14 示意了不同 q^* 的速度分布情况。

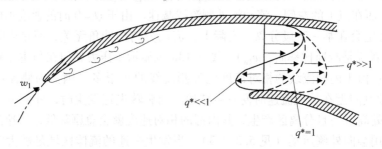

图 5.14　叶轮进口喉部区域的相对速度分布

回流在速度过小时（$q^* = 1$ 时就已经很明显）也会在叶片的工作面产生，因为叶片工作面的相对速度相比叶片背面的减速更多。这一轴向非均匀流动由能量的传输而产生（图 3.3），但除了大流量 $q^* \gg 1$ 和 $w_{PS} > w_{SS}$ 的情况。正如 5.2.2.1 所解释的那样，相比低相对速度区域的离心力，科氏力的作用被削弱了。所以，失速或者低速的流体由于受到离心力作用而从工作面向外流动，这一过程导致了图 5.2 所示的回流流动。

由于泵中绝对叶片进口安放角通常较小，部分载荷工况时的冲角一般只有几度。而且，随着流量的降低，来流受叶片作用逐渐产生预旋。所以由进口边下游的撞击引起的流动分离只发生在局部，而且范围有限，如图 5.14 所示，这样的局部分离还不足以引起回流。

参考关于该方面的相关研究：①在试验中，通过格栅调整径向叶轮上游的来流流动方向以改变沿叶高的冲角[50]，没有发现回流和冲角之间存在关联性。然而，如果这些试验都从减速率 w_{1q}/w_1 的角度评估，当 w_{1q}/w_1 减小时回流的起始点转移到更大流量处；②文献 [29] 对径向压缩机进行了研究，两个叶轮的试验显示，虽然叶片形状不同，但回流发生的流量点相同。这一现象可以这样理解，垂直于主流方向的压差对回流的产生有推动作用，因为比率 d_{1a}/d_{1i} 在两个叶轮中几乎相同。

通常而言，回流在 $Q_{RB}/Q_{opt} = (0.4 \sim 0.75) \pm 0.1$ 时产生（比转速 $n_q = 10 \sim 300$）。根据文献 [B.20] 中的估计，当减速率 w_{1q}/w_{1a} 在 $0.4 \sim 0.65$ 时回流发生。当 w_{1q}/w_{1a} 小于 0.4 时，所研究的所有泵中都出现了回流。然而，未能发现临界负向加速度和几何尺寸的关联。总负向加速度可以这样表达：

$$\frac{w_{1q}}{w_1} \approx \frac{Q}{f_q A_{1q} z_{La} u_1} = \frac{\varphi_1 A_1}{z_{La} A_{1q}} \qquad (5.7a)$$

回流发生相对应的进口流动系数的经验公式由文献［B.20］中的数据决定：

$$\varphi_{1,RB} = 0.03 + 0.16(1 + b_1/R_{RSW})(d_{1a}/d_{1i})(z_{La}A_{1q}/A_1) \qquad (5.7b)$$

这个关系式离散度相对较小，只有±10%，包含了径向和轴向叶轮的情况。该关系式的普适性还需要更多的数据来验证。在任何流量点，式（5.7b）包含三个重要因素：①$z_{La}A_{1q}/A_1$项根据式（5.7a）量化了相对速度的减小——A_{1q}/A_1越大，减速越剧烈，回流发生得越早；②比率d_{1a}/d_{1i}是叶高方向上压力差的度量，d_{1a}/d_{1i}越大，则压力梯度越大，回流发生得越早；③比值b_1/R_{DS}描述了轴面投影图的曲率，而曲率对叶轮流道内的流动分离影响很大，即较大的曲率变化会导致分离和回流的提前发生。相关的几何尺寸如图7.4所示。

除了在进口边观察到大片的回流，在低载荷工况下，还可以观测到叶轮流道内的局部失速和回流，如图5.1所示。叶片工作面出现显著流动分离，其位置大概在进口和出口的中间，另外在出口附近的后盖板处也发生了回流。如果流道内失速的流体与进口的回流混合，流进进口的流体就能获得足够大的周向速度。所以在叶片进口边上游的回流区可测得$c_{1u} > u_1$，类似的现象在文献［48］中也有描述。

下列参数决定了垂直于流动方向的压力梯度，对回流的发生和强度都有影响：

1）叶片进口边外侧和内侧流线的直径比值d_{1a}/d_{1i}是最重要的参数。这个比值随着比转速的增加而增大。起始q_{RB}^*和回流的强度通常随着n_q的增长而上升，进口较大且d_{1a}/d_{1i}比值较高的叶轮显示了相同的趋势。进口边和轴线平行的叶轮（$d_{1a} = d_{1i}$）产生极少回流（所以容易不稳定，参考下面的解释）。

2）叶轮进口喉部面积越小，w_{1q}/w_1越大，产生回流的趋势就越小。

3）冲角或者叶片进口安放角和流线上的角度分布产生二次流影响。

4）轴面投影图和平面投影图中进口边的位置（前弯或者后弯）。

5）轴面投影图上前盖板的曲率。

6）叶片数。

7）叶轮上游的流量和速度分布。

8）前盖板的边界层厚度，该厚度也受密封和结构产生的泄漏的影响。

总之，应当注意：

1）叶轮进口的回流总是发生在外侧流线，并且在喉部的相对速度w_{1q}/w_{1a}小于某一临界值时发生，而该临界值与叶轮的几何形状有关。

2）即使是在部分载荷工况时性能稳定的泵，仍会不可避免地出现回流。

3）回流并不是在叶轮叶片进口边下游产生的，而是在喉部附近或曲率变化剧烈、叶高方向最大压差的地方出现，流线间的力平衡对于回流也很重要。

4）由于垂直于主流方向的压力梯度的存在，可通过离心力和外侧、内侧流线不同的相对速度的减速率来解释（w_{1q}/w_{1a}比w_{1q}/w_{1i}小）。

5）虽然边界层作用可能影响最初的局部分离，但回流的发生及其强度实质上与雷诺数无关，这一论点被文献［45］中的试验证实。

6）无法得出回流的发生与冲角之间的关联性。

7）流动分离先于回流在叶片的工作面的外侧流线附近发生。

8）失速和回流与叶轮进口来流的三维速度分布有关，这些作用不能用简单的方法准确描述或者预测。

9）流动分离和回流可以在叶轮流道的特定几个区域发生，参见图 5.1 及文献［31，48，55］中的测量。

10）压水室可以在很大程度上保证叶轮周向压力的均匀分布，但对进口回流的影响很小。相反，蜗壳在部分载荷工况时会在叶轮周向产生不均匀的压力分布，因此在不同工况点运行时单个叶轮流道会受到蜗壳内的局部压力影响，详见 9.3。进口回流也会受到这些不对称压力的影响。强度最大的回流大约在蜗壳压力最高的圆周位置产生，因为该处对应的叶轮流道处于最小流量运行（表 9.6）。

11）只有当叶片被大幅缩短时，切割叶轮外径才会对入口处的回流产生影响。

5.2.5 叶轮出口的流动

如图 5.12 所示，回流也在叶轮出口处发生，相关内容见 5.3 中关于扩散流动的讨论。回流从定子进入叶轮，两者之间产生了强烈的相互作用。在低载荷工况时，由于过度减速，流动分离也在叶轮流道内产生，如图 5.1 所示及文献［55］。特别在大的出口角或者相对出口宽度 b_2/d_2 较大的叶轮中，会出现大量流动失速（见文献［24］中浆液泵测试结果）。

根据 5.2.2，叶轮出口的速度分布取决于众多因素。所以，很难预测速度最大值的位置是在前、后盖板附近，还是在流道的中间。正如图 5.12 所示，这也适用于回流区域，即图中所示的所有情况都在试验中观察到了。但是，从大量试验分析中仍可得出一些径向、混流和轴流叶轮出口流动分布的普适性结论。

1）在任何载荷工况点，甚至在 $Q=0$ 时，叶轮中至少有一个区域或者一条流线可以假设为叶片和流体之间为"准正规"能量交换。这一点在图 5.15 中被证实，绝对速度的最大圆周分量在图中为 $c_{2u,max}/u_2 \sim q^*$（$c_{2u,max}$ 代表了在出口面测得的局部最大值）。当 $q^*=0 \sim 0.5$ 时，在所有试验中，$c_{2u,max}/u_2$ 测得的值在 $0.5 \sim 0.7$ 之间。因此，回流或失速区的发展似乎遵从最小阻力的原则，即向着在叶轮或流线上某处流动虽没分离但已减速的区域发展。

2）周向平均速度 c_{2m} 和 c_{2u} 在部分载荷工况时呈显著的非均匀分布。在 c_{2m} 为负的位置（即回流发生处）对应的 c_{2u} 的值比 c_{2m} 为正处对应的值小很多，这对于径向式、混流式和轴流式叶轮均适用。这个发现与做流线的速度三角形时的分析相反，因为一个小的轴面投影分量一般会对应一个大的圆周分量。较小的 c_m 和 c_u 分量是出现流动分离的指标。

3）对于进口边倾斜（"倾斜轮缘"）的混流式、轴流式及径向式叶轮，回流总在轮毂（后盖板）处发生。这是因为部分载荷工况时，由于离心力的作用，外侧流线比内侧流线产生更高的压力，详见 5.1.3。

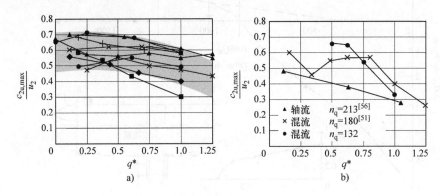

图 5.15　不同叶轮的 c_{2u}/u_2 的局部最大值

a）径流式叶轮（$n_q = 20 + 80$）　b）轴流式、混流式叶轮

5.2.6　回流发生的试验研究

叶轮入口回流的发生可通过如下试验方法确定：

1）最简单方法是测量流体因旋转而产生的压力增加，如图 5.16 所示。试验时，第一个压力测点要尽可能地在靠近叶轮进口的位置，同时在上游一定距离的吸入管道处设置第二个压力测点。在两个测点之间布置整流栅或筋板等，以消除测量点上游流体的旋转。记录下两个测点的压力差，在图上做出水头差和流量的关系曲线：无回流时，$\Delta H_s = f(Q)$，根据两个测点间的压差与流量，可以做出一条抛物线；当出现较大回流时，$\Delta H_s = f(Q)$ 做出的曲线明显偏离了抛物线型，ΔH_s 的符号也发生变化（图 5.16）。部分载荷工况时整流栅造成的压降非常小，对结果影响不明显，但是可以通过计算方便地表示出它的作用。如果假设流体像刚体一样旋转，依据测量的 ΔH_s 来估计外侧流线的周向分量 $c_{1u,a}$ 也是可以的。根据式（1.27）$c_{1u,a}/u_1 = (2g | \Delta H_s | /u_1^2)^{0.5}$，$Q = 0$ 时，$c_{1u,a}/u_1 = 0$（图 5.16a），其成立的前提是在叶轮和临近的测压点之间没有止旋结构（筋板）（图 5.16a 中的 h_2）。图 5.16a 中的测试是在采用轴向进口、径向叶轮的单级蜗壳泵中完成的。泵的比转速为 90，进口回流发生在 $q^* = 0.8$ 时。对比转速为 26 的水泵进行的相同测试见文献 [34]，结果如图 5.16b 所示，回流发生在 $q^* = 0.57$ 和 $Q = 0$，$c_{1u,a}/u_1 = 0.36$ 时。这些测试是以空气作为工作介质完成的（使用热线风速仪）。

2）采用丝丛法或其他相似的能显示流动方向的方法来观测流动。

3）运用速度探针、热线仪（测量介质为空气）或者激光速度仪测量速度场。

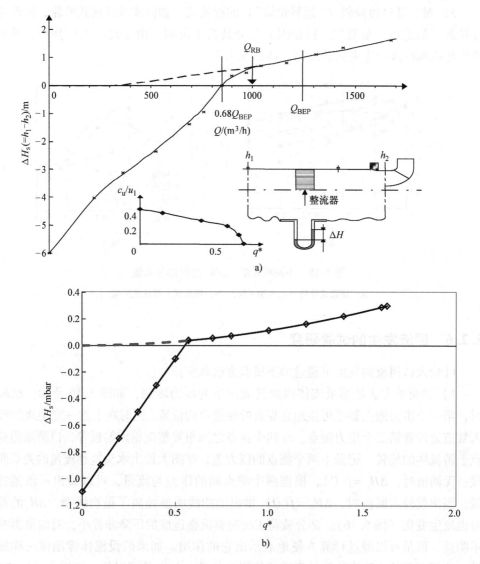

图 5.16　通过测量吸入管中的压力来确定回流的发生[34]

a）$n_q = 90$　b）$n_q = 26$

4）吸入管的压力脉动测量。在回流发生时，压力脉动突然增加；在较小流量时，如在回流充分发展时，压力脉动再次下降，但和最高效率点附近的压力脉动不在同一个水平。

用试验方法确定叶轮出口回流的发生不像叶轮进口那样容易，因为不便获取相关信息。可以用如下方法：测量压力脉动（回流发生时的随机成分增加[11,31,55]）；前述所提到的速度测量方法；用内窥镜观察；以压差确定叶轮和泵腔间隙中流体的旋转（见 5.4.3 和图 5.30）。

5.3　压水室中的流动

5.3.1　导叶中的流动分离

图 5.15 描述的测量显示，部分载荷工况时叶轮出口的绝对速度达到 u_2 的 50%～70%。在这样的速度下，$Q=0$ 且没有流动分离发生时，流动无法在导叶中减速到 0。图 5.17 对 $n_q=22$ 的泵中导叶段的观测证实了这一点[B.20]。如流动在 $q^*=1.5$ 时没有分离，当 $q^*=0.94$ 时初始分离在导叶出口附近出现；当 $q^*=0.8$ 时，失速流体在导叶背面分布最多；当 $q^*=0.6$ 时，在叶片工作面出现流动分离，回流出现在导叶进口边之前叶轮的后盖板处，且回流的区域随着流量的降低而扩大。该现象取决于来流和导叶安放角，所以不同的泵在不同的流量下会出现上述现象。定性的说，这些流动代表了径向导叶中的流动。特别地说明，所有试验中的回流都出现在导叶进口边上游或是仅出现在蜗壳隔舌之前（不会出现在两个导叶之间或是靠近导叶背面），在径向压缩机中也是如此[30]。

部分载荷工况时的流动分离并不会同时在所有导叶流道中出现。当流量从设计流量点开始减小时，失速首先在一个流道中发生；随着流量进一步的减小，失速会在 2 个、3 个或者更多的流道中发生，这个现象被称作"交替失速"[42]，失速单元可能是非稳态的。在本例中，失速从一个导叶流道传播到下一个，这个现象被称作旋转失速，将在 10.7.2 中讨论。失速没有在所有导叶流道内同时发生的原因如下：①叶轮出口的流动在周向分布不均，如由于非均匀的进口流动；②几何公差；③由于蜗壳或出口导致的导叶下游的非均匀压力分布。这种情况下，各个导叶流道可以认为是在略有不同的性能曲线下工作（见 10.7.1，图 10.25）。所以多级泵的末级与之前各级的流动特性不同。

导叶进口的流态，可以通过类似图 5.13 中的方法分析，即叶轮出口的绝对速度 c_2 随流量升高而降低，根据连续性式计算得到的导叶喉部速度 c_{3q}，在 $Q=0$ 时的理论值为 0，此后与流量成比例增长，如图 5.18 所示。两条曲线在 Q_1 处相交（$c_2=c_{3q}$）。当 $Q>Q_1$ 时，流动参数在三角区域内，导叶进口的流动呈加速趋势，喉部静压降低，根据伯努利方程，大流量下导叶中也可能发生空化，见 6.2.5。如果在导叶喉部（下标为 3）测压，则 H_3-H_2 在 $Q=Q_1$ 时为 0。当 $Q<Q_1$ 时，减速达到一定程度，流动发生分离。在这一点，曲线（H_3-H_2）明显变平，或者说在图 5.18 中存在一个局部极大值。

通过对两个喉部面积不同的导叶试验，发现了上述现象，如图 5.19 所示。很

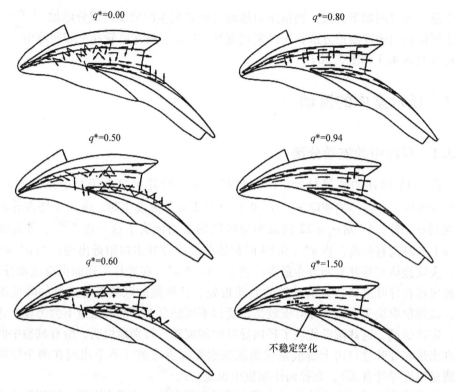

图 5.17 导叶（$n_q = 22$）中的流动测量结果，测试方法同图 4.5[B.20]

明显，曲线ψ_{3-2}在$c_2 = c_{3q}$时变为 0，且导叶喉部面积减小时分离点（ψ_{3-2}的最大值）向左侧转移，此时部分载荷工况的效率也相应增加。当分离在导叶中发生时，$Q-H$曲线变得平坦，叶轮中的静压有所增加，ψ_p几乎不受导叶的影响。

如图 4.6a 所展示的试验结果，蜗壳在这里的作用与导叶很相似，因此图 5.18 的分析完全可以应用于蜗壳式泵。尤其在部分载荷工况时，在低于某临界流量的工况下会发生减速，c_2在蜗壳中减小到c_{3q}，随之发生流动分离（c_{3q}可通过局部蜗壳截面或者蜗壳喉部面积计算）。在流动加速过度时，蜗壳内会发生空化。

冲角对局部流动分离会产生一定的

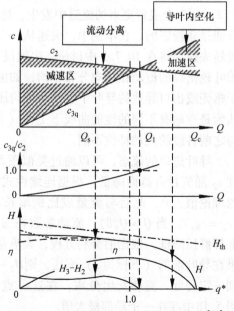

图 5.18 压水室喉部的流动减速和加速[22]

影响。即使导叶的第一部分被设计成在临界流量时冲角接近于 0，一旦超过了允许的速度下降量，分离依旧会发生，这与比值 c_{3q}/c_2 和导叶进口的速度分布有关。对于比转速在 15 ~ 35 的导叶式泵的测量显示，在 c_{3q}/c_2 为 0.3 ~ 0.6 时，曲线 $\psi_{3-2} = f(Q)$ 便会变得平坦或不稳定，但是几何数据或者比转速的关系却无法得出，最可能的原因是叶轮出口流动分布对导叶内的流动存在着复杂的影响。

5.3.2　导叶的压力恢复

比转速 80 以下的泵内导叶的压力恢复很大程度上决定了 $Q - H$ 曲线的稳定与否。导叶中有两个压力显著升高的区域：①从 H_2 ~ H_3 的三角区域测得的压力升高 $(H_3 - H_2)$；②实际导叶流道中压力从 H_3 升高到 H_4，如图 4.4 或表 0.2 所示。蜗壳内喉部的流动和导叶上游三角区的流动相似，导叶扩散段 H_3 ~ H_4 的流动和出口段内的流动也很相似。

如图 5.19 所示和见 4.5、4.6 叙述中对 $(H_3 - H_2)$ 的测量均发现了导叶进口（或蜗壳内）的三角区域内产生了明显的压力回升，即压力随着流量下降而增加，在流动发生分离时达到最大值。减速率 c_{3q}/c_2 对于这部分压力恢复非常重要。相反，导叶流道内从 H_3 ~ H_4 的压力回升是以一种类似于管道内圆锥形导叶的方式，随着流量的增加而增大，且蜗壳后的扩散型出水管路也是如此。在最高效率点附近，压力回升 $(H_4 - H_3)$ 随流量的平方增加，图 1.14 或图 1.15 所给的压力恢复系数 c_p 可供估算时参考。相反，由于在部分载荷工况时喉部速度分布非常不均匀，因此用 c_p 值无法预测压力恢复。喉部的实际动能比根据连续性方程计算 c_{3q} 所得出的值高得多，这解释了喉部最大速度（而不是平均值）对于导叶流道内的压力恢复 $(H_4 - H_3)$ 产生很大影响的原因。

当流量小于压水室中流体失速时的临界流量，特别是在 $Q = 0$ 时，导叶内的压力恢复可能不遵从普通扩散流动的规律。卡诺冲击可能与此现象的机理类似，即突然减速引起的压力升高（截面渐扩的流动或者完全分离的流动）。运用在导叶的进口，扬程增量为

$$(H_3 - H_2)_{\text{stat}} = \frac{c_{3q}(c_2 - c_{3q})}{g} \tag{5.8}$$

然而，用平均速度代入式（5.8）时，因为 $c_{3q} = 0$，使得 $Q = 0$ 时导叶的压力没有升高。即使在更高的流量点，根据式（5.8）计算得出的部分载荷工况下的压力回升比实际测量值要低得多。为了准确地进行这些计算，必须考虑回流和失速流体对截面的阻塞作用。

还有一些观点认为，导叶中的完全分离流动会导致压力上升，特别是在三角区域；这可以归因于动量交换（类似流体耦合或者涡流泵），扬程在完全分离流动中随着回流的强度增加而升高（像功率消耗）。

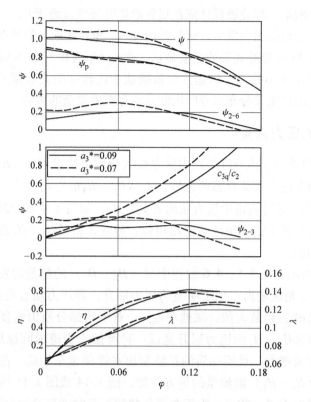

图 5.19 导叶喉部面积对扬程—容量曲线的影响[22]

5.3.3 来流条件对压力恢复和失速的影响

如果贴近壁面的流动已经大幅度减速，厚边界层充塞导叶进口，会使压力恢复恶化，并增加失速的可能性（见 1.6）。这些问题在导叶入口速度不对称时也成立，如上游管道为弯曲的情况。这些机理也适用于叶片式导叶：如果进口是厚边界层或者非均匀速度分布，压力恢复将会受到影响，流动分离的趋势将会增加。这对水力损失和 $Q-H$ 曲线的稳定性有很大的影响。

非均相来流对导叶压力恢复的巨大影响在文献 [1，57] 中的试验中都得到验证，其关系为

$$c_p/c_{p,o} = 1 - 2.25(U_{fl} - 1) \text{ 和 } U_{fl} = \int \left(\frac{c_{2m}}{c_{2m,av}}\right)^2 \frac{\mathrm{d}A}{A} \quad (5.8a)$$

式 (5.8a) 可以作为这一影响的粗略估计计算（$1 < U_{fl} < 1.4$ 时有效）。在式 (5.8a) 中，$c_{p,o}$ 是统一的系数，c_p 为非均匀速度分布来流对应的压力恢复。根据式 (8.19)，速度的轴面分量定义了非均匀性。如果靠近叶轮侧壁的 c_{2m} 趋向于 0，c_p 值降低并比均匀来流的值小，由于导叶近壁面流体动能不足，很难有任何压力回

升。显然，动能不足的近壁面高度非均匀来流可能会引起流动在导叶中的提前分离。如下文中将讨论的那样，这点未必不利于 $Q-H$ 曲线的稳定性；但是在非均匀来流的工况下，泵的效率会有所下降（见 1.5.2 和 8.5）。

如 5.2.4 所述，回流发生必须满足两个条件：流动分离，同时垂直于主流方向上存在足够高的压力梯度，压水室中的回流条件也是如此。当来流不均匀时，压力梯度首先产生，造成压力沿导叶宽度方向的变化。为使其更加直观〔见式 (1.7)〕，导叶中的压力升高可以看成是不同流线的非均匀速度的投影。

导叶中的流动在 c_2 最大还是最小处分离取决于其速度分布。考虑图 5.20a 中的情况，由于减速的作用，压力升高在 c_2 最大值处最快。如果导叶中某处的压力恢复由 c_2 的平均值决定或者由 c_2 的最大值决定，这也将是流动分离处。相反，c_2 的最大值和平均值的差别很小，如图 5.20b 所示，则导叶中的压力恢复取决于 c_2 的平均值。速度不足的另一个方面的表现是，压力恢复会比平均值小，所以在近壁的 c_2 最小处产生了二次流和失速。

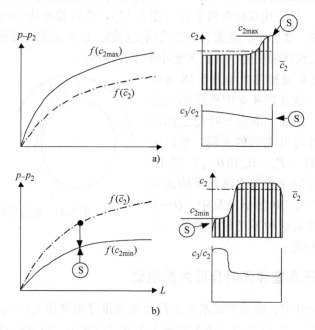

图 5.20 导叶中的流动分离

a) 局部速度过高处的分离 b) 局部速度不足处的分离

S—流动分离

非均匀来流的作用会与减速 c_{3q}/c_2 叠加，且随流量增大而减少（图 5.18）。比值 c_{3q}/c_2 对于 $Q-H$ 曲线的不稳定有很大影响。文献〔25〕中的研究也可以这样理解：如果导叶进口来流的非均匀性持续增长且导叶内的流动保持减速，不稳定的特性便显现出来，导致流动分离。导叶中的压力恢复因此受到很大影响，但叶轮中的静压升高几乎没有受到影响。

综上所述，速度分量的展向非均匀性（周向平均）对于水力损失和 $Q-H$ 曲线的稳定性影响很大。相反地，展向不均匀性对不稳定力和压力脉动有所影响，它导致流体流向导叶时不稳定，即强化了湍流，有利于导叶内的压力恢复。

5.3.4 蜗壳内的流动

叶轮出口下游的流体质点按角动量守恒的方式运，即 $c_u r = c_{2u} r_2 = \text{constant}$（见 3.7）。所以，蜗壳内周向速度随着半径增大而减小，而依据式（1.28）静压从内向外逐渐增加。这些压力和速度分布都在图 5.21 中定性地表示出来，也被试验（在最高效率点附近）证实，见文献［31］。在过载或部分载荷工况时，蜗壳截面形式和叶轮出口速度分布不匹配，蜗壳中的流动形式和图 5.21 中所示的形式不同（见 9.3.3）。沿径向的压力梯度在部分载荷时变得平坦，而在过载时增大。

与通过弯曲流道类似，二次流以 1.4 所讨论的方式也在蜗壳中出现。流动形式如图 5.21 所示，且呈现双旋涡的形式（图 1.12），受叶轮非均匀出流的影响而变得越来越不对称。实际上，截面为矩形的蜗壳内的二次流强度比截面为圆形或正方形的蜗壳内的二次流强度要小（因为更小的半径比率）。

蜗壳中的流动减速规律与图 5.18 导叶中的规律相似，这在图 4.6 中所示的试验中已经讨论过。然而，蜗壳与叶轮之间的相互作用比导叶与叶轮间的要弱，所以关死点功率和扬程（P_o、H_o 和 $H_{p,o}$）更小；蜗壳受叶轮出口的非均匀出流的影响比导叶小。比转速小于 70 的蜗壳泵中，$Q-H$ 曲线很少有马鞍形这种不稳定的形状［除非 $H_p = f(Q)$ 不稳定］。

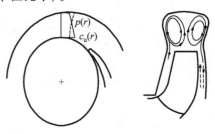

图 5.21 蜗壳中的流动

5.3.5 环形压水室和无叶导叶内的流动

在无叶式导叶中，流动形式基本上符合角动量守恒规律 $c_u r = c_{2u} r_2$，压力由内向外的增大，符合式（1.28）。由于速度在边界层中减小，流动路径的曲率逐渐增大以保持与主流所施加的径向压力梯度相平衡（图 1.12 中的速度 c_{BL}），而边界层中的流体由外向内流动，由此产生了螺旋形二次流。

无叶式导叶内没有冲角的影响，不稳定流动主要由叶轮出口的非均匀速度分布引起。如果 c_{2u} 在叶轮出口宽度上变化，根据式（1.28），不同流线上的压力恢复也会不同。二次流随之增强，甚至引起流动分离。

如 3.7 所述，流体在无叶式导叶中流动路径的长度即摩擦损失，取决于液流角 α_3。在小流量时，液流角减小，流体质点运动的长度随之增长，且不断变厚的边界层最终将导致流动失速。因此,存在一个临界液流角,小于它时流动产生边界层分离和回流。如果低能量区域占据无叶式导叶边壁的绝大部分,临界液流角随之减小,所以沿宽度上的能量分布起着重要作用。当叶轮出口的局部动能远小于平均值时,流动有分离的趋势。因为 $\tan\alpha = c_m/c_u$,故沿无叶式导叶宽度的 α_3 分布由 c_{2m} 和 c_{2u} 的投影决定。局部流动分布对二次流和局部失速有着强烈影响,很难定义一个通用的临界液流角。流动分离的趋势,或者说临界液流角,随着半径比值 r_4/r_2 增长而变大,随着雷诺数的增大、湍流强度的增强及宽度与半径比值 b/r_2 的增加而降低。

如果叶轮设计得不好,即使在最高效率点的附近也可能发生流动分离。这可以通过数值计算手段进行分析和优化,但是在部分载荷工况时流动分离是不可避免的。

泵在闭阀运行时,流动在无叶式导叶的回流比有叶式导叶中要强烈得多。动量交换只能在无叶式导叶中流体失速的区域和叶轮之间进行。因为回流的周向速度更高,所以无叶式导叶的功率消耗及关死点扬程比有叶式导叶和蜗壳的要低(图4.6b)。

5.4 回流的作用

5.4.1 叶轮进口回流的作用

根据表3.3,理论扬程可以写成:

$$H_{th} = \frac{u_2^2 - u_1^2}{2g} + \frac{w_1^2 - w_2^2}{2g} + \frac{c_2^2 - c_1^2}{2g} \tag{5.9}$$

式中,右边的三项有如下的意义:

1)$H_z = (u_2^2 - u_1^2)/(2g)$ 是由离心力产生的扬程分量,仅与进出口直径的比值 d_1/d_2 有关,不受叶片角影响。

2)$H_w = (w_1^2 - w_2^2)/(2g)$ 是由叶轮中相对速度下降产生的扬程分量,取决于叶片角、流量及可能存在的对流线形态有影响的回流区域。

3)$H_{p,th} = H_z + H_w$ 组成了叶轮中在没有损失情况下的理论静压增量。H_p 可以在叶轮出口测得,H_z 和 H_w 则无法直接测得。

4)$H_a = (c_2^2 - c_1^2)/(2g)$ 是叶轮中流体加速产生的扬程分量,在压水室中减速并转换为静压。

图5.22中展示了扬程分量和流量的关系。在回流发生的区域这个关系有一定的假设性质,对于稳定的流线最为适用。离心力产生的扬程分量在图中被假设为与流量无关,该假设只有在叶轮进口没有回流时成立,因为回流会阻塞叶轮进口截面的外侧,使液体向轮毂处流动(图5.12)。有效的流线会转移到叶片的较小半径处

（小于回流时的半径）。因此，扬程的离心分量变大，可通过式（5.10）进行估算。式中，$d_{1\text{eff}}$ 指的是流入叶轮的净流量的有效直径：

$$H_z = \frac{u_2^2 - u_{1\text{eff}}^2}{2g}$$ (5.10)

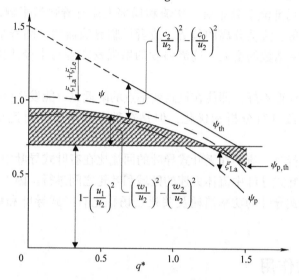

图 5.22　静扬程和动扬程与流量系数 q^* 的关系

由于回流导致的理论扬程增量为

$$H_{\text{Rec}} = \frac{u_2^2}{2g}\left(\frac{d_1^2}{d_2^2} - \frac{d_{1\text{eff}}^2}{d_2^2}\right)$$ (5.11)

回流导致的扬程大小取决于流线向轮毂偏转的程度，回流开始时起的作用较小，但随着流量的下降而增强，直到在 $Q = 0$ 时达到最大（图 5.23）。根据式（5.11），回流导致的扬程分量随着比值 d_1/d_2 的平方而增长。

由于 d_1/d_2 随比转速增长，回流导致的扬程增量随 n_q 迅速增长。如图 5.24 所示，竖轴为最高效率点的离心扬程分量 $\psi_{z,\text{opt}}$（无回流）和关死点分量 $\psi_{z,o}$，横轴为 n_q。两条曲线间的差别在于关死点回流造成的扬程增量 $\psi_{\text{Rec},o}$。在轴流泵中，$\psi_{z,\text{opt}} = 0$ 应用在最高效率点处（因为 $d_1 = d_2$）。在关死点处，流线偏转强烈，$\psi_{\text{Rec},o}$ 达到最大值。相反，由于叶片高度太小而使流线没有偏转，故由回流导致的扬程分量在低比转速下较小。如 5.1.2 及设计经验所证实的那样，回流的强度随着 n_q 增大而增强。

在回流的作用下，来流中会产生预旋（图 4.13），所以根据式（T3.3.1）[或者式（5.9）中，w_1 减小，c_1 增大]，理论扬程会降低。根据经验：如果回流导致的预旋被减弱，部分载荷工况时的扬程，特别是关死点的扬程会有所升高，例如多级泵中的反导叶及吸水室中的筋板等的作用。诱导预旋的理论部分将在 8.4 中进一步讨论。

进口回流对扬程的影响可以在轴流泵中清楚地观测到（图 5.24）。图 5.25 显示了轮毂系数为 0.4 的轴流泵的特性，同一叶轮在带有导叶和没有导叶两种情况下分别进行了测量。在 $q^* = 0.65$ 时，因为流动分离，特性曲线存在马鞍区。在 $q^* < 0.55$ 时，特性曲线急剧上升，因为进口处回流的流线向轮毂侧偏转，而在出口处则向壳体偏转（图 5.12 和图 5.2）。根据式（5.11），当 $d_n/d_2 = 0.4$ 时，$\psi_{\text{Rec,o}}$ 应为 0.84，同时对该比值从 0.49~0.59 都进行了测量。导叶只对关死点扬程和功率产生了很小的提升，正如图中的对比所示。

大多数轴流式和混流式叶轮都有与图 5.25 相似的特性，所以在完全分离流动时观测到的扬程增量可以通过离心力解释。这导致了在设计工况点附近，产生的减速比绕叶片型线的流动更加剧烈。

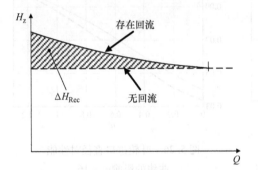

图 5.23　进口回流对离心扬程分量的影响

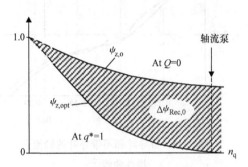

图 5.24　比转速对离心扬程分量的影响

在低比转速时，由式（5.11）预测的回流对扬程的影响比图 5.24 中所示的要弱得多。图 5.26 中对 $n_q = 16$ 的泵的测试显示，部分载荷工况时泵的扬程随叶轮进口直径增大而显著增加（叶片形状和角度在变换中保持不变）。根据式（5.11），$Q = 0$ 时扬程系数的理论增量大约是 0.043，测量值为 0.04。随着叶轮进口直径增大，最高效率点附近叶轮出口静压比测试值要小，而在发生回流时升高。这两种观测结果均与式（5.9）及图 5.22 一致。叶轮进口直径的增大会导致回流加剧（高于预期值），同时功率也增大。

如果轮毂直径（其他几何尺寸不变）增大，流线发生偏转，同时回流的区域减小，导致关死点扬程降低[20]。

根据上面的讨论，泵的扬程在进口发生严重回流时会有所上升，且很大程度上流进、流出叶片的流线受到有效直径的影响（图 5.12）。所以，叶片进口边的位置对泵的部分载荷工况特性有很大的影响，这也被许多相关的文献所证实。图 5.27 中展示了对 4 个不同进口直径叶轮的测量结果（叶片数和叶轮出口宽度也不相同）。从这些测试结果可以看出，关死点扬程和功率随着叶轮进口直径及 d_{1a}/d_{1i} 比值的增加而变大，总结如下：

1）如果回流在叶轮进口充分发展，扬程、功率及静压则随着回流强度的增强而升高。如果回流导致的预旋在叶轮上游被削弱或者消除，这些效果会进一步增强。

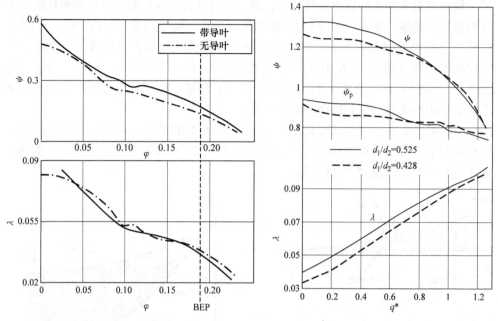

图 5.25 带导叶和不带导叶的轴流泵
特性曲线[20]

图 5.26 叶轮进口直径对性能
曲线的影响 $n_q = 16$

2）随着比转速的增大（或 d_{1a}/d_{1i} 的升高），这些作用也随之增强。这也解释了 $Q-H$ 曲线陡峭、高比转速泵关死点功率高的原因，以及叶片进口边对在部分载荷工况时泵性能的影响。

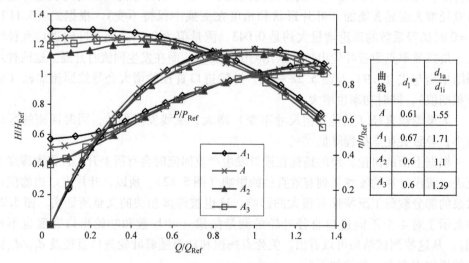

曲线	d_1^*	$\dfrac{d_{1a}}{d_{1i}}$
A	0.61	1.55
A_1	0.67	1.71
A_2	0.6	1.1
A_3	0.6	1.29

图 5.27 叶轮进口对性能曲线的影响[44]

5.4.2　叶轮出口回流的作用

当流体质点从压水室回流到叶轮中时，其速度有一个接近 0 的周向分量。在叶轮中，流体被重新加速到更高的速度；如果这一过程中角动量守恒，那么功耗会随之上升，相关经验也证实了这一点。

回流对扬程的影响不大。通常假设回流会使扬程降低，还可能导致 $Q - H$ 曲线的不稳定。然而，通过对大量试验测量结果的分析发现这个假设仅仅部分正确。参考图 4.5 中的特性曲线和图 5.17 中对导叶的流动观测，考虑存在以下三个阶段：①导叶中的局部分离；②完全发展的回流；③这两个状态之间的"过渡区"。局部分离在 $q^* = 0.94$ 时出现（图 5.17），既不会对导叶的压力恢复产生影响，也不会对 $Q - H$ 曲线有影响。只有在 $q^* = 0.4$ 时，即发生严重分离时压水室中的压力恢复才变得不稳定。$Q - H$ 曲线在 $q^* < 0.4$ 时保持稳定，因为叶轮进口发生的回流使静压增大（ψ_p 在 Q 趋向 0 的过程中大幅升高），而在关死点回流得到充分发展。在 $q^* = 0.4$ 时，在导叶中最大压力处左侧的过渡区，回流还没有发展到对性能的稳定性产生影响的程度。

许多测试结果显示在叶轮出口完全发展的回流会增大扬程：

1）如图 5.28 所示，导叶三角区域的压力恢复（$H_3 - H_2$）随着关死点回流的强度的增强而升高（在图 5.28 中有定义）。如预测的那样，功率系数遵循相同的变化趋势。图 5.28 中包括了对比转速 15~35 的离心泵的 13 次测试。

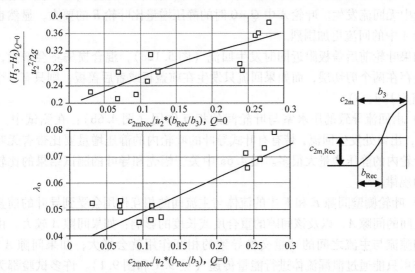

图 5.28　出口回流对导叶中压力恢复和关死点功率的影响[B.20]

2）对一混流泵（$n_q = 150$）的测试结果如图 5.29 所示，叶轮出口的静压 $\rho g H_p$ 由对外侧流线的测量表征，曲线 $H_p = f(Q)$ 基本上是稳定的，微小的马鞍形是由导叶内压力恢复不足导致的，因为流向导叶的流体在叶高上分布不均。与上文对离心泵内测试结果的探讨相反的是，在 $q^* < 0.67$ 时，导叶内流体压力并没有升高（在一定范围内，压力甚至是减小的）。在最高效率点，导叶的压力恢复约是扬程的 15%，在 $q^* = 1.27$ 时甚至达到了 30%。正如对叶轮上游压力差 ΔH_s 的分析，进口回流在 $q^* = 0.55$ 附近发生（试验介绍见 5.2.6 及图 5.16）。$q^* < 0.5$ 时，叶轮中的扬程和静压增量受叶轮进口回流作用而大幅提升。

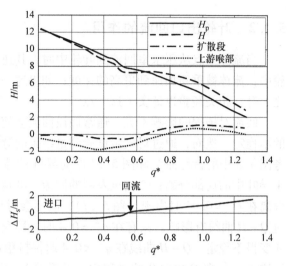

图 5.29　混流泵的扬程分量特性
H_p—叶轮中的静压增量，$n_q = 150$

3) 图 5.30 显示了对两个叶轮的测量结果（两者使用相同的导叶）：叶轮 A 的 $Q-H$ 曲线稳定，而叶轮 B 的 $Q-H$ 曲线不稳定。叶轮 A 在前盖板处产生了回流，且从 $q^* = 0.5$ 到 $q^* = 0$ 一直在增强。相反，在整个流动范围内，叶轮 B 中的回流强度比叶轮 A 的都低，扬程也是如此。叶轮的最小扬程出现在 $q^* = 0.25$ 时，而此时叶轮中无回流发生。叶轮 A 中 $Q = 0$ 时的静压增量比叶轮 B 的要大，显然也是因为叶轮 A 中的回流更加剧烈。

如果叶轮前后盖板附近同时发生回流（图 5.12c），混合损失将会增大，因为此时会存在两个剪切层，而如果回流只发生在前盖板或者后盖板，则只有一个剪切层（图 5.12d、e）。

4) 由回流导致的压水室与叶轮间的相互作用（图 4.6b）：在测试中，$q^* = 0.6$ 时，出口处发生回流，带有有叶式导叶的叶轮内的静压增量要比带有无叶式导叶的叶轮内的静压增量大很多。图 4.6a 中关于蜗壳和导叶的测试结果的比较也有相似的规律。

5) 叶轮侧壁间隙 E 和 F 中的流体与主流间的相互作用会受到导叶的前盖板与叶轮之间的间隙 A，以及该间隙的重合度或长度的影响：如果间隙 A 较大，由叶轮侧壁间隙流与主流之间的动量交换导致的相互作用就会增大；如果间隙 A 较小，相互作用只能通过泄漏流体进行能量传递（见 9.1 和图 9.1）。许多试验都无一例外地证实，如果间隙 A 很小，一台多级泵的闭阀压力会增加，见文献 [B.20，18]。如图 5.31 所示，这一过程中消耗的功率只有很小的起伏。因此，部分载荷工况时的扬程提升可以用导叶和叶轮之间动量交换的增强来解释。所以，如果间隙 A 较小的话，会导致叶轮中静压的增加及导叶内压力恢复的增强（图 5.31）。

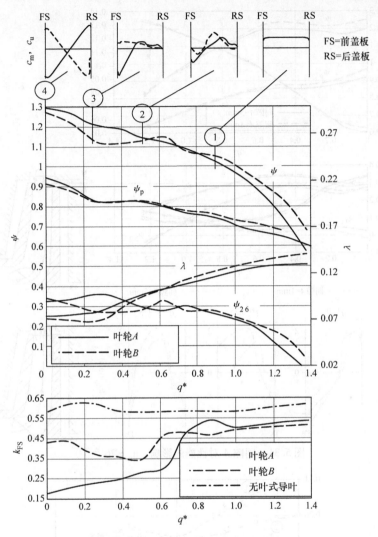

图 5.30　叶轮出口流动对稳定性的影响

$n_q = 32$

6）如图 5.32 所示，出口边位置对混流泵的扬程有很大的影响。出口边形状 1 的功耗及扬程均比形状 2 更高，后者的 d_{2a} 略小。在叶轮的出口边与轴线平行（径向叶轮）及出口边几乎与径向平行（轴流叶轮）的情况下，更容易理解出口边对回流的影响，如图 5.32 所示。

7）即使在径向叶轮中，叶轮叶片的出口边倾斜的话，也会导致关死点扬程的上升，因为叶片出口边半径的变化会导致更为强烈的回流。图 5.33 证明了这一点：在小流量工况下，出口边倾斜的叶轮（平均直径都为 d_{2m}）比出口边与轴线平行的叶轮有更高的扬程和功耗，这说明回流可以增强动量交换。

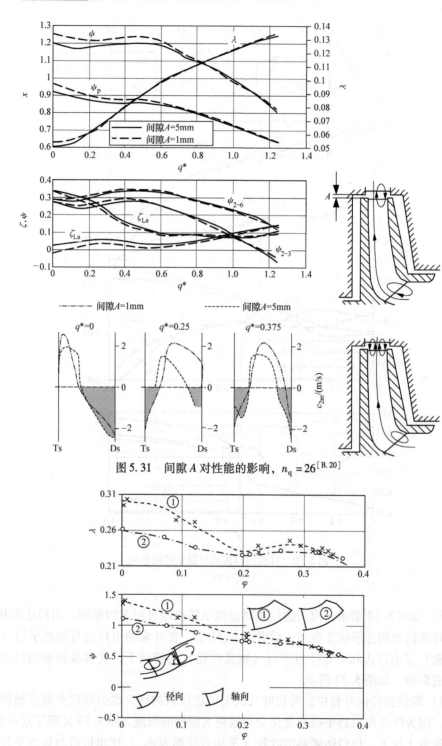

图 5.31　间隙 A 对性能的影响，$n_q = 26$[B.20]

图 5.32　叶轮叶片出口边对特性曲线形状的影响[20]

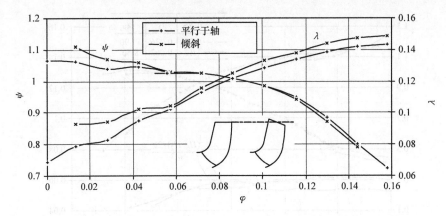

图 5.33　相同的平均叶轮出口半径下，叶片出口边倾斜和轴向平行的对比（$n_q = 33$）[20]

8）导叶进口宽度 b_3 和叶轮出口宽度 b_2 比值较大时会增强导叶内的流动分离，因为速度的轴面投影分量会减小。在急剧扩张区域的下游，增强的回流会导致小流量时功率和扬程的增大。这由图 5.34 中的测试所证实，测试中使用同一叶轮与两个喉部面积几乎相等的导叶分别配对。对于进口宽度更宽的导叶来说，流动在 $\varphi = 0.08$ 时就已经分离，而在 $\varphi < 0.04$ 时的扬程和功率比宽度较小而几乎未发生流动分离的导叶要高。

9）在多级泵中，叶轮的轴向位置对 $Q - H$ 曲线有很大的影响，因为其会影响回流区域的位置，如图 5.12 所示。有时会调整叶轮和导叶的相对位置，以修正 $Q - H$ 曲线或轴向力。如果在叶轮中心和前盖板附近产生了微弱的回流，那么前盖板处流体的轴面投影速度会减小，叶轮可能会发生移动而使回流得以加强。

10）低比转速泵的相对叶轮出口宽度 b_2/d_2 必须选择充分大的值，以得到稳定的 $Q - H$ 曲线。根据 5.2.2，叶轮出口的速度分布随着 b_2/d_2 的增长而非均匀化，但如 5.3.3 所讨论的那样，这同时也会增强叶轮出口的回流。

11）动量的交换，即关死点扬程，会随着叶片与导叶之间的距离（间隙 B）或与导叶喉部的距离 a_3 的减小而增加。间距 a_3 较小的话可能会减小回流液体的周向速度分量 c_u。

12）叶片数的增加增强了动量交换，会使扬程略有上升。

回流的作用也可以用另一种物理模型解释：回流阻塞了叶轮出口的部分区域，在导叶中也是如此，回流阻塞了部分流道截面，而这可能会提升正常的流动中的压力恢复。根据这个模型，液流可以在叶轮和导叶中以一种"部分流通"的方式形成正常运行状态，尽管水力效率会下降；流体发生失速的区域则像固体边壁一样引导流体流动，尽管剪切层中必然存在着回流和主流的动量交换；部分载荷工况时的扬程也会随着回流区域的扩大而升高。

对于完全发展的回流，叶轮出口的三维流动分布很重要，这限制了上述简化模

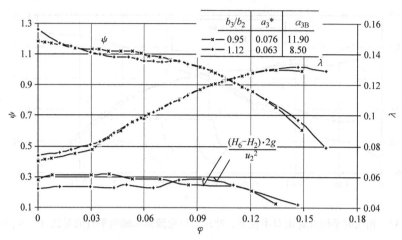

图 5.34　导叶几何参数对泵的稳定性和功率的影响[20]

型的有效性。

根据$H_0 \sim c_3^2$和$\psi_0 \sim (c_3/u_2)^2$，关死点扬程H_0随着压水室入口流体动能的增加而升高。动能较小的流体从压水室回流进叶轮中时，会被重新加速并使c_3变大。在这种情况下，关死点扬程和功率都会增加，这可以从图5.28、图5.30～图5.34中的试验及图4.6a、b中看出。如果叶轮和压水室中的动量交换上升（见7.3.2和7.3.3，或者通过选择较大比值的b_2/d_2和d_{2a}/d_{2i}、d_{1a}/d_{1i}等），功率和关死点的压力通常会升高。其中的原理可能和摩擦泵的原理差不多，动能中的c_3^2这部分可以有效地提高关死点压力，具体效果取决于压水室的结构。如果能量被耗散，扬程则不会提高，即使回流很剧烈。图5.19中的测试证实，当通过修改a_3来减小导叶的喉部面积时，关死点扬程会大幅提高而功率则几乎保持不变。这些测试表明，关死点扬程和功率并不总是同步变化的。

5.4.3　出口处回流对叶轮侧壁间隙流动和轴向力的影响

叶轮进口的回流对叶轮侧壁间隙的流动（间隙E和F）没有明显影响，而出口回流的影响却很大。当回流在前盖板附近发生时，周向速度c_u较低的回流流体由于环形密封的泄漏被输送到间隙F，如9.1中所讨论的那样，这部分流体降低了叶轮侧壁内流体的旋转；这也适用于带有平衡孔的叶轮后盖板（间隙E）。然而，上述过程在多级泵中极少出现，因为后盖板的泄漏段是径向向外的。

回流对叶轮侧壁间隙F内流体旋转的影响，以及旋转率k_{FS}的测量值和流量的关系如图5.30所示（见9.1的定义，k_{FS}是间隙F中的流体的平均角速度和叶尖速度的比值）。对于叶轮A，前盖板附近的回流在流量减小到低于临界值时（$q^* \approx$ 0.75）不断增强；同时，间隙F内的旋转系数k_{FS}从0.5逐渐降低至0.18，因为低的c_{2u}流体进入了叶轮侧壁间隙。叶轮B的特性则完全不同，即在$Q=0$处，回流出现在后盖板附近，这是k_{FS}受到影响的原因（k_{FS}的值比叶轮 A 的高 3 倍）。在 q^* 从 0.15 ~ 0.65 的范围内，旋转因子的减小是由前盖板上低的 c_{2u} 流体导致的，这可以从 $k_{FS} = f(q^*)$ 的曲线与速度投影图的对比中明显看出。k_{FS} 的特性与图 5.28 中上部显示的 c_{2m} 和 c_{2u} 的分布相一致。在无叶式导叶中，回流液体的周向速度比有叶式导叶的要大，因为没有受到导叶的阻碍作用。因此，叶轮侧壁间隙中的流体旋转变得更加剧烈，而 k_{FS} 约为常数（图 5.30）。

通过对比转速为 22 的泵的研究，发现回流对叶轮侧壁间隙 E 内的流体旋转的作用与上述相似[26]：间隙 E 较宽时，在泵的整个流量范围内，回流都发生在叶轮的后盖板附近，流体的旋转相应地被减缓；在间隙 E 很小时，回流区域从后盖板转移到了前盖板，且旋转系数增大。回流区域的改变使 $Q - H$ 曲线上出现了较小的马鞍区（见 5.5.2）。

叶轮侧壁间隙内流体旋转的这些变化会对轴向力产生很大影响（见 9.2）[17,18]。由于多级泵中的轴向力很大程度上都已被平衡掉，叶轮侧壁间隙内的旋转变化会导致轴向力反向，如图 5.35 中所示的测试。这些试验研究了叶轮轴向位置对 $Q - H$ 曲线及轴向力的影响。虽然无法测得速度，但是可以结合上述分析进行推理。如果叶轮向泵的出口移动，由于叶轮前盖板和导叶侧壁的后退，回流在前盖板处形成，引起间隙 F 中的流体旋转减缓。前盖板上压力分布合成后产生了比在最高效率点时更大的轴向力，并作用在工作面。当叶轮向泵的进口移动时，出现了相反的情况：后盖板向前窜动，并产生回流。前盖板上叶轮边壁间隙内的旋转没有受到影响，轴向力指向进口，这与设计经验相符合。这两种叶轮位置下的 $Q - H$ 曲线都是稳定的，两种情况下发生后退的侧壁区域的回流也保持稳定。

相反，如果叶轮和导叶同轴，轴向力曲线起初遵从回流在后盖板发展时的规律。q^* 小于 0.6 时，轴向力突然下降，表明回流区域转移到了前盖板。

在高于最高效率点的工况，轴向力也取决于叶轮的位置，因为环形密封的长度及其泄漏、叶轮侧壁间隙内的压力分布都会受到其影响（见 9.1）。

与图 5.35 中极为相似的轴向力曲线可参考文献 [6]。通过减小间隙 $A \sim A/r_2 = 0.005$，消除了反向的轴向力，得到了在全流量范围内较平坦的轴向力曲线（接近于理论预测结果）。

结论：

1）部分载荷工况特性可能受叶轮位置的影响（但是并非必然联系），这是由于导叶进口的速度分布会影响压力恢复。

2）有些泵对叶轮的轴向位置很敏感，有些却不是，这可以通过叶轮出口速度分布的不同来解释。由于后者通常是未知的，所以难以预测叶轮移动的影响。

3）由于上述原因，在某个特定的场合中，很难预测叶轮应当移向吸入口还是出口以得到稳定的 $Q - H$ 曲线。将转子向出口侧移动可以提升关死点扬程，便于获得稳定下降的 $Q - H$ 曲线，如图 5.35 所示。

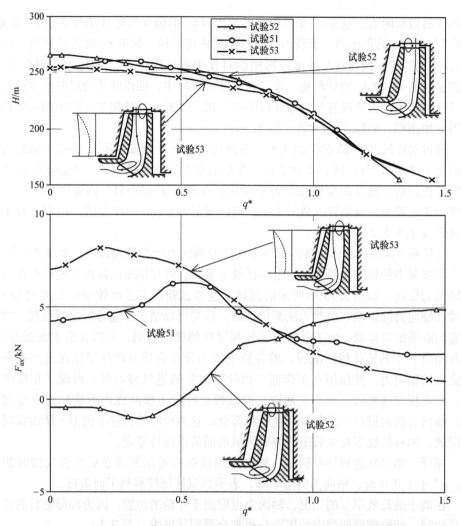

图 5.35 叶轮轴向位置对 $Q-H$ 曲线和轴向力的影响, $n_q = 22$ （苏尔寿泵业）

试验51—叶轮位置对中　试验52—叶轮向出口侧偏移　试验53—叶轮向进口侧偏移

4）间隙 A 应当充分小 ［参考表7.7及式（T7.7.16）］以得到稳定的 $Q-H$ 曲线，减小叶轮出口回流对轴向力的影响，尤其要避免图 5.35 中所示的轴向偏移。

5.4.4　部分载荷工况下回流的破坏作用

如上所述，当泵闭阀运行时，叶轮进出口的回流会导致功率和扬程的增加。在高比转速泵中这种增量是应该尽量避免的，如果无法避免的话就要依据关死点压力进行管路校核，同时也必须为闭阀启动选择合适的电动机。由回流产生的额外功率在泵中耗散使流体升温（见11.6，允许的运行范围与最小流量）。

长期在强回流区域运行的泵常常因振动和空化而影响使用寿命，因为全部的回流功率都被耗散掉了，参考第 10 章和式（10.17）。

1）回流和主流之间的剪切层会产生大尺度旋涡（正如桥墩下游的失速流）。特别是在叶轮出口，由于叶轮和压水室之间的相互作用，这些旋涡会产生激振力和压力脉动；会导致环形密封磨损增加，加剧轴承和密封损坏，泵组件的疲劳断裂，以及泵系统的振动、压力脉动和噪声等。产生这些问题的原因和可能的解决方法在表 10.1 中对应列出。

2）如果涡核压力低于液体的汽化压力，剪切层中产生的旋涡会导致叶轮进口出现空化（在特定的例子中，甚至发生在叶轮出口或者导叶中）。在叶轮进口产生的气泡通常在叶片工作面溃爆（见 6.8 和表 6.7）。

因此，一方面回流会导致过量振动和空化空蚀，另一方面一定程度的回流有助于保持性能曲线的稳定性，这样就产生了对回流强度优化的问题，如图 5.36 所示。然而，并不是所有的泵都要进行这种优化，要考虑泵的机械设计要求。对于保持 $Q - H$ 曲线稳定所需的回流强度，目前还不能量化。

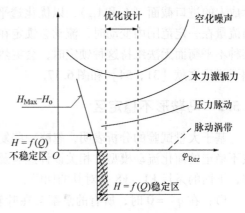

图 5.36　回流强度的优化

5.5　流动分离和回流对 $Q - H$ 曲线的影响

5.5.1　$Q - H$ 曲线不稳定的类型

在 4.1 中已经讨论了 $Q - H$ 曲线是如何从叶片的理论功中减去泵各部分损失而得到的，如图 5.22 所示。根据 4.1 中的公式，出口角低于 90°的叶轮的 $Q - H$ 曲线会随着流量的逐渐增长（从 $q^* = 0$ 开始）而稳定下降。如 5.1 所讨论的，叶轮和导叶中的流动必然会在部分载荷工况时发生分离，因为完全发展的回流在 $q^* = 0$ 时充满了叶轮的进出口。流动分离会导致 $Q - H$ 曲线的不稳定，可以区分出了以下两种不稳定性。

F 型：扬程在 $Q > 0$ 时达到最大值，故 $H_0 < H_{max}$。图 5.26 中给出了叶轮 A、A_2 及 A_3 的例子。这种类型的 $Q - H$ 曲线随阀门接近关死而下降，它可以被称为 "F 型不稳定性"，或 "下降曲线"。比转速越小的泵就越趋向于这种不稳定性，在 $n_q > 25 \sim 30$ 时，这种不稳定性就很少见了。

S 型：叶轮 B 的 $Q - H$ 曲线如图 5.30 所示，存在一个马鞍区，这种形式的不稳定被称为 "S 型" 或 "马鞍型"。在 $n_q > 30$ 时，导叶式泵容易产生这种不稳定性。然而，这种情况有时也在高比转速的蜗壳泵中发现（如文献 [31]，$n_q = 90$）。随着 n_q 上升，马鞍形不稳定性危害性逐渐增加，$Q - H$ 曲线的不稳定区向设计工况点靠近。通常这种不稳定性会发生在 $q^* = 0.6 \sim 0.9$ 之间，因此，有时称其为"全载荷不稳定"。轴流泵的 $Q - H$ 曲线通常都会出现马鞍区。

马鞍形的不稳定性有时和迟滞现象有关：随着流量的下降，扬程会在流量低于阀门全开的流量时突然改变。涡轮泵的 $Q - H$ 曲线通常会有滞后，因为叶轮常被设计成大的进口截面（A_1 和 A_{1q}），以优化透平工况下的性能。这种迟滞现象意味着，当流量在一定范围内变动时，流动会锁定在某种特定的流态保持不变，在流动达到某种不平衡而无法维持这种锁定时，会突然转换为另一种不同的流态。迟滞现象的例子详见文献 [31，54] 和图 6.17。

5.5.2　马鞍形不稳定区

基于大量试验的分析表明，忽略一些复杂的流动形式，可以建立起导致特性曲线不稳定的简化流动模型。相关设计经验及前述中的相关分析是建立这些模型的基础，下面的条目 F1 ~ F8 是对其的回顾。

F1：在 $q^* = 0$ 时，所有的泵都会在叶轮进口和出口形成完全发展的回流，所以其能量转换的机理与最高效率点附近没有发生分离时不同。

F2：轴流泵较高的关死点扬程可以理解为是受到离心力的作用。另外一种模型认为轴流叶轮进出口的回流是由流动的"自愈效应"导致的，这种效应使"准正常"功沿着回流区域周围的流线进行传递。两种模型都认为关死点压力能达到最高效率点时的数倍是由回流引起的，而离心力是这一过程的主要因素。

F3：即便 $q^* = 0$ 时，压水室中的压力恢复也达到了关死点压力的 10% ~ 30%。动量交换或是局部绝对速度 c_{2max} 对应的最大停滞压力都可以被视作为是出现该现象的主要原因。$q^* = 0$ 时，导叶中的压力恢复随着不断增强的回流而升高。

F4：当减速率 c_{3q}/c_2 达到一定临界值时，压水室中的流动开始分离。实际上该过程取决于叶轮出口的速度分布和几何参数。

F5：出现流动分离且垂直于主流方向的压力梯度足够高时就会发生回流，这是发生回流的充要条件。

F6：当 $n_q < 70$ 时，叶轮中的静压升高通常对泵的稳定性影响较小，而对压力恢复的影响则较大。当泵的总体性能存在马鞍形区时，增量升高的曲线通常是稳定的；相反，当 $Q - H$ 曲线有马鞍形区时，导叶中的压力恢复通常是不稳定的。

F7：叶轮内的静压增量曲线会由于导叶内的回流而变得稳定，如图 4.6b 所示。

F8：马鞍形的表现区是当流量减小时扬程也随之减小，这是叶轮或者导叶中流动形式发生变化的迹象。

下面分析哪种变化或者哪种流动形式不利于泵的稳定性。为此，做出如下分析（H1 ~ H8），它们的合理性都已通过大量试验得以验证。

H1：如果最高效率点附近的流动未分离，但是 $Q=0$ 时出现完全分离和回流，则可以得出以下结论：如果叶轮出口的速度分布从最高效率点时的均匀分布持续发展到完全回流时的不对称分布的话，泵就有稳定下降的性能曲线。速度分布的突然变化（或者说流态的变化）不会在叶轮的进出口或者叶轮中发生。不论流态如何变化，分离和回流区域会在相同的位置持续增强。图 5.37 表明：虽然在进口回流发生时（见图 4.13），$n_q=213$ 的轴流泵的梯度 dH/dQ 变化明显，但没有出现不稳定。叶轮有 3 个叶片，外侧流线的包角为 70°，没有叶片交叠等。进出口的回流都较强烈，且一旦回流发生，就会不断增强。甚至在回流发生前，出口速度就随轮毂处数值偏小但稳定增长的 c_{2m} 逐渐发展。在没有回流的区域，根据 5.2.2，流动在轮毂处分离，c_{2m} 的最大值因而出现在流道内的中间 [根据式（5.6），当 $q^*=1.04$ 时，罗斯比数为 0.59]。文献 [51] 显示，对于性能曲线上马鞍形区较为明显的混流泵（$n_q=180$），其出口的速度分布变得不均匀，且外侧流线上偏小的 c_{2u} 出现在不稳定的范围。

H2：如果流量略微降低时，流动形式就突然发生变化，则根据最小阻力定律，扬程必然会减小。流动形式突变得越剧烈，扬程下降的就越多。例如：很多研究都发现，当叶轮出口的回流区域从前盖板转移到了后盖板时（或者相反的情况），相应地扬程也会出现明显下降。在这个变化过程中，出现了一个回流几乎消失的流动范围。如图 5.28 和图 5.30 所示，这和扬程的下降有关。有时 $Q-H$ 曲线或轴向力会出现迟滞，这是因为在不同的 q^* 下发生的流动形变化取决于流量的增加或减小（图 6.17）。前述可知，回流区域的位置对叶轮前盖板侧壁间隙内流体旋转有强烈作用（图 5.30 和 5.4.3），以及流动形态转换的迟滞对轴向力也有显著影响，而这种流动形态转换可能有多种原因，例如：

1）可能是"分离延迟"：流动分离的发生被延迟了过长的时间。当分离最终发生时，失速流体突然覆盖了很大区域。在对叶片背面压力均匀分布的叶轮进行空化观测时，发现这种作用的确发生了。这与通常意义上从微小的分离气泡开始，而在流量减小时持续增强的流动分离不同（图 5.1、图 5.17、图 4.13）。

2）一旦回流在叶轮进口发生，叶轮出口的流动就会突然发生改变，如回流区域从后盖板转移到了前盖板处（或相反）。这种情况可能会非常频繁地发生，使得观测者认为进口回流是引起泵不稳定的首要原因。由进口空化导致的叶轮出口流态的变化就是这个机理的一个例子，见对图 6.17 的分析。

H3：高比转速的径向及混流叶轮中的流态转换很重要，因为压水室中的压力恢复随 n_q 的增大而下降，对扬程作用却很小。而且，随着流道宽度增大，流动的自由度增加，流动的引导作用减弱。如上所述，流动状态的转换，尤其会在叶轮进口发生回流时出现，其中的可能机理分析如下：在图 5.38 中，竖轴为前盖板处和轮毂处的冲角，横轴为流量。没有回流时，轮毂处的冲角随流量减小的增长速度比前盖板处的要大，因为轮毂处的叶片安放角更大（图 5.14）。达到临界冲角时，流动

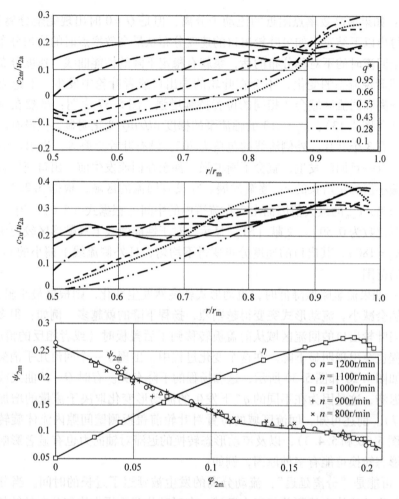

图 5.37　一台轴流泵的测试结果，$n_q = 213$[52]

最初在轮毂处分离。这会导致在叶轮出口靠近后盖板处发生回流，因为内侧流线的能量传递较弱。回流之所以还未在叶轮进口发展，是因为与主流方向垂直的压力梯度还不够强。这种情况只会在小流量时发生，且此时外侧流线的减速和冲角达到了临界值。一旦叶轮进口的回流充分增强，就会在轮毂处引起预旋，轮毂处的冲角随即消失（流量非常小时甚至为负值）。因此，轮毂处的流动分离及后盖板处的出口回流便会被消除，出口处的回流区域因而从后盖板转移到了前盖板。

H4：如果回流具有"自愈效应"，通过阻塞部分导叶的流道来让剩下的流道截面"准正常"运行，那么叶轮出口的非对称或偏向一侧的速度分布就优于前后盖板，同时存在低能量区域的对称速度分布，如图 5.39 所示。该结论也可以从 F5 中得到，即与主流方向垂直的压力梯度在速度分布非对称时会更强，而它对于诱导回流来说十分必要。其原因为：速度分布对称时，只出现两个比较弱的回流区域，而

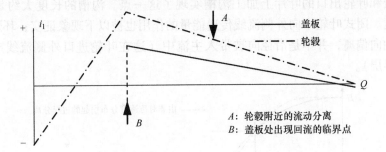

图 5.38 叶轮进口冲角 i_1 的变化

A：轮毂附近的流动分离
B：盖板处出现回流的临界点

且沿流道宽度方向没有明显的压力梯度，如图 5.30 所示。

H5：当压水室中的减速不太剧烈时，对称的速度分布是没有危害的（甚至有利于效率）。前后盖板低能区域的速度分布只有当减速率 c_{3q}/c_2 达到临界值时才对流动有害。这种流动形态导致了流动分离，而没有出现回流（或者出现弱回流），可以认

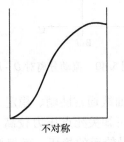

不对称

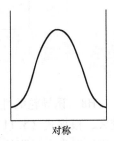

对称

图 5.39 叶轮出口的对称及不对称速度分布（c_{2m}）

为"没有回流的流动分离存在着不稳定的风险"。这尤其适用于混流及轴流式叶轮，它们 $Q-H$ 曲线的陡峭程度都由回流决定。当叶轮中出现流动分离而随后出现强度不高的回流时，就会出现马鞍形的不稳定区。

H6：在泵的 $Q-H$ 曲线上，叶轮静压上升不平滑或不稳定的区间，压水室中的流动会发生分离。导叶内流动提前分离是有利的，即此时扬程还没有提升很多，特性曲线在大流量时变平坦，直到达到（有限的）关死点压力前还是有"潜力"的（图 5.40）。后发展出的分离会较为突然地发生，而早期的分离则会循序渐进地发生。速度分布不对称时发生流动分离时对应的流量要比速度分布对称的大。

H7：为了避免混流泵和轴流泵性能曲线中的马鞍形区，设计叶轮时应当避免在出口附近的外侧流线出现低能量区。这样就防止了流动状态的转变，因为在低流量时，轮毂处会不可避免地发生回流（见 5.1）。轮毂处回流的提早发生可以促进这一过程，因为流动向外侧流线偏转，这增强了离心力的作用（图 5.2 和 5.12）。图 5.37 中的 c_{2m} 分布证实了上述分析，同时还可以参考文献 [5, 16, 17] 中对各类开式及闭式混流式叶轮的测试。文献 [16, 17] 中的测试表明将能量向外侧流线的能量传递可以提高稳定性。在对壳体和开式叶轮之间的间隙流动进行测量时发现，由于该因素的影响，开式叶轮的特性曲线比闭式叶轮的更为稳定。在闭式叶轮中，也可以通过向外侧流线传递能量以提高稳定性。经过一系列的试验，采用在靠

近前盖板和叶轮出口的叶片上加工沟槽实现了这一点。沟槽的长度大约是50%的叶片长度。闭式叶轮中向外侧流线传递能量的作用也被以下现象证实：环形密封的泄漏沿轴向偏离，并不是沿径向被带入主流中（这在叶轮进口外侧流线产生了更薄的边界层）。

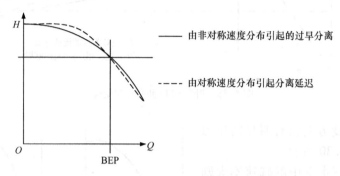

图 5.40　流动分离对 $Q - H$ 曲线形状的影响

　　H8：诱导轮的性能曲线通常陡峭、稳定（见7.7），其原因如下：①d_2/d_n 比值较大，根据式（5.11）可知关死点压力较高。②没有可以使流动在其中分离的压水室。通常，只测量诱导轮后的静压。而根据 F6，静压增量曲线对于绝大多数叶轮而言都是稳定的，甚至是合成出的全压通常也是稳定的。由于不稳定的 $Q - H$ 曲线，引起流动分离后导叶的压力恢复不足，也是加剧不稳定的重要原因。③诱导轮的叶片流道比较窄，因此引导流动的作用较强，不会引起流态的突变。

　　在文献［28］中显示，从诱导轮出口的速度分布可看出随着流量的下降，外侧流线的 c_{2u} 连续增长，与图 5.37 中的情况非常相似。在接近关死点时，外侧流线和内侧流线的最大压差出现在诱导轮的下游。主流方向上的压力梯度可能与垂直于叶轮中流动方向的压力梯度相平衡。因此，诱导轮抑制了发生在叶轮中的回流。这些发现间接证实，必须在流动分离及与垂直于流动方向的压力梯度的共同作用下，回流才会发生。

　　图 5.41 进一步证实了上述观点，文献［25］显示有测量结果显示有两个特点不利于稳定性：①回流区域从后盖板到前盖板的转换。②在不稳定范围内，前后盖板低能量区的对称速度分布。即使在 $q^* = 0.97$ 时，叶轮出口面积的1/4受到了回流的影响（或者说叶轮太宽）。当 $q^* = 0.9$ 时，这个区域进一步发展。在 $q^* = 0.88$ 的马鞍形区内，该区域比 $q^* = 0.9$ 时小很多，在 $q^* = 0.84$ 时，在前后盖板均形成了低能量区，同时形成了对称的速度分布，回流强度比 $q^* = 0.9$ 时要小。最终，当 $q^* = 0.78$ 时，前盖板处发生大量回流；并且随着流量趋向于关死点，扬程大幅度上升。

　　回流区域从前盖板到后盖板的转换也出现在了性能不稳定的导叶式泵的试验中[53]。文献［46］中也有对性能不稳定的涡轮泵的试验。在失速发生前，低能量区位于前盖板处，在流动分离后又转移到了后盖板。

忽略制造误差，双吸泵的叶轮可以看作是对称的，只要导叶中没有失速，那么它的出口速度分布就趋向对称。可以设想，这种情况下不稳定流动的自由度比单吸叶轮更大。由于可能出现流动状态的转变及不充分的回流，所以导叶式双吸泵难以获得稳定的性能。经验表明，这种不稳定性在设计时通常很难解决[33]。文献[33]中的试验可以使用上述分析来解释，并通过如下手段降低马鞍形不稳定的出现：①缩小叶轮前盖板与导叶间的间隙 A；②对叶轮采用"倾斜"修正，使得前盖板处的叶

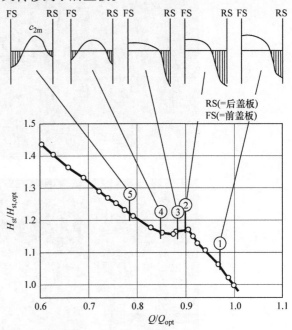

图 5.41　导叶式多级泵的 $Q - H$ 性能曲线[25]

片直径比叶轮中心处的小，回流也因此得以增强。当流动分离或者回流发生在导叶进口时，叶轮出口的压力分布就会发生变化，叶轮流道中的流动也因此受到影响，而这导致流动形态不再是对称的，流动也变得很不稳定。双吸叶轮的两侧流道内输送液体的流量也可能不再相同，虽然这一点还没有在试验中证实，但在 $Q - H$ 曲线的不稳定范围内的 CFD 计算结果与此相符合[2]。

图 5.42 显示了采用双吸叶轮、导叶及蜗壳结构的泵的导叶中的数值计算流态[2]，其 $Q - H$ 曲线存在迟滞现象。

图中视角为从蜗壳到导叶流道，流量比为 $q^* = 0.8$。图 5.42a 对应 $Q - H$ 曲线向上的一段，发生在降低流量时。图 5.42b 对应 $Q - H$ 曲线向下的一段，通过增加流量得到（图 8.21 中的 $Q - H$ 曲线）。在特性曲线向下的那段中流动高度扭曲，导叶内强烈的旋涡，流动损失增加并引起扬程下降（导致正斜率或不稳定），如图 5.20 所示。由于旋涡在导叶流道的喉部区域下游产生，进入叶轮中的回流在 $q^* = 0.8$ 还未开始。叶轮处的回流会引起扬程上升。在本例中，回流只在 $q^* < 0.6$ 时才开始起作用，在此流量下扬程开始上升直至关死点。

$Q - H$ 曲线的稳定性通常对叶轮进口来流的微小变化异常敏感，即便是径向叶轮。叶轮上游的速度分布会严重影响它的出流（如果流动不稳定），进而影响到导叶内的压力恢复。叶轮进口和子午面的形状很大程度上决定了叶轮出口速度 c_m 的分布（见 5.2）。

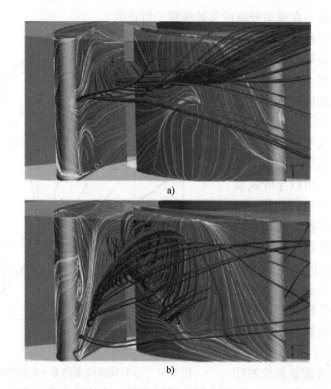

图 5.42 CFD 计算得到的导叶中的流态（采用双吸叶轮、导叶及蜗壳结构的泵）
$q^* = 0.8$[2]

因此，对于多级泵来说，只测试一级的话，对掌握多级泵的部分载荷工况运行情况的意义不大[22]，因为反导叶的出流影响不能完整的反映出来。多级泵的稳定性有时比单级泵更好，可能是因为每一级的制造误差导致了略有不同的流动形态（影响了流动分离和回流）。

蜗壳泵通常不存在马鞍形不稳定区，这证实了压水室中的压力恢复对 $Q-H$ 曲线的稳定性有着重要影响。在对 $Q-H$ 曲线稳定性的研究中，测量叶轮中的静压增量很有效，可将它与压水室中的压力增量作为纵坐标，流量作为横坐标绘在一张图中。然而，很多研究都没有考虑到这一点，使得这些分析过程变得很困难，见文献[5, 17, 25, 51]。蜗壳中叶轮周向的压力分布在部分载荷工况时剧烈变化，是导致流动不对称的主要原因。上述分析有助于确实可提高蜗壳式泵的稳定性。叶轮周向发生的剧烈压力变化可能是没有发生流态转变的原因。

上述分析显示，叶轮出口的周向平均绝对速度是影响系统稳定性的重要因素。尤其是轴面速度 c_m 的分布很重要，因为它使得对回流和低压区的深入研究成为可能；局部能量的传递与 $c_m c_u$ 成比例，所以 c_m 指向了 c_u 与平均速度相差不大的区域。然而，从参考的试验测试结果来看，部分载荷工况及 c_m 值偏小时，通常 c_u 值也偏小。

应当指出的是：上文讨论的模型都是简化模型，没有将 3D 流动时的所有细节考虑进去，特别是对于高比转速的径向叶轮。但是，这些简化模型定义了稳定与否的度量，从而可以据此进行分析。

5.5.3　F 型不稳定

低比转速泵容易出现 $Q-H$ 曲线在关死点扬程下降的不稳定现象。（F 型不稳定见 5.5.1）。正如上文中的大量讨论及许多试验证实的那样，小流量时的扬程主要取决于叶轮进出口的回流。如果关死点扬程太低，则表明叶轮进口或者出口回流没有充分发展，为了使 $Q-H$ 曲线变得稳定必须强化回流。在叶轮进口由回流导致的预旋也必须尽量消除（见 5.6.4）。

与 5.5.2 类似的规律也适用于的性能曲线变得平坦时导叶中的分离点。叶轮的出流在这种情况下也对回流有一定的影响。低能量区会同时在前后盖板处出现，在不对称的速度分布的共同作用下产生了更多强回流，这有利于 $Q-H$ 曲线的稳定。

5.6　改变 $Q-H$ 曲线形状的方法

5.6.1　引言

原则上，如果特性曲线足够陡峭，那么就可以通过改进设计使它变得稳定。在设计叶轮时，可以通过采用较小的相对出口宽度、较小的叶片出口安放角、较少的叶片数、较强的预旋，或者压水室中充分窄的喉部面积来使特性曲线变得稳定。然而，基于对泵的尺寸（及成本）的考虑，通常需要选择接近其上限的扬程系数，该系数对应于 $Q-H$ 曲线变得不稳定的临界点精确给出。但是，这个上限的确切位置无法预测，目前对相关机理的定性理解还不够，最终还是需要试验来确定 $Q-H$ 曲线的稳定性。

当特性不稳定时，通常扬程会有几个百分点的下降。所以，任何理论预测都必须精确、可靠。由于非定常流动及分离的复杂性，以及涉及的大量相关几何参数，所以现在的理论预测还无法做到精确；也无法在少数主要几何尺寸的基础上得出使 $Q-H$ 曲线稳定的可靠标准，即使有时我们会采用这样的方法来做一些粗略的预测。如上文所讨论的，叶轮中流态的变化取决于轴面投影图、叶片形状，以及叶轮上游的速度分布。此外，多种参数的综合往往比单个参数更为重要。因此，对 A 泵有稳定作用的方法用在 B 泵上时，可能会没有作用，甚至会产生相反的效果。

然而，有很多方法可以改变 $Q-H$ 曲线的形状及稳定性。这些方法与上述分析一致，并已经在实践中多次成功应用（表 5.1）。须注意相关的限制条件，不存在

表 5.1 泵特性曲线的解释和修正（ψ_p表示叶轮中的静压增量，H_{Le}表示导叶/蜗壳中的压力恢复）

问题/现象			可能的原因或机理	可能的补救措施
Q－H 曲线	内部压力	轴向力，$\beta/\omega=f(Q)$		注意：所有的修正都可能会产生不利影响
① Q－H 曲线在趋近于 Q=0 时下降 通常 $n_q<30$	H_{Le} 在趋近于 Q=0 时变平坦 ψ_p 在趋近于 Q=0 时		叶轮进口回流不足 （离心力作用太大）	改进叶轮叶片载荷侧的进口边（减小d_{1eff}）；改进反导叶出口边（减小c_{1u}）；增加叶轮进口直径，减小轮毂直径；
	H_{Le} 在趋近于 Q=0 平坦或者下降		叶轮出口回流不足 叶轮和导叶或蜗壳间的动量交换太小	导叶：减小a_3 蜗壳：减小A_{3q} 减小间隙δ_{TE} 增大b_2 减小d_3^*（注意压力脉动）

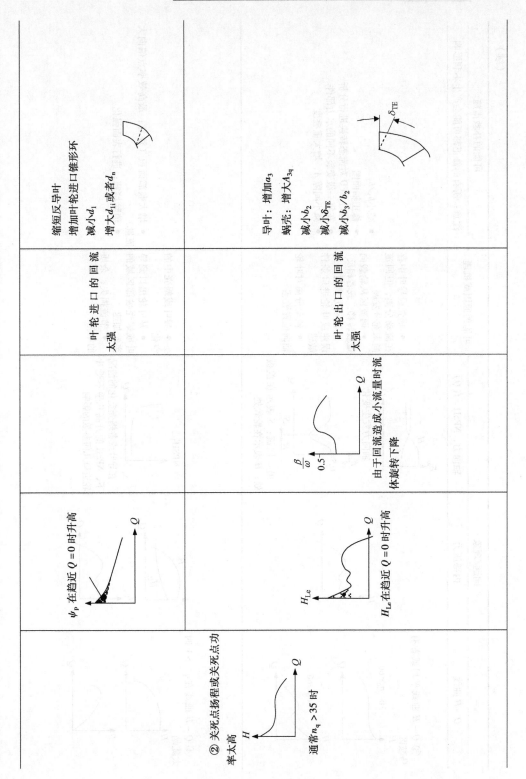

（续）

问题/现象	Q - H 曲线	内部压力	轴向力，NPSH = f(Q)	可能的原因或机理	可能的补救措施 注意：所有的修正都可能会产生不利影响
③ Q - H 曲线平坦或者有马鞍区	$30 < n_q < 60$；$n_q > 60$	H_{Le}	F_{ax}；H；S；出口回流；S 表示在盖板处；H 表示在轮毂处；轴向力发生变化 $\frac{\beta}{\omega}$ $0.5-$	• 蜗壳或导叶中存在流动分离，但回流尚未充分发展 • 盖板转动，或者相反 • 回流区从轮毂向流动分离或制造误差或安装进口条件敏感 • 流动分离对叶轮轴向位置敏感	• 减小 b_3/b_2 • 修正轴面图 • 通过 CFD 对流态转换进行分析 • 在每一级安装不同的水力部件 • 减小间隙 A，增大重叠度
④ Q - H 曲线在 $q^* > 1$ 时太陡峭	H；η	H；H_P；H_{Le}	$NPSH_3$；在导叶或者蜗壳空化的情况下，NPSH 的升高对高几何参数的影响轮进口几何不受叶	• 导叶或蜗壳中的空化 • 从叶轮出口到导叶或蜗壳喉部区域的突然加速 • 节流损失；杂质的堵塞	• 增大喉部面积（注意：最高效率点偏向大流量） • 消除堵塞；进行表面强化

"万能式"能使泵在所有工况下的性能都保持稳定。最高效率点的扬程系数越高，就越难使性能稳定（所有比转速均适用）。

采用稳定 $Q - H$ 曲线的方法有时会带来不利的影响，如泵效率的下降。如果泵不需要在不稳定的工况点下工作，那么就可以选择更大的扬程系数。通过对水力部件的适当修形，有可能使泵的效率比上述列举的 $Q - H$ 曲线稳定上升至关死点的效率更高。例如，对蓄水泵来说，由于地形的原因，一般水位变化不大，其运行范围很窄，所以这种方法常常应用在该种泵中（蓄水泵功率大，对设计效率要求高）。

5.6.2　叶轮进口回流的影响因素

叶轮进口回流的发生，首先与 $w_1 \sim w_{1q}$ 的减速及与主流垂直的压力梯度有关；其次与冲角有关。以下方法可以使回流发生的临界点向较小流量偏移：

1）减小叶轮进口直径。

2）减小叶轮进口的喉部面积。

3）增加预旋，如通过进口处的导叶或者反导叶。

4）增大叶片进口轮毂处的直径 d_{1i} 或者减小比值 d_{1a}/d_{1i}。

5）如果喉部面积过小，则减小叶轮进口的角。

方法 1）~ 方法 3）会延缓叶轮进口速度的降低，而垂直于主流方向的压力梯度可通过方法 4）降低。压力梯度主要取决于流动分布和叶高方向的几何参数。然而，很难定量地确定广义上普遍适用的方法。

如果回流发生临界点过度地向小流量偏移，也会产生不稳定的风险，因为 $Q = 0$ 时的回流强度被上述方法减弱。考虑到绝大多数泵即使在低载荷工况下也可以正常运行，因此不惜成本设法做到无回流运行是不经济的（见 5.1.7）。

5.6.3　叶轮出口回流的影响因素

叶轮出口回流的发生首先与 c_{3q}/c_2 比值的降低及叶轮出口的速度分布有关。后者与导叶进口垂直于主流方向的压力梯度有关，该压力梯度会促进回流的发生。

通过以下方法可以使压水室中的流动分离在更小的流量下发生：

1）减小 b_3/b_2 的比值（通过调整 a_3 保持喉部面积不变）。

2）减小压水室的喉部面积。在低比速泵中这种方法只适用于开式叶轮的情况，因为最高效率点没有过度向左偏移。随着比转速增大（大约从 $n_q > 80$ 开始），压水室对最高效率点的影响变小，喉部面积也可以随之减小。

3）减小导叶进口安放角。如果喉部面积没有同时减小，减小导叶进口安放角只能起到有限的作用。在蜗壳中，隔舌角度的影响甚至比带有导叶的情况更小。

由于导叶进口的流动分离和回流在很大程度上受叶轮出口速度分布的影响，因此提高导叶性能的关键通常是重新设计叶轮或者叶轮上游的部件。

5.6.4　消除 F 型不稳定的方法

为了使在关死点附近下垂的 $Q-H$ 曲线变得稳定，首先需要强化叶轮进出口的回流。通常这也会提高 $Q=0$ 时的功率。叶轮出口的回流（动量交换）可以通过以下方式强化：

1）增大相对叶轮出口宽度 $b_2^* = b_2/d_2$。

2）增大比值 b_3/b_2。

3）减小间隙 A，如图 5.31 所示。

4）减小 $a_3^* = a_3/d_2$（图 5.19）或者减小蜗壳喉部面积。然而，这种方法会使最高效率点发生变化，所以只能在有限的范围内运用。在某种程度下，a_3^* 的减小可以通过 b_3 的增加来弥补。

5）减小叶轮/导叶间距 d_3/d_2，但由于压力脉动和动态应力的原因，这种方法只在一定范围内可行（表 10.2 及见 10.1.9）。这种方法在蜗壳中很难达到很好的效果，因为蜗壳中的动量交换更多地受二次流的影响，而非隔舌间隙。

6）将叶轮出口边设计成"倾斜"状，如图 5.33 所示（其有效性随 b_2^* 增长）。

7）性能曲线平坦时，考虑叶轮出口不对称的速度分布（见 5.5.2）。

8）改变叶轮的轴向位置，如图 5.35 所示。

9）处于双蜗壳，为了降低在低载荷工况时的流动分离，可将隔舌的冲角设计为负值，以减少隔舌低侧边的角度（面向叶轮的那一侧）。

叶轮进口回流受如下因素的影响：

1）用筋板或者类似的装置抑制回流导致的预旋。在多级泵中，前一级的反导叶必须尽可能接近后级叶轮。如果一些机械设计要求必须保持一定间距时，间距应约等于叶轮进口处的叶片高度。

2）在叶轮上游，回流液体的周向分量产生了很大程度的耗散；其作用与上述第 9）项类似。

3）在叶轮上游安装导叶（图 6.39c）可以减缓回流引起的预旋，使其只比轴向来流强一点。关死点扬程随导叶开度的增加而下降。在极限情况下，类似于叶轮上游附近存在一个光滑平板：封闭的流体在 $Q=0$ 时无障碍地旋转，导致关死扬程点大幅度下降。

4）将叶轮进口边向前延伸至，特别是在轮毂处，这样 d_{1i} 可接近最小。

5）增大叶轮进口直径。

6）减小轮毂直径。

5.4.2 中 9）、12）及 1）~4）项中的分析及方法有助于实现低比转速泵性能曲线在关死点附近的稳定上升，尤其是对大约 $n_q < 25$ 的泵。

虽然关死点扬程随叶轮叶片出口安放角和叶片数的增加而有所上升，但 $Q-H$ 曲线会变得平坦，因此不稳定的风险会上升。将在 7.3.3 讨论的径向叶轮是特例，它们的特性曲线都很平坦。

5.6.5　$n_q < 50$ 径向泵马鞍区的影响因素

$n_q < 50$ 径向泵的 $Q - H$ 曲线稳定性很大程度上由导叶的压力恢复决定，而压力恢复取决于于叶轮出口的速度分布。对于导叶式泵，$Q - H$ 曲线中马鞍区的形成受如下因素的影响。

导叶中的流动分离可以通过减小导叶进口宽度 b_3 使其向小流量偏移。经验显示，这可以降低马鞍区不稳定的风险。同时，$Q = 0$ 时的回流强度降低，导致关死点扬程下降。这种现象在某些情况下是有利的，但有时也会导致 F 型不稳定，$Q - H$ 曲线出现波动、平坦区或者二次马鞍区。减小 b_3 量与 5.5.2 中的 H6 相冲突，但是所有讨论的方法其实都是优化过程的一部分。

1）a_3 的减小对马鞍区有不同的影响，因此对每个泵而言都存在一个最优值。然而，a_3 减小通常会导致关死点扬程的升高，最高效率点会向更低的流量点偏移，$c_{3q} = c_2$ 对应的工况点向小流量移动（图 5.18 和图 5.19），$q^* > 1.0$ 时的扬程会下降。比转速越低，最高效率点的位置对 a_3 变化的反应也越强烈（见 4.2）。相反，提高 a_3 会导致导叶中的流动分离向更高的流量点偏移。如上文所述，这是有利的，因为性能曲线在早期阶段就会变得平坦。但只有当叶轮的静压增量曲线在这一区域足够陡，或导叶中的压力恢复没有受到早期过度分离而损害时，$Q - H$ 曲线的稳定性才会得到提高。

2）叶轮叶片进口边的位置和形状对叶轮中的流动有着重要影响，也对叶轮出口的速度分布有很大影响。然而，很难总结出这种影响的一般规律。与 F 型不稳定相反的是，改进轮毂处的叶片使其尽可能延伸至进口处并不总是可行的，这会导致内侧流线处的叶片进口角变得很过大，对冲击产生很大的影响，从而导致叶轮出口流动形式的转变，这与对图 5.38 讨论时所假设的机理相符。

3）在多级泵中，可为每一级设计几何参数不同的部件，这样每一级中的流动分离就可以在不同的 q^* 下发生。如果泵在设计时要求每一级有不同的流动形式，那么这种设计理念可能会在二级或者三级泵中实现。从泵制造成本的角度看，这个方法在泵的级数较多时很难实现，但是它可以很容易地应用在泵最后一级的导叶中。

通常而言，如 5.6.4 中提到的方法用来改进马鞍区是不合适的，它们对马鞍区的作用是不确定的，甚至会起到相反的作用。为了深入理解和改进马鞍区，需要通过数值计算方法或试验来判定叶轮出口的速度分布。如果可以得到出口的速度分布，叶轮及来流流道的设计过程中就可以尽量避免在叶轮内、叶轮出口及回流区出现流态突变。在叶轮出口速度分布中，如果在前后盖板处同时出现低能量区，也是不利的。

4）可以通过在叶轮中建立"设计分离点"来防止流态的突然变化。这可以保证叶轮出口的低能量区和回流总是出现在同一位置（通常在前盖板处）。通常趋向于在前盖板附近产生低压区（见 5.2.2.4），一般将该位置定为"设计分离点"。大量试验表明，$Q=0$ 时在前盖板附近发生回流。因此，在设计径向叶轮时，应该尽可能做到在任何流量下后盖板都没有低压区或者回流（这与混流式叶轮相反，见5.6.6）。

5）有观点认为较大的前盖板半径有利于效率的提高，但就稳定性而言，这并非总是最佳的形状。这可能是马鞍区在 $n_q < 25$ 时很少出现的原因之一，因为在这个范围前盖板半径都非常小。

6）在部分载荷工况时要避免出现对称的叶轮出口速度投影，因为它意味着在前后盖板处同时出现了低能量区。在这种情况下，回流不能充分发展，可能有流态变化的风险。即如果在流量减小时，回流区域从轮毂处转移到盖板处（或者相反），那么在某个流量区间内回流会很小甚至没有；而回流的不足会导致扬程的下降，如图 5.28 ~ 图 5.31 和图 5.41 所示。

对这些现象的系统研究现阶段还无法开展，因为试验测量和精度要求非常高，需要合适的数值方法及大量的试验验证。当尝试确定部分载荷工况时的准确扬程时，必须要保证数值计算正确捕捉到了叶轮和导叶间的相互作用（这可从图 4.6a、b 得到）。从出口速度分布的角度对叶轮的设计进行评估时，如果这个过程已经通过验证，通常只对叶轮进行计算。文献［49］中的试验证实当泵分别装有叶片式导叶和无叶式导叶时，$n_q = 20$ 的叶轮的出流产生了定性相似的速度分布。下列参数的改变可以使叶轮获得从最高效率点连续发展到关死点的不对称速度分布。这包括：

①叶轮进口的速度分布。②叶轮叶片进口边的优化，包括位置、扭曲度、冲角和形状，如前弯或者后弯。③轴面投影的曲率。④边界层受到环形密封流动、前盖板上的开孔、叶片开槽的影响。⑤后盖板或前盖板处有"副叶片"（障碍边界层）。⑥叶轮中单侧的减速程度更大（如在前盖板处增大 a_2）。⑦导叶中单侧的减速程度更大（如在前盖板处增大 a_3）。⑧后盖板不是旋转对称的。

在泵的设计中，这些三维流动的作用还未系统地测试过。但是通过与数值计算的方法相结合，三维流动作用在今后的优化设计方面有着较大的潜力。这些方法可行的前提是在不损害设计点效率的情况下进行参数优化。而这对于高比转速径向叶轮来说更加困难，因为非均匀流动导致的水力损失占了较大的比重。

5.6.6 $n_q > 50$ 径向泵马鞍区的影响因素

出口边与轴线平行的径向叶轮的结构型式一般用于 $n_q < 100$ 的情况。叶轮流道的长度相对于宽度比较小，分离和回流在 q^* 较大时发生，流动的自由度较高，所以处于一种"准稳态平衡"。叶轮流动和 $Q - H$ 曲线对来流的变化非常敏感，而且从环形密封流出的泄漏流会影响外侧流线的边界层。因此，设计时也可以通过选择

开式或闭式叶轮来改变 $Q-H$ 曲线的稳定性。

5.6.5 和 5.6.7 描述的方法，也能用于稳定高比转速径向叶轮的 $Q-H$ 曲线。由于叶片在出口扭曲，出口宽度方向上叶片安放角的分布和出口边的形状需要进行优化。当 n_q 较高时，出口边无须设计成与轴线平行的。

5.6.7　混流和轴流泵稳定性的影响因素

如上所述，d_{2a}/d_{2i} 足够大的混流泵、轴流泵叶轮出口的回流总是发生在轮毂附近。下面的方法可用于提高 $Q-H$ 曲线的稳定性。

1）设计叶轮时使速度分布从最高效率点到关死点连续发展。

2）避免外侧流线处出现低能量区，因为这会引起回流发生后的流态变化：过流在外侧流线处被回流取代，低能量区转移到了轮毂处，见 5.5.2 中 H7 项。

3）根据 5.5.2 中 H7 项，回流会在流动分离后立即发生，因为失速区充满了进出口处的过流区域，能量转换被离心力加强。这可以通过尝试诱发不会扩展到整个流道宽度的单边分离得到。以上结论对于叶轮和导叶都是适用的。

4）随着 d_{2a}/d_{2i} 增大，回流发生后的特性曲线变得更加陡峭。虽然这应该是避免的性能曲线，但为了减小或者消除马鞍区的形成，有必要对比率 d_{2a}/d_{2i} 进行优化。

5）比值 d_{1a}/d_{2a} 和 d_{1a}/d_{1i} 对于分析和优化回流对马鞍区的影响至关重要。

6）叶轮中的流动和出口的速度分布主要受到叶片进口边形状和位置的影响，这些参数对混流泵性能曲线的稳定性非常重要（见 5.5.2 中 H3），叶片改进的方法包括前伸和后缩。

7）导叶的进口边对稳定性有着重要作用。根据文献 [12] 中的研究，采用收缩的进口边相比于垂直轴线的进口边来说 $Q-H$ 曲线的稳定性、扬程系数和效率都得到了改善。根据图 5.43（叶片型线在这些测试中也改变了），沿着径向方向的后掠角度在外侧流线为 10°，在轮毂处则为 30°。

8）叶轮设计时一般具有这样的倾向：将叶轮设计成进出口发生回流对应的流量大概相同，如果进口回流发生的流量点比出口回流发生的流量点低很多，就会有流态转变的风险，见 5.5.2 中 H3 项。

9）从 2）和 3）可以总结出：叶轮叶片出口的较大扭曲度可能有助于特性曲线的稳定。相较内侧流线而言，倾向于选择尽可能大的叶片稠度以避免外侧流线出现低能量区域（叶片稠度的定义为叶片长度与叶

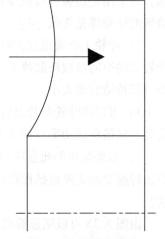

图 5.43　轴流压缩机
导叶进口边的后掠设计[12]

片间距的比值L_{sch}/t_2）。

10）"壳体处理"广泛应用在压缩机中，是通过将失速和喘振的发生点转移至较小的流量处，来扩大稳定运行的范围。在轴流压缩机中，可通过加工不同几何形状的沟槽或者蜂窝结构来达到该目的。这些结构通过机械刀具的旋转工艺在壳体中需要处理的部位加工而成。壳体处理后的一个缺点就是效率的下降，文献［15］中通过在轴流泵的叶轮上游壳体处沿轴向开槽解决了这一问题。在测试中，这些轴向凹槽使得泵在部分载荷工况时的$Q-H$曲线更加稳定，必需汽蚀余量NPSH$_3$也有提高，同时效率也未下降。测试的细节见5.7，这有助于设计出一种新的壳体处理方法。壳体处理方法的有效与否取决于叶轮中流动的特性，如近轮毂处的流动分离就不会受沟槽的影响。

5.6.8　关死点扬程和功率的下降

虽然在一些特殊情况下，可能需要陡峭的性能曲线和较高的关死点压力，但是为了减小出水管路的成本，在大多数应用中都希望较低的关死点扬程及平稳上升的性能曲线。尤其对于混流泵及轴流泵来说，为了减小电动机的成本，泵的关死点功率应当尽可能接近最高效率点的功率。因此，在高比转速泵中，有效减小叶轮进出口处的回流很重要，这可以通过以下方法实现。

1）叶轮上游的筋板等结构可以消减回流引起的预旋，也可以将其设置在叶轮进口上游更远处。这种结构尤其适用于高比转速泵（$n_q > 50$），当叶轮叶片的进口边和防预旋装置之间的距离增大时，关死点扬程和功率会迅速下降。这种结构不能完全去除，否则过度的预旋会导致特性曲线会变得不稳定。如果泵从开式水坑中吸水，可采用止旋装置以减少吸入口的旋涡，见11.7.3。有关在叶轮上游安装不同装置的试验详见文献［4］。

2）叶轮上游流道过大时也有类似筋板的作用，因为回流液体的旋转速度在这个较大的空间里被耗散掉了。为了减小关死点的扬程和功率，叶轮上游的过流面积必须保持适宜的大小。

3）可以将叶轮叶片出口边设计得更为平直，取较小的d_{2a}/d_{2i}比值，从而减小关死点的扬程和功率（图5.32中测试的结果）。

4）如果要使关死点压力较低的话，叶轮进口处的比值d_{1a}/d_{1i}一定不能太大。高比转速泵的关死点扬程和功率可以通过增加d_{1i}而有效减小（通过切削叶轮的方法）。

由图5.25可以明显看出，导叶的几何参数对轴流泵的关死点扬程几乎没有影响。在低比速情况下，5.6.4中提到的方法可转化后运用，需要对性能曲线稳定性、低关死点扬程和功率，以及高效率等要求进行综合考虑。

5.7　开式轴流叶轮中的流动现象

上述讨论中的流动现象和机理都是基于开式和闭式叶轮的。然而，叶尖泄漏对开式叶轮的流态有重要影响，同时对泵的部分载荷工况性能也有影响。

流体通过壳体与叶轮叶片间的间隙，从叶片工作面流动到背面。在轴流压缩机和轴流泵的壳体附近的相关流动现象，可以通过油膜实现可视化（泵也发生了空化的情况下）。叶尖间隙泄漏对 $Q-H$ 曲线及旋转失速都有影响。压缩机的例子在文献 [7，38 - 41] 中有所讨论，轴流泵的例子见文献 [3，14]。

叶尖泄漏沿最小阻力路径发展，在相对参考系中的速度实质上是沿着垂直于叶片的方向。所以，叶尖间隙速度的轴向分量（在输送过程中）与主流方向相反。叶片进口和出口安放角越小，轴向速度分量越大[⊖]。除此以外，由于叶片表面末端的切应力作用，在叶片的旋转过程中形成了周向速度分量，导致壳体附近的流动在绝对坐标系中是沿弯曲路径的。通过对壳体使用油膜法，可以使流线可视化。油膜图像显示了（不稳定）绝对流动的时均流线，如图 5.44 所示。图 5.45 中绘出了相应的流线图。

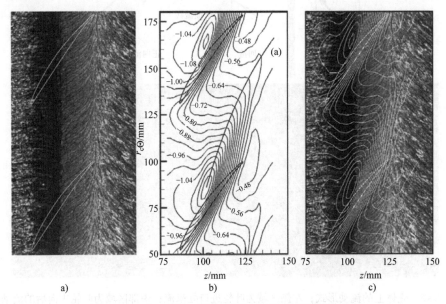

图 5.44　$q^* = 1$ 时，轴流压缩机壳体附近的流动结构

a）油膜图　b）测量到的压力云图：线（a）是间隙旋涡轴线的方向　c）叠加在油膜图上的压力云图[40,41]

（流动方向从左侧到右侧，叶轮由图片顶部转向底部）

⊖　用于两相流的诱导轮及轴向螺旋叶轮（图 13.24）的叶片角一般很平，所以泄漏的流动方向实质上是轴向向后的。与之相反，根据 7.3.3，径向叶轮中泄漏流动的方向是沿周向的（如果间隙不是很大）。

当轴向向前的主流（图5.45中的左侧区域）遇到轴向向后的叶尖泄漏流，壳体边界层就会发生分离，沿壳体周向出现一条分离线。在图5.44中，该分离线为所示运行点位于叶片中间上方附近的一条狭窄的黑带（图5.45），壁面切应力在此处达到最小值。

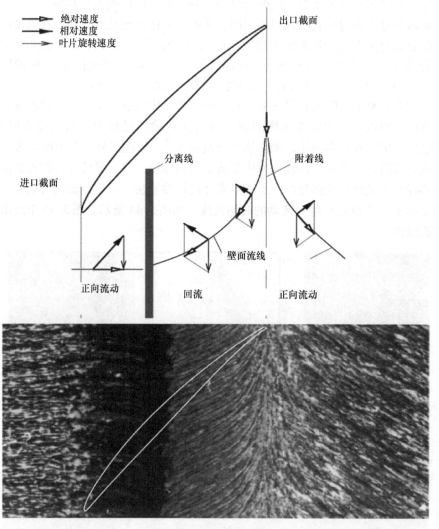

图5.45　壳体上的流动形式；左侧区域为叶轮进口处来流；中部区域为叶轮中向后的流动；右侧区域为流向导叶的流体[41]（流动方向从左到右，叶轮由图片顶部转向底部）

流体离开叶片出口边后立刻又重新附着到壁面上，附着线在图5.44中明显可见，是一条沿着壳体周向的白线。由于叶尖泄漏的作用在叶片下游消失，因此经常可以在转子后面观察到附着线。附着线与叶尖的几何尺寸、叶片出口安放角和外侧流线的载荷分布有关，有时也会在叶轮出口截面的上游出现[14,38]。

分离线随着流量变化而改变位置：当在最高效率点右边时（$q^* > 1$），分离线在叶轮出口附近出现，并随着流量的减小而向上游移动。随着流量的减小，叶片进口边的冲击增大，导致流动偏转，叶片工作面与背面的压力差会增大。因此，叶尖泄漏流的速度变大，使分离线的位置发生变化。

总之，进口附近的叶片载荷越高，分离线就越靠近叶轮的进口截面。出口侧的叶片载荷越大，附着线就越靠近叶轮出口截面；进出口附近的叶片载荷随着流量的减小而增大。

图 5.44 也显示了在壳体上测得的压力分布。线 a 显示叶尖泄漏引起的旋涡低压区在移动。叶尖泄漏涡在分离线上最小压力处开始，沿略有弯曲的轴线向下游发展。当处于小流量工况时，旋涡在失速发生之前变化成螺旋形的流态，被称为"旋涡溃爆"[14,15]。在这个过程中，叶尖泄漏涡变得越来越不稳定。图 5.46 显示了在不同的流量下，轴流泵叶轮中旋涡溃爆前后的空化涡核。

在进口回流发生之前，分离线就在叶片进口边出现。如果流量继续下降，在轴流压缩机中会发生旋转失速，而在轴流泵的进口会开始发生回流，$Q - H$ 曲线通常在这个流量点会变得不稳定。分离线向上游移动（图 5.47c），进口的回流沿着径向及轴向方向扩展。如果回流的周向速度较大的话，扬程就会下降，$Q - H$ 曲线很有可能因此出现马鞍形区（见 8.4）。

图 5.47 显示了一台轴流泵叶轮叶片背面的油膜图像，此时进口处的回流刚刚发生。在进口，可以辨认出回流区域 B；更大的回流区域 A 可以在流线沿半径向外处发现（图 5.47c）。这些图片与图 5.12 中的流动形式非常相似。

如在 5.1 和 5.2 中所讨论的那样，叶轮进口处的回流取决于在叶高方向上力的平衡，开式的轴流叶轮也是如此，尽管其受到叶尖泄漏的影响。因此，从以上提到的测试中无法得出应用带盖板的叶轮可使 $Q - H$ 曲线更加稳定的结论。

在叶轮进出口处，回流区域较大时，会形成一个横穿叶片流道的旋涡随叶片旋转，其轴线与叶片垂直。该旋涡起始于出口附近叶片背面的外侧流线，并向下一个叶片的进口边扩展。旋涡的起始可在图 5.48（$q^* = 0.33$）的油膜图中清楚看到。当 NPSH$_A$ 减小时，旋涡处会发生空化，如图 5.48b 所示。

部分载荷工况下的流动在导叶中也变得高度三维。在图 5.49 所示的单级压缩机中，旋转失速发生前的壳体壁面和导叶背面的油膜图很好地说明了这一点。因为叶尖泄漏对叶轮的较强冲击，导叶中的流动在壳体附近的叶片背面发生分离。流道外侧的一半在很大程度上被低速流体阻塞，这部分流体的速度在导叶流道出口被轮毂附近拐角处产生的失速流体所吸收。

文献 [3，7，14，38 - 41] 中的研究是在轴流泵和多种压缩机的叶栅中完成的，其中后者在整机和带静态叶栅的风洞中都进行了试验。所有研究中观察到的流

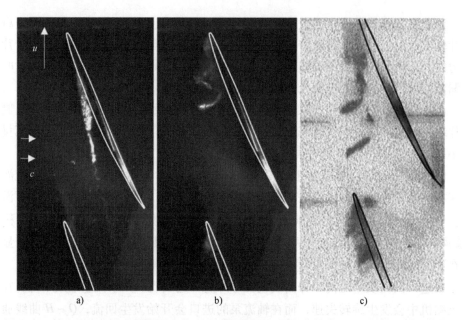

图 5.46　轴流泵中的叶尖泄漏涡空化（流动方向从左向右，叶轮从图片底部向顶部旋转）

a）$q^* = 1.3$，旋涡溃爆前　b）$q^* = 0.8$ 时的旋涡溃爆　c）$q^* = 0.75$ 时的旋涡溃爆

（瞬态运行过程中的瞬时图片）[14]

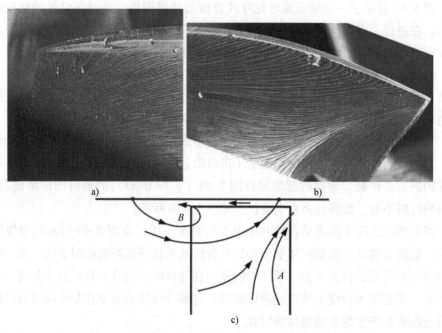

图 5.47　$q^* = 0.7$ 时轴流泵叶片背面的流线（流动方向为从左向右）

a）叶轮进口　b）叶轮出口　c）流态示意图[14]

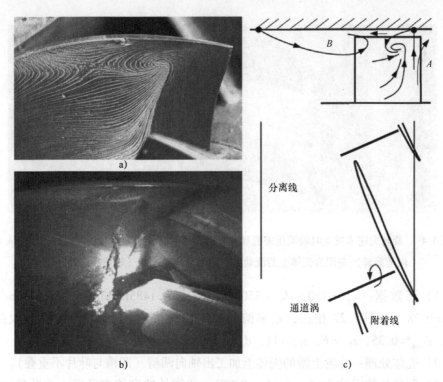

图 5.48　$q^* = 0.33$ 时轴流泵叶轮出口的流动（流动方向由左向右，转子由图的底部转向顶部）
a）叶片背面的流线　b）贯穿流道的空化涡　c）流态示意图[14]

动现象都是相似的，所以这些流动对于轴流泵（和压缩机）而言是很有代表性的。可以预测，相似的流动也会在高比转速的开式混流泵中出现，文献［36］中对混流泵（$n_q = 155$）在非稳态下的 CFD 计算也证实了这一点。

图 5.46 ~ 图 5.49 中的油膜图显示了高度的三维流动，可以从中分析泵的振动和噪声的产生机理。

有关上述轴流泵的详细的测试结果参见文献［15］。测试泵的 $Q - H$ 曲线是不稳定的，在 $q^* = 0.73$，进口发生回流时，扬程和功率突然下降，如图 5.50 所示；曲线 $\mathrm{NPSH}_3 = f(q^*)$ 在 $q^* = 0.75$ 时出现峰值，此时剧烈的振动影响了泵的正常运行。有效汽蚀余量 $\mathrm{NPSH_A}$ 对失速发生有所影响，当 $\mathrm{NPSH_A}$ 较低时，失速点向大流量偏移，如图 5.51 所示。

当在叶轮上游的壳体加工出凹槽时，$Q - H$ 曲线会变得稳定，同时 NPSH 峰值及部分载荷工况时过度的振动都消失了。通过叶轮上游旋转流体与凹槽内的液体的动量交换，减小了回流的切向速度，其作用与图 6.39d 中所示的机理相似。

鉴于壳体处理的显著提升效果，有关该方法详细信息总结如下[15]：

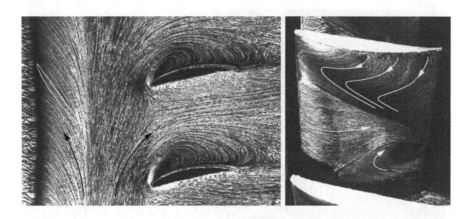

图 5.49 旋转失速未发生时轴流压缩机导叶中的流动形态（流动方向从左向右，叶轮从下向上旋转）左图为壳体上的流动 右图为导叶吸入侧（轮毂在底部）[39]

1）泵数据：$n_q = 150$，$d_2 = 350\text{mm}$，转速为 1485r/min，$Q_{opt} = 1780\text{m}^3/\text{h}$，$\eta_{opt} = 0.78$（与图 3.27 相比，效率偏低，可能是由于叶轮和导叶间距较大的缘故），$\psi_{opt} = 0.35$，$z_{La} = 6$，$z_{Le} = 11$，$d_n/d_2 = 0.535$。

2）壳体处理：叶轮上游的壳体上加工出轴向凹槽（凹槽与叶片不重叠）。

3）凹槽处的壳体直径：$d_s/d_2 = 0.973$，凹槽处的壳体直径要小于叶轮直径。否则，凹槽无法有效减小回流液体引起的预旋。

4）凹槽长度 $L_g/d_2 = 0.515$。研究所得的最小长度为 $L_{g,min}/d_2 = 0.15$，但对应的 $Q - H$ 曲线在关死点附近存在一小块不稳定区域。

5）凹槽的尺寸为：长 $p_g/d_2 = 0.051$，深度 $t_g/d_2 = 0.0114$，宽 $b_g/d_2 = 0.0286$，宽长比 $b_g/p_g = 0.562$，深宽比 $t_g/b_g = 0.4$。

6）当流量大于进口回流发生所需的流量时，凹槽实际上对扬程、功率、效率和 $NPSH_3$ 没有影响。部分载荷工况的效率通过设置凹槽有所提高。

7）当预旋被凹槽减弱时，叶轮出口的速度分布也发生了变化，这对稳定 $Q - H$ 曲线有益。见 6.2.5 和对图 6.17 的讨论。

8）带有凹槽的泵中未观察到贯穿流道的通道涡。

9）回流具有较大的切向速度诱导了凹槽内的空化，存在空蚀的风险。

10）虽然没有在全流量范围内达到减振的效果，但凹槽降低了 $NPSH_3$ 峰值附近的振动，然而部分载荷工况时的噪声大约升高了 10dBA。

如果不稳定是由进口回流导致的，那么凹槽可以提高泵的性能及振动特性。如果不稳定流动是在叶轮出口处发生的，那么凹槽的作用就难以预测。

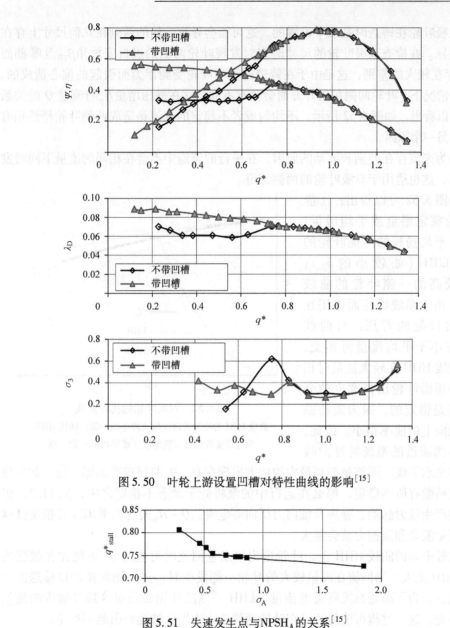

图 5.50　叶轮上游设置凹槽对特性曲线的影响[15]

图 5.51　失速发生点与NPSH$_A$的关系[15]

5.8　双吸叶轮及双蜗壳结构中的流动不稳定性

双吸叶轮：经验表明，带有导叶或者双蜗壳结构的单级双吸泵很难获得稳定的
$Q-H$ 曲线，而这种不稳定性的机理还没有完全弄清。因此，接下来讨论的内容仅
是为解释试验结果而提出的一些合理的假设。

双吸叶轮在铸造时是水平设置的，这可能会导致叶轮的两侧在几何尺寸上存在一些差异。在检查双吸叶轮的尺寸时有时发现叶轮两侧的进口安放角β_{1B}及喉部面积A_{1q}存在较大的差别，这是由于在铸造过程中叶轮受到浮力而引起的偏心造成的。在这种情况下，叶轮两侧在压升方面会稍有不同，这在静压增量H_p与流量Q的关系图中可以看出，如图5.52所示。不均匀或者不稳定的来流是造成两侧叶轮特性稍有不同的另一个原因。

因为来流存在差别和波动的原因，在平行的流道中不会在相同的流量下同时发生失速，这也适用于双吸叶轮的两侧流道。

由图5.52可以得出：①静压H_p的额定增量或平均增量；②低于平均扬程的一侧叶轮的曲线 LHH（如较小的b_2）；③H_p较高的一侧叶轮的曲线 HHH。由于系统特性而作用在叶轮出口处的背压，与曲线 LHH 在小于平均流量时相交，而与曲线 HHH 在较大流量时相交。静压沿叶轮出口宽度的分布应该是恒定的，因为流动路径在轴向上的曲率很小。因此，叶轮两侧流道的系统特性曲线

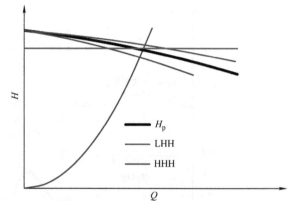

图 5.52　双吸叶轮的扬程曲线
曲线 LHH 为叶轮进口安放角较小的一侧；曲线 HHH
为进口安放角大于额定值（或平均值）的一侧

基本都是水平线。而流量差别最大的地方出现在Q-H_p曲线较平坦那一段。如果特性曲线稍微有所不稳定，那么在运行中的泵将处于动态不稳定之中，见11.3。由此可能产生压力脉动、噪声及轴向力反向等危害。Q-H_p曲线越平坦或者稳定性越差，流量波动和激振力就会越大。

在较平坦的曲线 HHH 上，叶轮进出口发生回流时对应的q^*可能比在较陡的曲线 LHH 上大。当回流在流量较大的叶轮一侧发生时，这一侧向排出口输送的流量将减少。为了满足系统所需的流量，LHH 一侧的叶轮必须对这部分减少的流量进行补充。这一过程可能使流动在叶轮两侧流道中发生波动而引起不稳定。

叶轮两侧流道中流态的差异使得流向导叶或蜗壳的来流变得更加不均匀，这将损害压水室中的压力恢复。在压力恢复较弱的一侧更容易发生失速及回流，且产生能增强初始扰动的正反馈（与图5.20相比）。

两侧叶轮几何尺寸的差异对Q-H曲线的稳定性及水力激振的影响主要取决于叶轮出口的流态，因为回流会在盖板附近或者中心筋板附近发生，如图5.53所示。

在实际应用中，高扬程的双吸叶轮一般都设有中心筋板，如图5.53a所示。低扬程的泵一般没有中心筋板（图5.53c），这取决于比转速及叶轮的出口宽度。没

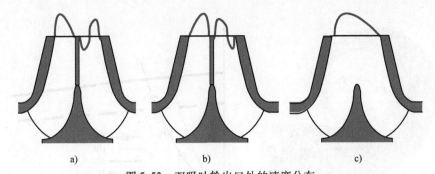

图 5.53　双吸叶轮出口处的速度分布

a) 有中心筋板（高扬程）　b) 有中心筋板，无影响　c) 无中心筋板（低扬程）

有中心筋板时，叶轮两侧流道内的流体会发生一定程度的混合。如果速度分布的类型与图 5.53a 相符，那么混合将有利于流动的稳定。在这个例子中，没有中心筋板的叶轮的 $Q-H$ 曲线更加稳定。而如果速度分布的类型类似图 5.53b，则中心筋板对于稳定性几乎没有影响。这个机理解释了为什么有时中心筋板不利于 $Q-H$ 曲线的稳定性，而在其他情况下却对稳定性没有影响。

部分载荷工况时，流态变得不稳定，易引起水力激振。有时可以通过修整叶轮使流动变得稳定。对叶轮的出口边有以下的修整方法：①两侧对称；②只修整一侧；③在靠近盖板或者中心筋板的最大直径处斜向切削。由图 5.53 可知：修整后叶轮的 $Q-H$ 曲线很大程度上取决于叶轮出口的速度分布。图 6.40 中所示的双吸叶轮一侧出口边处的空蚀，就是由叶轮出口处的流动分布不均匀造成的。

双蜗壳：因为双蜗壳内外流道的几何尺寸是不同的，所以流经两个流道的流体的流态也一定是不同的。通过两个流道的流量与它们各自的"系统"特性有关，如图 5.54b 所示。在叶轮出口的静压 p_2（H_p）及两个流道相汇的排出口处给定的压力 p_3 之间，两流道形成相互平行的阻力（表 1.5）。但是，压力 p_2 在叶轮周向并非定值：$p_{2a} \neq p_{2i}$。它与流量及流道的阻力有关，见 10.7.1。

因为内外流道的形状不同，流动分离不会在相同的流量下发生。当其中一个流道内发生失速时，这个流道内的阻力就会增加。因此，一部分流体会转而进入另一个流道内（与旋转失速相似，见 10.7.2）以保证泵的总流量与系统特性相符。这个过程可能是不稳定的，并且交替的失速可能会产生水力激振，见 10.7.3。在关死点附近运行时，流体可能流经一个流道而又从另一个流道中流回。双蜗壳的两个流道中的流态在全流量范围都是不相同的，图 14.35 中双吸泵叶轮侧壁腔室中截然不同的腐蚀痕迹很好地证明了这一点。

双蜗壳与双吸叶轮的组合会使上述问题掺和在一些，因为两个系统特性中的 $Q-H$ 曲线 HHH 和 LHH 有 4 个交点。

可认为双蜗壳的包角小于 180°时产生的激振比包角为 180°时要小，因为引入了不对称，如 165°的包角可能比 180°的包角更为合适。

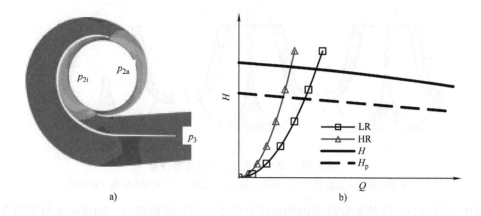

图 5. 54 双蜗壳中的流动

a) HR 为流动阻力较大的流道 b) LR 为流动阻力小于平均值的流道

正如 9. 3. 7 中表明的那样，作用在叶轮上的径向力大小和方向取决于泵入口处的来流在周向的不对称性，这适用于所有两端支承泵。在这种情况下，径向力的大小和方向取决于排出口与吸入口之间的相对位置及流量。

参 考 文 献

[1] Agrawal, D.P., et al.: Effect of inlet velocity distribution on the vaned radial diffuser performance. ASME Fluid Machinery Forum, Portland. 71–75 (1991)

[2] Braun, O.: Part load flow in radial centrifugal pumps. Diss. EPF Lausanne (2009)

[3] Bross, S., Brodersen, S., Saathoff, H., Stark, U.: Experimental and theoretical investigation of the tip clearance flow in an axial flow pump. 2nd European conf on turbomachinery, Antwerpen. 357–364 (1997)

[4] Canavelis, R., Lapray, J.F.: Effect of suction duct design on the performance of mixed flow pump. IMechE Paper, C333/88, (1988)

[5] Carey, C., et al.: Studies of the flow of air in a rotor model mixed-flow pump by Laser/Doppler anemometry. NEL-Reports 698 (1985), 699 (1985), 707 (1987)

[6] Cooper, P., et al.: Minimum continuous stable flow in centrifugal pumps. Proc. Symp Power Plant Pumps, New Orleans, 1987, EPRI CS-5857 (1988)

[7] Dobat, A., Saathoff, H., Wulff, D.: Experimentelle Untersuchungen zur Entstehung von rotating stall in Axialventilatoren. VDI-Bericht. **1591**, 345–360 (2001)

[8] Dobener, E.: Über den Strömungswiderstand in einem rotierenden Kanal. Diss. TH Darmstadt (1959)

[9] Eckardt, D.: Detailed flow investigations within a high-speed centrifugal compressor impeller. ASME J. Fluids. Engng. **98**, 390–402 (1976)

[10] Eckardt, D.: Flow field analysis of radial and backswept centrifugal compressor impellers. 25th Intl Gas Turbine Conf ASME, pp. 77–86. New Orleans (1980)

[11] Fraser, W.H.: Recirculation in centrifugal pumps. ASME Winter Annual Meeting. pp. 65–86. Washington DC (1981)

[12] Friedrichs, J., et al. Effect of stator design on stator boundary layer flow in a highly loaded single-stage axial-flow low-speed compressor. ASME J. Turbomach. **123**, 483–489 (2001)

[13] Friedrichs, J.: Auswirkungen instationärer Kavitationsformen auf Förderhöhenabfall und Kennlinieninstabilität von Kreiselpumpen. Diss TU Braunschweig, Mitt des Pfleiderer-Instituts für Strömungsmaschinen, Heft 9. Verlag Faragallah (2003)

[14] Goltz, I., Kosyna, G., Stark, U., Saathoff, H., Bross, S.: Stall inception phenomena in a single-stage axial pump. 5th European conf on turbomachinery, Prag. (2003)

[15] Goltz, I.: Entstehung und Unterdrückung der Kennlinieninstabilität einer Axialpumpe. Diss TU Braunschweig, Mitt des Pfleiderer-Instituts für Strömungsmaschinen, Heft 10. Verlag Faragallah (2006)

[16] Goto, A.: Study of internal flows in a mixed-flow pump impeller at various tip clearances using 3D viscous flow computations. ASME Paper 90-GT-36 (1990)

[17] Goto, A.: The Effect of tip leakage flow on partload performance of a mixed-flow pump impeller. ASME Paper 91-GT-84 (1991)

[18] Gülich, J.F., et al. Influence of flow between impeller and casing on partload performance of centrifugal pumps. ASME FED. **81**, 227–235 (1989)

[19] Gülich, J.F., et al.: Rotor dynamic and thermal deformation tests of high-speed boiler feedpumps. EPRI Report GS-7405 (1991, July)

[20] Gülich, J.F.: Bemerkungen zur Kennlinienstabilität von Kreiselpumpen. Pumpentagung Karlsruhe, (1988) B3

[21] Gülich, J.F.: Impact of 3D-Flow Phenomena on the Design of rotodynamic Pumps. IMechE. **213**(C1), 59–70 (1999)

[22] Gülich, J.F.: Influence of interaction of different components on hydraulic pump performance and cavitation. Proc. Symp Power Plant Pumps, New Orleans, 1987, EPRI CS-5857 2.75–2.96 (1988)

[23] Gülich, J.F.: Untersuchungen zur sattelförmigen Kennlinien-Instabilität von Kreiselpumpen. Forsch. Ing. Wes. **61**(4), 93–105 (1995)

[24] Hergt, P., et al.: Fluid dynamics of slurry pump impellers. 8th Intl Conf Transport and Sedimentation of Solids, Prague (1995), D2–1.

[25] Hergt, P., Jaberg, H.: Die Abströmung von Radiallaufrädern bei Teillast und ihr Zusammenhang mit der Volllastinstabilität. KSB Techn. Ber. **26**, 29–38 (1990)

[26] Hergt, P., Prager, S.: Influence of different parameters on the disc friction losses of a centrifugal pump. Conf on Hydraulic Machinery, pp. 172–179. Budapest (1991)

[27] Hergt, P., Starke, J.: Flow patterns causing instabilities in the performance curves of centrifugal pumps with vaned diffusers. 2th Intl Pump Symp, pp. 67–75. Houston (1985)

[28] Hergt, P.: Ergebnisse von experimentellen Untersuchungen des Förderverhaltens eines Inducers. Pumpentagung Karlsruhe (1992), B 5–01

[29] Hunziker, E.: Einfluß der Diffusorgeometrie auf die Instabilitätsgrenze eines Radialverdichters. Diss. ETH Zürich (1993)

[30] Inoue, M., Cumpsty, N.A.: Experimental study of centrifugal impeller discharge flow in vaneless and vaned diffusers. ASME J. Engng. Gas. Turb. Power. **106**, 455–467 (1984)

[31] Kaupert, K.A.: Unsteady flow fields in a high specific speed centrifugal impeller. Diss. ETH Zürich (1997)

[32] Lakshminarayana, B.: Fluid dynamics of inducers—a review. ASME J. Fluids. Engng. **104**, 411–427 (1982)

[33] Martin, R., et al.: Partload operation of the boiler feedpumps for the new French PWR 1400 MW nuclear plants. ImechE Paper C344/88 (1988)

[34] Meschkat, S.: Experimentelle Untersuchung der Auswirkung instationärer Rotor-Stator-Wechselwirkungen auf das Betriebsverhalten einer Spiralgehäusepumpe. Diss. TU Darmstadt (2004)

[35] Moore, J.: A wake and an eddy in a rotating radial flow passage. ASME J. Engng. Power. **95**, 205–219 (1973)

[36] Muggli, F., Holbein, P., Dupont, P.: CFD calculation of a mixed flow pump characteristic from shut-off to maximum flow: ASME FEDSM2001-18072 (2001)

[37] Pfleiderer, C.: Vorausbestimmung der Kennlinien schnellläufiger Kreiselpumpen. VDI, Düsseldorf (1938)

[38] Rohkamm, H., Wulff, D., Kosyna, G., Saathoff, H., Stark, U., Gümmer, V., Swoboda, M., Goller, M.: The impact of rotor tip sweep on the three-dimensional flow in a highly-loaded single-stage low-speed axial compressor: Part II—Test facility and experimental results. 5th

European Conf on Turbomachinery—Fluid Dynamics and Thermodynamics, Prag. 175–185 (2003)

[39] Saathoff, H., Deppe, A., Stark, U., Rohdenburg, M., Rohkamm, H., Wulff, D., Kosyna, G.: Steady and unsteady casing wall flow phenomena in a single-stage compressor at partload conditions. Intl J. Rotating Mach. **9**, 327–335 (2003)

[40] Saathoff, H., Stark, U.: Tip clearance flow in a low-speed compressor and cascade. 4th European Conf on turbomachinery, Florenz. 81–91 (2001)

[41] Saathoff, H.: Rotor-Spaltströmungen in Axialverdichtern. Diss TU Branuschweig, ZLR-Forschungsbericht 2001–2005 (2001)

[42] Sano, T., et al. Alternate blade stall and rotating stall in a vaned diffuser. JSME Intnl. Ser. B. **45**(4), 810–819 (2002)

[43] Schiavello, B., Sen, M.: On the prediction of the reverse flow onset at the centrifugal pump inlet. ASME 22nd Annual Fluids Engineering Conf, New Orleans (1980, March), Performance Prediction of Centrifugal Pumps and Compressors

[44] Sen, M., Breugelmans, F.: Reverse flow, prerotation and unsteady flow in centrifugal pumps. NEL Fluid Mechanics Silver Jubilee Conf, Glasgow (1979, Nov)

[45] Stachnik, P.: Experimentelle Untersuchungen zur Rezirkulation am Ein- und Austritt eines radialen Kreiselpumpenlaufrades im Teillastbetrieb. Diss. TH Darmstadt (1991)

[46] Stepanik, H., Brekke, H.: Off-design behavior of two pump-turbine model impellers. 3rd Intl Symp on Transport Phenomena and Dynamics of Rotating Machinery, pp. 477–492. Honolulu (1990)

[47] Stoffel, B., Hergt, P.: Zur Problematik der spezifischen Saugzahl als Beurteilungsmaßstab für die Betriebssicherheit einer Kreiselpumpe. Pumpentagung Karlsruhe (1988), B8

[48] Stoffel, B., Weiß, K.: Different types and locations of partload recirculations in centrifugal pumps found from LDV measurements. IAHR Symp Valencia (1996)

[49] Stoffel, B., Weiß, K.: Experimental investigations on part load flow phenomena in centrifugal pumps. World Pumps (1994) Oct, 46–50

[50] Stoffel, B.: Experimentelle Untersuchungen zur räumlichen und zeitlichen Struktur der Teillast-Rezirkulation bei Kreiselpumpen. Forsch. Ing. Wes. **55**, 149–152 (1989)

[51] Tanaka, T.: An Experimental study of backflow phenomena in a high specific speed impeller pump. ASME Paper 80-FE-6

[52] Toyokura, T.: Studies on the characteristics of axial-flow pumps. Bull. JSME. 4(14), 287–293 (1961)

[53] Ubaldi, M., Zunino, P.: Experimental investigation of the stalled flow in a centrifugal pump-turbine with vaned diffuser. ASME Paper 90-GT-216 (1990)

[54] Weinerth, J.:. Kennlinienverhalten und Rotorbelastung von axialen Kühlwasserpumpen unter Betriebsbedingungen. Diss TU Kaiserslautern (2004). SAM Forschungsbericht Bd 9

[55] Weiß, K.: Experimentelle Untersuchungen zur Teillastströmung bei Kreiselpumpen. Diss. TH Darmstadt (1995)

[56] Wesche, W.: Experimentelle Untersuchungen am Leitrad einer radialen Kreiselpumpe. Diss. TU Braunschweig (1989)

[57] Yoshinaga, Y., et al. Study of performance improvement for high specific speed centrifugal compressors by using diffusers with half guide vanes. ASME J. Fluids. Engng. **109**, 259–367 (1987)

第6章 吸入性能和空化

术语定义："空化"是指流动系统中液体的部分汽化。由于流速过大，当流动中的静压局部降低到汽化压力时，就会出现充满蒸汽的空穴，这样，流场中的流体就会发生汽化并在一些小的区域形成两相流动。一旦气体运动到静压大于汽化压力的下游区域时，它会突然凝结（"溃爆"）。随着两相流中空穴区的不断扩展，泵的扬程和效率都可能会降低，在特定条件下会激发噪声和振动，空蚀会破坏零部件。当用到术语"空化""空化流动"——也就是局部区域出现两相流动——以及"空蚀"或空化破坏时，必须明确这些术语的确切内涵。

术语"空化液力强度"用于表述所有空泡的总溃爆能量。如果它超过材料的"空化抵抗"并且材料受到空化冲击的时间足够长，"空蚀"作用会导致材料出现破坏。空化抵抗是与流动系统无关的一种材料属性。文献［37］研究了一种将溶解气体从液体中分离的空化过程。

6.1 空化物理现象

6.1.1 流动液体中气泡的生长和溃爆

任何物质都可以以固相、液相和气相形式存在，不同相之间的转换（如"凝固"或"汽化"）可以通过 $p-T$ 图像中的相平衡来描述。相应地，汽化压力曲线 $p_v(T)$ 描绘了从三相点到临界点（图 6.1）的液体和气体的平衡状态（"饱和状态"）。处在（p_1，T_1）状态下的液体，当在恒定压力下加热到饱和温度 $T_v(p_1)$

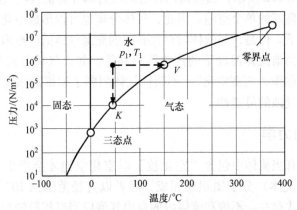

图 6.1 水的相平衡图

（点 V）时，或在恒温下膨胀到 $p_v(T_1)$ 处（图 6.1 中点 K），那么就会发生汽化。从液相到气相的转化过程中，需要吸收汽化焓。在相反过程也就是冷凝过程中，会释放汽化焓。

空化过程中，液体的一小部分在恒温下膨胀（图 6.1 中从点 p_1 到点 K）直至部分液体汽化。在低压区的下游，压力又上升并高于饱和压力，气体凝结。空化与汽化不同之处在于空化如闪电般快速发生。因此，空化流动的本质包含：①起初，系统中局部静压降低到汽化压力是由于流动加速引起的；②随后流动减速，因此压力增大，气泡溃爆。图 6.2 所示为文丘里喷嘴中静压的发展，该图可以阐述空化过程。应用 1.6 的式（1.7），也就是计算图 1.2 所示导叶中从 $A_1 \sim A_2$ 断面压力恢复的公式来计算喉部区域的最小压力 p_{min}。

在其他因素都不变的情况下，使流体的温度分四个阶段从 T_1 变动到 T_4，各个温度下对应的汽化压力分别为 p_{v1}、p_{v2}、p_{v3} 和 p_{v4}：在状态 1 时，$p_{min} > p_{v1}(T_1)$，没有降低到汽化压力，所以不会发生汽化。$p_{min} \le p_{v2}(T_2)$ 时，达到饱和状态并且出现初始气泡。在 $p_{v3}(T_3)$ 阶段，$p_{min} \le p_{v3}$ 区域占据了大概一半的导叶长度；这个区域覆盖了一个大的空穴并影响通道内的流动状况。在状态 4 时，导叶中的压力恢复小于 $p_{v4} - p_{min}$，因此生成的气体不再凝结；流动保持为两相流动状态并覆盖导叶下游的整个流道。由于压力损失和热平衡，一些流体随着管路长度增加而汽化（只有一部分流动的流体汽化）。称这一个过程为膨胀汽化或"闪蒸"。

由于流动液体和空穴之间存在切应力，空穴不可能固定不动。空泡持续发展并被运输到下游直到 $p > p_v$ 时空泡溃爆。为了汽化相应量的液体，所需的汽化焓必须由周围液体通过热传导和对流传递给气泡边界。热交换需要有限温度差 ΔT_u，该温差对应于空泡压力与汽化压力之间的压力差 Δp_u，如图 6.2 所示（也可参见章节6.4.1）。假设通过图 6.2 中喷嘴的水流所溶解的空气在对应的进口压力下已经达到饱和，那么喷嘴中的局部压力一旦明显低于汽化压力，根据亨利定律空气就会析出，见 A.3。如图 6.2 所示，当流道内各处的压力都充分低或空穴形成时，释放的空气将产生分布良好的单个空泡。因此，气体分离也可以形成空化而不需要压力降低到汽化压力之下。但是，与液体间存在界面的充满气体的区域内总有气体组分存在，气体分压与当前流体温度下的汽化压力相等。如果气体分离的影响非常面明显，这种现象也称作"气态空化"。不凝性气体削弱了溃爆的强度，从而减小了噪声、振动和材料侵蚀的可能性。

6.1.2 空泡动力学

空化核：只有当流体中包含"空化核"时空化空泡才会产生。这些空化核由微小的气体（或气体）分子团积聚而成，后者以直径范围从 10^{-3} mm 到 10^{-1} mm 微观小空泡的形式存在。不饱和流体内的自由气泡应当以扩散的形式逐步溶解到流体中。不过，由于气体分子团吸附在非湿润微粒（如腐蚀产物和尘埃）上，空化

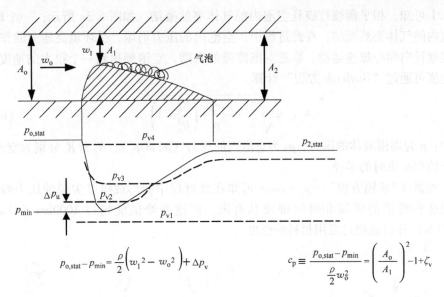

图 6.2 喷管中的空化

核在不饱和流体中事实上也是稳定存在的。经验表明在绝大多数输送液体的工艺系统中都有足够的空化核存在。对于经过除气的、纯度很高的供给水质同样如此（即含有大量的空化核，否则蒸汽发生器中就不可能有沸腾过程）。

空化核的内部含有气体和气体。空化核中的压力 p_B 与气体分压 p_g 和液体的饱和汽化压力 p_v 之和相对应。由于表面张力 S_T 的作用，空化核内的压力 p_B 比环境液体的压力 p 大：$p_B - p = p_g + p_v - p = 2S_T/R$（$R$ = 空化核的半径）。一个给定的空化核包含一定量的空气。如果空泡内的压力发生变化，则空泡的体积遵循理想气体定律 $pV = mRT$。又因为空泡的受力平衡，所以空泡的半径随环境压力的变化而改变。如果一个空化核进入低压区，例如图 6.2 所示的喷嘴喉部区域，其半径就会增大。由于汽化压力和气体密度受（保持恒定的）液体温度控制，所以只有一部分液体发生汽化。具体而言，在此过程中，只有超过一定尺寸的空化核才能被刺激进入生长状态。局部压力降得越低，被激活的空化核就会越多。因此，能够被激活的空化核数目随流动速度的平方的增大而增加。空化核历经的低压区域越长、局部压力降得越低，产生的空泡就越多。

绝对不含有空化核的水具有很大的抗拉强度。实际上，由于空化核的存在，水几乎没有抗拉强度，参见 6.4.3。如果没有充足的空化核，空化空泡的形成就会受到限制。在空化核含量的某个阈值之上，就会出现所谓的饱和状态，在这一状态下，多余的空化核对空化流动没有影响。该阈值随流速增大而减小。根据以上分析可以断定：不同的空化核谱会引起各种各样形式（由不同压力分布引起）的空化流动。压力分布的形式——无论平坦或多峰——必然会影响空泡的生长。

空泡溃爆：当气体空泡随着流动进入局部压力大于汽化压力的高压区时，根据

图 6.1 可知，相平衡被打破且空泡内的气体突然凝结。如图 6.3a 所示，一个球形空泡内的气体突然凝结：在此过程中，空泡内的压力坍塌，受环境高压力的作用，空泡壁径向向心加速运动。临近空泡溃爆的末期，空泡壁达到一个很大的速度 c_i，该速度可通过"Rayleigh 方程"计算

$$c_i = \sqrt{\frac{2}{3} \cdot \frac{p - p_B}{\rho}\left(\frac{R_o^3}{R_e^3} - 1\right)} \qquad (6.1)$$

式中：p 为周围液体的压力；p_B 为空泡内的压力（$p_B \geq p_v$）；R_o 和 R_e 分别为空泡溃爆开始和结束时的半径。

根据（"水锤方程"）[⊖] $p_i = \rho a_o c_i$ 可知在此过程中会形成极度尖锐的压力峰值。出现这些峰值的区域和时间都极其有限，但这些峰值能超过 1000bar（1bar = 0.1MPa）并可能超过泵用材料的强度。

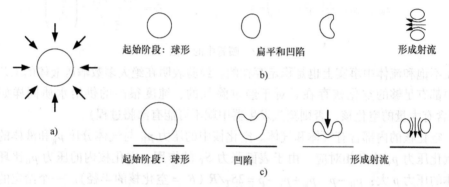

图 6.3　空泡溃爆示意图

a) 单个空泡　b) 流动中空泡溃爆与压力梯度间的关系　c) 近壁面空泡溃爆

根据式（6.1）对于空泡同心溃爆的计算是建立在理想条件上的，但这对理解空化破坏是很有用的。溃爆压力和潜在破坏随着空泡初始溃爆时的半径 R_o 和驱动压力差增大而增大，但随着溃爆结束时的半径 R_e 的增大而减小。触发溃爆的局部压差并不仅仅由流动状况决定，还由邻近的空化气泡决定。这些气泡对压差可能加强，也可能削弱。

如图 6.3 所示在流动中空泡会发生非对称的溃爆，图 6.4 中的图像也证明了这点。在此过程中，产生了一个锋利且微小的射流（$p_i = \rho a_o c_{jet}$）作用在材料上。

图 6.4 中的照片清楚地显示了空泡溃爆及微射流的形成。该空泡是通过电火花放电产生的（两个电极隐约可见，它们到图片底部壁面的距离为 6mm）。最左边照片中的空泡直径大约为 15mm（在空泡的中心也可以看到电极）。

就如所预期的那样，不管空泡从哪随流体进入高压区，空泡的非对称溃爆由附

⊖　水锤方程基于 Joukowski：a_o 为声音在水中传播的速度。

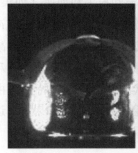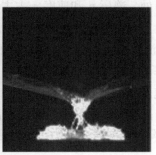

图 6.4　壁面附近一个空泡的溃爆

（图片提供：水力机械的试验，巴黎理工大学 Fédérale, Lausanne；24000 帧/s；比例大约为 2∶1）

近的固体壁面（图 6.3c）或压力梯度（图 6.3b）引起的。在流体减速时（图 6.2 所示的喷嘴中或在泵中），这尤其适用于空穴溃爆。

在流动系统中，一般空泡溃爆前的直径在 1~5mm 之间，但当溃爆末期阶段，直径可以缩小到零点几毫米。微射流的直径在尺寸上与上面类似，高压峰值只有在紧邻空泡且空泡溃爆的最后阶段才会出现。空泡只有距离固体表面非常近时溃爆才会对材料造成冲击。

在空泡溃爆过程中，液体在空穴中溃爆，这就像在一个充满空泡的活塞中，非凝结气体被绝热压缩。因此，所含空泡被加热，且残余气体组成在溃爆的最后阶段也被压缩 [式（6.1）中的 R_e 仍然有限]。由于压缩气体和气体中存在的能量，这会在溃爆后又产生一个空泡（"反弹阶段"），这个过程一直重复到能量耗尽为止。

在空泡溃爆最后阶段，周围液体的压缩性也起到重要的作用。除微射流之外，可压缩流体中的冲击波可能对材料产生破坏。三个附加效应把溃爆压力限制在有限值：①如果气体密度很高，则凝结放热的耗散有限定效应；②当空泡壁面速度 c_i 达到声速时，式（6.1）的物理模型将不适应；③溃爆能量不可能比（有限的）空泡溃爆开始时的能量更大，计算式如下：

$$E_{pot} = \frac{4}{3}\pi(R_o{}^3 - R_e{}^3)(p - p_v) \tag{6.2}$$

式中，E_{pot} 为空泡溃爆阶段到达其半径 $R = R_e$ 时周围液体所能给予的最大能量。

6.2　叶轮或喷嘴中的空化

6.2.1　压力分布和空穴长度

叶轮进口边的空化区域生成方式与图 6.2 中喷嘴空化生成方式相似。图 6.5 为无空化时叶片吸力面的压力分布，根据此图可以得知叶轮进口的压力状况。在流道进口处，静压 p_s 和速度 c_s 占主导。在泵体进口处，由于流动损失和加速（如果有）叶轮上游的静压突然降低至 p_1。假设进口安放角为 β_{1B} 的叶片遭受液流角 β_1 或冲角 i_1 的流体冲击。由于流体在剖面周围流动，由于此区域的超额速度，静压被减少 $\Delta p = 1/2\rho\lambda_{w,i}w_1^2$ 达到最小压力。由于采用翼型叶片，可以通过轮廓系数 $\lambda_{w,i}$ 和相对速度 w_1 来描述压力下降。轮廓系数 $\lambda_{w,i}$ 由轮廓的形状和来流决定，特别是由冲角 i_1 决定。如果最小局部压力 p_{min} 超过汽化压力，则不会发生空化。如果 p_{min} 达到（或降低至）汽化压力，将会形成空穴。

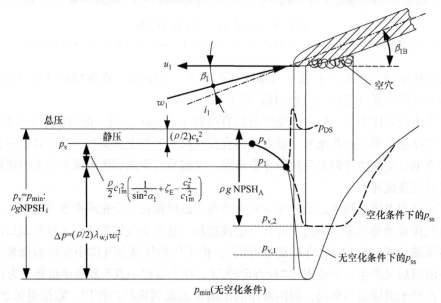

图 6.5　叶轮叶片前缘处的空化

如图 6.5 中的压力分布，区域（$p < p_v$）的尺寸越大，形成的空穴尺寸越大。当 $p_{min} = p_v$ 时产生的第一批空泡被称为"可视的空化初生"。

空穴越大，它对流体的反馈作用就越强。压力分布逐渐从非空化状态下脱离。由于整个空穴内充斥着相同的汽化压力，叶片前面部分的压力分布也相应改变。此外，由于过流断面堵塞，空穴取代液体。在空穴下游，这种取代效应消失并且流体随着空穴厚度的增加而减速（见 4.1.3 的相关部分）。图 6.6 通过计算径向叶轮的压力分布来说明这些关系[31]。无空化状态（实线）下，压力在吸力面进口边急剧下降。当有空化出现时（虚线），"低压峰"消失并被一水平线（恒定压力 p_v）取代。在此例中，空穴扩展至大约叶片的三分之一长度。很明显，由于流体减速，空穴下游的压力突然上升。

图 6.6 为叶轮特定工况下的压力分布图，空化并没有对扬程产生影响。尽管低压峰被消除，这个不足直到空穴结束才得到弥补。随着空穴长度的增加，会对叶片运行产生损害。可以近似地认为，当叶片吸力面上空穴长度超过叶片节距 $t_1 = \pi d_1 / z_{La}$ 且

堵塞部分的叶轮进口喉部区域（堵塞导致流体加速）时，将对叶轮产生损害。

由图 6.6 可知，冲角为正（$i_1 \geqslant 0$）时，叶片吸力面上出现低压峰值，而在压力面上出现一个滞止点。冲角为负时，滞止点移动到吸力面，然后低压峰值在压力面上升，会突然出现空泡（图 6.7）。叶片的首部，即 $p_{SS} > p_{PS}$ 处，这部分好像水轮机一样工作，即它降低扬程而不是增加扬程。即使是叶片压力面上较小的空泡也会使扬程下降，因为它堵塞了部分喉部区域且改变了压力分布。图 4.6c 已经很好地说明了这一点。

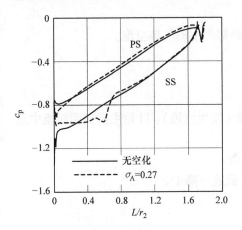

图 6.6　正冲角 $i = 5°$；$w_{1q}/w_1 = 0.71$
时的压力分布
外部流线的计算；SS—吸力面，PS—压力面[31]

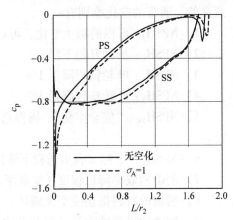

图 6.7　负冲角 $i = -12°$；$w_{1q}/w_1 = 1.34$
时的压力分布
外部流线的计算；SS—吸力面，
PS—压力面[31]

6.2.2　必需汽蚀余量，空化范围，空化准则

低压峰区（$p \leqslant p_v$）的长度决定了空化区的范围。空穴可以很小，基本可以忽略不计（最初的空泡，从泵外侧无法被检测到），或者充满叶轮流道（"完全空化"且最后降低扬程）。所以需要相应的准则来定量地描述泵内的空化。

如上所述，叶轮进口处的最小局部静压决定了空化的产生和范围。此压力无法通过任何简单的方法测量得出，但可能由数值方法计算得出或由复杂实验室测量得出。工程实践要求有可以通过简单方法测量的参数，因此，所有的空化过程可以通过 NPSH 值（介绍见第 2 章）来定量，NPSH（net positive suction head）也被称为"净正吸头"，它为进口管口的总水头和汽化水头的差值。

$$\mathrm{NPSH} = \frac{p_s - p_v}{\rho g} + \frac{c_s^2}{2g} \qquad (6.3)$$

如果压力 p_s 出现在进口处，再得知给定的汽化压力和流速，就可通过式（6.3）和图 6.5 得到装置的净正吸头（$\mathrm{NPSH_A}$）。

"空化初生"出现在 $p_{min} = p_v$ 处，此处产生第一批气体空泡，对应的净正吸头记为 $NPSH_i$，它为泵运行时不产生空化空泡所需的最小 NPSH。如果进口压力逐渐降低使相应的 NPSH 降低到 $NPSH_i$ 以下，则空穴长度增大直至空化区域最后足够大，对能量转换产生损害。换句话说，一台泵需要根据允许的空化范围确定不同的 NPSH 值。

泵所需的 NPSH 被称为 $NPSH_R$，它是一种具有特定空化准则的净正吸头。如果没有对空化准则进行具体说明，那么泵的必需空化余量 NPSH（原则上）是没有意义的。通常的空化准则有：

1）$NPSH_i$：可视的初生空化，可以看到最初产生的气体空泡。

2）$NPSH_o$：扬程开始下降。

3）$NPSH_1$：叶轮扬程降低 1%。

4）$NPSH_3$：叶轮扬程降低 3%。

5）$NPSH_{FC}$："完全空化"，扬程急剧下降（发生汽蚀）；叶轮主要在两相流中运行。

6）$NPSH_x$：下标 x 表示扬程下降的百分数。

7）明确的效率降低程度（如效率开始降低或下降 1%）。

8）明确的材料损伤或空蚀破坏。

9）明确的噪声增大量（空化产生的）。

10）叶轮的使用寿命（如 50000h）。

最常用的空化准则为 $NPSH_3$；这并不是因为它是一个重要的技术要点，而是因为容易测量。因此，如果厂商没有在说明书里标明"NPSH"的具体标准，那么它实际就是 $NPSH_3$。

6.2.3 空化流动换算定律

如上所述，空泡的产生，数目和大小取决于叶片上的压力分布和空化核谱。随着低压峰变得更低（如更高的圆周速度）越来越多的更小的空化核被激活。局部压力分布受雷诺数影响。甚至个别的粗糙凸起也会降低局部压力，产生空泡并达到 $NPSH_i$（这些效应也取决于 Re）。对于离心泵，涉及如此小细节的相似定律还是未知的。在实际应用中，简化的模型定律被用来进行从既定泵到其他转速或尺寸的几何相似机械的传递量测。

叶轮进口的流动情况可以用流动系数 φ_1 来描述，如式（6.4）所示，它与尺寸和速度无关，只与进口速度三角形有关。

$$\varphi_1 = \frac{c_{1m}}{u_1} \tag{6.4}$$

泵中的所有的压力差和压力分布都与速度的平方成比例。因此，按照第一近似，采用欧拉数来作为空化准则或空化范围的相似特征。空化系数 σ_i、σ_3、σ_x 的定义如下：

$$\sigma_x = \frac{2g\mathrm{NPSH}_x}{u_1^2} \tag{6.5}$$

从式（6.5）可知，NPSH 的值可以通过转速的平方和直径［下标 M 表示已知的"模型（model）"］来得

$$\mathrm{NPSH} = \mathrm{NPSH}_M \left(\frac{n}{n_M} \frac{D}{D_M} \right)^2 \tag{6.6}$$

此外，下面的模型定律适用于空穴长度 L_{cav}：

$$\frac{L_{\mathrm{cav}}}{d_1} = f(\sigma_A, \varphi_1) \tag{6.6a}$$

式中，由给定的 σ_A 和 φ_1 的值可得几何相似叶轮的比例 L_{cav}/d_1（第一相似），它与尺寸和转速无关。

应用上述模型定律的前提条件如下：

1）泵必须几何相似。对于叶轮和进口，这项要求必须严格满足。压水室和叶轮出口（叶轮外径）对空化也有影响，特别对于部分载荷工况出现回流时。所以将导叶泵向蜗壳泵换算是不可行的（反之亦然）。由于叶轮和压水室之间的相互作用在空化上并不是很明显，所以将模型向原型换算时，有时候并不要求叶轮出口几何相似。这可能在绝大多数情况下是正确的但有时候会是错的。

2）具有相同温度，气体含量和空化核谱的流体介质。通常此要求在实际中很难严格地得到满足，见 6.4。

文献［22］的测量值中，试验泵的转速从 1000 ~ 3500r/min 变化。根据式（6.5）~ 式（6.6a）所得的模型定律可以在小的散射范围内得到满足。这项发现已经在文献［25］中的测试被确定，在此项试验中，对圆周速度和水温进行改变，变化范围分别为 27 ~ 81m/s 和 30 ~ 160℃。测试结果受平常散射影响但没有显示任何的系统误差，这样速度和温度换算定律就可以被导出了。

从式（6.5）~ 式（6.6a）的得出的模型定律并没有在泵产业中被运用。如果由文献［33，34，57］中的研究得出的换算定律被采用，则会得到不合实际的结果，这与几十年的测试和工程经验相矛盾。

当采用模型定律和评估空化测试时，有时会出现明显的误差，造成这些误差的不确定因素如下：

1）即使叶片进口轮廓或角度上小的公差（甚至表面粗糙度）也会对初生空化余量 NPSH_i 的测量造成大的误差，但对 NPSH_3 影响很小。

2）喉部区域和进口角度的公差对 NPSH 和 NPSH_i 的值产生影响，如 $Q > Q_{\mathrm{opt}}$ 时 NPSH 急剧上升，最高效率点时 NPSH_i 急剧上升。

3）由于几何误差的敏感性，换算定律叶轮尺寸的影响由数控精度决定。

4）因为边界层堵塞并且空穴对狭窄流道具有更大的堵塞效应，所以对于小叶

轮（进口直径低于 100 ~ 140mm），必需的空化余量 $NPSH_x$ 随着叶轮尺寸增大而增大。

5）雷诺数影响边界层厚度。在低雷诺数时，一些粗糙凸起和无规则凸起处于边界层中；在高雷诺数时，这些凸起会产生微小的旋涡从而降低 $NPSH_i$。

6）只要空化核未达饱和，则 $NPSH_R$ 的值就取决于空化核谱。即使空化核谱已知，还是不能预测它的影响。

7）空气分离会歪曲测量值，尤其当 NPSH 值低于大气压力时。

8）由于空气分离、公差和绝对进口低压处的 NPSH 难以测量且具有不确定性。因此，当将泵从高转速向低转速换算时，建议式（6.6）中的指数取小于 2.0 的值；有时指数也取大于 2.0 的值[57]，见 6.4。

简要地说：式（6.4）~ 式（6.6a）所给的换算定律虽然可能适合于工程运用，但是至今仍未被人普遍接受。所以，式（6.6）也出现在标准文献［N.2］和文献［12］中。然而需要注意的是：换算定律适用于流体的流动但不适用于空化核的激活。空化核的激活过程不能换算，因为它取决于绝对压力差 $\Delta p_u = p_v - p_{min}$（图 6.2）。空化核激活不能通过相对参数（如 $c_{p,min}$ 或 σ）来描述。

当在充满空气饱和水的测试环路中测量低 $NPSH_A$（一般 $NPSH_A < 20m$）时，将泵换算到较低转速或尺寸，需要谨慎采用小于 2.0 的指数。这样会避免过大的必需的空化余量 NPSH。最后，文献［42］中的试验速度指数验证并与 $NPSH_3$ 一起被绘制在图 6.8 中，得到的指数在 1.3 ~ 1.8。

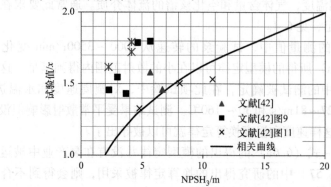

图 6.8 低转速下进行换算后 $NPSH_3$ 和指数 x 的关系图（试验性的）

通过分析 8 家泵生产商的销售文件，可知并没有统一的确定指数的方法。从曲线可以明显看出指数在 0.2 ~ 2.2 变化[59]。那么可以说，在"低"转速时指数采用 1.5、在"高"转速时采用 2.0 是无意义的，而应该使用连续函数。在缺乏有效试验数据的基础上，可采用式（6.6b）将 $NPSH_3$ 的向低转速或小尺寸进行计算：

$$NPSH_A = NPSH_M \left(\frac{n_a}{n_M} \frac{D_a}{D_M} \right)^x$$

$$x = 2 \left(\frac{\mathrm{NPSH_3}}{\mathrm{NPSH_{Ref}}} \right)^{0.3} \quad \mathrm{NPSH_{Ref}} = 20\mathrm{m} \tag{6.6b}$$

由式（6.6b）可得图 6.8 中的曲线，可以看出由式（6.6b）可以得到保守的 NPSH 预测值。下面的例子说明了式（6.6b）的应用：假设给定一台 $\mathrm{NPSH_3} = 6\mathrm{m}$ 的泵，测得其转速为 3000r/min。如果此泵在转速 1500r/min 下运行，那么由式（6.6b）得 $x = 1.39$，$\mathrm{NPSH_3} = 2.3\mathrm{m}$。

建议只运用式（6.6b）进行缩小运算。至于放大运算，为了安全方面考虑可运用式（6.6）并采用指数 2.0。该过程是完全凭经验的，它唯一的目的就是在进行缩放时避免过高估计 $\mathrm{NPSH_3}$。

6.2.4　吸入比转速

为了评估一台泵的抽吸能力或 $\mathrm{NPSH_3}$，我们采用吸入比转速 n_{ss}，它已普遍为人所接受。它被定义在泵的最高效率点，能够比较那些非几何相似的泵。定义吸入比转速时使用无冲击入口的流量更具有物理意义，因为这符合泵进口设计点。但如果这样定义的话，会使得比较不同生产商的泵更加困难，因为泵的参数一般是不知道的。

$$n_{ss} = n \frac{\sqrt{Q_{\mathrm{opt}}/f_q}}{\mathrm{NPSH_3^{0.75}}} \tag{6.7}$$

对于双吸叶轮，计算吸入比转速的流量是指单侧叶轮流量。吸入比转速和比转速类似，同时量纲相同。它可以通过消除 $Q = k_1 n D^3$ 和 $\mathrm{NPSH} = k_2 (nD)^2$ 两个量之间的直径 D 直接得到。吸入比转速通过式（6.4）、式（6.5）中的无因次量定义得到式（6.8）；$k_n = 1 - (d_n/d_1)^2$ 为轮毂堵塞系数。

$$n_{ss} = \frac{30}{\sqrt{\pi}} (2g)^{0.75} \frac{\sqrt{\varphi_1 k_n}}{\sigma_3^{0.75}} = 158 \frac{\sqrt{\varphi_1 k_n}}{\sigma_3^{0.75}} \tag{6.8}$$

表 6.1 提供了不同叶轮的吸入比转速的范围。当设计某个泵时，吸入比转速的选取取决于泵本身的应用，特别是其圆周速度和输送的介质。如果 $\mathrm{NPSH_A}$ 是充分的，那么小泵选取的吸入比转速比表 6.1 中的要更低。

如果式（6.5）和式（6.6）中的换算定律不适用了，那么注意到吸入比转速的概念（很有用）将不成立。

表 6.1　吸入比转速的典型值，n_{ss}　　$[\mathrm{min^{-1}},\ \mathrm{m^3/s},\ \mathrm{m}]$

应用	$u_1/(\mathrm{m/s})$	n_{ss}
轴向进口或两端轴承支持泵的标准叶轮	< 50	160 ~ 220
轴向吸入口叶轮	< 35	220 ~ 280
单吸或双吸叶轮的两端轴承支持泵	< 50	180 ~ 240
短空穴长度的高压泵	> 50	160 ~ 190
工业用诱导轮（见 7.7.4）	< 35（45）	400 ~ 700
火箭泵用诱导轮		>> 1000

（1）吸入比转速增大　为减小水力损失和泄漏损失，应选择适当的进口直径使叶轮进口的相对速度达到最小（表 7.1）。这样的设计并不总能够达到足够低的 $NPSH_3$ 并且对比这样的设计概念，抽吸能力必须得到改进，以下为达到此目的的不同方法：

1）通过放大叶轮进口直径 d_1，可以使吸入比转速大致达到 300。如第 5 章中所述，大的进口直径易产生回流，因为压力梯度垂直于流动增量方向（较大比例 d_1/d_{1i}）。所以说，通过增大 d_1 增大吸入比转速是受到部分载荷限制的。

2）增大叶片进口角或在叶轮进口增大喉部面积用来应对更大流量的设计，这意味着无冲击进口的工况点偏移至 $Q_{SF} \gg Q_{opt}$。如果在给定的进口直径下减少进口角和/或喉部面积，由于"空泡抑制能力"的增加，$NPSH_3$ 和 $NPSH_{FC}$ 被减小到某一范围。因此喉部区域上部的流动减速得更厉害并且主流受空穴堵塞的影响较小。但是，在部分载荷时叶轮进口起到比较明显的作用。在使用工况范围内和叶轮进口发生回流时，冲角和空穴体积在流量增大时也开始增大，同时会产生噪声、振动和侵蚀。这种增大吸入比转速的方法在过去被采用过，但在目前的设计中不推荐使用，推荐采用适度放大进口直径的方法。

3）减少叶片数可以防止叶轮进口堵塞并提高吸入比转速几个百分点，但扬程会受损。这种缺点可以通过增大叶片宽度或叶片出口安放角来解决，尽管由于不均匀的出口流动会激发水力振动。如果叶轮叶片数是偶数，可以剪切间隔叶片的进口（"长短叶片"）来达到目的。

4）双吸叶轮将流体分成两部分。如果双吸叶轮的每部分作为单吸叶轮都可达到相同的吸入比转速，那么 $NPSH_3$ 会降低 37%［根据式（6.7）可得因子 $(1/2)^{2/3} = 0.63$，用它乘以原始 NPSH］。因为双吸叶轮有着更大的轮毂比例，所以这种情况很难达到，而且也会令抽吸能力降低（见 6.3.2）。此外，双吸泵的进口泵腔内的流动分布相比于轴向进口更加没有统一性。这进一步减小了吸入比转速，因为叶片在不同断面的冲角也不同，见 7.13。

5）诱导轮是一种安放在叶轮上游的带有 2~4 个长叶片的轴向叶轮，其进口排挤小，诱导轮可以在发展的空化工况下工作。它可以增加叶轮上游压力，使得叶轮免除空化引起的扬程降低，见 7.7。

（2）吸入比转速的限制性　根据对泵的汽蚀和振动破坏进行数据统计[⊖]结果发现这些泵的吸入比转速超过 213（换算成美国单位，$n_{ss} = 11000$）[⊖]，因此建议对吸入比转速进行限制。这是由于高吸入比转速需要大的叶轮进口直径和大的进口角及在部分载荷工况下产生过度的回流，所以可能产生汽蚀破坏、振动及压力脉动。

⊖　数据统计来源于 1975—1981 年之间泵的运行状况，这些泵生产于 20 世纪 60 年代；详见文献［28］。

⊖　泵的种类和设计者使得不同限制进行传播。

此推理是目前最合理的解释，除叶轮进口直径之外许多其他的参数也使部分载荷工况下回流变得强烈并具有破坏性。所以将回流产生原因归于吸入比转速并依据此来选择泵是不正确的。通过吸入比转速限制强制简化三维流动过程得并导致部分载荷工况条件下回流的发生。此外，见第 7 章中所述，要得到高吸入比转速并不仅仅可以通过放大叶轮进口来得到，还可以通过细致地设计叶片来得到，且后者方式更好。

　　事实证明大量的吸入比转速远大于 $n_{ss} = 213$ 的泵运行中都未被损坏，所以吸入比转速的限制具有一定的非必要性。它将损害许多营利性工厂的利益，因为这个概念使厂家不必要的加大泵的尺寸和增加土建成本以获得更大的 $NPSH_A$。关于吸入比转速的议题（包括案例的历史）全部在文献［28］中得到讨论。

6.2.5　必需 $NPSH_R$ 的试验测量

　　一台泵的必需 NPSH 可在"吸力试验"中测定。为达此目的，在恒定转速和恒定流量下逐渐降低进口压力来测量吸力阶段的扬程。如图 6.9 所示为扬程关于 $NPSH_A$ 或 σ_A 的函数曲线。当 $NPSH_A$ 充分高时，吸入曲线会有水平部分，此时扬程未被空化所影响。如果进口压力降低到一特定值，扬程开始下降。此下降开始时几乎不可察觉，但它随着净正吸头的下降进一步发展，当降低到某一临界值时扬程最后急剧下降，甚至最后扬程几乎垂直地下降。在扬程下降剧烈的工况称为"完全空化"或"扬程断裂"，此时叶轮流道内的大部分区域被两相流充斥。因为存在气泡，水力流道内混合两相流的密度降低且增压能力受损（除额外损失之外）。

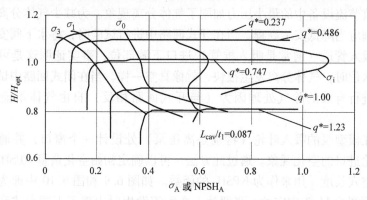

图 6.9　吸力试验中，在恒定转速下，连续降低进口压力得到的不同空化
标准的测试结果（每条曲线测量时 Q = 恒定值）

　　一旦绘制出含有不同流量参数的吸入性能曲线，对应于不同空化标准 $NPSH_0$、$NPSH_1$、$NPSH_3$、$NPSH_{FC}$ 的参数 σ_R（图 6.9）或 $NPSH_R$ 的值可被确定，它们随后按流量绘出，如图 6.10 所示。

　　在测试多级泵时，扬程下降的标准必须基于吸入级的扬程：如果一台多级泵的

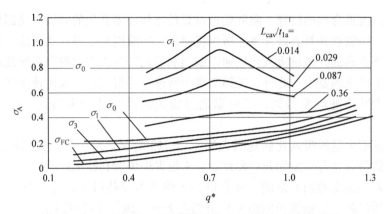

图 6.10　空穴长度、扬程下降作为空化系数和流量的函数

总扬程下降3%，那么测量吸入级的 $NPSH_3$ 发现其可能已经处于完全空化阶段了。应用一个额外的测压孔可以直接获得多级泵吸入级的单级扬程。如果这么做不符合实际，那么还可以通过计算获取。如果所有级有相同的叶轮直径，那么假定 $H_{1,st} \approx H_{tot}/z_{st}$。但如果泵级数较多，这样获取的 NPSH 值是不准确的，因为这存在不可避免的测量公差。总扬程下降零点几个百分点，这是不可能准确测量的。如在一个10级泵中，第一级的 $NPSH_3$ 值只占总扬程下降值的0.3%。

在试验中可以通过下列手段调节进口压力：①对进口管进行节流；②改变进口水位；③在封闭环路中改变吸入水槽中水位上的气体压力。节流法可以在吸入口使用节流阀轻松达成，但是当 NPSH 低于大气压时容易导致气体分离。又因为过大的流速，导致节流设备中的最小压力加剧了气体分离现象。为减少气体分离，吸入口处的节流阀应当降低安装高程。当在开式回路中进行试验时，将水下阀安装在水池中并贴近吸入管道（通常是吸入椎管）进口下游部位，事实证明这是可行的。当改变吸入水位时，气体分离发生很快，就像真空一样。当在闭式回路中试验时，必须对液体进行有效的除气处理因为（与开式回路相反）自由气体不能自动脱离回路。

常常在模型泵的吸入叶轮（特别是高压泵）处设计一个窗口，并通过频闪仪来观察叶轮进口的空化现象。通过此方法，可以确定初始空化余量 $NPSH_i$，并且预估和记录空穴长度，用来作为 $NPSH_A$ 的函数。如图 6.9 和图 6.10 中即为这样的试验结果，而图 6.11 为空穴的一张照片。在回流发生时出现了不同形式和不同位置的空泡云状，图 6.12 为一实例（苏尔寿泵业照片）。

如果不采取特殊设备（透明叶片、轮毂或叶片采用反射面），那么只有叶片吸力面的空泡可被记录下来。

流量决定了不同空化标准下所定义的空化范围。图 6.13 定性地采用比率 $NPSH/NPSH_{i,SF}$（所有的 NPSH 值都参考于无冲击流的初始空化）来描述了此关系。

图 6.11　叶轮叶片进口边的空穴　　　　图 6.12　回流发生时的空化云

1）可视的初生空化余量 $NPSH_i$ 为无冲击进口流量 Q_{SF} 下的最小值，它由式（T3. 1. 10）计算得到。$Q < Q_{SF}$ 时，空泡出现在叶片吸力面（可视），$Q > Q_{SF}$ 时出现在叶片压力面。

2）$NPSH_i$ 和空穴长度随着冲角增大（如降低流量）而增大，直至流体从叶轮到吸入室出现回流。随着回流增大，冲角（因此空穴长度）再次减小。三个效应造成此后果：①经过叶轮的流体因为 Q_{Rec}（图 5.12）而增大。②叶轮进口口环被回流堵塞，有效面积减小，c_{1m} 和 β_1 增大。③来自叶轮的流体 Q_{Rec} 在叶轮旋转方向上具有一个圆周分量。通过动量交换回流产生的旋涡被传输到进口从而产生预旋。这三个效应合计起来考虑，在此意义上，液流角增大（冲角减小），导致更小的空穴。如果预旋被筋板或其他结构有效抑制，那么只有①和②机理有效。由于个别效应对液流角的影响，由曲线"RU"可知，$NPSH_i$ 曲线下降，变平坦或甚至持续上升至 $Q = 0$。

3）接近无冲击流量时，如果 $NPSH_A$ 足够小，空泡同时出现在叶片压力面和吸力面。

4）完全空化 $NPSH_{FC}$ 的曲线大致穿过坐标原点。大流量时曲线急剧上升。如果在足够大的流量下进行测试，那么 NPSH 曲线几乎垂直上升。就如压缩机的阻塞一样，这种上升也对泵进行了限制。

5）$NPSH_3$ 曲线通常也过坐标系原点并随流量增大而稳固上升。但也有例外，如吸入比转速很高的叶轮或 $n_q > 70$ 的诱导轮和叶轮，它们的 $NPSH_3$ 遵循图 6.13 中的虚线，在流场中伴有强烈的回流和变化。曲线 $NPSH_x = f(Q)$ 的形状由以下决定：①空穴堵塞喉部区域；②空穴下游流体减速；③相对速度由 w_1 减速或加速到叶轮喉部区域速度 w_{1q} 的加速度或减速度。如果由冲角 i_1 计算 $NPSH_x$，就会发现 $NPSH_x$ 随流量的降低而上升（与 $NPSH_i$ 相同）。低部分负载时，叶轮进口的喉部面积会非常大；则空穴产生适当的堵塞会改善流动状况（对比图 4.7b）。如果流体在喉部区域被加速，即 $w_{1q}/w_1 > 1$，则静压下降且空泡相应增多（图 5.13）。

6）和 $NPSH_i$ 一样，$NPSH_0$ 的曲线在 Q_{RB}（开始发生回流）处有最大值，但还是比曲线 $NPSH_i(Q)$ 低。吸入比转速越大，这个最大值就越明显。如果叶轮进口

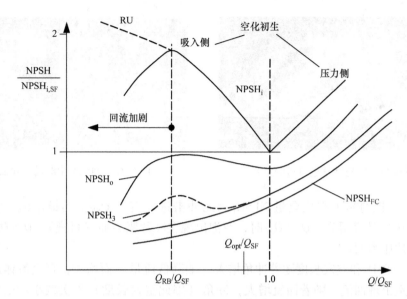

图 6.13　径向泵的典型 NPSH 曲线（原理图）

直径相对狭窄，曲线 $NPSH_o(Q)$ 不会有这样的最大值；这样的情况在图 6.10 可以看到。

依据吸入叶轮的设计，因来流流动和比转速的不同，上述结论都会有所变化。不同 NPSH 值的大小及它们的关系都取决于叶轮的设计和泵类型。根据文献［30］，无冲击进口处典型比值见表 6.2。

表 6.2　无冲击进口处 NPSH 的典型关系

叶轮种类	$NPSH_i/NPSH_3$	$NPSH_o/NPSH_3$	$NPSH_{FC}/NPSH_3$
标准设计	4 ~ 6		
低 $NPSH_i$ 的进口边	2 ~ 3	1.1 ~ 1.3	0.8 ~ 0.9
低叶片数 $z_{La}=3$	8 ~ 10		

叶轮进口处叶片上如果有大的载荷，则会产生低压峰值并相应的增大 $NPSH_i/NPSH_3$ 的比值。这就解释了为什么表 6.2 中小叶片数[⊖]的 $NPSH_i/NPSH_3$ 比值会很大。这也因为叶片数减小，减小了叶片堵塞同时降低 $NPSH_3$。

如比值 $F_{NPSH}=NPSH_A/NPSH_3$ 所定义的"NPSH 余量"，即使将其给定也会因为叶片设计方法的不同获得不同的空穴长度（这也遵从从表 6.2 的数据）。图 6.14 给出了不同实例中空穴长度的测量统计。实例 5.1 参考了 $n_{ss}=278$ 的一台热提取泵，5.3 参考了 $n_{ss}=275$ 的一台冷却水泵（概念"L"）。

　⊖ 如 7.2.4 所述，即使叶片数很小，也可以通过适当的叶片设计来获得低的叶片载荷。

缩短叶片长度会削弱泵做功能力。这也是为什么当叶轮进口被明显地切割而NPSH$_x$上升的原因。

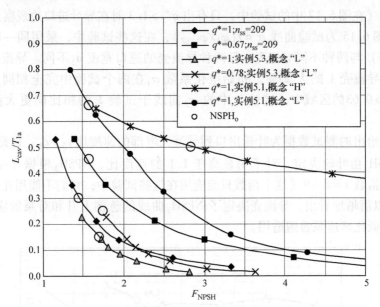

图 6.14　NPSH – 余量对空穴长度的影响（T_{1a}为节距）

概念 "H"—狭长流道；概念 "L"—设计叶片追求平缓的压力分布，见 7.2.4，

图 7.10；F_{NPSH} = NPSH$_A$/NPSH$_3$，泵体的历史见文献［28］

恒定流量下的吸入性能曲线 $H = f$（NPSH$_A$）呈现了不同的特征形状：

1）如果流体在空穴下游得到有效减速，那么在扬程下降前叶轮就能处理好相对长的空穴。这种情况越明显，则 NPSH$_{FC}$、NPSH$_3$、NPSH$_1$ 和 NPSH$_o$ 就会越靠近，即曲线 $H = f$（NPSH$_A$）出现一个急剧的弯曲。低中比转速的叶轮具有多峰的压力分布，它们通常也具有这样的曲线。文献［9，15，47］所做的观察和测试表明，片状空化并不产生扬程损失，即使出现相当长的空穴，这是因为空穴下游的流体被减速了（图 6.6）。但当空穴最终变得长到导致能量传递受到影响时，扬程才会急剧下降。相反地，从空泡云分离出的不稳定空穴不会使扬程上升。气泡一出现就会引起扬程逐渐减小，因为空穴下游的流体未被减速。文献［15］中观察到，当空泡云从叶片吸力面移动到相邻叶片的压力面时，则扬程受损。

2）对于平稳压力分布的叶轮，NPSH$_{FC}$、NPSH$_3$、NPSH$_1$ 和 NPSH$_o$ 相互远离，如图 6.9 所示。

3）$Q > Q_{SF}$时，扬程损失是由叶片压力面上的空泡引起的。因为即使小的空穴也能堵塞喉部区域，故 σ_A 较大时扬程开始下降。那么流体被减速，静压下降且产生更多的气泡。此外，空穴下游压力无回升（图 6.6）。

4）对于低比转速泵（$n_q < 20$），在大流量工况下（$Q > Q_{opt}$）由于导流壳或蜗壳中的空化导致扬程受损。这发生在当流体从叶轮出口被加速至压水室喉部区域时，这时候 c_{3q} 明显大于 c_2（见 5.3 和图 5.18）。比转速越低，该工况点越接近最高效率点（在图 5.17 中的试验中，只有当 $q^* > 1.3$ 时在导叶进口边观察到空泡）。

5）图 6.15 为试验曲线 $\sigma = f(\varphi_1/\varphi_{1,SF})$，在这些试验中，采用同一叶轮（设计 $n_q = 15$）与两种不同导流壳，且两种导流壳的进口宽度 a_3 不同。导流壳 2 的喉部面积比导流壳 1 的大 25%。初始空化系数 σ_i 在两个试验中完全相同，但当在 $\varphi_1/\varphi_{1,SF} > 0.63$ 的区域中，试验 2 中的 σ_3 曲线于试验 1 的相比向更大流量偏移约 17%。

图中给出的测试数据为叶轮出口到导流壳喉部的速度比 c_{3q}/c_2。直到 $c_{3q}/c_2 \approx$ 1.1，$NPSH_3$ 由叶轮决定。对于明显高于 1.1 的速度比，$NPSH_3$ 根据 $(c_{3q}/c_2)^x$ 增大，其中指数 $x = 8 \sim 9$（这个指数只能应用在这些试验中；它们不能用在其他情况下）。可以清晰地看出，导流壳决定了 $NPSH_3$ 曲线的急剧上升和对泵的应用限制。此论述对低比转速泵普遍适用。

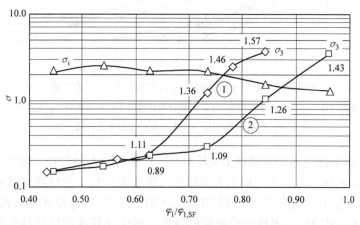

图 6.15　$n_q = 15$ 条件下导流壳对空化的影响

曲线 2 的导流壳喉部面积比曲线 1 的大 25%

6）利用叶轮出口的静压可以为压水室定义一个空化系数，即

$$\sigma_{A,LE} \equiv \frac{p_2 - p_v}{\frac{\rho}{2}c_{3q}^2} \frac{NPSH_A - \frac{c_s^2}{2g} + H_p}{\frac{c_{3q}^2}{2g}} = \sigma_A \left(\frac{u_1}{c_{3q}}\right)^2 - \left(\frac{c_s}{c_{3q}}\right)^2 + \psi R_G \left(\frac{u_2}{c_{3q}}\right)^2 \quad (6.9)$$

7）扬程降低是由导流壳或叶轮引起的，可以通过测量叶轮出口静压并绘制出其关于 $NPSH_A$ 的曲线来进行判断。如果导流壳没有影响到扬程，则扬程和静压下降曲线会在相同的 $NPSH_A$ 处回升。相反地，如果导流壳是扬程下降的原因，那么曲线 $H = f(NPSH_A)$ 比 $H_p = f(NPSH_A)$ 提前下降。

8）如图 6.16 所示，在扬程开始降低前，有时观察到扬程轻微地增加。此特点说明流体受空穴影响，空穴会造成更高的流动偏差和损耗，或对叶顶上的流动进行重新分配。具有宽大的轴面图（如污水泵）的轴流泵或叶轮有时也具有此特点。图 6.16 为一台轴流泵在 $q^* = 1$ 时的测量值，其扬程上升了 5%，而 $\eta = f(\mathrm{NPSH_A})$ 未被影响。其他泵的效率可能会有微小的改善。随着冲角增大，轴流泵中空泡大量增多；这对 σ_i 有特别的影响，并在较小程度上影响 σ_x，如图 6.16 所示。

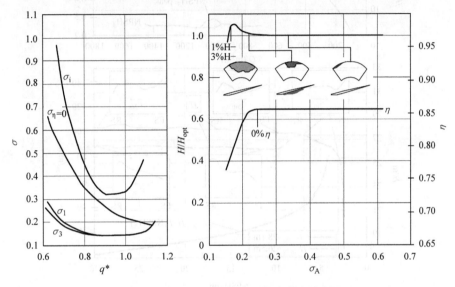

图 6.16　一台轴流泵的空化测量（苏尔寿泵业）

9）对于混流叶轮，在 $\mathrm{NPSH_3}$ 曲线上部分负载处有时能观察到峰值，如图 6.17 所示。峰值出现是因为空穴影响了叶轮的能量传递。在文献［46］记录的试验中，发现了两个稳定的流动状况。在吸力曲线的上分支上，叶轮出口的 c_{2m} 分布在整个叶片宽度上相对一致。由于外流线上的短空穴，在曲线下分支上观察到速度降低。空穴足够长时，外流线的能量传递增加，使 c_{2m} 分布发生变化。因此，扬程上升至对应的上分支曲线。因此扬程损耗是由于外流线上能量传递不足造成的，这可以通过观察 c_{2m} 分布得到。值得注意的是：两个案例中的空穴在长度上是相同的，也就是说 NPSH 峰值并不是由空穴长度引起的，而是由空化引起的能量传递改变造成的（出口速度图上可以看出）。这些试验确定了流态变化对扬程和曲线稳定性（见5.5）的影响，外部流线上具有无扰动的能量传递，并被证实是很重要的（见5.6.7）。此外，试验还解释了空化时扬程有时增大，如图 6.16 所示。从文献［46］中被测试的三个叶轮上可以观察到空化过程中叶轮内的能量传递变平坦（依据最小阻力法则，这可能是一种"自修复作用"）。见 5.7 中的试验，它所得曲线 $\mathrm{NPSH_3} = f(Q)$ 的波峰和 $Q - H$ 曲线的不稳定性都可以通过在叶轮上游的泵体中加工凹槽而消除。

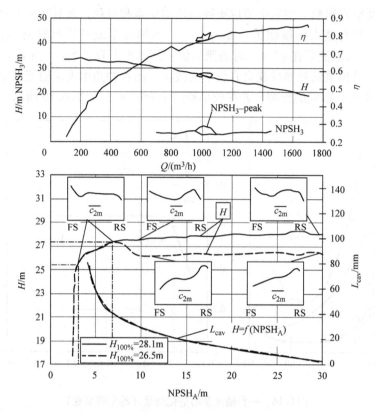

图 6.17 空穴对扬程的影响，$n = 1200 \text{r/min}$[46]

（在小流量时）由于回流很强，片状空化就会减弱，而在叶轮进口前部和叶轮流道中就会出现空泡群（云）。在直流主流和回流之间的剪切层引起的旋涡中心，气体空泡发展成形，空泡会在叶片压力面和叶轮上游结构处溃爆并造成材料侵蚀。

当片状空化的空穴长度可以通过视觉观察确定时，部分载荷工况下回流引起的空泡云很难通过频闪观测仪来进行量化。在此情况下，可以使用空化噪声测量（见 6.5.2）或控制条件下的油漆侵蚀试验（见 6.6.6）。

以上介绍的为恒定流量下的吸入性能试验。还可以通过改变流量来测量 NPSH_R（图 6.18），但试验要求进口阀位置不变且出口阀相继地打开，结果显示，无空化情况下流量增大（图 6.18 中曲线 a），直至由于空化（点 KB）使扬程开始下降；进一步打开出口阀，流量增大且由于空化使扬程下降；梯度 dH/dQ 随渐增的空化也在增大，直到曲线几乎垂直；结果得到曲线 b、c，由此可以大概地确定 NPSH_o、NPSH_3 和 NPSH_{FC}。该方法没有图 6.9 的恒定流量测量法那么精确，是由于测试回路的限制，即后者在吸入性能曲线的水平部分没有足够的测量点，在这方面前者更具有优势。

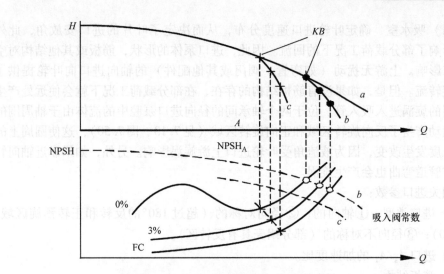

图 6.18 进口阀位置不变时的吸力曲线

6.2.6 环形密封中的空化

空化可以出现在闭式叶轮的环形密封中，也可以在开式叶轮叶片和泵腔之间的间隙中。当局部压力达到汽化压力时，气体空泡出现。在材料使用不当时，开式叶轮的间隙空化会使泵腔或叶片上发生材料侵蚀，见 6.8。

在文献 [36] 中，采用泵和旋转圆桶来研究闭式叶轮的环形密封空化现象。在这些试验中，环形密封（靠近出口）和泄漏流 - 主流混合区域中产生了空泡。当吸入管口直径比叶轮进口的小（如 $d_s < d_1$）时，空化增加。将文献 [36] 中环形密封的空化初生试验数据进行总结，得出式（6.9a）：

$$\sigma_{\mathrm{sp,i}} \equiv \frac{p_s - p_v}{\frac{\rho}{2} c_{\mathrm{sp}}^2} = 1.2 \left(\frac{u_{\mathrm{sp}}}{c_{\mathrm{sp}}} \right)^{0.8} \tag{6.9a}$$

式（6.9a）基于密封里的速度为主要参数形成，吸入喷嘴中的流量起相对次要的作用。任何基于泄漏量分数 Q_{sp}/Q 的关系都是意义不大的，因为除了通过试验以外很难计算得到泄漏量。通过吸入喷嘴的流动是叶轮上游空化形成的原因，可能是由于筋板或凹处出现 $d_s < d_1$ 造成的（因为标准化的问题，经常出现 $d_s < d_1$ 这种情况）。

6.3 必需 NPSH 的计算

6.3.1 影响 NPSH$_R$ 的参数

空化区域的形成和 6.2.2 中讨论的所有 NPSH$_R$ 取决于很多参数。

（1）吸水室　确定叶轮进口速度分布，从而决定了叶片的进口安放角，此外它还影响了部分载荷工况下的回流。因此，进口泵体的形状，筋板或其他结构对空化都有影响。上游无扰动（如弯管、阀门或其他配件）的轴向进口向叶轮提供了对称旋转流。但是，如果没有筋板结构的存在，在部分载荷工况下就会使远处产生的强烈的旋涡进入吸入管。位于两个轴承间的径向进口泵腔中的流体由于轴周围的流体运动产生了反向旋转区域和正向旋转区域（见7.13、图7.50），这使圆周上的空穴长度发生改变，因为液流角受叶轮进口上游旋涡影响。另外，如果靠近轴向管的地方管道弯曲也会产生旋涡。

相关进口参数：

1）进口类型：①轴向的；②径向对称的（超过180°的反转和正转预旋区域，图7.50）；③径向不对称的（部分蜗壳具有反转区）。

2）进口 A_s/A_1 的加速度比。

3）筋板结构。

4）水力损失。

5）涡带形式。

6）由进口喷嘴上游扰动产生的三维速度分布。

7）吸水室中产生的湍流对空化初生和空化发展都有影响[34]，见6.4.3。

（2）叶轮　很明显，叶轮的几何形状对空化有决定性的影响。经验表明，即使小的误差也可以对空化和空蚀产生巨大影响。以下列出的参数有些是相互作用的（即使通过试验不能单独地确定它们各自的影响）如叶轮几何形状（及对空穴长度的影响）不能通过主要尺寸大小和叶片角来充分地进行描述，为了这个目的必须对叶片表面和前盖板建立坐标系；而由于实际叶片形状对三维流动的影响，导致因缺少简单程序无法预测空化长度（除数值方法外）。影响空泡的形成和扬程的下降（这主要应用于离心叶轮）的叶轮参数：

1）叶轮进口直径和轮毂直径。

2）不同流线的叶片进口角。

3）叶片数，因为叶片厚度，所以小叶片数意味着较少的堵塞。具有小 z_{La} 值的叶轮也具有相对较长的叶片和较大的间距，那么只有当空化系数很小时空穴才能到达喉部区域；σ_{FC} 和 σ_3 随着叶片数减少（其他参数相同）也变小。见表6.2及上面叙述，这并不适用于初生空化系数 σ_i。

4）叶轮进口的喉部区域决定了相对速度的加速度或减速度 w_{1q}/w_1。喉部区域取决于整个叶片的形状及叶片出口角，尤其是在小叶片数时有重要影响。

5）叶片进口边位置和形状，见7.2.1。空化初生对几何误差和制造精度都很敏感。不合适的进口边（如半圆弧和钝形进口边）会增加空穴的体积和长度，同时造成性能下降；根据文献［2］中的测试数据显示，这也会造成 NPSH$_3$ 和 NPSH$_{FC}$ 上升，见7.2.1。

6）叶片进口边在子午线区域的位置。

7）叶片进口边相对于流体的位置（前掠或后掠，见第 7 章，图 7.8）。

8）进口边和喉部区域之间的叶片角度变化。

9）前盖板、轮毂/后盖板的形状和曲率。

10）叶片和叶轮盖板之间的倒角半径。

11）叶片的表面粗糙度（对产生第一批空泡有影响）。

12）环形密封间隙，它有着双重影响：①环形密封间隙泄漏增加了通过叶轮的流体；②泄漏流增加了进入叶轮流体的预旋，因为它有着大约 50% 圆周速度的分量，即 $c_{u,sp} \approx 1/2 u_{sp}$，见 6.2.6。

13）2）中两个影响都增加了叶轮进口的液流角。这会造成：①在超负荷区域空化特性被削弱；②初生空化发生在更低的 σ_i 值处；③部分载荷时空穴长度变得更短。

14）用于平衡轴向力的平衡孔与环形密封间隙泄漏流的影响相似。

15）部分载荷工况时的回流：一旦回流产生，σ_i 和 σ_o 通常会变小。

16）如果一个叶轮被明显地切割过了（见 4.5.1），则因为叶片载荷（将使局部速度过剩）增大，所以 $NPSH_R$ 值增大。而且，对于一个被过度切割过的叶轮，3% 的降低扬程意味着比未被切割的更加低的绝对降低值，所以叶轮切割过后能测得更高的 $NPSH_3$ 值。举例说明：如果一个叶轮未被切割前扬程 $H_{opt} = 200m$，那么扬程降低 $\Delta H = 6m$ 时，得到 $NPSH_3$ 值；如果叶轮被切割并且扬程只有 $H_{opt} = 140m$ 时，那么扬程只降低 4.2m 时，就可得到 $NPSH_3$ 值。

（3）压水室　如果部分载荷来自压水室的回流够多，那么就会影响叶轮进口的回流，进而影响空穴形状和其长度。因此，在部分载荷时，空化形态是由压水室是蜗壳还是导叶决定的。蜗壳圆周上的压力变化会使个别叶轮流道作用点和 $Q-H$ 曲线上的点不一致，如某个流道可能瞬时流量和性能曲线上体现的不一致。这会造成个别叶片的冲角不同，对叶片上的压力分布和空穴产生影响（见 9.3.3）。基本参数如下：

1）压水室的类型（蜗壳、导叶、环形压水室）。

2）导叶或蜗壳中的喉部面积（图 6.15）。

因为压水室中的流动分离取决于流入条件，则叶轮出口的几何参数（出口宽度、出口角度等）对部分载荷下的空化有稍许影响。部分载荷条件下的回流将会在吸入室、叶轮和压水室之间产生强烈的相互作用，所以将它们分开考虑是不能得到流体运动的准确信息的。

（4）运行参数　给定几何形状和流量系数的情况下，空化系数 σ_A 决定了空化的范围。流量系数（用比值 c_{1m}/u_1 来定义）决定了冲角，而冲角对叶片上压力分布有影响。根据 6.6.3，由于空蚀与圆周速度的六次方相关，即使是一个简单的根据操作试验得到的推理也可以判断出高速泵运行中出现的问题（如流体性能和含气量的影响，见 6.4）。

6.3.2 NPSH$_R$ 的计算方法

如图 6.5 及上下文所述，造成叶轮进口最小局部压力的原因如下：①主流加速及进口损失；②叶片进口边附近产生局部高速流体。以下是常用关系式：

$$\text{NPSH} = \lambda_c \frac{c_{1m}^2}{2g} + \lambda_w \frac{w_1^2}{2g} \tag{6.10}$$

或根据式（6.5）表示为空化系数形式：

$$\sigma = (\lambda_c + \lambda_w)\varphi_1^2 + \lambda_w \left(1 - \frac{\varphi_1}{\tan\alpha_1}\right)^2 \tag{6.11}$$

系数 λ_c 包含进口加速和损失；λ_w 表示叶片上的低压峰值的影响。系数 λ_c 取决于：$\lambda_c = 1 + \zeta_E$（$\zeta_E = $ 进口损失系数）。在轴向入流时 $\lambda_c = 1.1$；对于径向入流（取决于设计），$\lambda_c = 1.2 \sim 1.35$。因为 $c_1 \ll w_1$，λ_c 的任何不确定性都没有 λ_w 的明显。

相反地，λ_w 不仅仅取决于所考虑的空化范围（如 NPSH$_i$ 或 NPSH$_3$），还取决于所有的几何和运转参数，见 6.3.1。表 6.3 提供了无冲击入流时（或 $q^* = 1$ 时）λ_w 的一般范围。

表 6.3 无冲击入流时的系数 λ_c 和 λ_w

项目		$\lambda_{w,3}$	项目	$\lambda_{w,i}$
叶轮	NPSH$_3$	0.1 ~ 0.3	NPSH$_i$	0.4 ~ 1.5（或 2.5）
诱导叶		0.03 ~ 0.06		0.2 ~ 0.3

一些叶轮仍然不在这些范围内。将式（6.11）代入式（6.8）得到吸入比转速：

$$n_{ss} = \frac{158 \sqrt{\varphi_1 k_n}}{\left\{ (\lambda_c + \lambda_w)\varphi_1^2 + \lambda_w \left(1 - \frac{\varphi_1}{\tan\alpha_1}\right)^2 \right\}^{0.75}} \tag{6.12}$$

式（6.8）和式（6.12）表明，通过增大 $\nu = d_n/d_1$ 轮毂比和 $k_n = 1 - \nu^2$ 可实现吸入比转速减小。

尽管 λ_w 取决于进口和叶轮几何形状（这种关系还未可知），但是我们经常假设 λ_w 来优化叶轮进口直径。为达此目的，将下面各式代入式（6.10）：$c_{1m} = 4Q/[\pi(d_1^2 - d_n^2)]$；$w_1^2 = c_{1m}^2 + (u_1 - c_{1m}/\tan\alpha_1)^2$ 和 $u_1 = \pi d_1 n/60$。所得结果式为微分 $\partial \text{NPSH}/\partial d_1$。最后，令所得表达式等于 0，并求解可得最佳进口直径 $d_{1,\text{opt}}$。

$$d_{1,\text{opt}} = \left\{ d_n^2 + 10.6 \times \left(\frac{Q_{\text{La}}}{f_q n}\right)^{\frac{2}{3}} \left(\frac{\lambda_c + \lambda_w}{\lambda_w}\right)^{\frac{1}{3}} \right\}^{\frac{1}{2}} = \left\{ d_n^2 + d_2^2 (\varphi_{2_{\text{La}}} b_2^*)^{\frac{2}{3}} \left(32 \times \frac{\lambda_c + \lambda_w}{\lambda_w}\right)^{\frac{1}{3}} \right\}^{\frac{1}{2}}$$

$$d_{1,\text{opt}} = \left\{ d_n^2 + 1.48 \times 10^{-3} \psi n_q^{1.33} d_2^2 \left(\frac{\lambda_c + \lambda_w}{\lambda_w}\right)^{\frac{1}{3}} \right\}^{\frac{1}{2}} \tag{6.13}$$

最佳流量系数（使用 $d_{1,\text{opt}}$ 计算）按式（6.14）计算：

$$\varphi_{1,\text{opt}} = \left(\frac{Q_{\text{La}}\lambda_w}{f_q n(\lambda_c + \lambda_w)}\right)^{\frac{1}{3}} \frac{2.3}{\left\{d_n^2 + 10.6\left(\frac{Q_{\text{La}}}{f_q n}\right)^{\frac{2}{3}}\left(\frac{\lambda_c + \lambda_w}{\lambda_w}\right)^{\frac{1}{3}}\right\}^{\frac{1}{2}}} \quad (6.14)$$

在式（6.13）和式（6.14）中，假设绝对轮毂直径是通过力学设计决定的。或者假设轮毂比为定值，推导出更加简化的式：

$$d_{1,\text{opt}} = 3.25 \times \left(\frac{Q_{\text{La}}}{f_q n k_n}\right)^{\frac{1}{3}}\left(\frac{\lambda_c + \lambda_w}{\lambda_w}\right)^{\frac{1}{6}} \quad (6.14\text{a})$$

$$\varphi_{1,\text{opt}} = \sqrt{\frac{\lambda_w}{2(\lambda_c + \lambda_w)}} \quad (6.14\text{b})$$

$$n_{\text{ss}} = \frac{98}{(\lambda_c + \lambda_w)^{0.25}}\left(\frac{k_n}{\lambda_w}\right)^{0.5} \quad (6.14\text{c})$$

式（6.13）~ 式（6.14c）适用于无预旋的入流。对于给定的吸入比转速的汽蚀余量（NPSH$_3$）或低空化初生汽蚀余量（NPSH$_i$），这些公式可以用来优化叶轮进口。要获得合适的 λ_w 需要将每个工况都考虑在内，但是计算所得的进口直径只有当选取的 λ_w 在实际中可以达到时才是最佳的。是否是这种情况最终取决于 6.3.1 所讨论的所有参数。

现在可以假定 λ_w 主要取决于 $i_1 = \beta_{1B} - \beta'_1$，如空气翼型。经验和具体试验表明：$\lambda_{w,3}$ 取决于冲角（即取决于给定叶轮和进口的流量）和叶片绝对角度（即叶栅安装角）；最小压力系数 $c_{p,\text{min}}$ 随液流角 β_1 或叶片进口安放角 β_{1B} 的增大而增大。图 6.19 和图 6.20 为对不同试验的一个评估，尽管分散度较大，但所得 λ_w 的值表明了这种依赖关系。

假设无冲击入口的流量接近 Q_{opt}，则图 6.19 和图 6.20 适用于最佳工况点。图 6.19 和图 6.20 显示，相比 $\lambda_{w,3}$ 对液流角的依赖性，$\lambda_{w,i}$ 对叶片安放角的依赖性更大，并且数据与图 6.19 中的叶片安放角和图 6.20 中的入流角更加紧密。图 6.19 中的测试是基于径向入口和 $\lambda_c = 1.35$ 的条件下实施的，标准误差量为 ±25%。当采用叶片系数 λ_w 时，必须知道这些系数对叶片设计、流量和过流断面都是很有意义的。

如果 $\lambda_{w,3}$ 取决于来流液流角，那么应该也有可能建立吸入比转速和来流液流角之间的联系。如果是为了广泛应用而得到最优叶轮，必须考虑到吸入比转速 ［见式（6.12）］随轮毂比增大而减小，并且流量系数 φ_1 也随之增大的影响。即考虑到三个参量：来流液流角（或 φ_1）、吸入比转速和轮毂比，则可以得到标准化的吸入比转速 n_{ss}^*：

$$n_{\text{ss}}^* = \frac{n_{\text{ss}}}{\sqrt{k_n}}\left(\frac{n_{q,\text{Ref}}}{n_q}\right)^{0.19}, \quad n_q < 170(n_{q,\text{Ref}} = 27) \quad (6.15)$$

图 6.21 为 n_{ss}^* 与来流液流角 β_{1a} 的关系图。试验数据包含许多种泵，如径向和轴向来流的，以及径流和半轴流叶轮的，范围为 $n_q = 10 \sim 160$。标准误差量达 ±14%。

为确定一个叶轮 $[n_q$、n_{ss} 和 d_n/d_1（或 k_n）的值已被选定] 的进口直径，可以从式（6.15）算得 n_{ss}^*，然后从图 6.21 读取来流液流角，最后根据式（6.16）计算得出进口直径 d_1。如果 d_n 已被确定，则要求通过 k_n 迭代。

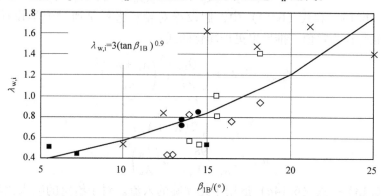

图 6.19 空化初生系数与外流线上叶片进口角的函数关系

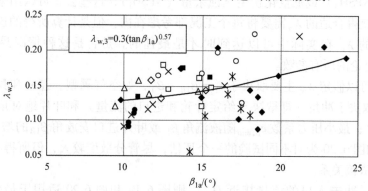

图 6.20 外流线上 $q^* = 1$ 时，液流角与 3%扬程下降时空化系数的函数关系

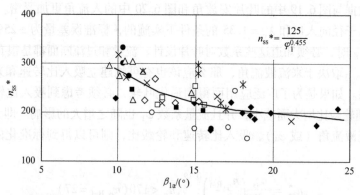

图 6.21 标准化吸入比转速与外流线上 $q^* = 1$ 时，液流角的函数关系；$n_{q,\text{Ref}} = 27$

$$n_{ss}^* = \frac{n_{ss}}{\sqrt{k_n}} \left(\frac{n_{q,\text{Ref}}}{n_q} \right)^{0.19}$$

$$d_1 = 2.9 \sqrt[3]{\frac{Q_{\text{La}}}{f_q n k_n \tan\beta_1}\left(1 + \frac{\tan\beta_1}{\tan\alpha_1}\right)} \qquad (6.16)$$

或表示成无量纲形式，$\alpha_1 = 90°$ 时有效：

$$d_1^* \equiv \frac{d_1}{d_2} = \frac{0.483\omega_s^{0.667}\psi^{0.5}}{(k_n \tan\beta_1)^{0.333}} \qquad (6.16a)$$

根据图 6.12 所得的来流液流角和吸入比转速之间的关系也可以表示为式 (6.16b)；给定来流液流角或流量系数 $\varphi_1 = \tan\beta_{1a}$，可以通过式 (6.16b) 得到吸入比转速：

$$n_{ss} = \frac{125\sqrt{k_n}}{\varphi_1^{0.455}}\left\{\frac{n_q}{27}\right\}^{0.19} \pm 15\%, \ n_q < 170 \qquad (6.16b)$$

相反地，可以计算出设计流量系数：

$$\varphi_1 = k_n^{1.1}\left\{\frac{125}{n_{ss}}\right\}^{2.2}\left\{\frac{n_q}{27}\right\}^{0.418} \pm 40\% \qquad (6.16c)$$

6.3.3　根据流量估算 NPSH$_3$

从图 6.20 中的试验数据可以看出，BEP（最佳工况点）处的叶片系数 $\lambda_{w,3}$ 处于分散状态。如果想估算 NPSH$_3$ 与流量的关系曲线，那么必须明确主要的不确定性。为确定 NPSH$_3 = f(Q)$，必须考虑：在喉部区域 A_{1q} 的上游区域中，相对速度 w_1 减速至 w_{1q}，并且当冲角仍然为正时，NPSH$_3$ 曲线较平坦。相反地，当空穴在叶片压力面形成并且当流体从 w_1 加速至 w_{1q} 时，NPSH$_3$ 曲线将急剧上升。现将这两部分之间区域定义为 Q_{sa}。此外，也要考虑导流壳的影响，它会使 NPSH$_3$ 曲线过早地急剧上升，特别是在低比转速时。可以利用三种流量准则来估计 NPSH$_3$ 曲线的急剧上升：

1）如果流量超过无冲击入流将得到性能优越的 Q_{SF}，则冲角变为负并且空泡将出现在叶片的压力面上：

$$Q_{SF} = \frac{f_q A_1 \tan\beta_{1B} u_{1a}}{\tau_1\left(1 + \dfrac{\tan\beta_{1B}}{\tau_1 \tan\alpha_1}\right)} \qquad (6.17)$$

2）流量 Q_w，此时 $w_1 = w_{1q}$，计算式如下：

$$Q_w = \frac{f_q A_1 u_{1m}}{\sqrt{\left(\dfrac{A_1}{z_{\text{La}} A_{1q}}\right)^2 - 1 + \dfrac{1}{\tan\alpha_1}}} \qquad (6.18)$$

3）流量 Q_c，此时 $c_{2u} = c_{3q}$，计算式如下[⊖]：

⊖　由于低比转速泵的 α_2 非常小，近似地 $c_2 \approx c_{2u}$，根据等式（6.19）可得简化关系。

$$Q_c = \frac{f_q u_2 A_2 \gamma}{\dfrac{f_q A_2}{z_{Le} A_{3q}} + \dfrac{\tau_2}{\eta_v \tan\beta_{2B}}} \tag{6.19}$$

可以利用从式（6.17）~ 式（6.19）计算得出的流量来估计 $NPSH_3$ 曲线，具体见图 6.22 和下述内容：

1）假设当 $Q > Q_{PS}$ 时压力面上的空化起作用，其中 Q_{PS} 为 Q_W 和 Q_{SF} 的平均值：

$$Q_{PS} = \frac{1}{2}(Q_{SF} + Q_W) \tag{6.20}$$

2）如果 Q_c 比 Q_{PS} 小，那么必须假设在 $Q > Q_c$ 范围内压水室对 NPSH 值有影响，并且使 $NPSH_3$ 曲线急剧上升。

3）流量 Q_{sa} 为 $NPSH_3$ 曲线从平坦部分到陡峭部分的过渡区，它为 Q_c 和 Q_{PS} 中的较小值；即如果 $Q_c > Q_{PS}$ 则 $Q_{sa} = Q_{PS}$，如果 $Q_c < Q_{PS}$ 则 $Q_{sa} = Q_c$。

4）根据式（6.10）可以计算出设计流量 Q_{opt} 下的 $NPSH_3$。从图 6.20 中的曲线可得最高效率点时的 $\lambda_{w,3}$（液流角 β_{1a} 为自变量）。

5）在 $Q < Q_{sa}$ 成立的区域内，可以从式（6.10）得到 $NPSH_3 = f(Q)$。为达此目的，计算流量为自变量的关于来流液流角 β_1 的函数，通过式（6.21）得到可用叶片系数 λ_w，这样就可以得到随流量上升的 NPSH 曲线。

$$\lambda_w = \lambda_{w,opt} \left(\frac{\tan\beta_1}{\tan\beta_{1,opt}}\right)^{0.57} \tag{6.21}$$

此计算要用到上面所定义的 Q_{sa}，这样才能得到 $NPSH_{sa}$ 的值。

6）在压力面发生空化时的 $Q > Q_{sa}$ 区域中，假设 $NPSH_3$ 随流量的平方（或更大）增大：

$$NPSH = NPSH_{sa} \left(\frac{Q}{Q_{sa}}\right)^x \tag{6.22}$$

选取的指数 $x = 2 \sim 3$，但是应该清楚：当超过某一流量时，NPSH 曲线将急剧上升。类似压缩技术中的"喘振"，流量会有其上限，$NPSH_3$ 随流量增大而增大且在喘振状况下变得很大。

以上介绍的方法简单地应用于试验结果，可以用来改善预测 NPSH 的准确性。$Q > Q_{opt}$ 时，完全空化曲线位于 $NPSH_3$ 值下面但相互非常接近。在急剧上升区域，$NPSH_o$ 曲线只比 $NPSH_3$ 曲线稍微高一点。

用第 8 章中的数值方法可得出压力分布，且通过这种方法可以最好地计算出叶轮进口处的空化初生 $NPSH_i$。因为空化初生对过流分布和叶轮的几何特征非常敏感，所以通常的经验法并不有效。数值方法可以被成功地运用起来，那是因为叶片进口边处的压力分布几乎不依赖于黏性效应。

图 6.23 为 $NPSH_3$ 关于流量的经典曲线。如曲线 $n_q = 20$ 所示，对于低比转速泵，$NPSH_3$ 随着流量的减小平稳地下降；对于更高的比转速，$NPSH_3$ 曲线在部分

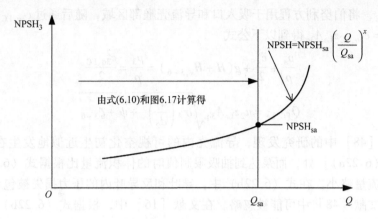

图 6.22　曲线 $NPSH_3 = f(Q)$ 的估计

载荷区变得更加平坦，最后上升至 $Q = 0$。当流量明显偏离无冲击入口流量时，对于轴流叶轮，$NPSH_3$ 急剧上升，使工作范围变得相对狭窄（图 6.16）。

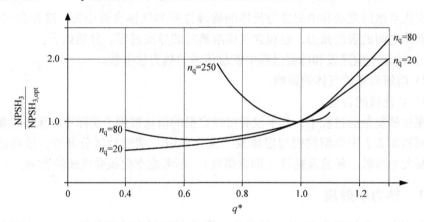

图 6.23　比转速对曲线 $NPSH_3 = f(q^*)$ 的影响

导叶内空化就如前文已提到的，对于比转速低于 $n_q = 20 \sim 30$ 的泵，其在工况 $q^* > 1.1 \sim 1.3$ 的压水室中的空化影响是绝不可以忽略的。且在此评估中，也考虑了在式（6.19）中被忽略的轴面分量 c_{2m}。$c_{3q} = c_2$ 时的叶轮流量可通过式（6.22a）得

$$Q_{La,c} = u_2 f_q A_2 \gamma \frac{\sqrt{a^2 - 1} - \dfrac{\tau_2}{\tan\beta_{2B}}}{a^2 - 1 - \left\{\dfrac{\tau_2}{\tan\beta_{2B}}\right\}^2}, a \equiv \frac{f_q A_2 Q_{Le}}{z_{Le} A_{3q} Q_{La}} \quad (6.22a)$$

式（6.22a）本质上与文献 [48] 中的研究相符合。当喉部区域的静压 p_3 降低到汽化压力 p_v 时，压水室达到了抽吸限制值（完全空化引起的）。为确定此时的

速度 $c_{3q,FC}$，将伯努利方程用于吸入口和导流壳喉部区域，随后通过 $c_{3q,FC}$ 和体积流量 $Q_{3q,FC} = c_{3q,FC} z_{Le} A_{3q}$ 得到以下公式

$$\frac{p_s}{\rho} + \frac{c_s^2}{2} + g(H + H_{v,3-6}) = \frac{p_3}{\rho} = \frac{c_{3q,FC}^2}{2}$$

$$Q_{FC,Le} = u_2 z_{Le} A_{3q} \sqrt{\sigma_A \left(\frac{d_1}{d_2}\right)^2 + \psi + \zeta_{3-6}} \tag{6.22b}$$

文献［48］中的研究发现，导流壳内的可视空化初生近似地发生在 $c_{3q} = c_2$［根据式（6.22a）］处，而泵达到抽吸限制值时的体积流量比根据式（6.22b）所得的体积流量略小。在式（6.22b）中，导叶和反导叶内的压力损失被包含在 ζ_{3-6} 中，这在文献［48］中可能被忽略。在文献［16］中，根据式（6.22b），对抽送限制值进行计算。

6.4 流体性质的影响

空化空泡的发展和消失也与流体的物理性质和气体含量相关。这包含气体/气体和液体之间的表面张力，也包含气体溶解时的导流过程。分列如下：

1）决定空泡蒸发和冷凝过程中能量传递的热力学参数。

2）溶解和释放气体的影响。

3）空化核的含量。

在这些复杂的过程中，几乎没有可以定量的信息被用于实际中。流体性质的影响必须和 6.2.3 中介绍的模型定律或"换算效应"清楚地区分开来。这些法则还包括泵大小参数、转速及黏性（即雷诺数），不考虑空化核受流速的影响。

6.4.1 热力学效应

要产生一个体积为 V_b 的气体空泡，则必须有对应的蒸发焓。它对应能量 $E = \rho'' V_b h_v$（其中 ρ'' 为空泡中饱和气体的密度；h_v 为蒸发焓）。该能量的传递是通过从周围液体向空泡边界的热传导和热对流来完成的。这个过程需要一定的温度差 ΔT_u。根据 Clausius – Clapeyron 式，ΔT_u 与压力差 Δp_u 相符且由此所得的空泡内的压力小于汽化压力。

$$\Delta p_u = \frac{\rho' \rho''}{\rho' - \rho''} \cdot \frac{h_v \Delta T_u}{T} \tag{6.23}$$

由于流动的液体和空穴之间的切应力，只有当传输到下游的气体连续不断地在空穴前产生时，流体才会持续地在空穴中占主要部分。基于文献［14］中的测量，通过 $Q'' = c_Q L_{cav} B_{cav} w_1$ 可以估算出产生的空泡流，经过大概地测量，取 $c_Q = 0.0052$ 作为平均值（所测范围为 $c_Q = 0.004 \sim 0.007$），L_{cav} 和 B_{cav} 分别为空穴的长度和宽度。通过 Q'' 蒸发所必需的能量和热交换，可以通过这个关系估算出一个空泡和其

周围液体之间的温度差[14]。简化形式如下：

$$\Delta T_u = 2Pr^{0.67}\frac{h_v\rho''}{c'_p\rho'}\qquad(6.24)$$

在此，$Pr = \rho'\nu cp'/\lambda'$ 为 Prandtl 数，c'_p 为比热容，λ' 为液体的导热率。通过式（6.24）所算得的 ΔT_u 的值，压力差 Δp_u 可通过式（6.23）算得

$$\Delta p_u = 2Pr^{0.67}\frac{(\rho''h_v)^2}{(\rho'-\rho'')Tc'_p}\qquad(6.25)$$

对于20℃的水，计算得到近似可以忽略的值：$\Delta T_u = 0.07$℃ 和 $\Delta p_u = 10\text{N/m}^2$。在实际中，大约150℃以上时才会有显著的热力学效应，同时水力空化强度和破坏风险减小了。

如式（6.23）及文献［B.2］，当 $\Delta T_u = f(\Delta p_u)$ 被用来作为假定的压力降时，Stepanoff 采用因数 $B = \rho'c'_p\Delta T_u/(\rho''h_v)$ 来关联液体不同性质的影响。与式（6.24）进行对比得到与 $B = 2Pr^{0.67}$ 之间的关系。

产生空泡时所提供的能量必须在空泡破裂期间通过热对流和传导来传递。空泡破裂的初始阶段中会产生高温，这与式（6.24）所得值相符；而在最后阶段，空泡内气体和残余气体被绝热压缩。这样就在狭小的空间内产生极高的温度，有时可以观察到发光现象。

在临界点，由于 $\rho' = \rho''$，$h_v = 0$，液体和气相物质不能被区分开。则一接近临界点，空化就会消失。式（6.24）计算所得的 ΔT_u 越大，那么由于所需热传递变得困难，空化将发展缓慢。作为一个概测法，可以假设 $\Delta T_u < 1$℃ 时忽略热力学效应，但当 $\Delta T_u > 2 \sim 5$℃ 时水力空化强度逐渐减小直到临界点时空化消失。当 $\Delta T_u > 5$℃ 时，流体性质对空化强度影响和破坏的风险将变得明显。

对不同种类的流体进行试验，发现如果出现明显热力学效应或 ΔT_u 变大时，必需 NPSH_3 就会减小。通过式（6.25）计算得 Δp_u，由式（6.26）得 NPSH 改进量 ΔNPSH_3（图6.24为水的计算结果）。

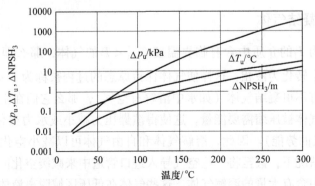

图6.24 水的温度对空化的影响

$$\Delta NPSH = a \left(\frac{\Delta p_u}{\rho' g H_{Ref}} \right)^{0.58}, H_{Ref} = 1.0m \tag{6.26}$$

水的经验常数 $a = 0.43m$，对于碳氢化合物 $a = 0.25m$。根据式（6.26）所得的 $NPSH_3$ 下降值只是一个粗略的估计值。从文献［N.4］的图中可以得到相似的值，范围约为 $\Delta T_u < 7℃$，$\Delta p_u < 2.4bar$（$1bar = 10^5 Pa$）。对于一个给定的泵，源于热力学效应的 $NPSH_3$ 增值应该最大限制在 50%，即使通过式（6.26）可以得到一个更大的值。修正值应当限制在 $\Delta NPSH_{3,max} = 2 \sim 4m$。

通过频闪仪对温度 $60 \sim 180℃$ 的水进行空化现象观察，发现空穴长度（叶片进口边处）与温度无关，且出现一定的发散。经验表明：在输送冷水介质的模型泵上观察到的空穴位置与电站泵（叶轮几何相似，但温度高达 $200℃$）叶轮上的汽蚀位置一致。这些并不与以下观点矛盾：超过 $120 \sim 140℃$ 的水中水力空化强度与在冷水中的相比明显减小。这是因为破坏势能不仅受空穴长度的影响，还与进水脱气、空穴厚度、气体量 Q''、空泡溃爆时的热力学效应等因素影响有关。

式（6.24）~式（6.26）不仅适用于水，还适用于任何其他液体，如碳氢化合物或冷却剂。如果碳氢混合物含有的成分具有不同的汽化压力，那么必须分别对不同成分进行计算，得到对应的 ΔT_u。根据局部压力的不同，这种混合物中的物质会蒸发和凝结至不同程度。因此空化过程逐步发生并且只产生轻微的空化。

式（6.24）中采用的气体密度与水的温度密切相关。由于蒸汽密度直接决定了蒸发量，所以蒸汽密度对水力空化强度有着巨大影响。当考虑汽蚀时，式（6.24）中的其他参量只产生次要的影响：

1）空泡溃爆时，用液体的密度作为衡量"水锤强度"的参量。

2）液体中的声速（影响与密度相似）。

3）表面张力对核谱和空泡发展有重要意义。

4）如果液体的黏性达到重油的黏性，那么它才对空化有影响。空化初生 $NPSH_i$ 与雷诺数。

6.4.2 不可凝结气体

如果温度为 T_f 的介质中含有临界温度 $T_{crit} < T_f$ 的气体，那么即使压力不断上升，气相也不会转化为液相：这样使气体保持原态的过程被称为"不凝结"状态。如果空泡中含有不可凝结气体（如水中溶解有空气），那么它们在空泡溃爆过程中被绝热压缩。气体被压缩需要能量，这使得溃爆压力减小或水力空化强度减弱［式（6.2）］中定义的势能）。因此，溶解气体和自由气体可以减小空化噪声、振动和破坏。在特殊情况下，甚至将一些空气导入进口管道中来减缓空化问题。

如果液体中含有大量的溶解气体，这些气体在低压区域脱离液体，则在叶轮进口会形成大的充气空化区域。过流能力受损，在极端情况下液流甚至会被中断

（"气锁"）。

在压力 p_e 下，进口蓄水池中每千克液体中溶解进 x_D（kg）的气体，则压力 p 下的气体体积分量 Q_{gas}/Q' 计算如下：

$$\frac{Q_{gas}}{Q'} \approx \frac{p_e - p_v}{p - p_v}GLR_{in} + \frac{\rho x_D RT}{p - p_v}\left(1 - \frac{p - p_v}{p_e - p_v}\right) \qquad (6.27)$$

式中：Q' 为液体体积流量；GLR_{in} 为气体/液体体积比率，这里的气体指的是可能已经出现在吸力管进口处的自由气体。

此计算适用于进口管压力处（$p = p_s$），也可以适用在叶片上假定的最小压力处（注意空穴内的压力 $p_B = p_v + p_g$）。

式（6.27）是基于亨利法则的，即认为溶解气体的分量与蓄水池中液体水平面上气体的分压成比例，只有超过某一范围气体才会溶解在液体中。用饱和极限来描述的溶解度取决于液体，气体的种类，还有温度的大小。20℃且 1bar 的局部压力下 [在式（6.27）中作为 $x_D = 24 \times 10^{-6}$ 被取代]，质量分数为 24×10^{-6} 的空气可以溶解在水中。溶解度随着温度升高而降低；在沸点时溶解度为零。在 17.3 中更详细地介绍了此类关系，以及确定各类气体在水中溶解度的公式和图表也可以在此处找到。

对于一般的泵，即没有被特别设计用来输送气-液混合物的泵，即使它的进口管道内（进口压力接近 1bar）的气体体积分数高达 2% 也不会对扬程造成明显影响。气体含量在 5% ~ 10% 之间时，泵通常发生气锁（即流动停止），见 13.2。

6.4.3　空化核含量和液体中的拉应力

对比富含空化核的液体，如果液体中几乎不含有空化核，则气体的产生会被延迟并只能在更低压力下进行。"水能维持张应力"或"沸腾延迟"出现了，如果张力强度 Z 增大，空化初生会发生在更低 $NPSH_A$ 时：

$$NPSH_i = \frac{p_s - p_v - |Z|}{\rho g} + \frac{c_s^2}{2g} \qquad (6.27a)$$

为排除不确定性对抗拉强度的影响，式（6.27a）中的 Z 值采用绝对值。在6.1.1 中介绍了气态空化，通过局部压力和气体的溶解度这种物理意义的方式来描述气态空化，且这与"拉应力"有差别；所以式（6.27a）不包含溶解度效应。拉应力和气体含量对初生空化的影响如图 6.25 所示。

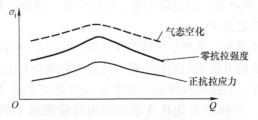

图 6.25　拉应力和气体含量对初生空化的影响

抗拉强度取决于气体和（空化）核含量，而这些又受水处理影响。含有溶解气体的水在高度湍流下实际上维持不了拉应力。经常在装有阀门的设备和测试回路、热交换器或泵中遇到此类情况。经验表明，即使对于发电厂的管路系统（输送高压下高度脱气的水，0.1MPa 时气体含量为 1% ~ 3% 的饱和度）也同样适用。这种看法与研究[24,33,57]明显矛盾。这可能是因为这些设备中湍流强度很大。气体或气体分子附着在固体颗粒（如金属氧化物）上也有助于产生空化核。

在工业实践中开式测试系统往往与闭式系统（脱气）没有什么不同，因为闭式系统中的涡旋脱落，叶轮和/或阀门中的空化等都会产生空化核，这种效应抵消了脱气的影响。应尽量减少复杂系统中的空化核含量以使流动平稳并吸收部分空化核中的气体（整流段和大水箱）。从上述内容可以得到结论：

1）如 6.1.2 中所述，被激活的空化核数目随流速的平方增大而增大。拉应力对空化的影响取决于测试参数。从模型试验（低速流动的冷饱和介质）到电站系统（高速、高温且极其脱气的流体介质），它们的几种参数同时发生变化，且它们的影响似乎在很大程度上相互抵消了（见 6.4.1）。

2）局部速度、湍流和压力分布（即流动过程）决定了哪一个空化核会被激活。出于此原因，人们往往在系统同一点测量所得的抗拉强度是不同的。人们曾试图通过校正因子从采样点上的抗拉强度来得到叶轮中有效空化的抗拉强度[57]。但这些因素不能通用，因为它们依赖于现场使用条件。

3）由于回路中的压力历经特性、速度和湍流程度对空化核生长的影响，抗张强度和流动特性是相互关联的。

4）空化核发展/拉应力和流动特性之间相互影响使得很难找到应用于工程实践的有效关系。回路及叶轮中存在压力分布，则空化核在不同压力区有不同的滞留时间，它们都没有普遍适用的法则。

5）如果能够得到一种拉应力大于零的水，那么根据式（6.27a），σ_i 随着拉应力的增大而减小。

6）虽然气体含量和空化核数目不直接相关，但是可以通过脱气来减少空化核含量使脱气冷水 Z 高达 0.05MPa。加压脱气几小时后可使水的拉应力超过 0.1MPa，导致越来越多的（但并不完整）气体微团溶解在水中。

7）所测抗拉强度随气体含量增大而减小。

8）对于热水（热电站）或运输工程、石化行业、制冷行业中的各种流体，我们对它们的拉应力知之甚少。

总的来说必须注意到：虽然空化核谱和拉应力对产生空泡的影响已被证实，但是仍然没有普遍有效的方法来利用这些影响改进实际泵设计方法。6.2.3 中所述的模型定律被普遍运用，它指出拉伸应力在泵运行中是次要的（尽管在空化测量上存在差异，如水质，气体和空化核含量的影响造成测量上的差异，有时相当显著）。在泵行业中，模型或验收测试时一般不测量空化核含量，如对封闭测试回路

中的水进行部分脱气，这样就能控制空气或氧气含量（溶解的成分）。这样溶解性
气体减少，则空化核谱只会间接受到影响，因此避免或减少了叶轮上游的气体分离
问题。

6.5　空化诱导噪声和振动

6.5.1　激励机制

充满气体的区域（空泡）溃爆产生了压力脉动，从而激发了振动和噪声。各
种机制如下：

1）单个小空泡的溃爆产生了千赫级的液噪声，可以用来诊断空化[26]。

2）离心叶轮进口处的非均匀圆周速度、湍流、不顺畅的来流状况及筋板上的
涡旋脱落，这些使得叶轮来流不稳定，造成了空穴振动。

3）当低 $NPSH_A$ 且具有很强部分载荷时，在吸入叶轮或诱导装置上会出现频率
低于 10Hz 的强烈压力脉动。根据文献［64］可以对它们产生的机理进行简要说
明：激烈的周期旋转产生了预旋，在叶轮上游产生了一个近似抛物线状的压力分布
（图 5.16）。如果压力下降到低于汽化压力，吸入管中心将产生气体核心，这将堵
塞部分过流面，则进口管道内的轴向速度增大，来流角增大。这使得回流的气体核
心溃爆的破灭，因此吸入管中心堵塞消失，液流角减小且重复该循环。

4）空化区的大波动产生了大振幅低频脉冲。这些与 $Q-H$ 曲线的不稳定性无
关，甚至当 $Q-H$ 曲线稳步下降时也会发生。

5）文献［60］中讨论了诱导轮中不同形式的脉动空化，并在最高效率点附近
观察到超同步频率（超同步频率）的旋转空化区域。文献［15］中讨论了径向叶
轮（前盖板和后盖板平行）中旋转空化的测量。另外，旋转空化问题在工业泵应
用中还未见报道。

空泡溃爆时引起的压力波产生了流载、固载及气载噪声。气载噪声被认为是一
种刺激的"空化噪声"，这是因为它的频率为几百赫兹，而人耳对此特别敏感。这
种噪声是由部分载荷回流或叶片间距内的长空穴（是由大的空泡云）引起的。运
行范围在 $NPSH_A = NPSH_o$ 到 $NPSH_3$ 之间时噪声特别集中。正如下面所讨论的，当
$NPSH_A$ 降低到 $NPSH_{FC}$ 时噪声降低。噪声还随着圆周速度 u_1 的增大而增大，随着气
体含量的增大而减小。通过吸入管注入空气可以有效降低噪声（显然，此措施只
能用在特殊情况下）。

6.5.2　用空化噪声测量来量化水力空化强度

在泵进口放置合适的压力传感器（如通过泵进口的压力传感器），可以轻松测量
流体传播的空化噪声（下面称其为"空化噪声"）。因为所记录的压力信号强度随着

空泡数量、体积及溃爆压力的增大而增大，所以可以用声压来衡量水力空化强度。这就是很多设备要处理好空化噪声的原因。在以下三个实际应用中，应重点注意：

1）确定初生空化，当声压噪声增加到超过背景噪声时（如叶片压力面上的空化不明显）。

2）确定空化噪声和汽蚀的关系。

3）现场问题诊断。

在吸入测试中（图6.9），每个测量点记录了某个频率范围内的（如1～180kHz）声压 NL 作为 RMS 值。这样就可以得到不同流量下的曲线 $NL=f(\sigma)$，这构成了声压与 NPSH$_A$ 值的函数。测试结果如图6.26所示。进口压力高时，此时无空化产生，可以测得背景噪声 NL$_o$，它由湍流、非定常叶片作用力和机械噪声产生并且与吸入压力无关。用声压的增量来表示第一个空泡的出现，这个增量被称为"声空化初生"，该声音出现在比空化初生时 NPSH 稍高时，由于叶片上的微空泡可以在空化形态可见前周向运动中发展。空化初生后声压随 σ_A 的减小而增大，其开始增长缓慢，但之后会增大到最大值 NPSH$_o$ 附近。在最大值左侧，噪声急剧下降至背景噪声之下。

在空气、流体、固体中传播的噪声中，都可以观察到这样的最大值。这可以通过图6.26来解释。根据式（6.2）所得的溃爆能量取决于驱动压力差和空泡体积，而空泡的数目和体积随 σ_A 的减小而增大。相反地，驱动压力差随 σ_A 的减小而减小

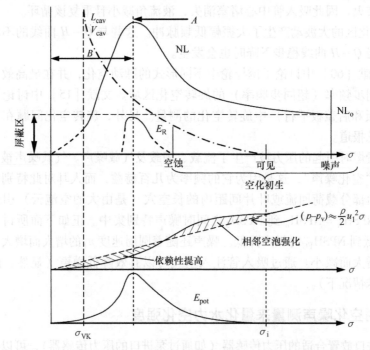

图6.26　空化系数对空穴体积、空化噪声、空蚀及溃爆能量的影响

（理论上为线性关系）。事实上，因邻近的空泡溃爆，驱动压力差可能会被放大。当介质的压缩系数随增大的气体含量而增大时，压力差下降更快。产生这些反作用效应所导致的曲线 $p - p_v$ 如图 6.26 所示。

曲线 $L_{cav} = f(\sigma_A)$ 和 $(p - p_v) = f(\sigma_A)$ 的特点在于体现溃爆能量的最大值及空化噪声和空蚀的峰值。

声压在达到最大值（图 6.26 中的区域 B）时下降有两个原因：①如果叶轮进口有大的空穴，一部分声音就会被两相流区域吸收，空泡在叶轮流道内部溃爆屏蔽了传感器。②进口压力低时，空气会在泵进口（或上游的节流阀）分离出来，产生一种能削弱声音传递的含有空泡的流动。两相流动会改变介质的声音传递特性，特别是声音的速度。这是因为压缩系数和阻抗在空泡壁面跳跃性增大。声速的下降程度取决于气体含量和两相流流型，见 13.2。

区域 B 中噪声降低到比背景噪声小，这说明产生背景噪声的主要原因不是在进口而是在叶轮当中，也就是不稳定的叶片力。如果背景噪声是由进口的流动造成的，那么叶轮中的空泡区域将不能把声压从背景噪声中分离出来并传递。

当测量空化噪声时，图 6.26 中的区域 A 和 B 必须被区分。在区域 A 中，空化受局部限制且所记录的空化噪声可以用来衡量空化强度。在区域 B 中，大量的两相流区域吸收了大部分的空化噪声，所以此时声压不能用来衡量空化强度。

空化噪声测量法提供了一种间接测量空化强度的手段，它取决于使用的仪器，特别是所记录的频率范围，在对比不同文献时需要注意这点。为简化不同泵及不同工况下测量值的对比，对参考空化噪声进行无量纲化。为此，首先要从总信号 NL 减去背景噪声 NL_o 得到空化产生的噪声。因为噪声源的叠加遵循一种二次方关系，空化噪声 CNL 可由式（6.28）计算：

$$CNL = \sqrt{NL^2 - NL_o^2} \tag{6.28}$$

因为每个叶片都有其空化区（对应一个声源），所以将 CNL 标准化至参考叶片数 $z_{La,Ref} = 7$。这样能比较不同叶片数的叶轮：

$$CNL_{Ref} \mid = CNL \sqrt{\frac{z_{La,Ref}}{z_{La}}} \tag{6.29}$$

将这些声压进行无量纲化：

$$NL^* = \frac{2NL}{\rho u_1^2} \tag{6.30}$$

同样地，对 NL_o、CNL 和 CNL_{Ref} 进行无量纲化，如图 6.27a 所示。式（6.30）构成了一种对不同速度下空化噪声进行转化的换算法则：速度 5000r/min、7000r/min 和 8920 r/min 对应的无量纲噪声曲线相互一致。文献［54］中给出的空化噪声曲线测量值与图 6.27a 中的非常相似。

空化噪声测量不仅执行简单，而且能记录所有形式的空化；尤其是空泡云和压力面的空化，这点其他方法很难做到。在运行工况中需要考虑到空化噪声 CNL 包含两相流和空泡的所有参数，包括流速、空化系数、空穴长度、冲角、断面形状、温度、气体含量、有效局部压力差及空泡大小，但是不能确定空泡在哪里溃爆。如果空化噪声测量在控制条件下进行，尤其使用相同设备及测试设置，那么所测流体中噪声可以作为空化强度的测量值（但绝不要与后者混淆）。

也可以用固体噪声 CV 来代替流体噪声 NL。图 6.27b 所示的固体噪声信号是通过安装在进口泵体上的加速传感器来测得的。这些曲线 $CV^* = CV/(u_{12}/d_1)$ 所显示的特点与流体噪声非常相似。

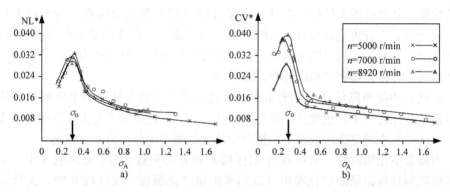

图 6.27　高压条件下（水温为 60℃）的空化噪声测量值
a）无量纲液体噪声 NL*　b）无量纲固体噪声 CV*[25]

对于固体噪声的测量，指数 2.5 可能更加合适，但是目前没有足够的有效数据来证明此假设。

以下被视为背景噪声的来源：固体噪声产生的原因有机械运动产生的激励（轴承、齿轮箱、密封或迷宫环中的摩擦）、流动中的气泡、非定常叶片力（叶轮）、湍流及回路（阀门）中的压力脉动。

将在 6.6.4 ~ 6.6.6 中详细讨论噪声测量的应用。

6.5.3　空化噪声的频率特点

空化通过空泡溃爆导致的随机脉动产生了噪声，脉动的持续时间、大小及时间顺序都是不规则分布的（与湍流波动相比）。其结果显示为一连续的宽频范围，它的能量分布在空泡溃爆时伴随着持续的最大值。如果测得空化噪声为宽频段 RMS 值，则此最大值的范围预计在 20 ~ 400kHz，这取决于泵的类型和运行工况。因为能量密度最大时的频率随空化系数和流速的增大而增大。个别空泡的初始半径很小，它们的溃爆时间在微秒范围，因此产生兆赫级的频率。

用频闪观测仪观察叶轮内部空泡区域，发现空穴随长度增大（即 σ_A 减小）而波动。由 Strouhal 数 $S_{Str} = f L_{cav}/w_1$ 可知个别截面上的空化上的波动频率是离散的，一般范围为 $S_{Str} = 0.3 \pm 0.04$。根据 $\Delta L_{ER} = (0.01 \sim 0.015) w_1/w_{Ref}$（$w_{Ref} = 1 \text{m/s}$）[10,11]，波

动长度 ΔL_{ER} 随来流速度的增大而增大。

在泵中，宽频空化噪声范围为几百赫兹到几千赫兹。这大概是因为不同叶片的空穴波动所处相位不同。根据 $f = S_{Str} w_1 / L_{cav}$，频率随圆周速度增大而随空穴长度减小。在高扬程泵中，长空穴所产生的压力脉动会造成运行问题，如文献 [17] 中显示会对机械密封造成损坏。概括起来：

1）空化噪声和频谱取决于：①单个空泡的溃爆，产生 10kHz ~ 1MHz 范围的噪声；②空穴波动，频率低于 1000 ~ 2000Hz 时产生，空穴波动对溃爆有调整作用，因为它们能影响空泡至溃爆位置的运输。

2）随着转速和 $NPSH_A$ 的增大，空化噪声频谱的最大能量密度向高频移动。

3）如果想要通过空化噪声测量来获得水力空化强度，则必须在最宽的频率范围内测量。低频部分也必须被测量，因为空穴振动导致空化破坏。通过对旋转叶轮内不稳定压力的测量已确定了这些观点：空穴的最后阶段，低于 200Hz 的频率已被记录，而主频随空化增大而减小[15]。如果空化噪声只在小的频率范围内被测得，那么当改变运行参数时最大能量密度的范围将向所测范围移动，最后会使结果（如噪声和转速的关系）出现偏差⊖。

4）如果要通过测量空化噪声来确定初生空化，那么必须设置滤波器的值超过背景噪声的频率范围（如 10kHz）。只有通过此方式才可以充分地将第一个空泡溃爆产生的小噪声从背景噪声中区分出来。在此环境中环形密封空化或回路中的空化会干扰测量，如在阀门中（因为这些影响同样取决于进口压力）。

6.6　空蚀（空化侵蚀）

当水力空化强度 HCI 超过材料的空化阻抗 CR 并且空化在材料上持续足够长的一段时间后，空化才会造成对材料的空蚀。HCI 只取决于流动和液体性质，而 CR 为材料特性，HCI 和 CR 相互独立。空蚀率 E_R 随 HCI 增大而增大，随 CR 增大而减小，因为 $E_R \sim HCI_x / Cr_y$。如果 HCI 比 CR 明显要大，则在暴露短时间之后（或短的"潜优时间""incubation time"）材料发生破坏。如果 HCI 没有超过 CR（HCI < CR），空蚀潜伏期变得很长并趋向于无穷大。

至今，水力空化强度既不能直接被测得也不能进行理论计算，所以需要通过经验公式估算得出。有两种方法：①基于空穴长度、$NPSH_A$、流体性能来估算空蚀率，见 6.6.3。②基于空化噪声来估算侵蚀率，见 6.6.4。文献 [27] 中有关于这些方法的一些应用。

不同的流动情况会有不同的空化区和空蚀模式，从而可以对空蚀的产生原因进

⊖　文献中的测量值通常所在频率范围很小，则频率段的选取一定是任意的，这使得相互之间转换困难。这还限制了与其他测量值的对比并且容易影响噪声和空化或运行参数之间统计数据。

行判断，见 6.8.2。

6.6.1 测试方法

不同测试设备已经发展起来，可以用来在实验室中测量空化下不同材料的空蚀率：

1）将材料样本放入磁致伸缩振动器（magneto - strictive vibrator）中的测试介质中，施加高频低幅振动（通常 20kHz 和 ±25μm）。由于高加速度（几乎达到 4×10^5 m/s²）流体跟不上样本的运动，因此产生了蒸气泡并在样本上溃爆，引起了非常高的 HCI。但是，振动引起的空化并不能代表流动空化。有时，材料样本安装在振动杆的对面并用更低的 HCI 对样本进行测量。

2）采用不同形状的流道（图 6.2 中的文丘里管）来测量速度和材料对空蚀的影响[11]。

3）带有孔的旋转盘产生空化区。

4）喷射装置，测试介质由于高压力差（如 250bar）从细小孔（0.5mm 直径）中喷射出去。在此过程中产生的空泡在材料样本上溃爆，由此进行测量。

5）液滴空蚀可造成与空化相似的破坏（想到了微射流），所以也可以采用液滴空蚀[41]。

所有这些试验测试有两个缺点：①空化条件与离心泵中的流动从机理上来讲是不同的，水力空化强度未知，因此将其结果应用到泵上存在很大的不确定性。②为使测试时间缩短，所用的空化强度明显比泵中的大。因此测试的是"深度发展的蚀"，而不是空蚀的初始阶段类似于疲劳过程。

但是，要确定材料或液体属性对空蚀的影响，如果在泵中进行测试成本高、试验复杂，因此以上的试验方法是唯一可取的。

通过电化学测量手段可以用来探查并量化空蚀。此过程是基于：金属上的钝化层被空蚀破坏，进而造成进一步腐蚀。正在被空蚀的样本与参考电极之间的电位差被记录下来。这可以作为一种测量空蚀强度的手段[14]。

如果达到一定强度的空泡在柔软材料上溃爆，通过塑性形变产生的凹坑可以观察到空蚀初期的发展情况。根据不同的空泡大小和材料属性，凹坑尺寸范围为 10 ~ 50μm。凹坑的数目和大小可以用来衡量空化强度，在此基础上对空化破坏进行预测[52]。但是此测试所花费代价太大，导致其很难在工程上被广泛应用。

尽管已在上述测试设备上做了很多努力，但仍然没有足够简单且准确的方法来预测叶轮中的破坏。原因是：空蚀是一个复杂的过程，它包含三维两相流、热力学效应和微小范围内的材料反应[27]。通过理论方法和简单的侵蚀测试是不可能得到有效方法来解决泵或其他复杂机械的。这是因为旋转叶轮中的流动和压力分布不可能由旋转盘或固定流道（文丘里管）或翼型来重现，更不能由磁致振动器来呈现。这就是为什么文丘里管[11]或翼型的空蚀率随空穴长度的变化曲线和离心泵完全不同的原因[23]。

为对离心泵中的破坏进行严格科学的预测，在进行普遍适用的理论分析、数值模拟、试验研究时必须注意下面的影响因素：

1) 进口流动：两端轴承支持泵的吸入室引起了不均匀三维流动进入叶轮。所以入射角、空穴长度和空泡体积随圆周发生变化。

2) 核谱（不同工程应用和水质中空化核数目和大小）。

3) 以局部速度和叶片上压力分布为特征的叶轮流体（如果适用的话，考虑部分载荷回流）。蒸汽空泡的发展由空化核的动态特性决定，空化核存在于静压小于汽化压力的区域。气体含量和流体热力学性能影响空泡的发展。空穴与叶片周围的流体相互作用，可以发现完全不同形式的空化（见 6.8.2）。

4) 空泡一进入静压超过汽化压力的区域中就会溃爆。这个过程产生了水力空化强度，反映在材料载荷谱上面。事实上，由于空穴的振荡，我们不能将空泡的发展区和溃爆区分开。另外，不凝结气体的含量和热力学过程也影响了溃爆和水力空化强度。

5) 材料溃爆的反应造成的破坏是由无数小的冲击造成的。

用一般方法详尽地描绘这些复杂的物理关系是不现实的。经验统计是（至今）工程中用来预测空化破坏的唯一可行的方法。更为简单的过程，如单相或两相湍流中压力损失和热交换，几乎也是通过经验统计计算得出的。

当使用经验方法时，通过幂函数可以将测试结果和物理机理形成吻合率很高的相关性。这样，对给定几何模型和流动状态的测试结果可以转换到其他装置中，将分散的经验相关的物理参数进行相关处理。简单两相流的经验统计也可能会因为其不确定因素使误差超过 ±100%，空蚀现象会造成更大误差。

下面所讨论的离心泵中空蚀速度的预测方法是基于对空穴长度的测量、计算、预测及对流体和固体噪声的测量。关于空蚀计算的统计发展具体细节参照文献 [19，23，25，26]。

6.6.2　抗空蚀性

空泡溃爆或微射流对材料的冲击的作用位置很小，时间很短，但能量和频率都非常大。图 6.28 右图为一台锅炉给水泵，在叶轮比转速 $n_q = 26$，在 $\sigma_A = 0.52$ 时叶顶速度 $u_1 = 92 m/s$ 时的空蚀，采用的材料为 1.4317（表 14.12），图 6.28 左图为流场内单个空化涡对硬合金造成的破坏，冲击使材料产生塑性变形。

微射流对结构产生的冲击载荷，硬度可以作为抗空化性能的首要参数。载荷区域的局部拓展表明，材料结构对抗空化性具有重要作用。微结构和其他不可控因素的影响导致空蚀速率差异产生高达 1:5[40]。

抗空蚀性能的知识概括如下，见文献 [14，61]：

1) 材料的传统特性（如硬度、抗拉强度）都不能准确地说明抗空化性，因为

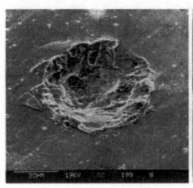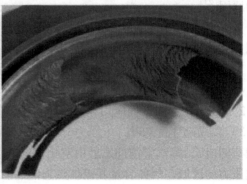

图 6.28　空化涡在硬合金上形成的凹坑，凹坑直径约 50μm

（照片来自 Ecole Polytechnique Fédérale, Lausanne[13]）

右图为锅炉给水泵叶轮上的空蚀破坏

空化下的载荷与传统特性下的载荷（如拉力试验、硬度测试等）区别很大。

2）对于相似的材料，抗空化性随硬度和抗拉强度 R_m 的增大而增大。空蚀速度大致遵循比例 $E_R \sim 1/R_m^2$ 或 $E_R \sim 1/H_{Mat}^2$。

3）对于具有相同抗拉强度的材料，更加坚硬的材料具有更好的抗空化性。易碎的材料尽管具有很大的硬度，但是它的抗空化性很差。

4）对于具有相同硬度和韧性的材料，结构更好的材料也就具有更好的抗空化性。

5）材料表面的颗粒凸起、相界、孔等更容易引发空蚀。材料结构中出现硬质颗粒会减小抗空蚀性，但会增加抗磨损性能（见 14.5）。

6）如果成功通过适当的冶金手段（如沉淀或离散硬化、马氏体成形或机械硬化）来提高材料的抗拉强度，那么就能够有效提高材料的抗空蚀能力，且不会过多的降低材料柔性[61]。通过机械硬化将奥氏体转化为马氏体可以有效提高抗空化性[50]。

7）像大多数金属那样，只有在钢铁表面添加钝化层或抗腐蚀保护层时，它在水中才具有抗化学腐蚀性。如果这种保护层被溃爆的空泡给破坏了，那么除空蚀以外，没有保护的金属还会受到腐蚀作用。这就是为什么海水中的空蚀往往比淡水中的更加严重。所以对泵所输送介质具有良好抗腐蚀性是材料具有抗空化性能的先决条件。

8）柔性夹杂物（如片状铸铁中的石墨），如柔性或易碎的颗粒状边界、孔、裂痕和结构缺陷将会降低抗空化能力。在研发涂层时也必须考虑这些情况。

9）涂层必须无瑕疵，还要足够坚硬且不易碎。涂层必须足够厚以确保基底金属不会在空泡溃爆压力下产生塑性变形。

10）空泡溃爆产生了一种复杂的多轴应力状态（multi - axis stress condition）。

压缩残余应力增强了抗空化能力，而抗拉（残余）应力削弱了抗空化能力。

11）如果一种材料暴露在空化流中，需要经过一段时间才能观察到损坏。在此阶段（所谓的"潜伏期"），机械硬化决定了材料反应。当金属开始损耗时，表面会随着暴露时间的变长变得越来越粗糙。稍后，会在侵蚀速度达到最大值的区域中观察到裂缝，并且大块的材料会脱落下来。

12）为抗空化而使用的堆焊所用的材料和合金具有极高的应变硬化系数。

13）直接测量材料的抗空化性的手段还未可知。只要不能确定绝对水力空化强度，空蚀的测量就不能被用作间接测量抗空化性的手段。

- 结论：高抗张强度、高应变硬化能力、均匀结构和无气孔或裂纹的表面是提高抗空蚀性的先决条件。

当出现材料空蚀时，说明空化已经在材料表面上发生。每表面单元的能量对应压力 σ 与距离 ε 的乘积，即应力 – 应变曲线的积分 $\int \sigma d\varepsilon$ 采用理想应力 – 应变曲线，假设该曲线弹性区间的上限为极限抗拉强度。在此假设下，积分 $U_R = \int \sigma d\varepsilon$ 表示在脆性断裂的情况下，每单位体积的材料作用。此量被称为"极限弹力" $U_R = R_m^2 / (2E)$，它被用来评估抗空化性。对单位体积材料作用和空蚀速率关联，产生的每一个特定的空蚀功率 $P_{ER} = U_R E_R$。

U_R 只是一个粗略的近似值，因为对抗空化性有影响的参数非常多，不可能通过单独一个参数就能很好地说明它。事实上，水力空化强度不同，材料的破坏机理也会不同：①如果 HCI ≈ FS，空化作用下的疲劳强度与抗空化性有关；②如果 HCI ≈ HV，硬度 HV 为关联参数；③如果 HCI > R_m（即存在"发达侵蚀"，developed erosion），抗拉强度 R_m 或 U_R 能很好地说明材料抗空蚀性能。

因为 E – 模量，硬度与抗拉强度的比值都是不变的（布氏硬度/抗拉强度≈0.293），所以对于不同类型的钢，其硬度、抗拉强度和"极限弹力"的使用是等价的。

通过因素（材料因素）F_{mat} 和（腐蚀因数）F_{cor} 来分别描述金相组织结构和海水腐蚀的影响，这两个因素通过射流器、旋转盘或磁力振动来确定的[18,19]。更多有关材料特性内容见 6.6.7。

6.6.3　通过空穴长度对空蚀破坏进行预测

空化破坏的风险和程度都可以通过经验统计来进行估算的；为达此目的，将所需公式列在了表6.1中。

（1）破坏的相关性　如前段落所讨论的那样，水力空化强度随流体中的空泡总体积和溃爆的驱动压力差的增大而增大。采用一级近似，假设空泡体积随空穴长度 L_{cav} 增大而增大，且驱动压差随 NPSH$_A$ 增大而增大。然后尝试将空蚀速度 E_R 与材料特性、流体特性联系起来，即和 NPSH$_A$、空穴长度 L_{cav} 联系起来。使用泵中所测得的空穴长度，这样做不必单独测量空化流的所有参数（见 6.3.1），避免预测太过复杂且不确定。

记录不同设备叶轮中的空蚀破坏，以此来发展预测空化破坏的方法。为了这个目的，测试从前缘起（不是所有条件下都进行空穴长度测量）的破坏长度和材料的最大局部空蚀深度，来衡量破坏程度。对于一个给定空穴，空蚀取决于 $NPSH_A$、抗空化性（U_R）和液体属性（蒸汽密度、声音传播速度、气体含量）。为找出所有这些参数和空蚀速度的关系，根据叶片进口边上所测的破坏长度得到相似参数 Θ_u，见式（T6.4.1）。

根据此评估，压力面和涡空化比叶片吸力面的空蚀严重 50 倍，因为吸力面上溃爆区的驱动压力差或空泡体积都更大。吸力面和压力面上的空化数据可以由幂函数 $\Theta_u = f(L_{cav})$ 来描述，并求解特定的空蚀功率，这样就得到了式（T6.4.2），根据它可以用测量或计算所得空穴长度来预测空蚀。在此过程中，假设破坏长度和空穴长度是大致相等的。将实验室测量和工厂测量结果进行对比，发现的确如此（尽管数据散点较大）。如果不通过试验手段测量，那么通过式（T6.4.3）可对空穴长度进行估算[8]。图 6.29 包含从工程中得来的 70 个数据点和一台每级扬程 800m 的试验泵数据[20,21,23,24,25]。

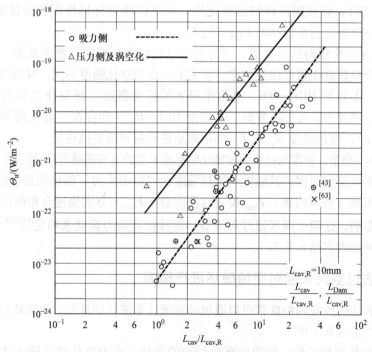

图 6.29 空蚀和破坏长度的关系

结果表明，相关破坏所包含的数据来自很宽的参数范围：

1）冷凝水和淡水：10～190℃，气体含量 $\alpha = (0.03～24) \times 10^{-6}$。

2）$NPSH_A = 4 \sim 230m$；$u_1 = 20 \sim 90m/s$；$\sigma_A = 0.11 \sim 0.95$。

3）$q^* = 0.25 \sim 1.3$；$n_q = 22 \sim 55$；$d_2 = 270 \sim 2400mm$。

4）破坏（或空穴）长度：$L_{cav} = 10 \sim 300mm$。

5）$R_m = 460 \sim 1000N/mm^2$；$E_R = 0.02 \sim 80\mu m/h$。

通过广泛的参数图谱，这些经验关系包含了完全不同的泵类型与相应的不同的叶轮设计。图6.29 包含文献［25］中的测量值和文献［32，43，69］中的数据；所以式（T6.4.2）不仅适用于某一厂商制造的泵。文献［32］中的5个分析案例证明，半轴流泵中的空蚀破坏也与式（T6.4.2）相关。表6.1 中对比了不同设备中进行的试验，详细内容文献［6，27，43，44，54，62］中做了详细讨论。

图6.29 中的数据是关于对不同外径范围的叶轮进行测试的结果（$d_2 = 270 \sim 2400mm$，变化比为1:9），得到空蚀数据和空穴的绝对长度之间的相关性因为有关绝对空穴长度的空蚀数据与叶轮直径的范围内的绝对空腔长度，数据显示叶轮尺寸对结果不存在明显影响。尝试从图6.29 中的空蚀数据和叶片间距间的空穴长度比不符，说明测量结果的相关性比表6.4 中的公式要差。这是因为，相比于叶片节距，空穴后面附近的流体更容易受空穴长度的影响。更长的空穴通常也意味着更大的空穴厚度。空穴下游局部减速度、驱动压力差、溃爆能量等都随空穴厚度的增大而增大（图6.5 ~ 图6.7）。

（2）叶轮寿命 L_i　依据图6.29 中的统计分析，可以通过式（T6.4.10）估算出特定应用下叶轮的必要寿命 $L_{i,req}$；其预期寿命 $L_{i,exp}$ 可以由式（T6.4.2）和式（T6.4.9）计算得。因此，当叶片厚度被空蚀到其75%时，我们认为寿命耗尽（明显地，可以在式（T6.4.9）中插入不同的允许空蚀深度来确定相应的可能性）。

表6.4　空化破坏风险评估

特定空蚀功率	$P_{ER} = E_R U_R$	材料	F_{Mat}	F_{cor}	
				淡水	海水
极限弹力	$U_R = R_m^2 / 2E$	铁素体钢	1.0	1.0	1.5
		奥氏体钢	1.0	1.0	1.3
		铝青铜	1.0	1.0	1.1
根据空穴长度得空蚀速度	$\Delta p = p_1 - p_v = \rho g NPSH_A - \dfrac{\rho}{2} c_1^2$				公式
	$\Theta_u = P_{ER} \left(\dfrac{p_{Ref}}{p_1 - p_v} \right)^3 \dfrac{a_{Ref}}{a} \left(\dfrac{\rho''}{\rho''_{Ref}} \right)^{0.44} \dfrac{F_{Mat}}{F_{cor}} \left(\dfrac{\alpha}{\alpha_{Ref}} \right)^{0.36}$				T6.4.1
	$P_{ER} = C_1 \left(\dfrac{\Delta p}{p_{Ref}} \right)^3 \dfrac{F_{cor}}{F_{Mat}} \left(\dfrac{L_{cav}}{L_{Ref}} \right)^{x_2} \dfrac{a}{a_{Ref}} \left(\dfrac{\alpha_{Ref}}{\alpha} \right)^{0.36} \left(\dfrac{\rho''_{Ref}}{\rho''} \right)^{0.44}$				T6.4.2
$p_{Ref} = 1N/m^2$，$L_{Ref} = 10mm$，$\alpha_{Ref} = 24 \times 10^{-6}$	$a_{Ref} = 1490m/s$ $\rho''_{Ref} = 0.0173kg/m^3$	侵蚀类型	$C_1 / (W/m^2)$	x_2	
		吸力面	5.4×10^{-24}	2.83	—
		压力面/涡	2.5×10^{-22}	2.6	

（续）

估计空穴长度	$L_{\mathrm{cav}} = \dfrac{\pi d_1}{z_{\mathrm{La}}}\left\{1 - \left[\dfrac{\sigma_\mathrm{A} - \sigma_3}{\sigma_\mathrm{i} - \sigma_3}\right]^{0.33}\right\}$	在 $\sigma_\mathrm{A} < \sigma_\mathrm{i}$ 条件下	T6.4.3
由流体噪声得空蚀速度［根据 NL 或 CV 及式（T6.4.7）测量］	$\mathrm{CNL_{Ref}} = \mathrm{NL}\sqrt{\dfrac{z_{\mathrm{La,Ref}}}{z_{\mathrm{La}}}\left\{1 - \dfrac{\mathrm{NL}_o^2}{\mathrm{NL}^2}\right\}}$	$I_{\mathrm{ac}} = \dfrac{\mathrm{CNL_{Ref}^2}}{\rho^a}$	T6.4.4 T6.4.5
	$P_{\mathrm{ER}} = C_2 \dfrac{F_{\mathrm{cor}}}{F_{\mathrm{Mat}}}\left(\dfrac{I_{\mathrm{ac}}}{I_{\mathrm{Ref}}}\right)^{1.463}$	$C_2 = 8.8 \times 10^{-8}\,\dfrac{\mathrm{W}}{\mathrm{m}^2}$	T6.4.6
通过固体噪声 CV 得流体噪声 NL／$(\mathrm{m/s}^2)$	$\mathrm{NL} = \mathrm{CV}\rho h\sqrt{\dfrac{\rho_p a_L}{\pi \rho a \sqrt{3}}\left(1 + \dfrac{R}{L}\dfrac{h_D}{h}\right)}$	将泵体看作圆桶，半径为 R，壁厚为 h，h_D，长度为 L，密度为 ρ_p	T6.4.7
漆空蚀试验	NL 为 RMS，范围 $1 \sim 180\mathrm{kHz}$ $z_{\mathrm{La,Ref}} = 7$ $I_{\mathrm{Ref}} = 1\mathrm{W/m}^2$		
	$t_v = f(\mathrm{CNL_{Ref}})$ 根据图 6.31 锌漆试验得到		T6.4.8
叶轮的预期寿命，单位为 h	$L_{\mathrm{I,exp}} = \dfrac{0.75e}{3600\Sigma(\tau E_\mathrm{R})}$	$E_\mathrm{R} = P_{\mathrm{ER}}/U_\mathrm{R}$ 为侵蚀速度（m/s） E 为叶片厚度（m） τ 考虑特定负荷下持续时间，τ 是叶轮的寿命负荷谱	T6.4.9
达到叶轮要求寿命的可能性	$W = 1.17 - 0.53\dfrac{L_{\mathrm{I,req}}}{L_{\mathrm{I,exp}}}$	在 $0.4 \leqslant \dfrac{L_{\mathrm{I,req}}}{L_{\mathrm{I,exp}}} \leqslant 1.5$ 条件下	$L_{\mathrm{I,req}}$ = 需要的寿命时间	T6.4.10
在 p_i 压力下产生溃爆时的空蚀率	$r_\mathrm{H} = \sqrt{\dfrac{S\alpha_\mathrm{T}}{8\pi\,(1 - \alpha_\mathrm{T})}}$	$p_\mathrm{i} = \dfrac{C_5 r_\mathrm{H} a \mathrm{CNL_{Ref}}}{u_1\sqrt{1 + \dfrac{r_\mathrm{H2}}{r_\mathrm{x2}}}}$ 外壳材料 α_T / 有机玻璃 0.23 / 钢 0.16	T6.4.11 T6.4.12
	$C_5 = 2500\mathrm{m}^{-1}$，$S$ 为吸声面（泵吸入室）r_x = 叶轮和传感器间的距离，r_H 为反射半径		
	$P_{\mathrm{ER}} = C_3 \dfrac{F_{\mathrm{cor}}}{F_{\mathrm{Mat}}}\left(\dfrac{p_\mathrm{i}}{p_{\mathrm{Ref}}}\right)^3$	$C_3 = 8.5 \times 10^{-28}\,\dfrac{\mathrm{W}}{\mathrm{m}^2}$	$p_\mathrm{i} > 70\mathrm{N/mm}^2$，采用不锈钢	T6.4.13
吸力面：由空化噪声计算空穴长度	$\dfrac{L_{\mathrm{cav}}}{L_{\mathrm{Ref}}} = 5.4 \times 10^5\left(\dfrac{I_{\mathrm{ac}}}{I_{\mathrm{Ref}}}\right)^{0.52}\left(\dfrac{\Delta p_{\mathrm{Ref}}}{\Delta p}\right)^{1.06}\left(\dfrac{a_{\mathrm{Ref}}}{a}\right)^{0.35}\left(\dfrac{\alpha}{\alpha_{\mathrm{Ref}}}\right)^{0.13}\left(\dfrac{\rho''}{\rho''_{\mathrm{Ref}}}\right)^{0.15}$		T6.4.14a

（续）

吸力面：由空化噪声计算空穴长度	$\dfrac{L_{cav}}{L_{Ref}} = 3.9 \times 10^5 \left(\dfrac{I_{ac}}{I_{Ref}}\right)^{0.56} \left(\dfrac{\Delta p_{Ref}}{\Delta p}\right)^{1.15} \left(\dfrac{a_{Ref}}{a}\right)^{0.38} \left(\dfrac{\alpha}{\alpha_{Ref}}\right)^{0.14} \left(\dfrac{\rho''}{\rho''_{Ref}}\right)^{0.17}$	T6.4.14b
由空穴长度计算溃爆压力	$p_i = C_4 \, (p_1 - p_v) \left(\dfrac{L_{cav}}{L_{Ref}}\right)^{0.91} \left(\dfrac{a}{a_{Ref}}\right)^{0.33} \left(\dfrac{\rho''_{Ref}}{\rho''}\right)^{0.15} \left(\dfrac{\alpha_{Ref}}{\alpha}\right)^{0.12}$	T6.4.15

由侵蚀率计算溃爆压力	$p_i = 1.1 \times 10^9 \, p_{Ref} \left(\dfrac{P_{ER}}{I_{Ref}} \dfrac{F_{Mat}}{F_{cor}}\right)^{0.333}$ $p_{Ref} = 1\,\mathrm{N/m^2}$	侵蚀	C_4	T6.4.16
		吸力面	18	
		压力面	67	

侵蚀初生	$p_{i,ES} = F_S = (0.054 \sim 0.15) R_m$	用于淡水或锅炉给水中的铁素体钢	T6.4.17
相对侵蚀率	$\varepsilon = \dfrac{E_{R,2}}{E_{R,1}} = \left(\dfrac{NL_2}{NL_1}\right)^{2.92} = \left(\dfrac{CV_2}{CV_1}\right)^{2.92}$		T6.4.18

注：1. W 是达到 $L_{I,req}$ 的概率，W 可通过式（T6.4.2）、式（T6.4.6）、式（T6.4.13）得到。

2. 所有单位为 SI 标准。

3. 对于双吸叶轮设置 $2z_{La}$。

（3）不确定性和经验公式的限制

1）式（T6.4.2）主要应用在发展起来的侵蚀，所以通过式（T6.4.2）并不能获得侵蚀阈值（见 6.6.7）。

2）空穴长度只能作为正在溃爆的蒸汽空泡体积的粗略测量值。为获得更加准确的预测，必须要考虑空穴厚度（难以测量）。一般侵蚀不仅是空穴长度的函数，空穴体积和侵蚀速度（给定空穴长度）取决于其发生率。而且在 6.8.2.1 中讨论了多种空化形式，这表明局部水力空化强度也有着不同，这也是空穴长度描述不到的地方。

3）溃爆区的压力差与 $\mathrm{NPSH_A}$ 只是近似成正比。为更准确地捕捉压力差，必须计算出空穴下游的三维流场，此处的流体急剧减速而局部压力增大，正在溃爆的气泡之间也相互作用。由于叶片作用增加，驱动压力差随空穴长度的增大而增大，从而导致 L_{cav} 的指数较高。

4）很难量化地观察到空泡溃爆与叶片表面之间的距离，因为只有十几分之一毫米。但是潜在破坏与距离密切相关，如有案例表明，当空泡在离叶片足够远的地方（实际距离很近）溃爆，不会对叶片产生空蚀，而式（T6.4.2）不适用于这样的情况。

5）吸力面上的侵蚀主要和其附着空穴相关。涡旋（高度集中的局部溃爆空泡群）引起的空化形式可以很好地捕捉到叶片压力面和破坏程度的相关性，因为两种空化类型可以同时出现并逐渐融合，但有时又很难区分它们。

6）在根据式（T6.4.1）计算相似参数时，必须做出关于 $(p_1 - p_v)$ 的指数、热力学流体性能和气体含量等方面的一些假设。虽然这些是基于试验的，但它们也受不确定因素影响。只有当在空蚀严重区域中，这些的指数才是不变的；当接近侵蚀阈值时，指数急剧增大，见6.6.7。

7）材料对给定空化强度的反应不能通过 U_R 来完美地量化。

由于以上的不确定性，式（T6.4.1）的标准偏差大约为 ±120%。由于各种不确定性出现离散：①由于表面粗糙且崎岖不平，空蚀的深度很难被测量（大多数情况下进行视觉估计）；②不同工况点下的运行时间（材料被空蚀时）并不是准确可得到的；③真实局部材料特性（铸造的结构）；④大多数情况下必须从输送水的类型来假定气体含量。甚至在实验室条件下，空蚀的测试结果也是很离散的。如文献［56］中，相同的材料和测试参数下，振动空蚀测试结果离散达到 ±90%；文献［11］中的文丘里管测试离散为 ±50%；Piltz 在他的试验中报告了测试结果 1:5 的变化的[40]。

6.6.4 基于空化噪声对空化破坏的预测

（1）破坏相关性 如6.5中所述，空泡溃爆产生了声波。相应的流体噪声可以被记录下来并用它作为水力空化强度的测量。如果把特定空蚀功率（specific erosion power）与噪声强度的关系绘制出来（图6.30），这样就可以用来预测空化损害，见式（T6.4.4）～式（T6.4.6）。流体噪声对应 1～180kHz 时的 RMS。给定吸入压力下的信号和背景噪声之差与空化噪声部分相一致，这可以由式（T6.4.4）得到。同时，采用标准参考叶片数，因为噪声源的数目（即叶轮的叶片数）对测量信号有影响（如果是双吸泵，必须使用双倍的叶片数，因为入口两侧都有空穴产生）。在图6.30中，吸力面和压力面的空化可以用相同的关系式来描述。所以，噪声测量可以正确地捕捉到：压力面上的溃爆压力比吸力面上的更高（因为存在更大的驱动压力差）。

根据式（T6.4.6）中的速度指数为 5.85，式（T6.4.1）和式（T6.4.2）中指数为 6；因为 $(p_1 - p_v)^3 \sim u_1^6$，通过求解式（T6.4.2）和式（T6.4.6），还可以通过所测空化噪声来估算空穴长度，见式（T6.4.14）。

（2）关系式的限制 与式（T6.4.2）一样，式（T6.4.6）只适用于严重的阶段空蚀。通过现有数据不能对空蚀的开始阶段进行预测。因为背景噪声（如机械和试验环路噪声）被减去了，那么所测的信号是对水力空化强度的测量。溃爆区中的有效蒸气体积，驱动压力差，液体特性和气体含量都可以被近似测得。基于式（T6.4.6）的空化风险估计是对式（T6.4.2）的补充，由于不同测试设置所具有的声学特性的影响很难评估。凭噪声信号是不能确定空泡溃爆的位置。如果这出现在无固相液体中，空泡溃爆不产生破坏的预测的经验公式是不合理的。同样的，如果空泡局部集中或分布在叶片进口的更大区域中，则很难评估它，这意味着局部空蚀会产生很大差异（如涡空化）。

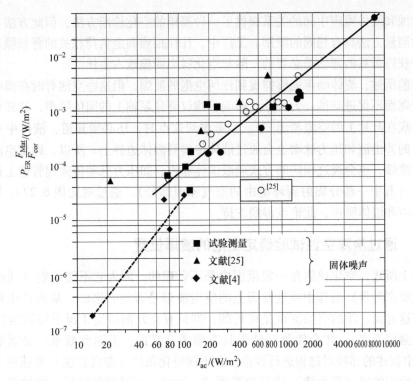

图 6.30 通过空化噪声来估计空蚀速度[26,27]

当空化出现在不同位置时（如同时出现在叶片吸力面和压力面上，或环形密封中，或进口泵腔中，或泵运行回路中），计算也受影响。如果所测噪声与背景噪声区别不大，对空蚀的预测变得不确定（也不存在严重空蚀）。式（T6.4.6）更加适用于 NL > 1.25NL₀。

温度对流体噪声的影响没有被充分探知。随着温度和气体含量的增大，噪声有下降趋势。还是不能做出普遍有效的预测。

即使在 U_1 < 20m/s 时，噪声测量结果也会出现问题（因为低的 HCI）。

6.6.5 通过固体噪声测量进行空化诊断

通过简单方式可以对模型的流体噪声进行记录，对泵体上的固体噪声进行测量是应用中获得水力空化强度的唯一比较实际的方法。如果用加速计对外壳体进行固体噪声测量，固体噪声的信号取决于泵体的几何形状和材料。基于统计能量分析，这些影响可以通过近似的方法来捕捉到。甚至可以根据式（T6.4.7）[26]和所测的固体噪声来计算流体噪声。可用的数据如图 6.30 所示。图中的这些点为固体噪声数据（通过固体噪声数据可计算得流体噪声数据）。通过同一关系可以得到这两组数据。所采用的固体噪声构成了一个 RMS 值。为避免传感器发生共振，测量必须在 1 ~ 47kHz 范围内进行。图 6.30 也包含对文献 [4] 中的翼型的测试。

空蚀和固体噪声中间的关系提供了一种简单的空化诊断方法，但此方法与固体噪声的测量方法具有相同的限制。工厂中，往往很难确定负荷相关的背景噪声，而这对于获得可靠的评估是必要的，除非空化噪声明显地占主体。

如前所述，流体噪声能够捕捉到任何空泡的溃爆，但这些空泡有时在离叶片较远处溃爆而不促进空蚀。为排除此影响，建议测量泵轴上的固体噪声，这样可以只获得出现在叶片上的空泡溃爆[54]。当考虑到这点时，还必须知道：液体中空泡溃爆产生的冲击波和压力脉动也会通过液体传播到固体边界上。所以，即使空泡在自由流中溃爆，也会通过相同的方式刺激固体噪声，如压力脉动传播到管壁上造成固体噪声（其中一部分辐射到环境中的空气噪声部分）。通过对比图 6.27a、b 中的固体噪声和液体噪声，此论点得到支持。

6.6.6 通过涂漆空蚀试验确定空泡的溃爆位置

如上所述，空化评估在一定范围内是不合理的，因为它不能确定（通过观察空穴或噪声测量）液体中或近壁面上的空泡溃爆是否是有害的，从而产生材料空蚀。在这方面，漆的空蚀测试是可行的。即只有在泵的特定工况下持续运行（水力空化强度不变），才会使测试结果具有参考意义的。为达此效果，必须如文献 [24] 中叙述的那样对过程进行校准。在不同空化条件（空穴长度）和速度下，采用一种给定的漆（锌粉漆）进行校准测试。运行一定时间间隔后，空蚀图谱就会被记录下来。经过一段空蚀测试阶段，空蚀区域将会渐渐成形，这之后空蚀区域将不会随着时间的延长发生改变。根据式（T6.4.4），通过流体噪声 CNL_{Ref} 可以确定必须试验时间 t_v，将它们在图 6.31 中做出。因为钢制泵盖和有机玻璃泵盖适用于不同的声学特性曲线。当应用图 6.31 时，可从图中读取所需的测试持续时间及可以通过式（T6.4.7）来估量固体噪声和估量流体噪声。

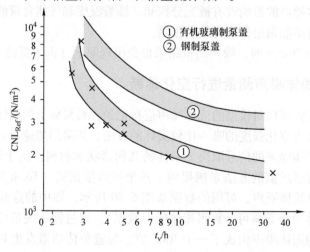

图 6.31 涂漆空蚀试验所需时间（锌粉漆）[25]

图 6.32 为一涂漆空蚀图谱，此试验在 3 000 r/min 转速下运行了 8h。此结果与一钢叶轮的侵蚀图谱（相同空化和流量系数 σ_A、φ_1，9 000 r/min，运行 160h）进行比较。

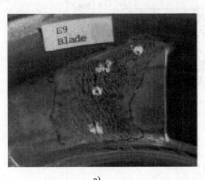
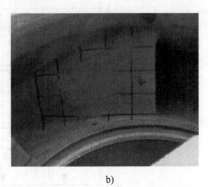

a) 　　　　　　　　　　　　　　　　b)

图 6.32　涂漆空蚀图谱[25]

$\sigma_A = 0.5$，$q^* = 0.8$

a）钢制叶轮，9000r/min（160h）　b）涂漆空蚀，3000r/min（8h）

如果测试持续时间足够，涂漆空蚀图谱的确可以表示钢制叶轮的典型破坏方法。但是，只有当能够通过噪声测量来量化水力空化强度时才可行。如果漆空蚀试验持续的时间比 8h 短，则空蚀区将会更小。如果测试时间过短，则漆未被空蚀，就会对潜在的破坏有过于乐观的评估。校准的漆空蚀试验提供了真实的破坏长度，甚至在叶片压力面的不可见区域。

6.6.7　不同水力空化强度下对材料的空蚀作用

对于每一种材料，都存在水力空化强度的临界值，当低于此值时，就不会发生空蚀。一些学者提出了临界值，例如：在最高效率点[30]铸铁圆周速度为 12m/s、奥氏体钢为 22m/s，这样的数据只在特定水质时有效。根据式（T6.4.2），以上的数据适用于冷的空气饱和水，如果是不锈钢适用于水温超过 140℃的脱氧水。

如果将所测空蚀速度列放在双对数曲线图中，以水力空化强度 HCI 为横坐标（图 6.33，以 σ 作为横坐标），特定空蚀功率 P_{ER} 渐渐接近临界 HCI，此处 P_{ER} 变为 0。在"严重空蚀"范围内 $E_R \sim \sigma^x$ 中的指数 x 为常数；当趋近渐近线时，指数 x 趋向无穷大。因此，在空蚀初期空蚀速度和独立的测试变量（如速度、噪声、气体含量、温度、空化系数或空穴长度）之间的关系为任意值。这就解释了为什么被认为是 1~20 之间的任意值速度指数。在"严重空蚀"阶段之外通过测量空蚀率来对材料的抗空蚀性能划分等级是没有意义的，因为在空蚀初期的两种材料的空蚀率的比可以假设为任意值，在阈值附近为无穷大（图 6.33），这个问题在很多文献中都未被充分考虑。

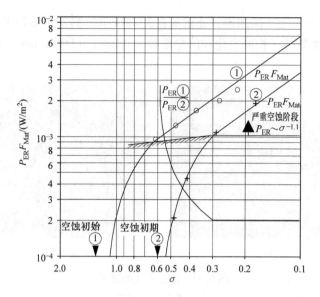

图 6.33　两种不同钢在空化条件下的特定空蚀功率 P_{ER}[27]

当测试处于严重空蚀阶段，材料抗空蚀的等级划分才有意义。在这种情况下，中高度不同抗空化性的两种材料的空蚀速度比总存在有相当大的不确定性。当改变材料以提升叶轮寿命时，实际上并没有观察到空化破坏的减少，尽管当运用实验室中得出的材料测试排名时曾期望其减少。

任何材料的排名和空化强度都可以从式（T6.4.2）计算得。图 6.34 为一计算结果，条件为 20℃的空气饱和水，$NPSH_A = 37m$ 且空穴长度为 20mm。

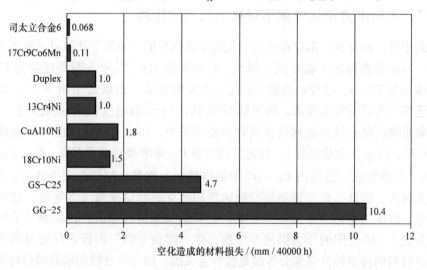

图 6.34　不同材料由于空化造成的材料损失

含 13% Cr 和 4% Ni 的铁素体铬钢在经过 40000h 运行后空蚀达 1mm，主要参数由此得到。图 6.34 中同时构成了每种材料与铬钢的空蚀速度的比值，以及已公开文献获得的等级排列相似，见文献 [50]。根据表 6.4 中的材料系数进行计算，见表 6.5。

表 6.5　空化破坏预测材料系数

材料	F_{Mat}
铸铁	0.6
铸造碳钢	0.75
铁素体钢	1.0
双相	1.3
奥氏体钢	1.6
超双相	2.1
铝青铜	3
镍基超 718[5]	5
司太立合金 6	6
17Cr9Co6Mn	10

铸铁和碳钢的抗空化性很差，而含钴和锰的特殊合金（如 17Cr9Co6Mn）的抗空化性能最好（现阶段已知的），因为它们的应变硬化很高[38,45,49-51]。

为确定空蚀的开始阶段，必须建立绝对水力空化强度（如"溃爆压力"）和空化下疲劳强度之间的关系。因为溃爆压力不能被测量到，所以必须间接地确定它。为此，首先借助室内声学方程从所测得的流体噪声计算声源的强度。使用声学效率可以估计发出声音的机械功率[23]。由此得到式（T6.4.11）和式（T6.4.12）。

用这种方式评估从图 6.30 中所得的试验数据，图 6.35 显示了特定侵蚀功率和溃爆压力的关系，参考式（T6.1.13）。因为必要假设的不确定性，此式具有很高的经验成分。但是，范围广，数据和大量不同种类泵的测试都说明了其统计关系的可靠性。

只有明确定义了水力空化强度之后，才能对各种空化设备和机械中的空蚀测量进行有意义的对比。溃爆压力的计算就是一种方法。所以有可能在图 6.35 中将液滴空蚀设备、磁致伸缩振动器、文丘里管和射流空化设备等的测试结果绘制在一起（数据来自文献 [11]）。对于液滴冲击试验设备，溃爆压力可根据 $p_i = \rho a w$ 计算。根据图 6.35 中的数据得 $p_i = 610 \text{N/mm}^2$，根据式（T6.4.16）得到的趋势曲线与其量级相同（930N/mm²）。

通过射流空化设备对各种钢进行流体噪声和空蚀的测试[18]。用式（T6.4.4）、式（T6.4.11）和式（T6.4.12）可计算得溃爆压力。尽管泵的几何布置和流体条件完全不同，但结果（图 6.35 中）与泵中的空蚀速度相符。文献［23］中的溃爆压力的估算在图 6.35 所标绘的数据范围内。

通过完全不同设备的试验数据之间的关系得出结论：式（T6.4.12）为绝对水力空化强度提供了一种有用的参考。将通过此方式得到的 p_i 值与空化下的疲劳强度做比较，铁素体钢在淡水或软化水中 $F_s = (0.054 \sim 0.15)R_m^{[23]}$。$p_i < F_s$ 时，未达到空蚀临界值；无损坏发生。如果 p_i 明显大于布氏硬度，会出现严重空蚀。求解式（T6.4.2）和式（T6.4.13），即使只知道空穴长度或破坏长度，也可以估算出溃爆压力，式（T6.4.15）。通过与式（T6.4.17）对比，甚至可以求出空蚀临界值。

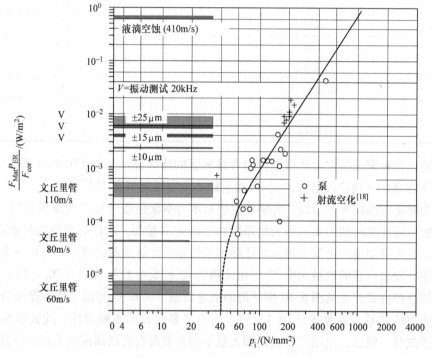

图 6.35　溃爆压力和特定空蚀功率之间的函数关系[18,23]

6.6.8　总结

对叶轮进口处空化传播的频闪观测不仅是个不可缺少的手段，它还可以对空蚀速度进行量化甚至能估算空蚀阈值，见式（T6.4.15）和式（T6.4.17）。将模型测试和设备试验在 180℃[25] 水温的水中进行试验对比，发现冷水和热水中的空穴长度大致相同。试验中观察到的空穴是由多种因素影响得到的，如吸入室和叶轮的几何参数、流量、$NPSH_A$ 等。频闪仪观察空泡的同时，还可以用空化噪声测量和漆空蚀试验来完善结果。

流体或固体噪声测量是测试水力空化强度的一种手段。它们不仅可以捕捉到溃爆过程中的局部压力差，还可以捕捉到液体性质和气体含量的影响。声压和加速度（初步估计）可以扩展到其他操作条件中，与 u_1^2 成正比。

为确定空泡是否在叶片附近溃爆，在一定控制条件下可以用漆空蚀法。得到一个大致稳定的空蚀模式所需要的试验时间从图 6.31（基于试验泵中流体噪声的测量）获得。无空化时的噪声作为背景噪声被消除了，但是在试验回路中其他部分（如阀门中）产生的空化噪声会歪曲测量结果。

运用统计能量分析法，通过固体噪声测量可以计算出流体噪声。然后用固体噪声信号来诊断空化。

通过室内声学法可以从液体或固体噪声来对溃爆压力进行估计。因此，可以估算空蚀阈值也可以对从各种测试设备得到的空蚀测量结果建立联系，如图 6.35 所示。

上面所讨论的每一种方法都有其缺陷和限制。但是，如果对给定的设备进行空穴长度，漆空蚀图，液体或固体噪声等测量，可以花相对较少的精力来对损害风险进行相当全面的评估。叶轮进口的压力分布平缓则可以得到半透明薄空穴区和低噪声信号。在这种情况下，式（T6.4.6）（基于流体噪声）所预测的空蚀速度比式（T6.4.2）（基于空穴长度）的更小。这样式（T6.4.2）会造成预测结果比较保守，假设噪声的测量结果是可靠的。对于低圆周速度和/或含气体水来说，有时结果是不稳定的。相反地，如果空穴长度、噪声测量和漆空蚀都预测将有相当大的空蚀，则空化破坏发生概率是很大的。如果对流体噪声和固体噪声都进行测量，不确定性和破坏风险将得到更好的评估。

对于空蚀破坏（超过阈值）、空蚀速度和空穴长度的关系、速度和抗拉强度或硬度之间的关系都已通过各项测试得到确定，虽然这其中还有大的分散。根据文献 [52]，材料的点蚀体积增大的关系式为 $x = 5.2 \sim 6.7$ 且 $y = 2.2$，$E_R \sim w_x \times R_{m-y}$，这与上面统计中的指数相符。

但是，空蚀取决于流速的传统观念是误导的。如式（6.1）和式（6.2）所示，HCI 取决于作用在溃爆空泡上的压差。虽然压力分布取决于速度的平方，但是在一个给定速度下压力也会有很大差异。如吸力面和压力面空蚀差异，叶轮中和文丘里管中空蚀差异[23]。

空蚀只有当以下三个条件被满足时才会出现：

1）空泡发展，这可以通过视觉或声学（流体或固体噪声）观察进行确定。

2）空泡必须在靠近壁面处溃爆，这可以通过漆空蚀试验来证实。

3）绝对水力空化强度必须超过抗空化性：溃爆压力 p_i 必须超过空化下的疲劳应力 F_s，式（T6.4.12）和式（T6.4.15）~ 式（T6.4.17）可以进行定量评估：①$p_i \ll F_s$，假定无风险；②$p_i > R_m$，密集冲击；③$p_i > \mathrm{BHN}$（布氏硬度），相当大的损害。

最后再一次强调，所有这些公式所提供的只是一种粗略的估计，存在很大的不确定性。因为空蚀的复杂性，存在很多的不确定性。但是，对于工程上对空化问题的评估，表6.1中所列出的公式组成了现今唯一的方法来描述不同参数之间的关系。这些公式覆盖范围广并且适用于实际应用。对于复杂系统问题，必须进行仔细分析和观察、测量，以防止得出错误结论。

6.7 设备进口压力的选取

如图6.9、图6.10和图6.14所示，在出现明显的扬程下降之前空蚀就开始扩展，如NSHP$_3$出现明显的下降。为防止噪声、振动及汽蚀破坏，设备的进口压力（NPSH$_A$）必须明显大于NPSH$_3$（见11.2中有一例外，如进行空化控制）。

（1）确定NPSH$_A$需要注意

1）叶轮进口圆周速度u_1。

2）叶轮所用材料。

3）泵所输送介质，其温度和气体含量。

4）要求的工况范围（如小流量工况或$Q > Q_{SF}$）。

5）泵的特性、叶轮的水力质量和叶轮的入流条件等都对空穴体积产生影响。

对于给定的一台泵，它的必须汽蚀余量NPSH为速度和流量的函数，为保证泵的安全运行，设备必须提供充足的汽蚀余量NPSH$_A$（表2.2）。以下为增加NPSH$_A$的不同措施：

1）把泵安装在更低位置或将吸入管道缩短。

2）降低吸入管线中的压力损失。

3）安装升压泵。

4）如果在一密闭容器中，可以增加液面上的气体压力。

相反地，如果给定了NPSH$_A$，那么必须对泵的类型、速度和大小进行选择以保证运行可靠无故障。

无故障、破坏运行的标准是：

C1：覆盖所需工况范围，如能否达到要求的最大流量（见第11章）。

C2：避免不被允许的振动、脉动及噪声。

C3：限制汽蚀或达到规定的叶轮使用寿命。

表6.6为在不同条件下NPSH$_A$的选择。需要注意的是：这些数据只是提供大致的建议。而这些建议通常是保守的，但也不能保证在有问题的情况下无破损发生。

（2）表6.6的说明

1）所有应用中都必须满足标准C1。

2）如果叶轮不合适、吸入条件或进口泵腔不宜、部分载荷和超负荷运行中需要一个更高的NPSH$_A$。

3）基于不同类型的流体，NPSH$_A$的值可以取得更小。

表 6.6　选择合适的 NPSH_A 以确保运行的安全性

目的：此表可用于确定保证无故障运行所需的可用 NPSH$_A$。请遵循以下标准：

C1：确保泵在整个流量范围内运行，尤其是可在大流量下运行；

C2：限制空化诱导的振动和噪声；

C3：避免过度空蚀。

$u_1/(\mathrm{m/s})$	流体	标准	必须 NPSH$_A$ 的确定	
< 10	所有		NPSH$_A \geqslant 1.25 *$ NPSH$_3$	
< 20	碳氢化合物（除了煤油及其类似物）	C1（C2）	目的：确定运行范围、公差和不确定性	
10 ~ 50	水	C2，C3	$\sigma_A \geqslant \sigma_3 + F_R F_F \{0.05 + 2\,(u_1/u_{\mathrm{Ref}})^3\}$ $u_{\mathrm{Ref}} = 100\mathrm{m/s}$ 仅适用于 $\sigma_A < \sigma_i$ 的情况	
			流体因素	F_F
			$\alpha > 5 \times 10^{-6}$, $t < 200℃$ 的水	1.0
			海水或其他具有腐蚀性的介质	$\geqslant 1.15$
			$\nabla T_u > 5℃$ 的碳氢化合物	0.75
20 ~ 60	碳氢化合物		危险因素	F_R
			$0.8 < q^* < 1.1$ 的条件下运行	1.0
			在部分载荷工况回流发生时或 $Q > Q_{\mathrm{SF}}$ 时压力面汽蚀的条件下运行	1.2
			非均匀流	$\geqslant 1.1$
50 ~ 75	水 铬镍合金钢	C3 C1	根据表 6.4，空穴长度、空化噪声或同等条件下的运行条件，必须可用于检查叶轮寿命	
> 60	碳氢化合物 铬镍合金钢	C1 C2	必须限制空穴体积以避免过度振动、噪声和脉动	
> 75	$T < 200℃$ 的水 铬镍合金钢	C1 C3	NPSH$_A \geqslant$ NPSH$_i$，实际上，必须无气泡运行；否则，短时间运行后会出现损坏	
10 ~ 25	脱氧水 $\alpha < 5 \times 10^{-6}$, $T < 100℃$ 铬镍合金钢	C2	$\sigma_A \geqslant \sigma_3 + F_R F_F \{0.05 + 2\,(u_1/u_{\mathrm{Ref}})^3\}$ $u_{\mathrm{Ref}} = 100\mathrm{m/s}$	
> 25		C3	空蚀非常容易发生，见表 6.4 空穴体积或空化噪声必须限制	

最小：NPSH$_A \geqslant 1.25$ NPSH$_3$ 或 NPSH$_A =$ NPSH$_3 + 0.6\mathrm{m}$ 取大值

安全因素 NPSH$_3$ 定义如下：$F_{\mathrm{NPSH}} = \dfrac{\mathrm{NPSH}_A}{\mathrm{NPSH}_3} = \dfrac{\sigma_A}{\sigma_3}$

如观察以下现象，该方式确定的汽蚀余量是足够大的：

1）BEP 时，入射角在 3°~5° 之间的叶轮。

2）液流为均匀流（见 11.7.3）。

3）没有形成过多的漩涡。

4）所选的 NPSH$_A$ 也适用于最大连续流。

注意：上述过程是经验型的，并不能保证极端情况。在其他实例中，该方法可能是保守的。

4）"烃类"代表不同沸点的碳氢化合物或其他弱聚爆能量的流体，根据式（6.24），此处 $\Delta T_u > 5℃$。

5）表6.6应用的先决条件是选择合适的材料。"镍铬合金钢"意味着该材料等同于1.4317（G－X5 Cr Ni 13 4）或（ASTM A743 Gr CA 6MN）。

6）对于具有腐蚀性的介质，$NPSH_A$ 的计算是很有必要的。

7）圆周速度 u_1 大于 50m/s 时，即使使用高强度不锈钢，汽蚀破坏也会急剧增加。此时，只允许有限的空穴长度速度 u_1 在 70～80m/s 时，泵的运行条件必须几乎无气泡。见 6.6.3～6.6.8 所讨论的方法，可用于评估空蚀危害。这需要频闪空泡观察，空化噪声测量或可靠地预测的空穴长度、$NPSH_i$ 值。

8）对于铁素体钢 1.4317（ASTM A743 Gr CA 6 MN）这种材料，要想满足泵的运行寿命为 40000h 所允许的最大空穴长度根据表6.4确定。这种计算方法是通过泵运行 40000h 下金属腐蚀 6mm 的情况进行假定的。图6.36 给出了该结果。其他条件时，可参考式（6.31）；而表6.4 的计算为首选考虑。

9）在特别关键的情况下，建议更准确的分析和计算。

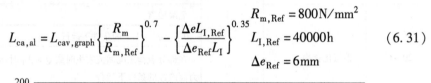

$$L_{ca,al} = L_{cav,graph} \left\{ \frac{R_m}{R_{m,Ref}} \right\}^{0.7} - \left\{ \frac{\Delta e L_{I,Ref}}{\Delta e_{Ref} L_I} \right\}^{0.35} \quad \begin{array}{l} R_{m,Ref} = 800N/mm^2 \\ L_{I,Ref} = 40000h \\ \Delta e_{Ref} = 6mm \end{array} \quad (6.31)$$

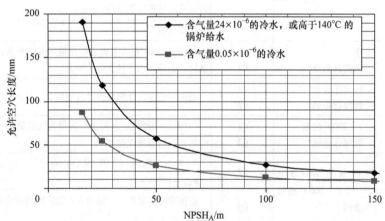

图6.36　对于钢1.4317（ASTM A743 Gr CA 6MN）、寿命为40000h叶轮，其
$NPSH_A$ 对应的允许空穴长度

10）对不良吸入条件和泵体表面声辐射较大（可能为薄壁），由于空化，噪声水平可能会大大增加。若必须要满足噪声条件，$NPSH_A$ 的选择必须远高于 $NPSH_o$，见 6.5.2，预期最大空化噪声靠近 $NPSH_o$。

11）对于给定的泵在相同运行条件下（u_1、载荷范围、流体类型）$NPSH_A$ 较低。

通常 $NPSH_A$ 与 $NPSH_3$ 的比值用于定义安全域 F_{NPSH} 的范围。基于表6.2，很易确定该值的大小。

给定汽蚀余量 F_{NPSH} 根据特定叶轮的设计，会出现完全不同的空穴长度，如图 6.14 所示。因此，汽蚀余量并不是衡量所有汽蚀诱导噪声、振动和腐蚀的方法。

6.8 汽蚀破坏：分析和补救措施

6.8.1 破坏记录和运行参数

为解决汽蚀问题，必须对运行条件作仔细分析。它包含以下元素（作为一个清单）：

1）记录破坏模式和位置：叶轮入口、吸力面、压力面、进口。

2）破坏强度：最大深度 ΔE_{max}、前缘测得的 L_{Damage}、L_{start}、缩略图、照片。

3）运行参数：流量、扬程、转速、$NPSH_A = f(Q)$。

4）系统特性和最大流量。

5）不同工况下的运行时间（若需要的话，为直方图）。

6）泵设计数据：Q_{opt}、适用速度范围内的 H_{opt}、特性和 NPSH 曲线（验收试验）。部分载荷下 $NPSH_3$ 是否增加（这可能是叶轮进口直径过大的原因）。

7）部件材料：抗拉强度、材料名称（化学分析如果需要的话）。

8）泵送流体：类型、水分析、腐蚀、温度、气体含量。

9）几何数据（这里针对叶轮）：$d_{2,eff}$、d_{1f}、d_n、β_{1B}（外部、中心、轮毂）、a_{1a}、a_{1m}、a_{1i}、A_{1q}（纸板模板）、叶片入口剖面图（纸板模板、卡尺）。

10）减速比率：$\dfrac{w_{1q}}{w_{1m}}$ 和 Q_{opt} 下 $\dfrac{c_{3q}}{c_2}$、Q_{max} 及运行工况点处。

11）如果叶片进口角未知，其可以通过 $\beta_{A1} = \arcsin\,(a_1/t_1)$ 进行估计。

12）吸入喷嘴或钟形吸入口直径。

13）叶轮切割 $d_2{}^* = \dfrac{d_{2,eff}}{d_{2,nom}}$（有效叶轮直径）。

14）泵控制、瞬态和稳态的条件（类型、频率、持续时间）。

15）通过与泄漏流及叶轮上游平衡水混合来增加叶轮进口水温；相应增加汽化压力和降低 $NPSH_A$。

16）根据 6.6.5，通过固体或液体噪声对其进行汽蚀诊断。

进口工况：

1）干井安装，弯曲、分支和阀门处产生非均匀速度剖面，除非管道有足够的长度可以确保均匀流。在不同的平面内安置两个和更多的弯曲会产生旋涡（补救方案：在弯管或在泵上游进口喷嘴处安装整流栅）。

2）湿井安装，肉眼可观察到的吸入弯表面涡流、旋涡、表面旋涡、吸入空气旋涡。

3）轴承与泵间的进口泵体，筋板是否安装在两部分沿轴流动的流体交汇的地方？筋板是否过厚或是否有不利后边缘轮廓。

随着流量的增加，逼近流产生流动扰动。不利的进口泵体的设计可能导致涡街或叶轮逼近流扭曲的产生。为分析进口泵体，如进流方向轮毂阻塞面积的标准见 7.13。

6.8.2 汽蚀的类型和典型空化破坏的形式

空化可以发生在叶轮叶片进口、叶轮流道、入口套管筋板、压水室和带有环形密封的叶轮或平衡装置处。根据入口条件和压水室类型、叶轮几何参数、泵流量和吸入压力的不同会产生不同形式的空化。

6.8.2.1 叶轮进口的空化破坏

空蚀主要发生在叶轮进口，因为这就是泵内压力最低处。根据空蚀模式可判断出造成损坏的原因。无冲击进口流量 Q_{SF} 及空化系数 $\sigma_A = \dfrac{2g\mathrm{NPSH}_A}{u_1^2}$ 应根据 6.8.1 计算出，这是因为这些数值的大小可能对于预测空化有重要意义。表 6.7 中给出了叶轮进口处典型的汽蚀破坏。

表 6.7 汽蚀破坏

破坏模式	原理	可能的原因	可能的补救措施
① 叶片工作面，靠近前缘	工作面上的随着空穴（"片状汽蚀"），$Q < Q_{SF}$ • 靠近盖板处的破坏 • 靠近轮毂处的破坏	入射角太大 不利的前缘形状 叶轮上游不利的流量分布 • $\beta_{1B,a}$ 过大 • $\beta_{1B,i}$ 过大	在更大的流量下运行 减少叶片进口角 改善背面的前缘形状 减少进口处的射流 减少叶轮直径 增加预旋
② 在叶轮流道背面，也可能在工作面、轮毂或盖板上	$Q \ll Q_{SF}$ 时，空泡汽蚀脱落为长而厚的空腔	低 σ_A 时易发生 $\sigma_A < 0.15 \sim 0.3$，NPSH_A 过低 材料不适合	减小叶轮进口直径 减小进口角度 增加 NPSH_A 更换更好的材料 可能的原因是：叶片上钻孔，以允许流体从工作面流入背面
③ 叶片工作面，叶片外部一半处，从靠近前缘处开始	工作面上的附加空腔，$Q > Q_{SF}$	不利的入射 前缘剖面不好 流量过大	减少流量 剪切背面叶片和工作面剖面 改善前缘剖面

（续）

破坏模式	原理	可能的原因	可能的补救措施
④ 叶片工作面，叶片外部一半处，从靠近前缘处开始	回流引起的通道内的空化云	流量过度减少引起的回流（d_1、A_{1q}、β_{1B} 过大）q^* 太小	增加流量更换 d_1、A_{1q}、β_{1B} 小一些的新叶轮进口环：见图 6.39减少回流
⑤ 靠近轮毂处的叶片工作面	L_{cav} $w_o(Q_{min})$ $w_o(Q_{BEP})$ $w_o(Q_{min})$ c_{om} u_1	回流引起的对轮毂的负面作用	减少回流通过打磨改善前缘剖面减少预旋
⑥ 轮毂、盖板或圆角半径处的金属材料缺失	大入射角引起的角涡	进口角度不正确圆角半径过大进口流动扰动	匹配进口角度，可能的话剪切背面叶片、打磨外形轮廓。打磨圆角半径
⑦ 开式叶轮内的间隙汽蚀	ω	大的叶片载荷	ω 工作面叶片边缘导圆

1）通常，如图 6.5 和图 6.37（气泡在靠近壁面处破灭）所示，在叶片上（片状空化）可观察到附着空穴。$Q > Q_{SF}$ 时压力面损坏；$Q < Q_{SF}$ 时吸力面损坏。$Q \approx Q_{SF}$（或变量运行条件下），损坏可同时发生在叶片吸力面和压力面。

2）损害区经常在靠近叶片进口边缘处开始，大致与肉眼观察到的空穴长度相一致。如气泡在空腔后部分离并向下游运输，此时损坏的长度将会更长。根据叶片的扭曲情况，以及入射角和对

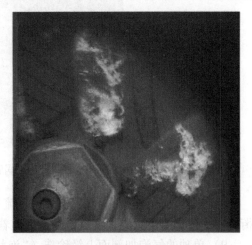

图 6.37　附着空穴（苏尔寿泵业）

流，附着空穴可能在叶片整个宽度范围内或只在靠近出口或内流线处产生破坏。

3）入射角越大，空穴越容易与叶片分离，大型空泡团在靠近空腔尾部脱落并向下游移动。由于压力梯度的增加，产生破坏的潜在能量增大。靠近空腔尾部的减速程度会随着空腔厚度而增加。

4）平稳的压力分布会产生厚度小的半透明空腔；因此，水力空化强度很小，这是因为气泡体积很小且空穴尾部的压力梯度低。

5）气泡可在叶片、盖板、自由流或叶片背面上溃爆。若在翼型下游溃爆（如在轴流泵中）称为超空化现象。

6）旋涡空化，涡中心压力随着离心力的增加而减小（见1.4）。当达到汽化压力时，此时气泡夹杂着流体。剪切层中出现涡，该涡是角涡或靠近轮毂处冲角过大引起的，附着空穴或脱落空穴的下游也存在旋涡。盖板后面或前面的圆角处的三维作用效果是很难预测的。该区域经常发生损坏现象，尤其是在靠近轮毂处（包括轴上的凹陷处）。有时，铸造缺陷往往出现在叶片和轮毂之间，随着空蚀发生会出现孔洞。大的孔洞产生附加涡，因此，增加空泡的形成从而加速损坏。

7）核心是蒸汽的大涡束可在泵吸入室内产生。如图6.38和图11.21所示，被流体夹携进叶轮的旋涡被叶片切断。由于存在大量的空腔体积，涡束对叶片压力面局部集中空蚀有很大的影响。该问题必须通过修改进口泵体来进行纠正。

图6.38　进口产生的涡管，该涡被叶片切断

8）进口泵体筋板后边缘处的流体分流可能产生涡街，一旦达到汽化压力该涡街可能演变成空化气泡，且该涡的强度随着流量的增加而增加。

9）单独的气泡如剖面上缘珍珠（"泡状空化"）在泵中是很少见的。由于其空泡体积很小，所以其没有破坏威胁。

10）螺旋桨上的翼尖涡流旋转可能产生空化，如图 5.46 所示，旋转时涡流稳定。

11）开式叶轮中的间隙空化（如轴流泵或半轴向叶轮）或相邻泵体部件常常错误地比叶轮抗空蚀性能差很多的材料。

12）部分载荷回流产生的破坏主要是在叶轮工作面上。往往侵蚀发生在叶片外半部分。有时很难判断破坏是由于部分载荷还是由于超负荷运行引起的。这是因为叶片前面的局部静压比吸力面的要大，且往往回流会产生较大的空泡，回流诱发的汽蚀破坏是非常严重的。

13）小 q^* 工况下的大规模的回流也可能导致靠近轮毂处叶片工作面的破坏。回流使流体在靠近轮毂处产生强的预旋，该预旋会产生很大的液流角并在压力面上产生流动分离，见表 6.7 第⑤项。

14）空化数 σ_A 很小的工况下（如冷凝泵或诱导轮）会发展出较长的空穴。其下游处，涡形气泡分离，气泡直接运输到叶轮流道处。该气泡会导致叶片背面或工作面及盖板背面或正面的损坏。有时这种形式的损坏可以通过在叶片前缘和喉部处钻小孔得以缓解。一些从压力面到工作面的水流流经小孔使得气泡不在靠近叶片处爆破（有关靠近前缘处的平衡槽的研究在文献 [47] 中进行讨论）。

如 6.1.2 所述，只有靠近材料表面的气泡溃爆才会造成损坏。正是由于这个原因，如果气泡溃爆处与材料之间的距离改变了，即使是几何形状上微小的变化也会对空蚀程度产生很大的影响。经验证实，即使叶片的几何差异很大，空蚀模式也会发生显著的变化，尤其是对于空化初始更是这样。

6.8.2.2　叶轮出口，压水室或进口泵体上的汽蚀破坏

虽然汽蚀破坏最常见的是在叶轮进口，但空蚀有时也会出现在其他地方，如：

1）在少数情况下在高压泵叶片后边缘或盖板处等位置可观察到局部空蚀现象（图 6.40）。图中的损伤是叶片通过导叶叶片时不稳定高速会产生的，见 10.1。叶轮出口附近的速度分布、叶片后缘的厚度及形状对损伤产生的影响在叶顶速度高时可观察到。该双吸叶轮后缘的单面汽蚀现象证明了叶轮出口不均匀的流量分布，见 5.8。

2）剖分压力面或增加叶片与压水室之间的距离是可行的补救措施。增加此距离必须要加以小心，因为它可能会改变最高效率点或使 $Q - H$ 曲线不稳定。如该问题不能通过此方法加以解决，此时应考虑重新设计叶轮使出口叶片载荷较低。

3）叶轮通道内靠近出口和/或导叶的大范围损坏是由于泵在完全空化的条件下运行。在高圆周速度时，完全空化下，即使是很短的时间内也可能出现损坏（如非正确操作的泵或瞬态条件下）。这种机制若在设计流量点低扬程运行很好理解，通过避免在大流量工况下运行而 $NSHP_A$ 不足来避免损伤。

4）则变速泵可达到完全空化状态。如果泵的尺寸过大或工厂的需求过度估计

或改变时都会出现该现象。当转速按照所需压力降低时，NPSH$_3$ 曲线向小流量范围移动，$\dfrac{Q}{Q_{SF}}$ 会增加，NPSH$_A$ 和 NPSH$_c$ 相交于工况点。对于大尺寸的多级泵，运行时，首级叶轮水头的相关损失是不太明显的。需要分析操作模式和泵的控制包括瞬态情况以决定是否可以改变运行参数或更换新的叶轮以获得更合适的 Q_{SF}。

5）通常，进口泵体上的汽蚀损坏是由部分载荷回流引起的。靠近环形密封处会发生间隙汽蚀。回流产生的气泡可引起筋板或叶轮进口上游泵体的空蚀。如果损坏部分是由灰铸铁或球墨铸铁做的，可以采用更多的抗汽蚀材料可作为补救措施。有时削减筋板的背面和剖分面就足够了。若叶轮的设计是错误的或处于非高效工况下运行，可以考虑 6.8.3 所讨论的措施（表 6.7）。此外，通过进口环或进口导叶也可以将其改进，如图 6.39 所示。

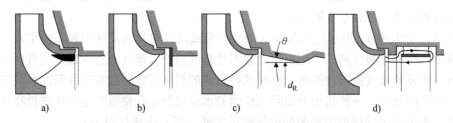

图 6.39　若叶轮进口过大，则可改进部分载荷[30]

a）叶轮旋转环　b）孔　c）进口导叶　d）回流制动[53]

6）对于开式叶轮，间隙汽蚀可导致泵体尤其是使用铸铁或球墨铸铁的泵体的损坏。此时，应将更换更好的材料作为补救措施（若使用可焊接材料，则可取代整体部件，增加环或使用焊缝覆盖）。

7）叶轮环形密封或平衡装置的间隙汽蚀。

8）在旋涡泵和单流道污水泵中也可以观察到汽蚀破坏，由于叶轮通常由铸铁制成（0.0625，GIL – 250），具有非常低的抗空蚀性能。此外，当由水坑水位上升到最大时，污水泵常需在流量远高于最高效率点的工况下运行（在最高和最低水位之间间歇运行）。在大流量运行时，汽蚀从入口右侧到叶片后缘（图 6.41），空蚀出现在叶片进口边的前面和叶片压力面上大部分区域，并延伸到出口边，穿过前盖板附近的叶片。通过在前盖板和后盖板上设置较大尺寸的孔可以明显减少汽蚀、振动和噪声，如图 6.42 所示[58]。孔使间隙中的水进入可以明显观察到空化或损伤发生的地方，将空泡吹离叶片与盖板。然而，文献［58］中介绍设置孔结构后的泵经测试，效率下降了 2%（$n_q = 50$，$d_2 = 630\text{mm}$）。这种补救措施是否适用于实际的污水设备还是未知的。

6.8.2.3　导叶和蜗壳中的空化破坏

在某些情况下，导叶流道和蜗壳隔舌处出现空蚀现象，这类空蚀由不同的机理

图 6.40 双吸泵叶轮尾缘处的空蚀，介质为锅炉给水，材料为不锈钢，$u_2 = 120\text{m/s}$，
导叶 $d_3/d_2 \approx 1.05$，小流量工况，$\sigma_{A,Le,c3} = 2.5$ 式（6.32）

图 6.41 单吸泵叶轮上的空蚀，铸铁材料，$u_2 = 15\text{m/s}$

造成的。

1）非稳态部分载荷工况下导叶中的空化：在吸力面的局部区域会发生空化，如图 6.43、图 6.44 所示，其原因是流动速度和入射角变化产生不稳定片状空化，详见 10.1 及图 10.3 ~ 图 10.5 所示。导叶叶片的损伤程度在圆周上分布是不同的，由于每个流道的流量由叶轮流道的压力分布决定，随着流量的降低流动不均匀性增加，见 9.3.3。

2）导叶流道中在叶片喉部附近会出现

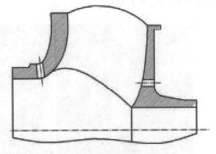

图 6.42 在单吸泵叶轮前缘空化
区域设置的通孔[58]

涡空化（图 6.43、图 6.44）。涡可能是由部分负荷回流引起的剪切流引起的（图

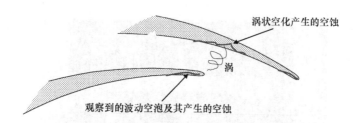

图 6.43　导叶叶片前缘处的波动空泡和流道中的涡状空化

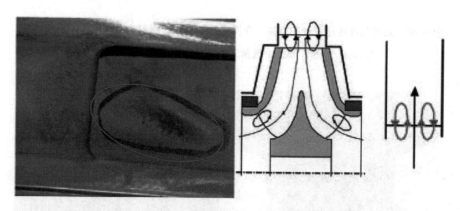

图 6.44　导叶叶片前缘的带状空化和流道中的涡状空化

6.44 右边的草图)。在图 6.44 左边显示了一个单级锅炉给水泵的导叶的汽蚀的照片，其扬程为 700m。在图 6.43 中显示的损伤是由叶片进口边的非定常片状空化和涡空化引起的。图 6.45 所示为一系列高速照相机拍摄的照片。该泵由 5 叶片双吸叶轮（$n_q = 22$）和 12 叶片导叶及一个蜗壳组成。叶轮叶片后缘和导叶叶片前缘的距离约为 $d_3/d_2 = 1.05$。

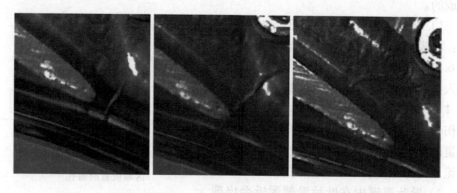

图 6.45　$q^* = 0.4$ 工况下叶轮出口与导叶流道中涡状空化的形态[3]

3）正如 5.3.1 中讨论的那样，在大流量工况条件下也可观察到导叶非定常空化，这是由于导叶每个流道叶片会诱导出过高的速度。

4）部分负荷工况下蜗壳隔舌空化。如图 6.46 所示，在叶片低压侧进口边附近会发生区域性的空化。如一台单级双吸泵（$n_q = 44$），蜗壳由球墨铸铁 0.7042（GGG42）制造，其 $d_3/d_2 = 1.16$；叶轮叶顶速度 $u_2 = 44\text{m/s}$，最高效率点扬程约为 90m。同样的损伤可在这台单级双吸（蜗壳锅炉给水）泵（$u_2 > 130\text{m/s}$）在部分负荷时隔舌分间距不足观察到。增加叶轮叶片后缘和蜗壳隔舌之间的距离及在低压侧应用椭圆轮廓即可消除这个问题。

图 6.46 额定流量工况下双蜗壳隔舌处的空蚀

5）叶轮流道内的汽蚀损伤在泵过大流量全空化运行时延伸到导叶流道内，这种破坏在多级单吸泵中也出现过，见文献［7］中的例子。

当导叶入口处的静压力 p_3 局部下降到蒸汽压力 p_v 时发生空化。该静压下的空化系数根据式（6.32）估算，类似于式（6.9）采用 c_3 而不是 c_{3q}，c_{3q} 被称为导叶叶片或蜗壳隔舌的平均流速 c_3。只要导叶到叶轮间没有出现回流，叶轮出口处的速度 c_{2u} 可以从表 3.2 中估计，在部分负荷工况下可根据图 5.15 进行估计。然后可根据角动量守恒 $c_{3u} = c_{2u}d_2/d_3$ 计算出 c_{3u}（径向速度 c_m 可以忽略）。

$$\sigma_{A,Le,c3} \equiv \frac{p_3 - p_v}{\frac{\rho}{2}c_3^2} = \frac{\text{NPSH}_A - \frac{c_s^2}{2g} + H_p}{\frac{c_3^2}{2g}} = \sigma_A\left(\frac{u_1}{c_3}\right)^2 - \left(\frac{c_s}{c_3}\right)^2 + \psi R_G\left(\frac{u_2}{c_3}\right)^2 \quad (6.32)$$

这种计算方法已经应用到一些导叶或蜗壳出现汽蚀的泵，计算结果见表 6.8。空化系数在 2 ~ 2.5 时锅炉给水泵可以观察到损伤，而对于输水泵大约为 6。高 NPSH_A 时观察到的损伤可能是由于泵壳材料、速度分布的不均匀性和叶片进口边的几何形状（铸造成型蜗壳隔舌和导叶进口边较好地抛光）。

表 6.8 带有双吸叶轮结构导叶和蜗壳中的空蚀

压水室		导叶			双蜗壳			
作用		锅炉给水			冷却水		锅炉给水	
编号		1	2	3	4	5	6	7
比转速	n_q	22	22	28	44	44	22	28
压水室间隙	d_3/d_2	1.07	1.054	1.047	1.16	1.16	1.1	1.14
相对流量	q^*		<0.5	<0.7	1		<0.7	<0.7
叶轮叶顶速度	$u_2/(m/s)$	138	112	119	44	29	121	132
叶轮进口	σ_A	0.22	0.84	0.90	0.95	0.60	0.60	0.90
导叶进口	c_3/u_3	0.65	0.66	0.67	0.43	0.43	0.64	0.61
	$\sigma_{A,Le,c3}$	1.9	2.5	2.5	6.6	5.8	2.3	2.5

在表 6.8 中，第 1 列的是一个 48MW 的锅炉给水泵，共 4 级产生每级 860 米的扬程[39]。第一级为双吸叶轮，空蚀发生在导叶进口边与图 6.43 和图 6.44 一致，其初始间距为 $d_3/d_2 = 1.07$。据报道，问题可通过增加间隙 B 得到解决，使 $d_3/d_2 =$ 1.1。表 6.8 中的 2～7 列都是关于单级双吸叶轮结构，如图 2.6 和图 7.48 所示。空化系数由式 (6.32) 用平均（稳定）速度计算；不稳定局部速度峰值高于稳定速度。因此，式 (6.32) 表示为上限，而实际上压力较低，并且更接近饱和蒸汽压力。

虽然在具有单吸多级叶轮的泵中在大流量工况或低 $NPSH_A$ 工况下观察到导叶空化，但是仅在双吸叶轮结构中在部分载荷工况下导叶空化。该类型的损坏在单吸多级泵中尚未被注意到，即使运行时每级 H_{st} 高达 1200m。目前还没有关于单吸蜗壳式泵出现空化破坏的报道，这是否巧合还不能确定。双吸叶轮在叶轮出口处的速度分布不均匀，可能是由于通过两侧叶轮侧的不均匀流动造成的，见 5.8。这也可能是在叶轮入口处的流动强烈扭曲的，使叶轮出口处引起更高的过流速度。在叶轮出口处的回流可在两个盖板附近发生，这导致叶轮中心的速度过大（图 6.46 所示空蚀最严重的区域位于隔舌中间位置）。

6.8.3 减少或消除汽蚀破坏

表 6.7 提供了损坏形式、可能的损坏原理、原因及补救措施的概述。此外，以下措施也可以减少汽蚀损坏：

1) 增加 $NPSH_A$ 以减少气泡体积。即使驱动压差随 $NPSH_A$ 的增加而增加，该方法一直有用。

2) 使用高抗汽蚀材料。若损坏部件是由灰口铸铁、球墨铸铁和青铜做的，这意味着在大多数情况下，应使用更好的材料。因为无法通过对部件改型来大大降低空泡体积。

3）如果使用高强度镍铬钢，通过更换材料类型来进行改进的程度是有限的。通过回火以获得更高的抗拉强度，更换其他的合金材料或采用特殊的材料可以在一定程度上改善抗空蚀性能。相应的改变可按表6.4所示定量评价。

4）分析和优化叶轮设计，如优化进口直径、进口角度和角度变化、叶片轮廓和减速比。

5）如进口出现沿圆周剧烈变化的对流，优化叶轮不一定能够解决问题；相反，应该分析对流以寻求改进方法。

6）若在大气泡体积下运行，如 $\sigma_A < 0.3 \sim 0.35$ 时，应采用更强的抗汽蚀材料，这是因为此时除非将叶片在过度条件下运行，否则气泡体积不能充分减小。在空穴长度大或 σ_A 很小时对叶片进口形状的影响很小。

7）若部分载荷回流是产生汽蚀破坏的原因，则应考虑以下措施：

① 减小叶轮进口直径（注意要求的最大流量）。

②通过安装旋转环、孔或导叶进口环来减小叶轮进口直径（图6.39）。对文献 [29，30] 中的尺寸，推荐以下参数：

$d_n/d_1 > 0.35$ 时，$d_R/d_1 = 0.93 \sim 0.96$

轴流 $\nu = 0$ 时，$d_R/d_1 = 0.90 \sim 0.95$

导叶张角，$\theta = 5° \sim 10°$

式中：d_R 为进口环最小直径；θ 为导叶张角的一半，如图6.39所示。

8）对于开式叶轮的间隙汽蚀，间隙内的过高流速（如射流收缩）可以通过叶片工作面前缘导圆得以减少，见表6.7[35]。

6.9　吸入性能缺陷：分析及补救措施

若果测得的 $\mathrm{NPSH}_3 = f(Q)$ 与设计值不符或改善吸入性能，则可以通过表6.9分析该问题的情况。在修正叶轮之前，应检查以下方面：

1）分析性能缺陷时，必须检查测量值和测得的叶轮进口直径。4.6提供了相关的信息。

2）进行所有的 NPSH 试验时应谨慎，以避免入口管路内的自由气体的分离造成的测量不准确。

3）根据11.7，检查吸入管路和进口弯管的逼近流的质量。

4）在叶片前缘留有机械加工余量，以避免由于制造错误导致汽蚀问题；图样上应注明所有的机械加工余量。由于很难对工作面进行机械切削，所以应将加工余量运用到背面上。按要求应对样板进行磨削，见15.3。

表 6.9 NPSH 问题分析

问题/发现	可能的原因	可能的补救措施
1. $q^* > 1$ 时，NPSH 过高（$q^* < 1$ 时 NPSH 正好）	1. 吸入管路节流引起的气体分离 2. A_{1q}、β_{1B} 过小 3. 导叶或蜗壳内的汽蚀 4. 预旋 5. 泄漏过多（Q_{sp}，Q_E）	1. 增加测试速度、水下阀门、水的除气 2. 削减背面叶片前缘进口和压力面剖面 3. 增加 A_{3q}（最高效率点移到更大的流量） 4. 检查进口流量条件
2. 部分载荷时增加 NPSH$_3$（$q^* \gg 1$ 时，NPSH$_3$ 过低）	进口直径 d_1 或 A_{1q} 过大	进口环，见图 6.39，分析进口安放角 β_1；见表 7.1，更换新的叶轮
3. 所有流量比 q^* 条件下，NPSH$_3$ 都过高	1. A_{1q}、β_{1B} 过小（叶片过长） 2. 叶片制造公差没有正确去掉或应用到了压力面上 3. 进口损失过大	1. 剪切进口边叶片背面和叶片压力面 2. 如有必要检查叶片是否正确
4. 部分载荷时的汽蚀噪声	进口回流过强；叶轮进口直径 d_1 或 A_{1q} 过大	根据图 6.39 改进进口环
5. $q^* > 1$ 时的汽蚀噪声	1. 泵在过大流量条件下运行（与最高效率点或无冲击相比） 2. 沿圆周方向，进口速度分布不均匀。轮毂或分流处进口过厚（旋涡脱落） 3. 井筒内有旋涡形成	1. 如需要的话，在车间内测量流量的大小以确定是否需要改进叶轮。根据表 10.13 绘制筋板剖面图 2. 分析泵壳进口或井筒底部的等高线云图
6. 部分载荷时 NPSH$_3$ 过高（轴向进口）	1. 预旋导致的吸入压力测量的错误 2. 叶轮进口直径过大 3. 高比转速叶片，靠近进口处的叶片载荷过大	1. 测量整流器、流量分配器上游的吸入压力，见 5.2.4 和图 5.16 2. 根据图 6.39 改进进口环 3. 重新设计叶轮
7. 部分载荷时 NPSH$_3$ 曲线有峰值	空穴导致叶轮内流态改变	第 5 章及文献［55］ 可能的话，更换新叶轮使外部流线处叶片载荷更低

参 考 文 献

[1]　Arn, C.: Analyse et prediction de la baisse de rendement des turbines Francis par cavitation à bulles. Diss. EPF Lausanne (1998)

[2]　Balasubramanian, R., Bradshaw, S., Sabine, E.: Influence of impeller leading edge profiles on cavitation and suction performance. Proc 27th Interntl Pump Users Symp, Texas A & M, pp. 34–44. (2011)

[3]　Berten, S. et al.: Investigation of cavitating flow phenomena in a high-energy pump diffuser at partload operation. International rotating equipment conf. Düsseldorf, (2012) session 8–3

[4]　Bourdon, P. et al.: Vibratory characteristics of erosive cavitation vortices downstream of a fixed leading edge cavity. IAHR Symp Belgrade, Paper H3 (1990)

[5]　Cooper, P. et al.: Reduction of cavitation damage in a high-energy water injection pump. ASME AJK2011–06092

[6]　Cooper, P. et al.: Elimination of cavitation-related instabilities and damage in high-energy pump impellers. 8th Intl Pump Users Symp, Houston (1991)

[7]　Cooper, P., Antunes, F.: Cavitation damage in boiler feed pumps. EPRI CS-3158, (1983)

[8]　Cooper, P.: Pump Hydraulics—Advanced Short Course 8. 13th Intl Pump Users Symp, Houston (1996)

[9]　Dreiß, A.: Untersuchung der Laufradkavitation einer radialen Kreiselpumpe durch instationäre Druckmessungen im rotierenden System. Diss TU Braunschweig, Mitt des Pfleiderer-Instituts für Strömungsmaschinen, Heft 5. Verlag Faragallah (1997)

[10]　Dupont, P.: Etude de la dynamique d'une poche de cavitation partielle en vue de la prédiction de l'érosion dans les turbomachines hydrauliques. Diss. EPF Lausanne (1993)

[11]　Durrer, H.: Kavitationserosion und Strömungsmechanik. Techn. Rundschau. Sulzer. 3, 55–61 (1986)

[12]　EUROPUMP-brochure: NPSH for rotodynamic pumps: A reference guide. Elsevier (1999)

[13]　Farhat, M.: Contribution à l'étude de l'érosion de cavitation: mécanismes hydrodynamiques et prediction. Diss. EPF Lausanne (1994)

[14]　Franc, J.P., et al.: La Cavitation. Mechanismes physiques et aspects industriels. Presses Universitaires Grenoble (1995)

[15]　Friedrichs, J.: Auswirkungen instationärer Kavitationsformen auf Förderhöhenabfall und Kennlinieninstabilität von Kreiselpumpen. Diss TU Braunschweig, Mitt des Pfleiderer-Instituts für Strömungsmaschinen, Heft 9. Verlag Faragallah (2003)

[16]　Gantar, M.: The influence of cross section size of the diffuser channel on the hydraulic and cavitation characteristics of multi-stage radial pumps. Turboinstitut Conf. on fluid flow machinery, Ljubljana p. 469 (1984)

[17]　Gülich, J.F., et al.: Pump vibrations excited by cavitation. IMechE Conf on Fluid Machinery, The Hague (1990)

[18]　Gülich, J.F., Clother, A., Martens, H.J.: Cavitation noise and erosion in jet cavitation test devices and pumps. 2nd ASME Pumping Machinery Symp, Washington (1993)

[19]　Gülich, J.F., Pace, S.: Quantitative prediction of cavitation erosion in centrifugal pumps. IAHR Symp Montreal, Paper 42 (1986, Sept.)

[20]　Gülich, J.F., Pace, S.E.: Solving pump problems related to hydraulic instabilities and cavitation. EPRI Power Plant Pumps Symp, Tampa, (1991, June 26–28)

[21]　Gülich, J.F., Rösch, A.: Kavitationserosion in Kreiselpumpen. Techn. Rundschau. Sulzer. 1, 28–32 (1988)

[22]　Gülich, J.F.: Ähnlichkeitskenngrößen für Saugfähigkeit und Blasenausbreitung bei Pumpen. Techn. Rundschau. Sulzer. 2, 66–69 (1980)

[23]　Gülich, J.F.: Beitrag zur Bestimmung der Kavitationserosion in Kreiselpumpen auf Grund der Blasenfeldlänge und des Kavitationsschalls. Diss. TH Darmstadt (1989)

[24]　Gülich, J.F.: Calculation of metal loss under attack of erosion-corrosion or cavitation erosion. Intl Conf on Advances in Material Technology Fossil Power Plants. Chicago, (1987, Sept)

[25]　Gülich, J.F.: Guidelines for prevention of cavitation in centrifugal feedpumps. EPRI Report GS-6398, (1989, Nov)

[26]　Gülich, J.F.: Kavitationsdiagnose an Kreiselpumpen. Techn. Rundschau. Sulzer. 1, 29–35

(1992)

[27] Gülich, J.F.: Möglichkeiten und Grenzen der Vorausberechnung von Kavitationsschäden in Kreiselpumpen. Forsch. Ing. Wes. **63**(1/2), 27–39 (1997)

[28] Gülich, J.F.: Selection criteria for suction impellers of centrifugal pumps. World Pumps, Parts 1 to 3, January, March, April, (2001)

[29] Hergt, P. et al.: Influence of a diffuser in front of a centrifugal impeller. 8th Conf Fluid Machinery, Budapest 333–340 (1987)

[30] Hergt, P., et al.: The suction performance of centrifugal pumps—possibilities and limits of improvements. Proc. 13th Intl Pump Users Symp, Houston 13–25 (1996)

[31] Hirschi, R.: Prédiction par modélisation numerique tridimensionelle des effects de la cavitation à poche dans les turbomachines hydrauliques. Diss. EPF Lausanne (1998)

[32] Ido, A., Uranishi, K.: Tip clearance cavitation and erosion in mixed-flow pumps. ASME Fluid Machinery Forum, FED **119**, 27–29 (1991)

[33] Keller, A. et al.: Maßstabseffekte bei der Strömungskavitation. Forsch. Ing. Wes. **65**, 48–57 (1999)

[34] Keller, A.: Einfluß der Turbulenz der Anströmung auf den Kavitationsbeginn. Pumpentagung Karlsruhe, C-4 (1996)

[35] Laborde, R., et al.: Tip clearance and tip vortex cavitation in an axial flow pump. ASME J. Fluids. Engng. **119**, 680–685 (1997)

[36] Ludwig, G.: Experimentelle Untersuchungen zur Kavitation am saugseitigen Dichtspalt von Kreiselpumpen sowie zu sekundären Auswirkungen des Spaltstromes. Diss TH Darmstadt (1992)

[37] Marks, J.: Experimentelle Untersuchung der Stofftrennung mittels Kavitation am Beispiel von Ammoniak-Wasser-Gemischen. Diss. TU Berlin. Mensch & Buch Verlag, Berlin (2005)

[38] McCaul, C., et al.: A new highly cavitation resistant casting alloy and its application in pumps. NACE-Corrosion, New Orleans (1993)

[39] Michell, F.L., et al.: Twenty-three years of operating experience with the world's largest boiler feedwater pump. Proc 14th Interntl Pump Users Symp, Texas A & M, pp. 75–83. (1998)

[40] Piltz, H.H.: Werkstoffzerstörung durch Kavitation. Kavitationsuntersuchungen an einem Magnetostriktions-Schwinggerät. Diss. TH Darmstadt (1963)

[41] Rieger, H.: Kavitation und Erosion. VDI Ber. **354**, 139–148 (1979)

[42] Rütschi, K.: Messung und Drehzahlumrechnung des NPSH-Wertes bei Kreiselpumpen. Schweiz. Ing. u. Arch. **98**(39), 971–974 (1980)

[43] Schiavello, B., et al.: Improvement of cavitation performance and impeller life in high-energy boiler feedpumps. IAHR Symp Trondheim (1988)

[44] Schiavello, B., Prescott M: Field cases due to various cavitation damage mechanisms: analysis and solutions. EPRI Power Plant Pumps Symp, Tampa (1991)

[45] Schiavello, B.: Cavitation and recirculation troubleshooting methodology. 10th Intl Pump Users Symp, Houston (1993)

[46] Spohnholtz, H.H.: NPSH-Verhalten von Halbaxialpumpen bei Teillast. Diss TU Braunschweig, Mitt des Pfleiderer-Instituts für Strömungsmaschinen, Heft 4. Verlag Faragallah (1997)

[47] Schmidt, T.: Experimentelle Untersuchungen zum Saugverhalten von Kreiselpumpe mittlerer spezifischer Drehzahl bei Teillast. Diss TU Braunschweig, Mitt des Pfleiderer-Instituts für Strömungsmaschinen, Heft 5. Verlag Faragallah (1997)

[48] Scott, C., Ward, T.: Cavitation in centrifugal pump diffusers. Proc. ImechE. C. **452/042** (1992)

[49] Simoneau, R., Mossoba, Y.: Field experience with ultra-high cavitation resistance alloys in Francis turbines. IAHR Symp Trondheim, Paper K1 (1988)

[50] Simoneau, R.: A new class of high strain hardening austenitic stainless steels to fight cavitation erosion. IAHR Symp Montreal, Paper 83 (1986, Sept)

[51] Simoneau, R.: Cobalt containing austenitic stainless steels with high cavitation erosion resistance. US Patent 4588440 (1986, May)

[52] Simoneau, R.: Transposition of cavitation marks on different hardness metals. ASME FEDSM97-3300 (1997)

[53] Sloteman, D.P., et al.: Control of back-flow at the inlets of centrifugal pumps and inducers.

1st Intl Pump Symp, Houston (1984)
[54] Sloteman, D.P.: Cavitation in high-energy pumps—detection and damage potential. Proc 23rd Interntl Pump Users Symp, Texas A & M, pp. 29–38 (2007)
[55] Schmidt, T., et al.: NPSH-Verhalten von Halbaxialpumpen bei Teillast. Pumpentagung Karlsruhe, C-5 (1996)
[56] Steller, K. et al.: Comments on erosion tests conducted in an ASTM interlaboratory test program. J. Test. Eval. 103–110 (1979)
[57] Striedinger, R.: Beitrag zur Bedeutung der Wasserqualität und von Maßstabseffekten in Kreiselpumpen bei beginnender Kavitation. Diss TU Darmstadt, Shaker (2002)
[58] Thamsen, P.U., et al.: Cavitation in single-vane sewage pumps. ISROMAC 12-2008–20196.
[59] Timcke, J.H.: NPSH-Umrechnung quadratisch oder nicht? ingenieur verlag nagel, Δp Das moderne Pumpenmagazin 7, Teil 1: Nr 3, 54–56 + 58–60, Teil 2: Nr 2, pp. 50–53 (2001)
[60] Tsujimoto, Y., et al.: Observation of oscillating cavitation in an inducer. ASME J. Fluids. Engng. **119**, 775–781 (1997)
[61] Uetz, H.: Abrasion und Erosion. Hanser, München (1986)
[62] Visser, C.F.: Pump impeller lifetime improvement through visual study of leading-edge cavitation. 15th Intl Pump Users Symp, Houston (1998)
[63] Worster, D.M., Worster, C.: Calculation of 3D-flows in impellers and its use in improving cavitation performance in centrifugal pumps. 2nd Conf on Cavitation, Paper IMechE C203/83 (1983)
[64] Yedidiah, S.: Oscillations at low NPSH caused by flow conditions in the suction pipe. ASME Cavitation and Multiphase Flow Forum (1974)

第 7 章 水力部件设计

依据现有技术，本章介绍了不同种类的叶轮、导叶、蜗壳和吸入室的经验性设计方法。一般在初始设计完成之后，会对其进行 CFD 分析和优化。由于泵中的三维流动取决于吸入室、叶轮及压水室的复杂几何形状，目前泵性能预测的精度还不太高。其中，主流与叶轮侧腔中流动的相互作用对泵的 $Q-H$ 曲线及效率有着很大的影响（见 9.1）。所有过流部件的参数及形状综合起来决定了流动的形态，也决定了泵的性能。为了减少性能预测的不确定因素，提倡采用系统的水力设计方法。在 7.14 中，提出了一种对叶轮的几何尺寸进行全面分析和描述的新方法。在开始水力设计之前，要仔细审核并记录对泵性能的所有要求及可以给定的边界条件（见第 17 章的 "水力规范"）。

7.1 设计方法及边界条件

7.1.1 水力部件的设计流程

本章主要介绍叶轮、蜗壳、导叶、吸入室的一元计算流程及设计方法。对于这些组件的设计，第一步首先要计算出主要尺寸和叶片角度。随后基于相应的设计原则及方法将水力部件的大致轮廓设计出来。很多泵企业采用计算机程序来完成这项工作，水力部件草图在二维 CAD 系统中生成。然而，这些方法正逐渐被三维 CAD 系统取代，通过三维软件可以实现零部件三维模型的造型，如图 2.3 和图 7.45 所示。相比于传统的二维设计，利用三维软件可以对复杂的过流部件从不同的剖面和角度进行更好的评估。更重要的是，三维 CAD 系统可以通过数控铣削加工、立体光刻和其他快速成形方法对水力部件（或铸造模型）直接进行加工[16]，这些方法在几何精度和生产周期上有着明显的优势。鉴于手工绘图的复杂流程，下面将着重讨论设计流程及其基本原理。

水力部件的设计主要包括以下步骤：

1）通过一元设计方法基于滑移系数和水力效率的相关经验公式，对主要几何尺寸及叶片角进行计算（根据经验及数据库），见第 3 章。

2）完成初始设计。

3）选择合适的准三维方法对初始设计的叶轮进行初步优化（准三维方法参见 8.2）。

4）用三维 Navier - Stokes 方程对不同的几何参数组合进行评估优化，直至得到满意的结果。

5）对模型进行验证（如果需要，再进行深入优化）。

通常第 3）步会直接跳过，因为采用准三维方法对速度分布的处理与实际情况偏差较大（见 8.2）。

效率、扬程、部分载荷工况特性及空化取决于局部的速度与压力分布，无法通过简单的计算获得。由此，几乎所有的一元设计方法都会受到很多不确定因素的影响，即使是通过大量测试得到的结果也不例外。从根本上说，良好的水力性能是多种几何参数及流道、叶片的形状等综合作用的结果，但是这些无法作为明确的设计准则。设计者的经验仍然在水力设计中起到了很大的作用，因为经验公式、统计资料构成的"设计方法"是形成了市场上绝大部分水泵的设计基础。虽然现有的设计方法差别很大，但通过不同的设计方法可以得到相同的结果。如叶轮可以通过不同的几何参数（如叶片角、叶片数、出口宽度、扭曲叶片等）来设计，产生相同的效率和扬程。

7.1.2 水力规范

根据泵的类型和应用场合，水力设计需要满足不同的需求及边界条件。在着手设计之前，需要先建立健全的水力规范（以下内容不需要在每一种应用场合都考虑）（对应于现在的 17.7 中有更加详细的水力规范的格式）。

1）计算一般基于最高效率点，定义特定转速 n 下的 Q_{opt} 和 H_{opt}。如果计划的运行工况点或额定流量点 Q_R 与最高效率点处不一致，那么要确保 $0.8 < Q_R/Q_{opt} < 1.1$。

2）最大流量 Q_{max} 将被用来检测泵的空化性能，因此，计划的运行工况必须是已知的（尤其是泵在并联运行时，见 11.1）。

3）吸入条件（$NPSH_A$）在很多情况下对设计有很大的影响，见第 15 章。

4）在大多数情况下，相对稳定的 $Q-H$ 曲线是必需的，即流量下降时扬程会持续上升。

5）关死点扬程 H_o 经常受管道设计压力及成本的限制。当 $n_q < 40$ 时，关死点扬程应满足 $1.2 < H_o/H_{opt} < 1.25$（应尽可能达到，最低不得低于 1.2）。

6）对于混流泵和轴流泵（$n_q > 100$），关死点扬程 H_o 和功率 P_o 都要尽可能低。因为当 $P_o > P_{opt}$ 时，P_o 决定了电动机的大小。

7）空化性能需要满足三个方面的要求：①在计划运行范围之内，泵可以正常工作；②空化产生的振动和噪声需要得到有效控制；③不会产生空蚀，详见 6.7。

8）为了减小泵的尺寸及成本，扬程系数通常应尽可能接近上限，除非明确要求陡峭的 $Q-H$ 曲线。

9）考虑到能耗和生态环保，要尽可能达到最佳效率。

10）水力部件会受到机械设计需要的影响，如泵类型、泵的剖面形状、轴径

（依据转矩、重力或径向力导致的下垂及临界转速）、叶轮的安装（滑动配合、过盈配合、轴套）、环形密封间隙、轴向力平衡（泄漏）及制造成本。

11）水力部件或模具的制造工艺及过程对水力设计也会有一定的影响。例如通过铸造或者是采用金属薄片制造叶轮和导叶。同样，所采用的材料也需要考虑，如金属、塑料或陶瓷。

12）水力激振力和压力脉动需要控制在一个合理的范围内。

因此，泵的优化不仅仅是针对最高效率点，而是流量从零到最大的整体运行范围都需要考虑。目前还没有系统的理论能满足所有这些要求，水力部件的设计一般都是建立在经验公式、统计数据、经验方法或验证过的相似水力设计的基础上的。尽管数值计算能够用来进行更为深入的优化，但是它更多的适用于对初始设计的优化改进，目前数值计算尚未能有效解决部分载荷工况特性和空化特性的相关问题。

7.1.3 计算模型

叶轮和导叶的主要尺寸及叶片安放角由一元设计方法获得，以便尽量满足上述要求。在计算过程中，叶轮和导叶被简化为"叶栅"或"流道"模型。两种模型有着各自的特点，简要概述如下。

（1）叶栅模型 叶轮和导叶可被视为叶栅，计算中需要关注叶片安放角和液流角的匹配问题。因此，设计主要基于速度矢量、冲角及滑移系数。在部分载荷和过载工况时，不合适的冲角导致的损失是一个非常关键的因素。根据式（6.10）来计算空化也是以该模型为基础。C. Pfleiderer 是叶栅模型的支持者[B.1]。

（2）流道模型 叶轮和导叶由横截面随流线不断变化的流道构成。相关物理量构成了流体减速或加速的条件（而不是冲角或偏离角）。流道模型不仅仅考虑了速度矢量，也考虑了由连续性方程 $w = Q/A$ 计算得到的局部流道截面的速度。根据流道模型尚未能建立一个完善的计算方法（忽略叶轮进口处的冲角），H. H. Andersons 的面积比原理参考了这种方法[B.4,B.11]，其核心思想是基于面积比而不是通过滑移系数来确定扬程和叶轮出口安放角，面积比是指叶轮叶片出口处横截面积 $A_{2q} = a_2 b_2$ 与蜗壳喉部面积 $A_{3q} = a_3 b_3$ 的比值，其中：①面积比定义：$A_v = z_{La} A_{2q}/(z_{Le} A_{3q})$；②叶轮出口处横截面积：$z_{La} a_2 b_2 \approx 0.95 \pi d_2 b_2 \sin\beta_{2B}$；③导叶进口横截面积：$z_{Le} a_3 b_3$。

确定主要几何尺寸的步骤如下：

1）根据已有的泵试验数据选择 A_v 的值，得 $A_v = (42 \sim 53)/n_q$。

2）通过经验公式得到 ψ_{th} 和 c_{3q}/u_2，分别近似为：$\psi_{th} = A_v^{0.23}$ 和 $c_{3q}/u_2 = 0.31 \times A_v^{0.45}$。

3）根据表 3.9 估算出水力效率，确定 $\psi = \eta_h \psi_{th}$，由式（T7.1.3）计算 d_2，接着计算 u_2 和 $c_{3q} = u_2(c_{3q}/u_2)$。

4）选择合适的导叶叶片数或蜗壳流道，根据式 $A_{3q} = Q_{opt}/(z_{Le} c_{3q})$ 确定喉部面积。

5）从图 7.2 中选择合适的 b_2^* 及叶轮叶片数，计算 b_2 并根据式 $A_{2q} = A_v z_{Le} A_{3q} / z_{La}$ 计算 A_{2q}。

6）叶轮叶片间距离 a_2 由式 $a_2 = A_{2q}/b_2$ 确定，最终可确定出口安放角 β_{2B} 及 a_2。

对于泵内复杂的流动过程来说，以上两个模型都不是完全合理化的。如上所述，根据流道模型确定叶轮出口安放角的方法并不便捷，也没有提供任何物理解释，完全是根据经验得出的。但是流道模型也为叶栅模型做了一些有意义的补充，因为流道模型可以更好地解释一些试验现象，并且可以通过以下附加准则对设计进行检查：

① 当 $q^* \gg 1$ 时，流体从叶轮出口到蜗壳喉部区域不断加速，此时 Q–H 曲线急剧下降。之后叶轮内的部分静压再次转换为动能，但是随着损失的增加，这部分能量只能弥补喉部下游的部分损失，如图 5.18 所示。以导叶为例，由于冲角的增加而产生的冲击损失，被认为是 Q–H 曲线斜率增加的原因之一。但是在蜗壳或者环形压水室中冲角的影响可忽略不计。

② 减小压水室的喉部面积可提高部分载荷工况下的扬程，因为 c_{3q}/c_2 变大，液流更容易实现减速。此时失速出现的时间被推迟且失速区域减小，如图 5.18 所示。该现象几乎不受隔舌或导叶进口角的影响，而且无法通过叶栅模型做出解释。

③ 如果叶轮进口液流的速度 w_1 向喉部区域急剧加速，则 $NPSH_3$ 曲线急剧上升，如图 5.13 所示（$w_{1q} \gg w_1$）。

④ 如 4.1.3、5.2.4 和 5.3.1 所阐述的，当流速急剧下降至低于允许值时，叶轮和导叶中的流体便会发生流动分离。

⑤ 当安放角和流道截面不能很好匹配时，除改变叶片安放角外，有必要参照设计标准，合理设计叶片间距 a_1 和 a_2（或 A_{1q}）。

由于叶片安放角和流道横截面需要与液流很好的匹配，本章讨论了将叶栅和流道两种模型相结合用于过流部件的设计。

（3）翼型　如果叶片分布较宽（L/t 值较低），那么翼型理论也可适用。此时需要对单个翼型的升力系数进行适当的修正，以参考相邻叶片之间的影响（见 7.6）。

7.2　径向叶轮

本节中所讨论的叶轮设计方法实质上是通用的。在这些方法的基础上，无需其他信息即可设计出用来输送纯液体的径向叶轮。混流叶轮也可通过类似方法设计；但 7.5 中所阐述的一些特殊情况必须加以考虑。7.6 阐述了轴流叶轮的设计方法。

开式叶轮与闭式叶轮的设计流程相同；当间隙较大时，如 3.6.5 所述，必须考虑性能损失。

7.2.1 主要尺寸的确定

在绘制叶轮之前，需要先确定叶轮主要尺寸及叶片安放角。下面是关于相关计算的详细步骤，需要用到的公式在表7.1中列出。

(1) 给定参数 n、Q_{opt}、H_{opt} 及 7.1.2 中所述的边界条件，由此可计算出比转速 n_q。此外，还需要给定来流条件。在许多情况下来流角 $\alpha_1 = 90°$，通常来流横截面上 c_m 的分布假设为常数。

(2) 效率 为了计算扬程，需要先假设水力效率值，参见表 3.9 和图 3.30 ~ 图 3.32 所示。一般来说，应对水力效率进行保守估计以防止扬程过低。由于环形密封损失及均匀分流 [式 (T7.1.1)] 的存在，流经叶轮的流量会超过有效流量。在进行叶轮设计计算时，需要将容积损失考虑进去，如 3.6 式 (T3.5.9)、式 (T3.5.10) 所示。在已知轴向力平衡装置的尺寸时，则可将均匀分流计算出来。

(3) 轴径 d_w 可参考 7.1.2 中 10) 中列出的要求，转矩需要被有效传递。当轴的材料及允许的切应力 τ_{al} 确定后，最小轴径可通过式 (T7.1.2) 得到。为了满足 7.1.2 中 10) 中列出的所有要求，有必要在根据转矩计算得到的最小轴径的基础上进行扩大。

(4) 叶轮外径 d_2 可从式 (3.26)、图 3.24 及表 7.2 (针对污水泵) 中选择扬程系数。然后，叶轮外径 d_2 由式 (T7.1.3) 计算得出。为了得到稳定的 $Q-H$ 曲线、良好的部分载荷工况性能及较小的水力激振力，需要对扬程系数进行合理的限定。典型的扬程系数是比转速的函数，它的变化范围如图 3.24 所示。如果在该图的上半部分选择 ψ_{opt}，则 $Q-H$ 曲线较为平坦且叶轮直径较小，但 $Q-H$ 曲线不稳定性增加。若选择接近于下限的值，则 $Q-H$ 曲线较为陡峭且稳定性提高。如果要求 $Q-H$ 曲线非常陡峭，则所选择的值应低于图 3.24 给出的范围，泵尺寸也会相应地变大且增加成本。

由于叶轮的圆盘摩擦损失随着叶轮直径的减小降低 [见式 (T3.6.2)]，所以在低比转速情况下 ($n_q = 20 \sim 25$) 更趋向于获得更好的效率和较高的扬程系数，且比转速 n_q 越小，这种影响越大。当 $n_q > 25$ 时，叶轮圆盘损失可忽略不计，此时效率主要受由速度分布不均导致的湍流耗散的影响，而且不能得到过高的扬程系数。

(5) 叶轮叶片数 z_{La} 叶片数 z_{La} 的选择可以参照以下几个方面。

1) 为了减小压力脉动及水力激振力，叶轮和导叶叶片数须根据 10.7.1 进行匹配：z_{La} 和 z_{Le} 的选择以便 $m = 0$ 和 $m = 1$，其中 $m = |v_2 z_{La} - v_3 z_{Le}|$，从而避免了 $v_2 = 3$ 和 $v_3 = 3$。

2) 叶片水力载荷需要控制在合适的范围内：载荷太低会产生较高的摩擦损失，载荷较高则会产生不均匀的流动分布导致湍流耗散损失增加。只有在叶片设计完成之后才可以进行叶片载荷的估算，可使用步骤（14）中的经验值对叶片载荷进行估算。

3）考虑到 Q – H 曲线的稳定性，一般不推荐叶片数大于或等于 8。

4）由于叶片间距过大，叶轮出口处流动会出现周向分布不均，因此单级扬程较高时叶片数少于 5 是不利的，否则将会产生较高的压力脉动、噪声和振动。应避免在 $H_{st} > 100m$ 时 $z_{La} < 5$。

基于以上理论，大部分径向及混流叶轮的比转速设计范围为 $10 < n_q < 120$ 且叶片数一般为 5~7 片。如果不需要稳定的 Q – H 曲线且只在最高效率点附近运行，那么 9 个叶片的设计也是适用的（见 7.3.3 中采用径向直叶片的叶轮）。

在比转速较高时，叶片长度与叶片间距的比值（稠密度）也是一个重要的设计参数。以上 1)~4) 与适当的叶片水力负载相结合可以确定叶片数。经验式对于叶片数的选择并无太大作用。

（6）叶轮进口直径 d_1　叶轮进口直径的选择主要取决于对泵空化性能的要求，这里分以下三种情况。

1）叶轮进口最小相对速度：这种设计的目的是将泄漏损失、摩擦损失及冲击损失降至最小。在 $NPSH_A$ 值足够高时推荐这种设计，可以避免空化现象，如多级泵中的第二级。最小相对速度 w_1 可以通过式 $w_1^2 = c_{1m}^2 + (u_1 - c_{1m}/\tan\alpha_1)^2$ 得出，其中 $c_{1m} = 4Q/\{\pi(d_1^2 - d_n^2)\}$，$u_1 = \pi d_1 n/60$。令该式值为零，便可得出进口直径 $d_{1,\min}$ 和式（T7.1.4），式中预旋（如果有）以涡流数 δ_r。进口直径应比算得的最低值高出几个百分点，以防边界层堵塞或速度分布不均匀即 $d_1 = f_{d1} d_{1,\min}$，其中系数 f_{d1} 由表 7.1 给出。

2）选定吸入比转速：对于自吸式叶轮，可通过表 6.1 选取满足应用要求的吸入比转速 n_{ss}，来流的液流角 β_{1B} 可根据选定的吸入比转速 n_{ss} 从图 6.21 中读出，进口直径由式（T7.1.5）计算得出。进口直径也可以根据式（T7.1.4）估算得到，此时应对应于一个较大的系数 f_{d1}（表 7.1）。

表 7.1　叶轮参数计算

给定的参数	n、Q_{opt}、H_{opt}、a_1；可算得比转速	式号
叶轮流量	$Q_{La} = Q_{opt} + Q_{sp} + Q_E = Q_{opt}/\eta_v$	T7.1.1
轴径	$d_w = \left(\dfrac{16 P_{\max}}{\pi\omega\,\tau_{al}}\right)^{1/3} = 3.65\left(\dfrac{P_{\max}}{n\,\tau_{al}}\right)^{1/3}$	$P_{\max}/W$ $n/(\text{r/min})$ $\tau_{al}/(\text{N/m}^2)$　T7.1.2
叶轮出口直径	$d_2 = \dfrac{60}{n\pi}\sqrt{\dfrac{2g H_{opt}}{\psi_{opt}}} = \dfrac{84.6}{n}\sqrt{\dfrac{H_{opt}}{\psi_{opt}}}$	ψ_{opt} 可从式（3.26）或表 7.2 中得到　T7.1.3

（续）

给定的参数	n、Q_{opt}、H_{opt}、a_1；可算得比转速		式号
最小相对速度对应的叶轮进口直径	$d_1^* = f_{d1}\sqrt{d_n^{*2} + 1.48\times10^{-3}\psi_{opt}\dfrac{n_q^{1.33}}{(\eta_v\delta_r)^{0.67}}}$	$\delta_r = 1 - \dfrac{c_{1m}}{u_{1m}\tan\alpha_1}$	T7.1.4
	应用范围	f_{d1}	
	普通叶轮	取值范围为 1.05~1.15，对应于 $n_q = 15~40$ 的范围	
	自吸叶轮	1.15~1.25	
给定 β_1 时对应的叶轮进口直径	$d_1 = 2.9\sqrt[3]{\dfrac{Q_{La}}{f_q n\, k_n \tan\beta_1}\left(1 + \dfrac{\tan\beta_1}{\tan\alpha_1}\right)}$		T7.1.5
给定系数 λ_c 及 λ_w 时对应的叶轮进口直径	$d_{1,opt} = \sqrt{d_n^2 + 10.6\left(\dfrac{Q_{La}}{f_q n}\right)^{2/3}\left(\dfrac{\lambda_c + \lambda_w}{\lambda_w}\right)^{1/3}}$		T7.1.6
冲角 $i_1 = 0° ~ 4°$ 时对应的叶片安放角	$\beta_{1b} = \beta_1' + i_1 = \arctan\dfrac{c_{1m}\tau_1}{u_1 - c_{1u}} + i_1$	c_{1m} 和 τ_1 为常数：$\tan\beta_{1B}(r) = \dfrac{r_a}{r}\tan\beta_{1B,a}$	T7.1.7
滑移系数	$\varepsilon_{lim} = \exp\left\{-\dfrac{8.16\sin\beta_{2B}}{z_{La}}\right\}$ $\gamma = f_1\left(1 - \dfrac{\sqrt{\sin\beta_{2B}}}{z_{La}^{0.7}}\right)k_w$	$k_w = 1 - \left(\dfrac{d_{1m}^* - \varepsilon_{Lim}}{1 - \varepsilon_{Lim}}\right)^3$ $d_{1m}^* \le \varepsilon_{1m}: k_w = 1$ 径向叶轮：$f_1 = 0.98$ 混流式叶轮： $f_1 = 1.02 + 1.2\times10^{-3}(n_q - 50)$	T7.1.8
扬程（$A_2 = \pi d_{2b} b_2$）	$H = \dfrac{\eta_h u_2^2}{g}\left\{\gamma - \dfrac{Q_{La}}{f_q A_2 u_2 \tan\beta_{2B}}\left[\tau_2 + \dfrac{A_2 d_{1m}\tan\beta_{2B}}{A_1 \tan\alpha_1}\right]\right\}$		T7.1.9
叶片有效载荷[70]	$\xi_{eff} = \dfrac{2\pi\psi_{opt}}{\eta_h z_{La} L_{sch}^* (w_1^* + w_2^*)}$		T7.1.10
叶片允许载荷[70]	$\xi_{al} = \left(\dfrac{n_{q,Ref}}{n_q}\right)^{0.77}$，$n_{q,Ref} = 40$，浮动范围 ±15%		T7.1.11
升力系数[26]	$\xi_a = \dfrac{\pi\psi_{th}}{z_{La}L_{sch}^*\sqrt{\varphi_2^2 + \left(1 - \dfrac{\psi_{th}}{4}\left\{1 - \dfrac{\sin\varepsilon_{MS}}{z_{La}}\right\}\right)^2}}$	允许值 $\xi_a < 0.9$	T7.1.12

3）根据 6.3.2，选定系数 λ。式（T7.1.6）给出了当系数 λ_c 和 λ_w 给定时计算 d_1 的方法。表 6.1 中给出的建议也应加以考虑：当圆周速度 u_1 较高时，进口直径及吸入比转速不能太大。

根据 6.3.2 式（T7.1.6）可得出进口直径，要求 $NSPH_R$ 值达到最小以满足给定系数 λ 下的流速与转速。正如 6.3.2 中所讨论的，这些系数并不是很精确，因为需要由叶轮的几何参数及来流共同确定。因此，由式（T7.1.6）计算得出的最佳入口直径同样也是不确切的。为了得出 $\mathrm{NPSH_R}$ 随系数 λ 和进口直径的变化关系，根据式（6.10）中不同的 λ_w，可结合式 $\mathrm{NPSH_R} = f(d_1)$ 计算并绘制相关图表。图 7.1 给出了采用该方法计算的一个算例。λ_w 越小，进口直径越大同时 $\mathrm{NPSH_R}$ 最小，且最小值越来越趋于一致。因此当对自吸能力没有影响时，进口直径可以略低于理论最小值。

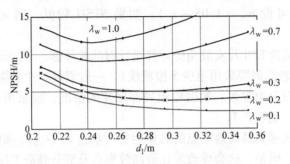

图 7.1　叶轮进口直径 d_1 的优化

4）最小 $\mathrm{NPSH_i}$：在对高压泵中的自吸叶轮（$u_1 > 50\mathrm{m/s}$）进行设计时，应尽可能缩短孔腔长度以避免空蚀的发生。当 u_1 约为 $75\mathrm{m/s}$ 时，叶轮运行过程中应没有空化发生。进口直径可以通过式（T7.1.6）计算得出，此时式中需要加入空穴初生系数 $\lambda_{w,i}$，如图 6.2 和表 6.3。由于这些参数取决于叶片形状、冲角及来流的不均匀性，也可以通过 CFD 计算压力分布来验证设计的可行性，详见第 8 章。

从图 6.19、图 6.20 及 6.3 的讨论中可看出，系数 λ 和吸入比转速的取值范围很分散，因为这种过于简单的方法忽略了许多参数的影响。因此，基于以上方法，得出的叶轮进口尺寸在一定程度上存在着不确定性。在确定叶轮进口几何时，应根据表 6.1、表 6.2 对空化的危害（振动、噪声及空蚀）进行评估。

（7）叶片内流线进口直径 d_{1i}　d_{1i} 的最小值通常取决于将叶轮在泵轴上的安装方式。对于 n_q 为 $25 \sim 30$ 且位于轴承间的叶轮来说，为了提高 $Q - H$ 曲线的稳定性，d_{1i} 的取值应尽可能取最小值。对于比转速较高的悬臂式叶轮，由于叶片进口安放角比较大，d_{1i} 的值不能太小，否则会导致泵在部分载荷工况运行时轮毂附近出现过度的流动分离。

（8）叶轮叶片进口安放角　一旦叶轮进口直径通过步骤（6）确定后，便可以根据表 3.1 算出叶轮进口速度三角形中的所有数值。由式（T7.1.7），叶片进口安放角等于冲角 i_1 加上液流角 β_1'：$\beta_{1B} = \beta_1' + i_1$。没有发生空化时（如多级泵中除首级之外的其他级或者 $\mathrm{NPSH_A}$ 足够大的低扬程泵），冲角的选择范围一般为 $0° \sim 4°$。根据式（T3.1.10），无冲击入流时对应的流量应接近或略高于最高效率点对应的流量。相反，自吸叶轮在设计时应采用较低的叶片载荷，叶轮进口的压力分布应是平坦的。随着叶轮进口处叶尖速度 u_1 的增加，应选择较小的冲角，以减小发生空化的可能性，详见文献 [10]。在设计叶片时可以采用较小的（甚至负的）冲角。此时，一定要注意检查喉部区域面积的最小值 A_{1q} 是否足够大 [见下文的步骤 (15)]。

除了冲角，还可以采用"角偏斜度"来分析。它是指叶片安放角的正切值与液流角正切值的比值，即 $a_{ex} = \tan\beta_{1B}/\tan\beta_1'$。对于径向叶轮，可设 $a_{ex} = 1.1 \sim 1.2$，对于混流叶轮，可设 $a_{ex} = 1.05 \sim 1.1$。如果 $NPSH_i$ 较低，则 a_{ex} 的选择范围为 $0.95 \sim 1.05$。

以上关于液流角和叶片安放角的计算是针对叶轮外部、中间及内部流线进行计算的（比转速 n_q 较高时要采用至少 5 根流线）。一般假设叶片前缘上游的轴面速度 c_m 在来流的横截面上为常数。根据轮毂局部堵塞的情况，应采用不同的 c_m 对每一条流线分别计算，见表 3.1。

如果泵必须在远离最高效率点的右侧运行（$Q_{max} \gg Q_{opt}$），则进口直径和冲角必须相应地放大。但是，这会导致泵在最高效率点及部分载荷工况时的空化性能下降。在这种情况下，要仔细权衡设计目标及风险。

(9) 出口宽度 b_2 叶片数、叶片出口安放角及出口宽度的选择是相互关联的。它们须相互匹配以满足扬程系数的要求，获得稳定的 $Q-H$ 曲线。见表 3.2 中的叶轮出口处的速度三角形所示，出口宽度加大会使得轴面速度 c_{2m} 减小，圆周速度 c_{2u}（及扬程）增加（除非出现流动分离的情况）。叶片出口安放角和叶片数一定时，扬程随着出口宽度的增加而增大，$Q-H$ 曲线相应地变得平坦。如第 5 章中所讨论的那样，随着 b_2/d_2 的增加，出口回流强度增大，导致关死点的压力和能耗也相应增加。

要想获得平坦的 $Q-H$ 曲线，叶轮的出口宽度应足够大（尤其在比转速较小时）。相反，叶轮出口的不均匀流动会随着出口宽度的增加而增大，同时导叶中的湍流耗散损失及压力脉动、水力激振力也会增加。总之，要保证 $b_2 < b_1$。

由于以上的影响因素无法通过理论进行计算，相对出口宽度 $b_2^* = b_2/d_{2a}$ 一般都从经验数据中选取。为了使叶轮在最高效率点附近的出流尽量均匀，并避免不必要的湍流耗散损失，应在满足 $Q-H$ 曲线稳定的范围内尽可能选取较小的 b_2^*。图 7.2 给出了 $b_2^* = f(n_q)$ 的范围，几乎覆盖了文献 [25，B.8，B.18] 给出的所有数据。对于轴流式叶轮，$b_2^* = 1/2(1-v)$。图 7.2 中出口宽度平均的值曲线可以通过式 (7.1) 估算得到。对于叶片数为 2 或 3 的污水泵，可以采用式 (7.1a) 确定叶轮出口宽度。

$$b_2^* = 0.017 + 0.262\frac{n_q}{n_{q,Ref}} - 0.08\left(\frac{n_q}{n_{q,Ref}}\right)^2 + 0.0093\left(\frac{n_q}{n_{q,Ref}}\right)^3 \qquad (7.1)$$

$$b_2^* = 0.02 + 0.5\frac{n_q}{n_{q,Ref}} - 0.03\left(\frac{n_q}{n_{q,Ref}}\right)^2 - 0.04\left(\frac{n_q}{n_{q,Ref}}\right)^3 \quad n_{q,Ref} = 100 \qquad (7.1a)$$

(10) 叶片出口安放角 β_{2B} 选择的叶片出口安放角必须使上述步骤 (4) 中选

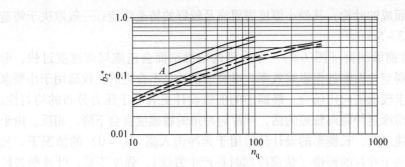

图 7.2　叶轮出口宽度，径向及混流叶轮

$b_2^* = b_2/d_{2a}$；轴流叶轮：$b_2^* = 1/2(1-\nu)$；曲线中的 A 值范围：污水泵 $z_{La} \geqslant 2$

定的扬程或扬程系数及前面确定的 d_2、z_{La} 和 b_2 都能达到预定值。根据式 (T7.1.8) 和式 (T7.1.9)，在计算相对滑移系数和扬程时，可通过试错法获得满足要求的叶片出口安放角 β_{2B}，见表 3.2 和表 3.3。水力效率须根据 3.9 进行估算。

叶片数为 5～7 的径向叶轮的出口安放角一般为 15°～45°；大多情况下叶片出口安放角为 20°～27°。出口安放角与出口宽度之间的匹配是一个优化的过程，在这个过程中，需要综合考虑效率及 $Q - H$ 曲线的稳定性（关死点压力及马鞍区）。一般要求偏向角 $\delta_2 = \beta_{2B} - \beta_2$ 尽可能小，不超过 10°～14°，以控制不均匀流动引起的湍流耗散损失。

根据式 (T7.1.9)，可以通过不同的 b_2、z_{La} 和 β_{2B} 组合达到要求的扬程值。因此叶片出口安放角的选择没有严格的规定。在设计过程中，叶片长度一般取决于叶片进口及出口安放角，因此对叶片载荷也没有严格要求。在优化时，所有的参数要同步设计，不能单独地确定某一个参数 [见前述步骤 (4)]。

当 n_q 约为 40～60 时，叶片出口安放角在叶片出口宽度方向不应为定值。此时外流线无负载，即 $\beta_{2B,a} < \beta_{2B,m} < \beta_{2B,i}$。扬程是基于 $\beta_{2B,m}$ 的平均值计算的。这样可以实现所有流线长度的匹配，尤其可以保证外流线足够长且载荷较低。

在确定出口安放角之后，根据表 3.2 可以计算出口三角形的所有参数。为了避免过早的失速及效率的损失，减速比 w_2/w_{1a} 不得低于 0.7（"de Haller 准则"）。

(11) 叶片厚度 e　叶片厚度除了受到铸造和机械强度方面的限制，还取决于每一级的扬程、叶尖速度 u_2、比转速（叶轮出口宽度）、叶片数、材料及其交变应力和腐蚀效应等。经验表明，多叶片叶轮选择 $e/d_2 = 0.016～0.022$ 可满足以上要求。该范围的上限适用于单级扬程超过 600m 的高压叶轮，下限适用于低比速、低扬程的叶轮。随着叶片宽度 b_2（比转速）的增加，叶片在额定扬程时所受压力也随之增加，相应地此时需要选择较厚的叶片。14.1 给出了叶片是否有发生疲劳断裂风险的叶片厚度检测方法。在表 14.3 中的式 (T14.3.1) 中，叶片厚度是关于叶片数、叶尖速度及比转速的函数，据此可估算出叶片厚度；该式也可用于单流道泵。对于铸造而成的叶轮，其最小厚度需要满足较好的铸造性能；一般取决于铸造工艺，大约为 3~5mm。

（12）叶片前缘剖面（图 7.3） 不合理的前缘剖面会造成局部速度过快，形成低压区，减弱空化性能甚至影响效率。半圆形设计是不合理的，仅适用于小型泵或对泵性能要求较低的应用场合。椭圆形的前缘设计更有利于压力分布的均匀性。如果椭圆形的前缘延伸距离较短的话，叶片对冲角的敏感度就会下降。相反，由于冲击入流的流速过高，长楔形的设计只适用于无冲击入流（$i_1 = 0$）的情况下。长楔形设计也不利于叶片的铸造（快速冷却时易产生裂纹），强度不足，叶片断裂风险较高。

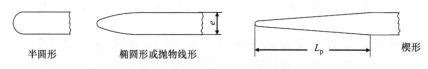

半圆形   椭圆形或抛物线形 L_p 楔形

图 7.3 叶轮叶片前缘剖面

文献［B.1］对个别剖面形状进行了计算[65]，在零冲角（无冲击入流）时最小压力系数 $c_{p,min,SF}$ 的表达式为

$$\Delta p = c_{p,min} \frac{\rho}{2} w_1^2 c_{p,min,SF} = 0.373 \frac{e}{L_p} \left(2 + 0.373 \frac{e}{L_p} \right) \tag{7.1b}$$

式中，L_p 为从前缘到叶片完整厚度转折点处的长度。

对于半圆形前缘（$e/L_p = 2.0$），根据式（7.1b），$c_{p,min,SF} = 2.05$；而对于椭圆形前缘（$e/L_p = 0.2$），$c_{p,min,SF} = 0.155$。如 6.3.2 中（图 6.19）所述，因为 λ_w 的值取决于叶片角、叶轮与进口的几何参数，因此这些计算结果不能直接应用于叶轮。但式（7.1b）可以用来选择和评估叶片前缘剖面。

对抛物线形、椭圆形、半圆形及钝头形的前缘剖面进行的相关测试及 CFD 计算可参见文献［4］及 8.7。抛物线形的叶片前缘剖面要稍微好于椭圆形的叶片前缘剖面，这个发现适用于所有空化条件下（空化初生，扬程下降 1%~3% 程降和完全空化）。在测试中，抛物线形剖面在最高效率点的 σ_3 为 0.18，比椭圆形剖面要高 5%，比半圆形剖面的高 17%，比钝头形剖面的高 25%。根据式（7.1b），半圆形及钝头形的前缘剖面显然要逊于抛物线形和椭圆形的前缘剖面。抛物线形剖面略优于椭圆形剖面的可能原因是抛物线形剖面更加薄，使得流动速度较小，冲角较小。应当注意的是：可以通过选择合适的剖面参数使得椭圆线形剖面的厚度分布与抛物线形的大体相同。

在 7.2.4 中会进一步讨论叶片的剖面和形状。

（13）叶片后缘剖面 两种常用的设计方法如下。

1）如图 3.6 所示，叶片后缘呈锥形，根据 $e_2 = \frac{1}{2}e$，叶片后缘厚度大约为叶片厚度的一半,以减小尾迹的宽度、湍流的耗散损失及压力脉动。

2）完整的叶片厚度一直保持到叶片后缘,以防扬程不够时需进行叶片锉削,见 4.5.2。有时由于成本因素,叶片后缘的轮廓会被忽略。

根据 7.2.2,在完成步骤（13）之后,叶轮初始设计所需的参数都已确定下来,可得到叶片长度和流道截面,并对叶片负载、减速比进行验证。

（14）叶片载荷　虽然没有可靠的叶片长度优化方法,但是对于叶片载荷已有各种限定。采用这些叶片载荷系数,可对选择的叶片长度、叶片数进行验证。注意以下两个方面可使得叶轮的设计方法更加趋于一致。

1）通过评估大量径向泵得到的叶片载荷之间的相关性,可以用来验证叶片长度[70]。因此,如果由式（T7.1.10）计算得到的有效叶片载荷 ξ_{eff} 在式（T7.1.11）给出的允许载荷 ξ_{al} 的范围之内,那么叶片数及叶片长度的选择就是合适的。一般而言,为了减小压力脉动和水力激振,通常在选择叶片载荷时建议在式（T7.1.11）给定值基础上再降低 10%。

2）文献［26］介绍了另一种检验叶片载荷的方法：由式（T7.1.12）计算得到的升力系数 ξ_a 的值不应超过 0.9。这个方法在实际应用中是否能得到验证还尚未可知。对于轴流式叶轮（$\varepsilon_{MS} = 0$）,由式（T7.1.12）导出的关系式（T7.8.8b）也同样适用于螺旋桨泵。

（15）喉部面积 A_{1q}　如 7.1.3 讨论的,叶片安放角及流道截面必须与预期的流动相匹配。在设计工况点下的相对速度 w_1 不能过快地减速到喉部区域的平均流速 w_{1q},以避免在入口处过早地发生回流。但是,考虑到高速流动时的空化性能,过快的加速也是不允许的。根据泵的运行工况点,应该对喉部面积进行合理选择,以保证在最高效率点轴向来流的 w_{1q}/w_{1m} 在 0.75 ~ 0.85 之间；径向吸水室（轴承之间泵）的值在 0.65 ~ 0.75 之间。最大流量点处的 w_{1q}/w_{1m} 不能超过 1.0。相对速度 w_1 通过平均流线 d_{1m} 计算得到（而不是 d_{1b}）。

（16）出口处叶片距离 a_2　为了保持合理的滑移系数,出口处叶片之间的距离 a_2 必须与叶片出口安放角 β_{2B} 相匹配。为此,可以定义角 $\beta_{a2} = \arcsin a_2/t_2$ 并与 β_{2B} 相比较。经验表明,$\sin \beta_{a2}/\sin \beta_{2B}$ 应在 0.7 ~ 0.9 之间,详见 3.3 和式（3.8）。

叶轮设计很大程度上是经验性的,推荐尽可能地采用统一的设计方法和规则,这有利于更好地预测水力性能,并且可以更快地构建数据库并积累设计经验。

7.2.2　叶轮设计

7.2.2.1　轴截面的设计

通过叶轮轴的截面称为"轴截面"。如图 7.4 所示,叶片进口边和出口边通过"圆周投影"的方式投影到绘图平面。

设计轴截面时,除了需要上述那些已经确定尺寸（d_2, b_2, d_1, d_{1i}, d_n）外,还需要确定进口边位置。关于轴向延伸距离 z_E 和前盖板的曲率半径 R_{Ds} 的计算,可

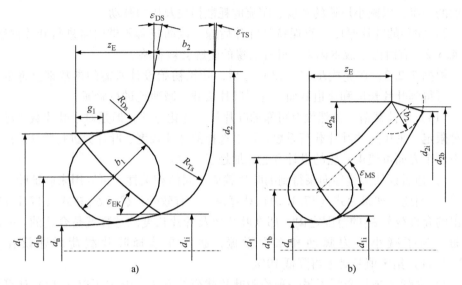

图 7.4 叶轮轴截面上的设计参数
a) 径向叶轮 b) 混流式叶轮

采用式 (7.2):

$$z_E = a \frac{d_{1a} - d_n}{2} \left(\frac{n_q}{n_{q,Ref}}\right)^x \qquad R_{Ds} = (0.6 \sim 0.8)b_1 \qquad \begin{array}{l} 例如: \\ a = 0.75 \\ b_1 = 1/2(d_1 - d_n) \quad n_{q,Ref} = 1 \qquad x = -0.05 \\ 参见表 7.8 \end{array} \tag{7.2}$$

通过将叶轮进口边向前延伸至叶轮入口可以获得较好的流动条件;这样可以获得较低的叶片载荷和低压峰值,并且降低空化发生的风险。在外流线上,进口边不应定位在曲率较大的区域,在前盖板弯曲部分的上游较好。因此,半径 R_{Ds} 不应与 z_E 定义的点相切,而应该引入一小段 $g_1 = (0.2 \sim 0.3)b_1$,并在这一小段中半径只略微增加,以使压力分布更加均匀。对于小泵或者叶轮需在轴向做较小的延伸时,z_E 和 R_{Ds} 值选择小于式 (7.2) 的计算结果。

叶轮出口附近前盖板的角度 ε_{Ds} 取决于比转速。叶轮出口处的速度投影也受到该角度的影响。通常在 $n_q < 20$ 时,取 $\varepsilon_{Ds} = 0$。对于更高比转速的径向式叶轮,ε_{Ds} 增加到大约 $15° \sim 20°$。

当 d_2、b_2、z_E、d_1、g_1、ε_{Ds} 和 R_{Ds} 已知时,便可以绘制外流线,一般是由一段自由曲线或者是由直线和圆弧组成的线。在设计中,经常会使用 Bezier 曲线。不过,能确保良好的水力特性的通用型线尚未可知。在设计中轴截面必须与叶片一起进行优化。

用于出口附近的后盖板形状的角度 ε_{Ts} 在取值时可正可负。通常在 $n_q < 30$ 时,取 $\varepsilon_{Ts} = 0$(有时也取负值)。在高比转速时,ε_{Ts} 一般取正值,且 $\varepsilon_{Ts} < \varepsilon_{Ds}$。

内部流线遵循 $A = 2\pi rb$——横截面面积沿着平均流线连续变化。为此，可将截面面积 A 或者轴截面的流道宽度 b 从 $b_1 \sim b_2$ 的变化作为外流线长度的函数，如图 7.5 所示。除了线性或抛物线函数，还可以采用三次函数以在叶轮的进出口附近获得较小的截面变化。在定义了函数 $b = f(L)$ 后，用圆规在外流线上标出一系列检验点对应的宽度。随后，将内部流线绘制成一条封闭的曲线。相同的结构也可以通过多次操作完成。最终，采用势流理论构建出流线。

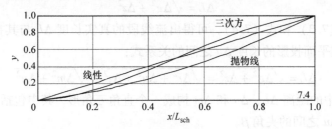

图 7.5 叶轮中过流面积发展变化的多种选择

L_{sch}—叶片长度

根据所选的参数 d_1、z_E、d_{1i} 和设计的内部流线可得到初始的叶片进口边。根据第 5 章可知，进口边的位置对部分载荷工况特性有很大影响。以下为进口边的设计准则：①对于多级泵（$n_q < 25$），ε_{EK} 必须设计得尽可能大，以防止 $Q - H$ 曲线在接近 $Q = 0$ 等下降；②根据文献［25］，对于轴向入流的叶轮，$\varepsilon_{EK} = 30° \sim 40°$ 为宜；③如果 ε_{EK} 过小，可能会在轮毂处产生空化并造成 $Q - H$ 曲线的不稳定；④如果 ε_{EK} 的过大，可能导致 d_{1i} 过小而轮毂处的叶片角 $\beta_{1B,i}$ 过大。

正如第 5 章中所论述的，轴截面在很大程度上决定了流动在叶片宽度方向上的分布，最终影响湍流耗散损失、部分载荷工况性能及 $Q - H$ 曲线的稳定性。

检查轴截面时相关的准则：

1）在采用扭曲叶片时，为减小局部的堵塞，进口边与外流线连接处的角度应尽可能大。

2）外部及内部流线的曲率和横截面 $A = 2\pi rb$ 应沿着平均流线连续变化。

7.2.2.2 叶片设计

叶片设计可用作定义叶片沿着内、外流线及平均流线的形状，以便获得在 7.2.1 中确定的进出口角度。叶片形状描述了沿着每个旋转曲面的三维曲线，如沿着外流线定义的轴截面（或前盖板）。这条曲线可以通过其在轴截面及平面图上的投影来描述，曲线上每一个点在空间中的位置由坐标 r、z 和 ε 定义。

如图 7.7a 所示，对于外流线上分别在半径 r_5 和 r_6 上的点 5、点 6 之间的一段，其在轴截面上对应的（近似）长度为

$$\Delta m = \sqrt{\Delta r^2 + \Delta z^2} \tag{7.3}$$

在平面图 7.7b、e 中，点 5 和点 6 的位置是由这些半径和角度 $\Delta\varepsilon$ 定义的。点 5 和点 6 之间的距离为

$$\Delta g = \sqrt{\Delta r^2 + \Delta u^2} \tag{7.4}$$

空间中流线段的长度可通过平面图上的 Δg 和轴向延伸的 Δz（平面图的法向）计算得

$$\Delta L = \sqrt{\Delta g^2 + \Delta z^2} \tag{7.5}$$

通过式（7.3）和式（7.4），可得出流线段的真实长度 ΔL 与其在轴面投影的长度 Δm 和在平面投影的长度 Δu 之间的关系式：

$$\Delta L = \sqrt{\Delta g^2 + \Delta z^2} = \sqrt{\Delta r^2 + \Delta u^2 + \Delta z^2} = \sqrt{\Delta m^2 + \Delta u^2} \tag{7.6}$$

图 7.7c 中的距离 ΔL、Δu 和 Δm 构成一个直角三角形，其中包括流线段 ΔL 与切线方向的 Δu 之间的夹角 β。

根据上述过程逐步将流线绘制成平面图，即可得到其相对于圆周方向的真实长度和角度。该过程可根据已定义的轴截面和叶片型线的变化来确定叶片在平面图中的坐标。在上述方法中，曲线三角形被直线三角形所取代。所选择的微元越小，这种近似就越精确。也可以采用其他的方法设计叶片，其中 Kaplan 设计法在文献 [B.2] 中有所描述，它包括以下步骤：

1）除了外部和内部流线，根据叶轮的宽度（或比转速 n_q），在轴截面中另外做出 1~5 个额外的回转面。这些面可以设计成流动相近的流线。并做出流线的法线（近似地）。在这个过程中，确定两流线之间的宽度的方法是流经每个子流道的流量 $\Delta Q = 2\pi r \Delta b c_m$ 是相同的（通常假设 c_m 为常数）。

2）如图 7.7a 所示，将所有的回转面或流线划分为 n 个相同长度（如 $\Delta m = 8mm$）的单元，从而得到点 $a_1 \sim a_n$，点 $b_1 \sim b_n$ 等。

3）在如图 7.7d 中的叶片上，绘制间距为 Δm 的 n 段相平行的直线。得出轴截面中对应的长度 $L_{a,m}$、$L_{b,m}$、$L_{c,m}$ 等（构成了流线在轴截面中的投影）。

4）圆周方向的流线长度 $L_{a,u}$ 仍然是未知的，但在一定范围内可以自由选择。图 7.6 包含了一个定义性变化规律的方法。从图 7.7d 中的点 A 开始 [$\beta_{(j=0)} = \beta_{2B}$]，微元 Δm 的圆周长度 Δu 可通过式（7.7）中的每一步 j 计算下一个点的位置而得出。

$$\Delta u_j = \frac{\Delta m_j}{\tan\beta_j} \tag{7.7}$$

角度从 β_{2B} 到 β_{1B} 的变化规律近似为叶片长度的函数，根据这个函数，每一步对应的角度都可计算出来。一般可写为

$$\beta_j = \beta_{2B} - y(x)(\beta_{2B} - \beta_{1B}) \tag{7.8}$$

任何满足 $y(0) = 0$ 和 $y(1) = 1$ 条件的函数均可以代替 $y(x)$。如果要得到一个

从 β_{2B} 到 β_{1B} 的线性角度变化，则函数 $y(x)$ 可用式（7.9）表示：

$$y(x) = \frac{1}{L_{a,m}} \sum_0^j \Delta m_j \qquad (7.9)$$

这种方法也可以用在出口安放角在 n_a 截面上（对于 $j < n_a$ 时 $\beta_j = \beta_{2B}$）保持不变或进口安放角在 n_e 截面上（对于 $j > n - n_e$ 时，$\beta_j = \beta_{1B}$）保持不变时。因此，式（7.9）只用于叶片角从 β_{2B} 变为 β_{1B} 的叶片中间部分。

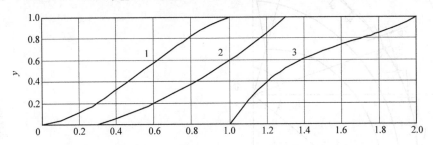

图 7.6　叶片变化的不同方案（横坐标上的数字没有实际物理意义）

5）另一种确定叶片变化的方法如下：如图 7.7d 所示，以点 A 为起点画线 S_1，角度为 β_{2B}。在距离 $L_{a,m}$ 为处取点 E，以角度 β_{1B} 画线 S_2，与线 S_1 相交于点 P。$L_p / L_{a,m}$ 的比值会影响到叶片的长度及流道截面。这个比值必须根据式中的标准选定，以得到预期的叶片间距 a_1 和 a_2 及从式（T7.1.10）~式（T7.1.13）得到的合理的叶片载荷。根据点 A、点 E 及线 S_1 和 S_2，可定义一条平滑的曲线。这条曲线对应于叶片的变化及形状。

6）必须在叶片的平面图中标注尺寸，以便对叶轮进行加工或造型。叶片型线上的点 1~13（图 7.7d）定义了以 ΔL、Δu 及 Δm 为边的三角形。这些点分别位于半径 r_1 ~ r_{13} 上（图 7.7a 中的轴截面）。根据图 7.7e，外半径上的点开始通过 Δu 和 Δr 转移至半径 r_1、r_2 等位置，这样便得到了平面图上的点 1、点 2、点 3 等。连接这些点即可以得到流线在平面图上的投影。

7）平面图中叶片的包角 ε_{sch} 取决于叶片安放角 β_{1B} 和 β_{2B}、半径比 d_1 / d_2 及轴截面中的流线长度。径向叶轮的包角通常在以下范围：$z_{La} = 5$ 时 $\varepsilon_{sch} = 30° \sim 60°$；$z_{La} = 6$ 时 $\varepsilon_{sch} = 120° \sim 140°$；$z_{La} = 7$ 时 $\varepsilon_{sch} = 100° \sim 130°$。

8）上述 4）~6）适用于所有的旋转曲面（流线）。

9）为了给制造过程提供足够多的检查点，平面图中绘制了径向截面（图 7.8 中 $A \sim Q$）及其与被转换成轴向截面（图 7.8 所示的截面 K）的旋转曲面或流线的交点。径向截面应该在轴截面中生成平滑的曲线，以避免在叶片表面出现起伏。这些径向截面不一定总是由曲线构成的，也可以是由直线构成的。

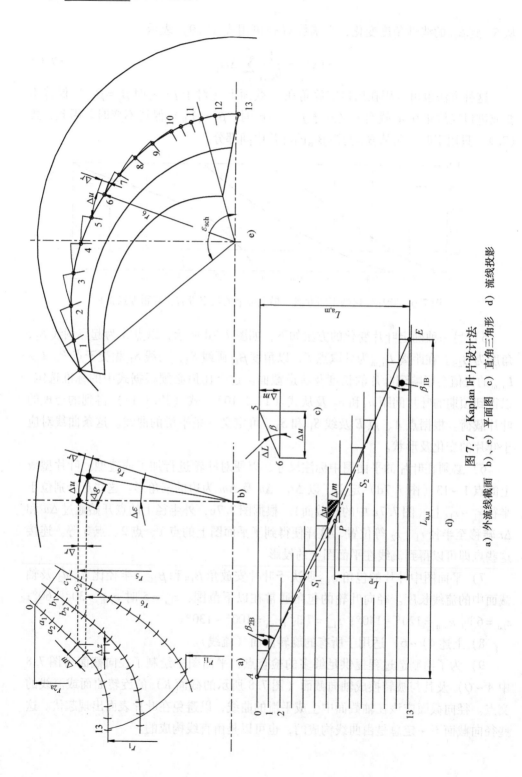

图 7.7　Kaplan 叶片设计法

a) 外流线截面　b)、e) 平面图　c) 直角三角形　d) 流线投影

10）为了便于生产制造，也可以采用轮廓线（"板线"）。即在轴截面上做与轴垂直且等距的截面，如图 7.8 所示的编号 0~12 的轮廓线。它们与流线和径向截面的交点会转移到平面图上，将这些点连接起来即为板线。这些曲线在平面图上必须是光滑的，防止出现起伏不平的叶片表面。

11）这种方式设计的叶片由弧度、背面和工作面构成，具体形状根据角度的变化而定。为了更好地观察叶片剖面对来流的影响，可将选定的叶片剖面作为与叶片表面的法向截面而绘制到叶轮的型线中。

12）用弧线将完整的叶片剖面表示出来，它的厚度用 $f(L)$ 表示（图 7.8 中没有标明尺寸）。

7.2.3　叶片绘型

构建叶片的型线时，可以根据特定的水力特性进行针对性的设计。例如对于 $\mathrm{NPSH_A}$ 设计值较高的叶轮，在不需要考虑空化时，将主要对效率及 $Q-H$ 曲线的稳定性进行优化。为了减少损失，几何参数的平稳变化成为主要目标（如从入口到出口的叶片角为线性函数，$\partial\beta/\partial L$ 为常数）。外流线处的出口角 $\beta_{2\mathrm{B}}$ 通常比进口角 $\beta_{1\mathrm{B,a}}$ 略大，且变化过程类似于图 7.6 中的曲线 2。在轴向来流叶轮的内流线处，角 $\beta_{1\mathrm{B,i}}$ 一般比 $\beta_{2\mathrm{B}}$ 大很多，以便获得类似图 7.6 中的曲线 3。

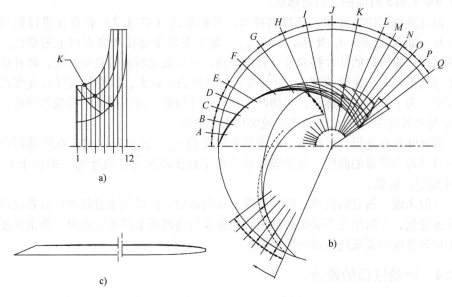

图 7.8　通过截线 0~12 及径向截面 $A\sim Q$ 表示叶片坐标

a）轴截面　b）平面图　c）叶片剖面（完整的）

还可以将 uc_u 作为叶片长度的函数。例如由于空化的原因，可以在进口处设计

较小的叶片载荷，而将叶片
重叠的中间部分的载荷设计
为最大，且为尽可能实现均
匀出流，将出口处的叶片载
荷设计为中等。这也有可能
将湍流耗散损失和压力脉动
降到最小。

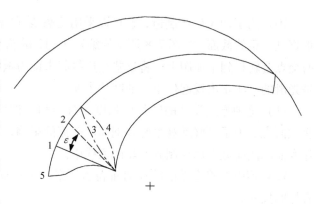

图 7.9　叶轮叶片进口边不同形状

所有流线的型线必须相
互匹配，以获得理想的进口
边形状。由于液流角通常较
小（12°～18°），因此对叶片
进口边的来流可根据其在平面图中的位置进行定性评估。如果进口边为径向
（图 7.9 中编号为 1），则将被近乎垂直的来流撞击。如果进口边与径向成 ε 角度倾
斜，就会与来流成一定的角度，从而降低速度的峰值和损失（类比于圆柱体分别
面对斜向来流和垂直来流的两种情形）。图 7.9 中 2、3 和 4 的进口边形状，相当于
"后弯"式，一般用于轴流泵、压缩机和导叶中，目的是使流体远离轮毂。图 7.9
中编号为 5 的特殊形状的进口边（"前掠"），有时被用于外流线的扩展和卸载（见
第 5 章）。正如第 5 章中所述，进口边对部分载荷工况的性能也有影响，尤其是
图 7.9 中 4 和 5 对应的进口边形状。

由计算得到的液流角、选择的冲角，可根据式（T7.1.7）获得在进口处扭曲
的叶片。如果 $d_{1i} < < d_{1a}$ 及 $\beta_{1B,i} >> \beta_{1B,a}$，则主要是角度在叶高方向上的变化。相
反的是，叶轮出口的叶片扭曲度可自由选择。对于低比转速的径向叶轮，叶片通常
在出口处不扭曲。比转速越高，叶片在出口处扭曲度越大，以便与流线长度实现最
佳匹配。为了减小压力脉动，可使叶片在出口处扭曲。这一措施的有效性随出口宽
度 b_2 与叶片间距 t_2 的比值及比转速的增大而增加。

可将叶片有意设计成拱形，以增加喉部面积 A_{1q}，此时径向截面在轴截面中的
投影将表现为明显的曲线。这种设计通常用于高比转速的径向叶轮（类似于 Fran-
cis 水轮机的转轮）。

一般来说，所有的流线、叶片型线、径向截面、板线及流道截面应沿着流动路
径连续变化，以防出现不必要的加速、减速及流道截面上的速度差异，将由速度分
布不均匀造成的湍流耗散损失降至最低。

7.2.4　叶轮进口的设计

当锅炉给水泵的单级扬程达到 600～800m 或 u_1 达到 80m/s 时（所谓的"高端
给水泵"的单级扬程甚至可达到 1200m），叶轮进口的设计理念已经发生了改变。
一般情况下，叶轮入口处的圆周速度较低，通常选择较大的进口安放角和冲角，将
叶片进口边的外形设计为长楔形以使 NPSH_3 的值足够低，如图 7.10a 所示。当泵在

小冲角下运行时，这样设计的叶轮也会形成较明显的低压峰值和较大的分离腔。但当 $u_1 > 50\text{m/s}$ 时，这种设计会导致严重的汽蚀。

考虑到这些危害，高压泵的生产厂家通过对叶轮进口处的频闪观测开发出了新的叶片形状。新设计的特点如下：①小冲角；②叶片安放角和液流角相对较小，部分载荷工况时产生的冲角较小（如 $\beta_{1B} = 20°$，$Q/Q_{SF} = 5$ 时，冲角为 $10°$，而 $\beta_{1B} = 10°$ 时的冲角只有 $5°$）；③厚而短的叶片外形对来流的敏感度较低；④如图 7.10d 所示，进口叶片载荷较低的区域会大致延伸到喉部区域。

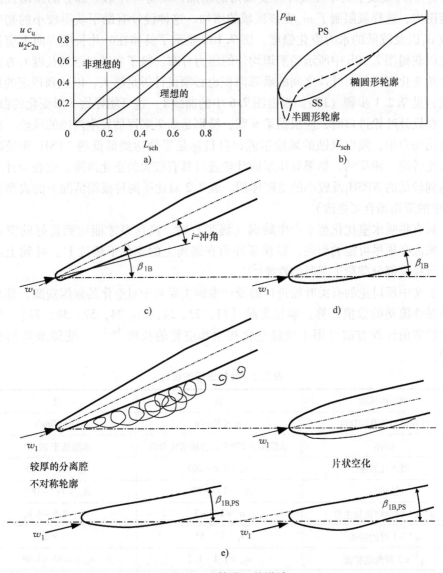

图 7.10　叶轮进口的设计

a) 功的传递　b) 压力分布　c) 大冲角和尖锐形的设计　d) 压力均匀分布的设计　e) 背面为不对称轮廓

　　为了得到平坦均匀的压力分布，叶片的进口边也可设计为非对称的，工作面是由计算得出或者选定的叶片安放角 $\beta_{1B,PS} = \beta_{1B}$ 及厚度分布决定的，如图 7.10e 所示。叶片的最大厚度可等于或大于公称厚度 e_{nom}（图 7.10e 中的左、右示意图）。在文献 [10] 中，采用 $e/e_{nom} = 1.37$，有效减小了空化区域。此时叶片的进口边在轮毂附近前掠（类似于图 7.9 中的形状 4），这被称为"偏楔形设计"[57]。

　　在此基础上可获得平坦均匀的压力分布。此外，可通过限制长度大约为 $t_1 = \pi d_1/z_{La}$ 的外流线上的半径及叶片安放角的增加，来将叶片第一部分的压增控制在小范围内，这样就限制了 uc_u 在该区域的增加。这种设计有助于获得较小的初生空化数 σ_i 以及较低的水力空化强度。图 7.10a 显示了具体在叶片长度方向上应如何变化以获得图 7.10b 中所示的平坦均匀的压力分布。除了在进口区域长度 t_1 方向上叶片角变化要均匀，叶片之间的喉部面积也必须设计得足够大，以达到指定的最大流量，见 7.2.1 步骤 (15)。根据图 7.6 中的曲线 1，这可能导致 S 形变化的曲线。

　　在设计叶轮进口时，应根据第 6 章，特别是 6.7 来评估发生汽蚀的风险。在许多应用场合中，发生汽蚀的风险很低，且目标是尽量达到最低的 $NPSH_3$ 和最高的吸入比转速。相反的，如果高压泵的叶轮进口具有较大的空化风险，则在设计时必须达到较低的 $NPSH_i$ 及较小的空腔体积。表 7.2 对比了两种极端情况下的典型参数（其中的应用场合可更改）。

　　只有将吸水室优化至不产生旋涡（涡带）时，高压泵才能达到良好的空化特性。来流必须尽可能的均匀，以保证冲角在圆周上的变化不超过 1°。叶轮上游的导叶可提高部分载荷工况时的性能[24]。

　　上文中所讨论的有关叶轮进口的设计准则主要基于对空化的频闪观测，部分基于非黏性流动的数值计算，参见文献 [11，23，24，25，34，57，58，71]。如今有效的数值计算方法可用于预测空化初生和空腔的长度[14,27]，使得来流的变化可控。

表 7.2 　叶轮进口的设计

空蚀的风险	低	高
叶轮进口的叶尖速度	$u_1 < 35\text{m/s}$	$u_1 > 50\text{m/s}$
液体	水温高于 220℃，含碳氢化合物	水温低于 220℃
吸入比转速	$n_{ss} = 220 \sim 260$	$n_{ss} = 160 \sim 180$
液流角	$\beta_{1a} = 10° \sim 15°$	$\beta_{1a} = 14° \sim 18°$
$q^* = 1$ 时的空化初生数	$\sigma_i = 1.2 \sim 2$	$\sigma_i = 0.5 \sim 0.8$
$q^* = 1$ 时的冲角	$i_1 = 3° \sim 5°$	$i_1 = < 2°$
$q^* = 1$ 时角度扩张	$a_{ex} = 1.1 \sim 1.2$	$a_{ex} = 0.95 \sim 1.05$
产生的压力分布	有峰值的	平坦的

7.2.5　三维设计方法

正如第 5 章中所讨论的，在一维设计理论中，二次流引起的流动偏移（滑移系数）及损失只能参考经验系数。所使用的统计数据对于特定尺寸的叶轮是不适用的，但应用数值计算的方法可以检查几乎所有几何参数对流动的影响，这也为通过各种新的几何形状优化流动提供了可能。这不仅关系到设计工况点的最小水力损失，还会影响 $Q-H$ 曲线的稳定性和空化性能。三维效应随着叶片高度的增加而增强，即随着比转速的增加而增强。三维效应的例子如下：

1）前掠式：如图 7.9 所示，形状 5 的进口边向前拉伸，以提高混流式叶轮 $Q-H$ 曲线的稳定性，见 5.5 和 5.6。

2）采用后掠式的诱导叶轮及轴流叶轮可以减小空化区域的范围。

3）根据文献 [57]，如图 7.9 中形状 4，进口边延伸至轮毂处有助于削弱部分载荷工况时轮毂附近的空化。

4）轴向叶片的整个表面也可设计成与径向成一定角度的，对此文献 [40] 给出了数值分析的结果。

5）叶片的扭曲可能会对能量在叶片高度方向上的分布产生影响。

6）在高比转速下，通过数值计算优化可以实现叶轮出口角在叶高方向上变化。

7）如果可以通过三维方法改善流动，后盖板则不必设计为一个旋转曲面[47]。在使用数控铣削或立体成形的方法，自由造型的后盖板并不会增加生产成本，但这种方法的具体优点尚未可知。

7.3　低比转速径向叶轮的设计

7.3.1　叶片二维设计

从二维平面看，圆柱叶片的内部流线和外流线是一致的。当比转速低于 16 ~ 18 时，可使用圆柱叶片，例如多级泵。由于低比转速叶轮的流动损失较小（图 3.33），且 d_1/d_2 的比值较低，叶轮进口处的冲击损失可忽略，这意味着圆柱叶片几乎没有效率损失。但是，如果对汽蚀性能的要求较高，则必须使用扭曲叶片。

采用圆柱叶片的叶轮的计算和设计方法与 7.2.1 相同。根据可采用圆弧作为叶片型线 7.2.2.2，对于要求不高的叶轮，可采用圆弧作为叶片型线。圆弧叶片可通过平面图设计，并得出叶片的进出口角。图 7.11 简述了这种设计方法：①通过叶轮的进出口半径画出圆弧；②在外半径 r_2 上的任意点 A 处，做出叶片安放角 β_{2B}，法线 $A-a$ 的垂足为 A（注意旋转方向）；③半径 $W-A$ 按叶片的旋转方向旋转角度（$\beta_{1B}+\beta_{2B}$）与半径为 r_1 的圆相交于点 B；④点 A 与 B 的连线与半径为 r_1 的圆交于

点 E，表示叶片的前缘；⑤过直线 $A-E$ 的中点的垂线与直线 $A-a$ 交于点 M，为圆弧的中心，根据半径 $r_{sch} = MA = ME$ 做出圆弧；⑥得到的圆弧构成叶片的型线。叶片的吸力面和压力面通过点 M 附近的圆弧 $r = r_{sch} \pm 0.5e$ 得出。

圆弧叶片的半径 r_{sch} 可通过式（7.10）计算得出：

$$r_{sch} = \frac{r_2^2 - r_1^2}{2(r_2 \cos\beta_{2B} - r_1 \cos\beta_{1B})}$$

$$(7.10)$$

该类圆弧叶片的相对速度变化并不理想，在叶轮流道内相对速度会减至 $w < w_2$。为了不影响 $Q-H$ 曲线的稳定

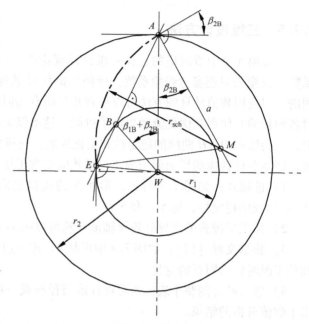

图 7.11 圆弧叶片的绘制

性，叶片前缘不能与转子的轴线平行，须尽可能地前伸，使直径 d_{1i} 尽可能小（但受轮毂直径限制）。

采用圆柱叶片的径向叶轮，主要应用于小型泵（$8 < n_q < 18$）；在对且性能要求较低时，比转速的上限可至 25。

低比转速叶轮的出口宽度比 b_2^* 较小时，由于流道过窄会导致铸造难度增加。但可以通过下面所讨论的泵盘或者配有径向叶片的半开式叶轮解决。

7.3.2 带孔状流道的泵盘

低比转速径向叶轮（较小的 d_1^*）中功的传递主要通过离心力完成。这种能量传递的方式意味着损耗非常小（图 3.33）。因此泵的水力效率主要取决于压水室中的能量损失。如果主要作用力为离心力，叶轮流道可以设计成简单的形状而不会降低效率。如图 7.12 所示，有圆柱孔的转盘可以当作叶轮使用，参见文献 [46] 中的描述。可在径向 $\beta_{1B} = \beta_{2B} = 90°$ 的方向打孔，或者斜着在圆周方向 $\beta_{1B} = \beta_{2B} < 90°$ 打孔以减少流动的偏转，相应地降低了扬程系数，但 $Q-H$ 曲线也会更陡峭。

从结构简单的角度出发，压水室一般被设计为蜗壳或环形压水室。离开压水室的液体会在导叶中进一步减速。由于在导叶中的流动损失远远超过叶轮中的损失，因此最高效率点主要由导叶的喉部面积确定。当液体从叶轮出口加速进入导叶喉部时（在 $c_{3q} > c_2$），导叶中的损耗增加，导致扬程和效率降低。在速度足够大时，液体在喉部区域会发生空化，且扬程和效率直线下降（阻塞效应）。环形压水室的设

计方法如 7.12 所述，导叶的计算见 1.6，且最高效率点的流速可根据 4.2 得出。

为了得到较高的扬程系数和较低的叶轮损失，应选择尽可能小的孔内流速 c_B，其为孔直径为 d_B 时对应的流速：

$$c_B = \frac{4Q}{\pi d_B^2 z_{La}} \varphi_B = \frac{c_B}{u_2} \tag{7.11}$$

根据 5.2，柯氏加速度为 $b_c = 2\omega w$。在径向孔中滑移系数主要由 b_c 决定；由于 $w \approx c_B$，滑移系数随着流量的增加而增大。根据测试结果可推出，如果要求较高的扬程系数，则设计点的流量系数不应超过 0.06 ~ 0.08，此时的叶轮损失在一定的扬程百分比范围内。如果要求较高的扬程系数，则必须对孔的数目和尺寸大小进行选择，使得在设计点的流量系数小于 0.08，相应的扬程系数一般为 1.1 ~ 1.25。但此时 $Q - H$ 曲线会变得更为平坦，扬程会向关死点扬程轻微下降。如果要求曲线更为陡峭，则在设计工况点要选择较高的流量系数，甚至会需要开向后倾斜的孔。相反地，此时叶轮损失会相应增加而效率下降。

根据 7.12 设计的环形压水室的横截面面积大于按照叶轮出口速度 c_{2u} 设计的面积，因此流速会出现骤减（类似于 1.2.3 所述的突然扩张），同时还会产生较强的二次流。根据第 5 章，扬程会随着叶轮与压水室中流体动量交换的增强而增加（类似于第 2 章中提到的再生泵）。这会增加入口至导叶处的动能，且导叶的压力恢复能力也相应增加。动量转换随着 φ_B 的减小而增加，可以通过在叶轮外径处设置凹槽来促进动量交换并使流体在环形压水室中加速。以文献 [46] 为例，可利用盲孔来达到这个目的。通过这种方式可大大增加扬程系数和效率：在最高效率点时

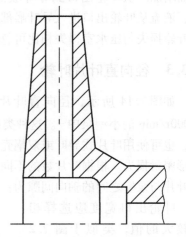

图 7.12　采用带有钻孔的转盘作为叶轮

$\psi_{opt} = 1.3 \sim 1.4$，但在部分载荷工况时的最大值只能达到 $\psi_{max} = 1.5$。此时 $Q - H$ 曲线在最高效率点的左侧会变得非常平坦，且逐渐向关死点下降。

由于叶轮侧壁在泵运行时会有一定程度的摩擦，因此在叶轮和泵腔之间允许相对大的轴向间隙（最大约为 $s_{ax} = 0.01 d_2$）。由于叶轮侧壁边界层会以较高的周向速度进入压水室，因此扬程也可得到略微提高，这也可以提高压水室中流体的湍动能。但是由于功耗的增加量超过扬程的增加量，因此效率会出现略微的下降。

图 7.13 所示为有 12 个孔状流道的叶轮的无量纲特性，孔状流道并延伸至叶轮出口以增强环形压水室与叶轮之间的动量交换。流量系数可以通过式（7.11）计算得到，扬程系数对应第 3 ~ 5 章中的定义。最高效率点左侧的 $Q - H$ 曲线非常平坦；而由于导叶中的空化，$Q - H$ 曲线在 $\varphi_B = 0.073$ 处直线下降。

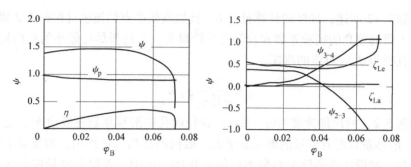

图 7.13　带有 12 个孔状流道的叶轮试验性能曲线（苏尔寿泵业）

　　叶轮中的静压升 ψ_p 曲线较为平坦，说明滑移系数及叶轮损失随着流量的增加变化不大。在 $Q=0$ 时，ψ_p 几乎可以达到流动没有损失时的理论值。根据 4.1.4，相对应的叶轮水力效率为 0.96。导叶中的压力恢复 ψ_{3-4} 大致随着流量的平方的增加而增加。从叶轮出口到导叶喉部的压增 ψ_{2-3} 明显低于 0.03。当高于 $\varphi_B \approx 0.04$ 时，液流从叶轮出口进入导叶喉部区域时发生加速（$c_{3q} > c_2$），静压会下降。测得的叶轮损失与压水室损失相比可忽略不计。

7.3.3　径向直叶片叶轮

　　如图 7.14 所示，径向直叶片叶轮（$\beta_{1B} = \beta_{2B} = 90°$）有时会应用在转速达 25000r/min 的小型泵中[⊖]。这种类型的泵一般配有环形压水室，排出的流体通过导叶；也可使用叶片式导叶或双蜗壳，采用开式或半开式叶轮以减小圆盘摩擦损失和环形密封损失。根据叶片数的不同，同时为满足对效率的要求，这种设计要求较小的叶片与泵壁之间的轴向间隙为：$s_{ax}/b_2 = 0.01 \sim 0.02$。

　　叶轮出口宽度应选择相对较大的值，类似于图 7.2 给出的污水泵对应的曲线。叶轮通常配有 16 ~ 24（32）个叶片，一般 3 ~ 6 个叶片的全长为 $d_1 \sim d_2$，其余的叶片都为分流叶片，以防止叶片进口过度堵塞。较大的叶轮

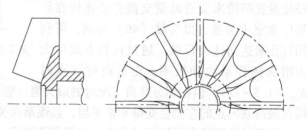

图 7.14　带有径向直叶片的叶轮

出口宽度及较多的叶片数会使滑移系数接近 1.0，并且加强了环形压水室中的动量转换。对于带有平衡孔的叶轮，扬程系数可达到 1.2 ~ 1.5。$Q-H$ 曲线变得平坦并伴有轻微的波动，与图 7.13 所示相似。叶片数超过 16 后，叶片数的增加对最高效率点的扬程系数的影响并不明显，但是由于动量转换的增加，使关死点扬程升高，

　　⊖　这种叶轮有时也被称为"巴斯克叶轮"[5,13,43]。

从而提高了 Q - H 曲线的稳定性。

径向叶片叶轮的水力特性与 7.3.2 所讨论的带有平衡孔的叶轮相近。根据图 3.26 所示，效率可以达到 45% （取决于比转速、泵的尺寸及机械损失）。高速泵一般配有诱导轮以降低 NPSH_3；吸入比转速的范围一般为 350 ~ 450。

图 7.15 所示为同一径向叶轮分别与两种不同的压水室匹配时测得的无量纲特性。与较大的压水室匹配时，得到的性能是比转速为 11，扬程系数为 1.48，效率为 43%。通过减小导叶喉部面积，比转速降至 7，同时效率降至 23%。两组试验的功耗几乎相同，所以最高效率点只有在节流时才会偏移。即使叶轮相同，通过空化系数曲线发生的剧烈变化，可以看出压水室中的空化影响较大。

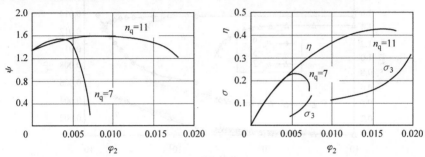

图 7.15 同一径向直叶片叶轮与两种不同压水室匹配的试验结果 （苏尔寿泵业）

7.3.4 装有径向直叶片的双动叶轮

如图 7.16 所示，从进口和轴截面方向看，带有径向直叶片的旋臂式双动叶轮。这种叶轮一般应用在单级单吸的端吸泵中 （见图 2.1），其扬程可超过 $300\mathrm{m}^{[12,22]}$。中心筋板两侧的叶片几乎一样，轮毂附近面积较大的 5 个开孔可以使得几乎一半的液流流至后方叶片 （这也是这种叶轮被称为双动叶轮的原因）。在中心筋板的任意一侧，均有 5 个长叶片和 20 个短叶片。压水室被铸造成同心套管的形式，通过蜗壳将液体送入导叶。

目前，这种叶轮一般应用在比转速为 1 ~ 10 的泵上。图 7.16c 所示了比转速为 2、5 和 9 的泵无量纲特性。当 $n_q = 9$ 时，效率可超过 50%；但当比转速降低时，效率会快速下降[⊖]。

在最高效率点处，扬程系数超过 1.4。当比转速很低时，由于压水室中损失的增加，扬程系数也会降低。因为扬程系数较高，所以 Q - H 曲线稳定而平坦。由于叶轮两侧的流动状况非常相似，所以能在很大程度上平衡轴向力，且不存在圆盘摩擦损失，效率较高。泵腔与叶轮叶片之间有较大的间隙，并且不会对效率产生不利影响。由于低载荷工况时叶片振动并不明显，最高效率点右侧的工况会受到压水室

⊖ 为了在同一幅图中做出 $n_q = 2$ 到 $n_q = 9$ 的曲线，对流量取了对数。因此效率曲线的形状看上去与一般情况不同。

中空化的影响。

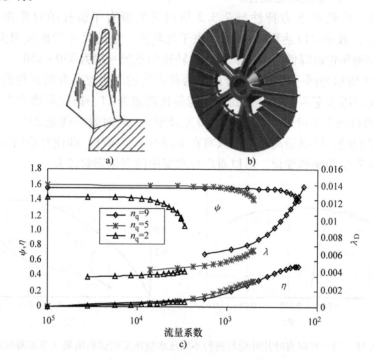

图 7.16　装有双动叶轮的端吸泵
a）轴面投影图　b）前视图　c）外特性
λ_D 通过式（T3.4.10）计算得到

7.4　无堵塞泵上的径向叶轮

固体杂质或纤维的输送也都是通过泵实现的，这种情况下要求对泵进行特殊的设计以避免堵塞或损坏。典型的应用场合如下：

1）污水泵一般容易被纺织物、塑料及箔片堵塞。

2）泥浆泵输送的介质包括砂石及各种废弃物。

3）鱼泵一般采用单流道叶轮，以避免损伤。

4）纸浆泵（见13.5）。

排污泵一般为单级泵，可采用径流式、混流式或轴流式叶轮。由于导叶更容易发生堵塞，所以离心泵和混流泵一般采用蜗壳结构。轴流泵一般采用导叶，通过加厚导叶前缘来避免堵塞。在污水泵设计中应区分以下两种堵塞情况：

1）被大的固体堵塞，如塑料件或木材。为了防止外来杂质卡在叶轮或蜗壳中，要求直径为 d_k 的球可以无阻碍的通过水泵。

2）被纤维堵塞，如纺织废弃物或塑料袋。这个问题本质上与流道直径无关且更为复杂。因为纤维有可能堵在叶轮前缘，而无法通过改变流道直径或宽度来控制。纤维可能积聚在叶轮入口处和叶轮的侧壁间隙中（间隙 E 和 F），也可能会由于纤维旋转聚集在叶轮入口导致堵塞，且叶轮在部分载荷工况时发生的回流会促使该过程。在极端情况下，纤维进入叶轮空间内会阻塞转动。可采用螺旋式叶片或引入缺口 A（见表 0.2）来封闭叶轮空间以避免纤维的进入。也有应用各种切割长纤维的设备和方法来降低堵塞的风险。在小型泵中，装有 3 个刀头的切割器可以安装在叶轮入口前，也有一些设计将切割刀片安装在蜗壳和叶轮里。

图 7.17 给出了一些特殊设计，用于输送含有固体或者气体的叶轮，这些叶轮存在堵塞的风险。

关于污水泵设计的文献还比较缺乏，来自四家主要污水泵供应商的性能曲线见表 7.3。图 7.18 中的压力系数来自叶轮叶片数为 $1 \sim 3$ 的旋涡泵。虽然在曲线上方还有个别的点，但这些点仅代表上限。然而，为了增大泵的流道，许多市场上供应的泵的压力系数都比较低。

表 3.9 将污水泵与清水泵的预期效率进行了对比，这样对于任何污水泵（最高效率点的 Q_{opt} 和比转速 n_q）都可以通过式（T3.9.1）计算得到清水泵的参考效率 $\eta_{opt,R}$。实际污水泵的效率与 $\eta_{opt,R}$ 的比值为效率系数 $f_\eta = \eta_{opt,sewage} / \eta_{opt,R}$。不同泵的系数值见表 7.3。但绝对效率取决于泵的尺寸和比转速，无法建立系数 f_η 与泵的尺寸和比转速的确切关系（旋涡泵除外）。因此可以通过式（T3.9.1）规范污水泵的效率，这对于污水泵效率的预测和性能的评估很有意义。通过对大量的泵性能分析，表 7.3 给出了平均效率系数及其范围。

污水泵的设计主要取决于需要无堵塞通过水泵的污染物的大小。叶轮进口直径 d_1，喉部宽度 a_1 或喉部面积 A_{1q}，叶轮出口宽度 b_2 及蜗壳喉部直径 d_{3q} 或喉部面积 A_{3q}，都必须大于球形流道的直径 d_k。这些参数在选择时都必须大于相应清水泵的对应参数，而这也会对效率造成不利影响。

为了获得足够大的叶片间距，叶片数一般选择为 $1 \sim 4$ 片。叶片型线需满足 a_1 为最小值。球形流道随着比转速的增加而变大，表 7.3 和图 7.19 给出了球形流道的尺寸范围。在旋涡泵中，球形流道直径一般与出口直径相等，在单流道叶轮的设计中也可尝试采用相同的方法。但在实际应用中，这种方法并不适用于所有的情况，如图 7.20 所示。

为了得到足够的球形流道尺寸，中低比转速的污水泵叶轮的出口宽度一般设计得比清水泵大很多。图 7.2 上方的曲线给出了采用 $2 \sim 4$ 个叶片的污水泵叶轮的相对出口宽度；尺寸较小的单流道泵的出口宽度一般较大。图 7.19 中的数据表示的是在 $b_2 > = d_k$ 时对应的 b_2 / d_2 值。相对较大的出口宽度可获得较高的扬程系数，但是由于叶片数较少，滑移系数会下降，使得扬程降低（见 3.3 及表 3.2 和表 3.3）。常见的滑移系数见表 7.3，主要取决于 b_2 / d_2、d_1 / d_2、ε_{sch} 及 β_{2B}。可通过图 7.18 和

用于处理带电液体的双流道叶轮

P_2

用于处理带电液体或黏性液体的三流道叶轮

P_3

用于处理含有纤维或较大固体颗粒的双流道叶轮，
流道直径约等于入口直径

D

用于处理含有纤维或较大固体颗粒的单流道叶轮，
流道直径约等于入口直径

Q

用于处理含气体或泥浆的液体，带有3个或4个叶片
的开式径向叶轮

O

用于处理含纤维或小颗粒污染物的液体，采用S形
叶片的特殊开式叶轮

S

用于处理大流量、轻微污染或干净液体的开式螺旋
式或混流式叶轮

Y

用于处理气体含量较高尤其是纸浆液体，采用多个
叶片、变流道宽度的开式径向叶轮

W

用于处理严重污染的高黏性、含气体或黏稠度高的
液体，尤其是高浓度的纸浆，带有前伸叶片的开式
双流道叶轮

K

图 7.17　用于输送含气体或固体颗粒的叶轮（苏尔寿泵业）

表7.3 得到最高效率点的扬程系数，表7.3 也给出了关死点的扬程系数。

单流道叶轮是为了获得较大的球形流道而设计的，其内部流动是高度三维和不稳定的，见9.3.9。流量、压升和转矩随着叶轮的旋转而剧烈波动，导致流动不平稳且效率较低。为研究球形流道对泵效率的影响，假设球形流道直径满足 $d_k = d_d$（d_d为出口直径），叶轮入口直径 d_1，出口宽度 b_2 及蜗壳的喉部面积 d_{3q} 至少与出口直径相等，即 $d_{1a} = b_2 = d_{3q} = d_d$。$d_k = d_d$ 对效率的影响主要有以下三个方面：①较大的叶轮出口宽度会导致泵壳中流动的不均匀分布并产生混合损失；②叶轮进口处的轴向速度 $c_{ax} = 4Q/(\pi d_{1a}^2)$ 大于叶片前缘的径向速度 $c_{rad} = Q/(\pi d_{1m} b_1)$；当 $d_{1m} = (d_{1a} + d_{1i})/2$ 时，从 c_{ax} 减至 c_{rad} 的轴向速度变为 $c_{rad}/c_{ax} = d_{1a}/\{2b_1(1 + d_{1i}/d_{1a})\}$；当 $d_{1a} = b_1 = b_2 = d_{3q} = d_d$ 时，则 $c_{rad}/c_{ax} = 0.5(1 + d_{1i}/d_{1a})$，满足 $d_{1i}/d_{1a} = 1$ 时，$c_{rad}/c_{ax} = 0.25$ 或者 $d_{1i}/d_{1a} = 0.5$ 时，$c_{rad}/c_{ax} = 0.33$；叶轮进口处产生的强烈的减速加上流动方向突然由轴向转为径向，导致流动发生分离，产生流动损失；③$d_{3q} = d_d$ 则意味着在导叶中没有发生流动减速；由叶轮出口处速度 c_2 降至喉部处速度 $c_{3q} = c_d$ 会导致额外的损失，损失的大小取决于泵体的设计；另外，流动很容易在蜗壳中发生减速，但最高效率点可能会因为喉部面积过大而移向较高流量处。

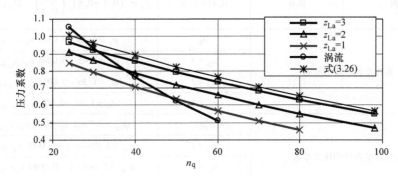

图 7.18 污水泵的压力系数

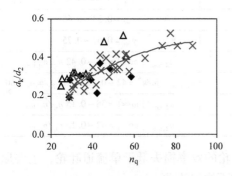

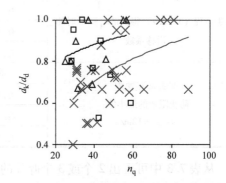

图 7.19 参照三家厂商的单流道叶轮直径 d_2 得到的球形流道直径 d_k

图 7.20 参照叶轮出口直径 d_d 得到的单流道叶轮的球形流道直径 d_k

表7.3　污水泵设计数据

类别	$n_q^* = n_q/n_{qRef}$ 且 $n_{qRef}=1$			
泵效率（根据表3.9）	$m=0.1a\left(\dfrac{Q_{Ref}}{Q}\right)^{0.15}\left(\dfrac{45}{n_q}\right)^{0.06}$		$Q\leqslant 1\,\mathrm{m^3/s}$	$a=1$
			$Q>1\,\mathrm{m^3/s}$	$a=0.5$
	$\eta_{opt,R}=1-0.095\left(\dfrac{Q_{Ref}}{Q}\right)^m-0.3\left\{0.35-\lg\dfrac{n_q}{23}\right\}^2\left(\dfrac{Q_{Ref}}{Q}\right)^{0.05}$			
污水泵效率	$\eta_{opt}=\eta_{opt,R}f_\eta$			

泵类型	效率系数 f_η		叶片包角	球形流道
	平均值	范围	$\varepsilon_{sch}/(°)$	d_k/d_2
$z_{La}=1$	0.82	0.65～0.95	280～350	0.2～0.5（图7.19）
$z_{La}=2$	0.91	0.8～0.98	220～270	$0.13\ln\left(n_q^*\right)-0.26$
$z_{La}=3$	0.94	0.9～0.99	170～220	$0.08\ln\left(n_q^*\right)-0.11$
涡	0.6	0.45～0.8	$f_\eta=(0.7\sim0.8)\left(\dfrac{Q_{opt}}{Q_{Ref}}\right)^{0.06}Q_{Ref}=1\,\mathrm{m^3/s}$	

关死点处的压力分布	涡	$\psi_o=1.38-0.0112\,n_q/n_{q,Ref}$
	$z_{La}=1$	$\psi_o=1.45-0.0046\,n_q/n_{q,Ref}$
	$z_{La}=2$	$\psi_o=1.36-0.0035\,n_q/n_{q,Ref}$
	$z_{La}=3$	$\psi_o=1.39-0.002\,n_q/n_{q,Ref}$
最高效率点处的压力系数	涡	$\psi_{opt}=1.7\exp\left(-0.02\,n_q/n_{q,Ref}\right)$
	$z_{La}=1$	$\psi_{opt}=1.03\exp\left(-0.0095\,n_q/n_{q,Ref}\right)$
	$z_{La}=2$	$\psi_{opt}=1.1\exp\left(-0.0087\,n_q/n_{q,Ref}\right)$
	$z_{La}=3$	$\psi_{opt}=1.17\exp\left(-0.008\,n_q/n_{q,Ref}\right)$
根据方程（T3.2.9）得到的 $n_q<60$ 时的滑移系数	$z_{La}=1$	$\gamma_{opt}=0.48\sim0.6$
	$z_{La}=2$	$\gamma_{opt}=0.53\sim0.65$
	$z_{La}=3$	$\gamma_{opt}=0.67\sim0.75$
叶轮叶顶速度防止阻塞的最小值：$u_{2,min}=12\mathrm{m/s}$	涡	$u_{2,max}\,[\mathrm{m/s}]=45-0.42\,n_q/n_{q,Ref}$
	$z_{La}=1$	$u_{2,max}\,[\mathrm{m/s}]=42-0.32\,n_q/n_{q,Ref}$ 至 $n_q=60$
	$z_{La}=2$	$u_{2,max}\,[\mathrm{m/s}]=38-0.15\,n_q/n_{q,Ref}$
	$z_{La}=3$	$u_{2,max}\,[\mathrm{m/s}]=42-0.15\,n_q/n_{q,Ref}$

　　从表7.3中可看出2个或3个叶片的叶轮的效率损失低于单流道叶轮，主要原因是较大的叶轮出口宽度和叶片间距会导致不均匀流动。

　　文献［60，64］总结了关于单流道叶轮优化设计方面的研究。文献［60］中研究的叶片的包角范围为289°～420°，在包角为370°时达到最高效率（64%）；当包角为289°时效率降至50%；包角为420°时效率为61%。

（1）开式与闭式叶轮的对比　文献［8］中给出了开式叶轮单流道泵的参数研究，主要基本参数为：$n_q = 45$，$\beta_{1B} = 5°$，$\beta_{2B} = 30°$，$\varepsilon_{sch} = 325°$。当增大开式叶轮叶片与泵体之间的轴向间隙 s，由 $s/b_2 = 0.005$ 增至 0.053，最高效率点对应的流量降低了 30%，扬程系数降低了 12%，效率由 52% 降至 39%。

当间隙宽度 $s/b_2 = 0.0057$ 时，相比于开式叶轮，闭式叶轮的性能更优：最高效率点轻微向大流量区移动，关死点扬程不受影响，但扬程随着流量的增加而线性增大，在 $q^* = 1.5$ 时，扬程的变化达到了 35%。最高效率点的效率增加约 1%，但在 $q^* = 1.5$ 处，闭式叶轮的效率为 44%，而开式叶轮仅有 35%。

根据文献［49］中对效率曲线的对比，闭式与开式叶轮在最高效率点处的效率相同，但在非设计工况点处，闭式叶轮的效率要比开式叶轮高得多，在单流道和双流道叶轮中都有类似的规律。两种叶轮效率的差别在 $q^* = 0.5$ 和 $q^* = 1.5$ 时大致达到了 10%。

在关死点处，闭式叶轮的轴向力与开式叶轮轴向力的比值大约为 0.5，在最高效率点附近该比值约为 0.3。因此，相比于开式叶轮，闭式叶轮有更好的性能和较小的轴向力。

（2）叶轮的叶顶速度　单流道叶轮的叶顶速度须加以限制，以保证水力不平衡产生的激振力（见 9.3.9）在允许范围内。表 7.3 给出了叶顶速度最大值。固液两相流条件下为避免在蜗壳中发生沉积，需考虑大约为 $12m/s$ 的最小叶顶速度值。

由于旋涡泵中叶片与流动不完全相符，随着流量的增大极易产生空化噪声。因此，旋涡泵的叶顶速度也应加以限制，见表 7.3。

（3）叶片设计　单流道、双流道和三流道叶轮的叶片厚度可根据 14.1 中的式（T14.3.1）估算得到。在入口处，2 个或 3 个叶片叶轮的叶片厚度大约需增加到 $e_{max}/d_2 = 0.05$，以防止纺织品或塑料阻滞在叶片前缘。对于单流道叶轮，叶片的前缘厚度则需更大，在文献［60］中，采用 $e_{max}/d_2 = 0.1$。为避免长纤维（长度达 300mm）堵塞，文献［64］中设计的叶片压力面的前缘厚度更大。在叶轮进口处选择较小的叶片角，以改善部分载荷工况的性能及噪声。表 7.3 给出了叶片包角范围。

（4）水力设计对堵塞性能的影响　开式叶轮的抗堵塞性能优于闭式叶轮。即便是叶片被设计为纤维沿着外流线运动，纤维也会被阻滞在耐磨护板与叶片的间隙中。有时需要在耐磨护板中加装切割槽，则纤维可被切割为小段状。

如何设计叶片以提高抗堵塞性能是一个极其复杂的问题。如果在输送介质中加入足够多的杂物，任何水泵都会发生堵塞。另外，不合理的（高负载）叶片设计在输送少量纤维时都会发生堵塞，而设计优秀的叶片可以在介质中含有一定量杂物的条件下稳定运行。

作用在杂物上的力无法完全量化，因此很难精确计算。如假设有一个塑料袋附着在叶片前缘，需在塑料袋与叶片表面接触的区域，用积分求出叶片上的压力分布。除了要考虑叶片和塑料袋的表面特性之外，还要确定塑料袋与叶片间的切应力及塑料袋与液体之间的剪切应力。另外，塑料袋会因毛细作用力而附着在光滑叶片的表面。

定性地说，以下几点须加以考虑：

1）在前缘附近高负载（如过大的进口角）的叶片容易聚集杂物。

2）过大的进口角加上压力面上存在驻点，会导致在叶片背面产生流动分离（也可能会发生空化）。杂物可能会在流体发生失速的区域集聚（类似于河流中的死水区）。

3）一般来说，叶轮中的流体会在叶片的压力面上发生减速。速度降低意味着作用在缠绕叶片前缘的杂物上的切应力变小。因此，流动对杂物的作用力减小。

4）相反地，流动会在吸力面发生加速。更高的速度可产生更大的拉力，并运走杂物。还可以设想这样一种临界情况，即作用在杂物上的力与作用在压力和吸力面上的力相同。这样可以建立一种概率方法，以分析出杂物是否在来流的脉动中被冲走。

5）较小的进口角，如叶片的前缘附近负载较小且在吸力面上存在驻点，则可以防止在吸力面上发生流动分离和空化。

6）若叶片弯曲度较高的话，则可引入径向流动分量，以促进将杂物沿着叶片前缘移动。一旦杂物发生移动，就更可能被从叶片前缘冲走。在径向前缘处，较高的 d_{1a}/d_{1i} 容易产生更强的二次流，并会沿着径向向外输送杂物。

7）较厚叶片前缘应采用较短的椭圆形轮廓。该轮廓的长度可为 $L_p = （1 \sim 1.5）e_{max}$，$e_{max}$ 为叶片最大厚度。

8）椭圆形轮廓的叶片前缘在外流线及轮毂处有回掠的作用，这样会使外部和内部流线无负载。流体（包括杂物）就会移向中间的流线。为了将杂物冲走，再将中间的流线设计为较低的进口角（吸力面上因此存在驻点）。

尽管很难得到试验证据，但为了降低被纤维或其他杂物堵塞的风险，建议叶片的设计应符合以下特点：

1）较小的进口角及在叶片吸力面上存在驻点。为了获得满足要求的球形流道，叶片应设计为 S 形。

2）通过前缘弯曲引入径向流动分量。

3）二次流可使杂物沿径向运动；倾斜的叶片可能有类似于回掠的作用。

4）在内流线处较小的叶片直径 d_{1i} 或者较高的比值 d_{1a}/d_{1i}，可产生径向流动分量，使杂物移动。

5）可采用椭圆形的叶片前缘。在中间流线附近采用较小的进口角可防止杂物积聚。

6）叶片前缘应足够厚且短。

图 7.21 为采用 3 叶片叶轮的污水泵，后盖板装有副叶片以减小轴向力并保持

合理的叶轮侧壁间隙，以保证固体颗粒通过。在叶轮前后盖板处都装有耐磨护板以防止泵腔磨损。

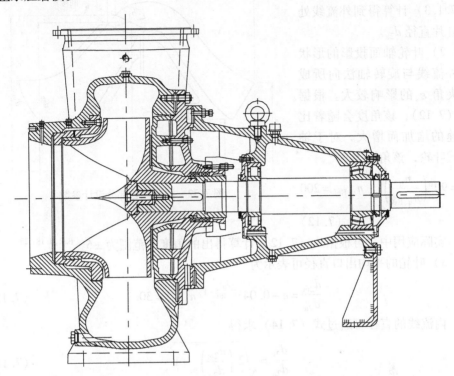

图 7.21 污水泵 $n_q = 71$，$Q_{opt} = 1.1 \mathrm{m}^3/\mathrm{s}$，$H_{opt} = 18\mathrm{m}$（$n = 590\mathrm{r/min}$）（苏尔寿泵业）

7.5 混流式叶轮

如第 2 章中所述，比转速在 $n_q = 30 \sim 200$ 时应选择混流泵，这个给定的范围是由设计要求而不是由水力要求确定的。从水力设计的角度来说，混流泵的最佳比转速范围为 $40 \sim 160$。叶轮的形状从径向到斜向再到轴向是一个连续的变化过程（图 3.8）。比转速低于 50 的混流泵的水力性能与离心泵只有很小的区别，它们都可根据滑移系数的相关准则来设计。

假定设计是最优的，在比转速超过 60 时，混流泵的性能会高于离心泵。这是因为随着比转速的增加，流动会在轴截面和展向上发生偏移，导致从离心叶轮流出的流体越来越不均匀。当比转速超过 150 时，混流泵的水力性能与螺旋泵相似，而根据滑移系数得出的计算结果会由于叶片间距的增大而变得不确定。

混流式叶轮的设计主要根据 7.2 中所述，但需考虑到由叶轮出口处半径比 d_{2a}/d_{2i} 引起的一些特殊性，图 7.22 和图 7.4 给出了混流式叶轮的几何特性。

1）可从图 3.24 选择扬程系数 $\psi = \psi_{2a}$ 且根据式（T7.1.3）计算得到外流线处的叶片直径 d_{2a}。

2）叶轮轴面投影的形状受外流线与旋转轴法向所成的夹角 ε_s 的影响较大。根据式（7.12），该角度会随着比转速的增加而增大。对于轴流式叶轮，该角度为 90°。

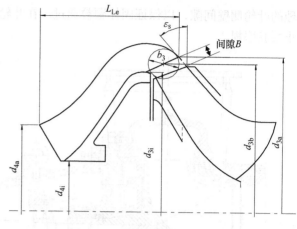

图 7.22　混流叶轮部分设计参数

$$\varepsilon_s = 90° \left(\frac{n_q}{n_{q,\mathrm{Ref}}} \right)^{0.74} \quad n_{q,\mathrm{Ref}} = 200 \tag{7.12}$$

实际应用中，可根据式（7.12）计算得出的角度的范围为 ±5°[B.2, B.18, 25]。

3）叶轮的平均出口直径可表示为

$$\frac{d_{2m}}{d_{2a}} = e - 0.04^{\left(\frac{n_q}{n_{q,\mathrm{Ref}}} - 1 \right)} \quad n_{q,\mathrm{Ref}} = 30 \tag{7.13}$$

内流线的直径可通过式（7.14）求得

$$\frac{d_{2i}}{d_{2a}} = \sqrt{2 \left(\frac{d_{2m}}{d_{2a}} \right)^2 - 1} \tag{7.14}$$

根据式（7.13）和式（7.14），可得到比转速 n_q 为 200 时，$d_{2i}/d_{2a} = 0.52$；根据图 7.24 所示，这与该比转速下轴流叶轮的轮毂比高度一致。式（7.13）给出的经验关系式使得混流式叶轮到轴流式叶轮光滑过渡。

4）如 7.2.1 所述及表 7.1 所示，叶轮进口可根据要求的吸入比转速得到。叶片进口角范围为 12°~18°。随着比转速超过 150，在 7.6 中关于轴流泵的说明也须符合。根据文献 [B.18]，设计点的流量系数可根据式（7.15）进行选择：

$$\varphi_1 = (0.18 \sim 0.27) \left(\frac{n_{q,\mathrm{Ref}}}{n_q} \right)^{0.3} \quad n_{q,\mathrm{Ref}} = 200 \tag{7.15}$$

效率要求高时取上限，吸入比转速较高时取下限。

5）叶片数：在比转速低于 40 时，可参照 7.2 中给出的标准。在低比转速区，可以选择 7 个叶片；比转速范围在 20~140 时，可采用 5~7 个叶片。表 7.4（见 7.6.2）给出了比转速超过 140 时叶片数的参考范围。但是，稠密度 L/t 是更为重要的标准。根据文献 [B.18]，对外流线处的稠密度的要求可通过式（7.16）估算得出。

$$\left(\frac{L}{t} \right)_a = 0.64 \left(\frac{n_{q,\mathrm{Ref}}}{n_q} \right)^{0.74} \quad n_{q,\mathrm{Ref}} = 200 \tag{7.16}$$

对于外流线处的叶片长度，可通过［B.18］中给出的数据推导出如下关系式：

$$\left(\frac{L}{d_2}\right) \geqslant 1.1\left(\frac{\beta_{2a}}{25°}\right)\left(\frac{n_q}{n_{q,Ref}}\right)0.4 \quad n_{q,Ref} = 200 \tag{7.17}$$

通过式（7.17）可计算得到防止 $Q-H$ 曲线出现不稳定的最小叶片长度。

表 7.4　比转速超过 140 时叶片数的选择

n_q	140 ~ 170			160 ~ 230	220 ~ 290	大于 290
z_{La}	5	6	7	4	3	2
z_{Le}	7	8	9	7	5	5
	8	11	10	9	7	7
	9	13	11, 12	10	10	9

6）叶轮出口宽度可以根据图 7.2 得到。

7）前文 7.2 中给出了外流线处叶轮出口角 β_{2B} 的确定方法。文献［B.18］给出了关于叶片角的分析：

——当中间流线上的叶片出口角为 $\beta_{2B,m} = 20° \sim 26°$ 时可获得最高效率。

——在直径为 d_{1b} 和 d_{2b} 流线处，叶片进出口角的误差的范围为 $-2° \sim +2°$。在叶片型线中，中间流线将趋于一条直线。

——另外，在外流线处 $\beta_{1B,a} < \beta_{2B,a}$；在内流线处 $\beta_{1B,i} > \beta_{2B,i}$。

为了确定叶片出口角在叶片高度上的分布，需假设出不同流线上的能量传递。原则上，能量的分布可以任意选择。然而，为了得到可重复的结果，在叶轮出口处，通常根据式 $uc_u = f(r)$ 或 $c_u = c_{u,a}(r_a/r)^m$ 来选择一种特定的角动量分布。

参见表 7.5，下面将三种可能的情况进行对比。

① $m = 1$ 时的自由涡设计（即 $uc_u = u_a c_u$ 为常数），在每条流线上传递的叶片功理论上是相同的。根据式 $c_u(r) = c_{u,a} r_a/r$，绝对速度在圆周方向的分量从叶片顶端到轮毂处逐渐增加。

② 当选择指数 $m = 0$ 时，绝对速度在叶高方向上为常数：$c_u(r) = c_{u,a}$。

③ 若选择 $m = -1$，则流体像刚体一样以等角速度旋转，此时 $c_u(r) = c_{u,a} r/r_a$。

在叶片出口处，通过这三种在叶高方向上的角动量分布，取得在相对及绝对坐标系下不同的比功、静压、总压和液流角的分布。表 7.5 给出了通过假定轴面速度恒定和来流无旋得到的相关方程。

如果是根据自由涡的规律来设计叶栅，则可以很好地满足径向平衡。这意味着轴向速度基本一致（忽略边界层影响），因为不存在与主流方向垂直且使得液流重新分布的力，然而轮毂处强烈的流动偏转对叶片的扭曲度要求较高。因此轮毂直径要足够大，以限制叶片的扭曲度并避免流动分离，见 7.6。从叶顶至轮毂处，静压显著下降，但总压在叶片高度方向保持不变；在轮毂处，流体动能达到最大且超过了外流线处的值［根据系数$(r_a/r_i)^2$］；轮毂处的导叶液流角小于外流线处，因此轮毂处导叶中的流动偏向比叶顶处更为剧烈，可能导致轮毂处发生流动分离。此外，大量的动能需转换为轮毂处的静压能以避免由二次流和湍流引起的能量损耗。由于这些不利的流动分布的存在，在基于自由涡的设计中导叶也是至关重要的部件，因为导叶在轮毂处容易过载。导叶进口处的可恢复的动能随着比转速的增加而减小，这是因为圆周速度c_{2u}与轴向速度c_{2m}的比值减小了。

表7.5 叶轮出口的旋涡分布

项目	c_{2m}=常数 $\alpha_1=90°$		$\nu=0.5$
	角动量守恒：$m=1.0$	恒定速度：$m=0$	刚体旋转 $m=-1.0$
绝对速度的圆周分量 $\dfrac{c_u}{c_{ua}}=\left(\dfrac{r_a}{r}\right)^m$	$\dfrac{r_a}{r}$ 〔1…2〕	1.0	$\dfrac{r}{r_a}$ 〔1…0.5〕
理论扬程 $\dfrac{H_{th}}{H_{th,a}}=\dfrac{rc_u}{r_a c_{ua}}$	1.0	$\dfrac{r}{r_a}$ 〔1…0.5〕	$\left(\dfrac{r}{r_a}\right)^2$ 〔1…0.25〕
静压 $\dfrac{p_a-p}{0.5\rho\,c_{u,a}^2}$	$\dfrac{r_a^2}{r^2}-1$ 〔0…3〕	$2\ln\dfrac{r_a}{r}$ 〔0…1.39〕	$1-\left(\dfrac{r}{r_a}\right)^2$ 〔0…0.75〕
总压 $\dfrac{p_{tot,a}-p_{tot}}{0.5\rho\,c_{u,a}^2}=\dfrac{p_a-p}{0.5\rho\,c_{u,a}^2}+1-\dfrac{c_u^2}{c_{u,a}^2}$	0		$2\left(1-\dfrac{r}{r_a}\right)^2$ 〔0…1.5〕
叶轮出口绝对流动角 $\dfrac{\tan\alpha}{\tan\alpha_a}=\dfrac{c_{u,a}}{c_u}$	$\dfrac{r}{r_a}$ 〔1…0.5〕	1.0	$\dfrac{r_a}{r}$ 〔1…2〕
叶轮出口相对流动角 $\dfrac{\tan\beta}{\tan\beta_a}=$	$\dfrac{1-\dfrac{\psi_{th}}{2}}{\dfrac{r}{r_a}-\dfrac{c_u}{c_{u,a}}\dfrac{\psi_{th}}{2}}$ 〔1…2〕	$\dfrac{1-\dfrac{\psi_{th}}{2}}{\dfrac{r}{r_a}-\dfrac{c_u}{c_{u,a}}\dfrac{\psi_{th}}{2}}$	$\dfrac{1-\dfrac{\psi_{th}}{2}}{\dfrac{r}{r_a}-\dfrac{\psi_{th}}{2}}$

如果要求叶轮的绝对出口速度为恒定值，那么从外流线至内流线，叶片功会随着半径的减小而成比例减小。此时径向平衡无法保证，因此会产生径向流动，轴面速度也无法恒定。静压和总压会向轮毂处轻微下降，但下降幅值比采用自由涡叶栅设计更小。

当根据强制涡设计叶栅时，径向平衡将受到严重影响。但采用这种设计方法时叶片扭曲度是最小的，且轮毂处的能量转换及总压的增幅也是最低的。根据文献［B. 18］，强制涡叶栅设计方法在修整叶轮时具有优势，可以减小效率的损失。

正如在第5章中所讨论的，$Q-H$ 曲线的稳定性、能量损耗和关死点扬程都与叶片的轴截面及叶片前、后缘的位置密切相关。因此，在选择这些设计参数时，需遵守5.6中的相关说明。对高比转速的叶轮进行良好的表面处理和对叶片吸力面后缘进行轮廓修整非常重要，参见文献［B. 18］。

7.6　轴流式叶轮及导叶

7.6.1　特征

轴流泵（或螺旋桨泵）一般用于大流量、低扬程的工况。典型应用如排灌泵、污水处理厂用泵、冷却泵及排水系统用泵。通常，这种泵都是从开放区域取水。立式泵一般安装在沉淀池或干燥池上，一些较小的泵上还配有潜水电动机。

由于吸取的是地表水，大气压及必要的下沉深度（见11.7.3）决定了可获得的 $NPSH_A$ 在大多数应用中达 $10 \sim 14m$，这对泵的选型及叶轮的设计都有较大的影响。

高质量的螺旋桨泵的叶片都被设计成翼型的形状，单个叶片分别与轮毂连接，而中小型泵上一般使用铸造叶片。由于机械制造及给定的 $NPSH_A$ 原因，叶轮的叶顶速度 u_2 一般限制在 $25 \sim 28m/s$（一些特殊设计除外）。

轴流泵一般应用在比转速超过 150 的情况。尽管也可以在更低比转速下设计轴流泵，但在比转速不超过 170 的情况下，混流泵的性能要优于轴流泵；除非工厂布置需要或因受其他设计因素影响而需要轴流泵。大部分轴流泵的比转速的适用范围在 $180 \sim 300$，指的是轴向来流、钟形吸入口的单级轴流泵。

由于过度减速及过大的冲角导致液流分离，使得螺旋桨泵的 $Q-H$ 曲线产生了显著的不稳定马鞍区，这限制了该泵的允许工况范围（见图4.10 和图5.25 及第11 章）。

根据定义，轴流泵叶轮的进出口直径相等，能量的传递只通过绝对流动的偏向及相对速度的减小实现，参见 Y_{sch} 的定义及式（T3. 3. 2）。在最高效率点附近的工况点，没有离心作用力。正如第 5 章所述，只有在部分载荷工况下出现了明显的回流时，离心力才会产生较大作用。因此，得到的扬程系数会比较低，如图 3.24 所示。相应地，流动的偏移也是次要的。如考虑轴向来流的螺旋桨泵，$n_q = 230$，扬程系数 $\psi_{opt} = 0.22$，效率为 88%，可通过式（T3.3.9）、式（T3.2.11）和式（T3.2.15）算出所需的流动偏移：

$$\Delta\beta = \beta_2 - \beta_1 = \arctan \frac{\tan\beta_1}{1 - \dfrac{\psi}{2\eta_h}} \tag{7.18}$$

假设 $\beta_1 = 12°$，本例中外流线处的液流偏转角仅为 1.7°。因此，轴流泵叶片角对较小的误差也非常敏感，而径向叶轮却几乎不受这种影响。因此，将叶片固定在轮毂上是非常有利的，这样在未达到所需性能时可对叶片的位置进行适当调整。这种设计也可以用在因工况变化而需对泵的性能进行调整的场合。

由于对较小的几何偏差非常敏感，且因为叶片重叠度不足而未形成实际的流道，因此基于滑移系数理论的计算方法对于轴流泵并不适用。因此，除非采用数值计算的方法，一般都是根据翼型理论设计螺旋桨泵。目前，CFD 尤其适合应用于在主流的垂直方向上有较强的离心力和科氏力的场合。与通过叶轮的流道长度相比，叶片高度是较大的。因此，流线理论具有局限性。在数值模拟优化前，流线理论用来进行初始设计。

正如前面所提到的，空化限制了叶轮的叶顶速度，因此转子的转速是根据性能要求给定的。为了准确预测在设计阶段的空化性能，需要计算出叶片上的压力分布。如果需要设计高性能的水泵，则需采用数值计算的方法。在这种数值计算中，不仅可以采用 Navier – Stokes 方程组，还可以采用其他更为简单快速的方法（如奇点法）。随着自由涡叶栅设计方法的广泛使用，在满足径向平衡的前提下也可采用更为简单有效的方法。如果叶片设计要满足不同的角动量分布，则需考虑三维方程组，参见 7.5 所述。

7.6.2 主要尺寸的计算和选择

与离心式叶轮和混流式叶轮相反，螺旋桨式叶轮的进出口条件不能分开单独处理。在给定输送要求时，甚至转速也不是必要的。下面将只考虑一般情况，只给定系统的流量 Q_{opt}，扬程 H_{opt} 及进口条件（如 $NSPH_A$）。由于扬程较低，在泵进口处、管道、出口弯管及阀门处的损失占了扬程的很大一部分。由于它们对水力优化有较大的影响，在设计叶轮的扬程时，这些因素需考虑在内，参见文献 [25]。

设计的首要任务是确定转速 n、叶轮外径 d_2、轮毂比 $\nu = d_n / d_{1a}$（或轮毂直径 d_n）、比转速 n_q、扬程系数 ψ、流量系数 φ 和空化数 σ。这 7 个未知量必须合理选择，以达到给定的扬程，并保证水泵在安全的 $NSPH_A$ 范围内运行。表 7.6 中的 7 个方程可计算出这几个参数[⊖]。

关于表 7.6 的几点说明：

1）假设轴向来流角 $\alpha_1 = 90°$，且根据 $c_u r =$ 常数进行叶栅设计（见 7.5）。

2）需要在初始计算前假设水力效率（如从表 3.9 得），并在叶栅设计后进行验证。

3）根据给定的 $NSPH_A$ 选择水泵的空化准则或者要求的 $NSPH_R$。最后，可根据表 6.2 确定安全余量 F_{NSPH}，计算出 $NSPH_R = NSPH_A/F_{NSPH}$。先假设一个可替换的准则 $NSPH_A = NSPH_{(\Delta\eta=0)}$，则水泵运行时空化刚好在达到损害泵效率的程度之下。在该假设下，可通过来自文献［28］中的式（T7.6.6）来计算出 $NSPH_{(\Delta\eta=0)}$，但无法确定与该关系式相关的试验数据的离散性。

4）式（T7.6.2）指出了实际应用中可选择的最大扬程系数。$f_\psi = 1$ 时对应于图 3.24 中 ψ_{opt} 曲线的上限，该图反映了不同文献中的数据（文献［B.22，B.25］）。如果要提高空化性能，则需要更大的叶轮直径，然而扬程系数及常数 f_ψ 会相应的减小（如 $f_\psi = 0.9$）。当对于扬程的要求超过空化性能和部分载荷工况的性能时，扬程系数可以超过式（T7.6.2）给出的值。

5）轮毂比：就像离心式叶轮的相对出口宽度 b_2^*，轮毂比也是非常重要的设计参数，它对效率及叶轮进出口处叶片的扭曲度都有影响。对此可以采用不同的标准：①轮毂处的叶片出口角 $\beta_{2B,i}$ 需小于 $90°$；②轮毂处相对速度的减速比不能低于允许值，如 $w_{2i}/w_{1i} > = 0.6$。③当直径比减小到一个特定值以下时，涡流中将形成一个失速区的核心，临界点为 $c_m/c_{2u,i} > = 1$。对于叶栅的设计，可根据 $c_u r =$ 常数以及式（T7.6.5）描述；④也可以根据图 3.24 中给出的 ψ_i 值计算出轮毂直径。对于叶栅，根据 $c_u r =$ 常数，相应的轮毂比 $\nu = (\psi_a/\psi_i)^{0.5}$。扬程系数受轮毂比的影响，当轮毂比 ν 增加时，轴流式叶轮可以获得更高的扬程系数。

6）流量系数可通过式（T7.6.4）计算得到，如果式（T7.6.5）被式（T7.6.1）中的 ν 替换，得到的二次方程可用来求解 φ。

7）相比于用式（T7.6.6a）计算 $NSPH_{(\Delta\eta=0)}$，也可根据式（6.10）和式（T7.6.6b）确定系数 λ_c 和 λ_w。λ 值必须根据选定的空化准则来选定，且该值与流量系数及几何参数的关系也需要考虑在内。也可通过收集到的相似的泵或叶轮的试验数据进行经验设计。

表 7.6 中的公式给出了一种确定 Q_{opt}，H_{opt} 和 $NSPH_A$ 值的迭代计算方法。但

⊖　也可通过将式（T7.6.1）、式（T7.6.2）代入式（T7.3.3）得到式：$d_2 = f(n)$，可进一步推导出 $\nu = f(n)$ 和 $NSPH = f(n, d_2)$，以得到三个方程式并确定三个变量 n、d_2 和 ν。

是，比迭代计算更直接有效的方法是将转速作为独立的变量，做出 $NPSH_R$、圆周速度及来流角与转子转速的坐标图。如果选择的转速范围足够大，则可以找到 $NPSH_R = f(n)$ 曲线上的最小值，如图 7.23 所示。通过图上给定的 $NPSH_R$ 值（如在 $NPSH_A / F_{NPSH}$ 处），可以直接得到满足要求的转速值。同时，这 7 个方程也是满足的，且选定的汽蚀余量的余量也可以得到保证。一旦转速以这种方式确定，其余参数（d_2，ν，φ，ψ）则可以通过表 7.6 计算得到。

表 7.6　轴向叶轮的主要参数

假设	轴向来流：$\alpha_1 = 90°$ 恒定的角动量分布：$c_u r = c_{2u,a} r_2$		式号
给定的/可选择的参量	Q_{opt}，H_{opt}，$NPSH_A$，F_{NPSH}，η_h		
要求的 $NPSH_R$	$NPSH_R = NPSH_A / F_{NPSH}$	根据表 6.2 得到 F_{NPSH}	
需求的参量	n，d_2，ν，n_q，ψ，φ，σ		
比转速	$n_q = n \dfrac{\sqrt{Q_{opt}}}{H_{opt}^{0.75}}$	$n_q = 158 \dfrac{\sqrt{\varphi\,(1 - \nu^2)}}{\psi^{0.75}}$	T7.6.1
压力系数（$f_\psi = 1$ 是最大值）	$\psi = \dfrac{2gH}{u_{2a}^2} = 0.29 f_\psi \left(\dfrac{n_{q,Ref}}{n_q}\right)^{1.44}$，$n_{q,Ref} = 180$		T7.6.2
叶轮出口直径	$d_2 = \dfrac{60}{n\pi}\sqrt{\dfrac{2gH}{\psi}} = \dfrac{84.6}{n}\sqrt{\dfrac{H}{\psi}}$		T7.6.3
流量系数	$\varphi = \dfrac{c_m}{u_{2a}} = \dfrac{a}{2} + \sqrt{\dfrac{a^2}{4} + \left(\dfrac{\psi}{2\,\eta_h}\right)^2}$	$a = \left(\dfrac{n_q}{158}\right)^2 \psi^{1.5}$	T7.6.4
轮毂比	$\nu = \dfrac{\psi}{2\,\eta_h \varphi}$		T7.6.5
空化系数 注意：$\lambda_w = f(\varphi)$	$\sigma_{(\Delta\eta = 0)} = 0.14 + 1.14\varphi^2 + 2\varphi^3$		T7.6.6a
	$\sigma = (\lambda_c + \lambda_w)\,\varphi^2 + \lambda_w$		T7.6.6b
要求的 $NPSH_R$	$NPSH_R = \sigma \dfrac{u_2^2}{2g}$　$(u_2 = u_1)$		T7.6.7
对于特定流量系数计算的压力系数	$\psi = \varphi^{4/3}\left\{\varphi\left(\dfrac{n_q}{158}\right)^2 + \dfrac{\sqrt{\psi}}{4\,\eta_h^2}\right\}^{-2/3}$		T7.6.8

　　注：1. 图表中的曲线：$NPSH_R$，u_2 和 $\beta_1 = \arctan\varphi$ 构成的转速的函数。
　　2. 如果用电动机直接驱动泵，则使用标准转速。
　　3. n_q 由 r/min，m^3/s 和 m 确定。

　　如果使用电动机直接驱动，则可根据所用电源的频率 f 来选择额定转速。可根据电极的对数 $p = 1$、2、3，通过式（7.19）来计算出同步转速：

$$n_{syn} = \frac{60f}{p} \tag{7.19}$$

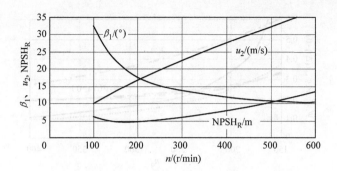

图 7.23　给定 $\mathrm{NPSH_R}$ 时轴流泵的转速选择

异步电动机的同步转速误差约为 $1\% \sim 1.5\%$，可以通过式（7.19）中的 n_{syn} 乘以一个系数 $0.985 \sim 0.99$ 得到异步电动机的转速。

此外，在选择转速时还需要遵守以下准则：

1）液流角 β_1 不能过大。根据文献［25］，$\beta_1 = 10° \sim 12°$ 时空化性能最佳。来流角度越大，流量就会越大，则 $Q-H$ 曲线变得不稳定。因此，为获得较大的使用工况范围，应采用较小的液流角。一般来说，液流角不得超过 $15°$，在需要较好的空化性能时，宜采用 $10° \sim 12°$。当比转速低于 250 时，要求扬程系数要小于式（T7.6.2）给出的值。根据表 7.6，必须在优化计算中采用 $f_\psi < 1$。还可根据式（T7.6.8）选择液流角（或流量系数）并通过迭代确定扬程系数，同时轮毂比依然根据式（T7.6.5）求得。

2）比转速增加会导致水力效率下降。如果对效率要求较高，选择转速时要比空化所允许的转速更低，以避免比转速过高。

3）如上所述，因为机械方面的原因，叶轮的叶顶速度也应被限制。

通过表 7.6 中的公式，可以计算出无量纲参数 ψ、φ、ν 和 σ，并作为比转速的函数来做图。以式（T7.6.2）给定的扬程系数为基础，得到的特性曲线如图 7.24 所示。在给定流量系数 $\varphi = 0.22$（或 $\beta_1 = 12.4°$）时的参数如图 7.25 所示。文献［62］中的优化计算（比高比转速高出 10%）得到的轮毂比与图 7.24 和图 7.25 相似。

假设叶轮的叶顶速度达到最大，相应得到的扬程和 $\mathrm{NPSH_R}$ 也可以做出与比转速相关的图，如图 7.26 所示。通过这些图，可以对一个特定水泵的设计方案（为计算而提出的一些假设）进行大概的分析。这些曲线主要取决于通过式（T7.6.2）得到的扬程系数。

4）叶轮叶片数 z_{La}，见表 7.4 所示。叶轮的最佳叶片数 z_{La} 随着比转速的增加而减小，它主要取决于叶片的载荷，最终选择的叶片数必须在叶片的设计过程中进行验证。

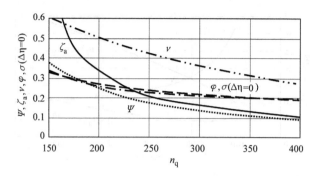

图 7.24 轴流泵的无量纲系数［φ 和 σ（$\Delta\eta=0$）曲线基本一致］

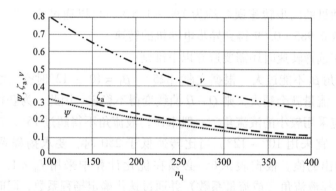

图 7.25 轴流泵（$\varphi=0.22$）的轮毂比、升力和压力系数

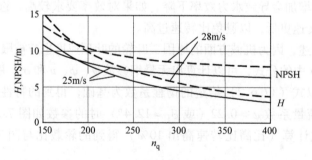

图 7.26 轴流泵（$u_{2,\max}=28$ 和 25m/s）的扬程和 NPSH$_{(\eta=0)}$

7.6.3 翼型的基本特性

（1）翼型几何结构 如上所述，轴流泵叶轮叶片（不包括一些小且廉价、工作要求不高的泵）的设计与翼型相似，其几何特性参照表 7.7。可以将一个翼型想象为一根弧线（最大弯度 f），根据特定的厚度分布，在它上面可以进行对称的叠加。形成的轮廓坐标线包括上侧（或吸力）面 $y_o(x)$，下侧（或压力）面 $y_u(x)$，

完整地表达了翼型的结构。弧线的弦长（NACA 翼型）或轮廓切线（Göttinger 翼型）被作为参考轴或 x 轴。所有的尺寸都是基于轮廓的长度 L 得到的，下面的几个几何参数对其流动特性有一定的影响（表 7.7 中的图形）：

1）最大厚度比 d/L。

2）相对厚度位置 x_d/L。

3）弧度 f/L 及其相对位置 x_f/L。

4）前缘半径 r_k/L。

5）弧线的形状（如 S 形）。

（2）翼型流动　如果有稳定的来流以速度 w 流过攻角为 δ_A 的翼型，则在翼型的前缘附近形成驻点，如图 7.27 所示。攻角 $\delta_A = 0$ 时，驻点刚好在翼型前缘。但是随着攻角的增加，驻点逐渐远离翼型前缘（因此，攻角 δ_A 不等于 0°时，翼型的前缘周围会有流动）。

在翼型的吸力面，流动会加速，导致静压出现下降。在翼型最大处厚度的下游，翼型截面逐渐减小，流动发生减速，静压上升并接近于周围流体的压力 p_∞。

在翼型前缘附近的边界层流动为层流，但在经过一定长度的流动之后逐渐变成湍流。这种转变取决于雷诺数的大小、来流的湍流强度及翼型的表面粗糙度。当边界层过厚（或速度下降过快）时会发生流动分离，边界层流动和失速流体形成尾迹。

局部速度决定了压力分布，对压力积分可得出作用在翼型上的力。在第 6 章中提到，压力分布也决定着空化的发生和程度大小。根据伯努利方程，由式 $c_p = 1 - (w/w_\infty)^2$ 可得到局部压力系数。式（T7.7.4）中，c_p 表示相对于驻点压力的局部

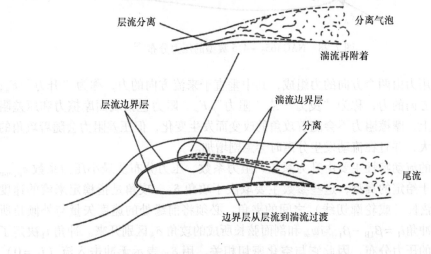

图 7.27　翼型周围的流动（见文献 [15]）

静压分布。随着攻角的增大，低压峰值逐渐上升，翼型前缘附近的流动增强，而最低压力点向翼型前缘靠近，如图7.28所示。$c_{p,min}$的值会随着翼型厚度及截面曲率比的增加而增大。液流发生分离时压力仍保持不变。

（3）升力和阻力　运动的流体在翼型上产生作用力 F，可以通过对翼型上的压力及剪切应力分布进行积分得出该作用力。

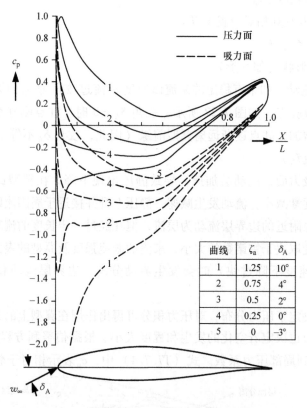

图7.28　NACA65$_2$–415翼型的压力分布[50]

该作用力由两个方向的力组成，其中垂直于来流方向的力，称为"升力" F_a；沿着来流方向的力，称为"曳力"或"阻力" F_w。阻力包括表面摩擦力和压差阻力。实际上，摩擦阻力不会随着攻角的改变而发生变化，但压差阻力会随着攻角的增加而变大，并且在流动发生分离时会急剧增加。

翼型的流动特性主要由升力系数、阻力系数、压力分布及最小压力系数 $c_{p,min}$ 表示。对于给定的翼型，这些参数主要取决于攻角 δ_A。攻角是指稳定来流的速度 w 与剖面弦长（或轮廓切线）之间的夹角。必须将前缘处的速度矢量与外倾角所成的局部冲角 $i_1 = \beta_{1B} - \beta_1$ 与 w_∞ 和剖面弦长所成的攻角 δ_A 区别开来。冲角 i_1 决定了前缘附近的压力分布，因此它与空化密切相关。用 δ_{SF} 表示无冲击入流（$i_1 = 0$），这与翼型轮廓的设计角相关。升力和合力之间的夹角被称为滑翔角或升力角 λ，比

值 $\varepsilon = F_w/F_a = \tan\lambda$ 被称为升阻比。翼型的升阻比与攻角有关，范围一般为 0.01 ~ 0.04，可将它作为衡量翼型水力性能的标准。在某特定来流角下，翼型不产生任何升力，称为零升力方向。

在一些关于翼型设计的手册和指南中，根据测量和计算给出了翼型的轮廓坐标和流动特性，如文献 [1, 15, 50] 所述。如图 7.29 所示，升力系数经常将"轮廓极线"表示为阻力系数的函数。从坐标原点至曲线上任意点的连线，表示作用在翼型上的由升力和阻力合成的无量纲合力。坐标原点至极线的切线表示最佳滑翔角及最小损失时的工况点，翼型的设计工况点应靠近该点。

在泵设计的应用中（相比飞行器，此时阻力不那么重要），将升力系数作为攻角的函数会更加方便，如图 7.30 所示。在该图中，可读出特定升力系数下对应的攻角 δ_A。在攻角较小时，升力系数随着冲角 δ_A 的增加而成比例上升，在发生失速前可获得最大升力。变化范围一般为 $\mathrm{d}\zeta_a/\mathrm{d}\delta_A = 0.09 \sim 0.11$。如果 δ_{NA} 表示零升力角，则可以根据式 (7.20) 计算出升力系数：

$$\zeta_a = \frac{\mathrm{d}\zeta_a}{\mathrm{d}\delta_A}(\delta_A - \delta_{NA}) \tag{7.20}$$

（4）翼型的参数对气动系数的影响

1）局部速度的最大值随着厚度比 d/L 的增加而增大，根据如式 (7.21)：

$$w_{max}/w_\infty = 1 + f_p d/L \quad f_p = 1.3 \sim 1.8 \tag{7.21}$$

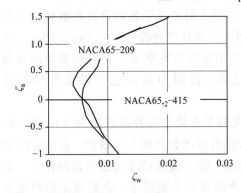

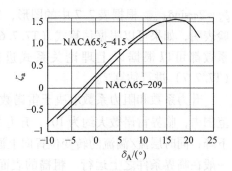

图 7.29　$NACA65_2 - 415$ 和 $NACA65 - 209$
翼型的极线图（$Re = 6 \times 10^6$）

图 7.30　用攻角 δ_A 表示的
升力系数，$Re = 6 \times 10^6$

2）根据式 (7.21a)，随着厚度比 d/L 的增加，$c_{p,min}$ 的值相应增大：

$$c_{p,min} = 1 - \left(\frac{w_{max}}{w_\infty}\right)^2 = -f_p\frac{d}{L}\left(2 + f_p\frac{d}{L}\right) \tag{7.21a}$$

压力最小处的位置不变。通过做出大量翼型的速度比 $w(x)/w_\infty$ 的分布，则对于选择的翼型剖面，可计算出其压力分布[1]。由于吸力面流线曲率的扩大，在入射流条件下翼型的升力系数会随着厚度比的增加而小幅增大。厚度比对梯度

$d\zeta_a/d\delta_A$ 的影响较小。

1）当相对厚度位置 x_d/L 增加时，压力最小处的位置及层流/湍流转捩的位置都会向下游方向移动。

2）若曲率增加，升力及 $c_{p,min}$ 的值都会增大。

3）当来流方向为零升力方向时，阻力系数达到最小，且阻力随着厚度比的增加而增大。

4）合力冲击点（中性点）的对应范围为 $x_N/L = 0.25 \sim 0.28$。

升力系数与冲角的线性关系大致遵循式（7.22）：

$$\zeta_a = a\frac{d}{L} + b\delta_A \tag{7.22}$$

大部分剖面的梯度 b 为 $0.09 \sim 0.11$。通过式（7.22）描述的翼型特性可知，可利用剖面几何参数的 y 坐标与一个常数相乘，并结合式（7.22）计算加厚（或减薄）剖面的升力系数。这样可从外流线至轮毂处对叶片进行加厚，而不需要选择不同的剖面。选定剖面后，因为梯度值 b 已知，则可以根据式（7.22），从曲线 $\zeta_a = f(\delta_A)$ 中计算出要用到的常数"a"。

零升力方向 δ_{NA} 主要取决于剖面的弧度和厚度。对于任何翼型来说，都可以通过式（T7.7.5）或做出后缘与最大弧度点的连线（见表 7.7 上方的图形，通过 w 点的线 NA）来估计零升力方向。

若用攻角 $\delta_{A,o}$ 表示零升力方向的攻角，则入射流下平板的升力系数理论上为 $\zeta_a = 2\pi\sin\delta_{A,o}$。根据表 7.7 中的图形，采用（注意角度的符号）$\zeta_{a,o} = \delta_A - \delta_{NA}$。经验表明，如果可以根据估算式（T7.7.6）得出剖面的效率 η_p，则任何翼型的升力系数都可以根据以上理论关系式进行估算，而阻力系数也可以根据经验式（T7.7.7）进行估算[⊖]。

升力系数和阻力系数取决于雷诺数，尤其是在低于临界雷诺数 $Re = w_\infty L/v$ 的范围内，临界雷诺数大约为 10^5。升力系数随着雷诺数的增大而增加，相应地阻力下降，同时层流/湍流的转变位置向上游移动。除了输送油或类似的黏性介质，泵一般在临界条件之上运行。粗糙的表面会使得升力系数减小，在高雷诺数时更加明显。

7.6.4 叶片设计

有可能设计出一台满足任何叶轮出口旋涡要求的轴流泵（在 7.5 中对三种可能的旋涡分布进行了讨论）。下面的讨论重点在于根据自由涡理论 $c_u r = c_{2u,a} r_2$ 进行叶片设计。在这里，所有流线上传递的叶片功 $Y_{sch} = gH_{th}$ 相同，且半径方向上的轴向速度为常数。如果使用其他旋涡分布，可以根据径向平衡迭代计算得到 c_m 分布。

⊖ 这些估算公式来自文献［B.1］。

除了轴向速度的变化，表 7.8 中的式可以用于任意涡分布的情况。

表 7.8 描述了叶片的设计，其中包括轴向来流时的速度三角形。具体步骤如下所述：

1) 给定性能参数，则水力效率 η_h 可以通过表 3.9 估算得到。

2) 定义部分流线（圆柱截面），可根据式（T7.8.4）和式（T7.8.8）进行计算。假设所有截面的轴面速度均相同。

3) 液流角根据半径比从叶顶至轮毂处逐渐增大，式（T7.8.2）。

4) 定义轮毂的形状（轴向或略微斜向）。出口处的轮毂直径可通过式（T7.6.5）计算得到。

5) 可通过式（T7.8.3）计算出达到特定扬程时外流线处对应的圆周速度分量。

6) 根据式（T7.8.4）和式（T7.8.5），出口处的圆周速度分量 c_{2u} 和出口流动角 α_2 从叶顶至轮毂处逐渐增大。式（T7.8.5）给出了叶栅设计所需的出口流动角。

7) 在依照翼型进行叶片设计时，可通过式（T7.8.6）和式（T7.8.7）计算得到来流速度 w_∞ 和液流角 β_∞。

8) 根据式（T7.8.8a）或式（T7.8.8b），可确定任一流线的流动偏转系数 $\zeta_a L/t$。式中 ζ_a 表示升力系数，L 表示弦长，$t = 2\pi r/z_{La}$ 表示圆柱截面上的叶片间距（见表 7.7 的定义）。如果根据表 7.7 中作用在翼型上的力计算得到转子的外转矩，则可以由角动量守恒推导出式（T7.8.8），见 3.2。作为式（T7.8.8a）的分子 $\cos\lambda$ 一般不明确给出，而是取 $\cos\lambda \approx 1.0$，这是因为相关翼型的滑翔角 λ 一般小于 5°。式（T7.8.8a）的右边表达了这一项。对于式（T7.8.8b），有时假设 $\sin(\beta_\infty + \lambda) = \sin\beta_\infty$ 作为近似结果。因给定的偏转系数较高，所以在设计时扬程会有些余量。

9) 可通过表 3.1 和表 3.2 计算得到进出口的速度三角形，从而得到达到特定扬程时的速度和流动角。

10) 必须确定叶片长度和间距（稠密度），以计算出各圆柱截面的偏转系数。最初只有 ζ_a 和 L/t 是已知的，构成了所需的偏转系数。必须先确定这两者之中一个，然后计算出另一个。一种方法是根据图 7.31 估算出作为比转速的函数[⊖]的外流线处的 $(L/t)_a$。另外，也可以根据图 7.24 和图 7.25 确定出升力系数 ζ_a。得到的 ζ_a 值一般略高于扬程系数，$\zeta_a = (1.2 \sim 1.35) \psi_{a,opt}$ 可作为外流线的设计基础。外流线处的叶片长度对于在允许工况范围内到达良好的性能至关重要。较低的叶片载荷有利于获得较好的空化性能并避免失速的发生。

⊖　图 7.31 来自于由文献 [B.22]。

表 7.7 翼型

几何尺寸	A_{fl} 区域：$A_{fl} = bL$； $b = $ 常数，展向（宽度） d—最大厚度 f—拱度 L—长度，弦长 r_k—前缘（鼻部）半径 x_d—最大厚度处 x_f—最大拱度处 y_o—坐标，吸力面 y_u—坐标，压力面	 参考线：弦长线 S NA：零升力方向 注意角度标注符号	式号
空气动力学参数	升力系数	$\zeta_a = \dfrac{F_a}{0.5\rho\, w_\infty^2\, A_{fl}}$	T7.7.1
	阻力系数	$\zeta_w = \dfrac{F_w}{0.5\rho\, w_\infty^2\, A_{fl}}$	T7.7.2
	滑移系数	$\varepsilon = \dfrac{F_w}{F_a} = \tan\lambda$	T7.7.3
	压力系数	$c_p = \dfrac{p - p_\infty}{0.5\rho\, w_\infty^2} = 1 - \left(\dfrac{w}{w_\infty}\right)^2$	T7.7.4
	雷诺数	$Re = \dfrac{w_\infty L}{v}$	T7.7.5
	β_s— 安放角 F_a— 升力 F_w— 阻力 β_∞—液流角 δ_A—攻角 $\delta_{A,o}$— 相对于零升力方向的攻角 δ_{NA}— 零升力方向的攻角 λ—滑移角，$\lambda = \arctan\varepsilon$ w_∞—来流速度		
	参照弦长零升力方向的角度 注意 δ_{NA} 的标注符号	$\delta_{NA} = -100\,\dfrac{f}{L}\left\{0.82 + \dfrac{\left(\dfrac{x_f}{L}\right)^2}{1 + 5\dfrac{d}{L}}\right\}$	T7.7.5
	升力系数 剖面效率：$\eta_p = 0.85 \sim 0.92$	$\zeta_a = 2\pi\, \eta_p \sin(\delta_A - \delta_{NA})$ $\zeta_a = \dfrac{d\zeta_a}{d\delta_A}(\delta_A - \delta_{NA})$	T7.7.6
	最大滑移系数	$\varepsilon_{max} \approx 0.012 + 0.02\dfrac{d}{L} + 0.08\dfrac{f}{L}$	T7.7.7

表7.8 轴向叶轮的叶片设计

1. 满足特定扬程的速度计算过程		
假设和定义	$^*c_m = $ 常数 $^*x = (r_2/r)^m$	恒定角动量：$m = 1$　$c_u = c_{2u,a}r_2/r$ 刚体旋转：$m = -1$　$c_u = c_{2u,a}r/r_2$ 恒定旋涡速度：$m = 0$　$c_u = $ 常数
给定或选定的变量	Q_{opt}，H_{opt}，η_h，n，d_2，v，n_q，ψ，φ，$r_i = vr_2$	式号
轴面速度	$$c_m = \frac{4Q}{\pi d_2^2 (1 - v^2)}$$	T7.8.1
以半径为函数的 叶轮进口安放角	$$\tan\beta_1 = \frac{r_2}{r}\tan\beta_{1a}$$	T7.8.2
出口流线处绝对 速度的圆周分量	$$c_{2u,a} = \frac{gH}{\eta_h u_{2,a}} + c_{1u}$$	T7.8.3
绝对速度的 圆周分量	$$c_{2u} = c_{2u,a}x$$	T7.8.4
叶轮相对速度的 出口角	$$\tan\beta_2 = \frac{c_m}{u - xc_{2u,a}}$$	T7.8.5
液流角	$$\beta_\infty = \arctan\frac{c_m}{u - 0.5 (c_{2u} + c_{1u})}$$	T7.8.6
入流速度	$$w_\infty^2 = c_m^2 + [u - 0.5 (c_{2u} + c_{1u})]^2$$	T7.8.7
流动偏转角	$$\zeta_a \frac{L}{t} = \frac{2g H_{th} c_m \cos\lambda}{u w_\infty^2 \sin (\beta_\infty + \lambda)} = \frac{2\Delta c_u \sin\beta_\infty}{w_\infty \sin (\beta_\infty + \lambda)}$$	T7.8.8a
	$$\zeta_a \frac{L}{t} \approx \frac{\psi_{th}}{\sqrt{\varphi^2 + (1 - 0.25\psi_{th}^2)^2}} \approx \frac{2\Delta c_u}{w_\infty}$$	T7.8.8b
水力效率	$$\eta_{sch} = 1 - \frac{Z_{sch}}{H_{th}} = 1 - \frac{w_\infty \varepsilon}{u\sin (\beta_\infty + \lambda)}$$	T7.8.9
滑移系数	$$\varepsilon_{res} = 0.02 + \frac{0.008}{1 - v}$$	T7.8.10
	$$\varepsilon_{res} = \varepsilon + \frac{0.02t}{\zeta_a r_a (1 - v)} + 0.018\zeta_a$$	T7.8.11
扩散因子 外流线处最大值： $D_{fz,a} = 0.45$ 轮毂处最大值： $D_{fz,i} = 0.6$	$$D_{fz} = 1 - \frac{w_2}{w_1} + \frac{w_{1u} - w_{2u}}{2 w_1}\left(\frac{t}{L}\right)$$	T7.8.12

（续）

1. 满足特定扬程的速度计算过程

长距比[41,B.22]	$\left(\dfrac{L}{t}\right)_a = 3.2\,\psi_a$	T7.8.13

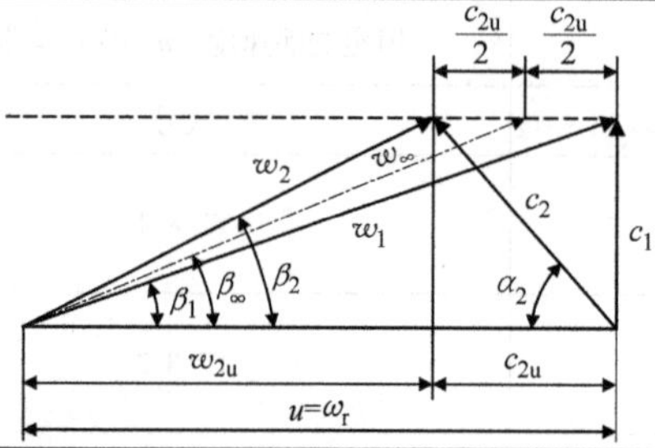

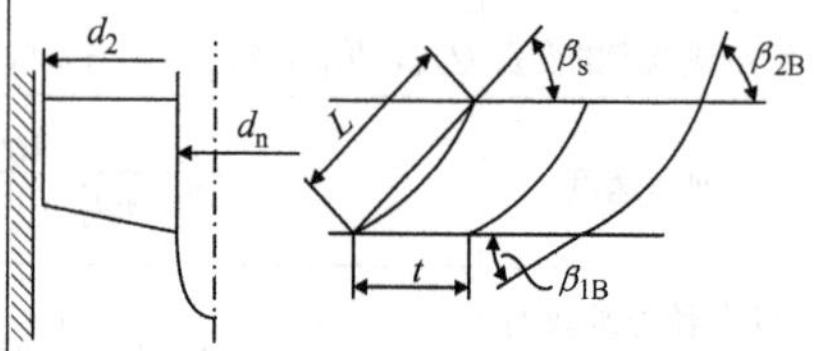

2. 确定冲角、偏离角和叶片角[32]

根据表7.8确定速度三角形和 w_∞，β_∞

选择参数	z_{La}，z_{Le} （表7.8）	式号
叶顶间隙	$\Delta D/d_2 = 0.004$	T7.8.14
从图7.31选择外流线处的稠密度。为了减小叶片载荷，式（T7.8.15）给出了更高的值	$\sigma_a = \left(\dfrac{L}{t}\right)_a = 0.7\left(\dfrac{n_{q,Ref}}{n_q}\right)^{0.46}$ $n_{q,Ref} = 200$	T7.8.15
选择内流线处的稠密度或叶片长度 $L_i/L_a = 0.7 \sim 0.9$	$\sigma_i = \left(\dfrac{L}{t}\right)_i$	T7.8.16
从轮毂处测得的相对叶片高度	$h = \dfrac{r - r_i}{r_a - r_i}$	T7.8.17
通过光滑连接前缘和尾缘的方法设计叶片长度。合理地选择 f_3 和 f_2；根据式（T7.8.19）选择 f_1	$\dfrac{L}{L_a} = \dfrac{L_i}{L_a} + f_1 h + f_2\,h^2 + f_3\,h^3$ $f_1 = 1 - \dfrac{L_i}{L_a} - f_2 - f_3$	T7.8.18 T7.8.19
选择翼型类型及轮毂和叶顶处的厚度比 d/L。根据式（T7.8.20）得到线性的、相对叶高上的厚度分布。叶顶处的切向叶片厚度为零。合理选择 a_1 和 b_1 值	$\dfrac{d}{L} = \left(\dfrac{d}{L}\right)_i + a_1 h + b_1\,h^2$ $b_1 = \left(\dfrac{d}{L}\right)_i - \left(\dfrac{d}{L}\right)_a,\ a_1 = -2\left[\left(\dfrac{d}{L}\right)_i - \left(\dfrac{d}{L}\right)_a\right]$	T7.8.20
考虑了厚度比 d/L 的冲角因子，参见文献［32］中图186，第236页，（$d/L=0.1$ 时 $K_i=1.0$）	$K_i = 1.88\left(\dfrac{d}{L}\right) - 118\left(\dfrac{d}{L}\right)^2 + 292\left(\dfrac{d}{L}\right)^3$	T7.8.21

（续）

2. 确定冲角、偏离角和叶片角[32]		
设计无拱度剖面 $d/L =$ 0.1 的冲角。简化的相关式，参见文献［32］中图 187，第 237 页	$i_0 = 5\sigma\left(1 - \dfrac{\beta_1 - 20°}{70°}\right)$	T7.8.22
参考 2D 叶栅数据，考虑叶轮中三维流动对于冲角的影响；参见文献 ［32］中图 201，第 247 页	$(i_c - i_{2D}) = 2.16 - 7.24h + 2.277\,h^2$	T7.8.23
参考 2D 叶栅数据，考虑叶轮中三维流动对于偏转角的影响；参见文献［55］中图 202，第 247 页；根据文献［33，56］，在式（T7.8.24）的基础上需要增加 2°	$h < 0.355: (\delta_c - \delta_{2D}) = 1.55 - 5.5h$ $h > 0.355: (\delta_c - \delta_{2D}) = -0.4$	T7.8.24
参见文献［32］中图 195，第 242 页	$m = 3.488 \times 10^{-5}\beta_1^2 - 5.777 \times 10^{-3}\beta_1 + 0.4107$	T7.8.25
参见文献［32］中图 196，第 243 页	$b = -9.435 \times 10^{-5}\beta_1^2 + 0.01594\,\beta_1 + 0.2812$	T7.8.26
由轴流泵的试验数据总结出的偏转角修正系数	$K_{exp} = 1.25$	
考虑了厚度比 d/L 的冲角因子，参见文献［32］中图 193，第 241 页（d/L =0.1 时 $K_i = 1.0$）	$K_\delta = 6.6\left(\dfrac{d}{L}\right) + 34\left(\dfrac{d}{L}\right)^2$	T7.8.27
设计无拱度剖面 $d/L =$ 0.1 的冲角。简化的相关式，参见文献［32］中图 194，第 242 页	$\delta_0 = a_\delta\,\sigma^y$ $a_\delta = 4.4103 - 0.1075\,\beta_1 + 0.000706\,\beta_1^2$ $y = 0.0000006258\,\beta_1^4 + 0.0001034\,\beta_1^3 - 0.006011\,\beta_1^2 + 0.137\,\beta_1 - 0.1438$	T7.8.28
	$n = -0.68 + 0.007\,\beta_1 - \sigma^2\,(-0.0000191\,\beta_1^2 + 0.00152\,\beta_1^2 + 0.0179) -$ $\sigma\,(-0.1305 - 0.0103\,\beta_1 + 0.0002124\,\beta_1^2 - 0.0000009543\,\beta_1^3)$	T7.8.29
	$\dfrac{\mathrm{d}\delta}{\mathrm{d}i} = a_i\,e^{b_i}\beta_i\,\{1 - 1.4075\sigma + 0.6419\,\sigma^2 - 0.0885\,\sigma^3\}$ $a_i = 1 + 0.58\sigma + 0.1273\,\sigma^2,\ b_i = 0.0047\,\sigma^2 - 0.0322\sigma$	T7.8.30

（续）

2. 确定冲角、偏离角和叶片角[32]

要求的拱度 [m 来自式 T（7.8.25）]	$$\gamma = \dfrac{\beta_2 - \beta_1 + K_{exp}K_\delta\,\delta_o - K_i\,i_o + (i_c - i_{2D})\left\{1 - \left(\dfrac{d\delta}{di}\right)_{2D}\right\}}{1 - \dfrac{m}{\sigma^b} + n}$$	T7.8.31
冲角	$i_c = K_i\,i_o + n\gamma + (i_c - i_{2D})$	T7.8.32
偏转角 $\delta_c = \beta_{2B} - \beta_2$	$\delta_c = K_{exp}K_\delta\,\delta_o + \gamma\,\dfrac{m}{\sigma^b} + (\delta_c - \delta_{2D}) + (i_c - i_{2D})\left(\dfrac{d\delta}{di}\right)_{2D}$	T7.8.33
叶片进口安放角	$\beta_{1B} = \beta_1 + i_c$	T7.8.34
叶片出口安放角	$\beta_{2B} = \beta_2 + \delta_c$	T7.8.35
在确定剖面后确定安装角度		
相对于弦长零升力方向的角度	根据方程（T7.7.5）计算 δ_{NA}	T7.8.36
	根据式 $\delta_{NA} = -a\tan\left(\dfrac{f}{1 - x_f}\right)$ 进行对比	T7.8.37
根据所需的升力和选择的梯度 $d\delta_a/d\delta_A$ 计算攻角	$\delta_A = \delta_{NA} + \left(\dfrac{\zeta_a}{d\,\zeta_a/d\,\delta_A}\right)$	T7.8.38
安装角度，根据式（T7.7.5）和式（T7.8.38）的平均值	$\beta_s = \beta_\infty + \delta_A$	T7.8.39
脊线（平均线），见文献 [1] 中第 74 页，式（4.26）针对均匀叶片载荷	$y_c = -\dfrac{\zeta_a}{4\pi}\left\{(1 - x)\ln(1 - x) + x\ln x\right\}$	T7.8.40
对剖面 $\zeta_{a,base}$ 计算满足特定升力 ζ_a 所需的脊线；适用于任何载荷	$y_c = y_{c,base}\,\dfrac{\zeta_a}{\zeta_{a,base}}$	T7.8.41
计算真实脊线的斜率 dy_c/dx	$\left(\dfrac{d\,y_c}{dx}\right)_{actual} = \left(\dfrac{d\,y_{c,base}}{dx}\right)_{base}\dfrac{\zeta_a}{\zeta_{a,base}}$	T7.8.42
尾缘厚度的混合函数 $x_{BL} = 1 - x_{TE}$	$\Delta y = \dfrac{e_{TE}}{2L}\dfrac{x - x_{BL}}{1 - x_{BL}}$	T7.8.43
无尾缘修正的对称剖面的厚度分布	$y_{sp} = \dfrac{(d/L)_{actual}}{(d/L)_{base}}y_{sp,base}$	T7.8.44

（续）

2. 确定攻角、偏离角和叶片角[32]			
有尾缘修正的对称剖面的厚度分布	$y_{sp} = \dfrac{(d/L)_{actual}}{(d/L)_{base}} y_{sp,base} + \dfrac{e_{TE}}{2L} \dfrac{x - x_{BL}}{1 - x_{BL}}$		T7.8.45
叶片坐标，吸力面	$x_{SS} = x - y_{sp}\sin\Theta$ $y_{SS} = y_c + y_{sp}\cos\Theta$	根据式（T7.8.42） $\Theta = a\tan\left(\dfrac{dy_c}{dx}\right)$	T7.8.46
叶片坐标，压力面	$x_{PS} = x + y_{sp}\sin\Theta$ $y_{PS} = y_c - y_{sp}\cos\Theta$		T7.8.47

$\sigma = L/t$ 稠密度

无量纲 $x = X/L$，$y = Y/L$

X 和 Y 表示采用绝对坐标系（mm 或者 m）

力，应力，固有频率叶片一个截面上的力		
叶片截面的平均高度	$\Delta r = 0.5\ (\Delta r_a + \Delta r_i)$	T7.8.48
平均半径	$r = 0.5\ (r_a + r_i) - 0.5\Delta r$	T7.8.49
叶片截面的升力	$\Delta F_a = 0.5\rho\ w_\infty^2\ \zeta_a L\Delta r$	T7.8.50
轴向力	$\Delta F_{ax} = \Delta F_a\cos\beta_\infty$	T7.8.51
切向力	$\Delta F_u = \Delta F_a\sin\beta_\infty$	T7.8.52
叶片根部弯矩	$\Delta M_B = \Delta F_a\ (r - r_{i,m})$	T7.8.53

所有叶片截面上总的合力和弯矩：$F_A = \sum \Delta F_a$

叶片根部平均弯曲应力 W = 轮毂处的截面模量	$\sigma = \dfrac{M_B}{W}$	T7.8.54
单位长度质量 A = 叶片截面面积 $f_{am} = 1.5$ 用来考虑周围水体的附加质量的影响	$\sigma = \rho_{mat}A + f_{am}\rho A$	T7.8.55
叶片第一固有频率 I = 轮毂的转动惯量	$f_n = \dfrac{3.52}{2\pi}\sqrt{\dfrac{EI}{\mu L^4}}$	T7.8.56

11）根据 7.6.5 中给出的准则选择翼型剖面。

12）为了确定叶片安放角，有必要利用步骤 8）计算得到流动偏转进而确定拱角 $\gamma = \beta_{2B} - \beta_{1B}$。可以根据文献［32］及表 7.8 给出的步骤进行计算。可根据式（T7.8.21）和式（T7.8.35）得出冲角、偏移角及叶片安放角。计算得到的冲角在外流线处为负值，而在内流线处为正值。但是，在设计叶片时应使外流线处的冲角为零，以满足最高效率点处对应的流量。冲角为负值时，该流量会低于设计值，如文献［35］中给出的例子。

13) 根据文献［32］预测的偏移角可能会过低，也可以由文献［55，56］中给出的试验数据推导得出，但是未能达到预期的压升。为了弥补这个误差，在式（T7.8.31）中引入修正系数 K_{exp}，该系数由大量的轴流泵试验数据得到，一般为 $K_{exp} = 1.25$。

14) 根据式（T7.8.34）和式（T7.8.35）可得到叶片进出口安放角。

15) 拱度决定叶片剖面的升力，因此需根据所考虑的叶片剖面的升力系数来选择合适的脊线（见文献［1］中称为"二分线"）。

16) 式（T7.8.37）和式（T7.8.39）给出了根据要求的升力系数 ζ_a 得出的攻角 δ_A 及安放角。

17) 选择接近要求厚度（如 $d/L = 0.06$）的对称翼型剖面，如 NACA65 - 006 翼型。对称截面的坐标是已知的，如文献［1］所述。

18) 对于任意给定的叶片，可以通过系数 $f_d = (d/L)_{actual}/(d/L)_{base}$ 对厚度坐标进行校正并得出叶片剖面的实际厚度。这会稍微改变翼型剖面的特性，但其影响可忽略不计。

19) 由于制造的原因，需要确定翼型后缘的厚度 e_{TE}；如 $e_{TE}/d_{2a} = 0.001$。相应的叶片厚度的校正也要增加到叶片坐标上。需将后缘厚度在选定的长度 $\Delta x_{TE}/L$ 的基础上混合到翼型剖面的坐标中，如弦长的 20%：$\Delta x_{TE}/L = 0.2$。可利用式（T7.8.43）中的线性混合函数。

20) 可通过式（T7.8.45）计算出对称翼型剖面的坐标。

21) 最终，可通过将对称翼型剖面上的厚度分布叠加至轮廓线上而得到吸力面和压力面的坐标，见式（T7.8.46）和式（T7.8.47）。

22) 所有几何参数都需随着叶片高度而平稳变化。上述步骤可以保证叶片长度、厚度及拱度满足要求，见式（T7.8.18）和式（T7.8.20）。

可以从文献中找到其他选择参数的方法，然而大多数实验数据都来源于轴流压缩机（尤其是文献［32，38，39］），但其叶片设计与螺旋桨泵有着显著的差别。因此，将这些选择方法应用到泵上的效果尚未可知，但文献［32］中给出的方法却被经常用来设计轴流泵。

可以推导出 ζ_a 和 L/t 之间的关系，如文献中的式（T7.8.13）所示。以下是对相关数据进行的总结：

① 设计工况点的升力系数应在最小滑翔角的范围中选择：$\zeta_a = 0.2 \sim 0.8$，但不要大于：$\zeta_a = (1.2 \sim 1.35)\psi_a$。

② 最大升力系数（内流线处）：$\zeta_{a,max} = 1.25$。

③ 稠密度：$L/t = 0.4 \sim 1.2$。

④ 最大偏转系数（内流线处）：$(\zeta_a L/t)_{max} \approx 1.5$。

⑤ 在轮毂处的 ψ_i 也需进行验证，如图 3.24 所示。

叶片的外截面必须遵循这些准则，但是在轮毂附近可能会有些许偏差。要求的

流动偏转 $\Delta\beta = \beta_2 - \beta_1$ 越大，则选择的 L/t 也越大。

文献中给出的升力系数和阻力系数适用于无限翼展 b 的单个翼型（一般测量值 $L/b = 5$）。对于有限翼展的翼型，叶顶周围从压力面流至吸力面的液流会使翼型的升力下降。在轴流泵中，这种流动被泵壳与叶片叶顶之间狭小的缝隙所限制，因此泵中的翼型可以提供相对稍大的升力。叶栅中的叶片之间会有一些干涉。原则上，将单个翼型的数据应用在轴流泵叶轮上时需要对翼展和叶栅进行修正。由于叶栅修正的方法尚不明确，因此在实际应用中，往往在 $L/t > = 1$ 时忽略这些修正，参见文献 [B.1，25]。由于叶片翼展的影响比较小，且在一定程度上弥补了相邻叶片间的干涉，因此翼展修正也可忽略。

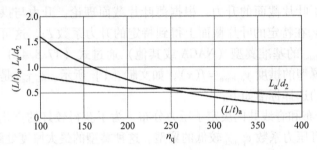

图 7.31　轴流泵外流线处的叶片长度

水力损失包含真实的叶片损失，可以通过翼型的数据加上泵腔、轮毂、进口及导叶的摩擦损失确定。引入翼型剖面的升阻比后，可通过式（T7.8.9）得到实际叶片损失。若根据相关式（T7.8.10）或式（T7.8.11），也可采用文献 [B.1] 中的升阻比 ε_{res}，并根据式（T7.8.9）估算整泵的水力效率。该计算也可用于计算叶栅的平均直径 d_m。

$$d_{1m} = d_2 \sqrt{0.5(1 - v^2)} \qquad (7.22a)$$

各圆柱截面上相对速度的允许减速值可通过文献 [37] 中推荐的扩散系数 D_{fz} 验证，见式（T7.8.12）。根据文献 [7，9]，外流线上的系数值不应超过 $D_{fz,a} = 0.45$ 且轮毂处的系数值不应超过 $D_{fz,i} = 0.6$。文献 [B.3] 中推荐限制外流线上的系数值为 0.35。

根据表 7.5，利用升力和阻力可计算出各圆柱截面上作用在叶片上的力和扭矩，沿着叶片高度方向对其进行积分，可以获得作用在叶片根部的弯曲应力。除了液力，还有离心力作用在叶片上。还需计算出叶片的最低固有频率，以保证其高于激励频率 $z_{Le} n/60$，见 10.7.1。可以对作用力的轴向分量沿叶片高度方向进行积分，从而得到作用在叶轮上的轴向力（估算式见 9.2）。关于作用力和应力计算的一些说明：

1）应采用部分载荷工况时的最大扬程来检验叶片的强度。为此，H_{max}/H_{opt} 的比值可用来计算最高效率点的应力，其范围为 1.6～2.0。

2）要考虑平均（稳定）弯曲应力及交变应力。在部分载荷工况下流动接近失速和回流时，交变的升力会比较大。可假设升力动态分量占稳定作用力的35%。

3）计算出轮毂处叶片截面的截面系数 W。计算过程中可适当忽略拱度。计算出轮毂处叶片截面的截面惯性矩。在计算过程中，在保证叶片固有频率的前提下也可忽略拱度。

4）忽略从轮毂至外流线处叶片厚度的减小，这会引起2%~4%的计算误差。

5）几何形状相似的叶轮之间的固有频率的比例为 $f \sim 1/d_2$。

7.6.5 翼型的选择

拱度决定了叶片截面的升力。根据薄叶片截面理论，升力与拱度成正比。因此，要求拱度 y_c 在特定的叶片截面上得到特定的升力系数 ζ_a，这可以根据已知的升力系数为 $\zeta_{a,base}$ 的基准翼型（NACA 或其他）通过式（T7.8.41）计算得到，给出选定的基准翼型的拱度 $y_{c,base} = f(x)$，如文献［1］所示。$\zeta_{a,base}$ 是翼型的设计升力系数。翼型的选择标准如下：

1）厚度分布和脊线共同决定了压力分布。为了获得较好的空化性能，应选择压力分布平坦且压力系数 $c_{p,min}$ 较低的翼型。这种翼型的最大厚度处距离前缘较远，且 $x_d = 0.5$ 时性能接近最优（如 NACA65 系列）。不建议 x_d/L 的值过高，因为这会使得翼型后部发生流动分离的风险增高。升力系数（叶片载荷）、低压峰值 $c_{p,min}$ 及发生空化的风险随着轮廓厚度及弯度的增加而增大。

2）不宜将弧线设计为圆弧状，因为这种翼型受大冲角的影响较大。抛物线形状对空化性能较有利，因为其可以作为叶片的第一截面，从而获得平坦的压力分布。

3）虽然陡峭的翼型可以使得无冲击来流时的损失达到最小（对最高效率点处有利），但这种翼型受冲角的影响比较大，且不适用于部分载荷工况和对空化性能要求较高的场合。

4）低压峰值 $c_{p,min}$ 及发生空化的风险随着翼型厚度 d/L 的增加而增大，所以选择的翼型厚度一般不超过 $d/L = 0.15 \sim 0.18$。

5）倾斜来流产生的低压峰值要低于垂直来流产生的低压峰值。因此，从俯视方向看，前缘出现径向的低压分布不是最理想的，所以经常采用类似于图 7.32（见文献［61］）中的后掠来降低轮毂处流线及发生二次流时的叶片载荷。后掠可显著提高 $Q-H$ 曲线的稳定性、空化性能（一般使 NPSH$_R$ 降低 10%~30%）及效率，如图 5.43 所示和文献［21］所述。采用后掠还可防止纺织物、塑料薄片及各种纤维阻塞在叶片前缘。后掠在排污系统中是不可或缺的，因为这些污物也会出现在排灌和排水系统中。对后掠作用的研究见文献［18，20，35，48］。

6）出于机械和水力设计的考虑，需增加从叶顶至轮毂处的翼型厚度，一般将翼型的厚度坐标乘以一个常数来实现加厚。

基于以上标准，可以为轴流泵选择
NACA6 系列翼型，这是因为脊线的设计要
使得从前缘至点 a/L 处的水力负载均匀。翼
型的名称表明了它的流动特性，以翼型
"NACA65$_2$ – 415，$a = 0.7$" 为例：①第一个
数字 "6" 代表翼型系列及其设计原则；②
第二个数字 "5" 代表基本对称翼型在零升
力时的压力最低点位置，以 $10X_{cp,min}/L$ 表
示。本例中表示在以上条件下的压力最小点
位于翼型长度的 50% 处；③第三个数表示
设计值附近的升力系数范围，且在该范围
内，翼型上下表面的压力梯度起主要作用；
④破折号后面的第一个数字表示设计升力系

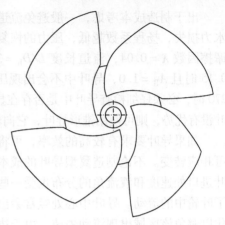

图 7.32　后掠型轴流泵
（与文献［61］所述类似）

数，以 $10\zeta_a$ 表示。本例中表示该翼型的设计升力系数为 $\zeta_a = 0.4$。⑤最后两个数字
以百分比的形式表示最大翼型厚度，如 $d/L = 0.15$。⑥额外的参数 "a" 表示弧线
上的水力载荷。在本例中，从前缘至翼型长度 70% 处的水力载荷都均匀分布，下
游至翼型后缘的载荷呈直线下降直至为零。

翼型 NACA65 – 209 和 NACA65$_2$ – 415 的性能如图 7.28 ~ 图 7.30 所示。
图 7.28 给出了不同升力系数下的压力分布（根据文献［50］），在图中插入了达到
相应升力系数时的近似攻角值。吸力面（根据设计）的压力最小处在翼型长度的
50% 处。压力分布保持平坦直至攻角达到 2°。但当攻角超过 4° 时，在吸力面会出
现明显的低压峰值。图 7.29 给出了厚度比和设计升力系数不同的两种翼型的极值
$\zeta_a = f(\zeta_w)$，但是两者极值比较接近。在设计升力值附近的阻力最小。根据文献
［1］中的数据，图 7.30 给出了以攻角为函数表示的升力系数。该曲线表明，升力
随着攻角的增加而线性增大，直至达到最大值，厚度、弯度较大的翼型 "425" 比
"209" 的升力值更大。在线性范围内，当较薄的翼型的攻角增加 1° 时，两种翼型
可以达到相同的升力值。

7.6.6　轴向导叶的设计

叶轮出口的绝对速度为 $(c_2/u_2)^2 = (c_{2u}/u_2)^2 + (c_m/u_2)^2 = 0.25\,\psi_{th}^2 + \varphi^2$。若导
叶安装在叶轮下游，流动将减速直至 $c_4 = c_m/A_R$（A_R 为导叶出口与进口环形截面的
比值）。导叶也用来尽可能将圆周速度减小至零，因为泵出口处存在旋涡的话会导
致额外的损失。

如果 ζ_{Le} 为导叶的压力损失系数，则可通过伯努利方程得出导叶中的压力恢复：

$$\Delta\psi_{Le} = \left(\frac{c_2}{u_2}\right)(1 - \zeta_{Le}) - \left(\frac{c_4}{u_2}\right)2 = \frac{\psi_{th}^2}{4}(1 - \zeta_{Le}) + \varphi_2\left(1 - \zeta_{Le} - \frac{1}{A_R^2}\right) \quad (7.23)$$

出于制造成本考虑，一般避免流道的扩张，因此取 $A_R = 1.0$。由于不可避免的水力损失，扬程系数越低，压力的恢复也会越低。如 $\beta_1 = 12.4°$（$\varphi = 0.22$），管道摩擦因数 $\lambda = 0.04$，流道长度 $L/D_h = 3$（$\zeta_{Le} = \lambda L/D_h = 0.12$），当扬程系数为 $\psi = 0.15$ 时且 $A_R = 1.0$，导叶中不会出现压力恢复，见式（7.23）。当比转速大概超过 270 时，必须仔细检查导叶中是否存在显著的压力恢复或产生效率损失。若叶片式导叶没有优势，则可使用锥形导叶，它向轮毂处或者向外打开（根据 1.6 进行设计）。

如果导叶要求有较高的效率，可将叶片式导叶设计成翼型形状。表 7.8 中的式可相应转变。不论制造翼型导叶的成本是否有变化，都要对每个导叶进行检查。导叶进口处速度和液流角的分布也受一些不确定因素的影响。轮毂处的复杂流动主导了叶轮中的流动。导叶中心处经常会出现流动分离现象，需要进行仔细的分析和优化以避免该区域出现流动失速。由于边界层作用和叶顶间隙处流动的影响，外流线处的流动与无黏计算的结果会有偏离（见 5.7）。若导叶的叶片为圆柱叶片，则须按照流道模型进行计算：

1）叶轮出口处绝对速度和液流角已知：$c_{3m} = c_m$，$c_{3u} = c_{2u}$，$\alpha_3 = \alpha_2$。因为半径和横截面是不变的，所以这些值与导叶进口处一致，且所有这些参数值都是关于半径的函数。

2）考虑到 7.2.1 和 10.7.1 给出的标准，导叶的叶片数一般选择在 5~8 之间。导叶的轴向长度和叶片数必须相互匹配，因此导叶长度 L 与节距的比值（稠密度）足够大，以达到预期的流动偏转。一般约为 $L/t = 1~1.5$。

3）为限制叶片的动载荷和压力脉动，叶轮叶片和导叶叶片之间应留有 $a/L = 0.05~0.15$（L 为叶轮叶片的弦长）的距离。对于效率和扬程系数，即使缺乏适用的设计规则，但仍存在一个可能的最佳距离。过大的距离会产生不必要的摩擦损失，并影响效率和扬程系数。根据文献 [2] 中的试验，在距离 $a/L < 0.05$ 时，效率会再次下降，大概是因为叶轮出口处的不均匀流动不能顺利进入导叶进口。速度有波动的来流会在导叶进口处会产生更大的损失。

4）可以根据式（3.18）和式（3.19）计算出导叶进口处的叶片安放角。叶片堵塞的可能性很低，可以在 c'_{3m} 以内考虑。

5）为限制柱状管道和出口弯头内的压力损失，柱状管道内的流速不能超过 5m/s。同时也要给出相应的导叶出口处环形截面的尺寸。

6）设计的目的是实现在 $\alpha_4 = 90°$ 时的无旋出流，以及导叶中的流动不能与叶片完全相同，一般选择叶片安放角为 $\alpha_{4B} = 94°~96°$。

7）叶片可设计为圆弧形状，叶片前缘可以为圆形或椭圆形。后缘设计为较钝的形状（出口处一般不设计为圆弧状，因为这种形状容易产生涡街，见表 10.13）。

7.7 诱导轮

为降低水泵的 $NPSH_R$ 值，可以在叶轮上游安装轴向诱导轮。如图 2.1 所示的带有诱导装置的单级流程泵剖面图。诱导轮一般可降低水泵的 $NPSH_R$ 至不安装诱导轮时的一半。

诱导轮可提高叶轮上游的静压值，同时叶轮叶片上的空化气泡会减少或受到抑制。如果与不装诱导轮相比，泵可以在更高转速或更低的 $NPSH_R$ 的工况下运行，说明诱导轮比叶轮更不需要 $NPSH_R$ 值。

在工业应用，诱导轮一般可使得吸入比转速达到 $n_{ss} = 400 \sim 700$，见 6.2.4。较小的进口安放角 β_1（图 6.21）、阻塞较小的薄前缘剖面及在液流进入叶轮前至少会使一部分的空化气泡破裂的较长流道，可以获得较高的吸入比转速。与叶轮相比，诱导轮进口处的流动角和流动系数 φ_1 较小，因此需要较大的进口面积，可以通过降低轮毂比和增大进口直径实现。

下面讨论的内容主要来源于文献［19，29，30，45，B.16，B.24］中关于 NASA 所做的一些关于诱导轮设计的研究工作。这些信息适用于吸入比转速达到 600 时的工业应用。在航天技术中应用了吸入比转速更高的诱导轮，有时甚至会使用两级诱导轮。下面所讨论的诱导轮的设计方法与这些高性能的诱导轮差别并不大。

如图 2.1 所示，诱导轮中的流动基本是轴向的。通常其入口直径会稍大于下游叶轮的入口直径。诱导轮进口处的轮毂直径一般尽可能设计的小一点，因此轮毂形状一般为圆锥形，且轮毂直径向着叶轮入口的方向增大。对于轴流式叶轮，因为相对速度减小，所以诱导轮中的静压会升高，见式（T3.3.8）。在两种可能的叶栅设计方法中进行选择时，需要考虑到以下几点：

1）间距不变的叶片需设计为螺旋表面，且叶片角在圆柱截面上满足 $\beta_{1B} = \beta(L) = \beta_{2B} =$ 常数。这种叶片只要冲角 $i_1 = \beta_{1B} - \beta_1$ 大于零或叶片流道内的流动根据 $w_{1q} < w_1$ 减速，就会产生压力。这种叶片的优点在于制造简单。

2）间距变化的叶片（图 7.34 右），从进口至出口的圆柱截面上的叶片角和螺旋桨泵一样，即 $\beta_{2B} > \beta(L) > \beta_{1B}$。

7.7.1　诱导轮的参数计算

主要尺寸和进口条件的确定：

1）基础：已知泵的参数，如转速 n、流量 Q_{opt}、$NPSH_R$ 曲线及叶轮的尺寸。另外，通过诱导轮或特定的 $NPSH_R$ 可获得吸入比转速。此外，必须确定机械设计所需的边界条件，一般来流角为 $\alpha_1 = 90°$ 且假定入口截面的轴向速度恒定。

2）设计流量：与轴流式叶轮一样，诱导轮有着陡峭的 $Q - H$ 曲线，在无冲击入流时压升迅速下降至零（由型号决定）。因此，在通过 $Q_{ind} = (1.1 \sim 1.15) Q_{opt}$ 或利用式（T7.9.7）确定诱导轮设计流量时，必须考虑泵的最大流量。

3）叶片数 z_{La}：诱导轮一般有 $2 \sim 4$ 个叶片。

4）诱导轮入口直径 d_1：进口直径的设计要满足已选的吸入比转速。可通过式（T7.9.3）选择满足要求的吸入比转速对应的最佳流量系数，进而确定适当的入口直径。也可以通过选择系数 λ_w 和 λ_c，根据式（T7.9.1）计算出最佳入口直径。可通过式（T7.9.4）得出期望的吸入比转速。最后，通过式（T7.9.2）计算出 $\varphi_{1,opt}$。上述方法得出的结果是相同的。对于轴向入口的诱导轮，假设 $\lambda_c = 1 \sim 1.1$ 和 $\lambda_w = 0.03 \sim 0.08$。诱导轮的入口直径必须与管道入口及下游的叶轮相匹配，这意味着在做标准泵的设计时会受到很大的限制。

轮毂比的确定需要使用迭代计算的方法，在计算中需要考虑两个不确定的因素：①如 6.3.2 中所讨论的，系数 λ_w 和 λ_c 由几何形状决定，而只有设计的叶片在测试中反推出这些系数时，才可以得到计算时的假设值；②泵的 $NSPH_R$ 大小不仅受到诱导轮的影响，也受到下游叶轮的影响。如果叶轮在设计时没有特别考虑到诱导轮的运行工况，则在有些工况下难以达到诱导轮的设计吸入比转速，见 7.7.3。尤其在大流量（q^*）工况下，这种风险更大；它随着诱导轮吸入比转速的增加而增大。

5）内流线处的进口直径 d_{1i}：取最小轮毂比 $v_{1,min}$ 约为 0.15 时可获得最小值的 d_{1i}。较小的 d_{1i} 是不利的，会导致内流线处叶片的进口安放角过大。

6）叶片进口安放角 β_{1B}：根据步骤 4）确定好诱导轮的入口直径之后，根据表 3.1 可以计算出入口速度三角形中的所有量。诱导轮叶片的第一截面根据图 7.33 进行设计，计算是以叶片压力面的安放角 $\beta_{1B} = \beta_{1B,PS}$ 为基础进行的，而安放角是根据式（T7.9.5）～式（T7.9.7），用液流角加上冲角 $i_1 = 2° \sim 4°$ 得到的。这样，可算出内流线、外流线及平均流线上的液流角和叶片安放角。在确定入口安放角时，必须确保 $NSPH_R$ 曲线的陡峭上升出现在无冲击入流的流量附近（取决于叶片结构）。因此，除设计点外，有必要考虑最大流量时的冲角下降值不应低于 1°，以避免在叶片压力面发生空化，见式（T7.9.7）。

7）入口喉部面积 A_{1q}：对于叶轮［见 7.2.1 中步骤（15）］，必须限制相对速度矢量 w_1 减速至喉部区域的平均流速 w_{1q}，以避免回流过早发生。相反的，液流在最大流量时不能出现加速，避免发生过载空化。因此，诱导轮入口处喉部面积的选择要使得设计点处 w_{1q}/w_1 的范围为 0.6 ～ 0.75，但在最大流量时不超过 1。

8）诱导轮外侧直径 d_{2a} 和 d_{2i}：外流线及轮毂处的直径都是通过下游叶轮的尺寸得到的。诱导轮的圆锥形轮毂（$d_{2i} > d_{1i}$）是有利的，因为扬程会因离心力而增大，而且随着 d_{2i} 的增加（失速可能性降低），轮毂对流动偏转的要求降低。如果出口处的诱导轮直径小于入口处的直径，$d_{2a} < d_1$，则第一个圆柱部分（图 7.34 中的尺寸 L_1）需设计的足够长，至少要能覆盖到诱导轮的喉部区域。

诱导轮出口参数的相互关系：叶片出口安放角的选择必须满足叶轮前的静压在指定的运行工况下充分上升，来满足叶轮对 NSPH 的要求。图 7.35 说明了诱导轮中静压上升对系统中诱导轮（或叶轮）对 NSPH 要求产生的影响，该图是在对流程泵测试的基础上计算得到的。曲线 1 为单个叶轮测得的 $NSPH_{3,imp}$ 值随流速的变化。

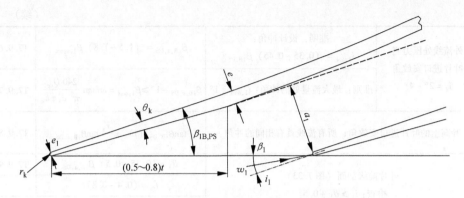

图 7.33 诱导轮进口处叶片几何参数的选择

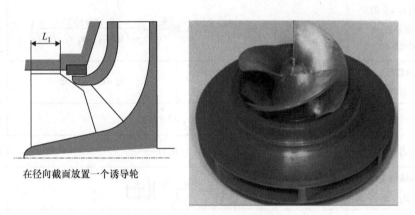

在径向截面放置一个诱导轮

图 7.34 3 个叶片的变间距诱导轮

表 7.9 诱导轮的设计，$\alpha_1 = 90°$（图 7.33）

给定 λ_w 的最优进口直径	$\lambda_c = 1.1,\ \lambda_w = 0.02 \sim 0.08$	$d_{1,\mathrm{opt}} = 3.25 \left(\dfrac{Q_{\mathrm{La}}}{n\, k_n} \right)^{1/3} \left(\dfrac{\lambda_c + \lambda_w}{\lambda_w} \right)^{1/6}$	T7.9.1
给定 λ_w 的最优流量系数	$\varphi_{1,\mathrm{opt}} = 0.1 \sim 0.18$	$\varphi_{1,\mathrm{opt}} = \sqrt{\dfrac{\lambda_w}{2\,(\lambda_c + \lambda_w)}}$	T7.9.2
给定 n_{ss} 的最优流量系数 $n_{ss,\mathrm{Ref}} = 400$	$\varphi_{1,\mathrm{opt}} = 0.15 \left(\dfrac{n_{ss},\ Ref}{n_{ss}} \right)^{0.93}$	$d_{1,\mathrm{opt}} = 2.9 \left(\dfrac{Q_{\mathrm{opt}}}{k_n n \tan\beta_1} \right)^{1/3}$	T7.9.3
吸入比转速 $n_{ss} = 350 \sim 700$	$\varphi_1 = \left(\dfrac{n_{ss},\ Ref}{n_{ss}} \right)^{0.93},\ n_{ss,\mathrm{Ref}} = 52$	$n_{ss} = \dfrac{98}{(\lambda_c + \lambda_w)^{0.25}} \left(\dfrac{k_n}{\lambda_w} \right)^{0.5}$	T7.9.4
外流线处的进口进口角	$\beta_{1,a,\mathrm{opt}} = \arctan\varphi_{1,\mathrm{opt}}$	$\beta_{1,a,\mathrm{opt}} = \arctan \dfrac{240\, Q_{\mathrm{opt}}}{\pi^2\, d_{1,\mathrm{opt}}^3\, n\, k_n}$	T7.9.5

（续）

外流线处压力侧叶片进口安放角 $i_1 = 2° \sim 4°$	准则：设计冲角：$i_{1,opt} = (0.35 \sim 0.45)\,\beta_{1B,PS}$	$\beta_{1B,a,DS} = (1.5 \sim 1.8)\,\beta_{1,a,opt}$	T7.9.6
	准则：最大流量处的冲角：$i_{1,max} = 1°$	$\beta_{1B,a,DS} - 1° \geqslant \beta_{1,max} = \arctan\dfrac{240\,Q_{opt}}{\pi^2\,d_1^3\,n\,k_n}$	T7.9.7
叶高上的叶片进口安放角；所有流线具有相同的冲角		$\tan\beta_{1B,DS}\,(r) = \dfrac{r_a}{r}\tan\beta_{1B,a,DS}$	T7.9.8
叶片前缘剖面（图7.33）检查：$i_1 \geqslant \vartheta_k + 0.5°$		$\vartheta_k = (0.35 \sim 0.5)\,\beta_{1B,a,DS}$	T7.9.9
		$L_k = (0.4 \sim 0.8)\,t$	
		$r_k = (0.03 \sim 0.05)\,e$	
只针对 $i_1 > 0$ 的空化系数 $k_3 = 0.22 \sim 0.65$	$\sigma_3 = k_3\,k_n\left\{\dfrac{\varphi_1}{\sqrt{k_n}} - \dfrac{\varphi_1^2}{\tan\beta_{1B}}\left(1 - 0.36\dfrac{k_n}{\tau_1}\right) + \dfrac{3.18 \times 10^{-3}}{\tau_1(\tan\beta_{1B} - \varphi_1\,\tau_1\,\sqrt{k_n})}\right\}$		T7.9.10
叶顶间隙对 n_{ss} 的影响	$\dfrac{n_{ss}}{n_{ss,s=0}} = 1 - k_4\sqrt{\dfrac{s}{b_1}}$	$k_4 = 0.5 \sim 0.65$	T7.9.11
叶片长度	$(L/t)_a = 1 \sim 2.5$		T7.9.12
水力效率	$\eta_h = 1 - 0.11\dfrac{L}{t}$		T7.9.13
偏移角 δ_2 液流角 $\beta_2 = \beta_{2B} - \delta_2$	$\delta_2 = \left(2 + \dfrac{\beta_{2B} - \beta_{1B}}{3}\right)\left(\dfrac{t}{L}\right)^{1/3}$		T7.9.14
诱导轮内的静压增量。平均流线处的计算值	$\psi_p = \eta_h\left(1 - \varphi_1^2\left\{\dfrac{A_1^2}{A_2^2\,\sin^2(\beta_{2B} - \delta_2)} - 1\right\}\right)$		T7.9.15
注意：使用压力面叶片安放角 $\beta_{1B,PS}$ 而不是拱度			
诱导轮叶片数：$z_{Ind} = 2 \sim 4$，根据图7.37可知后掠角 $\varepsilon_{sb} = 65 \sim 90°$			
轮毂直径（由机械设计给定）	进口：选择接近最小值的轮毂直径 $v_{1,min} = 0.15$		
	出口：和轮毂直径相匹配；大的轮毂直径可以减小诱导轮的扬程（离心力）		

诱导轮中的静压增量 H_p 如曲线3所示，曲线3在 Q_B 处通过零点。在 $Q < Q_B$ 时，诱导轮相当于一个泵，而 $Q > Q_B$ 时，诱导轮则相当于制动阀（见第12章）。如果从叶轮的 $NPSH_{3,imp}$（曲线1：没有诱导轮）中减去诱导轮中的静压增量（曲线3），就可以得到曲线5，并在 Q_u 点通过零点。在区域 $Q < Q_u$（即 $H_p >$ $NPSH_{3,imp}$），曲线5位于流量坐标之下。此时，诱导轮/叶轮系统的 $NPSH_R$ 主要取决于诱导轮的 $NPSH_{3,imp}$ 值。在区域 $Q_u < Q < Q_B$，从诱导轮到叶轮对 $NPSH_R$ 的控制无法获得足够的压力。工况限制区域位于曲线5的左侧和曲线1与曲线2交点的左侧。然而，要有效地预测曲线2和曲线5的急剧上升非常困难。$Q > Q_B$ 时为制动工

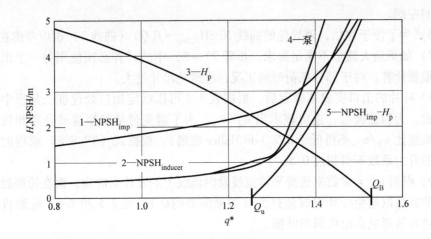

图 7.35　诱导轮特性

况, 此时曲线 5 位于曲线 1 的上方。此时, 水泵不能在任何工况下运行, 因为叶轮进口处的压力比没有诱导轮时更低。曲线 2 为 NPSH 所要求的诱导轮的 $NPSH_{3,imp}$ 值, 而曲线 4 为测得的系统中诱导轮和叶轮的 $NPSH_3$ 总和。

根据以上的关系, 计算诱导轮出口参数的步骤如下:

1) 通过测量或计算得到作为流量函数的叶轮的 $NPSH_{3,imp}$ 值 (无诱导轮) 并做出曲线 1。

2) 根据式 (T7.9.10) 和文献 [30] 可估计诱导轮所需的 $NPSH_{3,inducer} = f(Q)$ 曲线。与其他的关系式相比, 这个关系式的优点是: 当冲角趋近于 0 时, 随着流量的增大, 它会产生一段急剧上升的曲线 (方程右边项趋向于零)。

3) 选择外流线处的叶片出口安放角 β_{2B}, 计算出诱导轮中的静压增量。可利用表 3.3 推导出的式 (T7.9.15) 得到。扬程系数由平均流线计算得到。可通过式 (T7.9.14) 计算得到的偏移角来考虑流动偏转。由式 (T7.9.13) 可估算出诱导轮的水力效率。根据流量比 q^* 和几何结构, 水力效率的范围在 0.7 ~ 0.9 之间。对于水力效率的计算, 也可通过文献中给出的关于扬程系数的关系式计算。在应用相关的关系式时, 必须考虑到单个的几何参数, 如在诱导轮进出口处的轮毂直径, 但无法得出其对压力升高的影响。而且, 文献中对诱导轮的几何尺寸的检查并不充分。此外, 静压增量 (不是扬程增量或总压增量) 也必须作为一个标准, 因为它是提高 NPSH 的唯一途径。

4) 必须计算出在无冲击入流或 $H_p = 0$ 和流量 Q_u 范围内由诱导轮引起的静压增量, 其中 H_p 只比叶轮的 $NPSH_{3,imp}$ 大很多。在部分载荷工况时, 由于逐渐增强的入口回流, 计算结果存在不确定性。H_p 会因为离心力的作用 (流线位移) 而增大, 因此得出的 $H_p = f(Q)$ 曲线逐渐趋于点 $\psi_{p(Q=0)} = 1.0$。

5) $NPSH_{3,La}$ (曲线 1) 与静压增量 (曲线 3) 之间的差表明了最大流量处于曲线 5 的左侧。

6）为了便于评估，诱导轮的曲线 $NPSH_{3,imp} = f(Q)$（曲线 2）也应考虑在内。

7）如果最大流量不满足要求，步骤 2）~5）中的计算必须使用另一个出口安放角重新计算。对于部分载荷时的工况，应避免尺寸过大。

8）叶片的出口安放角确定后，根据表 3.2 可以确定出口处速度三角形中的所有参数。为验证流态，也应该求出 w_2/w_{1a}。为了避免过早发生流动分离和效率损失，减速比 w_2/w_{1a} 不得低于 0.7（de Haller 准则）。根据式（T7.8.8）求得的外流线处的升力系数不得超过 0.5。

9）根据 uc_u = 常数来选择平均流线及内流线上的叶片安放角，而在轮毂处采取折中的办法以避免叶片安放角过大（如果需要的话），见 7.5 和 7.6。轮毂直径越大，越容易形成自由旋涡的叶栅。

由于在较厚边界层和离心力的作用下发生的较强烈的二次流会对流动偏转和水力损失产生影响，诱导轮中静压增量的计算存在较大的不确定性。

7.7.2　诱导轮的设计与成型

在确定进出口直径及叶片安放角后，即可开始设计诱导轮，设计应遵循 7.2.2。以下内容有助于选择合适的叶片形状和轮毂轮廓：

1）进口处叶片轮廓：叶片的第一截面通常设计成楔形，且前缘尽可能薄。最小叶片厚度取决于叶片应力和固有频率。楔形部分的长度占叶片间距的 50% ~ 80%，如图 7.33 所示。组成吸力面轮廓的楔形角 θ_k 的选择应根据式 $\theta_k = (0.3 ~ 0.5)\beta_{1B,a,PS}$。较薄的叶片进口轮廓对获得良好的吸入能力很重要，其还意味着无冲击来流时具有较低的初生空化系数（$\sigma_i \approx 0.2 ~ 0.3$）。然而，即使在冲角很小时，$\sigma_i$ 也会快速增大，如图 7.36 所示。

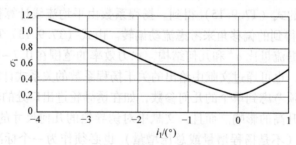

图 7.36　以冲角为函数的诱导轮空化初生

2）为了产生较小的流动偏转，并减小低压峰值和空化气泡，叶片长度第一部分上的叶片安放角 β_{1B} 最好保持不变，最大约为 $x/L = 0.25$。

3）如果压力分布已算出，应该检查叶片的设计是否能够确保叶片吸力面喉部区域的静压超过汽化压力，即 $p_{ss(x=t)} > p_v$。

4）由于离心力的存在，诱导轮内的圆锥形轮毂使得压力逐渐累积。同时，发生流动分离的趋势随着轮毂锥度的增大而减小。

5）叶片长度应在 $L/t = 1 \sim 2.5$ 相对较大的范围内选择。如果允许采用悬臂式的诱导轮，叶片长度应在 $1.4 \sim 1.8$ 之间。如果叶片设计的太短，由于偏转角的增大，诱导轮中的压力增加就会减小。而且，吸入能力会降低，同时在部分载荷工况时发生强烈压力脉动的趋势会逐渐增大。叶片长度 $L/t > 2.5$ 似乎并无益处。

6）外流线处的叶片安放角通常在 20° 以下，但这取决于诱导轮和叶轮的进口直径。叶片向出口处略呈锥形。

7）高效的诱导轮几乎都设计有一个"回掠"，如图 7.37a 所示。回掠不仅能增大吸入比转速，还可减少压力脉动的强度。在文献［30］的试验中，外流线处的最佳包角 ε_{sb}（图 7.37 中的定义）在 65° ~ 90° 之间。半叶高处 ε_{sb} 约为外径的一半。与 $\varepsilon_{sb} = 29°$ 的试验相比，采用回掠得到的吸入比转速由 280 增加到 510。观察到的空泡的扩展也相应变小，且压力脉动强度也较低。应注意的是：图 7.37 中轮毂处的叶片前缘已经明显地向径向倾斜。

8）诱导轮的外轮廓在进口处通常呈锥形，如图 7.37b 所示。因此，在诱导轮入口，叶片与泵体之间有很大的间隙。这样的设计有助于降低部分载荷工况时的压力脉动并获得较低的 $NPSH_A$。

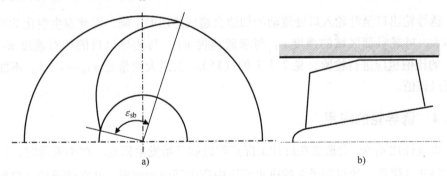

a)　　　　　　　　　　　　　b)

图 7.37　诱导轮叶片前缘的回掠

7.7.3　叶轮和诱导轮的匹配

诱导轮通常安装在标准泵的叶轮上游，主要应用在泵的 $NPSH_R$ 值无法满足使用要求的场合。但如果一台具有中等吸入能力的叶轮与具有较高吸入比转速的诱导轮相匹配，则无法保证 $NPSH_R$ 会降低。如果空化发生在叶片的压力面，则下游叶轮过大的冲角会使最大流量受到限制。为此，根据式（T7.9.4）（表 3.2）中的 $\beta_2 = \beta_{2B} - \delta_2$，计算得到诱导轮出口的液流角 β_2。如果 β_2 大于下游叶轮的进口安放角 β_{1B}，可通过切削叶片和压力面的轮廓，在一定程度上可调整下游叶轮叶片的前缘。为使出口角尽可能小，诱导轮中的压升不宜过大。

图 7.38 显示了测得的诱导轮出口处的流速和液流角。外流线附近的轴面速度一般远低于平均值，而圆周速度高于平均值。因此，外流线处的出口角远小于计算结果，而轮毂附近的远大于计算结果。这些三维效应在设计点处已经很明显，且在部分载荷工况时得到进一步增强（见 5.2 和图 5.7）。受叶顶间隙流和边界层厚度的影响，外流线附近的轴面速度会出现下降。随着叶顶间隙的增大，偏转角或叶片与液流角之间的差异会增大。由于扭曲的流动条件，诱导轮出口液流角的计算变得很不确定。

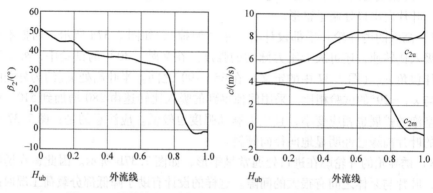

图 7.38　诱导轮出口液流角和出口绝对速度（苏尔寿泵业）

诱导轮出口至叶轮入口处流动的加速会造成静压的下降，因此发生空化的可能性增大。叶轮喉部区域的速度 w_{1q} 与来流速度 w_1（与诱导出口的相对速度 w_2 相同）的比值也应进行检验，见 7.2.1 的（15）：在最大流量处 $w_{1q}/w_2 = 1$，不能过多超过该值。

7.7.4　诱导轮的应用

大直径比 d_1/d_{1i} 会造成在设计工况点附近就开始发生回流。在小流量时，回流会变得非常强烈，使得端吸泵的进水管道中产生强烈的旋涡，并在诱导轮入口处形成抛物线状的静压分布。在吸入压力较低时，会在吸入管道的中心产生充满气泡的旋涡；如 6.5.1 中所述，这样的旋涡可引起严重的压力脉动，但通过合理的设计可在很大程度上避免这种脉动。在这方面比较有利的设计是：长叶片（高稠密度 L/t）、变间距设计，以及回掠和外轮廓为锥形的诱导轮。然而，目前尚无法为这一高度三维的两相流过程提供普遍有效的设计标准。因此，有必要通过试验证明在所要求的工作范围内不会产生产生过大的压力脉动和激振力。由于含有饱和空气的水会使脉动大大减弱，故对于试验所用的循环水，应尽可能地去除溶解在其中的气体。如果可能的话，试验应采用与设计工况相同的圆周速度。

一般情况下，工业用泵也会要求在较低的部分载荷工况下运行。为了能满足这个要求且没有过度的回流发生，工业上所用的诱导轮的吸入比速度被限制在大约

500～700。如果过多的超出这个范围，部分载荷工况时的 $NPSH_3$ 会增加，这样诱导轮可能不再满足在实际运行工况下较低的 $NPSH_3$ 的要求。

显然，应该尽可能限制部分载荷工况，且完全避免在 $q^* < 0.3$（启动期间除外）的工况下运行。

在大部分应用中，空化主要在诱导轮中产生。尽管 $NPSH_A$ 较低，即内破压力较低，但溃爆能量也可能是相当大的。虽然抽送烃类液体时几乎没有任何汽蚀损害。但为减少汽蚀损害，在用泵输送水时（尤其是抽送不含溶解空气的冷水，参见表 6.6），应控制诱导轮的圆周速度。因此，输送水时建议使用具有一定抗汽蚀能力的高合金钢。一般对圆周速度的限制为：抽水时，可能在 25～30m/s 范围内，在输送烃类时可能在 35～40m/s 范围内。这些限制条件可以参考已发表的相关文献，如文献 [33]。初生空化气泡（对应于 $NPSH_i$）产生于诱导轮和泵体的间隙内。

诱导轮在一定程度上能够输送含有气体的液体。在诱导轮进口处，闭式叶轮的诱导轮能够处理最高含气量至 25% 的液体，半开式叶轮的诱导轮能处理含气量为 35% 的液体，而开式叶轮的诱导轮甚至能处理含气量为 40% 的液体。诱导轮处理气体的能力取决于其几何结构，且应进行试验检查，见 13.2。

安装诱导轮后，在最高效率点附近的 $Q - H$ 曲线和效率几乎不变。由于诱导轮中的能量传递，诱导轮出口处绝对速度的圆周分量会增大。根据欧拉方程，下游叶轮做功会相应减少，见式（T3.3.1）。由于诱导轮中的水力损失所占比例略高于叶轮，泵的效率会下降，但这种影响有时是测量不出的。

然而，由于入口处强烈的回流和相关的离心扬程分量的增大，诱导轮会使关死点扬程增加几个百分点，见 5.4.1。在过载工况下，与没有诱导轮的泵相比，带有诱导轮的泵的扬程会略微下降，但只有当诱导轮在 $H_p < 0$（$Q > Q_B$）的工况下运行时，扬程降低才会变得显著，如图 7.35 所示。

诱导轮的叶片相对较薄，但叶片高度较高。在叶片铸造时，必须监测叶片可能出现的变形。尤其需要检查叶片出口安放角是否满足要求：如果 β_{2B} 太小，就不能获得必要的压升，而且在流量过低时会出现汽蚀余量急剧上升的现象。薄叶片还需要检验固有频率和应力，以防叶片断裂。

在给端吸泵安装诱导轮时，叶轮的悬臂长度增加，这在计算轴挠曲和临界转速时也需要加以考虑。同时，还必须考虑一些额外的径向激振力。由于空泡体积的变化，径向激振力可能通过叶顶间隙流或诱导轮流道中周期性变化的流动工况产生，见文献 [63]。

7.8　蜗壳

7.8.1　主要尺寸的计算和选择

在损失尽可能小的情况下，蜗壳将流体在叶轮出口获得的动能转化为静压。然后，蜗壳引导流体至出口管道。对于多级泵，则输送到泵的下一级。在计算蜗壳参数之前，必须确立设计的边界条件；尤其是要确定需要设计为单蜗壳还是双蜗壳。其选择标准如下：

1）单蜗壳的制造成本是最低的，且其流道容易铸造加工。根据 9.3，单蜗壳的缺点在于，在非设计工况点运行时，由于泵腔中圆周对称流的扰动，会产生比较大的径向力。该径向力会产生轴承载荷、泵轴处的弯曲应力及泵轴的偏向，影响泵的稳定性。单蜗壳的扬程取决于比转速、泵的设计（特别是轴承箱）、泵轴的厚度、轴承跨距或叶轮的悬臂长度。在 $n_q < 40$ 时，扬程大约为 $80 \sim 120$；在高比转速时，双蜗壳的扬程可能在 $60 \sim 80m$。在输送密度远低于水的液体时，上述限制也相应地变大，因为径向力与 $\rho g H$ 成正比。

2）当轴承载荷、泵轴应力和轴的挠曲超过许可值且无法减小径向力时，应该采用双蜗壳结构，通过额外的设计工作和成本来控制这些不利因素。内蜗壳和外流道之间的筋板可减小由于内部压力导致的蜗壳变形，这有利于在高比转速下的蜗壳设计。同时，也必须考虑到泵体在静水压试验中所需承受的压力。

3）双向蜗壳与双蜗壳的主要区别在于，双向蜗壳的两个分蜗壳都有各自的流道，而双蜗壳的两个分蜗壳有共同的出口段。除了一些特殊的设计外，双向蜗壳在多级蜗壳泵和立式泵均有应用。

4）三蜗壳或四蜗壳结构有时应用在深井泵中代替混流式导叶，这样可以使泵体的直径更小。

当蜗壳的类型和设计的边界条件确立后，主要尺寸需根据 7.9.2 中的表 7.10 进行选择或计算。

（1）分蜗壳的包角　对于双蜗壳和双向蜗壳，分蜗壳的包角一般为 $\varepsilon_{sp} = 180°$。在这种情况下，应该避免叶片数为偶数，以减小压力脉动，见 10.7.1。但如果要使用一个 6 叶片的叶轮，最好将内蜗壳的包角减小至 165°或 170°，使得两个叶片不会同时通过隔舌。类似地，对于多级泵也是如此。如 5.8 和 10.7.3 中所述，选择包角为 165°有利于流动的稳定性并改善失速。因为与 180°的包角相比，静止径向力增长的不多，有利于轴承设计和减振。

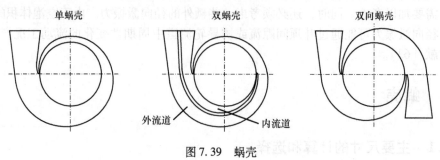

图 7.39　蜗壳

有时水平中开泵的包角小于180°，以避免中间筋板穿过泵体的对开法兰（因为铸造误差，精确匹配较困难）。根据9.3和表9.4，径向力会相应地增大。

双蜗壳的包角不得小于90°，因为此时无法降低径向力。原则上，包角也应不超过180°，因为过长的外流道会造成额外的损失；而且在 $q^* > 1$ 时，可能会产生很大的径向力（见9.3.4）。

（2）蜗壳的设计流量 Q_{Le} 为了确保实际中最高效率点的流量与设计流量一致，必须对蜗壳的 Q_{opt} 进行设计（根据3.7和4.2，如果在另一流量下计算尺寸，最高效率点会发生变动）。考虑可能流过蜗壳的泄漏流（Q_E 和 Q_{s3}），设计流量应适当增大，参见式（T7.10.1）。需要注意的是：叶轮入口处的泄漏不流过蜗壳。

（3）进口速度 可通过式（T7.10.2）或表3.2计算出叶轮出口处绝对速度的圆周分量，且与叶轮下游流动的角动量守恒一致，即 $c_{3u} = c_{2u}r_2/r_3$，见3.7。根据7.11，对于不同类型的泵，有时将导叶安装在叶轮和蜗壳之间。此时，这些部件出口处的圆周速度 c_{4u} 需作为蜗壳的进口速度。

（4）隔舌直径 d_z^* 必须要平衡叶轮和隔舌之间的间隙大小（间隙 B），以控制压力脉动和激振力在允许范围内，见第10章。隔舌的直径比 $d_z^* = d_z/d_2$ 为 n_q 和 H_{st} 的函数，可通过表10.2中给出的计算式求得。

（5）蜗形横截面的形状 需根据泵的类型选择蜗壳的形状，适当考虑泵体的应力和变形。图7.40给出了一些可选的蜗壳横截面。在设计蜗壳时，也必须考虑到对铸件和制造经济性的要求。对于基本的形状，如矩形和梯形，由于铸造的原因，设计的平面须带有一定的倾角（拔模斜度），且所有拐角处都必须倒圆角。混凝土结构的蜗壳可采用特殊的形状，如图7.40f～h所示。

矩形和梯形的截面形状的优点在于可以采用旋转曲面，有利于设计和制造。在蜗壳采用旋转曲面时，就不可以使用圆形截面，例如蜗壳是通过分段焊接在一起时。混流式叶轮的蜗壳横截面可能是不对称的，如图7.40d所示。对于双蜗壳，内流道和外流道的横截面必须相匹配，以使泵体的外壁为易于制造的形状，且可以实现一个到圆形出水口的光滑过渡，如图7.40e所示。

一般来说，在蜗壳横截面的选择上，设计者具有很大的自由，无须担心效率有较大的损失。扁平横截面（类似于平肘）产生的二次流的强度低于圆形横截面，损失更小。出于这个原因，宽度与高度的比值为 $B/H = 2 \sim 3$ 的扁平横截面被认为是最好的选择。

（6）进口宽度 b_3 根据叶轮出口宽度 b_2 及必要的叶轮侧壁间隙和蜗壳的设计要求，可得到蜗壳的进口宽度。从蜗壳到出口段的过渡应该是光滑的。这意味着单蜗壳需要相对较大的进口宽度 b_3，以便蜗壳喉部区域的 h/b 的值接近于1.0。而在双蜗壳中，h/b 的值则在0.5附近。b_3/b_2 的值取决于比转速，可以在较大的范围内选择且对效率没有过大的影响。如图7.40a所示，开式叶轮的侧壁间隙有利于效率和径向力。在比转速较小时，可以得到 $b_3/b_2 = 2.0 \sim 4.0$。在一些应用场合中，

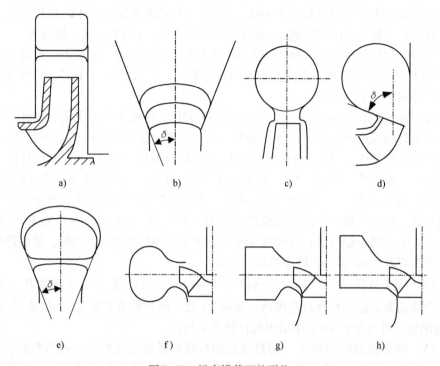

图 7.40　蜗壳横截面的形状

a) 矩形　b) 梯形　c) 圆形　d) 不对称（混流式叶轮）　e) 双蜗壳
f) 混凝土蜗壳 1　g) 混凝土蜗壳 2　h) 混凝土蜗壳 3

叶轮侧壁间隙会加剧蜗壳敞开泵的振动问题，详见 10.7.3 和 9.1。但是，在比转速较高和叶轮相对较宽时，由于设计方面的原因，不允许 b_3/b_2 太大，可选择 1.05~1.2。在比转速较高时，过大的 b_3/b_2 是不利的，因为可能会造成强烈的二次流和湍流耗散损失。

（7）隔舌轮廓　隔舌应采用椭圆形的轮廓，以便在运行工况发生变化时，尽可能降低对来流方向发生改变的影响。在实际应用中，这种轮廓对大型泵而言是有利的。隔舌要承受很高的压力，因此须采用短而厚的形状（前缘半径除外），以降低在隔舌处形成裂缝的风险。隔舌的前缘厚度 e_3 可通过一个直径约为 $0.02d_2$ 的圆来确定。污水泵中可能存在磨损的情况，隔舌的厚度至少要增加 1 倍。对于双蜗壳，中间筋板的厚度可通过应力计算得到（及铸件所要求的最小厚度）。

隔舌在圆周方向有一个外倾角 α_{3B}，根据式（T7.10.3）~式（T7.10.6），须保证其与液流角相匹配。正如 3.7 中所述，建议设计的隔舌具有较小的外倾角和冲角。

在低压一侧（比如面向叶轮的一侧），隔舌采用非对称的外形是有利的。冲角变为负值，压力分布更为平坦，部分载荷工况时发生流动分离的风险也相应降低。这有利于双蜗壳 $Q-H$ 曲线的稳定性，同时较厚的隔舌轮廓有利于满足机械应力要求。

为降低振动和噪声，隔舌可选择椭圆形的前缘，见表 10.2。这种设计也有利于减小由于马蹄形旋涡引起的隔舌处的侵蚀（例如泥浆泵、疏浚泵或污水泵）。

（8）蜗壳喉部面积 A_{3q} 如 3.7 和 4.2 所述，蜗壳设计的主要依据是角动量守恒定理。其他的蜗壳设计方法并不能提高效率，见文献 [17]。分蜗壳的包角 ε_{sp} 必须根据流量 $Q_{Le}\varepsilon_{sp}/2\pi$ 设计，$\varepsilon_{sp}=2\pi$ 应用于单蜗壳中（$z_{Le}=1$）；$\varepsilon_{sp}=\pi$ 用于双向蜗壳或 $2\times180°$ 的双蜗壳（$z_{Le}=2$）；$\varepsilon_{sp}=2\pi/3$ 用于三蜗壳（$z_{Le}=3$）。如果所有的分蜗壳都有相同的包角，则 $\varepsilon_{sp}/2\pi=1/z_{Le}$。每个分蜗壳的喉部面积都要满足式（3.14），并由式（7.24）得

$$\int_{r'_z}^{r_A} \frac{b}{r}\mathrm{d}r = \frac{\varepsilon_{sp}Q_{Le}}{2\pi c_{2u}r_2} \tag{7.24}$$

尽管蜗壳隔舌的厚度会导致局部流动加速，但对最高效率点处的流量只有轻微的影响（可以通过与文丘里喷嘴实验对比，在给定的压差下，长管道中的流量几乎没有变化）。因此可以从驻点半径 $r'_z \approx r_z + e_3/2$ 到蜗壳横截面的外径为 r_a 处积分，不考虑隔舌的厚度，见文献 [68]。式（7.24）可通过矩形横截面宽度 $b=b_3$ 求解。蜗壳外径 r_a 可通过式（T7.10.8）计算得到，喉部区域高度 $a_3 = r_a - r'_z$ 可通过式（T7.10.9）计算得到。

表 7.10　导叶和蜗壳的设计计算

给定值	n，Q_{opt}，H_{opt}		式号
导叶或蜗壳的设计流量	$Q_{Le} = Q_{opt} + Q_{s3} + Q_E$		T7.10.1
叶轮出口绝对速度的圆周分量	$c_{2u} = \dfrac{gH}{\eta_h u_2} + \dfrac{u_{1m}c_{1u}}{u_2}$		T7.10.2
导叶进口绝对速度的圆周分量	$c_{3u} = \dfrac{d_2 c_{2u}}{d_3}$		T7.10.3
导叶进口绝对速度的轴面分量，对于蜗壳：$\tau_3 = 1.0$	$c'_{3m} = \dfrac{Q_{Le}\tau_3}{\pi d_3 b_3}$		T7.10.4
阻塞条件下导叶进口的液流角	$\tan\alpha'_3 = \dfrac{c'_{3m}}{c_{3u}}$		T7.10.5
导叶叶片进口安放角	$\alpha_{3B} = \alpha'_3 + i_3$	冲角 $i_3 = \pm 3°$	T7.10.6
蜗壳圆形断面或者在蜗壳任意断面的等效圆形部分的喉部面积	$X_{Sp} = \dfrac{Q_{Le}}{\pi c_{2u}r_2}\dfrac{\varepsilon_{sp}}{2\pi}$		T7.10.7
	$d_{3q} = X_{Sp} + \sqrt{2d'_z X_{Sp}}$	$A_{3q} = \dfrac{\pi d_{3q}^2}{4}$	
导叶或蜗壳矩形断面因子	$X_{Le} = \exp\left\{\dfrac{Q_{Le}}{b_3 c_{2u}r_2 z_{Le}}\right\}$		T7.10.8a

（续）

给定值	n，Q_{opt}，H_{opt}		式号
矩形蜗壳最终断面（喉部）的外部半径 r_a	$r_a = r'_z X_{Le}$		T7.10.8
矩形蜗壳最终断面（喉部）的高度	$a_3 = r_a - r'_z = r'_z \exp \left\{ \dfrac{Q_{Le}}{b_3 c_{2u} r_2} \dfrac{\varepsilon_{sp}}{2\pi} - 1 \right\}$		T7.10.9
导叶进口宽度 $f_{a3} = 1.1 \sim 1.3$	$a_3 = f_{a3} \dfrac{d_3}{2} \left\{ X_{Le} - 1 \right\}$		T7.10.10
减速比 c_{3q}/c_2 对应的导叶进口宽度	$a_3 = \dfrac{Q_{Le}}{z_{Le} b_3} \dfrac{1}{\sqrt{c_{2m}^2 + c_{2u}^2}} \left(\dfrac{c_2}{c_{3q}} \right)$		T7.10.11
导叶出口宽度	$b_6 = \dfrac{Q_{Le}}{\pi d_6 c_{6m}}$	$c_{6m} = (0.85 \sim 0.9) \, c_{1m}$	T7.10.12
导叶进口绝对速度的轴向分量	$c_{5m} = \dfrac{Q_{Le}}{\pi d_5 b_5}$		T7.10.13
导叶进口绝对速度的圆周分量	$c_{5u} = \dfrac{c_{4u} r_{4m}}{r_{5m}}$		T7.10.14
导叶进口液流角	$\alpha_5 = \arctan \dfrac{c_{5m}}{c_{5u}}$		T7.10.15
间隙 A 和重叠部分 x_{ov}（图 9.1）	$\dfrac{gap A}{r_2} = 0.007 \sim 0.01$	$\dfrac{x_{ov}}{gap A} = 2 \sim 4$	T7.10.16
间隙 B	表 10.2		

注：E_{Sp} 单位为弧度；对于等间距的蜗壳：$\varepsilon_{sp} = 2\pi / z_{Le}$。

对于圆形横截面的蜗壳，可通过式（T7.10.7）计算得到圆形喉部区域的直径 d_{3q}。如果认为与蜗壳的实际喉部区域等价，则 d_{3q} 也可以作为一个评估任意形状横截面的近似值。如 4.2 所述，如果在蜗壳下游的导叶内发生较大的水力损失，则根据角动量守恒计算得到的最高效率点将向小流量区域移动。对于低比转速的双蜗壳和双向蜗壳，蜗壳的设计流量要略高一点，如式（T7.10.1）中 $Q_{Le} = (1.05 \sim 1.25) Q_{opt}$。

7.8.2　蜗壳的设计和成型

蜗壳的类型、基本形状和主要尺寸根据 7.8.1 确定后，接下来可以设计蜗壳和导叶。

（1）根据角动量守恒设计蜗壳断面　分蜗壳的面积分布在相对于转轴的垂直方向倾斜角度为 δ 的旋转面上最佳，如图 7.40b 和图 7.41 所示。正如 7.8.1 中（5）所述，由于铸造需要，断面形状需要通过直线和圆弧来确定，且不能通过单独一个表达式来确定。因此可通过一般的设计方法，以便优化整合出所需的蜗壳形状，设计出满足角动量守恒的断面的圆周角，如图 7.41 所示。式（7.24）中的积分可用表面有限元总和 $\Delta A = b \Delta r$ 来代替，其中 b 和 Δr 可从图中得到。断面上的圆周角可以通过式（3.14）确定范围，如下所示：

$$\varepsilon = 360° \frac{c_{2u} r_2}{Q_{Le}} \int_{r'_z}^{r_a} \frac{b}{r} \mathrm{d}r = 360° \frac{c_{2u} r_2}{Q_{Le}} \sum_{r'_z}^{r_a} \frac{b}{r} \Delta r \tag{7.25}$$

具体步骤如下（图 7.41）：

1）通过 b_3、r'_z 和 δ 来设计两个蜗壳断面之间的旋转面。

2）画出各断面的外轮廓：图 7.41 中的 AF1 ~ AF3。断面的高度可根据式（T7.10.7）中等效圆形断面的喉部区域来估算。

3）将断面划分为在半径 r 处的高度单元 Δr，然后可测量出这些断面的宽度 b。

4）在表格中输入断面上 b、r 和 Δr 等参数。

5）计算所有参数之和 $\sum (r \Delta r / b)$。

6）将求得的和带入式（7.25）并计算断面的圆周角 ε。

7）同时可得到断面上半径 r_a 处最远的点，从而画出蜗壳外轮廓 $r_a(\varepsilon)$。

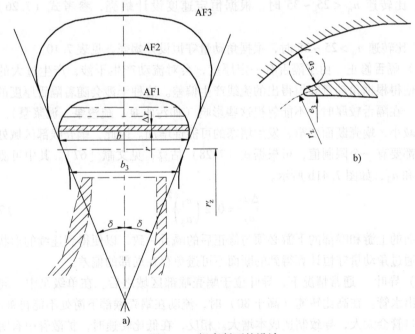

图 7.41　蜗壳断面的设计
a）各个断面　b）隔舌处详图

通常来说，上述步骤必须全部或者部分的在计算机中通过计算程序对断面形状进行描述。

（2）通过恒定速度设计蜗壳断面　另外，经常假设通过蜗壳所有断面的圆周速度不变，见文献［B.2］。通过式（7.24）或式（T7.10.7）~式（T7.10.9），根据角动量守恒计算出蜗壳的喉部面积 A_{3q}，可保证给定的最高效率点。喉部区域的速度为

$$c_{3q} = \frac{Q_{Le}}{A_{3q}} A_{3q} = \int_{r_z'}^{r_a} b \, dr \qquad (7.26)$$

蜗壳在任意包角 ε 下的所有断面的 $A(\varepsilon)$ 都可以通过这个速度计算得

$$A(\varepsilon) = \frac{Q(\varepsilon)}{A_{3q}} = \frac{Q_{Le}}{c_{3q}} \frac{\varepsilon}{\varepsilon_{sp}} = A_{3q} \frac{\varepsilon}{\varepsilon_{sp}} \qquad (7.27)$$

因此断面与圆周角成正比。通过恒定速度设计的蜗壳的效率与根据角动量守恒设计的蜗壳基本相同。在低比转速情况下，这种方法设计的蜗壳甚至稍有优势，因为蜗壳第一部分速度较小，摩擦损失更小。相反，由于断面上二次流强度减小，因此根据角动量守恒设计的蜗壳在高比转速时会具有优势。此外，在高比转速时，根据角动量守恒设计的蜗壳尺寸明显更小。根据以上讨论，最佳的设计方法大致如下：

1）比转速 $n_q < 25 \sim 35$ 时，根据恒定速度设计蜗壳，参考式（7.26）、式（7.27）。

2）比转速 $n_q > 25 \sim 35$ 时，根据角动量守恒设计蜗壳，见表7.10。

（3）隔舌修正　由于隔舌有一定厚度，会对流动产生干涉，产生过大的局部速度，使得根据角动量守恒得出的流线产生偏差。这种干涉会随着隔舌厚度的增加而增强。在隔舌较厚时，不能忽视这些影响（如污水泵、疏浚泵、泥浆泵）。随着比转速减小，蜗壳断面变窄，发生堵塞的可能性增加。因此，蜗壳喉部区域处的隔舌厚度都要有一个限制值，可根据式（7.28）估算，见文献［67］。其中可测得喉部的 e_3 和 a_3，如图7.41b所示。

$$\frac{\Delta a_3}{a_3} = 0.2 \left(\frac{e_3}{a_3} \right)^2 \qquad (7.28)$$

断面的上游和喉部的下游必须与修正后的隔舌一致，以便得到连续的形状，这意味着通过角动量守恒计算得到的断面不可避免存在局部的偏差。

（4）导叶　通常情况下，导叶位于蜗壳喉部区域之后。在单级泵中，同时也可作为出水管。在高比转速（高于80）时，流动在蜗壳喉部下游处不能再被减速，否则出口管会太大，导致制造成本增大。相反，在低比转速时，扩散管中有明显的减速，设计应尽可能地达到平滑的水力性能，以使损失最小。根据1.6，可计算出最大允许扩散角、压力恢复和损失。扩散管的长度应与面积比相匹配，以使压力恢复（或 c_p 值）达到最大。对于不是圆形的断面，利用等效扩散管的概念根据式（1.45）进行优化。扩散管要按照标准出口管的尺寸进行设计。扩散管的长度受到制造成本及管道受力产生的力矩和应力的限制（因为这些力矩与管道长度成正

比）。经验表明，可将 1.6 中直线型导叶的数据应用在没有修正的弯曲的出口管上，因为蜗壳中的二次流会对边界层产生有利影响。这样可以在很大程度上弥补曲率的不利影响。

除了图 7.39 中的切向出口之外，也经常会有图 7.42 中所示的径向出口，以及稍有偏移的介于两者之间的出口形状。根据文献［25］，蜗壳的切向出口大约在 $\varepsilon_。=60°$；而径向出口大约在 $\varepsilon_。=20°$。可以根据式（7.29）估算出径向出口管的平均半径，见文献［25］。

$$R_N = 1.5\sqrt{\frac{4}{\pi}A_{3q}} \tag{7.29}$$

这些建议仅供参考在实际应用中，角度 $\varepsilon_。$ 和半径 R_N 取决于设计过程。

如果完全按照计算得到的断面进行设计，则在蜗壳至出口管的过渡段经常会出现局部过度弯曲。为避免出现扭曲的速度分布和局部流动分离的发生，需要对蜗壳的形状进行调整，从而使得蜗壳至导叶光滑过渡。在喉部区域附近合力的增大通常对最高效率点对应的流量影响较小，但前提是蜗壳其余部分的尺寸准确无误。不对蜗壳的其余部分进行适当的调整，只减小局部面积无法使得最高效率点处的流量向小流量区域移动。如 7.8.1 中（8）所述，减小局部面积与隔舌厚度的影响是相当的。

（5）双蜗壳　对于中低比转速的泵，在喉部下游的外流道中，流动会出现减速。导叶的尺寸也根据 1.6 得到。由于两个分蜗壳流道中的流动阻力通常不同，因此两个流道中的流量也不同。可根据表 1.5 估算出每个分蜗壳（流道）内的流量。根据式（T3.8.21）和式（T3.8.22），可计算得到分蜗壳及导叶中的压力损失系数。同样，根据表 1.4 及见 1.5.1 可计算得到外流道内的摩擦损失和流动偏转损失。内外蜗壳形成了两个平行的流动阻力。根据表 1.5，两流道中的阻力合成为一个总的阻力，可以分别计算出单个流道中的流动。在计算中，假设两流道中的压差相同，可根据出口法兰处的压力减去叶轮出口的压力得出。这样可以估算出两分蜗壳中的流动不平衡，并对外流道的几何结构进行优化，使得两个分蜗壳中的流量尽可能相同。在实际中叶轮在不同的工况点下工作（见 9.3.3），很难保证两个分蜗壳中的流量相同。

（6）混凝土蜗壳　有时在流量超过 $10m^3/s$、扬程高达 30m 的大型泵中使用混凝土蜗壳。若蜗壳的结构中不含有钢衬，则应限制最大局部流速不超过 10m/s，以避免混凝土被侵蚀。对于径向叶轮，优先考虑图 7.40f 和图 7.40g 中的横截面形状，而图 7.40h 中的平底结构一般用在混流泵中。形状如图 7.40g、h 的建造成本要低于图 7.40f，但在 $n_q = 70 \sim 100$ 时（在更高比转速时，效率的差别不大）会产生大约 1% 的效率损失，见文献［36, 59］。

7.8.3　蜗壳形状对水力性能的影响

在设计蜗壳和出水管形状时，必须从整个系统来考虑，同时也要考虑制造过程

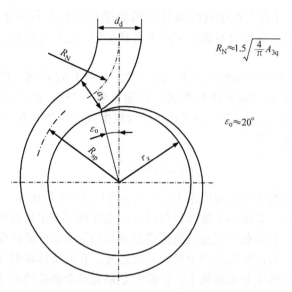

图 7.42 径向出流的蜗壳；R_{sp} 表示平均流线

对蜗壳设计的影响。例如：低比转速双蜗壳的狭长流道的制造难度较大，或者对焊接或混凝土蜗壳的一些特殊要求。

下面讨论了比转速接近 70 的水泵中蜗壳各个几何参数对水力性能的影响。这些分析来源于大量的试验研究，如文献 [6，17，31，44，72]。文献中给出的数值与试验结果相近，但是这些数据可能不是通用的。

1）如图 7.40a 所示，较大的叶轮侧壁间隙（或较大的 b_3/b_2），可使得叶轮在圆周方向上压力均衡，这样最大可减小约 50% 的径向力（见 9.3）。较宽的叶轮侧壁间隙比叶轮与泵腔之间间隙较小时的效率更高（通常高出 3%）。根据式（T3.8.24），虽然由于轴面速度骤减产生了冲击损失，但最高效率仍略高（约 1%）。由于外壁上低能量的边界层流动可以从蜗壳流入叶轮侧壁间隙，所以较宽的侧壁间隙可以降低水力损失，如图 9.3 所示。这些液流不会回流至泵的入口，基本可视为环形密封泄漏，并在旋转的盖板上再次被加速。这部分液流以较高的圆周速度从叶轮盖板边界层进入蜗壳，促进能量传递[⊖]。

2）回转面张角 δ（图 7.40b）对蜗壳的高度与宽度之比 H/B 也有影响，应选择合适的值使得二次流最小化，也就是在给定的设计条件下获得最佳的比值。

3）隔舌距离达到 r_2 的 10% 时，几乎对效率没有影响。当距离从 10% 增加到 20% 时，效率约下降 1%。当隔舌较厚时，距离增加时效率会连续下降。如果叶轮的侧壁间隙较大，则隔舌距离对径向力的影响就较小。

4）当隔舌的厚度达到 $e_3/d_3 = 0.04$ 时，对最高效率点基本无影响。当隔舌较

⊖ 也可参见 3.10.3 中盖板表面粗糙度对泵性能的影响。

厚时，由于隔舌受过度冲角的影响减小，所以部分载荷工况时的效率会增大（假设隔舌轮廓合适）。

5）双蜗壳外流道断面的减小（或阻力增大）会使径向力变大，在 $q^* > 1$ 时尤为明显。

6）如果分蜗壳的隔舌距离不等，产生的不对称压力分布可能会导致更大的径向力（需考虑铸造误差）。

7）一般认为径向出口要比切向出口的损失更大，因为其流动偏转更大。文献［31］中的试验表明，$n_q = 23$ 时的效率损失为 4%；而文献［18］中的测量结果显示 $n_q = 45$ 时的效率损失为 1%。根据其他学者的观点，对于最佳设计的导叶，几乎测量不出差别。径向出口使得液流产生相对于蜗壳中流动方向相反的偏转，使得蜗壳出口有一定的均匀速度，但只有在曲率相匹配时才能达到均匀的效果。在比转速较低且 R_{sp}/a_3 较大时，出口曲率较大，因此损失增大（R_{sp} 为蜗壳中平均流线的半径）。比转速较高时会有所改善，即 R_{sp}/a_3 随着 n_q 的增加而减小，并逐渐接近出口处的曲率比 R_N/a_3，此时反向曲率会起到平衡的作用。出于这种考虑，上文中引用的在 $n_q = 23$ 和 45 时的试验结果是相当可信的。因此，可以假设径向和切向出口在高比转速时效率基本相同。相反地，径向出口的损失会随着比转速的减小而增大，同时效率和扬程也会下降。

7.9　有或无反导叶的径向导叶

7.9.1　主要尺寸的计算和选择

导叶的作用在于在损失尽可能小的情况下，将叶轮出口处的动能转换为静压能。在实际应用中，不同结构的导叶如图 7.43 所示。对于单级泵，导叶出口下游为蜗壳或者环形压水室，多级泵的最后一级一般也是如此。多级泵中的正导叶与反导叶组成一个单元，引导液体进入泵的下一级（最后一级除外）。

多级泵中的正导叶与反导叶有许多种类型，虽然导叶进口和随后的扩散流道在基本设计上非常相似，但从正导叶出口到反导叶的过渡方法可以进行不同的配置：①可将正导叶与反导叶设计成一个类似立体弯曲的连续流道，如图 7.44 所示。这种设计的水力损失最低，但设计和制造成本较高。现在可通过三维 CAD 和数控制造技术降低成本。②正导叶与反导叶之间的流道可以通过一个无叶环形流道隔开，如图 7.43c 所示。从正导叶中径向流出的液体通过在环中偏转 180°，径向流入反导叶。③液体从正导叶的流道中横向流出，所以在流入反导叶时有 90° 的偏转（图 7.43d）。这些导叶的基本结构型式差别很大，如图 7.45 所示。

上述所讨论的导叶设计都有一个通常比叶轮直径 d_2 大 30% ~50% 的导叶外径 d_{Le}。结构较紧凑的导叶适用于一些特殊场合中，如潜水泵。结构最为紧凑的导叶设计如图7.46所示，径向叶轮的出口沿轴向进入导叶，导叶外径等于叶轮的直径，即 $d_{Le} = d_2$。这种导叶参见文献［51－53，54，66］，经过大量的优化后，与图7.43中的导叶相比，其效率损失只有约2%。

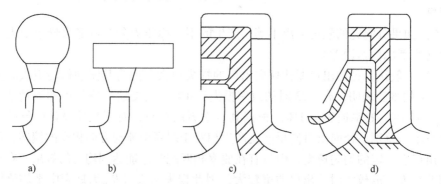

图7.43 导叶形式

a) 带蜗壳的导叶 b) 最后一级带环形压水室的导叶
c) 通过无叶环从正导叶溢流至反导叶 d) 从正导叶横向溢流至反导叶

图7.44 连续型正导叶和反导叶（苏尔寿泵业）

相比于带有如图7.43所示导叶的泵，用于结构紧凑型导叶的叶轮如图7.46所示，这种叶轮产生的轴向力更小（可减少平衡活塞直径和平衡流量）。这种泵的振动特性虽然不会显著受到紧凑型导叶的影响，但 $Q-H$ 曲线会呈现出轻微的马鞍形不稳定。

接下来将讨论带有反导叶的径向导叶的设计。单级泵导叶的结构在前述中已相应给出，需要用到的公式在表7.10中列出（见7.9.2）。

（1）流量的计算 Q_{Le} 为了达到规定的最高效率点，通过导叶的流量必须设计

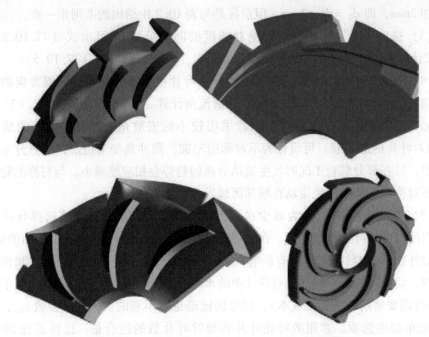

图 7.45　导叶与反导叶的 3D 模型（苏尔寿泵业）

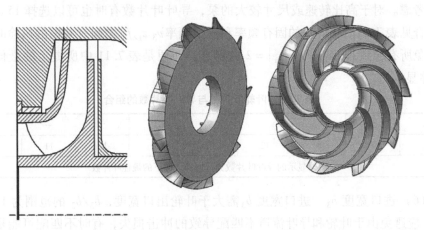

图 7.46　紧凑型导叶（凯特斯劳滕大学，见文献 [51-53]）

在 Q_{opt} 处（如果几何尺寸是根据一个不同的流量得到的，那么最高效率点将会根据 3.7 和 4.2 所述出现相应的偏移）。导叶须按照流量公式 $Q_{Le} = Q_{opt} + Q_E + Q_{s3}$ 进行计算（与蜗壳计算类似）。

（2）进口直径 d_3^*　在叶轮和正导叶之间必须保持一个间隙（间隙 B），使得压力脉动和激振力保持在一个允许的范围内，见第 10 章。直径比 $d_3^* = d_3/d_2$ 可根据表 10.2 中的公式计算得出。对于有较小径向间隙的小型叶轮，需在原来的基础上增加 2mm，即 $d_3 = d_2 + 2$mm，但前提是与表 10.2 中给出的准则相一致。

（3）进口速度　叶轮出口处绝对速度的圆周分量 c_2 可由式（T7.10.2）或表 3.2 计算得出。导叶进口的流动参数遵循式（T7.10.3）~ 式（T7.10.5）。

（4）进口安放角 α_{3B} 和前缘轮廓　导叶叶片被设置在相对于圆周方向的一个外倾角 α_{3B} 上，可根据式（T7.10.6）及液流角计算 α_{3B}，冲角范围在 $i_3 = \pm 3°$。

如 3.7 中所述，设计导叶时推荐采用较小的安放角和冲角。前缘的低压面（如面对叶片的那一面）可设计为不对称的轮廓，则冲角变为负值；压力分布会更加平坦，且在部分载荷工况时发生流动分离的趋势会相应地减小。与对称的轮廓相比，不对称的轮廓可避免流动在喉部区域发生可能的加速。

（5）导叶叶片数 z_{Le}　为减少水力激振力和压力脉动，需谨慎选择导叶叶片数，以便与叶轮叶片数相匹配。在选择导叶叶片数时，需参考 10.7.1 给出的标准。不仅对外径 d_{Le} 和喉部宽度 a_3 有影响，导叶叶片数还会对导叶流道的形状和长度产生影响，而导叶流道中的减速对导叶中的水力损失有着很大影响。考虑到便于铸造（或导叶需要磨削时的加工成本），过窄的流道也是不利的。因此，参数 z_{Le}、a_3 和 d_{Le} 不能单独地选取。常用的叶轮叶片和导叶叶片数的组合是：比转速在 20～35 时，$z_{Le} = 12$，$z_{La} = 7$；$n_q < 20$ 时，$z_{Le} = 8$，$z_{La} = 5$。圆周速度 u_2 和叶轮外径 d_2 也应照此考虑。对于高比转速或尺寸较大的泵，导叶叶片数有时也可以选择 15。详细的组合见表 7.11。当叶轮的固有频率和激振频率 $\nu_3 z_{Le} f_n$ 之间有共振的风险时，应该避免所有导致 $|\nu_3 z_{Le} - \nu_2 z_{La}| = 2$ 的组合，即便是表 7.11 中所提出的最佳组合（斜体显示）。

表 7.11　叶轮叶片数与导叶叶片数的组合

z_{La}	5	—		6	7	—		
z_{Le}	7	8	12	10	9	10	11	12

斜体显示的导叶叶片数为低振动条件下的最佳叶片数

（6）进口宽度 b_3　进口宽度 b_3 需大于叶轮出口宽度，b_3/b_2 的范围为 1.05～1.3。应避免由于叶轮和导叶流道不匹配导致的冲击损失，有时不匹配可能是由于制造误差造成的，多级泵的热膨胀也须考虑在内。如果 b_3/b_2 的比值较小，则应进行倒角以避免冲击损失和相关的激振力，见表 0.2 中的图示。根据第 5 章，b_3/b_2 的比值对部分负载工况特性有所影响：如果 b_3/b_2 很大，回流和关死点扬程会增大；若 b_3/b_2 减小到 1.0 左右，产生马鞍形 $Q - H$ 曲线的风险会减小。进口宽度的选择对叶轮和导叶盖板的重叠度也有所影响。如 5.4.2 和 9.1 所述，建议去除主流与叶轮侧壁间隙之间的耦合，以避免轴向力偏移时，回流液体进入叶轮侧壁间隙。根据文献 ［B.20］，盖板之间的间隙 A 应为（0.007～0.01）r_2，且重叠度应为

$x_{ov} = (2 \sim 4) A$（其中 A 为间隙 A 的宽度），如图 9.1 和表 0.2 所示。

（7）喉部宽度 a_3　根据 4.2，对于给定的导叶进口宽度 b_3 和叶片数，喉部宽度 a_3 在很大程度上决定了最高效率点，且对关死点扬程和 $Q - H$ 曲线的形状（马鞍状的形成）有所影响，见第 5 章。式（3.20）给出了喉部宽度尺寸 $a_{3,th}$，其与利用角动量守恒方程计算出的尺寸相对应。喉部宽度根据式（T7.10.10）设计，即 $a_3 = f_{a3} a_{3,th}$。通常假定 $f_{a3} = 1.1 \sim 1.3$，也就是说，产生的流动减速大于角动量守恒时相应的值。当 $q^* > 1$ 时，$f_{a3} > 1$ 也会形成良好的过载工况特性。在叶轮较宽和比转速较低时，有时需要 $f_{a3} < 1$ 以达到特定的最高效率点。

除了采用角动量守恒作为设计的基础，也可以从式（T7.10.11）中选定减速比 c_{3q}/c_2 计算出喉部宽度，减速比的范围一般为 $0.7 \sim 0.85$。

因为喉部宽度对部分载荷和过载工况时的特性有影响，可选择 c_{3q}/c_2 比值或因子 f_{a3} 进行目标优化，但目前没有普遍适用的规律。如果流动在导叶进口处过度减速，则失速会发生在流量过大时，那么 $Q - H$ 曲线会变得不稳定。减速不足可能意味着效率的降低。此外，根据 5.5，部分负载时流体分离的发生可能会过晚，从而导致 $Q - H$ 曲线产生马鞍形。根据图 4.5、图 4.6 及图 5.19 中的测试结果，减速比 c_{3q}/c_2 对 $Q - H$ 曲线形状的影响较大。

（8）导叶外径 d_{Le}　考虑到尺寸和制造成本，要使外径尽可能小。但是较低的水力损失需要合理的扩散长度和足够的流动转向空间。因此选择 d_{Le} 时必须均衡考虑目标效率和制造成本。外径随着设计流量的增大而增加，同时对于比转速也是如此。对于多级泵，外径范围为 $d_{Le}/d_2 = (1.05 \sim 1.15) + 0.01 n_q$。当效率优先于尺寸时，取上限值。如果流体由导叶进入蜗壳，那么导叶外径可以取较小的值。为了减少径向力，导叶的流道需有足够的重叠度。

（9）扩散流道　把喉部区域 A_{3q} 的下游流道展开时，可以得一个类似于平面或管道中的锥形导叶（这部分被称为"扩散流道"，表 0.2）。根据 1.6 可计算出导叶的最大允许安放角、压力恢复和损失。导叶长度和面积比是否匹配的前提是使压力恢复（或 c_p 值）最大化。导叶损失可根据式（T3.8.16）~ 式（T3.8.19）进行估计。由于横截面不是圆形的，计算时可根据式（1.45）和等效导叶的概念，除非流道被设计成一个平面状的扩散段。如果导叶沿轴线方向开口，可选择 $\theta_b = \theta_a$ 且 $\theta_a = 0.5 (a_4 - a_3)/L_{3-4}$。扩散流道通常有较小的曲率，因为这样可以使得导叶的长度更大。因此，在给定外径的条件下，可实现较高的压力恢复和更小的损失。经验表明，在未经修正的情况下，1.6 中直线型导叶的数据可应用于曲率较小的导叶（最大偏转角为 25°）。可能是因为导叶中的非定常流产生了较薄的边界层，并通过这种方式补偿了流道曲率带来的潜在不利影响。导叶长度和出口宽度 a_4 有时候需要迭代才能得到。

（10）导叶检验标准　一旦上面讨论的所有参数都确定下来，那么可以绘制出导叶，并根据以下标准检验导叶设计的质量。

1）根据图 1.19，面积比 $A_{R,opt}$ 大约为如下值时，给定长度的导叶可达到最佳压力恢复：

$$A_{R,opt} = 1.05 + 0.184 \frac{L_{3-4}}{R_{ep}} R_{ep} = \sqrt{\frac{a_3 b_3}{\pi}} \tag{7.30}$$

压力恢复系数约为

$$c_{p,opt} = 0.36 \left(\frac{L_{3-4}}{R_{ep}} \right)^{0.26} \tag{7.31}$$

2）减速比：$c_{3q}/c_2 = 0.7 \sim 0.85$（在 $n_q = 12 \sim 15$ 时，c_{3q}/c_2 可能更高）。

3）长度与喉部宽度之比：$2.5 < L_{3-4}/a_3 < 6$。

4）进口宽度 b_3 与喉部宽度 a_3 的比值的最佳范围为 $0.8 \sim 2$。断面不宜太平，但在叶轮很宽、比转速较低时无法避免。

5）应标出多级泵扩散流道出口断面 A_4 的尺寸，以便导叶出口处的动能在 $c_4^2/(2g\,H_{opt}) = 0.02 \sim 0.04$ 的范围内，以保证溢流损失较低。此外，出口速度 c_4 也要与下游叶轮进口速度 c_{1m} 相符。

6）必须根据式（1.45）检查等效扩散角，不能超过式（1.44）给定的允许值，或者根据试验结果确定的更严格的标准值。超过了允许的值会导致过早的失速，会使压力脉动和激振力增大，尤其是多级泵最后一级导叶或者连接导叶的蜗壳出口在圆周方向上的压力分布会不均匀，见 10.7。随着扬程的增加，这条标准就越加重要。

（11）反导叶　反导叶的出口速度 c_{6m} 应低于接下来下一级叶轮的进口速度 c_{1m}，为了使来流在较小的加速度下光滑流过叶轮，则须 $c_{6m} = (0.85 \sim 0.9)\,c_{1m}$。相应地，宽度 b_6 可由式（T7.10.12）计算得到。

需对反导叶与叶轮进口之间的流动区域进行设计，使得流动连续、逐渐加速。反导叶的进口宽度 b_5 可与出口宽度相同（也可不同，取决于流道的结构）。进口处的轴面速度可由式（T7.10.13）计算得到。

根据所绘制的尺寸 a_4 和 b_4 的连续性，可以得到速度 c_4。接下来，根据图 7.47，速度的圆周分量 c_{4u} 和径向分量 c_4 可确定下来。根据角动量守恒，可计算出反导叶进口处速度的圆周分量，见式（T7.10.14）。根据式（T7.10.15），通过 c_{5u} 和 c_{5m} 可确定反导叶的进口安放角。反导叶出口安放角可与液流角相等（加上堵塞效应）。

为得到所要求的反导叶出口液流角，出口安放角需要稍微大。例如：如果要求出口液流角 $\alpha_6 = 90°$，则叶片的出口安放角应比出口液流角大 $4° \sim 6°$，即 $\alpha_{6B} =$

$94° \sim 96°$。

如果设计的导叶需要为接下来的叶轮产生一定的预旋，则出流角可由 $\alpha_6 \approx \arcsin a_6/t_6$ 估算得到。

通常，反导叶和正导叶的数量是相同的，有时反导叶的数量略少（即 $z_R <$ z_{Le}）。在这种情况下，反导叶的稠密度 L/t 应该大于 2，以保证流动充分偏转。

7.9.2　径向导叶的设计和绘制

根据图 7.47，径向导叶的设计包括以下步骤：

1）在平面图中做半径为 r_3、r_4 或 r_{Le} 的圆。

2）基于叶片间距来做出两个叶片的起始点。进口处叶片的厚度为 $e_3 = (0.01 \sim 0.05) d_2$。绘制进口处的安放角 α_{3B} 和剖面。

3）通过半径为的圆弧 a_3 可确定叶片背面上的一点，该点确定了喉部区域。而叶片的凹面可以由光滑的曲线（或者为圆弧的组合）构成，一直到外径 d_4 处。根据该曲线与直径为 d_4 的圆弧的交点，可做出圆弧。这可确定出叶片凸面上的一点，与叶片凹面一起可确定流道末端的叶片厚度。得到的叶片厚度必须满足对强度和铸造的要求。如不符合要求，则须对所选择的 d_4 和 a_4 进行修改。

4）通过改变假定的叶片凹面曲线（如调整 d_4 达不到预期要求），可以优化流道的几何结构，以便使 a_4、L_{3-4} 及压力恢复系数 c_p 的数值与要求值尽可能地接近。为降低过早失速造成的损失，流道过流面积和叶片的弯曲度应光滑平稳地变化。此外，正如文献〔69〕中所分析的那样，叶片的第一截面也可以采用对数螺线或其他特殊的剖面轮廓。

5）绘制轴面图，考虑接下来下一级叶轮的 d_1 和 d_n，反导叶的进出口宽度 b_5 和 b_6，以及和反导叶在直径 d_5、d_{6a} 和 d_{6i} 处前缘和后缘的位置。同时，对于每级的截面必须绘制出草图。

6）在平面图中做出安放角 α_{5B} 和 d_5。例如：反导叶的型线可以由半径为 r_{sk} 的圆弧来构造：

$$r_{sk} = \frac{r_5^2 - r_6^2}{2(r_5\cos\alpha_{5B} - r_6\cos\alpha_{6B})} \tag{7.32}$$

接下来给出前缘和后缘的厚度分布，这在某种程度上类似于 7.3.1 所述和图 7.11 所示。进口处的椭圆形轮廓可以降低叶片对来流冲角的敏感性。这一点非常重要，因为相对于导叶出口和反导叶进口之间复杂的几何结构，来流的方向只是一个粗略的估计。为防止堵塞，反导叶应为锥形，使得后缘较薄，同时应保证叶片有足够的强度。

7）关于反导叶后缘的位置及其对性能曲线稳定性的影响，见 5.6。

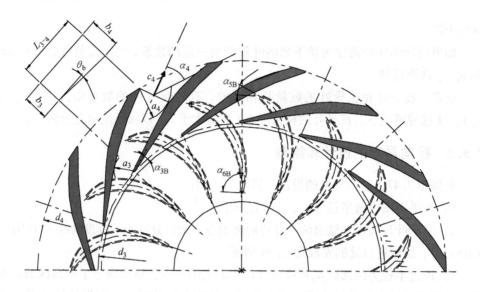

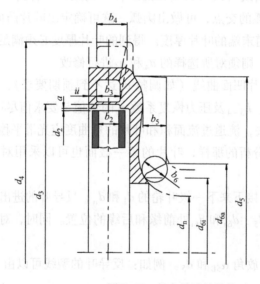

图 7.47 径向导叶的结构

7.10 混流式导叶

在设计混流式导叶时，首先需要确定内外流线的进出口直径。首先绘制与叶轮尺寸相匹配的轴面投影图（特别是 d_{2a} 和 d_{2i}）。单级泵的导叶出口要与出口管和轴套尺寸相匹配，多级泵的导叶出口要与下一级的叶轮进口相匹配。设计过程如下（图7.22）：

1）进口和出口直径 d_{3a}、d_{3i}、d_{4a} 和 d_{4i} 主要取决于机械设计方面。可根据

表 10.2 选取叶轮叶片与导叶叶片之间的距离，以避免压力脉动和激振力过大。根据文献［B.18］，也可选择间隙 B 为 $0.3b_2$。

2）导叶的轴向长度必须足够大，以保证流动偏转和减速造成的损失在可接受范围内。通常迭代计算是必要的，因为只有在绘制草图、确定流道的长度后才能验证安放角是否合理。可参考文献［B.18］来确定轴向长度 L_{Le} 的最小值：

$$\frac{L_{Le}}{D_{2m}} = 0.72\left(\frac{n_q}{n_{q,Ref}}\right)^{0.19} \qquad n_{q,Ref} = 200 \qquad (7.33)$$

3）导叶进口宽度与叶轮出口宽度的关系为 $b_3 = (1.02 \sim 1.05)b_2$，在比转速较高时取较小值。

4）主要尺寸确定后，可确定轴面投影图中过流断面的面积，要保证流动稳定均匀减速。设计过程类似于 7.2.2.1 所述。

5）在绘制轴面投影时，需要考虑机械设计方面的要求，如法兰、螺栓尺寸、中间轴承、轴保护套和环形密封件的布置等。在比转速较高时，轴面投影图可为圆柱或圆锥形，特别是使用焊接件时。这种设计的水力效率比较高，因为流动偏转最小。

6）一般在内外流线绘制完成后，开始绘制中间流线。另外，有时也可以从先中间流线开始。接下来，从 b_3 到 b_4 之间的流道宽度可通过画圆确定，使得从进口至出口的过流断面面积光滑变化。内外流线可通过上述圆的包络线确定。设计过程与叶轮设计部分相似，见 7.2.2.1。

7）根据每条流线计算导叶叶片的进口安放角，见式（T7.10.2）~ 式（T7.10.6）。

8）导叶叶片的出口安放角一般设计为无旋出流。因为流动不能完全沿着叶片，出口安放角可略微扩大 4°~6°。

9）导叶叶片的数量通常多于叶轮叶片数，7.9.1 中的准则在这里也是适用的。尤其要注意的是：为避免压力脉动过大，导叶和叶轮的叶片数不能相同。

10）叶轮和导叶间无叶区中的流动满足角动量守恒，根据 7.9.1 和式（T7.10.10），可计算出导叶喉部面积。这种计算方法也可用于导叶和叶轮间距离较大时。当系数 f_{a3} 约为 1.0 时，需对流动损失、$Q-H$ 曲线的稳定性进行优化。目前尚未有控制这些三维效应的一般规律，可利用 CFD 进行优化。

11）根据各流线在进口和出口处的角度 α_{3B} 和 α_{4B} 来绘制叶片草图。叶片设计过程与 7.2.2.2 所述类似。在进口处，最好保持 α_{3B} 基本不变，这样会使流动在发生强烈的减速时，产生的流动偏转较小。

12）在叶片草图绘制完成后，必须检查横截面面积以保证流动的减速尽可能地稳定均匀。由于几何形状较为复杂，所以设计工作量较大，最好使用三维 CAD 软件来完成。

7.11　带有导叶或固定导叶的蜗壳

在某些泵中，叶轮和单蜗壳之间会设置叶片式导叶以减小径向力，如图 7.48

所示。导叶和蜗壳分别按照7.9和7.8设计。

在比转速较高时,对于大尺寸的泵,叶轮和蜗壳间需安装固定导叶以减小壳体应力及在内部压力作用下的变形。固定导叶的长度和厚度必须基于强度及机械设计的要求来确定。固定导叶一般对设计工况点的流动没有影响。固定导叶的作用和导叶不同,其作用是使流动尽可能保持角动量守恒。叶片进口安放角按照式(T7.10.2)~式(T7.10.6)以冲角为零计算。在绘制草图时可采用对数螺旋线且$b_3 = b_4$(或近似圆弧)。这种类型的固定导叶几乎不会减小径向力。

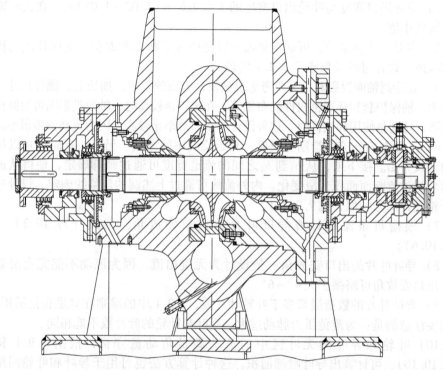

图7.48 采用双吸叶轮、蜗壳和导叶结构的锅炉给水泵(苏尔寿泵业)

7.12 环形压水室及无叶式导叶

对于小型泵来说,由于其制造成本较低,环形压水室相比于蜗壳应用更为广泛。对于低比转速的泵,也可选用环形压水室,因为其引起的效率损失会随着比转速n_q的减小而降低。在$n_q < 12$时,采用环形压水室甚至会比蜗壳的效率更高,见文献[B.9]。采用环形压水室时泵的效率η_{RR}与采用蜗壳时效率η_{Sp}的比值为$\eta_{RR}/\eta_{Sp} = (n_{q,Ref}/n_q)^{0.45}$($n_{q,Ref} = 12$)。该关系式适用于$n_q < 14$的情况,参见文献[B.9]。

为降低环形压水室中的损失,与叶轮之间的动量交换需要加强,并且表面应尽可能地光滑（见7.3.2）。b_3/b_2 的比值不能过小，范围大致为 1.2 ~1.4。对环形压水室进行适量的径向扩展可减小摩擦损失和二次流的出现。宽度 B 与高度 H 的最佳比值范围为 $B/H = 1.5 ~ 2.5$。环形压水室的横截面积需远大于式（7.34）中的圆周分量 c_{2u}：

$$A_{RR} = (1.5 ~ 2)\frac{Q_{opt}}{c_{2u}} \qquad (7.34)$$

液体通过环形压水室和导叶排出，导叶的喉部面积可通过式（T7.10.9）计算得到。如图 7.15 所示，在低比转速时，导叶的喉部面积决定了最高效率点对应的流量。导叶的设计及优化方法与 1.6 [或式（7.30）和式（7.31）]所述一致。导叶应沿切向布置，因为沿径向布置时，流动在导叶进口处会产生较大的流动偏转损失。

也可以将环形压水室与蜗壳结合，在其后 180°处布置蜗壳将液体输送至出口。由于这样的结合使得从压水室到出口处的流动更加平稳，因此效率会有所提高。此外，与蜗壳相比，这种结合使得 $Q = 0$ 和低负载时产生的径向力更小，见9.3。

在泵中很少使用无叶式导叶，其水力特性已在3.7中讨论，还可通过式（1.28）计算出无叶式导叶中的压升，并根据所需的压升和设计要求确定半径比。为了降低流动发生分离的风险，通常进口宽度 b_3 不应该过多地超过叶轮出口宽度 b_2。

7.13　中开泵的吸水室

对于中开泵，进口处的吸水室的作用是使得进口管道中的液流偏转为轴向。考虑到成本，一般吸水室尺寸较小。设计吸水室时，根据水力性能的要求要使叶轮进口处的液流速度尽可能的均匀分布。对来流的量化标准见8.8.2 中（17）。这些标准可以在利用 CFD 或试验对吸水室进行优化时使用。

如图 7.49 所示，不同类型的泵需要不同的吸水室。如用在内装式泵中对称的进口吸水室可以构造为带有旋转面的环形吸水室（图 7.49a）。此外，对称的吸水室也可设计为在圆周方向上横截面面积逐渐减小的，类似于蜗壳的形状（图 7.49b）。轴向剖分的泵腔要求对称的吸水室，且进口管布置在对开法兰的下面。当然也可设计为不对称的泵腔，以便在轮毂附近液体可以被分为"准对称"的两股相同的流动（图 7.49d），或下半部的流量相对较大的情况，如图 7.49c 所示。

径向吸入的液流会在轮毂附近产生叶轮进口速度的圆周分量是所有吸水室的共同点。因此，在叶轮的圆周方向上大致有一半产生预旋、一半反向旋转，如图 7.50所示。但是，由于液流撞击筋板，导致通过两边的液流不均匀，这在任何进口处都是不可避免的。因此，轮毂附近的筋板区域出现了逆流。与来流角为 90°时相比，有预旋的液体的来流角增大；相反，反向旋转的液体的流动角减小，如图 7.50中速度三角形所示（图 3.1）。

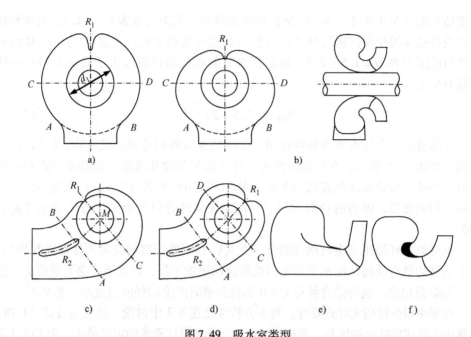

图 7.49　吸水室类型

a) 环形　b) 螺旋形　c) 非对称形　d) 准对称形　e) 锥形　f) 口环形

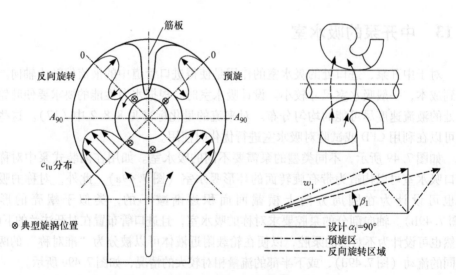

图 7.50　吸水室中的流态

叶轮进口处不均匀的速度分布有以下几点不利影响:

① 液流角沿着叶轮叶片的圆周和半径方向发生变化,导致叶片上的压力分布和空穴长度不同。

② 产生振动和噪声。

③ 效率损失。

④ 根据 9.3.7 和图 9.32，会产生径向力。

这种类型的流动干扰会随着比转速、圆周速度 u_1（因为惯性增加）及流量的增加而增大。对于给定的泵，在过载工况 $q^* > 1$ 时，其影响会进一步加剧。

吸水室中会出现导致涡带产生的三维边界层分离。在由旋转产生的离心力，涡核的压力会低于周围液体的压力。当涡核的压力小于汽化压力时，就会产生 6.8.2 中所讨论的涡空化。若液体中溶解的气体较多，则气体会从液体中分离时，即使局部压力在汽化压力之上，也会出现气体涡核。

吸水室中的三维流动无法通过简单的方法进行计算，但可以给出一些有助于改善流动的一般准则：

1）可以通过流动加速及扩展叶轮上游的轴向流道来消除叶轮入口上游的来流的轴面速度。加速应发生在流动旋转最强处（或在其下游）。

2）为使叶轮圆周方向的流动更加均匀，液体应加速进入叶轮入口。因此要选择图 7.49 中的横截面 $A-B$，从而使得加速比 $c_{1m}/c_{A-B} = 1.5 \sim 2.2$。较小的加速比适用于 $n_q = 15$ 时，较大的加速比适用于 $n_q > 60$ 的情况。横截面 $A-B$ 上一半的液体会流经截面 $C-D$（或图 7.49c 中的截面 $C-M$）。需要对截面 $C-D$ 或 $C-M$ 进行设计，使得流速与截面 $A-B$ 接近，或截面 $C-D$ 上的加速比 $c_{1m}/c_{C-D} = 1.5 \sim 2.2$，并与叶轮进口相同。

3）可以通过减少由轮毂造成的堵塞来降低来流速度的圆周分量。若吸水室很大，则图 7.49e 所示的锥形进口（或钟形）可以保证叶轮上游有较好的来流条件。这种钟形进口可以考虑为一个尺寸过大的泵腔的改进方案。

4）若吸水室尺寸过大，则可以采用图 7.49f 所示的环形吸水室，以便使得流动更加平稳。这种非对称环形结构的作用见文献［42］，可使吸水室中两边的液体更好地重新分布。图 6.39 所示的环形进口也会产生类似的作用。如果吸水室的径向扩展较大，那么当液流径向向内流动时，根据 $c_u r = $ 常数，液流的角动量将保持不变，这会使得圆周速度增强并且产生旋涡的可能性增大。因此吸水室在径向的扩展应该尽可能小。

5）液体从吸入口流至吸水室过程中若存在严重的减速，则会导致流动分离和旋涡。因此需要避免环形吸水室截面尺寸过大（有利于流动在圆周方向的分布）。

6）入口处要设有一个筋板 R_1（图 7.49），使得在该处轮毂附近的两股流动聚集。若没有该筋板，泵的空化性能及功的转换（扬程系数和效率）会受到严重的影响，还会引发周期性的预旋，导致泵运行不稳定。

7）对于对称的进口，筋板并不是必需的。但有时机械设计方面会有所要求，以控制内部压力导致的吸水室变形（注意水压试验的压力）。对于不对称的进口，筋板可以使得液流分布更加均匀。

8）根据表 10.13，为减少旋涡的形成，同时防止涡街的产生，所有筋板的前缘都必须是圆形轮廓，后缘应是不对称的剖面轮廓。

下面给出绘制单级双吸泵吸水室的步骤，如图 7.51 所示。由于吸水室需在蜗壳周围，所以不对称吸水室的设计尤为复杂，可参考文献 ［B.2，B.9，B.21，B.22 和 41］。横截面在回转面 RF_1 和 RF_2 的表面上绘制。

1）已知参数为吸水室类型、进口管道直径 d_s、叶轮进口直径 d_1、d_n 和叶轮进口面积 $A_1 = (\pi/4)(d_1^2 - d_h^2)$。进口管道的位置通过 L_s 和 a_s 确定。

2）在平面图中做出叶轮进口和轮毂的直径。根据图 7.49c 所示，筋板 R_1 一般被布置在泵腔轴向剖分的大约 45°分隔面的位置上。

3）从筋板至点 C 的外轮廓通过径向尺寸 $a_1 \sim a_6$ 确定：

$$a_1 = (1.5 \sim 1.8)r_1$$
$$a_6 = (2.5 \sim 2.8)r_1$$

尺寸 $a_2 \sim a_5$ 随着圆周角 ε 的增加而增大：

$$a_i = a_1 + (a_6 - a_1)\varepsilon/180$$
$$a_7 = (3 \sim 3.5)r_1$$
$$(A - B) = (1.7 \sim 2.2)d_1$$

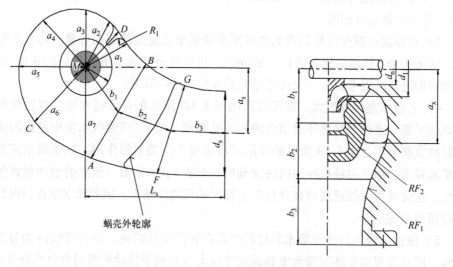

图 7.51　吸水室的设计

截面 $A - B$ 的位置通常沿着流动的方向（大约在距离轴心线的 $b_1 \approx d_1$ 位置）。根据进口管的位置及尺寸（d_s、a_s、L_s），可以在平面图中绘制出进口轮廓，将上面所定义的检验点连接起来。对于轴向剖分泵的对开法兰（接近于点 B），陡峭的轮廓有助于使螺栓定位尽可能接近受压的区域。

4）绘制出蜗壳的轮廓。另一个截面 $F - G$ 在进口管与截面 $A - B$ 之间，截面 $A - B$ 与截面 $F - G$ 的中心与进口管之间的距离 b_1 和 b_3 是给定的。

5）绘制出叶轮和蜗壳的轴面投影图。设计回转面 RF_1 和 RF_2 时，要考虑到可能会覆盖掉轴封的部分轮毂。

6）绘制出过流断面，要确保速度沿着流道连续均匀变化。截面 $A - B$ 作为一个重要的因素，其选择要确保得到上述"准则 2）"中规定的减速比 c_{1m}/c_{A-B}。确定径向尺寸为 $a_1 \sim a_6$ 的截面，使得速度与截面 $A - B$ 上的基本相同。在这种情况下，假设通过截面 $M - C$（或 $D - C$）的流量为截面 $A - B$ 的一半，流量随圆周角的减小而成比例地减少。

7）在进口管 A_s 与截面 $A - B$ 之间的截面积应连续均匀变化，若流动在该区域减速，则需防止流动分离的发生（见 1.6 中的导叶设计）。考虑到进口管内可能出现的流动扭曲，要注意吸水室中的流动扩散，在设计时安放角要小于式（1.44）或图 1.20 中给定的值。

8）进口处的筋板 R_2 基本上沿中间流线布置。

7.14 叶轮设计的分析方法

7.14.1 动机，范围和目标

对于通过 n、Q_{opt}、H_{opt} 和 $NPSH_{R, opt}$ 给定的目标性能和已知边界条件，叶轮可以根据不同的方法进行设计。假设已选定压力系数 ψ_{opt}，那么叶轮尺寸就固定了。而且，主要参数 z_{La}、b_2、d_{1a}、d_{1i}、β_{2B}，冲角，倾斜度和其他参数在一定的范围内选择即可。即使根据设计系统选择主要参数，叶轮的轴截面也经常构建为自由形式的曲线；以前用手工完成，现在经常使用 Bezier 曲线。两者都可以通过叶片的变化决定在叶片长度上的载荷分布。

（1）结果分析

1）对于一个给定的任务，由于每个设计者会有不同的设计倾向，因此会给出不同的几何形状，且每一个叶轮都是独一无二的。复杂的几何形状会对性能产生影响，且很难定量分析。根据选定的参数、流线及叶片形状，会产生一个几乎无限数量的组合。这是由很多参数和形状构成的组合，而不是单个参数就能决定效率、$Q - H$ 曲线的稳定性、水力激振力和空化特性 $NPSH_R = f(Q)$ 等。

2）因为每个设计者对于给定的条件会设计出不同的几何形状，所以每一种设计会产生不同的速度分布和性能数据。性能或多或少存在一定程度的误差。但是，叶轮设计的内在随意性是导致效率、$Q - H$ 曲线的稳定性、空化特性 $NPSH_R$ 和激振力不能完全令人满意甚至不能满足设计要求的一个重要原因。

（2）主要目标和须考虑的因素

毫无疑问，流动取决于流道的几何形状，因此必须尝试控制几何形状以便能够控制泵中的流态。换句话说，一致的几何形状（很难满足）对于一致的性能是必要条件。目前已有的泵设计程序能够开展趋于一致的设计。设计的主要目标及须考虑的因素如下：

1）准确地分析并描述叶轮几何模型；每一个设计者会根据给定的特定数据和边界条件设计出正确的、相似的叶轮几何形状。

2）发展和完善设计系统，而不仅仅是个别单独的水力优化。

3）提高性能预测的精度，并降低水力优化的成本。

4）降低时间成本：叶轮的优化设计能在几分钟之内完成。

5）设计系统对于以下泵的设计非常有用：①标准泵；②工业用泵；③各种用户定制泵。

6）在设计单台泵之前，应建立设计系统，以便于将来设计类似的泵。

7）设计系统并不会限制任何创新设计。如果有更好的设计方法或者新的方法，都可以加入到系统中。

8）设计系统只要花费几分钟的时间就可以产生几乎一致的设计。可以通过严格地控制几何形状来获得更为一致的性能。但是，它不能保证性能是最佳的。只有通过一系列的测试与验证，方能获得更好的性能。

（3）限制

1）由于二次流的存在，流体通过给定的叶轮时会产生螺旋形的流线。因此，导叶/蜗壳进口的速度分布形态主要取决于比转速。速度分布形态对于很难预测的导叶或者蜗壳中的水力损失及 $Q-H$ 曲线的稳定性至关重要。

2）对于流道设计有影响的机械设计方面的约束与比转速无关。根据发展计划定义的优先问题，可以用以下两种方法设计一台泵的范围。

① 性能优先：由设计系统、之前的工程经验或者模型测试决定水力部件的主要尺寸。机械设计时，只需要整合这些水力部件，不需要对流道进行修改。如果使用已经测试的水力模型，那么性能的不确定性实质上只由制造误差所决定。

② 成本优先：机械制造很大程度上受到生产标准和成本的影响。水力部件的设计要满足机械制造要求，且相同比转速的水力部件的尺寸不会有很大的改变，有时受允许机械约束无法通过优化达到所需的效率和 NPSH。另外性能预测的不确定性较大。

7.14.2 轴截面

外流线的形状对于叶轮和导叶中的流动有着较大的影响，并对效率、$NPSH_R$、$Q-H$ 曲线的稳定性和水力激振力产生很大的影响；其次就是内流线。因此一个系统的叶轮设计过程的关键问题是对叶轮轴截面中内、外流线没有进行完全分析。而这与比转速、吸入比转速（或者叶轮进口直径）、泵尺寸及根据机械设计约束给出的轮毂直径无关。

一直以来，相关学者付出大量的努力对此进行研究。困难的是流线的切线在径向叶轮的进口处和出口处一直从零变为无穷（这不存在混流式叶轮内）。到目前为止，主流的求解方法如下所示。

用表 7.12 所描述的“归一化流线”（NSL）来求解内外流线。通过在 z^*、r^* 坐标轴上一系列的离散的点来给出 NSL。用来从归一化流线发展轴截面的参数如图 7.52所示。内外流线的曲线部分紧跟在介于 $r_{g,a}$（和 $r_{g,i}$）和 r_2 的一段直线之后。关系式（T7.12.5）和式（T7.12.6）定义这些直线为比转速的函数。对这些方程中的常数可以进行修正，最后得到不同的轴面形状。

表 7.13 根据无量纲坐标给出了一组可能的流线，$r^* = f(z^*)$。其他任何形状的流线可以根据式（T7.12.1）和式（T7.12.2）进行归一。为了得到较精确的拟合曲线（一条流线上 100 个点），可以通过 Nurbs 函数或者其他形式的差值方法进行增加。

归一化的方法可用于：

1）任何比转速。

2）ε_{Ds} 随着比转速显著增加的形状。

3）适用于设计混流泵叶轮。

4）任何叶轮进口直径（大孔径吸入叶轮，多级小孔径叶轮）。

5）定义的任何数目的流线。

6）悬臂式叶轮或者中开泵叶轮（单级或者多级泵），可匹配不同轮毂直径，且适用于高压或者低压场合。

一旦计算得到外流线和轮毂流线后，其他的流线可以基于几何运算得到的任何两条相邻流线之间的相同流动得到。对于传统的设计，中间流线可以通过平均内外流线的无量纲坐标（z^*，r^*）得到。也可用于求得介于外流线和中间流线及内流线和中间流线之间的其他流线。

表 7.13 中定义的流线产生了一个径向叶轮的出口。根据 $\varepsilon_{Ds} = \varepsilon_{Ts} = 0$，这种设计有以下优势：

1）叶轮出口处的轴向速度分量较小（目标是 $c_{2,ax} = 0$）；因此减小了导叶和压水室中的混合损失。

2）在曲率较大的地方增加了宽度“b”（与 Kaplan 弯曲设计对比）。

3）前盖板的投影面积比 $\varepsilon_{Ds} > 0$ 的设计要小，因此径向力变小。根据 9.3.3，尽管不占有支配地位，但前盖板对于径向力的影响也很大。

4）强度较低的动静干涉提高了转子动力学的稳定性；这对单级扬程较高的多级泵非常有益，见 10.6.3。

5）斜率较大的盖板可能会提高导叶式泵的 $Q-H$ 曲线的稳定性，因为其提供了一个在部分载荷工况下流动分离的定义点，减小了流动形态转换的风险，见5.6.5。

6）叶轮进口在达到给定的轴向长度 z_E 后，可以将进口半径稍微增加。

表 7.12　归一化流线方程

OHH = 悬臂式叶轮；BB5 = 多级泵叶轮；$n_{q,Ref}=1.0$				式号
归一化		轴向坐标	$z^* = \dfrac{z}{z_{g,a}}$	T7.12.1
		径向坐标	$r^* = \dfrac{r - r_1}{r_{g,a} - r_1}$	T7.12.2
流线 外流线从 $z=z_{in}$ 开始		轴向坐标	$z = z_{in} + z_{g,a}\, z^*$	T7.12.3
		径向坐标	$r = r_1 + r^*\ (r_{g,a} - r_1)$	T7.12.4
类别	OHH 和污水泵	BB5	$\dfrac{r_{g,a}}{r_{1a}}$	$\dfrac{r_{g,a}}{r_{1a}} = a\left(\dfrac{n_{q,Ref}}{n_q}\right)^x$	T7.12.5
a	2.75	2.0		
x	0.16	0.1	$\dfrac{r_{g,i}}{r_{g,a}}$	$\dfrac{r_{g,i}}{r_{g,a}} = 0.83\left(\dfrac{n_q}{n_{q,Ref}}\right)^{0.021}$	T7.12.6
直线出口，r 为独立变量		在 r_g 和 r_2 之间	$z = z_2 - (r_2 - r)\ \tan\varepsilon_{Ds}$	T7.12.7
进口长度，和环形密封长度相关		OHH：$a=0.12$，$d_n=0$ BB5：$a=0.25$	$z_{in} = a\ (d_{1a} - d_n)$	T7.12.8
外流线处的轴向长度（长度）	类别	OHH	BB5	$z_E = \dfrac{d_{1a} - d_n}{2}\left(\dfrac{n_q}{n_{q,Ref}}\right)^x a$	T7.12.9
	a	0.75	0.33		
	x	-0.05	0.227		
前缘中间流线处的直径	类别	OHH	BB5	见式（T7.12.11）	T7.12.10
	a	0.04	0.05		
	x	0.05	0.00		
		$d_{1m,LE} = d_{1m,z=0} + a\left(\dfrac{n_q}{n_{q,Ref}}\right)^x\left(\dfrac{r_{g,a}^* + r_{g,i}^*}{2}d_2 - d_{1m,z=0}\right)$		T7.12.11
中间流线在 $z=0$ 处的直径		$d_{1m,z=0} = \left(\dfrac{d_{1a}^2 + d_n^2}{2}\right)^{0.5}$		T7.12.12
前缘内流线处的直径（OHH）		$d_n < 0.35 d_{1a}$，$d_{1i} = 0.35 d_{1a}$ $d_n \geqslant 0.35 d_{1a}$，$d_{1i} = 1.25 d_n$		T7.12.13
内流线开始处		$\dfrac{z_{iSL}}{z_E + b_2} = a + b\left(\dfrac{n_q}{n_{q,Ref}}\right)$		T7.12.14
		污水泵：$a=0.2$；$b=0.002$；其他：$a=b=0$		

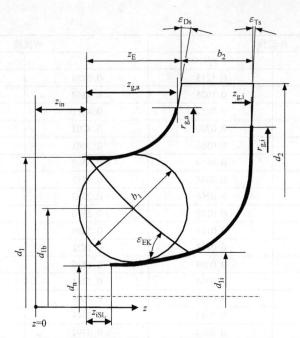

图 7.52　由内外流线构成的轴截面，有颜色的曲线对应于归一化的流线

表 7.13　根据无量纲坐标给出一组可能的流线 $r^* = f(z^*)$

外流线		内流线	
z_a^*	r_a^*	z_i^*	r_i^*
1.0000	1.0000	1.0000	1.0000
0.9986	0.9335	0.9911	0.8068
0.9945	0.8692	0.9735	0.6959
0.9878	0.8072	0.9526	0.6195
0.9784	0.7475	0.9302	0.5610
0.9664	0.6901	0.9070	0.5134
0.9519	0.6351	0.8834	0.4729
0.9349	0.5826	0.8595	0.4374
0.9155	0.5325	0.8353	0.4056
0.8938	0.4849	0.8110	0.3767
0.8698	0.4397	0.7863	0.3500
0.8437	0.3971	0.7614	0.3253
0.8156	0.3569	0.7362	0.3021
0.7855	0.3192	0.7106	0.2803
0.7537	0.2839	0.6846	0.2597
0.7201	0.2511	0.6581	0.2401
0.6850	0.2206	0.6310	0.2214
0.6484	0.1925	0.6033	0.2036
0.6106	0.1667	0.5749	0.1865
0.5716	0.1431	0.5458	0.1701

（续）

外流线		内流线	
z_a^*	r_a^*	z_i^*	r_i^*
0.5317	0.1218	0.5158	0.1543
0.4910	0.1025	0.4849	0.1392
0.4496	0.0852	0.4531	0.1246
0.4079	0.0700	0.4202	0.1106
0.3658	0.0565	0.3861	0.0972
0.3237	0.0449	0.3508	0.0843
0.2818	0.0348	0.3143	0.0719
0.2402	0.0264	0.2763	0.0602
0.1992	0.0193	0.2370	0.0489
0.1723	0.0153	0.2099	0.0418
0.1458	0.0119	0.1821	0.0349
0.1199	0.0089	0.1536	0.0283
0.0944	0.0064	0.1244	0.0220
0.0820	0.0053	0.1095	0.0190
0.0697	0.0043	0.0944	0.0160
0.0576	0.0034	0.0792	0.0131
0.0456	0.0026	0.0637	0.0103
0.0339	0.0018	0.0481	0.0076
0.0224	0.0012	0.0323	0.0050
0.0111	0.0005	0.0162	0.0024
0.0000	0.0000	0.0000	0.0000

7.14.3 叶片设计

叶片轮廓主要由 5 条流线构成。起始点是轴截面上这些流线的叶轮叶片尾缘的坐标轴 z、r。图 7.53 显示了相关的一些参数。设计过程已经在 7.2.2.2 中讨论，表 7.14 也给出了相关的公式。

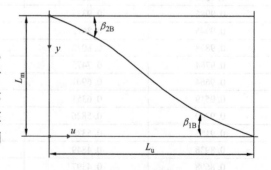

图 7.53　叶片轮廓

在设计过程中，为了得到特定的扬程及合理的叶轮进口冲角，需要计算每条流线的叶片进口安放角 β_{1B} 和出口安放角 β_{2B}。正如 7.2.2.2 中讨论的，叶片进口和出口的角度可以由以叶片前缘和尾缘作为边界条件的函数表示，式（T7.14.5）给出了归一化叶片的角度值。因此，可以选择一个函数来定义 $\beta_B^* = f(y^*)$，并可以用于后继的优化。这里列举三个例子来说明：①用于设计多级泵级数或者低压泵的 $\mathrm{NPSH_A}$ 的线性函数；②如果空化准则对于设计很重要，则可以使用 3 阶多项式以便在叶轮进口处获得足够低的载荷；③污水泵中单叶片叶轮的设计可能需要 6 阶多项式。

表 7.14　叶片设计

基于 5 条流线处进行叶片设计			式号
轴截面上流线的变化	长度单元	$\Delta m = \sqrt{\Delta z^2 + \Delta r^2}$	T7.14.1
	坐标	$y_j = y_i + \Delta m$	T7.14.2
	流线长度	$L_m = \sum \Delta m$	T7.14.3
	轴截面上的归一化流线	$y^* = \dfrac{y}{L_m}$	T7.14.4
归一化叶片角度可按线性选择：$a = 1.0,\; b = c = 0$		$\beta_B^* = \dfrac{\beta_{2B} - \beta_B}{\beta_{2B} - \beta_{1B}} = a\,y^* + b\,y^{*2} + c\,y^{*3}$	T7.14.5
带有拐点的叶片轮廓（允许叶片在进口和出口处无载荷）		$b = \dfrac{y_w - (1 - a)\,x_w^3 - a\,x_w}{x_w^2 - x_w^3}$ x_w 和 y_w 是可变的；$c = 1 - a - b$	T7.14.6
叶片角度		$\beta_B = \beta_{2B} - (\beta_{2B} - \beta_{1B})\,\beta_B^*$	T7.14.7
		$\Delta u = \dfrac{\Delta y}{\tan\beta_B} = \dfrac{\Delta m}{\tan\beta_B}$	T7.14.8
		$y = y^* L_m$	T7.14.9
		$u_j = u_i + \Delta u$	T7.14.10
叶片单元长度		$\Delta L = \sqrt{\Delta u^2 + \Delta y^2}$	T7.14.11
包角	一个单元内，r 是单元 Δu 的当量半径	$\Delta\varepsilon = \dfrac{\Delta u}{r}$（弧度）	T7.14.12
	叶片上的单条流线	$\varepsilon_{sch} = \sum \Delta L$	T7.14.13
叶片长度		$L_{sch} = \sum \Delta L$	T7.14.14
椭圆形轮廓 e_{nom} = 标称厚度 L_E = 前缘剖面长度		$\dfrac{y}{e_{nom}} = \sqrt{1 - \dfrac{x^2}{L_E^2}\left(1 - \dfrac{e_1^2}{e_{nom}^2}\right)}$	T7.14.15

7.14.4　开发设计系统的过程

作为一个完整的产品规划的组成部分，应该在开展系列泵的研发之前建立水力规范。见 17.7，给出了样本格式，也可以将其作为一个检查列表使用。

水力规范的内容如下所示：

① 泵的参数，应用范围，以及 n、Q_{opt}、H_{opt}。

② 规定的吸入比转速或者 $NPSH_{3,opt}$。

③ 机械设计给定的边界条件。

过程如下：

1）尽可能地将所有的参数描述成关于比转速，吸入比转速或者几何参数的函数。

2）需要对以吸入比转速 [式 (T15.1.12) 和式 (T15.1.13)] 和几何参数为函数的压力系数 [式 (3.26)] 和 f_T，叶轮出口宽度 [式 (7.1)] 及叶轮进口直径进行相关性分析。

3）如果需要的话，可通过表 7.12 和 7.14 中对水力设计进行调整；也可利用式 (T7.12.5) ~ 式 (T7.12.13) 和式 (T7.14.5) 中更为明显。

4）根据机械设计给定的条件和要求，确定轴/轮毂直径、叶轮固定、壁面厚度、轴向长度。

5）确定所有泵的主要尺寸。

6）检查叶轮和导叶（蜗壳）的轴截面、单级数截面、叶片角度的变化和叶片俯视图。

① 根据需要调整单级数截面的相关尺寸。

② 为了得到理想的前缘轮廓，可能需要调整流线长度。

7）步骤6）可以在能够覆盖项目需要的所有 n_q 的情况下，选择 3~5 个比转速实行。再调整相关性得到一定范围内相对光滑的几何变化。这个步骤需要确保可以对剩下的所有比转速都进行调整。

8）完成步骤7）以后，所有的参数基本已经确定，可以确保叶轮几何在所有需要的 n_q 范围内相对光滑地变化。一旦实现了这个目标，叶轮的参数不允许再有太大的变化；否则这个系统设计方法将会失效，导致性能不在预期范围内。

9）随后，所有的叶轮可以在很短的时间内设计出来。

10）将轴截面和叶片轮廓的坐标转换成一个可以绘制叶轮 3D 模型的程序，包括叶片厚度等。可以根据式 (T7.14.15) 计算前缘轮廓。

11）检查叶轮喉部面积，以确定在最佳工况点处的流动减速在合理的范围内：

① 轴向流动：额定流量下 $w_{1q}/w_{1m} = 0.75 ~ 0.85$。

② 径向流动：额定流量下 $w_{1q}/w_{1m} = 0.65 ~ 0.75$。

注意：在给定的最大流量处保持 $w_{1q}/w_{1m} < 1$；w_{1m} 由进口几何平均直径 $d_{1m} = [(d_{1a}^2 + d_n^2)/2]^{0.5}$ 决定。

12）检查 3D 模型中叶片表面的过渡是否光滑。

13）在最高效率点处对单个叶轮流道进行 CFD 计算并检查：

① 理论扬程。

② 为了评估发生空化的风险，要检查最高效率点和最大流量处叶轮进口的压力分布（$q^* = 1.3 ~ 1.5$）。尽可能使得叶轮进口处的压力分布较为平坦。

③ 根据表 8.2 检查流动是否均匀、稳定。

14）如果步骤11）~13）的结果显示有必要进行进一步的优化，那么设计系统要相应地进行调整。

7.14.5 结果

根据以上的过程,下面列举了一些叶轮和单级流道的设计实例。图 7.54 给出了

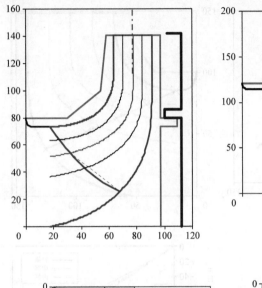
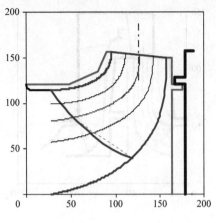

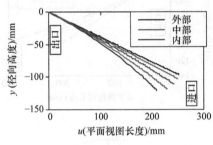
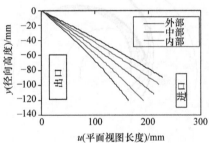

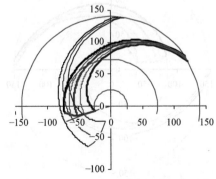
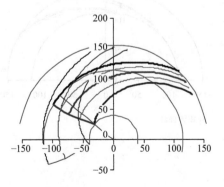

图 7.54 轴向入流叶轮的设计过程

左侧:n_q =36 右侧:n_q =100

轴向入流、悬臂式叶轮的设计过程；包含比转速为 36 和 100 的两种设计。图 7.55 左侧所示为包含叶轮和导叶在内的多级泵单级流道的设计；右侧为用于污水泵的比转速为 46 的两叶片叶轮的设计。

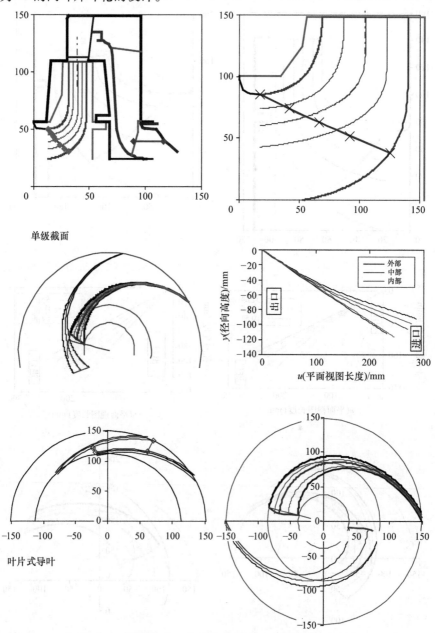

图 7.55 水力部件的设计过程

左侧：多级泵（$n_q = 24$）　　右侧：2 叶片的污水泵（$n_q = 46$）

上述设计实例来自于比转速 7～100 的单级悬臂式离心泵，比转速为 10～50 的多级泵和比转速为 20～100 的带有 2 个或 3 个叶轮叶片的污水泵。泵的设计严格按照本书中给出的相关设计准则。设计实例的主要数据见表 7.15。

表 7.15　计算样本

项目	单级悬臂式离心泵		多级泵	污水泵
n_q	36	100	24	46
$n/(\text{r/min})$	1450	1450	2950	1450
$Q_{opt}/(\text{m}^3/\text{h})$	200	954	105	290
H_{opt}/m	20	15	58	18
$d_{2a}/d_{2i}/\text{mm}$	281	312/300	217	297
d_1/mm	147	229	101	171
d_n/mm	0	0	48	0
n_{ss}	220	220	180	—

参 考 文 献

[1]　Abbot, I.H., Doenhoff, A.E.: Theory of wing sections. Dover, Mineola (1959)

[2]　Aschenbrenner, A.: Untersuchungen über den Einfluß des Abstandes zwischen Lauf- und Leitrad auf das Betriebsverhalten einstufiger Axialpumpenbeschaufelungen. Diss. TU Braunschweig (1965)

[3]　Bakir, F. et al. Experimental analysis of an axial inducer influence of the shape of the blade leading edge on the performances in cavitating regime. ASME J. Fluid. Mech. **125**, 293–301 (2003)

[4]　Balasubramanian, R., Bradshaw, S., Sabine, E.: Influence of impeller leading edge profiles on cavitation and suction performance. Proc 27th Interntl Pump Users Symp, pp. 34–44. Texas A & M (2011)

[5]　Barske, U.M.: Development of some unconventional centrifugal pumps. Proc. IMechE. **174**, 2 (1960)

[6]　Bergen, J.U.: Untersuchungen an einer Kreiselpumpe mit verstellbarem Spiralgehäuse. Diss. TU Braunschweig (1969)

[7]　Bernauer, J. et al.: Technik und Anwendung moderner Propellerpumpen. KSB Techn. Ber. **19** (1985)

[8]　Böke, J.: Experimentelle und theoretische Untersuchungen der hydraulischen Kräfte an einschaufeligen Laufrädern von Abwasserpumpen unter Berücksichtigung der Änderung geometrischer Parameter. Diss TU Kaiserslautern, Schaker Aachen (2001)

[9]　Conrad, O.: Belastungskriterien von Verzögerungsgittern. MTZ. **26**(8), 343–348 (1965)

[10]　Cooper P at al: Reduction of cavitation damage in a high-energy water injection pump. ASME AJK2011–06092

[11]　Cooper, P.: Pump Hydraulics—Advanced Short Course 8. 13th Intl Pump Users Symp, Houston (1996)

[12] Cropper, M., Dupont, P., Parker, J.: Low flow—high pressure. Sulzer. Tech. Rev. **3 + 4**, 15–17 (2005)

[13] Dahl, T.: Centrifugal pump hydraulics for low specific speed application. 6th Intl Pump Users Symp., Houston (1989)

[14] Dupont, P., Casartelli, E.: Numerical prediction of the cavitation in pumps. ASME FEDSM2002–31189

[15] Eppler, R.: Airfoil design and data. Springer, Berlin (1990)

[16] Favre, J.N.: Development of a tool to reduce the design time and to improve radial or mixed-flow impeller performance. ASME Fluid Machinery FED. **222**, 1–9 (1995)

[17] Flörkemeier, K.H.: Experimentelle Untersuchungen zur Optimierung von Spiralgehäusen für Kreiselpumpen mit tangentialen und radialen Druckstutzen. Diss. TU Braunschweig (1976)

[18] Forstner, M.: Experimentelle Untersuchungen an vor- und rückwärts gepfleilten Axialpumpenschaufeln. Diss. TU Graz (2002)

[19] Furst R, Desclaux, J.: A simple procedure for prediction of NPSH required by inducers. ASME FED. **81**, 1–9 (1989)

[20] Glas, W.: Optimierung gepfleilter Pumpenschaufeln mit evolutionären Algorithmen. Diss. TU Graz (2001)

[21] Goltz, I., Kosyna, G., Stark, U., Saathoff, H., Bross, S.: Stall inception phenomena in a single-stage axial pump. 5th European conf on turbomachinery, Prag (2003)

[22] Gülich, J.F.: Blade wheel for a pump. US patent US 8,444,370 B2 (2013)

[23] Hergt, P. et al.: The suction performance of centrifugal pumps—possibilities and limits of improvements. Proc. 13th Intl Pump Users Symp, pp. 13–25. Houston (1996)

[24] Hergt, P.: Design approach for feedpump suction impellers. EPRI Power. Plant. Pumps. Symp. Tampa. (1991)

[25] Hergt, P.: Hydraulic design of rotodynamic pumps. In: Rada Krishna (ed.) Hydraulic design of Hydraulic machinery. Avebury, Aldershot (1997)

[26] Hergt, P.: Lift and drag coefficients of rotating radial and semi-axial cascades. 7th Conf on Fluid Machinery, Budapest, 1983

[27] Hirschi, R.: Prédiction par modélisation numerique tridimensionelle des effects de la cavitation à poche dans les turbomachines hydrauliques. Diss. EPF Lausanne (1998)

[28] Holzhüter, E.: Einfluß der Kavitation auf den erreichbaren Wirkungsgrad bei der Berechnung des Gitters einer Axialkreiselpumpe. Pumpentagung Karlsruhe (1978), K12

[29] Jacobsen, J.K.: NASA space vehicle criteria for liquid rocket engine turbopump inducers. NASA SP-8052 (1971)

[30] Janigro A, Ferrini, F.: Inducer pumps. Von Karman Inst. LS. **61**, (1973)

[31] Jensen, R.: Experimentelle Untersuchungen an Einfach- und Doppelspiralen für Kreiselpumpen. Diss. TU Braunschweig (1984)

[32] Johnsen, I.A., Bullock, R.O.: Aerodynamic design of axial-flow compressors. NASA-SP36 (1965)

[33] Kowalik, M.: Inducers-state of the art. World Pumps 32–35 (1993, Feb)

[34] Krieger, P.: Spezielle Profilierung an Laufrädern von Kreiselpumpen zur Senkung von $NPSH_i$. VGB Kraftwerkstechnik. **72**, Nr 5 (1992)

[35] Kuhn, K.: Experimentelle Untersuchung einer Axialpumpe und Rohrturbine mit gepfleilten Schaufeln. Diss. TU Graz (2000)

[36] Lapray, J.F.: Seventy-five years of experience in concrete volute pumps. IMechE Paper C439/026 (1992)

[37] Lieblein, S. et al.: Diffusion factor for estimating losses and limiting blade loadings in axial-flow-compressor blade elements. NACA RM 252, (1963)

[38] Lieblein, S.: Incidence and deviation angle correlations for compressor cascades. ASME J. Basic. Engng. **82**, 575–587 (1960)

[39] Lieblein, S.: Loss and stall analysis of compressor cascades. ASME J. Basic. Engng. **81**, 387–400 (1959)

[40] Lohmberg, A.: Strömungsbeeinflussung in Laufrädern von Radialverdichtern durch Neigung det Schaufeln in Umfangsrichtung. Diss Ruhr-Universität Bochum (2000)

[41] Lomakin, A.A.: Zentrifugal- und Axialpumpen, 2nd edn. Maschinostrojenje, Moskau (1966)
[42] Lottermoser, H.: Anforderungen an die Sicherheitseinspeisepumpen eines Kernkraftwerkes. Pumpentagung Karlsruhe (1984), A2
[43] Maceyka, T.D.: New two-stage concept optimizes high-speed pump performance. IMechE Paper C110/87 (1987)
[44] Meier-Grotian, J.: Untersuchung der Radialkraft auf das Laufrad bei verschiedenen Spiral-gehäuseformen, Diss. TU Braunschweig (1972)
[45] NASA (ed.): Liquid rocket engine axial-flow turbopumps. NASA SP-8125 (1978)
[46] Nicklas A, Scianna, S.: Kreiselpumpe an der Grenze zur Verdrängerpumpe. Pumpentagung Karlsruhe, A 5-03 (1992)
[47] NREC-Bulletin
[48] Penninger, G.: Schwingungen und mechanische Belastungen von Axialpumpenschaufeln mit und ohne Pfleilung im kavitierenden off-design Betrieb. Diss. TU Graz (2004)
[49] Radke M. et al.: Einfluß der Laufradgeometrie auf Betriebssicherheit und Lebenszykluskos-ten von Abwasserpumpen. KSB Technik kompakt. Ausgabe 4 Juni (2001)
[50] Riegels, F.W.: Aerodynamische Profile. Oldenbourg, München (1958)
[51] Roclawski, H., Hellmann, D.H.: Numerical simulation of a radial multistage centrifugal pump. AIAA 2006-1428, 44th AIAA Aerospace Sciences Meeting (2006)
[52] Roclawski, H., Hellmann, D.H.: Rotor-Stator interaction of a radial centrifugal pump stage with minimum stage diameter. WSEAS Transactions on Fluid Mechanics, 1 (2006) No 5
[53] Roclawski, H., Weiten, A., Hellmann, D.H.: Numerical investigation and optimizati-on of a stator for a radial submersible pump stage with minimum stage diameter ASME FEDSM2006-98181 (2006)
[54] Roclawski, H.: Numerische und experimentelle Untersuchungen an einer radialen Kreisel-pumpenstufe mit minimalem Stufendurchmesser. Diss. TU Kaiserslautern (2008)
[55] Schiller, F.: Theoretische und experimentelle Untersuchungen zur Bestimmung der Belas-tungsgrenze bei hochbelasteten Axialventilatoren. Diss. TU Braunschweig (1984)
[56] Schroeder, C.: Experimentelle Untersuchungen zur Auslegung hochbelasteter Axialventilato-ren. Diss. TU Braunschweig (1982)
[57] Sloteman, D.P. et al.: Design of high-energy pump impellers to avoid cavitation instabilities and damage. EPRI Power. Plant. Pumps. Symp. Tampa. (1991)
[58] Spring, H.: Critique of three boiler feedpump suction impellers. ASME Pump. Mach. Symp. FED. **81**, 31–39 (1989)
[59] Srivastava, J.: Large vertical concrete sea water pumps. Indian Pump. Manufact. Conf. (1991)
[60] Stark, M.: Auslegungskriterien für radiale Abwasserpumpenlaufräder mit einer Schaufel und unterschiedlichem Energieverlauf. VDI Forschungsheft. **57**, Nr. 664 (1991)
[61] Strinning, P. et al.: Strömungstechnischer Vergleich zweier Auslegungskonzepte für Axial-pumpen in Tauchmotorausführung. Pumpentagung Karlsruhe (1992), B 4–08
[62] Tsugava, T.: Influence of hub-tip ratio on pump performance. ASME FEDSM97-3712, (1997)
[63] Tsujimoto, Y. et al.: Observation of oscillating cavitation in an inducer. ASME J. Fluids. Engng. **119**, 775–781 (1997)
[64] Ulbrich, C.: Experimentelle Untersuchungen der Pumpencharakteristiken und Geschwindig-keitsfelder einer Einschaufel-Kreiselpumpe. Diss. TU Berlin (1997)
[65] Weinig, F.: ZAMM **13**, 224 ff. (1933)
[66] Weiten, A.: Vergleich der strömungsmechanischen und rotordynamischen Eigenschaft von Gliederpumpenstufen mit radialen Leiträdern und mit minimalem Stufendurchmesser. Diss. TU Kaiserslautern (2006)
[67] Wesche, W.: Auslegung von Pumpenspiralen mit dicken Gehäusezunge. Techn. Rundschau. Sulzer. **4**, 157–161 (1980)
[68] Wesche, W.: Beitrag zur Auslegung von Pumpenspiralen. VDI Ber. **424**, (1981)
[69] Wesche, W.: Experimentelle Untersuchungen am Leitrad einer radialen Kreiselpumpe. Diss. TU Braunschweig (1989)

[70] Wesche, W.: Method for calculating the number of vanes at centrifugal pumps. Proc. 6th Conf on Fluid Machinery, pp. 1285–1293. Budapest (1969)

[71] Worster, D.M., Worster, C.: Calculation of 3D-flows in impellers and its use in improving cavitation performance in centrifugal pumps. 2nd Conf on Cavitation, Paper IMechE C203/83 (1983)

[72] Worster, R.C.: The flow in volutes and its effect on centrifugal pump performance. Proc. ImechE. **177**(31), 843–875 (1963)

第 8 章 流动数值计算

真实的流场是通过偏微分式描述的，而在一般情况下，并无法得到这些方程的解析解。但是，如果将一个复杂的流域划分成大量的小单元，这样这些式就可以通过数值方法得到其近似解。随着该方法的广泛应用，流场数值计算（"计算流体力学"，或简称"CFD"）已成为流体动力学的一门特殊分支。

本章介绍的内容旨在帮助理解和解释离心泵的流场数值计算。其中关键内容是黏性方法。因为对于离心泵和混流泵中的弯曲流道，这种方法能够更好地描述减速流中的边界层和二次流。当然，这并不意味着在初始设计时不可以采用其他更简单的方法。

以下重点讨论 CFD 方法的局限性和不确定性，以及 CFD 应用中的一些准则，见 8.3.2、8.3.3、8.8 和 8.10 所述。

8.1 综述

由于离心泵内的复杂流动现象，进行叶轮、导叶、蜗壳和进口段设计时，通常是基于经验数据来估算叶轮的流动特征、外特性和水力损失。而流道和叶片的设计更依赖于设计者的经验和由试验数据整理得到的系数，如第 3、7 章所述。计算机的低成本、高计算能力有效地促进数值方法的发展，它使得三维纳维 – 斯托克斯式能够在复杂场合中的得到运用。因此，数值方法应用于泵行业中，开展水力部件的优化，进而提高性能预测的可靠性，从而减少试验成本。目前，计算流体动力学仍然处于发展阶段。

根据研究任务的不同和目前现有的 CFD 方法，其建模与求解过程中有不同的侧重点（见 8.10）。

1）基于简化的流动计算，修改并优化叶轮或导叶的叶片和径向部分，直到设计者认为该设计方案是可接受的或最佳的。这部分通常采用准三维计算，耗时较短。

2）叶轮、导叶、蜗壳和进口段的计算一般采用三维纳维 – 斯托克斯式（3DN – S）求解。可基于数值计算进行反复的优化设计，设计的成功与否大多取决于设计者的经验。在设计过程中，要尽可能地控制好整个优化过程的耗时和周期。

3）整体模拟，将进口段、叶轮和压水室作为一个整体来进行计算[17]。通过"滑移网格"法（计算时间长，计算机内存要求高）可开展非定常计算，或者通过冻结转子法进行定常计算，当然也可引入静止和旋转部件之间的"混合平面"法来开展定常计算[33, 60]。

4）计算各种液力。

5）反设计方法可以确定能够产生一个指定压力分布的几何体。该方法可用于一些特殊情形，如在二维流动中设计具有良好空化特性的叶片[22]。还有一些程序用于优化叶片形状，以减少流道中的二次流[90]。

6）还有一些叶轮的自动优化程序，通过不断改变几何形状体达到水力损失最小或者或指定压力分布的目的。

7）设计、分析和阐述计算结果的专家系统是基于上述1）~3）开发的程序。该程序可以被集成到系统中，用于生成数控加工的数据（如用于加工叶片和水力部件），并进行应力分析。

8）两相流的计算。

9）空化模型用于捕捉空化对叶轮流场的影响。

以上这些方法也存在着许多的变化。此外，无黏模型方法也有着广泛的应用，如在二维流动中采用的三维欧拉法或奇点方法，也用于开发具有良好抗汽蚀特性的轴流泵叶片中。三维欧拉法可结合边界层模型，对摩擦损失和流动分离进行计算。然而，这种方法不能求解湍流交换动量过程中产生的水力损失。目前这种无黏方法正逐渐被三维纳维－斯托克斯方法所取代。

下面是不可压缩流动数值计算中的三个基本理论：①无旋无黏性流动采用拉普拉斯式求解；②有旋无黏性流动采用欧拉式求解；③有旋黏性流动采用纳维－斯托克斯式求解。其中，层流通过普朗特式求解，湍流借助于雷诺式和湍流模型求解，大尺度旋涡可通过大涡模拟（LES）求解，也可选用直接数值模拟（DNS）求解。

在流动数值计算方面有大量文献可以参阅。本书只引用了其中一小部分。关于数值模拟的新发展、基本概念、理论和程序的概述可参见文献［7，23，24，29，43，45，49，53，56，61，64，71，72，74，79］。关于湍流模型的应用细节也可参见文献［9，26，57，66，67，88］。

文献［28］采用一商业CFD软件对180°的弯管进行数值模拟，并与试验结果进行对比，分析湍流的特征，结果发现，二次流的流动特征在很大程度上取决于所采用的湍流模型，弯曲处的速度分布预测的并不好。文献［69，70］采用三维纳维－斯托克斯式对泵段进行了数值模拟，并与激光测速仪测得的泵内速度进行了比较。文献［41］研究了三维纳维－斯托克斯方法所能达到的精度，以及计算网格和数值参数对数值模拟结果的影响。

从技术层面来说，三维纳维－斯托克斯方法基本上适用于所有场合，因为它提供了对流动准确计算的可能性。但这并不意味着该方法在任何情况下都是经济或技术合理的。在很多情况下，CFD计算过程中遇到的问题都可以在短时间内结合相关工程常识得到解决。

8.2　准三维方法和三维欧拉方法

8.2.1　准三维方法

准三维方法（$Q-3D$）是由文献［89］在高性能计算机尚未出现时提出的。在准三维方法中，通过在圆柱坐标系中求解二维欧拉方程，以计算前后盖板之间（S_2 面）和叶轮叶片之间（S_1 面）的流动。这种情况下，假设子午截面中 S_2 面上的流动是轴对称的，在叶轮叶片后缘将相等的静压力施加于吸力面和压力面，进而通过流函数求解连续性式。通常只采用子午截面中的一个平均流面以加速计算收敛。这样可开发出高效的设计程序，如在文献［86］中所述的"实时程序"。在这个程序系统中通过叶片交互式修改优化叶轮设计，而所产生的压力和速度分布是瞬间（"实时"）的。该程序可以通过修改叶片形状对叶轮进行优化设计，并且每个优化方案的压力和速度分布都能实时显示。这其中的流动计算可由准三维方法或三维欧拉方法求解。

准三维方法无法预测水力损失和二次流。在一定范围内，它们可用于以下场合：

1）如果二次流动的影响很小，则可用于最高效率点的叶轮计算。所以，准三维方法不适用于高比转速和/或大出口宽度的径向叶轮。

2）上述限制范围外的叶轮设计。

3）在提供正确的流动条件和足够高的网格精度的情况下，可根据所计算出的叶片上的压力分布对空化初生进行求解。

4）准三维方法（结合一维设计程序）被广泛应用于叶轮的初始设计[6]。该过程需要通过比较计算数据和试验数据进行校准，以调试设置参数，减少计算误差。根据积累的性能优良的叶轮数据，进而确定合理的几何参数范围，准三维方法能够得到优秀的叶轮设计方案。

5）准三维方法可以与边界层模型结合对摩擦损失进行估算。

准三维方法不适用于导叶、蜗壳、进口段和弯曲流道的计算，它也很少用于小流量工况下的叶轮计算。正如5.2中所讨论的，在弯曲和/或旋转流道内边界层内非均匀的速度分布会产生的二次流，而无黏流动得到的速度分布总是会明显地偏离试验数据。因此，进口段或反导叶内的无黏计算会因错误的压力分布而得到错误的结果。在轴向入流或者水力损失较小时，无黏计算可以合理地预测设计工况下的理论扬程。然而，数值模拟预测的叶轮出口速度分布趋势通常与试验测量得到的结果是相矛盾的，如文献［73］中给出的实例。因此，可能难以从这样的速度分布中得到改进设计的相关途径。

8.2.2　三维欧拉方法

欧拉式用于表示纳维－斯托克斯式中的非黏性项，这将在 8.3 中会讨论。因此，三维欧拉方法不能预测水力损失，不能考虑切应力和边界层的影响，但可以准确地求解离心力、科氏力和压力。三维欧拉方法不适用于求解边界层起至关重要作用的流动情况，如由边界层流动引起的流动分离和二次流。只有在叶轮出口速度分布不受边界层效应和二次流影响时，欧拉方法才能正确地预测理论扬程，在一定程度上完整的 uc_a 是不存在的。

三维欧拉方法更适用于加速流动（如涡轮等）和上面列出的与准三维方法所适用的场合，但其准确性和相关性明显优于准三维方法。在完全发展的流动分离场合，叶轮中的回流在很大程度上是在离心力和科氏力的作用下产生。因此，三维欧拉方法可以很好地模拟完全发展（而不是刚开始时）的回流。

与准三维方法一样，欧拉方法也不推荐用于导叶和蜗壳的数值计算中。

8.3　纳维－斯托克斯基础理论

8.3.1　纳维－斯托克斯式

三维纳维－斯托克斯方程已得到了广泛使用，这里介绍一下它的基础理论，以便对其数值计算的适用性和局限性进行深入讨论。

考虑在三维不可压缩流动中，在直角坐标系统下，x、y、z 三个方向的相对速度 w_x、w_y、w_z 分别绕 z 轴旋转。x 方向上的动量守恒定律（完整的式和推导过程可参考文献 [1, 11]）：

$$\frac{\partial w_x}{\partial t} + w_x \frac{\partial w_x}{\partial x} + w_y \frac{\partial w_x}{\partial y} + w_z \frac{\partial w_x}{\partial z} + \frac{1}{\rho} \frac{\partial p}{\partial x} - \omega_x^2 + 2\omega w_y =$$
$$\nu\left(\frac{\partial^2 w_x}{\partial x^2} + \frac{\partial^2 w_x}{\partial y^2} + \frac{\partial^2 w_x}{\partial z^2}\right) + \left(\frac{\partial \sigma'_x}{\partial x} + \frac{\partial \tau'_{xy}}{\partial y} + \frac{\partial \tau'_{xz}}{\partial z}\right)\frac{1}{\rho}$$

$$(8.1)$$

式中，左侧是加速项（见 1.4.1）和在旋转系统中的压力和体积力的作用（即离心力和科氏力，重力可以忽略不计）；右侧是损失项，第一个损失项描述了分子黏度的影响，第二个损失项描述了湍流交换动量所造成的损失。

式（8.1）描述了动量守恒定律的一个非常普遍的形式，还需要注意以下几点：

1）在旋转叶轮的相对坐标系下研究流动时，或者 $\omega = 0$ 时，静止部件（导叶、蜗壳、进口段）的计算可采用式（8.1）。

2）若设定右侧为 0，则可得到非黏性流动的欧拉方程。

3）如果右侧第二项设定为 0，则可得到层流纳维－斯托克斯方程。另外一项则为分子黏度产生的切应力。在恒定的温度下，分子黏度是与流体流动特性无关的一个属性。

再加上连续性方程（8.2）中的三元式，结合式（8.1），即可得到一个包含 4 个未知函数 p、w_x、w_y 和 w_z 的偏微分方程。

$$\frac{\partial w_x}{\partial x} + \frac{\partial w_y}{\partial y} + \frac{\partial w_z}{\partial z} = 0 \tag{8.2}$$

即使式（8.1）中的速度为不稳定的，纳维－斯托克斯方程也足以计算湍流流动。但是对泵而言，目前还不具备开展直接数值模拟（DNS）的计算能力。为了准确地描述所有的湍流波动，需要极其精细的计算网格和大量的计算时长。对于直接数值模拟中所需的网格数量 N，可以用 $N \approx Re^{9/4}$ 来估算，如对于 $Re = 10^6$ 的流态，就至少需要 10^{13} 个网格[43]。

雷诺数可以用来代表非定常速度 $w + w'(t)$，其中 w 代表时均流速，$w'(t)$ 为湍流脉动。因此，式（8.1）给出了"雷诺平均"Navier－Stokes 方程（简称"RANS"）。现今的 Navier－Stokes 程序都是在此基础上建立的。湍流动量交换（"雷诺应力"）引起的应力，由方程（8.3）给出：

$$\sigma'_x = -\rho\, \overline{w'^2_x} \qquad \tau'_{xy} = -\rho\, \overline{w'_x w'_y} \qquad \tau'_{xz} = -\rho\, \overline{w'_x w'_z} \tag{8.3}$$

因为脉动速度 w'_x、w'_y 和 w'_z 未知，因此这样的 4 个方程是无法直接求解的。必须通过"湍流模型"，将额外的经验方程设定为脉动波动，再通过建立雷诺应力和平均速度分量之间的关系就可以实现求解。

8.3.2　湍流模型

总体而言，湍流模型描述分布在流域的雷诺应力。所有的湍流模型都是经验性质的。它们包含筛选得到的常数和概念，可以使 CFD 计算尽可能与特定几何形状和流型下的试验测试结果保持一致。有的湍流模型包含 5 个（或者更多）经验常数，用于表述不同的特定情况。然而，很难决定对于不同的流态，哪一种是物理上最相关的和预测最为准确的。即使开展基于统计学的广泛验证和测量，也是非常难实现的。

综上所述，目前没有一个湍流模型可适用于所有的流态，并能模拟的非常准确。相反，对于不同的情况，应通过比较测试数据的 CFD 计算结果，选择合适的湍流模型（见 8.8.2）。

由于湍流模型和相关湍流参数的选择是旋转机械三维纳维－斯托克斯计算结果的主要不确定因素之一，因此有大量的文献聚集于湍流模型的研究，如文献［9，10，20，26，53，57，66，67，72］。

在众多的湍流模型中，只简要讨论以下几个。由于给出的每个模型只可用于不同类型，这准确无误地表明，湍流模型问题尚未得到彻底解决。

大多数湍流模型是基于仅由流动特性确定的涡流黏度 ν_t（见 1.5.1），涡流黏

度通常由速度尺度 v_t 和长度尺度 L_t 表示，即 $\nu_t = v_t L_t$。

湍流模型可以根据输运方程的数量进行分类。输运方程是专门用来描述流域中湍流未知量标量的微分方程。

(1) 零方程模型（或"代数湍流模型"） 假定涡流黏度由当地流动未知量（如速度梯度）和一个给定的长度尺度所决定，这种相互关系通过代数方程表示。零方程模型适用于附加流动、流体喷射和尾流，它的优势是所需计算时间相对较短。

(2) 单方程湍流模型 除了当地流动未知量外，还考虑到这个未知量的"来历"，即流体微元的上游现象。这是通过一个含有湍流速度尺度的输运方程如湍动能 k 来表达的输运方程形式。

(3) 两方程湍流模型 使用两个输运方程来表达湍流参数 v_t 和 L_t（或 k 和 ε）。目前流行的 $k-\varepsilon$ 模型就属于两方程湍流模型。一般它结合壁面函数，并基于特定的湍动能 k 和湍流脉动的耗散率 ε。通过计算当地的速度梯度，可得到湍流强度 T_u 和涡长度尺度 L_t，这些参数可由式（8.4）和式（8.4a）表述：

$$k = \frac{1}{2}(\overline{w_x'^2} + \overline{w_y'^2} + \overline{w_z'^2}) \approx \frac{3}{2}\overline{w_x'^2} \quad T_u = \frac{\sqrt{\overline{w_x'^2}}}{w_{\text{Ref}}} = \frac{1}{w_{\text{Ref}}}\sqrt{\frac{2}{3}k} \quad \varepsilon = \frac{k^{3/2}}{L_t} \quad (8.4)$$

涡流黏度计算公式：

$$\nu_t = c_\mu L_t \sqrt{k} = c_\mu \frac{k^2}{\varepsilon} \quad (8.4a)$$

标准 $k-\varepsilon$ 模型使用常数 $c_\mu = 0.09$。此外，在湍流动能 k 和耗散率 ε 的输运方程中还有 4 个经验常数，它们也对湍动能的计算具有一定影响。

在二维附壁边界层中，湍动能的产生和耗散处于局部平衡的状态。在这种情况下，式（8.4b）表示壁面切应力 τ_w 和湍流参数之间的关系（表 8.1）：

$$w_\tau = \sqrt{\frac{\tau_w}{\rho}} = c_\mu^{1/4}\sqrt{k} \quad (8.4b)$$

标准 $k-\varepsilon$ 模型在以下流态计算时存在缺点：

1) 弯曲流道内的流动。

2) 减速流。

3) 三维边界层。

4) 转动部件，因为体积力影响边界层。

5) 旋涡流。

6) 强二次流。

7) 不能捕捉到的仅由湍流引起的二次流。这样的二次流会在非圆形横截面流道中出现，如图 1.6 所示。

8) 对于大尺度速度梯度流态下的湍动能预测过高，因此不能准确地识别出流动分离。

上面列出的所有现象几乎都能在叶轮、导叶、蜗壳和入口段的流动中出现。由于标准 $k-\varepsilon$ 模型存在上述不足，从而使得水力损失的计算变得不可靠，而且预测的流动分离区域太小或根本识别不了[8]。此外，减速流或弯曲通道的速度分布计算结果也不正确，如参考文献［28，47，54］中关于导叶和弯管所论证的。同样，当计算流道中的旋涡流时，$k-\varepsilon$ 模型也会失效，其预测的因摩擦导致的涡流衰减速度并不正确，进而预测的速度分布也不正确[54]。

应该指出的是，在看似简单的几何体中，如导叶或弯管，标准 $k-\varepsilon$ 模型会和对数型壁面函数一起失效。因此可以得出结论，即原则上 $k-\varepsilon$ 模型不适用于泵的计算。因为液体流过叶轮后，进入导叶和蜗壳内开始减速，而且顺着弯曲的路径流动时出现流动分离。标准 $k-\varepsilon$ 模型不能捕捉到这些现象，不仅仅是因为描述湍流的方程和参数不合理，还应归因于对数型壁面函数对固体边界附近流动的经验性处理（见 8.3.3）。

尽管存在如此严重的缺点，$k-\varepsilon$ 模型因其收敛性优于其他湍流模型仍被广泛使用。此外，因为它是工业上第一个适用的两方程湍流模型，有着广泛验证的基础。一些程序是在 $k-\varepsilon$ 模型的基础上开展修正，试图捕捉弯曲路径内的流动特征。

（4）可实现的 $k-\varepsilon$ 模型 这是在标准 $k-\varepsilon$ 模型基础上进行的修正，以避免非物理解，如 k、ε 和标准湍流应力求解过程中出现负值，从而避免产生不切实际的过高湍动能。

（5）$k-\omega$ 模型 这个模型是针对压力梯度较大的流动（如导叶中可能会出现）而专门开发的。它解决了输运方程中大尺度旋涡的频率 ω 的求解问题。该模型与 $k-\varepsilon$ 模型相比，能够更准确地捕捉壁面附近的流动，而后者则能更好地描述主流区内的流动过程。因此，将这两个模型相结合，能够实现近壁区到主流区的平稳过渡[57]。但在接近流动分离处，湍流的产生和耗损之间存在不匹配的情况。$k-\omega$ 模型和 $k-\varepsilon$ 湍流模型采用的涡黏度概念不能很好地处理这一问题。

（6）切应力输运模型（SST） 此模型旨在解决上述 $k-\omega$ 模型不能解决的问题[57]。在主流区中它采用 $k-\varepsilon$ 模型，在靠近固体表面区域采用 $k-\omega$ 模型，且对涡黏度进行了修正。该模型使用 5 个经验常数。此外，该模型建立了用于 $k-\omega$ 模型和 $k-\varepsilon$ 模型之间过渡的经验函数。但弯曲流道内的流动计算仍然没有得到很好解决。

（7）Kato - Launder $k-\varepsilon$ 模型 该模型是在标准 $k-\varepsilon$ 模型基础上修正得到的。它通过一个替代方程，避免在速度梯度较大区域（如在叶片前缘驻点附近）过度产生湍流[51]。由于该模型预测旋转流道内产生的湍流过大，它并不能很好地适用于泵的数值计算[39]。

（8）低雷诺数 $k-\varepsilon$ 模型 该模型能够更好地解决近固体壁面的流动。为此，将标准 $k-\varepsilon$ 模型的常数乘以 1 个关于雷诺数的函数，来定义湍流未知量。应用该模型，首层网格到壁面的最大距离，须为 $y^+ \leqslant 2$（y^+ 在表 8.1 中定义），即靠近壁面的第一层网格设在黏性底层。由于在高雷诺数的湍流中黏性底层非常薄，因此需要足够精细的边界层网格和较多的节点数量。

（9）双层模型　这个模型的目标也是更准确地描述近壁流，包括预测表面粗糙度对流动的影响。文献 [10, 20] 比较了该模型的计算结果和试验数据。同样，该模型很大程度上依赖于经验数据，近壁区和主流区之间的界限值通常设置为 $v_t/v \approx 20$。

（10）雷诺应力输运模型　式（8.3）中所有的雷诺应力分量都是基于输运方法计算的，而不是通过计算涡黏度的方式。该输运方程是在 Navier‐Stokes 方程加入 $w + w'(t)$ 和雷诺平均方程的基础上推导得出。由此产生了另外 7 个方程（6 个雷诺应力分量和 1 个长度尺度），因此需要相当大的计算量，并严重影响计算收敛。对于附加参数，也需要定义边界条件。因此，该模型在旋转机械行业并不流行。

（11）大涡模拟（LES）　在流动分离发生时，旋涡会在主流和黏性底层之间的剪切层处产生。一开始，旋涡尺度很大，并随着向下游流动过程中逐渐衰减。大的旋涡蕴含较高的能量，因而会影响流动分布。当旋涡破裂成较小的尺度时，能量会消散掉。在大涡模拟中，个别大规模旋涡运动通过非定常计算得到，而小尺度旋涡则由基于统计学的湍流模型处理[75,76]。在 LES 计算中壁面处理是比较困难的，需要通过壁面函数来确定不稳定的壁面切应力。一个 $R/D = 1.0$ 的 90°弯管[68] 和导叶[47] 的 LES 计算中，预测得到的流动分离、速度分布和摩擦因数与试验数据相一致。一侧开口的导叶也可由 LES 计算得到准确的结果，但并行计算的 $k‐\varepsilon$ 模型产生的结果令人失望，因为速度分布和摩擦损失严重偏离试验测量值。然而，当时研究过程中存在着多样的限制因素，这样的结果并不具有通用性。

LES 计算需要非常精细的网格，这些网格应该尽可能各向同性。所需的网格数量按照雷诺数的平方的规律增加。由于有限的计算能力，目前 LES 几乎不可能应用于泵行业。LES 可以处理雷诺数大约为 5 000，甚至高达 20 000 的流动，主要取决于计算机的配置及过流部件的几何形状。

文献 [47] 中提出了 "$v^2‐f$" 湍流模型（类似于 SST 模型），这个模型（与线性壁面函数一起使用时）对导叶流动的预测结果与 LES 计算得到的结果非常相似。

8.3.3　壁面流动的处理

所有速度分量，包括速度脉动，在接近固体壁面时逐渐消失。"壁面函数" 可以提供必要的边界条件，见表 8.1，这里要重点区分两个概念。

1）高质量的网格需要深入到黏性底层，这意味着网格靠近壁面的量纲为一壁面距离大约为 $y^+ = 1$ 见（8.1）。根据式（T8.1.8），假定黏性底层的速度呈线性分布，则称之为线性壁面函数。这种壁面函数模型需要相应多的网格数。它适用于低雷诺数的 $k‐\varepsilon$ 模型、双层模型、$v^2‐f$ 湍流模型、SST 模型、雷诺应力输运模型和 LES。

2）当采用对数壁面函数 ［式（T8.1.8）~式（T8.1.10）］ 时，允许近壁区的网格较为粗糙（见表8.1）。标准 $k-\varepsilon$ 模型采用对数壁面函数，因为在该模型中，输运方程在靠近固体表面时不会产生合理的 k 和 ε 的值。在处理边界层网格时，壁面附近的网格 y^+ 值应在30~100的范围内。

表8.1 中列出的壁面函数对于流动方向上没有显著的压力梯度的流动也是适用的，如表面光滑或粗糙的平板、管道和流道。壁面函数用统计学的方法描述表面粗糙度的影响，因为对表面粗糙度和几何形状的精确建模是不可能一起实现的。

表8.1 的注释：

① 所有的方程只适用于 $y > \varepsilon$，因为不可能在表面粗糙度的高度范围内定义一个速度分布。

② 可以在管道中心使用式（T8.1.9）和式（T8.1.10）。式（T8.1.11）也适用于 $y^+ > 70$，但与式（T8.1.9）或式（T8.1.10）相比，用于表面粗糙度较大的管路时会出现较大的偏差。

③ $y^+ = 11.6$ 时，式（T8.1.8）和式（T8.1.9）对于水力光滑（$\varepsilon = 0$）的表面会出现相同的值 $w^+ = 11.6$。

④ 式（T8.1.9）中的极值 $y^+ = 11.6$ 是一个近似值；全湍流摩擦情况只在 $y^+ > 70$ 时出现。在 $5 < y^+ < 70$ 范围内的转换过程通常由3阶幂函数描述。

⑤ 式（T8.1.1）~式（T8.1.10）对于管道，通道、平板都是适用的，而式（T8.1.11）和式（T8.1.12）只适用于管道。它们可以用于对比分析。

表 8.1 壁面和速度分布规律

只适用于充分发展的平面流或管路流，不适用于导叶、弯管、叶轮和蜗壳 注意：表中 ε 是表面表面粗糙度，不能与 $k-\varepsilon$ 模型中的湍流耗散相混淆			式号
定义	切应力速度	$w_\tau = \sqrt{\dfrac{\tau_w}{\rho}}$	$\dfrac{w_\tau}{w_m} = \sqrt{\dfrac{c_f}{2}} = \sqrt{\dfrac{\lambda_R}{8}}$	T8.1.1
	无量纲壁面距离	$y^+ = \dfrac{y w_\tau}{\nu}$		T8.1.2
	无量纲速度	$w^+ = \dfrac{w}{w_\tau}$		T8.1.3
	表面粗糙度参数	$\varepsilon^+ = \dfrac{\varepsilon w_\tau}{\nu}$	$\varepsilon =$ 当量表面粗糙度	T8.1.4
	水力光滑区的黏性边界层厚度	$\delta_1 = 5\dfrac{\nu}{w_\tau} = 5\dfrac{\nu}{w_m}\sqrt{\dfrac{2}{c_f}}$		T8.1.5
	平均速度	$w_m = \dfrac{Q}{A}$	$w_{max} =$ 管道中心最大速度	T8.1.6

（续）

				式号
只适用于充分发展的平面流或管路流，不适用于导叶、弯管、叶轮和蜗壳 注意：表中ε是表面表面粗糙度，不能与$k-\varepsilon$模型中的湍流耗散相混淆				
摩擦类型	$y^+<5$	$5<y^+<70$	$y^+>70$	T8.1.7
	黏性的	层流－湍流	完全湍流	
	水力光滑	过渡区	水力粗糙	
	$0<\dfrac{\varepsilon w_\tau}{\nu}<5$	$5<\dfrac{\varepsilon w_\tau}{\nu}<70$	$\dfrac{\varepsilon w_\tau}{\nu}>70$	
	所有表面粗糙度峰点 保持在黏性边界层内	一些表面粗糙度峰点 接触黏性边界层	所有表面粗糙度峰点接触 黏性边界层	
	c_f和$\lambda_R=f\,(Re)$	c_f和$\lambda_R=f\,(Re,\ \varepsilon/D_h)$	c_f和$\lambda_R=f\,(\varepsilon/D_h)$	

	速度分布图		
水力光滑	对于$y^+<5$, $w^+=y^+$	对于$y^+>11.6$, $\dfrac{w}{w_\tau}=2.5\ln y^++5.5$	T8.1.8
水力光滑过渡区设$\varepsilon^+=0$	$\dfrac{w}{w_\tau}=2.5\ln\dfrac{y^+}{1+0.3\varepsilon^+}+5.5$		T8.1.9
水力粗糙	有效区间：$y>\varepsilon$ 和 $11.6<y^+<300\sim500$		T8.1.10
	—	$\dfrac{w}{w_\tau}=2.5\ln\dfrac{y}{\varepsilon}+8.5$	
	有效区间：$y>\varepsilon$ 和 $11.6<y^+<1\,500\sim3\,000$		
管道中心区（"尾迹法"），适用于 $y^+>1\,500\sim3\,000$	$\dfrac{w}{w_{max}}=1+2.5\ln\dfrac{y}{R}\sqrt{\dfrac{c_f}{2}}\dfrac{w_m}{w_{max}}$		T8.1.11
平均速度与最大速度的比率（理论 上这个因子应为3.75而不是4.07）	$\dfrac{w_m}{w_{max}}=\dfrac{1}{1+4.07\dfrac{w_\tau}{w_m}}$		T8.1.12

应用壁面函数意味着一些基本问题：

1）如果应用壁面函数，那么所得到结果是由预期设定的经验方程得到的。有限元方法中壁面切应力是由壁面函数确定的。此外，在控制体中的速度分布是来自于动量平衡。其他的动量影响到壁面切应力，如果通过施加一个壁面函数则会引起一定程度的误差。因此，壁面函数有时也会产生一些不合理的结果。

2）壁面函数会施加壁面切应力，从而直接影响水力损失的计算。这也适用于壁面摩擦及近壁流体层与主流之间的湍流动量交换。

3）在$\mathrm{d}p/\mathrm{d}x>0$的减速流中（如在导叶中），壁面切应力随着表面粗糙度的增加而减小，流量分离出现时会下降到$\tau_w\approx0$。由于壁面函数施加了壁面切应力，会抑制失速，因此在减速流中应用对数壁面函数时，湍流模型不能正确识别流动分离，或者预测的流速比实际值低得多。在弯曲流道内也会出现这种情况，因为在急弯会出现减速，如 1.4.3（图 1.12）所述。在无导叶泵的计算中壁面的处理会直接影响到对速度分布和失速的预测，应用对数壁面函数将抑制叶片前缘和环形导叶内出现的失速[39]。

4）在文献 [20] 中，通过试验测量和数值计算指出，随着表面粗糙度增加，会导致流动中过早失速而使得压力梯度减小（减速流动）。

5）正如 3.10.3 中详细讨论的，流经水力部件产生的水力损失在很大程度上取决于表面粗糙度、近壁流、湍流和速度分布之间的相互作用。因此，在 CFD 计算中使用表 8.1 的这些方程来处理表面粗糙度的影响是不尽如人意的。计算得到的结果与实际水力损失之间往往存在着较大的差异。

总之，可以说：

1）采用壁面函数会影响到对于流动分离和水力损失的预测，尤其是对于弯曲流道和压力梯度较小（减速流）的流动。

2）CFD 计算不能很好地捕捉到表面粗糙度的影响。在 3.10 中讨论了如何正确评估表面粗糙度对水力损失和流动分离的影响，这个问题同样适用于流动数值计算。

因此，离心泵的数值计算，应始终采用线性壁面函数，或对数和线性壁面函数相结合的方法，以便能够计算靠近固体表面至 $y^+ < 2$ 的流动。

8.3.4　网格生成

在泵的水力部件中，Navier – Stokes 方程只能通过数值方法求解。因此，计算域必须被细分成多个小单元。在这个工作之前，首先要创建一个三维几何模型，用坐标完整和明确地描述计算域，如采用一些功能强大的三维建模程序来生成叶轮、导叶、蜗壳和泵壳的几何体，并允许后期进行交互式修改以便开展优化设计。且商用三维 CAD 程序正越来越多地用于这一目的。然后将计算域完全通过坐标描述后，即可将几何数据转移到网格生成器中。

足够精细的高质量网格是 CFD 计算最重要的先决条件。粗糙的网格会严重歪曲结果；对于角度或比例方面造型欠佳的网格，同样如此。因此网格的生成是极其重要的环节，它往往也是 CFD 计算过程中工作量最大的部分。

图 8.1 和 8.2 所示分别为结构化网格和非结构化网格。结构化网格通常由矩形单元组成，整个计算域以统一的形式定义。它的数据结构简单，但灵活性不好，而且将其与 3D – CAD 系统一体化比较困难。非结构化网格采用四面体来填充计算域，不会产生连续的网格线。因此，非结构化网格可灵活且方便地集成到三维 CAD 系统中，但是其数据结构较为复杂，计算时长与结构网格相比显著增加。

块结构网格结合了上述两种网格的优势。计算域的不同部分都采用结构化块来填充，但块之间以非结构化的方式连接在一起。

划分网格时的难点之一在于网格线要尽可能以垂直于壁面的方式设计网格。在叶轮和导叶的进口处，这一点就很难实现。

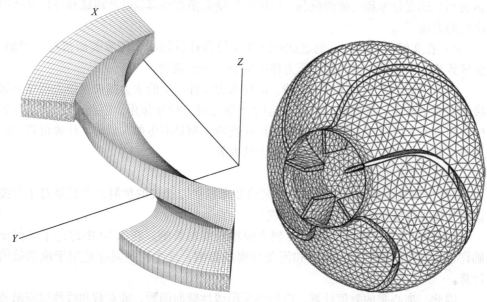

图 8.1　叶轮流道的结构化网格（75 000 个节点）　　图 8.2　混流泵导叶的非结构化网格

计算域必须向上游和下游方向做足够的延伸，如图 8.1 所示的叶轮网格。文献 [43] 中建议延伸长度为叶片长度的 1.5 倍，而文献 [39] 建议的长度为 1 倍叶轮进口直径。

网格生成的准则：

1）网格线应尽可能与壁面垂直。同样地网格线应该在计算域内相互正交。网格不应有低于 40°或高于 140°的角度（20°和 160°之间的特殊角度是可以接受的）。低于 40°的角度不仅降低准确性也影响收敛。在叶片周围布置 O 形块结构网格是一种可以采用的补救办法[43]。然而对于高度扭曲的叶片，不可避免地会出现部分网格畸变。

2）为了避免靠近壁面的网格线角度过小，可以将网格划分成圆形横截面，如图 8.4 所示。同样的方法也适用于接近圆形的部分，如蜗壳中网格。

3）网格线应该加入角度接近 90°的流入和流出的边界。

4）网格线不应有交点（没有负体积）。

5）网格线应尽可能大致遵循流线轨迹（在高三维流动和失速区，这点较难实现）。

6）网格单元的大小不应发生急剧变化。两个相邻单元的尺寸比例不应大于 1.5～2。尤其在速度梯度较大的区域，必须要满足这一点。

7）必须细化具有高速度梯度区域中的网格，如叶片前缘和后缘，或狭窄的间隙和壁面附近。精细和粗糙网格区之间的边界不应设在速度梯度较大的区域。一些CFD 程序可以自动细化强速度梯度区域中的网格。

8）如果数值解给出了高残差区的位置，那么该区域的网格可以进行细化。目前有一些程序能够自动执行此操作。

9）在周期性边界条件下，必须实现特别高的网格质量。

10）叶轮叶片后缘值得特别注意，该部分的网格对计算结果影响较大。

总的趋势是：更精细的网格，可以获得较高的计算精确度；但与此同时，计算时长和收敛难度会增加。对于每个叶轮或导叶流道，最小节点数是在 70 000 ~ 100 000 的范围内。根据几何形状和流动方式，可以需要更多的节点。原则上，准确性会随着节点数而增加；在将 CFD 计算结果与试验数据进行比较时，如果不是这种情况，那么可以分析数值计算和建模过程中可能存在的误差。

叶轮一般采用旋转参考坐标系求解，导叶和壳体采用绝对参考坐标系求解。当单独计算叶轮或导叶时，可以对一个流道采用周期性边界条件来开展建模。当计算旋转参考坐标系中的叶轮时，绝对坐标系中的计算域和静止部件的进口和出口部分以 ω 旋转，这也适用于处理半开式叶轮的壳体。

8.3.5　数值程序和控制参数

在流动数值计算中，偏微分方程的计算求解被转化为基于有限元的代数方程，求解这些代数方程可采用不同的算法。大部分使用的是"SIMPLE"算法（半隐式法压力耦合式）及其衍生算法。不同的算法在计算时间、收敛性和准确性方面均有所不同。在文献 [24，61，64，71，79] 中可以找到关于数值计算的细节描述。

代数差分方程可以确定网格单元内的速度和压力等物理量是如何分布的。为了获得正确的结果，程序用户必须指定相应多项式的求解顺序。一般至少有 3 个选项：

1）1 阶截断误差：在一个单元格内物理量是不变的。

2）2 阶截断误差：物理量呈线性变化。

3）3 阶截断误差：网格单元内的物理量是平方函数。

在涡轮机械的数值计算中，一阶截断误差的计算不够准确，一般采用二阶截断误差进行求解[21,27]。一阶截断误差中的"数值扩散"会严重影响计算精度[71]。图8.3 中通过单级蜗壳泵的计算（$n_q = 35$，见文献 [84]）说明了这一点。在这种情况下，可以观察到一阶和二阶方案计算之间存在着较大的差异。这进一步表明：一阶截断误差对于网格密度的灵敏度要比二阶高得多。但这些结果并不一定具有通用性⊖。

⊖　仅截断误差并不能确定其准确性；这意味着需通过增加网格细化才可更快地得到精确解。

多项式的阶数越高，数值计算精度越高，但迭代的收敛性会受到影响。在一开始不收敛的情况下，可以用一阶方法先进行计算，随后在更换为更高阶的方法继续计算，以得到收敛解。

每个程序都有不同的数值参数，可以用于调整精度和收敛性，如阻尼因子、松弛因子和时间步长。合理地调整这些参数可以提高收敛性，但阻尼因子的改变又会影响计算结果。只有通过与试验测量值的比较，以及对比参数的影响，才可以提高计算的可靠性，并减小出现偶然性结果的风险。

其中一项准则是：应该舍弃那些收敛不够好的方案。而"残差"和收敛的过程可以评估收敛性。残差可以表明解决方案与完全满足质量守恒和动量守恒的离散方程有多大差距。通常残差是无量纲量（如用于质量守恒的残差是指总质量），见图 8.8。

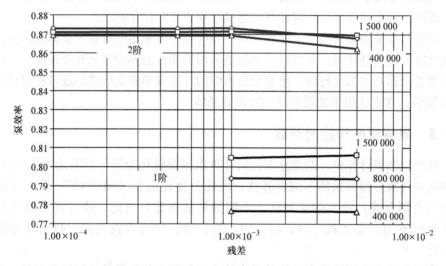

图 8.3　网格数量和求解阶数对效率的影响[42]

8.3.6　边界条件

边界条件用于设定输运方程中所有变量在计算域上的边界。在由用户定义的固体壁面，边界条件由 CFD 程序自动设置：①平行于壁面的相对速度分量设置为无滑移条件；②垂直于壁面的速度分量设置为 0。壁面处湍流动能及其梯度设置为 0，而耗散率假定为大于 0 的有限值。

下面讨论一下泵相关的边界条件。

（1）进口边界条件　进口到计算域的流速分布由 x、y、z 三个方向的分量确定，通常指定为质量流量。计算单相流时，通常不指定进口压力；计算空化现象时，则指定进口压力和出口质量流量。

湍流参数，如湍流强度和长度尺寸（或者涡流分子黏度的比例），也必须在进口进行边界条件定义。湍流的长度尺度可以选择为水力直径的 1%~10%，也可以为叶片高度或叶轮进口直径。长度尺度越高，垂直于主流方向的动量交换越强烈。较短流道上的速度差异较小。泵中的湍流强度是比较高的，在叶轮进口约为 5%，在导叶进口约为 10%[⊖]。通过敏感性研究，可以对湍流参数的影响进行评估。

导叶中的流动严重依赖于速度分布和导叶入口的湍流，见 1.6，1.3 及 5.33。这同样适用于存在局部减速的所有流动，包含弯管内流动。如果不能给定正确且详细的边界条件，那么可能会出现偶然性的计算结果。

在一些复杂的水力部件中，进口的速度分布往往由出口条件决定。如泵腔体可以给出叶轮出口流速分布作为导叶计算的进口边界条件，以开展耦合计算，或者连续的阶段性计算。前面部分的出口速度和压力分布转移到下个组件作为其进口条件。然而，在此过程中会忽略不同组件之间的相互作用。

计算封闭叶轮时，原则上必须对通过环形密封的泄漏进行建模，因为这将影响叶轮进口处的速度分布，尤其是影响外部流线。

如果指定的是进口和出口之间的压力差，而不是质量流量，那么可能会在部分负载下会遇到收敛性的问题，会出现不稳定的扬程 - 流量曲线。这是因为在仅仅施加压差的情况下，质量流量会产生振荡。

（2）周期性边界条件　为了节省计算时间，往往只计算叶轮或导叶的一个流道。为此，"周期性边界条件"用于处理两个叶片之间的交接区域。然后，以这种方式控制计算，即相同的压力和流速会产生在这些边界相应的网格单元。

根据第 1 章，需要建立一个相当长的、充分发展的管内流动。这不仅仅是为了得到一个充分发展的速度分布，也是为了应用周期性边界条件的概念。如图 8.4 所示，如果单元格的入口和出口被定义为周期性边界条件，则在流动方向上只需一个网格单元。这意味着程序完成迭代后，即可在进口和出口得到完全发展的速度分布。在迭代过程中，流动方向上的压力梯度是变化的，直至达到指定的流量。

此计算结果以充分发展的速度和湍流场的形式，可直接用作叶轮、导叶、弯管或任何其他装置的进口条件。另一个好处是通常未知的湍流参数与合成的速度分布完全一致。

如果对一个多级泵的多级流场进行分析，也可以应用周期性边界条件。每一级的进口和出口采用相同的压力和速度分布迭代实现。其特征在于，压力上升这一级出口处的平均压力超过进口压力。这是获得多级泵各级入口边界条件最简单的方式。

（3）对称条件　为了节省计算机容量，对于对称的组件可以只分析一半。对称边界条件的计算域被视为无摩擦，即其对其他壁面无任何影响，也即垂直于壁面

⊖ 文献［41］的研究发现 CFD 结果对湍流参数不是很敏感，这也被文献［5］中的 CFD 研究证实。

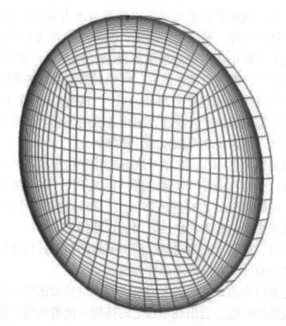

图 8.4　通过周期性边界条件计算充分发展的管内流动的网格（ANSYS 德国，Otterfing）

的速度分量设置为 0，平行于表面的速度分量的梯度同样为 0。然而应该指出的是：对此条件的适用范围，不仅要求组件具有几何对称性，也要求进口流动条件必须绝对对称。而如由单吸叶轮流出再流入到蜗壳的过程，显然不符合这一要求，即不应使用对称条件计算弯管；同理不应对蜗壳使用对称条件，即使它是与双吸叶轮配合的（即名义上的对称流动）。

　　（4）出口边界条件　一般来说，泵部件的出口条件是根据理想的计算结果来给定的。这意味着可以较为自由地建立出口压力和速度分布。其中一个选项是：给定出口边界，不给定进口压力；另一个选项是：给定平均出口压力，而不指定网格单元内的压力。在这两种情况下，绝对压力没有意义，而只与进口和出口之间及控制面上的压力差有关。另外，还可以指定进口边界总压和出口质量流量。

　　在文献［68］中，用"非反射"出口边界条件对 90°弯管进行了 LES 计算。旨在防止可能导致非物理解决方案的波反射。

8.3.7　初始条件

　　在开始进行计算时，初始值是必需给定的。如果用户没有给定，也可以通过程序自动设置（可能为 0）。

　　通常假定收敛方案与初始条件无关。但也有一些特殊情况，如果 $Q-H$ 曲线、轴向力或任何其他量中存在滞后作用，收敛方案也会依赖于初始条件。要分析滞后效应，需要将前面操作点的收敛解作为要分析的下一个点的初始条件。可以通过先增加流量，再减小流量的计算方法来实现。用这种方法有可能通过 CFD 测得 $Q - H$ 曲线的滞后现象[30]。

分析非定常流动时，初始条件必须是差分式的一个解。时间 $t = 0$ 时的系统状态用来计算瞬态。如果不能定义差分式的解，则给定值为 0。

8.3.8　三维纳维－斯托克斯方法的预期应用

在泵行业，CFD 应用程序有着广泛的、实际的和潜在的目标：

1）减少水力损失。

2）计算最高效率点的扬程。

3）获得特定的叶轮出口速度分布，这对于提高导叶的性能和 $Q - H$ 曲线的稳定性是有益的，见 5.6。

4）预测部分负载工况的特性，见 8.6.2。

5）计算液体力，尤其是轴向力和径向力。

6）计算经过环形密封的流动，包括叶轮的侧壁间隙，以及转子动态力或系数[3, 78]。

7）对试验设备难以测量的密闭空间提供可视化数据，如间隙涡[43]。

8）计算非定常工况下的 $Q - H$ 曲线，包括计算叶轮出口的不稳定压力和速度分布、动静干涉等。

9）计算腔体流动以确定汽蚀初始值，腔体长度作为有效汽蚀余量（$NPSH_A$）和汽蚀的一个函数引起扬程或效率下降，见 8.7。

10）计算夹带固体颗粒在流道内的磨损[55]。除了求解固体颗粒的动量方程，Navier - Stokes 方程要考虑固体对限定流域结构表面作用的冲击角和速度，并结合磨损模型估计磨损。假定粒子的运动主要是由惯性而不是边界层效应导致的，那么这种情况下壁面函数和湍流模型是次要影响因素。

11）两相流计算。

12）计算高黏度流体。由于壁面切应力的存在，会出现湍流耗散和热传递现象，此类计算应该考虑近壁流体的加热。因此计算域必须包括叶轮侧壁间隙和环形密封。在超声速流动中，必须激活能量方程中的耗散项，并应用随温度变化的流体性质。这种类型的应用涵盖层流和湍流，也包含转换过程。由于在实践中有多种不同流体要处理，而试验测试耗费巨大，因此 CFD 在这方面具有广阔的应用前景。

13）从理论上讲，用 CFD 可以完整地计算出泵的特性曲线。虽然水轮机工况很容易处理，但在计算启停过程中可能会遇到收敛的问题，这是由大量的回流造成的。但其所要求的精度远低于泵的工况。在这种应用场合，CFD 计算相比试验测试更为简单、便捷。

处理这些任务时，应遵循两种方法：①在理想的情况下，应考虑绝对值（如扬程和效率）。在泵行业需要高的精度，因为效率和扬程的负公差很少被接受。②应确信或假设绝对值是不可靠的，并对各种计算之间的差异进行评估。在计算中得到的最优设计叶轮，在实际中也应是如此。但是需要批判性地看待这个通常的观点。

无论泵作为一个整体被分析还是被拆分为多个组件进行各自单独计算，都需要注意以下问题。

(1) 进口段　计算的目的是确定叶轮进口处的速度分布及进口段中可能产生的水力损失。虽然损失通常是次要的（除了非常高的比转速），但对于给定均匀流速的叶轮入口条件，以及与优化、汽蚀、噪声、振动和泵效率有很大的影响。随着比转速和叶轮功率的增加，这一影响会愈发明显。即使计算的准确性适中，三维Navier-Stokes方法看起来也很适合这个目的[15]，因为试验研究非常昂贵。因此采用湍流模型和壁面处理方法来准确预测失速和速度分布，至少应是定性正确的。

(2) 叶轮　叶轮产生的静压上升为 $\rho g H_p$，理论扬程 H_{th}，总压上升 $\rho g H_{La}$，通过叶轮水力效率 $\eta_{h,La} = H_{La}/H_{th}$ 和出口速度分布分析所产生的损失。此外，液力和力矩可以通过对压力分布的积分获得。

计算单个叶轮既不能得到扬程也不能得到泵的水力效率，因为忽略了压水室中的损失。在部分载荷工况及强烈的动静干涉作用下，无法单独对叶轮与压水室进行计算。这点在图4.6中做了阐述，即将一个带叶片的叶轮和一个无叶片的导叶的测试进行比较。在流量较低时，叶轮上的静压增加高于导叶，但单独的计算是无法预测出这种现象的。

为了理解单个叶轮计算的限制，如图5.30所示，在部分载荷工况下，扬程对叶轮和压水室的相互作用非常敏感。

(3) 导叶　导叶的计算可以得到静压的上升和水力损失。正如上述所强调的，合适的叶轮出口速度分布是导叶入口边界条件所需要的。

(4) 蜗壳　蜗壳的计算可以给出压力恢复、水力损失和压力分布。由于不具备旋转对称，整个蜗壳必须经超过360°的计算。如果蜗壳是与双吸叶轮配合的，可以认为符合对称条件，这样可以减少一半的节点数量，但不能获得二次流的非定常特性，见10.10。如果这样做，单个蜗壳的计算应限制在最高效率点。在部分载荷工况下，蜗壳中的压力分布沿圆周方向变化，见9.3.3。因此，叶轮流量也会发生变化，叶轮在不同圆周位置以不同流速工作。因此，在非设计工况下，建议开展叶轮和蜗壳相结合的非定常计算，见8.6.3。

在对水力部件进行单独优化时，默认该部件处于与其他部件一起工作的状态。然而，导叶的压力恢复和水力损失在很大程度上取决于叶轮的出口速度分布。由于不均匀来流会在导叶中产生混合损失，因此叶轮出口速度的非均匀性是一个重要标准，可用来评估叶轮设计的优点或不足。

8.4　求解平均值和后处理

数值计算会产生庞大的数据量，必须将它处理为可理解的物理参数和流动图片。只有良好的后处理，才能得到指导性的结论，以便后期的优化设计。后处理包括以下步骤：

1）不同控制表面的速度、压力和动量的积分或平均值。这些平均值可以表示扬程、功率和效率，以及水力损失等整体性能参数，均是重要的优化准则。

2）特定控制面的速度分布，特别是在进口和出口的控制面（见 8.5.4，图 8.11 和图 8.12）。

3）角动量，沿流动路径的总压和静压平均值（见 8.5.4，图 8.10）。

4）不同流线沿叶片或流道的压力分布，用以评估叶片载荷，以及失速的发生概率和风险（见 8.5.4，图 8.9）。

5）损耗参数的分布。

6）各种控制面的质量、动量和能量的残差值，以检查收敛情况和评估数值解的精度。

7）流动形态，速度和流线的图形表示。

为检查是否达到规定的性能，必须进行积分和平均值计算。为此，可以将控制面定义在所计算组件或泵的进口和出口。通过对上述控制面所有计算网格单元求和，来确定平均速度和压力。

可以选用不同的平均参数，如质量平均和面积平均。以这种方式，对满足守恒方程的质量、角动量和能量（焓或总压力）等参数，进行物理意义上的平均。为了确定哪种类型的平均满足这一要求，可考虑固定在同一根轴上的 2 个不同的叶轮，其中每个叶轮在其各自的控制面具有均匀的（但不同）的速度和压力；在这种情况下的质量、角动量和能量守恒方程可以为这 2 个叶轮分别列出（见 1.2）。很明显，2 个叶轮各参量的总和满足转子的守恒方程。因此，满足不可压缩流动守恒方程需要质量平均。因此，全局流动参数由式（8.5）~式（8.7）规定的控制面中所有网格单元的总和确定（其中，c_n 是到区域 A 各控制表面的标准速度分量）。

体积流量：

$$Q_{La} = \sum_A c_n dA \tag{8.5}$$

角动量：

$$M_j = \rho \sum_A r c_u c_n dA + \sum_A r \tau_u dA \tag{8.6}$$

能量流（有效功率）：

$$P_j = \sum_A p_{stat} c_n dA + \frac{\rho}{2} \sum_A c^2 c_n dA \tag{8.7}$$

因此，角动量和功率是质量平均得到的，而通过面积平均可以得到流量。这些总和通过出口控制面（$j = 2$）和进口控制面（$j = 1$）之间的计算得到。出口和进口间的差异产生转矩 $M_{th} = M_2 - M_1$，这是由叶轮和叶轮有效能 $P_{u,La} = P_2 - P_1$ 转换而来。

式（8.5）~式（8.7）同样适用于导叶、蜗壳和进口段。若 $c_u \neq 0$ 时，这些部件的力矩也由式（8.6）得到，这会在进口端的支撑内产生一个相应的反作用力。

在式（8.6）中，τ_u 是控制表面中切应力的切向分量。如果出流是真正径向的（即 $\alpha_2 = 90°$），τ_u 会消失。这种切应力本质上是由于湍流交换动量产生的，随着出口流速分布梯度的增加而增加。因此，这些切应力随叶轮出口处速度分布的非均匀性而增加，并且在出现回流时达到最大。

如果在控制面不存在回流，如在每个网格单元的速度 $c_n \geq 0$，式（8.6）可以用以计算理论扬程（$M_\tau = 0$）：

$$Y_{sch} = gH_{th} = \frac{M_{th}\omega}{\rho Q_{La}} = \overline{uc_{u2}} - \overline{uc_{u1}} = \frac{\omega}{Q_{La}} \sum_A rc_u c_n dA \tag{8.8}$$

且全压：

$$\overline{P_{tot}} = \frac{1}{Q_{La}} \left(\sum_A P_{stat} c_n dA + \frac{\rho}{2} \sum_A c^2 c_n dA \right) \tag{8.9}$$

因此，总的压力必须是基于平均质量得到的，以满足能量方程。为了计算作用在叶轮上的径向力，必须在径向上应用动量守恒定律，进行计算时静压是通过面积平均得到的。

应当注意的是，必须始终以通过叶轮的实际流量来计算，即 $Q_{La} = Q + Q_E + Q_{sp}$。如果忽略了泄漏，会使得数值计算在错误的工况点进行。

叶轮 CFD 计算中的无量纲表达式如下。

叶轮中的静压上升：

$$\psi_p = \frac{2(\overline{p_{2stat}} - \overline{p_{1stat}})}{\rho u_2^2} \tag{8.10}$$

理论扬程：

$$\psi_{th} = \frac{\psi}{\eta_h} = 2\left[\frac{\overline{(uc_u)_2}}{u_2^2} - \frac{\overline{(uc_u)_1}}{u_2^2} \right] \tag{8.11}$$

总压增加：

$$\psi_{La} = \frac{2(\overline{p_{2tot}} - \overline{p_{1tot}})}{pu_2^2} \tag{8.12}$$

叶轮中的水力损失：

$$\zeta_{La} = \frac{2gz_{LA}}{u_2^2} = \psi_{th} - \psi_{La} \tag{8.13}$$

叶轮的水力效率：

$$\eta_{h,La} = \frac{\psi_{La}}{\psi_{th}} \tag{8.13a}$$

式（8.5）~式（8.13a）适用于径向、半轴向和轴向叶轮，因为它们计算的是叶片转矩和焓通量的积分值。

式（8.13）定义的叶轮损失是通过计算理论扬程和总压上升值之间的差异给出的，这超过了泵经压水室损失后的有效扬程。如果叶轮出口速度是近乎均匀的，根据式（8.13）定义的叶轮损失则是有意义的。然而，如果叶轮出流非常不均匀，由于动量交换产生的混合损失都会在压水室中产生，那么这些混合损失应计入叶轮，但不出现在 ζ_{La} 中。此外，在某给定流量工况下，非均匀速度分布通常比均匀流出产生更多的湍动能。根据式（8.9）和（8.5），当 $c_n = c$ 时，如果给定流道和恒定流量的动能，则有

$$\frac{2p_{dyn}}{\rho c_{av}^2} = \frac{\int\limits_A (c/c_{av})^3 \, dA}{\int\limits_A (c/c_{av}) \, dA} \tag{8.14}$$

对于给定的流量和区域（与可能失真的实际速度分布无关），流道平均流速 $c_{av} = Q/A$ 保持恒定。与此相反，其积分会随着非均匀性的增加而超过 c^3。

在叶轮出口，非均匀的出口速度分布不一定比均匀的速度分布包含更多动能，因为 c_{2m} 和 c_{2u} 的相对分布是相关的。但是，经常可以观察到，叶轮内总压的上升随着流动（当静压上升 ψ_p 不受影响时）非均匀性的增长而增加。在这种情况下，对叶轮损失的预测结果会偏低，因为多余的动能不能或者只是不完全在压水室转换为压能。在低比转速下，数值计算极可能会产生 1.0 倍的水力叶轮效率（甚至略高于）。当比较两个计算方案 "A" 和 "B" 时，可能会出现预测得到的叶轮中的水力损失和静压上升，"A" 比 "B" 低。这样的结果本身是矛盾的，因为水力损失较小，意味着静压上升更高。如果叶轮出口流动具有非均匀性，且压水室内的水力损失占泵的总水力损失的比例较高（在中、低比转速的情况下），那么叶轮和压水室的单独优化将没有意义。

基于上述考虑，式（8.12）和式（8.13）计算得到的水力损失代表着下限。为了避免低估叶轮中的水力损失，可重写式（8.12）和式（8.13）来分析混合条件下的平均流速：

$$\psi_{La,min} = \psi_p + \left(\frac{\overline{c_2}}{u_2}\right)^2 - \left(\frac{\overline{c_1}}{u_2}\right)^2 \tag{8.15}$$

根据 $c_{2u}/u_2 = \psi_{th}/2 + d_{1m}^* c_{1u}/u_2$，$c_{2m}/u_2 = \varphi_{2La}$ 和 $c_2^2 = c_{2u}^2 + c_{2m}^2$，从角动量、式（8.11）和连续性方程计算得到出口平均速度，结果为

$$\psi_{La,min} = \psi_{th} - \psi_p - \left(\frac{\psi_{th}}{2} + \frac{d_{1m}^* c_{1u}}{u_2}\right)^2 - \varphi_{2,La}^2 + \left(\frac{\overline{c_1}}{u_2}\right)^2 \tag{8.16}$$

由此再结合外混合条件，进而又高估了叶轮内的水力损失，可称这个值为 $\zeta_{La,max}$。假设压水室可以收集一般的动能转换为压能，则有

$$\zeta_{La} = 0.5 \left(\zeta_{La,min} + \zeta_{La,max}\right) \tag{8.17}$$

显然，$\zeta_{La,min}$ 和 $\zeta_{La,max}$ 的值不能代表绝对最大值或最小值，它还包括计算和建

模误差，仅可以用来描述非均匀出流的影响。后处理中可增加一个非均匀性系数，以帮助评估叶轮出口流动形态的影响。由式（8.18）和式（8.19）给出两种可能的定义（U_{F1}和U_{F2}），其中"X"代表所研究的速度分量或压力：

$$U_{F1} = \frac{\int X^2 \, dA}{\overline{X}^2 A} \tag{8.18}$$

$$U_{F2} = \frac{1}{\overline{X}} \sqrt{\frac{1}{A} \int (\overline{X} - x)^2 \, dA} \tag{8.19}$$

为了定量评估非均匀出流的影响，考虑一个线性速度分布形式 $c = c_{min} + \Delta cx$，$\Delta c = c_{max} - c_{min}$ 和一个平均速度 $c_{av} = c_{min} + \Delta c/2$。对于这些分布，整合式（1.37）和式（1.38），得到以下关系：

$$U_{F1} = \left(\frac{c_{min}}{c_{av}}\right)^2 + \frac{c_{min}\Delta c}{c_{av}^2} + \frac{1}{3}\left(\frac{\Delta c}{c_{av}}\right)^2 \tag{8.20}$$

$$U_{F2} = \sqrt{\left(1 - \frac{c_{min}}{c_{av}}\right)^2 + \frac{1}{3}\left(\frac{\Delta c}{c_{av}}\right) - \left(1 - \frac{c_{min}}{c_{av}}\right)\frac{\Delta c}{c_{av}}} \tag{8.21}$$

$$c_p = 2\left[\left(\frac{c_{min}}{c_{av}}\right)^2 + \frac{c_{min}\Delta c}{c_{av}^2} + \frac{1}{3}\left(\frac{\Delta c}{c_{av}}\right)^2 - 1\right] = 2(U_{F1} - 1) \tag{8.22}$$

$$c_{P_{th}} = \left(\frac{c_{min}}{c_{av}}\right)^2 + \frac{c_{min}\Delta c}{c_{av}^2} + \frac{1}{2}\left(\frac{\Delta c}{c_{av}}\right)^2 - 1 \tag{8.23}$$

$$\zeta_{min} = c_{P_{th}} - c_p = U_{F2}^2 \tag{8.24}$$

用任意数据评估这些公式，我们发现，对于线性速度分布，经动量交换 2/3 的动能转化为静压，而另外 1/3 被消耗。压力损失系数等于 U_{F2}^2，而压力恢复等于 2（$U_{F1} - 1$）。即使对于非线性速度分布，这些关系也有助于评估非均匀出口速度分布的影响。

解释叶轮下游混合损失的另一种方法是：根据式（1.37）和式（1.38）对出口速度分布求积分。所得的混合损失系数 ζ_{mix} 代表混合损失的下限，根据式（8.13），它可以添加到损失系数中。

另外，由式（8.6）通过整合叶片上的压力和切应力分布，可确定作用在叶轮上的转矩，即

$$M = z_{La}\int_{r_1}^{r_2}\!\!\!\int (p_{ps} - p_{ss}) \, dBr \, dr + (\tau_{ps} + \tau_{ss})\frac{dBr \, dr}{\tan\beta_B} \tag{8.25}$$

将切应力切向分量的积分添加到式（8.25），此应力是作用于叶轮前后盖板上的。只需通过积分压力分布，就可以获得比叶轮上真实转矩稍小的结果。

如果忽略式（8.6）中的切应力 τ_u，则计算的转矩过低且预测的叶轮水力效率过高。将其与式（8.6）进行比较，通常从式（8.25）得到的转矩过高，而且水力

叶轮效率更低。效率的差异通常大约是 1% ~ 2% ，这意味着水力损失的差异为 10% ~ 20% 。如果对式（8.25）中压力和切应力的积分进行独立评估，则可以将摩擦损失分离出来。

伴随回流的部分载荷工况：根据图 8.3 所示，考虑一个出现回流的叶轮，其流量 $Q_{La} = Q + Q_E + Q_{sp}$ ，则可以计算出回流流体的流量：

$$Q_1 = Q_{La} + |Q_{R1}| \qquad Q_2 = Q_{La} + |Q_{R2}| \tag{8.26}$$

$$Q_{R1} = \frac{1}{2}\left(\sum_{A_1} |c_{1n}| dA - Q_{La} \right) \qquad Q_{R2} = \frac{1}{2}\left(\sum_{A_2} |c_{2n}| dA - Q_{La} \right) \tag{8.27}$$

符号 c_u 和 c_n 的定义在图 8.5 示出，根据式（8.6），即使是回流也满足角动量守恒。如果在它们的实际方向（局部为正或负）施加切应力，式（8.25）对于回流也同样是有效的。

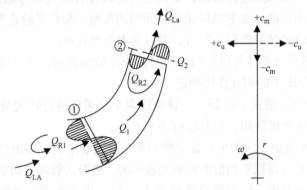

图 8.5　回流的分析

为评估回流流体 Q_R 的切向速度，当它重新进入叶轮时，应注意以下几点：

1）如果在叶轮四周放置一个无摩擦的控制面，由回流产生的角动量的在所有组件在会相互抵消。在这种情况下，流体再进入叶轮的切向分量对扬程没有影响。如果所有的回流流体的流线保持在控制体内，这也同样适用。换言之，叶轮上游流体的预旋如果是由叶轮本身引起，那么对角动量的平衡也没有影响。

2）大量试验表明，叶轮上游进口几何形状对部分负载工况下的扬程有相当大的影响，因此无摩擦理论是不切实际的。然而，角动量守恒也适用于回流的计算。在计算回流的角动量守恒时，必须考虑流体再进入叶轮的切向速度总是小于从叶轮流出进入压水室的速度。其原因是：①吸入流道内的壁面摩擦；②从回流到净流量之间的角动量转移会产生混合损失，例如进口旋涡处的水柱清晰地显示了这种混合效果；③吸入室中的筋、导流叶片等任何结构对部分负载工况下的 $Q-H$ 曲线具有强烈的影响，因为它们减少了叶轮上游的旋涡，见 5.6.4 中 9）和 10）项。

因此，只有对回流的参数进行正确地建模，才能计算出切向速度 c_{1u}。对于多级泵，在叶轮进口有进口端、筋或导流叶片，而叶轮出口处会有导叶或蜗壳，这些都必须包含在计算域中。如果存在或多或少的与主流连接的叶轮侧壁间隙，那这些也应包含在内。在轴向进口为直管段的情况下，叶轮上游配管长度必须足够长（$L/D = 15 \sim 20$），这是由于在低负荷时进入吸入管的进口涡流的长度可能高达$L/D = 15$。

正如上文所述，流体再进入叶轮的切向速度$c_{u,Rec}$总是小于从叶轮流出的流体的切向速度，关机时的瞬时大功率也说明了这一点。即使通过叶轮的净流量Q_{La}为0，在式（8.8）和式（8.9）中的分子仍然非常小。因此式（8.7）～式（8.9）应用于回流时，不会产生具有物理意义的结果：低流量时，特别是Q_{La}接近于0时，理论扬程和总压力升高至约$U_2^2/(2g)$，这对于叶片角度$\beta_{2B} < 90°$是不可能的。这就解释了经常会观察到的现象，即在部分载荷工况下，由CFD计算得到的$Q - H$曲线高于试验数据。如果是这种情况，要么是后处理没有适当地考虑到以上的因素，要么是物理建模不正确（如忽略叶轮侧壁间隙的影响，简化了静止部件的几何）。

处理具有回流的部分载荷工况时，可以考虑下列几点：

1）只有整级的计算才可以正确评估回流流体的角动量，这是因为其切向速度$c_{u,Rec}$可以由转子/定子的相互作用确定。

2）从式（8.6）或式（8.25）（计算这两个值可以进行比较分析）可以计算作用在叶轮和压水室的转矩，以及吸收功率P_{hyd}。

3）泵扬程H是由一级的出口处的面积平均静压确定的。在出口控制表面可能有一些回流，但其对面积平均值的影响是较小的。将吸入管和流出管之间动能的差异添加到静压的上升中，以获得总扬程（表2.2）。由于在部分载荷下的动扬程较小（通常可以忽略不计），可以用平均速度$c = Q/A$对其进行计算。相关出口控制面可以按下列方式选择：在蜗壳泵的情况下，它在流出孔口（导叶出口）；在多级泵的情况下，它是反导叶片的出口；在带有导叶和蜗壳的泵中（图7.48），它在流出孔口，因为在蜗壳中存在着不均匀的压力分布。

4）部分载荷工况下的扬程是评估$Q - H$曲线稳定性的主要因素。

5）在部分载荷工况下，计算考虑回流的水力效率和理论扬程是没有实际意义的。水力效率$\eta_h = \rho g H Q_{La}/(M\omega)$，$M$通过式（8.6）或式（8.25）计算，理论扬程$H_{th} = H/\eta_h$，注意在低流量时（$Q_{La}$趋于0）会给出过高的$H_{th}$值。

6）前面已经提到过，回流发生时，积分式（8.7）～式（8.9）不会产生有意义的结果。叶轮出口的总压和理论扬程在出现回流时没有物理意义。在研究过程中，可以单独积分回流流量Q_{R1}和Q_{R2}及相关的角动量通量。在实际应用中，此类数据几乎是没有意义的。

7）叶轮出口的面积平均静压可用于确定径向力，并用于评估叶轮对$Q - H$曲线的稳定性。

表 8.2 给出了针对不同应用的综合后处理的建议。此外，还需要对 y^+ 值进行评估。对 y^+ 进行统计的目的是避免效率或损失的计算结果与之相关联。

表 8.2　CFD 后处理

1) 表 8.2 涉及吸入口和排出口之间的整个泵或只有叶轮的计算

2) 大多数参数可理解为所考虑部件或泵的进出口之间的差异

3) 计算的第一个工况点是最高效率点

4) 通过叶轮 Q_{La} 和导叶或蜗壳 Q_{Le} 的流量必须包含相应的泄漏损失（如果有的话）

5) P = 整个泵的计算；io = 只有叶轮；sc = 单流道叶轮

6) N1：有敞开的 ISP（大间隙 A）仅用 $Re > 10^5$ 以上的极限，根据式（T3.6.1）计算；因为计算转矩和 H_{th} 时，不能忽略泵盖板的作用

参数			公式	目标和注释	计算
压力和切应力积分的转矩（N1）	M		8.25	检查吸收功率和效率	
角动量积分的转矩（N1）	M_{th}	叶轮出口	8.6	根据式（8.25）检查 M_{th} 与 M 的比 比率：$0.98 < M/M_{th} = 1.01$	P、io
理论扬程；只用于没有回流发生的流量	H_{th} ψ_{th}		8.8 8.11	$H_{th} = \dfrac{M\omega}{\rho Q_{La}}$，用 M 而不是 M_{th} 只有叶轮：检查扬程，$H_{opt} = \eta_{h,opt} H_{th}$ 其中，$\eta_{h,opt}$ 用于设计	
泵的总（有用）扬程	H ψ_{th}	管口	2.1		P
水力效率（N1）	$\eta_{h,opt}$			$\eta_{h,opt} = H_{opt}/H_{th}$	
总压力上升	P_{tot} ψ_{La}	叶轮出口	8.9 8.12	水力损失评估	P、io
叶轮静压上升	ψ_p		8.10	为了比较不同叶轮设计，比率 ψ_p/ψ_{th} 是附加标准	
叶轮中的水力损失	ζ_{La}		8.13		
导叶或蜗壳损失	ζ_{Le}		4.8		P
总非均匀流量	U_{F1}	叶轮出口	8.18	评估 $P_{2,stat}$，c_2，c_{2u}，c_{2m}，$P_{2,tot}$：	P、io
	U_{F2}		8.19		
轴向速度分量 $c_{2,ax}$（目标：叶轮径向速度为 0）	$\zeta_{La,ax}$			$\zeta_{La,ax} \equiv \dfrac{c_{ax}^2}{\psi u_2^2} = \dfrac{\int c_{ax}^2 \, dA}{\psi u_2^2 A_2}$ 主要是混合损失	

（续）

参数			公式	目标和注释	计算
叶轮进口回流	Q_{R1}	进口	8.27	与部分载荷和过大的叶轮进口相关	P
叶轮出口回流	Q_{R2}		8.27	对于非常大的叶轮（泥浆泵、污水泵）即使在最高效率点也会有强回流	P
周向间距非均匀性 $c_2 = f(\varepsilon)$，其中 c_2 为过展向的质量平均	$U_{F1, p}$		8.18	与转子/定子相互作用（因混合流出展向间距的非均匀性没有影响）产生的水力激振力相关	P、io
展向间距非均匀性 $c_{2m} = f(z)$，其中 c_{2m} 为过周向的面积平均	$U_{F1, s}$	叶轮出口	8.18	与 $Q - H$ 曲线稳定性（流动模式切换）和混合损失相关	
径向力、静压，在叶片和盖板上	F_R K_{Ru}			F_R 和/或 K_{Ru} 的波动轨迹	
径向力、动压，在叶片和盖板上	$F_{R, dyn}$ $K_{Ru, dyn}$		9.7	1）压力分布 $p_2 = f(\varepsilon)$ 过周向面积平均 2）k_{Ru} 在相对系统为轨迹 3）k_{Ru} 在绝对系统为频谱（一次旋转的峰值） 4）sc：F_R 取决于叶片后缘与隔舌的圆周位置 叶轮侧壁间隙（ISR）流影响很大。由于偏心率未知（密封刚度）环形密封最好忽略不计	
轴向力、静压和动压	F_{ax} f_{ax}		9.2.15	在叶轮侧壁间隙（ISR）和导叶或蜗壳中流量的相互作用	
外部、中部和内部流线处的压力分布				评估叶片负载：前缘附近没有尖峰；低负荷朝向叶轮出口。	P、io
叶轮进口处的空化	σ_i, σ_o, L_{cav}, σ_3				
蜗壳隔舌或导叶喉部处的空化				当叶片或速度峰值通过隔舌或导叶叶片时，这是一种不稳定现象，压力最小标准：流体体积，这里 $p_{stat} < p_v$	P
叶轮进口和导叶/蜗壳处空化对流动模式转换的影响，如图 6.17（图6.16）所示				评估稳定性和激振力	P

8.5 叶轮计算

8.5.1 最高效率点的泵性能

为了评估 Navier - Stokes 方法计算的可能性、适用范围和精度，文献［41］通过比较泵在最高效率点的性能（从试验数据计算得到的），分析了离心泵和混流泵叶轮，数值模拟与试验结果是一致的。只要遵循网格生成、计算参数和后处理的规则，就可以得到可重复的结果和良好的精度。

1）边界条件：指定叶轮出口的静压，给定进口质量流量和速度矢量的方向。

2）图 8.1 显示了一个典型的网格。节点数介于 48 000 ~ 125 000 之间。沿着流动方向分布 80 ~ 120 个节点，这个数目是与叶片间距上的 20 ~ 50 个节点，存在与叶轮叶片数量相关的线性函数；与叶片展向上的 12 ~ 30 个节点，存在着与 b_2/d_2 相关的线性函数。

3）使用标准 $k - \varepsilon$ 湍流模型时，其紊流强度为 5%，湍流尺度为叶片厚度的 1 ~ 1.5 倍。

4）相对残差：10^{-4}；迭代 70 ~ 100 次后收敛。

5）定义经过叶轮的流动时，考虑通过环形密封和平衡孔处的泄漏。对叶轮进口处的泄漏可不进行建模。

6）计算平均性能时，只要叶轮壁面处相对速度不设置为 0，即可得到一致的值。这就意味着 $c_u = u_2$ 的壁面处会产生一个从旋转到静止坐标系的跳跃。在壁面附近以速度逆差的方式定义速度分布，其壁面厚度大致相当于位移厚度。在旋转到绝对参考系的过渡中，叶轮出口 uc_u 和 P_{tot} 不可避免地会发生一次跳跃[41]。

7）进口段的控制面设置在进口前缘边界。叶轮出口的控制面设在叶片后缘的一个节点上。控制面的位置与所选平均类型对结果几乎没有影响。

8）近壁区网格单元的大小是一个重要参数。应根据 8.3.4 进行网格设计，尽可能地满足 $y^+ = 25 ~ 300$ 的标准。

在基于上述规则时，预测理论扬程 ψ_{th} 的精度大约为 ±3%，如图 8.6 所示。在图 8.6 中，虚线反映按式（T3.5.8）计算出的测试数据的不确定度，如 8.8.3 所述。三维 Navier - Stokes 计算结果比试验滑移因数进行估算得到的结果更准确。

图 8.7 描绘了叶轮的水力损失。式（T3.5.8）确定了泵的总水力损失。所有计算出的叶轮的绝对损耗系数 ζ_{La} 存在约 ±0.02 的误差。

式（8.13）的结果与数值计算出的叶轮水力损失存在很小的差异。在叶轮损失的计算中，ψ_{th} 和 ψ_{La} 产生大的相对误差。如在 $\psi_{th} = 1.1 ± 0.01$ 和 $\psi_{La} = 1.06 ±$

0.01，损失系数在 $\zeta_{La} = 0.04 \pm 0.02$ 的范围内。

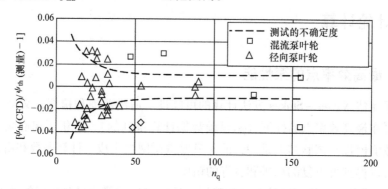

图 8.6　最佳工况点下的比功的数值计算结果和测量结果的比较

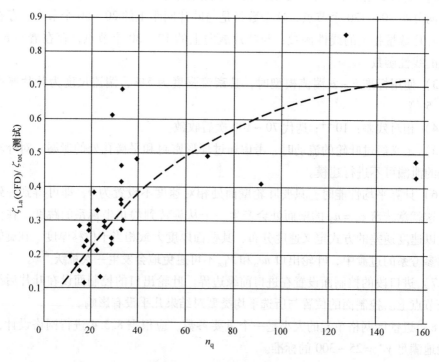

图 8.7　叶轮中的水力损失

　　如8.3.4中讨论的，网格必须精细，以便计算时接近壁面的实际速度分布；否则，水力损失的计算不准确。图8.8所示为叶轮损失系数与对应近壁单元格的宽度的关系。如果使用较大的边界层网格尺寸，计算得到的叶轮损失则剧烈减少。此结果表明：①必须严格控制边界层网格的大小（y^+）；②为了获得可用于性能预测的一致结果，应该开发、验证并实践出一套合适的网格生成规则。

　　优化叶轮时应该认识到水力损失计算固有的不确定性，边界层网格会产生这种不确定度。如果是这种情况，则很难确定哪个计算方案是最优方案。如图 8.6 所示，从优化过程的某一步到下一步，应尽可能少地改变网格，以尽量减少网格对水力损失计算的影响。同时，计算出的速度分布对网格也是敏感的。

以定性的方式计算叶轮可以显示设计方案的不足之处，如非均匀出流（如叶轮出口宽度过大），或由非均匀流动或选择的叶片角不合理引起的进口冲击损失。

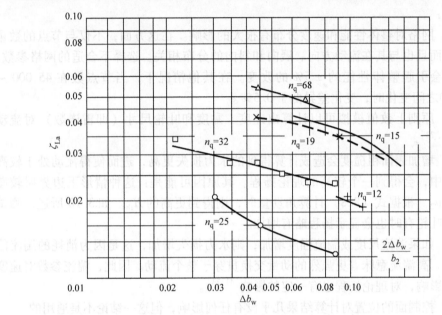

图 8.8　近壁网格间距大小 Δb_w 对叶轮水力损失的影响

8.5.2　速度分布

计算和测量的叶轮进口速度分布通常在最高效率点附近及大流量工况吻合得很好。有一个例外是靠近外侧流线的区域，计算得到的轴向速度往往过低。如 8.3.3 指出，数值计算高估了摩擦力的影响。只要考虑到泄漏的影响，一般就能正确预测到部分载荷工况下的速度分布[40]。

不同的网格（C 型或 H 型网格）对发生回流时或不稳定流动条件下的速度分布有影响。与此相反，在叶轮进口处充分发展的回流是相当稳定的，因为它主要由作用在不同半径流线上力确定的。因此，通过数值计算可以准确地预测充分发展的进口处的回流。

对叶轮出口处速度分布的测量结果进行分析，并没有发现这些分布与流速和比转速之间的趋势关系。可以找到试验和计算吻合较好的示例，但大多数情况下存在较大的差异。这种情况可能主要产生在不稳定流动的条件下。注意，不能混淆术语"不稳定"与"非均匀"，因为非均匀速度分布可以发生在非常稳定的流动情况下，如回流。

8.5.3 影响参数

如上所讨论的，泵性能参数源于叶轮进口和出口速度分布的合成。因此，所有物理量对潜在影响理论扬程和损失的速度分布都有一定的影响。在这方面的相关研究表明：

1) 网格对整体性能和速度分布有很大的影响。在这方面，不仅与节点的数量相关，而且也与其在流动方向、展向和斜向的分布相关。选择不合适的网格参数，很容易会引起整体性能约 ±5% 的改变。在其他情况下，当节点数在 45 000 ~ 110 000之间变化时，变化差异低于 0.5%。

2) 原则上数值模拟可以计算出速度、黏度和叶轮尺寸（即雷诺数）对流动影响[41, 73]。

3) 增加表面粗糙度会造成计算得到的水力损失更高，进而使得流动处于较高的旋转中，会得到一个较高的理论扬程。其原因可能是：这种情形下边界层较厚 c_u 接近 u_2。根据式（8.8）计算角动量时，则得到更高的 H_{th}。如 3.10 所述，测试粗糙的叶轮有时也会显示扬程略有增加。

4) 如果湍流尺度或湍流强度增加，则水力损失增加，这是因为消耗的湍流能量更多。高湍流意味着更强烈的动量交换贯穿于整个流动。因此，湍流参数对速度分布有影响，对理论扬程也有一定的影响[41, 73]。

5) 控制面的位置对计算结果几乎没有任何影响，但这一结论不是通用的。

8.5.4 计算样本

下面讨论一个叶轮的计算示例。一个多级泵的叶轮，其网格类似于图 8.1 所示。网格部分由位置 1 ~ 26 的进口段、26 ~ 94 的叶轮部分与 94 ~ 115 的环形压水室组成。图 8.9 给出了外侧和内侧流线上超出叶片长度的静压分布。在叶片前缘的外侧流线处，出现了一个波动，它将不利于功的传递。由于反导叶出口处急剧的流动变化，会产生不均匀流动。除了进口处这一缺陷，外侧和内侧流线上的叶片载荷是相当均匀的。

按式（8.10）~式（8.12）计算理论扬程 ψ_{th} 的无量纲值、总压 ψ_{La} 和静压 ψ_p 的上升，并绘制在图 8.10 中。

从节点 1 ~ 26 的进口域中，因为水力损失的存在，总压略有降低，而因为流动加速造成静压快速下降。在叶轮流道的第一部分（节点 26 ~ 45）功的传递是适中的，中心部分最强。在滑移效应作用下，功的传递在下游再次下降。根据式（1.28），由于环形空间中的水力损失，叶片后缘下游的理论扬程和总压降低，而静压升高。若控制面距离叶轮后缘下游侧太远，那么计算的理论扬程会偏低。

图 8.11 绘出了叶轮进口的圆周平均速度分布。在图 8.11 中径向分量表明回流

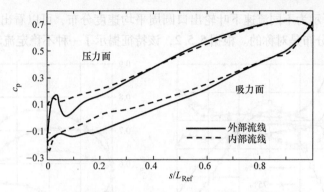

图 8.9 径向叶轮在设计工况下、叶片长度上的压力分布

应发生在 $q^* = 0.3 \sim 0.35$（试验中观察到发生在 $q^* = 0.5 \sim 0.6$）。回流在 $q^* = 0.12$ 时得到充分发展，几乎涵盖了一半的叶片高度。靠近外侧流线的径向速度显著下降并低于平均流速，而切向速度较高。

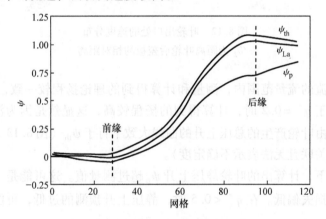

图 8.10 设计工况下径向叶轮在计算域中的角动量、总压和静压

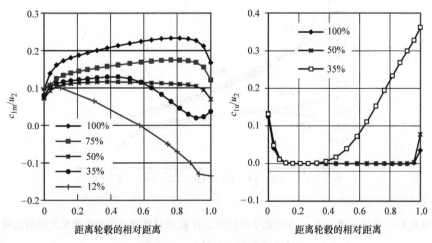

图 8.11 叶轮进口处速度分布

图 8.12 所示为不同流速下叶轮出口圆周平均速度分布，可以看出部分载荷工况下的平均速度分布是对称的。根据 5.5.2，该特征揭示了一种不稳定流动的倾向。

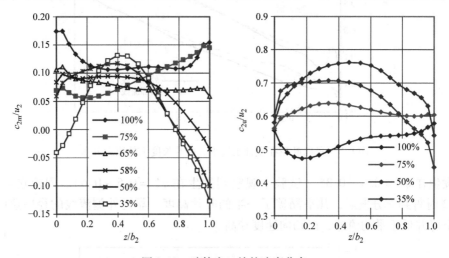

图 8.12 叶轮出口处的速度分布

z/b_2 为距离叶轮后盖板的相对距离

在没有回流的流量范围内，测量和计算得到的理论扬程较一致，如图 8.13 所示。在流量低于 $q^* = 0.2$ 时，计算得到的扬程较高，这显然是因为没有正确考虑回流的影响。由叶轮产生的总压上升的曲线大致平行于 ψ_{th}（图 8.13 未示出，因为它没有实际的关联且无法表示不确定度）。

在高流速下，计算出的叶轮静压上升 ψ_p 超过测量值。这可能是一个测量问题或预测的水力损失偏低。在 $q^* < 0.5$ 时，静压上升预测的过低，可能是因为回流的建模不正确。

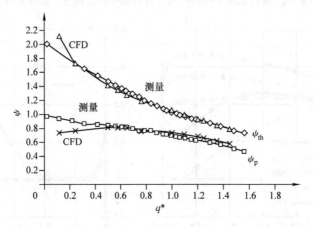

图 8.13 叶轮的理论功 ψ_{th} 和叶轮中的静压上升 ψ_p 的计算结果和测量结果之间的比较

8.6　压水室和级的计算

8.6.1　压水室的单独计算

只要能够在压水室中实现最佳的压力恢复，任何比转速的泵都可以获得较优的效率。正如上面所提到的，导叶进口速度分布对于导叶的性能是至关重要的。一维理论和 CFD 计算中的一个主要缺陷，就是忽略了这种影响，从而对叶轮和压水室分别进行设计。如果需要单独对压水室进行计算，首先要计算叶轮。使用由此得到的叶轮出口速度分布，再计算压水室，如 8.6.2 所述。

下面的示例使用圆周平均速度分布和导叶进口的总压及导叶出口处的压力作为边界条件[8]。使用 H 型网格，约 62 000 个节点，如图 8.14 所示，采用 $\frac{1}{2}\rho u_2^2$ 使计算和测量的压力恢复进行无量纲化。在叶轮出口处，对于 3 个不同的速度分布，绘制 $q^* = 1.0$ 时前盖板上的压力分布，为曲线 1；叶轮出口流量为曲线 2；测得的速度分布为曲线 3。计算证实了在导叶进口的速度分布对于压力恢复具有强烈影响。数值计算还发现从进口部分到喉部区域都存在着压力上升，这点已经通过许多测量证实，如图 4.4、图 4.5 所示及见 5.3 叙述。图 8.15 给出了数值计算得到的多级泵反导叶中的流线。

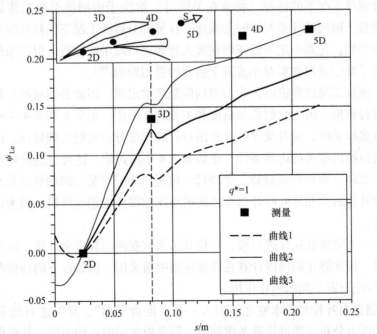

图 8.14　设计工况下，靠近导叶前盖板侧的压力上升（苏尔寿泵业）[8]

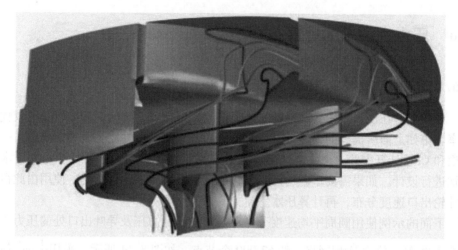

图 8.15 数值模拟得到的反导叶流线分布

8.6.2 级段或整泵的定常计算

当前，已具备足够的计算能力可将进口段、叶轮和压水室一起进行计算。这种"级段计算"可以模拟不同组件之间的相互作用，特别是部分载荷工况下的净通流和回流之间的动量交换。

部分载荷工况下的扬程（特别在关闭时）取决于由回流引起的预旋，这些回流流过侧板、回流叶片或腔体时会减速。计算部分载荷工况下的特性时必须如实地模拟这些影响，尤其一定不能省略在吸入管和进口段中的侧板。混流泵的流场数值计算证实了叶轮进口侧板对小流量下扬程的强烈影响[60]。

在小流量工况或停机时，收敛差的问题经常出现。因此必须对叶轮侧壁间隙中的流动进行建模，因为它们会与回流和主流相互作用，见 9.1 和 5.4.3 所述。

计算多级泵时，需对反导叶叶片出口处的速度分布进行正确建模，以便为下一级叶轮进口给出相关的边界条件。正如 8.3.4 中所讨论，这可以通过设置周期性边界条件来实现（也可以是计算 2 个级段，这里认为只有第二级的性能是相关的）。

叶轮叶片后缘和导叶叶片前缘之间的小间隙需要很细的网格，因为该区域速度梯度很高。

由于一个完整的包含进口段、叶轮和压水室在内的非定常计算，需要大量的计算工作量。因此静止的级段计算在许多应用中被采用。但有以下两种情况和方式可用于处理转子/定子间的相互作用。

1）通过在叶轮和压水室之间引入一个"混合平面"，导叶进口处采用平均圆周速度和压力分布。通过计算考虑到前、后盖板之间的不均匀性，并根据第 5 章研究 $Q-H$ 曲线的稳定性。认为性能稳定时，叶轮出口处的周向非均匀性相比轴向的非均匀性不太相关。因此，用混合平面计算将是导叶泵的首选。周向间距非均匀性（即转子/定子的相互作用）造成的非定常影响研究需要进行非定常的计算，如 8.6.3 所述。

2）当应用"冻结转子法"时，作为压水室的进口边界条件，叶轮出口速度分布在任意选定的圆周相对位置给出。因此，计算性能取决于叶轮的圆周位置。因此必须计算几个圆周位置，并对性能预测结果取平均值。

通常不对所有的叶轮和导叶流道进行建模，以减少计算时间。由于一般不采用具有共同乘数的叶片数组合，叶片配对又可能会发生错误。

由于在圆周方向上的强烈压力变化，蜗壳泵的非设计工况计算结果是不确定的，采用混合平面和冻结转子法也很难达到收敛。

级段计算通常需要 250 000 ~ 1 000 000 节点。虽然混合平面计算将是首选，但为了采用冻结转子法，往往会舍弃它。这是由于用于导叶泵时，叶轮与导叶直接的间隙非常小，可能会产生收敛问题。

根据文献 [16] 所述，采用冻结转子法，对给水泵的进口、叶轮和双蜗壳采用 280 000 个节点进行了建模，计算得到了 $q = 0 \sim 1.4$ 范围内的 $Q - H$ 曲线。虽然计算和试验在最高效率点附近吻合较好，但在部分载荷工况下和大流量下偏差均高达 10%。文献 [60] 介绍的计算中也发现了类似的偏差。当不确定性达到 ±10% 时，$Q - H$ 曲线的稳定性变得不确定。蜗壳中隔舌附近的二次流和流动分离可以通过 CFD 进行准确的预测，并在这种基础上可以对隔舌的几何形状进行优化设计。

8.6.3　非定常计算

在转子和定子的相互作用下，泵的流量从根本上来说是不定常的，因此 CFD 的最终目标是开展整泵的非定常计算。这种计算不能被广泛应用的唯一障碍是计算时间过长。非定常计算通过"滑移网格"完成，叶轮转过几圈后（通常不超过 5 圈，最多不超过 8 圈），可以得到以叶片通过频率为周期的收敛解。整体性能参数必须通过对一个旋转周期内的收敛解进行平均来确定。

文献 [13，29，82] 分别开展了非定常计算，并将其与试验数据进行比较，以及对压力和速度脉动及转子/定子相互作用力进行分析。文献 [60] 分析了混流泵在部分载荷工况下的扬程，以及导叶中的压力恢复和压力脉动。正如所预期的，叶片通过频率在压力脉动占主导地位。用试验数据来验证是比较困难的，因为压力脉动受整个泵管路系统的影响。

文献 [84] 对 2 个蜗壳泵进行了研究。其采用了定常的冻结转子方法计算得到的扬程变化过高，且收敛性差。相反，包含叶轮、蜗壳和侧壁间隙（用 160 000 和 900 000 节点）在内的非定常计算收敛良好，并得到了合理的结果。即初始振荡大约两圈后衰减，随后扬程、效率和其他参数随着叶片通过频率呈现周期性。有趣的是：该程序无法得到一个稳定的解，因为实际中蜗壳内的流动是不稳定的，如8.8.2所述。

文献［84］进一步对泵的全特性计算进行了研究，通过不断改变流量而得到全特性。这一尝试的失败是因为泵特性的惯性效应，即当降低流速时（如减速期间），计算得到的扬程比增加流速时的更高。文献［5］也做了大量关于不稳定性的计算。

8.7　两相流和空化

计算空化的目的是预测空化初生、空化尺度和空化引起的压降（见6.2和6.3）。

空化初生和空化尺度（当σ_A仅略小于σ_1时）对几何（如表面粗糙度）的偏差反应非常敏感。因此，用于几何生成的程序必须很准确地描述叶片前缘的几何形状，且前缘附近应采用非常精细的网格。即便如此，由于前缘尖端半径通常仅为$1 \sim 3mm$，因此用单相流计算的压力分布往往出现尖的局部峰值。可能峰值与预测的空化并不相关，因为在这样的峰值中气泡增长的时间非常短（大多数低于$10^{-4}s$）。

叶轮上游的速度分布对空化初生会产生影响，因此必须谨慎定义叶轮的进口边界条件。在叶轮进口段，轴的旋转产生强烈的三维速度分布，因此空化初生和空化尺度沿圆周方向变化，需要进行非定常计算来确定。同时，由于泄漏会影响冲角，也需要考虑叶轮入口泄漏的影响。

用于分析空化的所有程序都基于简化了的空化模型，即对液相和蒸汽相之间复杂的相互作用进行简化，如第6章和13.2所述。

（1）非耦合主流的空腔长度计算　液体和空腔之间的相界面是由液体的压力分布来确定。在此假设空腔和液流之间无相互作用，并且在空腔无流动。根据文献［44］，计算包括以下步骤：

1）对壳体进口进行数值计算，以确定叶轮上游的速度分布。

2）定义进口边界条件，空化初生（$NPSH_i$）是由假设$\sigma_i = c_{p,min}$的单相流数值计算得出（见6.1.1和6.2.1）。

3）气泡的增长和破裂是由Rayleigh – Plesset方程计算的，它描述了一个充满蒸汽的球形气泡的动态特性，是一个与叶片上局部压力相关的函数[25]。在低压区，气泡半径增长直到在最低局部压力p_{mim}处达到最大。压力上升时，气泡半径减小，并在$p > p_v$时消失。这些气泡半径的包络线产生了一个初始空腔长度，如图8.16所示。

4）空腔的边界根据压力分布进行重复计算，直到空腔的轮廓对应于等压线$p = p_v$。在每次计算中，网格需要适合于空腔的轮廓。

5）理论扬程和叶轮产生的总压力上升值根据8.4确定。空腔延伸足够大时，性能下降。空化引起的压降也可以根据经验估计，如当空腔长度等于叶轮进口处的间距（$t_1 = \pi d_1/z_{La}$）或空腔到达喉部时，假设达到 $NPSH_3$。

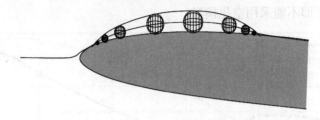

图 8.16　空腔长度计算的起始方案[44]

图 6.6 和图 6.7 所示的压力分布就是通过上述程序计算得到的。比较预测和测量的空化初生和空腔长度，可以得出结论，非耦合主流的空腔长度计算适合预测高达 $L_{cav} = 1/2t_1$ [18,19] 的空腔长度。采用经验标准预测的 $NPSH_3$ 是较不可靠的，因为空腔对主流、功传递和水力损失的影响是不能计算在内的。

（2）以恒定焓空化　如果给定温度 T 和焓 $h(T)$ 的流体的压力逐渐降低，只要达到饱和压力就会空化，如图 6.1 所示如见 6.1.1 叙述。这部分被计算从 $x = f_g\{h - h'(p)\}/h_v$ [h 为叶轮的上游侧的焓，h_v 为蒸发焓，$h'(p)$ 为局部压力 p 处的饱和液体焓]。因此，可以计算出在压力下降至蒸汽压时的蒸汽容积。采用经验系数 f_g 来描述扩张过程中建立的热力学平衡所达到的程度，当 $f_g = 1$ 时产生气体，而当 $f_g = 0$ 时则抑制任何蒸发。文献 [85] 给出了这个程序的应用。

（3）气体和液体的混合相　该方法将流体视为具有不同密度的两种物质的均匀混合物。在每个计算单元中密度由 $\rho_{hom} = (1 - \alpha)\rho' + \alpha\rho''$ 确定。式（T13.3.5）（α 是气体体积含量或蒸汽的体积分数，ρ' 和 ρ'' 分别是液体和气体相的密度，见 13.2）。达到或超过蒸汽压力时，在每个网格单元中评估蒸发或冷凝来作为一个简化的 Rayleigh – Plesset 方程的源项。这些过程可以通过对蒸发和冷凝设置不同的经验因数控制。

即使是对于无自由面的个别气泡，甚至是附着在自由流中的气泡空腔或空化云都可以采用该方法捕捉到[1,4,19,52]。

通过使用这种均匀的两相混合模型，在文献 [1] 中研究了不同形状的叶轮前缘型线。将 CFD 计算结果与试验泵（$n_q = 29$）的测量值进行比较，且测试泵具有用于多级机械的径向进口。这种类型的壳体入口具有固有扭曲来流，仅可用 CFD 分析其一个叶轮流道（假设进口速度分布均匀）。将计算出的压力分布和蒸气体积分数 α 绘制为标准化叶片长度的函数，即图 8.17 为3%扬程下降的情况及图 8.18 为扬程断裂的情况。计算结果适用于具有抛物线前缘形状的叶片中部展向处的最高效率点。CFD 分析显示：

1) 在 $\sigma_A > \sigma_i$ 的单相流中，可观察到吸力侧的低压峰值在蒸汽压下被切断。扬程下降3%时，该区域占叶片长度的约30%，而在扬程断裂时远高于50%。很明显，该区域中叶片的能量传递被破坏。这种现象不能通过近似于单相流中压力分布的分析来推断，即不能采用空化模型。

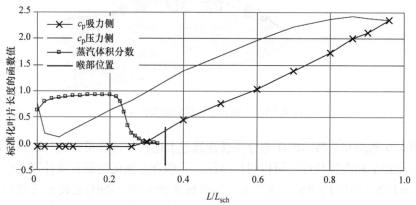

图 8.17　在中部展向处压力分布和蒸气体积分数，$q^* = 1$，$\sigma_A = 0.18$，扬程下降3%时[1]

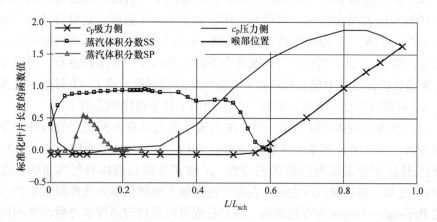

图 8.18　在中部展向处压力分布和蒸气体积分数，$q^* = 1$，$\sigma_A = 0.17$，扬程断裂时[1]

2) 吸入侧压力分布的平坦部分可在此区域（扬程下降3%时，蒸气体积分数 α 超过约0.1，并且在扬程断裂时超过约0.18）观察到。

3) 在扬程下降3%时，空腔尚未到达中部展向处的叶轮喉部（但可能在外部或内部流线附近进行）。

4) 在 $\sigma_A = 0.18$ 时扬程下降3%，$\sigma_A = 0.17$ 时扬程断裂，可观察到蒸气体积分数急剧增加。因此，曲线 $H = f(\sigma_A)$ 几乎垂直下降。喉部区域的蒸气体积分数达到0.8~0.9，如图8.19所示。

5) 扬程断裂时，叶片吸力侧和压力侧产生空腔。

6) 即使在扬程下降3%时和完全空化的情况下，CFD 也能很好地预测由空化

蒸汽体积分数

0.96
0.92
0.85
0.49
0.33
0.16
0.00

图 8.19　蒸气体积分数，$q^* = 1$，$\sigma_A = 0.17$，扬程断裂时[1]

产生的扬程下降。

文献 [83] 给出了螺旋轴流叶轮（图 13.24）在 20% 气体体积含量的两相流数值计算结果。在最高效率点发现叶片压力面存在着薄气体层，这与试验观测的结果一致。

目前正在开发一种新的两相模型，该模型舍弃了均匀密度模型的简化，尝试模拟液相和气相之间的相互作用。

从已有文献来看，与测量结果相比，上述所有的方法都能预测到类似的结果。这不是巧合。因为所有程序基本上都是由压力分布来确定空化区域，而完全忽略相交互和热力作用。压力分布主要是由远离壁面的主流来确定（在均匀混合流中与密度无关），且各种程序中的计算几乎没有差别（见 8.10），而且所有方法都采用经验系数，适用于试验数据的计算。因此，存在着研究方案的优化系数在新应用中与试验设置不同的风险。最后，必须对核谱进行极不确定假设。

在两相流域的另一种应用是"粒子跟踪"。通过该方法，可以对在流体中的固体颗粒、气流中的液滴或液体流动中的气泡运动进行研究，也可以通过该方法对流线和局部颗粒浓度进行计算，其基本原理可以参考文献 [79]。

8.8　计算不确定性和精度

工业上采用的商用 Navier – Stokes 方程的程序是非常复杂的。大多数程序使用人员可能不具备相关的理论背景，这包括网格生成、数值求解和后处理的过程。

物理建模、网格生成、数值求解和后处理这些可用程序选项使程序用户可以充分自由地选择合适的模型和参数，使 CFD 计算结果与具体的测量值保持一致。实际上，如果可以用选定的参数和假设处理大量类似的应用（如涵盖较宽比转速范围的泵），在现有技术水平下有必要对计算参数进行优化。尤其是在某些情况下，CFD 结果看起来很具有偶然性，那么计算参数显然也是不合适的。

物理建模、网格生成、数值求解和后处理过程中都包含诸多不确定因素。如果设置不合理，会使程序用户得出严重错误（有时可能代价高昂）的结论。关于此类精度问题，也有大量的文献可参阅，且这些文献涉及不确定度和 CFD 计算精度[12,27,38,62,63,65,80]，以及如何保障 CFD 计算的精度和指导建议[21,38]。

8.8.1 不确定度的来源和如何降低误差

"不确定度"起因于缺乏认知，因此它们很难进行量化它们。相比之下，"错误"是由于可避免的简化或疏忽而产生。如果运用适当的方法，这些错误应可以被量化或避免。如数值流动计算的各种不确定因素和错误一部分是由程序本身带来的，另一部分则是由用户造成的。包括以下几个方面：

1）建模错误是由于物理模型构建、假设和数据的不确定性造成的。因实际的湍流特征、铸造叶轮的真实几何和表面粗糙度可能都具有不确定性。湍流方程本身也是一个未知的物理过程的"模型"。该模型目前用于描述两相流、汽蚀和表面粗糙度的影响，但也是简化而来的模型。

2）简化也属于建模错误。因为有限的计算机资源，几何体的简化会产生不确定性。同样，这种不确定性是不可量化的。如 $u_1 \approx 80\mathrm{m/s}$ 和 $P \approx 10\,000\mathrm{kW}$ 时的给水泵的一级，如图 7.48 所示。其性能与电厂的可靠运行息息相关，因此需要一个深入的 CFD 分析。进口段（类似于图 7.50）在叶轮入口产生的三维速度分布变化超过360°；在非设计流量下，单蜗壳带导叶的泵也同样需要完整的建模。为了正确地模拟这种类型的泵，需要在入口和出口之间的整个流体域进行建模，包括叶轮侧壁间隙和的环形密封。很多用户因为缺乏计算机资源，而简化了复杂的几何形状。

3）数值计算误差[71]。一个 CFD 计算的数值误差是微分方程的精确解与取得的近似解之间的差值，它是由离散误差和解误差组成的。离散误差是微分方程的精确解和离散方程的精确解之间的差值，它是由所选择解的顺序确定，如 8.3.5 所述。与此相反，解误差是离散方程的精确解与得到实际结果的差值，它包括收敛误差和舍入误差。

4）舍入错误通常可能忽略不计。而在比较水力损失时，需要注意这一项，因为舍入误差可能会更加显著。

5）错误是由于用户疏忽、缺乏泵知识及做出不可接受的简化时造成的误差。

表 8.3 总结了有关离心泵 CFD 研究的不确定性和误差来源。关于正确的进口边界条件、表面粗糙度、湍流模型和壁面处理的意义和细节问题在前文已经讨论过。

（1）离散误差 网格造成的误差是偶然的。因此，不可能在一个特定的情况下来预测粗糙网格是否会比精细网格产生更高或更低的扬程和效率。网格所引起的离散误差可能是很严重的。通过网格加密，使用不同类型的网格及寻求网格无关方案，这个误差可以被量化并减少。

为了说明这一点，图 8.20（见文献［84］）示出了分别用 11 000 和 32 000 个网格计算时，叶轮的水力效率与流量比 q^* 的函数关系：在部分工况下，精细网格比粗糙网格产生更高的效率；在 $0.86 < q^* < 1.05$ 范围内的情况正好相反；当 $q^* = 0.86$ 和 1.05 时假定数值解与网格无关，因为曲线相交于这些点。

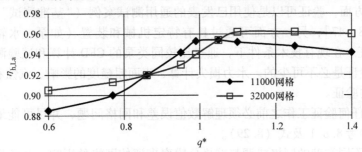

图 8.20 网格数量对叶轮水力效率的影响[84]

图 8.20 的结论是典型的泵 CFD 计算。大量的文献表明，尽管没有一般性的规律，但可以定性和定量地预测 CFD 计算和试验之间的偏差。

数值误差是可以量化的[71]。计算不同的网格宽度 h、$2h$、$4h$，它们各相差 2 倍；得到的方案（如扬程、功率、效率）为 H_h、H_{2h}、H_{4h}。然后对式（8.28）计算。即使使用的离散格式是二阶的，如果所选网格的数量太少，也不能保证该解决方案真正是二阶的。

$$p \approx \frac{1}{\lg 2} \lg \left(\frac{H_{2h} - H_{4h}}{H_h - H_{2h}} \right) \tag{8.28}$$

式（8.29）得到离散误差 e_h 和网格无关解 H_{nu} 的估计值：

$$e_h \approx \frac{H_h - H_{2h}}{2^p - 1} \qquad H_{nu} \approx H_h + \frac{H_h - H_{2h}}{2^p - 1} \tag{8.29}$$

如图 8.20 所示，这个方法（称为 "Richardson 外推"）并不总是有意义的，因为它会在点 $q^* = 0.86$ 和 1.05 时出错。

然而，对于复杂的问题如计算整个泵，此类误差估计非常难实现。为了评估网格对该解决方案的影响，不同网格和离散方案（一阶至三阶）的计算可能会限制误差分析，如图 8.3 所示。

（2）舍入误差 随以下因素增加：①网格节点的数量；②网格的高度与宽度之比；③当变量（压力和速度）覆盖很宽的范围时。比较用 "单精度" 和 "双精度" 得到的 CFD 计算结果可以对舍入误差进行评估。

8.8.2　CFD 精度的保证

为了保障流动数值计算结果的精度，需要注意以下方面：

1）数值验证："求解的式是否正确？"这主要是 CFD 程序开发人员的任务。这项工作无须试验数据。

2）物理模型和假设的验证："方程求解是否正确？"这个验证是通过比较 CFD 计算结果与试验数据完成的。测量必须是充分可靠的且试验公差应该是已知的，见8.8.3。一方面，验证可以是使用已发表的通用测试案例（"基准测试"）完成的，见文献［28，47］；另一方面可通过具有特定机械和装置（如泵、水轮机、压缩机）来验证。在现有技术条件下，通过比较同类泵的 CFD 计算和试验测量结果进行全面的验证是必不可少的。水力损失计算、表面粗糙度的影响、汽蚀和两相流都需要广泛的验证。

3）在任何验证工作之前必须理解数值误差和网格问题，并尽可能地减少这些问题，可参考8.8.1及式（8.29）。

4）以不同类型的网格或调整网格分辨率来评估网格的影响，并获得与网格影响无关的方案。

5）采用不同湍流模型开展计算，并与有据可查的试验测量结果进行比较，如弯管、导叶、粗糙管道、管内两相流（图13.12）等，这是全面验证的一部分。

6）开展所做几何简化的敏感性研究，选择合适的数值参数，见表8.3。

当系统地将 CFD 计算应用于工业场合中时，验证工作是必需的。验证不仅仅是将 CFD 计算结果与试验数据进行比对，也需要对网格数量、网格结构、网格细化、数值参数、湍流模型和壁面处理等进行全面的敏感性研究。广泛的验证应遵从以下步骤：

1）定义泵的尺寸和雷诺数范围。

2）从表8.1中选取适合于壁面处理方法和湍流模型的网格尺寸，如线性壁面函数，$y^+ = 1$；对数壁面函数，$y^+ = 30$。

3）壁面网格的密度需要满足8.3.4叙述中关于网格尺寸变化率的要求。

4）将光滑或粗糙管路、90°弯管和导叶的数值计算得到的水力损失、速度分布与试验进行比对。

5）如果4）中计算与试验比对结果吻合很好，那么可以将其数值参数、边界层网格作为泵计算的依据。

6）将泵数值计算得到的外特性、速度分布（尤其在叶轮进口和出口）与试验结果进行比对。

验证的一个基本问题，即物理模型中的数值误差和缺陷可以按照统计规律彼此抵消或增加，因为这两类误差是完全相互独立的。在个别情况下，用粗糙网格的一阶解可能会偶尔产生一个与试验数据吻合的理论扬程，如果这样就表明验证成功，但在其他应用中所选择的设置可能会产生错误的结果。

表 8.3 泵的 CFD 计算的不确定性

(1) 物理建模

	误差来源	用户的影响
程序	基本方程（纳维－斯托克斯）	（选择）
	湍流模型、壁面处理，见 8.3.2，8.3.3	正确的选择具有决定性
	物理模型 1）表面粗糙度，见 3.10，8.3.3 2）空化流动，见 8.7 3）两相流	这些模型是相当基础的，用户必须对经验系数做适当优化
泵的应用	计算域的选择是否有问题： 1）进口段 2）蜗壳 3）级间计算	基于计算机配置，通常会做出有问题的简化
	简化，几何理想化	
	进口边界条件有问题： 1）处于非均匀流动的叶轮由径向进口段创建 2）蜗壳、导叶（叶轮出口流动分布）	给定的正确的入流参数
	出口边界条件	尽可能避免回流
	从叶轮出口到导叶进口的过渡段的建模，湍流模型和壁面处理方法	低比转速时，这个过渡段非常关键
	叶轮后缘的建模	非常敏感
	无叶轮侧壁间隙的计算：忽略盖板的作用	低比转速时不应忽略该影响，见 3.10
	表面粗糙度的影响，见 3.10	难以量化
	只大致知道密封泄漏，假定的泄漏意味着误差	可进行敏感性研究
	密封泄漏的处理： 1）必须考虑流量，因为叶轮流量是 $Q_{La} = Q + \Sigma Q_{leakage}$ 2）外侧流线和引起的预旋处泄漏流对边界层的影响 3）侧壁间隙和密封的网格生成	1）必要的，简单的 2）值得重视的 3）工作量很大
	为确定全局性能参数，控制面位置的选择	通过设置不同位置的控制面对性能进行评估
	带有"冻结转子"的级间计算：所有的量（H，η 等）依赖于叶轮圆周方向的位置。这种变化也取决于 q^*。	不同叶轮圆周方向位置的计算，求平均值 选择混合平面方法
	平均的方法	见 8.4

（续）

（2）物理建模（数据）		
数据	几何中的不确定性：例如，制造公差：按图纸完成几何体的计算，而试验可能采用铸造叶轮进行，这通常受到公差的影响	通过数控加工方法可以避免该问题
	流体的物理性能	几乎与水温无关

（3）数值建模		
程序	误差假设和来源	用户影响力
	数值解的程序	数值解的阶的选择（最低要求二阶）
	数值误差	可用式（见 8.28，8.29）
	舍入误差	在计算能量损失时较重要 选择 64 位或 32 位"双精度"
应用	网格类型、精度、质量	至关重要，见 8.3.4
	收敛	• 避免为达到收敛而进行有问题的简化 • 高质量网格可以提高收敛
		收敛标准： 最大残差应该低于 10^{-4} RMS 残差应该低于 10^{-5}

注：所有数值和建模误差和不确定性本质上是相互独立的。它们能以一种不可预知的方法相互增加或抵消，依赖于应用场合、流量和输入参数。尤其是：①数值误差；②表面粗糙度的影响，叶轮盖板的作用，泄漏流体的相互作用和所做的几何简化。

验证的基本问题（同其他 CFD 计算一样）是基于物理模型中的数值误差和缺陷可以根据统计规律相互补偿或相互补充这一事实的，因为这两类误差是完全相互独立，以及是纯粹的统计分布。在个别情况下，具有粗糙网格的一阶求解程序可能恰好产生与测试数据一致的理论扬程，从而得到一个成功的验证。但是，在其他求解程序中，同样的设置可能会产生错误结果⊖。

有时候通过 CFD 设计出了一个性能优异的叶轮，并不能说明现有的设计思路和求解程序是完全正确的，并可以用于以后的各种应用场合。因为最高效率的泵在 50 年前就开发出来了，更多的是基于设计经验、测试数据和多多少少的一些运气。

可以通过严格遵守下列基本的 CFD 准则来降低产生偶然结果的风险。

（1）实际工作的规范

1）计算什么问题？

2）计算的目的是什么？

⊖ 如在气象学中使用的 CFD 程序经常可以提供正确的气象预测结果，但是这些程序在其他应用场合却得不到令人满意的结果。

3）从结果得出什么结论？

4）影响结果的关键因素是什么？如在泵的上游，由于各种弯道或接头的存在，在吸入段内会产生非均匀流动。采用合适的方法，叶轮进口处的速度分布可以计算。然而，关键的问题是，即由此产生的速度分布是否会引起噪声、振动和空化或，并是否会以可衡量的方式影响扬程或效率。除非定义验收标准来规定来流速度的非均匀性，否则整个工作可能是徒劳的。如果无法对几何形状进行修改，则必须证实所选择的湍流模型和壁面处理方法能够实现这个目标，但这点是无法保证的，见 8.3.2 所述。

5）CFD 分析要求的精度是多少？CFD 计算能否达到这样的精度？如低比转速泵有平坦的 $Q-H$ 曲线；决定稳定和不稳定特性之间的差异是扬程的百分之几。在 $\pm 2\%$ 扬程计算误差的情况下，将数值模拟用以评价泵的特性是否可接受。

（2）计算域的选择：因为有限的计算能力，通常要做出相当大的简化。为了避免得到错误的结论，应该分析忽略了哪些因素，这可能对结果产生什么样的影响和简化的计算方法能否提供足够的可靠结果。表 8.4 给出了一些这方面的资料。特别需要注意的问题是：

1）如果未对进口段或来流进行建模，在叶轮进口处需要给定流动分布。

2）忽略叶轮侧壁间隙的流动：①在低比转速下，前、后盖板提供一个相当大的抽吸作用，见 3.10 所述；②密封泄漏的流动会对外部流线、空化初生、水力损失和 $Q-H$ 曲线的稳定性造成一定的影响；③在主流和侧壁间隙之间的动量交换，会影响 $Q-H$ 曲线、水力损失和轴向力，见第 5 章和 9.1 所述。

3）如果进行的级段计算没有包含所有流道，在 $\nu_2 z_{La} \neq \nu_3 z_{Le}$ 时，叶片数目配对会出现错误（通常应确保避免振动问题）。

为了避免错误的结果，在关键点的上游和下游应布置足够多的网格，见 8.3.4 所述。计算域的出口必须放置在远离几何形状和/或流量受到强烈变化或渐变的区域。

（3）网格生成　如上文多次强调，一个 CFD 计算的可靠性主要取决于网格的质量，见 8.3.4 所达，且高质量的网格容易收敛。

三维几何模型的网格划分必须无间隙、无不准确之处。叶片和侧壁之间的圆角半径是要关注的关键区域。显然局部的网格尺寸大小必须比由 CFD 计算解决的最小几何尺寸小得多（如开式叶轮和壳体之间的间隙）。计算空化初生时，叶轮叶片前缘要尤其如此。

第一次计算后必须检查强速度梯度区域的网格是否足够精细。网格参数，如 y^+ 值和网格角度可用柱状图来检查。

（4）边界条件　计算域进口的湍流参数通常是未知的，必须做出一些假设，见 8.3.6 所述。湍流参数的影响可通过敏感性研究进行评估。如果引入更多的网格在进口到计算域之间，并对各个分量进行分析，那么进口边界处湍流参数的影响会衰减，但控制面必须放置在离所述边界足够远的位置。

出口边界处应该无回流。

(5) 初始条件 可以影响解决结果。如果对非稳态过程进行研究，初始条件必须代表该系统的一个物理上可能的解。研究瞬态问题时，在时间 $t=0$ 时，假定其为稳定状态。

(6) 流体属性 必须要正确指定。如果程序有非常通用的数据结构，则需要进一步审核。

(7) 湍流模型 目前还没有普遍适用的湍流模型，而且采用对数壁面函数的标准 $k-\varepsilon$ 模型并非真正满足于减速流和弯曲流道。因此，不应该将它应用到叶轮、导叶、蜗壳、进口段和弯管中。在泵行业，湍流模型应该首选使用线性或线性/对数壁面函数。可选用：①SST - 模型；②双层模型；③使用与线性或线性/对数壁面函数结合的其他湍流模型，见文献［47，54］。当采用线性壁面函数时，必须用足够精细的网格使得近壁网格点位于黏性底层内。否则，可能会出现错误。

然而，经常会使用具有对数壁面函数的标准 $k-\varepsilon$ 模型，因为较高的湍流模型会影响收敛。如果采用更高的湍流模型时出现不收敛的问题，应优先采用提高网格质量的方法，而非进行强制收敛。

当使用标准 $k-\varepsilon$ 模型计算泵流场时，常常发现计算结果和试验数据之间不仅存在一致性，同时在另一些情况下 CFD 和试验之间显示出无法解释的差异。这可能是因与在物理建模、简化和数值求解的过程中的各种错误有时补偿、有时增加，以及统计分布相关。相比于传递式（压力梯度、科里奥利力和离心力）中的其他参量，雷诺应力常常是小的。在这种情况下，湍流模型的不足之处就有较少的影响。

有时 CFD 计算结果（特别是损失）被认为会影响到数值优化的结果，尽管这种结论可能是不完全正确的。然而，由于 $k-\varepsilon$ 模型不能准确识别初始阶段的流动分离，并且壁面函数施加壁面切应力影响了近壁区和主流区之间的动量交换，所以这种比较也是存在一定问题的。

在叶轮、导叶或蜗壳的流动计算中，如果使用的湍流模型都无法正确预测如弯管等简单部件内的速度分布，那么即使是纯粹的定性评估也是值得怀疑的。

如果流动在一些地方是层流状态，那么标准湍流模型会失效，因为它是专为高雷诺数而设计的。相反，应用低雷诺数的湍流模型必须经过验证。

(8) 壁面函数 正如上文提到的，采用对数壁面函数对于弯曲流道和减速流进行计算时，不一定能得到正确的结果。如图 8.8 所示，壁面处理对水力损失有着相当大的影响。在近壁区网格尺寸为 $30 < y^+ < 100$ 时，使用对数壁面函数是可以接受的；而在任何情况下，都不应该接受 $y^+ < 11$。对于粗糙表面的壁面函数必须按照表 8.1 进行调整。对于 y^+，这些建议仅适用于对数壁面函数。当使用双层模型、SST 模型或其他低雷诺数湍流模型时，应保证近壁区网格 $y^+ < 1$。在壁面和 $y^+ = 20$ 之间至少布置 10 层网格单元。这些条件可以通过在 y^+ 值的直方图进行检查。

(9) 叶片后缘的建模 其对压力分布、流向偏转（或滑移）和水力损失有着显著的影响，因此对于特殊条件下需要进行优化。

（10）叶轮和导叶之间的过渡　叶轮计算是在相对参考坐标系中完成的。因此，定子部件具有角速度 ω。由于无滑移条件，叶轮中的流体微元处于切向分量 $w_u = 0$ 的相对系统中；相应地，在绝对参考坐标系中 $c_u = u_2$。由于在绝对系统中具有无滑移条件，叶轮出口下游侧的流体微元的速度 $c_u = 0$。这从 $c_u = u_2$ 一下子跳到 $c_u = 0$ 可能会出现问题。CFD 能够处理这种由于急剧转变，可以选用合适的湍流模型，限制出现过强的速度梯度（Kato/Launder $k - \varepsilon$ 模型或 SST 模型）。

表 8.4　CFD 计算分析

（1）组件和级段的 CFD 计算

组件	计算类型和目的	备注和局限性
进口段	对面积分布、流动转向和形状进行优化，尽可能实现均匀出流；避免涡流	为了研究可能出现的失速和旋涡，精细网格是必需的；必须使用线性湍流模型或线性/对数壁面函数 与叶轮流动的相互作用缺失
单个叶轮	在无回流运行时检查理论扬程 H_{th} 通过降低速度梯度和避免流动分离，对流动形态进行优化 基于 $Q - H$ 曲线稳定性和激振力的考虑来优化出口速度分布 空化初生 进口出现回流	部分负载下回流的计算只对级段计算有意义 必将将出口流动的非均匀性（压水室中的混合损失）考虑在优化过程中 在特定情况下，泄漏对叶轮流动的作用可能是重要的（如影响 $Q - H$ 曲线稳定性或空化）。然而，在此应用的情况下很难进行预测，不能一概而论
叶轮侧壁间隙	叶轮盖板的抽吸作用 计算压力分布以分析轴向力 转子动力系数	尽管几何形状简单但流动是非常复杂的。必须知道进口处的泄漏流量和速度分布
单个导叶		导叶进口处的速度分布至关重要，决定着导叶的性能。采用线性或线性/对数壁面函数和足够精细的网格、合适的湍流模型。叶轮出口流动的不稳定效应对导叶会产生影响，但这类计算中会将其忽略
蜗壳和导叶	压力恢复 通过减少速度梯度和避免流动分离来定性优化流动形态	同样的情况也适用于导叶 计算 360° 以上，是因为叶轮沿圆周以不同流量运行 并不适用于对称条件 二次流在蜗壳中引起的旋涡会导叶的性能产生影响

注：对于设计计算来说，其要求的网格精细程度可能比最终几何形状的分析要少。

（2）级段的计算

组件	计算类型和目的	备注和局限性
级段的计算	叶轮和导叶间的相互作用。部分负载工况下回流的计算	优先用混合平面方法（除了蜗壳），因为冻结转子方法的计算依赖于叶轮的圆周位置 通常若不计算所有流道，则引入误差 $z_{La} \neq z_{Le}$。这个误差很难评估。部分负载时蜗壳最好做不稳定计算

(11) 性能的平均化 控制面的位置可能会对扬程、功率和水力损失的结果有影响（见8.4）。在吸入和出口段的控制面有一点不确定性，因为速度和速度梯度较低（轴流泵可能除外）。当将比转速较低的壳体建模为实心壁时，必须对叶轮叶片后缘（通常距离为 r_2 的1%）进行全局性能数据评估，以免过度预测叶轮损失。在具有强梯度时，尤其是在叶轮出口，其扬程、扭矩和水力损失取决于控制面的位置。如果泵体外壳壁被建模为对称的条件下，将控制面放置在一个稍大半径的表面上是有利的。在这种情况下，流量可均衡到一定程度而不会出现错误的结果。正如8.4所述，部分负载运行时回流需要特殊的程序。

(12) 检查收敛 应该拒绝那些收敛性差的结果。最大残差应低于 10^{-4} 或 RMS 值的残差不超过 10^{-5}。这些残差的具体定义和标准化要根据所用的特定程序进行分析。

1) 目标值，如扬程、转矩和效率的残差应该逐渐地接近恒定值。这个收敛的过程应该是单调的，最初是振荡的，在下降到最终水平之前必须衰减。这一要求同样适用于迭代步骤或时间的残差。

2) 应该在不同的控制面对质量流量残差进行检查。

如遇收敛问题：

1) 检查网格质量，必要时应进一步提高网格质量，见8.3.4所述。

2) 按照8.3.5逐步增加解的阶数（从1阶开始）。

3) 边界条件必须是有物理意义的。

4) 采用高残差。

5) 尝试非定常计算，在现实中对不稳定流动进行定常计算是不能收敛的，见8.6.3和文献 [84] 所述。

6) 更好的初始条件，如给定不同流量的收敛解作为初始数据，见8.3.7所述。

7) 根据用户手册改变松弛因子或时间步长。

(13) 数值误差

1) 根据8.3.5所述，数值算法至少应该是2阶。

2) 如果使用一阶时，网格必须非常精细，如图8.3所示。

3) 数值误差的大小可根据8.8.1估计。

4) 选定的时间步长不应对计算结果有任何影响。可以以一个典型的物理时间尺度的分数或倍数来确定时间步长。一个典型的时间尺度可以通过将一个长度尺度进行缩放来计算。一般来说，同一尺度可以被用作于计算雷诺数。对于叶轮计算，叶轮外半径 r_2 是一个典型的长度尺度，和叶尖速度 ωr_2 组成一个典型的速度尺度。时间尺度则可由此计算得出。SIMPLE – 算法需要使用较小的耦合求解因子。可以通过在一些粗网格上的比较，找到最佳的因子。

(14) 水力损失计算

1) 在大型泵中的水力损失只是叶轮传递功的一小部分。如果应用 CFD 展开优化，水力损失的计算所要求的精度必须在 ±10% 的范围内。作为一个例子，考虑一个水力效率 $\eta_h = 0.9$ 的泵，并假定由 CFD 计算出的水力损失的不确定度为 ±10%。因此，这种泵的 CFD 计算得到水力效率的范围是 0.89 ~ 0.91。这个范围过宽泛，涵盖了性能较优的和较差的水力设计之间的所有差异。

2）当使用标准 $k-\varepsilon$ 模型与对数壁面函数时，对减速流的摩擦损失估计过高，而混合损失的计算是偏小的。如果设计者以这些结果作为指导，他将为了降低摩擦损失而选择较短的叶片和流道。其不良后果是：过高的叶片载荷、非均匀的叶轮出口速度分布、过高的激振力（噪声和振动）、过高的混合损失和 $Q-H$ 曲线的不稳定性。

3）一般来说，现今的 CFD 对于水力损失的计算是具有相当的不确定性的。这适用于绝对值及不同设计选项之间的比较。考虑物理建模和数值程序的误差统计分布的影响。

4）表面粗糙度的影响很难评估，因为表面粗糙度、湍流和速度分布之间的相互作用在很大程度上是未知的，也难以量化，见 3.10。

（15）$Q-H$ 曲线的不稳定性　虽然 $Q-H$ 曲线的不稳定性通常由 CFD 可预测，但也发现试验中流动分离的起始流速要比计算得到的要高。对有双吸叶轮、导叶的蜗壳泵的研究[5]证实了这一观察结果。图 8.21 对增加流量（曲线 "CFD – 增加"）和减少流量（曲线 "CFD – 减少"）的试验和 CFD 计算进行了比较。这里的泵与图 5.42 中是同一个泵，其 $Q-H$ 曲线中有滞后。尽管 CFD 并未很好地捕捉到不稳定性的起点，但可以预测到扬程下降约 4%。整个泵的不稳定计算用 2.5×10^6 个节点完成。

对具有轴向进口、导向叶片、支撑叶片和蜗壳的泵式涡轮机的研究给出了类似的结果：试验中不稳定性发生在 $q^* = 0.95$ 时；而用 CFD 预测时，采用粗网格发生在 $q^* = 0.86$，中等网格在 $q^* = 0.84$，细网格在 $q^* = 0.83$[5]。

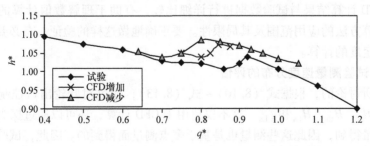

图 8.21　泵不稳定曲线 $Q-H$ 的 CFD 研究，$h^* = H/H_{opt}$[5]

（16）速度分布　正如弯管和导叶的研究所证明的，基于标准的 $k-\varepsilon$ 模型与对数壁面函数计算得出的结果，可能会给出错误的速度分布，甚至相反的压力梯度。故泵导叶无法预测到更好的结果。

叶轮的速度分布由两种不同的效果来确定：①离心力、科氏力和叶片力；②边界层效应：这在黏性和非黏性流动中都会存在，因此可以通过欧拉方程计算获得。流动的形态主要由所受的力影响，湍流模型和壁面函数的选择只会产生一个间接的影响。相比之下，边界层的影响，如在导叶内，在很大程度上是由壁面函数和湍流模型来确定。

当叶轮的速度分布是由力决定的情况下，计算和试验结果可以吻合得很好。当流动是由边界层效应控制时，壁面函数和湍流模型的选择很重要。这些关系可以解释为什么计算和测量的速度分布，有时吻合较好，有时却相差较大（给定叶轮在不同流量时可能会发生这种情况）。

在叶轮设计过程中，应避免在部分载荷工况下，流动形态发生大的变化（见第 5 章）。必须结合实验测量，选择合适的湍流模型和壁面函数，以获取正确的速度分布。

这些条件也适用于试图通过减小速度和压力分布的不均匀性，来提高水力设计的情况。

（17）进口段 在优化来流时，由式（8.18）和式（8.19）得到的均匀系数可以在叶轮的参考平面上进行评估，允许比较不同设计的单一数量。为了评估来流的质量，标准与 11.7.3 中定义的类似。根据应用，比转速和叶尖速度 u_1、平均轴向来流速度的最大局部偏差为 $(c - c_{av})/c_{av} = \pm(0.1 \sim 0.15)$，而来流角度的偏差（如在相对系统）为 $\Delta\beta = \pm(1° \sim 3°)$。更严格的标准适用于具有空化损坏风险高和比转速高的叶轮。

（18）灵敏度分析 指的是分析扬程、效率、$Q - H$ 曲线的稳定性等如何依赖于 CFD 计算所做的简化和假设。

8.8.3 计算结果和试验数据的比较

对 CFD 计算结果与试验数据进行详细比较，有助于理解数值计算的精度和评估数值计算方法的应用范围及其局限性。要正确地做这样的验证，有必要了解试验测量不确定度的计算。

8.8.3.1 试验测量速度分布的评估

如上所讨论的，根据式（8.10）~式（8.13），通过对叶轮出口控制面的积分可以得到 H_p、H_{th}、H_{La} 和 ζ_{La}。这不仅适用于 CFD 计算，还可以通过探头或激光测速仪的测量得到，因此这些测量也是基于多点测量而得到的。因此，试验得到的外特性参数也可用相同的公式来进行评估。下面讨论方程中各个量的测量精度，基于测量点的空间和时间的平均值来展开：①在叶轮出口测量点的静压力平均值：$\pm5\%$。个别测量点的压力测量不确定度可能大于 $\pm5\%$。②叶轮出口的速度：$\pm5\%$。对速度和压力的平均值求得的 $\pm5\%$ 的不确定度，也会作用于 H_p、H_{th}、H_{La}。因为 H_{La} 和 H_{th} 也会受到上述不确定度的影响（来源于速度测量），而这些误差会在叶轮的水力效率 $\eta_{h,La} = H_{La}/H_{th}$ 的计算中被很大程度上抵消。如果在叶轮出口处的速度分布是不均匀的，那么对水力损失的分析会非常困难，见 8.4 所述。

就经验而言，计算得到的外特性可以与试验测得的平均外特性吻合很好，即使计算和测量得到速度分布不一致。这是没有矛盾的，因为一个给定的平均值可能是由不同速度分布叠加产生的。

也有人观察到，在整个流量范围内，计算和测量得到的叶轮进口速度分布通常吻合较好，即使存在着一定程度上的回流。相反，大的差异往往是计算和测量得到的叶轮出口处的压力和速度分布（见文献 [50]）。其原因可能是：所选择的湍流模型和壁面函数不适合对弯曲流道的减速流动计算，或是因为叶轮与压水室之间的相互作用没有被考虑。在带有背叶片的径向叶轮的计算过程中，也会出现这种偏差（见 5.2）。

如 5.3 所述，$Q - H$ 曲线的稳定性非常依赖于压水室内的压力恢复。因此，计算或测得的叶轮出口处总压分布并不能反映出 $Q - H$ 曲线的特征。由叶轮提供的总压上升可以代表一个稳定的叶轮扬程曲线 $H_{tot,imp} = f(Q)$，即使该泵 $Q - H$ 曲线相当不稳定。但是当叶轮扬程曲线 $H_{tot,imp} = f(Q)$ 不稳定时，那么该泵的 $Q - H$ 曲线也不会稳定。如果在分析过程中只关注叶轮出口处的总压分布，那么得到的结论就会存在相当大的疑问。

8.8.3.2　泵性能测试的评估

在已测得泵扬程和功率的情况下，泵的水力效率可以通过表 3.5 来进行计算。理论扬程系数为 $\psi_{th} = \psi/\eta_h$，而式（T3.2.8）包含了平均切向速度 c_{2u}。叶轮出口的所有平均速度分量可以通过表 3.2 来计算。水力效率的总体不确定度根据误差传递定律对各个子项误差的综合计算得到。因此，通常可以假定下面几个公差：

1）机械损失为 $\pm 20\%$。

2）圆盘摩擦损失为 $\pm 25\%$。

3）环形密封泄漏为 $\pm 30\%$。

4）效率的测量公差为 $\pm 1\%$。

5）扬程的测量公差为 $\pm 0.5\%$。

6）平衡孔流量的测量公差为 $\pm 2\%$。

根据式（T3.5.8）计算的水力效率不确定度会随着比转速的降低而增加。这是因为圆盘摩擦损失、泄漏损失和机械损失会消耗很大部分的功率。根据试验泵的类型和运行情况，水力效率的不确定度通常为：$n_q = 15$ 时，$\pm 3.5\%$；$n_q = 20$ 时，$\pm 2.4\%$；$n_q > 40$ 时，约 $\pm 1.2\%$。采用类似的方法，也可以计算出 H_{th} 和 c_2 的不确定度。

泄漏和平衡装置也会对不确定度的计算产生影响，因此 CFD 计算中应尽可能考虑通过叶轮的真实流量，而不是直接采用泵出口处的流量。

如果已测得叶轮出口处的静压，那么可以通过 4.1.3 所述来估算叶轮和压水室中的水力损失。然而，这种估算的不确定度很有可能会取决于取压口的位置及叶轮圆周方向上静压的变化（几个百分点的测量误差甚至可能导致叶轮和压水室中的负损耗）。

8.9 数值计算的评估标准

8.9.1 概述

经常会有人不加鉴别地完全相信计算机仿真的结果。从目前 CFD 在旋转机械中的应用来看，必须持批判性的态度来对待 CFD。只有开展认真评估，结合试验数据和经验，才能得出合理的标准和策略，并将 CFD 应用到水力部件的优化中。CFD 的用户可以考虑将 CFD 计算与测试数据比较作为一个长期的任务。为了防止得到偶然的结果，有必要在一个范围广泛的几何形状和应用情况内开展统计学相关的验证工作。

三维纳维－斯托克斯（3DNavier－Stokes）程序可以直接用于现有设计的分析和性能预测中。因此，全新设计的初始方案应该具有较高的质量。如果一开始就有根本性的错误，那么 CFD 分析可能无法引导程序得到一个满意的解决方案。在数值计算之前，应该按 8.3.4 所述的准则来对网格进行检查。

因此建议针对应用领域和采用的 CFD 程序，制定一套一致的优化计算规则。可以将 CFD 计算结果与试验测试数据进行比对，来开展敏感性分析。这样一来，就会降低 CFD 结果失真的可能性。尤其要注意关键参数：网格密度、网格类型、节点分布、边界条件，以及用于平均性能数据的控制的位置、湍流参数和壁面处理等。在优化比较的过程中，必须排除上述参数的影响。

8.9.2 计算结果的一致性及合理性

对计算结果和几何修改的详细评估首要手段是：检查结果的一致性和可信度。在实际应用中，评估方法可能取决于所使用的应用程序和具体的应用领域，但也有一些通用的技巧：

1）计算是否收敛。一般来说一个未收敛的结果应该被放弃，因为计算结果可能违背了连续性的规律，从而导致整体性能参数的错误。

2）在相关的控制面上，质量流量是否一致。

3）在没有从叶轮叶片得到能量的区域内，速度矩是否非常接近于 0。

4）整体的性能参数，如扬程和效率等是否可信。它们的大小可以通过第 3 章中的传统性能计算式非常准确地预测出来。

5）速度和压力的平均值与通过第 3 章和第 4 章中的流线性能预测方法计算出来的结果相比是否可信。

6）叶轮引起的预旋是否过多。

7）在计算域出口处的控制面上是否有回流。尽管这种回流可以通过将出口附近的流面消减为圆锥形来避免，但造成这种现象的原因有待于进一步探究。

8.9.3　指定的性能参数是否满足

在对叶轮进行设计时，一般来说扬程是指定的。通过 3.9 中的水力效率预估公式可以计算出理论扬程 H_{th}。如果在 CFD 计算中性能参数没有达到预期值，可以对叶轮叶片安放角和出口宽度进行调整，直到叶轮能够产生足够的扬程。如果计算出的水力损失表明预期的水力效率不能达到，那么也需要对预期的 H_{th} 进行相应的调整。

8.9.4　水力效率的最大化

应用 CFD 技术的一个主要目的是使叶轮和导叶中的水力损失最小化。在对 CFD 预测的水力损失确定合适的评价标准时，应该注意到在大多情况下，水力损失约消耗 7% ~ 15% 的轴功率。这其中可以改进的余地大约有 1% ~ 3%。对于叶轮来说，唯一可以提高的是摩擦损失。如果通过 CFD 计算和优化，水力效率的提高低于 1 个百分点，那么需要对 CFD 的计算结果进行更为严格的分析和检查。

考虑采用式（8.1）来对水力损失进行分析。因为速度的大小是由叶轮叶片附近流体的连续性和运动规律计算出，而水力损失的具体表现是静压的下降。另外，在湍流中由表面摩擦引起的黏性损失相比力矩变化引起的水力损失非常小。因此，应该注意到预测出的水力损失大小强烈依赖于所选用的湍流模型和壁面函数，如果水力损失没有准确预测，那么静压数值也往往是错误的。N - S 方程通常能够对理论扬程的数值预测得非常好，但预测的静压变化往往偏离试验测量值。

在径向叶轮和轴向叶轮中，由于子午面弯曲和叶轮表面压力载荷的作用，在前盖板吸力面附近往往会形成一个低压区。速度三角形和式（8.13）可以用于分析水力损失高的区域。以下准则有助于对叶轮进行优化设计并减少水力损失。

1）几何参数和过流面积应随着叶片宽度和长度的变化而平滑过渡，过于强烈的梯度变化会引起二次流和其他的一些损失。

2）叶片上的速度和压力分布可以通过不同位置的流线绘制出来，如前流线和后流线。另外静压和压降都可以用于分析。以下一些准则可以用于分析：

① 产生过于尖锐的低压波峰的原因可以归因于过大的液流角，不合适的叶轮前缘形状，或者是不合适的叶片安放角。

② 局部速度分布异常，过大或者过小都会导致速度梯度过大，而产生额外的水力损失。出现这种情况时，应通过调整叶片过流面积的变化或子午面来进行改善。

③ 其他的一些叶片载荷现象应该尽量地避免，以减少产生流动分离和其他水

力损失的可能性[7]。除非有可信的试验证实这种设计的叶轮可以负担起高的叶片载荷。

3）一些特定的图像处理程序可以将由过多的二次流造成的水力损失展示出来。在垂直于主流方向上的压力梯度变化可以用于量化分析二次流造成的水力损失[70]。

4）随着液流的转向和减速，叶轮进口处速度分布的不均匀性会在进入叶轮后加强。

5）乍看之下，c_{2m}的分布并不是很重要，因为c_{2m}只相当于速度矢量和动能的一小部分。然而实际情况是：c_{2m}的分布是影响流动分离和回流最为敏感的指标，正如第5章所讨论和图5.30所证实的。同时通过c_{2m}和c_{2u}的比较分析，低压区（尾流区）也更容易被识别出来，因为尾流区的流动偏转与流道内其他位置的较为接近。由于转换的能量与$c_m \times c_u$的乘积成比例，因此也与c_{2m}也相关。不均匀的c_{2m}分布一般意味着出口液流角的变化和流道内冲击损失的产生。因此，在叶轮设计过程中，应着力于实现c_{2m}的均匀分布。

6）均匀分布的c_{2u}和w_{2u}可以使每条流线传输的能量保持一致。如果违反了这一准则，静压会在叶轮宽度方向上变化。当后缘与转子轴平行时，静压不能保持较大的差异，二次流将增大，流动损失也将增加。叶轮出口处的流线弯曲意味着二次流的产生，因此应通过修改设计来避免这一情况。相反，二次流减小了叶片压力和吸力面之间的压力差。这样来看，二次流可以控制在一个最佳的范围内，但截至目前还没有可量化的准则。

7）流量分离会产生水力损失、压力脉动和水力激振，因此在设计流量下应尽量避免。

8）在设计流量时，应避免在叶轮出口出现回流或强烈畸变的流速分布，这表明叶轮出口宽度可能选择得过大或者子午段的曲率过大。同时，在高效点叶轮进口也不允许出现回流。

9）显然，液体接触的壁面要避免过大的摩擦损失。当然如果初始设计过程中已经根据以往的经验选择了较为正常的主要参数，那么可优化的余地就非常小。相对而言，叶轮中的摩擦损失比较小。在低比转速下，导叶或蜗壳内的损失占主导地位。在高比转速下，由于非均匀的速度分布，混合损失比重较大。

10）将设计计算得到的速度和压力分布与测试结果进行对比。可比较那些效率高的与低的、流量扬程曲线稳定的与不稳定的，进一步总结经验。

尽管在导叶或蜗壳中压力增加的比例只占到整泵扬程的25%，但是在这些压水室内产生的损失大概占到全部水力损失的40%~70%。如上所述，叶轮出口的速度分布对这些损失有很大的影响。如果可借助数值模拟对叶轮流出流量的分布进行准确计算，那么可以在叶轮设计过程中充分考虑这一影响。

下面给出的导叶设计准则也同时适用于蜗壳，但是应该注意到蜗壳相对导叶来说没有那么敏感，因为蜗壳进口与叶轮出口间的间隙较大（只有一个或两个隔舌在大间隙 B 处）。

1）非均匀的叶轮出口流速分布会在压水室内产生混合损失。由于局部液流角的变化引起动量转换的波动，进而使得速度变化而产生水力损失，并应用到压水室内的压力恢复，见 5.3.3 所述。

2）导叶进口的压力和速度的不均匀分布会在导叶内进一步加剧。由于流速减缓并可能发生偏转，入口处局部较厚的边界层会随着流动减速而进一步增长。

3）上述给出与叶轮相关的准则，大多也适用于导叶。

8.9.5 扬程 – 流量曲线的稳定性

如 5.3 中所讨论的，在小流量工况下，导叶内的压力增加主要在进口处完成。导叶入口的流动边界条件对压力恢复具有重要影响。这些影响对小流量工况下扬程的产生和扬程 – 流量曲线的稳定性至关重要。即使是在最高效率点，不合理的设计也可能导致回流的产生，因此应该在整个工作流量范围内对叶轮出口的速度分布进行分析。为了得到稳定的扬程 – 流量曲线，叶轮进口及叶轮内的速度分布在设计时应考虑为均匀的、连续的，且避免流线或流动趋势的突然偏转，见 5.2。这点可以通过数值模拟来完成，数值模拟方法已经被证实可以可靠地预测叶轮内的流场分布。能够实现效率最大化的速度分布不一定就能得到稳定的流量 – 扬程曲线，这一点还需要进一步的对小流量下的泵性能进行分析研究。

8.9.6 不稳定力

研究表明，周向速度 c_{2m} 和 c_{2u} 的分布会直接影响到泵性能和流量 – 扬程曲线的稳定性，叶轮出口的周向速度决定了动静干涉，进而影响压力脉动、水力激振力和噪声，见 10.1 和 10.7.1。相对三维速度分布，周向平均速度更有助于对这些影响进行进一步的评判和量化。周向平均速度 c_2 是指由角动量守恒决定的叶轮出口绝对速度，$c_{2,\max}/c_{2,\text{average}}$ 可以作为标尺来比较不同工况点的流动特征。

为了从根源上减少水力激振力，在保持设计压力系数不变的情况下，可以尝试以下修正方法（也可参见 10.11.3）：

1）减少靠近叶轮后缘处的叶片载荷。

2）采用扭曲叶片。

3）优化相对叶轮出口宽度 b_2/d_2。

4）优化叶轮子午面的形状。

5）改善叶轮入流条件。

初始开始几何修正时，可以仅对设计工况下的叶轮进行分析。如果修正接近完成时，可以开展全工况范围内的非定常计算进行进一步分析。

8.10　数值计算的基本准则

如上所述，数值计算过程中提出了许多尚未有确定答案的问题。下面简要对一些基础问题进行总结。

尽管数值模拟已拥有非常广泛的应用，但其求解方法有待于进一步拓展和完善。当前，准确地预测水力损失是优化设计的关键条件，这也是制约数值模拟应用的最大瓶颈，这其中包含了湍流建模、壁面函数和表面粗糙度等问题。

对于不同的应用场合，目前还没有普适性的方法。大量的文献采用了三维纳维－斯托克斯方程进行求解，也有文献证实采用无黏模型能够获得相似的结果。这些因人而异的结果背后的物理原因如下：

1）根据1.4所述，液体流过弯曲流道会产生压力梯度。因此，叶轮中压力的增加主要有运动学条件（即几何形状）决定，摩擦损失占次要位置。

2）如5.2所述，力的平衡很大程度上取决于体积力（离心力和科氏力），而摩擦效应会间接影响到边界层波动和二次流的产生。

3）通过纳维－斯托克斯方程或无黏模型的计算，可以求解出体积力和液体流过叶片时的运动学特征。在几乎所有的应用场合里，设置准确的话，两种方法能够预测出相似的流体流动特征，以及类似的压力分布、流量变化和叶片载荷。

4）在设计工况下，比转速 $n_q = 10$ 时，叶轮的水力效率为 $\eta_{h,La} = 0.97 \pm 0.02$；对于比转速为 $n_q = 250$ 的轴流泵，叶轮的水力效率在 $\eta_{h,La} = 0.97 \pm 0.02$ 的范围内。对于采用无黏模型的数值模拟，即使设置准确，其预测结果也会与试验结果存在一定的误差；对于纳维－斯托克斯方程求解结果，同样也存在一定程度的误差，其数值模拟结果会直接受到选用的湍流模型和避免处理方法的影响。

5）在初始设计中，叶轮中往往没有流动分离的不良流动，而且叶轮具有上述的如此高的水力效率；因此在采用"力与压力均衡分布"这一原则对叶轮进行设计时，可优先考虑采用无黏方法。

6）如果考虑到体积力和叶片运动学对整泵水力效率的影响，考虑到数值模拟和建模过程中误差的统计分布，就可以很容易理解为何数值模拟与试验之间会存在大概 ±5%（可能高达10%）的误差。这个误差范围也就是许多文献所述的"数值模拟与试验结果吻合较好"的依据。

7）在绝对系统中，流体是遵循着弯曲的流道通过叶轮的（即使是径向叶片，图7.14），这与导叶内的流动条件完全不同。在导叶内，大多不存在体积力，而且流线曲率较小（或为0）。在导叶设计过程中，会存在两个极端情况：①在采用直叶片或流线曲率较小的导叶内，流动主要收到边界层效应的影响，这时无黏方法必然会失效。②在强烈弯曲的导叶流动内，如用于混流泵或轴流泵中使流体向轴向转向的导叶，其叶片上的压力分布很大程度上是由叶片的运动学特性（几何形状）

决定的；这种情况下可采用无黏方法来设计叶片。混流泵导叶内形成的跨流道旋涡如图 8.22 所示。

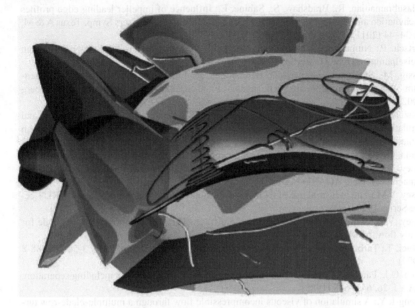

图 8.22　混流泵导叶内形成的旋涡（注意在导叶喉部位置的跨流道旋涡，可与图 5.48、图 11.21 所示的轴流泵叶轮中的跨流道旋涡进行对比）

8）在使用无黏模型对导叶进行计算时，应注意给出明确的进口速度分布和水力损失求解模型。

9）一般来说，水力损失只能通过黏性模型来求解。但也应注意纳维－斯托克斯方程中的水力损失预测存在一定的误差。因此在设计工况附近，可采用欧拉方法结合相关边界层模型来开展导叶的设计与分析。这种方法能够识别流动分离，但仅适用于导叶流动转向 30°以上的情况（叶轮也是如此），且不适用于直流线或略微弯曲流线的情况。

10）无黏模型不能求解近壁区的速度分布、失速和二次流。如第 5 章所述，不稳定的流量－扬程曲线是由不稳定的速度分布引起的，因此无黏模型不适用于小流量工况的数值计算。

11）由于叶轮上的压力分布、流动偏转、做功均与密度无关，因此只要该方法本质上是基于压力分布的、并忽略相间的相互作用，那么上述讨论同样适用于空化等两相流工况。

参 考 文 献

[1] Balasubramanian, R., Bradshaw, S., Sabine, E.: Influence of impeller leading edge profiles on cavitation and suction performance. Proc. 27th Interntl. Pump Users Symp. Texas A & M, pp. 34–44 (2011)

[2] Bartsch, P.: Numerische Untersuchung der Leitrad-Laufrad-Wechselwirkungen in axialen Kreiselpumpen. Diss. TU Berlin (1994)

[3] Bissig, M., Staubli, T.: Numerische Berechnung der Fluid-Rotorinteraktion im Radseiten-raum von Hydromaschinen. VDI-Tagung Fluid-Struktur-Wechselwirkung, Heidelberg (2002)

[4] Bouziad, A.Y., Farhat, M., Guennoun, F., Kueny, J.L., Avellan, F.: Physical modeling and simulation of leading edge cavitation, application to an industrial inducer. 5th Intl. symp. on cavitation, Osaka, Cav03-Os-6-014 (2003)

[5] Braun, O.: Part load flow in radial centrifugal pumps. Diss. EPF Lausanne (2009)

[6] Casey, V.M.: Computational methods for preliminary design and geometry definition in tur-bomachinery. Nato AGARD Lecture Series 195 (1994)

[7] Casey, V.M.: The industrial use of CFD in the design of turbomachinery. Nato AGARD Lec-ture Series 195 (1994)

[8] Casey, V.M. et al.: Flow analysis in a pump diffuser. Part 2: Validation of a CFD code for steady flow. ASME FED. 227, 135–143 (1995)

[9] Cebici, T.: Turbulence Models and their Application. Springer Berlin, ISBN 3-540-40288-8 (2004)

[10] Chen, C.J., Patel, V.C.: Near-wall turbulence models for complex flows including separation. AIAA J. 26, 641–648 (1988)

[11] Cheng-I, Y.: A simulation of viscous incompressible flow through a multiple-blade-row tur-bomachinery. ASME FED 227, 11–18 (1995)

[12] Coleman, H.W.: Some observations on uncertainties and the verification and validation of simulations. ASME J Fluids Engng. 125, 733–735 (2003)

[13] Combes, J.F. et al.: Numerical Investigation of the Rotor-Stator Interaction in a Centrifugal Pump Using a Finite Element Method. ASME FEDSM97-3454 (1997)

[14] Combes, J.F. et al.: Numerical and experimental analysis of the flow in a centrifugal pump at nominal and partial flow rate. ASME Paper 92-GT–284

[15] Cooper, P., Graf, E.: Computational fluid dynamical analysis of complex internal flows in centrifugal pumps. Proc. 11th Intl. Pump Users Symp. Houston, pp. 83–93 (1994)

[16] Cugal, M., Baché, G.: Performance prediction from shutoff to runout flows for a complete stage of a boiler feedpump using CFD. ASME FEDSM97-3334 (1997)

[17] Dawes, W.N.: A simulation of the unsteady interaction of a centrifugal impeller with its vaned diffuser: Flow analysis. ASME J Turbomach. 117, 213–221 (1995)

[18] Dupont, P.: Numerical prediction of cavitation in pumps. Proc 18th Interntl. Pump Users Symp/ Texas A & M, pp. 59–65 (2001)

[19] Dupont, P., Casartelli, E.: Numerical prediction of the cavitation in pumps. ASME FEDSM2002-31189

[20] Durbin, P.A. et al.: Rough wall modification of two-layer k-ε. ASME JFE 123, 16–21 (2001)

[21] ERCOFTAC Special interest group on "Quality and trust in industrial CFD". Best practice guidelines. http://www.ercoftac.org

[22] Favre, J.N.: Resolution du problème inverse par petites perturbations d'un écoulement poten-tiél incompressible. Diss. EPF Lausanne (1988)

[23] Ferziger, J.H.: Review: Simulation of incompressible turbulent flows. J. Comp. Phys. 69(1):1–48 (1987)

[24] Ferzinger, J.H., Peric, M.: Computational Methods for Fluid Dynamics. Springer Berlin (1997)

[25] Franc, J.P. et al.: La Cavitation. Mechanismes physiques et aspects industriels. Presses Uni-versitaires Grenoble (1995)

[26]　Fraser, S.M. et al.: Improved k-ε-modeling of impeller flow performance of a mixed-flow pump under off-design operating states. Proc. IMechE. **207**, 219–229 (1993)

[27]　Freitas, C.J.: Journal of Fluids Engineering editorial policy statement on the control of numerical accuracy. ASME. J. Fluids Engng. **115**, 339–340 (1993)

[28]　Freitas, C.J.: Perspective: Selected benchmarks from commercial CFD codes. ASME. J. Fluids Engng. **117**, 208–218 (1995)

[29]　Ginter, F.: Berechnung der instationären, turbulenten Strömung in hydraulischen Strömungsmaschien. Diss TU Stuttgart, 1997, Mitteilung Nr 12 Inst für Strömungsmechanik und hydraulische Maschinen

[30]　Ginter, F., Staubli, T.: Performance discontinuity of a shrouded centrifugal pump impeller. IMech. Conf. pp. 1027–1049 (1999)

[31]　Ginter, F. et al.: Entwicklung eines Pumpenzulaufkrümmers mit Hilfe der Strömungsberechnung. Pumpentagung Karlsruhe B5 (1992)

[32]　Goto, A.: Study of internal flows in a mixed-flow pump impeller at various tip clearances using 3D viscous flow computations. ASME Paper 90-GT–36

[33]　Goto, A.: Numerical and experimental study of 3D flow fields within a diffuser pump stage at off-design condition. ASME FED. **227**, 1–9 (1995)

[34]　Göde, E.: 3-dimensional flow simulation in a pump-turbine. ASME FED **86**, 29–34 (1989)

[35]　Graf, E.: Analysis of centrifugal impeller BEP and recirculating flows: Comparison of quasi-3D and Navier-Stokes solutions. ASME Pumping Machinery Symp. pp. 235–245 (1993)

[36]　Graf, E. et al.: Three-dimensional analysis in a multi-stage pump crossover diffuser. ASME Winter Annual Meeting, pp. 22–29 (1990)

[37]　Greim, R. et al.: Berechnung dreidimensionaler Strömung in Pumpenlaufrädern. Pumpentagung Karlsruhe B6 (1992)

[38]　Guide for verification and validation of computational fluid dynamics solutions. AIAA Guide G-077-1998, http://www.aiaa.org

[39]　Gugau, M.: Beitrag zur Validierung der numerischen Berechnung von Kreiselpumpen. Diss. TU Darmstadt (2004)

[40]　Gülich, J.F.: Berechnung von Kreiselpumpen mit Navier-Stokes-Verfahren – aus der Sicht des Anwenders. Forsch. Ing. Wes. **60**, 307–316 (1994)

[41]　Gülich, J.F., Favre, J.N., Denus, K.: An assessment of pump impeller performance predictions by 3D-Navier-Stokes calculations. ASME FEDSM97-3341 (1997)

[42]　Hansen, T.: Comparison of Steady-State and Transient Rotor-Stator Interaction of an Industrial Centrifugal Pump. CFX Users conference (2001)

[43]　Hildebrandt, T.: Weiterentwicklung von 3D Navier-Stokes-Strömungsrechenverfahren zur Anwendung in hochbelasteten Verdichter- und Turbinengittern. Diss Universität der Bundeswehr, München (1998)

[44]　Hirschi, R.: Prédiction par modélisation numerique tridimensionelle des effects de la cavitation à poche dans les turbomachines hydrauliques. Diss. EPF Lausanne (1998)

[45]　Holbein, P.: Berechnung dreidimensionaler reibungsbehafteter inkompressibler Innenströmungen. Diss. TU Hannover (1993)

[46]　Howard, J.H.G. et al.: Flow analysis in a spiral inducer impeller. ASME Paper 93-GT–227

[47]　Iaccarino, G.: Predictions of a turbulent separated flow using commercial CFD codes. ASME. J. Fluids Engng. **123**, 819–828 (2001)

[48]　Kamemoto, K. et al.: Analysis of unsteady characteristics of flows through a centrifugal pump impeller by an advanced vortex method. IAHR Symp. Valencia pp. 729–738 (1996)

[49]　Kaps, A.: Numerische Untersuchung der Strömung in einer radialen Kreiselpumpe mit dem Ziel einer wirkungsgrad- und lagerkraftoptimierten Gehäusegestaltung, Diss. TU Berlin (1996)

[50]　Kaupert, K.A.: Unsteady flow fields in a high specific speed centrifugal impeller. Diss. ETH Zürich (1997)

[51]　Kato, M., Launder, B.E.: The modeling of turbulent flows around stationary and vibrating square cylinders. 9th Symp on Turbulent shear flows, Kyoto, paper 10-4 (1993)

[52] Kubota A, Kato H, Yamaguchi H: Finite difference analysis of unsteady cavitation on a two-dimensional hydrofoil. 5th Intnl. Conf. Numerical Ship Hydrodynamics, Hiroshima (1989)

[53] Lakshminarayana, B.: An assessment of computational fluid dynamic techniques in the analysis of turbomachinery. ASME. J. Fluids Engng. 113, 315–352 (1991)

[54] Liu, W.: Modeling of swirling turbulent flows. Diss. TU Stuttgart (2001)

[55] Mack, R., Drtina, P., Lang, E.: Numerical prediction on guide vanes and in labyrinth seal in hydraulic turbines. Wear pp. 233–235, 685–691 (1999)

[56] Majidi, K.: Numerische Berechnung der Sekundärströmung in radialen Kreiselpumpen zur Feststofförderung. Diss. TU Berlin (1997)

[57] Menter, F.R.: A comparison of some recent eddy-viscosity turbulence models. Transactions ASME 118, 514–519 (1996)

[58] Meier-Grotian, J.: Untersuchungen der Radialkrft auf das Laufrad einer Kreiselpumpe bei verschiedenen Spiralgehäuseformen. Diss. TU Braunschweig (1972)

[59] Meschkat, S., Stoffel, B.: The local impeller head at different circumferential positions in a volute casing of a centrifugal pump in comparison to the characteristic of the impeller alone. 21st IAHR Symp on hydraulic machinery and systems, Lausanne (2002)

[60] Muggli, F., Holbein, P., Dupont. P.: CFD calculation of a mixed flow pump characteristic from shut-off to maximum flow: ASME FEDSM2001-18072 (2001)

[61] Noll, B.: Numerische Strömungsmechanik. Springer, Berlin (1993)

[62] Oberkampf, W.L., Trucano, T.G.: Validation methodology in computational fluid dynamics. AIAA paper 2000-2549 (2000)

[63] Oberkampf, W.L., Trucano, T.G.: Verification and validation in computational fluid dynamics. Sandia National Laboratories report 2002-0529 (2002)

[64] Oertel, J.R.H., Laurien, E.: Numerische Strömungsmechanik. Springer, Berlin (1995)

[65] Roache, P.J.: Verification and validation in computational science and engineering. Hermosa, Albuquerque, http://www.hermosa-pub/hermosa (1998)

[66] Rodi, W.: Turbulence modelling for incompressible flows. Phys Chem Hydrodyn 7(5/6), 297–324 (1986)

[67] Rodi, W.: Turbulence models and their application in hydraulics. 3rd ed. Balkema, Rotterdam (1993)

[68] Rütten, F.: Large eddy simulation in 90°-pipe bend flows. J. Turbulence. 2, 003 (2001)

[69] Schachenmann, A., Gülich, J.F.: Vergleich von drei Navier-Stokes Berechnungsverfahren mit LDA-Messungen an einem radialen Pumpenlaufrad. Pumpentagung Karlsruhe B7 (1992)

[70] Schachenmann, A. et al.: Comparison of 3 Navier-Stokes codes with LDA-measurements on an industrial radial pump impeller. ASME Fluids Engineering Conf., Los Angeles (1992)

[71] Schäfer, M.: Numerik im Maschinenbau. Springer, Berlin (1999)

[72] Schilling, R.: A critical review of numerical models predicting the flow through hydraulic machinery bladings. 17th IAHR Symp. Beijing, GL2 (1994)

[73] Schilling, R.: Stand der numerischen Strömungssimulation bei hydraulischen Turbomaschinen. Festschrift zum Jubiläum 100 Jahre Turbomaschinen und 50 Jahre Fluidantriebstechnik an der TU Darmstadt (1997)

[74] Schönung, B.E.: Numerische Strömungsmechanik. Springer, Berlin (1990)

[75] Song, C.C.S. et al.: Simulation of flow through Francis turbine by LES method. IAHR Symp. Valencia. pp. 267–276 (1996)

[76] Song, C.C.S. et al.: Simulation of flow through pump-turbine. IAHR Symp. Valencia (1996)

[77] Staubli, T. et al.: Verification of computed flow fields in a pump of high specific speed. ASME FED 227, pp. 75–82 (1995)

[78] Staubli, T., Bissig, M.: Numerical parameter study of rotor side spaces. 21st IAHR Symp Hydraulic Machinery and systems, Lausanne (2002)

[79] Steinmann, A.: Numerische und experimentelle Untersuchung der ein- und zweiphasigen Strömung in einem technisch belüfteten Abwasserteich. Diss TU Berlin (2002)

[80] Stern, F. et al.: Comprehensive approach to verification and validation of CFD calculations— Part 1: Methodology and procedures. ASME. J. Fluids Engng. 123, 793–802 (2001)

[81]　Tanabe, S., et al.: Turbulent flow analysis in a pump impeller. ASME Fluid Machinery Forum FED-Vol **119** 1–6 (1991)

[82]　Torbergsen, E., White, M.F.: Transient simulation of impeller/diffuser interactions. ASME FEDSM97-3453 (1997)

[83]　Tremante, A. et al.: Numerical turbulent simulation of the two-phase flow (liquid/gas) through a cascade of an axial pump. ASME FEDSM2001–18086

[84]　Treutz, G.: Numerische Simulation der instationären Strömung in einer Kreiselpumpe. Diss TU Darmstadt (2002)

[85]　Visser, F.C.: Some user experience demonstrating the use of CFD for cavitation analysis and head prediction of centrifugal pumps. ASME FEDSM2001–18087

[86]　Watzelt, C. et al.: Real-time design of hydraulic machinery bladings on a parallel environment system. ASME FED 227 pp. 45–51 (1995)

[87]　Wei-Chung, Chen. et al.: CFD as a turbomachinery design tool: Code validation. ASME FED **227**, 67–74 (1995)

[88]　Wilcox, D.C.: Turbulence Modeling for CFD. DCW Industries, La Canada, California (1998)

[89]　Wu, C.H.: A general theory of three-dimensional flow in subsonic and supersonic turbomachines of axial, radial and mixed-flow types. Trans ASME **74**, 1363–1380 (1952)

[90]　Zangeneh, M., Goto, A.: Turbodesign: next generation design software for pumps. World Pumps. pp 32–36 (February 2003)

第9章 液 力

叶轮中的液力上升并作用在转子上，即产生液力矩，特别是作用在轴和轴承上的轴向力、径向力都比较显著。径向力大小由叶轮圆周方向上的压力分布决定；轴向力由叶轮侧壁间隙中流动和盖板上的压力分布决定。叶轮侧壁间隙内的流动与作用在叶轮机械转子的轴向力的相互影响比较大，大量文献涉及这一主题，如文献［19］。

注意：9.1和9.2中所讨论的叶轮侧壁间隙流动是基于旋转对称的假设。适用于导叶泵和最高效率点附近的蜗壳泵。但不适用于非设计工况运行的蜗壳泵，见9.3.3所述。

第9章主要讨论定常力，而非定常流动、水力激振力及振动、噪声等将在第10章讨论。单流道叶轮的径向力会在9.3.9中讨论。

9.1 叶轮侧壁间隙中的流动现象

由于机械设计的原因，盖板和封闭叶轮与壳体之间需要保持一定的轴向间隙（即"叶轮侧壁间隙"，ISR）。这些间隙最终会充满液流，其尺寸和形状基本上由机械设计来决定，也受到组件标准化选型、制造工艺、材料及成本的影响。

在叶轮转动时，叶轮侧壁间隙中包含的流体不可能保持静止：流体将吸附在叶轮前盖板的壁面上，该部分流体的运动速度为 $c_u = \omega r$。远离前盖板壁面的流体的切向速度快速下降，并形成边界层。在另外一侧，流体同样也吸附于壳体壁面，其运动速度为 $c_u = 0$。如图9.1所示，壳体壁面上边界层的流体速度将会增加。

侧壁间隙较小或低雷诺数时两边的边界层将会合并；若间隙比较大，两边边界层则会相互分离且产生了旋转核。叶轮侧壁间隙中的流动既可以是层流又可以是湍流。在水泵的应用中，大多数情况为湍流，且边界层分离，如图9.1所示。对于高黏度流体，叶轮侧壁间隙中的流体会在圆盘摩擦的作用下被加热，13.1将会讨论这一点。

流体在转动边界层离心力的作用下沿径向向外运动，因此盖板就像一台摩擦泵一样运转（见3.10.3）。流体由于其连续性将由壳体壁面沿径向回流，并在子午线截面上形成环流。图9.1中显示了在径向和圆周方向上相应的速度分布。通常径向速度比在旋转核中占主导的周向速度要小。

由于密封有泄漏，通过叶轮侧壁间隙的净流量和叶轮转动产生的环流会叠加。

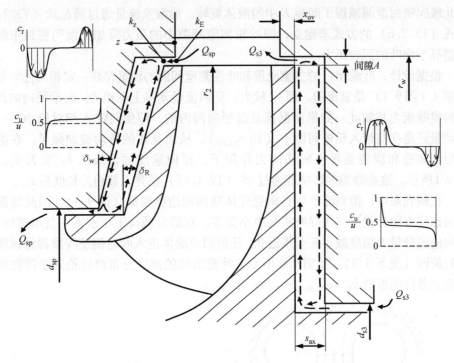

图 9.1　叶轮侧壁间隙内的速度分布

这样的泄漏都是出现在前盖板上，流体在壳体壁面上沿径向从外向内流进密封环。泄漏使叶轮侧壁间隙中产生角动量 $\rho Q_{sp} c_{2u,FS} r_2$，从而加快了流体的转动（$c_{2u,FS}$ 是叶轮出口前盖板附近的局部切向速度）。如果没有摩擦，叶轮侧壁间隙的泄漏在沿径向回流时将能保持其角动量 $c_u r$＝恒量。当为黏性流时旋转速度比较小，若 $c_{2u,FS}/u_2 > 0.5$，泄漏流角动量在沿径向回流时仍会变大。

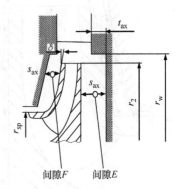

图 9.2　各间隙部位的定义

应区分后盖板上的三种情况：

1）如果泵上设计有环形密封和平衡孔（图 2.1、表 9.1、图 9.12），后盖板上的流动状态就与前盖板非常接近。带有中心轴向推力平衡的多级泵的末级也是如此（图 9.15）。

2）在没有平衡孔的泵中（图 9.3），轴封阻碍了流过叶轮侧壁间隙的净流量；只有环流出现在后盖板上。

3）在有中心轴向力平衡装置的多级泵中，级间密封中有泄漏 Q_{s3}。它沿后盖板径向流出，经过间隙 E 由密封环进入导叶进口（图 9.1），但它只将很小的角动量带入侧壁间隙中。泄漏流流速在旋转盖板上在切应力作用下在切向方向上加速。

因此级间密封泄漏减缓了间隙 E 中的液体旋转。泄漏流流量通过满足式（T3.7.4）和式（T3.7.6）的方式来建立，即叶轮侧壁间隙中的压力降加上级间密封中的压力差等于导叶的回收压力。

根据设计，叶轮出口的主流流量和叶轮侧壁间隙的流量存在一定相关性。如果间隙 A（图9.1）是紧密的，而 x_{ov} 较大，则两流量基本上不相关。对沿径向向外流动的泄漏流尤其如此。如果泄漏流是沿径向向内的，即使间隙 A 相对较小，一些角动量还是会被带入侧壁间隙中（如 $c_{2u,FS}$），从而流体的转动被加强了。在静止的导叶侧壁和旋转盖板上的切应力作用下，径向速度的量级从 k_E 变为 k_z，如图9.1所示。这些摩擦的影响能通过 式（T9.1.17）估算，其相关长度是 x_{ov}。

在蜗壳泵中，泄漏流产生自蜗壳壳体壁面的边界层流（图9.3），因此泄漏流周向速度方向分量比其在导叶式泵中小很多。在部分载荷下压水室中会出现回流，周向速度分量大幅度减小甚至接近0。任何回流流体进入叶轮侧壁间隙都将减缓液体的旋转（见5.4.3）。如图9.4所示，叶轮出口的速度分布对叶轮侧壁间隙流动的边界条件的影响 $k_E = c_{2u,local}/u_2$。

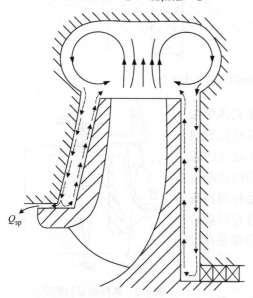

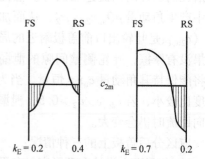

图 9.3 蜗壳中二次流对叶轮

图 9.4 叶轮出口速度分布对叶轮侧壁间隙的影响间隙边界条件的影响

如果叶轮侧壁间隙对主流敞开的（间隙 A 较大或图9.3所示的蜗壳形式），叶轮侧壁间隙内的流动与主流发生耦合，通过加快或减缓流体的方式进行旋转动量交换，其交换程度主要取决于 $c_{2u,FS}/u_2$ 的量级。

切向速度 c_u 的计算要考虑所有作用在叶轮侧壁间隙中流体的动量平衡。这些动量及其影响罗列如下：

1）流体摩擦（切应力）以驱动力矩的形式作用于旋转的前盖板上；摩擦的影响随着雷诺数增大而下降，但随着表面粗糙度的增大而增大。

2）壳体壁面上的流体摩擦（切应力）产生的减速力矩随着壳体表面尺寸增大而增大。同样，切应力随雷诺数增大而减小，随表面粗糙度增大而增大。

3）叶轮侧壁间隙中的湍流耗散会使旋转流体减速，随着间隙宽度的扩大及运动液体体积的增加耗散也将增加。

4）动量的交换随主流和侧壁间隙中流动速度差的增大而增加。在部分载荷工况下回流发生过程中，由于压水室中的流体回流有较小的切向速度，速度梯度将达到一个极值。正如上面提到的，动量的交换可以通过设计密封的间隙 A 和较宽的搭接部分 x_{ov} 使其减弱。

5）依据叶轮侧壁间隙中泄漏流的径向和进口旋流 $c_{2u,FS}/u_2$ 的数量级来判断流体的旋转是加快或减缓。如果泄漏沿径向向内，则进口旋流 $c_{2u,FS}/u_2$ 取决于流量（q^*）、叶轮设计（出口速度分布）和压水室的类型。

"圆盘摩擦损失"也是动量平衡的一个结果，因为其取决于泄漏和 c_{2u}（即 q^*），即使对于一个给定参数的泵也没有普适量。对于一般情况下的有净过流量的叶轮，精确分析计算动量平衡作用下流体旋转是不可能的。在数值计算中，侧壁间隙、叶轮和压水室必须耦合在一起，以模拟得到正确的进口边界条件。这一点对部分载荷工况和蜗壳尤其适用，如图9.3所示。实际中采用经验系数和流程来描述旋转核的旋转因子 k。式（9.1）描述 k 为流体切向速度 $c_u = \beta r$ 和圆周速度 $u = \omega r$（β 是核心流内流体的角速度）的比值：

$$k = \frac{c_u}{u} = \frac{\beta}{\omega} \tag{9.1}$$

在有泄漏流的净流量通过叶轮侧壁间隙时，$k(r)$ 为关于半径的函数。当没有泄漏流时，应用式（T9.1.3）得到常量 k_o，这是源于文献［50］的式（9.1a）的简化。k_o 为常量的流动中，存着有恒定角速度 β 的流体的强制涡流，如式（1.27）。

$$k_o = \cfrac{1}{1 + \sqrt{\cfrac{\cfrac{1}{\cos \delta_w}\left\{\left(\dfrac{r_w}{r_2}\right)^5 - \left(\dfrac{r_i}{r_2}\right)^5\right\} + 5\dfrac{t_{ax}}{r_2}\left(\dfrac{r_w}{r_2}\right)^4}{\cfrac{1}{\cos \delta_R}\left\{1 - \left(\dfrac{r_i}{r_2}\right)^5\right\} + 5\dfrac{t_{ax}}{r_2}\left(\dfrac{r_i}{r_2}\right)^4\left\{1 + \dfrac{r_w - r_i}{t_{ax}}\tan \delta_w - \dfrac{r_2 - r_i}{t_{ax}}\tan \delta_R\right\}}\left(\dfrac{c_{f,w}}{c_{f,R}}\right)}} \tag{9.1a}$$

式中，δ_R 为叶轮侧壁的倾角；δ_w 为壳体壁面的倾角（图9.1）；r_i 为表面（如 r_1、r_{sp} 或 r_n）的内径。文献［50］中开展了导叶泵的测量，对于封闭的侧壁间隙，$t_{ax} = s_{ax}$。因此，式（9.1a）只适用于封闭的侧壁间隙。

侧壁间隙呈开发状态时，主流与侧壁间隙流之间的角动量交换是不可忽略的。

在轴向力的计算过程中，可以忽略旋转因子的影响，如图9.8所示。

出于机械设计和制造成本方面的考虑，叶轮侧壁间隙尺寸较大而且形状复杂。图9.5所示为一个实例。大面积湿透的表面减缓流体的旋转。因此，在圆盘摩擦的作用下，轴向力会随着侧壁表面面积的增加而增加，效率随着侧壁表面面积的增加而降低。

对于任意尺寸和形状的侧壁间隙，其旋转因子k_o可以通过式（9.1b）结合动量平衡来估算：

$$k_o = \frac{1}{1 + \sqrt{B}} \tag{9.1b}$$

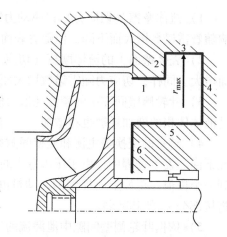

图9.5 后盖板上大叶轮侧壁间隙 ISR 减慢了流体旋转

因子 B 表示壳体侧壁与叶轮前盖板壁面特征（面积与表面粗糙度）的比值：

$$B = \frac{A_C c_{f,casing}}{A_R c_{f,impeller}} \tag{9.1c}$$

式（9.1c）考虑了壳体侧壁与叶轮前盖板壁面表面粗糙度的不同。A_R 和 A_C 根据式（9.1d）和式（9.1e）来计算。A_R 代表叶轮盖板，A_C 代表壳体壁面。这些壁面可参考图9.5中的定义。式（9.1e）中的 r_y 代表垂直于旋转轴的壁面（图9.5 中 2、4、6）的外部半径，r_x 代表其内部半径；r_z 代表垂直于圆柱形的壁面（图9.5 中 1、3、5）的半径，b_z 代表其宽度。

$$A_R = \frac{1}{5\cos\delta_R}(r_2^5 - r_n^5) + r_n^4 b_n \tag{9.1d}$$

$$A_C = \frac{1}{5}\sum(r_y^5 - r_x^5) + \sum r_z^4 b_z \tag{9.1e}$$

在叶轮侧壁间隙与蜗壳相通时，$t_{ax} = 0$，$r_w = r_2$，而且 $A_C = A_R$，B 为定值，$k_o = 0.5$，与式（9.1a）和式（T9.13）相同。

对于效率来说，要避免侧壁设计中出现 $r_{max} > r_2$，因为式（9.1b）中的因子 b 与 r_{max}/r_2 的五次方成比例。一系列的测量证实，对于大的或是小的侧壁间隙来说，最高效率点的损失与 r_{max}/r_2 的五次方成比例。

式（T3.10.9）可以用于估算侧壁间隙对圆盘摩擦损失的影响。当侧壁间隙与蜗壳相通，或间隙 A 较大时，流出叶轮的主流与侧壁间隙流会发生湍动能的交换。当 k_o 远小于 c_{2u}/u_2 时，如果速度梯度较大，主流的一部分能量会在侧壁间隙中耗散掉将导致扬程的下降。复杂的侧壁形状不仅会造成圆盘摩擦损失的增加，也会引起效率的降低。

图9.6所示来自测试数据。大尺度的侧壁间隙与图9.5所示相近，$r_{max}/r_2 = $

1.35，$k_o = 0.17$；另一个小尺度的侧壁间隙的 $k_o = 0.5$。相比于小侧壁间隙，大尺度的侧壁间隙的泵扬程在整个流量区间内都存在着下降，尤其是在小流量工况。根据式（T3.10.9），在 k_o 由 0.17 增加到 0.5 时，圆盘摩擦功率大约增加了 $\Delta P/P_{opt} = 0.05$。图 9.6 中的参考效率是小尺度泵在最高效率点的效率。

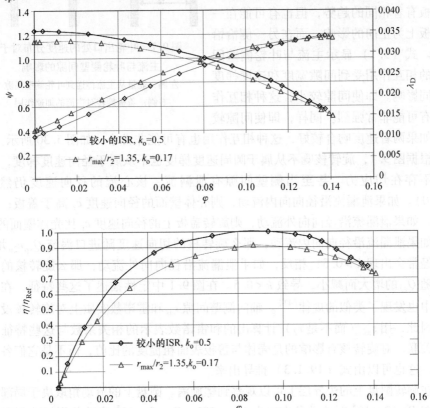

图 9.6　叶轮侧壁间隙对泵性能的影响（$n_q = 26$，$Re_{u2} = 1.6 \times 10^6$）（威乐泵业）

叶轮出口处的速度分布取决于叶轮的几何形状，流量和入流流态取决于叶轮进口的几何形状。叶轮出口处的速度分布对于蜗壳的压力恢复有影响，也会影响到主流与叶轮侧壁间隙的相互作用。如图 9.7 所示，如果叶轮后盖板处的主流速度 c_{2u} 高于叶轮侧壁间隙处的速度，那么主流的能量将会通过湍动能交换传递到叶轮侧壁间隙中，这样就会影响到扬程，而且叶轮侧壁间隙中的液体的旋转速度会增加。相反，如果主流的速度 c_{2u} 低于侧壁间隙处的速度，那么能量将由侧壁间隙传递到主流中。如果 δ 是叶轮侧壁间隙与主流之间的缺口宽度，则其对扬程的影响可以通过式（9.1f）来计算：

$$\Delta H \approx \delta(k_o u_2 - c_{2u}) \tag{9.1f}$$

叶轮出口的速度分布很大程度上受到流量的影响。ΔH 可能在一个流量区间内为正，而在另一个区间为负。

式（9.11）中所描述的影响在叶轮前后盖板有着相同的趋势，但也有可能在一侧盖板上为正向的影响，而在另一侧恰恰相反。式（9.1）显示主流与叶轮侧壁间隙流的相互作用受到间隙宽度和速度梯度的共同影响。即使间隙较小，这种相互作用也有可能非常强烈。同样，即使间隙较

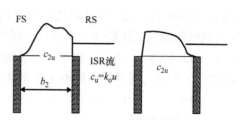

图 9.7　叶轮出口处的速度分布对于
主流与叶轮侧壁间隙的影响
左侧：能量从主流传递到叶轮侧壁间隙
右侧：盖板旋转对主流的加速作用

大，如果两者速度吻合较好，这种相互作用也有可能非常小，如图 5.30 所示。

根据图 9.1，旋转核既不从属于圆周速度梯度也不从属于径向速度梯度，旋转核中不存在切应力。甚至当侧壁间隙有泄漏流，核心流的径向速度仍然为 0（$c_r = 0$）。如果泄漏流沿径向向内流动，则壳体壁面的径向速度 c_r 高于盖板；与此相反，如果泄漏流沿径向向外流动，则旋转盖板上的径向速度 c_r 比壳体壁面的高。

如果泄漏流沿径向向内流动，那么旋转核的切向速度随进口涡流 $Q_{sp}c_{2u}$ 增大，所以经常会出现 $k > 0.5$；相反，如果泄漏流沿径向向外流动，那么旋转核的切向速度随 Q_{s3} 的增大而减小，导致 $k < 0.5$。在图 9.1 中定性描述了这些特征，在数值模拟中也发现了类似的规律[43]。轴向侧壁间隙 s_{ax} 和雷诺数实质上对旋转核没有影响，因此，用 s_{ax}（而不是 r_2）计算出的和雷诺数表示的相关系数与这些特征没有什么关联。对旋转核有影响的是壳体与盖板表面粗糙度的比值，而不是它们各自的大小，这也可以由式（T9.1.3）推导出来。

在旋转圆盘上的边界层上可以观察到螺旋涡。圆盘上的流动角取决于局部雷诺数，在 $Re < 2 \times 10^5$ 时流动角大约为 $40° \sim 50°$；$Re > 2 \times 10^5$ 流动角则持续下降，在 $Re \approx 10^7$ 时大约为 $10° \sim 15°$[19]。文献 [19] 中未能建立起流动角和旋转核流体特征的关系。

如果如图 9.3 所示的没有圆柱形壳体的话，式（T9.1.3）中必须设置 $r_w = r_2$ 及 $t_{ax} = 0$。式（T9.1.3）的检验表明 k_0 在 $c_{f,w} = c_{f,R}$ 时能达到极值 $k_0 c_{f,R}$，这通常被假定为第一相似值。如果圆柱体部分的长度变长，则旋转因子 k_0 变小。如果壳体壁面上的摩擦因数（或表面粗糙度）（$c_{f,w}$）超过盖板上的摩擦因数（$c_{f,R}$），旋转因子 k_0 会变小。

正如上面提到的，如果有净流量通过叶轮侧壁间隙，则 k 由半径确定。由于速度的直接测量非常复杂，旋转因子 $\bar{k}$ 通常由安装在侧壁间隙的两个压力传感器测得的平均数得到。因此，式（1.26）与在 $\bar{k} =$ 常量时的压力分布 $c = \beta r = k\omega r$ 整合得

$$p = p_2 - \frac{\rho}{2} u_2^2 \bar{k}^2 \left(1 - \frac{r^2}{r_2^2} \right) \tag{9.2}$$

基于式（9.2），能够根据式（T9.1.8）从所测压力差 $\Delta p = |p - p_2|$ 计算出半径 r 和 r_2 之间的平均旋转因子。通过这种方式决定的平均旋转因子可以预测叶轮侧壁间隙中的理想压降，而且它并不难用于计算（见 9.2.1）作用于盖板上的确切轴向力。

无量纲系数 c_p 是叶轮侧壁间隙内压降与叶轮出口静压 p_2 的比，且 c_p 由式（T9.1.5）定义（注意负号）。

多级泵中平均旋转因子 $\overline{k}$ 由测量叶轮出口和环形密封间的压力差得到[14]。图 9.8 描绘了测量结果受流量率 q^* 变化的趋势。而对于导叶泵，因为泄漏流沿径向向内流动，前盖板上的平均旋转因子 $\overline{k}$ 在 0.55 ~ 0.72 范围内变化。在后盖板上，泄漏流沿径向向外流动，$\overline{k}$ 在 0.4 ~ 0.45 范围内变化。因为进口处侧壁间隙内的旋动较小，当泄漏流沿径向向内流动时，蜗壳壳体内的旋转速度比导叶泵内低得多，如图 9.3 所示。

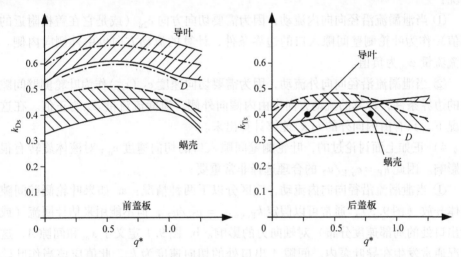

图 9.8 叶轮侧壁间隙内的流体旋转[14] 曲线 D 为多级导叶泵的测试曲线 D[48]

流量减小时，旋转随 c_{u2} 的增加而增强。q^* 低于 0.5，旋转因子由于叶轮出口的回流而稍微下降。当出现大量回流时，旋转因子 $k = 0.2$。图 5.30 所示的试验也说明了主流（就 c_{2u} 来说）对旋转因子的巨大影响[18, B.20]。

目前已有许多方法来计算叶轮侧壁间隙内的圆盘摩擦和流体旋转。文献 [27] 综述了不同方法之间的对比，并证实在分析计算圆盘摩擦、旋转和表面粗糙度相互之间联系时，存在很大的不确定性和难度。目前还没有通用性概念来解释这些现象。

表 9.1 所示为一种新的计算方法，即使在叶轮侧壁间隙内有大量泄漏，这种方法也能够确定（与半径相关）盖板上的圆盘摩擦力、旋转因子和轴向力。这个方法考虑到表面粗糙度的影响及旋转盖板和静止壳体摩擦力的不同。该方法简单且易

编程，且与测试结果（如文献［44］）吻合较好[15]。叶轮侧壁间隙入口的边界条件 k_E 的定义和表面粗糙度存在着固有的不确定性。

从图 9.11 和图 9.13 的数据中可以得到一个简单的公式来估计平均旋转因子，如表 9.1⊖中的式（T9.1.4）。如果泄漏流沿径向向内流动，Q_{sp} 为正；当泄漏流沿径向向外流动的时候，Q_{sp} 为负。

表 9.1 的计算中包含下面的步骤⊖：

1）在根据表 3.7 计算叶轮侧壁间隙内的泄漏流流量，流动系数 φ_{sp} 和雷诺数由式（T9.1.1）确定。

2）$\varphi_{sp} = 0$ 的旋转因子 k_o 是由几何尺寸决定的，如式（T9.1.3）。

3）当泄漏流 $Q_{sp} > 0$，由式（T9.1.9）、式（T9.1.10）逐步计算得到旋转因子 $k(x)$；半径比为 $x = r/r_2$。根据通过叶轮侧壁间隙的泄漏流方向来区分两种情况：

① 当泄漏流沿径向向内流动，因为需要切向方向 c_{2u}（或是它在盖板附近的局部值）作为叶轮侧壁间隙入口的边界条件，计算的流动方向也由外侧向内侧。泄漏流流量 φ_{sp} 为负值。

② 当泄漏流沿径向向外流动，因为需要切向速度 $c_{2u}(r_{s3})$ 作为叶轮侧壁间隙入口的边界条件，计算的流动方向也由内侧向外侧。泄漏流流量 φ_{sp} 为正值。在这种情况下，只有由内向外的 $k(x)$ 能够计算出来。

4）正如上面讨论过的，叶轮侧壁间隙入口的切向速度 $c_{u,E}$ 对液体旋转有很大的影响。因此 $k_E = c_{u,E}/u_2$ 的合理选择非常重要：

① 当泄漏流沿径向向内流动，应区分以下两种情况：a. 如果叶轮侧壁间隙对壳体开放（图 9.3），通常可以假定 $k_{E(x=1)} = c_{2u}/u_2$，但不能用来估计回流（或叶轮出口处的局部速度分布）对轴向力的影响。b. 图 9.1 定义了 x_{ov} 和间隙 A，这种情况通常发生在导叶泵内。间隙 A 出口处的切向速度为 k_z，此值应该当作叶轮侧壁间隙流数值计算的边界条件。交叠部分 x_{ov} 越大和间隙 A 宽度越小（图 9.1），间隙 A 出口处的切向速度越接近渐近线 $c_u = \frac{1}{2}u_2$。间隙 A 内的流体受叶轮盖板上切应力的作用而加速，另外一侧受到壳体表面摩擦阻力影响而减速。主流的切向速度 c_{2u} 和叶轮侧壁间隙内的流体旋转的任何不同，都会增加湍流切应力产生的动量交换（切应力用涡流黏度 ε_τ 描述）。由于间隙 A 产生的切向速度的变化量能够从摩擦产生的动量平衡计算，也可以采用式（T9.1.17）中基于涡流黏度的影响计算出来。涡流黏度很难求得，文献［29］得到的涡流黏度值 $\varepsilon_\tau = 0.01 \ \mathrm{m^2/s}$，在没有更精确数据的时候可以采用该值。式（T9.1.3）只考虑到了间隙 A 的影响，未考虑

⊖ 见文献［20］及式（T9.1.4）。

⊖ 截断误差的阶数并不能确保准确度，它本质上意味着网格细化可以更快地达到精解。

壳体的圆柱形部分 t_{ax} 的影响，能够计算出表面 $2\pi r_w t_{ax}$ 和 $\pi(r_w^2 - r_2^2)$ 上摩擦力对 k_o 的影响。

② 沿径向向外流动的泄漏，会从级间密封流入间隙 E。进口处的速度为 c_{iu}（根据 α_6）。根据式（3.11a）可以得到密封出口的切向速度。文献［43］中的通过数值计算得到的结果和式（3.11a）类似。

5）叶轮侧壁间隙内的压力降 $c_p(x)$ 能够从式（T9.1.11）中获得，式（T9.1.12）可以求出轴向力的衰减值 $c_A(x)$，从 9.2 中可以知道轴向力的减小是由旋转产生的。这些计算都是从外侧向内侧进行（即使泄漏流沿径向向外流动），即计算从 $x = 1$ 开始，初始状态为 $c_p = c_A = 0$。

式（T9.1.9）是基于作用在叶轮侧壁间隙内流体的动量平衡得到。子项 $2k/x$ 是根据角动量守恒 $rc_u = \text{constant}$ 确定的，用来表示无黏流。等式右侧的第一个子项描述的是摩擦力的影响：如果 $k < k_o$，旋转盖板上的切应力加强了流体的旋转；相对地，当 $k > k_o$ 时，壳体上的切应力使得液体减速。如果泄漏流流量很大，式（T9.1.9）中摩擦力相对 $2k/x$ 变得较小。因此在 Q_{sp} 或 Re_u 趋向无限大时，公式得出符合物理定律的准确值。如果泄漏流流量变得很小，当 dk/dx 趋于 0 时，旋转因子 k 接近 k_o，在这种情况下，式（T9.1.9）无法求解。高的梯度 dk/dx 导致 $k_E > k_o$，这时公式的解在数值上变得不确定。式（T9.1.9）只适用于 $|\varphi_{sp}Re^{0.2}| > 0.002$ 的情况；当低于这个值时，取 $k = k_o$。

k_o 的值取决于盖板和壳体的表面粗糙度及其相关参数，且上面的计算易受 k_o 的影响。叶轮侧壁间隙内的旋转非常依赖于间隙进口的边界条件。如果没有获得准确的泄漏流量 Q_{sp} 和进口处切向速度 c_u，基于表 9.1 的计算和数值流动计算都不能获得可靠的结果。

图 9.9 所示为文献［51］的测试结果与式（T9.1.9）的计算结果的对比，用来分析泄漏对流体旋转的影响。可以看出半径比 x 对局部旋转因子 k 的影响规律。当泄漏流量较大而半径比较小时，叶轮侧壁间隙内的局部切向速度会超过叶轮圆周速度 ωr。这意味着局部圆盘摩擦损失在 $k > 1$ 时呈现"消极作用"，也意味着流体如同在摩擦式涡轮里一样"驱动叶轮"。

$c_u = \omega r$（即 $k = 1.0$）时的半径能够由以下关系从文献［19］的数据估算出来：

$$\frac{r_{(k=1)}}{r_2} = 9\varphi_{sp}^{0.44} \tag{9.2a}$$

式中，φ_{sp} 来自式（T9.1.1）。

该式得到的结果与图 9.9 可得到的半径比相近。对比表 9.1 的计算结果和文献［51］的测试结果，其中 C 为计算结果，M 为测试结果。

图 9.10 ~ 图 9.13 显示了通过叶轮侧壁间隙的泄漏流量 φ_{sp} 和进口涡流旋转因子 k_E 的影响规律。这些曲线图都与表 9.1 的数据一致，如 $k_o = 0.45$，$d_2 = 400$ mm，$n = 3\,000$ r/min，表面粗糙度 $\varepsilon_R = \varepsilon_w = 4$ μm，$s_{ax}/r_2 = 0.065$，$\nu = 10^{-6}$ m^2/s。

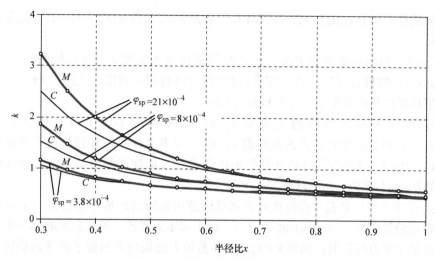

图 9.9 叶轮侧壁间隙内的流体旋转

比较根据表 9.1 的计算结果和文献 [51] 的测试结果

C 为计算结果，M 为测试结果

从图 9.10 ~ 图 9.13 可看出如下情况。

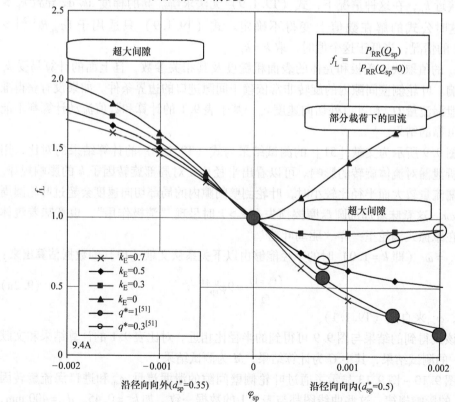

图 9.10 泄漏和进口预旋对圆盘摩擦损失的影响

（1）流动沿径向向内

1）$k_E > k_o$：如果泄漏流以较快的切向速度进入叶轮侧壁间隙，如图9.10所示。流体旋转随泄漏流量的增加加速，而圆盘摩擦损失随之减小。文献［51］中的计算和测试都证明如果泄漏流量较大而进口预旋较大，即使没有净流量，圆盘摩擦损失也会大幅下降。如果环形密封间隙是根据式（3.12）设计的，那么密封流量系数大约为5×10^{-4}。在这种情况下，有净流量和无净流量计算出来的圆盘摩擦的差值会保持在25%以下。而如果环形密封间隙由于磨损而增大1倍，那么密封流量系数φ_{sp}大约达到15×10^{-4}。

2）$k_E < k_o$：如果泄漏流以一较小的切向速度进入叶轮侧壁间隙，随着泄漏流量增大，流体旋转速度较小而圆盘摩擦损失增大，这是由于正在进入的流体必须被加速到符合k_o的切向速度。这样就会出现图9.10和文献［51］中验证的部分载荷工况下出现回流的情况。$k_E < k_o$时，旋转体采用文献［11，36］叙述的测试方法。这就是圆盘摩擦在叶轮侧壁间隙内流量增大的原因，这与泵叶轮内的流动形成鲜明对比[15]。

（2）流动沿径向向外 如果泄漏流沿径向向外流经叶轮侧壁间隙，圆盘摩擦损失则总是随泄漏的增加而上升。如果泄漏流量较大（加大环形密封间隙），圆盘摩擦会显著上升。但是在图9.1所示的多级泵中，当叶轮进口和级间密封中的密封间隙加大，泄漏量对圆盘摩擦的影响主要体现在前后盖板上（正如下面讨论的，泄漏的增大会伴随着轴向力的变化）。泄漏流通过半径很小的地方流入叶轮侧壁间隙内，k_E的影响比在流动沿径向向内的情况下要小得多。

图9.11所示是φ_{sp}和k_E对叶轮侧壁间隙内流体旋转的影响，在叶轮侧壁间隙内k_{cp}代表式（T9.1.5）计算的压力降k的平均数。另外图中还证明只有当叶轮侧壁间隙内的泄漏流量和k_E给定较为准确的情况下，流动计算才可以得到可靠的结果。

图9.10和图9.11中的因子f_L和k_{cp}/k_o由环形密封直径和叶轮出口直径的比值$d_{sp}^* = d_{sp}/d_2$决定，这些因子在$d_{sp}^* = 1.0$时其值为1.00。直径比d_{sp}^*的影响如图9.12和图9.13所示，图中的计算采用$k_E = 0.5$（对应于$\psi_{th} = 1.0$）。

叶轮侧壁间隙流量、圆盘摩擦损失及轴向力是关于$(k, P_{RR}, F_{ax}) = f(k_E, \varphi_{sp}, d_{sp}^*, Re, \varepsilon_R, \varepsilon_w)$的函数，但这个函数关系不能用简单的公式来表示。需要注意的是，k_E是由叶轮侧壁间隙进口处局部圆周速度分量决定的，$k_E = c_{2u}/u_2 = \frac{1}{2}\psi/\eta_h$只是个估计值，不能在出现回流的部分载荷工况中使用。表9.1的计算给出了很好的估算方法。在使用CFD进行计算时，设置正确的边界条件（尤其是k_E）极为重要。图9.10 ~ 图9.13可以定量和定性地评估这些影响。

因为叶轮出口主流和叶轮侧壁间隙内流动的紧密相连，测量泵内的真实圆盘摩擦损失非常困难。为了研究蜗壳对圆盘摩擦损失的影响，相关学者也开展了一系列测试研究。由于壳体的边界层在盖板旋转时有脱离作用，圆盘摩擦损失会被大幅减弱，导致这些测试精度较低。如图9.3所示，流体以较低的切向速度（较小的k_E）

进入叶轮侧壁间隙。因此，测得的圆盘摩擦损失大约超过无密封测得值的 40% ~

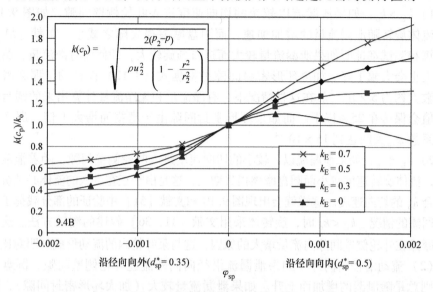

图 9.11　泄漏和进口预旋对叶轮侧壁间隙内液体旋转的影响沿径向向内
（无泄漏时平均旋转因子 $k_o = 0.45$）

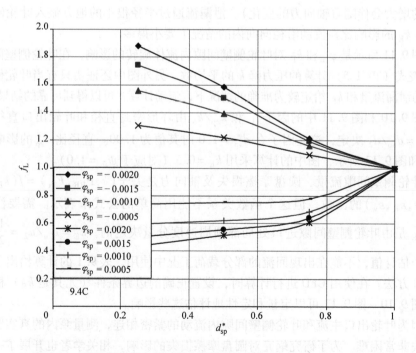

图 9.12　泄漏和密封直径对圆盘摩擦损失的影响（$k_E = c_{2u}/u_2 = 0.5$）

70%。在蜗壳泵测试中，比率 r_w/r_2 的值大约为 1.3 ~ 1.4。利用这些数据，式（T9.1.3）和式（T9.1.15）可以计算出摩擦因数。然而在泵损失分析中，如果采用所测得的数据，那么得到结果可能是不正确的。因为在叶轮运转过程中，蜗壳中的流动有很大的切向速度（k_E 大），这一点完全不同。

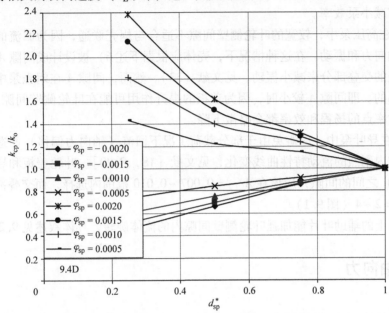

图 9.13　泄漏和密封直径对叶轮侧壁间隙内液体旋转的影响（$k_E = c_{2u}/u_2 = 0.5$）

　　文献［37］对有旋转圆盘的蜗壳壳体进行了测试，用圆柱形板将叶轮侧壁间隙流和蜗壳内的流动部分地隔开。当分隔的比例越大，所测得的圆盘摩擦损失越小，这一发现也验证了上述观点。

　　也有文献采用静止叶片来控制旋转圆盘的入口预旋，但这些方法没能实现，因为通过这种方法很难控制叶轮出口的流动。文献［11］所测得的圆盘摩擦因数超过泵运行中的实际值的 50% ~ 80%。文献［16，46］中采用独立电动机驱动圆盘和叶轮，这样能真实地反映泵内流动状态，并测得圆盘摩擦损失消耗的实际功率。

　　关于叶轮侧壁间隙设计的建议如下：

　　1）轴向间隙，机械设计给出的极小值 $s_{ax}/d_2 = 0.015 ~ 0.040$。轴向结构间隙减小会改变叶轮的固有频率，提高流体和结构干涉激励的风险，详见 10.7.3 叙述。

　　2）为了减少由于湍流耗散引起的不必要的圆盘摩擦损失，应避免大量流体进入叶轮侧壁间隙。在高压泵中，如果间隙 A 较大而交叠处的尺寸较小，那么大量流体进入叶轮侧壁间隙将会造成极大的破坏，可见 10.7.3 叙述。

　　3）壳体壁面应避免采用筋板或复杂的轮廓，这类结构会减弱流体旋转，增大圆盘摩擦，降低效率。叶轮侧壁间隙比 $r_{max}/r_2 > 1.0$（图 9.5）会对效率产生很大的不利影响，也可能造成扬程损失。预计效率的损失大概与 $(r_{max}/r_2)^5$ 成正比。

4）蜗壳泵，如果叶轮侧壁间隙对蜗壳开放，壳体的设计应考虑到当低速流体从蜗壳流入叶轮侧壁间隙时，不会干扰盖板的旋转提升作用。应允许脱离盖板的边界层流体向主流传递能量，见3.10.3中的试验数据。如图9.3所示，这种设计形式并没有减小泵效率。

5）在高压泵中，较宽的叶轮侧壁间隙不适合与蜗壳联通，因为回流的流体会影响到轴向力和振动。在这种情况下，壳体应根据下述6）被设计成间隙 A 完全密封和适当的交叠部分来减小振动，见文献 [33]。然而，间隙 A 在蜗壳泵中通常是不受控制的。即间隙 A 较小时，因为盖板的提升作用可能在叶轮侧壁间隙内减弱，且最高效率点的扬程和效率都会略微下降。

6）在导叶泵中，应避免由于部分载荷工况下回流（轴向力偏移）而造成叶轮侧壁间隙内剧烈的流动特性曲线变化，见文献 [18，B.20]。叶轮盖板和导叶侧板（或壳体）之间的间隙 A 应该在 $A/r_2 = 0.007 \sim 0.010$ 范围内选择，而交叠部分的尺寸 $x_{ov}/A = 2 \sim 4$（图9.1）。

盖板上的辅助叶片能加强叶轮侧壁间隙内的流体旋转，具体叙述见9.2.7。

9.2 轴向力

9.2.1 轴向力的计算步骤

为了确定轴承和轴向力平衡设备的尺寸，有必要准确计算出作用在泵电动机上的轴向力。轴向力的组成如图9.14所示，即叶轮盖板上压力分布造成的力 F_{RS} 和 F_{FS}，F_1 及作用在轴上的未平衡的轴向力 F_w，以及在泵竖直安装时的电动机重量。

叶轮出口的静压 p_2 是计算压力分布的边界条件之一。从叶轮产生的静压升开始计算，其值由式（T9.2.1）在无预旋情况下给出，见表3.7。计算作用于盖板上的轴向力，只需求出其与叶轮进口压强 p_1 的压力差，且不需要计算式（T9.2.1）所用的速度值，式（T9.2.2）可以估算出叶轮出口压。考虑到叶轮出口的压升，可以设置 $\eta_{h,La}/\eta_h = 1$ 以简化式（T9.2.2）。

式（9.2）给出了压力分布，积分可得到作用于盖板上的轴向力，$F = 2\pi \int prdr$。积分区间是由 r_{sp}（或 r_D）到 r_2。在一般情况下，对前、后盖板分开进行。这里有两个选项进行积分：

1）根据式（T9.1.3）和式（T9.1.4）计算得到或是由图9.8读出旋转因子的平均值。作用在一个盖板上的力为

$$F = \pi r_2^2 \left\{ (1 - x^2)\Delta p_{La} - \frac{\rho}{4}u_2^2(\bar{k})^2(1 - x^2)^2 \right\} \tag{9.3}$$

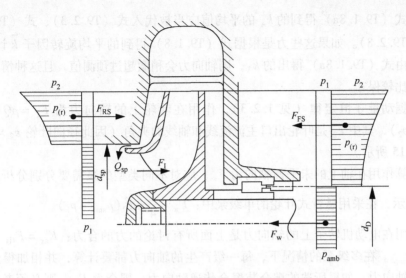

图 9.14 单级泵叶轮上的压力分布和轴向力

设置前盖板上 $x = x_{sp} = d_{sp}/d_2$，后盖板上 $x = x_D = d_D/d_2$。如果泄漏很小或为 0 时，使用平均旋转因子计算比较合适。

2) 如果是为了确定泄漏的影响，式（T9.1.9）则在第一步估计；然后，根据表 9.1 计算轴向力衰减系数 c_A。当此系数包含了由流体旋转引起的轴向力减小值 ΔF 与 $p = p_2 = $ 常数（等同于 $k = 0$）的轴向力的比值。此衰减量涉及力 F_{Ref}，对应于 $k = 1$ 时作用于平面 πr_2^2 上的压力分布。因此系数 c_A 定义如下：

$$c_A = \frac{\Delta F}{F_{Ref}} = \frac{4\Delta F}{\pi \rho u_2^2 r_2^2} = \frac{8\int_{r_2}^r \Delta p r \mathrm{d}r}{\rho u_2^2 r_2^2} = 4\int_1^x c_p x \mathrm{d}x \qquad (9.4)$$

将系数 c_A 代入，作用于一个盖板上的力变成：

$$F = \pi r_2^2 \left[(1 - x^2)\Delta p_{La} - \frac{\rho}{4}u_2^2 c_A \right] \qquad (9.5)$$

代入式（9.3），得到相同的轴向力的平均旋转因子 $\bar{k}_A$，进而得到 c_A。另外，根据式（T9.1.8a）也能计算得到 $\bar{k}_A$。

考虑到固有的不确定性和轴向轴承的承载极限，在很多时候都可以采用式（9.3）得到的平均旋转因子再进行计算。如果探究泄漏和（或）磨损的环形密封的影响，则计算可根据式（T9.1.9）和上面的 2）项进行。

作用于前后盖板上的力的差值造成作用在叶轮上的净轴向力，$F_{HY} = F_{RS} - F_{FS}$。一般情况下 $k_{RS} \neq k_{FS}$，轴向力可由式（T9.2.8）计算得到。如果假设前、后盖板上的旋转因子相等，则使用经简化的式（T9.2.7）。

由式（T9.1.8a）得到的 k_A 的平均值应当被代入式（T9.2.3）、式（T9.2.7）和式（T9.2.8）。如果这些力是根据式（T9.1.8）得到的平均旋转因子 $\overline{k}$ 计算的，而不是由式（T9.1.8a）得出的 k_A，则轴向力会稍微超过预测值，且这种情况下计算相对比较保守。

根据动量守恒定律（见 1.2.3），作用在叶轮上的轴向力为 $F_1 = \rho Q(c_{1m} - c_{2m}\cos \varepsilon_2)$，其中 ε_2 是叶轮出口主流流线和轴线的夹角（因此径向叶轮 $\varepsilon_2 = 90°$），如图 9.15 所示。

计算作用在轴上的未平衡轴向力 F_w，应对不同类型的泵需要分别分析。如图 9.14 所示，在采用悬臂式叶轮的单级泵中：$F_w = \dfrac{1}{4}\pi d_D^2(p_{amb} - p_1)$。

作用在电动机转子上的轴向力是上面所有讨论的力的合力：$F_{ax} = F_{Hy} - F_1 + F_w + F_{coupl}$。在多级泵的情况下，每一级产生的轴向力都要计算，并相加得到转子上的净轴向力。如果所选的耦合装置会传递轴向力，耦合力 F_{coupl} 则必须考虑，且作用在吸力面上的力记为正，如果吸力面压力超过大气压，则 F_w 为负。在单级悬臂式离心泵中，它能抵消掉一部分轴向力。

上述讨论适用于闭式径向叶轮或混流式叶轮，而混流叶轮造成的静压升在内外流线是不完全相同的。在这种情况下，式（T9.2.3）和式（T9.2.4）必须分别估算，即后盖板用 $\Delta p_{La,RS}$ 和 k_{RS}，而前盖板使用 $\Delta p_{La,FS}$ 和 k_{FS}。

在轴向力的计算中存在着诸多不确定因素：①进入叶轮侧壁间隙的进口预旋 k_E（由于不知道叶轮出口处速度分布，所以这是主要的不确定性，且部分载荷工况下的回流影响很大）；②叶轮损失和 p_2；③旋转因子 k_{RS} 和 k_{FS}，以及泄漏的大小；④在高比转速的径向叶轮和混流叶轮中，$p_{2,RS}$ 和 $p_{2,FS}$（尤其是部分载荷下）之间可能存在差值；⑤几何公差，如环形密封间隙、转子轴向位置和叶轮的铸造公差等。这些不确定性会影响到轴向轴承安全边界的确定。为了确定合适的边界，表9.1和表9.2给出的公式可以用来探究不同的假设和系数对所计算的轴向力的敏感性影响（如环形密封间隙）。

表9.1　叶轮侧壁间隙内的流体旋转

项目	公式	式号
下标定义： w：壳体；R：叶轮	$\varphi_{sp} = \dfrac{Q_{sp}}{\pi r_2^2 u_2}\quad x = \dfrac{r}{r_2}\quad Re_u = \dfrac{u_2 r_2}{v}$	T9.1.1
流体旋转	$k = \dfrac{c_u}{u} = \dfrac{c_u}{\omega r} = \dfrac{\beta}{\omega}$	T9.1.2
标准间隙内泄漏流量估计值，式(3.12)	$\varphi_{sp} = 5.5 \times 10^{-4}\psi_{opt}^{1.5}\left\{\dfrac{n_q}{n_{q,Ref}}\right\}^{0.4}\quad n_{q,Ref} = 20$	T9.1.2a

（续）

项目	公式		式号
叶轮侧壁间隙无流量（$\varphi_{sp}=0$）时的流体旋转。开放式的侧壁间隙：设置 $r_w=r_2$ 及 $t_{ax}=0$，t_{ax} 是壳体尺寸为 r_w 圆柱部分	$k_o = \dfrac{1}{1+\left(\dfrac{r_w}{r}\right)^2 \sqrt{\left(\dfrac{r_w}{r_2}+5\dfrac{t_{ax}}{r_2}\right)\dfrac{c_{f,w}}{c_{f,R}}}}$		T9.1.3
$r_{sp}/r_2>0.3$ 及 $k_E\approx0.5$ 时平均旋转因子的估计值 泄漏： 向内：φ_{sp} 为正；$b=1.0$ 向外：φ_{sp} 为负；$b=0.65$	$\dfrac{k_{cp}}{k_o} = \exp\left\{300\varphi_{sp}\left(\left[\dfrac{r_2}{r_{sp}}\right]^b - 1\right)\right\}$		T9.1.4
压力降系数 $\Delta p \equiv p - p_2$ c_p 为负	$c_p \equiv \dfrac{\Delta p}{\dfrac{\rho}{2}u_2^2} = -2\int_1^x k^2 x\,dx$	$c_p = -k_o^2(1-x^2)$	T9.1.5
轴向推力系数给出由于流体旋转叶轮盖板上轴向力的减小值 c_A 为正	$c_A \equiv \dfrac{8\int_{r_2}^r \Delta p r\,dr}{\rho u_2^2 r_2^2} = 4\int_1^x c_p x\,dx$	$c_A = k_o^2(1-x^2)^2$	T9.1.6
叶轮侧壁间隙内的压力分布	$p = p_2 - \dfrac{\rho}{2}u_2^2\,(\bar{k})^2\left(1-\dfrac{r^2}{r_2^2}\right) = p_2 + \dfrac{\rho}{2}u_2^2 c_p$		T9.1.7
由叶轮侧壁间隙内压力差的测值计算得到平均旋转因子	$\bar{k} = \sqrt{\dfrac{2\,(p_2-p)}{\rho u_2^2\left(1-\dfrac{r^2}{r_2^2}\right)}}$		T9.1.8
由轴向推力系数计算得出平均旋转因子	$\bar{k}_A = \dfrac{\sqrt{c_A}}{1-x^2}$		T9.1.8a

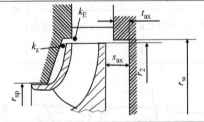 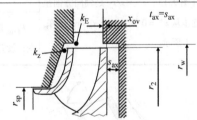

逐步计算旋转、压力系数和轴向推力系数： 当且仅当 $\mid\varphi_{sp}Re_u^{0.2}\mid>0.002$ 　1. 泄漏流沿径向向内： 　φ_{sp} 为正。由外径向内径计算 k。计算初始值 $k_E=c_{2u}/u_2$，在 $x_{ov}>0$ 是采用式（T9.1.17）中的 k_z	$\dfrac{dk}{dx} = \dfrac{0.079x^{1.6}}{\varphi_{sp}Re_u^{0.2}}\left\{\left(\dfrac{1-k_0}{k_0}\cdot k\right)^{1.75}\dfrac{1}{\cos\delta_w} - \mid 1-k\mid^{1.75}\dfrac{1}{\cos\delta_R}\right\} - 2\dfrac{k}{x}$	T9.1.9
2. 泄漏沿径向向外： 　φ_{sp} 为负。由内而外计算 k 值。计算初始值采用式（3.11a）中 $k_{out}=c_u/u_{sp}$	$k_{n+1} = k_n + \dfrac{dk}{dx}(x_{n+1}-x_n)$	T9.1.10

（续）

项目	公式	式号
逐步计算旋转、压力系数和轴向推力系数： 当且仅当 $\lvert \varphi_{sp} Re_u^{0.2} \rvert > 0.002$ 　1. 泄漏流沿径向向内： φ_{sp} 为正。由外径向内径计算 k。计算初始值 $k_E = c_{2u}/u_2$，在 $x_{ov} > 0$ 是采用式 (T9.1.17) 中的 k_z	$c_{p,n+1} = c_{p,n} + (x_n k_n^2 + x_{n+1} k_{n+1}^2)(x_{n+1} - x_n)$	T9.1.11
2. 泄漏沿径向向外： φ_{sp} 为负。由内而外计算 k 值。计算初始值采用式 (3.11a) 中 $k_{out} = c_u/u_{sp}$	$c_{A,n+1} = c_{A,n} + 2(x_n c_{p,n} + x_{n+1} c_{p,n+1})(x_{n+1} - x_n)$	T9.1.12
由盖板环形部分的摩擦产生的转矩（无量纲）	$dM^* \equiv \dfrac{dM}{\rho \omega^2 r_2^5} = \dfrac{0.287 x^{3.6} \lvert 1 - k \rvert^{1.75} dx}{Re_u^{0.2}} \dfrac{c_{f,R}}{c_{f,glatt}} \mathrm{sign}(1 - k)$	T9.1.13
各部分合计的圆盘摩擦因数	$k_{RR} = \dfrac{\sum\limits_n dM^*}{1 - d_{sp}^{*4.6}}$	T9.1.14
$k = k_o = $ 常数时，由含层流相的式 (T9.1.13) 积分得到圆盘摩擦阻力系数	$k_{RR} = \dfrac{\pi R}{2 Res_{ax}} + \dfrac{0.0625}{Re^{0.2}} \cdot (1 - k_o)^{1.75} f_R f_L$	T9.1.15
文献 [9.18] 中间隙 A 出口处旋转因子 k_z	$k_z = 0.33 + 0.28 k_E + 126 \varphi_{sp}(k_E - 0.31)$	T9.1.16
侧壁间隙入口：搭接 x_{ov} 处旋转因子的发展（图9.1）；$z^* = z/r_2$ 是轴向方向坐标。逐步从 $z^* = 0$ 到 $z_{max}^* = x_{ov}/r_2$ 计算，如图9.1所示	$\dfrac{dk}{dz^*} = \dfrac{c_{f,R}(1-k)^2 - r_w^{*2} c_{f,w} F_{Form} k^2}{\dfrac{\varphi_{sp}}{2} + \dfrac{(r_w^* - 1)}{\omega r_2^2} \varepsilon_\tau}$ F_{Form} 是形式因子（一般为1.0）。对 $x_{ov} = 0$，旋转无改变；设置 $k_z = k_E$	T9.1.17

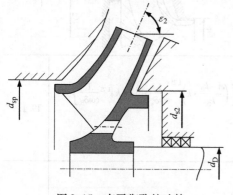

图9.15　有平衡孔的叶轮

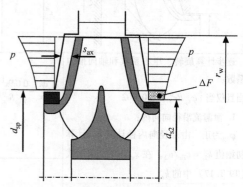

图9.16　双吸式叶轮

表9.2 叶轮轴向推力计算

项目	公式		式号
叶轮（上文中叶轮进口）内 $\alpha_1 = 90°$	$\Delta p_{La} = p_2 - p_1 = \eta_{h,La} \dfrac{\rho}{2}(u_2^2 - w_2^2 + c_1^2) = \rho g H_p = \rho g R_G$		T9.2.1
	$\Delta p_{La} \approx \rho g H \left(1 - \dfrac{\psi}{4\eta_h}\right)\dfrac{\eta_{h,La}}{\eta_h}$		T9.2.2
叶轮盖板 F_{RS} 和 F_{FS}[①] 上轴向力	前盖板：$x = x_{sp} = d_{sp}/d_2$	$F = \pi r_2^2 \left\{(1-x^2)\Delta p_{La} - \dfrac{\rho}{4}u_2^2\bar{k}^2(1-x^2)^2\right\}$	T9.2.3
	后盖板：$x = x_D = d_D/d_2$	$F = \pi r_2^2 \left\{(1-x^2)\Delta p_{La} - \dfrac{\rho}{4}u_2^2 c_A\right\}$	T9.2.4
作用于盖板的无量纲力	$f = \psi_p(1-x^2) - \dfrac{\bar{k}^2}{2}(1-x^2)^2 = \psi_p(1-x^2) - \dfrac{c_A}{2}$		T9.2.5
叶轮上轴向力	$F_{Hy} = F_{RS} - F_{FS}$	F_{RS} 为作用于后盖板的轴向力 F_{FS} 为作用于前盖板的轴向力	T9.2.6
当 $k = k_{FS} = k_{RS}$ 时，叶轮上轴向力	$F_{Hy} = \dfrac{\pi}{4}(d_{sp}^2 - d_D^2)\left\{\Delta p_{La} - \dfrac{\rho}{2}\bar{k}^2 u_2^2\left(1 - \dfrac{d_{sp}^2 + d_D^2}{2d_2^2}\right)\right\}$		T9.2.7
当 $k_{FS} \neq k_{RS}$ 时，叶轮上轴向力	$F_{Hy} = \pi r_2^2\left\{\Delta p_{La}(x_{sp}^2 - x_D^2) - \dfrac{\rho}{2}u_2^2\left[\bar{k}_{RS}^2(1-x_D^2)^2 - \bar{k}_{FS}^2(1-x_{sp}^2)^2\right]\right\}$		T9.2.8
冲力[②]	$F_I = \rho Q(c_{1m} - c_{2m}\cos\varepsilon_2)$		T9.2.9
轴上未平衡轴向力	$F_w = \dfrac{1}{4}\pi d_D^2(p_{amb} - p_1)$		T9.2.10
电动机转子上合力	$F_{ax} = F_{Hy} - F_I + F_w + F_{coupl}$	F_{coupl} = 联轴器轴向力	T9.2.11
径向式或半径向式泵的估计值	$F_{ax} = (0.7 \sim 0.9)\rho g H_{tot}\dfrac{\pi}{4}(d_{sp}^2 - d_D^2)$		T9.2.12
不同密封直径时轴向推力，如图9.12、图9.13所示	$F_{Hy} = \dfrac{\pi}{4}(d_{sp}^2 - d_{s2}^2)\left\{\Delta p_{La} - \dfrac{\rho}{2}\bar{k}^2 u_2^2\left(1 - \dfrac{d_{sp}^2 + d_{s2}^2}{2d_2^2}\right)\right\}$		T9.2.13
有平衡孔的叶轮的合力	$F_{ax} = (0.1 \sim 0.2)F_{Hy,Eq.9.2.7} + F_{Hy,Eq.9.2.13} - F_I + F_w + F_{coupl}$		T9.2.14
双吸式叶轮	$F_{ax} = f_{ax}\dfrac{\rho}{2}u_2^2(d_2^2 - d_{sp}^2)$	稳态力 $f_{ax,stat} = 0.01 \sim 0.02$ 非稳态力 $f_{ax,dyn} = 0.02 \sim 0.06$	T9.2.15
半径向式叶轮，闭式	$F_{ax} = \rho g H f_{ha}\dfrac{\pi}{4}(d_{sp}^2 - d_D^2)$	$f_{ha} = \left(\dfrac{n_q}{n_{q,Ref}}\right)^{0.17}$ $n_{q,Ref} = 220$	T9.2.16
半径向式叶轮，开式	$F_{ax} = \rho g H f_{ax}\dfrac{\pi}{4}(d_1^2 - d_D^2)$	$f_{ha} = \left(\dfrac{n_{q,Ref}}{n_q}\right)^{0.28}$ $n_q < 200$ 时 $n_{q,Ref} = 200$	T9.2.17
轴流式叶轮	$F_{ax} = (1 \sim 1.1)\dfrac{\pi}{4}(d_2^2 - d_n^2)\rho g H$		T9.2.18

① 半径向式叶轮在内部和外部流线提供了不同的压力升：$\Delta p_{La,FS} \neq \Delta p_{La,RS}$。

② ε_2 = 平均流线和叶轮进口电动机轴的夹角（对径向式叶轮为90°）。

下标：RS 为后盖板；FS 为前盖板；D 为主轴直径。

鉴于上述不同假设的不确定性，可以选用简单的公式来粗略地估计封闭径向叶轮和混流叶轮的轴向力，如式（T9.2.12）。在推力轴承的选型和相关机械设计中，使用这些公式是合理的。

9.2.2 悬臂式单级单吸泵

如果没有轴向力平衡装置（图9.14），那么计算过程还是遵循9.2.1所述。尽管冲击力 F_1 的影响一般很小，但在一些特殊情况下作用在主轴上的不平衡轴向力 F_w 的大小和方向会造成一些问题的出现。如果进口或系统压力很高（如热水循环泵），轴向力的方向会颠倒并作用在压力面，因此在选择轴承的时候要考虑这些影响。

对于应用于输送洁净液体的泵，一般设计有平衡孔并且在后盖板上设置有环形密封，见表9.1及图9.15所示。假设前、后盖板上有相同的环形密封直径、恒定压强 p_2、泄漏情况，以及相同的叶轮侧壁间隙几何形状，那么理论上作用在前、后盖板上的力在 d_{sp} 和 d_2 之间平衡。如果平衡孔的尺寸正确的话，那么在后盖板上平衡孔处的吸力压强较大。且后盖板处的流体旋转引起的压力分布能够用表9.1内的旋转因子计算得到。

如9.1所讨论的，叶轮出口的速度分布决定了叶轮侧壁间隙流的边界条件（图9.4中的 k_E）。k_E 随着流量的变化，是对于具有平衡孔或环形密封的叶轮的轴向力预测的一个主要不确定因素。k_E 对轴向推力的影响可以见图9.20和式（9.5a）。

因为无法做到完全的对称，对于没有平衡孔的叶轮，推荐先由式（T9.2.7）来计算轴向力，并假定残留推力是不平衡力的 10% ~ 20%。再由式（9.5a）和 $k_{E,DE} - k_{E,NDE} = 0.5$ 对其进行补充计算。

这样就能包含作用在泵轴的未平衡轴向力 F_w 和叶轮上的轴向力 F_1。当选择了不同密封直径 d_{sp} 和 d_2 时，会产生额外的力。结合式（T9.2.14）能计算得出作用于转子上的最终轴向力。叶轮进口密封环的直径 d_{sp} 和叶轮后盖板上的密封直径 d_{s2} 可以是不相同的，这样能够得到确切的力，也能平衡作用在主轴上的轴向力 F_w。当用 d_{s2} 代替 d_D 时，轴推力由从式（T9.2.7）推导得到的式（T9.2.13）计算得出。

通常每个叶轮流道对应钻一个平衡孔。为了阻止由于平衡孔的节流作用而导致后盖板上的压力集聚，平衡孔的面积总量应当至少为环形密封间隙内流动面积的 4~5倍，即 $\frac{1}{4}zd^2 > 4d_{sp}s$（$z$ 为平衡孔数，s 为径向密封间隙）。当根据上述准则来确定平衡孔直径时，环形密封中的磨损也必须考虑在内，应设定为 $s = 2s_0$。（即2倍于通常的间隙）。

见表3.7，平衡孔使泄漏损失增加1倍，同时使泵的效率降低。平衡孔入口的液体会扰乱叶轮进口的流动，当 $n_q > 50$ 时，效率大约会降低1%。

后盖板上的副叶片可以代替平衡孔来平衡部分轴向力。这种轴向力平衡方式比后盖板上的环形密封简易得多，如适用于输送酸性液体的泵。由于副叶片能减少进入叶轮侧壁间隙的固体颗粒，它们被大量应用于输送含固体颗粒的液体介质（如排污泵和渣浆泵）。9.2.7 中详细讨论了副叶片的计算和设计。

9.2.3　多级泵

在高压多级泵中轴向力能达到数吨，因此轴向力平衡是必需的。可以采用轴向轴承，其尺寸主要取决于轴向力预测的精确性和平衡装置的类型。轴向力的预测具有不确定性（见 9.2.1），但估计的残余轴向力对于轴承尺寸的选型较为重要。因此，多级泵的轴承尺寸和轴向力平衡系统的设计都受到轴向力的影响。

见表 9.1，必须考虑由于泄漏流的不同方向（不包括末级）而造成的前后盖板上流体旋转的基本差异。一旦旋转因子确定下来，式（T9.2.3）~式（T9.2.5）或式（T9.2.8）都能使用。相对地，前盖板上沿径向向内流动的泄漏流增强了流动，使因子 $k > 0.5$，并且减小了作用于前盖板上的力，如图 9.17 所示。因此，考虑这个两种作用而预测出的轴向力，要高于一些文献提出的 $k \approx 0.5$ 计算出的轴向力。如果在运行期间，密封间隙出现磨损，作用在电动机转子上的轴向力会增加。因此平衡装置和轴承设计中必须考虑极限允许间隙的尺寸（极限允许间隙经常被定义为间隙的 2 倍）。

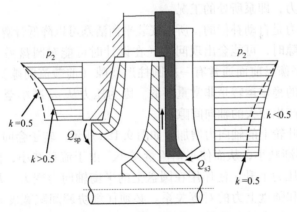

图 9.17　多级泵叶轮上压力分布

正如在 5.4.3 中讨论的一样，转子轴向位置对轴向力有影响。尤其当间隙 A 过大或是交叠部分 x_{ov} 很小时。也就是说，如果主流和叶轮侧壁间隙没有充分分离，部分载荷下的回流会影响侧壁间隙内的流动。图 5.35 中所示为采用这种方式逆向推导轴向力的实例。

值得注意的是：残余轴向力仅是作用于转子上液力的一部分。所以计算液力时的微小误差都可能导致残余轴向力的大幅度变化。在计算多级泵的轴向力时，尤其要注意这一点。

作用在多级泵轴上的不平衡轴向力同样要仔细分析，这是因为高压作用对转子上的残余轴向力有着重要的影响。由于复杂的转子设计和每级上具有不同压力，所以这些力的分量是不可忽视的。图 9.18 所示为几种用于多级泵轴向力平衡的方法。

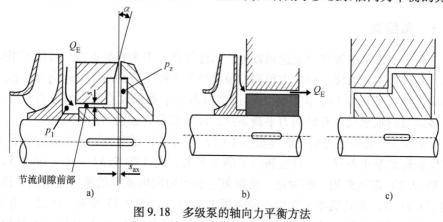

图 9.18　多级泵的轴向力平衡方法

a）平衡盘　b）平衡塞　c）阶梯式平衡塞

（1）平衡盘（图 9.18a）　可产生的轴向力与叶轮中生成的轴向力方向相反。当尺寸合适时，平衡盘能够完全平衡轴向推力。圆盘上的轴向间隙 s_{ax} 取决于作用在转子上的轴向力，即泵所处的工况。

由于轴向推力是自动补偿的，所以安装平衡活塞可以降低计算的不确定性。但当水进入轴向间隙时，可能会出现问题（在设计时可能对圆盘另一边节流间隙下游进行补偿）。平衡盘前面通常有一段圆柱形间隙（前节流间隙），如图 9.18a 所示，它对平衡盘的稳定运转是非常重要的。因为压力从 p_1 减小至 p_z，圆柱形间隙内的节流效应会产生较大的轴向间隙 s_{ax}。

如果作用在叶轮上的轴向力增加，如图 9.18a 所示，转子会向左偏移，圆盘上轴向间隙 s_{ax} 会逐渐减小，从而使平衡流量减小。由于流量减小，前节流处的压降减小。因此，p_z 压力上升，使作用在圆盘上的平衡轴向力变大。从而在每个工况点能建立起转子和圆盘上力的对等关系。必须仔细协调间隙宽度 s 和 s_{ax}、前节流间隙的长度及圆盘的内径和外径。当这些都做到了之后，还必须确保圆盘的反作用力在任何时候都要大于作用在转子上的最终轴向力，包括变工况运行过程中。即使当间隙由于磨损而变大时，也要达到这些要求。

当轴向间隙趋于 0 的时候圆盘所受力最大，这是因为此时前节流间隙内压力降较小（即 p_z 达到极大值）。如图 9.18a 所示，如果间隙被制造出微小的锥度 α，则力的最大值会大大下降[32]。

圆盘的机械结构需要很高的刚度，以避免在很小的载荷下就发生变形。平衡盘设计的细节和稳定运转的注意事项详见文献 [26，30，41]。由于轴挠曲会使平衡盘稍微与稳态时成小的偏角。这种挠曲引起的力矩实质上对最终轴向力没有影响，但是会提高间隙内出现空化空蚀的风险，参见文献［26，41］。

（2）平衡塞（图9.18b）　可产生与轴向力相反方向的力，其大小可以用活塞面积和活塞进口的压力计算得到。因为活塞不能自动适应作用在转子上的液力，轴向力的计算应尽可能准确，以配合旋转合适的活塞尺寸。一个相对较大的轴承需要满足对轴向力不确定性的补偿，轴向力的变化是关于通过泵的流量和环形密封间隙内由于磨损造成的轴向推力增量的函数。活塞的优点在于，它的设计简单且运行可靠性高；主要缺点是泄漏大和轴承尺寸偏大，而两者都会使泵的效率下降。根据大型锅炉给水泵的运行统计，533 台安装有平衡盘的泵中有 310 台出现损坏，而 511 台安装平衡活塞的泵中只有 27 台受损[32]。

通过平衡装置（活塞或盘）泄漏的液体通过引流管被引回到泵的吸入口。由于引流管中的压力损失比较小，使平衡装置低压侧的吸入压力较高。在没有增压泵的情况下，经过平衡装置流体也可以返回到进水口。在测量中，应通过监测泄漏流量以评估平衡装置的运行稳定性，这可以提前识别出由于磨损造成的间隙增大、泄漏流量的增加。

（3）阶梯式平衡塞（图9.18c）　采用这种设计是为了利用平衡盘的优势弥补平衡塞的缺点。

（4）背靠背设计　根据图2.14所示，多级双吸泵的轴向力在无效率损失的前提下几乎是平衡的（见9.2.4）。如图2.10所示，多级、对称设计的单吸泵也能平衡大部分轴向力，这种设计的缺点是交叉流道过长，且结构复杂。相对而言，位于转子中间位置的活塞很大程度上提高了转子动力学性能（见10.6）。

图9.19所示为两级背靠背设计，由于其第一级和第二级后盖板上的压力分布不均衡，轴向力没有被很好地平衡。第二级后盖板的泄漏沿径向向内，第一级后盖板处泄漏时沿径向向外，所以流体旋转比在第一级后盖板处要快很多。这种影响的大小可以通过表9.1提供的方法应用两级前、后盖板上不同的旋转因子计算得到，可参考式（T9.2.8）、式（T9.2.3）或式（T9.2.4）。如果中心套管处的间隙因为磨损而变大，那么两级背对背设计中的轴向推力会大幅增大。还要注意的是：由于这个设计不能很好地平衡轴向力，造成使用期间由于磨损导致的间隙增加，导致轴承失效。根据表9.1中预测的轴向力在最高效率点和大流量下是较为准确的。但是，部分载荷工况下的轴向力可能与测量结果偏差较大，因为在回流发生时，泵进口处到侧壁间隙的切向速度可能会过低。

（5）每级单独平衡　如图2.15、图9.15和表9.1所示，对于采用混流叶轮的立式泵，可以对每级单独进行轴向力平衡。对于高压泵来说，每级单独平衡是不经济的方式（如效率更低而花费更高），因为还需要节流装置来减小轴密封处的压力。但是对于低压力的泵，为了避免采用平衡塞，可以采用每级单独平衡的方式。轴向力预测的主要不确定性在于入流条件到叶轮侧壁间隙（系数 k_E）的波动。对于双吸泵叶轮，轴向力的波动可以参考9.2.4和式（9.5a）。

（6）副叶片（见9.2.7）　可以考虑用于每级独立平衡。然而，由于机械制造公差和热膨胀，在多级泵中副叶片会使叶轮和壳体之间的轴向间隙变得很大，所以其效率比上面讨论的几种都要低。而且它也必须设置节流装置来减小轴密封处的压力。

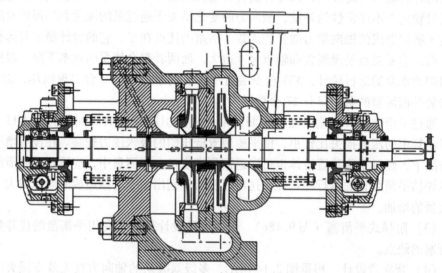

图9.19　两级背对背流程泵（苏尔寿泵业）

9.2.4　双吸泵

理论上双吸泵的轴向力应当能很好地平衡，但实际上存在各种不对称因素，造成轴向力的不稳定：①叶轮和进口段不可避免的几何公差；②环形密封间隙的误差造成两侧的旋转因子不同；③部分载荷工况出现的不对称回流。不稳定轴向力通常比稳定轴向力组分大，而且可能会导致低频的轴向力反转。当低速泵在部分负载工况下运行时，转子轴向的移动时间大约就几秒钟，可以通过肉眼清晰地观察到。像这样轴向力的力反转对于低速泵是可以接受的，但是对高压泵来说会造成轴封损坏及振动加剧。

有时会在叶轮两侧设计不同直径的环形密封来得到一个稳定作用在转子上的轴向力。然而，实际上不可能让直径大到足以产生一个超过稳态轴向力的非稳态轴向力。其计算（包括叶轮两侧不同密封泄漏量的影响）可以采用式（T9.2.8），其中 x_D 设置为 $x_D = d_{s2}/d_2$；根据图9.16所示，较小的密封直径是 d_{s2}（表9.1）。如果 $d_{s2} \neq d_{sp}$ 且假设两边有相同的旋转因子，轴向力也可以采用式（T9.2.13）计算。另外，由动量产生的轴向力 F_1 是0。

采用双吸叶轮的泵需要根据式（T9.2.15）来确定轴承的尺寸，在立式泵和合适边界的情况下，转子上要加上耦合推力；式（T9.2.15）采用了双吸泵测量得到

轴向力系数 f_{ax}。表 9.2 给出了 f_{ax} 的范围来计算稳态和非稳态轴向力分量。下限适用于最高效率点附近，而上限适应于 $q^* < 0.4$ 部分载荷工况。

在部分载荷工况下，叶轮出口的速度分布不可能是均匀的（见 5.8 和 10.7.3），因此，叶轮两侧的圆周速度 c_{2u} 是不同的，且这也会产生轴向力。在采用表 9.1 对于叶轮侧壁间隙流动进行计算时，其边界条件也会有所不同。图 9.20 是对一个比转速为 $n_q = 27$ 的叶轮的计算实例。叶轮进口和侧壁间隙的旋转因子 $k_{E,DE}$ 和 $k_{E,NDE}$ 给定了不同的值。角标 DE 表示驱动端，NDE 表示非驱动端。在实际泵中，并不能确定哪一端的 k_E 是最高的，因此轴向力的方向可以是由 DE 到 NDE，也有可能是相反的。在这个计算实例中，$k_{E,DE}$ 在 0.2 ~ 0.7 变化，而 $k_{E,NDE}$ 是在 0.2 ~ 0.5 变化的。在绘制出 f_{ax} 与旋转因子差值（$k_{E,DE} - k_{E,NDE}$）的变化关系后，f_{ax} 与其存在着近似的线性关系，如式（9.5a）：

$$f_{ax} \equiv \frac{F_{ax}}{\frac{\rho}{2} u_2^2 (d_2^2 - d_{sp}^2)} = 0.14(k_{E,DE} - k_{E,NDE}) \tag{9.5a}$$

在极端情况下，$k_{E,DE} = 0.7$，$k_{E,NDE} = 0.2$；计算出的旋转因子为 0.07。

10.7.3 介绍了轴向力的测量，图 10.35 显示轴向力的变化范围为 $-25\,000\,N$ ~ $+10\,000\,N$，对于 $f_{ax,stat} = 0.048$，非稳态分量为 $f_{ax,dyn} = \pm 0.007$。

图 9.20 和式（9.5a）可以用于估算双吸叶轮的轴向力，它们考虑了几何误差和部分载荷工况下叶轮出口的非均匀速度分布。同时，式（9.5a）也考虑了平衡孔和后盖板环形密封（图 9.15）对叶轮侧壁间隙和轴向力的影响。

除了叶轮出口的速度分布会引起轴向力的波动外，叶轮出口的静压分布也会产生影响。

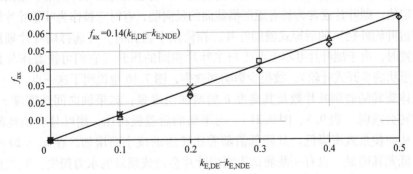

图 9.20 双吸泵的轴向力系数

9.2.5 混流泵

闭式混流叶轮的轴向力可根据 9.2.1 及表 9.1 和表 9.2 来计算。由于前盖板直径比后盖板直径大（$d_{2a} > d_{2i}$），计算遵循式（T9.2.3）和式（T9.2.4），前盖板和后盖板的相应半径分别为 r_{2a} 和 r_{2i}。外流线和内流线上静压的差异增加了计算的不确定性。目前对这种差异的理解还不透彻，尤其是在部分载荷工况下。因此，在核算轴承的承载能力时，可以采用测量或近似公式来处理。如式（T9.2.12）或式（T9.2.16）可应用于闭式叶轮。在这些公式中，对于无平衡孔的叶轮，设定轴径（图9.14）；如果有平衡孔，设定后盖板上环形密封直径 d_{s2}（表9.1、图9.15）。闭式叶轮可根据式（T9.2.16）来计算经验因子 f_{ha}（来自文献［B.18］给定的试验数据）。对于混流式叶轮，f_{ha} 由式（T9.2.17）中设置 $d_{sp} = d_1$ 来确定，见文献［B.18，B.2］。

9.2.6 轴流泵

计算轴流泵的轴向力可将作用于叶片的升力的轴向分量在叶片高度上积分。在实际中，通常根据式（T9.2.18）来计算。将作用于泵轴的非稳态轴向力添加到这个力上，非稳态轴向力可按9.2.1和图9.14来计算。进出口的动量互相抵消。轴流泵的 $Q-H$ 曲线非常陡，需考虑在部分载荷工况下轴向力会大幅增加的情况。

9.2.7 副叶片

通过在后盖板设置副叶片，可加强侧壁间隙 E 内流体的旋转，以减小轴向力。通常也会利用副叶片来降低轴密封处的压力，并阻碍固体颗粒进入间隙 E（如在污水泵、疏浚泵和泥浆泵中）。

基于机械设计方面的考虑，副叶片与泵壳（耐磨板）的轴向间隙应足够小。间隙的最小值取决于机械配合公差、热膨胀和壳体变形等因素。然而，为了在大批量生产中实现标准化，在给定的叶轮和轴承的情况下，有必要将副叶片高度、轴向间隙设定为固定值。副叶片通常为具有矩形横截面的径向肋，有时它被作为叶轮叶片轮廓后面（靠近叶轮外径）的后掠式辅助叶片。在使用平衡孔时，可选择副叶片辅助。当这样布置时，由于副叶片基本上产生与主叶片相同的压升（它们可被看作与具有相同叶片形状的半开式叶轮），故很少影响到效率，图7.16也说明了这一点。

流体旋转随着副叶片数及其高度 h 的增加而增强；如果轴向间隙宽度 s 增大，流体旋转会减弱（表9.3、图9.21）。与平整的后盖板相比，副叶片会消耗额外的功率，从而使泵效率降低。其降低值随着比转速的减小而增加，在 $n_q < 20$ 时，效率的降低尤其明显。也有一些测试表明副叶片会造成额外的水力损失，但这点还需要系统的研究来证实。

副叶片的功率按其外径的 5 次方（类似于圆盘摩擦损失）而变化。由于压差与直径的平方成正比，副叶片外径低于叶轮外径，则可减小所消耗的功率；在轴向力不大或轴封处压力不高的前提下，选择 $d_{RS} < d_2$，可大幅度降低额外消耗的功率（这是最常见的设计）。

通常在选用副叶片的结构时，不会采用平衡孔。由于存在副叶片，泄漏流对间

隙 E 内流动的影响很小。因此，需要在无泄漏情况下计算副叶片的影响。具有副叶片的区域内的旋转因子 k_{Rs} 基本上与半径无关，通过式（T9.3.2）计算。

表 9.3 半开式叶轮；副叶片

项目	公式		式号
半开式叶轮，有或无副叶片	$F_{ax} = \dfrac{\pi}{4}d_2^2\left[\Delta p_{La}\left(1-\dfrac{d_D^2}{d_2^2}\right)-\dfrac{\rho}{4}\bar{k}_{Rs}^2 u_2^2\left(1-\dfrac{d_D^2}{d_2^2}\right)^2-\dfrac{\Delta p_{La}}{2}\left(1-\dfrac{d_1^2}{d_2^2}\right)^2\right]$		T9.3.1
半开式叶轮，无副叶片	$F_{ax} = \dfrac{3\pi}{16}\rho r_2^4\omega^2(1-d_1^{*2})^2$	$f_{ax}=\dfrac{8F_{ax}}{\pi d_2^2\rho u_2^2}=\dfrac{3}{8}(1-d_1^{*2})^2$	T9.3.1a
副叶片 旋转因子 k_{RS} 和 k_{av} k_o 来自式（T9.1.3）	$k_{Rs}=\dfrac{1}{1+0.13\dfrac{s}{s+h}\sqrt{\dfrac{r_2}{hz}}}$	叶片形状与叶轮一致[36]； $d_2<200\text{ mm}: z=4$ $d_2>200\text{ mm}: z=6\sim8$	T9.3.2
	$\bar{k}=\sqrt{\left(\dfrac{d_{Rs}}{d_2}\right)^{\left(2-0.9\frac{d_{Rs}}{d_2}\right)}\{k_{Rs}^2-k_o^2\}+k_o^2}$	$d_{Rs}/d_2=0.75\sim0.85$ $h/r_2=0.03\sim0.05$ $s/r_2=0.008\sim0.015$ $s/h=0.1\sim0.2$ 叶轮宽度 $=2h$	T9.3.3
径向副叶片的功率损失 $\zeta_{RS}=\dfrac{P_{RS}}{\rho\omega^3 r_2^5}$	$\zeta_{Rs}=\dfrac{0.1}{Re_u^{0.2}}\left[\left(\dfrac{d_{Rs}}{d_2}\right)^4\left(\dfrac{h+s}{r_2}+0.24\right)+\dfrac{1}{4}\left(\dfrac{h+s}{r^2}\right)^{0.1}\left\{1-\left(\dfrac{d_{Rs}}{d_2}\right)^5\right\}\right]$		T9.3.4

如果适当修剪副叶片（即 $d_{RS}<d_2$），则后盖板处的流体旋转因子比式（T9.1.3）中的 k_o 高，但比式（T9.3.2）中的 k_{Rs} 低。由此产生的流体旋转是由盖板上流体间的动量交换所确定。整个后盖板上的平均旋转因子 k_{av} 由式（T9.3.3）给定。轴封处的压力可通过将 k_{av} 值代入式（T9.1.7）计算得到。确定叶轮出口压力 p_2 时，需考虑吸入压力。轴向力可通过式（T9.2.3）或式（T9.2.8）中的 k_{av} 值来计算。

副叶片所需的功率可通过式（T9.3.4）估计，该公式用于修剪的副叶片（$d_{RS}<d_2$）及完整的副叶片（$d_{RS}=d_2$）。公式来源于文献 [36] 中的试验，已适当简化以拓宽它们在实践中的应用。表 9.3 提供了可供参考的副叶片几何尺寸。对于副叶片的设计，有以下建议：

1）副叶片的叶片数与叶轮叶片数保持一致，$z=z_{La}$。

2）副叶片的叶片形状与叶轮叶片保持一致（多数是后掠式）。

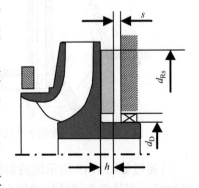

图 9.21 有副叶片的闭式叶轮

3）副叶片的外径为 $d_{Rs} = 0.85d_2$。

4）叶片高度为 $h/r_2 = 0.04 \sim 0.05$（后盖板标准化的要求）。

5）轴向间隙为 $s/r_2 = 0.01$，或 $s/h = 0.2$（后盖板标准化的要求）。

6）副叶片的宽度等于高度 h 或等于叶轮叶片的厚度 e_{nom}（更大）。

当采用副叶片时，因缺少了环形密封对后盖板的支撑作用（刚性），则由径向力引起的转轴挠度及交变的轴应力均增加了。因此，当采用副叶片来代替平衡孔和环形密封来平衡轴向力时，高扬程的单级泵可能会出现轴承失效。

在（渣）浆液泵中，有时会在前后盖板上都采用副叶片以减少颗粒磨损，这种情况下轴向力会相应增加。按照上述的方法，分别处理前盖板和后盖板，并通过表9.3确定相应的旋转因子。

目前大多数的单级单吸泵都是采用平衡孔和环形密封来进行轴向力的平衡，而不是副叶片，这样选择的原因并不明确。表9.5比较了上述两种轴向力平衡方法。从结果来看，采用副叶片的效果比较好，但还缺乏一个系统的测试来解释其中的机理。

9.2.8 半开式叶轮和开式叶轮

无前盖板的叶轮称为"半开式"叶轮。半开式叶轮的轴向力比闭式叶轮的轴向力高。假设叶轮内的压力随着半径呈线性增加，半开式叶轮的轴向力可通过式（T9.3.1）计算，见表9.3及图9.22所示。除此之外，还有作用于轴上的非稳态轴向力 F_w 和叶轮的轴向力 F_I。对于 k_{RS}，如果后盖板是平的，采用式（T9.1.3）计算；如果有副叶片的话，则设置式（T9.3.2）和式（T9.3.3）中的 $k_{RS} = k_{av}$。半开式叶轮通常采用副叶片来减小轴向力。

如图9.23所示，可以通过切削后盖板来进一步降低轴向力。开式叶轮就是这种方法的延伸。

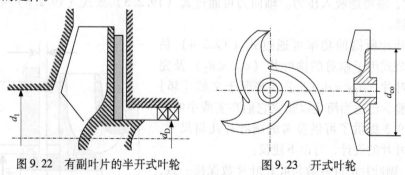

图9.22　有副叶片的半开式叶轮　　　图9.23　开式叶轮

可通过如图9.19所示的后盖板的切口来进一步降低轴向推力，一般称作"开式叶轮"。当计算开式叶轮的轴向推力时，假设轴向力在最小直径 d_{co} 处（图9.23中定义的）是平衡的。

对于具有多个径向叶片的叶轮（$\beta_{1B} = \beta_{2B} = 90°$），可用式（T9.3.1a）来预测轴向力。它基于式（T9.2.8），且假设径向叶轮叶片间的强制涡为 ω，而后盖板和泵壳之间的强制涡为 $1/2\omega$ 而得到的。这个方程与文献 [8] 中给出的无平衡孔的测量结果相符。采用均匀分布在后盖板上的多个平衡孔，可以使轴向力大约减小式（T9.3.1a）中预测值的 1/4。

9.2.9 非稳态轴向力

在泵的启动期间，需要几秒才能使叶轮侧壁间隙内的流体旋转得到充分发展，而叶轮内的压升与几乎不受惯性影响的转速的平方成正比，产生的瞬态轴向力超过了正常运行时轴向力。在立式泵的启动过程中，在短时间内轴向力可向上作用。在选择推力轴承时，需要考虑到这一点。

如果立式泵在开阀状态下启动，由于流量较高、动量较大，轴向力也可能向上作用，尤其是在高比转速的情况下。

非稳态轴向力的频谱会出现与压力脉动相似的低频和高频。一般来说，这样的轴向力脉动很少会引发问题。但对于间隙 A 过大的情况，在低负荷下运行的高压泵可能会出现故障。

文献 [B.20] 对多级泵进行了测量，在 $q^* = 0$ 时 $k_{ax} = 0.005$；$q^* = 1$ 时 $k_{ax} = 0.025$，其中 k_{ax} 是根据式（T9.2.15）确定的每级非稳态轴向力系数。它被定义为频率范围 f 中的 RMS 值，$f = (0.2 \sim 1.25)n/60$。试验测得了大约一半的范围，即 $f < 0.2n/60$。

9.2.10 轴向力计算的总结

表 9.4 给出了常用的叶轮类型及其对应的方程，对于环形密封的敏感度，以及典型的旋转因子等。表 9.5 比较了采用副叶片和采用平衡孔及环形密封来平衡轴向力的差异。

需要注意的是：主流与侧壁间隙流之间的相互作用对于旋转因子和轴向力的影响非常大。但其过程中的能量转移很难被量化。在计算轴向力和旋转因子过程中，需要注意这一点。在实际应用中，建议研究叶轮出口圆周速度对于结果的影响，尤其是在将其作为 k_E 计算的边界条件时（图 9.1 ~ 图 9.4）。对于不同的情况，其变化范围为 $k_E = 0.2 \sim 0.7$。这个范围非常宽泛，可参见 9.2.4。在部分载荷工况下，根据图 5.15 可以推断出其最大值为 $k_E = 0.7$。当叶轮出口有回流时，能达到最小值 $k_E = 0.7$（图 5.30）。对于双吸叶轮或有平衡孔的单吸叶轮及后盖板的密封环，进口条件对侧壁间隙流和轴向力的影响可以通过图 9.20 和式（9.5a）来评估。

代表轴向力计算的最大不确定度的两个因素是：①部分载荷回流；②泄漏流的影响。虽然可以通过表 9.1 中的步骤合理估计泄漏的影响，但是部分载荷回流对轴向力的影响估计超出了现有技术水平。正如在 9.1 中所讨论的，导叶或蜗壳入口处的回流减慢了叶轮侧壁间隙（ISR）中的旋转，从而增加了盖板所受的力。但一般无法预测回流是发生在前盖板还是后盖板上。

表 9.4　轴向力计算的总结

图示	轴向力平衡	后盖板		轴向力计算公式	对间隙的敏感度	备注
		Q_{sp}	k_{RS}			
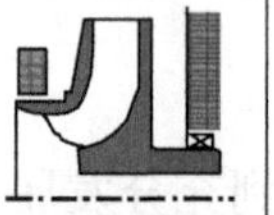	无	0	<0.5	T9.2.8	适度	$k_{RS}=k_o$
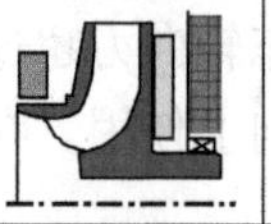	副叶片	0	0.7～0.9	T9.2.8	适度	k_{RS}来自表9.3
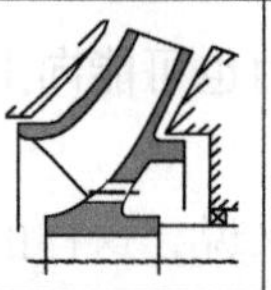	后盖板设置密封和平衡孔	>0	0.55～0.65	T9.2.14 T9.2.13 T9.2.8 9.5a	较弱（如果前后盖板上的间隙相同）	公差和部分载荷工况下的回流会影响到轴向力
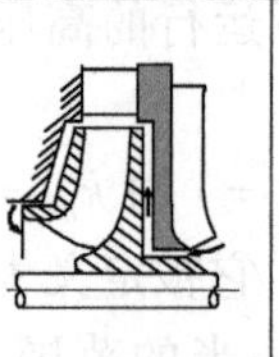	多级（采用平衡盘或平衡塞）	<0	0.35～0.45	T9.2.8	较强，前后盖板上的间隙影响较大	主要问题：①部分载荷工况下的回流会进入前盖板的侧壁间隙；②间隙增大
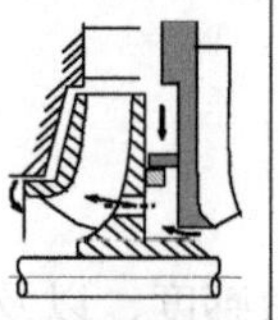	多级；后盖板上有密封和平衡孔	>0	0.55～0.65	T9.2.8 T9.2.14 T9.2.13 9.5a	弱	主要问题是部分载荷工况下的回流会进入前盖板的侧壁间隙
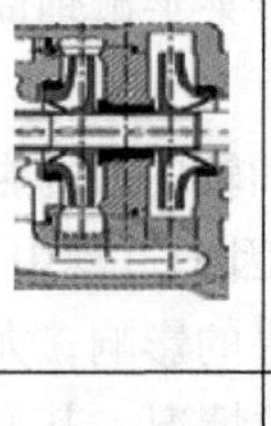	背对背布置	第1级 <0 第2级 >0	第1级：0.35～0.45 第2级0.55～0.65	T9.2.8	较强，随着级数增加，影响变大	由于后盖板上的轴向力并没完全平衡，需要仔细分析
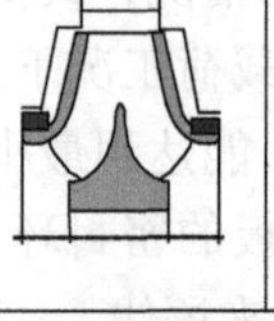	双吸叶轮	>0	0.55～0.65	T9.2.15 T9.2.8 T9.2.13 9.5a	弱（两侧的间隙相同）	轴向力基本平衡，主要问题是部分载荷工况下的回流会进入前盖板的侧壁间隙，见10.7.3

对于所有类型：前盖板处 $Q_{sp}>0$；$k_{Ds}>0.5$（一般为：0.55～0.65）；$Q_{sp}<0$：泄漏沿径向向外流动

设计完全重叠 x_{ov} 的小间隙 A（表0.2），当存在径向向内泄漏通过叶轮侧壁间隙（ISR）时可以减少回流的影响；或者没有径向向内泄漏到 ISR 时，可以大大消除回流的影响。

不需要设计轴向力为 0 的泵转子。相反，选择的轴向力应使转子处于拉伸状态，并在可操作范围内不会发生推力反转。这样，转子固有频率得到改善，避免了由于推力反转（无载荷轴承）而导致的不稳定运行。

表9.5　平衡孔与副叶片的对比

项目	采用平衡孔和环形密封 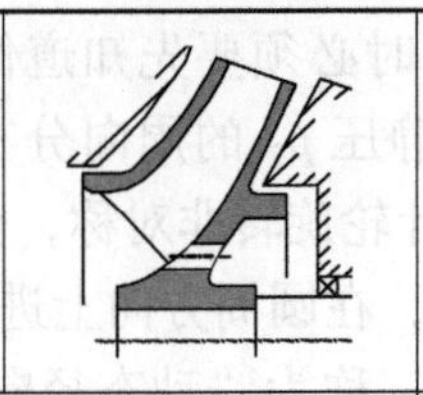	采用副叶片 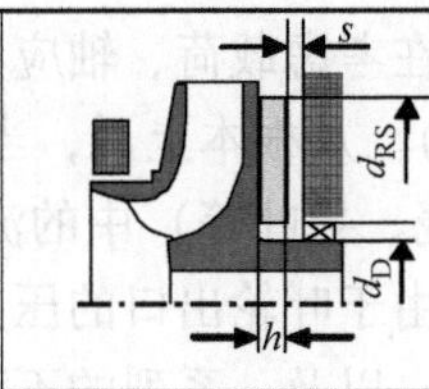
设计要求	后盖板上的环形密封可能会造成泵壳长度的增加（如在多级泵中）	1）需要控制轴向间隙 2）对于径向叶片，副叶片直径范围为 $d_{RS}/d_2 < 0.85$ 3）可以采用后掠式的副叶片来降低损失
后盖板的叶轮侧壁间隙设计	空间大，设计更自由	由于需要控制轴向间隙，后盖板设计受到限制
对于制造成本的影响	1）需要额外的环形密封 2）加工成本更高 3）后盖板结构更复杂 4）需要更多的备用件	1）副叶片设计简单，加工工艺简单 2）更容易实现标准化 3）通过调整副叶片宽度来调整轴向间隙
效率	后盖板上的间隙会带来额外的容积损失	采用后掠式的副叶片有可能不会带来额外的损失，这一点还需要结合试验进行研究
水力性能	后盖板密封处的泄漏会扰动叶轮进口处的流动，带来额外的损失，甚至加剧空化	副叶片的抽吸作用会给主流增加能量，但是也会造成混合损失
轴向力	1）如果两侧的密封直径相同，那么在最高效率点的轴向力是能够很好地平衡的 2）在一侧盖板附近的回流会增加轴向力，可见式（9.5a） 3）在部分载荷工况下，轴向力的方向是不确定的	1）后盖板上的轴向力受工况点的影响较小 2）取决于叶轮出口的速度分布，部分载荷下的轴向力可能会增加也可能会减小
轴向力反转	如图 9.20 所示，轴向力对于流量是非常敏感的	部分载荷工况下的回流对于后盖板上的轴向力影响较小，但是前盖板侧容易受到影响
对于环形间隙磨损的敏感度	如果两侧的间隙磨损相同，那么不太敏感；但在部分载荷下，可能会发生反转	随着前盖板处间隙的磨损，轴向力可能更倾向于指向进口
径向力	后盖板上的环形密封会为泵轴提供额外的刚性，能够减小轴振动和偏移	作用较小

9.3 径向力

9.3.1 定义和范围

在考虑载荷、轴应力和转轴挠度时必须要先知道作用于叶轮的径向力（径向推力）。从根本上说，当叶轮出口处静压 p_2 的周向分布是非均匀的时候，压水室（蜗壳、导叶等）中的流动不对称及叶轮旋转非对称，会致径向力的产生。

由于叶轮出口的压力分布不稳定，在圆周方向上进行时均化就出现了静态的径向力，以及一系列的不稳定径向分量，称为"动态径向力"。因此，动态径向力表征了导致强制振动的水力激励力，这点在 10.7 中做了详细讨论。

封闭式叶轮出口压力分布不均产生的径向力会受到各种物理效应的影响。

具有静态分量和动态分离的激振力与转子振动无关，即：

1）除了垂直于转子轴线方向的流动外，其他的作用于叶轮出口和盖板的非均匀流动，都会影响到径向力。

2）压水室内的压力分布也会对叶轮侧壁间隙内流动的非均匀性产生影响；如果叶轮在环形密封内有一些偏心，那么泄漏流也会出现非对称；如果叶轮盖板及泵壳壁的加工工艺差，那么还有可能产生轴挠动。

3）在转轴挠动的情况下，叶轮会在环形密封中偏心运转（如由转子重量引起的下垂），这时密封中的压力分布是非均匀的，密封内也会产生径向力，如 10.6.2 所述。

由转子振动产生的不稳定反作用力：

1）叶轮间的相互作用，见 10.6.3。

2）环形密封中的力，见 10.6。

3）开式（轴流式和混流式）叶轮中，当间隙变化时，转子挠动产生的力（"阿尔福德效应"，见 10.7.3）。

作用于叶轮表面的非均匀压力分布都会产生径向力，如图 9.24 所示。其中叶片力为 $F_{R,blade}$，叶轮出口盖板圆柱面的力 $F_{R,c}$，叶轮前盖板上力 $F_{R,FS}$，叶轮后盖板上的力 $F_{R,RS}$。如果前盖板是倾斜的，那么 $F_{R,FS}$ 是径向力的主要分量。如果盖板表面是与轴垂直的（图 9.24 所示的后盖板），那么该部分的径向力为 0，这种情况下 $F_{R,RS}$ 仅作用在轮毂和轴上。

所有这些影响在轴向力的测量中很难分离

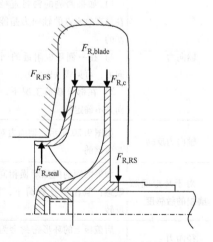

图 9.24 作用在叶轮上的径向力

出来，它们也不适合确切的理论预测。数值预测中，需要模拟叶轮、压水室、叶轮侧壁间隙和环形密封中的三维流动。为了准确计算圆周附近环形密封间隙的变化，需要考虑轴偏转和水力密封力之间流体结构的相互作用。因此，常用经验系数来估算径向力。这些经验系数来自测量与统计数据的结合。大多数的径向力系数对于具有普通环形密封的叶轮是有效的，它们考虑了上述的各种影响。可以采用的径向力系数的定义有两种（K_R 和 K_{Ru}）：

$$K_R = \frac{F_R}{\rho g H d_2 b_{2tot}} \tag{9.6}$$

$$K_{Ru} = \frac{2F_R}{\rho u_2^2 d_2 b_{2tot}} \tag{9.7}$$

式中，K_R、K_{Ru} 与受压力系数 ψ 之间存在关系，即 $K_{Ru} = \psi K_R$。F_R 是径向力，b_{2tot} 是叶轮出口宽度（包括前后盖板壁厚）。系数 K_R 也可解释为 $K_R = \Delta p_{La}/(\rho g H)$，其中 Δp_{La} 表示作用于投影面 $d_2 b_{2tot}$ 的平均压差。

除非通过附加下标区别（"dyn"表示非稳态分量，"tot"是静态分量和非稳态分量的综合），下文中的 K_R 仅表示静态（即稳态）径向推力系数。通过各种试验证明，径向力系数几乎与转子转速及其实际应用范围内的雷诺数无关；对于几何相似的泵，它们与叶轮尺寸无关，见文献 [6]。对于某一给定的泵，径向力主要取决于流量比 q^*。

9.3.2 径向力的测量

目前已有一些用于测量作用在叶轮上的径向力的方法。下面讨论这些方法各自的特点及其适用范围，以便能够正确评估径向推力试验数据的重要性。这些试验通常在单级泵内进行，可在文献 [2，28] 中找到关于试验仪器和数据的详细描述。

（1）压力分布的积分 可通过探针和泵壳上测压孔测得在叶轮出口处的静压分布，然后再通过积分（整个圆周上）得到径向力，见文献 [22，33]。如果只用泵壳内的测压孔，这种方法是相当简单的，因为不需要特殊的设备。准确度对所安装测压孔数目的依赖性不是很大。如测量点紧凑地布置在叶轮圆周方向上，那么可以有效地确定径向力。但是，如果压力分布的积分只是在叶轮出口宽度 $b_{2,tot}$ 内进行的，那么可能得到的径向力偏低，因为分量 $F_{R,FS}$ 可能会被忽略掉。

（2）承载力的测量 在大多数研究中，承载力是通过应变计或力变送器来测量。应变计安装在固定轴承的支架上，支架必须具有足够的柔韧性，且允许径向推力产生足够的弹性应变以得到准确的测量结果。但这种柔韧性元件降低了试验设备的固有频率，因此在选择试验转速时要避免共振的影响。如可以安装一个已知的不平衡机械元件来代替叶轮，进行验证试验，即所测得的径向力的增加应与转速的平方成比例增加。这种不平衡机械元件也可用于测试台的校准。

承载力测量得到的是作用在转子上的所有力的合力。除非使用径向密封代替环形密封，否则不可能将径向力与密封内的力区分开来。以这种方式确定的径向力取决于环形密封的特性，特别是密封件表面形状（平面或锯齿形）的间隙的大小。

（3）测量轴的挠度　如果轴的挠度是由探头测量的，那么在试验台正确校准之后，并考虑到转子在重量作用下的轴挠曲，那么可以确定出作用在叶轮上的径向力。校准可以通过机械不平衡或静力（如静重）来完成。在测量承载力时，为了避免由共振引起的结果偏差，需要进行动态校准。要注意轴承间隙，对测量结果影响较大。这种测试方法相对简单，但不是非常精确（受到轴承间隙、测试台的跳动和动态特性的影响），只能测量径向力和环形密封内的力（与轴承力测量一样）。

（4）轴应力的测量　叶轮和密封件产生的所有力和力矩可以通过安装在泵轴上的应变计来测量[5,6]。在测量非稳态力时，可以采用此方法，但其较为复杂且成本较高。通过机械不平衡来进行校准，也要注意检查试验台的动态特性以避免共振。

（5）通过磁性轴承测量　磁性轴承可用于测量作用在转子上的力。转子位于由电磁铁产生的两个磁场中，磁铁中的电流由探头和电子部件控制，以使转子保持在其中心位置。通过测量的电流，和转子与磁体之间的气隙（即相邻探头的信号），来确定承载力[13]。这种方法的优点是测试泵可以制造为足够的刚度，以避免共振。

在上面讨论的所有测量方法中，密封内的力的影响可以通过使用径向密封（图 3.15）或使用具有低刚度的深锯齿形的环形密封来消除，见 10.6.2。

9.3.3　单蜗壳泵

根据 3.7 和 4.2 中的角动量守恒所描述的单蜗壳泵，来详细讨论径向力产生的物理机制。如图 9.25 所示，描绘了单蜗壳泵在三个流量下的流动条件和压力分布。

（1）在最高效率点附近，叶轮出口的流动角与隔舌外倾角 α_z 相符合。流动减速主要遵循角动量守恒，压力分布几乎是均匀的，除了隔舌附近的局部扰动。为了降低这种扰动，隔舌外倾角 α_z 应与液流角相吻合，入射角 i_3 为 $0° \sim 2°$，隔舌应位于吸入侧，蜗壳端面应采用类似于椭圆的形状（不要采用半圆）。

（2）在低载荷下（$q^* \ll 1$），蜗壳内的过流面积在圆周上的每一个点都偏大。流出叶轮的流体的绝对速度 c_2，降到由 $c_{sp} = Q/A$ 所给定的蜗壳内的平均速度（Q 和 A 是局部流量值和局部过流面积值）。接近隔舌的液流入射角为正，引起静压的局部下降。静压从隔舌下游的最小值而逐渐上升，在喉部附近达到最大值，这过程中流速从 c_2 降低到 c_{sp}。在小流量工况下，特别是在 $Q = 0$ 时，c_2 与 c_{sp} 不匹配，流体进入蜗壳的过程类似于喷气进入一个增压室。由于叶轮的旋转，流体即使在 $Q = 0$ 时也不可能处于静止状态，因此蜗壳内的回流会加强。而回流会受到隔舌阻碍而出现流动分离，造成了压力的进一步减低，如图 9.25b 所示。

最高效率点的压力分布在叶轮圆周方向上变化不大，其积分只产生一个较小的

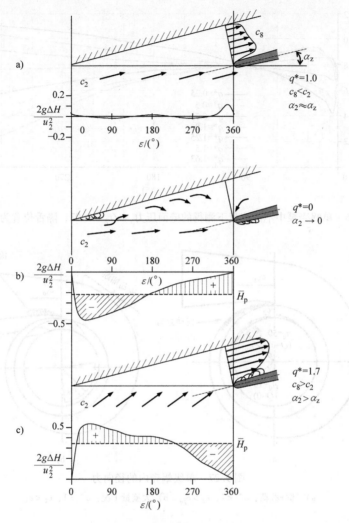

图 9.25　蜗壳内静压分布与流态

径向合力（用无限薄的隔舌，理论上力为 0）。相反，低载荷下的流动非均匀诱导了静压在圆周方向上强烈变化，这会使得径向力在 $Q = 0$ 时达到最大值。由于流动分离，隔舌下游压力恢复要比蜗壳内低，此处的径向力达到最小值，如图 9.27a 所示。

（3）在大流量下（$q^* > 1$），流速较高，蜗壳过流面积相对来说显得过小。在圆周方向上，静压从隔舌处的最大值逐渐减小（停滞压力）。隔舌处的入射角过大（负入射角），使得在出口处产生流动分离。隔舌的下游，会出现一个临界点和压力的最大值，径向力也会偏离最大值，如图 9.25c 和图 9.27b 所示。

文献［34］中的试验测量证实了上述的机理和趋势。图 9.26 为单蜗壳泵

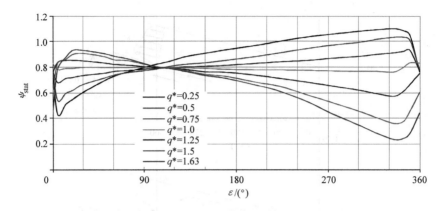

图 9.26　单蜗壳泵中不同流量下测得的壁面压力，$r/r_2 = 1.03$，隔舌位置为 $\varepsilon = 0$[34]

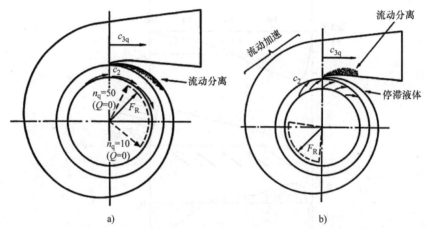

图 9.27　单级蜗壳内的径向力

a）部分载荷：$q^* < 1$，$c_2 > c_{3q}$　　b）大流量工况：$q^* > 1$，$c_2 < c_{3q}$

（$n_q = 25$）中在 $r/r_2 = 1.03$ 测得的静压力。所有流量下的静压曲线都在隔舌下游约 110°的圆周位置附近相交。只有在这个位置，压力与流量无关。在 $q^* = 1.63$ 的咽喉位置的上游出现了低至 $\psi = 0.24$ 的压力，此处的速度比值大约达到了 1.3，并加速流入到出口。

只有当其作用于固体结构时，自身的静压才可产生一个力，因此径向力主要作用在前后盖板上及叶片上。

结合图 9.25 和图 9.27 所描述的流动特征，大量的数值模拟已证实如下的关系：

1）径向力在蜗壳的设计点附近达到最小值。设计点的径向力由以下几个方面产生：①由隔舌的绕流引起的不对称性（特别是较厚的隔舌）；②几何公差；③摩擦损失在圆周方向不是恒定的，这会影响蜗壳内的压力。如 7.8.2 所讨论那样，不是所有的蜗壳都是严格根据角动量守恒设计的。最高效率点的位置是由各种损失对流量的依赖性决定的。因此，径向力最小值对应的流量并不一定与最优高效率点或设计点的流量相一致。

2）径向力为最小值时的流量基本上是由蜗壳的设计点决定的，因为理论上在该流量下会出现最均匀的蜗壳流量。叶轮的设计点与蜗壳的设计点可能不同，但这方面对径向力的影响是次要的。如果两个不同的叶轮在同一个蜗壳内做试验，约在相同的流量下可观察到径向推力的最小值[10]。相反，如果给定的叶轮在两个不同的蜗壳内做试验，径向推力的最小值随着蜗壳喉部面积的增大而转移到较大的流量。

3）在低载荷下，径向力上升，并在 $Q = 0$ 时达到相对较大值（图 9.28 中的单蜗壳泵的径向力曲线）。

4）在给定隔舌直径的情况下，蜗壳横截面积越大，则在低载荷下的流动就越不均匀。因此，单蜗壳泵的径向力系数随着比转速的增加而增大，并在 $n_q = 50 \sim 60$ 内达到最大值，见表 9.7 及图 9.46 所示。据推测，这最大值由最大叶片负荷决定的，即在低载荷工况下，如果蜗壳中压力分布的不均匀性超过了某个特定的阈值时，从蜗壳到叶轮的回流限制了叶轮所能承受的局部压力。

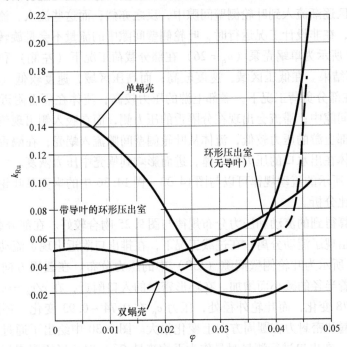

图 9.28　不同类型压水室中的径向力（$n_q = 19$）[42]

5）在低载荷工况下，作用于叶轮的径向力会指向隔舌下游的一点（图 9.27a）。

相比之下，在大流量时，径向力的方向会偏转大约 180°（图 9.27b）。也就是说，在最高效率点附近，径向力的方向大约改变了 180°。因此在非最高效率点工况，径向力的方向是难以预测的。

6）对于一个给定的泵，径向力矢量的方向随流量 q^* 变化。考虑不同的泵，力的方向与外壳的形式有关，也与比转速有关。图 9.27a 描述了在 $Q=0$ 时的这种关系[1]。

7）所有与径向力大小和方向相关的数据都有不确定性。因为蜗壳面积的变化、叶轮侧壁间隙和前后盖板的形状都对压力分布有影响，进而影响径向力。

8）在不用特殊仪器的情况下，不可能将作用于环形密封内的力从径向力中分离出来。对于环形密封，径向力的测量取决于密封间隙。这就是为何表 9.7 提供的是"正常"间隙和双倍间隙对应的径向力系数的原因。对于正常的间隙，可以采用式（3.12）计算。

9）如果叶轮和隔舌间的距离大幅增加，则 $Q=0$ 时隔舌对流体回流的阻碍较小；与较小的隔舌距离相比，在这种情况下径向力只下降了几个百分点。而在距离无限大的壳体中，就没有径向力的存在。

如果蜗壳内的压力分布不均匀，那么叶轮侧壁间隙中也是这样的。压力差会使流体从高压区逐渐流入到叶轮侧壁间隙中，反之亦然；而这些流入、流出缓解了压力差。因此，在非设计工况运行时，叶轮侧壁间隙中的流量不会是旋转对称的。

图 9.29 所示为单蜗壳泵（$n_q=26$）在部分载荷工况下（左侧）和过载情况下的 CFD 计算结果。在低压区域，速度较高；而高压区域，速度较低（与伯努利方程一致）。在部分负荷工况下，喉部上游的压力较高，流体在隔舌附近会从蜗壳流入叶轮侧壁间隙中；滞流会出现在分隔舌的压力侧，而在吸入侧出现流动分离。在过载时，喉部上游的压力较低，流体从叶轮侧壁间隙流入蜗壳；在隔舌的吸入侧出现滞流。流体在出水口的压力侧失速，进而影响到蜗壳中压力恢复。

图 9.29 所示的流动规律可以与图 14.33～图 14.36 中的蜗壳泵叶轮侧壁间隙中的磨蚀来对比分析。

数值计算得到的流动和压力分布规律与图 9.25 吻合较好。在部分载荷工况下，在隔舌下游出现了流动分离；在过载工况下，在排出口附近出现了流动分离。

图 9.30 所示为叶轮侧壁间隙（ISR）中的压力分布。在圆周方向上，压力变化的幅度随着半径的减小而增加。在环形密封的入口附近，在 $r/r_2=0.6$ 处压力 c_p 在 0.46～0.78 变化，而叶轮外径处，压力 c_p 在 0.74～0.93 变化。环形密封上的压力差、泄漏和密封力在圆周方向上变化很大。图 9.30 中绘出了通过各个叶轮通道的流量 Q_i，在出口进行测量时是作为平均流量 Q_{av}。对矩形蜗壳来说，叶轮侧壁间隙完全敞开，宽度是 $s_{ax}=0.05d_2$。

圆周压力分布的变化也会在叶轮上产生力矩。

蜗壳泵中不均匀的磨损现象大多是由于叶轮侧壁间隙（ISR）中的流动不对称

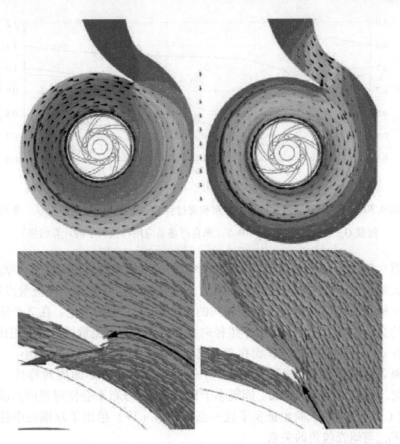

图 9.29 叶轮侧壁间隙中的压力和速度分布（来自卢塞恩应用科技大学的数值计算）

性造成的，14.5.6 中有些图可以作为佐证。

与图 9.30 中的结果相比，文献［34］中测得的叶轮侧壁间隙中的压力分布相当稳定（与平均压力的偏差小于 5%），其原因是间隙 A 相当小，但宽度较大，约为 $s_{ax} = 0.07d_2$。该试验证实，在宽度较大、间隙 A 较小的叶轮侧壁间隙中，叶轮前盖板上的轴向力更容易平衡。

9.3.4 双蜗壳泵

采用双蜗壳，可以降低径向力。如图 9.31 所示，在与第一隔舌间距为 180°处设置第二隔舌，这样一来提高了旋转对称性。在两部分蜗壳内（超过 180°包角）的压力分布类似于图 9.25 所示，可见文献［25］中的测试结果。如图 9.31 所示，即使是很短的筋板也能够大大减小在 $q^* < 0.5$ 时和关死点处的径向力（试验 4）。增加筋板的长度，可以实现完全的双蜗壳结构（试验 2），可以在整个流量区间内得到相同的径向力。一般来说，在 $q^* = 0 \sim 1.1$ 时，径向力可能是平坦的或杂乱无章的（见文献［1］），径向力的方向也是不确定的。

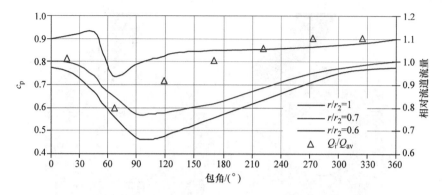

图 9.30 叶轮侧壁间隙中的压力分布和通过各个叶轮流道的流量比率 Q_i，平均

流量 $Q_{av} = Q_{total}/z_{La}$，$q^* = 0.5$（来自卢塞恩应用科技大学的计算结果）

如图 9.28 所示，流量远高于最高效率点时，双蜗壳内的径向推力会剧烈增大。这种增大是由外部和内部流道的流动阻力差引起的。当叶轮在不同流量点运行时，通过 2 个蜗壳流出的流量将不会是相同的，见 10.7.1 中的讨论。在 2 个蜗壳和叶轮出口的交接位置上的静压差会产生径向力。由于阻力与流量的平方成正比，因此径向力在 $q^* > 1$ 时急剧增加，而在部分载荷的情况下，流量的影响很小。

如果 2 个隔舌不是按间隔 180°分开的，那么将会破坏圆周对称性。相比于 180°蜗壳，径向力会有所增加。间隔小于 90°的隔舌分布不会使得径向力减小，图 9.48 中（表 9.7）的试验也证实了这一点，文献 [17] 给出了双蜗壳中径向力减小因子 F_{Dsp} 与蜗壳包角的关系。

有时基于设计，会构建出包角小于 180°的双蜗壳结构，例如在轴向剖分泵中，或需要将泵壳完全排水的场合（泵的出水口竖直向上）。如果蜗壳的包角接近于 120°，类似于轴向剖分泵的情况，泵壳内采用上半部分的筋板，可以降低径向力。

如图 9.31 所示，出水口处的筋板有着一个最佳长度。而试验 3 中的筋板太短（导致在 $q^* = 0.75$ 时力最大），试验 1 中的筋板太长以至于在较大的流量下产生较大的流动阻力和径向力。

9.3.5 环形压水室

如上所述，在关死点处由于隔舌阻止了壳体中的流体的自由旋转，导致流动分离，使得在隔舌下游的压力达到最小值，这时会产生非常高的径向力。与之相反，在无叶片的环形压水室中，流体在关死点是自由旋转的状态。因此，具有环形压水室的泵的径向力在 $Q = 0$ 时为最小值。如图 9.28 所示，随着流量的增大，其径向力逐渐增加，直到最高效率点。在过载工况下，当环形压水室的过流截面显得太小，在出口的上游出现最小压力，径向力相应提高。

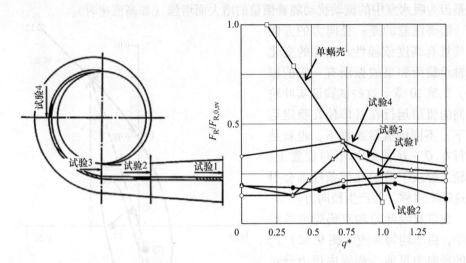

图 9.31　通过双蜗壳来平衡径向力，F_R 的参考基准是关死点处的径向力 $F_{R,0,sv}$，[B.9]

表 9.7 给出了计算环形压水室内径向力的公式。但目前现有的数据不能判断比转速的影响。表中给出的 $k_R = f(q^*)$ 是二次函数，在 $q^* > 1$ 时，径向力会随着流量变大而快速增加。

9.3.6　导叶泵

导叶泵内的径向力是由导叶的几何公差及导叶下游的流动非对称性引起的。如果导叶的流道较短且具有小部分重叠，这种情况会更加明显。因此，尺寸较小或无流动偏转的固定导叶几乎不能减小径向力。

从现有的径向力测量数据来看，径向力系数对比转速或几何参数没有明显的依赖性。导叶泵中产生的径向力，其大小与偏心率大致成比例[21]。由于在实际中，偏差一般都很小，因此这部分径向力通常可忽略不计，它们隐含在表 9.8 统计的试验数据中。

9.3.7　非均匀入流引起的径向力

叶轮入口的吸水室（如多级泵或双吸单级泵中）有时会出现周向非均匀的速度分布，见 7.13。如图 7.50 所示，叶轮入口处，两侧的流体的预旋方向是相反的。根据欧拉方程，圆周速度分量 c_{1u} 的这种变化会导致在不同位置的叶片做功不同。因此，产生了一个大小和方向取决于流量的稳态径向力。图 9.32 所示为文献 [B.20] 中对 $n_q = 33$ 的叶轮进行的测量，试验 1 根据多级泵常见的吸水室来进行，而试验 2 中安装了径向筋以减小叶轮进口流场的圆周速度分量。试验结果表明，在大流量下，由不均匀的入流条件引起的径向力在大流量时（$q^* \gg 1$）快速增加，这是因为吸水室中的流动扰动随着惯量的增大而增强（如高流速时）。

需要注意的是：径向力的方向对流量有高度依赖性。这样的变化对轴承载荷和泵的振动有一定的影响，见第10章。这些试验证实叶轮不同的流道运行在（即使在稳定运行下）不同的流量条件下，也就是运行在 Q - H 曲线的不同位置上。叶轮上游或下游的几何条件都会引起这种不对称，并产生径向力。

在带双吸叶轮和双蜗壳的单级泵中，由非均匀来流（图9.32）产生的径向力可能与蜗壳内压力分布不均匀所产生的力相近。因此，这些泵中径向力的方向和大小可能强烈地依赖于吸入口和出水口的相对位置。

对于高比转速的轴流泵或混流泵来说，非均匀入流引起的力可根据式（9.8）来估计。

$$F_R = k_{R,D} \rho g H d_2^2 \qquad (9.8)$$

其中，$k_{R,D} = f \sin\overline{\beta} \cos\overline{\beta} \dfrac{\Delta H}{H} \left(\dfrac{L_{sch}}{d_2} \right)^2$。

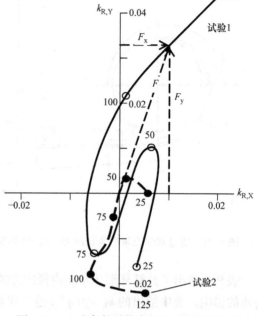

图 9.32　入流条件对静态径向力系数的影响

图给出了 q^* 的百分数。试验1：采用多级泵的吸水室；试验2：采用肋提供基本旋转对称的近流场[B.20]。从原点到曲线上任何点的线表示力的矢量（方向和大小）。如矢量 F 表示在流量比约为 $q^* = 1.1$ 时对应的径向力系数，无量纲力分量在 y 方向为 $F_y = 0.033$，在 x 方向为 $F_x = 0.01$

式中：H 为所考虑的运行点的扬程；ΔH 为非均匀入流引起的流量差 ΔQ 对应于 Q - H 曲线上的扬程差。如图9.33所示，如果轴向流动速度偏离平均值的 ±5%，ΔH 根据 $\Delta Q = \pm 0.05 Q$ 选取，其中 L_{sch} 是叶片长度，$\overline{\beta} = 0.5(\beta_{1B} + \beta_{2B})$ 是平均叶片角。

式（9.8）中的系数"f"需要进一步的试验验证。在设置 $f = 1.0$ 时，计算出的因子 $k_{R,D}$ 类似于表9.4对应于轴流泵的值。

文献［9］中报道了作用于混流泵叶轮的非稳定液力的 CFD 研究。这些激振力是通过设置高度扭曲的入流条件来产生的，其中的一些结果如图9.49所示。

9.3.8　轴流泵

轴流泵的径向力一般是进口的非均匀近流场引起的，另外叶轮下游的流动非对称性也会产生引起径向力的产生，见9.3.7中的讨论。

表9.7给出了根据叶轮出口直径定义的径向力系数。根据文献［42］的试验，

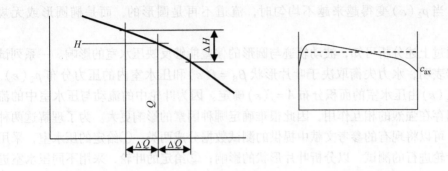

图 9.33 非对称入流条件对高比转速叶轮径向力的影响

$q^* < 1.2$ 时稳态径向力系数为 $k_{R,D} = 0.02$。即使在较大的流量下，由于叶轮进口、出口的流动非均匀性的增加，径向力随之增加。预计非稳态径向力系数约为 $k_{R,D} = 0.01$。

如果轴流泵的转子在偏心位置运行，叶片叶尖和泵壳之间的间隙流会影响叶片的做功量，进而产生径向力，见 10.7.3。

9.3.9 单流道泵的径向力

单流道叶轮主要用于排污泵等需输送固体物质（通常与排出管尺寸一样大）的应用场合中，见 7.4。由于只有一个叶片，叶片的质量分布不可能是旋转对称的。因此，产生了机械不平衡。为了弥补这一点，在进行静平衡时，会从盖板上进行切削（主要在叶片后缘的对面）。在靠近前缘并与后缘相对的地方，适当加厚叶片有助于补偿机械不平衡。机械不平衡的大小与叶轮的角度位置无关，它会引起正弦波动的径向振动（在各向同性结构上）和力。

作用在单叶片叶轮上的压力分布也不可能是旋转对称的，这也会在叶轮上产生径向力。该径向力的波动频率与转子转速给定的频率 f_n 一致，这被称为"水力不平衡"。叶片上的压力分布与流量有关，故水力不平衡也与流量有关。泵内部的流动是复杂的、非定常的三维流动。主要有两个方面会影响水力失衡：

1）叶片的几何形状决定了叶片上的载荷。叶片上的压力分布由叶片角与半径的函数 $\beta_B = f(r)$ 决定，或由叶片角与包角的函数 $\beta_B = f(\varepsilon)$ 决定。在旋转对称（或无限大）的壳体中，压力分布与叶轮的角度位置无关。与机械不平衡一样，径向力的波动轨迹呈圆形。

2）正如 10.7.1 所讨论的，如果压力分布 $p_2(\varepsilon)$ 不是恒定的，则叶轮的每一个流道内的流量 $Q_i(\varepsilon)$ 则是不同的。对于单流道叶轮也是如此，受到局部压力的影响，叶轮中的速度分布（或叶片负载）取决于其相对位置，尤其是当叶片后缘对应于出水口或隔舌位置时。如果蜗壳是根据角动量守恒设计的，那么在最高效率点（压水室的），这种波动是相对较小的，且其波动轨迹几乎是圆形的。在非设计条件下，当 $p_2(\varepsilon)$ 变得越来越不均匀时，流道不再是圆形的，而是椭圆形或无规则的。

通过上述分析可知，波动轨迹与圆形的偏差能够反映压水室的影响。一系列试验证据表明，水力失衡取决于叶片形状 $\beta_{\mathrm{B}} = f(\varepsilon)$ 和压水室内的压力分布 $p_2(\varepsilon)$。压力 $p_2(\varepsilon)$ 由压水室的面积分布 $A = f(\varepsilon)$ 确定。因为叶轮中的流动与压水室中的流动之间存在强烈的相互作用，因此很难确定哪种因素的影响更大。为了理解这两种效应，可以将现有的参考文献中提供的测试数据分成两类：①给定的压水室，采用不同叶轮进行的测试，以分析叶片形状的影响；②给定的叶轮，采用不同压水室进行试验，揭示压水室参数的影响。

在测量径向力时，应变仪的信号一般是基于叶轮旋转的位置来记录的。作用在叶轮上的合力系数为 $k_{\mathrm{Ru,tot}}$；其中静力是基于时间信号的算术平均值，然后由 $k_{\mathrm{Ru,dyn}} = k_{\mathrm{Ru,tot}} - k_{\mathrm{Ru,stat}}$ 计算非稳态力。

图 9.34 显示了不同流量下叶轮旋转一圈对应的力的变化，图 9.35 显示了同一次试验得到的力的波动轨迹。该试验对应于表 9.6 中的 "T2"（试验 2）。以流量 $q^* = 1.4$ 为例，最大振幅为 $k_{\mathrm{Ru,dyn,peak}} = 0.45$。这个峰值（即旋转一圈过程中的最大力）与振动和机械载荷的激励有关。叶轮旋转一圈的平均力系数为 $k_{\mathrm{Ru,dyn,av}} = 0.36$（图 9.34 中的最上面一行虚线）。峰值与平均值之比是 1.25。

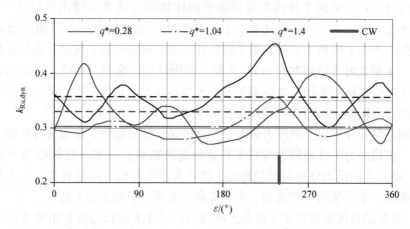

图 9.34 叶轮旋转一圈过程中径向力的变化，试验 2（T2），蜗壳隔舌在 240°[7]

如图 9.34 所示，在大流量下，可以识别出 3 个不同的波峰。叶片后缘接近隔舌处的振幅最大，因为最高能量的流体在此处发生冲击。当叶轮入口 $A_{1\mathrm{q}}$ 转向靠近出水口的位置时，出水口与进水口之间类似于 "直接连通"。此时，局部扬程会减小，并观察到最小的径向力（在图 9.34 中大约 285°处的位置）。在强回流的低流量下，也有 3 个峰值，但是相比大流量时，峰值的对应位置发生了偏移（其原因尚未知晓）。

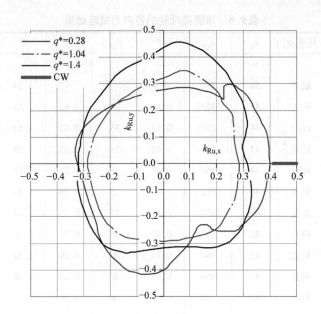

图 9.35 径向力的波动轨迹，试验 2（T2），出水口的轴线（隔舌）在 x 轴的正方向上[7]

通过式（9.7）将参考文献中的测试数据转换为 k_{Ru}，图 9.36 所示为静态（或稳态）力系数 $k_{Ru,stat}$；图 9.37 所示为蜗壳泵中的非稳态（动态）力系数 $k_{Ru,dyn}$；图 9.38 所示为环形压水室中的非稳态力。相关数据汇总在表 9.6 中。

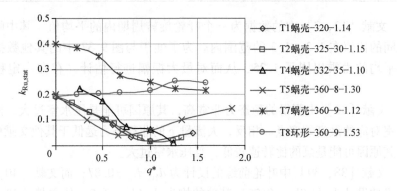

图 9.36 静态径向力

为了便于参考，将表中的试验序号命名为 T1、T2 等。试验 2 对应为：T2 蜗壳 $-325-30$，代表叶片包角为 $\varepsilon_{sch} = 325°$，叶片出口安放角为 $\beta_{2B} = 30°$，相对隔舌距离为 $d_z^* = d_z/d_2$。

使用表中的数据时，需要注意以下几点：

1) 文献 [40，4] 的力是在一个叶轮旋转周期内测得的最大振幅，其中一些值是从波动轨迹上读取的。

表9.6 单流道叶轮的径向力试验结果

试验（序号）	压水室	n_q	ε_{sch}	d_1^*	β_{2B}	b_2^*	d_z^*	文献	数值
		—		—		—	—		
T1	蜗壳	50	320	0.5			1.14	[12]	平均
T2	蜗壳	45	325	0.48	30	0.49	1.15	[7]	平均
T3	环形	44	332	0.42	35	0.33	1.58	[4]	峰值
T12	环形	44	332	0.42	35	0.33	1.58	[4]	峰值
T13	环形	44	360	0.42	35	0.33	1.58	[4]	峰值
T4	蜗壳	44	332	0.42	35	0.33	1.10	[4]	峰值
T15	蜗壳	44	332	0.42	35	0.33	1.10	[4]	峰值
T14	蜗壳	45	360	0.42	35	0.33	1.10	[4]	峰值
T5 - A	蜗壳	43	360	0.35	8	0.29	1.30	[38]	峰值
T5	蜗壳	43	360	0.35	8	0.29	1.30	[39]	峰值
T6	蜗壳	40	360	0.35	16	0.29	1.30	[39]	峰值
T7	蜗壳	32	360	0.48	9	0.24	1.12	[40]	峰值
T8	环形	27	360	0.48	9	0.24	1.53	[40]	峰值
T9	环形	43	332	0.42	35	0.33	1.58	[45]	
T10	环形	43	420	0.42	35	0.33	1.58	[45]	
T11	环形	43	332	0.42	35	0.33	1.58	[49]	

2）文献 [12，7] 中的数据为一个叶轮旋转周期内的平均值。其中峰值和平均值之间的比值在 1.2 ~ 1.3 的范围内。为了便于与图 9.37 中的其他数据进行比较，将平均的力乘以因子 1.25，从而对最大振幅进行估计（存在一定程度的误差）。

3）文献 [40] 中测得的稳态力非常高，其原因可能是压水室过大，测量点不是压水室对应的最高效率点。相反，大流量下的非稳态力远低于其他文献中的试验结果，其原因可能是泵的比转速较低，且压水室过大。

4）文献 [38，39] 中叶轮前缘的设计为 $d_{1i}/d_{1a} = 0.87$；而文献 [40，49] 中叶轮前缘的设计为 $d_{1i}/d_{1a} = 0.73$；其他的均为 $d_{1i}/d_{1a} = 1.0$。从文献 [38，39] 的结果来看，d_{1i}/d_{1a} 的减小有助于降低径向力。

5）表中所有数据都取自出版的文献，在没有给出稳态径向力（尤其是从运行轨迹读取的力）时，其误差不超过 ±10%。

6）文献 [45，49] 中的试验结果是通过平衡程序来完成的。与其他文献中所使用的应变计测量相比，其结果的有效性存在一定的不确定性。文献 [4，49] 中使用了相同的泵，是文献 [45] 中泵的缩放模型。因此，测试 T3、T9 和 T11 的结果应该相当接近，但实际上它们差别很大。因此在分析过程中，应考虑到这些不确定性。

7）空化可能是导致不同文献报道的测量结果存在着差异的原因之一。

综上所述，可以得到如下结论：

1）图 9.37 中最大的径向力对应的叶片出口安放角为 $\beta_{2B} = 35°$。根据式 (9.7)，如果 β_{2B} 从 35°减小到 10°以下，径向力系数 k_{Ru} 减小到不足原来的 1/2。

2）除文献［40］中的数据外，图 9.36 中的稳态径向力系数的变化与单蜗壳泵中的趋势一致，如图 9.28 所示。由于叶轮的前后盖板是垂直于泵轴的，因此径向力系数小于图 9.46 所示。

3）除文献［40］中的数据外，当叶轮与蜗壳配合时，水力不平衡在 $q^* = 0.6 \sim 0.7$ 时呈现最小值，如图 9.37 所示。但是当叶轮安装在环形压水室内时，非稳态分量有所提高。这与稳态径向力分量的情况非常类似，如图 9.28 所示。这进一步证实了蜗壳内的压力分布对水力不平衡影响很大。

（1）叶片形状 $\beta_B(\varepsilon)$ 的影响　叶片出口附近的负载由叶片出口角 $\beta_B(\varepsilon)$ 和叶片的包角 ε_{sch} 确定。叶片对流体施加的切向速度，造成流体对隔舌的冲击。叶片出口角度越大，对应的速度和冲击就越高。较小的出口角（可与较大的包角相结合），能够减少叶片负载和压水室中的水力不平衡。在给定的压水室中，配合不同的叶轮进行了试验，结果如下（图 9.36 ~ 图 9.38 和表 9.6）。

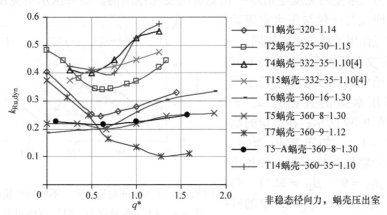

图 9.37　蜗壳中的非稳态径向力，叶轮旋转一圈中的最大值

1）叶片出口安放角为 $\beta_{2B} = 8°$ 和 16°（T5 和 T6）的 2 个叶轮（具有相同包角 360°）在文献［39］中进行了试验。在大流量情况下，随着出口角的增加，水力不平衡显著增加，而对静态径向力几乎没有影响。

2）文献［40］中测试的叶轮出口角非常小（$\beta_{2B} = 8° \sim 9.5°$），包角为 320° ~ 400°。这种情况下叶片载荷较小，水力不平衡也较小，如图 9.37 所示。但是，静态径向力非常高，如图 9.36 所示。从稳态径向力的曲线来看，这可能是由于过大的蜗壳导致的。包角（几乎等于 β_{2B}）对扬程系数和水力不平衡影响不大。

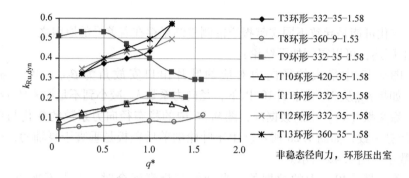

图 9.38　环形压水室中的非稳态径向力，叶轮旋转一圈中的最大值

3) 文献 [7] 中对开放式单流道泵进行了研究，其主要数据为 $n_q = 45$，$\beta_{1B} = 5°$，$\beta_{2B} = 30°$，$\varepsilon_{sch} = 325°$。在保持完全相同的叶片形状的情况下，叶轮出口宽度从 $b_2/d_2 = 0.29$ 变化到 0.69。压水室的宽度 b_3 适应于叶轮宽度，而叶轮入口直径保持在 $d_1/d_2 = 0.48$。根据式 (9.7)，改变叶轮出口宽度对径向力系数 k_{Ru} 的影响不大。结果证实，绝对非稳态径向力与叶轮出口宽度成正比，这意味着式 (9.7) 的合理性。叶片载荷（或叶轮中的速度分布）几乎不受叶轮出口宽度的影响。这可能是因为压水室的宽度是适应叶轮宽度的变化范围的。如果压水室宽度保持不变，那么回流及叶轮与压水室流动之间的相互作用可能会大不相同。

4) 在文献 [4] 中，3 个不同的叶轮在给定的压水室中进行了测试，环形压水室的直径为 $d_z^* = 1.58$，如图 9.39 所示；在给定的蜗壳中，$d_z^* = 1.1$，如图 9.40 所示。所采用的叶轮具有相同的入口和出口角度（$\beta_{1B} = 9°$，$\beta_{2B} = 35°$）。与 T3 和 T4 相比，T12 和 T15 中的叶轮在出口附近具有较低的叶片负载，在叶片长度的前半部分具有较高的负载。T13 和 T14 的叶轮具有相同的 $\beta(r)$，但包角更大（360°而不是

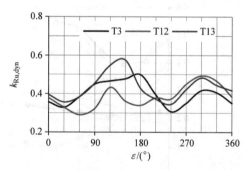

图 9.39　采用相同的压水室、不同的叶轮在设计流量 $q^* = 1$ 下的径向力。T12、T15 叶片出口载荷较低；T13、T14 包角较大；T3、T4 为基准[4]

332°）。从这些图中可以看出：①在给定叶片出口载荷的情况下，较大的包角没有优势；②较小的叶片出口负载使蜗壳中的径向力减小，但是当使用环形压水室时，它几乎没有优势；③在圆周方向上，径向力的最大值和最小值主要取决于叶轮和压水室的流动之间相互作用，也就是取决于叶轮和压水室的设计。

(2) 压水室面积分布 $A(\varepsilon)$ 的影响　压水室内的流量决定了叶轮周围的压力分

布 $p(\varepsilon)$。叶轮和压水室中的切向速度相差越大，两者之间的相互作用越强。为了减少大流量时的水力不平衡，出口上游的流道空间必须足够大，以保证在大流量下流体不会过多地加速流出。否则将会产生低压区，并且使得该区域的径向力增加。

根据现有测试的结果，总结如下：

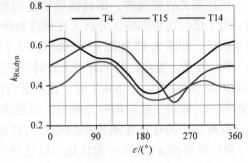

图 9.40　采用相同的蜗壳、不同的叶轮在设计流量 $q^* = 1$ 下的径向力。T12、T15 叶片出口载荷较低；T13、T14 包角较大；T3、T4 为基准[4]

1）文献［12］中通过在给定的压水室中调整隔舌位置，来研究蜗壳隔舌距离的影响。在 $d_z^* = d_z/d_2 = 1.07 \sim 1.24$ 的范围内，当 $q^* > 0.8$ 时，蜗壳隔舌距离对水力不稳定的影响不大。在关死点，当隔舌距离从 $d_z^* = 1.24$ 减小到 1.07 时，$k_{\mathrm{Ru,dyn}}$ 从 0.3 增加到 0.35。注意：这些结果中非稳态径向力是在一个叶轮旋转周期中平均得到的。稳态径向力的表现方式与此相同，扬程几乎不受隔舌距离变化的影响。当 d_z^* 增加时，效率降低；尤其是在 $q^* > 1$ 时，最高效率点向大流量偏移（A_{3q} 可能增加）。

2）由于压水室与叶轮之间的流体相互作用，给定的叶片在不同的压水室中表现不同。如图 9.41 所示，环形压水室中的径向力的峰值比 $q^* = 0.5$ 降低了 40%。这是由于在流量减小时，环形压水室内的流量变得越来越均匀。在 $q^* = 1.25$ 时，由于压力变化 $p(\varepsilon)$ 随着环形压水室中流速增加而增加，环形压水室中的径向力最大值比蜗壳中的大约高 5%。这些结果证实，在部分载荷工况下，环形压水室中的径向力要小于蜗壳；但是当流量大于最高效率点时，环形压水室中的径向力随着流量的增加而增加，如图 9.28 所示。

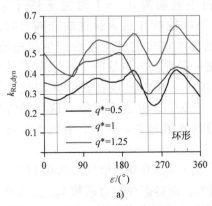

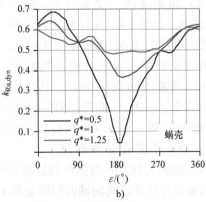

图 9.41　采用相同的叶轮、不同的压水室时的径向力

a）环形压水室　b）蜗壳[4]

正如前文所提到的，偏离圆形轨迹的程度能够反映压水室对水力不平衡的影响。为了证明这种影响，分析了在蜗壳和环形壳体中测试的3个不同叶轮的径向力波动轨迹。如图9.42和图9.43所示，对于圆形轨迹来说，最大与最小波动的比值为1.0。因此，波动比的平方根大致对应于压水室对水力不平衡的影响。如图9.42和图9.43所示，当 q^* >0.7时，这种影响低于20%。这些图也说明了压水室所产生的影响，取决于叶轮的叶片载荷。即使径向力波动的峰值不高于其他叶轮，叶片出口负荷较小的叶轮在蜗壳中的径向力波动轨迹的变形最大。因此压水室面积 $A(\varepsilon)$ 和叶片角 $\beta(\varepsilon)$ 应该一起优化，以使液力最小化。反之亦然，如果压水室和叶轮匹配不好，"好"的叶轮和"好"的压水室的错误组合可能会造成非常高的水力不稳定。

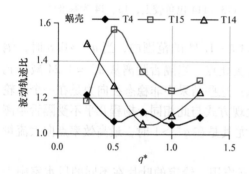

图9.42　径向力波动轨迹上的最大
与最小值之间比值
采用相同的蜗壳、不同的叶轮，
T12、T15 叶片出口载荷较低；T13、T14
包角较大；T3、T4 为基准[4]

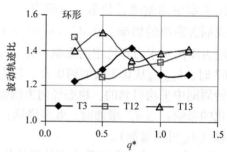

图9.43　径向力波动轨迹上的最大与
最小值之间比值
采用相同的环形压水室、不同的叶轮，
T12、T15 叶片出口载荷较低；T13、T14 包
角较大；T3、T4 为基准[4]

（3）扭矩波动　文献［7］测得的扭矩波动为 q^* =1 时为±3%； q^* =0.28 时为±20%； q^* =1.4 时为±8%。当叶轮叶片后缘通过蜗壳隔舌时，扭矩的波动最大。旋转对称（或无限大）的压水室中的叶轮不会产生扭矩波动。扭矩波动反映了压水室对流动的影响，在一定程度上也反映了压水室对径向力的影响。扭矩波动取决于 q^*，其幅度的70%~90%出现在转动频率处，其余的主要在 $2f_n$ 和 $3f_n$。非稳态径向力在 $2f_n$ 和 $3f_n$ 处也出现峰值，这些峰值与图9.34和图9.39~图9.41中 $k_{Ru,dyn} = f(\varepsilon)$ 的峰值有关。其中，有两个波峰对应于 $2f_n$，有3个波峰对应于 $3f_n$。

（4）轴向力波动　与扭矩的波动相似。当 $s/b_2 = 0.005$ 增加至0.053时，开式叶轮的泵壳与叶片之间的轴向间隙宽度 s 增大，而静态径向力系数 $k_{Ru,stat}$ 几乎不受影响；在小流量下，水力不平衡会随流量下降（关死点大概下降20%）；而在大流量时，会上升20%。在相似的密封间隙的情况下，闭式叶轮的水力不平衡比开式叶轮高出 7% ，其主要原因是作用在盖板上的力有所增加。

（5）缩放定律　总体而言，只要测试装置的水力不平衡和固有频率之间没有共振，那么转速和几何尺寸不会对径向力系数产生系统性的影响。文献［7］中的测试范围为 $n = 600 \sim 1\,100$ r/min， $Re = u_2 r_2 / \nu = (0.9 \sim 1.6) \times 10^6$， $d_2 = 156 \sim 240$mm。在最高转速下，大流量下的水力不平衡仅增加约 5% ，这部分增加有可能是空化引起的。

如文献［49］中的试验所证明的那样，管路系统和入流条件可以对水力不平衡产生很大的影响，当速度从 1\,450 r/min 降低到 1\,000 r/min 时，吸入池中流量波动的共振使水力不平衡力系数 k_R 增加 1 倍。其原因是管路系统的影响，而不是违反了缩放定律。

（6）数值仿真研究　文献［38］报道了关于单流道蜗壳泵的试验测量和数值仿真研究。研究对象的主要参数为： $n_q = 42$， $\varphi_{2,\text{opt}} = 0.03$， $\psi_{\text{opt}} = 0.62$， $\eta_{\text{opt}} = 0.63$， $b_2^* = 0.29$， $d_1^* = 0.35$， $\beta_{1B} = 13°$， $\beta_{2B} = 8°$，叶片包角 $\varepsilon_{\text{sch}} = 360°$。网格单元大约为 900\,000（有限元软件划分），对模型泵进行了进口到出口的全流域非定常数值仿真。

数值仿真在 $q^* = 0.25 \sim 1.4$ 的流量区间内预测的扬程系数与试验吻合较好，但是在 $q^* = 1.75$ 处预测得到的扬程系数低于试验值大约 25% 。考虑到较强的非定常、非均匀流动，在 $q^* = 1.4$ 以下，数值仿真的精度是非常高的。

数值仿真往往会低估径向力，在 $q^* = 1.57$ 时，试验测得径向力与数值模拟结果的比值为 $F_{R,\text{test}} / F_{R,\text{CFD}} = 1.45$ 。存在差异的原因可能是由于在计算中忽略了盖板上和环形密封中的力。数值计算得到的径向力波动轨迹是圆形的，而测得的径向力随着流量的增加而逐渐变大。因此压水室内与叶轮中的流体相互作用不能被数值仿真准确捕获，这种缺陷可能是由于湍流模型不能很好地捕获回流中的能量耗散。文献［3］中给出了相似的结果：数值计算得到的波动轨迹接近圆形，但试验测量得到的波动轨迹为椭圆形，差异达到 $F_{R,\text{test}} / F_{R,\text{CFD}} = 1.5$ 。

静态力的最大振幅出现在隔舌或出口稍微上游的位置，如图 9.25 和图 9.27 所示。试验测量和数值计算得到的叶轮附近的静压分布也证实了这一点。在 $d/d_2 = 1.1$ 处，通过试验测得的蜗壳内的静压 ψ_p 沿圆周方向变化，且由数值计算得到。当 $q^* = 1.57$ 时，静压的波动范围是 $\psi_p = 0.3 \sim 0.41$ （或叶轮出口处平均静压 $\pm 15\%$ 的范围变化）。在 $q^* = 0.63$ 时，静压波动是最小的。压水室内的压力变化是稳态径向力产生的主要原因，因此此时的稳态径向力最小，如图 9.36 所示。

数值模拟得到的相对参考坐标系下的力，必须通过式（9.8a）转换到绝对参考坐标系中：

$$F_{x,\text{abs}} = F_{x,\text{rel}} \cos \varphi - F_{y,\text{rel}} \sin \varphi$$

$$F_{y,\text{abs}} = F_{x,\text{rel}} \sin \varphi + F_{y,\text{rel}} \cos \varphi \tag{9.8a}$$

（7）空化　在大流量下，尽管扬程随着流量的增加逐渐减小，但是仍会出现噪声、水力不平衡和同步振动。尽管还没有证明，但空化可能是造成这些现象的主要原因。毫无疑问，空化会产生噪声和振动[47]。且在空化发生时，大量空气泡的溃破会对激励力产生直接的影响，大流量下的大部分噪声也是由这种效应造成的。但是，空化也可以通过改变流动形态（伴随着能量转移）而产生间接影响，其方式类似于图 6.17 中讨论的效应。在流量高于最高效率点时，振动急剧上升；但在特别大的流量时，振动会出现下降。在空化引起的两相流区域较大时，介质的顺应性会增加（见 6.5.2）。

（8）流动形态　叶轮设计中出口宽度 b_2 一般都会比较大，因此在最高效率点叶轮出口处就可能会出现回流。离开叶轮的液体会在一个位置（如靠近后盖板）侧向逸出，并在另一位置（如靠近前盖板）重新进入叶轮。这样一来，回流过程中涡流和大规模的湍流就消耗了大量的能量，如图 9.44 所示。在回流发生时，压力脉动和振动呈现宽频特性，而不是离散的。随着流量的增加，回流会逐渐消失，流动变

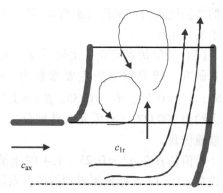

图 9.44　单流道叶轮内的流动

得更加合理，能量可能集中在低频上。换句话说，离散频率（在这种情况下是同步分量）可能会增加。如果叶片是二维设计而来的，而不是扭曲的，那么叶轮入口处急剧的流动转向会使流动更为复杂。

作用在叶轮上的径向力 F_R 可以表示为作用于投影面积 $d_2 b_2$ 的等效压差 Δp，$\Delta p = F_R/(d_2 b_2)$ 或 $\Delta p/(\rho g H) = k_R = k_{Ru}/\psi$。如对于试验 2（T2）的最大流量 $q^* = 1.34$ 处，径向力峰值为 $k_{Ru} = 0.44$，$\psi = 0.55$，可计算出 $k_R = 0.8$。也就是说，扬程的波动达到总动态扬程的 80%。

总的来说，三维流动决定了径向力和效率。三维流动形态由所有设计参数（d_1^*、b_2^*、d_z^*、d_{1i}/d_{1a}、β_{2B}、β_{1B} 等）、子午面形状、二维或三维叶片角 $\beta_B(\varepsilon)$ 和压水室过流面积 $A(\varepsilon)$ 等决定。不是任何单一的参数或形状，而是所有这些特征的组合，建立起了整个流场结构。

叶片和盖板之间的大半径圆角阻塞了一部分流道。因此，一些叶轮被设计成具有恒定截面的，从轴向入口通向径向出口的螺旋形流道。这种设计可能对水力不平衡、效率和空化产生有益的影响。

可以使用优化程序来设计三维叶片。但目前还没有简单的方法来考虑所有几何参数的影响。测量环形密封的位移轨迹可以揭示径向力的方向。如图 9.27 所示，如果在大流量下，不平衡力是朝向蜗壳隔舌的上游区域，那么扩大该区域的蜗壳面积可能是有利的，可以使流动减缓，形成更高的压力。

（9）径向力的预测　由图 9.36 中的曲线（T1 和 T2）可以估算出蜗壳的稳态径向力，但非稳态力是主导部分。

根据图 9.37 中的数据，可以建立相关关系，用于预测单流道蜗壳式泵中叶轮的水力不平衡（对于环形压水室，目前没有足够的可靠数据）。表 9.7 也给出了推导出的公式。

从图 9.37 中可以看出，曲线 $k_{Ru,dyn}$ 的最小值出现在 $q^* = 0.6$ 左右。式（T9.5.1）和式（T9.5.2）建立起了 $k_{Ru,dyn,min}$ 的相关性。这主要取决于叶片出口角、包角、叶轮进口相对直径和蜗壳隔舌间距。该趋势是可信的，但是需要更多的测试数据（在更广的范围内）进一步验证。在 $q^* < 0.6$ 的情况下，径向力按照式（T9.5.3）来进行预测。

表 9.7 中所示的相关性的最小流量约等于 $q^* = 0.5$。没有低于该流量的相关力，因为部分负荷下的值不超过可用于设计计算的高流量值。应避免在 $q^* < 0.5$ 下运行，以避免固体在管道和泵壳中沉积。文献［40］中的数据没有被包括在内，因为对这些结果与其他测试差异很大，尚不清楚其原因。测试数据与表 9.7 的相关性比较如图 9.45 所示。标准偏差为 ±2.5%，给出相关性只能覆盖表 9.6 中列出的几何结构。式（T9.5.2）将 $k_{Ru,dyn,min}$ 描述为几何函数是相当准确的。显然，公式没有涵盖叶片角度、压水室面积、圆角半径和三维叶片设计等因素的影响。

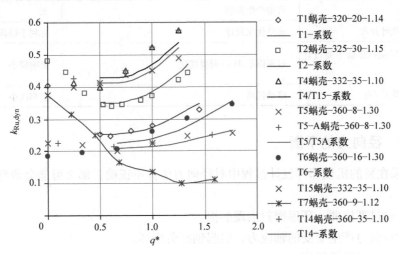

图 9.45　蜗壳式泵单流道叶轮的水力不平衡系数

表 9.7 中可以用来选择设计参数，以便得到最小的水力激振力。此外，可以尝试开发一种简化的机械模型来预测机械设计对水力不平衡的强制响应。该模型可以包括一个柔性梁、一个质量块和一个扭转弹簧，用于描述支撑的柔性；或者两个柔性梁，一个用于泵/马达组件，另一个用于支撑。

减小叶片出口角度，可以减少水力不平衡，但同时也降低了压力系数。因此，只有再增加叶轮外径以弥补 ψ_{opt} 的损失，才能达到规定的扬程。由于径向力遵循关系 $F_{R,opt} \sim k_{Ru,dyn,opt}/\psi_{opt}^{1.5}$，因此，应当有一个最佳的叶片出口角度，使得水力不平衡最小，参见式（9.7）和式（T7.1.3）。

表9.7 蜗壳式单流道泵叶轮的水力不平衡

项目	公式	式号
几何参数的相关性 $\dot{\beta}_{Ref}=10°$；$\varepsilon_{Ref}=330°$	$x=\left(\dfrac{\beta_{2B}}{\beta_{Ref}}\right)^{0.4}\left(\dfrac{\varepsilon_{Ref}}{\varepsilon_{sch}}\right)^{0.2}\left(\dfrac{d_1^*}{0.5}\right)^{-0.1}d_z^{*-0.15}$	T9.5.1
$k_{Ru,dyn}$ 的最小值在 $q^*=0.6$	$k_{Ru,dyn,min}=0.695-0.99x+0.5x^2$	T9.5.2
$q^*>0.5$ 的水力不平衡	$k_{Ru,dyn}=k_{Ru,dyn,min}+0.053\left(\dfrac{\beta_{2B}}{\beta_{Ref}}\right)^{1.29}(q^*-0.6)^2$	T9.5.3

用以减少水力不平衡的设计建议

参数	对 $k_{Ru,dyn}$ 的影响	其他影响
降低叶轮出口的载荷：较小 β_{2B}，S 形状的叶片	激振力急剧减小	降低压力系数 降低效率
叶片与盖板间的圆角半径较大	需要对形状和位置进行优化	略微降低压力系数 有利于提高效率
$d_{1i}<d_{ia}$	可能产生影响	无
三维扭曲叶片	需要优化设计	有利于提高效率
压水室形状：建议不要设计得过小	过流面积 $A(\varepsilon)$ 需要优化	影响较小
隔舌距离 d_z/d_2	略微提高	影响较小

9.3.10 径向力的平衡

如果在泵的机械部件设计过程中对径向力估算不正确，那么可能会遇到以下运行问题：

1）轴过度挠曲，环形密封出现磨损。

2）径向力产生交变的轴应力，引起轴疲劳损坏。

3）轴承过载及损坏。

4）轴过度挠曲引起的轴封损坏（尤其是机械密封）。如文献［N.6］中的泵，机械密封内的轴挠度需限制在 50 μm 以下。

可通过以下的方法降低径向力：

1）采用双蜗壳，或在隔舌 180°处设置肋，如图 9.31 所示。文献［1］中测试的双蜗壳产生了非常平坦的 $F_R=f(q^*)$ 曲线。径向力系数（在整个流动范围内）

大概为单蜗壳泵关死点径向力的 10% ~ 20%。

2）在特殊情况下可考虑使用多蜗壳，如多级泵（取决于制造成本）。

3）如图 9.31 所示，可设置与试验 4 类似的多个肋板。如设置包角约为 90°的 2 个筋板安装在距离隔舌 120°和 240°处。

4）导叶和蜗壳的结合。导叶需有足够多的叶片，以达到理想状态的压力均衡。

5）叶片导叶和环形压水室的结合，如图 9.28 所示。

6）在部分载荷工况下，具有环形压水室的泵所受的径向力比单蜗壳泵要小得多，如图 9.28 所示。在低比转速下，环形压水室的水力损失较小，这对泵主要在最高效率点以下运行的情况有利（通常是过程泵的情况）。但是，需注意环形压水室产生的径向力在 $q^* > 1$ 时急剧增大。

7）如 7.12 所述，环形压水室与蜗壳的结合也有助于降低径向力。文献［1］进行了试验测量，采用包角为 270°的环形压水室和一个蜗壳进行组合，其测试的比转速分别为 $n_q = 23$、41 和 68，隔舌距离为 $d_z^* = 1.33 \sim 1.84$，压水室的宽度比为 $b_3/b_2 = 1.39 \sim 1.75$。在关死点处，测得的径向力是采用蜗壳测得的径向力的 20% ~ 50%。其中，也有可能是较宽的叶轮侧壁间隙使得径向力减小。在最高效率点及大流量区域，环形压水室和蜗壳结合中的径向力比单蜗壳内的径向力大。

8）如果采用最小的间隙 A，有可能将叶轮侧壁间隙内的流动与蜗壳内的流动分隔开来，那么非均匀压力分布可能不会作用在盖板上。在采用双蜗壳和双吸叶轮的泵内，径向力以这种方式被减小。如果这种分隔有效，那么叶轮侧壁间隙内周向方向上的压力变化趋于最小值，除非它们是由环形密封内的非均匀流引发的（如由于转子的偏心）。

9）较宽的叶轮侧壁间隙内，压力在圆周方向易达到均衡。这种情况下，径向力在部分载荷下较小，对关死点的径向力影响最大。这对于环形压水室和蜗壳的结合很重要。

上述的 8）和 9）的影响在某些程度上是相反的，很难预测哪种影响更大，主要取决于设计和应用场合。

9.3.11　径向力的预测

要确定泵的轴承尺寸、轴的尺寸及其挠曲，需要知道整个流动范围内作用于叶轮上的径向力。通常根据式（9.6）或式（9.7）中的实验径向力系数来确定。表 9.8 提供了单蜗壳泵、双蜗壳泵、环形压水室和导叶泵中的径向力计算所需的数据[17]。关于表 9.8，说明如下：

1）在表 9.8 中，q^* 为压水室的设计点，一般是与泵的最高效率点相同的。当采用不同的叶轮与同一个压水室进行组合时，才会出现差异。

2）表 9.8 中的图 9.46 给出了在出口阀门关闭时，单蜗壳泵的径向力系数 k_{R0}

与比转速的关系。需注意：比转速需用蜗壳的设计点的流量来计算。在处理双吸叶轮时，需要特别注意这一点。因此，图 9.46 适用于单吸叶轮以及双吸叶轮，图中的横坐标为 $n_{q,tot} = n_q f_q^{0.5}$。

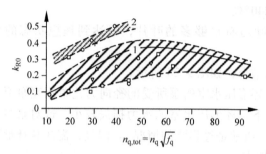

曲线1：密封间隙参考式(3.12)
曲线2：双密封间隙
单吸叶轮：$f_q = 1$
双吸叶轮：$f_q = 2$
曲线1的近似公式为：$k_{R0} = 3.730 \times 10^{-8}x^4 - 7.274 \times 10^{-6}x^3 + 3.610 \times 10^{-4}x^2 + 2.041 \times 10^{-3}x + 3.944 \times 10^{-2}$
曲线2的近似公式为（平均）：$k_{R0} = -5.000 \times 10^{-5}x^2 + 9.200 \times 10^{-3}x + 1.910 \times 10^{-1}$

图 9.46　单蜗壳泵关死点（$Q = 0$）处的稳态径向力系数

3）在最高效率点，也存在一定程度的径向力。其与比转速的关系不大，如图 9.47 所示。

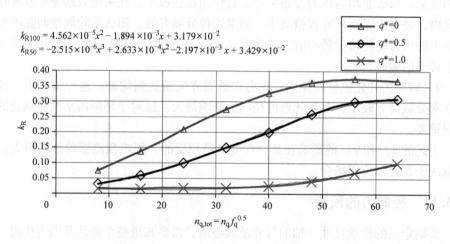

图 9.47　单蜗壳泵的稳态径向力系数[1]

4）图 9.46 中提供的数据来源于文献 [17，1]，它们与先前公布的数据基本符合。当环形密封间隙增加时，如曲线 2 所规定的，需选用更大的径向力系数。这种也适用于径向密封或斜线密封中容易发生接触磨损的应用场合，如图 3.18 所示。通过 CFD 计算得到的径向力要与曲线 2 做验证比较，除非在 CFD 计算中考虑了环形密封内产生的力。

5）当计算双蜗壳内的径向力时，从图 9.46 读出的系数 k_{R0} 需乘以图 9.48（表 9.7）中的修正因子 F_{Dsp}，该修正因子与蜗壳的包角有关，适用于 $q^* = 0 \sim 1.1$。在 $q^* \gg 1$ 时，外部流道和内部流道内的不同流动阻力会引起压差，径向力会急剧 增大。

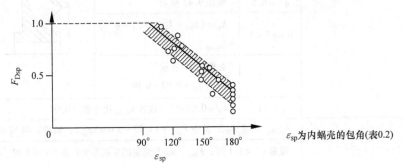

对于双蜗壳：流量 $q^* < 1.1$ 时，F_{Dsp}、k_R 与流量的关系不大；在 $q^* \gg 1$ 时，径向力随流量增加而急剧上升。

图 9.48 用于双蜗壳泵径向力系数计算的因子

6）如图 7.39 所示，如果双蜗壳的 2 个流道是对称的（"双生蜗壳"），那么径 向力大概只有普通双蜗壳内径向力的 30% ~ 50%。图 2.9 中的多级泵就是采用的 这种双蜗壳。

7）目前还缺少有关环形压水室的测试数据，因此对其径向力预测存在很大的 不确定性。因此也没有普遍可接受的准则来确定环形压水室的尺寸。$k_R(q^*)$ 与环 形压水室的设计有关，在 c_R/c_2 较小的情况下，预计径向力会随着流量增加而增 大；在出口附近流体急剧加速的情况下，径向力大概与流量的平方成正比。

8）导叶泵的径向力系数与几何参数或比转速的相关性还不清楚，有待进一步 研究。

9）所有类型的压水室的非稳态径向力几乎是相同的。表 9.8 中给出相关数据， 图 10.42 提供了特定频率范围的宽频值，见 10.7。

10）开式和半开式叶轮的径向力系数比闭式叶轮稍高，因为它们的叶轮侧壁 间隙内无法达到压力均衡；另外，在前盖板无径向力。

11）仅当泵在完全空化的情况下运行时，空化才会对稳态径向力产生较大的 影响。然而，过度的空化会产生非稳态径向力，加剧振动[17]。

12）谨慎的做法是利用稳态径向力和非稳态径向力来进行轴和轴承的计算， 即 $k_{R,tot} = k_R + k_{R,dyn}$。需考虑由非稳态径向力引起的动态载荷。目前还缺乏详细的 测量数据，图 10.42 可供初步参考。

表 9.8 径向力的计算

q^* 表示压水室（蜗壳或导叶）的设计点			
径向力	$F_R = k_R gHd_2 b_{2tot}$		
1. 稳态径向力			
单蜗壳	$q^* = 0$	k_{R0} 如图 9.46 所示	
	$q^* = 0.5$	如图 9.47 所示	
	$0 < q^* < 1$	$k_R = (k_{R0} - k_{R,opt})(1 - q^{*2}) + k_{R,opt}$	
	$q^* = 1$	如图 9.47 所示 或 $k_{R,opt} = 0.03 \sim 0.08$	
	$q^* > 1$	$k_R = 0.09 q^{*2}$ （或者 $k_{R,opt}$ 代替系数 0.09）	
双蜗壳	$k_{R,Dsp} = F_{Dsp} k_{R0}$，其中 $F_{Dsp} = (1.75 - 0.0083\varepsilon_{sp})$，如图 9.48 所示		
	流量 $q^* < 1.1$ 时，F_{Dsp}、k_R 与流量的关系不大；在 $q^* \gg 1$ 时，径向力随流量增加而急剧上升		
	如果包角 ε_{sp} 小于 180°，可以通过下式来估算径向力系数：$f = \dfrac{k_{Rx}}{k_{R0,SV}} + \left(1 - \dfrac{k_{Rx}}{k_{R0,SV}}\right)\dfrac{\varepsilon_{sp} - 90°}{90°}$ 适用范围为 $90° < \varepsilon < 180°$		
	其中，k_{Rx} 为单蜗壳泵在 $q^* = 0.5$ 或 $q^* = 1.0$ 处对应的 k_R 值 $k_R = k_{R0,SV} F_{dsp} f$		
	k_{R50} 和 $k_{R,opt}$ 的数据来自图 9.47		
对称双蜗壳	$k_{R,Zsp} = (0.3 \sim 0.5) k_{R,Dsp}$		
环形压水室	$k_{R0} = 0.03 \sim 0.1$	$k_R = k_{R0}(1 + q^* + aq^{*2})$ 其中，a 取决于几何参数，通常选用 $a = 0.18$	
	$k_{R,opt} = 0.1 \sim 0.2$		
导叶	$k_{R0} = 0.02 \sim 0.09$	$q^* = 1$ 时：$k_{R,opt} = 0.01 \sim 0.06$	
2. 非稳态径向力		$q^* < 0.5$	$q^* = 1$
所有蜗壳和环形压水室，除了采用单流道叶轮的		$k_{R,dyn} = 0.07 \sim 0.12$	$k_{R,dyn} = 0.01 \sim 0.05$
导叶		$k_{R,dyn} = 0.04 \sim 0.16$	$k_{R,dyn} = 0.01 \sim 0.09$
3. 轴流泵			
$F_R = k_{R,D}\rho gHd_2^2$	稳态径向力：$q^* < 1.2$ 时，$k_{R,D} = 0.02$ 非稳态径向力：$k_{R,D} = 0.01$		

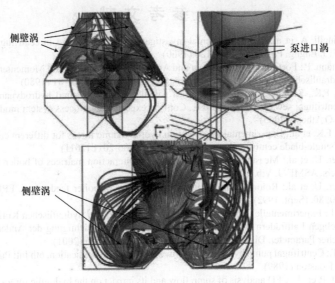

侧壁涡

泵进口涡

侧壁涡

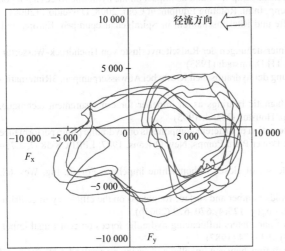

径流方向

F_x

F_y

图 9.49　混流泵中由高度扭曲的入流条件所引起的非稳定径向力，CFD 分析[9]

13）通常建议至少采用 $k_{R,tot} = 0.15$ 来进行机械设计。

14）如 9.3.3 所述，叶轮侧壁间隙内流动是非常复杂的，它会与环形密封内流动相互作用。因此作用于盖板和环形密封的径向力具有很大不确定性，会导致径向力系数预测的不确定性。

参 考 文 献

[1] Agostinelli, A. et al.: An experimental investigation of radial thrust in centrifugal pumps. ASME. J. Engng. Power. **82**, 120–126 (1960)

[2] Bachmann, P.: Fortschritte im Erfassen und Auswerten von Kräften und Momenten an Rotoren hydraulischer Modell-Turbomaschinen. Escher. Wyss. Mitt. 69–81 (1980)

[3] Benra, F.K., Sommer, M.: Comparison of calculated and measured hydrodynamic forces of a centrifugal sewage water pump. 1. Conf on experiments/process/system modelling IC-EpsMsO Athens (2005)

[4] Benra, F.K. et al.: Experimental investigation hydrodynamic forces for different configurations of single-blade centrifugal pump. ISROMAC, 2006-2011 (2011)

[5] Bolleter, U. et al.: Measurement of hydrodynamic interaction matrices of boiler feedpump impellers. ASME. J. Vib. **109**, 144–151 (1987)

[6] Bolleter, U. et al.: Rotordynamic modeling and testing of boiler feedpumps. EPRI Report TR-100980, (Sept. 1992)

[7] Böke, J.: Experimentelle und theoretische Untersuchungen der hydraulischen Kräfte an einschaufeligen Laufrädern von Abwasserpumpen unter Berücksichtigung der Änderung geometrischer Parameter. Diss TU Kaiserslautern, Schaker Aachen (2001)

[8] Dahl, T.: Centrifugal pump hydraulics for low specific speed application. 6th Intl Pump Users Symp. Houston (1989)

[9] Dupont, P. et al.: CFD analysis of sump flow and its impact on the hydraulic forces acting on the impeller of a vertical pump. Intnl. Rotating Equipment Conf. 2008, Düsseldorf (2008)

[10] Faschallegg, E.: Radialkräfte und Rückenschaufeln in Spiralgehäusepumpen. Europa. Ind. Rev. 1 (1969)

[11] Geis, H.: Experimentelle Untersuchungen der Radseitenverluste von Hochdruck-Wasserturbinen radialer Bauart. Diss. TH Darmstadt (1985)

[12] Gikadi, T. et al.: Untersuchung der hydraulischen Kräfte bei Abwasserpumpen. 3Rinternational **34**(8):420–425 (1995)

[13] Guinzburg, A., Buse, F.: Magnetic bearings as an impeller force measurement technique. 12th Intl. Pump Users Symp. Houston (March 1995)

[14] Gülich, J.F.: Influence of interaction of different components on hydraulic pump performance and cavitation. Proc. Symp. Power Plant Pumps, New Orleans, 1987, EPRI CS-5857, 2.75–2.96 (1988)

[15] Gülich, J.F.: Disk friction losses of closed turbomachine impellers. Forsch. Ing. Wes. **68**, 87–97 (2003a)

[16] Gülich, J.F.: Effect of Reynolds-number and surface roughness on the efficiency of centrifugal pumps. ASME. J. Fluids Engng. **125**(4):670–679 (2003b)

[17] Gülich, J.F. et al.: Review of parameters influencing hydraulic forces on centrifugal impellers. Proc. IMechE. **201**(A3):163–174 (1987)

[18] Gülich, J.F. et al.: Influence of flow between impeller and casing on partload performance of centrifugal pumps. ASME. FED. **81**, 227–235 (1989)

[19] Hamkins, C.P.: The surface flow angle in rotating flow: Application to the centrifugal impeller side gap. Diss. TU Kaiserslautern, Shaker, Aachen (2000)

[20] Hergt, P.: Hydraulic design of rotodynamic pumps. In: Rada Krishna (eds.), Hydraulic Design of Hydraulic Machinery. Avebury, Aldershot (1997)

[21] Hergt, P., Krieger, P.: Radialkräfte in Leitradpumpen. KSB. Techn. Ber. 32–39 (1973)

[22] Iversen, H. et al.: Volute pressure distribution and radial force on the impeller. ASME. J. Engng. Power. **82**, 136–144 (1960)

[23] Jensen, R.: Experimentelle Untersuchungen an Einfach- und Doppelspiralen für Kreiselpumpen. Diss. TU Braunschweig (1984)

[24] Kaupert, K.A.: Unsteady flow fields in a high specific speed centrifugal impeller. Diss. ETH Zürich (1997)

[25] Kleinert, H.J.: Beitrag zur verbesserten Berechnung hydraulischer Ausgleichsvorrichtungen. Diss TU Dresden (1971)

[26] Kosyna, G.: Untersuchungen an radial durchströmten Spaltdichtungen unter Berücksichti-

gung von Parallelitätsfehlern. Diss. TU Braunschweig (1976)

[27] Lingelbach, T., Wiederuh, E.: Die Axialschubberechnung radialer Turbomaschinen. Fort-schrittber VDI Reihe. **7**, 154 (1989)

[28] Liess, C.: Die Ermittlung dynamischer Radialkräfte in hydraulischen Maschinen. Voith. Forsch. Konstruktion. 3.1–3.9 (1982)

[29] Lauer, J.: Einfluß der Eintrittsbedingung und der Geometrie auf die Strömung in Radseiten-räumen von Kreiselpumpen. Diss. TU Darmstadt (1999)

[30] Lees, A.W.: The performance of balance disk in boiler feed pumps. I Mech E, C **56/79**, 29–36 1979

[31] Makay, E., Barret, J.A.: Changes in hydraulic component geometries greatly increased power plant availability and reduced maintenance cost: Case histories. 1st Intl. Pump Symp. Houston (1984)

[32] Makay, E., Szamody, O.: Survey of feedpump outages. EPRI FP-754, Final report RP 641 (1978)

[33] Meier-Grotian, J.: Untersuchungen der Radialkrft auf das Laufrad einer Kreiselpumpe bei verschiedenen Spiralgehäuseformen. Diss. TU Braunschweig (1972)

[34] Meschkat, S.: Experimentelle Untersuchung der Auswirkung instationärer Rotor-Stator-Wechselwirkungen auf das Betriebsverhalten einer Spiralgehäusepumpe. Diss. TU Darm-stadt (2004)

[35] Meschkat, S., Stoffel, B.: The local impeller head at different circumferential positions in a volute casing of a centrifugal pump in comparison to the characteristic of the impeller alone. 21st IAHR Symp on hydraulic machinery and systems, Lausanne (2002)

[36] Möhring, U.K.: Untersuchung des radialen Druckverlaufes und des Drehmomentes im Rad-seitenraum von Kreiselpumpen bei glatter, ebener Radseitenwand und bei Anwendung von Rückenschaufeln. Diss. TU Braunschweig (1976)

[37] Ni, L.: Modellierung der Spaltverluste bei halboffenen Pumpenlaufrädern. Fortschrittber VDI Reihe 7, 269 (1995)

[38] Nishi, Y. et al.: Radial thrust of single-blade centrifugal pump. ASME-JSME-KSME AJK 2011-06011 (2011)

[39] Nishi, Y. et al.: Effect of blade outlet angle on radial thrust of single-blade centrifugal pump. 26th IAHR Symp Hydraulic Machinery and Systems (2012)

[40] Okamura, T.: Radial thrust in centrifugal pumps with a single-vane impeller. JSME **23**(180), 895–901 (1980)

[41] Petermann, H., Kosyna, G.: Spaltstrom und Kräfte radial durchströmter Dichtspalte in Krei-selpumpen. Pumpentagung Karlsruhe. K6 (1978)

[42] Rebernik, B.: Radialkräfte von Kreiselpumpen mit unterschiedlichen Gehäuseformen. „25 Jahre ASTRÖ", Aströ, Graz, pp. 55–60 (1979)

[43] Schenkel, S.: Modellierung und numerische Simulation der Strömungsvorgänge am Laufrad-eintritt von Turbomaschinen. Diss. TU Darmstadt (1999)

[44] Schubert, F.: Untersuchungen der Druck- und Geschwindigkeitsverteilung in Radseitenräu-men radialer Strömungsmaschinen. Diss. TU Braunschweig (1988)

[45] Stark, M.: Auslegungskriterien für radiale Abwasserpumpenlaufräder mit einer Schaufel und unterschiedlichem Energieverlauf. VDI Forschungsheft. **57**(664) (1991)

[46] Tamm, A., Stoffel, B.: The influence of gap clearance and surface roughness on leakage loss and disk friction of centrifugal pumps. ASME. Fluids Engng. Meeting Montreal, FEDSM 2002-31324 (2002)

[47] Thamsen, P.U. et al.: Cavitation in single-vane sewage pumps. ISROMAC 12-2008–20196

[48] Thomae, H., Stucki, R.: Axialschub bei mehrstufigen Pumpen. Techn Rundschau Sulzer. **3**,185–190 (1970)

[49] Ulbrich, C.: Experimentelle Untersuchungen der Pumpencharakteristiken und Geschwindig-keitsfelder einer Einschaufel-Kreiselpumpe. Diss. TU Berlin (1997)

[50] Zilling, H.: Untersuchung des Axialschubes und der Strömungsvorgänge im Radseitenraum einer einstufigen Radialpumpe. Strömungsmech Strömungsmasch. **15** (1973)

[51] Hergt P, Prager S: Influence of different parameters on the disc friction losses of a centrifugal pump. Conf on Hydraulic Machinery, Budapest, 1991, 172-179

第 10 章　振动与噪声

如第 5 章所述，叶轮出口的流动为非均匀流，导叶叶片和蜗壳隔舌处的流动为非定常流，定子叶片的流动会反作用于叶轮速度场。我们称与之相关的现象为动静干涉（RIS）。RIS 现象导致了水力激振力的产生，由此引起压力脉动、机械振动和泵各部件间的交变应力。振动传递到基座，并扩散为整个系统的固体噪声。压力脉动引起泵体振动，其以流体噪声的形式在管路中传播，并由此产生管壁的振动。管壁和结构振动以气体噪声形式传播。

泵与管路系统之间的流体激振力相互作用非常复杂，几乎无法用解析法求解。图 10.1 描述了各个部件之间的相互作用及本章出现的相关物理机理。

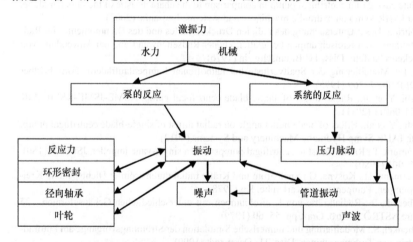

图 10.1　水力和机械效应的相互作用压力脉动

随着叶轮转速的增加，以上影响因素的重要性也随之增大，高压泵中的振动问题应当给予重视。泵的振动和噪声是否会成为一种困扰，很大程度上取决于它的设计和应用。即使像热力循环泵这样的小泵也要满足严格的噪声要求。

在很多应用场合中，泵的制造和测试是建立在相关标准及规范上的，这些标准和规范规定了几乎所有大型泵的最大允许振幅。本章主要集中介绍水力方面的振动，以及相关的基本物理原理，以助于对振动问题的分析。本章也讨论水力振动及机械振动间的相互作用关系，但没有研究机械振动的原理。在撰写时查阅了很多有关振动的计算方法、分析方法、测试方法和数据处理等方面的资料，见文献［8，21，30］。机械振动的一些基本概念在 17.6 中给出。

10.1　叶轮出口的非定常流

由于叶片对流体的做功和二次流的作用，叶轮出口的速度分布是不均匀的。由 5.2 可知，相对速度的定性分布在靠近叶片吸力面处达到最大，如图 10.2 所示。有限叶片厚度、由边界层引起的堵塞及可能存在的流动分离增加了叶轮出口下游处速度分布不均匀的程度。

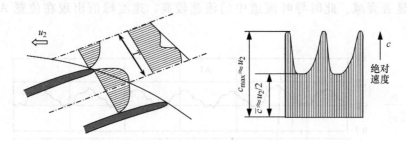

图 10.2　旋转坐标系中叶轮出口的尾流

考虑静止系统中流体的流动，相对系统中的速度最小值相当于绝对参考系中的最大值。流体粒子流经边界层直到进入导叶的速度值接近绝对参考系中的速度 u_2。叶轮出口平均绝对流速大约为 u_2 的 0.5 倍。波动导致的滞止压力变化大约为

$$\Delta p_s = p_{d\,max} - \overline{p}_d = \frac{\rho}{2} u_2^2 - \frac{\rho}{2}\left\{\frac{u_2}{2}\right\}^2 = 0.75\,\frac{\rho}{2} u_2^2, \quad \Delta p^* = \frac{2\Delta p_d}{\rho u_2^2} = 0.75 \quad (10.0)$$

叶轮下游的瞬间滞止压力很好地证实了式（10.0）给出的估值：在 $r/r_2 = 1.015$ 时测得的峰值是 $\Delta p^* = 0.9$，如图 10.6[4] 曲线 1 所示。推断这条曲线在位置接近 r_2 时，得到的值接近 1.0。

当局部速度最大值（或叶片）出现在导叶叶片或蜗壳隔舌处时，观察到压力最大值与滞止压力有关。当叶片经过导叶叶片和蜗壳隔舌时，由于流体通过间隙 B 的挤压作用而产生压力最小值，如图 10.3 所示，同时见 10.7.1。

- 叶片最小压力处正好是相反的，其速度最大
- 同样适用于蜗壳隔舌处
- 也可用单流道叶轮测量

图 10.3　动静干涉

通过速度探针或激光速度测量仪可测得动静干涉引起的叶轮出口处的非定常速度变化。如图 10.4 给出径向叶轮的绝对速度和下游静压值。测量点 A1 位于距叶轮半径 r_2 的 4% 处，测量点 D3 位于导叶喉部，点 F3 位于导叶出口上游处。图中显示转速 n 为 1000r/min 的七叶片叶轮的一个旋转周期的运动情况，从中可以清楚地识别七个叶片的速度最大值。速度最大值的相应位置对应于静压最小值（根据伯努利方程）。相反，在压力最大值和速度最小值之间存在较小的相位差。这说明尽管压力恢复受相当大的损耗，然而加速度并非如此。当流体流过导叶通道时，压力和速度显著衰减。此时导叶流道中的流速较高，速度峰值出现在位置 A1、D3 和 F3。

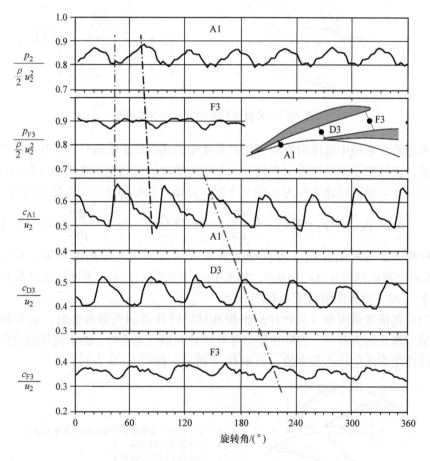

图 10.4　运行条件为 $q^* = 1$[16] 时，导叶内的非定常速度和压力分布

图 10.5 显示出在 $\nabla t = 60/(z_{La} n)$ 期间内，一个叶片通道间绝对速度和相对速度矢量的变化，试验时间为 0.0086s。在该时间内，速度矢量的大小和方向均发生

了变化。通过比较图 10.5 中 $q^* = 1$ 和 $q^* = 0.5$ 的情况，我们可以得知矢量随着有效载荷的增加而有所波动。相对速度矢量的变化意味着作用在叶片上的载荷是非定常的。因此，叶轮叶片承受着交变的压力和应力。以相同的方法研究发现流向压水室的流体也是非定常的，在导叶叶片或蜗壳隔舌处产生交变的流体动力。因此，每次叶轮叶片旋转经过导叶叶片或蜗壳隔舌处时，流体的局部流动会发生巨大的变化。动静干涉产生频率为 $f = z_{La}n/60$ 的扰动，我们称之为叶片通过频率。导叶叶片周围的非定常流与叶片中的流体相互作用。虽然只引起了速度场的局部扰动，但对压力场的影响则遍布了整个叶轮流道[82]。

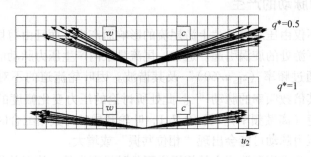

图 10.5 导叶入口—叶片间距的速度矢量（A1）

w 为相对速度，c 为绝对速度[16]

以上所讨论的叶轮叶片和压水室之间的相互关系并不是引起叶轮或导叶叶片非定常的唯一原因，如流场内影响圆周对称性的任何扰动同样会引起该作用。圆周扰动由以下因素引起：①由吸水室、上游弯管、结构部件和旋涡等引起的叶轮速度分布不均匀。②叶轮内部的流动偏转、二次流、流动分离和旋涡等在叶轮出口处形成复杂的非均匀旋涡（见第 5 章）。③泵体、环形压水室等处产生的非对称出水流道。④由于铸造公差的存在，单个流道并不完全相同，这就产生了叶轮（叶片）升力和压水室附近流动的周期性变化。

由于叶轮出口的三维结构和旋涡的存在，产生了离散频率（如声音）及随机波动。速度波动源自于几何体的形状和边界层的影响。与此相同，速度波动也可引起压力场的波动，且在速度波动和压力场波动的综合作用下又会引起瞬时叶片力，以及包含不稳定压力场在内的一小部分机械能以流体形式的噪声传播（如压力脉动）。除泵轴和泵体的振动测量，实际上对压力脉动的测量往往是间接获得泵内非定常水力作用的强度和频率等有关信息的唯一可行方法。这也是为什么人们常认为测量压力脉动是得到作用在叶片和结构部件上的交变力的间接测量方法，因其产生的各种作用力很难直接测得。值得注意的是：该交变力（和压力）不直接与压力脉动成比例[67]。

虽然时均的动静干涉相互作用力为零，但其不适用于分析底板和基座间的瞬时受力变化情况。

10.2 压力脉动

可压缩介质中非定常流体流动引起了压力变化，其以声速在系统内流动，且以声速流动为其介质特性（见17.5）。虽然水的压缩性能很小，但足以引起压力的变化。压力脉动能够引起声音共振和泵内零部件的疲劳断裂，以及噪声以气体载荷、固体载荷的形式传播。

10.2.1 压力脉动的产生

压力脉动不仅由压水室叶片上游尾流的影响而产生，而且由剪切层和流动分离所产生的后缘下游处的旋涡引起。通常，尾流是泵内产生压力脉动的重要来源，它产生了"叶片通过频率（$z_{La}n/60$）"及其谐波。因叶轮流道的不对称性，还产生了旋转频率及其倍数频率的脉动[10]。此处所讨论的压力变化幅度的影响体现在频谱范围内的峰值（离散频率）。见10.7.1，叶轮和导叶片数相配合时，两个或更多个叶片产生的压力脉动可能会出现"相位共振"或增大。

与此相反，分离流和湍流内的旋涡主要是随机产生的，旋涡的作用并不显示为离散频率，但在一定频率域内却会呈现出连续频谱。这些频谱叫作"宽频带"压力脉动（或叫作白噪声）。在附着流动条件下，湍流波动也是压力脉动的微弱来源。然而，伴随着分离流和叶轮出口处的回流，大尺度旋涡在主流和回流间的剪切层处产生，并以叶轮通过频率$z_{La}n/60$增加宽频带压力脉动。

同样地，叶轮进口回流加强了叶轮和吸入室部件的相互作用，尤其加强了筋板或多级泵泵体内回流叶片的作用。在主流和回流间剪切层的作用下产生旋涡，引起了主要位于转动频率区域内的宽频带压力脉动。

在筋板或相似结构下游会出现脱落涡，其频率可以用斯特劳哈尔数描述，见10.12.4。若旋涡相互作用，则会产生涡街，并且在随后的叶轮处产生周期性的升力。

在发生流动分离或附着流动条件下，可以得到导叶内的最大压力恢复范围。这种分离流的频率为$2 \sim 12 Hz$（最大到$25 Hz$），并呈现出频谱范围较宽的峰值。分离流的频率取决于管路上下游和压水室的几何形状，其频率的大小随着流速的增加而减小[58]，同时汽蚀也会产生压力脉动和噪声，见6.5。

10.2.2 流体噪声的产生

可压缩介质内的局部压力受到流态突然变化的影响则会产生声波。举例来说，假设流体内的一个球体周期性地来回移动，这种移动会引起局部速度和压力的周期性变化。用以维持球体运动的大部分能量输入被消散为摩擦力和旋涡。这部分能量的一小部分被用于压缩流体，并以声波的形式传播。球体周围的流体区域，被称为

"水力近场"（其值可以通过激光测速仪测量）。在远离声源（"远场"）的条件下，辐射声能可用压力传感器测量。

将某静止物体置于靠近水力场处以作为附加的噪声源，因为该附加噪声源会引起速度场的波动，并且扰乱主源附近的水力短路。二次源发出的声波能量取决于速度和产生的压力的强度，因此，二次源声波辐射可以超过一次源[47]。该现象很好地解释了离心泵的现象，即该叶轮叶片尾流是相对弱的一次源，但靠近叶轮流场处的导叶叶片（隔舌）又起到了增强二次源的作用。由此可以推断，叶轮和导叶叶片间距离的大小对压力脉动有着重要的影响。

可将近流场的流体动力学相关内容用流体力学定律来描述，如伯努利方程。因此，近流场的压力变化值与速度的平方成正比。对于远流场该法则并适用，因为声效率随着速度的增加而增加。泵的马赫数几乎远远小于 0.1，压力变化带来的影响非常小。此时，可以应用第一个近似方法。

10.2.3　泵的影响参数

装置中压力脉动的经验值取决于泵及系统的参数。基本上，叶轮出口处叶片间距的速度分布和叶轮上游非定常入流条件是引起压力脉动的主要原因，它们产生水力近流场。叶轮进口或出口处近流场的任何部件都可以成为第二个声源。在速度分布一致的工况下，叶轮出口处压力脉动达到最小值。通常，水力效率达到最大值的原因是此流量值略小于最高效率点值，如式（4.14）和图 4.17 所示。部分载荷工况下的流动分流及回流等常常会引起压力脉动的大幅增加。以下参数会影响压力脉动的产生。

（1）影响尾流非均匀性的参数

1）叶片后缘的厚度和形状。

2）叶轮出口叶片载荷及叶片间距或叶片个数，这些参数的测量可参考文献[67]。

3）叶片间距上的速度分布及叶轮的整个几何形状（尤其是叶片出口安放角的大小）。

4）叶轮入流条件。

5）叶轮处的流动分离。

6）叶轮和压水室之间的相互作用。

7）压力脉动随着比转速、叶轮出口宽度和进口直径的增加而增加。

8）雷诺数。在理论上，因叶轮叶片上边界层较薄，使得尾流随着雷诺数的增加而减弱。然而，雷诺数的影响非常微弱且难以测得[44]。

应通过叶轮设计避免过低的叶片载荷并减少二次流，在叶轮出口处获得尽可能均匀的流动来保持低压力脉动。

（2）几何参数　速度和压力脉动随着叶轮出口与导叶进口距离增长而大大减

小。许多文献中的实验测量也证明了这一点。在图10.6中展示出一些结论,文献中记录的非定常滞止压力、压力脉动和动态导叶叶片压力也采用叶轮出口与导叶之间的距离进行描述。图10.6中的无量纲定义也在图中给出。

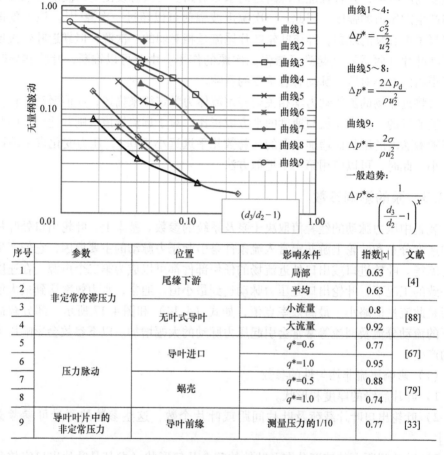

序号	参数	位置	影响条件	指数|x|	文献
1	非定常停滞压力	尾缘下游	局部	0.63	[4]
2			平均	0.63	
3		无叶式导叶	小流量	0.8	[88]
4			大流量	0.92	
5	压力脉动	导叶进口	$q^*=0.6$	0.77	[67]
6			$q^*=1.0$	0.95	
7		蜗壳	$q^*=0.5$	0.88	[79]
8			$q^*=1.0$	0.74	
9	导叶叶片中的非定常压力	导叶前缘	测量压力的1/10	0.77	[33]

图 10.6 叶轮和导叶/蜗壳间距对压力脉动和压力的影响

不同试验者对不同泵的测量发现的规律是一致的,瞬态效应的衰退梯度是非常相似的。

根据能量函数$(d_3/d_2 - 1)^x$,叶轮下游动静干涉作用逐渐减弱。不同试验测得的指数x被列在图10.6的表中;参考文献也被列在表中。这些范例可用于估计增加的间隙B对激振力、动态压力和动静干涉导致的噪声的影响。

对于蜗壳泵来说,当间隙B增大10%以上时,梯度变平。

控制动静干涉导致的动态效应的最重要的设计参数是:

1)叶轮叶片后缘和导叶叶片前缘或蜗壳隔舌(间隙B)间的距离是限制周向速度脉动,并避免导叶、叶轮或其他零件疲劳断裂的最重要的设计参数。根据

图 10.6 可知，导叶叶片的压力脉动和非定常应力与 $\left(\dfrac{d_3}{d_2}-1\right)^{-0.77}$ 成正比。双倍的间隙 B 可减小 40% 的激振力。但是，这种情况只对叶轮匹配有不同进口直径的导叶时才成立。增加叶轮载荷来增大间隙 B 的作用要比修剪叶轮来增加间隙 B 的作用小。然而，一般来说修剪叶轮将会降低压力脉动，尤其在导叶式泵中。少数情况下，间隙 B 的增加反而会增大压力脉动，如文献所述的对于蜗壳泵的测量[46]。由更大的叶片载荷、更厚的叶片后边缘引起的叶轮进口不均匀流动解释了上述发现。这种现象在蜗壳泵中比在导叶泵中更加明显：在 d_3/d_2 很大时指数变平并且修剪的相关增益变小。在这种情况下，增大叶片载荷的影响可能会更大。

2）叶轮数和导叶叶片数的匹配（见 10.7.1）。

3）多级泵泵轴上叶轮的晃动。

4）双吸泵中两叶轮的晃动。

10.2.4　系统的影响

压力脉动很大程度上受正在运行的泵和测压位置等系统方面的影响。流道横截面（如阀门）上的变化引起反射；向前行进的波与反射波协同传播，因此导致驻波的产生。声音共振和干涉以这种形式产生，使得一定频率下的压力脉动呈现出增加或减少（或者消失）。也正因为如此，压力脉动的测量结果主要取决于测压点的位置。

图 10.7 显示[11]了一个实例：图 10.7a 和图 10.7b 中的测量仪器由安装在泵下游的若干米长的橡胶波纹管组成。橡胶波纹管柔韧性好，被用做管路的开口端并大量地反射声波。如图 10.7a 所示，在距泵下游 355mm 处（图 10.7a），频谱中叶片通过频率（$5n$）及其第一个谐波（$10n$）可以识别。与之相反，由于驻波的作用，在 755mm 处的叶片通过频率和谐波却比 355mm 处的高出好几倍（图 10.7b）。测量发现，较高的压力脉动是在距泵一定距离处而不是在靠近出口或吸入管口处。测得非波纹管的情况下（图 10.7c）在 355mm 距离处，叶片通过频率达到峰值（与波纹管内的测试做对比）。除此之外，还可以测得因节流阀引起的宽频带压力脉动$\ominus$。其他有影响的系统参数如下。

1）流体性质，包括自由气体的含量。流体性质，尤其是声速取决于温度，压力脉动可能随温度的变化而变化，尤其是当共振现象发生时[46]。自由气体的影响在 6.5 和 13.2.4 进行讨论。

2）通过管路布置、阀门和配件或者自由流体表面的吸入口旋涡给出入流条件。

3）装置（阀门、其他水泵）的汽蚀现象，见 6.5。

$\ominus$　文献 [B.20] 中列出了系统对压力脉动影响的例子。更多细节在 10.12.3 中讨论。

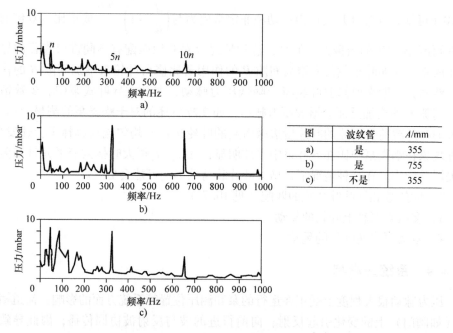

图 10.7　出口管路的压力脉动 $z_{\mathrm{La}} = 5$ [11]

如图 10.7 所示，系统对给定 q^* 处频谱的影响是明确的：激励是恒定的，但声系统响应是变化的。难以解释的是图 10.8 中的试验，描绘三种不同管路布置中测得的压力脉动。转速是 1450r/min，叶轮有七个叶片，导叶有 12 个叶片（$n_q = 37$）[50]。三种测试配置反射部件（孔口、蝶阀、手动阀门）之间的距离 L 不同。图 10.8 给出的基本声频 f 是在假定声速 a 为 1200m/s 的情况下根据 $f = a/(2L)$ 而估算出的。因此应该注意泵中波反射的位置不是明确的，也可能取决于频率。当流量 q^* 约为 1.2 时试验 1 产生的脉动是其他管路中脉动的 2 倍，在小流量范围内甚至出现急剧共振。这可能说明：

1）泵在任意给定流量处产生特定的流型（因此产生一连串的激振力和压力脉动）。显然，67Hz 的脉动在 $q^* = 1.2$ 时较为剧烈，而在 55Hz 和 167Hz 处较弱。与此相反，167Hz 的脉动在 $q^* = 1.13$ 处被激发出来。如果这个假设成立，那么 6% 的流量改变也能导致激振力和系统响应的强烈变化。

2）可能存在系统中声波和泵中流体的相互作用。换句话说，由于驻波导致的压力变化，系统特性是不稳定的。在高频情况下，通过叶轮的流量会产生波动。这一机制与图 10.25 中描述的过程相似，水头变化被认为是由驻波导致的。将试验与图 10.23 结合起来，通过叶轮的流体和声波的相互作用更可能解释这一现象。

3）阀门和孔口的压力脉动对测量有影响，但在流量改变只有百分之几时它们并不会有所改变。

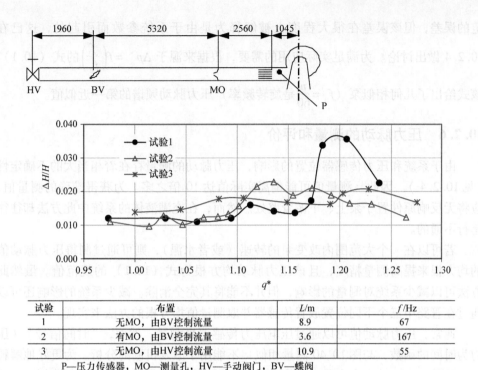

试验	布置	L/m	f/Hz
1	无MO，由BV控制流量	8.9	67
2	有MO，由BV控制流量	3.6	167
3	无MO，由HV控制流量	10.9	55
	P—压力传感器，MO—测量孔，HV—手动阀门，BV—蝶阀		

图 10.8　系统对压力脉动测量的影响[50]

10.2.5　相似定律

声波转化效率未知，所以尚无准确测量压力脉动的方法。部分的机械能可以转化为声能。然而，由经验可知，几何形状相似的泵的压力脉动值大体上以圆周速度的平方增加。因此，式（10.1）是一个有意义的无量纲系数：

$$\Delta p^* = \frac{2\Delta p_{\mathrm{d}}}{\rho u_2^2} \tag{10.1}$$

当然，式（10.1）只在没有声共振时适用。

水力现象产生的噪声根据起主导作用的物理机制[44,70]，可以通过各种物理模型进行描述：净体积波动引起的噪声称为"单极"，其脉动以速度的平方成比例增长。波动升力以"偶极"的形式传播噪声，偶极的振幅以速度的三次方成比例增加。剪切层和涡流以"四极"的形式传播噪声，其信号与速度的四次方成正比。三种机制作用于泵，产生压力脉动振幅，而其振幅在圆周速度的 2 ~ 4 倍指数范围内增加。据推测，导叶叶片（或蜗壳隔舌）由于其位移效应而起着单极的作用。此外，近流场区的水力现象遵循平方律。无论如何，经验表明式（10.1）的平方律很好地描述离心泵的压力脉动情况。如文献［67］在对于转速在 1500 ~ 3300r/min时整体脉动水平和叶片通过频率的测量可证明这点。虽然平方律存在一定的误差，但该误差在很大程度上被解释为是由于系统参数而引起的，这已在 10.2.4 做出讨论。为满足实际应用的需要，根据来源于 $\Delta p^* = f\left(\dfrac{f}{f_n}\right)$ 的式（10.1），该式给出了几何相似泵（$f_n = \dfrac{n}{60}$ 是旋转频率）压力脉动频谱的第一近似值。

10.2.6 压力脉动的测量和评价

由于系统和压力传感器位置的影响，压力脉动的测量存在着相当大的不确定性（见 10.2.4）。因此，测量值可能偏离实际值达 10 倍之多。为获得准确的测量值，应将无反响原件置于泵上、下游管路处。然而，在充满液体的系统中此方法却往往是行不通的。

若可以在一个大范围内改变泵的转速（或者水温），则可通过测得压力脉动值的均方根来提高测量精度，且该压力脉动均方根为式（10.1）的规范值。虽然此方法可以减少系统对测量的影响，但并不能将其完全消除。减少系统的影响还可以通过在管路中三个不同位置放置传感器并取测量值均方根的方法来实现。

通常，压力脉动值可以通过压电压力传感器来测量。然而，"时间信号"（压力为时间的函数，与图 10.40 测量相似）不能用于激发机制的分析。为更好地解释这种测量方法、减少有害脉动的影响，可将时间信号当作一个频率进行分析。由此生成如图 10.7 所示的频谱。如前所述，此频谱包含离散的峰值，如叶片通过频率和旋涡产生的宽频带分量。

傅里叶分析法是分析非谐波压力脉动（机械中很少出现严格的正弦振动）的公认方法。任何周期性非谐波信号均可认为是正弦分量信号的总和，见式（10.2）：

$$p(t) = p_0 + \sum_{v=1}^{\infty} a_v \cos v\omega_0 t + \sum_{v=1}^{\infty} b_v \sin v\omega_0 t \tag{10.2}$$

由式（10.3）可得到平均压力 p_0（测量位置的静态压力）和分量的振幅 a_v 和如下 b_v，其中 $v = 1, 2, 3, \cdots$ 等整数：

$$p_0 = \frac{1}{T}\int_0^T p(t)\,\mathrm{d}t$$

$$a_v = \frac{2}{T}\int_0^T p(t)\cos v\omega_0 t\,\mathrm{d}t$$

$$b_v = \frac{2}{T}\int_0^T p(t)\sin v\omega_0 t\,\mathrm{d}t \tag{10.3}$$

压力脉动可以以不同的方式描述如下：

1）峰峰值：Δp_{p-p}。

2）振幅或峰值：$\Delta p_a = \dfrac{1}{2}\Delta p_{p-p}$。

3）有效平均数 "均方根"（RMS）Δp_{RMS}：

$$\Delta p_{RMS} = \sqrt{\frac{1}{N} \sum_{i=1}^{N} p_i^2} \tag{10.4}$$

$$\Delta p_{RMS} = \frac{\Delta p_a}{\sqrt{2}} = \frac{\Delta p_{p-p}}{2\sqrt{2}} \tag{10.4a}$$

式（10.4a）仅对于正弦信号有效，但它可用于估计。然而，值得注意的是：宽频带信号的峰值可能比 RMS 值高几倍。这样的峰值是否有害取决于其所含能量的大小。因此，即使峰值掩盖了一些值但其并不比 RMS 值更有意义。事实上，RMS 值可以代表能量的多少。在泵及其系统中，用 RMS 值来估计压力脉动是有理有据的。

RMS 值可通过频谱（如 1Hz 的宽频带）或宽频带的均方根来表现，如对于 $1 \sim 2000\text{Hz}$ 的范围，若 n 是窄频带值的数目，式（10.5）为

$$\Delta p_{RMS,BB} = \sqrt{\sum_n (\Delta p_{RMS})^2} \tag{10.5}$$

振幅定义　

10.2.7　泵运行过程中的压力脉动

如图 10.9 和文献［B.20，44］，泵出口测得的压力脉动可通过三个频率范围的有效值来绘制。根据式（10.1），其为无量纲值。曲线 AA 代表算数平均值，曲线 SD 代表标准偏差，曲线 CL 代表 95% 的置信区间。

数据来自于 36 台单级和多级泵的测量结果，大都与文献［26］中的值一致，可用于研究和比较。特殊泵的设计如船用泵的设计，可以得到更低的幅值。

图 10.9 所示的用于导叶的压力脉动也适用于蜗壳泵。测试中的导叶泵是根据 $\frac{d_3}{d_2} = 1.04$ 进行设计的。若叶轮叶片和导叶叶片间的距离小于该比值，则按照 10.2.3 所述压力脉动以 $(d_3/d_2 - 1)^{-0.77}$ 的形式增加。图 10.9 仅适用于 $z_{La} \geqslant 5$ 的情况。3 个或 4 个叶片的压力脉动明显高于预期值，这是因为较大叶片间距易在叶轮出口产生非均匀流。文献［B.20］中的测试数据呈现以下趋势：

1）在 $0 < f < 0.2f_n$ 范围内，3 级泵产生的压力脉动大约为单级泵的 2 倍。

2）$0 < f < 0.2f_n$ 范围内，吸入口的压力脉动约为出口的一半。

3）$f > 0.2f_n$ 时没有普适性趋势，吸入口的压力脉动通常与出口一样，单级泵和三级泵没有明显的不同。

4）$q^* = 0.25$ 时，压力脉动约是最高效率点的 2 倍。

上述水力测试是在无故障操作的工厂里进行的，压力脉动的测试结果是可信的。

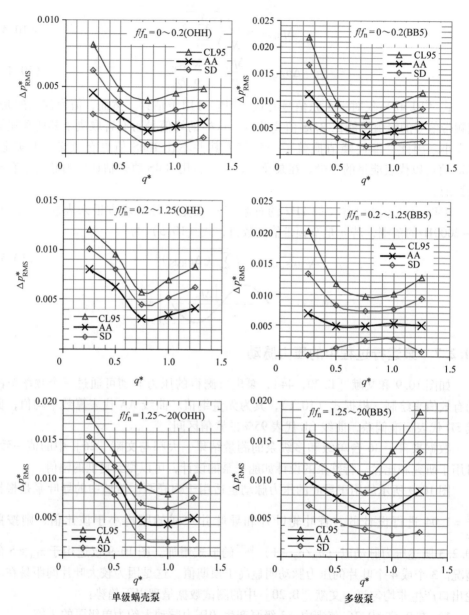

图 10.9 在出口处测得的不同频率范围内的压力脉动统计数据[B.20]

AA 为平均, SD 为标准偏差, CL95 为 95% 的置信区间: $\Delta p_{RMS}^* = \dfrac{2\Delta p_{RMS}}{\rho u_2^2}$

10.2.8 压力脉动的破坏作用

一定程度的压力波动是难以避免的, 并没有不利影响。然而, 过大的压力波动可能会引起泵和管路的振动，甚至可能造成损害。一些典型的问题（参见基于文献 [B. 20] 的表 10.1）如下：

1) 轴承箱振动（可能是共振），有时会导致仪表或辅助管路的疲劳断裂。

2) 底板的振动。通过吸入或排出管路增加压力波动（从图 10.9 中读出），增加运行时的激振力。

3) 节段式多级泵上拉杆螺栓或附加元件的疲劳断裂。

4) 泵的压力脉动可能产生系统的驻波（声波共振）。驻波可能会扰乱控制系统，并诱导管路振动，进而引起仪器线路的损坏，或和其他元件进行共振，如文献 [46] 中记录的核反应堆燃料棒或是热交换器管道发生的共振。

最后，压力脉动是泵内噪声最主要的来源。气体传播的噪声通过泵体、管路、底板传播；而固体传播噪声会传递至管路和基座。

表 10.1　泵部件的水力损坏

损坏	可能的原因	可能的补救措施	备注
1. 叶轮出口处叶片断裂	1.1 叶片相互作用力导致过大的交变应力	1.1 增加叶轮叶片和导叶叶片间的距离 1.2 倾斜切削叶轮后缘	1) 检查叶轮特征频率激发的共振
2. 导叶进口叶片断裂	2.1 同 1.1 2.2 需要封闭的导叶打开了，见 14.1	2.1 如 1.1, 1.2 2.2 安装封闭导叶	2) 表 10.2 所示的进一步的补救措施 3) 铸件质量问题导致
3. 叶轮盖板断裂	3.1 同 1.1 3.2 叶轮叶片和导叶叶片间距离过小 3.3 叶轮盖板厚度不足 3.4 共振	3.1 同 1.1, 1.2 3.2 增大 $\dfrac{d_3}{d_2}$ 3.3 增加盖板厚度 3.4 改变 z_{La} 或 z_{Le}	4) 叶片和盖板之间的缺口的影响 5) 脉动及以 $(d_3^* - 1)^{-0.77}$ 形式减小的交变应力
4. 机械轴封的损坏	4.1 过高的压力脉动 4.2 由汽蚀产生的脉动 4.3 轴的径向振动 4.4 轴的轴向振动	4.1 见表 10.2 4.2 空腔体积减小：更换新叶轮，提高 NPSH 4.3 见表 10.9	机械密封常为敏感元件。其他方面的原因：机械问题、磨损、滑动表面的汽蚀、腐蚀、变形、静电引起的火花
5. 轴断裂	5.1 径向推力过大 5.2 平衡活塞（转子设备）上过大的交变应力	5.1 使用双蜗壳	其他方面的原因：缺口的影响、轴的尺寸不足、腐蚀疲劳

（续）

损坏	可能原因	可能的补救措施	备注
6. 迷宫密封的磨损	6.1 径向推力/轴偏差过大 6.2 轴或泵体的热变形 6.3 过度共振	6.1 双蜗壳，更耐用的轴 6.2 见表 10.9	其他方面的机械原因：材料不适合、轴发生偏转
7. 径向轴承损坏	7.1 径向推力过大 7.2 动态载荷过大（如水力不平衡） 7.3 转子不稳定 7.4 轴承载荷过小	7.1 尽可能采用双蜗壳 7.2、7.3 见表 10.9	机械损坏：轴向偏差引起过大的局部接触载荷、润滑、材料
8. 轴向轴承的损坏	8.1 轴向力过高（如回流的影响） 8.2 迷宫密封的磨损	8.1 测量轴向力，调整平衡活塞或相应的水力部件 8.2 更换迷宫环	机械或瞬态运行问题

10.2.9 设计指南

表 10.2 列出了降低压力脉动和噪声源的设计要点[B.20,52]。减少动静干涉最重要的是：①选择合适的叶轮和导叶叶片数，见 10.7.1 和式（10.13）。②根据表 10.2 中给出的式，叶轮和导叶或蜗壳隔舌间的距离（间隙 B），激振力随（d_3/d_2 -1）$^{0.77}$增加。③降低叶片出口载荷。根据文献［67］中记录的 7、9 和 11 叶片的试验，压力脉动随叶片数的增加而减少。④动静干涉强度会因倾斜/椭圆形的蜗壳隔舌而降低。⑤多级泵转子上采用交错叶轮。⑥在叶轮背靠背式的多级泵中（图 2.9），共振条件出现在的驻波和叶片通过频率之间[74]；分析见 10.12.3。

表 10.2 降低压力脉动的设计指南[B.20]

参数	推荐值		备注
叶轮、导叶叶片之间的距离	$H_{st} < 100m$ 时，$\dfrac{d_3}{d_2}$ 最小值为 1.015		n_q [r/min, m^3/s, m]
	$\dfrac{d_3}{d_2} \geq 1.015 + \left(\dfrac{\rho H_{st}}{\rho_{Ref} H_{Ref}} - 0.1 \right)^{0.8}$	$n_q < 40$	$n_{q,Ref} = 40$ $H_{Ref} = 1000m$
	$\dfrac{d_3}{d_2} = 1.04 + 0.001(n_q - n_{q,Ref})$	$n_q > 40$	d_3 适用于导叶 $\rho_{Ref} = 1000kg/m^3$
叶轮和蜗壳隔舌的距离	$\dfrac{d_z}{d_2} \geq 1.03 + 0.1\dfrac{n_q}{n_{q,Ref}} + 0.07\dfrac{\rho H_{st}}{\rho_{Ref} H_{Ref}}$		d_z 适用于蜗壳，见表 0.2

（续）

参数	推荐值	备注
叶片组合	$m = \nu_3 z_{Le} - \nu_2 z_{La}$ $m = 0$ 必须避免 $\nu < 4$ 的情况	10.7.1
叶轮叶片数	选择 z_{La}，因 $z_{La} f_n$ 不符合交叉通道内的声学特征频率 适用于 H_{st} 大于 100m，z_{La} 不小于 5 的泵	仅在特殊情况下（如在长交叉通道内） 叶片载荷
叶轮叶片出口形状	降低出口附近的叶片载荷；叶片压力面形状	后边缘不能太薄
叶轮叶片出口扭曲（倾斜）		双吸叶轮的叶片（不可能总有效）
叶轮出口倾斜		有效的改进修正因 $\dfrac{d_3}{d_2}$ 改变而增加（但扬程会降低）
蜗壳隔舌的形状	倾斜校正	角度 $\varepsilon > 35°$
部分载荷工况下的压力脉动	避免叶轮进口、蜗壳或导叶喉部在最高效率点的流速过度减小。 $\dfrac{c_{3q}}{c_2}$ 值不能低于 0.8 太多（对最高效率点有影响）	第 5 章
进口管路	根据表 10.13，为避免旋涡形成需要增加加强筋 优化区域分布以避免旋涡	10.12.4 7.13
吸入口	叶轮进口速度分布尽可能均匀 避免不同流面内的连续弯曲 如果需要可安装整流器	11.7
进水池	避免吸气旋涡（"涡带"） 避免底部旋涡 抑制回流作用	

过多的相互作用力或压力脉动可能会引起叶片断裂或其他损坏，通过倾斜切削叶轮叶片后边缘、增加压水室和叶轮叶片间的距离，以及切削叶轮断面，可以降低损坏的风险。然而，以上所采取的措施会影响泵的性能。

10.3 瞬变流条件下的部件载荷

瞬态或杂乱流动条件引起的系统内的强烈压力波动可能会产生瞬间的极高载荷或不同的载荷方向，而引起泵的损坏，且螺栓、螺钉及轴向力平衡盘或活塞都可能发生过载。在水锤的冲击下，泵轴可能受到轴向力平衡活塞所传递的过多载荷的影响，如图 10.10a 所示。

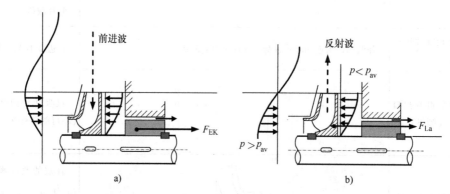

图 10.10 压力脉动对压力分布和作用力的影响

a）前进波导致作用在轴上的过度载荷 b）反射波导致的轴向力反转

系统内过多的压力脉动很有可能增加叶轮或导叶叶片及叶轮盖板上的交变应力。该现象可解释如下：脉动到达叶轮和导叶间的间隙处，进而进入叶轮侧壁间隙，穿过叶轮通道后在环形密封处反射回去。因此，叶轮盖板受叶轮流道和侧壁间隙压力差造成的波动影响，交变应力增加。此解释表明：疲劳断裂可能是由反射波诱发的压力波动引起或促进的。若以上讨论的诱导原理成立，那么间隙 A 不应过小，以便减少 A 处阻抗引起的波反射。因此，出口管路和泵出口室的驻波使叶轮和导叶处的交变应力有所增加。驻波产生的可能部件如图 2.8 泵体套筒的环形压出室或如图 2.9 ~ 图 2.11 所示的背对背式多级泵的长交叉管。

若多级泵叶轮通过口环或轴套被轴向放置于轴上，则力的瞬间变向可能导致多级泵损坏。轴向力通常作用于叶轮进口，推动叶轮以抵抗口环的作用。有时，通过轻微的收缩配合安装的方式将叶轮安装在轴上。如若泵内的压力波动过高，则当波通过泵反射时，轴向力方向会发生改变。由此，最后一级叶轮可能发生轴向位移并与泵壳发生摩擦。图 10.10b 显示出压力波对决定轴推力的叶轮盖板压力分布的影响：波向前（从出口到叶轮）传播，轴向力没有发生太大的变化，这是因为前后盖板受到了大致相同的负载，如图 10.10a 所示。但是，图 10.10b 所示的反射波会引起叶轮进口处的瞬时压力达到峰值，而叶轮出口和侧壁间隙中的压力仍然处于波谷中。

当排出管路充满气体时会产生强烈的瞬时压力脉动，所述的轴向位移和最后一级叶轮的摩擦都可能发生。在轴向上，如果叶轮进口存在前进波形成的高压峰值，那么在吸入管中会产生大幅度的压力脉动，但此时叶轮下游的压力仍很低，则第一级叶轮也会发生类似的轴向位移。

在失稳瞬间，进入叶轮侧壁缝隙的波和经过泵的波之间的反射时间不同，也会引起上述的作用力。仅当叶轮侧壁缝隙处的压力波动出现在小于（或近似）反射时间 Δt 时，叶轮处才会产生巨大的压力差。声速为 a，则反射时间 $\Delta t = \dfrac{(d_2 - d_n)}{(2a)}$。$\dfrac{\lambda}{4}$ 的相应波长为：$\dfrac{\lambda}{4} = \dfrac{1}{2}(d_2 - d_n)$，相应的频率为 $f = \dfrac{a}{\lambda} = \dfrac{1}{2}\dfrac{a}{(d_2 - d_n)}$。在测量水击现象时，相应的频率由记录的压力增量 $\dfrac{d_p}{d_t}$ 以 $f = \dfrac{\left(\dfrac{d_p}{d_t}\right)}{(p_{max}\pi)}$ 进行估算，p_{max} 是压力波动的振幅[73]。

水击作用、在吸入和排出管道中夹杂空气和蒸汽、阀门附件的汽蚀等都可能引起动态载荷增加和强烈的压力波动。在工厂运行过程中，此情况很少有准确的记录，因此该现象也很难得到证明。以上讨论（有些为假设）的机制可能有助于分析此类故障。

10.4　噪声辐射

10.4.1　固体噪声

液体噪声（压力脉动、汽蚀噪声），径向、轴向水力激振力及机械不平衡均会产生吸入口和排出口管路及泵基座的振动，这些噪声以固体传播噪声的形式向外辐射，见文献［25］。此过程的表述为非常复杂的传递函数。通常，固体噪声包括由无限多个纵向、横向波形式的振动模式。宽频带（湍流、汽蚀）或窄频带力（如转动频率、叶片通过频率）可以激振以上振动的特征频率。声音共振也会产生固体噪声。这就是固体噪声频谱（就像压力脉动频谱）为什么如此复杂的原因。通过测量加速度，特殊情况下测量泵与底板间安装的载荷测量器可以测量固体噪声。

固体和液体噪声密度随着频率的增加而急速上升。在约 5 ~ 10kHz 的高频域内，由压力脉动 Δp 引起的固体噪声 b_{ks} 可通过统计能量分析法予以估计。为此，将部件（如泵体）简化为半径为 R 的圆柱，其壁厚为 h、长度为 L、密度为 ρ_p 及盖壁厚度为 h_D[47]。

$$b_{ks} = \frac{\Delta p}{\rho h \sqrt{\dfrac{\rho_p}{\sqrt{3}\pi\rho a}\left(1 + \dfrac{R}{L}\dfrac{h_D}{h}\right)}\sqrt{\dfrac{E}{\rho_p}}} \tag{10.6}$$

式中，b_{ks} 为泵体或管路加速度的均方根；Δp 为压力脉动的均方根。统计能量分析法适用于固体部件高密度的振动模式或有扩散性和宽频带特性的液体声场。

机械振动或二次空气噪声的传播导致固体噪声变成一种环境污染。金属管路、钢结构及混凝土结构的结构阻尼是很小的，因此固体传播噪声可以得到有效的传播。正因为如此，降低固体传播噪声的最行之有效的方法就是减少其噪声源（压力脉动、空化、机械和水力不平衡）。除此之外，如声音衰减等辅助措施也是常用的。

通过阻尼或绝缘的方法可以达到控制噪声的目的。噪声隔离是基于声波在传播的过程中遇到阻抗突然改变时被反射来实现。对固体和液体噪声来说，如软木、塑料泡沫和橡胶这样的轻质材料就能够提供这样的阻抗跃变。如果对系统压力不太大的话，可以采用弹性波纹管以防止固体噪声传播至管路中，平面波的声音性能见 10.12.3。

为避免泵基座受激振动，常将底板安装在如软弹簧或橡胶部件的振动绝缘体上。这种方式的安装表现为质量弹簧系统，该系统可看作是建立在振动计算的确定方法上的。为有效控制振动，所使用的弹簧必须足够柔软，系统特征频率不能大于最低激振频率的一半。这是因为传递至泵基座上的不稳定力仅在 $f = 1.4f_{固有}$ 时小于激振力[57]，见表 17.6。结构的空隙（如泵基座和建筑之间的空隙）将会有效地减少或阻止固体噪声的传播。可是，噪声通过一些不可或缺的水力部件构成"噪声桥"向外传播，这是很难控制的。

10.4.2　空气噪声

固体噪声的部分能量在管路、泵体、底板中以空气噪声的形式传播。空气噪声传播的程度与振动结构有效振动速度及其表面积的乘积成正比，如图 10.11 所示。

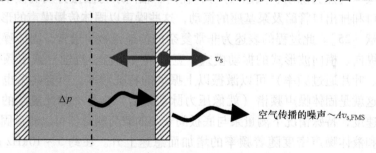

图 10.11　管道振动速度产生的压力脉动 Δp

机器噪声被测量或认定为声功率或声压，它作为"噪声水平"以分贝的形式给出⊖，并按规定使用 A 权重声压级 dB（A）。A 权重（DIN 45635）考虑了人耳

⊖　根据德标 DIN 45635、文献［N.19］和 ISO 测量。

可感知的不同频率噪声导致的扰动。一般以 $800 \sim 5000\mathrm{Hz}$ 的频率域为主，而超出此范围的频率对 A 权重水平的贡献较少。

为了评价各种噪声源（如泵、电动机、齿轮箱、节流阀）的影响，可考虑分析这些部件的声功率级。系统的声功率级为这些声功率级总和的对数。

表 10.3 给出了不同噪声水平的定义并提供了评价噪声水平的公式。表 10.4 给出两个或两个以上噪声源的例子。

当以"规定表面法"确定噪声时，在距泵 1m 的假想方形测量表面 S 上进行声压测量，为了只记录泵的噪声，例如电动机、齿轮箱、阀门及管路等外来噪声源在测试期间需要进行屏蔽。这种屏蔽方式可能相当昂贵，此外在消声室中测得的所有值都需加以修正。

表 10.3　噪声水平的定义

声功率	$L_{\mathrm{w}} = 10\lg\dfrac{W}{W_{\mathrm{o}}}$	$W_{\mathrm{o}} = 10^{-2}W$
声压（p 为 RMS）	$L_{\mathrm{p}} = 20\lg\dfrac{p}{p_{\mathrm{o}}}$	$p_{\mathrm{o}} = 2\times10^{-5}\mathrm{N/m^2}$
测量表面 S 在距离 1m 处	$L_{\mathrm{s}} = 10\lg\dfrac{S}{S_{\mathrm{o}}}$	$S_{\mathrm{o}} = 1\mathrm{m^2}$
由声压计算声功率	$L_{\mathrm{w}} = L_{\mathrm{p}} + L_{\mathrm{s}}$	
增加 n 个噪声源：声功率级	$L_{\mathrm{w,tot}} = 10\lg\left(\sum\limits_{i}^{n}\dfrac{W_{\mathrm{i}}}{W_{\mathrm{o}}}\right) = 10\lg\left(\sum\limits_{i}^{n}10^{0.1L_{\mathrm{w,i}}}\right)$	
增加 n 个噪声源：声压级	如上方式添加单个的声功率级 $L_{\mathrm{w,i}}$，总声功率级取决于所选测量表面	
增加 n 个相同噪声源	$L_{\mathrm{w,tot}} = L_{\mathrm{w.1}} + 10\lg n$	$L_{\mathrm{p,tot}} = L_{\mathrm{p.1}} + 10\lg n$

表 10.4　不同噪声源的添加

增加 n 个相同噪声源							
相同噪声源的个数	2	3	4	5	6	7	8
增加 ΔL	3	4.8	6	7	7.8	8.5	9
增加两个不同噪声源							
水平差异/dB	0	4	8	12	16	>24	
增加 ΔL	3	1.5	0.6	0.3	0.1	0	

总水平：$L_{\mathrm{tot}} = L_1 + \Delta L$，其中 L_1 为两种噪声中的较大值

在很大程度上，"强度测量方法"成为避免了固有的规定表面的更好的方法。该方法基于对泵上不同位置点的声强测量（ISO 9614 - 1）或对测量表面的完整"扫描"（ISO 9614 - 2），将声压强（单位为 $\mathrm{W/m^2}$）定义为单位面积上的声功率。

往往泵运营商会规定泵运行时不得超过的空气噪声最大值。表10.5 给出了满足规定值的公式，该式适用于没有发生空化的高效运行点。根据表10.5 计算的噪声水平可以视为工业泵的预期统计值。设计很差的泵会产生更多的噪声。

表 10.5　泵噪声计算，A 权重水平

泵的类型	声功率	声压
侧流道泵	$L_{WA} = 67 + 12.5\lg\dfrac{p_{opt}}{p_o}$	$L_{PA} = 44 + 11.5\lg\dfrac{p_{opt}}{p_o} + 3\lg\dfrac{n}{n_o}$

以下范围内适用于所有泵型： $10kW < p_{opt} < 10^4 kW$ $200r/min < n < 6000r/min$	声功率	$L_{WA} = 72 + 10\lg\dfrac{p_{opt}}{p_o} - \lg\dfrac{p_{opt}}{10p_o} \pm 4dB$
	测量表面	$L_s = 10\lg\dfrac{S}{S_o} = 12 + \lg\dfrac{p_{opt}}{p_o}$
	声压	$L_{PA} = 60 + 9\lg\dfrac{p_{opt}}{p_o} - \lg\dfrac{p_{opt}}{10p_o} \pm 4dB$

所有式适用于在最高效率点下以功率 p_{opt} 的运行的情况：

参考值：$p_{opt} = 1kW$　$n_o = 1r/min$　$S_o = 1m^2$

部分载荷工况运行或 $q^* > 1$ 时，噪声水平会上升。该效应的定量评估可以由图 10.9 得到。表 10.5 中给出的式既不考虑电动机也不考虑齿轮箱、管路和阀门的影响，这些影响通常会增加单级蜗壳泵约 5dB 的噪声。

减少泵系统产生的噪声污染的一些补救措施：

1）泵的正确选型：避免尺寸过大而造成泵在部分载荷工况运行。

2）取有效的 $NPSH_A$ 或更换满足给定 $NPSH_A$ 的泵，以避免泵在严重空化条件下运行。为达获得该效果需 $NPSH_A > NPSH_0$。

3）降低转速。

4）提高泵转子的平衡性。传动系统更严格对齐。

5）用于调节高压差的阀门也是噪声的主要来源。因此应该选择噪声较小的阀门。这意味着为避免空化产生的噪声应提供足够的背压。

6）降低流速有助于降低管路内的噪声传播。

7）旁通、孔、弯头和突扩处发生的流动分离会产生噪声，因此应设计为光滑流或尽量避免分支、孔等的出现。

8）在距泵上游至少 $L > 10D$ 的距离处布置其他部件，以避免叶轮处流量不足增加泵内噪声。若入口流型弯曲应安装整流器，如在靠近泵上游处有多个弯道时。

9）尽可能选择噪声低的电动机、联轴器和齿轮箱。风扇仅用于电动机的冷却。

10）选择合适的管路以控制固体噪声的传播。

11）管路中的固体噪声传播在很大程度上能被弹性波纹管抑制，它阻断了噪声的传播媒介。

12）如果不会引起振动，可以在弹性波纹管上安装部件。

13）厚泵壳和管路可降低噪声。大而薄的泵体易引起噪声。

14）建筑的设计对于噪声污染有很大的影响。在有坚硬且光滑（平铺）的壁面、地面和天花板的空间中，声音可以得到很好的反射；同时由于没有吸收声音的表面，噪声水平会随之增加。具有吸收噪声的墙壁、天花板和结构部件可降低噪声。

15）噪声、振动绝缘体有助于降低辐射到周围环境的大量噪声。覆盖有片状金属的矿物毛织品（厚度为 1~2mm）构成的绝热材料可以降低 1~4dB 的噪声。金属板越厚隔声效果越好。不覆盖金属的矿物毛织品是无隔声作用的。铝的隔声效果比钢要差，因为铝的密度低。

16）覆盖屏蔽罩可以降低噪声，并根据罩的设计不同可以降低 10~30dB。屏蔽罩在高频域时要比低频域时的作用明显。

17）为在源头上降低噪声，可采用表 10.2 中所列的减少压力脉动的措施。

18）应避免在进口处产生靠近叶轮的非均匀流。

19）气体噪声可以通过增加声音辐射表面（泵体、管路和底板）的厚度来降低。对给定强度的噪声源，加倍壁面厚度可以降低 4.5dB 的噪声。

20）非灌浆构造的底板是噪声的主要来源。阻尼处理（如阻尼盒）可以用于降低底板的噪声辐射。

在试图减少泵站内的噪声时，应注意泵驱动（端如扇叶电动机、齿轮箱）、管路、附属结构、阀门或其他附加噪声源对噪声的整体水平有着相当大的影响（不是主要影响）。有关噪声的更多信息见文献 [47，54，57]。

10.5　离心泵机械振动概述

振动是离心泵最常见的运行问题之一。为解决泵的振动问题，了解水力和机械现象的相互作用规律是至关重要的。基本上，应该区分以下三种基本类型的振动。

（1）自由振动　系统中含有质量、弹簧和阻尼等时会发生自由振动，自由振动由单一事件激振（如接触或击打），之后自发振动，且以其固有频率（即"自然频率"）振动。随着阻尼的增加，振幅衰减越来越快，如由地震产生的自由振动。类似的现象也出现于测定轴承箱、底板或其他结构固有频率的冲击试验过程中。

（2）强迫振动　含有质量、弹簧和阻尼等的系统被周期性力激发，此时便会产生强迫振动。通过这种方式，失衡引起转子振动，振动从轴承和泵体传播至泵基座。系统的反应取决于激励频率 ω 与特征频率 ω_E 的比值及阻尼的大小。$\frac{\omega}{\omega_E}=1$ 时发生共振时，此时如果阻尼很小（共振放大）则振幅变得很大。

激振和系统响应之间的时间关系可由相位角来描述。低阻尼、$\omega \ll \omega_E$ 时，系统激振几乎没有时间迟滞现象。系统中发生共振时，相位角从小于90°变至 90°以上。若系统的阻尼较大，共振时振幅几乎不增加，这种情况表明：共振引起的相位变化要比振幅更能显示共振情况。特征频率不仅可由相近的离散激振频率激振，而且还可以有选择性地由宽频带机制激振。例如：部分负载工况条件下 5 ~ 40Hz 范围内的宽频带压力脉动，即使压力脉动频谱上在 25Hz 处没有峰值，底板的固有频率 25Hz 作为共振顶点也会显示在频谱上。更为复杂的泵振动问题的例子是因叶轮/导叶叶片相互作用或旋转失速引起的轴及轴承外壳的振动。

自激振动：振动结构对激振有所反馈时会产生自激振动。泵转子的振动会在环形密封中产生反作用力。如果密封中流动产生与转子速度方向相同的力，而且保证足够小的阻尼，则会产生自激振动。此时转子变得不稳定，转子振幅受环形密封摩擦等非线性限制（见10.6.6）。然而，自由振动在泵运行中很少出现，强迫和自激振动往往会产生问题。典型问题分类如下：

1）横向轴振动：因为机械和水力不可避免的存在残余不平衡，因此横向振动作为强迫振动在每台泵中均可测得。在靠近轴承处安装探针可以测量轴振动。这种类型的振动在"转子动力学"部分加以讨论。

2）扭转振动：泵的扭转振动在驱动端提供的转矩（不稳定）时非常明显。往复式发动机驱动变频器或泵的电动机就是这种情况，见10.13。

3）轴承箱振动：轴承箱振动是轴承箱对轴的横向振动和泵不稳定变形的反应。安装在垂直、水平和轴向的加速度测量仪可以测量轴承箱振动。叶片通过频率引起的轴承箱共振现象并不多见，特别是半开轴承箱发生共振的现象就更不多见了。闭式轴承箱更为坚固，但过度的振动仍会导致一些问题的出现。10.11 将对轴承箱振动进行讨论。

4）泵/底板的振动：转子振动、压力脉动引起泵/底板的振动并传递至泵基座。底板是有多个自由度的连续结构。必须对高压泵底板激振频率发生共振的危害性进行分析。驱动端或管路也会产生激振力。

5）轴向转子、轴承箱的振动：部分负载工况运行下的单级泵、复式泵上可以观察到轴向转子、轴承箱的振动。该振动是由叶轮进口和出口的非稳定流动引起的。轴向转子往复运动会在叶轮出口处形成回流，进而影响叶轮侧壁间隙处的非稳定流动。该影响在低频时常常发生，因此可以直接观察到轴向转子的运动。

6）立式泵的振动：需分析转子振动和圆柱管振动及这两种现象的耦合振动。此外，还可能存在电动机和电动机座的振动。根据柱管的长度频率，它的特征频率可伴随能接近旋转频率或与旋转频率只差几赫兹。非均匀流尤其是伴随旋涡的非均匀流常常会导致振动问题，见 11.7.3。立式泵的滑动轴承没有确定的载荷，润滑膜产生的刚度和阻尼较低。因此，这种轴承容易因混沌振动轨道而产生不稳定。

过度的振动会引起许多问题，如引起转子摩擦、环形密封的过早磨损、轴承和联轴器的损坏、轴封及底板出现振动和噪声（表10.1）。

10.6　转子动力学

10.6.1　概述

泵转子作为旋转部件和能量传递的起源，也是激振振动的来源。因此，对高压泵的安全运行来说，提高轴振动的可靠性并限制水力激振力是很有必要的[⊖]。转子动态分析的任务是确定特征频率、固有模式以计算强迫反应和估计激振力。任何类型的泵都可能遇到振动问题，虽然以下讨论的物理原理在本质上是通用的，但是对叶轮叶顶转速较高的多级泵来说，转子动力学的研究仍然是最具有意义的[1,21,30]。

泵转子在本质上受到以下力的影响：

1）稳定的力，其决定了轴承处的反作用力，如转子重力和水力方面的径向、轴向力。轴承力决定了刚度、阻尼系数，且对转子的动态行为也有重要影响。

2）机械不平衡和周期的、轴向（和径向）随机的液力导致激振力的产生，对激振力来说同步部件常常是最重要的。其他的激振力归因于旋转失速，以及叶片不平衡力和流动分离、回流、湍流引起的随机力。激振力往往是独立于转子振动而出现的。

3）转子轨迹运动产生水力反作用力。根据径向位移的变化，靠近叶轮的压力分布也会发生变化。虽然振幅往往低于 0.1mm，但高压泵中会产生相当大的反作用力。旋转过程中也会产生环形密封中的非均匀压力分布，从而导致较高的反作用力。这种形式的反作用力仅在转子振动时起作用。

4）同样地，因为润滑油膜中的压力分布取决于转子运动，所以滑动轴承中也会产生反作用力。

5）联轴器校准错误（如由冷/热操作产生）、耦合缺陷及驱动或齿轮传递的振动均会激励转子的振动[12,B.19]。

10.6.2　环形密封中的力

叶片处或轴向力平衡装置处的环形密封力，对泵转子振动起主要作用，它们在很大程度上决定了特征频率、固有模式、反作用力振幅和多级泵的稳定极限值。多级泵"干"临界转速（空气中）的计算不考虑环形密封的作用，此时环形密封的作用仅为泵有效（"湿"）临界转速作用的 30% ~ 50%，因此，空气中多级泵的转

⊖　文献［N. 25］中，每级水头 $\dfrac{H_{st,opt}}{H_{Ref}} > 275 \left(\dfrac{n_{q,Ref}}{n_q} \right)^{1.85} \left(\dfrac{\rho_{Ref}}{\rho} \right)$ 的泵被定义为高压泵，其中 $n_{q,Ref} = 25$，$H_{Ref} = 1m$，$\rho_{Ref} = 1000kg/m^3$。式适用于 $25 < n_q < 67$，低于 $n_q = 25$ 时 $H_{st,opt} = 275m$，大于 $n_q = 67$ 时不做定义。15.4 对此更为详细的讲解，该章将高压泵分为三个质量等级。

子动力计算毫无意义。甚至作为近似时它也不能使用（当然有时要求的干转除外）。

环形密封中的流体力常常根据线性模型计算，如文献［13，21］。部件的径向和切向力通过弹性（k）、阻尼（c）和质量系数（m）来描述，这些物理量与位移、速度和加速度成正比：

$$-\binom{F_{\mathrm{x}}}{F_{\mathrm{y}}} = \begin{pmatrix} k & k_{\mathrm{c}} \\ -k_{\mathrm{c}} & k \end{pmatrix}\binom{x}{y} + \begin{pmatrix} c & c_{\mathrm{c}} \\ -c_{\mathrm{c}} & c \end{pmatrix}\binom{\dot{x}}{\dot{y}} + \begin{pmatrix} m & m_{\mathrm{c}} \\ -m_{\mathrm{c}} & m \end{pmatrix}\binom{\ddot{x}}{\ddot{y}} \tag{10.7}$$

没有下标的系数描述了作用在位移方向及振动速度或加速度方向的反作用力；下标 c 描述的为垂直作用在上述矢量的反作用力。由此产生的力可以解释为密封中压力分布和壁面切应力的积分。式（10.7）是由中心转子位置周围的振动导出的，但式（10.7）可以用于密封间隙高达 50% 的静态偏心率。在式（10.7）中，假设该系统旋转对称（矩阵中对角线上的值相等）。而本质上，该假设仅用于 $\dfrac{L_{\mathrm{sp}}}{d_{\mathrm{sp}}} < 0.5$ 的短密封。对于 $\dfrac{L_{\mathrm{sp}}}{d_{\mathrm{sp}}} > 0.75$ 的长密封，如平衡活塞，在公式第四个矩阵中必须考虑密封转子轴线可能出现倾斜的影响因素。如果长密封被深环形凹槽切断，则圆周附近可假设压力均匀分布，此时在长密封中不需要第四个矩阵（这样的凹槽如图 2.8 所示）。

式（10.7）中的系数大小取决于密封的几何形状及流动条件，其值由试验或由计算机程序计算而得，见文献［3，13，38，56，75，77］。图 10.12 中提供了用于短环形密封的系数范围，如叶轮进口或级间的密封。该数据也可用于光滑密封或浅锯齿密封（槽深度达 0.5mm）。图 10.7 提供了定义密封系数的所有公式和测试覆盖的参数范围。

图 10.12 表明交叉耦合刚度 k_{c}^{*} 随着密封进口预旋 U_{t}^{*} 的增加而增加，以及随旋转速度 ωR 与轴向速度 c_{ax} 比值的增加而增加。与此相反，随着轴向速度与圆周速度的比值增加，直接阻尼 c^{*} 反而减小，其他系数几乎与流动条件无关。图 10.12 中列出了 k^{*}、c_{c}^{*}、m^{*}、m_{c}^{*} 的范围。应用于典型的叶轮进口的密封和级间密封的区域如图 10.12 所示。转子特性评定的必需项是径向和轴向力，主要取决于振幅 A 和振动频率 Ω。根据图 10.12 中的系数，式（10.8）给出了径向力 F_{r} 和轴向力 F_{t}。

$$F_{\mathrm{r}} = LR\Delta p\,\frac{A}{s}\left\{ -k^{*} - c_{\mathrm{c}}^{*}\,\frac{\Omega}{\omega} + m^{*}\left(\frac{\Omega}{\omega}\right)^{2} \right\}$$

$$F_{\mathrm{t}} = LR\Delta p\,\frac{A}{s}\left\{ +k_{\mathrm{c}}^{*} - c^{*}\,\frac{\Omega}{\omega} - m_{\mathrm{c}}^{*}\left(\frac{\Omega}{\omega}\right)^{2} \right\} \tag{10.8}$$

与瞬时转子位移方向相反的负径向力有定心作用，并且能够提高转子的特征频率。与瞬时圆周轨道运动相反的负切向力起到阻尼的作用。若轨道运动与轴旋转方

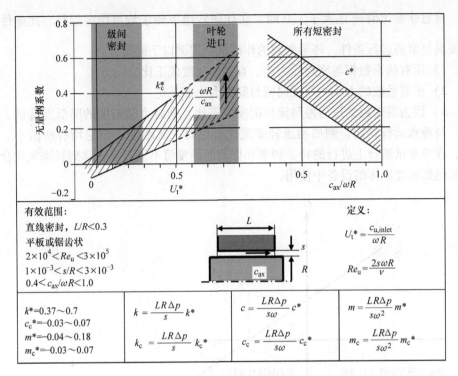

图 10.12　短环形密封的无量纲系数[13]

向相反、轴向力 $F_t > 0$，则转子运转稳定。图 10.13 中给出了这些条件，忽略交叉耦合质量带来的较小影响，由式（10.8），在 $F_t = 0$、$k_c^* = \dfrac{c^* \Omega}{\omega}$ 的条件下，推导出了稳定极限值。由此，圆周运动的极限频率遵循式（10.9）：

$$\Omega_{\text{limit}} = \frac{\omega k_c^*}{c^*} \tag{10.9}$$

大于 Ω 时，阻尼为正，转子运行稳定；小于该极限值时，自激振动致使无法运行。频率限制使得运行速度 ω 与交叉耦合刚度 k_c^* 的比值增加，并随着直接阻尼 c^* 的增加而减小。若转子以其最低（取决于速度）特征频率振动，则在以下操作速度 n_{el}（每分钟转速）时可达到稳定极限：

$$n_{\text{el}} = 60 f_{\text{el}} \frac{c^*}{k_c^*} \tag{10.10}$$

当转子受不平衡力引起的强迫振动支配时，转子频率与旋转频率相同。稳定极限值 n_{el} 与运行速度 n 的比值变为

$$\frac{n_{\text{el}}}{n} = \frac{c^*}{k_c^*} \tag{10.11}$$

这意味着比值 $\dfrac{c^*}{k_c^*}$ 远大于 1.0 时，在任何转速下转子均可稳定运行。此条件首先要满足泵的运行条件。环形密封的作用机制遵循以下原则：

1）所有的系数都与密封压力差、直径和长度成正比。

2）所有系数的大小均与径向密封间隙大小成反比。

3）因为沿密封的压力差与流体密度成正比，密封力随密度的降低而降低，因此，与冷水运行相比，例如抽送轻碳氢化合物时，其刚度和阻尼均有所减小。因此，在冷水试验台上进行的特征频率和振动的测量值不能直接转移到轻碳氢化合物或其他低密度流体的设备中使用。

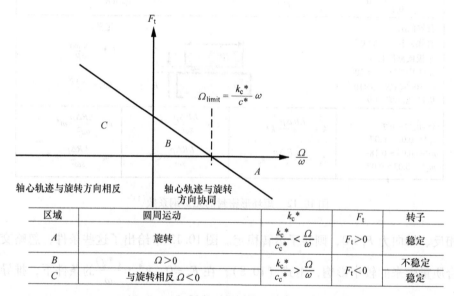

区域	圆周运动	k_c^*	F_t	转子
A	旋转	$\dfrac{k_c^*}{c_c^*} < \dfrac{\Omega}{\omega}$	$F_t > 0$	稳定
B	$\Omega > 0$	$\dfrac{k_c^*}{c_c^*} > \dfrac{\Omega}{\omega}$	$F_t < 0$	不稳定
C	与旋转相反 $\Omega < 0$			稳定

图 10.13 转子不稳定性

4）直接刚度决定了径向力的大小，因为直接刚度控制着质量项和交叉耦合阻尼的大小。短环形密封（如 $\dfrac{L_{sp}}{r_{sp}} < 0.3$ 的密封）的直接刚度由以下原理产生：小间隙（因 $\lambda \dfrac{L}{s}$ 导致流动阻力较高）的流动速度比大间隙的要低，如图 10.14a 所示。由于速度较高一侧的进口损失较大，产生了窄和宽缺口间的压力差。这个压力差产生了一个与转子位移方向相反的力，所以此压力差起到转子定心的作用。该原理常常被归类为"Lomakin 效应"。直径为 d_{sp}，径向间隙 s，摩擦因数 λ 及长度 L_{sp} 的短环形密封的刚度 k 可以由文献 [36] 估算：

$$k = \dfrac{1.4 a L_{sp} d_{sp} \Delta p}{(1+a)^2 s}, a = \dfrac{\lambda L_{sp}}{2s} \qquad (10.12)$$

5）正刚度增大转子的特征频率。因此，特征频率随着密封压差 Δp 的增长、转子速度的增加而增大，因为 $\Delta p \sim n^2$。

6）"Lomakin 效应"的定心作用与"伯努利效应"相对，如图 10.14b 所示。由转轴上切应力产生的连续圆周流动在窄间隙一侧获得最大速度。根据伯努利方程，最高速与最低压一致。因此，非定心力分量从较窄侧间隙作用到较宽侧间隙[15]。因为产生由壁面切应力引起的大量周向流需要一定的距离，因而在短密封中伯努利效应很微弱，但伯努利效应在长环形密封中起主要作用。以上所述仅对流体进入密封时不产生大的圆周速度的情况成立。无深环形槽打断的长密封易偏离中心[21]。

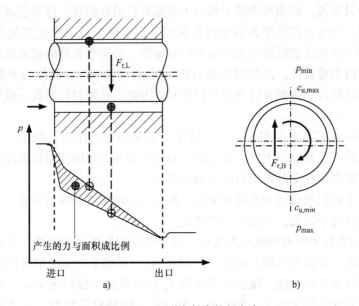

图 10.14 环形密封中的径向力
a）轴向流动效应（Lomakin 效应） b）径向流动效应（伯努利效应）

7）间隙宽度越小，定心力越大。若密封在使用时发生损耗（如摩擦磨损），转子的固有值和临界速度都会降低。

8）虽然深槽易减少泄漏，但深槽也降低了密封的刚度，因而对转子稳定性不利。在给定条件下，光滑的环形密封刚度最大，但这种环形密封对磨损特别敏感，且会增加转子卡死的危险。浅槽密封是对上述两个极端的折中。定子槽由于增加的摩擦面会降低密封中的圆周速度分量，从而使交叉耦合刚度降低。

9）切向力是作用在振动轨迹方向（或反向力）上的力。它决定了转子的阻尼和稳定性。有效阻尼来自于两个相反的作用：①与轨迹频率成正比的直接阻尼可稳定转子，因为与运动方向相反。直接阻尼随着轴向速度分量和周向速度分量比值的增加而减小，如图 10.12 所示。②交叉耦合刚度作用在圆周运动方向上，它供给转子是不稳定的约束力。密封进口的强预旋及圆周速度和轴向速度的较大比值会增加耦合刚度、降低有效阻尼，所以也是不稳定的。若切向力变为 0 或者正值，除非转子被轴承或其他部件提供充分的阻尼，否则一定会产生自激振动。

10）长密封（大 $\dfrac{L_{sp}}{d_{sp}}$ 值）质量项的影响是相当大的，如平衡活塞。

光滑缝隙对特征频率有很大的影响，而有深槽的密封对特征频率的影响却很小。正如光滑密封会减弱转子阻尼一样，深槽密封也会减弱转子阻尼。因此，选择槽深度时要兼顾泄漏（即效率）和转子动态特性。虽然表 10.12 中的系数仅适用于短密封，但其物理原理可用于如平衡活塞或作为轴封的长密封。

对长密封来说，必须考虑转子相对于节流衬套的倾斜度，因为它减弱了密封的刚度。因此，有时会在沿平衡活塞衬套长度方向上两个或三个位置处加工深环形槽，就是为了提高活塞附近的圆周压力的均衡性。长密封系数的试验数据在高压泵的压力范围内很难获得，这是因为数百巴（1bar = 0.1MPa）的压力差会产生极高的力，且在试验台上很难对这些力进行控制。因此，长密封的系数一般来自于理论计算[34,36]。

如 200bar 的高压泵的平衡活塞对转子有很强的定心作用。因此，本质上靠近活塞的径向转子位置是由上述力决定的。如果活塞与轴承的相对位置没有很好地调整，就有可能会出现交替轴应力甚至轴的失效。

对于要求低振动运行的多级泵来说，高阻尼是最重要的准则要求。以下两种方法可用于提高转子阻尼，提高边界稳定性：

1）减小密封中的圆周流动速度 c_u。这种方法的好处是双重的。首先，增强直接阻尼；其次，降低交叉耦合刚度（如驱动力）。事实上，交叉耦合刚度约与密封中的平均圆周速度成正比。轴向流动速度 c_u 仅可通过粗糙的定子表面或阻碍圆周方向流动的特殊结构来减小，如文献［22，37］的蜂窝状密封。若将锯齿密封用于减少泄漏和/或转子振动风险，则锯齿状突起应该被加工成固定片状，以通过增加定子表面摩擦的方式来减小圆周流动速度 c_u。如果定子衬套上螺旋槽的设计是用于实现泵送作用以抵抗转子旋转，则其也可以减少交叉耦合的刚度[21]。然而，轴封越短，使用该措施得到的效率越低，这是因为流动路径太短而不能有效地降低短密封的进口旋涡。若密封够长 $\left(\dfrac{L_{sp}}{d_{sp}} > 0.5\right)$ 或者密封处的进口预旋较强 $\left(\dfrac{c_u}{u} > 0.5\right)$，则此时采用表面粗糙的定子是有宜的。

2）用涡流制动器降低密封进口预旋[41]。文献［13，43］所进行的测试显示了通过在平衡活塞处引入的涡流制动器来增加阻尼的情况。在 2 倍设计间隙的情况下，当安装涡流制动器时，振幅会降低超过 50%，证明涡流制动器在叶轮进口密封处是有效的。与此相反，当级间几乎没有预旋时，放置涡流制动器将没有改进作用。在很短的密封中，只能通过安装涡流制动器的方法来改进。

如果泄漏呈向内放射状，密封进口处的预旋会随泄漏流速、叶轮出口的切向速

度 c_{2u} 及叶轮直径与密封直径比值 $\dfrac{d_2}{d_{sp}}$ 的增加而增加,见 9.1。因此,在低比转速时,泵内会呈现出特别高的预旋(图 9.9)。若密封在运行过程中发生磨损,密封间隙增大,更会引起预旋强度的剧烈增长及旋转特征频率、阻尼的急剧下降。

相比之下,如果流体以较低的切向速度从压水室进入叶轮侧壁间隙,那么,密封的预旋会降低,旋转阻尼增高、旋转振幅下降。这也可能引发振幅的突然改变,如图 10.10 给出的 $q^* = 0.25$ 时的锅炉给水泵的测试,如图 10.15 所示[43]。在这个测试中,平衡活塞处的间隙、叶轮处的间隙扩大到其各自设计值的 2 倍。当泵运行转速超过 6600r/min 时,振幅急剧下降。以下原理将解释该现象:$q^* = 0.25$ 时,叶轮出口的回流得到了充分发展。因为液体流动转速随着转速的增加而加快,越来越多的低切向速度的流体被吸入叶轮侧壁间隙,平衡活塞处的预旋也随之减少。显然,此作用引起的预旋降低与涡流制动器的效果相同。上述结论是在转速 $n > 6600r/min$ 条件下,根据测试所得的振幅数据总结出来的。

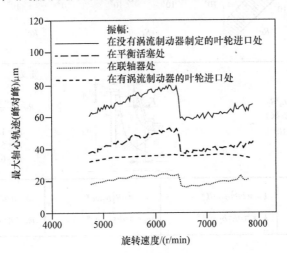

图 10.15 双倍间隙 $q^* = 0.25$ 时,部分载荷工况下回流对轴振动的影响[43]

10.6.3 叶轮的水力相互作用

如果叶轮由于转子振动而在中心位置周围移动,叶轮圆周压力分布会发生改变。由此,反作用力以与环形密封中相似的方式而产生。这些反作用力可以通过式(10.7)中由刚度、阻尼和质量构成的线性模型所描述。这些相互作用力不仅作用于叶轮出口宽度也作用于盖板上。如盖板与轴不垂直,则该作用有可能相当大。图 10.16 显示了对于导叶式泵刚度、阻尼和质量的测量[13],其中公式定义了力系数和试验参数。文献 [15] 中引用的系数与图 10.16 的大小相同。

试验数据呈现出以下趋势:来自于式(10.8)中的径向力对特征频率的影响

很小，这是因为直接刚度很低，而且质量、交叉耦合阻尼（两者都很重要）很大程度上起到了补偿作用。总之，水力叶轮相互作用对特征频率有轻微的负面影响。因为交叉耦合刚度很大而直接阻尼却很小，因而切向力不稳定。在叶轮达到极限速度时易导致转子不稳定，该极限速度值遵循式（10.9）和图10.13。一般情况下，水力叶轮相互作用力要比环形密封的作用力小一个数量级。

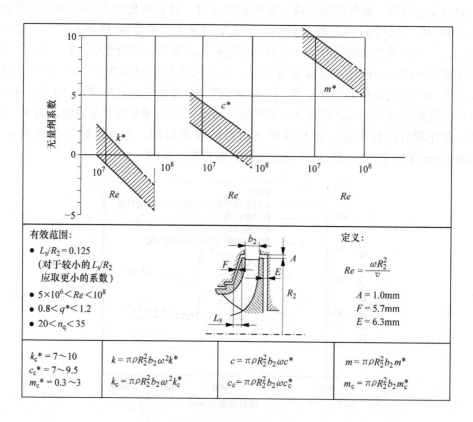

图 10.16 叶轮的水力相互作用系数[13]

对于给定的叶轮，在结合蜗壳和导叶进行测量时，发现叶轮相互作用系数的差异较小。同样地，有叶式和无叶式导叶的差异也很小。在盖板相对于转子轴垂直的叶轮中测得相互作用力也非常小。因此叶轮的水力相互作用主要受前盖板的影响[21]。为了减少不稳定性，叶轮前盖板的径向投影应尽可能小，以达到减小径向力的目的。从叶轮侧壁间隙的模拟可以看出系数随着侧壁间隙的减小而增大。交叉耦合刚度及由此引起的前盖板的不稳定性随预旋的增加而增加。来自于叶轮侧壁的泄漏流主要影响直接刚度，该泄漏流无定心作用并且会降低特征频率[40]。因为叶轮水力相互作用的试验数据很少，所以并没有得出趋势性的结论。

10.6.4 轴承反作用力

径向轴承润滑油膜内的压力分布提供了用以平衡轴传输过来的外力的反作用力。轴承载荷越大，则油膜厚度越薄。正是因为膜厚度的变化在百分之几毫米的范围内，径向滑动轴承的刚度相当大；滑动轴承提供阻尼。设质量项为 0，若振动诱导运动很小，则滑动轴承的动态特征可以通过式（10.7）来进行描述。用于估计式（10.7）的必需系数可以由轴承制造商提供的试验数据获得，或由计算机计算得到。相关的重要参数如下。

1）最为重要的是轴承的类型。因为圆柱轴承不稳定（"油膜振荡"），所以它不适用于高速泵。当式（10.8）中 $\frac{\omega}{\Omega} > 2$ 时，切向力变为正值，则此时达到不稳定临界值。因转子以其特征频率振动，当转速达到 2 倍临界转速时，轴承的不稳定性会有所增加。多叶片高速泵的轴承具有良好的阻尼。滚动轴承具有较高的刚度，但阻尼却很小，所以不适合用于大载荷的高速泵。滚动轴承中不会出现不稳定性，此内容将在 10.6.6 中继续讨论。

2）润滑油的黏度（温度）。在与预测的振动比较时，应该考虑温度效应的影响。

3）轴承间隙和宽直径比 $\frac{B}{D}$。

4）轴承载荷：大载荷情况不趋于稳定，小载荷情况下不稳定。

通常，直接确定了动态轴承系数的轴承载荷计算有着极大的不确定性。而在足够精度的范围内，可以确定转子的重力，导叶或蜗壳泵产生的径向力的大小仅是由表 9.4 中给出的统计数据决定。径向力的方向很难预测。此外，径向力的大小和方向取决于流量的大小，图 9.32 中的试验充分证明了这点。因此，有时转子重力、轴向力以同一流量作用于相同方向，而在其他流量和卸掉轴承时，两者方向相反的情况时有发生。这种效应很好地解释了在泵振动现象中观察到的很多明显的悖论。

可以承受较大载荷的倾斜状轴向力轴承会产生恢复力矩，该力矩的作用是抵抗轴的偏转及提供附加阻尼。当轴是由悬挂式的轴向轴承支撑时，以上作用更为明显；也就是说，最高振幅出现在靠近轴向轴承处。

10.6.5 特征值和临界转速度

多级泵的转子动力学分析一般是通过的计算机程序来模拟转子、轴承动态响应、环形密封及叶轮水力的相互作用的情况。这种分析的目的是确定特征值，包括取决于转速的特征频率、固有模态和阻尼。该研究的结果如图 10.17 所示，且以坎贝尔图表的形式呈现。这些特征值是为应对设计转速和 2 倍环形密封设计间隙而绘制的。通过曲线图原点的同步振动直线在"临界转速"f_{kr} 处与曲线相交，此处

"临界转速" f_{kr} 取决于环形密封中恢复力（即刚度）的大小。在运行转速为 f_{EB} 时，可以将临界转速与特征频率明确区分开来。后者是运行过程中轴的激振振动的振动频率。如图 10.17 所示，环形密封特征频率取决于其恢复力的大小。在转子不稳定时，轴以其特征频率振动。因不平衡而激振共振时，转子以其临界较速振动。从图 10.17 中可以得出结论：密封间隙的持续变化将导致无限多个特征频率和临界转速。

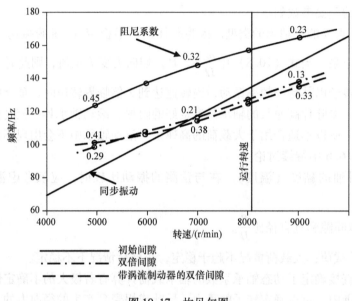

图 10.17　坎贝尔图

图 10.17 中插入了阻尼系数 D，此处 D 是莱尔阻尼；$D = 1$ 时相当于非周期阻尼或"临界阻尼"。共振大约以 $Q_A = \dfrac{1}{(2D)}$ 放大。图 10.17 中所示例子中，当密封间隙加大 1 倍时，给定转速下的阻尼减少大约 40%。平衡活塞处的涡流制动器可以产生很大的阻尼，但对特征频率却没有实质上的影响。

总的来说，多级泵的轴不会在一个平面内振动，正如两点支撑构成的简单梁一样不会发生振动，但每一个固有值均与一个"固有模式"相关联。固有模态呈现了转子在以特征频率振动时轴的三维曲线。图 10.18 显示了转速为 7900r/min（132Hz）时，锅炉给水泵的两个最小阻尼下固有模态的例子。模式 A 显示转子在中轴面上的最高振幅；特征频率低于转动频率。相比之下，模式 B 在悬臂式联轴器及轴向轴承时承受振动极限，但其特征频率略高于转动频率。模式 A 比模式 B 有更好的阻尼作用，这是因为环形密封和轴承处的振幅较大。

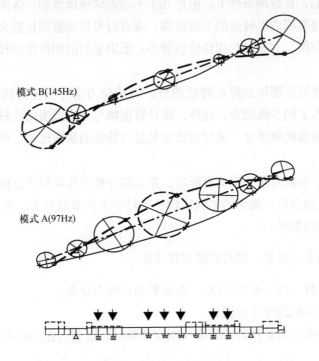

图 10.18　计算的特征值和固有模态（$n = 7900\mathrm{r/min}$）

每个固有模态均与特定阻尼有关。因阻尼与振动转速成正比，引入以下原理：若轴承或环形密封处于或接近最大振幅处，则转子阻尼增加；靠近振动节点（振幅最小处）的轴承或密封不会产生阻尼。反之亦然，造成不稳定的不利因素在振动节点处最小；但当其置于振幅最大处时，危害也最大。当为了使整体阻尼最大化，在设计转子时应将这些原理考虑在内。

通常，因为磨损的存在，运行时环形密封间隙会逐渐扩大，因此固化及阻尼效应逐渐减弱。设计泵时必须考虑这点，如可以通过定义最大允许间隙（通常为 2 倍设计间隙），以及图 10.17 所示分析的新转子和已经磨损的转子情况来实现。这一分析表明，已发生磨损条件下的临界转速处于运行转速范围之内。若阻尼足够大，则此范围是可以接受的，这是因为在这种情况下共振很难在运行时被检测到。这与涡轮压缩机形成了鲜明的对比，涡轮压缩机不能在临界转速下运行，因其阻尼不够。试验证明，在 $D > 2$ 时，高压泵在接近或处于临界转速时运行是完全可以接受的。对于已磨损的间隙，在以最大转速运行时，应维持最小阻尼 $D > 0.05$，以防止发生转子不稳定现象[13]。

若将轴振动的振幅表示为转速的函数，从振幅和相位角的特性中可以定性地评估转子阻尼：①若阻尼很大，振幅以低于转速平方的比例上升。②如图 10.15 所示的涡轮制动试验，在极端条件下，阻尼几乎不随着转速而增加。③阻尼很小时，振幅在亚临界转速范围内以转速的平方增加。④有时可以观察到指数大于 2 的共振范例。对高阻尼来说，共振时的相位位移较小；低阻尼时的相位角在接近共振时变化剧烈。

除了通过坎贝尔图得到阻尼特征值外，转子动力学分析包括轴强迫振动的计算。为此，引入了同步激振力。此外，将计算振幅与允许范围做比较，用于量化因不平衡造成泵振动的敏感性。通过与已知其运行特征的泵做比较，可以对敏感性系数进行校正[13]。

总之，以下参数对转子振动有影响，并且在分析中应将如下方面考虑在内：

1）转子几何参数：轴承的形状、轴径、转子上的质量分布，尤其是悬臂部件（如联轴器及轴向轴承）。

2）径向轴承：类型、相对间隙和宽径比 $\dfrac{b}{d}$。

3）轴承载荷：转子重力、以 q^* 为函数的径向力分布。

4）润滑油膜的黏度（油温）。

5）轴向轴承：质量和悬臂载荷（刚度和阻尼）及横向振动中抵抗弯曲的恢复力矩。

6）联轴器：类型、质量和悬臂、校准误差。

7）叶轮和平衡装置处的环形密封；表面几何（平面，锯齿状或蜂窝状突起）、间隙、长径比、压力差、预旋、雷诺数（轴向或切向）、长环形密封的倾斜度及叶轮侧壁间隙的泄漏。

8）叶轮的水力相互作用：叶轮几何（b_2、d_2）、前盖板与泵轴的角度、叶轮侧壁间隙的泄漏量，以及进入叶轮侧壁间隙的泄漏流旋涡。

10.6.6　转子不稳定性

径向轴承、环形密封或水力的相互作用都会引起自激振动（"转子不稳定性"）。这种不稳定由以下机理产生：振动体形成的压力分布产生作用于振动体移动方向的分力。因此，能量由周向运动流体传递给转子，从而使流体运动加快。不稳定现象发生时，供应给转子的能量必须超过抵抗振动的直接阻尼。两种作用结合起来产生了这样的压力分布：首先，流体流动力被振动力所替代（与容积泵相似）；其次，在径向轴承效作用下使流体通过转轴边界层而进行传输。

引起"轴心轨迹"沿旋转方向运动的所有机制都会引起转子不稳定性[31]：

1）通过叶轮环形密封和平衡活塞的湍流。

2）径向轴承内的层流产生的振动频率与旋转频率的比值$\frac{\Omega}{\omega}=0.45\sim0.48$。

3）叶轮的水力相互作用。

4）开式叶轮产生的激振力（"奥尔福德效应"）。

5）转子内部摩擦力，如过盈配合中：$\frac{\Omega}{\omega}=0.2\sim1.0$。

6）转子内的液体积聚，如空心轴或联轴器中：$\frac{\Omega}{\omega}=0.5\sim1.0$。

合理的设计可以避免5）和6）的影响。在1）~4）中，振动体产生作用在旋转方向并抵抗直接阻尼的切向力。阻尼随$\frac{\Omega}{\omega}$的增加而增加，因此在频率低于振动频率特定极限值时会产生不稳定现象。

对于大多数的不稳定现象来说，转子以其低于实际运行转速的最低特征频率振动。因此，不稳定常被认为是次同步谐振。如不稳定现象产生后随着转速的增加，振动频率几乎保持不变，但振幅急剧增长直到被非线性效应限制住，例如受到环形密封处的摩擦作用。

图10.19测量了多级泵在转速从1500r/min升高到5500r/min过程中的轴振动情况（泵在空气中运行）。这样的图表被称为"波特图"，在坐标系中以微米为单位绘制峰峰振幅。频谱显示的特征频率为35Hz。图中显示了随转速增加而增加的同步振幅（因不平衡而产生）。大约在5000r/min时，突然出现大幅上升的次同步振动峰值。转子不稳定性固定在35Hz的转子固有频率左右。

在极少数情况下，可以观察到超同步不稳定性，这种超同步不稳定性可以解释为流体进入密封时的切向速度高于$c_u > \omega R$。在这种情况下，涡流制动器似乎是最有效的补救措施。

非定常三维流动导致密封或轴承内的不稳定性是难以观察到的，可参考图10.20进行简单的解释：轴承间隙内流体循环速度大概是转子速度的一半。壁面切应力和振动轨迹$e\Omega$引起的流体位移导致了流体循环。轴承间隙内的压力分布在转子位移方向是不对称的，而在最窄间隙的上游具有最大压力（由径向轴承理论给出）。压力分布产生的力F_B不仅具有与轴位移相反的径向分力$F_{B,r}$，而且还具有作用在轴旋转方向的切向分力$F_{B,t}$。若这个切向分力超过阻尼，因轨迹运动产生的离心力F_z使该间隙进一步减小，由此产生了自激振动（不稳定）。一般在最低固有频率相对应的转速的2倍时达到稳定极限。对于该现象有以下三种原因：①切向力随着间隙内平均循环流体速度c_u的增加而增加；②不稳定转子以其固有频率振动；③平均切向速度约为转子圆周速度的一半。换句话说：轴承不稳定性出现在间隙内的切向速度c_u与在最低固有频率ω_E条件下转子的转速相等时，即$c_u = r\omega_E$。

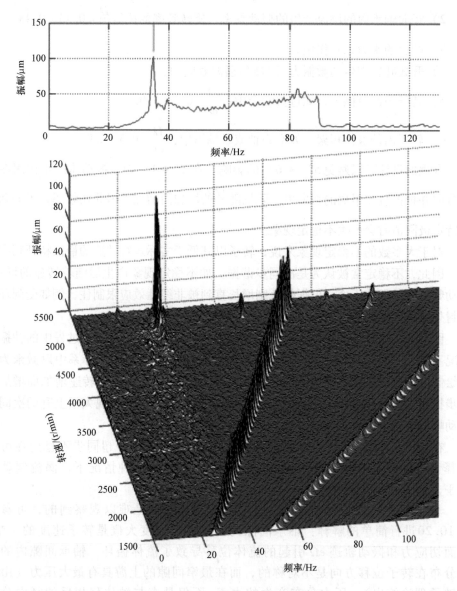

图 10.19　多级泵启动过程中的转子失稳

　　如 10.6.2 所提到的，可以认为转子稳定性随着环形密封内的平均切向速度的减小而大大增加。该现象可通过以下条件实现：①粗糙的定子表面；②涡流制动器；③蜂窝状突起；④多孔状。同样地，增加转子（最低）固有频率可以加大稳态运行的范围，这是因为运行转速与最低固有频率的比值 $\dfrac{\omega}{\omega_{\mathrm{E}}}$ 决定了稳态的极限值。

　　虽然流动通常为湍流，但我们可定性地认为导致环形密封及叶轮侧壁间隙

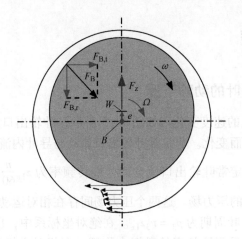

图 10.20　不稳定机理

W—轴的中心　B—孔的中心　e—离心率　ω—轴的角速度　Ω—角旋转速度

F_B—水力轴承作用产生的力　F_z—圆周运动产生的离心力

（其为叶轮水力相互作用的重要方面）不稳定性的原理与上述讨论的径向轴承相似。强迫振动与自激振动的差异见表 10.6。

表 10.6　强迫振动与自激振动的比较

特性	强迫振动	自激振动
频率	振动频率与激振频率相同：旋转频率，旋转失速频率，或叶片通过频率及其谐波	振动频率与转子固有频率相同；对转速的依赖性较小；通常为次同步振动
振幅	在频谱中振幅峰值随转速的增加而增加。共振或弱阻尼出现时，振幅也会有所增加	振动会在大于（稳定）极限时突然出现，并随转速的进一步增加而剧烈增长
轴心轨迹	与旋转方向一致	大部分情况在旋转方向一致
转子应力	若旋转频率激振转子应力，则转子会以其自身形状做曲线运动；此时并不产生交变应力	转子受交变应力的作用，其频率等于旋转频率与振动频率之差
阻尼的影响	附加阻尼会降低振幅，对振动频率有略微影响	附加阻尼会增加转速极限值，但对振幅没有影响
几何参数的影响	机械和水力不平衡决定激振的产生	振幅独立于旋转对称：达到稳定极限后发生自激
措施	1）机械平衡 2）减少水力不平衡现象（精密铸造） 3）增加阻尼以限制振幅的大小 4）改变临界振幅以避免共振的产生	1）增加阻尼以获得更高的稳定极限值 2）降低交叉耦合刚度（涡流制动器，粗糙面定子） 3）增加固有频率

10.7　水力激振

10.7.1　叶轮与导叶的动静干涉

（1）叶轮叶片上的速度变化　如图 10.5 所示，叶轮出口绝对速度的角度和大小随叶片间距的不同而变化。非定常叶轮出口流动与导叶内流动的相互作用是激振力的重要来源，即非定常叶轮出口流会产生旋转频率为 $z_{La}\dfrac{n}{60}$ 的压力场；此流动进入导叶后引起了复杂的压力场。这两个压力场间存在相对运动，其相对运动的叶轮周期为 $p_2 = \nu_2 z_{La}$，导叶周期为 $p_3 = \nu_3 z_{Le}$。在绝对坐标系中，压力场以 $p_2 f_n$ 的频率进行旋转，泵体和轴受到该频率的激振力作用。在相对坐标系中（或旋转参考系中），压力场以 $p_3 f_n$ 的频率旋转，叶轮受该频率的激振力作用。图 10.21 通过测量数据说明了以下关系：图 10.21a 显示了测得的一个叶轮旋转周期中在蜗壳内（即在绝对坐标系中）测得的非定常压力；7 叶片叶轮产生了规律的周期性压力脉动，且该脉动随着距叶轮出口距离的增加而衰减。如图 10.21b 显示了在相对坐标系中，压力信号可通过安装在叶轮处的传感器来测量；又因泵为双蜗壳结构，因此在相对坐标系中测得的压力场具有两个基本的周期性。

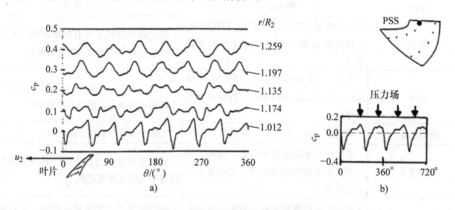

图 10.21　非定常压力脉动

a）与叶轮同步旋转，$q^* = 1$ 时在绝对坐标系中的测量　b）$q^* = 0.7$ 时在相对坐标系中的测量[53]

尽管叶轮和导叶的压力场不能准确测量，但选择合适的叶轮和导叶叶片数组合来说却是非常重要的[10,17-29]。即使不能掌握叶轮、导叶间压力场的复杂作用机制，还是可以在两个场中的任一个应用傅里叶级数分析，从而确定出最终压力场的结果，见式（10.12a），其中 φ_2 和 φ_3 是叶轮和导叶的角坐标。

$$p_2 = \sum_{\nu_2 = 1}^{\infty} a_{2,\nu} \cos \nu_2 z_{La} \varphi_2 \qquad p_3 = \sum_{\nu_3 = 1}^{\infty} a_{3,\nu} \cos \nu_3 z_{Le} \varphi_3 \qquad (10.12a)$$

以该方式获得的新的压力场包括两个周期性，即分别为 $p_2 - p_3$ 和 $p_2 + p_3$。

如图 9.26 所示，在单蜗壳（$z_{Le} = 1$）中，每一次循环过程中叶轮经过一个压力周期。对于导叶中不存在严格的轴对称流动的情况来说也是如此，如在导叶中存在一个或多个失速流道。在导叶泵中，$p_2 + p_3$ 几乎没有实际关联，因为相应的压力脉动有非常高的频率，并因此只含有少量能量。在一些情况下 $p_2 + p_3$ 的高频噪声会变成一个问题，脉动振幅会因相共振而增强，例如泵壳或管路系统在频率范围内特别倾向于产生噪声辐射，或水力设计不合理导致叶轮和导叶之间的距离过小。

最重要的是两者差值

$$m = |p_2 - p_3| = |\nu_2 z_{La} - \nu_3 z_{Le}| \tag{10.13}$$

这对于选择合适的叶轮和导叶叶片数是很重要的。下面三个条件有很强的相关性：

1）$m = 0$：此时产生较强的压力脉动，即叶轮叶片数和导叶叶片数有相同的整数倍数，动静干涉的相互作用在两个或多个叶片中同时出现（直接同相）并加强彼此；在导叶泵、双蜗壳或多蜗壳泵中，应避免这种组合的出现。压力脉冲以零直径节点激振叶轮盖板（像伞一样），激振的类型可能导致轴向力波动；这可能加剧产生扭转振动的不稳定转矩。

2）$m = 1$：此时叶轮叶片力不为零，以叶片通过频率（或更高频率）产生激振。叶轮盖板是以直径节点激振的。为避免 $\nu_2 z_{La} f_n$ 产生的轴振问题，$m = 1$ 的情况应避免在第一、二级叶轮处出现，若有可能也应避免在第三级处出现。

3）$m \geqslant 2$ 情况：叶轮以 $\nu_3 z_{Le} f_n$ 的频率产生激振振动。在叶轮固有特征频率叠加到激振频率引起的振动时，前盖板或后盖板处可能会出现疲劳断裂。因盖板振动引起的叶片应力也可能导致叶片的断裂。m 值的大小与叶轮节点数有关，节点数的多少决定了叶轮的振动情况。如图 10.22 所示，$m = 1$ 时，叶轮沿着一个节点振动；$m = 2$ 时，沿着两个直径节点振动等。

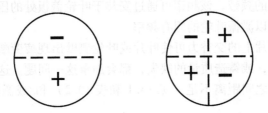

图 10.22 以一个或两个直径节点振动的振型

（2）叶轮振动 因为固有特征频率通常都是足够高的，因此一般没有共振发生，即 $m > 2$ 的振动形式没有实际意义。例外的是大型泵或涡轮泵（一般出口直径 $d_2 > 2000\text{mm}$）以及高水头的泵，尤其采用是轻质结构时，甚至有两个以上节点

（$m > 2$）也会产生问题[80]。要验证叶轮特征频率与激振频率 $\nu_3 z_{Le} f_n$ 引起共振的风险，必须计算、测量固有频率。当计算、测量固有频率时，不能忽略的是叶轮振动引起的流体运动——"附加的流体质量"，因为它会大大减少固有频率。从文献[80]中得出的式（10.13a）为泵中叶轮特征频率与空气中压力特征频率的比值 κ 的表达式：

$$\kappa \equiv \frac{f_{water}}{f_{air}} = 0.38 + 2.14\frac{s_{ax}}{d_2} \qquad (10.13a)$$

式（10.13a）适用于两个直径节点的振动；对于一个直径节点，κ 低于 35%。叶轮侧壁间隙 s_{ax} 越窄，水的附加质量越大（固有频率越低），这是因为叶轮变形施加到窄间隙时导致振幅变大。严格地说，式（10.13a）仅适用于文献[80]中研究的几何形状，但它可在缺乏精确信息时提供粗略估计。通过文献[45]所述的测量结果，可以推导出泵中叶轮特征频率与空气中叶轮特征频率的比值 κ 的表达式：

1）没有导叶（与开式叶轮侧壁间隙相同），$\kappa = 0.72$、$\kappa = 0.67$、$\kappa = 0.64$ 时，对应的 m 分别为 1、2、3（1～3 个直径节点）。

2）有导叶（与闭式叶轮侧壁间隙相同），$\kappa = 0.58$、$\kappa = 0.59$、$\kappa = 0.56$ 时，对应的 m 分别为 1、2、3（1～3 个直径节点）。

通过调整导叶下盖板减小叶轮侧壁间隙，进而限制叶轮侧壁间隙中流体运动，实现附加质量的增加。在物理上，该作用与减少轴向侧壁间隙的方法相同。文献[45]测试用的模型是带导叶的蜗壳式单级泵（n_q 大约为 30）。叶轮由 6 叶片组成，$\beta_{2B} = 32°$，叶轮和导叶叶片间的距离 $d_3^* = 1.01$。

根据文献[45]所述的试验，蜗壳中的压力分布不均（与环形壳体相同）也会引起振动。在旋转叶轮中测量压力脉动时（图 10.15），高流速（$q^* > 1.5$）的叶片接近蜗壳低压区上游时，可以观察到最高的脉动。在部分载荷情况下，隔舌低压区下游可观察到最高的脉动（图 9.25 和图 9.27）。沿圆周变化的压力波动产生频率为 $\nu z_{Le} f_n$ 倍数的频带，该频率可通过安装于叶轮盖板处的压力传感器测量。因此，通过该频带可以激振叶轮的固有频率。

叶轮和导叶叶片上的交替力可使叶片或叶轮侧壁出现疲劳断裂。不适当的叶轮侧壁，或叶片厚度，或铸造质量的缺失，都会加重这一问题。这种断裂的主要原因是叶轮和导叶叶片之间距离不足（见 14.1 和表 10.2）和/或激振频率和结构特征频率之间的共振。

（3）叶轮圆周的流量变化　根据 1.4.1，离心泵中的压力分布只由速度分布决定。在绝对系统中，流量随弯曲路径，其局部压力分布在一定程度上使流动路径弯曲以平衡离心力，见式（1.26）。叶片力沿着圆周方向改变，且引起径向力。由作用在叶轮的径向应力可知叶轮流道在不同工作点均在每个圆周位置产生。这一结论的试验证明由文献[64，63]提供：在蜗壳泵中（$n_q = 26$），流量和总压头的局部值由 12 个圆周位置决定。因此可以通过热线风速仪测得一个叶片间距内的径向流速来确定流量（在空气和流体中做试验）。扬程系数 ψ_{tot} 由一个叶片间距内的总压头的积分来测量[⊖]。

结果如图 10.23 所示，其中 q^* 等于通过一个叶轮流道的局部流量除以通过最高效率点一个叶轮流道的公称流量（Q_{opt}/z_{La}）。图 10.23 中的闭合曲线为单个叶轮流道旋转 360°时对应的流量扬程特性，（如 $q^*_{tot} = 0.75$ 处）。

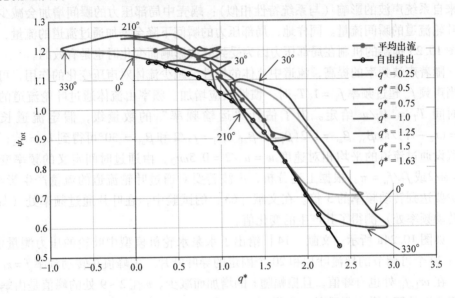

图 10.23　单蜗壳中旋转超过 180°时单个叶轮流道的瞬态扬程流量曲线[63]

除了单个叶轮流道的特性，图 10.23 给出了在入口和出口之间测得的平均扬程流量曲线和没有出水管直接排入大气时的叶轮 $\psi_{tot} - q^*$ 曲线。图中所示的角度为 $\varepsilon = 0$ 处隔舌对应的叶轮流道的位置。对比测得的最小和最大流量，可以发现：

1）当泵在平均扬程系数 ψ_{tot} 为 1.2、（在出口处测得）q^*_{tot} 为 0.25 的条件下运行时，单个叶轮流道的流量在 $q^* = -0.8$（逆流）～$q^* = 1.1$（顺流）之间变化，ψ 在 1.13～1.25 变化。蜗壳中的静压（图 9.26）ψ_{stat} 在 0.42 ～ 1.1 变化。最强的逆流出现在图 9.26 所示的蜗壳静压达到最高值时，大约在 330°处。

2）当泵在（在出口处测得）q^* 为 1.63、平均扬程系数 ψ_{tot} 为 0.91 的条件下运行时，单个叶轮流道的流量在 $q^* = 1.1$～$q^* = 2.9$ 变化，扬程导数 ψ 在 0.6～1.1 变化。蜗壳中的静压（图 9.26）ψ_{stat} 在 0.23～0.94 变化，如图 9.26 所示。最强的顺流出现在图 9.26 所示的蜗壳静压达到最低值时，大约在 340°处。

⊖　总 ψ_{tot} 的定义类似于式（8.9）。

3）在最高效率点处，流量扬程曲线沿圆周方向的变化较小，因为压力分布基本是一致的，如图 9.26 所示。

图 10.23 中单个叶轮流道 $\psi - q^*$ 曲线的峰值（为了简单起见没有显示）与通过蜗壳的声速的相关。这些峰值由隔舌与每一个叶片流道的相互作用而产生。因此它们代表声远场中以叶片通过频率为主频的压力脉动。还发现（有待于进一步证实）声波与通过叶轮的流体相互作用。换句话说，决定通过叶轮流道流量的背压受来自系统声波的影响（与系统特性相似）：蜗壳中局部压力的瞬间增加会减少通过叶轮流道的瞬间流量。同样地，局部压力的瞬间下降会增加通过流道的流量，因此图 10.25 描绘的机制在局部压力因为受到驻波影响而变化时也是有效的。

随着声波频率的提高，流道中流体的惯性会减少流体对声压变化的作用，可推测当声频 f_{ac} 超过频率 $f_T = 1/T_T$ 时，惯性效应增加。频率由流体通过叶轮流道的通过时间 $T_T = L_c/w$ 给定。为了估计"运输频率"的数量级，假定流道长度 $L_c = (r_2 - r_1)/\sin\beta_{av}, \beta_{av} = 1/2(\beta_{1B} + \beta_{2B})$；$r_1 = r_2/2$ 和 $\beta_{av} = 30°$ 可得到 $L_c = r_2$；并且假设通过流道的平均相对速度 $w = u_2/2 = 0.5\omega r_2$，由通过时间定义的频率变为 $f_T = \omega/2$ 或 $f_T/f_n = \pi$。根据上述分析，声波若要对通过叶轮流道的流量产生影响，至少要达到转动频率的 3 倍。在文献［63］的试验中，在叶片通过频率处（如 7 倍转动频率处）测得了其产生的变化值。

如图 10.24a 所示，文献［14］给出了水泵水轮机模型中叶轮的压力测量值。泵有 20 个可调节的导流叶片和 20 个固定的导叶叶片。主峰值在转动频率 $f = z_{Le}f_n$ 处，在 $\nu z_{Le}f_n$ 处也有峰值，且振幅随 ν 的增加而减少。ν 在 2 ~ 9 处的峰值是由蜗壳中不稳定的压力分布导致的。根据图 9.25 所示，蜗壳中压力的不稳定性随流量的减少而增加，图 10.24 中测得的两种不同流速的压力脉动振幅脉动也是如此。在导叶后接环形压水室和排出口的多级泵最后一级叶轮的试验中发现了完全相同的现象，见文献［6，7］。导叶有 12 个叶片；频谱中最高峰值在 $f = 12f_n$，如图 10.24b 所示。

可能产生压力脉动的原因如图 10.25 所示。环形压水室或蜗壳中不均匀的压力分布导致通过单个叶轮流道的流量沿圆周变化，这些流量变化产生了压力脉动。

叶轮出口流量变得越来越不一致时，动静干涉的相互作用会增加。这是压力脉动（图 10.9）和激振力（图 10.40 ~ 图 10.42）在部分载荷工况运行时剧烈增加的原因。一个或更多个导叶流道失速，即交变失速或旋转失速时也会引起压力脉动和激振力的剧烈增加。文献［6，7］中的测量结果很好地解释了失速导叶流道对压力脉动和叶片中交变力的影响。图 10.26 显示在一个旋转周期中，测得的靠近叶轮尾部边缘处的旋转系统内的压力情况，而图 10.27 描述了 300 个旋转周期中靠近导叶喉部位置的压力脉动情况。如图 10.26 的左半部分，一个导叶通道失速时，在 12 叶片导叶的 12 个周期中，峰 - 峰值振幅增加约 2 倍。图 10.26 的右半部分，两个失速的流道引起了 2 倍于非失速流道的压力脉动。因为进口到失速流道的压力升

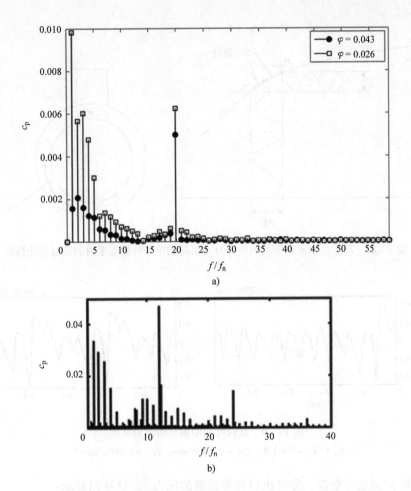

图 10.24　叶轮的中的压力脉动 $[c_p = \Delta p_d^*$，式（10.1）$]$

a）带有叶片式导叶和蜗壳的水泵水轮机[14]　b）带有叶轮导叶和环形套管的泵，$q^* = 0.8$，$n_q = 22$[6]

高，通过导叶流道的流量降低；此时部分或全部流道被失速流体所阻塞。通过叶轮流道流至失速导叶流道的流量也减少了（图 10.23 和图 10.25）。被失速的导叶流道所取代的流体会流至邻近的流道中，临近流道内的速度相应地升高。由此一来，通过流量增加流道的进口局部压力降低。如图 10.5 所示，导叶叶片前边缘处冲角的变化引起图 10.26 和图 10.27 所示的低压峰值的变化。在图 10.4 中也可以看出瞬间压力最小值与速度最大值同时产生；反之亦然（比较曲线 p_2 和 c_{A1}）。

　　根据失速导叶流道个数 z_s，在旋转系统中频率会观察到为 $f = z_s(f_n - f_{RS})$ 的附加压力峰值；如再次当叶轮叶片通过失速导叶流道时。测量静止部件中任意位置的压力脉动，若包含一个失速单元则会出现频率为 f_{RS} 的峰值。

　　图 10.27 显示出导叶喉部超过 300 个旋转周期时的压力测量值，图 10.28 根据

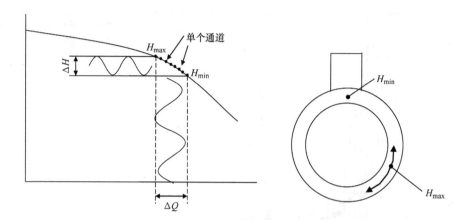

图 10.25 环形压水室内不均匀压力分布引起的单个叶轮流道内的流量变化情况

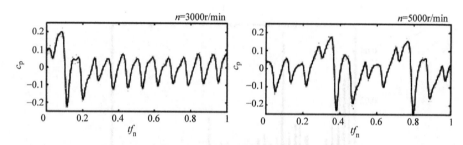

图 10.26 旋转叶轮中测量的压力脉动

$z_{Le}=12$, $q^*=0.9$, 左: $n=3000$r/min; 右: $n=5000$r/min[6]

无量纲时间描述了喉部、导叶出口和等位置的压力⊖。这些图显示:

1) 在图 10.27 的 A 区域和图 10.28 中 t^* 小于 30 和大于 90 时大部分的流动较为正常,受到的干扰较小。

2) 高压峰值(图 10.27 中区域 C 和图 10.28 中 $t^*=70$)对应于失速导叶流道:事实上没有净流量(流道被堵塞),因为中央流道和出口的压力差为零。

3) 低压峰值(图 10.27 中区域 B 和图 10.28 中 $t^*=45$)是通过导叶流道流量较大的体现,因为流量是会产生较高的压力恢复。

4) 由于导叶出口压力是由环形室出口强加的,流道出口处的压力基本上是固定不变的;此时中央流道的压力脉动仅是导叶进口的一部分,如图 10.4 所示。

5) 注意这些测试已经在由导叶流入环形压水室再通过出口流出的单级泵中实施。在这种类型的高压泵中,环形压水室流道是很窄的。因此沿着周向压力分布变化较大。结合图 10.23 所示,通过单个叶轮流道的流动会根据导叶进口的局部压在

⊖ 无量纲时间由 $t^*=tf_n$ 定义。

圆周方向上产生改变。当反馈可能加强流动不稳定性时，主要影响是导叶内出现了失速。然而叶轮疲劳失效更可能出现在末级而不是其他级，这可以通过环形压水室内不均匀的压力分布对通过叶轮流道瞬时流动的影响来解释，不稳定流动现象也会因此增强。

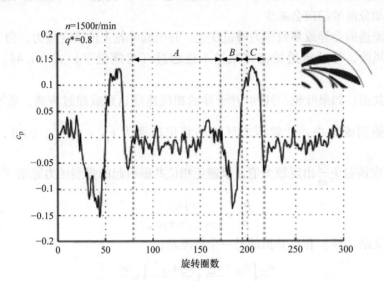

图 10.27　导叶喉部测得的压力脉动（$z_{La} = 7$，$q^* = 0.8$[6]）

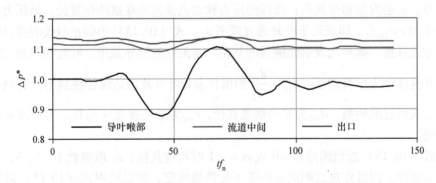

图 10.28　导叶失速时的不稳定压力（$q^* = 0.8$，$n_q = 22$[6]）

有趣的是在这些试验中，失速单元的速度取决于叶轮转速，如图 10.26 所示。这可能是由于雷诺数对流动分离的影响（在 $Re > 10^7$ 时可能性较小）。将上述讨论与图 10.23 结合起来，一种可能的解释是通过叶轮流道的流量能被系统中压力脉动影响（声效应），如驻波与叶片通过频率产生共振。另一个假设是即使泵中相对压力差不依赖于速度，环形压水室圆周上的绝对压力随速度的平方而增加，综上讨论和图 10.25 所述，这可能会引起多于一个的导叶流道出现失速。

在一个或两个（不是所有）导叶流道中出现失速至少有两个原因：①圆周方向的压力分布不是恒定的；失速可能发生在最高背压对应的流道中。②因为波动和几何公差，流动条件并不是在所有流道中都是统一的，所以在完全相同的流量下失速不大可能发生在所有流道中。一旦失速发生在一个流道中，流量移动到相邻流道，则流动分离的趋向会减少。

导叶流道的会导致导致压力峰值变化，并引起叶轮上的交变应力。为了减少发生失速的风险，导叶流道的流体减速不能超过（可能低于）式（1.44）规定的极限。

相位共振：如果叶轮/导叶叶片干涉的相位速度达到或超过声速，强烈的压力波便会传播到流体中。叶轮压力区域的相位速度为 $c_{ph} = u_2 \dfrac{p_2}{m}$。因此，按照式（10.14）应该避免 $\dfrac{p_2}{m}$ 出现较大值，以避免相位共振引起的强烈压力脉动[10]。

$$\frac{p_2}{m} = \frac{\nu_2 z_{La}}{|\nu_2 z_{La} - \nu_3 z_{Le}|} \qquad (10.14)$$

根据文献［17］相位共振的另一个标准是：

$$\frac{z_{La}}{z_{Le}}\left\{\frac{z_{Le} - z_{La}}{z_{La}} \pm \frac{u_2 d_{vol}^{\ *}}{a \pm c_{vol}}\right\} = \frac{m}{\nu_2} \qquad (10.15)$$

如果通过叶轮叶片在两个导叶叶片产生的压力波同时到达蜗壳隔舌、出水口或测试点，就会发生相位共振；增强的压力脉动也会出现在这些位置处。该压力脉动的频率为 $\nu_2 z_{La} f_n$，即正比于叶片通过频率 ν_2。式（10.15）中的正号代表排出喷嘴中的相位共振，减号代表蜗壳隔舌的共振。该关系的推导是用于叶轮和蜗壳之间安装导叶这样的大型蓄能泵。$d_{vol}^* = \dfrac{d_{vol}}{d_2}$ 的值代表导叶叶片前边缘传播到出口管路或隔舌处的波经过的距离，d_{vol} 为平均蜗壳直径，c_{vol} 为平均速度（通常，与声速 a 相比可忽略）。

式（10.15）近似满足 $m = 0$ 或 $m = \pm 1$ 时相位共振；ν_2 取整数1、2、3，来描述振动顺序。因波穿过的距离和声速不能精确确定，所以使用式（10.15）时需估计不确定度的范围。这意味着可将左右两边置于如 ±0.02 范围带内。因为复杂几何体上波动反射的点可能根据激振而改变，所以可能存在"锁定"效应。

文献［17，78，80］测得的强烈压力脉动能用式（10.15）解释。如果振幅很小的话，相位共振可能已经发生但没有被注意到。

图10.29中展示了在有6个叶轮叶片和11个导叶叶片的泵出口测得的压力脉动。图中列出的数据可以根据式（10.14）给出的相位共振标准计算，准确预测了12、24、30阶的高频率。测得的第18阶的振幅显著降低了，它可以根据图10.29列出的数据推测。明显地，数量趋势在一定程度上是一致的，因为真实的振幅依靠

于系统对每一个激振频率的反应。

声振动作为高压脉动和噪声的来源有时可能被忽视，因为它发生在与动静干涉相同的频率，如 $\nu_2 z_{La} f_n$。如果相位共振发生，首先必须根据表 10.2 给出的方法试着减少相互作用，然后再改变叶片组合，因此一般成本很高。

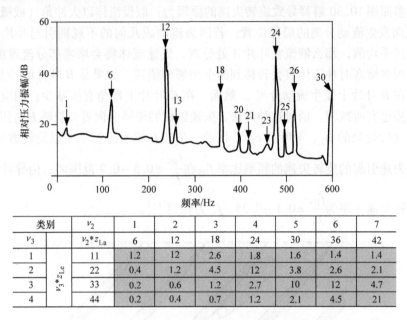

类别	ν_2	1	2	3	4	5	6	7
ν_3	$\nu_2 * z_{La}$	6	12	18	24	30	36	42
1	11	1.2	12	2.6	1.8	1.6	1.4	1.4
2	22	0.4	1.2	4.5	12	3.8	2.6	2.1
3	33	0.2	0.6	1.2	2.7	10	12	4.7
4	44	0.2	0.4	0.7	1.2	2.1	4.5	21

图 10.29　出口处测得的压力脉动

[$z_{La}=6$，$z_{Le}=11$，式（10.14）测得的数据越高，相位共振越强[11]]

带有塑料外壳和厚叶片的小型多级泵（$H_{st}<10m$，$d_2<100mm$）在气动噪声频谱中频率为 $\nu_2 z_{La} f_n$、ν_2 为 1~12 时出现峰值，其采用了 6 叶片的叶轮与 7 叶片的导叶组合。式（10.14）给出的相位共振预计出了 ν_2 为 1~7 处的峰值，8~12 处的峰值可以通过式（10.15）进行估计。

在泵行业中，相位共振很少被认定为高振动、部件损坏或噪声的唯一来源。然而相位共振可能解释频谱中的一些波峰。如果还存在其他因素，如叶轮出口非常高的非均匀流、系统或泵流道中的声共振，部件的脆弱结构（机械共振）导致过高的噪声辐射，就会产生不可接受的强烈振动。

为了避免或减轻相位共振的效应，在设计叶轮和导叶时，叶片数组合的公倍数和 $z_{Le}-z_{La}=1$ 应该被避免。通过叶片数的适当选择，相位共振的频率能够达到尽可能高的阶数。

相位共振经常被认为是水轮机和大型蓄能泵的压力脉动和噪声过高的根源[28]。可能的补救方法（虽然不总有效）：①在蜗壳隔舌处钻孔以缓和波干涉引起的脉动。②在蜗壳圆周方向设置填充压缩空气软管以增加蜗壳中流动均匀性[28]。然而隔舌处的小孔可能会导致效率的降低。

10.7.2 旋转失速

叶轮或导叶内的旋转失速会产生激振，其振动频率为低于旋转频率的离散频率。可参照图 10.30 解释导致旋转失速的原理为：假设流体以大冲角（或极快的减速）流向发生流动分离的局部位置；若因为流动或几何的不规则引起叶片 A 处的冲角超过平均值，那么液流在叶片 A 处分离，失速流体将会堵塞部分流道横截面。同时，周部堵塞时冲流体将会转移到两个相邻的流道。如果是 B 叶片的冲角增大，那么将在 B 叶片上发生流动分离。然而，在 C 叶片上冲角有所减少；相应地，失速的趋势也有所减缓。通过这种方法，失速区域的流体会向着与旋转方向相反的方向移动（叶轮处的 ω_1、导叶处 c_3）。因此，失速在绝对坐标系中以旋转方向旋转。

由叶轮失速引起的旋转失速的频率比率 f_{RS} 在 $\dfrac{f_{RS}}{f_n} = 0.5 \sim 0.9$ 范围内，由导叶失速引起的旋转失速比率为 $\dfrac{f_{RS}}{f_n} = 0.1 \sim 0.25$，$f_n$ 为转频[48]。

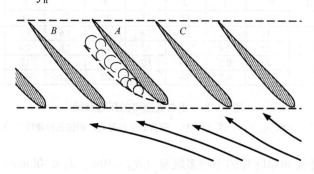

图 10.30   旋转失速

相关的试验表明：在低频率也会出现旋转失速现象，失速单元的数量和传播频率取决于流量比 q^*。以下给出几个例子：

1）$z_{La} = 9$、$z_{Le} = 20$ 的涡轮泵中测得在 $q^* = 0.42 \sim 0.78$ 时，出现旋转失速现象，频率比值为 $\dfrac{f_{RS}}{f_n} = 0.014 \sim 0.028$，而且失速单元的个数在 $3 \sim 5$ 变化[14]。

2）$z_{La} = 7$、$z_{Le} = 12$ 的泵中测得 $q^* = 0.6 \sim 0.8$ 时，出现旋转失速现象，频率比值为 $\dfrac{f_{RS}}{f_n} = 0.007$，失速单元的个数在 $1 \sim 3$ 变化[6]。图 10.31 给出了旋转叶轮中测得的压力脉动情况。$q^* = 1$ 时，在相同的圆周位置处每个旋转周期中 12 个导叶叶片产生了 12 个压力峰值（为统一振幅）；与此相反，伴随较大峰值的失速单元

出现在 $q^* = 0.8$。在 70 个循环中，每隔 180°峰值变化一次，旋转失速频率为 $\frac{f_{RS}}{f_n} =$ 0.5/70 = 0.007。失速团通过导叶的路径及在导叶入口测得的压力脉动如图 10.32 所示。20r 的压力峰值在大约 140r 的圆周附近变化。相关研究发现失速单元的数目也取决于转速。

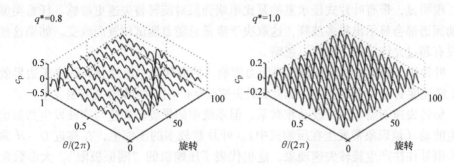

图 10.31　一个旋转周期中通过导叶的失速单元的传播情况

左边：$q^* = 0.8$，一个失速单元；右边：$q^* = 1$，没有失速；$z_{Le} = 12$[6]

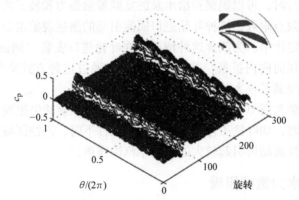

图 10.32　导叶中失速单元的传播；在导叶入口测量；$q^* = 0.8$[6]

3）$z_{La} = 7$、$z_{Le} = 8$ 的泵中测得旋转失速时出现了 2 个和 3 个失速单元，其频率比值为 $\frac{f_{RS}}{f_n} = -0.008 \sim 0.02$[72]。失速的发生和类型取决于流量及 $\frac{d_3}{d_2}$ 比值的大小，其中 $\frac{d_3}{d_2}$ 在 1.035 ~ 1.1 变化。

旋转失速常常与 $Q - H$ 曲线的平坦或不稳定程度有关，设计时应该予以重视；该范围内的运行也应加以避免。低频率时旋转失速现象会导致的问题还尚未发现。如果导致过度压力脉动，失速可能会引发问题，但在影响较小时旋转失速是很难被监测到的。虽然冲角变化是旋转失速现象的经典解释，但导叶流道内的过度减速也会导致相同的现象。

根据第 5 章的讨论，流动分离在每台泵最高效率点和关死点之间某处的必然会发生。这对于有无振动问题和 $Q-H$ 曲线稳不稳定的泵来说都是一样的。此外由于几何公差、流量波动和流量不对称，流量分离不大可能在部件的所有并行流道上以同样的流量同时开始；在完全失速条件下所有并行流道中的流型也可能不完全一样。因此可以假设交替的旋转失速在叶片导叶泵中是普遍存在的，而不是一个特例。

很明显，带有叶片式压水室的泵比单蜗壳泵对旋转替失速更敏感。任意类型的振动频谱都会显示出很多波峰，这取决于流量且随着测试位置而改变。如果这些峰值没有超过允许极限，则可以忽略。

叶轮流道的流型受离心力和柯氏力影响，然而导叶中流动分离取决于边界效应和上游速度变化（两者相当）。因此旋转失速在导叶中比在叶轮中更容易发生。

旋转失速不需与流量波动相联系，但系统中如果旋转失速与声波发生共振也会产生波动（该现象常发生在压缩机中）。叶片数较多的压缩机，在靠近 $Q-H$ 曲线最大值处往往产生旋转失速现象，这也代表了压缩机的"喘振极限"。大多数泵叶轮叶片数较少，旋转失速的现象很难观察到。在观察接近运行转速的亚同步振动时，往往容易将旋转失速与不稳定现象混淆。文献［62］中给出了这样一个例子：在轻微超临界运行时，可以观察到给水泵的宽频带激振力和转子特征频率间的共振现象。即使在高效点附近，这种叶轮进口回流引起的激振现象也会出现。振动频率与旋转频率成固定比率。为改善这种情况，在叶轮进口安装"回流制动器"。与此同时，泵体需沿径向向内扩展，并配置轴向槽。通过这种方式降低回流的圆周分量，激振振动也受到了很大的抑制。

旋转失速现象与图 10.30 描述的类型大致相似，该旋转失速现象更多地发生在泵出现汽蚀噪声时，如叶轮工作于不均匀入流条件下时，汽蚀区域的大小沿周长变化。汽蚀的周期性波动可引起较大的低频率汽蚀噪声。

10.7.3 其他水力激振原理

除以上所讨论的原理外，还存在其他产生水力激振力的原因，下文以实际案例分析讨论。

（1）空化效应 过度的空化产生（宽频带）压力脉动，压力脉动能够激发振动，参考 6.5.1 的第一条。如文献［42］中所述，带有单级双吸原油泵（$H_{opt} >$ 600m）的机械密封由于过度空化导致了 1200～1800Hz 的压力脉动。

压力脉动诱导的强烈空化由叶轮进口处的回流诱导产生，它也能导致机器结构振动。

旋转空化区域在 $f/f_n = 1.1～1.2$ 处能够导致超同步的激振力，这不同于旋转失速[81,15]。当诱导论在空化系数的条件下工作时，易导致扬程下降，上述现象可以被观察到。

（2）非均匀入流条件 非均匀入流和涡流有激励振动（包括立式泵的出水管

的振动）的倾向。相关的流动现象在 11.7.3 中讨论。涡流在叶片通过频率处产生振动，因为叶片通过涡流时会在叶片上产生冲击载荷，如图 11.21 所示。在一些具有大型进水结构泵站中观察到，旋涡可能在几分钟（最多 1h）的不规则间隔内发生。当涡流通过叶轮时振动大幅度增加，但振幅还在可接受的范围内。泵或系统内积聚的空气可能会产生相似的行为，这是很难察觉到的，因为其形成时间较长。

（3）部分载荷工况的回流　由于动静干涉强烈的相互作用，叶轮进出口回流是振动过高的惯常起因。激励很大程度上是宽频带、随机的，且振动通常在转动频率之下产生；叶片通过频率处的振动在部分载荷工况处增加。低频率范围的宽频激振大幅增长，然而增长是逐步而非突然的。如图 10.33 显示了测得的全部 RMS 振动速度。一个叶轮有较大的入口直径且安放角 $\beta_1 = 7°$。另一个叶轮有较小的入口直径且 $\beta_1 = 13°$。在 $q^* < 0.5$ 处安装入口直径小的叶轮能够减少 50% 的振动。回流引起的激振力的水平实际上是非常高的，这是因为整个回流的能量 P_{Rec} 消散成湍流（最后变为热量）。大型泵中回流的能量能达到几兆瓦，参考式（10.17）和图 10.50。

回流会加剧动静干涉的相互作用，可能会引起出口处过大的压力脉动。若主流和叶轮侧壁间隙处的流动产生剧烈耦合，也会引起轴向振动和随之而来的对轴封及轴承的损坏。这类型问题的案例分析记录于文献 [23, 61] 中。一种情况是：单级双吸蜗壳泵（$n_q = 31$，$H_{opt} = 300m$）会承受较大轴向振动，机械密封和轴承易损坏[23]。低于 $q^* = 0.6$ 时的压力脉动峰峰值超过 10bar。当间隙 A 降低到 $\frac{A}{r_2} = 0.006$ 时，压力脉动峰峰值降到 1.6bar，此时轴封、轴承运行正常。由回流导致的脉动和空化旋涡见 6.5.1[87]。

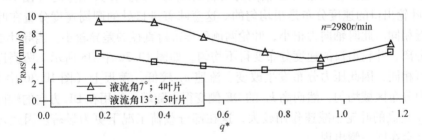

图 10.33　叶轮入口回流对单级双吸蜗壳泵振动的影响，
$n_q = 20$，$P_{opt} \approx 300kW$，$H_{opt} \approx 150m$

（4）交替失速　双蜗壳中的交替失速易导致叶轮径向力不稳定，见 5.8。这样的力会对环形密封、机械密封和轴承产生损坏。如图 10.34 所示为对 180° 双蜗壳泵的轴承和流道的损害。峰 - 峰振幅在转动频率处达到 130μm。蜗壳中的非均匀压力场时会产生相当高的频率，并且伴随叶轮流道内的流量变化。

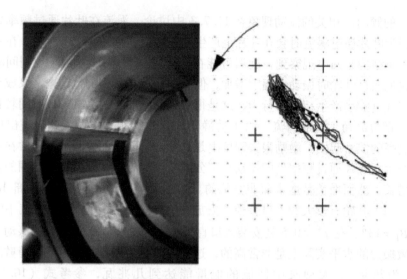

图 10.34 q^* =0.5 处的轴承和流道受损情况，转速为 1780r/min

（5）不稳定的 $Q-H$ 曲线和轴向力反转 在 $Q-H$ 曲线不稳定的区域振动会有所增加。$Q-H$ 曲线不稳定会导致单级双吸泵中转子和轴承箱的轴向振动。图 10.35 显示了高扬程泵不稳定的 $Q-H$ 曲线、轴向力及轴向的轴承箱的振动。q^* 超过 0.8 时轴向力接近于 0（正如预期的）并且振动很弱。导叶中的流动分离在 q^* 接近 0.79 时开始出现，导致振动大幅提高。$Q-H$ 曲线在 q^* 等于 0.59 时变得不稳定，此时在叶轮入口开始出现回流。这引起了轴向力的反转并使不稳定区域的振动更陡峭地升高。

图 10.36 描述了可能导致轴向力反转的流动机制。在大流量时（图 10.36 中 HF）叶轮出口的速度分布是很均匀的。这意味着进口处的圆周速度分量在叶轮两侧接近相同。此时轴向力很小，叶轮两侧环形密封直径的差异较小。当导叶中出现流动分离，叶轮出口的速度分布变得不均匀，如图 10.36 中 DS 所示。两侧进口状态不再相同，因此压力分布发生改变。流速 c_{2u} 较低，盖板上（图 10.36 中 NDE）的压力分布区域均匀，然而高 k_E 的 DE 侧变得更陡峭，作用在 DE 方向的轴向力增加。c_{2u} 更高的叶轮中减速作用较大，这在部分载荷工况下更为显著。因此入口回流预计会在同一侧出现。

当流动分离在导叶中开始发生时，它首先出现在一或两个流道中，如图 10.27 所示。由于流动的不对称和几何偏差，失速不会同时出现在所有流道中。同样地叶轮进口回流预计不会在双吸叶轮的两侧同时出现，更可能在流动减速较大和/或入口安放角和喉部面积 A_{1q} 较大的那一侧先开始。叶轮入口侧先改变了叶轮出口的速度场，如图 10.36 中 IR 所示。导叶的回流导致 k_E 降低到非常低的值。有侧先一侧的压力分布变得很平缓。轴向力会反转到相反的方向，如图 10.36 中 IR 所示。

注意轴向力反转没必要与不稳定的 $Q-H$ 曲线联系起来，因为流动分离和回流

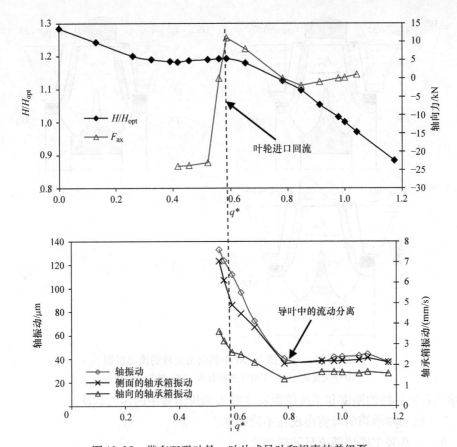

图 10.35 带有双吸叶轮、叶片式导叶和蜗壳的单级泵

$n = 4900 \mathrm{r/min}$。振幅与 DE 和 NDE，水平和垂直的最高效率点平均值有关

会在所有泵中发生（见第 5 章）。叶轮出口的静压在出口宽度上会存在轻微变化。除了速度分布的影响外任何这样的差异都会影响轴向力。

图 10.37 所示为在 $q^* = 0.56$ 时 NDE 上测量的轴和轴承箱振动的频谱。该泵的频率特性分析表明：

1）在不同频率处有几个峰值，$f/f_n = 0.03 \sim 0.6$ 内具有代表性。如上所述，这也是叶轮入口回流的可控范围。

2）轴承箱振动：$f/f_n = 0.35$ 附近和 $f/f_n = 0.20$ 附近的峰值在所有流动中都存在（$q^* > 0.79$ 时很弱）。

3）轴振动：$q^* > 0.79$ 时只能观察到同步振动。

4）根据 2）和 3）可以假设不依赖于流量的系统属性对 $f/f_n = 0.35$ 和 $f/f_n = 0.20$ 附近的峰值有影响。

5）DE 和 NDE 的峰值在大小和频率上是不同的。

6）水平和垂直振动的峰值在大小和频率上是不同的。对于轴振动来说，这可能由于取决于负载方向的局部轴承特性的差异。对于轴承箱振动来说，这可能由于

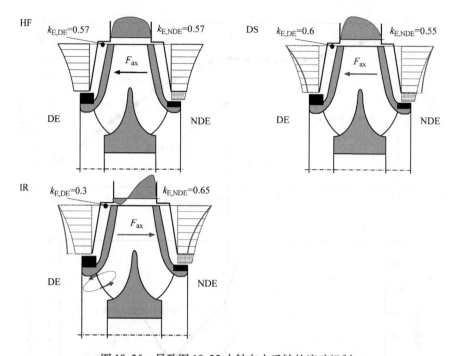

图 10.36 导致图 10.35 中轴向力反转的流动机制

HF—大流量   DS—导叶中流动分离   IR—叶轮入口回流

轴承箱各向异性的刚度和系统的影响（吸入和排出管中的压力脉动）。

7）轴和轴承箱的峰值出现在不同频率。

8）一些频率峰值随流量随机变化。

9）同步峰值（水力不平衡）在部分载荷工况中很小，它随流量增大而增加，但在扬程和水力不平衡有所降低的最高效率点处呈现平稳状态，如图 10.38 所示。

10）系统压力脉动和管路振动可能影响泵对水力激振的反应。

（6）不稳定的 Q-H 曲线 轴承箱振动：在一台6级泵中，在 Q-H 曲线轻微不稳定的狭窄工作范围内可以观察到轴承箱在叶片通过频率处的共振。此外不稳定激励不够高以至于不能察觉共振，如图 10.39 所示。共振只能在很小的转速范围内被观察到：甚至当转速超过允许范围并产生不可接受的振动时，振幅也会降到正常。这说明机械共振是一个需要考虑的问题，而不是过多的水力激振。

（7）水力不平衡 每个叶轮流道的几何偏差都会导致叶轮出口压力分布不均匀，随叶轮高速旋转，引起同步振动。产生的径向力与机械不平衡的作用相同，因此它被称为"水力不平衡"。如果叶轮铸造质量不合格，水力不平衡就会加剧。典型的铸造误差有：出口宽度在流道出口或流道内发生变化，叶片间距不均匀，出口、进口叶片角有误差，叶轮水力中心与轴孔中心的误差。水力不平衡测得的系数如图 10.42 所示。

当单级扬程大于400m 时，水力不平衡会超过机械不平衡，这是单级叶轮扬程

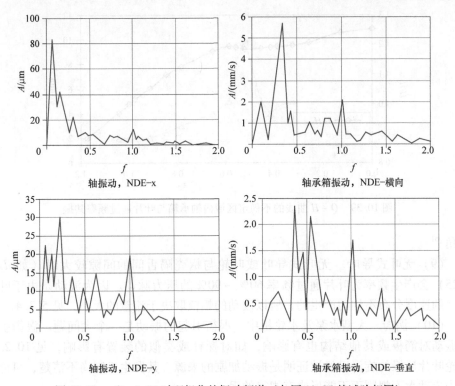

图 10.37　$q^* = 0.56$ 时理想化的振动频谱（与图 10.35 的试验相同）

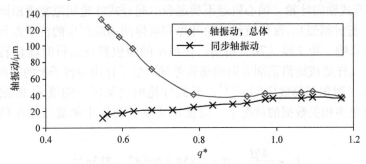

图 10.38　轴振动（与图 10.35 的试验相同）

在 500~600m 时泵能够可靠运行的重要因素。同步水力不平衡随着流量的增加而增长，在关死点附近同步水力不平衡很小。产生这种现象的原因是：水力不平衡是由于单个叶片上的升力不同。分离流的升力差较少，叶片形状对升力差影响很小，见第 5 章。

单叶片叶轮（用于污水泵）会产生较高的水力不平衡，在设计泵时必须考虑这一点[55]。这在 9.3.9 中已讨论过。

（8）叶轮 - 导叶对中　叶轮和导叶因中心线不对齐而导致轴向位置不对中时会产生激振振动。当 $\dfrac{b_3}{b_2}$ 比值很小时，为使流动平稳，建议在导叶进口处设置

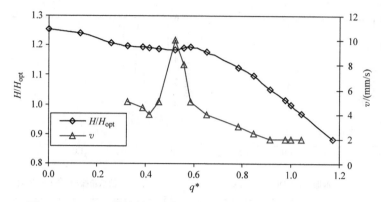

图 10.39 $Q-H$ 曲线的不稳定区域内轴承箱与叶片通过频率共振

倒角[61]。

(9) 无叶式导叶　无叶式导叶或叶轮与蜗壳隔舌间的间隙较大时（如 $d_3 >$ 1.25）会产生频率为叶片通过频率 60% ~ 90% 的压力脉动。因为波动是由于叶轮出口的速度分布不均匀产生的，所以波动的幅值取决于流量的大小，见 5.3.4。

(10) 涡街　大型水泵及水轮机中，涡街引起的振动是一个大问题。涡街引起的振动对筋板或其他结构也有影响，如对探针或类似的装置有影响，见 10.2.4。叶轮叶片后缘的旋涡已经被证明是振动加剧的来源。其发生机制尚不清楚，可能是因为流动太不规则而不能形成有规律的涡。

(11) 开式轴向叶轮　轴心轨迹不稳定会引起开式叶轮间隙宽度沿圆周方向变化（与环形密封相似）。流体流经叶轮叶片和泵体间间隙产生的流量差异对叶片的能量转换有影响。由文献 [76] 得出，在最小间隙位置处运行时能量转换能力达到最大值，这样造成的沿圆周方向的扬程差异产生了作用在转子上的径向力和切向力（也叫作"阿尔福德效应"）[15,2]。开式叶轮的交叉耦合刚度 k_c 的测量尚不可行；在没有更多相关数据的情况下，可使用文献 [76] 中轴流压缩机的试验数据进行估算：

$$k_c = \frac{M\beta}{D_m h_B}, \quad \beta = -254 + 466q^* - 213q^{*2} \tag{10.16}$$

式中，M 为作用于叶轮的转矩；D_m 为平均叶片直径；$h_B = \frac{1}{2}(D_a - D_i)$ 为叶片高度。试验仅在 $0.92 < q^* < 1.08$ 进行，因此由式（10.16）得出结论是很困难的。对于涡轮机来说，$\beta = 2 \sim 5$，流体沿旋转方向运动。因此，切向力的大小是不稳定的。负 β 值意味着反向运动。

阿尔福德效应是一种反作用力（或由叶片和泵转子的旋转引起的流固耦合作用）；无限硬（中心位置的）的转子并不产生这种类型的力，因而它不是激振力。由于转子转动产生该效应，因此观测到的振动频率是转子的特征频率，或必须有激励机制诱导振动产生（如不平衡或旋转失速）。特征频率与阿尔福德力保持一致的时候会发生严重的振动，这相当于一个自激振动或不稳定现象。同向旋转时，由于泵中力的方向与旋转运动方向相反，所以这些力趋于稳定；反向旋转时，由于力的方向与旋转运动的方向相同，所以这些力趋于不稳定。涡轮机械在运行中，该力同向旋转运动是不稳定的，而反后运动是稳定的。该作用随着 $\dfrac{A}{b_h}$ 增加而增大（A 为振幅，b_h 为叶片高度）。

（12）水力激振力　图 10.40 和图 10.42 显示了在 q^* 为 0.25 ~ 1.25 时测得的作用在叶轮上的径向力的大小。数据在图 10.40 中以时间域的形式给出，在图 10.41中以均方根图谱的形式给出。根据式（9.6），将这些力进行归一化。在部

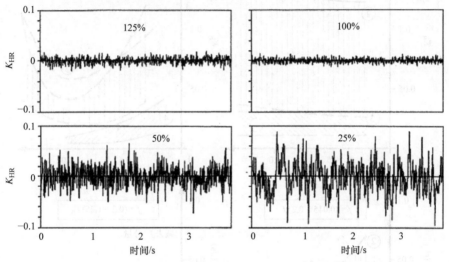

图 10.40　时间域（宽频带）内的径向水力激振力

$q^* = 0.25 \sim 1.25$，频段为 0.01 ~ 1.25Hz，$n = 4000\text{r/min}$。根据式（9.6），$K_{HR} \equiv k_R$[13]

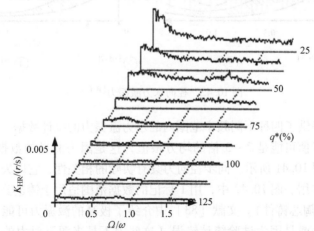

图 10.41　不同流量条件下的径向水力激振力（宽频带）频谱

$n = 4000\text{r/min}$[13]。根据式（9.6），$K_{HR} \equiv k_R$

分载荷工况下，低频域可观察到宽频带激振的持续增加。应该指出的是：回流发生时并没有出现激振力的突然增加的现象。叶轮和导叶或蜗壳的设计决定了水力激振力的大小（尤其是在部分载荷工况时），但本质上水力激振力可以达到相同的水平，而不受压水室类型的影响（压水室可以是蜗壳状、导叶状或环形），参见表 9.4。

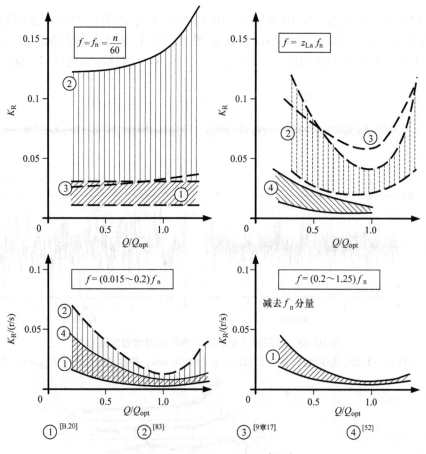

图 10.42　径向水力激振力[B.19]

图 10.42 提供了四种不同频率范围内的水力激振力的统计数据。使用这些数据时应当注意：峰值可能是 2~3 倍的均方根值，这是因为测量的数据具有随机性，如图 10.40 和图 10.41 所示。同步径向力具有实际的相关性，它以矢量的形式增加了机械不平衡作用。图 10.42 中，用 1 标记的数据范围适用于铸造公差较小的叶轮（如精密铸件或陶芯铸件）。文献 [83] 中介绍了极高的激振力可能是由于铸造质量过差引起的，或是因为试验统计错误（这些力不是来源于对力的测量，而是来自于转子模型和传递函数）。

图 10.42 可以用于估计不同频率范围内的径向水力激振力。作用在多级泵不同级的叶轮上的激振力方向是未知的。为估计转子上产生的径向力的大小，作用在叶轮上的力可乘以级数的平方根以获得统计均方根值。这种方法也可以用于估计传递到底板和基座上的激振力大小。

（13）基本原则（图 10.43） 应该再次强调：转子和定子之间的速度差异造成非定常流，回流和大规模的湍流造成了压力脉动（称为"近场"）。叶轮、导叶叶片、泵壳和管路系统中的不稳定压力分布引起了这些结构中的交替应力。一部分压力脉动被用于压缩流体，引起系统中的流体噪声（声学"远场"）。

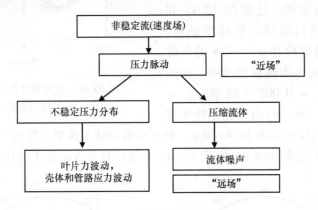

图 10.43 水力激振的基本原则

（14）压力脉动和机械振动 由于反应时间的差异和不均匀的压力分布，所有类型的压力脉动都有可能激励振动。这适用于泵引起的压力脉动，也适用于系统中阀门、部件或其他泵引起的压力脉动。结构共振激励是宽频激励或被离散频率激励。驻波的声共振能大大加强激励作用。

1）通常来说，压力脉动和机械振动之间的关系不能被量化，是不成正比例关系。在考虑离散频率时，如叶片通过频率，可以预测压力脉动和应力之间存在强烈的一致性。

2）所有的压力脉动在各种部件中产生机械应力导致泵和管路系统发生相应的反应。为了进行说明，图 10.44 显示出了不稳定压力（c_p）和不稳定应力（σ），这两个力都在旋转叶轮的前盖板上可测量，且压力和应力的波动是非常一致的。

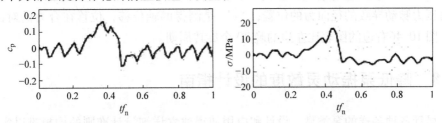

图 10.44 旋转叶轮中测得的不稳定压力（左）和不稳定应力（右）[6]

因此，非定常现象的复杂度也在转子、轴承箱和管路系统的机械振动中显露出来。出于这个原因，上述振动的频谱展示出了不同的波峰。其真实来源尚不清楚，因为非定常流现象的细节和它们的影响很难获得。

具体来说，转子上的不均匀压力分布产生了作用在转子上不均匀的力，还可能会诱导轴振动。这被图 10.45 和图 10.46 所测量出的轴心轨迹所证实。文献［6］中的试验在 $q^* = 0.8$ 的条件下进行，旋转失速出现在导叶中。失速单元以 $f_{RS}/f_n = 0.005$（或者 $f_{RS} = 0.43$Hz）传播。转子对由失速导叶导致

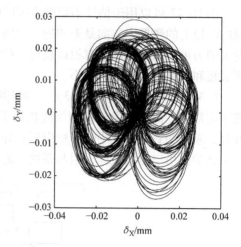

图 10.45 受到导叶失速影响的
轴心轨迹曲线

的水力径向力的反应如图 10.45 所示，转子位置跟随失速单元移动。同等条件下叶轮中测得的压力分布如图 10.46 所示，12 个导叶叶片在动静干涉作用下产生了 12

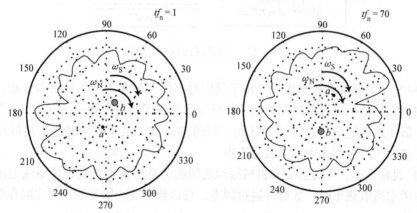

图 10.46 旋转叶轮中测得的压力分布
点 a 为测得的径向力；点 b 为轴位移[6]

个峰值。2 个峰值比平均高；它们由失速单元引起（图 10.26）。图中的 "a" 相当于由压力脉动导致的径向力的位置；"b" 是测得的轴位移，位移在合力的对面一侧。图 10.46 右边的图表比左边的晚 70 个旋转周期。

10.8 降低泵振动灵敏度的设计指南

尽管各种各样的泵类型、设计和应用使得建立详细设计准则的构想难以实现，

但仍可以给出一些基本的设计规则。实践表明，违反这些规则会导致巨大的振动问题。以下给出建议的必要性随着泵对振动敏感度的增加而增加，如叶轮顶部速度 u_2 和比转速，也与工作运行区间及级数有关。

1）按照式（10.13），叶轮/导叶叶片数的组合应当选择 $m = 0$ 和 $m = 1$ 的情况，并避免最低的三个谐波，如 v_2、$v_3 = 1$，2，3 的情况。$m = 0$ 时，压力、转矩和轴向载荷的波动较大是可预测到的。$m = 1$ 时，不平衡叶片力会激励转子横向振动。对于单级扬程很高的情况，叶片数的组合意味着直到第三级泵之前都应当避免 $m = 2$ 的情况出现。此方法用以降低叶轮特征频率与导叶叶片通过频率 $z_{Le}\dfrac{n}{60}$ 激励共振的风险。

2）叶轮和导叶或与蜗壳间间隙 B 应不小于表 10.2 中所规定的值。因为多级泵最后一级将压力脉动传递至出水管路处，也因为系统和出水室中的压力脉动会加剧最后一级叶轮的激振情况（增加叶轮断裂的风险），因此最后一级的间隙 B 可设计得大一些。

3）修剪叶片会导致叶片载荷的增加。叶片载荷过大，噪声和振动也会增加。大型泵叶轮的修剪幅度应该被限制，见 4.5.1。随着比转速增加，运行过程中出现问题的概率也会增加。

4）为降低叶片通过频率 $z_{La}\dfrac{n}{60}$ 处的激振作用，可通过不同级的叶片在圆周方向错开的方式，将叶轮安装在轴上。

5）如果中心筋板延伸到叶轮外径，双吸叶轮上的叶片应该错开放置（表 10.2）。

6）如果单级扬程超过 $80 \sim 100\mathrm{m}$，则应避免叶片数少于 $z_{La} = 5$ 的情况。叶片数较少时，沿叶片间距处的叶轮出口流动变得非常不均匀，而且动静干涉的相互作用也相应地增加。此外，叶片通过频率越低，压力脉动的幅度越大。

7）如若单级扬程超过 $500\mathrm{m}$，则叶轮铸造公差应按照表 15.2 进行限制以减少水力不平衡。

8）应该对叶轮盖板进行再加工（至少在靠近泵壳处），这是因为在叶轮侧壁间隙处，盖板铸件会导致流量波动和压力波动。

9）导叶和叶轮应当轴向对中。$\dfrac{b_3}{b_2}$ 比值小时，应按表 0.2 介绍的情况进行倒角。

10）应避免过渡回流。为做到这一点，必须保证叶轮进口和导叶喉部的减速在第 5 章和第 7 章规定的范围内。

11）铸件外壳的不均匀性也会导致叶轮侧壁间隙内的流量波动，如轴向部分泵的上部和下壳之间可能存在的偏移。

12）叶轮进口处的非均匀速度分布会增加噪声和振动，该不利影响随着比转速和单级扬程的增加而加剧。端吸泵或管道泵的吸入管路或吸入结构要进行合理设计以减少激振源。

13）叶轮和导叶盖板间的间隙 A 不应做得太大。应当有足够的重叠以减弱来自于主流的叶轮侧壁间隙流动，见 9.1、表 7.7。叶轮侧壁间隙越大，这种减弱作用越重要。如果间隙 A 太小，则会降低叶轮特征频率，也会增加叶轮的动态载荷。

14）若叶轮特征频率和激振频率 $\nu_3 z_{La} f_n$ 有产生共振的危险，叶轮侧壁间隙就不应过小。通常情况下，过窄的叶轮侧壁间隙易受振动的影响，此时流固耦合作用也会有所增加。在没有更明确的数据时，侧壁间隙不应小于 $\frac{s_{ax}}{d_2} = 0.02$；由于机械设计和公差的原因，最小值约为 4mm。

15）根据式（10.14）和式（10.15）应该检查叶轮/导叶叶片数的组合以避免出现相位共振。

16）多级泵叶轮入口和平衡装置处的环形密封在设计时应保证提供足够的转子阻尼，见 10.6.2 和 10.6.5。涡流制动器和粗糙的定子结构如孔状或蜂窝状，可以改善阻尼的情况，减少密封中的切向速度。孔形式的密封应与涡流制动器联合使用。

17）若间隙不一致（如由于制造误差导致间隙不同），长密封（平衡活塞）会导致不稳定性。在平衡活塞的套筒上加工一两个深凹槽（凹槽可将活塞沿长度方向等距隔开）可以减少不稳定的风险。

18）转子动力学分析应该包括全新的和磨损条件下的阻尼固有值的计算，并考虑滑动轴承、环形密封、轴向轴承和水力相互作用的动态特性。全新初始间隙下的转子阻尼应满足 $D > 0.2$。磨损条件（双倍于初始密封间隙）下的阻尼不应低于 $D = 0.05$。如果计算结果是不确定的，则应采用 $D > 0.08$ 的最小阻尼。

19）转子设计应避免联轴器主导本征模，因为本征模逐渐减小的。这意味着要选择合适的联轴器。一个好的轴向轴承可提供阻尼，但应该注意轴向轴承主导的模态以保证其影响最小。

20）阻尼元素应位于振幅最大处附近，而不稳定元素应置于振动节点处以将其危害降到最低。

21）在一些关键的应用场合中，应当分析泵内与管路相连时泵内驻波产生的声学共振。

22）通过分析水力激振机制，避免轴承箱和筋板特征频率的结构共振。

23）临界转速及稳定极限可通过以下措施增加：①粗轴、短跨距轴；②减小悬臂联轴器与轴向轴承的影响：降低质量、增加轴厚度、缩短跨距；③增加轴承刚度；④增加叶轮环形密封和轴向力平衡装置的刚度，如采用较小的间隙、无或浅锯齿、优化$\dfrac{L_{sp}}{d_{sp}}$的值、增加密封处的压差；⑤根据文献［84］的研究表明，通过在平衡活塞环形密封长度的50%处注入流体可以使其刚度增加；但是目前还没有实际应用的记录；⑥通过最大化前盖板和轴的夹角来降低偏心对水力相互作用的影响。

24）增加阻尼和稳定极限的措施：①在进口到叶轮进口处、平衡活塞处的环形密封中增设制涡流制动结构；②环形密封处的转子设计为孔状及蜂窝状的粗糙结构；③减小环形密封间隙；④减少叶轮水力相互作用引起的失稳效应，如增大叶轮侧壁间隙，以及取 10.16 中所示的$\dfrac{L_s}{R_2}$最小值；⑤采用多油叶轴承。

10.9　振动允许振幅

允许振动振幅在标准文献［N.6，N.16］中已做定义。这些标准定义了"最优工作范围"和"允许工作范围"对应的不同振动极限。这些工作范围可以定义在合同中，如$0.85 < q^* < 1.1$时的"最优工作范围"；然而"允许工作范围"一般通过最小流量q^*_{min}、最大流量q^*_{max}或如图 11.15 所示的最小、最大流量加以限制。

轴振动是基于轴承箱心轨迹上未经过滤的峰峰轴位移$S_{(p-p)}$的测量来判断的。未经过滤的振幅包括测量范围内的所有频率。离散（"滤波"）频率振幅的判断与各标准规定的总体等级有关。

根据表 10.7，轴振动的评估是通过比较未经筛选的峰峰振幅$S_{(p-p)}$及轴承直径间隙ΔD得到的[B.19,N.16]。该方法是基于一种可信的物理概念而来的。

表 10.7　全新未磨损条件下，基于峰峰振幅与轴承间隙比值的轴振动评估

$S_{(p-p)}$ = 两正交方向上测得的峰峰振幅

ΔD = 全新未磨损条件下的径向轴承间隙

$\dfrac{S_{(p-p)}}{\Delta D}$	评价	说明	
<0.33	好	最优工作范围内，全新条件下（接近最高效率点）	
<0.5	可接受	考虑在允许范围内无限制长期运行时	
<0.7	—	短期运行	
>0.7	警报	有损坏的危险	时间延续 10s 后报错
0.9	错误		

用于评估轴振动的 ISO 指南[N.9]可用于运行在设计转速下、靠近 BEP 的、采用径向滑动轴承的泵。标准中转速的范围是 $1000 \sim 30000 r/min$。

表 10.8 和图 10.47 根据 API 610[N.6]和 ISO 7919 – 3[N.9]比较了轴承箱允许轴振动。表 10.9 比较了标准文献［N.6，N.16］中规定的允许轴承箱振动。ISO 标

准[N.16]划分了三种等级的泵；并定义了所适用的泵。

表 10.8　根据 ISO 7919 - 3 和 ISO 13709（API 610）进行的轴振动评估

简化表示，推荐参考相关标准的最新版本

适用于采用径向轴承的泵

轴承箱测得的未过滤的峰峰振动上限值

$S_{(p-p)}$ = 两正交方向上测得的峰峰振幅

ISO 7919 - 3[N.9] 转子速度: 1000 ~ 30000r/min		全新未磨损条件下，好		A	$S_{(p-p)} = \dfrac{4800}{\sqrt{n}}\mu m$
		考虑在允许范围内无限制长期运行时；警告		B	$S_{(p-p)} = \dfrac{9000}{\sqrt{n}}\mu m$
		不允许长期运行;可短期运行;错误		C	$S_{(p-p)} = \dfrac{13200}{\sqrt{n}}\mu m$
ISO　13709（API 610)[N.6] 区域: 5 ~ 1000Hz	悬臂式泵或双支撑泵	不过滤		$A_u \equiv S_{(p-p)} = \dfrac{2280}{\sqrt{n}}\mu m$	
				上限:50μm	
		过滤 $f < f_n$		$A_f \equiv S_f < 0.33 S_{(p-p)}$	
	立式泵	不过滤		$A_u \equiv S_{(p-p)} = \dfrac{2280}{\sqrt{n}}\mu m$	
				上限:100μm	
		过滤		$S_f < 0.75 S_{(p-p)}$	
允许超出最优工作范围振幅的30%					

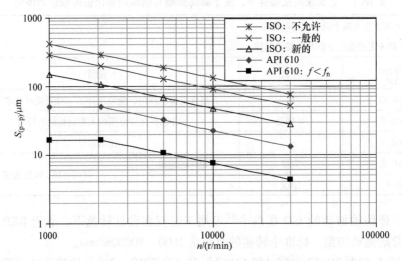

图 10.47　轴振动极限；主轴上测得的未过滤的峰峰值 $S_{(p-p)}$

ISO 7919 - 3 和 ISO 13709（API 610 未过滤和已过滤的）

表 10.9　根据 ISO 13709（API 610）和 ISO 10816 – 7 进行轴承箱振动评估

简化表述，推荐参考各自标准的最新版本

对横向和轴向振动，稳定运行时 RMS 振动速度的单位为 mm/s。适用于 $z_{La} \geqslant 3$ 和 $P \geqslant 1$kW 的所有泵					
未过滤的振动速度 v_u			v_u[mm/s]		
	分类		Ⅰ	Ⅱ	Ⅲ
ISO 10816 – 7[N.16]	最优工作范围内,全新条件下(接近最高效率点)		3	3.7	5.6
	可在允许范围内无限制长期运行		4.5	5.6	9
	短期运行		7.1	9	11
	损坏的危险		>7.1	>9	>11
	警报	时间延续 10s 后	5.6	7	10
	错误	报错	9	11	12.5
	工厂验收试验	最优工作范围	3	3.7	5.6
		允许工作范围	3.8	4.7	7.1
	车间验收试验	最优工作范围	3.8	4.7	7
		允许工作范围	4.5	5.6	9
ISO 13709（API 610）[N.16]范围:5 ~ 1000Hz	悬臂式泵或双支撑泵单级功率 P_{st} 的单位为 kW, n 单位为 r/min	$n < 3600$r/min $P_{st} < 300$kW	3		
		$n > 3600$r/min	$v_u = 3 \left(\dfrac{n}{3600}\right)^{0.3} \left(\dfrac{P_{st}}{300}\right)^{0.21}$		
		$P_{st} > 300$kW	3mm/s $< v_u <$ 4.5mm/s 范围内有效		
	立式泵		5		
	允许超出最优工作范围振幅的 30%（但仍在允许工作范围内）				
离散频率	ISO 10816 – 7	f_n 和 $z_{La} f_n$ 在最优工作范围内, 对于所有验收测试	2	3	4.5
	API 610		$v_f < 0.67 v_u$		

10.10　振动的诊断

10.10.1　概述

　　振动问题是转子泵运行中最常见的问题之一，因此高效的振动诊断具有较高的实用价值。本章提供了一些常见的振动诊断方法，主要是对轴振动的诊断。轴承箱振动将在10.11进行讲解。以下测量可作为振动诊断的基本原则：

1）对于转子动力学问题的诊断，通常认为近距探针对轴振动的直接测量是最有用的。一般情况下，探针安装在靠近滑动轴承的轴承箱上。因此，探针记录轴承箱与轴的相对运动的情况。这样做的前提是轴承箱比转子硬，并且不考虑转子与定子间的耦合振动。对于给定振动速度 v，根据 $x = \dfrac{v}{\omega}$，位移 x 随频率的增加而减小。

2）比1）更简单的是用通过能够综合给出振动速度的传感器测量轴承箱的振动。除近距探针外，常常安装传感器以获得有效、正确的振动诊断。诊断转子动力学问题时，因为轴承箱和系统的振动特性对加速度的测量有（未知的）影响，所以认为没有近距探针的测量那么重要。结构共振、驱动机构或管路都可能产生对系统的影响。

3）通过压电传感器可以测量不同位置的压力脉动，以测量汽蚀、噪声、管路振动、声共振、系统内的流量或压力波动，结构共振及疲劳等相关的问题对部件的损害。

4）可以尝试应用固体噪声测量方法诊断3）所列出的问题。与测量压力脉动相比，固体噪声可以用安装在泵体或管路外的感应器测量，感应器的安装会不损害压力承载部件。除薄壁部件（与泵的应用不相关）外，只能检测到高频振动。这是因为动力过小而不能激发薄壁部件的低频振动模式。因此，原则上固体噪声测量方法适用于如汽蚀或密封内摩擦这样的高频现象的诊断。除非是某一种特殊的现象占主导地位，否则要区分不同的噪声源是很难的。

5）碰撞测试常常用于确定轴承箱、基板和管路的结构特征频率。这样的测试试验是分析共振问题的标准惯例。

6）有时，测量泵的空气传播噪声也能给出振动问题源的提示，如在噪声频谱中，在叶片通过频率处产生峰值。

10.10.2　振动测量

标准文献［N.17］中给出了测量和振动原理的基本信息，一些基本方法和问题在下面内容中加以讨论。

（1）频率范围　其定义是测量的频率范围。若没有特别说明，测量范围应该在 $5 < f < 2.5 z_{La} \dfrac{n}{60}$ Hz 范围内。建议应至少在 2 倍叶片通过频率上下 15% 的范围内。

（2）压电加速度计　一般用压电加速度计测量轴承箱的振动，压电加速度计可以通过粘、拧或通过磁铁吸附在轴承箱上。探针可垂直、水平、轴向安装在 DE

和 NDE 轴承箱上。应严格按照仪器制造商的说明和振动标准安装，以减少加速度计和轴承箱不充分接触误差导致的危害。压电转换器的共振频率是（1～5）万 Hz。低于 5Hz 的测量是不准确的，这是因为在该范围内信噪化不佳。这些传感器对连接器和引线（湿度）的绝缘缺陷是很敏感的。可能的问题有：

1）仪器的共振频率必须高于测量的最高频率；可用的频率范围约是仪器共振频率的 1/5～1/3。

2）避免仪器与轴承箱的不充分接触（面不平、太粗糙、交合不好，如运行时金属壁面温度过高）。

（3）轴振动　用安装于靠近滑动轴承的近距探针来测量。两个探针在一个测量面上以 90°角安装在轴承箱轴伸端和非轴伸端。通常，轴向轴振动是通过另外的近距式探针来测量的。轴向信号可以表明轴向力的方向。测得的信号代表轴与轴承箱的相对运动。探针产生高频磁场，该高频磁场会诱导轴内涡流的产生。因此，轴的材料不均匀会产生干扰信号即"电跳动"。为保持数据的有效性，电器和机械跳动的总和不得超过允许振动范围。一些轴材料不适合轴振动的测量。在这种情况下，轴需要特殊材料的套筒。

基于激光技术的光学方法可以测量轴的绝对运动。

（4）压力脉动　通常是由压电（石英）传感器测得的。注意事项：

1）为避免共振，传感器的固有频率必须高于测量范围的频率。

2）如 10.2.4 所述，测量的压力脉动取决于与驻波压力节点相关的压力传感器的位置。如置于叶片通过导致的驻波压力节点处的传感器不能捕捉到该处的频率。

3）本质上，该压力传感器应该安装在泵或泵箱的内表面上（不是安装在腔体里）以避免腔体流出流体产生扰动或者（更严重的）气泡。

4）有时会将传感器安装在仪表管的末端。采取这样的措施时，必须保证仪表管路的长度足够短，以避免与驻波发生共振。考虑到测量范围内的最高频率，仪表管的长度不应超过四分之一波长（按表 10.12 应为 $\frac{\lambda}{4}$ 波长）的。

5）仪表管路内的气泡将使测量的数值失真。

（5）振动数据的记录和信号分析　加速度、压力脉动及轴振幅的测量值都是时间的函数。振动频谱来自于快速傅里叶变换"FFT"时间域的数据。过程如下：

1）每个信号记为数据块中的一个数字 N（$N=64～100$）。

2）每个数据块包含有 m 个数据点，$m=2k$（k 是整数）。"标准"傅里叶样本数量为 $m=1024$，但为获得所需的较高分辨率也有可能需要更多数量的样本。

3）为记录或分析这些数据，应选择适当的样本时间间隔 ΔT。采样频率 f_s 与

样本时间间隔 ΔT 的关系为 $f_s = \dfrac{1}{\Delta T}$。采样频率决定频率上限 $f_{Ny} = \dfrac{f_s}{2}$（奈奎斯特频率）的大小，该上限可由傅里叶变化计算出。例如：采样频率必须大于2000Hz以记录或分析频率大于1000的情况。为包括足够的范围，采样频率应该为 $f_s = (2 \sim 3) f_{max}$，f_{max} 是最大频率。

4）如果采样频率太低，高于奈奎斯特频率的频谱线会折回 f_{Ny} 之下，该现象被称为"混叠"。

5）如果采样频率太高，会影响高频范围内的分辨率，这是因为分辨率 Δf 与采样时间间隔的关系为 $\Delta f = f_s / m$。文献［69］中，推荐分辨率为1Hz，通常要求样本的数量大于 $m = 1024$。

6）傅里叶变换谱线数为：$1 + \dfrac{m}{2}$。

7）时间记录的长度遵循如下式：$T = Nm\Delta T = N\dfrac{m}{f_s}$。

8）分析误差随着数据块数值 N 的增大而较少，误差是 $\dfrac{1}{N^{0.5}}$。

9）为增加统计准确性，必须要增加数据块 N 的大小。同时，为得到更高的分辨率必须增加数据块的尺寸 m。这两个措施都需要增加记录数据的时间 T。

10）大于奈奎斯特频率 f_{Ny} 的频率在数字化之前必须通过低频滤波器过滤掉。

大多数上述参数是有FFT分析确定的。用户需选择避免过载的输入范围、频率范围、分辨率（如谱线的数量）及平均值的大小。

（6）可能的检测

1）最好在时间域对信号进行监控，并且要检测过载情况，以确保传感器和测量系统都在允许的动态范围内运行。

2）用第二组仪器和/或数据采集方法进行测量。

3）若振动总量比频谱中的任何可视峰值都大，则应该增大范围以找到宽频带激振中的额外峰值或区域。

10.10.3　振动诊断

为诊断产生不可接受振动的成因，上述所讨论的振动机制可以通过其特征频率来区分，所以通常有必要分析所记录振动信号的频谱。进行轴振动的测量时，也应该绘制振动轨迹，这是因为运行轨迹的形状只对应某些特定的振动形式。

表10.10显示了如何从频谱和轴心轨迹的特征中辨别不同类型的振动。表10.10中给出的信息可以帮助故障分析有条不紊地进行。在此过程中，频谱和轨迹都要考虑。它们也可以很好地分析振动频率、振幅与速度、流量比 q^*、进口压力或 $NPSH_A$

及温度的关系。表 10.10 的第三列和第四列对一些特性进行了描述。

很多情况下，只有将各种特性综合起来分析，才能找出问题产生的原因。以下信息可能有助于振动的诊断：

1）通常，相同时间内不同系统中的不同振动机制都会影响信号的测量，因此正确的诊断一般非常困难。

2）事物的因果关系链并不明显。如高振幅导致密封环的磨损，增加的密封间隙会降低转子阻尼、增大振动并加剧密封的磨损。如果在新未磨损条件下，泵显示出一些可接受的振动，而且这些振动在泵运行的过程中迅速恶化，那么至少要考虑三个方面的因素：①弯曲的轴（由热或机械作用引起的弯曲）或不合适的转子设置导致磨损。②高速振动引起磨损，如过度水力不平衡、转子失速或过度回流都会引起振动加速导致磨损。③在全新条件下，不恰当的转子设计和/或有边界阻尼时不恰当的环形密封选择会加剧振动。这些情况可能不易从频谱和轨迹中辨别出来，但每一种情况需要不同的补救措施。

3）极不规则或轨迹混乱问题均为轴承的问题：过大的间隙、过低的阻尼、轴承损坏、管套松弛或不稳定等。轴承损坏一般是由过度振动所导致的，如由共振引起，所以轴承问题是故障的根源。环形密封中的摩擦也可以导致轴心轨迹混乱。

4）通常，测得的频谱包含有不同的峰值，这些峰值并不能用任何已知的振动原理解释。此外，取决于流量的不同，峰值随机变化很难（并非是不可能的）得到解释。这些观测结果适用于轴振动、轴承箱振动及压力脉动。这种现象可能是由于泵内或系统内流型的微观变化，以及声学现象引起的。除非发生这种振动的部件有助于整体水平的提高，否则尝试理解其起因是徒劳无功的。因此建议：①定量分析频谱以查明这些离散峰值的频率和宽频带区域，这在很大程度上决定整体水平和允许超过的范围。②查找主导因素及根本原因，并及时纠正。

5）当在试验台上进行振动测量时，基座和管路会影响测试结果，这是因为临时设置的试验台往往比工厂里的刚性低。

监测大型泵时，通常要用靠近轴承的接触式探针监测轴承箱和轴的振动速度，包括轴和轴承箱的相对运动。通常可以观察到轴振动是很低的，但轴承箱的振动往往超过允许范围。如果是这样的话，可以推测转子动态性能较好，振动问题可能是由于其他作用引起的，如轴承箱和一些水力激振机制间的共振。然而，有的现象可能恰恰相反：轴振动超过允许极限，而轴承箱的振动是很低的。这种情况下转子动力学问题是根本原因。表 10.10 对诊断可能有所帮助。

定子（蜗壳、环形压水室、导叶）中不均匀的压力脉动会使轴弯曲，这与转子固定负载的原理相同。因此轴受交变应力支配，由于疲劳有导致轴断裂的风险。轴承负荷是静力，静态径向力不能产生振动。在绝对参考系中轴心轨迹产生径向位移，而相对参考系中轨迹是圆形的。

与此相反，叶片中的非均匀压力分布（水力不平衡）会使轴在有弯曲应力的畸形状态下旋转。轴承负荷是动力，激励出同步横向振动。此时绝对参考系中轨迹是圆形的。而相对参考系中轨迹出现径向位移。

与轴弯曲相关的各种振动机制见表 10.10。

表 10.10 振动诊断

频谱	轨迹	转速依赖	流量依赖	可能的原因	附注/补救措施
1. 同步振动（峰值位于 f_n 处） A ↑ f_n → f	由椭圆形到圆形，只有少量的振动频率高于 f_n	峰值随转速而变	弱或无，但水力不平衡随 q^* 增加而增加	1.1 机械不平衡，例如，零部件缺失、耦合出错、异物夹杂在叶轮中 1.2 叶轮公差导致的水力不平衡（主要是 $u_2 > 100 \frac{m}{s}$ 的情况）或不均匀入流 1.3（转子、耦合、悬臂）临界转速下运行 1.4 极低的阻尼（如润滑轴承、滚动轴承） 1.5 过载运行（机械或电器） 1.6（热变形引起的）轴弯曲 1.7 轴承箱或基座的共振 1.8 安装误差（管路） 1.9 泵壳变形[B.15] 1.10 上下泵体部分偏移[B.15] 1.11 轴承偏心或损坏[B.15]	1.1 提高平衡性 1.2 精密铸造精密，更严格的质量标准 1.3 检查转子动态特性、轴承（润滑油的黏度）、密封 1.4 涡流制动器，更好的阻尼密封 1.5 电气损耗：更合适的轴材料，套筒低于接触式探针 1.6 调整轴承箱的质量或刚度 1.9 检查轴承温度/维修

（续）

频谱	轨迹	转速依赖	流量依赖	可能的原因	附注/补救措施
2. $(0.45 \sim 0.95) f_n$ 频率下的亚同步振动 	在不稳定位置处轨迹杂乱无序 	超过一定的转速，振幅会超过允许范围。频率随转速的增加而增加	除了 2.4 项，其他项对流量的依赖性很弱	2. 转子不稳定 　2.1 磨损导致密封间隙增大 　2.2 不合适的密封（阻尼过低） 　2.3 径向轴承不稳定（类型、间隙） 　2.4 随着流量 q^* 的变化径向轴承出现卸载（径向力发生变化） 　2.5 内部摩擦（如冷缩配合过弱） 　2.6 开式叶轮：阿尔福德效应	2.1 更换新密封圈 2.2 增设涡流制动器，采用更好的阻尼密封（蜂窝状，浅锯齿状） 2.3 安装多油叶轴承
3. 亚同步振动 不同流量 q^* 3.1 频率为 $(0.5 \sim 0.95) f_n$ 3.2 频率为 $(0.01 \sim 0.3) f_n$	不规则，不稳定	给定 q^* 条件下，峰值与转速相关。振幅随转速的增加而增加	在特定的 q^* 值时，依赖于叶片载荷的大小。失速单元的数量会随流量发生改变	3 旋转失速或类似的周期性激振 3.1 叶轮进口回流 3.2 导叶内旋转失速 3.3 大于临界转速运行时，与轴的固有频率发生共振	3.1 叶轮进口回流制动 3.2 采用涡流制动器或环形密封增加阻尼 3.3 更换叶轮和/或导叶
3a. 频率为 $(1.1 \sim 1.2) f_n$ 的亚同步振动		正比于转速		在空化诱导扬程降低时，可观察到诱导轮中的旋转空化现象	诱导轮的几何形状
4. $vz_{La} f_n$ 下的峰值 	由椭圆到圆的有规律的高阶振动 	除 4.4 外如果不受 4.3 中声音共振的影响，f 与转速严格成正比	q^* 在 $0.8 \sim 1.0$ 范围内振幅最小，振幅在部分载荷工况及 $q^* > 1$ 时增加	4.1 叶轮和导叶叶片数不匹配，导致叶片力大于 0，如 $\lvert v_3 z_{Le} - v_2 z_{La}\rvert = 1$ 4.2 在 $z_{La} f_n$ 时，叶片相互作用力 4.3 在 $z_{La} f_n$ 时的声激共振	4.1 改变 z_{Le} 或 z_{La} 的大小 4.2 根据表10.2，降低叶片间的相互作用力 4.3 改变 z_{La} 4.4 降低质量和/或刚度

（续）

频谱	轨迹	转速依赖	流量依赖	可能的原因	附注/补救措施
4. $vz_{La}f_n$ 下的峰值 	由椭圆到圆的有规律的高阶振动	除 4.4 外，如果不受 4.3 中声音共振的影响，f 与转速严格成正比	q^* 在 0.8～1.0 范围内振幅最小，振幅在部分载荷工况及 $q^* > 1$ 时增加	4.4 与轴承箱固有频率发生共振 4.5，单个叶轮流道的几何公差会导致 vf_n（$v = 1, 2, 3, \cdots$）处出现峰值（叶间距的偏差、叶片角度、出口宽度、叶片厚度、叶片距离，如 a_2） 4.6 叶轮内的不均匀流动 4.7 旋涡（涡街）	4.5 提高铸件质量（包括进口在内的整个流道是最重要的）
5. 如 $\left(2f_n, \dfrac{f_n}{2}\right)$ 等 f_n 的低倍数等处的峰值	对准错误 	f 与 f_n 成正比	弱	5.1 校正错误（有时只在 f_n 处可测）。运行时的校正可能比较困难：①热流体或阳光直射到泵上导致热变形。②管路受力引起变形。校正误差往往伴随着较大的轴向振动 5.2 松动的零部件（轴承，套筒等）导致的非线性 5.3 在 $f = \dfrac{1}{2}f_n$ 处出现转子摩擦	5.1 提高热条件下的校正精度；更好的管路支撑 5.2 周密的设计分析
6. $f < 0.2f_n$ 的宽频带振动，且趋向于 0 时振动增强 	由椭圆形到不规则	弱	尤其在 $q^* < 0.5$ 时。振幅随 q^* 的降低而增加	6.1 叶轮进口或出口的回流 6.2 阻尼过低：轴承类型（间隙）不合适，密封类型不合适或间隙增加（磨损） 6.3 空穴波动（这种情况下的振幅取决于 $NPSH_A$ 的大小）	6.1 检查叶轮和导叶（蜗壳）的设计：BEP 条件下，参数 $\dfrac{w_{1q}}{w_1}$ 和 $\dfrac{c_{3q}}{c_2}$ 不要选得过小

（续）

频谱	轨迹	转速依赖	流量依赖	可能的原因	附注/补救措施
7. 与转频无关的相对宽的峰值区 		不依赖于转速。这是与3、4、5项最重要的区别	$q^* < 0.5$时，由于要回流影响而增加	7.1 如回流和湍流等宽频带激振力激振结构固有频率 7.2 空化	冲击测试可以确定固有频率的大小 7.1 改善部分载荷工况的性能（见第5章） 7.2 更换空化性能好的新叶轮；增加 $NPSH_A$

频谱	转速依赖	流量依赖		可能的原因	附注/补救措施
8. 500Hz 以上的宽频带振动，取决于 $NPSH_A$	空化程度取决于转速和流量			空化引起压力脉动和振动	如7.2 所述
9. 频率在 $0.5Hz < f < 16Hz$ 范围内相对重要的峰值	弱	9.1～9.3 随着 q^* 的减少而增加 9.4～9.6 出现在不稳定或过于平坦的 $Q-H$ 曲线的情况下		9.1 若取决于 $NPSH_A$：回流引起的雾状涡流核心产生水锤从而导致脉动的产生 9.2 低结构特征频率的宽频带激振（如基板、管道） 9.3 轴推力周期性反向 9.4 因 $Q-H$ 曲线过平或不稳定引起的小阻尼声模态 9.5 $Q-H$ 曲线过平或不稳定时，泵并联运行引起波动 9.6 控制系统的不稳定性 9.7 空气吸入旋涡，水池底部旋涡	9.1 提高叶轮或诱导轮的质量。如果可能的话，通过设置筋板或叶轮上游结构减少流体旋转 9.7 按 11 章所述方法消除旋涡
10. 电网频率处的峰值	无	无		仪器的电扰动	增设设备外罩
11. 电动机转频或转频倍数处的峰值	是	无		电动机振动通过基板传递到泵	
12. 采用耐磨轴承，在转频处出现峰值	是	无		12.1 轴承损坏，峰值可能与轴承中旋转元件的数量成正比 12.2 齿轮问题，峰值与齿数成正比	
13. 如 11.7.3 所述，立式泵中，正常流入泵体/列管时引起的激振	无	随 Q^2 的增加而增加		见表10.13，入口处速度过大引起旋涡脱落和激振	

（续）

轴与轴承箱的振动

轴承箱的振动	轴相对于轴承的振动	解释	可能的原因
轻微	高	• 与轴相比，轴承箱刚性大 • 轴决定使用寿命	• 转子动力学问题：转子不稳定性（密封、轴承）或与转子特征频率发生共振
高	轻微	• 水力激振力由泵体或转子传递到轴承箱 • 转子跟随或诱导轴承箱的振动	• （通常情况下）与轴承箱特征频率发生共振 • 水力激振力引起的轴承箱强迫振动

轴偏转引起的损坏形式

$\Omega =$ 在绝对参考系中测得的振动轨迹

径向力的来源	定子中的非均匀压力分布（蜗壳或导叶）	叶轮流道中的非均匀压力分布
径向力的本质	• 静态径向力 F_R（表9.7），转子重量：$\Omega=0$ • 平衡活塞，或立式泵中的直线轴承的偏向力：$\Omega=0$ • 导叶或双蜗壳中的交替失速 $\Omega=0$ • 导叶中的旋转失速 $\Omega=0$	• 水力和机械不平衡 F_u：$\Omega=\omega$（同步激振） • 叶轮中的旋转失速 $\Omega>0$ • 轴弯曲、跳动：$\Omega=\omega$
轴向移动	轴围绕弯曲曲线旋转	轴在变形状态下旋转
轴承载荷	静态	动态
转子弯曲线	静态偏转： 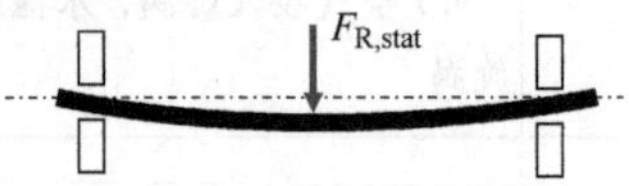 	动态偏转： 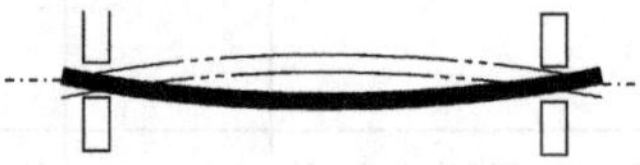
在绝对参考系中的轨迹，$f=$ 偏转	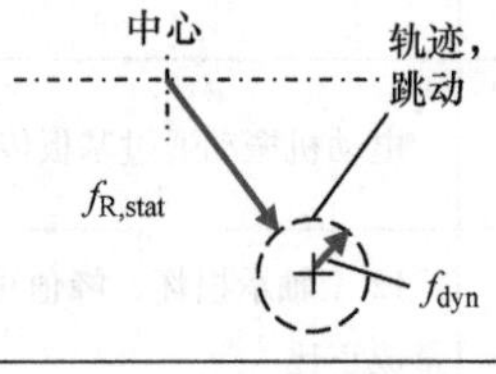	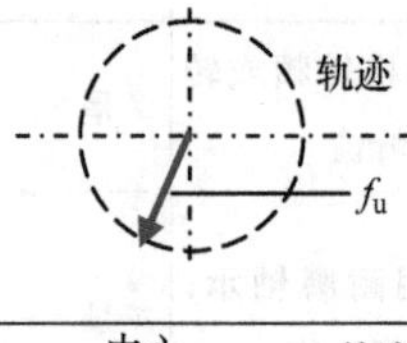
在相对参考系中的轨迹	 $f_R=$ 径向位移（由于静态径向力 F_R）	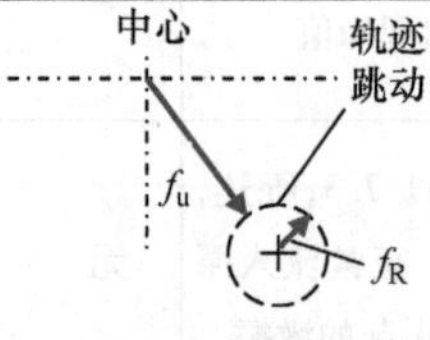 F_u 径向位移（不平衡）

（续）

转子应力	交变弯曲应力	静态弯曲应力
转子磨损	均匀	局部
定子磨损	壳体外环：局部磨损 	壳体外环：均匀磨损
故障	1）由于应力集中处疲劳引起轴断裂的风险 2）由于轴偏转引起的轴承磨损	1）高振动（转子，轴承箱） 2）轴密封，轴承 3）转子摩擦

10.11　轴承箱振动：原理、诊断、补救措施

叶轮/导叶间的相互作用力（见 10.7）可以经转子、定子传递到轴承处。由此，轴承箱受到的振动可以通过感应器或振动速度传感器来测得。这两种方法中，振动速度的大小是作为检验的标准，因为振动速度受泵规范和标准的限制，见表10.9。振动速度是衡量振动能量的标尺，且振动速度被认为是判断机械运行状态最好的指标。这是因为振动速度独立于频率而存在（振动位移随频率而降低，然而加速度随频率而增加）。

过度的轴承箱振动可能导致密封、轴承、辅助管路或结构部件的损坏。基于操作经验对轴承箱振动程度的评价参见文献［B.15］，其中给出了零到峰值的数值（这些值已经除以 $2^{0.5}$ 以与文献［B.15］中指定的 RMS 值做比较）：

1）零到峰值 3.8mm/s 时（RMS 值 2.7mm/s）：力学性能较好。

2）零到峰值 13mm/s（RMS 值 9mm/s）时：轴承和密封有失效的可能。

3）零到峰值 25mm/s（RMS 值 18mm/s）时：有损坏失效的可能。

小流量运行时，高扬程泵（比转速 n_q 小于 50）的轴承箱振动可超过表 10.9 规定的允许极限值。预计此时在叶轮进、出口处会出现回流。这种现象通常在低于最高效率点流量 40% 到 70% 时出现（该现象随着 n_q 的增加而出现）。相比之下，回流诱导的振动大体在规定范围之内。通常，在频率为旋转频率 f_n、叶片通过频率 $z_{La}f_n$ 和宽频带及奇数倍各种时，振动频谱中会出现峰值。图 10.48 给出了在 DE 和 NDE 时轴承箱的振动情况。在这种情况下，这两个频谱几乎有着完全相同的形状（表明两者具有相同的激振原理）。然而，NDE 的振幅大约只有 DE 的一半，这是因为非驱动端的结构一般比较厚重。f_n、$5f_n$（BPF 吸入叶轮）、$7f_n$（BPF 系列等

级），$10f_n$ 及 $14f_n$（吸入和系列等级叶轮的第二阶 BPF）时会出现峰值。该激振随着回流流量的增加而增加，这是因为叶轮出口流量变得不均匀，从而增加了动静干涉作用。在遇到的时，如轴承箱共振时，往往伴随着叶片通过频率或宽频带的激振。

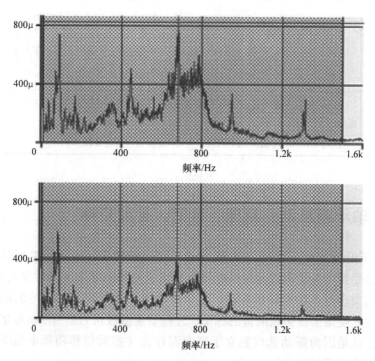

图 10.48　$q^* = 0.25$ 时，五级叶轮轴承箱处的振动频谱；振动速度的单位是 $\mu m/s$；顶部：DE（总体 RMS 值为 6.8mm/s）；底部：NDE（总体 RMS 值为 3.9mm/s）；转子频率 $f_n = 94Hz$

10.11.1　水力激振原理

与轴承箱振动相关重要的原理总结如下（其他作用和更详细的讲解见 10.7）：

1）同步频率为 f_n 时，水力不平衡会产生振动，这是由于个别叶轮流道存在着几何差异。振幅的大小往往随着流量的增加而增加，最小振幅在关死点附近。若能够观察到该现象，那么通过叶轮几何检查可以发现叶轮流道中的偏差（如 b_2、a_2 或 β_{2B}）。

2）如果通过式（10.13）所得的叶片组合不合适导致了 m 等于 1 的情况，会产生径向力并传递到轴承箱。一阶激振（如 $z_{La} = 7$，同时 $z_{Le} = 8$）和二阶激振（如 $z_{La} = 5$，同时 $z_{Le} = 9$）会导致过度振动，通过改变导叶（或叶轮）的叶片数可以消除这种振动，其目的是避免 $m = 1$。如图 10.49 所示的例子，在流量 $q^* = 0.21$ 条件下，六级泵的轴承箱振动情况，其导叶叶片数 $z_{Le} = 9$。如图 10.49a 所示，多级泵中 NDE 叶片上传递的振动是最显著的。叶轮（靠近 DE 处）有五个叶片，在 $2z_{La}$ $f_n = 10f_n$（图 10.49b）时，其产生了 2 倍叶片激振。频率为 $2f_n$ 时，显示出了热变形导致偏差的情况，该现象在 DE 处尤为明显，此时的不平衡作用很小。所有的波峰都很尖，说明轴承箱的结构阻尼较低。

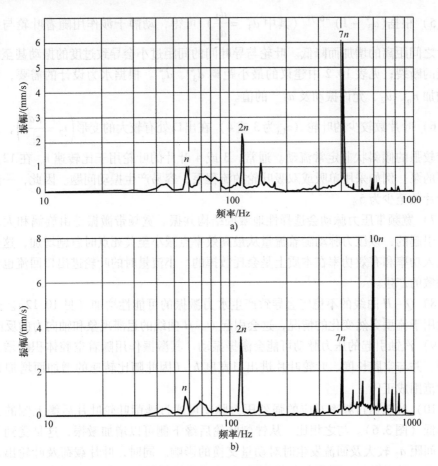

图 10.49　六级立式泵的轴承箱振动；$f_n = 59\text{Hz}$，$u_2 = 56\text{m/s}$，$q^* = 0.21$

a）NDE：多级叶轮，$z_{La} = 7$，振动速度为 8.3mm/s

b）DE：单级叶轮，$z_{La} = 5$，振动速度为 12.5mm/s

3）必须避免 $m = 0$ 的叶片组合情况，这是因为它会引起轴承箱轴向振动过高（压力脉动过高）。此外，沿叶轮盖板的不对称压力分布也可能在叶轮上形成一个倾斜力矩，由此产生的轴上弯曲力矩对轴承箱振动的影响与转子横向激励相同。因此，在高压泵这种对振动敏感的泵或高标准制造的泵中，要注意叶轮盖板和泵体的机械加工。

4）频率为 $z_{La}f_n$ 的振动是由叶轮出口非均匀速度分布产生的。这种速度分布取决于：①叶轮进口流态分布（尤其对于高比转速的泵）；②由叶轮几何形状决定的最为宽泛的术语为："叶片载荷"（压力系数）和二次流；③流量；④叶轮进出口的回流。不均匀性与定子叶轮通过两种机制相互作用：导叶叶片冲角的变化（升力波动），如图10.5所示；图10.2所示为作用在导轮叶片上的不同冲击速度。

5）根据 $(d_3^* - 1)^{-0.77}$（其中 $d_3^* = \dfrac{d_3}{d_2}$）可得，动静干涉作用随着叶轮与导叶叶片之间距离的增加而降低。叶轮与导叶间的间距过小会导致过度的振动甚至叶轮盖板的断裂；见表10.2中建议的最小距离 d_3^*、d_z^*。根据水力设计的需要，可适当增加 n_q、u_2、允许振动及 d_3^* 的值。

6）叶片数较少的叶轮（z_{La} 为 3 或 4）在出口处有较大的变形$\left(t_2 = \dfrac{\pi d_2}{z_{La}} \right)$，并伴随着较强的倾斜状非定常流动。通常，3 或 4 叶片的叶轮用于比转速 n_q 在 12～14 以下的泵。例如采用单吸或双吸叶轮的流程泵，容易产生振动问题。因此，一般叶轮叶片数至少为 5。

7）宽频带压力脉动会选择性地激振结构共振。宽频带激振是由旋涡和大范围湍流引起的，该压力脉动随着流量从最高效率点减小至关死点时急剧增加，这是由于输入功率和有效功率在本质上是会耗散掉的。小流量时的叶轮进出口回流也会导致耗散的产生。

8）$Q-H$ 曲线的不稳定会导致产生水力激振的可能性增加（见 10.12）。这同样适用于流型突然变化的情况，这会引起 $Q-H$ 曲线的迟滞现象和轴向力的反向。

9）汽蚀引起的压力脉动可能会激振振动。其激振作用随着空腔体积的增大而增强，并与空腔长度、叶轮叶片进出口宽度 b_1（因此随比转速的增加而增加）及影响范围成正比。

10）叶轮通过频率对应的强烈压力脉动可通过锉削叶轮叶片后缘上侧的方法来降低（图 3.6）。与之相比，从锉削叶轮后缘下侧可以增加激振，这是受到了大叶片间距 a_2 较大及回流发生时对动量交换的影响。同时，叶片载荷及叶轮出口非定常流也随之增加。但是，如果间隙 B 随叶轮外径的切割而增加，那么通过切割可以增加扬程，同时振动也会降低。

11）在图 2.9 所示类型的泵中，在长交叉管内，叶片通过频率与驻波之间的共振会加剧泵内轴承箱处的振动。

12）叶轮内的旋转失速会激振频率为 $f = (0.5～0.95) f_n$ 范围内的振动，而导叶内的旋转失速会激振频率为 $(0.05～0.3) f_n$ 的振动。

除去水力不平衡外，在 $q^* = 0.9～1.0$ 范围内的水力激振最弱。部分载荷工况和流量过大（$q^* \gg 1$）的情况下激振呈现出类似于图 10.9 所示的增强趋势（压力脉动）。因此在实际情况下，过度的水力诱导振动主要是出现在部分载荷工况下（水力不平衡除外）。这意味着，过度振动产生的过程中伴随着流动分离和回流。

然而，在回流发生过程中叶片形状对流型较小。从观察中可以出现关死点功率与叶片形状或叶片进口角关系不大。此外，叶片形状或叶轮流道差异引起的水力不平衡会随着流量的增加而增加，而非减少。但是，由于叶片间距 a_2 随着 β_{2B} 的增加而增加，叶片出口安放角 β_{2B} 对关死点的扬程和功率会有所影响，这促进了发生回流时叶轮出口的动量交换。因此，最高效率点时的叶片载荷优化可能对于降低小流量时的宽频带激振没有帮助。相比之下，叶轮出口宽度 b_2、进口直径 d_1、d_{1i} 对回流有着强烈的影响作用。这些参数有可能需要进行优化，尤其是过大的叶轮出口宽度会产生非均匀流，可能引起轴承箱在部分载荷工况下振动（流动现象描述见文献 [49]）。

虽然不能期望振动与回流功率严格成正比，但可以认为这是宽频带测量的一种间接方法。对于宽频带激振的机械反应更像是一个滤波器。固有频率是通过宽频带机制选择性地发生激振的。然而，涉及重型结构的强迫反应一般很弱有时可忽略不计。回流功率可以通过以下方式进行估计：联轴器处的功率 P 是测得的（或已知的），回流功率 P_{Rec} 可由式（10.17）计算出：

$$P_{Rec} = P - \frac{\rho g H(Q + Q_{s1} + Q_E)}{\eta_h} - \sum_{st} P_{RR} - \sum P_{s3} - P_m - P_{er} \quad (10.17)$$

水力效率（包括 $q^* = 0$ 时的水力效率）可以通过式（4.14）估算。式（10.17）和式（4.14）适用于包括关死点在内的所有低于回流的流量条件。式（10.17）可对整个流量范围内的情况进行估值。在一些流量条件下，回流功率变为 0。相应的流量值可估计整个回流过程中的流量变化情况。

P_{Rec} 是叶轮进出口回流的总功率。为预估进口和出口对宽带激振的相对作用，叶轮进口回流耗散功率 $P_{Rec,in}$ 可由 4.14 中式（4.11）求得。关死点时，进口再循环功率由式（10.18）给出：

$$P_{Rec,in,o} = \frac{\rho}{2} \lambda_{1,Rec,o} \mu_1^3 r_1^2, \ \text{其中} \ \lambda_{1,Rec,o} = 0.21 \pm 0.01 \quad (10.18)$$

进口回流的发生可由式（5.7b）计算得出。要得到更准确的信息，可以假定进口回流的功率耗散随着进口回流发生，式（10.18）算得的 $P_{Rec,in}$ 值到零值对应的流量线性减少。出口回流功率由 $P_{Rec} - P_{Rec,in,o}$ 的差值给出。图 10.50 显示了比转速 $n_q = 30$ 的五级泵的一个例子，该泵在最高效率点时的功率消耗约为 5200kW。最小流量 $q^* = 0.25$ 的总回流功率约为 900kW（进口 250kW，出口再循环 650kW）。尽管这种估计方式仅可提供极为粗略的数据，但它给出了关于宽频带激振可用能量的大概范围。

10.11.2　水力激振的机械反应

对于从叶轮出口传递到轴承箱的水力激振力目前还不能定量得到。动静干涉产生的相互作用力等量地作用于定子和转子上（牛顿定律：作用力 = 反作用力）。因

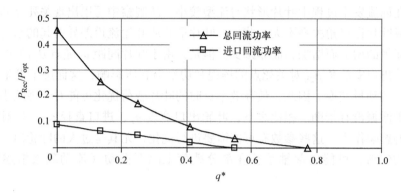

图 10.50 预测的五级泵的回流功率

$n = 5600\text{r/min}$; $n_q = 30$; $P_{opt} = 5200\text{kW}$; $H_{opt} = 2200\text{m}$

此，叶片间的相互作用力通过轴和定子传递到轴承箱上。值得注意的是：轴振动的测量不能反应出传输路径的问题，这是因为它仅仅记录轴承箱和轴之间的相对运动。因此，通常可以观察到轴振动是在允许范围之内的，而轴承箱振动超过范围。在这种情况下，轴承箱的振动决定了转子的振动行为。泵转子动力学中有时会出现相反的行为，且在这种情况下轴承箱振动很小而轴振动很大。

力从轴到轴承箱的传递受到滑动轴承油膜或滚子轴承的影响，同时在紧密间隙处受转子阻尼的影响。试验表明，通过轴传递到轴承箱的力具有机械不平衡性（但这对轴套变形几乎没有影响）。通过轴套的振动传递取决于泵的设计。不同的原理可归结为：

1）如图 10.51（见 10.12.6 和图 10.63）所示，压力脉动导致了轴套的不稳定变形。靠近轴套中心的微小变形沿着轴承箱被放大。轴承跨距越长，该现象越明显。该原理可解释长交叉管内的声振对图 2.9 中所示泵的轴承箱振动的影响。与之相同，系统中的

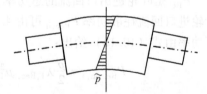

图 10.51 因压力脉动而产生的轴套变形

压力脉动易导致轴套的变形而不会产生作用于转子的横向力。除了轴套变形，泵内压力脉动反应时间不同可能产生沿叶轮的不均匀压力分布，并产生传递到轴承、作用于转子的横向力。

2）与之相似，如图 2.7 所示，连接螺栓变形可导致多级离心泵轴承箱的振动，而且连接螺栓可能会发生纵向及弯曲变形。

3）如图 2.8 所示的筒形泵，泵壳和各级部件可能会发生变形。力的传递路径受到螺栓、阀座、间隙和垫圈的影响。

通常，在泵的驱动端（DE）和非驱动端（NDE）可观察到差异很大的振动。这可能是由于以下原因引起的：①力的传递路径不同；②轴承箱或泵体的质量或刚

度不同；③平衡装置不同（活塞或平衡盘）；④首末级的水力设计不同；⑤其他封闭运行的间隙或涡流制动器可能会提供的阻尼。

许多机械设计会在很大程度上影响泵的振动情况。其中一些是相当明显的，而其他的难以确定：

1）轴承箱共振。当检测到叶片通过频率较高时，该项应是需首先检查的，这是因为通常轴承箱的特征频率多位于叶片通过频率附近。特征频率是通过有限元分析和/或冲击试验算得的，这可在不安装转子或安装转子的稳定运行期间进行。而由此产生的三个频率可能会有所不同，运行期间测得的频率可能是真正相关的频率。然而，运行过程中的冲击试验需要充分大的冲击能量以获得清晰的泵频谱的信号（其能量相当高）。

2）多级泵中，不同级的叶轮必须交错安装。交错引起不同叶轮间的相位变化，但对（叶片通过）频率没有影响，只对振幅有影响。

3）若叶轮和导叶没有很好的轴匹配向定位，也会产生振动，叶轮和导叶流道中间部分不匹配。如果 $\frac{b_3}{b_2}$ 比值很小，应使流动尽量平缓，此时建议按照表 0.2 在导叶进口进行倒角。一个例外情况是：有时会使导叶相对于叶轮轴向偏移以提高流量 – 扬程曲线的稳定性和/或减少轴向力。

4）在转子特征频率附近运行时，参见 10.8 所述的补救措施。

5）如果轴承箱的设计各向异性，垂直振动振幅可能与水平振动振幅不同。

6）因为竖直和水平振动是通过加速计测得的（地震中的情况类似），所以其间的差异可能也受底板和/或基座的影响。吸入口和排出口的方向可能也会对其产生影响，这是因为系统中的压力脉动会产生作用于进出口方向上的力。

7）装有平衡活塞或平衡盘的多级泵性能可能会有所不同，平衡装置对转子阻尼和特征频率有所影响。

测得的驱动端（DE）和非驱动端（NDE）的振动截然不同。除了联轴器或驱动问题（下面会进行讨论），其他一些原理也可对此做出解释：

① 轴承箱一般固定在泵体、泵盖或衬套芯子上（图 2.7 ~ 图 2.13 及图 7.48 所示）；因此，测得的特征频率不仅仅取决于轴承箱本身，还取决于与之相联系的部件。

② 装有平衡活塞的多级泵，由转子传递到轴承箱的力可能由于活塞有所降低，因此 NED 端（如果活塞在这端）的力可能会低于 DE 端的力。

③ 由泵体传递到轴承箱的力很大程度上取决于泵的设计，壁厚或材料截面、阀座、垫圈或力传递路径上不同元件间的螺栓连接都会对其产生影响。通常，力从 DE 到 NDE 的传递路径截然不同。

④ 因加速度和力与质量的比值成正比，所以激振力一般随着质量的增加而减弱。DE 与 NDE 端增加的质量可能截然不同。

通常，DE 端的振动可能会超过允许极限，然而 NDE 端振动一般在规范范围之内（或反之亦然）。尽管 DE 与 NDE 端的激振力不同（图 10.49 中，由于首级或最末级导叶设计为不同与其他级的），如图 10.48 所示，这表明 DE 与 NDE 端振动的不同源于其机械设计不同。在这种情况下，水力激振过度仅与特定的 DE 或 NDE 端的设计有关。换句话说，对于振动问题，可以通过机械和水力手段加以解决。

10.11.3 水力与机械补救措施

以上所讨论的水力激振力是永远存在的。如给定一台泵，其水力激振力随着叶顶速度的平方和密度的增加而增加，即 ρu_2^2。若不出现共振现象，该泵轴承箱和轴的振动也将随着 ρu_2^2 的增加而增加。通常，高频动态响应与相同数量级静态载荷的变形完全不同，即如果给定泵的转速可持续增加，在某一时刻速度 u_2 将位于允许振动（表 10.8）范围之上。因此，"过度的"水力激振力是相对于限制叶轮叶顶速度的给定机械设计而言的。

9.3.2 所述的方法可对水力激振力进行测量，但还不能得到精度较高的理论预测。因此，很难断定任何给定的水力部件是否会产生"过度的"激振力。同时，其也不可用于预测由水力激振力产生的轴承箱振动的振幅大小。

在违反已被证实的规律时，需要修改水力部件的设计，如：①错误的叶片组合；②水力不平衡产生过高的同步振动；③叶轮与导叶间距不足；④$Q-H$ 曲线不稳定；⑤高扬程泵的叶片数过少（$z_{La}=3$ 或 4）；⑥在扬程较高的场合，叶轮盖板为铸造的（不是机械加工的）；⑦叶片通过频率与长交叉管内的驻波发生共振。不合理的水力设计可能导致过度的水力激振，通过与振动性能较好的水力设计进行比较，或检查是否与一般的水力设计指南相违背来进行评估。这些因素包括相对叶轮出口宽度 $b_2^* = (n_q)$、减速率 $\frac{c_{3q}}{c_2}$、$\frac{w_{1q}}{w_{1a}}$、$\frac{w_2}{w_{1a}}$、$\frac{b_3}{b_2}$、叶片载荷（表 7.1）、压力系数 ψ_{BEP}、关死点功率系数 λ_0，或者入口安放角 $\beta_{1\alpha}$，且该角度可用于估算叶轮进口直径。

若轴承箱固有频率与叶片通过频率或基板、底座发生明显的共振，就必须对机械设计进行修正。当试图使轴承箱相对于叶片通过频率失谐时，应加强轴承箱刚度或是增加其质量，相应地对于宽带激振的强迫反应也会降低。任何质量或刚度的减少都会增加强迫振动，同样出现在失谐特征频率处的宽频带激振作用也可能会导致共振。通常，通过提高刚度来增加固有频率往往需要增加质量，本质上是降低特征频率值。因此，有时可能需要较大的刚度变化。

解决叶片通过频率引起振动的根源是要对叶轮，导叶和/或入流条件进行修改。对入流条件和叶片的改变旨在在叶片出口获得更均匀的速度分布以降低动静干涉作用。对导叶或蜗壳的修正可能会降低叶片出口非均匀流的影响。因为这些问题主要是在部分载荷工况下产生的，所以所采取的修正方法必须对分离及回流有效，但是其作用效果难以分析。表 10.11 列出了影响轴承箱振动的参数。这些参数与表 10.2 中所列出的极为相似，更为详细的信息见表 10.2。

表 10.11 水力设计对轴承箱的影响

参数	作用	附注
叶轮叶片 TE 和压水室 LE 间的距离	增加 d_3^* 常常是有益的	叶片相互作用力随着 $\left(\dfrac{d_3}{d_2}-1\right)^{-0.77}$ 而减小
	修剪 d_2 增加叶片载荷，有时影响较大	
导叶与叶轮宽度比 $\dfrac{b_3}{b_2}$	回流随着比值 $\dfrac{b_3}{b_2}$ 的增加而增加	
斜切叶轮	平滑流入导叶	$\dfrac{d_3}{d_2}$ 增加，效果较好，但扬程有所降低
叶片数	$m = \nu_3 z_{Le} - \nu_2 z_{La}$，避免 $\nu \le 3$ 时 $m = 1$ 的情况	10.7.1 已经证明
叶轮叶片数	选择合适的 z_{La} 以避免长交叉管或系统中的声共振	
	如果 $H_{st} > 100m$，应避免 $z_{La} < 5$	无支撑跨距较长
叶轮后边缘轮廓	对压力侧进行切削（图 3.6）会减少激振；即使是回流发生时，流动也是沿着压力侧变化，如图 3.4 所示	避免叶片后边缘过薄（破裂风险）
	对吸力侧进行切削（图 3.6）会增加激振；叶片间距 a_2 增加；回流发生时，会出现高动量交换现象	
叶轮出口处采用扭曲叶片，"后掠式"。带有错列叶片双吸叶轮	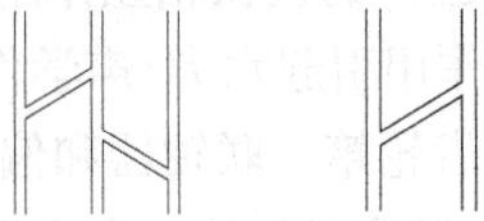	不是一直有效
叶轮出口宽度 $b_2^* = \dfrac{b_2}{d_2}$	b_2^* 值大会引起叶轮出口速度的非均匀分布，也会增加回流时的动量交换	对于给定的 ψ_{opt} 可能存在最优 b_2^*
压力系数 ψ_{opt} 和出口安放角 β_{2B}	高 ψ_{opt}、高 β_{2B}（高叶片载荷）会增加叶轮出口流动的非均匀性	高 ψ_{opt} 也会使 $Q-H$ 曲线趋于平缓，产生更小的系统阻尼，见 10.12
倾斜蜗壳割舌前缘	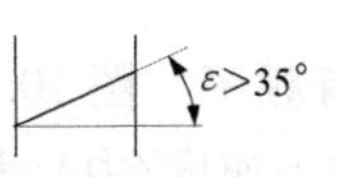 $\varepsilon > 35°$	

（续）

参数	作用	附注
间隙 A 和重叠部分 x	主流与侧壁间隙流间的相互作用可能会增加不稳定性和激振	可能会有影响
叶轮轴面	对叶轮出口流的均匀性有影响	有影响，但没有得到证明
叶轮进口流	非定常进口流会产生振动；且该作用随着比转速的增加而增加	更多细节请参照表 10.2
叶轮进口直径	进口回流减到最小	按照式（T7.1.4）选择接近于 d_{1min}^* 的值
减速率	限制 $\frac{w_{1q}}{w_1}$ 和 $\frac{c_{3q}}{c_2}$ 以减少回流	

10.11.4　轴承箱振动诊断

如果测得的振动值超过表 10.7 ~ 表 10.9 或标准文献 [N.6，N.16] 规定的允许值，那么应找到引起振动的根本原因并采取补救措施。这个过程往往是很复杂而且昂贵的，这是因为明显超过允许振动原因最少有六个不同的方面。

1）测量和/或数据处理不当导致的误差或错误。

2）过度的水力激振力。

3）泵的机械设计：轴承箱共振、在靠近转子固有频率范围内运行、过小的质量或刚度、力传递路径上的阀座或垫圈松动。

4）系统（底板、基座和管道）的机械相互作用可能会导致过度的振动。

5）管路系统或其组件相互作用引起水力/声学作用可能产生过度的振动。

6）由传动系统（电动机、齿轮箱、联轴器和偏差）引起的过度振动。

一旦确定测量和数据处理过程是正确的，有必要时 2）~ 6）项可能造成问题的原因进行调查。进行水力分析或修正，或是替换水力部件，有时在最后发现问题不是由不适宜的水力设计所导致的，而是由轴承箱共振、泵基座固有频率共振、管路的声共振或测量、数据处理错误导致的。

以上列出的六个问题中，1）项在 10.10.2 中进行讨论，2）项在 10.11.1，3）项在 10.11.2 进行讨论。4）~ 6）项将在以下讨论，包括振动机理、要检查的事项、错误来源及评估方法。其中轴承箱占有重要的位置，但此法也适用于轴振动或过度压力脉动的分析。

（1）进行冲击试验以确定固有频率　图 10.52 显示了轴承箱冲击振动试验的结果，标绘时考虑流动性（流动性 = 速度/力）和频率关系，试验是在停滞时的转子上完成的。频率为 660Hz 和 730Hz 时出现峰值。频率大于 550Hz 的宽频带特性可能是由径向轴承油膜产生阻尼引起的。由于阻尼很小，所以没有转子的试验有着更尖的峰值。

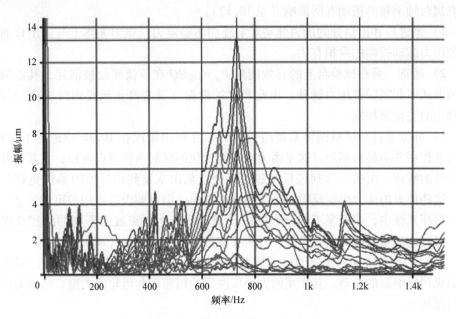

图 10.52 转子停滞时的冲击试验频谱

（2）机械系统相互作用引起的过度振动 安装于轴承箱上的加速度传感器用于测量绝对加速度（如地震引起的振动），因此，轴承箱上测得的振幅可能会随着底板、基座和管路振动而增加。

1）测试环路中的截止阀、终端管路和其他组件均可能会诱导管路振动——尤其是在驻波激发管路的机械固有频率时。补救措施如紧固管路中的螺栓、增加额外支撑、设置管道阻尼器等。使用这些措施时，必须将泵进口和出口的热膨胀和允许载荷考虑在内。

2）泵底板振动。如泵安装于横梁上，则在试验测试时会出现这个问题。避免该问题最好的方法是用螺栓将泵底板固定于固体混凝土座上（混凝土座的厚度一般为1000mm）。

3）通常，有复杂的铸造结构或有着多个固有频率的焊接结构底板会发生共振，通过冲击试验或有限元分析计算可测得基板的固有频率。另外叶片振动也会激发其高阶振动，并随着振动阶次的增加，不同模态的固有频率越来越接近，这给检测和避免共振的发生带来了困难。

上述的1）和2）是针对工程测试而言的。在测试时，对不同的泵需要不同的方式来进行试验，所以泵的安装大多都是暂时性的。

基板上的振动测量可用于轴承振动影响的分析。多通道分析仪可以确定基板和轴承箱振动之间的相干性。

（3）水力/声学相互作用导致的过度振动　系统管路中的压力脉动可能通过一些机制对轴承箱的振动有所影响（见10.12）。

1）泵进口和出口处的压力脉动对泵施加不稳定力，该力大体上与进出口面积与和压力脉动振幅的乘积有关。

2）通常，泵在试验台上的有效能量 $P_u = \rho g H Q$ 在节流阀处被消耗，其以湍动能的形式引起宽频带压力脉动，由此产生的激振（其在高声频噪声时出现）往往因阀内的空化而加剧。

3）驻波及其与试验循环系统组件间的相互作用情况在10.12中进行了讨论。其相互作用并不易检测到，这是因为横截面变化的反射条件难以评估；尤其是叶轮和导叶的喉部，由吸入管到进口室的过渡处及从出水室到出口处的条件更难以评估。这些地方的部分声能反射取决于频率的大小，但目前没有可用的定量信息。

循环系统中，多级泵不同级数的由动静干涉产生的声波沿不同的路径长度传递，可到达测量系统的任意位置，且所有波的振幅可以叠加（增加或减少）。

（4）传动系统问题诱导的过度振动　电动机、齿轮箱或联轴器可通过很多不同的机理影响泵的振动，其作用的大小取决于所用驱动和齿轮的类型。一些需注意的问题如下：

1）通常在频谱中偏差出现在 $2 \times f_n$ 和/或 $1 \times f_n$ 的峰值处。这常常与轴向振动过高有关。偏差产生的原因有：①装配错误；②热变形（高温流体或户外泵站昼夜循环）；③过高的管道压力。

2）与联轴器相关的问题。联轴器质量过重会降低悬臂式泵在 DE 端转子的固有频率。联轴器诱导的振动同时也对 DE 端轴承箱振动有所影响。

3）变频电动机诱导的扭转振动。

4）电动机振动可以通过底板传递到泵上。频谱中这种形式的振动以电动机转子旋转频率或其倍数的形式呈现。

5）齿轮箱或液力联轴器的受力一般是通过检测所选特定部件的特性来评价的。

（5）振动分析方法　若特定的泵超过许用振动极限值，进行以下步骤和分析。

第一步：在开始振动分析之前对运行或测试过程进行回顾，分析问题的可能根源，包括：

1）运行历史。

2）实际运行条件（转速、流量、进出口压力、功率）。

3）泵、轴承、阀门、管路、齿轮箱或电动机处有无异常的噪声。

4）有无空化噪声。

5）噪声是否上升。

6）压力或流量读数是否有大的波动。

7）基座、底板和螺栓的刚度是强是弱。

8）管路中的振动是否大。

9）入流条件检查（速度，扰动如弯曲，分流等，见11.7）。

10）吸入罐液位（如果有吸入罐的话），要求下潜深度、气体旋涡是否满足要求。

11）进出口管路是否有自由气体，是否存在排气不足（尤其是在闭式回路中）的情况，或低压区是否有气体排出的情况。

12）有没有设置滤网或过滤器；如果有的话，它是否完整，是否能够有效地排除叶轮（不平衡）夹杂异物带来的危害。

13）轴承温度是否正常。

14）联轴器是否完整。

15）所有的辅助设备是否能够正常工作。

16）是曾对泵、系统或运行工况进行过调整；之前是否有损坏泵的瞬变因素。

第二步：确定基本频率和审查数据处理条件。

检查采样率的适用性，选择合理的振动和频率测量仪器的测量范围，见表10.12A。

第三步：见表10.12B，搜集和检查泵的数据。这些数据与试验条件相关，若不同的工厂运行的试验条件不同，那么相关的影响作用需要单独分析。

第四步：检查叶片数组合的适用性。因为叶片数不同，因此必须对有关级进行叶片数组合的检查。该检查可以按照表10.12C进行：对于选定的 z_{La} 和 z_{Le} 组合，应根据式（10.13）计算参数 m（表10.12C的阴影区域）。如：$z_{La}=5$、$z_{Le}=9$ 的叶片数组合，横向振动频率是转动频率的10倍。

在完成第三步和第四步检查之后，已经涵盖的水力参数有：

1）叶轮/导叶叶片组合。

2）叶轮/导叶（蜗壳）相对叶片距离 d_3^*（d_z^*），间隙 B。

3）叶轮盖板的机械加工方式。

4）可用全空化系数 σ_A 表示的空化程度。

5）间隙 A 和重叠部分 x。

1）~3）项的缺陷因引起的振动问题而成为业界重点关注的问题，需要进行可行的修正。空化引起的振动在单级泵中较为明显，并随着比转速的增加而更为明显。后叙的第九步中分析了其他的水力设计参数。

第五步：整理测得的振动数据，例如按照表10.12中D所呈现的格式整理数据。

1）正确测得相关关键数据（35项）。

2）按照规范或表10.12（36项），将总体RMS值与允许振动做比较。

表 10.12　轴承箱振动诊断

A. 基本频率和数据处理条件

表中给出的数据是 $n = 6000\text{r}/\min$，$z_{\text{La},1} = 5$，$z_{\text{La}} = 7$，$z_{\text{Le}} = 12$ 的例子

1	传动测试转速 $n_{驱动} \neq n$		$n_{驱动} = \text{r}/\min$	该转速下，频谱中是否有峰值
2	泵转子试验转速		$n = 6000\text{r}/\min$	
3	泵转子旋转频率		$f_{\text{n}} = \dfrac{n}{60} = 100\text{Hz}$	
4	叶轮叶片数	单级	$z_{\text{La},1} = 5$	$f_{\text{n}}z_{\text{La},1} = 500\text{Hz}$
5		多级	$z_{\text{La}} = 7$	$f_{\text{n}}z_{\text{La}} = 700\text{Hz}$
6	导叶叶片数	单级	$z_{\text{Le},1} = 12$	
7		多级	$z_{\text{Le}} = 12$	
8	测得的频率范围		$5 < f < f_{\max} = 2000\text{Hz}$	$f_{\max}$ 至少等于 $2.5 f_{\text{n}}z_{\text{La}}$
9	加速计固有频率		$f_{\text{ac}} > 3 f_{\max} > 6000\text{Hz}$	f_{ac} 至少为 $3 \sim 5$ 倍 $f_{\max}$
10	取样速度 $f_{\text{s}} = (2.2 \sim 3) f_{\max}$		$f_{\text{s}} = 4400\text{Hz}$	
11	FFT 样本块大小		$m = 1024$	
12	频率分辨率 $\Delta f = f_{\text{s}/m}$		$\Delta f = (4400/1024)\ \text{Hz}$ $= 4.3\text{Hz}$	
13	数据块数量		$N = 64$	
14	FFT 频谱线数：$1 + \dfrac{m}{2}$		513	
15	记录所需时间 $T = N\dfrac{m}{f_{\text{s}}}$		$T = \left(64 \times \dfrac{1024}{4400}\right)\text{s} = 15\text{s}$	

B. 主要参数

	项目		试验条件	设备使用	单位
16	流体类型				
17	流体温度	T			℃
	流体密度	ρ			kg/m^3
18	转速范围（最小/最大）	n			$\text{r}/\min$
19	泵类型				
20	级数	z_{st}			
21	轴承类型				
22	比转速	n_{q}			

（续）

B. 主要参数

	项目		试验条件	设备使用	单位
23	叶轮出口直径		d_2		mm
24	叶轮进口直径		d_1	第一级	mm
25	叶轮圆周速度	d_2 处	u_2		m/s
26		d_1 处	u_1	第一级	m/s
27	N、Q、H、P、Q_E、$NPSH_A$，$NPSH_3 = f(Q)$ 由试验测得			$Q-H$ 曲线是否稳定	
28	许用 NPSH		$NPSH_A = m$	（如需要，可作为流动函数）	
29	空化系数和空化余量		$\sigma_A =$	—	分析空化的影响
			$\dfrac{NPSH_A}{NPSH_3} =$	—	
30	导叶进口（或蜗壳隔舌）直径间隙 A 和重叠 x		$d_3(d_z)$　　mm	重点：与表10.2 中的最小值做比较	
			$d_3^*(d_z^*)$		
			间隙 A　　mm		
			$\dfrac{2A}{d_2}$	$\dfrac{2A}{d_2} = 0.007 \sim 0.01$	见 9.1，图9.1
			x　　mm		
			$\dfrac{x}{A}$　　mm	$\dfrac{x}{A} = 2 \sim 4$	
31	叶轮盖板		检查/确认叶轮盖板的加工情况		
32	叶轮侧壁间隙		叶轮侧壁间隙（来加工或轴向剖分泵中泵壳有偏移）的轴向变化可能对振动有影响		

C. 叶片数组合；级数；……

	项目	v_2	1	2	3
33	$z_{La} = 5$			$v_2 z_{La}$	
	$z_{Le} = 9$		5	10	15
	v_3	$v_3 z_{Le}$		$m = \lvert v_2 z_2 - v_3 z_3 \rvert$	
	1	9	4	1	6
	2	18	13	8	3
	3	27	22	17	12
	4	36	31	26	21

参数 m 的意义	激振因素	建议
$m = 0$	强压力脉动 轴向力波动 扭转振动	避免常见数乘叶片数的组合
$m = 1$	未平衡的径向叶片力会导致轴或轴承箱的振动，且频率 $f = v_2 z_{La} \dfrac{n}{60}$	导叶式泵：避免 $m = 1 \sim 3$ 的情况。不能用于双蜗壳泵

（续）

C. 叶片数组合；级数；……

参数 m 的意义	激振因素	建议
$m = 2$	以频率 $f = v_3 z_{Le} \dfrac{n}{60}$ 激励两个直径节点的叶轮振动	检查是否与叶轮特征频率发生共振

D. 测得的振动

34	已测得哪些参数?	总体 RMS 值					
		零值到峰值					
		峰峰值					
		离散频率					
		频谱					

35	总体 RMS $= f(Q)$ 或 $f(q^*)$ 流量为多少时超过允许振动水平?	Q /$\left(\dfrac{m^3}{h}\right)$	q^*	总体 RMS 速度/(mm/s)				
				DE – H	DE – V	NDE – H	NDE – V	允许值

36	离散峰值/(mm/s)	$Q =$ $\dfrac{m^3}{h}$	$q^* =$	DE – H	DE – V	NDE – H	NDE – V	允许值
		总体 RMS 速度/(mm/s)						
		$f_n =$ Hz 时的峰值						
		$f < 0.5 f_n$ 时的亚同步现象						
		$f < 0.95 f_n$ 时的亚同步现象						
		$2 f_n$ 时						
		$z_{La} f_n$ 时						
		其他在 $f =$ Hz 时						
		其他在 $f =$ Hz 时						

E. 固有频率 分离裕度

37	固有频率 f_{eifen} 和轴承箱 DE 频谱	停滞时带有转子的情况下进行冲击试验	$f_{e1} =$ Hz	$\dfrac{f_{e1}}{f_n} \times z_{La} =$
		没有转子情况下进行冲击试验	$f_{e2} =$ Hz	$\dfrac{f_{e2}}{f_n} \times z_{La} =$

（续）

E. 固有频率			分离裕度
37	固有频率 f_{eifen} 和轴承箱 DE 频谱	运行过程中进行冲击试验	$f_{e3} =$　　Hz	$\dfrac{f_{e3}}{f_n} \times z_{La} =$
		计算所得	$f_{e4} =$　　Hz	$\dfrac{f_{e4}}{f_n} \times z_{La} =$
38	固有频率 f_{eifen} 和 NDE 轴承箱频谱	停滞时带有转子的情况下进行冲击试验	$f_{e1} =$　　Hz	$\dfrac{f_{e1}}{f_n} \times z_{La} =$
		没有转子情况下进行冲击试验	$f_{e2} =$　　Hz	$\dfrac{f_{e2}}{f_n} \times z_{La} =$
		运行过程中进行冲击试验	$f_{e3} =$　　Hz	$\dfrac{f_{e3}}{f_n} \times z_{La} =$
		计算所得	$f_{e4} =$　　Hz	$\dfrac{f_{e4}}{f_n} \times z_{La} =$
39	$f_n z_{Le}$ 的频率和列等的长交叉管内驻波引起的声共振		$f_{e1} =$　　Hz	$\dfrac{f_{e1}}{f_n} \times z_{La} =$
			$f_{e2} =$　　Hz	$\dfrac{f_{e2}}{f_n} \times z_{La} =$
			$f_{e3} =$　　Hz	$\dfrac{f_{e3}}{f_n} \times z_{La} =$
			$f_{e4} =$　　Hz	$\dfrac{f_{e4}}{f_n} \times z_{La} =$
40	固有频率和冲击试验所得的基板或底座的频谱	必须检查多个振动模态和固有频率的 f_n 和 $f_n z_{La}$ 值。可通过多通道分析仪确定轴承箱与基板之间的相干性		

F. 诊断和补救措施

序号	现象	可能的机制	可能的补救措施
41	轴承箱与离散激振频率发生共振	1）叶片组合 $m = 1$ 2）频率为 $f_n z_{La}$ 时的激振情况 3）频率为 f_n 时的激振情况 4）声共振	1）增加刚度或增加轴承箱和支撑系统的质量（调试） 2）增加质量 3）叶轮用不同的 z_{La} 值 4）锉削叶轮叶片后缘 5）尽可能消除声共振（如减少终端管路的长度）
42	没有明显原因或共振的轴承箱过度振动	1）过度的水力激振，可能产生的宽频带振动或空化 2）用于选择液压部件和速度的机械设计能力过弱 3）系统的影响	1）锉削叶轮叶片后边缘 2）见表 10.2，各种水力作用和修正方案 3）增加轴承箱和支撑系统的刚度或增加质量（减少强迫响应） 4）增加转子阻尼，如在叶轮进口口环或环状处磨损安装涡流制动器

（续）

F. 诊断和补救措施

序号	现象	可能的机制	可能的补救措施
43	垂直振幅高于水平振幅	1）立式轴承箱刚度低于水平轴承箱的刚度 2）基座振动 3）立式出口 4）长交叉管内的声共振（46项）	1）重新设计轴承箱和支撑系统 2）检查轴承箱和基板振动的相干性 3）灌浆，重新设计基座
44	DE 和 NDE 完全不同的振动水平	1）错位 2）联合器不平衡 3）平衡活塞产生的阻尼 4）不同力的传递途径不同 5）不同质量和/或刚度	检查校准联轴器；现场进行平衡调整 重新设计。若一端有可接受的振动，而其他部分超过振动极限，则可以通过机械设计优化处理给定的水力激振
45	$f_n z_{La}$ 与长交叉管内由驻波产生的声共振	交叉管/下联管内的压力脉动引起的垂直振动高于水平振动，这是由于这些通道的安放引起泵壳的变形	更换不同 z_{La} 的叶轮和/或如43项所述减少激振
46	基座薄弱		硬橡胶垫（25mm 厚）将泵与基座隔离
47	与管路（机械）相互作用	管路振动使泵晃动	更好的管道支撑和/或阻尼

G. 与转子动力学相关的数据

序号	现象	可能的机制	可能的补救措施
48	转子的固有频率接近测试速度		
49	轴承 类型 油液黏度（油液温度） 轴承载荷作为流动函数		除去可能存在的不稳定 改善阻尼
50	滚子轴承	峰值频率对应于滚子元件 f_n 的阶数	
51	环形密封间隙		
52	环形密封的类型，涡流制动器		
53	平衡活塞或平衡盘		
54	轴心轨迹特征	见表 10.9	

（续）

	H. 水力设计			
55	按照表 10.11 和表 10.2 检查产品			
56	检查叶轮进口回流时的液流角	由表 3.1 计算 β_{1a}		低 β_{1a} 或高 f_{d1} 可能意味着过度的进口回流
		f_{d1}		
57	叶轮进口冲角	i_{1a}		由表 3.1 计算
58	过度的进口回流	$P_{Rec,in}$		由式（10.18）计算
59	过大的关死点功率			设计不合理
60	过大的叶轮出口宽度导致非均匀出口流	$b_2^* = \dfrac{b_2}{d_2} =$		与优秀水力设计数据库或图 7.2 比较
61	减速率	导叶	$\dfrac{c_{3q}}{c_2} =$	过度减速可能意味着该设计不合理和过度的回流
62		叶轮进口	$\dfrac{w_{1q}}{w_{1a}} =$	
63		叶轮出口	$\dfrac{w_2}{w_{1a}} =$	

3）由于流量条件不同，需要按照 37 项分析频谱以找到相关波峰。

4）表 10.10 和表 10.11 可以分析出现不同峰值的可能原因及补救措施。

表 10.12 中 D 部分是针对轴承箱上测得的振动速度，但相似的方法也可用于轴位移及压力脉动的测量。

第六步：确定（或估计）轴承箱驱动端 DE 和非驱动端 NDE、基板、底座（若不是刚性的）的固有频率，见表 10.12E。测得的固有频率可能需要通过冲击试验加以检查。检查冲击试验的频谱以揭示峰值和宽频带域（如果有宽频带域的话）。停滞时的冲击试验可以在有转子或没有转子情况下进行。有转子时测得的固有频率仅仅比没有转子时高 2% ~ 5%，且装有转子时测得的峰值域要比没有转子时的要宽。这是由上面提到的油膜阻尼效应导致的。若能够获得好的相干信号或者有足够高的冲击能量，那么甚至在泵运行时都是可以做冲击试验的。

为评估可能的声学共振，必须计算泵内或试验回路内的驻波频率，参见表 10.13。多级背靠背式泵中的长交叉管、立式泵内的列管或测试循环系统内都可能出现驻波。由于以下两个原因，这些组件内的波长不易定义：①在一定程度上，波可以适应组件（锁定效应）；如不同波长可出现在不同导叶或蜗壳中，这是因为反射点可位于流道内任何位置处。②尚并不清楚组件的反射是闭式的还是开式的。在多数情况下，声波并不是全部反射而是仅反射一部分（如在截面变化时）。

在复杂系统内，波的一维计算精度较差，甚至可能是有误导性的，但可将其作为首次估计值。所需的分离裕度取决于测量或预测的不确定性。对于变速泵来说，必须考虑整个运行范围。

第七步：诊断与补救措施。离散峰值可激励固有频率，如 f_n 或 $z_{La}f_n$，也或是宽频带湍流。

第八步：与转子动力学相关的数据，见表 10.12 中 G 部分。若转子转速接近固有频率值，轴承箱处也会激发出较大振动。其补救措施包括对轴承或密封进行修改。

注意：通常情况下，在轴振动可以接受的情况下，轴承箱振动却有可能会超过允许值。这是因为通常轴位移的测量是相对于轴承箱进行的，因此这样的现象不足以判断引起振动的原因。此外，轴位移随频率的增加而减小。因此，大频率（如叶片通过频率）对轴振动的影响微乎其微。

第九步：水力设计不合理（表 10.12H 部分）可能会引起过度振动（对于给定的机械设计来说），如果不测量激振力并把它们和标准比较，那么很难判定水力激励是否过高、圆周速度是否过高或机械设计是否过差。水力设计应关注于以下两个问题：

1）降低非分离流（接近最高效率点）时的叶片载荷。

2）减少部分载荷工况下的回流。

10.12　管路振动诱导的水力和声学激励

管路，尤其是用于传输热流体的管路，往往安装于弹性支撑之上以便于吸收热膨胀。支撑越有弹性，管路被激发振动的可能性越大。热电站的泵系统或其他工厂内有时会有过多的泵振动。大型发电站所用的泵内的高激发力更是如此。

在工厂中当管路振动超过允许范围，人们容易将注意力转移到系统内的泵上，并将其视作过度水力激励的可能原因，但同时也应该对管路振动进行仔细分析：

1）泵内潜在的激励机制。

2）管路系统内的声学固有频率（驻波）。

3）阀门、T 形分叉管、孔或过滤器内由涡街诱导的激励，也就是说：流动分离较强的所有部件中均有可能出现涡街诱导的激励。

4）1）~3）的交互或耦合作用。

5）机械固有频率及其与驻波可能产生的共振。

6）吸入管路内因蒸发而产生的蒸汽或气体夹杂，大尺寸旋涡引起的气体流入（见 11.7.3）或气体从溶液中析出；出口管路内的气体夹杂。

事实上，有分支的管路系统内的水力、声学、机械机制的相互作用是非常复杂的。对于这些机制特性的讨论仅仅能提供其作用机理的假设，仅能用于分析管路振动问题的一般趋势。有很多分支和不同类型组件的复杂管路会伴随着众多的声学和机械固有频率，有时很难甚至无法得出激励机制的根本原因。

10.12.1　泵诱导的管路振动

不稳定特性：如 11.3 所述，由于流量的周期性波动，泵为系统提供能量的过程是非稳定的（梯度 $\frac{d_H}{d_Q}$ 为正），并由此产生自激振动，见表 11.13。输入到系统中导致激振的能量与梯度 $\frac{d_H}{d_Q}$ 成正比，带有不稳定或者平坦 $Q-H$ 曲线的泵能够激发强烈的振动。然而系统阻尼随着流量向关死点靠近⊖ $Q-H$ 曲线陡度逐渐增加而增大。

为了分析不稳定泵系统的管路振动，应该注意以下几点：

1）自激振动在 $Q-H$ 曲线平坦或不稳定的全部范围内都可能出现。

2）振幅随着梯度 $\frac{d_H}{d_Q}$ 的增大而增大，其不连续性越大，系统振幅越大。（见11.3 和图 11.12）

3）梯度 $\frac{d_H}{d_Q}$ 引起管路振动的极限取决于系统的敏感性。如图 10.26 所示为大型火电厂给水泵的两条 $Q-H$ 曲线。泵能够在 A4 曲线（扬程下降 1.5%）的条件下运行，在 A8 曲线（扬程下降 3.8%）运行时产生了过多的管路振动，因此需要对泵设计进行修改。注意类似于的不稳定性能并不是在所有情况下都可以接受的。在计划运转范围内，流量向着关死点靠近时 $Q-H$ 曲线保持持续上升，这对于泵的安全运行是一项不可缺少的要求。有趣的是尽管运行在 A8 曲线时出现了严重的不稳定特性，但是轴振动和轴承箱振动仍在允许极限内。

4）在 $Q-H$ 曲线不稳定的范围，流量减少时振动不一定增加。当梯度 $\frac{d_H}{d_Q}$ 最大时，振幅最大；在 $Q-H$ 曲线平坦区域运行时，小流量处的振动有所减弱。这与由回流导致的宽频带振动不同，宽频带振动趋向于随着流量的减少而加强（图 10.9、图 10.41 和图 10.42）。

5）一般在 $Q-H$ 曲线的不连续处（最高局部梯度 $\frac{d_H}{d_Q}$）出现最高振幅（图 10.53 中 q^* 为 0.3 ～ 0.5）。当流量超出了不稳定极限时，振幅出现突然下降（通常可以接受）。

6）不稳定特性不能形成特有频率。根据工况点（阀门开度，或通过分支调节流量），系统对泵（随机）激振的反应可能是不同频率的。

（1）离散频率处的压力脉动　旋转频率、叶片通过频率、旋转失速周期性激励，都可能与系统声学和/或机械本征频率发生共振。如果在这些频率处不允许出

⊖　这种类型阻尼的例子在文献［86］中给出：包括燃烧室和风扇在内的系统在流量降低至一定程度时对自激振动很敏感，风扇稳定运行的范围随着 $Q-H$ 曲线陡度的增加而增加。

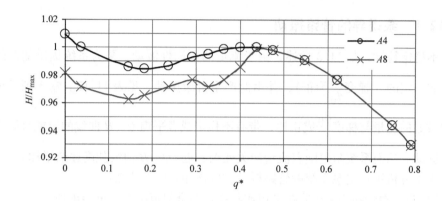

图 10.53　不稳定的泵特性

曲线 *A4*：泵可能在特殊情况下运行　曲线 *A8*：不可接受的过高管路振动

现振动，则需要通过改变管路长度或管路支架之间的距离以改变激励频率而或本征频率（如通过选择不同的叶轮叶片数）。

（2）压力脉动产生的宽频带激励　部分载荷工况下回流与主流之间的剪切层会产生涡流和大尺寸湍流。宽频带压力脉动能够激振管路振动。空化也能产生宽频带压力脉动。如果激励能量密度足够高，所有声学和力学特征频率都能有选择性地被宽频带压力脉动激励。根据式（10.17）和图 10.50，部分载荷工况下的宽频带激振幅度非常强烈。

（3）空化或吸入旋涡　叶轮进口处的回流（见 6.5.1）能产生强烈的低频脉动，尤其是在使用诱导轮和叶轮的同时伴有脱气水（空泡涡内爆）时。如果泵从有自由液面的容器中吸入，产生的吸入旋涡也能引起振动，见 11.7.3。

（4）过度的空化　泵在 $NPSH_A \ll NPSH_0$ 的条件下运行时，过度空化会导致自激振动，这是因为能量被转移在蒸气中，在破裂时可能与系统中的驻波发生耦合。

（5）双吸叶轮　容易受到部分载荷工况不稳定性影响，因为几何公差能导致两侧叶轮流动形态的波动，有可能与系统中的驻波发生耦合。

10.12.2　部件对管路振动的激励

如果流体在阀门中节流，会产生很大的压力脉动，通常能够形成宽频带频谱。同时各类阀门中会出现离散频率涡街，见 10.12.4。大流量时相当大部分的能量由机械能转换为热能。如果选择一个不合适的阀门或者背压太低，节流可能会产生剧烈的空化。宽频带压力脉动有选择性地激振管路系统的声学和力学特征频率。

为了减小阀门导致的压力脉动和水力激振，节流应该在两个或多个阶段进行而不是一个阶段。此外，多个小开口节流阀会导致比一个大开口节流阀更小的压力脉动。参考文献［5］报道了由控制阀下游驻波导致的蒸汽管破裂。通过将阀修改为两个阶段，并在第二阶段中增设多个小开口，管路的动态应力降低至原来的 1/4。

很难给出允许压力脉动允许范围的一般规则，实际中允许限度取决于许多参数，尤其是管路的特征频率是否被激励。文献报道了许多由过度压力脉动［至少 ± （5~20） bar］导致的运行问题。注意要保证足够的背压以避免阀门及其他结构中出现空化。

不合适的止回阀会在特征频率处振动。如果流量很小，止回阀开度很小且阻尼很低。涡街会在止回阀或蝶阀尾部产生，见 10.12.4。

并行工作的导叶会产生不稳定性，这是由于导叶中存在着失速诱导的压力脉动[39]。弯头和 T 形支管的激励振动在 10.12.4 中讨论。

10.12.3　管路中的声共振

由于波的反射，管路中离散频率处会产生驻波。驻波是管路或管路系统中声学特征频率，每个系统有无限个这种频率。如果这些频率中的任一个与激振频率（如泵转速、叶片通过频率、涡街频率）一致，则由特征频率处系统阻尼确定的振幅会变大，即所谓的共振。泵特征频率和激振频率之间的声共振会引起管路振动或扰乱泵控制系统。

在泵的频率范围内，管内纵波可看做平面波。平面波理论中认为流体粒子在轴方向上以振幅 x 发生位移。粒子速度 $w_p = \mathrm{d}x/\mathrm{d}t$ 是流体粒子的交互速度，不可以与声速（波在流体中的传播速度）混淆。在平面波理论中：

1）粒子速度由 $w_p = p/(\rho a)$ 给出，其中 p 是声压。

2）阻抗 $Z = p/w_p = \rho a$。

3）声强度 $J = p w_p = p_2/(\rho a)$。

4）声能 $W = \int J \mathrm{d}A = \int p^2/(\rho a)\mathrm{d}A$。

声波通过基于时间的声压和粒子速度所描述。质量足够大时，粒子速度为 0。因此在闭式管路系统中，可以确定一个速度节点和声压最大值。在开式管路中，压力被环境加强（如水箱中的压力），它不能被波改变。与此相反，流体粒子的移动不能被阻碍。在开式管路系统中，可以确定一个压力节点和粒子速度最大值。

声波能够在开式管路和闭式管路的终端被反射。因此如果振动模式满足上述边界条件，两个反射部件之间的纵波是确定的。波长与反射部件之间的长度比是整数，驻波的频率遵循 $f = a/\lambda$。

由于泵壁的柔韧性，泵中的声速 "a" 与流体中的声速 a_o 不同。它可以通过式 （10.19） 计算得到，其中 p 是流体密度，D_m 是管的平均直径，h 是泵壁厚度，E 是管路材料的弹性模量。17.5 中给出了流体中的声速。

$$a = \frac{a_o}{\sqrt{1 + \dfrac{D_m \rho a_o^2}{h \quad E}}} \qquad D_m = 0.5(D_a + D_i) \qquad (10.19)$$

基于上述原则，表 10.13 给出了不同系统部件的声学性能。注意弯管不会反射声波。

表 10.13 系统部件的声学性能

部件	粒子速度	声压	公式
开式管路末端 1）水箱 2）橡胶波纹管	最大	节点	
闭式的管路末端 横截面变化>50%	节点	最大	
管路两端都是开放的			
管路两端都是封闭的			$f_v = v\dfrac{a}{2L}$ $\lambda_v = \dfrac{2L}{v}$ $v = 1, 2, 3\cdots$
管路一段是开放的			$f_v = (2v-1)\dfrac{a}{4L}$ $\lambda_v = \dfrac{4L}{2v-1}$
横截面变化	反射波	$R = \dfrac{1-\varepsilon}{1+\varepsilon}$	面积比 $\varepsilon = \dfrac{A_2}{A_1}$
	传输波	$T = \dfrac{2}{1+\varepsilon}$	
压力反射系数	$R = \dfrac{P_R}{P_1} = \dfrac{\text{反射波的压力幅度}}{\text{入射波的压力幅度}}$		
压力透射系数	$T = \dfrac{P_T}{P_1} = \dfrac{\text{透射波的压力幅度}}{\text{入射波的压力幅度}}$		
管路弯曲	声波通过弯头传播几乎没有障碍		
蒸汽发生器	几乎无反射		

在横截面发生改变的地方会反射一部分声压，其余部分会传输到下游管路或组件中。表 10.13 给出了反射和透射压力波的基本关系[24]。图 10.54 给出了横截面变化处反射和透射系数。如果横截面从 A_1 变化到 A_2，当 $\varepsilon = A_2/A_1$ 是面积比时，

可以发现以下特征：

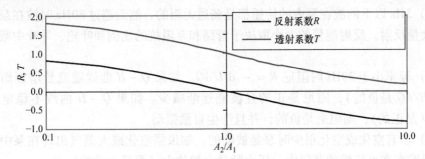

图 10.54　由截面变化产生的反射和透射系数

1）反射系数 R 永远低于（或等于）1；反射波的压力低于入射波。

2）对于面积收缩的情况来说（$\varepsilon<1$；$R>0$），反射波和入射波同相。入射压缩波也作为压缩波被反射。透射系数大于 1；透射波的压力大于入射波。这可以解释为声能集中在较小的面积或体积上。

3）对于面积扩张的情况来说（$\varepsilon>1$；$R<0$），反射波和入射波异相 180°。入射压缩波也作为扩张波被反射。透射系数小于 1；如透射波的压力小于入射波，声能分布在较大面积或体积上。

4）面积大幅度扩张类似于声波过滤器，能保护下游管道系统和组件免受上游管路系统压力脉动的影响。

在复杂的系统中，许多位置的阻抗易发生改变，反射的声能只占一小部分。大部分反射取决于频率，这使管路系统的分析十分困难，一维波动理论并不完全适用。

与管路连接的泵引起了阻抗的改变，部分声能通过泵进行传播，部分被反射。存在以下趋势：

1）吸入管中传播的波在叶轮喉部处产生剧烈的改变，会像闭式管路一样主要反射高频波，并可以确定压力最大值和速度节点。

2）如果排出管与喉部面积相比较大的话，那么上述也同样适用于连接导叶或蜗壳的排出管。

3）如果排出管与一个环形出水室连接（图 2.8、图 2.10、图 2.11），波反射机制与开式管路终端相似，可以确定泵中的压力节点和速度最大值。可以辩称出口处的压力节点不允许压力脉动辐射到排出管中，因为只有大于 0 的粒子速度才能将能量传输到管道中。

4）导叶和蜗壳中可能没有形成反射的尖点。在一定范围内，这种几何结构中可能出现波长式频率多样的驻波。

除了上面讨论的驻波，横波出现在极限频率 $f_{\text{limit}}=0.586a/D$ 之上（这样的波在泵中重要性较小）。

离心泵对声波的影响效应描述如下[11,12]：

1）5Hz 以下的波在泵内的传播都是畅通无阻的，然而超过 80Hz 时波在泵中会发生大量反射。反射能量的大小取决于管路和泵阻抗的比例和叶轮、导叶中截面的变化。

2）频率小于 20Hz 时阻尼 $R = - dH/dQ$。如果 $Q-H$ 曲线随流量增加而下降（如 dH/dQ 是负的），阻尼是正的且波能逐渐减少。如果 $Q-H$ 曲线不稳定（如 dH/dQ 是正的），则阻尼是负的，并且产生自激振动。

3）没有空化或空化很少时泵是被动的。如果强空化或大蒸气出现在泵中，因为能量贮存在可压缩的蒸气中，压力脉动会被放大（泵是主动的）。

从根本上说，如果被放在速度最大处及压力节点处，阻尼和激振效应是最强的。泵系统中部件的布置和管路振动问题的分析可参考以下几点：

1）评估泵速转频、叶片通过频率与闭式管路驻波发生共振的风险。一般在正常运行时关闭流量最小的管路。闭式管路的长度应该合理选择以避免共振。为了消除与驻波之间的共振，闭式管路应该尽可能地短。

2）在有多个分支的管路上，低于 30Hz 频率具有相关性，因为其阻尼最小。

3）所有阻尼元件，如有平坦 $Q-H$ 曲线的泵，阀门、孔板和过滤器为了使阻尼最大化应该放在速度最大处，如图 10.55 所示。部件提供的阻尼与压力损失成正比。

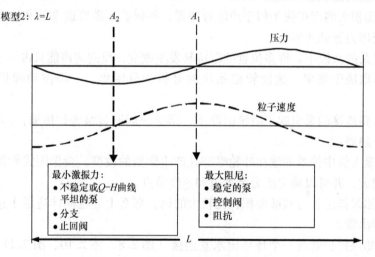

图 10.55 驻波相关部件的最优位置

4）$Q-H$ 曲线不稳定或平坦的泵不应放在速度最大处（压力节点）附近以减少发生自激振动的风险。如果泵被放在压力节点处，$Q-H$ 曲线不稳定或平坦导致的有害影响会减少。

5）30Hz 以内的系统频率和泵激振的离散频率是关键；这些主要包括转频和叶片通过频率及它们的谐波。实际上，在频率远高于 30Hz 的情况下，观察到过管道振动过大的问题，但没有证据表明泵产生的离散频率会激发管道振动。

6）通过测量不同速度或声速（流体温度）的振动可以诊断声共振。因为系统阻尼很低，共振峰值很高，如果没有锁定效应的话，上述参数相当小的变化对于找出共振是否存在也是足够的。

为了分析或预防出现运行问题，可以通过简化模型分析管道系统[12]。在这种情况下，主要目的是：①根据上述规则，通过合理选择各组件（泵、流阻、截面变化）之间管道的长度使系统阻尼最大化；②避免驻波和转动频率、叶片通过频率和涡街等的谐波发生共振。

如果泵是变速工作的，或输送的介质不同、温度不同（因此有不同的声速），需要对要求的整个运行过程进行分析。下述例子可以阐明声共振的严重性[46]：使用五叶片叶轮时，在190℃的水温下在压力脉动试验中观察到接近 5 倍的放大系数（引起与燃料棒结构固有频率的共振）。把叶轮叶片数改成七片，在240℃时，共振放大会系数减弱很多。

封闭系统中声学问题的更多细节可以在文献［59］中找到。

10.12.4　涡街诱导水力激振

在横向流中的圆筒等结构的尾流处，或并行流中的厚板后缘，都会出现交叉的流动分离和旋涡脱落导致的涡街。

旋涡起源于附加边界层和物体下游失速流体区域之间的分离点。在物体一侧形成的涡流会暂时影响（阻碍）另一侧的流体分离。这样两侧的旋涡脱落不会同时发生，而是有一个时间间隔 Δt_{vs}。

因此，旋涡脱落是周期性的，根据表 10.14 它的频率可以通过斯特劳哈尔数 $Sr = f\delta_w/w$ 描述。其中，w 是近流速度，δ_w 是一个特征长度，它可以用圆柱体的直径、板剖面的厚度或一般情况下由物体引起的尾迹宽度来近似，频率 f 是每秒脱落的涡对数量。

如上定义的升力以频率 f 波动。与此相反，置于尾流处的物体会被旋涡总数激励，其频率为 $f_w = 2f = \dfrac{1}{2\Delta t_{vs}}$。阻力也随频率 $2f$ 波动。交替旋涡有着多种作用机制，当分析振动问题时应该考虑两个频率 $2f$ 和 f。

（带有锐利边缘的）阻流体上的流动分离位置不依赖于雷诺数；因此斯特劳哈尔数也不依赖于雷诺数。与此相反，如果流量分离的位置和雷诺数不同（如圆筒上），斯特劳哈尔数依赖于雷诺数。

涡街在层流是稳定的，旋涡在高度湍流中衰退很快，所以可以假定物体下游 $x > 10\delta_w$ 处涡街的影响很小。

除了涡频率之外，压力脉动的振幅和不稳定升力也很重要。这些依赖于阻流体的几何结构。最大振幅出现在 x/δ_w 为 0.2 ~ 1.2 的阻流体中，其中 δ_w 是阻流体的厚度，x 是 δ_w 下游延长的长度，见表 10.14。在设计任何阻流体的后缘甚至是拦污栅时，应避免这一范围[28]。翼型或筋板的后缘应当优化以使涡街导致的扰动幅度最小。表 10.14 提供了大范围应用必要的信息和斯特劳哈尔数$\ominus$。从叶片筋板上游流出的涡街会与叶轮附近的流体发生相互作用。各种组件中的涡旋脱落能够激励系统中的驻波并诱发泵振动。

旋涡脱落的频率可能会与结构固有频率产生共振并造成损害。一个简单的例子是热电偶防护套管或安装在管内的速率探测器。涡流频率和防护套管的第一弯曲特征频率发生的共振会在短时间内将其破坏。

激振力一般与近流流速垂直，并因此导致振动物体发生移动。侧面振幅对物体附近的流动有很大影响，对旋涡脱落也有影响。旋涡变得更有规律，动态升力和激振力随之增加。流速超过一定范围时，涡流频率受物体的固有频率控制。这种现象被称为锁定效应，测量固定导叶中的振荡转矩的文献［28］给出了锁定效应的一个例子。在固有频率 300Hz、超过流量范围大约 16% 时，振动频率被锁定，然而在共振和锁定范围之外转矩振幅是 0。振幅较大的振动（y/D = 0.4，其中 y 是振幅，D 是圆筒直径）直到固有频率的 40% 才能被锁定[9]。为了避免旋涡脱落频率 f 被锁定在结构固有频率 f_e，应该避免 0.7 < f/f_e < 1.3[9]。

根据文献［28］旋涡脱落导致的固定导叶失效是较为频繁的，直到用于设计后缘的表 10.14 及相关的规则发展起来。另一个问题水轮机中旋涡脱落导致的高噪声。108dBA 的高噪声在混流式水轮机 400Hz 处被观察到，其叶轮后缘侧面太短，x/δ_w = 0.5。对后缘进行较小的修正到 x/δ_w = 1.5 之后，噪声水平下降 15dBA[28]。噪声主要取决于载荷（流量）。

除大型蓄能泵外，很少有泵噪声和振动问题的报道。其原因可能包括：①结构固有频率大于旋涡脱落频率，因此避免了共振。②叶轮和导叶叶片之间的距离较小避免了规律性涡街的形成。③通过涡轮的减速流流态比加速流流态更不规则，在泵中不易形成涡街。

涡街能够在 T 形分支、止回阀、孔板和蝶阀中产生。当流体通过主管路时，T 形分支会产生涡街。分支管路中的涡街能激励驻波（与在管路末端消散时产生的声声相比）。旋涡的频率由斯特劳哈尔数 $Sr = fd/w$ 描述，它可由分支管路的直径 d 和主管路的流速 w 计算得到。斯特劳哈尔数取决于比率 d/D 和 T 形支路上游到弯头位置的距离 L，见表 10.14。如果没有弯头或者距离 L/D 大于 15，可用 L/D = 15 评估。

根据文献［71］中的调查，通过弯头处的流体会产生激振力。这些力在横向或轴向作用于管路。目前还没有由于这些影响而产生故障的报道。轴向力由一个周期的失速流与主流之间的剪切层导致。频谱中最大振幅在斯特劳哈尔数 Sr = 0.2 ~

$\ominus$　来源于大量流致振动文献［9 - 65］。

0.3 处出现（类似于伴随分离流的其他部件，见表 10.14）。

　　弯头处二次流诱导的旋涡（图 1.12）是不稳定的，因此旋涡在大小和方位上都有所改变，产生了横向作用于管路的低频率力。RMS 力的频率和振幅可以根据表 10.15 估计。应注意作用力随比例 R/D 的增加而减少。

　　总之，如果旋涡脱落的频率和结构/声学固有频率发生共振，有可能出现不可接受的振动、损伤及涡街引起的过度噪声。在风险评估中，必须考虑到最大 30% 的锁定范围。

表 10.14　涡街导致的振动激励

部件	源自文献 [18, 35]		Sr	ζ_a
圆柱 $Sr=f(Re)$			0.2 ~ 0.3	0.3
方形			0.125	0.55
矩形 $\frac{L}{\delta_w}=0.5$			0.17	0.45
矩形 $\frac{L}{\delta_w}=2$			0.068	0.3
	尾缘	几何		*RA*
	钝的			1
	半圆			2.6
平行流动宽度 B 中的平板	对称削尖	α	0.2 ~ 0.24	30° ≈0 / 45° 0.45 / 60° 4 / 90° 3
	单边削尖	α		<10° >2 / 30° 0.1 / 45° 0.4 / 60° 0.5
	单边削尖 且修圆	α		30° <0.2 / 45° <0.5
	内凹			<0.5

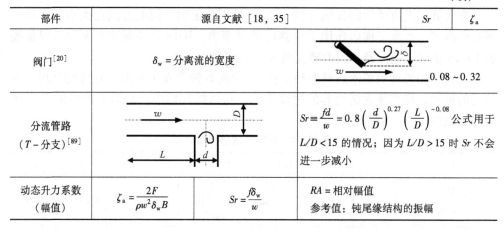

（续）

部件	源自文献 [18，35]		Sr	ζ_a
阀门[20]	δ_w = 分离流的宽度			0.08 ~ 0.32
分流管路 （T - 分支）[89]	$Sr \equiv \dfrac{fd}{w} = 0.8 \left(\dfrac{d}{D}\right)^{0.27} \left(\dfrac{L}{D}\right)^{-0.08}$		公式用于 $L/D < 15$ 的情况；因为 $L/D > 15$ 时 Sr 不会进一步减小	
动态升力系数 （幅值）	$\zeta_a = \dfrac{2F}{\rho w^2 \delta_w B}$	$Sr = \dfrac{f\delta_w}{w}$	RA = 相对幅值 参考值：钝尾缘结构的振幅	

表 10.15　根据文献 [71]，$R/D = 1.0$ 时，90°弯头处的激振力 $Sr = fD/c_{ax}$

Re	轴向激振		横向激振		力的定义
	Sr	F_{ax}^* [RMS]	Sr	F_y^* [RMS]	
5000	0.3	0.043			
10000	0.3	0.028	0.0055 ~ 0.014	0.0063 ~ 0.0082	$F^* = \dfrac{F}{\dfrac{\rho}{2} c_{ax}^2 D^2}$
27000	0.2	0.019			

10.12.5　流体现象与声学的耦合⊖

　　流体分离产生的自由剪切层是不稳定的，旋涡的大小随着流经下游的距离（如时间）而增加。旋涡能够与声波或下游结构相互作用。这种耦合更有规律性，因此旋涡能够在一个非常小的频带内获得能量，见文献 [85]。

　　（1）水力耦合　当旋涡撞击固体结构时，波动由于下列反馈机制而增大：在旋涡撞击固体的过程改变了旋涡的形态；改变了的来流条件对流动分离处的旋涡脱落也有影响。图 10.56 描述了由混合两种不同速度的气流和位于涡街下游的楔子引起的剪切层之间的水力耦合。

　　如图 10.57 展示了通过两种不同速度的空气流产生剪切层的试验。楔子被放在距离尾部 L 处的涡街中。（$x/L = 0.78$ 处测得的）速度波动证明了水力耦合对流型和水力激振力潜能的影响。在没有楔子的右图中，速度波动仅是速度 v_1 的 0.45%。当旋涡撞击楔子时（左图），波动增加。由图 10.57 可见，旋涡在面对楔子是变得更有规律性，能量集中于较小的范围，在这种情况下激励振动的潜能大大提高。

　　流动分离与撞击之间的耦合具有纯粹的水力性质（与声波无关）。旋涡频率与

　　⊖　这部分内容大多来源于文献 [89]。

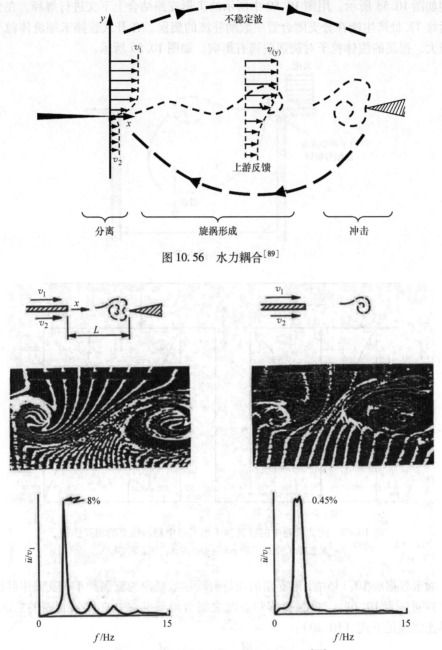

图 10.56　水力耦合[89]

图 10.57　速度波动因水力耦合而增加[89]

流速成正比。为了避免激励，必须在流动分离和撞击的位置之间保证足够长的有效
长度。

（2）声耦合　如果涡街和声波的频率充分接近，旋涡结构会与声波相互作用。

原理如图 10.58 所示，用图 10.59 中所示的 T 形支路结合上下文进行解释。在分支的后缘 TE 处产生能在分支闭合管中激励驻波的旋涡。在开式管路末端流体粒子速度最大，振荡的流体粒子对旋涡脱离有影响，如图 10.59 所示。

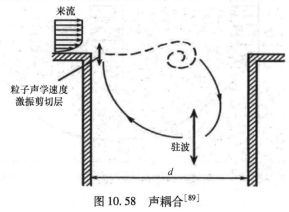

图 10.58　声耦合[89]

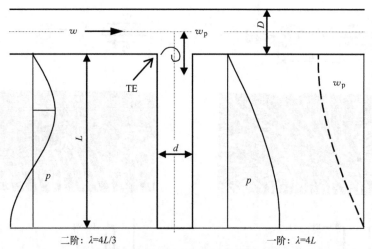

二阶：λ=4L/3　　　　　　　　　　一阶：λ=4L

图 10.59　闭式管路中的驻波和 T 形支路中旋涡脱落的相互作用

w_p 是速度（粒子速度），p 是压力波动，见文献 [89]

如果根据表 10.13 由 T 形支路的斯特劳哈尔数规定的旋涡频率与支路中驻波的频率相同（表 10.14），旋涡脱落和驻波之间会出现共振。在闭式管路的情况下，临界速度满足下式（10.20）：

$$w_{krit} = \frac{fd}{Sr} = (2v-1)\frac{ad}{4LSr} \tag{10.20}$$

$$w_{krit} = \frac{f(d+r)}{Sr} = (2v-1)\frac{a(d+r)}{4LSr} \tag{10.20a}$$

在频率大致为声学特征频率（锁定）的 10%~20% 时产生共振。相应的范围适用于式（10.20）给出的临界速度。

　　与水力耦合形成对比，振动频率并不主要依赖于流速，因为它是由闭式管路声学特征频率给出的。如果流速在较宽范围内变化，振动频率可能跳到下一个声学固有频率。

　　只有旋涡脱落部分位于有充分高的粒子速度的驻波区域时，才能造成驻波和涡层之间的耦合；粒子运动对旋涡运动有影响。

　　如图 10.59 所示，旋涡来源于压力节点（如粒子速度最大值处）时耦合可能是最强的。如果旋涡来源于压力最大值处，粒子速度节点处，耦合是最小的（理论上是不存在的）。因此可能导致旋涡脱落的部件应尽可能设置在闭式管路末端附近。

　　根据式 (10.20a)，半径为 r 的 T 形支路拐角处的临界速度随 $(d+r)/d$ 的增加而大幅增加。把 T 形支路的下游拐角变圆是最有效的，因为声波和旋涡的相互作用在这个位置是最大的。相反，上游拐角变圆作用不明显。如果管路中存在一个简单的 T 形支路，压力脉动的振幅会减小。拐角处一前一后的 T 形支路能减少甚至增加压力脉动。倒圆的效果取决于在分支和垫片处形成的声波形式（图 10.61 中长度 L）。

　　连续的二维涡街能被扰流板和嵌件破坏，这会产生避免激励驻波的不规则湍流。同样的效果可以通过在主管路中增加湍流来实现，如孔板导致的湍流。T 形支路上游距离 $L/D = 5.5$ 处 $d/D = 0.7$ 的孔板使振幅降低到无孔板时的 25%[89]。

　　共振情况下，在主管路中压力脉动可以达到停滞压力的 10 倍，振幅随 d/D 的增加而减小。总体来说，分支管路中 $d/D > 0.5$ 时压力脉动较强。但是，如果主管路的波长与分支管路的波长相近，并且分支管路位于节点处，那么 $d/D > 0.5$ 的时候仍然会有较强的压力脉动。

　　主管路中振幅相对驻点压力的比值取决于管路系统的声学特性。当一个 T 形分支管路的振幅随着 d/D 比例增加而减小时，如果 T 形分支管路是轴向的或者是串联的，那么增强。因为此时的波可以相互加强，如图 10.60 所示。为了避免这种共振的放大，可以使分支有不同的长度以使管路布置去谐，同轴分支长度的不同如

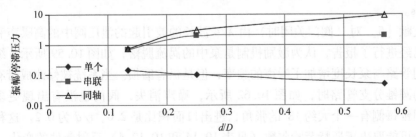

图 10.60　分支管路引起的压力脉动[89]

果小到 $(L_1 - L_3)/D = 1$ 的话，可以有效地减少振幅（当 $L_1 = L_3$ 时）。对于一个串

联设计来说，只有长度根据 $(L_1 - L_2)/L_B > = 1$ 进行选择才能完成有效去谐，如图10.61所示。

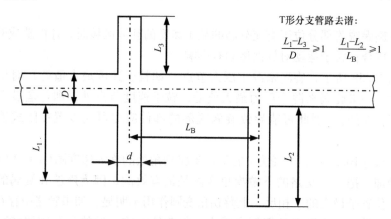

图 10.61　同轴或串联布置的 T 形分支管路

涡街和声波之间的耦合可由各种部件诱发，导致较高的压力脉动及管路振动。文献［20］中记录了一个例子，止回阀产生的旋涡在给水槽和热电站控制阀之间的管路内耦合至二阶驻波中。通过移动控制阀，将止回阀和控制阀之间的距离减小。粒子速度减小，耦合（和振动）消失的位置产生了旋涡脱落。

如果声波能够与涡街相互作用，系统中的声波、导叶和叶轮处的非定常流就可能会出现。特别是当 $Q - H$ 曲线不稳定时，预计耦合也会出现。受声波的影响，泵中的流体会在两个准恒定的流态间转换，见5.4.2。

哪一个频率最容易引起耦合尚不确定[⊖]。考虑到假设的相互作用，系统中出现的强波（如一个不适合的节流阀）会加强叶轮产生的压力脉动，会损坏叶轮盖板、连接螺栓和其他零件。

流体和声波之间的耦合，由粒子运动速度 w_p 决定，而不是被声速决定。数量级可以由 $w_p = p_{dyn}/(\rho a)$ 估计，冷水中压力振幅 $p_{dyn} = 5bar$ 时粒子运动速度大约为 0.3m/s。

文献［5］对（阀门关闭时）由 $\lambda/4$ 波长的波引起的泄压阀中的高噪声和严重磨损已经进行了报告，认为激励机制是泵中的涡流脱落，如图10.59所示。缩短阀门之间管路与泵长度增加了噪声的频率，但是仍有磨损。当系统被修改成带有圆形入口的圆锥分支管路时，如图10.62所示，噪声消失，阀门也没有出现更多的磨损。圆锥每侧有一个大约18°的张角，进出口面积比是2.0，r/d 为0.2。这种改善的机制可能取决于斯特劳哈尔数（见表10.14和10.12.4）反射条件的变化。

⊖ 泵中声波和非定常流之间可能的相互作用目前已经通过测量系统中产生的压力脉动，以及使用激光测速器测量其对导叶和叶轮中流型的影响而被证实。

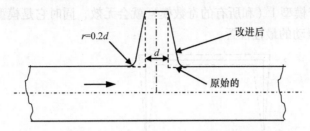

图 10.62　改进 T 形分支管道减小过度噪声和阀门磨损[5]

10.12.6　管路振动机理

管路振动是由于系统中体积流量变化而产生的，和压力脉动紧密联系在一起。流动及压力的波动会引起管路弹性形变。以下两种机制都适用：①流量波动代表不平衡的质量力，根据质量守恒定律其可以产生反作用力。②管路中取决于时间的压力产生了作用于管壁的动态应力，从而产生了引起振动的弹性形变。

管路轴向动态应力 $\sigma_{dyn} = p_{dyn} \times \dfrac{D}{4h}$，其中 p_{dyn} 是压力变化幅度，h 是管路壁厚，D 是直径。由于质量大，必须在纵向振动中进行加速；并且由于不对称，管路会发生横向变形和弯曲振动。根据这种假设，重力和压力同向。机械振动模态跟随声振模态。因此，最大的压力脉动振幅会在管路变形最大的地方出现。

考虑一个管路有三个分支并连接系统的两个部件，如图 10.63 所示。这种常见的管路系统有如下特征：①部件（取决于质量）是固定点，它构成了机械振动的节点；②部件决定了声波阻抗的变化。至少一部分声波在部件上发生了反射。

因为波不会因弯曲反射，如图 10.63 所示的压力分布（参照于管长）。图 10.63a 中的实线代表稳定运行下的压力，虚线表示压力变化导致的变形。如果（波导致的）压力变化不稳定，那么管道就会发生复杂的不稳定变形。通过比较图 10.63 中模型 1 和模型 3，可以发现不同的机械振动模态都会被声振模态激励。

下面的结论可以从 10.12 讨论的机制中得到：

1）管路在本征模处被声波激励。超过允许极限的管路振动发生在机械模态和声振波模态的共振处。

如果位于机械模态节点附近，管路支撑和振动阻尼对减少振动无效（此处管路位移小，或者趋近于零）。要确定设备的最佳布置方式，必须知道连接管路的部件的反射特性。声学机械本征模。如图 10.63 所示，如果部件是开式管路（图 10.63b），减振器及泵中间的支架只影响第一和第三部分，那么在第二和第四部分的振动就会无阻碍。相反，如果管路末端是封闭的（图 10.63c），那么管路中

　⊖　如果激励机制是由不平衡力引起的话，那么机械振动与激励不同步。

心的阻尼器对于模型1（和所有的奇数模）就会无效，同时它是模型2（及所有的偶数模）减小振动的最佳位置。

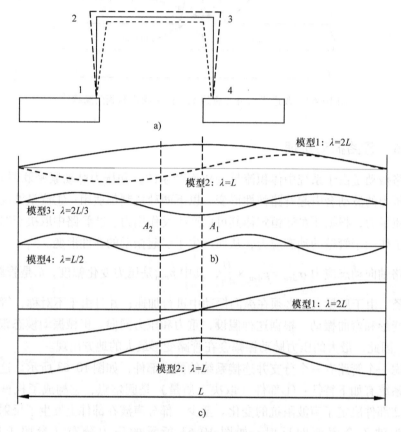

图 10.63　管路中的压力波

a）管路内部压力导致的静态变形　b）开式部件固有模态　c）闭式部件固有模态

2）一般会在不规则间隔的两个反射部件中安装管路支架，如图 10.63 中的 A_2 线。

3）前面所述同样适用压力传感器测量结果，在指定的位置记录的压力脉动主要取决于图 10.63 演示的波形。通过确定压力传感器的位置，测量和分析压力脉动及管路振动问题，评估出最可能的激励机制。

4）测量间隔应当尽可能地短，否则根据图 10.12，1/4 波长会导致测量值的不准确。

5）流阻应该设置于压力节点处（粒子速度最大）以使系统的阻尼最大，如图 10.55 和图 10.63 所示。

6）应尝试预测波反射的位置。

7）闭式管路末端应尽可能地短，这样可以增加驻波的频率，并尽可能使之高于激励频率。

8）T 形管路应设置在主管路中压力最大的位置，这样可以避免主管和分支中声波的耦合。

9）串联旋涡及轴向管路应设计为不同的长度，这样可以使管路系统去谐，如图 10.61 所示。

10）产生旋涡的部件应该设置于闭式管路末端附近（如速度节点），以避免波和速度的耦合（不应放置于开式管路末端，如粒子速度最大处）。

11）产生强烈旋涡脱落的部件应该放在足够远的位置以避免部件之间的水力耦合；同时，距离也不能太远，以防止涡街和低频声波的耦合。也就是说有涡街脱落的部件应该尽可能的放近点，最小距离应该是 $\dfrac{L}{\sigma_w} = 10 \sim 20$，$\sigma_w$ 是指旋涡脱落尾迹的宽度。如安装在控制阀[20]上游的止回阀，如果两者之间的距离较短，则从止回阀流出的旋涡将出现在速度节点附近，激励的可能性就比较低（控制阀与闭式管路末端原理相似，横截面变化较大）。

12）如果驻波在闭式管路中被涡街激励，那么可以通过较小的流量破坏旋涡，减小振动[19]。

实际上，实现最小振动的管路优化设计很不容易，因为复杂系统中有很多声学和机械特征频率。声能大多数都是宽频的，因此任何一个离散频率的驻波都会被激励。此外特征频率的测量精度是不确定的，部件中与频率有关的特性尚不清楚。很多边界条件及设备设计标准进一步限制了管路系统的选择范围。

管路的安装必须允许工作温度和压力下的自由膨胀。弹性轴承通常不能避免管路振动。在发电厂和加工工业等重要场合会采用黏性阻尼装置，以保持管路振动在允许范围内。黏性减振器包含充满黏性液体的气缸和活塞，如图 10.64 所示。活塞安装在管上，然而气缸安装在管支架结构上（如墙壁），反之亦然。

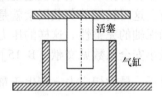

图 10.64　黏性减振器

活塞能够在 6 个自由度中移动（位移和旋转）。这种移动导致的阻尼理论上与活塞与气缸之间的相对移动速度成正比。实际上，阻尼随管振动而减少，黏性切应力和流体位移引起阻尼效应。

根据流体的工作温度选择合适的黏性流体。流体温度是管路中液体温度的20% ~ 30%。减振器不能承受静载荷，这些荷载必须由管道弹性支架或类似装置承担。阻尼器允许管路的自由热膨胀和收缩，因为这种膨胀过程很慢。当管道上出现冲击负荷（水击、地震）时，减振器也是有效的。减振器必须安装在管路振动最大位置附近，安装在振动节点处是无效的；另外，几个小减振器的组合比一个大减振器更为有效[68]。

表 10.16 为 ISO 10816 – 1 提供的管路振动速度的评估标准。相应的，其所允

许的振动速度是 10mm/s（这也遵从其他标准）。但是请注意峰值比 RMS 的值要高很多（一些泵中的峰值会比 RMS 高 5 倍以上）。

表 10.16　ISO 10816-1 中规定的允许管路振动速度

（简化描述，推荐参考最新版本的标准）

振动速度/(mm/s)(RMS)	评价
<3.5	好
3.5~7	可接受
7~16	建议改进
>16	不可接受

10.13　扭转振动

在转矩稳定的情况下，弹性轴以角 $\theta = 32ML/(\pi d^4 G)$ 而扭曲，其中 M 是转矩，L 是轴长，d 是轴直径，G 是剪切模量；$G = \dfrac{E}{(2+2\nu)}$（对于钢，泊松比为 $\nu = 0.3$，$G \approx 8 \times 10^{10} \text{N/m}^2$）。如果波动的转矩作用在一个弹性轴上，扭转角会随时间变化，即所谓的扭转振动。

如果提供一个周期性的转矩，就会产生强迫振动，会同传动系统的扭转特征频率产生共振。给转子提供类似冲击或瞬态激励的切应力，会在转子扭转特征频率上产生自由振动。电动机起动过程或者偶然事件发生时（如短路）就会产生瞬时载荷。这时转矩的负载因素就是额定转矩的倍数，进而用低循环疲劳分析来评估，以确保轴的完整性。这样的压力分析必须包括所有应力集中因素。对抗疲劳腐蚀力的最小安全系数见文献 [B.15]。如果共振不能避免的话，需要对高疲劳强制响应力分析。最大切应力 τ 产生于最高速度梯度比 $\dfrac{\mathrm{d}\theta}{\mathrm{d}x}$ 的位置，因为 $\tau = \dfrac{1}{2} G d \dfrac{\mathrm{d}\theta}{\mathrm{d}x}$，其导出众所周知的式 $\tau = \dfrac{16M}{\pi d^3}$。在没有止回阀的情况下，关闭立式泵后，反向流动导致反转时，瞬态载荷也会激励扭转特征频率。

泵普遍会产生横向振动及压力脉动，但是扭转振动很少被列举为一项问题，这点可以通过下列方面证实：①关于横向振动文献很多，但是关于扭转振动的文献非常少；②横向振动监测设备通常使用于大型泵，而转矩振动则不是；③转矩振动过大的情况并不常见。

严重的转矩振动会损坏电动机（线圈松散），还会引起零件的耦合磨损及通过热配合固定在轴上的组件发生磨损，疲劳还会引起的齿轮失效和轴失效等问题。所以一些泵的应用场合中要求对转矩做分析[51]，包括：

1）驱动力提供周期性转矩，如变频电动机及往复式内燃机。如果应用一个变速装置，那么要在一定转速范围内运行。所以设计时在规定的转速范围内要避免任何大小的转矩振动频率。如果难以实现，那么转子的设计中应该让共振出现在尽可能低的转速以减小激振力。

2）在水平安装的驱动器和立式泵之间安装直角齿轮以避免横向振动和转矩振动。

3）驱动器激励频率等于或者接近于转子扭转特征频率。

4）蒸汽或者燃气轮机驱动的大型泵需要特别分析因为它的转速范围更大，并且使用了弹性联轴器。

5）规定的传输到泵基座的激振力很低。

6）长轴立式泵。

具有长柱管的立式泵（图 2.14 和图 2.15），其扭转特征频率比较低。对于立式泵的扭转分析可以从简单转子频率特性推断，如叶轮的质量惯性矩 J_{imp}、轴的弹性系数 k_{res}、电动机的质量惯性力矩 J_{mot}。轴由直径为 d_i 和长度为 L_i 的 n 个节段组成，每个轴节段的弹性系数由式（10.21）给出，由式（10.22）算出的弹性系数适用于 n 个连续节段。两端无束缚转子的第一固有频率 $f_{1,f-f}$ 由式（10.23）得出[8]。与横向振动相反，事实上轴承对于扭转特性频率没有影响。正是这样，式（10.23）的预估就更接近于有限元分析估算的特征频率值，如果式（10.23）预测的固有频率更接近转子转速值的话就印证了上述观点。

$$k_i = \frac{\pi d_i^4 G}{32 L_i} \quad i = 1 \sim n \qquad (10.21)$$

$$k_{res} = \frac{1}{\dfrac{1}{k_1} + \dfrac{1}{k_2} + \cdots + \dfrac{1}{k_n}} \qquad (10.22)$$

$$f_{1,f-f} = \frac{1}{2\pi} \sqrt{\frac{k_{res}(J_{imp} + J_{mot})}{J_{imp} J_{mot}}} \qquad (10.23)$$

在灵敏性研究及评估修正研究中（如解谐转子）也可以参考式（10.23）。

在通过冲击性试验确定立式泵转子特性频率时，电动机转子不能转动是因为推力轴承的高阻力，它承受着转子的整体重量。这种情况下，测得的特性频率对应边界条件"无夹紧"。转子的第一本征频率 $f_{1,c-f}$ 可以由式（10.24）叶轮质量惯性矩估计出，且质量惯性矩 J_{shaft} 也应考虑进去，但是它的作用可以忽略。应该注意在所描述的情况下，冲击试验无法得到转子在运行时的真正特征频率。

$$f_{1,c-f} = \frac{1}{2\pi} \sqrt{\frac{k_{res}}{J_{imp} + J_{shaft}/3}} \qquad (10.24)$$

对于直径为 d 长度为 L 的柱体的质量惯性力矩（轴、圆盘、电动机转子）可以由式（10.25）得到。

$$J = \rho_{mat} \frac{\pi d^4 L}{32} \qquad (10.25)$$

根据文献［B.15］额定转矩为 Mr 的电动机质量矩也可以由式（10.26）得出，

数据分散在 ±35% 范围内，甚至更高。对于低转速的转子其上限更为广泛。

$$\frac{J}{J_{\text{Ref}}} = 3.5 \times 10^{-4} \left(\frac{M_{\text{R}}}{M_{\text{Ref}}}\right)^{1.38} \qquad J_{\text{Ref}} = 1 \text{kgm}^2 \qquad M_{\text{Ref}} = 1 \text{Nm} \qquad (10.26)$$

分析的系统应包括所有传动力的旋转部件：发动机、齿轮、联轴器、泵及辅助设备（如同一电动机驱动的升压泵）。对扭转动力学进行动态分析时（特征频率、本征模、阻尼、强制响应），可以使用和横向分析一样的方式，见 10.6.5。作用在叶轮上的水的附加质量及耦合刚度需要特别注意。

轴的扭转振动及柱状管的横向振动之间会发生耦合现象。陀螺效应也一定要考虑进耦合振动中。

同速异步、同步电动机提供了下列的激励频率 [B.15]：①同步 $f = f_n$；②差频极数 $f = (f_{\text{grid}} - f_n)p$；③ $f = pf_n$（此处 p 为极数）。采用上述技术的变频驱动通过控制脉冲频率提供主要激发力[B.15]。变频驱动引发十分精确的正弦曲线电流，也就是说几乎没有转矩发生[51]。蒸汽或者是燃气轮机给出的激励频率是转速和涡轮叶片数的乘积。

典型的激励转矩是额定转矩的 1% ~ 5%，高数值适用于部分载荷工况运行及叶片数少于 5 的叶轮[B.15]。当存在旋涡或者是空气含量较高的时候，可能会出现更大的扭矩波动（启动不完全排放的出水管后，需从中排除空气）。在混流式冷却水泵的试验中（大约 3000kW，长度 10m，$n_q = 85$），测量到以下转矩波动：接近最高效率点 ±2%，部分载荷工况 ±10%，出水管空气排出期间达平均转矩的 ±18%。单流道叶轮的转矩波动可能相当大，7.4 中给出了相关的测试数据。

虽然存在转矩波动的诱导水力现象，但是一般它表现的较为微弱。目前尚不了解的是它是否会引起自激振动。解释如下：假设以转速 Δn 加快转子的周向速度，能量（抵抗转速的增加）会根据因子 $(1 + \Delta n/n)^3$ 增长，当达到最大振幅时，转子减速至速度 $(n - \Delta n)$。在这部分循环中，叶轮在制动（或涡轮）模式运转。因此，从流体反馈到转子中的能量非常小甚至没有。

其他论证如下：如果有激励扭转振动的水力现象，那么会影响系统中所有的泵和电动机。在实际运行中许多泵中都存在这些问题。

在动静干涉及压力脉动的作用下，几乎在所有泵中都存在叶片通过频率或 $f = z_{\text{La}}z_{\text{Le}}f_n$ 处的小幅度转矩波动，由于压力脉冲转子/定子相互作用。低频转矩波动原因如下：

1）不均匀的流动速度。

2）夹杂空气。

3）进水流道的表面、底部及墙壁存在旋涡，见 11.7.3。由于这些旋涡不稳定，转子频率会根据旋涡的瞬时位置在转动频率附件波动。因此激励频率就是 νf_n，

此处 ν 并非整数。

这种情况下如果接近于共振，就会出现以下现象：

1）结构阻尼比较低，放大系数比较高。无论如何，激振力比较低，重力仍然是可以接受的。由大型立式混流泵的扭转共振曲线决定的阻尼大约是 0.05。

2）低阻尼意味着峰值的出现，考虑到预测的精确性，要保证 10% 的间隔[51]。

3）潜在风险包括压力剧增位置的疲劳所引起的轴断裂，如键槽。

4）甩负荷过程可能会引起轴突然断裂，对此应该进行风险分析。

然而目前的振动监测设备还不足以对扭转振动进行直接测量，仅能对轴承箱或者立式泵的轴位移或加速度进行测量。因此扭矩振动的问题只有在损坏较为严重时才能被注意到。为了监测扭转振动，可以在轴上设置近贴探头。监控电动机电流起伏是监测设备或试验台上扭矩振动的方法之一。

参 考 文 献

[1] Adams, M.L.: Rotating Machinery Vibration. Marcel Dekker Inc (2001)
[2] Alford, J.S.: Protecting turbomachinery from self-excited rotor whirl. ASME. J. Engng. for Power. **87**, 333–344 (1965)
[3] Amoser, M.: Strömungsfelder und Radialkräfte an Labyrinthdichtungen hydraulischer Strömungsmaschinen. Diss. ETH. Nr. 11150 (1995)
[4] Arndt, N., et al.: Unsteady diffuser vane pressure and impeller wake measurements in a centrifugal pump. Proc. 8th. Conference on Turbomachinery, Budapest, 49–56 (1987)
[5] Au-Yang, M.K.: Flow-induced Vibrations of Power and Process Plant Components. Professional Engineering Publishing Ltd (2001)
[6] Berten, S.: Hydrodynamics of high specific power pumps for off-design operating conditions. Diss. EPF, Lausanne (2010)
[7] Berten, S., et al.: Experimental investigation of flow instabilities and rotating stall in a high-energy centrifugal pump stage. ASME. FEDSM. (2009)
[8] Blevins, R.D.: Formulas for Natural Frequency and Mode Shape (Reissue). Krieger, Malabar (1995)
[9] Blevins, R.D.: Flow-Induced Vibrations. (Reprinted 2nd ed.) Krieger Publishing Company, Malabar (2001)
[10] Bolleter, U.: On blade passage tones of centrifugal pumps. Vibrations **4**(3), 8–13 (1988)
[11] Bolleter, U.: Generation and propagation of pressure pulsations in centrifugal pump systems. AECL Seminar on acoustic pulsations in rotating machinery. Toronto (1993)
[12] Bolleter, U., et al.: Hydraulic and mechanical interactions of feedpump systems. EPRI Report TR-100990 (Sept 1992)
[13] Bolleter, U., et al.: Rotordynamic modeling and testing of boiler feedpumps. EPRI Report. TR-100980 (Sept 1992)
[14] Braun, O.: Part load flow in radial centrifugal pumps. Diss. EPF. Lausanne (2009)
[15] Brennen, C.E.: Hydrodynamics of Pumps. Concepts ETI, Norwich (1994)
[16] Casey, V.M., et al.: Flow analysis in a pump diffuser. Part 2: validation of a CFD code for steady flow. ASME. FED. **227** 135–143 (1995)
[17] Chen, Y.N.: Wasserdruckschwingungen in Spiralgehäusen von Speicherpumpen. Techn Rundschau Sulzer. Forschungsheft, 21–34 (1961)
[18] Chen, Y.N., Beurer, P.: Strömungserregte Schwingungen an Platten infolge Karman'scher Wirbelstraßen. Pumpentagung, Karlsruhe (K6) (1973)
[19] Chen, Y.N., Florjancic, D.: Vortex-induced resonance in a pipe system due to branching. IMech C109/75 (1975)

[20] Chen, Y.N., et al.: Reduction of vibrations in a centrifugal pump hydraulic system pp. 78–84. IAHR Karlsruhe (1979)

[21] Childs, D.: Turbomachinery Rotordynamics. Wiley, New York (1993)

[22] Childs, D.W., et al.: Annular honeycomb seal test results for leakage and rotordynamic coefficients. ASME Paper. 88-Trib-35

[23] Cooper, P., et al.: Minimum continuous stable flow in centrifugal pumps. Proc. Symp. Power. Plant. Pumps. New Orleans, 1987 EPRI CS-5857 (1988)

[24] Corbo, M.A., Stearns, C.F.: Practical design against pump pulsations. Proc. 22nd. Interntl. Pump. Users. Symp., 137–177. Texas A&M (2005)

[25] Cremer, R., Heckl, M.: Körperschall. 2. Aufl. Springer, Berlin (1995)

[26] Deeprose, W.M., et al.: Current industrial pump and fan fluid-borne noise level prediction. IMechE. Paper. C251/77 43–50 (1977)

[27] Domm, U., Dernedde, R.: Über eine Auswahlregel für die Lauf- und Leitschaufelzahl von Kreiselpumpen. KSB. Techn. Ber. 9 (1964)

[28] Dörfler, P., Sick, M., Coutu, A.: Flow-Induced Pulsation and Vibrations in Hydroelectric Machinery. Springer, London (2013)

[29] Dubas, M.: Über die Erregung infolge der Periodizität von Turbomaschinen. Ing. Archiv. 54 413–426 (1984)

[30] Ehrich, F.F.: Handbook of Rotordynamics. McGraw Hill, New York (1992)

[31] Ehrich, F.F., Childs, D.: Self-excited vibration in high-performance turbomachinery. Mech Engng. 106, 66–79 (May 1984)

[32] Europump Leitfaden: Geräuschemission bei Kreiselpumpen. (2002)

[33] Florjancic, D.: Entwicklung der Speisepumpen und grossen mehrstufigen Pumpen für die Wasserversorgung. Technical Review Sulzer. 4, 241–254 (1973)

[34] Florjancic, S.: Annular seals of high energy centrifugal pumps: a new theory and full scale measurement of rotordynamic coefficients and hydraulic friction factors. Diss. ETH. Zürich (1990)

[35] Försching, H.W.: Grundlagen der Aeroelastik. Springer, Berlin (1974)

[36] Freese, H.D.: Querkräfte in axial durchströmten Drosselspalten. Pumpentagung, Karlsruhe (K6) (1978)

[37] Gaffal, K.: Innovatives, umweltfreundliches und wirtschaftliches Speisepumpenkonzept erprobt. VGB. Kraftwerkstechnik. 73 223–230 (1993)

[38] Graf, K.: Spaltströmungsbedingte Kräfte an berührungslosen Dichtungen von hydraulischen und thermischen Turbomaschinen. Diss. ETH Nr. 9319 (1991)

[39] Greitzer, E.M.: The stability of pumping systems. ASME. J. Fluids. Engng. 103 (1981) 193–242

[40] Guinzburg, A.: Rotordynamic forces generated by discharge to suction leakage flows in centrifugal pumps. California Institute of Technology Report E249.14 (1992)

[41] Gülich, J.F.: European Patent EP 0224764 B1 (1989)

[42] Gülich, J.F., et al.: Pump vibrations excited by cavitation. IMechE Conf on Fluid Machinery, The Hague (1990)

[43] Gülich, J.F., et al.: Rotor dynamic and thermal deformation tests of high-speed boiler feedpumps. EPRI Report GS-7405 (July 1991)

[44] Gülich, J.F., Bolleter, U.: Pressure pulsations in centrifugal pumps. ASME. J. Vibr. Acoustics. 114, 272–279 (1992)

[45] Guo, S., Maruta, Y.: Experimental investigation on pressure fluctuations and vibration of the impeller in a centrifugal pump with vaned diffusers. JSME. Intl. J. 48(1), 136–143 (2005)

[46] Hartlen, R.T., et al.: Dynamic interaction between pump and piping system. AECL Seminar on acoustic pulsations in rotating machinery. Toronto (1993)

[47] Heckl, M., Müller, H.A.: Taschenbuch der Technischen Akustik. Springer, Berlin (1975)

[48] Hergt, P., Krieger, P.: Radialkräfte in Leitradpumpen. KSB. Techn. Ber. 32–39 (1973)

[49] Hergt, P., et al.: Fluid dynamics of slurry pump impellers. 8th Intl Conf Transport and Sedimentation of Solids, Prague, D2-1 (1995)

[50] Höller, K.: in "25 Jahre ASTRÖ". Aströ, Graz (1979)

[51] Kaiser, T., Osman, R., Dickau, R.: Analysis Guide for Variable Frequency Drives Operated Centrifugal Pumps. Proc 24th Interntl Pump Users Symp, Texas A&M 81–106 (2008)

[52] Kanki, H., et al.: Experimental research on the hydraulic excitation force on the pump shaft. ASME Paper 81-DET-71

[53] Kaupert, K.A.: Unsteady flow fields in a high specific speed centrifugal impeller. Diss. ETH, Zürich (1997)

[54] Kollmann, F.G.: Maschinenakustik. Grundlagen, Meßtechnik, Beeinflussung. 2. Aufl. Springer, Berlin (2000)

[55] Krieger, P.: Wechselwirkungen von Laufrad und Gehäuse einer Einschaufelpumpe am Modell der instationären Strömung. Forsch. Ing. Wes. **54**(6), 169–180 (1988)

[56] Kündig, P.: Gestufte Labyrinthdichtungen hydraulischer Maschinen. Experimentelle Untersuchung der Leckage, der Reibung und der stationären Kräfte. Diss. ETH. Nr. 10366 (1993)

[57] Kurtze, G.: Physik und Technik der Lärmbekämpfung. Braun, Karlsruhe (1964)

[58] Kwong, A.H.M., Dowling, A.P.: Unsteady flow in diffusers. ASME. J. Fluids. Engng. **116** 843–847 (1994)

[59] Lucas, M.J., et al.: Handbook of the Acoustic Characteristics of Turbomachinery Cavities. ASME Press, New York (1997)

[60] Luce, T.W., et al.: A numerical and LDV investigation of unsteady pressure fields in the vaneless space downstream of a centrifugal impeller. ASME FEDSM97-3327 (1997)

[61] Makay, E., Barret, J.A.: Changes in hydraulic component geometries greatly increased power plant availability and reduced maintenance cost: case histories. 1st Intl. Pump. Symp., Houston (1984)

[62] Marscher, W.D.: Subsynchronous vibration in boiler feedpumps due to stable response to hydraulic forces at part-load. Proc. IMechE. **202** 167–175 (1988)

[63] Meschkat, S.: Experimentelle Untersuchung der Auswirkung instationärer Rotor-Stator-Wechselwirkungen auf das Betriebsverhalten einer Spiralgehäusepumpe. Diss. TU, Darmstadt (2004)

[64] Meschkat, S., Stoffel, B.: The Local Impeller Head at Different Circumferential Positions in a Volute Casing of a Centrifugal Pump in Comparison to the Characteristic of the Impeller Alone. 21st IAHR Symp on hydraulic machinery and systems, Lausanne (2002)

[65] Naudascher, E., Rockwell, D.: Flow-Induced Vibrations. An Engineering Guide. Balkema, Rotterdam (1994)

[66] Nordmann, R., et al.: Rotordynamic coefficients and leakage flow for smooth and grooved seals in turbopumps. Proceedings IFToMM Meeting, Tokyo (Sept 1986)

[67] Offenhäuser, H.: Druckschwankungsmesssungen an Kreiselpumpen mit Leitrad. VDI. Ber. **193**, 211–218 (1973)

[68] Reinsch, K.H., Barutzki, F.: Erhöhung der Lebensdauer von Rohrleitungssystemen durch den Einsatz viskoser Dämpfer. Rohrleitungstechnik, 7. Auf., Vulkan-Verlag, Essen

[69] Robinet, F., Gülich, J.F., Kaiser, T.: Vane pass vibrations—source, assessment and correction—a practical guide for centrifugal pumps, pp. 121–137. 16th. Intl. Pump. Users. Symp., Houston (1999)

[70] Ross, D.: Mechanics of underwater noise. Pergamon Press (1976)

[71] Rütten, F.: Large eddy simulation in 90°-pipe bend flows. J. of Turbulence. **2**, 003 (2001)

[72] Sano, T., et al.: Alternate blade stall and rotating stall in a vaned diffuser. JSME. Intnl. Ser. B. **45**(4), 810–819 (2002)

[73] Schneider, K.: Das Verhalten von Kreiselpumpen beim Auftreten von Druckwellen. Diss. TU, Stuttgart (1986)

[74] Schwartz, R., Nelson, R.: Acoustic resonance phenomena in high energy variable speed centrifugal pumps, pp. 23–28. 1st. Intl. Pump. Symposium., Houston (1984)

[75] Spirig, M.: Einfluß der Kammerströmung auf die strömungsbedingten Kräfte im endlich langen Spalt einer hydraulischen Labyrinthdichtung. Diss. ETH. Nr. 13288 (1999)

[76] Storace, A.F., et al.: Unsteady flow and whirl-inducing forces in axial-flow compressors. ASME. J. Turbo. machinery. **123**, 433–445 (July 2001)

[77] Storteig, E.: Dynamic characteristics and leakage performance of liquid annular seals in centrifugal pumps. Diss MTA-00-137 TU, Trondheim (2000)

[78] Strub, R.A.: Pressure fluctuations and fatigue stresses in storage pumps and pump turbines. ASME paper No 63-AHGT-11 (1963)

[79] Sudo, S.: Pumping plant noise reduction. Hitachi Rev. **29**(5), 217–222 (1980)

[80] Tanaka, H.: Vibration behavior and dynamic stress of runners of very high head reversible pump-turbines. IAHR. Symp. Belgrade, Beitrag U2 (1990)

[81] Tsujimoto, Y., et al.: Observation of oscillating cavitation in an inducer. ASME. J. Fluids. Engng. **119** 775–781 (1997)

[82] Ubaldi, M., et al.: An experimental investigation of stator induced unsteadiness on centrifugal impeller outflow. ASME. J. Turbomach. **118**, 41–51 (1996)

[83] Verhoeven, J.: Unsteady hydraulic forces in centrifugal pumps. IMechE. Paper C348/88. (1988)

[84] Warth, H.: Experimentelle Untersuchungen axial durchströmter Ringspalte von Hybridentlastungseinrichtungen. Diss TU Kaiserslautern, SAM Forschungsbericht Bd. 2 (2000)

[85] Weaver, D.S.: Interaction of fluid flow and acoustic fields. AECL Seminar on acoustic pulsations in rotating machinery. Toronto (1993)

[86] Weber, M.: Geräusch- und pulsationsarme Verbrennungsluftgebläse und deren Einfluß auf selbsterregte Brennkammerschwingungen. Diss. TU Kaiserslautern, SAM Forschungsbericht Bd 7 (2002)

[87] Yedidiah, S.: Oscillations at low NPSH caused by flow conditions in the suction pipe. ASME Cavitation and Multiphase Flow Forum (1974)

[88] Yuasa, T., Hinata, T.: Fluctuating flow behind the impeller of a centrifugal pump. Bull. JSME. **22**(174), 1746–1753 (1979)

[89] Ziada, S.: Flow-excited resonances of piping systems containing side-branches: excitation mechanism, counter-measures and design guidelines. AECL Seminar on acoustic pulsations in rotating machi-nery. Toronto (1993)

第 11 章 离心泵的运行

只有当泵与系统达到最佳匹配时，才能实现可靠的泵性能。这意味着需要实施适当的控制，以确保泵在允许的最小和最大流量之间运行——尤其是泵在并联运行时。泵的起动与停止必须要按照正确的流程。需要关注的瞬态运行和不稳定现象包括：由不稳定的 $Q-H$ 曲线所引起的动态不稳定性、水锤和空化涡流等。吸入压力瞬变和非均匀入流条件也有可能引起一系列问题。第 12 章将讨论泵做透平运行和透平模式的运行。第 13 章将讨论高黏度、游离气体和固体颗粒对泵性能曲线的影响。

11.1 并联或者串联运行时的系统特性

容积泵能够不受背压的影响以固定速率输送恒定的流量。与之相反，离心泵的流量依赖于系统作用于水泵的压差。压差 Δp 的水力损失与流量有关。系统特性 $H_A = f(Q)$ 是通过水泵提供总压压差来维持给定流量的通过系统，如式（T2.2.6）。离心泵的运行工况点就是系统特性和水泵特性的交点，如图 11.1 所示。

一个设备需要的扬程 H_A 包含静扬程（可能为 0）和一个与流量相关的 H_{dyn}，即

$$H_A = H_{stat} + H_{dyn} \tag{11.1}$$

静态分量包括位置扬程 H_{geo} 和系统压力扬程，见表 2.2。

$$H_{stat} = H_{geo} + (p_a - p_e) / (g\rho) \tag{11.2}$$

动扬程包括进口管路和出口管路的各种沿程损失 H_v，包括各种形式（如热交换），可调节的节流阀中的压力降 H_{DRV} 和动能的增加量，即

$$H_{dyn} = \frac{c_a^2 - c_e^2}{2g} + H_v + H_{DRV} = H_{dyn,r}\frac{Q^2}{Q_r^2} = RQ^2, \text{ 其中 } R \equiv \frac{H_{dyn,r}}{Q_r^2} \tag{11.3}$$

H_{dyn} 是根据指定流量 Q_r 计算出来的动扬程（通常是该系统的设计流量）。根据式（11.1）和式（11.3）所确定的系统特性曲线是个抛物线，其顶点为纵轴的 H_{stat}。这种特性曲线在实际中可以经常看到，一些典型应用将在 11.2 中讨论。然而，原则上系统特性也取决于过程。如发电厂滑压运行工况会产生线性的系统特性。有时运行工况点的位置不是由通常的 n 为常数的泵特性所决定，而是由泵和驱动设备的联合特性曲线决定的。无转速控制的内燃机和小功率变速电机就是这样的例子。

如果动扬程改变（如由于节流作用而引起的）或静扬程变化（如由于水位或

者涡轮压力的变化），运行工况点也将会做出相应的变化（图 11.1a、b 中的曲线2）。设计中要对不同的运行模式和偏离工况进行分析来选择合适的泵，如果这项工作给出的结果不合理，那么将会浪费大量的时间和费用。多台泵串联或并联的系统在这方面更要尤为注意。

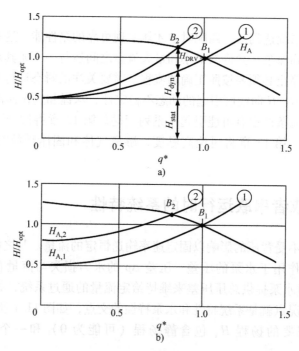

图 11.1 系统特性

a）有节流阀 b）变化的静扬程

（1）并联运行 如因为流量需求变化较大，或者是为了提供备用源或者其需要的流量因为技术或经济等原因不能通过单台泵来实现时，需要通过并联运行来实现。

每台泵的运行工况点由系统特性与水泵特性曲线的交点得到。在并联工况下，每个泵所克服的系统作用给它的压力差是相同的。因此水泵的并联运行特性可以通过恒定扬程增加流量而获得。图 11.2 展示了由两个完全一样的水泵并联运行的系统过程。

两台泵共用管路部分的流动阻力为 R_{com}，两台泵各自管路上的流动阻力（进口管路和出口管路相结合）用 R_{single} 来描述。假如 Q_{tot} 是这个系统所传输的总流量，z_{pp} 是并联运行的泵数量，那么系统的特性曲线可由式（11.4）计算：

$$H_A = H_{stat} + \left(\frac{R_{single}}{z_{pp}^2} + R_{com} \right) Q_{tot}^2 \tag{11.4}$$

式（11.4）给出了单台泵及任意台泵并联运行时的系统特性。假如有两台泵

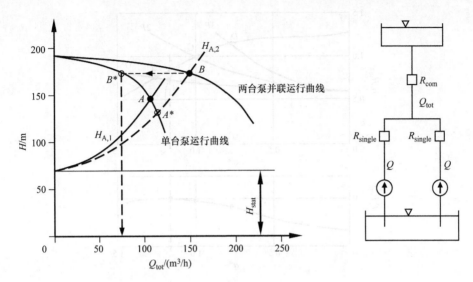

图 11.2　并联运行的系统特性

正在运行，工况点 B 表示通过整个系统的流量 Q_{tot}，工况点 B^* 代表单台泵的流量。

假如一台泵正在运行，那么它的流量为点 A（图 11.2）。如果 R_{single} 的影响增大，单台泵的系统运行特性与两台泵并联运行时的系统特性之间的差异就会增加。通常会把 R_{single} 忽略掉，其结果就是 $H_{A,1}$ 等于 $H_{A,2}$（单台泵在点 A^* 的运行工况）。

从图 11.2 的例子中可以看出，当增加第二台泵时，系统流量增加了大约 35%（通过增加一台泵而获得 2 倍的流量是不可能的）。系统特征的动扬程越大，泵的特性曲线越平坦，通过增加并联运行的泵数量而获得的流量增加就越少。并联运行主要适用于那些具有高静扬程 H_{stat} 的情况，也就是说具有比较平坦的系统特性曲线的情况下，并联运行才是合适的。

相比于将泵的特性曲线加在一起而获得联合运行曲线（图 11.2），将并联运行中各种工况下的系统特性曲线绘制成单台泵的特性曲线会更加容易而且清楚，如图 11.3 所示。将 $Q_{tot} = z_{pp}Q$ 代入式（11.4），得到的系统特性如下：

$$H_A = H_{stat} + (R_{single} + z_{pp}^2 R_{com})Q^2 \qquad (11.4a)$$

相比图 11.2、图 11.3 的优势是系统特性可以由式（11.4a）计算出来，也就是说不用把所有的扬程曲线叠加起来，这对于了解多泵并联运行的情况就显得尤其方便。

图 11.3 为具有较高动扬程的系统特性。在系统中加入一台额外的泵或者去掉一台泵都会导致运行工况点发生很大的变化，从而使运行中的泵超载或者发生空化，可由图 11.3 中的 $NPSH_3$ 和 $NPSH_A$ 的关系曲线体现出来。即使两台或者三台泵同时工作（此时工况点在 C 和 D），也可以正常运行，因为 $NPSH_A$ 大大超过 $NPSH_3$。假如 $NPSH_A$ 足够，那么一台泵单独运行时就会处于工况点 A。然而，在图 11.3 中，Q_A 处的 $NPSH_A$ 明显低于 $NPSH_3$，所以泵会运行在完全空化工况。如果

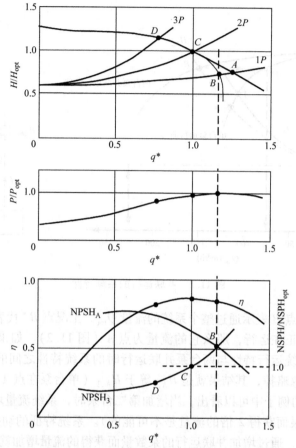

图 11.3 离心泵的并联运行

系统中只剩下这一台泵，那么由于空化的限制，流量将无法超过工况点 B 的流量。在这种情况下，空化工况的流量必须要和系统所需要的流量相平衡（见 11.2 "空化控制"）。

对于大部分应用场合，这种类型的运行模式都是不可行的（效率低、空蚀破坏、噪声、振动）。只有在特殊的情况下，才会采用空化手段进行流量限制。例如这类操作模式仅在一台泵自动切换的过程中很短暂的出现；或者在控制空化的情况下，这类操作模式可能会出现。因此，任何具有并联运行的系统都必须仔细的分析和检查：①在单台泵（或者任何其他的情况下）运行时流量是否会超出最大流量；②需要哪些方法去保持流量在允许的范围内。

如果 $NSPH_A$ 较低，泵在并联运行时应当配备独立的吸入口，以避免当更多的泵起动运行时由于压力损失增大而引起 $NSPH_A$ 降低。

为了使得并联系统运行平稳，$Q-H$ 曲线的下降也需要很平稳，因为这样可以使泵与系统并联运行的特性曲线之间的交点变得更为清晰。如果泵的 $Q-H$ 曲线在部分载荷范围内是比较平缓的，那么在并联运行系统中各个泵之间是可以相互替代的。由于制造公差和磨损，每台泵的 $Q-H$ 曲线不可能完全一样。因此为了适应工厂的需要，在并联系统中两台泵的叶轮尺寸也应该相同。这类问题只有在泵运行在 $Q-H$ 曲线的非设计工况点才会出现。由于固定水位的存在，泵经常接近于最佳工况点的位置运行，因此在并联运行中即使泵在 $Q-H$ 曲线的不稳定工况运行也不会引起此类问题。

即使 $Q-H$ 曲线具有较大差异的泵，也是可以并联运行的。在这种情况下，那些具有较低关死点扬程的泵只有在所需要的扬程低于这台泵的关死点扬程时才可以开启。同样的，具有较低关死点扬程的泵在系统需要的扬程超出了该泵的关死点扬程时必须关闭。

（2）串联运行　泵串联安装，一般用于如下的一些情况：①长距离管路输送水或石油；②安装增压泵用来给主泵提供足够的 $NPSH_A$。一个典型的例子是用一台单级、双吸、低速且扬程只有 $150\sim200m$ 的增压泵去给一台高速锅炉给水泵增压以便使扬程达到4000m（图2.7）。

在串联运行时（图11.4），系统中所有泵输送的流量相同。因此系统的联合特性曲线可以通过将相同流量处的扬程相加而获得。在串联运行中的单台泵彼此之间可以是不相同的，但是每台泵的流量必须能够涵盖所需要的流量范围。此外，泵的运行工况点也同样是泵的联合运行曲线与系统的特性曲线之间的交点。所有的泵以相同流量运行（除非是有部分流体从两台泵间抽掉或者增加）。泵的外壳及管路必须设计得足以抵挡最后一台泵排出管阀门关闭时所产生的最大压力。

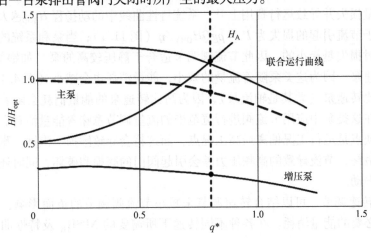

图 11.4　两台泵串联运行

11.2　泵的调节

工业流程中参数的频繁变化使得泵必须在较宽工况范围内运行。频繁变化的参数有：所需要的流量（如锅炉给水泵、流量随负载需要变化而的冷凝泵，随用水需求而变化的供水泵及排水泵等），以及水位、过程压力、流动阻力（随腐蚀、沉淀及过滤器负载而变化）和流体属性（如黏度和密度）。

为了满足特定过程的运行需要，必须对泵系统进行调节。这可以通过手动调节或者自动控制来完成。除了在并联或者串联系统中添加额外的泵外（正如在 11.1 中的分析），大量的方法和设备可以用于泵调节：通过节流或者旁通来修改系统的特性曲线，而泵的特性随着转速控制而改变，预旋调节及叶片调节也可以改变泵的特性曲线。在空化调节中，泵的特性曲线会自动调整以适应当前的运行工况。泵调节的目的就是要在需要的压力下供给系统必需的流量，优化泵的运行以节省能源和维护费用及防止泵运行在不允许的范围内。

控制系统的选择主要由工厂的运行要求和经济因素所决定，当然这也取决于泵的类型，如预旋调节及叶片调节只对高比转速泵才有作用。原则上，对于每个应用场合中的能量消耗也要进行优化，因为不仅要考虑泵及系统的特性曲线，还要考虑在不同工况下各台泵持续运行的时间。

通常会根据水位的变化来调节水泵。以实际测得的水位高度作为控制信号来调节转速、控制阀门的节流阀位置、进口导叶，以及开启或者关闭系统中的一些泵。

（1）节流阀调节　通过调节排出管路上的阀门，来改变系统特性以使达到需要的流量，如图 11.1 所示。由于在吸入管路上安装的节流阀会降低系统的 $\mathrm{NPSH_A}$，因此在实际调节中应该避免这种调节方式。节流阀调节所需投资较少，因此常常应用于低功率及中等功率泵的调节中。节流阀调节的缺点是会带来较大的机械节流能量损失并导致运行费用上升。系统特性曲线中的动扬程 H_{dyn} 越大，损失也越大。由于节流引起的损失为 $P_{\mathrm{v}} = \rho g Q H_{\mathrm{DRV}} / \eta$（图 11.1）；当泵和系统的特性曲线较为平坦时损失是最小的。因此节流阀调节适合于静压较高的泵（如锅炉给水泵）及低比转速泵。因为这类泵随着流量的减小，能量消耗也会减小（图 4.15）。它不适合于高比转速泵（尤其是轴流泵），因为高比转速泵的能量消耗会随着流量下降而升高，在这类泵中应用节流阀进行宽范围的流量调节意味着能量浪费。节流调节的另一个缺点是运行工况偏离最高工况点，而这将会导致磨损、汽蚀、噪声和振动的增加。最终，节流导致的高频压力差会引起阀门的磨损和破坏，同时还会引起噪声和管路振动。

（2）转速调节　可以结合转速调节来减小节流阀调节的负面影响，尤其是可以节省不必要的能量消耗。在各种不同转速下所需的 $\mathrm{NPSH_R}$ 及特性曲线可以根据同样的定理计算得到（表 3.4），最高效率工况点（$q^* =$ 常数）位于通过坐标系原点的抛物线上，如图 11.5 所示。假如系统的特性曲线仅仅包含动态分量（也就是说 $H_{\mathrm{stat}} = 0$），那么在各个转速下泵都运行在同样的 q^* 处。考虑到能量消耗，泵应该尽可能在高效点附近运行，而且在这种情况下转速调节的优势就显现出来了。相反，系统的特性曲线的静态分量越大，通过转速调节所省下来的能量就越少。但如果泵的特性曲线是陡峭的（轴式或者混流式叶轮），转速调节的方式也是适用的，泵和系统的特性曲线越陡峭，同节流调节相比转速调节节省下来的能量就越多。

如果通过转速调节的泵（给定一个适当的系统特性曲线）在较低的转速下运行，水力激振和汽蚀的风险将会大大地减小，因此转速调节也可以节省维护费用。不过速度调节所需的驱动单元较为昂贵，使用转速调节需要较高的成本。转速调节所使用的变速驱动器有变频电机、液力耦合器、内燃机，以及大功率蒸汽机或燃气轮机及可调速的带传动系统。

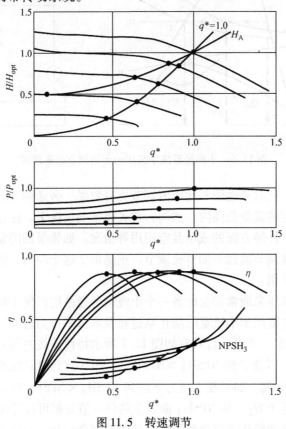

图 11.5 转速调节

（3）旁通调节 为了避免在低负荷下运行，一小部分流量通过旁通管从排出管重新回到吸入管道中，如图 11.6 所示。系统的特性曲线也会因旁通管改变，可以及时地在任何工况点从排出管供给系统需要的流量。不过要特别注意的是泵在高流速情况下可能会产生严重的汽蚀。如图 11.6 所示，排出管 $H_{A,V}$ 和旁通管 $H_{A,By}$ 的联合特性曲线可以通过两条管路的特性曲线在相同扬程处的流量相加即可得到（过程类似于并联系统中所采用的方法，图 11.2）。泵在系统联合特性曲线与泵特性曲线的交点处运行（点 B）。供给系统的流量 Q_V 及通过旁通管的流量 Q_{By} 可以通过扬程曲线 H_B 推导出来。旁通管的节流作用会导致 $P_v = \rho g Q_{By} H_B / \eta$ 的能量损失，这些损失的能量转化为热量耗散掉，会使得泵进口的流体温度上升。

在泵的能量消耗随着流量的减小而上升（如轴流泵）的情况下，以降低能量

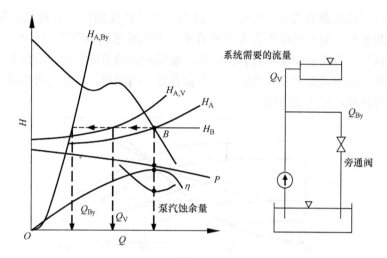

图 11.6　小流量系统中采用的旁通调节布置形式

消耗为目标导向，此时旁通调节比节流调节更有效果。旁通调节也可以避免泵运行在可能引起不稳定的流量范围内。然而，在大流量的情况下，使用旁通调节就要更多地考虑管路及配件等方面的成本及空间用等情况。如果泵的能量消耗随着流量的减小而减小，旁通调节就远不如节流调节。正是由于这个原因，旁通调节就几乎不在低比转速泵中采用。

尽管如此，高压泵通常都会配备一个小流量旁通系统以便于能让液体重新回流到吸入水池中，主要用于小流量时防止泵过热及水力激振力过大（见 11.6）。

（4）空化控制　考虑一台具有如图 11.7 所示特性曲线的泵。假如给定一个足够大的吸入压力（以便于使 $NPSH_A > NPSH_o$），那么这台泵就能在给定流量 Q_B 的情况下扬程能达到 H_B。如果吸入压力下降到 $NPSH_A < NPSH_o$ 时，就会由于空化的产生而使得扬程低于 H_B。从 $NPSH_A$ 曲线上的任一值处都可以导出一条空化特性曲线，这条空化特性曲线从无空化特性曲线分叉至完全空化，当完全空化时平稳的输送液体将是不可能的。系统特性曲线与这些空化特性曲线的交点构成了平稳运行工况点，而这些工况点位于限制曲线 A 之上；若运行工况点在这条限制曲线之下，流动将会中断或者变得不平稳，并产生振幅较大的周期性振动（这些绝对不能和空化而引起的高频压力脉动混淆，因为压力脉动通常会在完全空化时减弱）。流量自动调节系统应当使流量处于无空化运行曲线与限制曲线 A 之间的平稳运行流量范围内，在 $NPSH_A$ 直接取决于吸入罐中液体量的系统中，可采用这种调节方式。假如在某一给定的时间内流入吸入罐中的流量超出了泵的瞬时流量，液位和 $NPSH_A$ 将会上升，运行工况点就会朝着大流量方向移动。相反的，如果进入吸入罐的流量小于泵的流量，液位和 $NPSH_A$ 都会下降。如果在叶轮进口处的空化增加，泵将不能维持所需要的扬程，运行工况点会向小流量移动。在多级泵中，空化还可能扩展

到第二级。

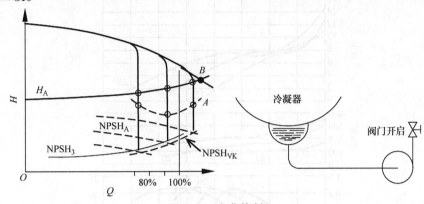

图 11.7　空化控制

空化控制的先决条件：①较低的速度环量；②选择合适的材料以保证由于空化所引起的破坏在合理的限度内。船用或者小功率设备中的冷凝泵有时会满足这些条件。除了一些特殊的情况，很少使用空化调节。

（5）调整叶轮叶片　对于比转速 $n_q \approx 150$ 以上的混流泵和轴流泵通过叶片调节可以使泵在较宽的范围内具有很高的效率。然而在水泵运行期间连续的叶片调节机制需要相当昂贵的成本。

在三个不同的叶片角下，每一个叶片的位置及与之相关的特性曲线绘制在图 11.8 中。通过调整叶片，可以大大提高泵在所要流量点的匹配能力。因此，与设计点相关的效率损失就会很小。这种调节尤其适用于轴流泵，因为最高效率点的流量能通过改变叶片安放角来改变，而且无须考虑最高效率点的扬程变化。考虑一个特性曲线平坦的系统（水位不变且动扬程很低），在一个很宽范围内实现效率的调节是有可能的。

对于混流泵，即使系统特性曲线很陡峭或系统特性曲线很平坦但有水位波动，叶片调节方式都可以适用。由于作用于叶片上的液力和离心力，需要仔细分析调节叶片所需的力矩[21]。

在低比转速、中等比转速的离心泵中，部分载荷工况时在蜗壳内引起的损失远远超过在叶轮中引起的损失。这种情况下叶片调节既不可行也不能带来良好的效果。

（6）预旋调节　根据欧拉方程［见式（T3.3.1）］，可以通过改变叶轮进口处的涡流来改变泵的扬程，预旋能减小泵的扬程，而反向预旋可以增加了泵的扬程（如图 3.1 所示）。d_1/d_2 的比值越大，预旋调节就越有效。预旋调节的可行范围也会随着比转速的升高而增大，因此只有混流泵及轴流泵才会采用预旋调节。

图 11.9 给出了采用预旋调节的混流泵特性曲线。随着预旋增加，效率降低程度相当大（比叶片调节所引起的效率变化更大），这就限制了此种调节方式的适用范围。最高效率点的扬程也会发生相应地变化：当增大进口液流角时，H_{opt} 和 Q_{opt}

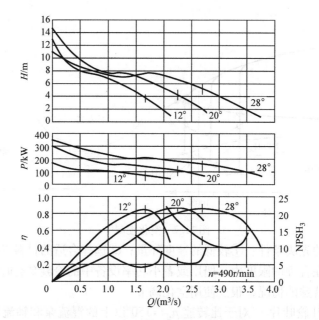

图 11.8 通过调节叶片得到的特性曲线

都会增加。

随着最高效率点流量的改变，$NPSH_R$ 变化很小，而 $NPSH_R$ 最小的地方流量变化会很大。如图 11.9 所示，具有平坦特性曲线的系统（$H_{A,1}$），流量调节的范围就会比那些具有陡峭特性曲线的系统（$H_{A,2}$）要大。因此，预旋调节只适合于那些需要在固定水位（或扬程）下要求很宽的流量变化范围的情况下进行。当在一个可变的扬程下输送一个固定的流量时，预旋调节的适用范围在很大程度上受到空化的限制。这可通过图 11.9 中不同导叶进口安放角的 $NPSH_3$ 曲线而推导出来。

预旋是由通过位于叶轮上游一小段距离处布置的一系列可调式进口导叶而产生的，如图 11.10 所示。图 11.10b 中的环量调节装置没有铰链板，只有通过叶栅的交错角度进行调节。当改变叶栅的交错角时，流动分离就会在叶片上发生，而且流动分离还会导致噪声、振动及效率损失。

图 11.10c 中的预旋调节装置由呈 90°固定角度的叶栅及铰链板组成。因此只有后部或铰链板部分可以用于调节预旋。采用这种方式的调节，进口导叶的弧度将会发生变化，但不能改变冲角和流动分离。因此，与那些没有铰链板的调节方式相比，这种设计可以使泵有更宽广的流量工况范围。进口导叶处的尾流会增加叶轮进口处的不稳定性，尤其有时会在导叶进口处发生流动分离。不稳定的流动会使噪声增大，振动增强，叶轮叶片应力变大，效率降低[6]。

（7）导叶调节 对于中低比转速的离心泵，通过调节导叶，使最高效率点在相对宽的范围内调节。如图 5.18 所示，通过这种方式调节至系统所需的流量时，

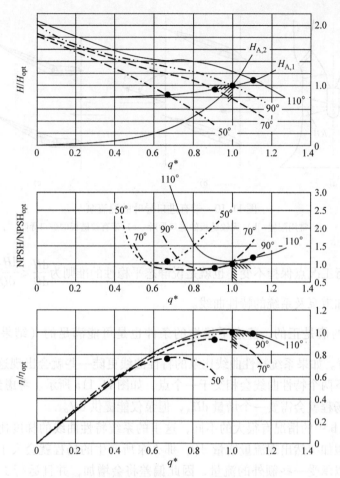

图 11.9　带有预旋调节的混流式冷却泵的特性曲线；
图中所有数据均比照无预旋时最高效率点的参数（$\alpha_1 = 90°$）

导叶进口处的减速比 c_{3q}/c_2 及所产生的冲击损失都会减小。这种类型的调节可使泵以很高的效率运行，但是设计过程较为复杂。它主要用于涡轮泵和蓄能泵。

11.3　静态和动态平稳性

若泵的 dH/dQ 值为负的，那么它的特性曲线被认为是平稳的，也就是说扬程随着流量的增加而减小。假如系统特性曲线的梯度 dH_A/dQ 为正，那么泵的运行就可以保持平稳，因为当流量有一个微小改变量 $\pm dQ$ 时，泵都会重新回到它原来的运行工况点。这种机制描绘在图 11.11 中：当流量由于扰动而瞬间增加了 dQ 时，泵所产生的扬程将会降低，由于系统需要的扬程 $dH_A > dH$，所以对于给定的系统

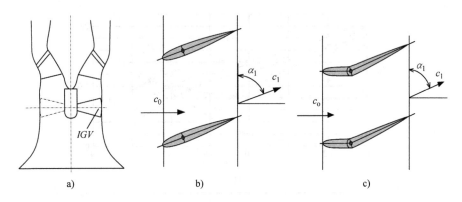

图 11. 10 带有进口导叶的混流泵

a）常用配置 b）无铰链板的进口导叶 c）带有铰链板的进口导叶

它的时均运行工况点保持不变，也就是说静态平稳性的准则为 $\dfrac{\mathrm{d}H}{\mathrm{d}Q} < \dfrac{\mathrm{d}H_A}{\mathrm{d}Q}$。因此评估静态特性需知道泵及系统的特性曲线。

如果 $\dfrac{\mathrm{d}H}{\mathrm{d}Q}$ 的值是正的，静态平稳性的条件也是可能满足的（结果是特性曲线"不平稳的"）。如果系统特性曲线比泵的特性曲线更陡一些就会出现这种情况，因为这种情况下两个特性曲线会相交于一个点，如图 11. 11a 所示。考虑到 $\mathrm{d}Q$ 的瞬间变化，系统扬程就会需要一个增量 $\mathrm{d}H_A$，但泵仅能提供 $\mathrm{d}H$。

图 11. 11b 中的情况有很大的不同，这里的系统特性曲线的梯度比泵特性曲线的梯度小。假如突然出现流量增量 $\mathrm{d}Q$，那么泵所产生的扬程就会大于系统所需要的，系统可以承受一些额外的流量，因此偏差将会增加，并且运行工况点从 A 点转变到流量更大的 B 点。若流量突然减小 $\mathrm{d}Q$，运行工况点就会从 A 点变化到 C 点。运行工况点 B 和点 C 是平稳的（这两点满足稳定性条件）。若系统的特性曲线足够的平坦，那么运行工况点 A 就是不平稳的，例如泵运行在背压较高、扬程损失较低的系统中时。

动态不平稳性也就是在特定运行工况点时发生的流量和压力周期性脉动而引起的自激振动。发生这样的自激振动需要满足以下两个条件：①泵的特性曲线是不平稳的（特性曲线的梯度 $\mathrm{d}H/\mathrm{d}Q$ 必须是一个正数）；②系统具有足够的压缩性以便于在振动周期中储存能量。这里的可压缩体积是指：脱氧器或者锅炉里充满气泡的空间，水罐中的为控制吸入压力的气体体积，空化区域及大容积热水管路系统的弹性和可压缩性。因此，动态不稳定性是锅炉给水泵一大问题。

动态不平稳性的机制可以用图 11. 12 来解释[8]。考虑到左侧图片所表示的特性曲线的不稳定区域，和右侧图片所表示的平稳运行工况，画出流量和压力随时间的变化曲线。在非平稳运行范围内 $\mathrm{d}H/\mathrm{d}Q$ 的值是正的，这就意味着扬程 H 随流量

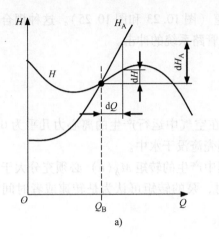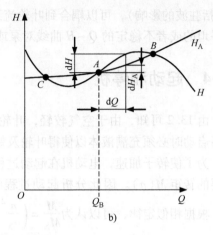

图 11.11　静态平稳性
a）平稳运行　b）非平稳运行

Q 而波动。每个循环进入系统的能量为 $dE = \rho g\,dH\,dQ$，供给系统的能量 dE 是正的；这些能量增强了原始扰动并使得振动增大（见第 10 章，即一个循环内进入振动系统内的能量超过阻尼作用所消耗的能量时，自激振动就会产生）。

相反的是，dH/dQ 在特性曲线是平稳的区域内是负的。压力和流量的脉动是异相的，dE 是负的。结果扰动过程中附加的能量被消耗掉了，振动幅值也就降低了（阻尼作用超过了激励力）。

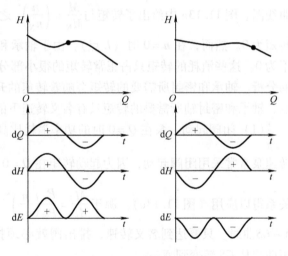

图 11.12　动态不平稳性

可以利用控制论的方法来进行稳定性分析。除了泵及系统的特性曲线外，还要知道系统内振荡流体质量和系统的压缩性。随着泵特性曲线不稳定性的增加，发生自激振动的风险也会增加（图 10.34）。当系统阻力不够时，甚至特性曲线的轻微不稳定性（通常检测不到）都会引起自激振动。振动的实际发生取决于 $Q-H$ 曲线的不稳定程度和系统属性（尤其是阻尼）。甚至在单台泵运行时动态不平稳性也会发生。这动态不稳定性表现为压力和流量的低频波动，这些动态不稳定性会引起管路的振动以及扰乱控制系统的正常运行。

正如 10.7.1 中所讨论的那样，文献［15］中的试验表明系统中的压力波动

（包括驻波的影响），可以耦合到叶轮流道（图 10.23 和图 10.25）。这种耦合解释了平坦的或者不稳定的 $Q-H$ 曲线对泵或管路系统的冲击。

11.4 起动和停机

由 13.2 可知，由于空气较轻，叶轮在空气中运行产生的离心力几乎为 0，因此泵启动时必须充满液体以使得叶轮及蜗壳淹没于水中。

为了使转子加速，电动机在起动过程中产生的转矩 $M_A(n)$ 必须充分大于泵所需要的转矩 $M(n)$。因此分析起动过程时，泵的转矩可认为是转速或者时间的函数。根据相似定律，可以认为 $\dfrac{M}{M_N} = \left(\dfrac{n}{n_N}\right)^2$。

泵起动时的通常过程如图 11.13 所示。图 11.13a 给出了转矩 – 转速特性曲线图，图 11.13b 给出了泵和系统的特性曲线图。而图 11.13c 给出了转矩 – q^* 特性曲线图。图 11.13a 中给出了转矩与 $\dfrac{M}{M_N} = \left(\dfrac{n}{n_N}\right)^2$ 之间的关系，理论上，在 $n=0$ 时，转矩为 0。然而，在 $n=0$ 时（L 点），由于轴承和轴密封需要一些转矩，此时转矩不为 0。这些消耗的转矩只占正常转矩的很小部分。因此，并不需要对其进行详细的分析。轴承和密封所需要的转矩会随着转速的升高而下降，因此，在曲线 1 的 A 点，轴承和密封轴所需要的转矩只有名义转速下的 10% ~ 20%。

（1）闭阀起动 泵在 $Q=0$ 时的功率消耗比高效点的功率消耗低，如中、低比转速泵常常采用闭阀起动，因为起动转矩在 $Q=0$ 处最低。在 $n=n_N$ 时，$\dfrac{M_{M_{GS}}}{M_N} = \dfrac{P_o}{P_N}$ 关系得以应用（图 11.13c）。源于 $\dfrac{M}{M_N} = \dfrac{P_o}{P_N}\left(\dfrac{n}{n_N}\right)^2$ 的转矩特性如图 11.13a 中的 L – A – GS 曲线。只要达到名义转速，排出阀就必须打开。这将导致图 11.13a 中的转矩曲线从 GS 转变到 N。

（2）起动时排出管路充满液体 出水管路很长且充满水的泵可以闭阀起动，也可以开阀起动，这是因为有很多流体需要被加速，由于惯性的原因产生了反向的压力。

如果流体在 Δt 时间内从 c_1 加速到 c_2，系统将会有一个必须加到稳态系统扬程 H_A 的扬程增量 ΔH_b [B.15]：

$$\Delta H_b \approx \frac{L(c_2 - c_1)}{g \Delta t} \tag{11.5}$$

式（11.5）是通过式（1.7）中非稳态项 $\partial c/\partial t = (c_2 - c_1)/\Delta t$ 的积分而得。通过式（11.5）可以评估是否必须在分析起动过程考虑 ΔH_b，或者因为 $\Delta H_b \ll H_A$ 而忽略它。

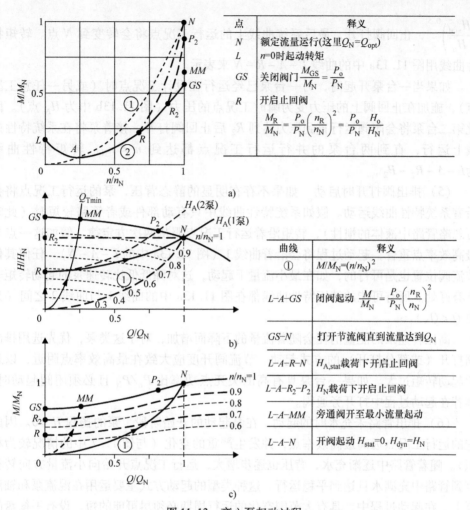

点	释义
N	额定流量运行(这里$Q_N=Q_{opt}$)
L	$n=0$时起动转矩
GS	关闭阀门$\dfrac{M_{GS}}{M_N}=\dfrac{P_o}{P_N}$
R	开启止回阀
	$\dfrac{M_R}{M_N}=\dfrac{P_o}{P_N}\left(\dfrac{n_R}{n_N}\right)^2=\dfrac{P_o}{P_N}\dfrac{H_o}{H_N}$

曲线	释义
①	$M/M_N=(n/n_N)^2$
L-A-GS	闭阀起动 $\dfrac{M}{M_N}=\dfrac{P_o}{P_N}\left(\dfrac{n_R}{n_N}\right)^2$
GS-N	打开节流阀直到流量达到Q_N
L-A-R-N	$H_{A,stat}$载荷下开启止回阀
L-A-R_2-P_2	H_N载荷下开启止回阀
L-A-MM	旁通阀开至最小流量起动
L-A-N	开阀起动 $H_{stat}=0,H_{dyn}=H_N$

图 11. 13　离心泵起动过程

a) 转矩 – 转速曲线 $M(n)$　b) 特性曲线　c) 转速 – 流量曲线 $M(Q)$

假如 H 为运行工况点的扬程，H_o 为关死点扬程，加速水柱到 c_{max} 所需的时间的为[N.3]：

$$\Delta t\approx\frac{2Lc_{max}}{g(H_o-H)} \tag{11.6}$$

（3）以最小流量开阀起动　为防止流体过热，高压泵绝对不允许闭阀起动（见 11.6）。出于这个原因，需要一个最低限度流量的管路，泵必须以最低限度的流量开阀起动，如图 11.6 所示。转矩特性曲线与闭阀起动时的特性曲线是相似的，因为能量消耗只比流量 $Q=0$ 时略大。

（4）排出阀打开而止回阀关闭的起动　如果在止回阀处系统的静扬程为 H_{stat}（图 11.13b 中 R 点），泵将如上讨论的那样闭阀起动，直到 H_{stat} 达到 $\dfrac{n_R}{n_N}=$

$\left(\dfrac{H_{\text{stat}}}{H_{\text{o}}}\right)^{0.5}$，止回阀打开，最后系统曲线上的运行工况点将会转变到 N 点。转矩特性曲线用图 11.13a 中的曲线 $L - A - R - N$ 来表示。

如果当一台泵开起时，另一台泵已经运行在设计工况点时（或另一任意工况点），施加在止回阀上的压力变为瞬时工况点的压力（图 11.13b 中为 H_N 点）。因此第二台泵将会闭阀运行直到压力达到 R_2 后止回阀打开。接着泵将在系统特性曲线上运行，直到两台泵的并行运行工况点都达到 $n = n_N$。转矩特性曲线为 $L - A - R_2 - P_2$。

（5）排出阀打开时启动　如果不存在明显的静态背压，泵的运行工况点将会沿着系统特性曲线运动。假如系统特性曲线中只有动部件或者管路较短时（此时可忽略管路中液体的惯性），转矩沿着运行工况点服从两次方定律。假如这一点与最高效率点重合，起动过程将会沿着曲线 1（图 11.13a 中的 $L - A - N$）。任何其他节流阀位置也是可行的，如在最小流量下起动，这对降低低比转速泵的起动转矩非常有好处。所有可能的转矩特性曲线都在图 11.13a 中的曲线 1 与曲线 2 之间（只要 $Q < Q_N$）。

高比转速泵的能量消耗会随着流量的下降而增加，对于这类泵，优先选用排出阀打开（或部分打开）的方式起动。节流阀开度应大致在最高效率点附近，以避免起动转矩过大。如果一台泵具有高的关死点功率比 P_o/P_N 且必须闭阀起动时，推荐在起动过程中打开旁通阀。

（6）排出管路未充水时的起动　在泵起动的开始阶段，泵的扬程 $H = 0$。因此它的运行工况点远离最高效率点，并发生严重的空化（与图 11.7 中的情况较为相似）。随着管路中逐渐充水，背压也逐步增大，运行工况点开始向小流量方向转移直到管路中充满水且达到平稳运行。这种类型的起动方式主要运用在混流泵和轴流泵上。在起动过程中，具有大范围空化的运行周期必须尽可能的短。设有平衡盘的泵在没有背压的情况下起动时会有由于不平衡的轴向力和空化的作用而被磨损的风险。

（7）长吸入管起动　安装在管路上的泵可能会有几公里长的吸入管路，在这种情况下必须考虑到吸入管中液体的惯性以确保泵在整个起动过程中有充足的汽蚀余量。否则，液体将会发生分离并形成水锤，见表 2.2。考虑一台扬程为 H_e 的泵，用长度为 L 的吸水管从水箱中吸水，这台泵的起动时间记为 Δt_{start}，泵应该选择拥有足够的 NPSH$_3$，如 $F_{\text{NPSH}} > 2.5$（表 6.2）。吸入管中的水被水箱和泵入口之间的压力差加速（除去压力降）。通过式（11.5）可以计算出在保持最小汽蚀余量的情况下对应的流量和流速的最大值。其中 $c_1 = 0$，$c_2 = c_{\text{max}}$，$\Delta H_b = H_e - F_{\text{NPSH}}$ NPSH$_3 - H_{\text{V,S}}$

$$c_{\text{max}} \approx \dfrac{g \Delta t_{\text{start}} (H_e - F_{\text{NPSH}} \text{NPSH}_3 - H_{\text{V,S}})}{L} \tag{11.6a}$$

相应的最大起动流量可以通过 c_{max} 和管径计算得出，如果以 c_{max} 计算的压力降过大，则需迭代计算。如果在计算过程中吸入管中的压力降被汽蚀余量充分覆盖，就可以把它忽略不计。若计算出的最大起动流量不足以克服阀门及管路损失，那么泵是无法起动的。综上所述，拥有长吸入管的泵必须控制起动流量，在起动时要控制最小旁路流量。如果泵是通过一个变速电机驱动的，转速可以慢慢地增大来维持在起动过程中充足的汽蚀余量。

(8) 起动时间 图 11.14 分别给出了一个小功率和一个大功率电动机的特性曲线和一台泵的转矩特性曲线。假如可提供加速的转矩 $M_B = M_A - M$（M_A 是驱动器所提供的转矩）；在整个起动过程中为防止被"挂起"，M_B 必须为正的。所有旋转部件（驱动器、泵转子、联轴器及齿轮等）的质量惯性力 J 遵从牛顿定律：$M_B = J\mathrm{d}\omega/\mathrm{d}t$，起动时间计算如下：

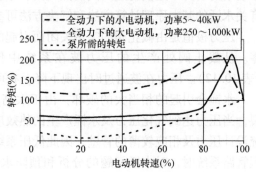

图 11.14 电动机和泵的起动转矩曲线

$$t = \int_0^\omega \frac{J}{M_B}\mathrm{d}\omega = \frac{\pi J}{30}\int_0^n \frac{\mathrm{d}n}{M_B} = \frac{\pi J}{30}\sum \frac{\Delta n}{M_B} \tag{11.7}$$

通过计算有限步数的和来代替计算积分，结果发现起动过程应该尽可能的快，$M(n)$ 应当保持尽可能的小。

电动机可以直接开启——假设能量供给系统允许的话。然而，考虑到可利用的电力和装置，直接开启时过高的起动转矩和过高的电流是不可接受的。通过起动变压器或者星形-三角形连接能够减少能量的消耗，但是随后的起动转矩对于加速系统来说可能是不合适的，从星形连接再次转变到三角形连接以便提供足够高的峰值负载。考虑到电动机发热，起动过程时也必须注意电动机的起动频率。

(9) 惯性转动时间 在关闭驱动器后，电动机转速会由于传动系统的转动惯量和由转子所产生的减速力矩 M_R 而减小。M_R 包含着泵的转矩 $M = M_N \left(\dfrac{n}{n_N}\right)^2$ 和驱动器的功率损失，当然还包括齿轮中的损失。将式（11.7）中的 M_B 用 M_R 代替后就可以计算出惯性转动时间。降低的转速随时间变化的函数类似于双曲线。在惯性转动阶段的开始时，泵的转矩是一个巨大的负载。依据泵的尺寸不同，通常情况下泵的惯性转动时间为 $10 \sim 60\mathrm{s}$。对于小泵来说，惯性转动的时间会更短。

11.5 过载、水锤

管路中流量的突然变化会引起压力喘振，压力喘振以声速在系统中传播（这种现象被称为水锤）。由速度变化 Δv 所产生的压力极值 Δp 的幅值数量级可以由 $\Delta p = \rho a \Delta v$ 估计出来，"a" 是根据式（10.19）计算出的管路中压力扰动的传播速度。

由水锤产生的压力极值的量级和潜在的破坏会随着管路长度和流体流动速度的增加而增加。引起水锤的原因有，阀门的快速关闭或者操作失误，或进入空气导致驱动泵的动力不足使得止回阀突然关闭。水锤也会在泵突然开启或者关闭时发生。有关水锤的基本原理计算方法和解决方法可参见 11.6 和 11.7。

压力极值是由截止阀的突然关闭而引起的，因为这会导致流体流速突然下降到零。从截止阀处产生的压力波在系统中传播直到遇到阻力而发生较大变化（表10.12）。压力在波通过时出现下降，有可能导致局部压力比环境压力还低。

水锤会引起的相当大的破坏：由于太高的压力或者真空度太大而导致管路爆裂，当压力达到气化压力及水锤产生的热效应而导致的液柱分离。由于比较低的系统设计压力及相应较薄的管壁，因此低压系统发生水锤时潜在危险更大。当处理大型管路系统时，对水锤问题的分析和预防水锤的方法的选择和优化都是必不可少的。以前用图形分析这类问题的方法已被计算机取代。

有几个预防水锤破坏的方法：①通过飞轮来延长泵在驱动力不足时的惯性转动时间，减小由于速度变化而引起的水锤。然而，这种方法仅仅适合于长度大约为2000m 的管路。②通过在截止阀的下游安装空气罐给管路补水，提升压力波峰后面的最低压力。③在系统的制高点放置一个竖立的管子或者一个波动罐，可使得压力作用于这些地方，可有效缩短管路长度。④安装补气阀避免出现真空。⑤安装减压阀或者防爆膜装置可以避免压力峰值产生的破坏。⑥优化压力阀门关闭时间有助于降低速度变化量 Δv。

如果泵关闭后，系统里的液体向泵回流，此时泵会像涡轮机那样反向加速旋转。此时可以安装止回阀来避免这种回流现象。然而，有些系统允许短时间的反向运行，这需要泵及驱动器具有合适的机械设计。在反向运行时，没有外部力矩作用在泵和驱动器上。飞逸速度受圆盘摩擦导致的机械损失，由于摩擦而引起的水力损失，以及从叶轮进口进入吸入口的液体残余环量的影响。随着比转速的增加反向旋转速度也会增加；反向旋转速度可以由式（T12.1.8）估算出来。

11.6　允许的运行范围

很明显，泵应主要在最高效率点附近运行，也就是所谓的首选运行范围内。这种运行模式可以带来最低的能量消耗和维护费用，也能降低系统发生水力激振和空化的风险。通常，在最高效率点附近发生空化的概率也最小。然而，有时候偏离设计工况运行是不可避免的。为了减少损坏和过度磨损的风险，有必要规定允许的运行范围和运行模式。必须分为在最大流量和最小流量下的连续运行和短时间运行进行限定。这些限制无法通过理论计算而获得，主要源于经验，不应当视作清晰的界定。下面的一些标准可能会用于定义允许的运行范围：

1）能量消耗。

2）低载荷工况时液体的发热。

3）泵的类型。

4）液体物性及其温度。

5）泵的功率等级、单级扬程或叶轮叶尖的速度 u_2。

6）空化发生的可能性；要素：$NPSH_A$、u_1、吸入比转速或者是否有诱导轮。

7）部分载荷工况的回流；水力激振、噪声、空化。

8）泵和系统的振动特性。

9）$Q-H$ 曲线的稳定性。

10）电动机所消耗的电能。

允许连续运转的范围定义为在这些条件下泵可以运行数千小时而没有损坏或者过度磨损。例如这些范围可以被定义为效率必须不低于最高效率的 80%～85%。这样的准则不仅在能量消耗的意义上是必须的，而且它还可以确保在部分载荷工况（流量 $q^* < 0.5$）不会有过度的回流或者在大流量运行时发生过度的流动分离。在实践中，由于在扬程或者流量留有余地，许多泵配置的较大。结果这些泵常常工作在部分载荷工况、有回流的模式下。在低的或者中等的圆周速度和保守设计下，且又处于允许的连续运行范围内，这通常并不会导致显著的损坏。

图 11.15 给出了允许的连续运转范围与比转速的函数关系，这可以通过效率准则来得到。这个推荐对于功率 500～1000kW 的大泵来说是合适的。泵单级扬程和

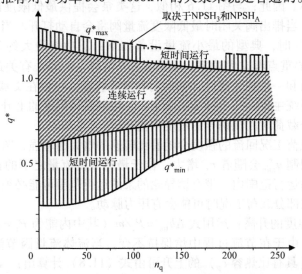

图 11.15　连续或者短期运行时推荐的最小或者最大流量范围

功率越高，运行在最高效率点附近就越重要。在这方面泵所输送的液体也要考虑到，图 11.15 中推荐的范围在实际的泵和系统的深度分析中可以依据以上准则来进行修改。例如一些小泵，尤其是比转速较低甚至是长期运行于低载荷工况下（低于 $q^* \approx 0.5$）。另外，泵制造厂家也可以推荐其他运行范围，例如根据轴流泵特性曲线的稳定性确定运行范围。

限制泵的最大流量主要是考虑到在大流量时发生空化的风险。因为空化的发生取决于吸入叶轮的设计，无冲击吸入的流量，叶轮进口处的圆周速度，材料及液体属性等，所以几乎无法建立一个通用的应用规则。考虑到空化，图 11.15 给出的连续运行下的流量上限，对于空化发生概率较低的泵也还是有效的。轴向力与流量之间的相关性是另一个大流量下需要查验的准则，尤其是对于多级泵。

低比转速泵的允许运行范围可以较为容易的估计，与之相比轴流泵的允许运行范围通常会被如下条件限制：①$Q - H$ 曲线的稳定区域；②电动机的最大功率消耗；③从图 6.16 中可观察到在部分载荷和过载情况下空化对泵的强烈影响。这应当在泵站的规划阶段仔细地加以考虑。

(1) 短期运行 短期运行的定义包括可能引起泵过早磨损反常工况，其累计运行时间每年不超过 100h 的情况。按照这样分类包含：①在大流量范围内运行有增加空化的风险（如并行运行的泵被部分关闭）；②部分载荷运行且带有较强的环量，尤其是运行在最低限度的流量时。图 11.1 给出了这种限制的估算原则。根据泵的类型及制造厂商的不同，泵的空化和振动特性可能有很大的不同，它可能需要较宽或者较窄的限制。

(2) 最小流量运行 功率较高的高压泵不能闭阀运行，因为很高的能量输入会使得泵内的温度每秒升高几度。在控制机制起作用之前，可能会发生严重的空化、气阻和损坏。因此，与图 11.6 相似，这类泵会提供最低限度的旁通流量将液体回流到水池。当排出阀关闭时最低限度流量阀将会自动打开。当高压泵的比转速大致达到 $n_q = 35$ 时，典型的最小流量设备如下：①功率最大约 2000kW，$q^*_{\min} = 0.1 \sim 0.15$；②要重点考虑大功率，通常 $q^*_{\min} = 0.25 \sim 0.35$。有关最小流量系统的详细布局、控制和一些相关部件（如阀门和节流装置）可以在文献 [9] 中找到。

最小流量系统主要由三个标准来确定：①限制流体温度的上升；②限制激振力和振动；③部分载荷时回流诱导的过度空化。

因为部分载荷工况回流的强度会随着比转速的增大而增强，图 11.15 中定义的最低运行流量限制 $q^*_{\min}$ 会随着 n_q 增大。位于最低限度流量之下的扬程 – 功率曲线可能是不稳定的运行范围内。带有诱导轮的泵的运行范围可能必须有一个限制，因为 7.7.4 指出在部分载荷工况时可能会有压力脉动。

(3) 泵中温度的升高：运用式 $\Delta h_{\text{tot}} = P_i / \dot{m}$（其中内能为 $P_i = P\eta_m$）可以计算出泵中的焓增。由于在节流过程中焓保持不变，当流体流量因节流下降至泵进口时，流体温度（具有比热容 c_p）的上升可由式（11.8）计算出：

$$\Delta T_{\text{Dr}} = \frac{\Delta h_{\text{tot}}}{c_p} = \frac{P_i}{c_p \dot{m}} = \frac{gH}{c_p \eta_i} \tag{11.8}$$

式 (11.8) 给出了流体以最低限度流量流过管路时的温度上升幅度。在轴向力平衡装置或者闭式管路中运行时也会出现同样的温度上升。

即便在出口处，其温度也略微比吸入罐中的高。在绝大多数应用场合中，这样的温度上升几乎是察觉不到的，可以忽略不计。然而，对于扬程超过 2000m 的高压泵（尤其是输送热水时）时，必须考虑温升，此时流体的密度要通过精确的计算或用试验数据进行估计。泵中的温升由以下两部分组成：$\Delta T = \Delta T_v + \Delta T_{is}$。$\Delta T_v$ 这一部分来源于泵中的各种损失转化来的热量，而 ΔT_{is} 是由流体的等熵压缩引起的。由内能损失（如圆盘摩擦损失、泄漏损失及水力流道中的扬程损失）引起的温度上升可以由式 (11.9) 计算得

$$\Delta T_v = (1 - \eta_i)\frac{P_i}{c_p \dot{m}} = \left(\frac{1}{\eta_i} - 1\right)\frac{\Delta p}{\rho c_p} = \left(\frac{1}{\eta_i} - 1\right)\frac{gH}{c_p} \qquad (11.9)$$

等熵压缩产热可以由水蒸气表或者熵焓图获得。对于水可以由式 (11.10) 大致预测：

$$\Delta T_{is} = 0.7\frac{T_s}{T_{Ref}}\frac{H}{H_{Ref}} \qquad (11.10)$$

式中，T_s 为以摄氏度为单位的流体温度；$T_{Ref} = 100℃$ 和 $H_{Ref} = 1000m$。

如果测量出吸入管和出口处的温差 $\Delta T = T_D - T_s$，从标准文献 [N.7] 的水属性表中查到 ΔT_{is}，那么 $\Delta T_v = \Delta T - \Delta T_{is}$ 便可计算得到。使用这种方式，可以从式 (11.9) 按照 $\eta_i = \Delta h_{is}/\Delta h_{tot}$（其中 $\Delta h_{is} = gH$）确定内能效率。温升通常在 1~4℃ 范围内，这需要在测量估计中仔细处理。

以上所讨论的影响对水来说是适度的，这些对用泵输送液态天然气、碳氢化合物或者其他液体时非常重要，必须对液体热量进行详细分析。

11.7　泵的入流情况

一般水从储水池中流经吸入管路进入泵中。对于泵的运行来说，尽可能地均匀、无环量和涡的入流对于泵的可靠运行来说是很重要的。预旋会使得扬程降低，然而反向预旋会使功率和扬程增加，有可能使得电动机过载。入流不均匀有旋涡，或者夹杂有空气，都会使得泵在运行时产生噪声和振动，并会影响效率。随着比转速的增高，泵对入流脉动的敏感程度将会增大，这是因为进口直径比 d_1/d_2 会随着比转速的增加而增加。根据式 (T3.3.1) 可知，随着叶轮直径比 d_1/d_2 的增加，非均匀入流对叶轮工作能力的影响也会增大。

如果泵从一个具有自由液面的大水池中抽水，当吸入管路淹没深度不够时，会产生卷吸空气的旋涡。吸入空气涡及如何避免将会在 11.7.3 中讨论。

11.7.1　吸入管的布置

对于吸入管路的布置和潜在问题的分析需要考虑到许多要素：

1）吸入管路在应尽可能的短且直。

2）阀门（假如有的话）对管路截面的限制应尽可能的小。

3）如果吸入管路的弯曲是无法避免的，那么弯曲部分应当只在一个平面内，因为三维空间内的每个弯曲都将会形成二次流或涡流。泵入口段或者阀门上游的直管路的长度与管路横截面积的比值 $L/D > 5 \sim 8$。为了消除弯曲部分产生的环量，三维弯曲管路需要更长的长度。假如泵的布局不允许提供足够长的直管路，那么可以利用导流装置来改善。一个非均匀的轴向流动可以通过加速来达到一定程度的光顺，但是切向速度 c_u 可能会随着管路直径的减小而增大；因为依据式 $c_u R = $ 常数，角动量是守恒的。如图 11.16 所示的优化布置吸入口的试验在文献 [26] 中报导。在案例中，通过可以减小切向速度分量的偏斜板和加速措施的联合可以起到最好的效果。

4）与主管道成 90° 的分支管路会产生涡量，常常需要采取光顺流动的措施，如图 11.16 所示。

5）储水池与吸入口之间的过渡应该是弧形，斜面或者圆锥形截面组成，以便于减小入流收缩和旋涡。通常通过放置交叉平板来阻止旋涡的产生。吸入管路的下潜深度应该为管路进口直径的 2～4 倍，见 11.7.3。若泵中抽送的是饱和液体，那么从储水池到吸入管路之间光顺的流动尤其重要，以避免由于流动加速，入流收缩和旋涡等引起的空化。

6）如果输送的是饱和液体，连接到水箱的吸入管应该有一个尽可能长的垂直向下的部分，优先采用水平或者倾斜的方式连接（图 11.17）。这样的话，液体汽化成水蒸气的风险将会降低，因为在垂直向下流的管路中水的静压将会增大。

7）压降必须尽可能小以获得尽可能大的 $NPSH_A$。因此流速常常限制在 1～ 2m/s，通常不要超过 4m/s。

8）气体分离应当尽可能小以避免断流。吸入管路的最大安装高度不能使气体出现积聚。如果液体从比泵安装高度低的水池中吸入，那么吸入管路中的压力将会低于大气压力。在这样的情况下，一部分溶解在液体中的气体就会分离出来。为了避免气体积聚，吸入管路应该抬高并与水泵之间保持最小 10° 的倾角。

9）如果储水池位于水泵之上并且如果有水蒸气或者气体（如工艺设计中给水泵或和热水泵）析出的风险，吸入管路应该向下倾斜并与泵保持最小 10° 的倾角。气体或者水蒸气在水平管路中积聚可能会导致泵不稳定运行，甚至在水蒸气突然凝结时发生水锤。

10）如果泵的入口压力低于大气压力，那么必须选用真空密封来阻止空气的进入（轴封或静密封）。

11）双吸泵上游的接头、阀门和吸入管路应当安装在轴对称的平面内，以使得泵叶轮两侧的流量相近。与图 11.16 相关的这类问题将会在下面进行更详细的讨论。

图 11.16 显示了一个常见的多台泵并联运行的布置。泵从一个与主管道成 90° 的公用管路（一般很短）取水，泵的出口也共用一个管路。这种形式可以使泵站

布置得很紧凑，其缺点可以从图 11.16 看出来。90°的分支管路会导致叶轮进口到吸入口处产生流动分离，可能会导致噪声和振动增大，效率也受到影响；还可能产生会引起共振的涡街，可参考 10.12。

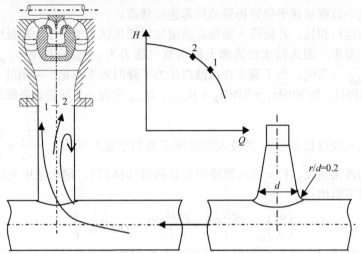

图 11.16　双吸叶轮的非对称流动和分支管路或管路末端产生的旋涡

如果把这种结构运用在双吸泵上，两侧吸入口的流动状况就会不同，如图 11.16 所示。在 $Q-H$ 曲线上两侧会工作在略微不同的工况点上，并伴随着轴向力的增大。

可以采用（单独或者联合使用）一些补救措施来减缓或者避免这些问题：①增大分支管路的长度使 L/D 为 8~10，以便于流动变得平稳；②进口边用较大半径的圆弧或者斜面来取代尖锐的边缘；③入口到分支吸入管路处设计为圆锥形以便于加速流体，见 1.8；④在分支管路下游安装导流装置；⑤分支管路与主管路之间的夹角应该低于 45°或者更小。

11.7.2　瞬时吸入压力降低

当输送饱和液体且泵是从一个具有自由液面的水池里抽水（如在流程中或者在电厂里的除氧器抽送沸腾的水）时；液面以上的蒸气压由液体温度给定，$p_v = f(T)$。此时泵需要一个正吸头，水池必须安装在泵上方足够高的位置。连接储水池与泵之间的管道既不应该有高点也不应该有很长的水平部分，以避免当一些液体汽化时使气体在管路中聚集。如果蒸汽留在管路中，由于压力波动导致的突然凝结可能会诱发水锤。

在负载减小时，输送进储水池的能量也可能减小，如由于冷水的进入，或者从涡轮机中引出的热蒸汽中焓的降低。此时储水池中存有的液体的温度会下降，水蒸气压力降低。这种负载的瞬时变化需极大的 $NPSH_A$，以避免空化程度过于严重。

如果液面上方的压力从 p_1 降低到 p_2，贮存于水池中的一小部分液体就会蒸发，直到温度达到饱和温度 $T_v = f(p_2)$。因为水池中的液体不能过热，热力学平衡就会很快地建立起来。然而，一些具有较高温度的液体仍然会在吸入管路中输运一段短暂的时间。如果位置扬程（或者 $NPSH_A$）太低，管路中的一部分液体就会气化成水蒸气。这一过程依赖于位置扬程的局部饱和状态。

同稳态运行相比，几何吸入扬程必须增加以确保储水池中压力降低时吸入管路中没有汽化发生。因为储水池液面上的水蒸气压力为 $p_{v,tank}$，利用 $H_{z,geo}$ 可以导出 $NPSH_A = H_{z,geo} - \Sigma H_v$。为了避免在水池内压力下降时发生汽化，可用的 NPSH 必须超出必需 NPSH，如 $NPSH_A > NPSH_R + H_{trans}$；$H_{trans}$ 代表一个涵盖设备瞬时变化影响的余量。

流体微元经过长度为 L_s 的吸入管路所需要的输运时间为 $t_s = \dfrac{L_s}{c_s} = \dfrac{V_s}{Q}$（$c_s$ = 吸入管路中的液流速度，V_s = 吸入管路中包含的液体体积）。储水池中允许的压力下降速率由以下给出：

$$\left(\frac{d_p}{d_t}\right)_{al} = \frac{\rho g H_{trans}}{t_s} = \frac{\rho g H_{trans}}{L_s} c_s = \rho g H_{trans} \frac{Q}{V_s} \tag{11.11}$$

吸入管路中水力损失之和可以依据表 1.5 用总压损失系数 ζ_{tot} 定义为 $\Sigma H_v = \zeta_{tot} \dfrac{c_s^2}{2g}$。由 $NPSH_A = NPSH_R + H_{trans} = H_{z,geo} - \zeta_{tot} \dfrac{c_s^2}{2g}$，可以推导出：

$$H_{trans} = H_{z,geo} - NPSH_R - \zeta_{tot} \frac{c_s^2}{2g} \tag{11.12}$$

$$\left(\frac{d_p}{d_t}\right)_{al} = \frac{\rho g c_s}{L_s}\left(H_{z,geo} - NPSH_R - \Sigma \zeta_s \frac{c_s^2}{2g}\right) \tag{11.13}$$

令偏微分式（11.13）等于 0，就可以得到吸入管路中的最佳速度，即能防止汽化的最高余量：

$$c_s = \sqrt{\frac{2g}{3\Sigma\zeta_s}(H_{z,geo} - NPSH_R)} \tag{11.14}$$

因此，对于给定的压力下降速度和流体微元通过吸入管路的输运时间，可以计算出需要的位置扬程和最适宜的吸入管路直径。

装置中预期的压力下降速率可以通过建立储水池的能量平衡流程而计算获得，能量平衡在变化期间是时间的函数（如蒸汽涡轮的甩负荷过程）。在一个时间步内进入和离开水池的液体所携带的能量及水池中液体所贮存的能量都会发生变化。这与热力设备中的除氧器高度相关[5,22,23]，过程设备也可以用同样的方式进行研究。

表 11.1 和图 11.17 表示水泵配合热电站的除气装置工作，或者在处于饱和温度的吸水池工作时的计算过程。水从除氧器流往给泵（或增压泵），每台泵优先以单独的吸入管路进行供水。更常见的情况是水通过一个公用管路离开储水池，然后通过分支管路供给并行运行的泵。大部分情况下需要安装三台泵，其中一台备用，另外两台并行运行（图 11.17）。

计算步骤如下：

表 11.1　吸入口压力下降瞬变的计算

项目	公式		式号
所需的 NPSH	$\text{NPSH} \geqslant 1.3\,\text{NPSH}_3$	至少高于 $\text{NPSH}_3 30\%$	T11.1.1
参考直径为 d_1 的公用吸入管的总压力系数	$\Sigma\zeta_1 = \sum\limits_{i=1}\lambda_i \dfrac{L_i}{d_i}\left(\dfrac{d_1}{d_i}\right)^4 + \sum\limits_{j=1}\zeta_j\left(\dfrac{d_1}{d_j}\right)^4$	根据表 1.5 计算所有阻力。每个运行管路由 i_1（或 i_2）个直管和 j_1（或 j_2）配件（弯头、分支、阀门等）组成	T11.1.2
参考直径为 d_2 的单独吸入管的总压力系数	$\Sigma\zeta_2 = \sum\limits_{i=2}\lambda_i \dfrac{L_i}{d_i}\left(\dfrac{d_2}{d_i}\right)^4 + \sum\limits_{j=2}\zeta_j\left(\dfrac{d_2}{d_j}\right)^4$		T11.1.3
参考直径分别为 c_1 和 d_1 的进口管的总压力系数	$\Sigma\zeta_{tot} = \Sigma\zeta_1 + \Sigma\zeta_2 \dfrac{Q_{s2}^2 d_1^4}{Q_{s1}^2 d_2^4}$		T11.1.4
管路 1 和 2 的流体体积和等效长度。每个运行管路由 i 个部分组成	$V_1 = \dfrac{\pi}{4}\sum\limits_{i=1} d_i^2 L_i = \dfrac{\pi}{4} d_1^2 L_{1,eq}$	$L_{1,eq} = \sum\limits_{i=1}\dfrac{d_i^2}{d_1^2}L_i$	T11.1.5
	$V_2 = \dfrac{\pi}{4}\sum\limits_{i=2} d_i^2 L_i = \dfrac{\pi}{4} d_2^2 L_{2,eq}$	$L_{2,eq} = \sum\limits_{i=2}\dfrac{d_i^2}{d_2^2}L_i$	T11.1.6
流体从水箱到泵进口的传输时间	$t_s = \dfrac{V_1}{Q_{s1}} + \dfrac{V_2}{Q_{s2}} = \dfrac{V_1}{Q_{s1}}(1+a)$	$a \equiv \dfrac{Q_{s1} d_2^2 L_{2,eq}}{Q_{s2} d_1^2 L_{1,eq}}$	T11.1.7
管路 1 中的最佳速度	$c_{1,opt} = \sqrt{\dfrac{2g}{3\,\Sigma\zeta_{tot}}\,(H_{z,geo} - \text{NPSH}_R)}$		T11.1.8
管路 1 中的最佳直径	$d_{1,opt} = \left\{\dfrac{24 Q_{s1}^2\,\Sigma\zeta_{tot}}{\pi^2 g\,(H_{z,geo} - \text{NPSH}_R)}\right\}^{0.25}$		T11.1.9
允许的压力下降速率	$\left(\dfrac{d_p}{d_t}\right)_{al} = \dfrac{\rho g Q_{s1}}{V_1\,(1+a)}\left(H_{z,geo} - \text{NPSH}_R - \dfrac{8 Q_{s1}^2}{\pi^2 g d_1^4}\Sigma\zeta_{tot}\right)$		T11.1.10
时间步长 Δt 内水箱中流体质量的变化	$\Delta m = (\dot{m}_1 + \dot{m}_2 + \dot{m}_3 + Q_{sw,E}\rho_{sw,E} - \rho Q_{s1})\Delta t$		T11.1.11
时间步长 Δt 内水箱中焓的下降量（$m_T =$ 水箱中的流体质量）	$\Delta h = \dfrac{\Delta t(\rho Q_{s1} h - \dot{m}_1 h_1 - \dot{m}_2 h_2 - \dot{m}_3 h_3 - \rho_{sw,E} Q_{sw,E} h_{sw,E}) + \Delta m h}{m_T + \Delta m + 0.5\rho Q_{s1}\Delta t}$		T11.1.12
时间步长 Δt 后水箱中的温度	$T_{(n+1)} = T_{(n)} - \Delta T \quad \Delta T = \dfrac{\Delta h}{c_p}$		T11.1.13
由 $T_{(n+1)}$ 或 $h_{(n+1)} = h_n \Delta h$ 可知，水箱中的蒸汽压力 $p_{v,tank}$ 及所有其他流体属性都可从属性表或公式得到			
泵进口处蒸汽压力下降	$t < t_s : \Delta p_v(t) = p_{v,pump}(t=0) - p_{v,tank}(t)$ $t > t_s : \Delta p_v(t) = p_{v,pump}(t-t_s) - p_{v,tank}(t)$		T11.1.14
NPSH_A 的减少	$\Delta\text{NPSH}_A = \dfrac{\Delta p_v}{\rho g}$		T11.1.15

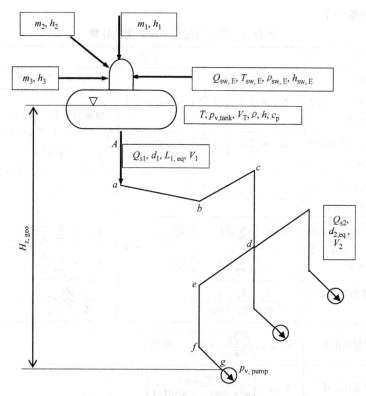

图 11.17　除气装置和吸入管路

1）分析管路系统。在图 11.17 所描述的系统中，包括从点 A 到点 d 的#1运行管路；从点 d 到点 g 的#2 运行管路。

① 运行管路#1 包含不同直径 d_i 的 "i" 直管道和弯头、阀门或过滤装置的 "j" 组件。所有这些管路和组件的流动阻力用一个等效总阻力系数 $\Sigma \zeta_1$ 表示，等效总阻力系数可以通过表 1.5 中的数据计算得到。根据式（T11.1.2），总阻力系数基于管路直径 d_1 和流动速度 $c_1 = \dfrac{4Q_{s1}}{\pi d_1^2}$。所有泵的总流量 Q_{s1} 通过运行管路#1 输运。

② 运行管路#2 也包含 "i" 直管道（可能具有不同的直径 d_i）和 "j" 组件。这些组件的阻力也用一个总阻力系数 $\Sigma \zeta_2$ 来描述，该系统基于直径 d_2 和流动速度 $c_2 = \dfrac{4Q_{s2}}{\pi d_2^2}$。总阻力系数可由表 1.5 和式（T11.1.3）计算而得。运行管路#2 处理正运行的 z_{pp} 个泵中的一个泵的流量，即 $Q_{s2} = \dfrac{Q_{s1}}{z_{pp}}$。

2）两个运行管路相结合的通用阻力系数 $\Sigma \zeta_{tot}$ 可由式（T11.1.4）计算而得。计算时需要考虑到两个运行管路中的流量是不同的。如果每台泵都有单独的吸入管路，那么 $\Sigma\zeta_{tot} = \Sigma\zeta_1$ 且 $\Sigma\zeta_2$ 为 0。

3) 从储水池到泵入口处的总输送时间为液体通过运行管路#1 和#2，由式 (T11.1.7) 计算出的单独输送时间的和。当通过式 (T11.1.5) 或式 (T11.1.6) 计算运行管路中的流体体积时，所有组件都必须考虑进去（如过滤器中所累积的流体）。每一个组件及管路直径的改变，通过由式 (T11.1.5) 和式 (T11.1.6) 定义的等效管路长度 $L_{1,eq}$ 和 $L_{2,eq}$ 来表示，当使用参考直径时可以导出实际的流体体积。

4) 一旦定义了吸入管路的流动阻力，最佳流动速度和管路直径就可以确定。利用以上定义，无论是分支系统（图 11.17）还是单独吸入管路中的相关量都可以由式 (T11.1.8) 或式 (T11.1.9) 计算而得。运行管路#1 和#2 的直径要使得通过两运行管路的流体速度相同。

5) 由步骤 1)~3) 所得的阻力系数 $\Sigma\zeta_{tot}$、$\Sigma\zeta_1$、$\Sigma\zeta_2$ 必须使用选择的管路直径进行检查；必要时重复步骤 4)。

6) 使用最终选定的直径 d_1 和 d_2 可以计算出允许的压力下降速率。为了防止汽化，应用于计算中必需 NPSH 必须比 NPSH$_3$ 高至少 30%[B.26]。因此在使用表 11.1 进行计算时设置 NPSH$_R$ = 1.3NPSH$_3$。1.3 这一数值也可以用任何其他安全系数（或 NPSH$_o$）来取代它。式 (T11.1.10) 表示了允许的压力下降速率 $\left(\dfrac{dp}{dt}\right)_{al}$ 与流量 Q_{s1} 的二次曲线式。对于任意给定的系统，$\left(\dfrac{dp}{dt}\right)_{al}$ 随流量变化存在最小值。通常需要分析多个瞬变运行工况。

7) 由于设备瞬变所造成的有效压力下降速率不应超出由步骤 6) 计算出的允许值。计算瞬变工况时，所有流进流出除气装置的质量流量和它们所具有的焓值都必须定义为时间的函数。图 11.17 中包括的有：①进入储水池的给水流量 $Q_{sw,E}$ 和它的温度 $T_{sw,E}$；②液体或水蒸气的质量流量 m_1、m_2、m_3，具有的焓值 h_1、h_2、h_3（进入储水池的质量流量是正的；离开储水池的质量流量是负的）。在瞬变开始时（如在时间 $t=0$ 时），贮存在储水池内的液体（V_T 或者 m_T）必须是已知的。如果必须考虑到壁面的热容或者储水池的内部结构，那么可以换算至其于水的相应值，然后添加到液体的热容上。

8) 计算可以在一个时间步内完成。选择的时间步为瞬变时间 t_s 的几分之一，如 $\Delta t = \dfrac{t_s}{10}$。质量平衡在每一时间步内由式 (T11.1.11) 计算得出。根据式 (T11.1.12) 可以计算出每个时间段内的质量平衡，在这个时间段内焓的下降量也可以从能量平衡式中获得。推导式 (T11.1.12) 时，假设一个时间段内焓是随着时间呈线性下降的；从储水池中抽吸出的液体在每一时间段内有一个平均焓 h_n -

$\dfrac{\Delta h}{2}$ [该过程是非稳态的，参考式（1.1）和式（1.3）]。式（T11.1.12）默认存储的水和所有进入储水池中的水充分混合，散失到环境中的热量可以忽略不计。

9）计算每一时间步内焓的下降量，液体温度的下降量，储水池内的水蒸气压力 $p_{v,tank}$ 及液体属性都可以从水/水蒸气表（表17.2）中推导出来。

10）最后，NPSH 的下降量可由式（T11.1.14）和式（T11.1.15）计算得出。这种 NPSH 的下降是由于储水池内水蒸气压力 $p_{v,tank}$ 比泵进口处水蒸气压力 $p_{v,pump}$ 低而引起的。然而泵进口处的水温要比储水池内的水温度要高，因此有：$\Delta p_v = p_{v,tank} - p_{v,pump}$ 和 $\Delta \mathrm{NPSH_A} = \dfrac{\Delta p_v}{\rho g}$。

实际压力下降速率为 $\left(\dfrac{\mathrm{d}p}{\mathrm{d}t}\right)_{eff} = \dfrac{\Delta p_v}{\Delta t}$。需要注意到，在 $t < t_s$ 时，泵进口处的温度等于 $t = 0$ 时的温度。只有当 $t > t_s$ 时，较冷的液体才会进入泵中。因此，当 $t < t_s$ 时，$\Delta p_v(t) = p_{v,tank}(t) - p_{v,pump}(t = 0)$；而当 $t > t_s$ 时，$\Delta p_v(t) = p_{v,tank}(t) - p_{v,pump}(t - t_s)$。压力下降的速率在 $t = t_s$ 时达到最大值；当 $t > t_s$ 时较冷的水进入泵中，压力下降速率降低。图 11.18 给出了 $t_s = 80\mathrm{s}$ 的情况下这些参数的关系。

11）为了防止在压力下降速率最大时（如 $t = t_s$ 时）发生汽化，必须确保吸入管路在任何位置处的局部静压都在汽化压力以上。在每一个管路出口处的静压（图 11.17 中的 a 到 g）及每一个组件中的静压均可由伯努利方程获得，也就是式（1.7）。尤其要注意吸入管路下游具有高流动阻力的地方，以及由于摩擦损失使得压力下降的水平管路组件。水平管道组件应该尽可能的短，所引起的压力下降也应该尽可能的低。

尽管没法轻易的弄清楚最差的情况，但仍要针对不同的瞬变工况和具体的设备进行研究。例如电厂"甩负荷"过程大都是快速变化的。假如压力下降速率超出了允许范围，可以考虑以下补救措施：①将储水池放置于泵之上更高的位置；②增加水位高度；③改变瞬变工况；④向储水池中注入热量（通过注射水蒸气）；⑤缩短吸入管路；⑥采用具有更高吸入比转速的泵；⑦减小流动阻力。

11.7.3 具有自由液面的水池

有关固定或活动滤网的布置参见文献 [12, 18]。

以用于灌溉，输送冷却水或者污水的泵站为例，进水装置引导水尽可能均匀地流入泵的吸入喇叭口。假如有多台泵同时工作，每台泵一般都从单独的井中抽水，以避免并行运行产生干扰。泵的吸入口可以浸入水中（湿井设计）或者通过一个短吸水管路（干井设计）抽水。依据设备布局的不同，吸入口的类型及井的布置

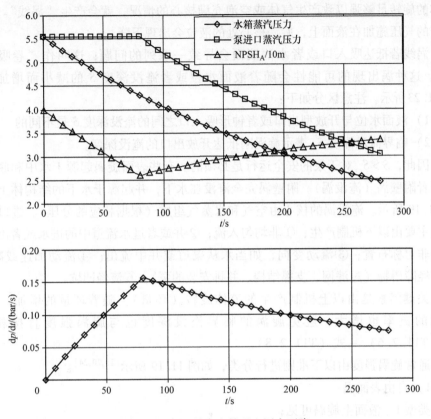

图 11.18 80s 处发生的吸入压力下降

都有很多形式。模型测试经常用于抽水管路的优化中。针对抽水管路的相关信息和设计实例参见文献［N.4，N.10，5，12，13，20，24，B.5，B.15，B.17］，文献［20］为该方面的综述。

大流量场合需要高比转速泵，由于高比转速泵具有较大的叶轮进口直径，因此对叶轮进口处的非均匀入流非常敏感。具有自由液面的进水管路中的非均匀入流会形成旋涡，而这可以通过适宜的设计予以避免。大型泵的进水流道一般投资巨大，若泵在运行中出现问题将会导致较大的经济损失。

下面要讨论的基本流动特性不仅出现在进水流道中还出现在有泵抽水的具有自由液面的任何容器中。这一章节给出的建议适用于泵从自由液面的储水池、管路或者渠道中抽水等情况。例如热电站里的除气装置，过程工业中的各种管路或者泵通过分支管路从一个没有完全充满液体的管路中抽水。

（1）旋涡的生成 小旋涡的主要特征为湍流尺度较低；这样的旋涡是不会危及安全运行的。大的旋涡会形成剪切流，也就是说在这些位置上速度梯度较大。大尺度的旋涡会减慢流速。依据 1.4.2，旋涡中的压力从外围向核心逐渐降低。假如流体的旋转足够强以致产生气体或空泡充满核心的情况，就会产生"涡线"。由于恒定的气压施加在液面上，旋涡核心处的液位会出现下降。

涡线若抵达吸入口或者水池液面会导致一系列的问题；这叫作"卷吸空气涡"。这种涡出现的可能性会随着液面水位或者淹没深度 S 的减小而增加，如图 11.23 所示。注意区分如下：

1）液面水位与开放型出口或者钟形吸入口之间的淹没深度 S 是不同的。

2）临界淹没深度 S_{cr} 表示旋涡刚抵达开放出口的淹没深度。

因此，$S > S_{cr}$ 对于泵的安全运行是必须的。有些表面旋涡起源于水中和底部旋涡或者附壁涡（淹没涡）。附壁涡完全淹没在水下，并起源于水下的结构体上，如图 11.19 所示。淹没涡的核心由空气和水蒸气组成（根据相应的分压）。进口处的旋涡主要由以下机制产生：①非均匀入流；②井或者进水流道中的进水或者出水结构的非对称布置；③流动变向，如当水从渠道或井中流出；④流动加速或减速；⑤流经障碍物（过滤网、支撑结构、并排安装的泵）；⑥流经凹坑。

关键因素是由以上机制产生的流体旋转（环量）。随着环量的增加，出现旋涡的概率也增大。避免旋涡的临界淹没深度也与旋涡强度直接相关，式（T11.2.6）～式（T11.2.8）。

通常旋涡强度由以下准则进行分类，如图 11.19 所示[13,20,24]。

1）自由表面涡：

类型 1　液面上旋涡可见；

类型 2　液面出现涟漪；

类型 3　可以观察到旋涡核心；

类型 4　旋涡核心可以把小颗粒物体（不是空气）吸入进水池中；

类型 5　旋涡将空气泡吸入进水池中；

类型 6　旋涡持续地将空气吸入进水池中。

2）淹没涡：

类型 W1　环量很小（没有明显的旋涡核心）；

类型 W2　有明显的、肉眼可见的核心；

类型 W3　明显的气体核心（气体分离）；

类型 W4　蒸气核心（强烈的空化噪声）；旋转足够强烈以致核心处的压力已经降到汽化压力。

图 11.19 示意性地展示了根据以上分类方法所观察到的旋涡。图 11.20 展示了一个类型 6 的表面涡和一个类型 W4 的淹没涡。由于会使得扬程降低或者导致流量减小，因此应该避免这类旋涡出现。另外，旋涡还会产生作用于叶轮、轴及轴承上力，从而引起振动；还有可能导致空化和噪声。

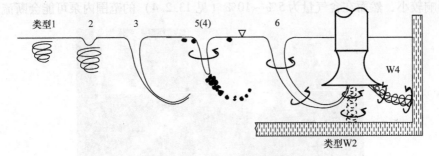

图 11.19　自由表面涡和淹没涡的分类

图 11.20　类型 6 的表面涡和类型 W4 的底部涡
（照片由凯撒斯劳滕技术大学水力机械学院提供）

　　文献［27］中所示的照片是由高速摄像机拍摄的，旋涡并不一定会被叶片破坏，甚至在旋涡被叶片切到后也不一定会被破坏。在本次试验的轴流泵（n_q = 150）中，旋涡通过 6 叶片叶轮后进入导叶中。被叶片切断的旋涡仅仅在叶片吸力面下游稍有变化，如图 11.21 所示。在叶片尾部被叶片切成两部分的旋涡即使在有轻微扰动的情况下也会重新汇合。如图 11.21 所示，旋涡在吸力面的低压区域膨胀直到空化出现大范围的。

　　据推测，重叠叶片会对旋涡通过泵的过程产生影响，但是尚无有关其他叶轮（尤其是离心叶轮）这类行为的相关信息。

　　（2）旋涡对水泵运行的影响　抵达钟形吸入口或者吸入管路的旋涡会以多种机制来危及泵的安全运行：

　　1）叶轮进口的液体旋转会引起的功率、扬程或流量的改变。

　　2）由于空气的进入，扬程、流量和效率出现降低。低于 2% 的空气对泵的运行影响较小，然而在含气量为5%~10%（见13.2.4）的范围内泵可能会断流。

图11.21 通过螺旋桨泵的旋涡（照片由凯撒斯劳滕科技大学水力机械学院提供）

3）即使水位高度和流量是固定的，由于入流脉动所产生的流动旋转和卷吸空气涡也是非定常的。旋涡会激发振动和噪声，并引起扬程和功率出现波动。

4）每当叶片切过旋涡，就会产生一个类似于冲击力的载荷，这将引起叶片的磨损和轴承的损坏。

5）淹没底部涡或者附壁涡的位置会周期性的改变。因为每一个叶片都会切过旋涡，因此观察到的振动频率为$v z_{La} f_n$，这里f_n为叶片通过频率，v不是整数。平稳的表面旋涡会产生大约为$z_{La} f_n$的应激力（见10.7.1）。假如淹没涡引起了空化，那么进入流通的钢筋混凝土结构也会遭到破坏。

6）单侧叶轮时会产生稳定的径向力及作用在轴上的交变弯曲应力，可能导致轴的损坏[16]，这可以参考9.3.7和图9.32。高比转速叶轮由给定的速度分布所产生的径向力可以由9.3.7的式（9.8）预测。

7）空气进入泵会引起噪声和振动，并使水力激振力增大。当试验的轴流泵（$n_q = 150$）出现类型6的旋涡时，同没有旋涡的情况相比，作用于叶轮上的水力激振力以5倍，振动速度增大了2倍。这些试验是在最高效率点，淹没深度为$\frac{S}{D_T} = 1.04$[16]时完成的。若运行时有卷吸空气涡，那么伴随产生的压力脉动会激发系统组件产生振动，见 10.12。

8）由预旋和旋涡激发的水力激振力会导致泵或系统中多种元件的损坏，包括管道破裂和叶轮叶片断裂[17]。

9）排出管路中若含有空气，有产生水锤并导致运行问题和损坏的风险。

10）假如入流非常均匀，类型 6 的表面涡通常只会卷吸不超过总流量 2% 的空气。然而，若入流极度不均匀，由文献［13］可以观察到会有多达 18% 的空气被卷吸入泵中。假如表面旋涡卷吸的空气占到总流量的 3% ~ 6%，那么依据文献［13］，泵的效率将会下降 7% ~ 20%。

11）假如管路中的流体存在旋转，那么流量的测量将会不准确。正如文献［13］所报道的那样，用 $\frac{d}{D} = 0.6$ 的孔板来测量流量时，$\Delta\alpha = \arctan\frac{c_u}{c_{ax}} = 20°$ 的流动旋转将会引起大约 2% 的误差。

（3）旋涡的经验数据　没有简单的方法来预测非均匀入流产生的环量和涡量。使用特定形状进水流道的试验数据来推断其他未进行试验的进水流道形状也是几乎不可能的。文献［12, 13］给出了多种试验数据。这些数据中推导出的一些经验公式在表 11.2 和表 11.3 中给出，这有助于定量的评估旋涡可能造成的影响。尤其是表 11.2 给出了多种几何体的临界淹没深度的计算式。假如环量已知，那么旋涡造成的影响可以由式（T11.2.6）~ 式（T11.2.8）来进行预估。

表 11.3 提供了空气卷吸旋涡的经验数据，正如上面所讨论的那样，它会对泵的安全运行产生影响。文献［5］中绘制出了含气量与弗劳德数之间的变化关系；这些统计关系可以由式（T11.3.1）来描述。假如这些数据应用于临界淹没深度，式（T11.3.1）可以用来估计临界淹没深度对应的气体含量。若假设气体与水具有同样的轴向速度，那么可以通过观察或者估计旋涡的直径来估算气体的流速。若旋涡的直径为 d_k，管路直径为 D，那么气体的体积分数为 $\alpha = \left(\dfrac{d_k}{D}\right)^2$。

流动诱导产生的环量在长管路内会由于摩擦和湍流耗散等作用而减弱，这可以由式（T11.3.2）~ 式（T11.3.5）估计。当环量与轴向动量的比值增加时，管路内的压力降会增大；这个可以由式（T11.3.6）来预测。文献［13］中对试验数据的分析揭示了旋涡核心的直径同长度的比值为常数。可以预测临界淹没深度处旋涡核心的直径，在临界淹没深度处，旋涡的长度等于出口位置的水深。随后，$h = S_{cr}$ 可以由表 11.2 确定，旋涡核心的直径可以使用式（T11.2.8）中的 k_{sc} 由式（T11.3.7）或者式（T11.3.8）获得。假如淹没深度低于临界值时，旋涡核心的直径会增大（$S < S_{cr}$ 时）。

表 11.2 钟形吸入室的临界淹没深度

如果淹没深度 $S < S_{cr}$，则预计有空气卷吸旋涡出现。D 对应钟形吸入室的直径 D_r，若没有安装钟形吸入室则对应管路内径		$Fr = \dfrac{c}{\sqrt{gD}}$	式号
淹没钟形吸入室类型：旋涡类型 4	$\left(\dfrac{S}{D}\right)_{cr} = 0.8 + 1.7 Fr$	距离壁面或底部的距离[24] $0.3 < Fr < 0.5$	T11.2.1
	$\left(\dfrac{S}{D}\right)_{cr} = 1.35 Fr$	距离壁面或底部的距离[12] $0.1 < Fr < 1.2$	T11.2.2
对称来流	$\left(\dfrac{S}{D}\right)_{cr} = 1.7 Fr$	从水平管所在平面观察；见文献 [12]	T11.2.3
非对称来流	$\left(\dfrac{S}{D}\right)_{cr} = 2.3 Fr$		T11.2.4
通过 90°分支管路从自由液面吸水	$\left(\dfrac{S}{D}\right)_{cr} = 1.29 \sqrt{Fr}$	直径比 D_r/D_1 $= 0.3$，$0.4 < Fr < 3$[3]	T11.2.5
	$\left(\dfrac{S}{D}\right)_{cr} = 0.8 + 0.5 Fr$		
旋涡是已知条件下的临界淹没深度	$C_D = c_{u,k} r_k = \dfrac{\Gamma}{2\pi}$	$\Gamma =$ 循环 $C_D =$ 旋涡常数 r_k，$c_{u,k}$ 参考旋涡核心（见 1.4.3）	T11.2.6

旋涡是已知条件下的临界淹没深度	$\left(\dfrac{S}{D}\right)_{cr} = k_{sc}\dfrac{C_D}{D\sqrt{g}}$	管路流出方向	φ	k_{sc}	T11.2.7
		向下	0	110	
	$k_{sc} = \dfrac{110}{1 + \dfrac{\varphi}{2\pi}}$	横向	$\pi/2$	90	T11.2.8
		向上	π	75	

表 11.3 空气卷吸旋涡的经验数据

项目	公式	说明	式号
夹带空气的气体体积分数（泵入口）[13]	$\alpha = \dfrac{Q''}{Q' + Q''} = a_1(Fr - 0.4)$	数据上限：$a_1 = 0.1$ 近似平均值：$a_1 = 0.03$	T11.3.1
旋涡（角动量）	$K = \rho \pi R^3 c_{ax} c_u$	$R = D/2 =$ 管径	T11.3.2
轴向流动的动量	$I_{ax} = \rho Q c_{ax} = \rho \pi R^2 c_{ax}^2$	$c_{ax} = 4Q/(\pi D^2)$	T11.3.3
长度 Δx 的管路中旋涡的耗散[13]	$\beta = 0.15 \exp\left(-7.43\dfrac{K_o}{DI_{ax}}\right)$	$Re = (1.4 \sim 4) \times 10^5$	T11.3.4
	$\dfrac{K}{K_o} = \dfrac{c_u}{c_{u,o}} = \exp\left(-\beta\dfrac{\Delta x}{D}\right)$	$\dfrac{K}{K_o} = \dfrac{c_u}{c_{uo}}$，$D =$ 常数	T11.3.5
旋涡引起的压降[13]	$\dfrac{\Delta H_v\ (c_u > 0)}{\Delta H_v\ (c_u = 0)} = 4.3\dfrac{c_{u,av}}{c_{ax}}$	$Re = 2 \times 10^5$ 取决于 Re 和表面粗糙度	T11.3.6

（续）

项目	公式	说明	式号
旋涡核心的半径和旋涡深度 h 之间的关系[13] k_{sc} 由式（T11.2.8）得到	$\dfrac{r_k}{D} = \dfrac{1}{k_{sc}}\sqrt{\dfrac{h}{D}}$	在临界淹没深度处 旋涡达到钟形吸入室时，$h = S_{cr}$	T11.3.7
	$\dfrac{r_k}{D} = 0.0109\sqrt{\dfrac{h}{D}+1.45}$	来源于水平方向流出的测试数据	T11.3.8

（4）入流条件的准则　不仅仅是旋涡，任何非均匀入流都会影响到运行性能，引起振动和非平衡力。因此高比转速的大型泵必须满足以下入流条件：

1）叶轮进口轴向速度的最大非均匀程度应限制在平均流速的 10%；环形截面上应当限制在 ±5%。更重要的是 $n_q > 200$ 时，非均匀程度不应该超出 ±5%[B.5]。

2）入流最大偏转角应当限制在 $\Delta\alpha = \pm 5°$；其中，$\Delta\alpha = \arctan\dfrac{c_u}{c_{ax}}$。

3）表面旋涡的强度应当限制为类型 2（表面涟漪），因为类型 3 的旋涡会在钟形吸入室或者吸入管路中诱导产生环量。

4）底部涡和附壁涡应当限制为 W1 型，因为 W2 型旋涡将环量带入至出口。

5）入流中无可见的不稳定性和波动。

6）没有旋涡到达钟形吸入口。

7）无夹带空气。

（5）模型试验　由于进水流道结构投资大，存在设计缺陷等潜在风险，常常需要进行模型试验以优化进水流道结构。由于牵涉到具有自由液面的进水流道结构，必须考虑重力的影响。因此，在模型和设备中维持同样的弗劳德数 $Fr = \dfrac{c_T}{(gd)^{0.5}}$ 是必要的，安全起见应扩大试验范围以涵盖 $c_{model} = c_{plant}$ 的工况，因为设备中的雷诺数通常要比模型中的要高，大多数情况仅仅只注意弗劳德数的相似性。根据文献 [20]，若 $\dfrac{Re}{Fr} > 5 \times 10^4$，那么黏性对试验结果的影响可以忽略。表面张力的影响由 $We = c_T\left(\rho\dfrac{D_T}{S_T}\right)^{0.5}$ 定义的韦伯数来估计。韦伯数表示的是惯性力影响同表面张力的比值。当 $We > 11$ 时（这是20℃情况下 $S_T = 0.073\text{N/m}$ 时的气液交界面处），认为表面张力 S_T 没有什么影响。实际设备与模型之间的几何缩放率不应当超过 15。

（6）进水流道结构设计指导　从以上的讨论中，尤其是表 11.2 和表 11.3，可以发现与旋涡相关的问题会随着弗劳德数或者流动速度的增加而增加。因此由入流所引起的问题常常在大流量（$q^* > 0.8$）时观察到；同时，部分载荷工况时常常受到叶轮进口处回流的影响。回流与进水结构以及进水流道内的液体的相互作用非常强烈。

文献［B.17］和图 11.23 所示的湿井安装的基本特征会在下面讨论。立式泵的钟形吸入口的直径为 D_T，为了入流均匀无环量，以下设计准则应当考虑：

1）钟形吸入口处的流速 c_T：流量在 $1m^3/s$ 以上时，叶轮进口处推荐的流速为 $c_T = 1.7m/s$（范围：$1.2 \sim 2.1m/s$）。流量小于 $0.3m^3/s$ 时，允许流速 c_T 的范围为 $0.6 \sim 2.7m/s$，见文献［N.10］。假如钟形吸入口的直径是针对 $c_T = 1.7$ 的最优工况计算的，$c_T = 2.1m/s$ 这一上限速度在大约 $q^* = 1.25$ 时达到，甚至在最大流量也能获得较好的流态。钟形吸入口和叶轮直径的比值范围 $\dfrac{D_T}{d_1} = 1.75 \times (1 + 15\%)$（见文献［17］给出了 1.75）。

2）淹没深度：钟形吸入口必须被足量的液体所淹没，也就是要具有足够的潜深 S，以避免出现开始于液面的卷吸空气旋涡（必需 $NPSH_A$ 是水深的另一个准则）。随着液位的下降，底部涡和附壁涡出现的可能性会同等程度的增加，因为由水深所决定的静压下降。液体少量的旋转就足够使得旋涡核心处的压力下降到气体分离或水蒸气产生的临界水平。必需的潜深依赖于设计和入流条件。假如遵循了以上给出的入流设计准则，那么一个合理的入流是可以预期的。对于一个没有隔离墙、开放式的井，淹没深度可以由标准文献［N.10］中的式（11.15）计算得到

$$\frac{S}{D_T} \geqslant 1 + 2.3Fr \quad \text{其中弗劳德数}$$

$$Fr = \frac{c_T}{\sqrt{gD_T}} \quad \text{和} \quad c_T = \frac{4Q}{\pi D_T^2} \tag{11.15}$$

或者

$$S = D_T + \frac{9.2Q}{\pi D_T^{1.5}\sqrt{g}} \tag{11.15a}$$

从式（11.15a）可以发现，一定会存在一个最优的钟形吸入口直径，此时淹没深度最小，相应的土木工程成本也最小。在式（11.15a）对 D_T 求偏微分，令 $\partial S/\partial D_T = 0$ 可以导出最优的钟形吸入口直径 $D_{T,opt}$，也就是导出了最小的淹没深度：

$$D_{T,opt} = 1.81\left(\frac{Q}{\sqrt{g}}\right)^{0.4} \quad \text{和} \quad c_{T,opt} = 0.39Q^{0.2}g^{0.4} \tag{11.15b}$$

最优钟形吸入口直径是和 $Fr_{opt} = 0.29$ 和 $\dfrac{S}{D_T} = 1.67$ 这些常数联系在一起的。由式（11.15）和式（11.15b）得出的淹没深度、钟形吸入口直径和流速 c_T 的最优值与流量之间的关系如图 1.22 所示。

文献［24］中有关进水试验的结果表明，依据式（11.15）计算的淹没深度对于阻止大尺度旋涡的生长是足够的。对于类型 2 的旋涡，也就是液面涟漪可以观察到的情况，这并不会妨碍泵的安全运行。对于存在旋涡问题的设备来说，极有可能存在淹没深度低于 $S_T/D_T = 1.5$ 的问题[14]。

依据式（11.15）计算的淹没深度应用于图 11.23 所示的进水池中，但在底部

或壁面上没有分流器，也没有隔离墙或者其他消除环量的装置。式（11.15）展示了文献［13］中可利用数据的上限。假如进水是足够均匀的，那么依据式（11.15）计算出的淹没深度将包含一个极值。且进水设计得合理，且在底部和后壁上有如图 11.23 所示的分流器，那么淹没深度可以比由式（11.15）和图 11.22 所规定的低 10% ~ 25%。

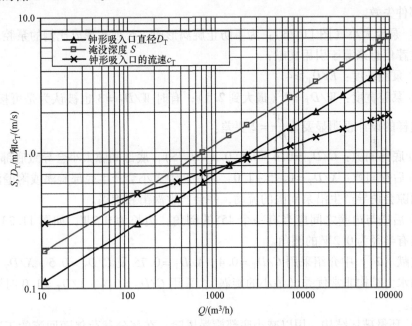

图 11.22　依据式（11.15）、式（11.15b）布局的最小淹没深度和最优钟形吸入口直径 D_T

有许多可用的措施来减少需要的淹没深度和相应的土木工程成本，如：

① 采用图 11.26 所示的封闭进水结构或者图 11.23 所示的隔离墙需要的淹没深度大概比式（11.15）计算的淹没深度减小 30%。

② 环形隔离墙（如泵周围的圆柱体）可以减少大约 50% 的淹没深度。然而，最小淹没深度 $S/D_1 = 1.0$ 必须得到满足。

③ 一种有效减小必需淹没深度的方法是设置具有平面、网格或者穿孔平面的挡板。这些水平挡板应当安置在略低于最小限度的水位下（100 ~ 200mm），因为假如挡板阻挡过多水流的话，会低效率。

④ 水流挡板也可以用以抑制卷吸空气旋涡，也可以考虑用来改造进水结构以便于防止因旋涡产生的相关问题。

依据式（11.15）而得的设计淹没深度必须比临界淹没深度，后者是指旋涡能够到达出口时相对应的淹没深度。

3）进口入流速度：标准文献［N.4，B.5］给出的入流速度的限制值为 0.3m/s。这些保守的设计常常导致进水结构过大且成本昂贵。因此，这些准则被进行了[N.11]修改，现在的入流限制值为 0.5m/s，且这一值会在随后用到。如果超过 0.5m/s 的限制值，后壁处的滞止压力可能引起不利的速度分量和旋涡。

在污水处理设备中一般期望有更高的入流速度以防止固体颗粒的沉淀；在文献 [20] 中提到 $c = 0.7 \sim 2m/s$。

由高入流速度造成的静态和动压波动可能导致下述（14）项所讨论的振动问题和部件失效。

4）泵腔大小（图 11.23）：为了防止旋涡形成，必须选择成比例的泵腔。接下来的推荐信息来源于引用文献：

① 泵腔长度：$E/D_T \geqslant 4$

② 泵腔宽度：$W/D_T = 2$（最大到 2.5）；有时 $W/D_T = 3$ 也被认为是可接受的。但是这样的设计很明显要比 $\dfrac{W}{D_T} = 2$ 要差。

③ 底部间隙：$C/D_T = 0.4 \sim 0.5(0.3 \sim 0.75)$，底部间隙太小会导致底部旋涡。

④ 后壁间隙：$X/D_T = 0.75 \sim 1.0$，后壁间隙太小会产生底部旋涡或附壁涡；太大的间隙会诱导产生沿泵周围的流动，并会产生涡街和旋涡。

⑤ 后壁与边壁之间应当有一个 45° 的倒角，边长为 0.2W，如图 11.23 所示；或者具有半径为 0.2W 的圆角。

文献 [24] 中介绍采用 $C/D_T = 0.4$、$X/D_T = 0.75$ 及 $C/D_T = 0.5$、$X/D_T = 0.75$ 得到的水力结构非常优秀（最小的旋涡），采用 $C/D_T = 0.4$、$X/D_T = 1.0$ 时则非常不理想。

5）环量破坏结构：用以减小底部旋涡风险。在部分载荷伴随回流的工况，它们可以阻止进水池中过度的流体旋转。这可以通过图 11.23 所示的分流装置或文献 [B.5] 所述的锥形筋板来实现，这些元件安装于钟形吸入口下方。假如底部间隙太大，筋板或者横断面可以铸造或者焊接在钟形吸入口上。若无环量破坏装置，将会有产生过度振动的风险。另外，关死点扬程会由于过度预旋而减小，增大泵不能平稳起动的风险，见 11.8。

假如采用锥形筋板，在流动方向上仅设一个分流装置安装于钟形吸入口之下。任何垂直于流动方向的筋板或分流装置都会引起流动分离和旋涡[27]。大流量时（$q^* > 1$），假如无纵向分流装置，旋涡将会在钟形顶部产生[27]。

6）底部旋涡：是由于入流中的流动分离和过大的速度梯度所产生的。滤网、流动偏转、支撑结构、横截面的突然改变或者扩散角度过大都会产生底部旋涡。

7）使用滤网来进行流动矫正（见 1.8）：假如由于设计限制等原因，进口中的流动是不均匀的，那么通过在泵进水室上游甚至泵进水室本身安装滤网来实现流动平稳，如图 11.24 所示。这样的流动矫正可以通过下列途径实现：①穿孔墙；②穿孔板或网；③夯实的桩。假如入流极度不均匀，则可以串联安装多个滤网。滤网的堵塞率（滤网开口面积同滤网结构前端面积之比）可以选择为大约 50%。滤网离

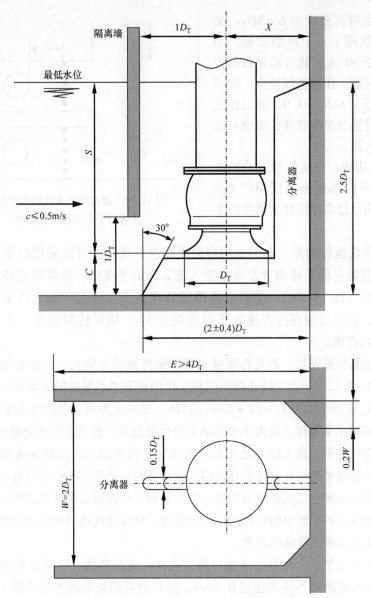

图 11.23 进水结构的倒角[B.17]，通常没有隔离墙

泵的距离应当足够远，以便于滤网所产生的旋涡可以衰减，如图 11.24 所示。见表 1.2 和表 1.3，若 D_h 是滤网开口面积对应的水力直径的话，那么这一长度至少应为 $\dfrac{L}{D_h} > 20$。

8）流动偏转：如图 11.24 所示的垂直于泵进水室的入流由于 90°的转弯而产生旋涡，那么必须采取措施予以避免。如泵进水室与入流通道有 45°的夹角，泵进水室的长度应当至少为 $L = 8D_T$。文献［16］报道了一个模型试验，用以解决由于90°水流转弯而导致的振动和空化问题。在这些试验中，即使淹没深度低于 $S/D_T = 1.0$，通过在底部或侧壁设置分流器和穿孔墙也可以大大改善入流。

9）斜边墙：使流体加速或减速的斜边墙不应当超出角度10°（或15°），以防止过高速度梯度诱导产生旋涡。

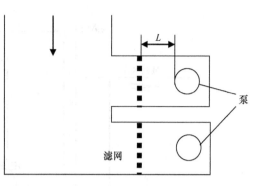

图11.24　通过滤网来改善由于90°转弯所引起的良入流状况

10）并联运行的泵：它们之间应防止相互干扰。这可以采用以下措施加以避免：①假如它们并排布置在垂直于入流方向的平面内，泵可以安装在相互隔开的泵室内（图11.24）。②若泵并排安装在主流方向上，泵之间应当保持较大的距离，同时应当保持流速为下面所列的11）项所述的速度。③在泵周围安装环形隔离墙。

11）水泵并排安装：若几台泵被安置于渠道流动方向上，在水泵周围可能产生涡街，见10.12.4。为了减小旋涡的相互作用和下游水泵处的流动偏转，泵轴之间的距离 x_a 应当至少为 $x_a = (2 + 20c/c_{Ref})D_T$，式中 c 为渠道中的流动速度，$c_{Ref} = 1m/s$。为了减小从泵体上脱离下来的涡街产生激振力，流动速度不应超过0.3m/s。

12）空气夹带：注入储水池中的水必须位于液面以下，以防止夹带空气。因此通过水堰给储水池注水也是不合适的。这条规则也适用于各种具有自由液面的储水罐，以防止夹带空气或者水蒸气进入吸入管路。任何储水池都应当设计的可以使得液体平缓流入并与池中的液体进行充分混合。储水池的进口和出口距离过近的话可能会产生进入吸入管路的环量。

13）干井安装：大型泵的进水口通常具有一定的弯曲，以便于加速流体。泵进水室中的入流速度不应当超过0.5m/s，进口到弯曲处的流速应当低于1.7m/s。为了避免夹带空气，必须具有足够的淹没深度。这可以通过式（11.15c）确定给出类似于文献［B.17］中的结果：

$$\frac{S}{D_T} \geq 0.2 + 1.5\frac{c_T - c}{\sqrt{gD_T}} \quad \text{其中，} c_T = \frac{4Q}{\pi D_T^2} \text{ 或 } c_T = \frac{Q}{A_T} \tag{11.15c}$$

c = 泵进水室中的流速；A_T = （矩形）进口弯曲处的横截面。进口到弯曲处或者吸入口处应当圆整为 $\frac{R}{D} > 0.1 \sim 0.2$，以避免射流收缩，旋涡或空气夹带，见

表 1.4。

14）进水室盖（图 11.25）：进水室的高度大约为 $H \approx D_T$，以便于进水室到泵进口的流速不超过 0.7m/s。假如高度太小，流动加速将会非常强烈，而且还会产生不合理的横流。由于角动量守恒，这还会加强入流中的环量或者非对称流动。因此应当配备进口室盖、底部和侧壁分流装置，以避免可能在底部或者侧壁产生旋涡及交叉流动。假如流体在有上盖的进水室内加速过快，流体撞击侧壁后就会产生旋涡。如图 11.23 所示，在角落处的倒角可减小或者阻止旋涡的产生。

在一些紧凑的进水室设计中，流体通过滤网以较高的流速进入进水室内，进入泵的入流速度可以达到 $c = 2.5m/s$。撞击泵的液体会产生静态或者动态力，这与入流速度的滞止压力和泵体前端投影面积 A_F 成比例。静态力由 $F_{stat} = \frac{1}{2}\rho c^2 A_F$，动态力由 $F_{dyn} = \frac{1}{2}\zeta_a \rho c^2 A_F$ 进行估计。在横流中圆柱体的升力系数为 $\zeta_a = 0.3$（表 10.13），这样将会在大型泵上产生的力：这将激发振动，也可能诱发管路的疲劳破裂。

15）滤网和拦污栅：阻止垃圾进入泵装置导致过流面积减小及流速的增加。在标准文献［N.11］中滤网或者拦污栅与泵之间的距离推荐为 $L + 6D_T$，以便于由这些设备产生的射流消散，见表 1.2。具有底板及侧壁分流装置，同时角落还进行了倒角的良好设计的进水室中，可以将距离减小到 $L = 3D_T$，这可以显著减少土木工程的成本[27]。滤网或者出口处的流速不应当超过 0.7m/s。

进水室设计中最重要的措施总结如下：①均匀对称的入流；②适当的淹没深度；③依据以上准则而得的进水室尺寸；④底部和侧壁分流装置；⑤角落倒角。

11.7.4 筒式泵

图 11.26 所示为电厂冷凝泵或者用于精炼的过程泵，都属于在筒中安装的立式泵。为了避免不利的入流条件和潜在的运行问题如下：

1）进口上侧的最高点应避免气体或水蒸气逸出；在吸入罐中不应当有自由液面；实施合理的输水与排气。

2）吸入筒和泵体之间的轴向流速 c_{ax} 应当低于 1m/s。

3）进口处的流动速度应当很小（$c_s < 2m/s$），因为流向叶轮的非均匀入流会随着进口喷嘴内的动扬程而增大。增大钟形吸入口与泵进口之间的距离有助于顺畅流动。

4）在储水池的底部设置十字交叉或者在钟形吸入口设置筋板，或者其他合适的结构，都有助于阻止环量的产生。否则，部分载荷工况时的回流将会诱导产生储水池内的流动偏转、振动及交变应力（如导致管路的疲劳损坏）。关死点扬程和部分载荷工况时的特性曲线也会受到缺乏环量消除结构的影响。因此，安装环量消除装置是强制性的，尤其是在高比转速泵中。

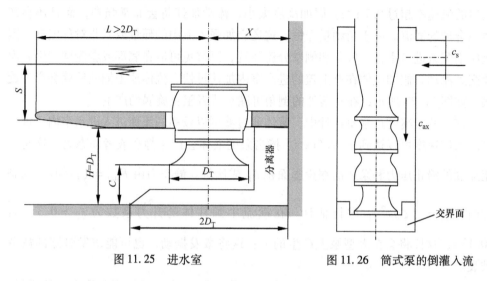

图 11.25 进水室　　　　　图 11.26 筒式泵的倒灌入流

11.8　排出管路

排出管路的设计也事关成本与能量消耗之间的平衡。事实证明，排出管路上的压力损失将会占到扬程的很大一部分。能量消耗随着管路直径的增大而减少，这是由于大的管路所需要的扬程较低。另外，泵所消耗的能量也会由于所需扬程的降低而减少。当然，管的成本会由于管路直径的增大而增加（管路直径越大，设计压力也越高）。

在几千米的长管路中，流动速度会在很宽广的范围内变化。由于压力降的原因流速被限制在 1.5～3m/s；在短管路内，可采用的最大流速为 5m/s；但是在很短的高压管路内，考虑到管路成本也可能选择高达 10～20m/s 的流速（第 14 章提供了合适的管路材料以供选择）。泵所抽送的介质也会有影响，如腐蚀性的液体或者液体中有固体颗粒，那么流速就必须被限制；相反，泥浆泵中流速不得低于最低流速，以免泥浆沉淀堵塞管道，参见 13.4。

虹吸管是一种局部向下倾斜，可以回收能量的排出管。安装虹吸管可以避免在泵关停后水出现倒流，避免了泵由于截止阀损坏而造成的严重后果。虹吸管经常应用于农业灌溉设施、水坝上的排水设施及热电厂的冷却水系统中。图 11.27 描述了一个具有虹吸管系统的原理图，在系统中水被送往排出管路中的高点（由 $H_{stat,F}$ 定义）。水从高点流往比泵从中抽水的储水池更高的地方（$H_{stat,D}$）。恢复扬程由高点和排出口水位之间的差值给出；也就是通过 $z_s = H_{stat,F} - H_{stat,D}$ 给出。图 11.27 也给出了管路系统中静压分布的轮廓图。系统需要的扬程 H_A 可以通过在#0 点和#2 点之间列伯努利方程计算出，见式（1.7）。同样，在高点的最小压力 p_{min} 也可以通过 #1 点和#2 点之间的伯努利方程而得出：

$$H_A = H_{stat,D} + \frac{c_2^2}{2g} + \sum H_{v,0-2} \tag{11.16}$$

$$p_{min} = p_{amb} - \rho g z_s - \frac{\rho}{2}(c_1^2 - c_2^2) + \Delta p_{v,1-2} \tag{11.17}$$

为了防止液柱分离，高点的最低压力 p_{min} 必须时刻维持在饱和压力 p_v 之上。推荐的压力余量为 $\Delta H_M = (p_{min} - p_v)/(\rho g) = 1.5 \sim 2.5 \text{m}$。

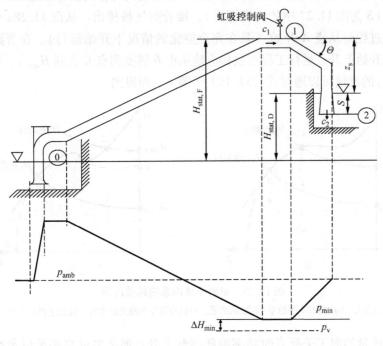

图 11.27　具有虹吸管的泵站

假如输送的是饱和水，为了防止空气在静压较低处从水中分离，需采用上边界。假如#1 点和#2 点之间压力损失 $\sum_{Hv,1-2}$ 较高或者不确定，那么就需要更高的余量值。允许的最大虹吸高度可以基于所选择的余量通过式（11.17）来选择：

$$z_{s,max} = \frac{p_{amb} - p_v}{\rho g} - \Delta H_M + \sum H_{v,1-2} - \frac{c_1^2 - c_2^2}{2g} \tag{11.18}$$

假如系统给出的扬程变化超出了允许的最大虹吸高度 $z_{s,max}$，那么超出的扬程可以使用节流阀消耗掉，也就是说增加了 $\sum H_{v,1-2}$。有时还可以（如用于电站的冷却水系统）在虹吸管最高位置处安装一个中间开口的水罐，往此水罐排水的虹吸管出口管路要有足够的淹没深度：水流经中间水罐后流到#2 处（如河流或者湖泊）。

虹吸管仅仅在以下情况起作用：①出口具有足够的淹没深度；②管路有合适的排空通道；③系统内有合适的真空度。虹吸可以在真空泵的帮助下开启，但这样成本较高。假如流速足够大可以排除空气时，也可以在管路内充满空气的情况下起动泵。依据文献［B.18］，实现这点的最小流速由式（11.19）给出：

$$c_{\min} = 1.2\ \sqrt{gD\sin\Theta} \tag{11.19}$$

假如泵在管路充满空气的情况下起动，那么空气将首先被压缩直到压力增加到 $\Delta p = \rho gS$（S 为图 11.27 中的淹没深度），接着空气被排出。从图 11.28a 中，可以看出起动过程是从点 A 开始（泵在完全空化的情况下开始运行）。在管路充满水后，水位开始上升，运行工况点也相应地从点 B 转变到点 C 直到 $H_{\mathrm{stat,F}}$。相应于点 C 处 $H_{\mathrm{stat,F}}$ 的流量可以通过式（11.19）计算 $c_{\min}$ 而得到。

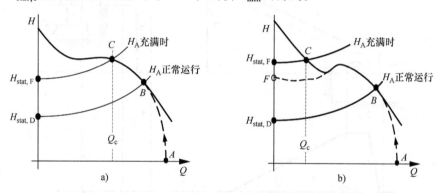

图 11.28　虹吸系统内泵的起动过程

a) 达到高点 C　b) 具有不平稳 Q-H 曲线的泵，在仅有部分管路充满水时，仅能达到点 F 处（$Q = 0$）

如果流量趋向于关死点时功率消耗逐渐上升，那么电动机必须以最高功率起动。一旦空气从虹吸管中排出，并在向下倾斜的管段内形成封闭的液柱，虹吸效应就会生效，运行点将由 C 点转换到 B 点。

选择泵时，必须确保高点 C 可以达到，流量也必须足够大以排出空气。与此同时，高点应该处于 $Q - H$ 曲线的不稳定区域之外。假如无法保证这些（图 11.28b）条件，若 $Q - H$ 曲线足够陡峭的话，泵也可以跨过这些不稳定区域；高点 C 也可以在这种情况下达到。相反，假如 $Q - H$ 曲线很平坦的话（图 11.28b 所示的到点 F 的虚线），那是不可能到达点 C 的。水位在 $Q = 0$ 时停在 F 处，低于最高点；那么将无法通过虹吸作用抽水。这样的问题也会出现在叶轮进口前缺少环量破坏装置的情况。这些布置及泵的安装是需要仔细考虑的；影响关死点扬程的参数已在 5.6.8 中讨论。

在高点处安装一个自动阀可以在泵停机时让空气进入管路，这样就避免了在管路内产生真空；同时也避免了水从位置高处流回到泵内。只有高点上游管路内的水会回流到泵处，这时泵会以水轮机工况短暂运转。泵和驱动装置也必须相应的选择，以确保电动机能完全停止，因为虹吸管内的气体有可能会产生加速可能引起液柱分离和水锤现象的发生。

参考文献

[1] Barrand, J.P., Picavet, A.: Qualitative flow visualizations during fast start-up of centrifugal pumps. IAHR Symp Valencia, 671–680 (1996)

[2] Bross, S.: Entwicklung neuer Schaufelgitter aus Profilen variabler Geometrie zum Einsatz in Leiträdern drallgeregelter Turbomaschinen. Diss TU Braunschweig, ZLR-Forschungsbericht 93-10 (1993)

[3] Chang, K.S., Lee, D.J.: Experimental investigation of the air entrainment in the shut-down cooling system during mid-loop operation. Ann Nucl Energy. **22**(9), 611–619 (1995)

[4] Chaudhry, M.H.: Applied Hydraulic Transients, 2nd ed. Van Nostrand Reinhold, New York (1987)

[5] De Vries, M., Simon, A.: Suctions effects on feedpump performance; a literaturee survey. EPRI Report CS-4204, Aug. (1985)

[6] Dues, M.: Experimentelle Untersuchung der Interferenz zwischen Leitrad und Laufrad einer axialen Kreiselpumpenstufe. Diss. TU Berlin (1994)

[7] Fickelscher, K.: Theoretischer Vergleich der Verstellpropeller- und der Drallregelung bei Kühlwasserpumpen. VDI-Z. **108**, 785–789 (1966)

[8] Greitzer, E.M.: The stability of pumping systems. ASME J Fluids Engng. **103**, 193–242 (1981)

[9] IMechE Conference on Centrifugal pump low-flow protection (1991)

[10] Jarius, M.: Untersuchung einer Axialgitterschaufel mit Höchstumlenkung durch struktur- und niederfrequente Wölbungsvariation. Diss. TU Berlin (2000)

[11] Jaeger, C.: Fluid Transients. Blackie, Glasgow (1977)

[12] Knauss, J.: Wirbelbildung in Einlaufbauwerken – Luft- und Dralleintrag. DVWK Schrift 63, Paul Parey, ISBN 3-490-06397-X (1983)

[13] Knauss, J. (Hrsg): Swirling flow problems at intakes. IAHR Hydraulic Structures Design Manual, AA Balkema, Rotterdam, ISBN 90 6191 643 7 (1987)

[14] Melville, B.W., Ettema, R., Nakato, T.: Review of flow problems at water intake sumps. Iowa Institute of Hydraulic Research, University of Iowa. EPRI Report RP-3456-01 (1994)

[15] Meschkat, S.: Experimentelle Untersuchung der Auswirkung instationärer Rotor-Stator-Wechselwirkungen auf das Betriebsverhalten einer Spiralgehäusepumpe. Diss. TU Darmstadt (2004)

[16] Nakat, T., et al.: Field-tested solutions to pump vibrations. SHF Symp, 435–442 (1993)

[17] Paterson, I.S., Adam, B.R.: Installation effects on wet pump performance. IMechE C180/77, 63–68 (1977)

[18] Prosser, J.M.: The hydraulic design of pump sumps and intakes. BHRA, Bedford/CIRIA, London (1977)

[19] Radke, M.: Strömungstechnische Untersuchung des Einflusses von Vorleiträdern variabler Geometrie auf das Betriebsverhalten axialer Kreiselpumpen. Fortschrittber VDI Reihe 7, 210 (1992)

[20] Rosenberger, H.: Experimental determination of the rotor impacts of axial pumps in intake structures under distorted approach flow. Thesis TU Kaiserslautern, SAM Forschungsbericht Bd. 5 (2001)

[21] Saalfeld, K.: Vergleichende Darstellung der Regelung von Pumpen durch Vordrall und durch Laufschaufelverstellung. KSB Techn Ber. 7, 22–31 (1963)

[22] Stoll, A.: Speisewasserentgasung beim gleitendem Druck. Siemens Z. 36(8), 608–618 (1962)

[23] Strub, R.A.: Abfall des Saugdruckes von Speisewasserpumpen bei starken Lastschwankungen. Techn Rundschau Sulzer. 3, 41–44 (1960)

[24] Tillak, P., Hellmann, D.H., Rüth, A.: Description of surface vortices with regard to common design criteria of intake chambers. 2nd Intnl Conf on Pumps and Fans, Beijing, 863–874 (1995)

[25] Thorley, A.R.D.: Fluid transients in pipeline systems, 2nd ed. Wiley (2004)

[26] Weinerth, J., Rosenberger, H., Hellmann, D.H., Hausen, W.: Optimierung der Betriebsbedingungen von Wassertransportpumpen mit Hilfe von Modellversuchen. Pump Users Intl Forum Karlsruhe (2000)

[27] Weinerth, J.: Kennlinienverhalten und Rotorbelastung von axialen Kühlwasserpumpen unter Betriebsbedingungen. Diss TU Kaiserslautern, SAM Forschungsbericht Bd. 9 (2004)

第12章　透平工况及其特性

如果流动系统施加在泵上的压头超过泵关死点扬程，那么液体将在"泵制动模式"下从泵出口回流到泵进口。还存在许多其他的异常操作模式，都可以由"通用特征"描述。这其中包括了透平模式，即液体将动力传递到转子，进而驱动发电机或其他机械。

12.1　离心泵反转作为透平

12.1.1　理论及实际特性

反转的离心泵可以回收能量用作透平（在标准文献［N.6］中，术语为"液力回收透平"，简称 HPTR），一般用于回收耗散在阀门及节流设备中的流体能量，以及用于分离溶解在流体中的气体或者液体闪蒸的过程中。与单相流体相比，多相流有着更高的能量差，更有助于能量回收，这将在第13章中介绍。

前几章的内容主要是介绍离心泵如何将能量传递到流动介质中，我们以离心泵在正常工况下的旋转及流动为正方向。如果离心泵的流动方向和转动方向与原来相反，即流量与转速均为负时（在12.2中提到的反向透平工况），它能作为原动机运行，将流体能量转换为机械能。在透平工况下，在进口处的压力要比出口处的压力要高。通过导叶或蜗壳将流体送到叶轮外径处$^{\ominus}$。这样，在透平工况下，原本的水泵出水管路变成了透平的进水管路，而原来的水泵进水管路则变成了透平的出水管（尾水管），如图12.1所示。

在图12.1的右侧绘制了透平叶片的进出口的速度矢量图。在进口处，流体以相对速度 w_2 以角度 i_2 冲击叶片，而液体离开叶轮时则以相对速度 w_1、偏离角 δ_2 流出。通过比较图12.2中的水泵工况与透平工况下的速度三角形，让我们来思考合成的流动条件。

在水泵工况下，叶轮进口流体的角度为 α_1 及出流角为 β_2，在很大程度上与流动无关。原因是：①角度 α_1 是由泵进口上游的集合形状决定的；②β_2 主要是由叶片的出口角 β_{2B} 给定。观察证实，滑移系数 γ 在 $q^* > 0.7$（图4.15）时，与流量的基本无关。因此，在叶轮出口处的绝对速度 c_2 及根据式（3.4）定义的比能会随着流量增加而下降（表3.3，见4.1）。

　　$\ominus$　在透平设计中，一般用术语"转轮"代替叶轮，用"导轮"代替导叶。

在透平工况下，带固定叶片的导叶或者蜗壳决定了流体流入叶轮时的进口角度 α_2；在很大程度上，进口角 α_2 与流量系数 $q*$ 是无关的。流体以角度 β_1 流出叶轮；同样的，出流角 β_1 也与流量无关。因此，以叶轮的流出液流速度 c_2 会随着流量的增加而增加，如图 12.2 所示。

根据式（3.4），当流体流过透平时增加时，比能也会成比例的增加。根据式（12.1），可将式（3.4）中绝对速度的圆周分量替换为绝对速度的轴面分量，并根据图 12.2 得到相符的流动角度。通过这种方法，将 $c_{2u} = c_{2m}\cot\alpha_2$ 及 $c_{1u} = u_1 - w_{1u} = u_1 - c_{1m}\cot\beta_1$ 代入式（3.4）中，则透平叶片的比能为：

$$Y_{sch} = Y_{th} = \frac{P_{sch}}{\rho Q_{La}} = u_2 c_{2u} - u_1 c_{1u} = u_2 c_{2m}\cot\alpha_2 - u_1^2 + u_1 c_{1m}\cot\beta_1 \tag{12.1}$$

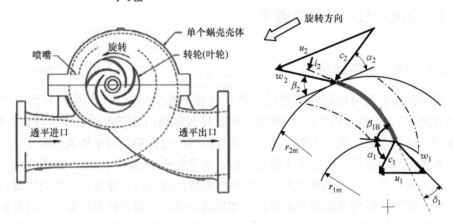

图 12.1　泵做透平中的旋转与流动方向

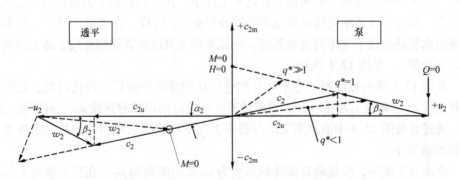

图 12.2　在水泵工况（右）及透平工况（左）下的速度三角形

式（12.1）中，角度 α_2 及角度 β_1 为流动角。叶轮进口角 α_2 是由导叶或者蜗壳的形状决定的。通过参考图 12.3 中的所列的喉部面积，可计算进口角 α_2 的近似值。在使用导叶的情况下，图 12.3 代表了一个叶轮螺距。在单蜗壳的情况下，令 $z_{Le} = 1$；双蜗壳时，令 $z_{Le} = 2$。流体以 $c_{3q} = Q/(z_{Le}A_{3q})$ 的速度为流过面积为 A_{3q} 的喉部。绝对

速度的圆周分量为 $c_{3u} = c_{3q}\cos\alpha_{3B}$，由于 α_{3B} 相对来说很小，假设 $\alpha_3 \approx \alpha_{3B}$ 的误差对 $\cos\alpha_{3B}$ 影响几乎可以忽略不计。又叶轮的角度可由 $\alpha_{3B} = \arcsin\alpha_3 / t_3$ 估算。

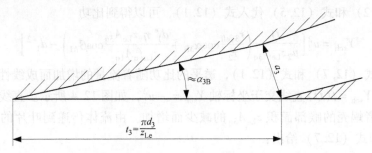

图 12.3　根据喉部面积和间距确定出流角度；适用于导叶、蜗壳及转轮

通过导叶进入透平的总流量为 Q，而实际的流过叶轮流量由于泄漏损失而减少到 $Q_{La} = Q\eta_v$。流动角度的计算方法如下：

$$c_{2m} = \frac{Q\eta_v}{\pi f_q d_{2b} b_2} \qquad c_{2u} = c_{3u}\frac{r_{3,\text{eff}}}{r_2} = \frac{r_{3,\text{eff}}Q\cos\alpha_{3B}}{r_2 z_{Le} A_{3q}} \qquad (12.2)$$

$$\tan\alpha = \frac{r_2 z_{Le} A_{3q}\eta}{r_{3,\text{eff}} f_q A_2 \cos\alpha_{3B}}$$

$$\tan\beta_2 = \frac{c_{2m}}{u_2 - u_{2u}} = \frac{Q\eta_v}{f_q A_2\left(u_2 - \dfrac{r_{3,\text{reff}}Q\cos\alpha_{3B}}{r z_{Le} A_{3q}}\right)} \qquad (12.3)$$

在绝对坐标系和相对坐标系中，流动角的大小主要与体积流量和截面上的 z_{Le} A_{3q} 和 A_2 有关。对于双吸式叶轮，A_2 和 b_2 由相应的叶轮定义。半径 r_3 由 $r_{3,\text{eff}} = r_3 + e_3 + k_3 a_3$ 给出，式中 e_3 是导叶进口的厚度或者是隔舌的厚度，k_3 为由试验得到的经验系数（暂定为 $k_3 = 0.25$）。入口为无冲击条件，$\tau\tan\beta_2 = \tan\beta_{2B}$。式（12.3）若满足无冲击入流条件，则可以导出式（12.4）：

$$\frac{Q_{SF}}{u_2 A_2 f_q} = \frac{\tan\beta_{2B}}{\tau_2 \eta_v + \dfrac{r_{3,\text{eff}} A_2 f_q \tan\beta_{2B}\cos_{3B}}{r_2 z_{Le} A_{3q}}} \qquad (12.4)$$

无冲击入流的条件下，流量随着导叶的截面积 A_{3q} 和叶片角度 β_{2B} 的增大而增大。在透平工况下，最高效率点接近无冲击入流条件下的流量。相反，由于滑移系数的影响，泵工况下的最高效率点出现在液流角小于叶片角的情况下。

液体从叶片出流的角度 β_1 与叶片的角度 β_{1B} 是不同的。因为在透平工况下，叶片也不是一致的流动的。如图 12.3 所示，β_1 可以根据喉部面积 A_{1q} 来估算。最终，将 A_{1q} 替代 A_{3q}，将 c_{1q} 替代 c_{3q}。在喉部面积为 A_{1q} 处的速度 $w_{1q} = Q\eta_v/(f_q A_{1q} z_{La})$。圆周速度分量为 $w_{1u} = w_{1q}\cos\beta_{A1}$。可推得以下各式：

$$w_{1u} = \frac{\eta_v Q\cos\beta_{A1}}{z_{La} f_q A_{1q}}, \quad c_{1u} = u_1 - \frac{\eta_v Q\cos\beta_{A1}}{z_{La} f_q A_{1q}} \qquad (12.5)$$

$$\tan\beta_1 = \frac{z_{La}A_{1q}}{A_1\cos\beta_{A1}}, \quad \beta_{A1} = \arcsin\frac{A_{1q}}{b_1 t_1} \tag{12.6}$$

将式（12.2）和式（12.5）代入式（12.1），可以得到比功

$$Y_{sch} = u_2^2\left[\frac{Q}{u_2 z_{Le}A_{3q}}\left(\frac{r_{3,eff}}{r_2}\cos\alpha_{3B} + \frac{d_1^* \eta_v z_{Le}A_{3q}}{z_{La}f_q A_{1q}}\cos\beta_{A1}\right) - d_1^{*2}\right] \tag{12.7}$$

根据式（12.7）和式（12.1），透平的比功随着流量的增加而成线性增长。当 $Q=0$ 时，$Y_{sch}=f(Q)$ 直线交于坐标轴 $Y_{sch} = -u_1^2$，如图12.4所示。直线的梯度随着导叶或者蜗壳的喉部面积 $z_{Le}A_{3q}$ 的减少而增加。由流体传递到叶片的功率由式（12.1）式（12.7）给出：

$$P_{sch} = \rho Q_{La}Y_{sch} = \rho Q_{La}^2\left(\frac{u_2}{f_q A_2}\cot\alpha_2 + \frac{u_1}{f_q A_1}\cot\beta_1\right) - u_1^2\rho Q_{La}$$

$$P_{sch} = \rho\eta_v u_2^2 Q\left[\frac{Q}{u_2 z_{Le}A_{3q}}\left(\frac{r_{3,eff}}{r_2}\cos\alpha_{3B} + \frac{d_1^* \eta_v z_{Le}A_{3q}}{z_{La}f_q A_{1q}}\cos\beta_{A1}\right) - d_1^{*2}\right] \tag{12.8}$$

因此，$P_{sch}=f(Q)$ 代表了一条通过坐标原点的抛物线。根据式（12.8），设定 $P_{sch}=0$ 或者 $Y_{sch}=0$ 可得到 $Q_{L,th}$。当流量在这之上时，传递给叶轮的能量为零。

$$Q_{L,th} = \frac{u_1^2}{\frac{u_2}{f_q A_2}\cot\alpha_2 + \frac{u_1}{f_q A_1}\cot\beta_1} = \frac{u_2 z_{Le}A_{3q}d_1^{*2}}{\frac{r_{3,eff}}{r_2}\cos\alpha_{3B} + \frac{d_1^* \eta_v z_{Le}A_{3q}}{z_{La}A_{1q}f_q}\cos\beta_{A1}} \tag{12.9}$$

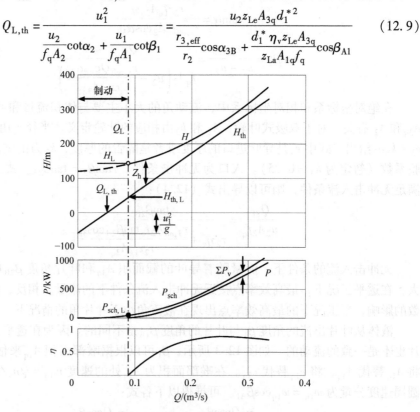

图 12.4　理论和实际的透平特性曲线

抛物线 $P_{sch} = f(Q)$ 与横坐标 $Q_{L,th}$ 还存在第二个交点，它的最小值在 $Q = 0.5Q_{L,th}$ 处（由于标尺原因不能在图 12.4 中观察到）。

进口与出口间的能量差值为 $Y = gH$。式中的水头 H 在泵工况下的定义由表 2.2 中的公式给出。

由于存在水力损失 Z_h，流体传递给叶轮的比功 $Y_{sch} = gH_{th}$ 小于透平的进出口的能量水头差值，即式：$H_{th} = \eta_h \times H = H - Z_h$。

由于二次流损失，透平的有效功率 P 小于输入的能量（ρgHQ）。结合表 3.5 中的分析，透平（图 12.5）的能量平衡方程由式（12.10）给出：

$$\rho gHQ = P + \rho gH(1 - \eta_h)Q_{La} + \rho gH(Q_{sp} + Q_E) + \sum_{st} P_{RR} + \sum P_{s3} + P_m + P_{er} \quad (12.10)$$

式（12.10）左边是输入的能量，右边是有用功 P 及所有的损失。这些损失包括水力损失、泄漏损失、圆盘摩擦损失、级间密封及机械损失，以及由轴向负荷平衡装置导致的摩擦损失。二次流损失可以由表 3.5 ~ 表 3.7 来计算。水力损失及泄漏损失减少了传递到叶轮的功率 P_{sh}，见式（12.11）。效率 η 由式（12.12）给出：

$$\rho gH\eta_h(Q - Q_{sp} - Q_E) = P_{sch} = P + \sum_{st} P_{RR} + \sum P_{s3} + P_m + P_{er} \quad (12.11)$$

为了得到联轴器处的功率 P，必须从 P_{sch} 中减去圆盘摩擦损失和机械损失，如式（12.11）所示。此时效率的定义为

$$\eta = \frac{P}{\rho gHQ} \quad (12.12)$$

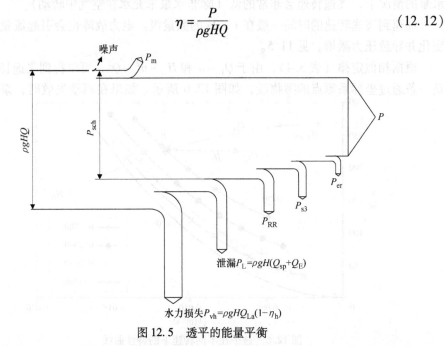

图 12.5　透平的能量平衡

如式（12.1）所示，透平叶轮的比功随着出口圆周速度分量 c_{1u} 的增加而减

少，即受到残余涡旋的影响（有时也称为涡效应）。通常，相应的动能不能从叶轮的下游回收，残余涡旋减少了透平的效率，这部分能量通过湍流耗散在了叶轮的出口及出水管中。

式（12.7）和式（12.8）描述了透平理论特性曲线（假设流动没有损失）。根据图12.4，实际的特性是由理论水头加上水力损失（$H = H_{th} + Z_h$），以及从根据式（12.11）得到的叶轮输入功率减去二次流损失来确定的。由于这些损失的存在，能产生轴功率的最小流量也从 $Q_{L,th}$ 变成更大的值为 Q_L；为了让流量 Q_L 通过透平，水头 H_L 是必需的；H_L 由水力损失 Z_h、克服圆盘摩擦损失及机械损失的 $H_{L,th}$ 组成。

12.1.2 空载及负载特性

透平的 $M = 0$ 和 $P = 0$ 工况可以理解为透平运行在无负载的空转工况（飞逸转速）。这种情况发生在透平刚起动时（当打开节流阀时，无负载起动）。飞逸特性曲线是将不同的转速下的 $M = 0$ 所对应的 $H(Q)$ 点连接起来的曲线。

飞逸转速很大程度上取决于试验和装置条件，一般发生在以下所列出的三种情况：①如果装置的联轴器失效，因此导致透平与驱动电动机的连接断开，就会达到最高的空载转速。②如果透平驱动一台发电机，在电力故障的情况下的飞逸转速将要比联轴器失效的飞逸转速低，其原因是发电机的质量和负载较大。③在透平带动水泵的情况下，飞逸转速会非常的低（除非水泵未充水在空气中转动）。

加速到飞逸转速的时间一般在 1~2s 的数量级。电力故障也会引起流量的剧烈变化并导致压力激增，见11.5。

根据相似定律（表3.4），由于 $Q_L \sim n$ 和 $H_L \sim n^2 \sim Q^2$，可以得到飞逸特性曲线是一条通过坐标系原点的抛物线，如图12.6所示。如果在驱动失效时，泵内流动

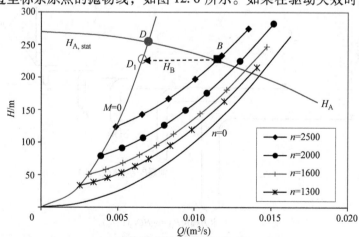

图 12.6 透平在不同转速下的特性曲线

在 $M = 0$ 处的飞逸水头 H_L，在转速 $n = 0$ 处的负载水头 H_W，装置特性曲线 H_A

反向，转子将加速到飞逸转速，见 11.5。

如果装置可以获得的静水头为 $H_{A,stat}$，若透平运行在低于静水头 $H_{A,stat}$ 的水头 H_B 处，透平进出口管路的流动损失为 H_V，在甩负荷时根据空载特性曲线，若 H_B 保持不变，透平将工作在点 D_1 处。在图 12.6 中，由于水力损失的减少，导致更高一些的飞逸转速发生在相应的 D 点（在装置特性曲线上，透平工况由 B 点向 D 点移动）。

在某一转速固定转子（$n=0$），通过透平的流量取决于系统的流动负载。$H_W \sim Q^2$ 的相关性服从"负载曲线"（透平在 $n=0$ 的特性曲线），一般是一条通过坐标系原点的抛物线。静止的转子承受着水力矩（"$n=0$ 的转矩"）。对于给定的一台透平，该转矩与其允许水头成正比例关系：$M_w \sim H_w \sim Q^2$。但流量和转矩的大小与叶轮和蜗壳的位置关联不大。由于转速为 0，根据表 3.4 中的相似定律不再适用。

在给定的流量 Q 下，如图 12.6 所示，轴流泵的飞逸特性曲线（$M=0$）在负载曲线（$n=0$）的上方；同样，轴流泵反转时也成立，当 $n=0$ 时[12,15]，这里的失控特性曲线也在负载特性曲线之下。因此，轴流泵的流量随着负载的减少而增加，然而在轴流式透平中，流量随着负载的减少而增加。

12.1.3　透平特性曲线的计算

从现有的理论中既不能预测透平的水力损失，也不能预测空载特性和负载特性。如果没有可用的试验数据，透平的特性经常都是根据统计相关性估测的。因此，需要对立透平工况下的最高效率点的性能数据和对应的水泵工况下的最高效率点的数据之间的关联（表 12.1）。$H_{opt,T}/H_{opt,P}$ 和 $Q_{opt,T}/Q_{opt,P}$ 既与总效率有关，也与水力效率有关，或者可以表示成比转速的函数。文献［17］中，在 35 台比转速为 $12 < n_q < 190$ 的泵的基础上逐一对比了上述函数的相关系数，发现文献［14］中的关系式最为精确。相应的关系式在表 12.1 及式（T12.1.1）~ 式（T12.1.3）中列出。然而，在应用这些相关系数时，出现了较大的差异。从文献［4］中得到的数据要比根据式（T12.1.1）~ 式（T12.1.2）预计的数据高出 20%。将其应用到 $n_q=25$ 的轴流泵及 $n_q=150$ 的斜流泵时系数很难确定，尽管这两台泵正好有着相同的效率。

表 12.1 也包含了根据式（T12.1.4）~ 式（T12.1.7）的转换系数，这些转换系数与比转速相对应，来自于单级蜗壳泵的试验[13]。文献［4］中测量显示这些相关系数存在约 13% 的偏差。泵越大，其效率也越高，故应谨慎使用式（T12.1.6）~ 式（T12.1.7）。

对于一台给定的装置，本质上在透平工况及水泵工况可以获得相同的效率；偏差一般在2%的范围。在低比转速情况下，与相应的水泵工况相比，透平工况通常会有较高的效率，这是因为透平工况的功率大于相应的水泵工况。这意味着二次工况损失所消耗的有用功率的比例较小。在斜流泵和轴流泵中，透平工况的效率能够在一定程度上小于泵工况下的效率。其原因是叶轮的出口边不是依据透平工况设计的，这将导致水力损失的增大。

效率曲线 $\eta = f(Q)$ 可以根据图12.7来进行估测，图中描绘的是透平效率与最高效率点的比值，即 η_T / η_{opt} 与 $(Q - Q_L)/(Q_{opt,T} - Q_L)$ 的比值；这些数据来自文献 [4，9，7]。

透平的比转速要比泵低（n_q 总是取最高效率点对比的数据），其原因是 $(H_{opt,T}/H_{opt,P})^{0.75}$ 比 $(Q_{opt,T}/Q_{opt,P})^{0.75}$ 大，见式（T12.1.3）和式（T12.1.6）。

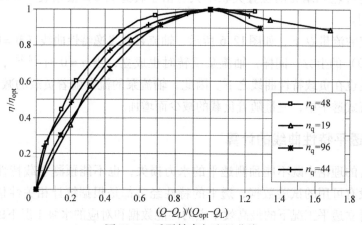

图12.7 透平效率与流量曲线

飞逸转速可以通过将水头代入式（T12.1.8）得到，其中水头应与工况点相对应，如透平甩负荷时，或者水泵的驱动失效时。空载特性曲线的流量 Q_L 和相对应的水头 H_L 可以根据式（T12.1.9）和式（T12.1.10）估算，式中的数据对应于透平的最佳工况点。根据文献 [10] 中的数据，可以建立 Q_L 和 H_L 的相关系数，如表12.1列出的式（T12.1.11）及式（T12.1.12）；这些相关系数是以泵工况的最高效率点为参考的。式（T12.1.8）和式（T12.1.12）结合相似定律 $H_L \sim n^2$ 可以覆盖测量数据点区域。

在 $n = 0$ 时，根据式（T12.1.13）和式（T12.1.14）可以估算透平的特性曲线和转矩；它们之间的相互关系是通过文献 [10] 的数据推导的。这些相关性都是建立在参考文献25~35次测量的基础上。试验包含了不同制造商生产的不同类型的比转速为 $10 < n_q < 220$ 的泵。试验结果的分散区间在 $\pm 20\%$；个别的数值可能会出现更大的偏差，但是由于引用文献中缺乏详细的信息，无法考证产生误差的原因。图12.8表示为所使用的数据。一些数据落在了分布区间之外，尤其是在固定

转子（$n=0$）情况下的转矩分布。在文献［B.18］中，离心泵的反向转速被表示成为 n_q 的函数，参见式（T12.1.8）。

表 12.1　透平特性曲线

（注意：计算 n_q 使用的单位为 ［r/min］、［m³/s］、［m］）

类别	公式		式号
水泵工况与在最高效率点处，透平工况流量的比值	$\dfrac{Q_{opt,T}}{Q_{opt,P}} = \dfrac{1}{\eta_{opt,P}^{0.8}}$	$12 < n_q < 190^{[17]}$	T12.1.1
水泵工况与透平工况最高效率点处扬程的比值	$\dfrac{H_{opt,T}}{H_{opt,P}} = \dfrac{1}{\eta_{opt,P}^{1.2}}$		T12.1.2
水泵工况与透平工况的比转速之比	$\dfrac{n_{q,T}}{n_{q,P}} = 0.95\sqrt{\eta_{opt,P}}$		T12.1.3
水泵工况与透平工况最高效率点处流量的比值	$\dfrac{Q_{opt,T}}{Q_{opt,P}} = \dfrac{2.5}{\eta_{h,opt,P}} - 1.4 \quad \pm 7\%$	蜗壳泵 $8 < n_q < 70$ 分开的部分代表了标准偏差[13]	T12.1.4
水泵工况与透平工况最高效率点处扬程的比值	$\dfrac{H_{opt,T}}{Q_{opt,P}} = \dfrac{2.4}{\eta_{h,opt,P}^2} - 1.5 \quad \pm 14\%$		T12.1.5
水泵工况与透平工况的比转速之比	$\dfrac{n_{q,T}}{n_{q,P}} = 1.3\eta_{opt,P} - 0.3 \quad \pm 10\%$		T12.1.6
水泵工况与透平工况最高效率点处效率的比值	$\dfrac{\eta_{opt,T}}{\eta_{opt,P}} = 1.16 - \dfrac{n_{q,P}}{200} \quad \pm 5\%$		T12.1.7
以泵工况的转速为参照的飞逸转速（$M=0$）	$\dfrac{n_L}{n_N} = \left(\dfrac{n_{q,P}}{12}\right)^{0.19}\left(\dfrac{H}{H_{opt,P}}\right)^{0.5}$	文献［4］和［B.18］中的数据	T12.1.8
以透平工况为参照的飞逸时的流量（$M=0$）	$\dfrac{Q_L}{Q_{opt,T}} = 0.3 + \dfrac{n_{q,P}}{400}$	文献［5］	T12.1.9
以透平工况为参照的飞逸时的水头（$M=0$）	$\dfrac{H_L}{H_{opt,T}} = 0.55 - 0.002n_{q,P}$	文献［4, 18］中的数据	T12.1.10
以泵工况为参照的飞逸时的流量（$M=0$）	$\dfrac{Q_L}{Q_{opt,P}} = 0.45 + \dfrac{n_{q,P}}{150}$		T12.1.11
以泵工况为参照的飞逸时的水头（$M=0$）	$\dfrac{H_L}{H_{opt,P}} = \left(\dfrac{12}{n_{q,P}}\right)^{0.38}\left(\dfrac{n}{n_N}\right)^2$	文献［4, 10］中的数据，$n_q < 180$	T12.1.12
以泵工况为参照的堵转时的流量（$n=0$）	$\dfrac{Q_W}{Q_{opt,P}} = \left(\dfrac{41}{n_{q,P}}\right)^{0.28}\left(\dfrac{H}{H_{opt,P}}\right)^{0.5}$		T12.1.13
以泵工况为参照的堵转时的转矩（$n=0$）	$\dfrac{M_w}{M_{opt,P}} = \left(\dfrac{120}{n_{q,P}}\right)^{0.22}\dfrac{H}{H_{opt,P}}$		T12.1.14
透平特性	$H_T = H_{opt,T} - \dfrac{H_{opt,T} - H_{L,N}}{Q_{opt,T}^2 - Q_{L,N}^2}(Q_{opt,T}^2 - Q_T^2)$		T12.1.15
透平的必须 NPSH$_R$	$NPSH_R = 0.1H_{T,st}\left(\dfrac{n_{q,T}}{45}\right)^{1.5}$		T12.1.16

对于一台给定离心泵来说，其透平工况的特性曲线由以下的条件决定：

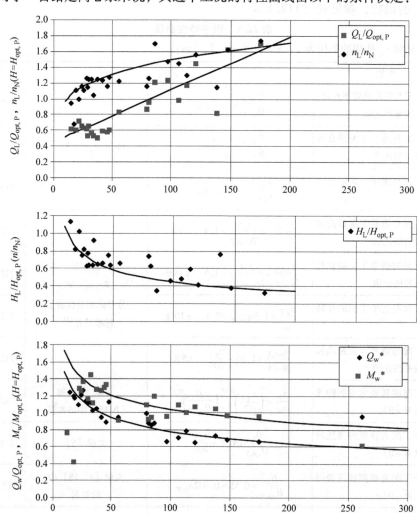

图 12.8　计算得出的飞逸（下标 L）和负载（下标 W）曲线的相互关系

1）在额定转速 n_N 下，最高效率点处给定的参数为：$H_{opt,P}$、$Q_{opt,P}$ 和 $\eta_{opt,P}$，透平特性曲线同样也是在额定转速处计算的。如果有必要，可以根据表 2.4 中的相似定律将特性曲线转换到其他转速下。

2）根据泵最高效率点处的式（T12.1.1）~ 式（T12.1.3）或式（T12.1.4）~ 式（T12.1.7）能够计算出透平在最佳工况下的数据。

3）额定转速下飞逸点的 $Q_{L,N}$、$H_{L,N}$ 是通过将透平最高效率点代入式（T12.1.9）和式（T12.1.10）得到的。或者也可以使用泵工况的最高效率点的数据代入式（T12.1.11）和式（T12.1.12）。也可以取上述两个结果的平均值。

4）飞逸特性可以根据 $H_L = H_{L,N}(Q_{L,X}/Q_{L,N})^2$ 得到，$Q_{L,X}$ 表示在飞逸特性曲线上任意一点的流量。

5）特性曲线 $H_T = f(Q_T)$ 是一条近似通过最高效率点（下节中步骤2）和飞逸点 $Q_{L,N}$、$H_{L,N}$（步骤3）的抛物线，见式（T12.1.15）。

6）根据式（T12.1.7）可由泵工况的效率确定的透平工况的效率，或者假设 $\eta_{opt,T} = \eta_{opt,P} \pm 0.02$。在 $Q = Q_{L,N}$ 时，效率曲线可根据图12.7设定 $\eta_T = 0$ 进行计算。

7）根据 $P_T = \eta_T \rho g H_T Q_T$ 计算功率曲线。

8）堵转时（$n = 0$）的特性曲线及转矩可以根据式（T12.1.13）和式（T12.1.14）进行计算。这样处理后，水头 H 就可以当作一个独立的变量；对于选定的 H 值，流量可以根据式（T12.1.13）确定，而转矩可以根据式（T12.1.14）确定。

再次强调，根据统计相关性计算得到的透平特性曲线存在较大的不确定性，其原因是统计过程中没有将描述装置的所有几何参数纳入考虑范围。因此，在透平工况下，叶轮眼部对水头-流量曲线有着重要的影响。然而在中低比转速的泵中，它只是稍稍的改变了泵特性曲线。在泵工况时，若叶片在大流量区域拥有好的 NPSH 特性，则可以改变了在更高流量下的透平特性曲线。这能从式（12.7）对 A_{1q} 的影响及文献［9］中的测量结果看出。这对端泵进口蜗壳也会产生同样的效果。

根据装置的几何数据来估测透平特性的方法在文献［3］中有报道。但是尚未有一个可靠和完整的透平特性的计算过程。在实际的应用中，开展透平特性的测试是不可或缺的。

12.1.4　根据损失模型估算透平特性

另外一种源自统计数据的预测方法是建立在损失分析的基础上，这个过程包括两个步骤。

步骤1：根据透平试验数据确定在最高效率点处流量和水头的相互关系。步骤1中的计算由表12.2给定，表述如下。

1）数据来源于一系列的泵做透平测试结果。

2）泄漏损失，圆盘摩擦损失和机械损失可由表3.5～表3.7来确定。

3）在无冲击入流条件下，流量可以通过装置的几何参数代入式（T12.2.1）计算得到。透平最高效率点的流量接近于无冲击入流时的流量。对不同种类的泵而言，$Q_{opt,T}/Q_{SF}$ 可以表示成比转速的函数。

4）理论功率是根据各项损失计算得到的，见式（T12.2.3）。同理也可以计算出理论水头和水力效率。

5）通过式（12.7），理论水头也可以由泵工况的几何参数确定。它取决于叶

轮进口的有效半径 $r_{3,\text{eff}}$，该半径一般是由试验确定的。通过对式（T12.2.8）取不同的系数 k_3，直到由式（T12.2.5）计算得到的理论水头和（12.7）精确的吻合。因此，k_3 也是比转速的函数，与泵的种类相关。

6）在透平工况下，在蜗壳（或导叶）中存在一个加速的流动，流动分离程度较弱，甚至没有。因此，蜗壳中的水力损失 ζ_{Le} 可以根据表 3.8 中特定的模型来进行估算，由此可以得到式（T12.2.10）~式（T12.2.18）。图 12.9 中展示了几何典型的结果；这些数据包括了蜗壳及导叶，单吸及多吸的泵，n_q 为 21~32。

7）叶轮的损失 ζ_{La} 可以通过式（T12.2.19）计算；根据式（T12.2.20），它们以（$\zeta_{\text{La}} - \zeta_{\text{La,opt}}$）相对于 Q/Q_{opt} 或者 Q/Q_{SF} 的形式相关联。在透平工况下，最高效率点的叶轮损失是由 11 台 ζ_{La} 范围为 0.02~0.08 的透平取平均值得到的 $\zeta_{\text{La}} = 0.042$，如图 12.10 所示。这些数据涵盖了比转速为 $n_q = 14 \sim 52$ 范围，单吸式和双吸式的蜗壳泵与导叶泵。从图 12.10 所示的曲线形状可以发现，高冲击损失发生在叶轮的进口。透平工况叶轮中的损失与泵工况下导叶中的损失表现存在显著的相似性（图 4.8 和见 12.10）。在导叶式泵和蜗壳式泵中也能观察到类似的现象。

表 12.2 透平测试数据的计算

已知：已测试的透平特性曲线 目标：确定预测性能所需的无量纲参数		式号
无冲击条件下的进口流量	$Q_{\text{SF}} = \dfrac{u_2 A_2 f_q \tan\beta_{2B}}{\tau_2 \eta_v + \dfrac{r_{3,\text{eff}} A_2 f_q \tan\beta_{2B} \cos\alpha_{3q}}{r_2 z_{\text{Le}} A_{3q}}}$	T12.2.1
透平工况下最高效率点处的流量修正系数	$k_f = \dfrac{Q_{\text{opt,T}}}{Q_{\text{SF}}} = f(n_q,\ 类型)$	T12.2.2
理论功率	$P_{\text{th}} = P + \sum P_{\text{RR}} + P_m + P_{\text{er}} + P_{s3}$	T12.2.3
容积效率	$\eta_{v,\text{opt}} = \dfrac{Q_{\text{opt,T}} - Q_{s1} - Q_{s2} - Q_E}{Q_{\text{opt,T}}}$	T12.2.4
理论水头	$H_{\text{th}} = \dfrac{P_{\text{th}}}{g\rho Q \eta_v}$	T12.2.5
水力效率	$\eta_{h,\text{opt,T}} = \dfrac{H_{\text{th}}}{H}$	T12.2.6
相关系数	$\dfrac{\eta_{h,\text{opt,T}}}{\eta_{h,\text{opt,P}}} = f(n_q,\ 类型)$	T12.2.7
叶轮上进口的有效半径	$r_{3,\text{eff}} = r_3 + e_3 + k_3 a_3$	d_3 应用于导叶式 d_z 应用于蜗壳式	T12.2.8
确定 k_3 使其与式（12.7）和式（T12.2.5）确定的理论扬程相等	相关函数：$k_3 = f(n_q,\ 泵类型)$ 估计范围：$k_3 = 0.2 \sim 0.5$	T12.2.9

（续）

已知：已测试的透平特性曲线 目标：确定预测性能所需的无量纲参数		式号
在无导叶区域的摩擦损失	$\zeta_{LR} = \dfrac{2c_f r_2}{b_3 \sin\alpha_3 \cos^2\alpha_3}\left(\dfrac{c_{3u}}{u_2}\right)^2\left(1 - \dfrac{r_2}{r_3}\right)$	T12.2.10
蜗壳	蜗壳的有效面积	$A_{wet} = \pi^2 \dfrac{d_{3q}}{2}(d_z + d_{3q})$	T12.2.11
	蜗壳的损失系数	$\zeta_{vol} = \dfrac{2gZ_{vol}}{u_2^2} = \dfrac{c_f c_{vol}^3 A_{wet}}{Q u_2^2}$	T12.2.12
	进口处的损失，暂定为 $\zeta_c = 0.04$	$\zeta_d = \dfrac{2gZ_d}{u_2^2} = \left(\dfrac{c_{3q}}{u_2}\right)^2\left(\zeta_c + \lambda \dfrac{L}{d_h}\right)$	T12.2.13
	蜗壳中的总损失	$Z_{vol,tot} = (\zeta_{LR} + \zeta_{vol} + \zeta_d)\dfrac{u_2^2}{2g}$	T12.2.14
导叶	环形室损失	$\zeta_d = \zeta_d'\left(\dfrac{c_d}{u_2}\right)^2,\ 取\ \zeta_d' = 1.0$	T12.2.15
	回流流道损失	$\zeta_{RV} = \zeta_{RV}'\left(\dfrac{c_{1m}}{u_2}\right)^2,\ 取\ \zeta_{RV}' = 1.5$	T12.2.16
	扩散流道损失	$\zeta_{dif} = \zeta_{dif}'\left(\dfrac{c_{3q}}{u_2}\right)^2,\ 取\ \zeta_{dif}' = 0.1$	T12.2.17
导叶中的总损失		$Z_{Le,tot} = \left(\zeta_{LR} + \dfrac{\zeta_d}{z_{st}} + \zeta_{RV} + \zeta_{diff}\right)\dfrac{u_2^2}{2g}$	T12.2.18
叶轮及出口盖损失		$Z_{La} = H - H_{th} - Z_{vol,tot}$	T12.2.19
由 Q/Q_{opt} 和 Q/Q_{SF} 确定的叶轮损失		$\zeta_{La} - \zeta_{La,opt} = f\left(\dfrac{Q}{Q_{SF}}\right)$	T12.2.20
在最高效率点处的叶轮损失系数		$\zeta_{La,opt} = \dfrac{2gz_{La}}{u_2^2} = f(n_q,\ 类型)$	T12.2.21

步骤 2：步骤 1 中确定的是用于预测透平特性的关系式。步骤 2 所需的计算公式由表 12.3 给出，叙述如下。

1）确定泵的几何尺寸数据和透平的转速。

表 12.3　透平特性预测

已知：泵的几何尺寸 目标：确定透平特性		式号
无冲击条件下的进口流量	$Q_{SF} = \dfrac{u_2 A_2 f_q \tan\beta_{2B}}{\tau_2 \eta_v + \dfrac{r_{3,eff} A_2 f_q \tan\beta_{2B} \cos\alpha_{3B}}{r_2 z_{Le} A_{3q}}}$	T12.3.1
透平工况最高效率点对应的流量	$Q_{opt} = k_f Q_{SF}$　$k_f = \dfrac{Q_{opt,T}}{Q_{SF}} = f(n_q,\ 类型)$	T12.3.2

（续）

已知：泵的几何尺寸 目标：确定透平特性			式号
理论扬程 $H_{th} = f(Q)$	$H_{th} = \dfrac{u_2^2}{g}\left\{ \dfrac{Q}{u_2 z_{Le} A_{3q}}\left(\dfrac{r_{3,eff}}{r_2}\cos\alpha_{3B} + \dfrac{d_1^* \eta_v z_{Le} A_{3q}}{z_{La} f_q A_{1q}}\cos\beta_{A1} \right) - d_1^{*2} \right\}$ 式中，$r_{3,eff}$ 来自式（T12.2.8）和式（T12.2.9）		T12.3.3
导叶或蜗壳损失 $\zeta_{Le} = f(Q)$	根据表 12.2 或图 12.9 估计： $\zeta_{Le} = \zeta_{Le,opt} q^{*2}$ 和 $z_{Le} = \zeta_{Le}\dfrac{u_2^2}{2g}$		T12.3.4
在最高效率点处的叶轮损失	选项 A：	最高效率点：$\zeta_{La,opt} = f(n_q,$ 类型$)$	T12.3.5
	选项 B： 若选择使用 A，检查式（T12.3.7），$\zeta_{La,opt}$ 是正值	$\dfrac{\eta_{h,opt,T}}{\eta_{h,opt,P}} = f(n_q,$ 类型$)$	T12.3.6
		$\zeta_{La,opt} = \psi(1 - \eta_{h,opt,T}) - \zeta_{Le,opt}$	T12.3.7
以流量为函数的叶轮损失 $\zeta_{La} = f(Q)$	$\zeta_{La} = \zeta_{La,opt} + aq^* + bq^{*2} + cq^{*3}$ 式中，$a = cx_0^2$，$b = -2x_0 c$，$c = 1.3$，$x_0 = 0.97$		T12.3.8
$z_{La} = f(Q)$	$z_{La} = \zeta_{La}\dfrac{u_2^2}{2g}$		T12.3.9
扬程：$H = f(Q)$	$H = H_{th} + z_{La} + z_{casing,tot}$		T12.3.10
由第 3 章确定的二次流损失	P_{RR}，P_m，P_{s3}，P_{er}，Q_{sp}，Q_E		T12.3.11
功率：$P = f(Q)$	$P = \rho g H_{th}(Q - Q_{sp} - Q_E) - \sum P_{RR} - P_m - P_{er} - P_{s3}$		T12.3.12
透平效率 $\eta = f(Q)$	$\eta = \dfrac{P}{\rho g H Q}$		T12.3.13

2）计算无冲击条件下的进口流量，见式（T12.3.1）。对蜗壳泵来说，比值 Q_{opt}/Q_{SF} 的范围为 $0.75 \sim 0.9$；对于导叶式来说范围在 $0.9 \sim 1.0$ 之间，且随着比转速的增大而减少。

3）确定在透平工况下的最高效率点对应的流量，可以根据式（T12.3.2）计算，该式是由表 12.2 和式（T12.2.2）发展而来的。

4）计算透平的理论水头，见式（T12.3.3）。

5）计算压水室（蜗壳或者导叶）以流量为函数的水力损失，见式（T12.3.4）。

6）确定最高效率点处的叶轮水力损失，可根据选项 A 和 B，见式（T12.3.5）~式（T12.3.7）。

7）确定以流量为函数的叶轮水力损失，见式（T12.3.8）和式（T12.3.9）。

8）计算以流量为函数的扬程，见式（T12.3.10）。

9）根据第 3 章确定二次流损失 P_{RR}、P_m、P_{s3}、P_{er}、Q_{sp}、Q_E，见式

（T12.3.11）。

10）计算功率和效率，见式（T12.3.12）和式（T12.3.13）。

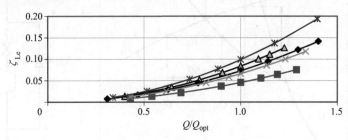

图 12.9 泵做透平的导叶和蜗壳的损失系数

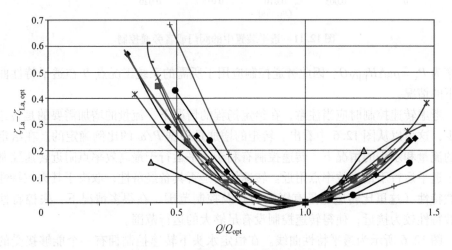

图 12.10 泵做透平的叶轮损失系数

12.1.5 透平装置的运行

如图 12.6 所示，一般透平工作在透平与系统特性曲线的交点（与泵工况是一致的，见 11.1）不同的运行条件可以通过阀门调节、旁通调节及速度控制来实现。离心式、斜流式或轴流式装置也可以通过导叶来调节。

若工作点（图 12.11 中 D 点）在透平特性曲线之上，则可以使用阀门调节，此时透平的流量 Q_1 小于透平与系统特性的交点所对应的值，即 $Q_1 < Q_A$，如图 12.11 所示。在这个过程中被节流的扬程差值为 ΔH_{DRV}，相应耗散的功率为 $P_v = \rho g \Delta H_{DRV} Q$。

一台转速恒定及导叶固定的透平不能达到大于由透平特性曲线和系统特性曲线交点 A 所给定的流量。若运行过程中需要由 Q_1 扩大到流量 Q_2（图 12.11 中点 B），超出的那部分流量 $\Delta Q = Q_2 - Q_B$ 必经由扬程为 H_B 的旁通管路的进行节流。耗散的

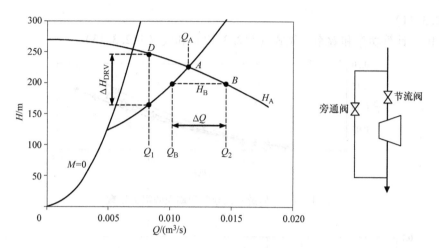

图 12.11　透平装置中的阀门或者旁通控制

功率为 $P_v = \rho g \Delta H_{DRV} Q$。因此旁通控制应用于所需的系统工况点 B 在透平特性曲线之下的情况。

考虑转速控制时应当注意，在给定扬程的情况下，流量的增加需要的是转速的减少，这可以从图 12.6 中看出。转矩的增加是根据 P/ω 的比例确定的。在给定系统的流量和水头的情况下，转速控制有利于透平运行于最高效率点附近转速控制有利于透平运行于最高效率点附近。转速控制是否具备经济性，取决于其失控特性和负载特性（这里比转速也是有影响的）及控制范围。在很多情况下，失控特性与负载特性较为接近，使得转速控制没有足够大的运行范围。

图 12.6 所示为透平特性曲线。在恒定水头下转速控制拥有一个能够接受的流量范围。同理，也可以从图 12.6 中看到，在恒定流量下，可以涵盖一个相当大的不同水头控制范围。在低流量和高水头的情况下，在部分负载时，转速控制的透平运行下效率较低（低流量对应着高转速）。在这种情况下，转速控制与阀门调节相比优势较小（或者没有）（可参见 12.6）。

对于给定的应用条件，调节策略的选择取决于运行过程。通常都会监视出口压力（保持恒定），进口压力可以通过阀门或旁通管来调节。

在大流量运行时，可采用导叶调节是合适的方式，此时水头大体上相同，透平能在一个较大的流量范围内运行。同时只会在小流量时，效率会有一些损失。图 12.12 通过对比导叶调节得到的效率曲线和固定导叶的效率曲线阐明了这种情况。图 12.13 所示为透平在不同导叶开度情况下的效率曲线。以上两张图表明具有可调式导叶的透平能够在固定导叶无法工作的范围内工作。

（1）透平特性曲线的修正　在泵工况下，叶轮直径的减少（叶轮切削）能够使水泵扬程及功率明显减少。相反，在透平工况靠近最高效率点处的特性曲线基本不受叶轮切削的影响。式（12.7）为这种试验现象提供了解释：若泵工况下的直

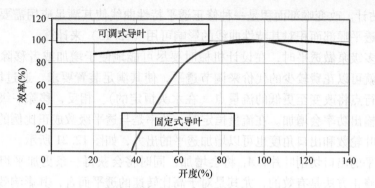

图 12.12　采用可调节式导叶与固定式导叶进行透平调节
（效率均以设计点的效率为参照）

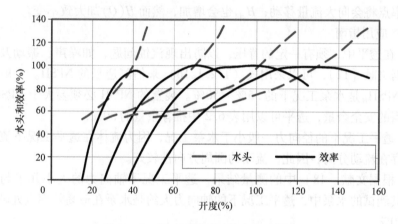

图 12.13　导叶可调透平的水头及效率
（效率和水头均以透平设计点为参照）

径由 d_2 减至 d_2'，叶轮的尖端速度 u_2' 减小，但是根据式（12.2）的因式 d_2/d_2'，由于角动量守恒，得出 c_{2u} 是增加的。因此我们发现 $u_2'c_{2u}'/(u_2c_{2u}) \approx 1$，所以理论比功实际上没有随着叶轮切削而改变。

叶轮切削使得飞逸水头降至 $H_L'/H_L = (d_2'/d_2)^2$，同时在部分负载时的效率也有所提高（测试报告见文献［4，9］）。但是，透平的飞逸特性曲线的形状不会显著变化。透平叶轮的切削特性曲线电动机堵转时（$n = 0$）会变到更低的流量（在 $H = $ 恒定值）[4]。因此在 $n = 0$ 时，阻力会随着叶轮的切削程度而增加。透平的堵转特性曲线和过载特性曲线因此变得更陡峭。

根据式（12.7），在给定流量下，扩大压水室的喉部面积（截面积 A_{3q}），比能会降低，也会使特性曲线变得更平坦。若透平达不到所需的流量（或者为了提高功率而增加流量），则压水器的喉部面积应相应地扩大。若透平需要一个较为陡峭的特性曲线或者更低的流量，A_{3q} 也必须相应地减小。需要修正的范围可以根据式

（12.7）估计。改变喉部面积是一种修正透平特性曲线使其满足应用需要的有效方法。修正透平喉部面积对其特性曲线的影响可用（12.13）来计算。

运用多级泵做透平时，在设计机械时要尽可能地便于增加或者移除其中的一级。然后就可以花费较少的代价来调节透平，使其满足装置要求。通过增加一级，透平的运行点将改变至更低的流量点（在水头恒定的）。相反，移除一级后，透平的流量和输出功率会增加。在流量恒定时，功率是与透平级数成正比例的。通过增加透平的叶轮数和出口角度也可以增加透平的出力，如图12.21所示。

在透平的出口切削叶片，A_{1q} 将会增加，同时将会获得一条更加平坦的特性曲线。这种修正方法是有效的，尤其是对于高比转速的透平而言，其影响效果可以通过式（12.7）进行评估。

通过切削转轮出口处的叶片，角度 β_{2B} 可能会有所增加，且无冲击入口流量及最高效率点将会向大流量移动；H_{opt} 也会增加，然而 $H(Q)$ 却大致不变。

（2）应用指南

1）在透平中，须有一定的背压，以防出现汽蚀问题，如噪声、振动及材料磨损。根据文献 [12]，可以采用式（T12.1.16）来估测透平的 NPSH。一般透平工况下的 $NPSH_R$ 是水泵工况下的 35% ~ 50%。装置的 NPSH 必须要大于 $NPSH_R$，并预留适当的安全余量，透平可以用表 6.2 中推荐余量的 50%。

2）透平工况下的径向力一般小于水泵工况，因为流体在透平工况下流过蜗壳时，不存在流动分离；因此，流动的圆周方向性较好。

3）根据文献 [18] 中的测量结果，透平工况下轴向力的大小几乎与流量无关；在其测试的水泵中，透平工况下的轴向力大约是水泵在最高效率点处轴向力的40% ~ 70%。

4）叶轮设计过程中可根据图12.14对叶轮的叶片及盖板进行应当修圆。这能减少流体进入叶轮所导致的损失，最高效率点处的效率可提高 1% ~ 2%。在部分载荷工况下，由于减少了冲击损失，效率也有所提高[B.9,9]。

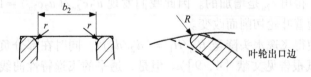

图 12.14 透平叶片及盖板的修圆

5）在部分载荷工况下，效率会急剧的减少。但是，在 $Q > Q_{opt,T}$ 时，效率曲线仍能保持平坦。因此部分载荷工况是不利的，在选择透平时不宜过大的估计。

6）透平的性能可以通过特殊设计的叶轮得到改善。相比于泵工况的参数，这些叶轮一般使用了更多的叶片数和更大的叶片出口角，如图12.21所示。

12.2 全特性曲线

根据以上的定义，在泵工况下工作时的流量和转速设为正方向；则在透平工况下，其工作流量和转速方向为负。在这两种情况下，均是出口段的压力比进口段的压力要高。这个条件用术语表示为"正水头"，同时转矩也记为正。

在理论上，对于 n、Q、H 和 M，其正负号组合的任意一种均是有可能的。它们其中的 8 种在实际中具有重要的实践意义，因为它们可以发生在瞬时、非正常和反转条件下[8,10]。例如：①电力故障之后，水从出口管路回流导致的叶轮反转；②泵起动时，来自出口管道回流；③转动方向出错；④在没有动力输入时，在正或负的压力差驱动下的流动。

分析紧随电力故障之后的水锤（见11.5）或者管道破裂后流体流经水泵的意外情况时，必须依赖相关的泵在所有流动方向和转动方向的定量数据（术语为全特性）。

根据文献［B.12］所提到的实际工程中可能出现的 8 种工作状态，即1）~ 8）。在以流量为横坐标、速度为纵坐标构成的坐标系中的以四个象限表示出来，如图 12.16 所示。所有数值均是以泵工况时最高效率点处的性能参数为参考。图 12.15中的正向与转动方向也与前面所述一致。8 种工作状态如图 12.16 所示了出来。

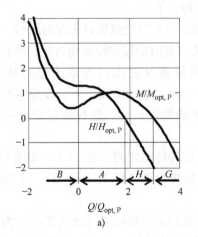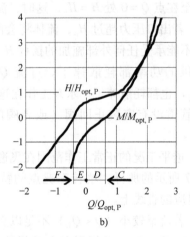

图 12.15 以流量为函数的扬程和转矩全特性曲线

a）转动方向为正 b）转动方向为负

M—转矩

1）正常情况下，泵工况点应在扬程 $H=0$ 对应的最大流量点处 Q_{max} 和扬程为 H_o 的闭阀之间。若水泵对所传递的流体的压力上升，运行点将在特性曲线上往回

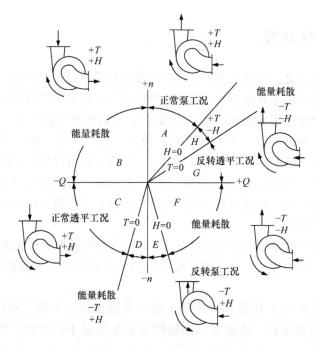

图 12.16 运行模式[B.2]

T—转矩

走，直至在点 $Q=0$ 处 $H=H_o$，这时，流动停止了。

2）若出口压力超过 H_o，流体将会回流，尽管电动机仍以正方向运行，这是因为叶轮不能承受任何外部施加的扬程 $H>H_o$。此时扬程和转矩均为正，所有在联轴器处提供的功率都耗散掉了。过流 Q_R 的能量及进出口处水头差对应的能量（$\rho g H Q_R$）也都耗散掉了。水泵工作在这样一种"制动模式"下。如发生电力故障或出口管道没有安装止回阀（或者阀门不能关闭）时，这种情况会发生一小段时间。

3）透平工况的正常工作范围在飞逸和堵转特性之间，见 12.1。如图 12.11 和图 12.17 所示的那样，堵转工况点的特性曲线在纵坐标上（$n=0$）。飞逸转速在 $M=0$ 对应的直线上。

4）若流量较小（$Q<Q_L$）不足以克服机器的空转或者飞逸转矩时，为了运行在流量 $0<Q<Q_L$，必须要向电动机输入额外的转矩。这时，透平就相当于制动器，并且耗散能量。因此，这个范围包括透平的飞逸运行区域和正常运行区域。

5）若出口处的压力进一步下降，若出口的压力进一步下降，泵将以反向转速将水由进口排至出口。这种例子发生在电动机的极性连接错误，或者双吸叶轮以一种错误的方式安装在了轴上时。由于额外发生的剧烈冲击损失，在这种情况下扬程和效率都会大幅降低。

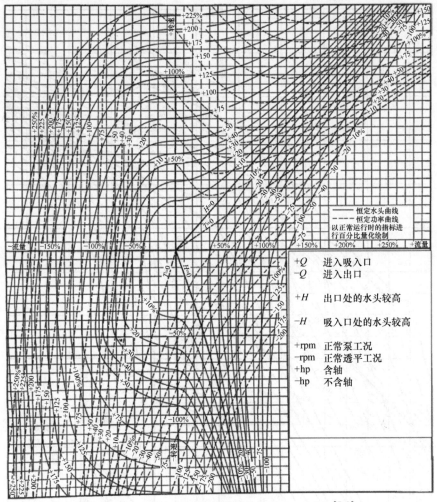

图 12.17 一台双吸泵的全特性曲线 ($n_q = 36$)[B.2]

T—转矩

6) 若出口压力降低到先前进口压力之下（即 H 变成负值），泵将以反向转速旋转，并作为一个制动器运行。

7) 若进口处的压力远比出口处的压力大（即存在足够高的负扬程），这台泵将会在正转速状态下以透平运行（透平以负转速运行）。这会发生在诸如两台泵（或更多）串联时，如果第二台泵的驱动损坏，此时上游的泵迫使流体流经该台没有驱动的泵。另外一个例子就是出水管路破裂时，吸入段或者系统压力足够高时（如反应器的初级冷却系统中）。

8) 在作为透平恰能输出能量和做正常水泵运行在 $H = 0$ 的极限之间的这段区域，在泵进口和出口之间的能量差及联轴器处输入的功率都被耗散掉了。

图 12.17 ~ 图 12.19 来自于文献 [B.2]，依据四象限表示方法绘制出了比转速

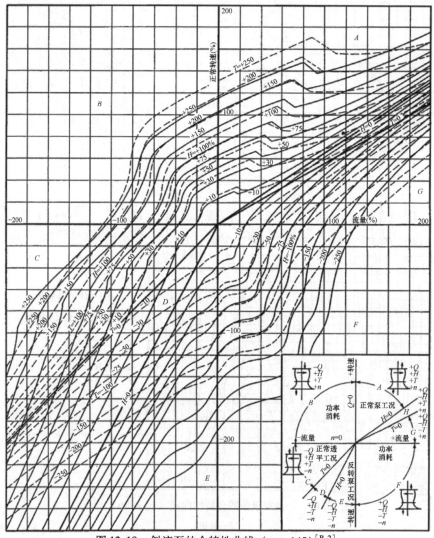

图 12.18　斜流泵的全特性曲线（$n_q = 145$）[B.2]

T—转矩

为 $n_q = 36$、145 和 260 泵三台的全特性曲线。在缺乏具体的试验结果的情况下，这些图表有利于粗略的估计在过渡和意外状态下的运行特性。反转运行条件下的测试结果可以在文献［10，11］找到。对于具体的水锤问题和意外条件下的分析，全特性曲线需要以正确的方式表示，可采用计算机进行图表绘制[2,10,11]。

图 12.20 中展示了一个计算瞬态运行的例子，在水泵驱动端失效后，绘制了电动机转速、流量和扬程随时间变化的图表。即假设在 $t < 0$ 时，水泵工作在设计工况点，在 $t = 0$ 时，电动机驱动端失效且没有止回阀。由于转子质量和流体的惯性，在驱动端失效后，仍能维持正向的流动。

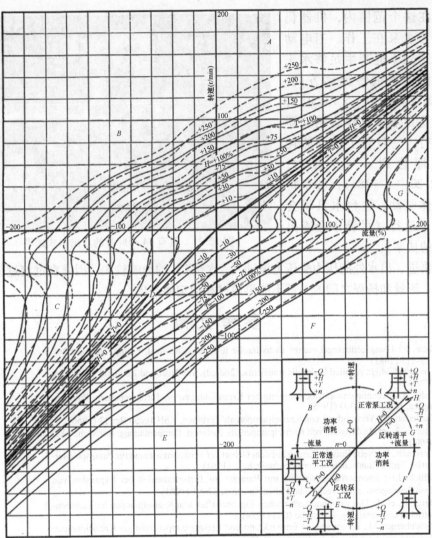

图 12.19 轴流泵的全特性曲线（$n_q = 260$）[B.2]

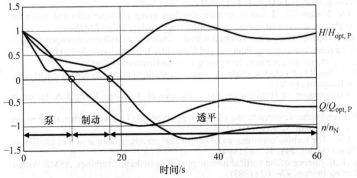

图 12.20 驱动端失效后转速、扬程和流量随时间的变化

在这个范围内，机器仍然作为水泵在工作。当电动机减速到不能产生足够水头时，流体将倒转流动方向，（在图 12.20 中 $t > 10\text{s}$ 时），这时这台水泵就作为制动器在运行。一旦转子的动能耗尽（即达到 $n = 0$ 点时；图 12.20 中 $t \approx 18\text{s}$），转子将由流体驱动，这台水泵将会做透平运行（尽管不会输出有用的功率）。

图 12.21　具有 14 个叶片的双出口式透平

泵进、出水处的压力受压力波动（"水锤"）的影响较大。因此在过渡过程中，转速、流量和扬程之间的关系不能再通过相似定律得出。

参 考 文 献

[1] Buse, F.: Using centrifugal pumps as hydraulic turbines. Chemical. Engng. (January 26), 113–117 (1981)

[2] Chaudhry, M.H.: Applied hydraulic transients. (2nd ed). Van Nostrand Reinhold, New York (1987)

[3] Cohrs, D.: Kennlinienvorausbestimmung bei Kreiselpumpen im Turbinenbetrieb. Pumpentagung, Karlsruhe (A3) (1996)

[4] Diederich, H.: Verwendung von Kreiselpumpen als Turbinen. KSB Techn Ber **12** (1966)

[5] Engeda, A., et al.: Auswahl von Kreiselpumpen als Turbinen. Pumpentagung, Karlsruhe (A6) (1988)

[6] Florjancic, D.: Neue Entwicklungen auf dem Gebiet der Umkehrmaschine für Pumpspeicherwerke. Techn Rundschau Sulzer Forschungsheft. (1961)

[7] Gülich, J.F.: Energierückgewinnung mit Pumpen im Turbinenbetrieb bei Expansion von Zweiphasengemischen. Techn Rundschau Sulzer. **3**, 87–91 (1981)

[8] Hergt, P., et al.: Die strömungstechnischen Eigenschaften von Kreiselpumpen im Turbinenbetrieb. Pumpentagung, Karlsruhe (C1) (1984)

[9] Hirschberger, M., Kuhlmann, J.: Entwicklung und Einsatz doppelströmiger Kreiselpumpen als Entspannungsturbinen. In: Pumpen als Turbinen. Faragallah, Sulzbach (1993)

[10] Martin C.S.: Representation of pump characteristics for transient analysis. ASME Winter Annual Meeting, Boston, FED. **6**, 1–13 (1983)

[11] Patterson, I.S., Martin C.S.: Effect of specific speed on pump characteristics and hydraulic transients in abnormal zones of operation. IAHR Symp Stirling, 151–172 (1984)

[12] Priesnitz, C.: Einsatzmöglichkeiten von rückwärtslaufenden Standardkreiselpumpen als Turbinen zur Energierückgewinnung. Pumpen und Verdichter Informationen, 3–12 (1987)

[13] Schmiedl, E.: Pumpen als Turbinen. Pumpentagung, Karlsruhe (A6) (1988)

[14] Sharma, K.R.: Small hydroelectric projects—use of centrifugal pumps as turbines. Kirloskar Electric Co, Bangalore (1985)

[15] Surek, D.: Axialpumpen im Turbinenbetrieb. In: Pumpen als Turbinen. Faragallah, Sulzbach (1993)

[16] Wesche, W.: Vergleichende Betrachtung von Kreiselpumpen im Turbinenbetrieb. In: Pumpen als Turbinen. Faragallah, Sulzbach (1993)

[17] Williams, A.A.: The turbine performance of centrifugal pumps: a comparison of prediction methods. Proc IMechE. **208**, 59–66 (1994)

[18] Yang, C.S.: Performance of the vertical turbine pumps as hydraulic turbines. ASME Winter Annual Meeting Boston, 97–102 (1983)

第13章 介质对性能的影响

高黏度（低雷诺数）介质会对泵的性能产生较大影响，当介质的运动黏度达到 $\nu = 3000\,\text{mm}^2/\text{s}$ 时（3000cSt）还可以使用离心泵输送，但是效率将下降到很低的水平，经济性也非常差。在液体中携带的大量游离气体会严重影响泵的性能，限制泵的运行范围。尽管由于密度差异原因，固体的流动路径偏离液体，并使泵的输送效率较低，但是泵仍可以处理携带大量固体的介质。对于在上述应用中泵性能的下降可采用经验方法进行估计。

13.1 高黏度流体

13.1.1 黏度对能量损失和性能的影响

当离心泵用于泵送黏度远高于冷水的流体时，附加能量损失会影响泵的性能。因此，一台根据输水工况设计出的泵，在没有进行修正之前不能用于泵送如在炼油和流程工业中用到的高黏度流体。

在运动黏度 ν 足够大的情况下，流动状态变为层流。根据泵的尺寸和转速，在运动黏度约为 $\nu = 10^{-4}\,\text{m}^2/\text{s}$ 时，流动会从湍流转为层流。当运动黏度 $\nu < 10^{-5}\,\text{m}^2/\text{s}$ 时，黏性的影响很小；因此在这个范围内，3.10 中所讲的效率缩放方法仍然是成立的。

可以通过经验方法计算出在泵送水（下标 w）到泵送黏性流体（下标 v）时，泵性能参数的变化。定义式（13.1）表示流量、扬程、效率（类似 3.10.3）的修正系数：

$$f_Q = \frac{Q_v}{Q_w} \quad f_H = \frac{H_v}{H_w} \quad f_\eta = \frac{\eta_v}{\eta_w} \tag{13.1}$$

在详细讨论经验方法之前，我们先回顾一些基本的原则，以及所涉及的物理现象和能量损失。根据 3.5 和 3.6，高黏性介质对于泵的功率平衡和能量损失影响如下。

1）机械损失与所泵送介质的属性无关；对于黏性流体，机械损失和泵送水时的一样。

2）通过密封环的泄漏损失随着雷诺数的降低或黏度的增加而减少。但是，在某一温度下，泄漏损失的影响小于通过用黏性规律计算出的吸入管路损失；正如 3.6.2 所讨论的，在密封环的狭小间隙中会产生较高的切应力。每单位面积的机械

能 $P_d/A = \tau_0 w$ 耗散为热能（τ_0 为壁面切应力）。因此，密封环中的切应力会不可避免地加热间隙处的流体。泵送油时的情况更是如此，因为间隙非常小，且油的热传递属性不如水⊖。由于油的黏度随温度的升高而急剧下降，在密封处黏性会下降到低于在该温度下吸入管处的黏性值。因此，随着黏性的增加，泄漏损失会略微减小，但当输送介质从水变为黏性流体时，密封环处流体的黏性对泵效率的影响很小。容积效率的变化可近似忽略。

3）圆盘摩擦损失随着雷诺数或黏性的增加而增加。其对泵效率的影响较大，尤其对于低比转速泵。

4）根据 3.8，在进口处、叶轮处和蜗壳或者导叶处的水力损失，由与雷诺数有关的摩擦损失和跟雷诺数无关的湍动能能耗造成的损失组成。

5）如前面所提到的，高黏性流体的流动状态往往是层流，因此叶轮壁面和流道的表面粗糙度对于泵送高黏性流体来说并不重要。

圆盘摩擦损失和流道中的摩擦损失是泵送黏性流体时的主导因素。根据第 3 章可估算如下。

（1）圆盘摩擦损失　通过表 3.6 可得圆盘摩擦损失的影响，从式（T3.6.3）⊜中计算出摩擦因子 k_{RR}。通过式（T3.5.13）可推导出圆盘摩擦损失 P_{RR} 和叶轮有用功 P_u 的比值 P_{RR}/P_u。图 13.1 表示的是特定比转速下该比值与流体黏性的函数关系。

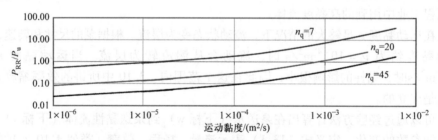

图 13.1　流体黏性对圆盘摩擦损失的影响

计算在 $\psi_{opt} = 1$，$n = 1450r/min$，$d_2 = 350mm$ 和 $s_{ax}/r_2 = 0.035$ 条件下

以下数据是该计算中所设定的：扬程系数 $\psi_{opt} = 1$，$n = 1450r/min$，$d_2 = 350mm$，$s_{ax}/r_2 = 0.035$。图 13.1 中的曲线特征与这些设定值基本无关。当运动黏度从 $1 \times 10^{-6} m^2/s$ 增加到 $3 \times 10^{-3} m^2/s$ 时，圆盘摩擦与有用功的比值增加了 35倍。在比转速 $n_q = 7$ 时，圆盘摩擦损失约为有用功的 18 倍以上。在 $n_q = 45$，运动黏度达到 $3 \times 10^{-3} m^2/s$ 时，圆盘摩擦达到有用功的 100%。泵的功率在整个流量范围内增加，并伴随着不同的圆盘摩擦损失 $\Delta P_{RR} = (P_{RR,v} - P_{RR,w})$。因而，此时的

⊖ 文中代表油的项包括所有高黏性流体。

⊜ 这些方程涵盖了从层流到完全湍流的整个范围。

功率曲线近似平行于泵送水时的功率曲线。

忽略其他因素，泵送介质从水变化为油时，只需考虑圆盘摩擦损失对泵效率的影响。根据表 3.5（其中 $P_{Rec} = P_{s3} = P_{er} = 0$）可得到单级泵的效率的近似表达式：

$$\eta \approx \frac{\eta_m}{\dfrac{1}{\eta_{vol}\eta_h} + \dfrac{P_{RR}}{P_u}} \tag{13.2}$$

假定 $\eta_{vol}\eta_h = 0.86$，根据图 13.1 中范围内的 P_{RR}/P_u 值计算出来的效率修正因子在图 13.2 中显示。这些因子仅仅包括由增加的黏度所导致的圆盘摩擦的影响（泵效率 f_η 已忽略机械损失）。

从这些因素和图 13.2 中的结果来看，受圆盘摩擦损失的影响，功耗的增加和泵效率的下降均与比转速密切相关。

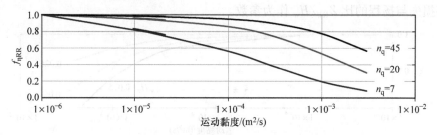

图 13.2　圆盘摩擦损失对效率的影响
计算在 $n = 1450 r/min$，$d_2 = 350mm$ 和 $s_{ax}/r_2 = 0.035$ 条件下

（2）水力损失　黏度对于水力损失的影响见 3.10.3，这些损失被认为是与雷诺数相关的摩擦损失 Z_R 和与黏度无关的混合损失 Z_M 之和。所以，对于泵送水和高黏性流体的理论扬程可表达为（表 3.8）

$$H_{th} = H_w + Z_{R,w} + Z_{M,w} = H_v + Z_{R,v} + Z_{M,v} \tag{13.3}$$

式（13.3）中假设流体黏性对滑移系数无影响，因此黏性对理论扬程也无影响。根据文献 [1] 中对于一台 $n_q = 30$ 泵的测试，即使是在运动黏度 $\nu = 1200 \times 10^{-6} m^2/s$ 时，假设仍是合理的（至少为同阶近似）。

因为混合损失被认为是与雷诺数无关的，式（13.3）中 $Z_{M,v} = Z_{M,w}$ 可抵消。因此就可以用式（13.1）中定义的乘数 f_H 项将 H_v 和 H_w 联系起来：

$$f_H = \frac{H_v}{H_w} = 1 - \frac{Z_{R,w}}{H_w}\left(\frac{Z_{R,v}}{Z_{R,w}} - 1\right) = 1 - \frac{Z_{R,w}}{H_w}\left(\frac{c_{f,v}}{c_{f,w}} - 1\right) \tag{13.4}$$

对于某一给定的理论扬程，式（13.3）和式（13.4）适用于任何特定的流量 Q_X。但是，如图 13.3 所示，小流量 Q_v 下的理论扬程高于 Q_w 流量下的理论扬程。

这就意味着，如果滑移系数不受黏性的影响，那么根据式（13.4a）水力效率会低于 f_H。与此相反，如果滑移系数（$\gamma_v < \gamma_w$）减小，系数 $f_{\eta h}$ 和 f_H 将会趋于接近。

$$f_{\eta h} \equiv \frac{\eta_{h,v}}{\eta_{h,w}} = \frac{H_v}{H_w} \frac{H_{th,w}}{H_{th,v}} = f_H \frac{H_{th,w}}{H_{th,v}}$$

$$= f_H \frac{\gamma_w - \dfrac{\varphi_{2,La}\tau_2}{\tan\beta_{2B}}}{\gamma_v - \dfrac{\varphi_{2,La}\tau_2}{\tan\beta_{2B}}f_Q} \qquad (13.4a)$$

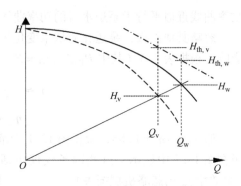

图 13.3 水力效率因子的推导

如果泵送水时，摩擦损失与扬程的比值 Z_{Rw}/H_w 已知，那么就能从式（13.4）中估算出泵送黏性流体时的扬程损失。扬程修正系数可通过上面例子中的方法计算得到，其结果在图 13.4 中显示，图中以摩擦损失与扬程的比 Z_{Rw}/H_w 作为参数。

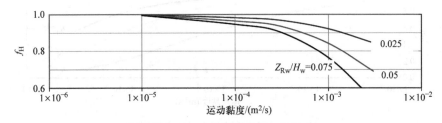

图 13.4 黏性对水力损失的影响

计算在 $n = 1450r/min$，$d_2 = 350mm$ 条件下

见 3.10.3，从式（13.2）和式（13.4）推导出效率修正系数，如式（13.5）所示：

$$f_\eta = f_{\eta h} \frac{1 + \left(\dfrac{P_{RR}}{P_u}\right)_w \eta_{vol}\eta_{h,w}}{1 + \left(\dfrac{P_{RR}}{P_u}\right)_w \dfrac{k_{RR,v}}{f_Q k_{RR,w}}\eta_{vol}\eta_{h,w}} \qquad (13.5)$$

由图 13.5 给出的效率修正系数是基于 $f_Q \approx f_H$ 并通过式（13.5）计算而得的，图 13.5 再次表明了比转速的影响。此外，理论及计算的效率损失与图 13.9 中的测试结果较为相似。

（3）热效应 效率修正系数中包括了圆盘摩擦、水力损失和容积损失的影响。从式（T3.10.9）中计算出泵送黏性流体时与泵送水时的圆盘摩擦因数的比值，式中包括叶轮侧壁间隙处因黏性下降而得到的修正系数 f_{therm}。正如上述讨论容积损失[2]时所解释的，黏性的下降是因高切应力下边界层处的能耗导致温度升高所引起的。所以，在很高的黏性下，进口处实际的壁面摩擦小于额定温度下计算所得值。从文献 [2] 中的测试报告可以得出黏性大约在 $400 \times 10^{-6} m^2/s$ 以上时，流体会因切应力引起的能量消耗所加热。基于这些试验和泵送高黏性流体时的测试数据分析,文献 [3] 推导出了经验系数 f_{therm},可以估算出因热效应而导致的圆盘摩擦损失下降量:

$$f_{\text{therm}} = \exp\left\{ -2 \times 10^{-5} \left(\frac{\nu}{\nu_{\text{Ref}}} \right)^{1.34} \right\} \tag{13.6}$$

其中,$\nu_{\text{Ref}} = 10^{-6} \text{m}^2/\text{s}$。

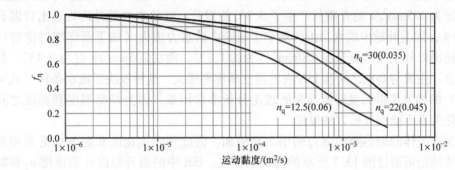

图 13.5　黏度对效率的影响

根据式 (3.26) 计算 ψ_{opt},其中 $n = 1450\text{r/min}$,$d_2 = 400\text{mm}$,$s_{\text{ax}}/r_2 = 0.035$。图中括号内的数字表示水中的摩擦损失比 $Z_{\text{R,w}}/H_{\text{w}}$

通过对单级流程泵内的温度测量证实了叶轮侧壁间隙和环形密封中的液体温度会出现显著增加。图 13.6 所示为典型的测试结果,它给出了进口介质温度 T_s、直径 d_2 处叶轮侧壁间隙 (ISR) 内温度 T_{2a}、环形密封进口附近温度 ($T_{\text{sp,1}}$) 和出口温度 ($T_{\text{sp,2}}$)。同时也给出了这些温度下对应的介质黏度。

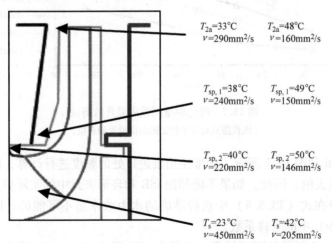

图 13.6　在 $n_q = 7$, $n = 3000\text{r/min}$ 的油泵中温度的变化

左栏 $T_s = 23℃$、$\nu = 450\text{mm}^2/\text{s}$;右栏 $T_s = 42℃$、$\nu = 205\text{mm}^2/\text{s}$,$A_{\text{gap}}/r_2 = 0.04$

图 13.6 所示的两个试验:①进口处的黏度为 $450\text{mm}^2/\text{s}$,油在叶轮侧壁间隙

（ISR）中局部温度升高了 15℃，使得局部黏度从 450mm²/s 降至 240mm²/s。在环形密封中油温较叶轮侧壁间隙内的温度要高 2℃；②进口的黏度为 205mm²/s 时，油在叶轮侧壁间隙中被加热 7℃，局部黏度从 205mm²/s 降至 150mm²/s，同时在环形密封中油温升高 1℃。

在试验 1 中从进口到出口黏度为 450mm²/s 的介质产生 5.6℃ 的温升，而试验 2 中黏度为 205mm²/s 的介质只产生了 3.3℃ 的温升。叶轮中的温升约为进出口温升的 20%，因为叶轮中的水力损失远小于蜗壳中的水力损失（如下面详细讨论的）。在叶轮出口处主流的温升在 450mm²/s 为约 1.1℃，而在 205mm²/s 时为 0.7℃。总体而言，主流与 ISR 之间和 ISR 内的温度梯度都很大。这种取决于流动条件（几何形状）的梯度使得圆盘摩擦损失的理论分析非常困难，因为局部温度和黏度之间的变化关系不能用分析方法描述。

泵内流体的加热随切应力的增大而增加，因此和叶尖速度和黏度也是正相关的。该结论可通过图 13.7 所示的测试来证实，ISR 中的温升与以叶尖速度 u_2 和黏度为变量构成的圆盘摩擦损失有关。因此，式（13.6）中的 f_{therm} 应包括叶尖速度。但是泵的其他几何特征（如叶轮侧壁间隙和间隙 A）也有影响。

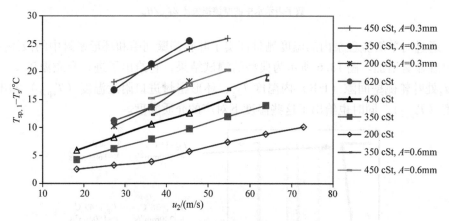

图 13.7　叶轮侧壁间隙内温升的测试
（该数据只对应于特定的测试设置和介质）

如图 13.6 和图 13.7 所示，如果使用泵进口处的黏度进行计算，圆盘摩擦损失的预测值是偏大的。因此，如果不能预测 ISR 和环形密封中的实际温度和黏度，则从损失分析及在式（T3.5.8）中获得准确的水力效率是不可能的；同样也无法确定式（T3.2.9）中的滑移系数。

对于图 13.7 所示的测试结果，热效应可以用式（13.6a）描述，圆盘摩擦因数 $k_{RR}(T)$ 通过式（T3.6.3）计算而得，其中黏度为叶轮侧壁间隙内平均温度下的黏度而圆盘摩擦因数 $k_{RR}(T_s)$ 是根据进口处的黏度计算出的。

$$f_{\text{therm}} \equiv \frac{k_{\text{RR}}(T)}{k_{\text{RR}}(T_s)} = \left(1 - 1.45 \times 10^{-5}\left(\frac{A_{\text{gap}}}{r_2}\right)^{-1.54}\right)\left(\frac{u_{\text{Ref}}}{u_2}\right)^{x}\exp\left\{-3.2 \times 10^{-4}\frac{\nu}{\nu_{\text{Ref}}}\right\}$$

$$x = 1 - \exp\left\{-2.2 \times 10^{-4}\frac{\nu}{\nu_{\text{Ref}}}\right\} \tag{13.6a}$$

式中，$u_{\text{Ref}} = 27.3\text{m/s}$，$\nu_{\text{Ref}} = 10^{-6}\text{m}^2/\text{s}$。

式（13.6a）涵盖的范围为 $A_{\text{gap}}/r_2 = 0.0019 \sim 0.04$（根据表 0.2，$A_{\text{gap}}$ 为间隙 A 处的间隙）。式（13.6a）中的 f_{therm} 是表示泵输送油过程中的热效应，其中热效应取决于以下几个参数：

1）由于叶轮前后口环环形间隙的存在，间隙泄漏引起了流体中的热耗散。

2）叶轮侧壁间隙和主流之间的对流是重要的影响因素，由于盖板的黏性摩擦作用可使介质通过间隙 A 进行动量转换。

3）叶轮侧壁间隙和泵腔中流体的对流和传导会产生热耗散。

4）黏度与温度的关系：$\nu = f(T)$。曲线 $\nu = f(T)$ 越陡，泵的损失就越小。换句话说：如果流体具有不同的曲线 $\nu = f(T)$，则在进口处具有给定黏度的泵将具有不同的损耗和效率系数。这可能是由于输送不同的介质所导致的。当泵送不同的介质时，该现象会更加明显，如输送油与糖浆时。

5）由于热传递属性不同，一些物质如油和糖浆，即使它们可能具有相同的黏度，但会产生不同的结果。

考虑到上述这些影响，且缺乏精确的数据支持，式（13.6a）仅可以作为一个粗略的近似。即使在黏度相当的条件下，流体温度变化对效率影响也比较大，可根据 13.1.2 中的内容分析黏度修正系数的不确定性。

（4）特性曲线　图 13.8a 显示的是泵送高黏度流体和泵送水时的泵性能变化。如果将泵送黏性流体时与泵送水时最高效率点（BEP）的数值相比较，式（13.1）中的乘数就能从图中直接得到。假定图 13.6a 中泵送水时所测量得到的特征曲线 1 表示的水力效率为 $\eta_{\text{h,w}} = 0.9$。假设用相同的泵，泵送黏性流体时水力损失明显更大，这可能是由于大量的粗糙表面，节流或者确切说的是更高的黏性。因此，$Q - H$ 曲线可能会降低到曲线 2。更大的水力损失会引起最高效率点移向小流量区。根据 4.2，可以推测（一阶近似）出最高效率点将沿代表蜗壳/导叶特性的直线 3 移动。

图 13.9 显示的是文献 [1] $n_q = 30$ 的单级蜗壳泵的测试结果，很好地验证了上述推测（如性能曲线和黏性为 $1200\text{mm}^2/\text{s}$ 曲线交点所示）。

同样，对 $n_q = 12$、22 和 45 的单级蜗壳泵的测试发现，黏性达到 $3000\text{mm}^2/\text{s}$ 时，最高效率点接近从蜗壳特性曲线[4] 中所得到的值。这种情况下，那么 $f_{\text{H}} = f_{\text{Q}}$ 成立。低雷诺数（高黏度、低转速、小叶轮直径）情况下效率曲线变得非常平坦（图 13.10），确定最高效率点变得很困难；可以通过水介质条件下最高效率点进行预测。

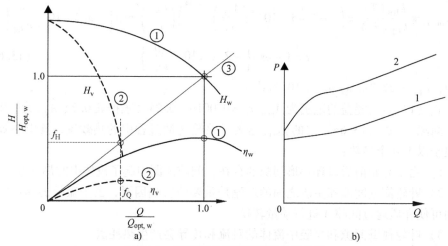

图 13.8　泵送高黏度流体时的性能曲线

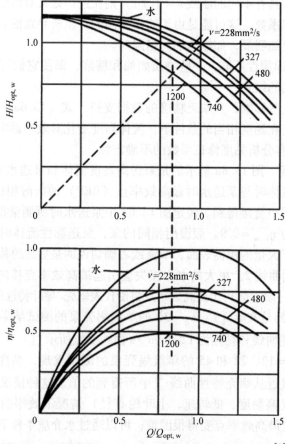

图 13.9　不同黏度下，$n_q = 30$ 单级蜗壳泵的性能曲线[1]

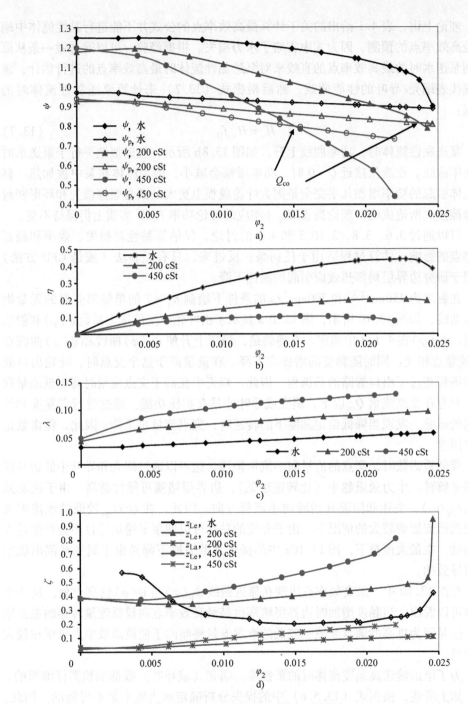

图 13.10　叶轮内的压力系数、静压升

a）效率　b）功率系数　c）叶轮和蜗壳内的损失　d）$n = 3000\text{r/min}$，$n_q = 7$

理论上讲，表4.1给出的关于计算最高效率点的公式并不能进行黏性流体中蜗壳最高效率点的预测，因为式中省略了水力损失。根据经验，可以通过做一条从原点到泵送水时的最高效率点的直线来对泵送黏性流体时最高效率点的进行估计，该直线代表蜗壳/导叶的性能曲线，然后根据式（13.7）来计算泵送黏性流体时的扬程：

$$H_v = H_w f_H \qquad\qquad (13.7)$$

泵送黏性流体时，功率曲线上升，如图13.8b所示，且近似地平行于泵送水时的功率曲线。在流量接近$Q=0$时，功率增幅会减小，因为流体在泵中被加热。黏性流体引起的功率增加几乎完全是因为叶轮盖板上更大的圆盘摩擦损失和环形密封的摩擦损失所造成的。理论扬程H_{th}（相应的理论功率P_{th}）实质上仍保持不变。

可以通过3.6、3.8、3.10.3和4.2的讨论，仅估算黏性对损失、效率和最高效率点的影响，估算过程适用于任何泵。反过来，只有经验法（或是CFD方法）可用于研究边界层局部热效应引起的黏性下降。

在黏度为450mm^2/s和200mm^2/s的条件下绘制$n_q=7$的单级蜗壳泵的无量纲性能曲线，如图13.10所示，图13.10a显示了由叶轮产生的压力系数$\psi(\varphi)$和静压增量，$\psi_p(\varphi)$在4.1.3中确定。有趣的是，静压上升使$\psi_p(\varphi)$曲线和$\psi(\varphi)$曲线在Q_{co}流量点相交，同时随黏度的增加而下降。在流量高于这个交点时，叶轮出口处的静扬程超过了出口管路的总扬程。因此，蜗壳中在高于交点流量时将出现能量耗散；只有在交点流量Q_{co}以下，蜗壳或导叶才具有扩压功能。通过进行高黏度和低转速的试验，发现当降低给定黏度下的转速时，交点流量也下降；因此，雷诺数是主导因素。

降低雷诺数时，交点的流量向小流量偏移，这可以通过蜗壳和导叶中的边界层阻塞来解释。水力通道越小（比转速越低），边界层堵塞可能性越高。由于流动减速（c_{3q}/c_2），失速和回流开始转向小流量方向。因此，在Q/Q_{opt}较低的水流中及泵受到回流影响较大的情况下，由于介质的黏性可以使泵平稳运行且不会产生过大的振动。在最大流量下，图13.10a中的扬程系数急剧下降是由于蜗壳喉部出现空化所导致的。

在图13.10中，最高效率点出现在靠近曲线$\psi_p(\varphi)$与$\psi(\varphi)$的交点处。从这个现象可以看出，当黏度增加时边界层堵塞也是最高效率点向较低流量转移的主要原因。这是因为更高的圆盘摩擦和较低的泄漏流量将倾向于使最高效率点出现在较大流量处。

为了增加输送高黏度流体时的泵性能，蜗壳（或导叶）喉部面积需仔细斟酌。

如上所述，根据式（T3.5.8）中的损失分析确定水力效率是不可能的。因此，假定滑移系数等于以水为介质试验得出的滑移系数，理论扬程可以根据式（T3.2.7）和式（T3.3.1）计算得出。水力效率为$\eta_h = H/H_{th}$，叶轮和蜗壳中的水力损失可以根据4.1.3得出，由此得出的损失如图13.10b所示。这些结果表明：

①叶轮内几乎没有冲击损失，这可以通过以下假设来解释：由于具有较高的黏性，流体的运动能够适应叶片在上游产生的作用力；②蜗壳和导叶中的水力损失占总水力损失的约 80%（与在低比转速泵中一致）；③叶轮内水力损失的特征和幅度与图 4.7 所示的测试数据非常相似；④相反，蜗壳内的损失对流量的依赖性与图 4.8 完全不同，因为函数 $\zeta_{Le} = f(\varphi)$ 几乎不存在最小值。黏度为 200cSt 时，泵腔内的损失几乎不依赖于流量；但随着黏度的增加，损失从关死点的零值开始快速上升。

如上所述，黏度增加使圆盘摩擦损失增加，功率曲线向上移动；而靠近关死点附近时由于流量很小的或无流量，功率主要被转化为油的热量，从而使油的黏度下降。图 13.10c 中的测试结果很好地证实了这一现象。

13.1.2 从泵送水时的性能估算泵送黏性流体时的性能

13.1.1 中的讨论（正如所预测的）证实，泵送黏性流体时的水力损失和效率取决于雷诺数和比转速。后者反映了水力流道的扩散损失；另外流量 q^* 可能也有影响。因此，式（13.1）中所定义的修正系数的表达式为

$$f_x = f(Re, n_q, q^*) = f(n, Q, H, d_2, q^*, \nu)$$

通过泵输送水时所得到的测试数据来估算泵送黏性流体的性能时，有两种方法可用：①损失分析；②经验。

13.1.2.1 损失分析

若有足够的泵数据进行统计，那么从 3.10.3 和表 3.10 中所描述的损失分析中有望得到较为准确的结果。即便如此，通常还是建议将分析结果和经验法得到的结果进行对比，因为由热效应引起的局部黏性变化很难分析。

文献 [1, 5-8] 所展示的测试数据可用于比较损失法的预测结果。这种比较在文献 [3, 9] 中已详细讨论。其结果如图 13.11 和图 13.12 所示，图中体现了经测量得到的和通过损失分析预测的效率和扬程的修正系数。为了确定雷诺数的影响，以及修正因子随泵的类型（单吸或双吸）和比转速的变化，在式（13.8）定义了修正的雷诺数，即

$$Re_{mod} = Re\omega_s^{1.5} f_q^{0.75} \qquad (13.8)$$

图 13.11 和图 13.12 中所描绘的测试数据包括的范围为：$250 < Re_{mod} < 10^7$ 或 $1500 < Re < 10^8$；$140 < d_2 < 510$；$1 \times 10^{-6} m^2/s < \nu < 3000 \times 10^{-6} m^2/s$；$0.28 < \eta_{opt} < 0.86$；$6 < n_q < 45$。计算和测量的标准偏差大约为 $\pm 15\%$。目前尚无更为准确的预测方法。图 13.11、图 13.12 及式（T13.1.3）、式（T13.1.4）能够用于性能的预测。

为了进行损失分析，根据式（T3.10.1）、式（T3.10.20）逐步求解。通过这种方法，可以得到最高效率点的修正因子 f_H 和 f_η。接下来，通过损失分析得到的泵特性曲线将在 13.1.2.3 中描述。

因为损失分析法通常依赖于很多的假设（如绝对表面粗糙度），建议采取适当

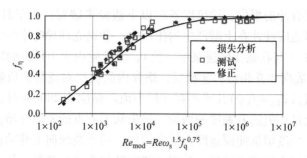

图 13.11 损失分析法和测试得到的效率修正因子对比

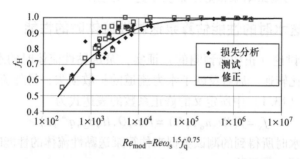

图 13.12 损失分析法和测试得到的扬程修正因子对比

的扬程和功率的余量。在实际应用中，应当对所选的泵的性能在不同假设条件下的变化进行细致的研究。

13.1.2.2 损失分析中的相关经验数据

图 13.11 和图 13.12 中的平均值曲线能够通过式（13.9）和式（13.10）所表述。数据的上部和下部包络线通过式（T13.1.3）和式（T13.1.4）所描绘，式中运用表 13.1 中所给出的指数 x 和 y。这些包络线有助于评价黏性性能预测中的不确定度并确定合适的余量。在这方面，这种方法优于其他方法。

$$f_\eta = Re_{mod}^{-y}, \quad y = \frac{19}{Re_{mod}^{0.705}} \tag{13.9}$$

$$f_{H,opt} = Re_{mod}^{-x}, \quad x = \frac{6.7}{Re_{mod}^{0.735}} \tag{13.10}$$

如果不需要精确的损失分析的话，关于黏性流体的这些相关量可以根据以水为介质时测得泵性能，通过式（13.9）、式（13.10）计算，或结合图 13.11 和图 13.12 得到。

13.1.2.3 泵送黏性流体时的性能曲线

关于预测泵送黏性流体时性能曲线的方法如表 13.1 中所述，表中包括了必要的公式，表示了怎样从泵送水时的性能曲线转向泵送黏性流体时的性能曲线。步骤如下：

1）绘制泵送冷水时的测量（或计算）的性能曲线。

2）最高效率点 Q_{opt} 处的修正因子 f_H、f_η 通过式（T13.1.3）、式（T13.1.4）中的损失分析或表 13.2 中描述的经验法之一来确定。

3）黏性流体时最高效率点的确定方法源于 $f_Q = f_H$。从可用的测试结果来看，虽然与平均值存在偏差，但这基本上还是目前最佳的假设。

4）如表 13.1 所示，泵送水时不同流量（如 $q^* = 1.0/0.8/0.6$ 和 1.2）的数据（Q_w、H_w、η_w）可从泵送水时性能乘以所述的修正因子可得到。鉴于修正因子 f_Q 和 f_η 与 q^* 无关，$f_H(q^*)$ 必须根据式（T13.1.6）计算。

5）泵送黏性流体时的关死点扬程与泵送水时的关死点扬程偏差不大，有时甚至略低。

6）对于多级泵，必须用单级扬程进行计算。

7）关于功率的计算，流体（不是水的密度）的真实密度应代入式（T13.1.7）。且从式（T13.1.7）来看，很明显功率的影响系数可以定义为 $f_p = f_Q f_H/f_\eta$。

8）对不确定度的评估和余量的确定可采用式（T13.1.3）和式（T13.1.4）。为此，采用不同的指数 x 和 y，预期（平均）值和修正因子的上下限能够通过计算得到。

如果已确定黏性性能数据 Q_v 和 H_v，那么关于泵送水时的设计参数 Q_w 和 H_w 可以通过式（13.11）而得到。

$$Q_w = \frac{Q_v}{f_Q} \quad H_w = \frac{H_v}{f_H} \tag{13.11}$$

表 13.1　泵送黏性流体时特性曲线的估算

计算选项： 1. 根据表 3.10 进行损失分析 2. 根据图 13.11 和图 13.12 和式（T13.1.1）~式（T13.1.4）进行修正 3. 根据表 13.2 对经验系数进行修正				式号
雷诺数	$Re = \dfrac{u r_2}{\nu} = \dfrac{\omega r_2^2}{\nu}$			T13.1.1
修正的雷诺数	$Re_{mod} = Re \omega_s^{1.5} f_q^{0.75}$			T13.1.2
由图 13.12 获得的 H_{opt} 修正系数	$f_{H,opt} = \left[Re_{mod} \right]^{-\left\lvert \frac{6.7}{(Re_{mod})^x} \right\rvert}$	指数 x		T13.1.3
		平均值	最大值	最小值	
		0.735	0.81	0.68	
由图 13.11 获得的效率修正系数	$f_\eta = \left[Re_{mod} \right]^{-\left\lvert \frac{19}{(Re_{mod})^y} \right\rvert}$	指数 y		T13.1.4
		平均值	最大值	最小值	
		0.705	0.77	0.65	

（续）

计算选项： 1. 根据表 3. 10 进行损失分析 2. 根据图 13.11 和图 13.12 和式（T13.1.1）~ 式（T13.1.4）进行修正 3. 根据表 13.2 对经验系数进行修正		式号
流量修正系数	$f_Q = f_{H, opt}$	T13. 1. 5
当 $q^* \neq 1$ 时扬程修正系数	$f_H(q^*) = 1 - (1 - f_{H, opt})(q^*)^{0.75}$　　　　$q^* = \dfrac{Q}{Q_{BEP}}$	T13. 1. 6
功率	$P_v = \dfrac{\rho_v g Q_v H_v}{\eta_v}$　　　　$f_P = \dfrac{f_Q f_H}{f_\eta}$	T13. 1. 7
NPSH$_3$ 的修正系数（适用于 Q 为常量时）	$f_{NPSH} = 1 + \zeta_E \dfrac{c_{f,v}}{c_{f,w}} \dfrac{c_{1m}^2}{2g NPSH_3}$　　　轴向进口： $\zeta_E = 0.1 \sim 0.15$ 径向进口： $\zeta_E = 0.25 \sim 0.5$	T13. 1. 8

给定：n, $Q_{opt,w}$, $H_{opt,w}$, $\eta_{opt,w}$, ν, n_q, ρ　　　脚注：w = 水，v = 黏性流体

类别	水			修正系数			黏性流体			
	公式			T13. 1. 5	T13. 1. 6	T13. 1. 4	$Q_v = f_Q Q_w$	$H_v = f_H H_w$	$\eta_v = f_\eta \eta_w$	T13. 1. 7
q_w^*	Q_w /(m³/s)	H_w /m	η_w	f_Q	f_H	f_η	Q_v /(m³/s)	H_v /m	η_v	P_v /kW
1.2										
1.0										
0.8										
0.6										
0	0			0		1.0	0		0	

有效范围： 1. 运动黏度最高为 $4000 \times 10^{-6} \text{m}^2/\text{s}$。 2. $7 < n_q < 50$。 3. 开式或闭式叶轮。 4. 数据源于单级蜗壳泵试验；多级泵中按照单级扬程进行计算。	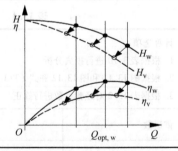

最为便捷对 $f_Q = f_H$ 进行估算的方法是通过式（T13.2.2）将 $Q = Q_v$ 和 $H = H_v$ 代入式（T13.2.1）；这是因为叶轮直径和比转速在一开始并不确定。随后可通过迭代计算确定修正因子 f_Q 和 f_H。

13.1.2.4　经验方法

标准文献［N.4］中的经验步骤现已被替换为标准文献［N.11］。标准文献［N.4］中的方法已被用几十年了，现提出来仅仅是为了做一个比较。标准文献［N.4］中的修正因子来源于单级泵的测试数据，其结果用一个通用的图形呈现

出来。

标准文献［N.4］中所公布的方法，将修正因子看作是 Q、H、ν 和 q^* 的函数。Q、H 和 ν 隐含在式（T13.2.1）的参数 B_{HI} 中。若将单位一致的所有值都代入式中，那么就会得到相应的 $B_{HI} \sim 1/Re^{0.5}$ 的一个无量纲数。在这里 B_{HI} 是一个有关层流物理意义的参数。比转速对于泵损失的影响是十分重要的（见 13.1），但并没有被包括在计算中，这是该方法的缺点。

文献［B.5］中所述的方法十分类似，但在参数 B 中包括了比转速的影响，见式（T13.2.1）的右侧[⊖]。对于比转速 $n_q = 15$ 的泵，参数 B 和 B_{HI} 是相等的。但是，文献［B.5］中所示的方法并没有考虑到流量 q^* 对流动的影响。

通过使用数学表达式（而不是图形），可以考虑到流量 q^* 的影响。公式形式更优于图形，因为公式可以通过计算机或是小型计算器计算。表 13.2 列举了所有关于计算修正系数必要的公式。只要这些系数得以确定，剩下的计算就可以按照表 13.1 中所示的方法进行。

运用文献［B.5］中所述的方法还应当注意以下几点：对于有副叶片的叶轮，应当用式（T13.2.5）得到 f_η。当计算没有副叶片的叶轮时，文献［B.5］建议使用式 $f_{\eta,o} = 0.4 + 0.6 f_\eta$（表达式中的 f_η 不应小于 0）。

根据文献［B.5］，在三个因子中比转速的影响是最为显著的。从 13.1.1 中可以看出，受圆盘摩擦损失影响，修正因子 f_η 随比转速的下降而减小。但是难以解释为什么从 $n_q = 30$ 到 $n_q = 45$ 的减少值和 $n_q = 25$ 到 $n_q = 6$ 时的减少值一样多。摩擦损失的一部分随比转速的增加而减少，但是由非均匀速度分布引起的损失会增加；目前尚不认为因非均匀流动引起的混合损失受雷诺数的影响很大。文献［B.5］的方法仅依靠文献［5］所述的在 $n_q = 46$ 时的单个测试结果，其结论是否普遍适用，还很难确定。

标准文献［N.4］和文献［B.5］中的方法在一些范围内得到了不同的结果：例如对于 $n_q > 20$ 时，文献［4］及标准文献［N.4］中的方法有高估黏性流动下功率消耗的可能；但是对于 $n_q < 15$ 时，功率估算可能又过低。图 13.9 中所示的一台 $n_q = 30$ 的泵测试结果，就是这方面差异的一个例子：测试介质黏度为 1200×10^{-6} m^2/s 时，相应的因子 $f_\eta = 0.49$，而按照标准文献［N.4］所估算的为 $f_\eta = 0.2$。

无论将哪种统计方法应用于各种不同的泵中都会有大量的不确定性存在，因为泵的设计、压力分布和表面粗糙度都对各种损失的大小有影响。鉴于这些不确定性，当推导表 13.1 中的公式时，标准文献［N.4］和文献［B.5］中所述方法的准确性都无法保证。表 13.2 中的公式与这些方法大体上的特征十分吻合，但计算值并不总是与从图形上读出的结果一致。

标准文献［N.11］中所讲的同样是经验法，用该方法算出来的值与根据式

⊖ 这可以根据表 3.4 中列举的相似定律，将其代入式（T13.2.1）$Q \sim nd^3$ 和 $H \sim n^2 d^2$ 进行验证。

(T13.1.1)~式(T13.1.4) 所计算出来的结果十分相似。表 13.2 给出了一个与标准文献 [N.11] 相等的例子。

标准文献 [N.4, N.11] 和文献 [B.5] 中，所有关于泵性能的经验方法都基于测试试验。试验是针对比较小的单级单吸泵，在泵送水时的雷诺数约为 4×10^6 下进行。因此，经验法仅能对这种类型的泵有较为合理的预测。对于许多泵送水时雷诺数在 10^7 以上的泵，这些方法并不是很准确。而对于这些泵，需考虑绝对雷诺数（不仅是黏度）。而基于这些相对较小的模型泵所得到的数据来对大型输油泵进行估算时，可能会过于保守，因而推荐使用损失分析法。

表 13.2　根据标准文献 [N.4, N.5, N.11] 对输送黏性流体时性能进行估算

[单位: $Q/(\mathrm{m}^3/\mathrm{s})$; H/m]

步骤	标准文献 [N.4]	文献 [B.5]		式号
参数	$B_{\mathrm{HI}} = \dfrac{480\sqrt{\nu}}{Q^{0.25}(gH)^{0.125}}$	$B = 100\sqrt{\sqrt{\dfrac{\nu}{Qn^{(\mathrm{s})}}}(gH)^{0.25}} = B_{\mathrm{HI}}\sqrt{\dfrac{15}{n_q}}$		T13.2.1
流量修正系数	$f_Q = \mathrm{e}^{-0.11(\lg B_{\mathrm{HI}})5.5}$	$f_Q = \left(\dfrac{15}{n_q}\right)^{0.013B}\mathrm{e}^{-0.165(\lg B)4}$		T13.2.2
流量比修正系数	$f_{q*} = 1 - 0.014(B_{\mathrm{HI}} - 1)(q^* - 1)$			T13.2.3
扬程修正系数	$f_H = (0.25 + 0.75 f_Q)f_{q*}$			T13.2.4
效率修正系数	$\alpha = 0.05\mathrm{e}^{0.04\sqrt{B_{\mathrm{HI}} - 0.5}}$	$\beta = 0.083 B^{0.59}$	$f_\eta = B^{-\beta} - \Delta n_q$	T13.2.5
有副叶片	适用于所有情况	$n_q < 25$:　$\Delta n_q = 0.005(25 - n_q)$ $n_q > 30$:　$\Delta n_q = 0.005(n_q - 30)$		
无副叶片	$f_\eta = \mathrm{e}^{-\alpha(B_{\mathrm{HI}} - 0.5)1.08}$	$f_{\eta,\mathrm{o}} = 0.4 + 0.6 f_\eta$		T13.2.6
功率	$P_v = \dfrac{\rho_v g Q_v H_v}{\eta_v}$			T13.2.7
参数	标准文献 [N.11]			
参数	$B = \dfrac{480\sqrt{\nu}}{Q^{0.25}(gH)^{0.125}}\left\{\dfrac{n_{q,\mathrm{Ref}}}{n_q}\right\}^{0.25}$	$n_{q,\mathrm{Ref}} = 20$		T13.2.8
流量修正系数	$f_Q = \mathrm{e}^{-0.165(\lg B)3.15}$			T13.2.9
最高效率点处的扬程修正系数	$f_{H,\mathrm{BEP}} = f_Q$			T13.2.10

（续）

步骤	标准文献［N. 11］		式号
$q^* \neq 1$ 时的扬程修正系数	$f_H(q^*) = 1 - (1 - f_{H,BEP})(q^*)^{0.75}$	$q^* = \dfrac{Q}{Q_{BEP}}$	T13. 2. 11
效率修正系数	$f_\eta = B^{-\beta} \quad \beta = 0.0547 B^{0.69}$		T13. 2. 12
轴功率	$P_v = \dfrac{\rho_v g Q_v H_v}{\eta_v}$		T13. 2. 13
$n_{ss,Ref} = 200$ 时 $NPSH_3$ 的修正系数	$f_{NPSH} = 1 + A_1 \left\{ \dfrac{1}{f_{H,BEP}} - 1 \right\} \left\{ \dfrac{n_{ss,Ref}}{n_{ss}} \right\}^{1.33}$		T13. 2. 14
	轴向吸入泵：$A_1 = 0.1$；径向吸口泵：$A_1 = 0.5$ f_{NPSH} 应用于恒定流量情况下		

13.1.3　黏性对吸入能力的影响

标准文献［N. 4］和文献［B. 5］中的方法没有给出汽蚀性能的估算方法。由于在泵进口处存在附加损失，会有某一必需汽蚀余量的增加，因此推荐采用一个安全余量。根据 6.3.2 所述，进口损失：$H_{v,E} = \zeta_E c_{1m}^2 / (2g)$。假定这些损失随摩擦因数比值 $c_{f,v}/c_{f,w}$ 增加而增加，关于 NPSH 的修正因子便可通过式（13.12）计算：

$$f_{NPSH} = 1 + \zeta_E \frac{c_{f,v}}{c_{f,w}} \frac{c_{1m}^2}{2g NPSH_3} \tag{13.12}$$

摩擦因数 $c_{f,v}$ 和 $c_{f,w}$ 从表 3.10 计算得到。根据 6.3.2 所述的进口损失系数随 $\zeta_E = \lambda_c - 1$ 变化而变化。轴向入流进口损失系数约为 $\zeta_E = 0.1 \sim 0.15$，而对于两端支承泵（径向入流）$\zeta_E = 0.25 \sim 0.5$。

泵送水时的 $NPSH_3$ 应当乘以因子 f_{NPSH}，至少考虑了黏性流动中产生的部分附加损失，且该修正因子应用在恒定流量下（流量不受流量因子 f_Q 的影响）。

由于热效应的影响，在高黏性流体下的吸入性能测试结果并不可靠。从 6.4.1 所述来看，泵送其他介质相对于水时的必需汽蚀余量 NPSH 会略微减小。因此，在某种程度上，热力学效应能够补偿更高黏性的影响。

13.1.4　泵送黏性流体时的起动

在采用多级泵输送高黏性流体时，在小流量下可预见介质会被逐级加热。从式（11.9）中可以推导出每级的温升，根据功率 P_{st} 和效率 η_{st} 可以得

$$\Delta T_{st} = (1 - \eta_{st}) \frac{P_{st}}{c_p \rho Q} = \left(\frac{1}{\eta_{st}} - 1 \right) \frac{g H_{st}}{c_p} \tag{13.12a}$$

按照式（13.12a），在每一级的进口处，可以对温度和黏度进行计算。同样，轴向力平衡装置中也充满着上一级所加热的流体。这些影响随流量的减小而增加；比转速越低，从一级到另一级的温升越大。

在小流量起动过程中，热效应最为显著。在闭式系统中输送黏性流体时（如变压器油冷却泵），在起动过程中整个系统会被小流量运行的泵加热（变速驱动在低速下运行）。这样在冷起动时可以无须增大电动机功率而起动泵。同样，如果在正常运转时所产生的温度比起动条件下的更高（如油井中），那么可以先从一个最小流量起动，以促使液体开始循环流动。

13.1.5 泵送黏性流体时的一些建议

1）根据测试数据，比转速范围为 $n_q = 20 \sim 40$ 的泵在泵送黏性流体时的效率最优。

2）在给定扬程和转速时，较高的扬程系数需要较小的叶轮直径，并因此具有更低的圆盘摩擦损失和更高的效率。这就是输送高黏性流体时倾向于选择高扬程系数泵的原因。因为在泵送黏性流体时，$Q - H$ 曲线会变得陡峭，具有高扬程系数叶轮便不会有不稳定 $Q - H$ 曲线的出现（部分测试结果在文献［6］中有介绍）。但是，对于泵送水时，这些叶轮可能是不合适的。

3）当泵送比水黏性的流体时圆盘摩擦损失会更大，考虑到效率时，不易采用副叶片。相比之下，对于平衡轴向力来说，可行的方法是采用平衡孔及后盖板处的环形密封，因为随着黏性的增大环形密封的影响逐渐减小。在叶轮侧壁的间隙处，由于功耗而使流体加热，局部黏性在更高温度下会降低，因此圆盘摩擦损失会减小。

4）在湍流中，圆盘摩擦损失与叶轮侧壁间隙宽度的相关性很小；在层流中，这些损失的增加与叶轮和蜗壳的轴向间隙成反比，见式（T3.6.3）。因此在泵送高黏性流体时，应当避免狭窄的叶轮侧壁间隙。在性能预测中，叶轮侧壁间隙宽度同样是一个重要的不确定因素，因为标准文献［N.11］和文献［B.5］中没有将其包括在计算中。尤其是在低比转速泵中，过大的圆盘摩擦损失将会引起的黏性功率的增加。因此，若两台除了具有不同的叶轮侧壁间隙外，其余参数均一样的泵，在输送高黏性流体时会得到不同的效率。由于在狭小侧壁间隙处的功耗会引起热效应，在某种程度上会抵消一部分损失。

5）根据标准文献［N.11］和文献［B.5］中所给出的修正因子对泵特性的预测是一个相对"粗糙"的近似值。在不同的泵中，损失对于雷诺数的依赖性变化很大。效率、雷诺数、泵的设计、运行工况都对性能的预测有影响。

6）在湍流中，两台只有不同表面粗糙度的泵具有不同的效率，但是在层流中效率相等。因此，从泵送水时的数据预测泵送黏性流体的性能时，应当运用不同的因子 f_H 和 f_η。这些影响建立在所知的表面粗糙度的基础上，可以通过详细的损失分析加以考虑。

7）由于泵送高黏度流体时会产生较大的损失，因此可以根据热力学方法和 11.6 中的式（11.9）确定设备的效率。在描述图 13.6 的上、下文中提到的温度变化就是一个例子。

8）吸入管路应尽可能短，这样介质就可以快速地从罐体中抽送到泵进口处。如果吸入管路有一定的长度，其直径应该大于泵吸入口的公称尺寸。

9）泵送黏性流体时需要更大的驱动功率。同样，起动转矩和起动电流也会更高。因此，需要检查泵轴、联轴器和驱动器是否能满足这些条件。

10）考虑到计算方法的不确定性和流体物性的可能变化，在选择泵和电动机时，应当有充分的余量。

11）黏性流体有扰乱辅助设备正常功能的风险（如轴封、屏蔽液体的注入或是冷却回路等），因此在确定这些设备时需要注意。

12）上述所讨论的方法适用于仅牛顿流体，与非牛顿流体的情况是不同的，见 13.5。

13.2　泵送气液混合物

气液混合物在过程工业和原油生产和制造中会经常遇到，其中常含有天然气。泵具有很高经济效益的重要应用之一就是用于油井中油气混合物的输送。通过两相流泵降低井口压力，提高原油产量。但是，很难用离心泵来处理气体含量较高的混合物，因为气液两相具有很大的密度差而易于分离。因此泵送气液混合物时效率很低。如以下所详细讨论的，相间分离是由于体积力和垂直于主流方向的压力梯度所产生的浮力而造成的。

13.2.1　直管中的两相流模型

在讨论叶轮和蜗壳中的复杂两相流动现象之前，有必要回顾一下水平管或通道中的不同流动模型。该流动类型与两相流泵的进口有关，且其对性能有影响。

图 13.13 所示为常见的不同相分布的图例。图中划定了这些与质量流速[10]相关的流动模型的近似边界。模型的定义在表 13.3 中给出：带撇号的表示液体，两撇的表示气相。纵坐标上表示的气体质量流量和横坐标上表示的液体质量流量是通过流体属性相乘得到的，如图 13.13 所示。在大气压下，非水的介质或气体介质流经管路时需要这些修正因子。

如果流体紊乱地流经管路时，小气泡较为均匀地分布在液流中，能看到"泡状"流体。在流速更高、流动状态更紊乱、气泡更小时，混合物会更加均匀。湍流和表面张力作用在小气泡上时，容易产生相对不均匀的气泡分布。但是在水平管中，由于浮力的作用，气泡的集中程度会从底部到顶部增加。由于平均流动速度的减小，更多的气泡会浮至上部并堵塞管路。在流速较高的情况下，由于切应力的增加，泡状流会变得更加更为分散。

如果流动速度减小，气泡会发生合并，直至产生较大的气泡（"气栓"）。这些气泡会堵塞管路上半区的相当一部分，其影响会随混合物流速的降低而增加。在竖直管的上游，由于浮力的作用，气泡会比液体流的更快，就会出现液相和气相的"滑移"。

当液体停滞不前时，气体就会上升并充满管路的顶部。同样也会在低速流动中发生相间分离，液体仅充满管路的一部分，气体和液体流完全分开（几乎跟明渠流差不多）。当液相和气相的速度都很小时（图 13.13），便产生了这样一个"分层流"。如果气体流量增加，同时气体的流速明显超过液体的流速，由于切应力的作用会产生表面波纹（类似于因风而在湖面产生的波浪），分层流变会变为"波状流"。

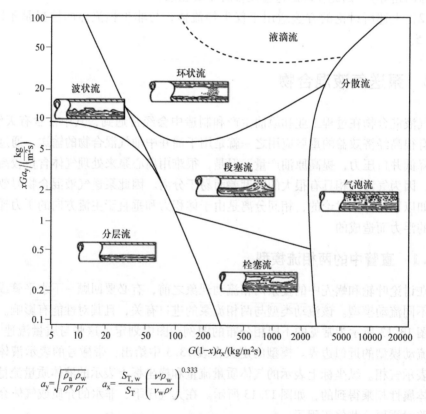

$$a_y = \sqrt{\frac{\rho_a}{\rho''}\frac{\rho_w}{\rho'}} \qquad a_x = \frac{S_{T,w}}{S_T}\left(\frac{\nu'\rho_w}{\nu_w\rho'}\right)^{0.333}$$

图 13.13　水平管中的流动模型

根据文献 [10]，S_T = 表面张力，$G = m_{tot}/A$ = 质量流速；

下标：w = 水，a = 空气在20℃和1bar（0.1MPa）时。

当波峰到达通道上侧壁面时，便会产生"段塞流"，整个管路中的气体和液体分布变化非常大。液体段同样会交替出现气穴。段塞流可能长达数个管径的长度。因此段塞流容易出现脉动，并会引起诸如管路或泵振动的运行问题。在管路进口和出口处可能会因段塞流而产生振动。

如果同时有高速的气体流和低速的液体流时，会产生一个"环状流"，因为过高的切应力将液体分布在整个管路内壁的圆周上，并形成一个薄层。两相也会被分离到更大的程度。水平管流动中由于重力的作用，整个圆周上液膜的厚度会发生变化（液膜的最大厚度出现在管路底部）。若气体流速进一步增加，液膜会被破坏，气体中会夹带液滴。这样就会产生液滴流或是"雾状流"，同时，混合物会变得更加均匀。由于持续的液体夹带作用和沉积作用，该过程是不稳定的。

图 13.13 对于水平管来说是有效的。在竖直流道中能够看到不同的流动类型，其中流动方向对相间分布会有影响。在竖直向上流动中，因浮力的作用，气体流速会大于液体的；在向下流动中，因重力的作用，液体会比气体加速的更快。

不同流动类型之间的转换平滑与否取决于运行条件气相和液相的物性。因此有各种各样的流动类型分类，其中有些能在文献［11］中找到。文献［12］中推导出了水平管或倾斜管中两相流模型的复杂计算过程，其步骤可在文献［11，13］中找到。

如上述管路中两相流动类型的讨论，可以区分出三种典型流动类型。

1）均相分布：若流速很高且其中一相占主导，就会产生伴随有气泡或是液滴的相对均匀流。在此条件下的湍动能足以混合伴随主流的较小体积分数相，其中体积力的影响是次要的。分散相（气流中的液滴或是液流中的气泡）被主流所带动，其过程类似于气动或液力中通过"载体流体"进行颗粒输送。

2）并流中的分离相：若流动速度较低且湍流混合作用相对较弱，体积力占主导且本质上是分离的相，便会出现分层或波状流。若流速很高以致切应力的作用超过了体积力，在液体相比例较小时就会产生环状流。

3）间歇流中的分离相：若湍流混合作用中，体积力或切应力占主导，沿管路轴线的相间分布变化很大（在这种情况下，整个管路中相的分布可能是不均匀的）。若上述两种作用都不强烈的话，那么气泡聚合和表面张力占主导，这样会产生更大的气体。而相间滑移同样十分重要，其结果便会出现间歇流动和堵塞流动。

总的来说，相间分离的趋势主要受以下物理机制影响：

1）相间分离的可能性随气体体积分数 α 的增长而增加。气体体积分数达到 $80\% \sim 90\%$ 时，气液两相便会分离。

2）相间分离的可能性随体积力的增加而急剧增加。管路流动规律与重力也是相关的。在旋转叶轮中，离心力和科氏力是占比较大的体积力。离心力在静止的弯曲通道（蜗壳、导叶或弯管）中同样会诱导相间分离。

3）相间速度的差异（滑移）：大多数情况是气相的流速会超过液相流速。若液相体积分数很小，流速越高的气流越容易夹带液体，形成液滴流、环状流、波状流或分层流。在气泡流、段塞流和栓塞流中，因为气体膨胀，流动方向上的压力梯度会加速气相；这是因为以下将详细讨论的"浮力效应"。

4）相间分离的趋势随液相与气相的密度比 $DR \equiv \rho^* = \rho'/\rho''$ 减小而减小。在极端的情况下，当气相密度接近液相密度时，因体积力和浮力的存在，便不会有相间分离的可能。

5）相间边界的黏性和湍动切应力会促使相间混合。

6）表面张力倾向于保持气泡或液滴的形状，气泡的聚合会形成更大的气泡和堵塞泡。

7）在高黏性流体中，如式（13.15）中所示，气泡运动受阻，因此在重力分离器中很难将小气泡从原油中分离出来。

8）体积力和惯性力的比值有很重要的影响。体积力占主导会促进相间分离，而在直管路中（高流速）惯性力占主导则会促进相间。

9）相间动能的交换和湍动速度的波动会促进相间混合。

在管路两相流动中压力降同样取决于以上所有参数和流动类型，其预测方法参见文献［11，13］。

13.2.2　泵中的两相流动与物理机理

离心泵输送两相混合物的能力首先取决于气液两相是否形成了均匀的混合物或是两相的分离程度。液体中良好的气泡分布可以认为是一种准均匀混合物。气泡被液流夹带，相间的部分滑移会引起附加损失。同样，气流夹带液滴也可认为是均匀流动。其输送机理类似于气动或液力输送颗粒（见13.4）。液滴容易聚集在叶片或蜗壳流道处形成液膜；但其过程是不稳定的，因为液膜可能会被气流和液体间的切应力破坏；相间的动量交换引起的滑移和损失会比泡状流中的更大。随着气体体积分数的增加，泡状流逐渐发生变化，因为小气泡容易聚集形成大气泡（如管路中的段塞流或栓塞流）。当气体在泵中聚集时，输送便会终止，泵中形成了"气封"。

即使泵中的几何形状和体积力完全不同于流经直流道的情况，但通过同样的物理机理（见13.2.1中所讨论的）可有效地确定流动类型。在流动方向上，直流道中的压力梯度通常是比较适中的，而叶轮中的压力场则严重影响相间分布。除了"浮力效应"的影响外，旋转叶轮中的体积力也有很大的影响。

（1）体积力　为了说明体积力的影响，考虑一个具有径向直流道的旋转盘，如图13.14所示（见7.3.2中的泵送设备）。流道中的流体受到很大的科氏加速度 $b_c = 2\omega w$。如在 $n = 3000\text{r/min}$ 和 $w = 10\text{m/s}$ 时，科氏加速度 $b_c = 6280\text{m/s}^2$。流体质点受640倍于重力加速度的科氏加速度。科氏力作用于相对速度的垂直方向上（基本上沿流道的轴线）。因此，流体在流道的主导面（压力面）被输送，若出现了大量气体时就会形成分层流；即使流道直径很小时这种情况也会出现。科氏加速度在径向叶轮和后弯式叶片中同样是很大的。叶轮旋转的影响类似于图 13.14 所示，但还需考虑 5.1 中所描述的附加力。

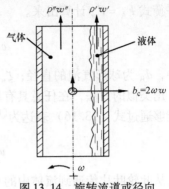

图 13.14　旋转流道或径向叶轮中的相间分布

因为叶轮出口半径 r_2 外圆周方向上的静压是恒定的，所以叶轮出口处的液相和气相具有相同的静压。若两相完全分离，叶轮中的压升会受气体密度的限制，见文献 [14]。在分层流中叶轮中的压升仅是单相液流（SPL）中压升的 $\rho''/\rho' = 1/\rho^*$ 倍。在实际中，两相间会有部分相互作用，因此压力升在某种程度上会更高。

气体和液体会被加速到叶轮出口速度 c_2。液相密度较高，具有较高的动能 $E' = 1/2\rho'Q'c_2^2$。这些动能不能在压水室中被很好地收集，分离相中气体密度限制了导叶中的压升。此外，两相具有不同的速度矢量，会引起导叶或蜗壳中的冲击损失。

在分离流中，叶轮中的静压增量基本上被气体密度所限制：

$$\Delta p_{La} = \frac{\rho''}{2}(u_2^2 - u_1^2 + w_1^2 - w_2^2) - \rho''gz_{La}$$

（2）浮力效应　压力场中，气泡会向压力最低运动，这被称之为"浮力效应"。用 ρ'' 代表气泡的密度，ρ' 代表液体密度，如图 13.15 所示。气泡单元的面积为 dA，高度为 Δz。气泡单元一侧的压力为 p_1，另一侧压力为 p_2。整个单元会受到一个 $dF_A = (p_2 - p_1)dA$ 的力。其中压力 p_2 和 p_1 源于周围液体的压力场：

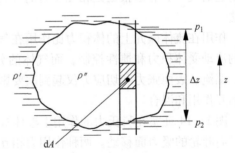

图 13.15　压力梯度作用下气泡在液体中浮动

$p_2 = p_1 + (\partial p/\partial z)\Delta z$。通过作用在气泡上的压力场，该作用力可转换为

$$dF_A = \frac{\partial p}{\partial z}\Delta z dA = \frac{\partial p}{\partial z}dV \tag{13.13}$$

重力场中的压力梯度为 $\partial p/\partial z = \rho'g$。相应的浮力为 $F_A = \rho'gV$。若将作用在气泡上的重力也包括在内，那么总的力为

$$F_{res} = (\rho' - \rho'')gV \tag{13.14}$$

式（13.13）源于任意的压力场，证明了气泡总是向压力最低处运动。这种运动被惯性和流体动力学阻力 F_w 所阻碍，其中流体施加在气泡上的力是由黏性产生。若忽略惯性，重力场下静止流体中气泡的上升速度 c_A 能够根据浮力和流体阻

力平衡式 $F_A = F_w$ 计算出来。

$$c_A = \sqrt{\frac{4gd_B}{3\zeta_w}\left(1 - \frac{\rho''}{\rho'}\right)} \qquad (13.15)$$

式中，d_B 为球形气泡的直径；ζ_w 为雷诺相关阻力系数［与式（T13.6.6）相同］。

用类似的方法，在任意具有压力梯度 $\partial p/\partial z$ 的压力场中，气泡相对于液体的速度能够通过式（13.16）表达为[15]：

$$w_{rel} \sim \sqrt{\frac{2d_B}{\zeta_w \rho'}\left(-\frac{\partial p}{\partial z}\right)} \qquad (13.16)$$

从叶轮叶片传递到流体中的功产生一个从叶片压力面到吸入面的压力梯度。因此相应的近似为 $\partial p/\partial z \approx (p_{ps} - p_{ss})/t$，其中 t 为叶片间距。因此，气泡会有在叶片吸入面附近聚集的趋势。5.2 中所讨论的复杂受力会产生二次流，会影响叶轮流道中的相间分布。因此上述的趋势会被扭转，气体在压力面附近而不是在吸入面聚集。实际的相间分布取决于叶轮中作用于流体质点的力的平衡。二次流和回流能够促使相间混合，能够提高泵输送气体的能力。

几何形状和流量对于受力平衡的影响不能通过简单的方法计算得到。叶轮中两相流动模型的预测和阐述远比单相流动要难。现有的叶轮内部流动模型的观测显示，在部分载荷下气体主要集中在吸入面，而在 $q^* > 1$ 时，可以看到出现在压力面附近的气穴。有些报道是相互矛盾的（可能是由于条件不同），很难建立通用的方法。

作用在流体微元上的体积力比作用在气体上的体积力大 $\rho^* = \rho'/\rho''$ 倍。因此液体的流动受体积力和惯性控制，而气体的分布主要由压力场（浮力）和二次流决定，湍流、表面张力和切应力仅起到次要影响。这些因素随流速的增加会促进相间的相互作用和混合。

图 13.14 证实在科氏力的作用下液体被输送至压力面，而在浮力的作用下气体向径向叶轮的吸力面移动。两种作用力相互叠加，这就是径向叶轮输送气体的能力非常有限的原因。相间分离作用随流量的增加而增加，因为从压力面到吸入面的压力梯度（浮力）同科氏加速度（$b_c = 2\omega w$）随流量比 q^* 的增加而急剧增加。另外，径向叶轮中气泡运动方向与朝向出口的离心压力梯度相反（对抗向外流动的浮力效应）。

这样，气体就会在这些地方快速聚集。根据文献［16］，气体在叶轮进口附近的叶片压力面处，由于减速作用气泡发生合并。在叶轮流道下游，浮力使气泡从压力面向吸入面运动。若气体体积分数过大，这种交叉运动会堵塞流道，造成扬程下降（"气封"）。

在 5.2 中，引入罗斯贝数来定性地解释叶轮内部的流动类型。这种概念同样被运用到两相流动中。根据式（5.6），径向叶轮轴向进口处的罗斯贝数接近 $Ro_{ax} = 0.5$（$w_{1u} = u_1$，在 $\alpha_1 = 90°$ 时）。因此，液体被迫移向轮毂，气体聚集在叶轮出口处。这就是能看到气体聚集在径向叶轮环形密封附近的原因[14]。若气穴覆盖了叶片长度的一大部分，那么泵的扬程会急剧下降，流动也会终止。

在半开式叶轮中，液体能够从叶片的压力面经叶片和蜗壳的间隙处流向尾部（盖板入口侧，见5.2）；其中，气体由于上述讨论的浮力效应出现聚集。泄漏会干扰并混合气体的聚集，这样便会在一定程度上抵消浮力的影响。而且，前盖板处侧壁间隙内的气体聚集并无不利影响。相比于闭式径向叶轮，半开式叶轮处理气体的能力改善明显。当间隙宽度增加时，流经间隙处的气液混合物的混合作用会增加。若间隙大幅增加，其流动类型会与能处理两相流动的旋涡泵（取决于设计）所类似。旋涡泵中存在强烈的回流，气体能够很好地分布在液体中。

根据文献［17］，在两相流动中，具有径向叶片（$\beta_{2B} = 90°$）的叶轮比具有后弯式叶片的叶轮要好。这与文献［18］中将出口安放角低至10°以得到更好的两相流性能的测试相矛盾。如第5章所讨论的，很难用简单的几何参数来解释叶轮中（单相流或两相流）的三维流动模型。叶片数、子午面形状、叶片长度和流道宽度均对流动模型和气体的聚集有影响。

（3）混流式、轴流式和螺旋轴流式叶轮 混流式叶轮在两相流中运行时会比径向叶轮更好。因为离心力和科氏加速度有相反的作用，所以最终的力对相间分离的影响会减小，且二次流会有利于更好的相混合。如图5.9诱导轮中生成的二次流，有报道证实采用诱导轮时可以比径向叶轮输送气体体积分数更高的流体。根据文献［19］中的测试及13.2.4，具有倾斜后缘的径向叶轮在两相流中优于普通形式的径向叶轮。

混流式叶轮（图13.25）可以被视为具有锥形轮毂的轴流式叶轮，在本质上其能够处理任意体积分数的气体。这通过平衡离心力和科氏力，并通过轮毂形状和类似于图5.7中的二次流诱导下的交叉通道混合而获得（某种程度上）。图13.25中所证实的较小的叶片高度同样有助于限制相间分离。

同径向叶轮一样，混流式叶轮进口处的罗斯贝数接近于 $Ro_{ax} \approx 0.5$，因为 $w_{1u} = u_1$（当 $\alpha_1 = 90°$时）。在进口区域，预计液体同预测的一样朝轮毂处运动。在叶轮出口，相对速度减小，$Ro_{ax} \approx 1$，且液体趋于远离轮毂。这种趋势随轮毂在出口处直径的增加而增强。随着流量的增加，出口处的相对速度也会增加，罗斯贝数会相应地减小，同时液体倾向于朝轮毂运动。这解释了随着流速的增加到 $q^* > 1$ 时，两相流性能有所降低的原因。在部分载荷下会有相反的影响，在进口处罗斯贝数的增加使离心力占主导，液体趋向于远离轮毂运动，两相流性能因此得以提高。在小流量下伴随着回流，会改善相间混合。图13.16和图13.17说明了在轴流、混流叶轮进口处呈现出的这种现象。

当在气相体积分数较高时（典型的如80%以上），液相和气相分离，能够看到类似于管路中⊖环状流的在固体壁面形成的液膜。泵的性能取决于切应力的大小和扰乱液膜并变化至产生液滴状或雾状流模型的能力，开式叶轮的叶顶泄漏会促进该过程，而流经叶片边界层的液体会在离心力的作用下向外输送（图5.7）。

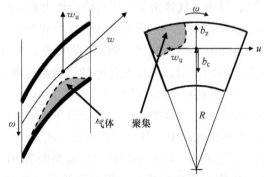

图 13.16 轴流叶轮或混流叶轮中离心力和科氏力及其气体可能聚集的位置

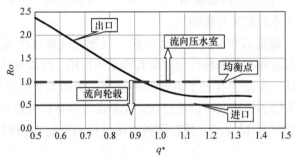

图 13.17 根据罗斯贝数预测液体的运动的趋势

（4）导叶中的压力恢复
（图 13.18） 导叶中的压力恢复取决于气液两相的分布。在均匀混合物中，很大程度上由"运载流体"的密度所决定。当液流中夹带有气泡时，压升由液体密度所主导。但是当气体夹带液滴时，压升很大程度由气体密度决定。在均匀流中，导叶的性能能够根据1.6计算出混合物密度来估算。

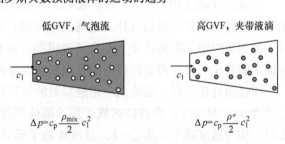

图 13.18 气泡流或液滴流时导叶中的压力恢复

相反，当两相分离（分层流、波状流或环状流）时，导叶运行效率很低，因为当两相间相互作用很小时，压力恢复受气体密度的限制，液体的动能在很大程度上被耗散。随着相间作用的增加，导叶的性能会介于均匀流和分散流之间。同样能

⊖ 单相流中，这些相关因素通过雷诺相关损失来修正。在湍流中，其影响很小（见3.10）；在层流中，如13.1中所讨论的，其损失大幅增加。

够看到间歇的段塞流或栓塞流，这种流动中的相间作用非常强烈。

平面导叶的两相流性能在文献［20］中测得。试验显示失速受气体体积分数的影响并不是很大。在气体体积分数 $\alpha < 0.4$ 时，会产生气泡直径约为 3mm 的气泡流。在气体体积分数 $\alpha > 0.4$ 时会是团状流。

当气体体积分数达到 $\alpha = 0.72$ 时，相同几何形状的 $c_p^* = f(A_R, L/h_1)$ 峰值压力能够从图 1.18 中预测而得。随着相间滑移加剧，压升会剧烈下降。环状流具有相间作用微弱、高滑移和低压升的特点。

目前尚没有导叶或蜗壳中压升的量化数据可用。强烈的二次流将液体带到蜗壳外壁，气体会聚集在叶轮出口附近，在叶轮侧壁间隙内气体和液流相互作用。

（5）叶轮侧壁间隙宽度的影响　在一些试验中，认为叶轮侧壁间隙对一台泵处理气体的能力具有影响[17]。气体倾向于在叶轮侧壁间隙中聚集，因为很少有径向流能够将气泡带走。由于流体旋转和离心力的影响，气体会聚集在叶轮进口和后盖板轮毂的环形密封处。随着转速和气体体积分数的增加，气穴会朝半径更大处增长。当气环因此形成并到达叶轮出口半径时，在蜗壳中便不能够形成有效的压力分布。气体流回叶轮流道，此时泵不能维持流动。叶轮侧壁间隙处蜗壳壁上的加强筋因而被提出用以减少流体旋转并加强气体处理能力。还可以利用叶轮侧壁沟槽加强气体混合，以提高气体处理能力并避免输送含气液流时流动的中断[17]。

上述所测试的泵中叶轮侧壁间隙无泄漏流（在叶轮进口处用机械密封来代替环形密封，在后盖板处无平衡孔），因此不能通用化。这对于两相流泵来说，通过设计具有较小间隙 A 和重叠 x_{ov}（图 9.1）的导叶或蜗壳，将蜗壳中的流动与叶轮侧壁间隙中的流动区分开是有利的，但试验结果却不易获得。

在轴附近的气体聚集不利于轴封冷却。在蜗壳壁上的单个筋板或类似的结构能够扰乱叶轮侧壁间隙中的流体旋转，用这样的方法可除去气体。

（6）不稳定现象　气穴可能在叶轮流道的某处形成（或是泵中的任何地方）并随时间增长。因此，由气体引起的堵塞效应会加速流体，随着液体流速的增加，气体最终可能会被带走；气穴会再次形成，导致扬程和流量的周期性或随机性变化，因此在两相流泵中能看到类似于波浪的不稳定现象。文献［16，18］中的测试显示了这种不稳定现象。当气体体积分数从 5% 增加到 6%，两种稳定均出现且扬程分别是原来的 90% 和 40%，但在这两种情况下运行都是不稳定的。换句话说，不能通过调节气体流量来建立具有 65% 扬程的稳定状态。

（7）黏性的影响　当泵送油气混合物时，油中黏性的增加能够减小相间分离，因为气泡的阻力会随着黏性的增加而增加［见式（13.15）和式（13.16）］。在 $q^* > 1$ 时，测试黏性为 10mm²/s 和 18mm²/s 的油显示出两相流性能的提高，但在部分载荷工况和最高效率点附近时影响很小[18]。

（8）圆周速度的影响　若一台泵在不同转速下，泵送特定流量比 q^* 下的两相混合物时，其速度三角形会保持相似，见 3.4。根据 5.2 中，离心力和科氏加速度之比仍保持不变。所有压力差和受力均与叶尖速度的平方成比例。这实际上是基于几何相似及水力相似，见3.4$^\ominus$。因为相的分离主要由体积力和压力梯度，以及上述与两相流有关的因素决定。因此，两相间混合在一阶近似中，与叶尖速度无关；相应地与泵的尺寸和转速也无关。该论述已通过不同转速下的测试所证实。

尽管如此，相间混合会在某种程度上随叶尖速度和湍流的增加而提高。但很难从两相流测试的数据中证实这点。

增加泵转速有两个有利影响：①吸入管处更高的转速能够给叶轮提供更均匀的流体。②破坏大尺度的气泡。文献[18]中的测试证实了在泵送两相流时，随转速的增加性能有所提高。在最高效率点附近，转速为1450r/min时能处理4%~5%含量的气体，而在转速为2000r/min时，能处理6%~7%含量的气体。

相似定律和两相流经验公式能够作为一阶近似来预测单级两相流泵的性能。但相似定律不能完全适用于多级泵。

（9）比转速的影响 因为叶轮的形状依赖于比转速，比转速n_q对于泵的气体处理能力具有明显的影响。文献[18]的两相流测试中，比转速为$n_q=15$的叶轮优于比转速为$n_q=23$的叶轮。但有时很可能错误地认定气体处理能力随比转速的下降而增加。如上文解释的水力流道中相间分布依赖于很多因素，不能通过单个参数n_q来描述；其中一个因素叶片长度可能随n_q减小而增加，而更长的叶片意味着更低的叶片载荷，因此会有更小的浮力影响。同时，流动具有扰乱下游局部气体聚集的可能，如图4.12所示。

（10）进流的影响 可以看出吸入管内相间分布对性能会有影响。均匀气泡流会改善性能，而水平管中的分层流会促使叶轮中的相分离。间歇（堵塞段）流会增加不稳定因素，增加出现压力脉动和振动问题的可能，这可以归因为混合物密度和叶片负荷的变化。文献[18]所述的测试中，当吸入管内的流动类型从泡状流变化到分层流或堵塞段流时，出现了气封。但因为气体成分会同时增加，所以气封会随机出现。相比之下，文献[16]的测试中，吸入管内从泡状流变化为分层流时，几乎没有显示出任何性能差异。这些测量显示了不确定性，因为吸入管中的流动类型随转速的变化而改变。当在恒定转速下改变吸入管直径时，可以看到实质上对气体处理能力并没有影响，则转速的均匀化被认为是主导性的。同样，文献[17]中的测试并没有显示出来流的影响。甚至吸入管处于分层流时，气相仅在叶片前缘下游分布较好：气体倾向于在流道的下游侧聚集。文献[21]中描述了在吸入管处设置有混合装置的试验，但仍然没有发现混合对两相流性能带来明显的提高。但是诱导轮能提高两相流性能，这种影响被解释为：通过诱导轮对气体进行了压缩，而不能使叶轮入流条件更为均匀。

$\ominus$ 在单相流动中，这些关系通过雷诺数对损失进行修正。在湍流中这种现象不明显（见3.10）；在层流中损失的增加在13.1做了详细讨论。

通过在进口管气流中注入流体，对压缩机进行了抽吸湿空气的测试。部分测试是在环状液膜流中进行，而其余的是通过喷嘴将液滴很好地分散于气流。结果发现吸入管内的流动类型对性能没有影响[22]；测试的参数范围为 $\rho^* = 12 \sim 30$，GVF = $0.97 \sim 0.995$（$x = 0.52 \sim 0.9$）。

从以上所有测试中可以总结出，吸入管内的两相分布对性能影响很小。无法通过在泵进口处安装混合装置显著提升两相流性能。在实际运行中还应避免在泵进口处出现段塞流。

（11）马赫数　若可压缩流体从压力为 p_1 的容器中通过加速喷嘴使压力变为 p_2 时，流体会膨胀，流体在喷嘴喉部的速度随压力差的平方根 $(p_1 - p_2)^{0.5}$ 线性增加。相比不可压缩流体，喉部速度不能够通过降低下游压力 p_2 而被无限地增加。当局部流速达到当地声速时，喷管中会达到最大流速。其原因是：流体以声速流经系统时会产生压力波动。若喷管下游的压力持续降低而喷管中仍为声速时，喷管上游的压力没有变化，这样便不能加速流体。马赫数定义为 $M = w/a$（$w =$ 当地相对速度；$a =$ 当地声速）；这在涡轮设计中非常重要。

因为气液混合物是可压缩的，马赫数的限制可能同样出现在两相流泵中。但是，至今还没有在泵的运行或测试中遇到这种限制。两相流中的声速取决于气体体积分数 α、密度比 ρ'/ρ''，以及相间分布（或流动类型）、纯气相和液相中的声速（a'' 和 a'）。当相间分布未知时，很难准确地预测声速。因此，基于不同的测试条件，应采用不同的预测方法。

表 13.3 给出了根据文献 [23] 中不同流动类型的两相流中声速的计算公式。这些公式与气体体积分数为 $\alpha = 0$ 和 $\alpha = 1$ 时的物理校正声速一致，也就是纯液体或气体情况。两相流中的声速通常因为气液交界处的波动反射而低于单相中的声速。声能的反射和吸收随两相间边界处 $\rho'a'/\rho''a''$ 变化而增加。因此，当密度比 ρ'/ρ'' 很高时，声速会急剧减小。对于给定的气体和液体，函数 $a = f(\alpha)$ 存在一个极小值。当气泡分布良好，即使气体成分很低，若密度比很高，声速也会大幅下降。

13.2.3　两相流泵性能计算

上述讨论的物理过程无法进行精确的理论计算。因此在实际应用过程中需进行经验修正。

（1）两相流的基本参数定义（表 13.3）

1）下文中，没有上标的量指混合物。液相用单撇表示（如 Q'），气相用两撇表示（如 Q''）。

2）混合物 Q 的体积流量为液体和气体的流量和：$Q = Q' + Q''$。体积流量决定了流速并泵中的流动。尤其是速度三角形和流量系数可以从混合物的体积流量中计算得到。由于气体可压缩，流经泵时气体的体积流量会降低。该情况在混合物体积流量中也是一样的，而液体流量仍保持恒定。

3）混合物中气相体积分数用 GVF 或 α 表示，也被称为"空泡率"，其通过式（T13.3.3）来表示。随着混合物被压缩，GVF 会减小。

4）相比之下，流经泵的质量流量不受压缩性影响。用 x 代表流经泵的混合物的"气体质量分数"，参见式（T13.3.4）。

5）另外，混合物中的体积成分通常用"气液比" GLR = Q''/Q' 来定义，常温下 GLR 正比于绝对压力。

6）均质混合物的密度源于液体和气体的体积分数，通过式（T13.3.5）定义。

由于相间的不均匀分布和滑移，无论是气体体积分数 α，质量分数 x，或是均匀密度，都不能够描述泵中的实际运行条件。

（2）准恒温压缩　为了计算两相流中的泵性能，先做出以下假设：

1）独立的相间分布（均匀或分层流）时，质量、动量和能量守恒定律可单独应用于液相和气相。

2）当气体体积分数达到 80% 时，准等温压缩成立，因为液体的比热容远大于气体的，并且两相的充分混合有利于热传递。

3）蒸发、冷凝和气体在液体中的溶解。

为了描述泵中有用功的传递，液相和气相被单独考虑。传递到液相的有用功为

$$Y' = \frac{p_2 - p_1}{\rho'} + \frac{c_2'^2 - c_1'^2}{2} \tag{13.17}$$

式中，Y' 为在不可压缩流中相应的扬程（$gH = Y'$）。

若气体在等温下从压力 p_1 压缩到压力 p_2，传递到每千克气体的特定有用功按以下公式给出：

$$Y'' = \int_{p_1}^{p_2} \frac{dp}{\rho} + \int cdc = RT \int_{p_1}^{p_2} \frac{dp}{\rho} + \int cdc = RT\ln\frac{p_2}{p_1} + \frac{c_2''^2 - c_1''^2}{2} \tag{13.18}$$

根据气体质量分数 x，传递到混合物的特定有用功为

$$Y = Y'(1 - x) + Y''x \tag{13.19}$$

泵的有用功为：$P_u = \dot{m}Y = (\dot{m}' + \dot{m}'')Y$，效率由式 $\eta_{TP} = P_u/P$ 及式（T13.3.9）来确定。

若忽略相间滑移，那么传递到等温气/液混合物的能量就能够从式（13.17）~式（13.19）中计算出来，并得到表 13.3 中的式（T13.3.7）。该式对于纯液体（$x = 0$）和纯气体（$x = 1$）情形同样是有效的，甚至等温压缩情况下（不特指 $x = 1$ 时的涡轮机）。若 Y 除以级数和式（T13.3.10）中的 $1/2u_2^2$，便可以得到关于两相流的有用功系数。功的传递主要取决于气体成分、密度比和相间分布，其中相间分布主要受转速和流量的影响，见 13.2.2。

（3）多变压缩　对于 GVF 在 0.8 以上的压缩过程中，混合物的加热便不能被忽略，应运用多变模型，参见表 13.3。相关量定义如下：

1）多元效率 η_{pol} 包括加热混合物的所有损失。主要由摩擦产生，包括由相间

相互作用引起的混合损失、圆盘摩擦和泄漏损失所组成的水力损失。若平衡液体被导入进口管中，那么多元效率还应包括流经平衡轴向力装置的泄漏损失。多变效率通过所测的单相流动效率和多相流效率 f_η 相乘而得，即 $\eta_{pol,Tp} = \eta_{i,sp} f_\eta$。图 13.19 为焓-熵图。

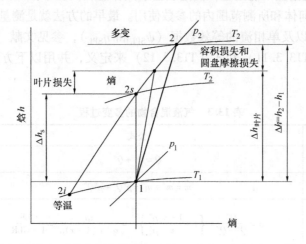

图 13.19　焓-熵图（等熵、多变和等温压缩）

2）混合物的物性十分重要，因为液体成分会增加混合物的表观比热容，并会降低由于压缩而引起的温升。混合物的比热容 $c_{p,mix}$ 从式（T13.3.17）中计算得到。等熵和多元压缩指数由 $c_{p,mix}$ 和式（T13.3.18）~式（T13.3.20）中的气体常数 R 所决定。获得这些相关系数是绝对必要的，否则计算有用功和输入功的公式会产生不一致的结果。

3）有用功和所需的输入功能够从关于气体和混合物的表 13.3 中计算得到。

4）泵效率可通过式（T13.3.26）中的多元效率，或是根据式（T13.3.28）中的等熵效率得到。

5）两相混合用同样式（T13.3.11）和式（T13.3.12）确定，同样是基于多元或等熵压缩。

6）从一级到另一级的两相混合物的温升随着流体压缩和各种损失耗散而被加热。因此，部分液体会蒸发。蒸汽压由每级进口处的温度来决定。蒸发流体的质量能够从焓中计算得到，而表 13.3 中忽略了蒸发。

7）温升必须从式（T13.3.30）中计算得到，因为 $T_2/T_1 = (p_2/p_1)^m$ 的关系对于两相混合物不适用（其仅对气体压缩适用）。

8）对于测试数据的评估，多无效率由所测得的内能和迭代求解式（T13.3.26）所得的压升来决定。采用式 $n = \ln(p_2/p_1)/\ln(\rho_{mix,2}/\rho_{mix,1})$ 是错误的，因为其仅适用于气体（与文献［22］中的说法并不一致）。

9）表 13.3 中有关纯气体的压缩公式与标准文献［N. 22］相符。

理论上，多变模型能够用于从低气体成分到纯气体的压缩（如 $0 < \alpha = 1$）。

（4）经验系数的推导　关系式 $Y = f(\alpha、\rho^*、q^*，几何形状)$ 和 $\eta = f(\alpha、\rho^*、q^*，几何形状)$ 理论上不能处理，但是经验系数却能从试验中推导出。这些系数仅对于所测试的几何体和所测范围内的参数使用。最早的方法就是测量两相流的系数 ψ_{TP} 和效率 η_{TP}，以及单相流的等效数据（ψ_{SPL} 和 η_{SPL}），参见文献［24］。两相流系数可通过式（T13. 3. 11）和式（T13. 3. 12）来定义，并用以下方法从测试结果中推导出：

表 13.3　气液混合物的多变过程

类别	公式	式号
混合物的体积流量	$Q = Q' + Q''$	T13. 3. 1
混合物质量流量	$\dot{m} = \dot{m}' + \dot{m}'' = \rho' Q' + \rho'' Q''$	T13. 3. 2
气体体积分数或空泡率：GVF $\equiv \alpha$	$\alpha = \dfrac{Q''}{Q' + Q''} = \left\{ 1 + \dfrac{1-x}{x} \dfrac{\rho''}{\rho'} \right\}^{-1} = \dfrac{x\rho'}{x\rho' + (1-x)\rho''} = \dfrac{GLR}{1 + GLR}$	T13. 3. 3
气体质量分数	$x = \dfrac{\dot{m}''}{\dot{m}' + \dot{m}''} = \dfrac{\rho''}{\rho'} \dfrac{\alpha}{1 - \alpha\left(1 - \dfrac{\rho''}{\rho'}\right)} = \alpha \dfrac{\rho''}{\rho_{hom}} = \dfrac{GLR}{GLR + \dfrac{\rho'}{\rho''}}$	T13. 3. 4
气液比 GLR	$GLR = \dfrac{Q''}{Q'} = \dfrac{\alpha}{1 - \alpha} = \dfrac{x\rho'}{(1-x)\rho''}$	T13. 3. 4a
均质混合物的密度	$\rho_{hom} = (1 - \alpha)\rho' + \alpha\rho''$	T13. 3. 5
混合物的动力黏度	$\dfrac{1}{\mu} = \dfrac{x}{\mu''} + \dfrac{1-x}{\mu'}$	T13. 3. 6
从 $p_1 \sim p_2$ 的比功升的比能（等温流）	$Y_{isot,TP} = (1 - x)\dfrac{p_2 - p_1}{\rho'} + xRT\ln\dfrac{p_2}{p_1} = f_\psi \psi_{SPL} z_{st} \dfrac{u_2^2}{2}$	T13. 3. 7
有用功	$P_u = \dot{m} Y_{isot,TP} = (\dot{m}' + \dot{m}'') Y_{isot,TP}$	T13. 3. 8
两相流效率	$\eta_{TP} = \dfrac{P_u}{P} = \dfrac{\dot{m} Y_{isot,TP}}{P} = \dfrac{(\dot{m}' + \dot{m}'') Y_{isot,TP}}{P}$	T13. 3. 9
两相流工作系数	$\psi_{TP} = \dfrac{2 Y_{isot,TP}}{z_{st} u_2^2}$	T13. 3. 10
两相混合工作系数	$f_\psi = \dfrac{\psi_{TP}}{\psi_{SPL}} = \dfrac{两相流工作系数(x > 0)}{单相流工作系数(x = 0)}$	T13. 3. 11

（续）

类别	公式	式号
两相混合效率系数	$f_\eta = \eta_{TP}/\eta_{SPL}$	T13.3.12
均匀流中的声速	$a_H = \dfrac{a''}{(1-\alpha)\sqrt{(1-\alpha)\left(\dfrac{a''}{a'}\right)^2 + \alpha\dfrac{\rho'}{\rho''}} + \alpha\sqrt{\alpha + (1-\alpha)\dfrac{\rho''}{\rho'}\left(\dfrac{a''}{a'}\right)^2}}$	T13.3.13
段塞流中的声速	$a_s = \dfrac{a''}{\alpha + (1-\alpha)\dfrac{a''}{a'}}$	T13.3.14

分层流中的声速	气相中	液相中	
	$a_{EG} = \dfrac{a''}{\sqrt{1 + \left(\dfrac{a''}{a'}\right)^2\dfrac{\rho''}{\rho'}\cdot\dfrac{1-\alpha}{\alpha}}}$	$a_{EL} = \dfrac{a'}{\sqrt{1 + \left(\dfrac{a'}{a''}\right)^2\dfrac{\rho'}{\rho''}\cdot\dfrac{\alpha}{1-\alpha}}}$	T13.3.15 T13.3.16

上标:′液相 ″气相	气相中的声速 $a'' = \sqrt{\kappa RT}$, $R =$ 气体常数, $\kappa =$ 等熵膨胀指数	
混合物的比热	$c_{p,mix} = \dfrac{\rho'Q'c'_p + \rho''Q''c''_p}{\rho'Q' + \rho''Q''} = \dfrac{c'_p + \dfrac{GLR}{DR}c''_p}{1 + \dfrac{GLR}{DR}}$	T13.3.17
等熵压缩指数	$\kappa = \dfrac{c_{p,mix}}{c_{p,mix} - RZ}$ $\qquad$ $\dfrac{\kappa}{\kappa-1} = \dfrac{c_{p,mix}}{RZ}$	T13.3.18
两相流中多变级效率	$\eta_{pol,TP} = \eta_{st,SPL}f_\eta$ $\qquad$ 定义: $\eta_{pol,TP} = \dfrac{\dot{m}Y_{pol,TP}}{P} = \dfrac{Y_{pol,TP}}{h_2 - h_1}$	T13.3.19
多变压指数 n	$m \equiv \dfrac{n-1}{n} = \dfrac{\kappa-1}{\kappa\eta_{pol}} = \dfrac{RZ}{c_{p,mix}\eta_{pol}}$	T13.3.20
每千克气体的多变功	$Y''_{pol} = \dfrac{p_1}{m\rho''_1}\left\{\left(\dfrac{p_2}{p_1}\right)^m - 1\right\}$	T13.3.21
每千克气体需要的多变输入功	$h''_2 - h''_1 = \dfrac{\kappa}{\kappa-1}\cdot\dfrac{p_1}{\rho''_1}\left\{\left(\dfrac{p_2}{p_1}\right)^m - 1\right\}$	T13.3.22
每千克混合物的多变功	$Y_{pol,TP} = (1-x)\dfrac{p_2 - p_1}{\rho'} + \dfrac{x}{m}\cdot\dfrac{p_1}{\rho''_1}\left\{\left(\dfrac{p_2}{p_1}\right)^m - 1\right\}$	T13.3.23
每千克混合物需要的多变输入功	$h_2 - h_1 = \dfrac{p_2 - p_1}{\rho'\eta_{pol}}(1-x) + \dfrac{x\kappa}{\kappa-1}\cdot\dfrac{p_1}{\rho''_1}\left\{\left(\dfrac{p_2}{p_1}\right)^m - 1\right\}$	T13.3.24
内能	$P_i = \dot{m}(h_2 - h_1)$	T13.3.25
试验测得的多变效率	$\dfrac{p_2 - p_1}{\rho'\eta_{pol}}(1-x) + \dfrac{x\kappa}{\kappa-1}\cdot\dfrac{p_1}{\rho''_1}\left\{\left(\dfrac{p_2}{p_1}\right)^{\frac{\kappa-1}{\kappa\eta_{pol}}} - 1\right\} = \dfrac{Pi}{\dot{m}}$	T13.3.26
有用等熵功	$Y_{s,TP} = (1-x)\dfrac{p_2 - p_1}{\rho'} + x\dfrac{\kappa}{\kappa-1}\cdot\dfrac{p_1}{\rho''_1}\left\{\left(\dfrac{p_2}{p_1}\right)^{\frac{\kappa-1}{\kappa}} - 1\right\}$	T13.3.27

（续）

类别	公式	式号
等熵效率	$$\eta_{s,TP} = \frac{\dot{m}Y_{s,TP}}{P} = \frac{Y_{s,TP}}{h_2 - h_1}$$	T13.3.28
确定叶尖速度、级数和压升	$$f_\psi \psi_{SPL} z_{st} \frac{u_2^2}{2} = Y_{pol,TP} = (1-x)\frac{p_2 - p_1}{\rho'} + \frac{x}{m} \cdot \frac{p_1}{\rho_1'}\left\{ \left(\frac{p_2}{p_1}\right)^m - 1 \right\}$$	T13.3.29
混合物的温升	$$T_2 - T_1 = \frac{h_2 - h_1}{c_{p,mix}}$$	T13.3.30

注：上述公式是针对静态条件的，如果需要考虑所有状态，每个特定工况需要在所有式中增加动能项 $0.5(c_d^2 - c_s^2)$。其中，R = 气体常数；$R = Ru/M$；$Ru = 8315 J/kg$；M = 气体摩尔质量；Z = 真实气体系数；气体状态方程：$p/\rho = ZRT$。

第 1 步：测试单相液体流动（下表为 SPL）作为基准线，给出无量纲特性曲线：$\psi_{SPL} = f(\varphi)$ 和 $\eta_{SPL} = f(\varphi)$。

第 2 步：开展不同气体体积分数 GVF、不同液/气密度比 DR（或 ρ^*）和不同流量比 q^* 的两相流测试。测试应当完全覆盖相关的 GVF、DR 和 q^*。

第 3 步：若选用等温模型，应用式（T13.3.7）~ 式（T13.3.10）预估每个测试点。若选用多变模型，可用表 13.3 所给出的式可预估每个测试点。最后，得到 $\psi_{TP}(\alpha, \rho^*, q^*)$ 和 $\eta_{TP}(\alpha, \rho^*, q^*)$。

第 4 步：对于每个测试点，流量系数 φ 用混合物流量计算得到。单相 ψ_{SPL} 和 η_{SPL} 可以从第 1 步中的 SPL 测试得到。

第 5 步：通过用第 3 步中 $\psi_{TP}(\alpha, \rho^*, q^*)$ 和 $\eta_{TP}(\alpha, \rho^*, q^*)$ 除以相应的第 4 步中的 SPL 数据，等温或多变压缩的两相系数能够用式（T13.3.11）和式（T13.3.12）求得。

第 6 步：两相系数可以通过图 13.23、图 13.27 和图 13.28 中或合理的相关系数来表示。

（5）性能预测：性能预测应遵循表 13.3 所给的等温或多变压缩公式。为了保持一致，要准确地运用相同的逻辑和模型（等温或多变模型）来预估两相系数和预测性能。

多级泵的性能需通过一级一级地计算。在这过程中，前一级的出口条件作为下一级的进口条件。气体密度、流量和速度三角形会因压缩而一级一级地变化。下面介绍的是多级泵中的多变压缩；也可以采用等温压缩或是将其用于单级泵中，即：

1）确定液体和气体的物性、流量、气体分数和密度比。

2）选择水力和单相性能曲线，总的来说，需要确保叶轮/导叶几何匹配较好以实现气体压缩。

3）选择尺寸和转速。

4）计算在第一级进口处的流量系数 φ，并从 SPL 曲线中确定压力系数 ψ_{SPL} 和

效率系数 η_{SPL}。

5）根据 GVF、DR 中确定两相系数 f_ψ 和 f_η，根据测试数据中确定 q^*（图 13.27 和图 13.28）。

6）根据式（T13.3.19）计算多变效率。

7）根据式（T13.3.29）计算级间的压升。

8）根据式（T13.3.24）和式（T13.3.25）计算流体在每级所吸收的功率。

9）根据式（T13.3.30）计算每级出口的温度。

10）在准等温流动中，在级间由于损失引起的温升能够用类似的方法从式（13.12a）中计算得到，其源于每级所吸收的功率 P_{st} 和每级有用功率 $P_{u,st}$ 之间的存在差异：

$$\Delta T_{st} = \frac{P_{st} - P_{u,st}}{c_{p,mix} \rho_{mix} Q_{mix}} \qquad (13.19a)$$

11）计算每级出口的气体密度。

12）用每一级出口的数据作为下一级的进口条件。

13）当所有级的性能被确定后，泵的总压升和功率便可计算出来。转速、流道几何形状和级数可进行修改和优化，以最小功率达到指定的压升。在该过程中，需注意波动极限和最大允许流量。

14）检查允许的转子系统长度、应力和最高叶尖速度等限制。

13.2.4　径向泵的两相流运行

如上述所提到的，径向泵的气体处理能力很差，除非进行特殊的设计。相间分离会导致气体聚集，其中压力场的建立会受气体密度的限制，因为在一个封闭的气体体积（或"气穴"）中可获得的压升会低于在液体中的压升（图 13.14）。由于部分叶片被气穴所包裹，因而传递的能量很少。气体的聚集同样堵塞了叶轮流道的部分区域。从速度三角形中可得，相对速度和输送能力会相应减少。液相会被加速，但所传递的能量不能够增加静压。这些机理跟试验结果相符。试验发现在 $q^* > 1$ 时，径向泵的性能会比部分载荷时恶化（但不总是如此）得更快。甚至在测试非常均匀的流动时，由于存在气相和液相之间的动量交换，会产生在单相流中所没有的额外损失。

图 13.20 所示为一台单级径向泵（$n_q = 26$）的测试结果，甚至在体积分数 α 较小时，仍有严重的性能下降[25]。试验泵是一台类似于图 2.6 所示泵，径向有一个径向的入流室和导叶，叶轮中没有平衡孔。图中所有测试点均对比于泵送纯水时最高效率点的流量和扬程。气体体积分数为 2%（$\alpha = 0.02$）时，在最高效率点的扬程和效率变化很小；在 $\alpha = 0.04$ 时，$q^* > 0.8$ 时性能严重恶化；性能损失会随流量的增加而增加，在 $q^* > 1.1$ 时，超过了 50%。相比之下，对于 $q^* < 0.8$ 时的部分载荷运行的影响很小。而这种情形在 $\alpha = 0.05$ 时改变，仅能运行在一小段范围之

内，在这测试中流量比大致在 $0.6 < q^* < 1.1$。将气体体积分数从 4% 增加到 5% 时，会完全改变部分载荷工况下的性能，叶轮中的气体聚集是其主要原因。

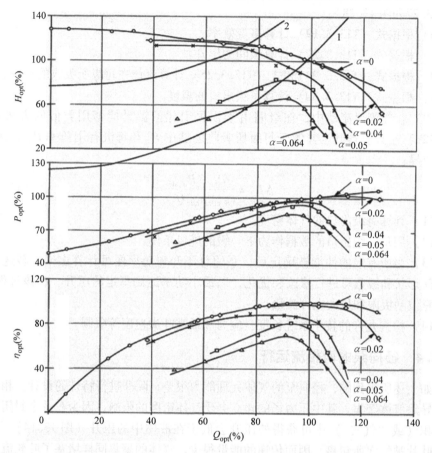

图 13.20　气体含量对单级泵（$n_q = 26$）性能的影响，进口绝对压力 2.5bar，$\rho'/\rho'' = 334^{[25]}$

图 13.20 中的测试是在密度比为 $DR = \rho'/\rho'' = 334$ 时进行的。在 $DR = 186$ 的测试中，在 $\alpha = 0.06$ 时的气体处理能力有所提高，其类似于图 13.20 中 $\alpha = 0.04$ 时的性能曲线。因此应当注意两相流性能仅在密度比相近的情况下才是有效的；在更高或更低密度比下的应用是毫无意义的。液气密度比越低，两相流泵性能越高。在极端情况下，如 $\rho'/\rho'' = 1$ 时无性能损失。这同样适用于图 13.20 中 $\alpha = 0.05$ 和 $\alpha = 0.064$ 时的运行范围。密度比的影响如图 13.27 所示。

结果类似于图 13.20 所示的规律在文献 [16, 18] 的测试中也得到了证实。单级蜗壳泵（$n_q = 23$）如图 2.1 中所示，可输送油气混合物（油的黏度 18mm²/s，密度比约为 700）。图 13.21 所示为气体含量为 2% 和 5% 时的性能。

气体含量为 6% 时，最高效率点的扬程下降约为 60%。切割后盖板至原来叶轮直径的 70% 时，会减少气体在叶轮侧壁间隙的聚集并能提高两相流性能。其机理可解释如下：去掉部分后盖板会诱导在叶轮出口处的回流；回流会将聚集的气体破碎成小气泡，并被液体带走。这类似于文献［19］中用于提高气体处理能力的斜后缘设计。

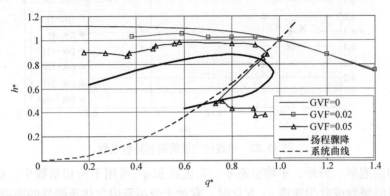

图 13.21　气体含量对单级蜗壳泵性能的影响，$n_q = 23$，$\rho'/\rho'' = 700$；

油的黏度 $18\text{mm}^2/\text{s}$；$h^* = H/H_{opt}$

泵送极限：扬程骤降（或气封）的极限如图 13.21 所示的不可运行范围。这关于气体体积分数的 Z 形 $H = f(Q)$ 曲线。根据 GVF = 0.05 的曲线，运行工况从 q^* = 0.93，$h^* = 0.85$ 跳到 $q^* = 0.73$，$h^* = 0.47$。在这两点之间的稳定运行是不可能实现的。这种现象被解释为两种稳定流动模型和相间分布的突变。其机理类似于在 5.5.2 中所描述的流动模型（马鞍形不稳定）转换和图 6.17 所描述的空化诱导的不稳定 $Q - H$ 曲线。迟滞效应同样会出现在两相流泵中。这与不稳定现象取决于叶轮的详细几何形状，并不是一个通用特征。出口角同样为 10° 的不同形状的叶轮，并没有测量出相近的 Z 形 $Q - H$ 曲线[18]。

在给定运行条件下气体含量连续增加时，泵送范围或气封会通过功率、压强和流量的波动而表现出来。当气体含量增加至流量大幅波动时，会发生低频振动，在泵的进口处可以观察到流体的瞬时停滞。当最终发生气封时，吸入管路中的流动会停止，叶轮运转就像用聚集在出口处的液体气体的排气阀（类似于动态密封）。

图 13.22 所示为两相计算中的扬程系数，包括单级径向泵根据式（T13.3.11）而得计算值（测试数据来源于不同的情形），证实了密度比 DR 的显著影响。结果的分散（包括其他影响）是因为不同运行点和不同的几何形状。图 13.23 给出了采用径向叶轮的多级泵两相计算系数。数据来源于文献［25］中输送气液混合物的三级泵和文献［19］中输送燃油/CO_2 混合物和气液混合物的八级泵（两台泵的比转速均在 $n_q = 26$ 左右）。可以发现，多级泵的运行性能优于单级泵，在通过每一级时，气体被相应地压缩（因而会降低空泡率和密度比）。

流动类型和能量传递取决于水力部件的几何形状和流体物性，因此图 13.22 ~ 图 13.24 中的数据仅能用作两相流性能的粗略估算。同样应当注意的是 f_ψ 表示的

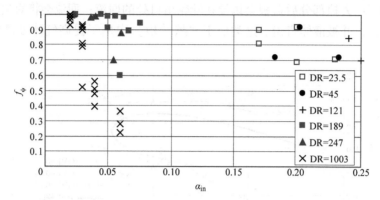

图 13.22　单级径向泵的两相扬程系数

是进口的空泡率。另外，平均空泡率、密度比和 q^* 可用于两相系数中。这种方法对于在泵的级数或叶尖速度 u_2 变化时，有助于分析泵内气体压缩性的影响。

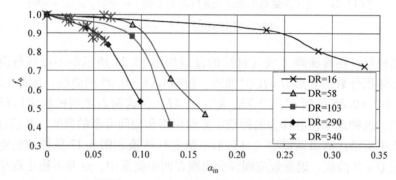

图 13.23　多级径向泵的两相扬程系数

在缺乏更多精确的数据时，效率的影响系数被假定为同扬程的影响一样，因此，$f_\eta = f_\psi$。

在气体含量较高时，运行范围会变窄，且不稳定流动会影响可靠运行。因此，有必要限制传统径向泵在 GVF 较大场合中的影响。图 13.24 给出了单级和多级泵的限制范围。应当注意到图 13.22 和图 13.23 中的扬程系数是通过表 13.3 中的公式计算而得到的计算包括了气体等温压缩。

由于流动分离和回流可能会引起气体被锁定在回流区域中，部分载荷工况时的扬程会骤降。充满气体的区域很可能会导致过早的失速，这是因为流动不能够在空穴下游迅速减速。高速流动中的扬程骤降可能是由于在叶轮或是导叶喉部的气体聚集引起的流体加速而造成。马赫数对于扬程骤降是否有影响仍有待证明。若有影响的话，当转速达到一定极限时会改善性能。

若气液密度差很大（认为在 $\rho'/\rho'' > 150$ 时）或者是进口压力很低时，以下方法可应用于无特定形状的径向泵以改善两相流性能：

1）2% 以下的气体体积分数（$\alpha = 0.02$）实际上对 $q^* < 1.2$ 时的性能并没有

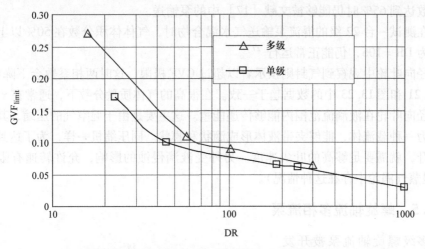

图 13.24　传统径向叶轮的最大允许气体体积分数，
密度比：$DR \equiv \rho'/\rho''$；气体体积分数：$GVF \equiv \alpha$

损害。

2）在 $\alpha = 0.05 \sim 0.08$ 时便能看到气封；很少有气体体积分数达到 10% 时仍能够正在输送的泵。当气体体积分数在 5% 以上时，运行范围很窄，扬程和效率大幅下降，如图 13.20 和图 13.21 所示。

3）由于气体的连续压缩，多级泵中的气体体积分数会一级一级下降。除非第一级发生了气封，多级泵一般比单级泵可以输送更高含量的气体，如图 13.24 所示。

4）对一台轴流泵（$n_q = 157$）的测试显示出与图 13.20 中（$n_q = 26$）相类似的性能下降[26]。

5）由于间隙流的混合作用，半开式叶轮的气体处理能力优于封闭叶轮（前面已详细讨论）。叶轮与泵腔之间的间隙对气体处理能力也有影响，见表 13.4。

表 13.4　吸入压力为 1bar 的径向泵的工作极限

	通常	上限
闭式叶轮	0.01	0.02 ~ 0.03
半开式叶轮，间隙 $\Delta R/R_2 = 0.002$	0.02	0.04 ~ 0.05
半开式叶轮，间隙 $\Delta R/R_2 = 0.01$	0.04	0.06

随着液体相对于气体的密度比 DR 的下降，泵的气体处理能力会有所提高。假定允许的气体含量极限遵循 $\alpha_{limit} \sim (\rho''/\rho')^{0.5}$，可估算在 $\rho'/\rho'' > 100$ 时泵随不同气体密度的性能。根据以上比例关系，图 13.20 中的泵在 $\rho''/\rho' = 120$ 和 $\alpha = 0.067$ 时，其特征曲线类似于在 $\alpha = 0.04$ 时，泵送极限可从 $\alpha = 0.06$ 上升到 $\alpha = 0.1$。

通过叶轮侧壁间隙和叶轮本身（通过在前后盖板布孔）排出空气，气体的体积分数达到65%时仍能够被文献［17］中的泵输送。

在测试一台22级的混流泵输送气水混合物时，气体体积分数在50%以上，密度比为 DR＝106，仍能正常运行[27]。

径向叶轮中观察到气封则预示着以超过 GVF 极限，这时两相系数会下降到零。图13.21和图13.23中的数据趋于一致。在很高的气体质量分数下，通常在 $x > 0.5$ 时，径向叶轮在液滴流范围内能够传递能量。这主要是由于湿空气的压缩，其中气体作为一种载流体，能够夹带液体形成滴状和膜状。同压缩机一样，为了达到预期的压升，就需要足够高的叶尖速度。另外受液滴侵蚀的影响，允许转速有限制的（在湿蒸气涡轮中存在这种情况）。

13.2.5 螺旋轴流多相流泵

多级螺旋轴流泵被开发用于泵送油、天然气，可处理的气体含量从零到97%以上，甚至水砂混合物，见文献［28－32］。其叶轮具有很高的轮毂比 d_n^*，且从进口到出口逐渐增加，如图13.25所示：其叶片类似诱导轮具有很低的叶片高度。在叶轮的下游，导叶会使流动减速，并将流体引入到轴向方向。

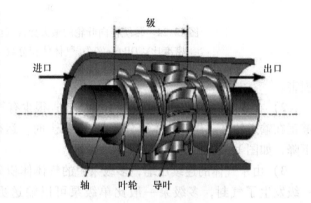

图13.25 多级螺旋轴流泵[32]

导叶的轮毂比从进口到出口逐渐减小，这是为了配合次级叶轮进口。轮毂和叶片的特殊形状限制了相间分离及其不利影响，即使在很高的气体含量时也能获得可观的压升；同时泵内存在流经叶轮叶片和泵腔之间间隙的流动，轮毂处的环形密封会限制导叶处的回流。图13.26显示了这种类型的11级泵。

如图13.26所示，进口在左边，出口在右边。较大的轮毂直径比造成了较为笨重的转子，这就需要控制系统的振动，因为环形密封在两相流动中会大幅度降低阻尼，平衡活塞会降低轴向力和机械轴封处的压力。残存的轴向力由轴承所承担，轴承在图中右边更远处。同压缩机一样，每一级的几何尺寸应当适应于每一级进口处的最大流量。不同级的叶轮/导叶被安装在图13.26所示的转子上。

（1）两相系数 文献［32］中显示两相系数能够通过螺旋轴流泵的测试而获得。测试时选用的是一台转速6600r/min 的13级泵⊖。

图13.27所示为从输送柴油和氮气试验结果中得到的两相系数 $f_\psi = f(\alpha, DR =$

⊖ 试验中的最大叶尖速度为86m/s。前8级叶轮直径为250mm，最后5级为232mm。

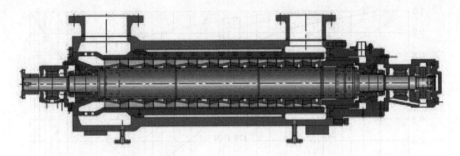

图 13.26　输送油气混合物的 11 级泵，电动机 6000kW（苏尔寿泵业）

ρ'/ρ''）。这些基于等温压缩的两相混合计算类似于表 13.3 所示。其测量点在 $\alpha = 0$ 和 $\alpha = 1$ 时的理论 $f_\psi = 1$ 曲线附近呈现出约 ±15% 的分散范围。

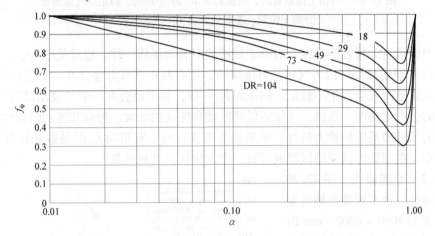

图 13.27　根据图 13.25 和图 13.26 对两相工作系数的测量，
参数为密度比 DR $= \rho'/\rho''$[32]

为了提高通用性，图 13.27 中的曲线是将密度比 DR 作为参数（而不是文献 [32] 中所用的进口压力）而绘制的。测试结果显示，在 $\alpha = 0.83 \sim 0.86$ 时，对工作系数的影响最大，相间分离也最为严重（这个发现仅限于所测试的泵）。对于 $\alpha > 0.9$ 时，两相系数会陡直地升向 $f_\psi = 1.0$；在 $\alpha = 1.0$ 时，相间分布会随着液滴和雾状流动模型的发展变得更加均匀。另外，在气体体积分数较小和密度比较高的情况下，会得到相当均匀的气泡流，因为在接近单相流时，对能量转速的影响很小。

图 13.28 显示出同图 13.27 相同的数据，但曲线的绘制是用气体质量分数 x 代替气体体积分数 α。对比这两幅图，能够看出相间分离（或是最小性能）受体积分数而不是质量分数控制。与之相反，带有液滴的气流区域与气体质量分数相关，因为"运载流体"（气流）输送液滴的能力直接正比于气体的质量流量 $\rho''Q''$。

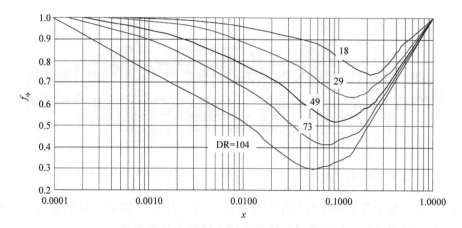

图 13.28　两相工作系数的，数据同图 13.27 中相同，但是以气体质量
分数 x 绘制，参数为密度比 $DR = \rho'/\rho''$

因缺乏更为精确的数据，效率系数被假定为与扬程一样，也就是 $f_\eta = f_\psi$。

（2）稳定极限　因为气相是可压缩的，所有两相流泵都会存在一特定流量点，低于该流量时泵会趋于不稳定。同压缩机一样，泵中也会有一个"波动极限"，其相应的会产生功率、压强、流量的低频波动和振动的增大。振动和波动的幅度取决于泵的压升和系统的动力特性。虽然在高密度比时，有用功 f_ψ 的系数和压升可能会很小，在螺旋轴流泵的试验或运转当中未观察到气封现象。

（3）性能曲线　图 13.29 所示的是一台多级螺旋轴流泵在转速为 4000 ~ 6000r/min 时的性能曲线。进口处的压强和气体体积分数为常量。运行区间的上界由波动限制所决定，下界由最大流量所决定。恒定转速下的曲线斜率随流量的增加而增加，因为随着更高的压缩率（如增加的转速），流经

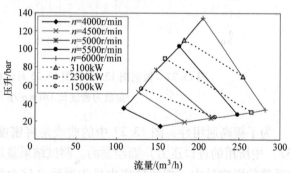

图 13.29　恒定 GVF 和进口压力下的特性曲线

泵的空泡率和密度比会下降。该图证实相似定律不能应用于这种泵。随着混合物压缩率的变化，相似性的偏差会增加。在运行范围的上界，其压缩率是最大的，$\Delta p \sim n^{3.3}$，而在下界处仅为 $\Delta p \sim n^{1.9}$。随着级数的增加和其他因素会增加其压缩率，速度指数变得更高。

图 13.30 显示出在恒定转速和进口压力时，同图 13.29 类似的特性曲线。气液比在 GLR = 2 ~ 15 内变化，随着气体含量的增加，压升大幅下降，运行范围变窄。在高 GLR 时，这种泵并不适用于低压缩条件。

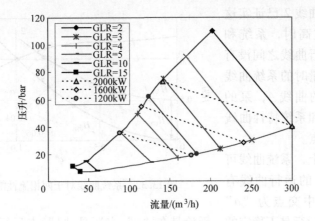

图 13.30　恒定转速和进口压力下的特性曲线

13.2.6　系统曲线

单相流一样，两相流泵的运行点为恒定转速下的 Q-H 曲线和系统特征曲线的交点。在两相流动中，系统曲线和 Q-H 曲线取决于气体含量（GVF）和气/液物性。对于给定系统中的给定泵，存在多种多样的泵和系统曲线，同图 13.31 的说明一样。在此仅研究两种以下系统。

1）回流模型，泵将混合物输送回蓄水箱，如图 13.32 中的系统曲线 1 所示。在该系统中，泵仅需克服吸入管和排出管中的压力降等，没有静扬程。在吸入管和排出管的平均密度不完全一致时会发生偏差，因为管路中任何垂直部分的气体含量都有差异。

2）当泵将混合物输送至更高的地形位置和/或在更高压力处的出口时，系统曲线会含有静压成分（图 13.32 中的曲线 2）。

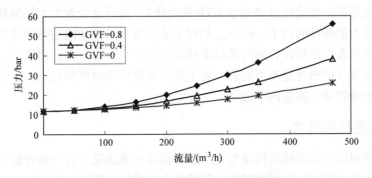

图 13.31　不同气体含量的系统曲线

可参照图 13.32 来分析泵的特性：若系统曲线没有静扬程（曲线 1），则可以通过不同 GVF 两相流性能曲线找到交点。但是，系统静扬程越高，泵就越难以满

足系统要求，曲线 2 已证实这
点。在 GVF 过高时，系统和
泵的两相流运行曲线之间没有
交点。在低流量时的系统曲线
3，或高流量的曲线 4，泵的
稳定运行曲线和系统特性曲线
之间也没有交点。

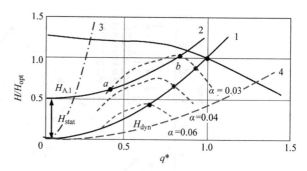

图 13.32　系统曲线对于两相流性能的影响

　　在曲线 2 上，系统曲线可
能和给定 GVF 的运行曲线有
两个交点，图中交点为 "a"
或 "b"。这种运行是不稳定的：无论是在 "a" 点还是 "b" 点运行，或是叶轮中
的 GVF 出现波动时（图 13.32 中的例子有些在 0.03 ~ 0.04 情况下运行）。若系统
曲线（有或无静扬程）与描绘扬程骤降的泵特性曲线两次相交，同样也会发生不
稳定运行。这种情形在图 13.21 中通过系统特性已描绘了出来。

　　两相流泵测试通常在封闭回路中进行，系统曲线仅由图 13.32 中的曲线 1 所示
的测试回路中的压力降组成。应注意将测试数据转换为组合图时需用如曲线 2 中的
静扬程。

　　以上的讨论主要是与径向泵相关。多级螺旋轴流泵尚不确定是否有严格稳定的
流量，但上面所提到的最小流量或 "波动极限" 肯定能观测到。

　　图 13.32 中曲线 1 ~ 4 为短管路系统的曲线，如在试验台或过程装置中。长管
路系统的特性很不一样，因为气体的可压缩性导致管路中能够贮藏液体或气体。泵
中流量会因为某些势能变化导致 $\Delta V = \Delta Q \Delta t$ 瞬时变化，长管路中的压力变化比率
为 $(V + \Delta V)/V$，其中 $V = 1/4 \pi d^2 L$ 为管路的体积，在长管路中该比率接近于 1.0。

　　系统特性是与时间相关的：若流量波动是短暂的，那么系统曲线会是水平的；
当泵中的流量发生变化时（如由于 GVF 的变化），运行点会发生水平偏移。换句话
说，当管路中的传递时间 $T_{Tr} = L/c_{mix}$ 相对于多级泵中的流量波动时间较长时，由于
管路的惯性或者可压缩性，瞬时系统曲线实质上是水平的。在此情形下，通过设定
的压升来控制泵的转速是不可能的。对于流动变化持续时间较长（$t \gg T_{Tr}$），系统
曲线必定遵循随变化流量的平方律。

13.2.7　液柱和气穴

　　由于两相混合物组成的持续变化，通常选择变速驱动。若气体含量上升，为了
获得所需的压力差则可以增加转速。若液体含量增加，则可以相应的减小转速。

　　当泵以高转速在很高的气体含量下运行时，"液柱" 的进入会导致流量迅速增
加。泵可能会因为叶片的冲击载荷和转矩的突增而出现问题。液柱与气穴的相互交
替会导致泵和驱动出现周期性的波动载荷。适当大小的气穴会导致气封，进而引起

泵的跳闸。为了避免这些问题，采用了不同设
计的"缓冲罐"。其原理在文献［33］中示出，
并参考图 13.33 做以下简单讨论。

　　两相混合物经"液柱破坏装置"后进入缓
冲罐，其目的是避免液柱的动能对缓冲罐造成
损害。柱段破坏装置可以是多孔套筒，其可将
入流破坏为小流量的射流。混合物进入一个静
止的腔室；气体和液体在缓冲罐中被很大程度
地分离。一个或多个进流管将液体和气体带出
储罐，并导入一台或多台泵。进流管具有一排
或多排的孔（或槽），缓冲罐的顶部呈开放式，
或在顶部设通气口。罐中的液面取决于气体和
液体的流量。

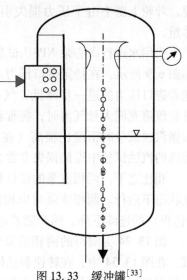

图 13.33　缓冲罐[33]

　　液体经可变液面下孔进入排出管，而气体
则经液面上方的开口进入排出管。通过这种方法，使输入泵的液流和气流在进流管
中混合。

　　液体由重力及由气流引起的压降后射流进入进流管，这种效应随气体流量的增
加而增加。源于测试的经验公式可用于管路的设计和不同运行条件下的液面预测。

　　液柱进入罐后，液面会上升，液流会增加。当气体进入时，液面和液流均会下
降。缓冲罐均衡波动的能力随液面面积的增加而增加，因为液面 Δz_L 的增加是由液
柱段的体积 V_{slug} 引起的，$\Delta z_L = V_{slug}/A_L$。

　　进行适当地调整后，缓冲罐装置能够决定液体和气体流量。如在泵的排出管
处，安装节流孔或文丘里管（见文献［33］）。

　　测量由泵所产生的压升，并在联轴器处测得功率和转速，可以作为另外一种估
算液体和气体流量的方法。所测得的数据可根据表 13.3 中的公式进行性能迭代计
算，获得气体含量和液体流量，实际运行点如图 13.29 和图 13.30 所示。

13.2.8　游离气体、溶解性气体和 NPSH

　　两相流动诱导的性能损失由三个不同因素引起：①游离气体；②溶解气体从液
体中分离；③局部压力降低到饱和压力时液体变化气体（该过程称之为"空化"）。

　　在两相流泵中，游离气体（由进口管处的气体体积分数给定）占主导。游离
气体的存在意味着液体是饱和的并含有溶解性气体。部分空泡由蒸汽组成，根据道
尔顿定律，气体中的总压为部分气体压力和蒸汽压的总和，即 $p = p_{gas} + p_v$，见
17.3，其中蒸汽压由液体温度所决定。当液流进入叶轮中时，根据气体定律 $pV = mRT$，气体会在低压区（图 6.5）膨胀，根据亨利定律，会有微量的液体蒸发，部
分气体会析出。当两相系数由试验测得时，所有的这些影响都呈现在泵中。若有必

要，叶轮上游中由于压力损失引起的气体分离可根据 17.3 计算，并计入游离气体量。

当用水进行离心泵 NPSH 试验时，吸入压力（或 NPSH$_A$）持续减小，如 6.2.5和图 6.9 所示。在特定进口压力（相应的 NPSH$_i$）下，气泡会在叶轮进口处产生。随着进口压力的进一步降低，气体体积（空泡率）会增加直至性能大幅下降。当叶轮流道充满大量气泡时，扬程骤降，泵的流动紊乱，泵出现气封。同时还注意用水做汽蚀试验时密度比很高（在 20℃时 DR = 57800，180℃时 DR = 172），这说明持续的汽蚀试验中性能损失非常大。

相比之下，两相流泵的设计目标是泵在两相流中连续运行——相当于泵在全空化状态下运行。两相流泵与单相流泵进行同样的 NPSH$_r$ 测试时，均能够看到压升（扬程）的连续下降，因为随着进口压力的降低空泡率会增大，性能会变差。

图 13.34 为测得的两相流泵特性，对比于图 6.9 中的单相流泵进行 NPSH 测试。在图 13.34 中，在转速和总体积流量保持不变的情况下，减小进口压力。相对于单相流泵，在两相流泵中介质密度不会为常量。因此，即使以很高的压力开始测试，一旦进口压力减小，两相流泵中的压升就会出现下降，这类似于不同进口压力时的压缩机试验。根据式（T13.3.29），给定转速下的压缩机压力比 p_2/p_1（理论上）为常量。压力差 $\Delta p = p_2 - p_1$，正比于进口压力，如图 13.34 所示。

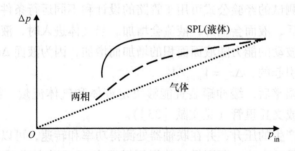

图 13.34　单相流泵与两相流泵和压缩机"吸入试验"的对比

相比于单相流泵，两相流泵中气体（某一压力下的一部分空泡）不会凝结或"溃灭"，因此其不会有气泡内爆和空蚀。实际上，由于气体的压缩和损失会引起流体的温升，这也会引起部分液体蒸发。因此，就空化、NPSH 或吸入比转速而言，对于气液两相流泵来说是无意义的。

13.3　透平中两相混合物的膨胀

13.3.1　功传递过程的计算

在化学工业过程中，包含溶解性或非溶解性气体的液体从高压区进入低压区

（部分应用在文献［34，35］中描述）时会发生膨胀。在此过程中大量的能量被释放，作为透平工作时，流体的膨胀是有用的。这种情况下有效利用的机械能能够达到80%，其余会在调节阀中转化为热能而消耗掉。若采用标准泵，投资成本会相对较低。因此，即使当可用水力功率适中时，能量回收也是值得考虑的。若液体中包含自由气体、溶解性气体，或部分液体在达到汽化压力时发生蒸发，那么在透平中便会形成两相流。随着液体中的气体发生膨胀，相对于不可压缩流中会有附加的能量释放。气体和液体中动量的交换会引起更高的损失。因此气体含量越高，在透平中通过给定体积流量需要的能量越多。这样流动阻力也会增加，且透平特性还会随着工作流体中气体体积分数的增加而改变。

透平中在进口和出口之间的流动方向上建立了压力差。因此，13.2 中所讨论的浮力的会在流动方向上加速气体。相比于泵工况，其不存在气封，即使具有很高的气体含量仍可以工作。除了可能的马赫数的限制，相间分离也不会约束透平的稳定运行。气体总会通过透平，尽管会有较高的损失和较低的有用功。

图 13.35 所示为 $n_q = 22$ 的三级泵做透平（1bar 压力下）的特性曲线。测试用

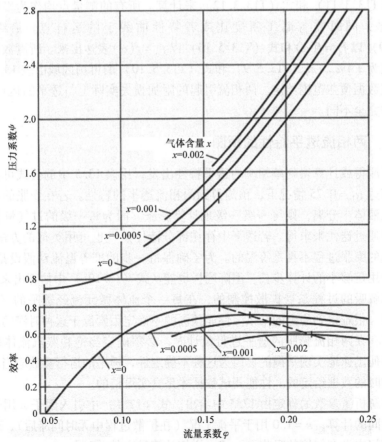

图 13.35　压力为 1bar 时的透平无量纲特性[24]

空气和水的混合物，在背压为 1~8bar 条件下进行。$x=0$ 的曲线代表纯水工况；不同气体质量分数（$x>0$）的曲线代表两相流工况。在恒定体积流量（$\varphi=$ 常数）下，工作系数 ψ 随气体含量的增加而增加，而效率会因附加损失而下降。随着气体含量的增加，最高效率点朝大流量方向移动，其原因可能是在高流速下相间混合效果更好。

在更高的压力下测试得到了类似的特性曲线，与图 13.35 所示的气体含量曲线较为接近。在给定流量系数根据从 $\eta_h=\eta^{0.5}$ 中估算水力效率，发现理论扬程 $\psi_{th}=\psi\eta_h$ 在 $x=0$ 和 $x>0$ 时几乎是一样的。这就意味着相比于单相流动，两相流动中的速度三角形并未发生变化。

如 13.2.3 所述，两相流工况下的透平特性的计算是建立在等温流动上的，且两相系数源于测试结果。表 13.3 中列举的公式可以类比应用[24,36]；透平的运行公式在表 13.4 中列出。

同泵工况一样，透平运行中的扬程系数和效率系数依赖于气体含量和密度比。为了获得普适性的结果，并在其他工况下进行性能预测，文献 [24] 中的两相系数用式（T13.3.11）和式（T13.3.12）来计算。所有的测量点均作为平均体积分数的函数，同时需忽略了密度比或者特性曲线上的运行点。最终通过式（T13.5.9）以 $f_\psi=f(\alpha)$ 和式（T13.5.10）以 $f_\eta=f(\alpha)$ 表达出来。所测数据点的不确定度仅为 $\pm4\%$。式（T13.5.9）和式（T13.5.10）的可用区域由表 13.5 中所列举的测试数据覆盖范围给定。两相流引起的附加损失实际上与透平的运行点无关，这与泵中完全不同。

13.3.2　两相流透平特性的预测

从所测得或计算得到单相流的透平特性出发，用表 13.5 中的公式可在气体体积分数高达 $\alpha_1=0.75$ 情况下，预测得到两相流透平的特性。若在膨胀的过程中出现气体从液体中分离，则可一级一级地计算膨胀。因为每一级的过气量都是未知的，需要通过迭代来求得。若透平中存在部分液体蒸发也可用类似的方法。但是，饱和蒸汽的膨胀过程不再是等温的。为了确保每一步的准等温流动假设是合理的，便应当采用足够小的计算步长。温降同样也能从式（13.19a）中估算出来。

气体解吸的过程是受扩散控制的，在每一个流体微元流经透平的（很短的）时间段内，很难得到稳定的结果。性能预测的不确定因素源于这种时滞的大小不确定。对于存在两相流膨胀的透平进行设计时，必须确定当饱和蒸汽流体压力降低时，是如何迅速地实现平衡。因为这种不确定性，透平的运行参数应当是通过以水为介质时的数据给定的。性能测试数据才是真实可信的。

气体解析量参数的确定由 17.3 中给出。式（17.1）中引入因子 ε 用于考虑气体解析时间的计算；$\varepsilon=1.0$ 用于平衡工况（在扩散过程中无时间滞后），若在透平中的短时间内没有气体的吸收，$\varepsilon=0$。详细计算见文献 [36]。

总的来说，以下数据对于计算两相流特性是必要的：①单相流（$x = 0$）的透平特性；②透平的设计点的液体和气体质量流量，气体质量分数 x；③液体温度；④进口压力 p_2 和气体含量 x_2；⑤出口压力 p_1；⑥级数 z_{st} 和转速 n。

（1）叶轮直径和级数的确定

1）确定混合物的物性（表 13.3）和平均气体密度，式（T13.5.1）。平均气体密度和平均体积流量由式（T13.5.2）确定，从式（T13.3.3）确定平均气体体积分数 α。

表 13.5　气液混合物的膨胀

类别和公式		式号
气相密度	进口：$\rho_2'' = \dfrac{p_2}{RT}$　　　　出口：$\rho_1'' = \dfrac{p_1}{RT}$ 平均密度：$\rho'' = \dfrac{1}{2}(\rho_1'' + \rho_2'')$	T13.5.1
气相平均体积流量	$Q'' = \dfrac{\dot{m}''}{\rho''}$	T13.5.2
从 p_2 到 p_1 等温膨胀的比功	$Y_{isot} = (1-x)\dfrac{p_2 - p_1}{\rho'} + xRT\ln\dfrac{p_2}{p_1} + \dfrac{c_2^2 - c_1^2}{2}$	T13.5.3
单相流时的每级等效水头	$H_{st} = \dfrac{Y_{isot}}{gz_{st}(1 + 0.45\alpha)}$　　　$\psi_{SPL} = \dfrac{2Y_{isot}}{z_{st}u_2^2(1 + 0.45\alpha)}$	T13.5.4
两相流设计流量下的比转速	$n_{q,a} = \dfrac{n\sqrt{Q_{mix}/f_q}}{H_{st}^{0.75}}$	T13.5.4a
设计点需要的叶轮直径（下标a）	$u_2 = \sqrt{\dfrac{2gH_{st}}{\psi_a}}$　$\psi_a = \psi_{SPL}$　　　$d_2 = \dfrac{60u_2}{\pi n}$	T13.5.5
效率	$\eta_{TP} = \eta_a(1 - 0.55\alpha - \alpha^3)$　$\eta_a = \eta_{SPL}$	T13.5.6
有用功	$P = \dot{m}Y_{isot}\eta_{TP}$	T13.5.7
两相膨胀效率	$\eta_{TP} = \dfrac{P}{\dot{m}Y_{isot}} = \dfrac{P}{(\dot{m}' + \dot{m}'')Y_{isot}}$	T13.5.8
两相工作系数	$f_\psi = \dfrac{\psi_{TP}}{\psi_{SPL}} = 1 + 0.45\alpha$	T13.5.9
两相效率系数	$f_\eta = \dfrac{\eta_{TP}}{\eta_{SPL}} = 1 - 0.55\alpha - \alpha^3$	T13.5.10

注：式（T13.5.9）、式（T13.5.10）的适用范围如下：

进口气体体积分数	$0 \leqslant a_2 \leqslant 0.29$	膨胀比	$1.3 \leqslant p_2/p_1 \leqslant 9.3$
平均气体体积分数	$0 \leqslant a \leqslant 0.4$		
出口气体体积分数	$0 \leqslant a_1 \leqslant 0.65$	密度比	$80 \leqslant \rho'/\rho'' \leqslant 400$
平均质量分数	$0 \leqslant x \leqslant 0.0032$		

2）通过式（T13.5.3）计算混合物的比功 Y_{isot}；对于不可压流动为总水头 gH。

3）用混合物的可用比功 Y_{isot} 除以因子 f_ψ 和级数，从式（T13.5.4）中得到单相流中每一级的等效水头。

4）将曲线 $n_q = f(\varphi)$ 绘入特性曲线 $\psi_{SPL} = f(\varphi)$ 中。

5）用平均混合物流量和等效扬程，计算所考虑点的比转速 $n_{q,a}$，见式（T13.5.4a）。

6）φ_a、ψ_a 和 η_a 能够从曲线 $n_q = f(\varphi)$ 中用关于所定设计点的 $n_{q,a}$ 读出，通过 ψ_a，叶轮直径从式（T13.5.5）中计算。

7）从式（T13.5.6）和式（T13.5.7）中计算出两相流效率和有用功。

8）在迭代过程中为了便于选型，级数和/或转速可以改变。

（2）透平特性的确定　当用这种方法确定透平的尺寸时，所有关于两相膨胀的特性也被确定。将进口压力 p_2 视为独立变量，且通过透平的体积流量来简化计算 p_1、x_2、x_1。这种计算中气体质量分数被认为是常量。若气体含量因液体蒸发或膨胀过程中的气体解吸而增长，应当在进口和出口使用平均值。计算如下：

1）x_2、x_1、p_1 为特征曲线上点点，p_2 对应去选。

2）根据式（T13.5.3）计算混合物数据和 Y_{isot}。

3）单相流中的扬程系数，其对于得到步骤1）中定义的混合物是十分必要的，通过式（T13.5.4）计算得到。

4）通过 ψ_{SPL}，流量系数 φ 和效率 η_{SPL} 能够从单相流特性中读取出来。运用这些值，体积流量 $Q = A_2 u_2 \varphi$ 和质量流量、效率、功率都能从式（T13.5.6）和式（T13.5.7）中计算得到。

5）对于透平来说，存在类似于泵中的马赫数限制（见13.2.2）。通过表13.3中的公式能够估算出声速。当泵作为输送透平两相流混合物时，有过一些关于马赫数限制的报道，但没有看到正式出版物。

注意检查透平出口管路中的气体分离：若因压力损失过高而引起大量的气体分离时，那么透平的有效水头会减小，可能无法达到预期的能量回收。

13.4　颗粒水力输运

管路中的载体（主要是水）可以和沙子、碎石、煤块、矿物质和灰尘等颗粒物作为悬浮液输运。由于开采、提取和生产的方法不同，这些被处理成悬浮液的输运方式是较为经济的。离心泵非常适合用来输运固体；如可以用在采矿业、电厂运送灰渣，泥浆泵和在电厂烟气通道中脱硫等。

水力输运固体的泵也属于两相流泵（也叫渣浆泵），这是因为输运的介质是液体和固体混合物。原则上，应用了与13.2相同的基本思路，重要的区别是这两相都是不可压缩的。固相（下标 s）只能从动能中吸收能量，而不能存储静压能。在水力输运固体中，其固液密度比远小于泵中液气混合密度比，其中煤大约是1.5、沙子2.7，矿物质可高达 $\rho_s/\rho = 5$。因此，分离现象远不如在气液两相流中剧烈。

但是，分离现象也适用于 13.2.2 讨论的定律，因为固体颗粒的运动轨迹也是由离心力、科氏力、升力和阻力决定的。在径向叶轮中，大颗粒由于科氏力作用朝着叶片压力面运动，而小颗粒则朝着吸力面移动（图 5.3）。一般仅考虑粗颗粒受到的惯性力，其占比较大。因此，叶轮出口处的叶片压力面磨损尤其严重，详见 14.5.5。

由于惯性力的作用，粗颗粒在叶轮下游沿蜗壳切向运动。颗粒运动也受到相对于载体流体拖曳作用的强烈影响。颗粒在停滞液体中的运动可以用沉降速度 $w_{s,o}$ 来描述，参见 13.15 给出的（T13.6.7）[37]。

由于固体和液体密度的差异，颗粒的流动路径会偏离液体的流线。由于固相和液相动量交换而产生的交叉运动将会导致额外的损失。在颗粒和固体壁面（进口、叶轮和蜗壳）由于冲击和摩擦将会进一步产生损失，导致扬程和效率都受到影响。这种损失可以用单相水工况的泵性能经验系数来描述（见 13.1 ~ 13.3）。额外损失随着固体颗粒的密度比 ρ_s/ρ 和颗粒尺寸等参数而变化，因为分离趋势随这些参数的上升而上升。

在固体水力输运研究中，已有许多试验结果，可通过推导的相关系数来计算扬程和效率的损失[38 - 40]。在不同的固液混合物测试条件和特定转速下，得到的相关系数都相当分散。理论计算模型也已经被开发出来[41,42]。如文献 [41]，扬程损失的计算来自增加的固体颗粒滑移系数和在叶轮和蜗壳中冲击和摩擦产生的额外损失。这种计算结果与文献 [39，40] 的经验公式相似；对于不同参数对扬程影响的研究基本上是合理的。

固体颗粒输运可以通过下面的参数定量描述，见表 13.6。

1）固体颗粒浓度可以根据式（T13.6.2）给出的体积分数 c_v 或式（T13.6.3）给出的质量分数 x。这些定义与表 13.3 中的 α 与 x 的定义完全一致。两相之间的滑移并没有考虑在内，体积流量被认为是相等的。这种假设在某种程度上只适用于均匀混合物；也就是高流速和细颗粒混合物。颗粒越粗速度越低，其相间滑移越重要[43]。

2）均匀混合物密度由式（T13.6.4）计算。

3）在静态液体中的任何单一颗粒沉降速度 $w_{s,o}$ 都可以作为分离趋势的衡量标准。根据式（T13.6.7）取决于颗粒尺寸、密度比和依赖于颗粒雷诺数的阻力系数。因为固体输运泵经常用粒径谱描述，所以平均颗粒直径必须要考虑，且沉降速度随着固体浓度的增加而降低，参见式（T13.6.8）。式（T13.6.6）很好地描述了球形颗粒的特性，即带有尖锐边缘的颗粒具有更高的阻力系数。根据文献 [44]，对于球体（被考虑的颗粒具有相同的体积）颗粒阻力系数的计算必须乘以下列系数，即八面体 2.4、立方体 3.2、四面体 4.7。

4）基于文献 [39]，式（T13.6.9）给出了计算扬程损失的经验相关式，用 f_H 来表示。根据该式，扬程损失随颗粒浓度增加而呈比例增加，扬程损失随着密度比和颗粒尺寸的增加而呈非线性增加。文献 [39] 给出了考虑比转速影响的修正，源于文献［41］中的计算式[⊖]。

5）描述效率损失的因子 f_η，在式（T13.6.10）中通常被认为等于因子 f_H，但一些测试结果表明 f_η 要高于 f_H[40]。文献［45］中的测试记录也表明了 f_η 要高于 f_H。因此高密度混合物的功耗显著小于预期，这就解释了圆盘摩擦损失并没有随着混合物密度而大幅增加，它仅仅是由于流体自身引起的。此外，由于固体颗粒比流体输运的效率低，理论扬程较低，这也意味着 $c_{2u,s} < c_{2u}$。为了考虑固体颗粒的特点，要添加一个动量式。式（3.1）给出 $M_{blade} = \rho Q_{Fluid} r_2 c_{2u} + \rho_s Q_s r_2 c_{2u,s}$，$\alpha_1 = 90°$。固体和液体之间的滑移是可能发生的。

6）与表13.1相比，修正因子 f_H 和 f_η 适用于恒定流流下，如表13.6中图 a 所示（$f_Q = 1$）。这种假设只适用于额外损失不足够使最高效率点流速降低的情况下。在 $f_H \ll 1$ 时，有可能会从最高效率点滑移到低流速区域，这对 $f_Q < 1$ 是适用的。一些固液混合物表现的像是高黏度的流体；$Q - H$ 曲线和最高效率点滑移都与13.1类似。

7）修正因子 f_H 和 f_η 可以认为是与流速比率 q^* 不相关。

8）尽管有扬程损失，固液两相流泵内的压升要高于输送单相水的工况，因为混合物密度的影响远超其损失，如表13.6中的式（T13.6.11）和图 b 所示。

9）如果将一黏度高于水的流体用作输送载体（如油、煤灰的混合输运），式（T13.6.9）必须用沉降速度而不是颗粒尺寸 d_s 来计算出雷诺数 Re_s。

10）对于颗粒尺寸较小的悬浮液，当 $Re_s < 0.02$ 时，是按照均匀流 $f_H = f_\eta = 1$ 计算的，且其密度按式（T13.6.4）给出，其中一个例子便是用石灰悬浮液进行烟气脱硫。

11）扬程预测的不确定度大约为 $\pm 0.2 \times (1 - f_H)$。

12）表3.5列出的相似定律也适用于固液两相流泵。

文献［39］中的关系式代表了在不同文献给出的一个较好的平均值[38,41]。而且，这个关系式得到较多测试数据的支持。测试数据包括下面的参数范围：$c_{v,max} = 0.4$；$d_2 = 370 \sim 710mm$；$\rho_s/\rho = 2.64 \sim 4.6$；$n_q = 25$；$n = 600 \sim 1300r/min$；$d_s = 0.17 \sim 1.3mm$。这个参数范围可以扩大到 $n_q = 17$；$\rho_s/\rho = 1.48$，这与文献［40］中的公式非常相似。文献［41］中的计算公式将颗粒尺寸适用范围扩大到25mm。

文献［46］中关系式源于不同研究者的测试数据（总共850个测量点），其中扬程损失正比于质量浓度 x。如式（13.20）：

$$f_H = 1 - k_H \quad k_H = 2.705 x \left(\frac{\rho_s}{\rho} - 1\right)^{0.64} \left(\frac{d_s}{d_2}\right)^{0.313} \tag{13.20}$$

⊖ 在文献［38］中给出的比转速修正系数为2.46（非常不切实际），数据来自 $n_q = 27$ 和30的测试结果。考虑到这种类型测量的固有不确定度，通过如此窄的测试范围来外推到测试范围之外是不科学的。文献［41］为 n_q 提供了更为合理的修正系数。

表 13.6　固体的水力输运

类别	公式			式号
体积流量（混合物）	$Q_{mix} = Q + Q_s$			T13.6.1
固相含量 c_T 固相体积分数 c_v	$c_T = \dfrac{Q_s}{Q + Q_s}$	$c_v = \dfrac{\rho_{mix} - \rho}{\rho_s - \rho}$	$c_T \approx c_v$	T13.6.2
固相质量分数 x	$x = \dfrac{\dot{m}_s}{m + m_s} = \dfrac{\rho_s}{\rho}\dfrac{c_v}{1 + c_v\left(\dfrac{\rho_s}{\rho} - 1\right)} = \dfrac{\rho_s}{\rho_{mix}} c_v$			T13.6.3
混合物密度	$\rho_{mix} = (1 - c_v)\rho + c_v\rho_s$			T13.6.4
固相雷诺数 d_s = 平均颗粒直径	$Re_s = \dfrac{d_s w_{s,o}}{\nu}$			T13.6.5
球形颗粒的曳力系数	$\zeta_w = \dfrac{24}{Re_s} + \dfrac{4}{\sqrt{Re_s}} + 0.4$	在 $10^{-2} < Re_s < 2 \times 10^5$ 条件下		T13.6.6
颗粒的沉降速度（$c_v = 0$）	$w_{s,o} = \sqrt{\dfrac{4 g d_s}{3 \zeta_w}\left(\dfrac{\rho_s}{\rho} - 1\right)}$			T13.6.7
$c_v > 0$ 时的沉降速度	$\dfrac{w_s}{w_{s,o}} = (1 - c_v)^\beta \qquad \beta = \dfrac{4.4}{Re_s^{0.095}}$			T13.6.8
扬程修正系数 $f_H = H_{mix}/H_w$ $f_Q = 1$；$d_{Ref} = 0.023mm$	$f_H = 1 - \dfrac{x}{26}\left(\dfrac{\rho_s}{\rho} - 1\right)\left(1 + 4\dfrac{\rho}{\rho_s}\right)\ln\dfrac{d_s}{d_{Ref}}\left(\dfrac{25}{n_q}\right)^{0.34}$			T13.6.9
效率修正系数	$f_\eta \equiv \dfrac{\eta_{mix}}{\eta_w} \geqslant f_H$			T13.6.10
泵中的压升	$\Delta p = \rho_{mix} g H_{mix} = \rho_{mix} g f_H H_w$			T13.6.11
功率消耗	$P = \dfrac{\rho_{mix} g H_{mix} Q_{mix}}{\eta_{mix}} \approx \dfrac{\rho_{mix}}{\rho} P_w$			T13.6.12
$Re_s > 2$ 时管路中增加的压力损失 D = 管路直径	$\dfrac{\Delta p_{mix}}{\Delta p_w} = 1 + 83 c_v \left\{\dfrac{gD}{c_{mix}^2 \sqrt{\zeta_w}}\left(\dfrac{\rho_s}{\rho} - 1\right)\right\}^{1.5}$			T13.6.13
$d_s > 0.5mm$ 时的管路临界速度	$c_{krit} = 1.3 c_v^{0.13}\left\{2gD\left(\dfrac{\rho_s}{\rho} - 1\right)\right\}^{0.5}$			T13.6.14

修正系数 f_H 和 f_η 为 Q 为常数时的修正系数，如 $f_q = 1$

ρ = 运载液体密度；下标：s = 固体，w = 水，mix = 混合物

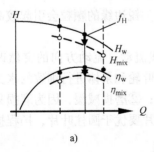

a)

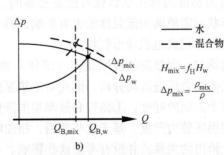

b)

$H_{mix} = f_H H_w$

$\Delta p_{mix} = \dfrac{\rho_{mix}}{\rho}$

所有测试点都在 ± 15% 的相关范围内。k_H 的平均误差是 8% , 标准差是 ±0.6% 。$f_H = f_\eta$ 是最适合的近似, 即使 f_η 略高于 f_H 。测试数据包括下面的参数: $\rho_s / \rho = 1.5 \sim 6.2$; $d_2 = 210 \sim 825\text{mm}$; $d_s = 0.03 \sim 27\text{mm}$; 最大质量分数 $x = 0.66$; $n = 590 \sim 1780\text{r/min}$; $q^* = 0.25 \sim 1.4$ 。式 (13.20) 的优势在于把泵的尺寸纳入了计算中。由文献 [47] 的测试中可以看到, 当固相体积浓度高达 50% 时 (颗粒直径为 0.3mm) , 大型泵 (叶轮直径 2667mm) 的扬程和效率仅仅损失 5% 。

另一个计算固体颗粒引起的扬程损失的经验式 (13.21) , 它来自于文献 [48] 引述的文献 [42] 。

$$k_H = 0.664 c_v^{0.9} \left(\frac{\rho_s}{\rho} - 1 \right)^{0.92} \left[\ln\left(1 + \frac{d_s}{d_{Ref}} \right) \right]^b \left(\tan\beta_{2B} \right)^{0.2} z_{La}^{0.14} \left(1 + \frac{2.75}{e^{n_q / n_{q,Ref}}} \right)$$

(13.21)

其中, $f_H = 1 - k_H$; $n_{q,Ref} = 11.8$; $d_s < 8\text{mm}$, $d_{s,Ref} = 1.43\text{mm}$, $b = 0.8$; $d_s > 8\text{mm}$, $d_{s,Ref} = 0.2\text{mm}$, $b = 0.4$ 。

对于一个给定的应用场合, 建议用式 (T13.6.9) 、式 (13.20) 、式 (13.21) 来预测评估扬程损失; 可将计算出的修正系数进行平均, 并且评估不确定范围。使用式 (13.21) 时, 各种设计参数对性能的影响都可以进行评估。

颗粒尺寸对 f_H 和 f_η 都有重要影响, 在文献 [45] 的试验中, 对三种不同的混合物进行了测试。

拥有高密度颗粒 (尽管具有相同的平均颗粒尺寸) 的混合物会引起轻微的能量损失, 因为粒径谱中包括了较高比例的细颗粒, 而细颗粒有助于输送较粗的颗粒。颗粒沉降的越快, 它们在泵内的分离趋势越明显, 且扬程损失越严重。在具有相同浓度和平均颗粒直径时, 具有广泛粒径谱的混合物比具有大部分统一粒径的混合物更容易处理。这种流变特性取决于混合物密度和粒径谱, 混合物表现得要么像牛顿流体, 要么像宾汉流体, 但上述用于计算扬程损失的公式并不包含这些影响因素。所有这些应用于不均匀混合物 (如沉降的泥浆) 计算扬程损失的经验公式表现得如牛顿流体。对于均匀混合物 (非沉降的泥浆) 的扬程预测还存在较大的不确定性, 如黏土或浮油会表现出非牛顿流体的特性。在这些情况下, 增大有关黏度的修正系数就可能是必要的, 见 13.1。

颗粒形状对固液两相流泵性能也有影响, 具有尖锐边缘的颗粒会引起较高的损失, 相应的效率损失也比球形颗粒高。

流动越均匀, 颗粒越能遵循载体 (流体) 流线流动。流动方向的突然改变和较强的二次流都会促进流动分离。因此对渣浆泵的叶轮和泵体进行细致的水力设计可以带来两个方面的好处: ①扬程和效率损失降低; ②磨损减缓, 因为磨损只在流动分离和旋涡区较为严重。基于这些原因, 扭曲叶片要优于圆柱叶片, 扬程损失较低。但以上给出的关系式并没有考虑这些影响。

图 13.36 所示为一个大型渣浆泵, 其功率超过 4000kW , 混合物浓度也非常高。

这个泵采用双壁外壳使得蜗壳可以镶嵌耐磨材料，增加了承压部件的可靠性。此外，作为具有压力补偿的内泵腔只有在壁面厚度磨损到接近零时才需要更换，邻近叶轮侧壁间隙的内泵腔通过耐磨板进行保护。由于磨损的风险，未采用平衡孔，全部轴向力由一个高性能的滚动轴承承受。

应用建议：

1）当混合物速度下降并低于临界速度时，固体颗粒就会在管路内沉积，临界速度可以按式（T13.6.14）[⊖]计算。临界速度随着颗粒沉降速度的增加而上升，与颗粒直径和密度比成正比。为了避免固体颗粒沉积，管路内的流速至少为0.3 ～ 0.5m/s，即高于颗粒的沉降速度。临界速度取决于管路长度及其倾角，因此式（T13.6.14）只能给出第一个指标（混合密度）。

2）为了避免固体在管路中沉积（$c_{mix} < c_{crit}$），一方面是泵在水力输送时要避免在低流速下运行；另一方面是避免在部分载荷工况下运行，原因是在回流过程中会产生过度磨损。因为水力输送固体的系统特性曲线经常向上偏移，运行工况点经常向小流量偏移。有时也并非总是如此，如果泵出口压力的增加大于管路阻力的变化，工况点甚至会向大流量区域偏移；当细颗粒进入泵并且f_H接近1时，也会出现类似的情况。在需要控制或限制工况点的偏移时，陡峭的 $Q - H$ 特性曲线是有利的，也可以考虑离心泵并联运行。

3）固体颗粒引起的管路压力上升可以依据文献［49］计算：①$Re_s < 0.2$ 被认为是均匀流，准均匀流的 Re_s 最大为2；在这个范围内，可以应用 $\Delta p_{mix} = \Delta p_w \rho_{mix} / \rho$，类似于式（T13.6.11）。②对于 $Re_s > 2$ 的非均匀流，压力损失可以由式（T13.6.13）估计出。但是，对于一个直径为1000mm 的管路，这个公式计算出的压力损失比测试结果高出50%，不确定度较大。

4）固体颗粒磨损在很大程度上决定了泵的选型和设计，最重要的是叶轮圆周速度 u_2 和叶轮材料。密封圈、可替换的耐磨板和流道成形制造等也要进一步考虑。对于较细的颗粒，可采用橡胶镀膜或塑料（通常是聚氨酯）部件。对于粗颗粒则可选用耐磨合金铸铁，见表 14.7。但橡胶和塑料不能长期承受大颗粒的冲击，14.5 详细讨论了其磨损情况，并对泵设计中耐磨性和叶尖速度的限制给出了进一步的建议，见 14.5.5。

5）由于磨损导致密封圈处的间隙扩大，泄漏损失（可以按表3.7 计算）相应地也会增加。这个问题可在如图 13.36 所示的设计中避免，即叶轮进口的环形密封圈被特殊的密封圈代替，并注入纯净的水形成流体屏障。

6）磨损后变宽的环形密封间隙可能会是正常间隙的几倍，这时会产生相当大的轴功率和较高的 $NPSH_3$。由于叶轮入口流量增加，泄漏通过间隙可引起更高的

⊖ 式（T13.6.14）来自文献［49］中的图表，对于粒径大于 0.5mm 的颗粒是有效的；对于较小的颗粒，临界速度低于式（T13.6.14）的预测结果。

预旋；进而导致汽蚀余量曲线急剧上升，可用的工况范围向小流速区偏移。

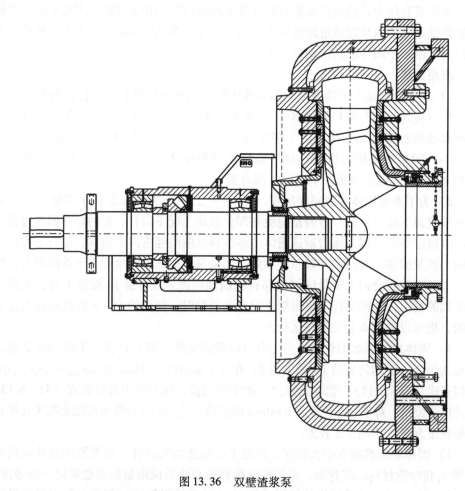

图 13.36 双壁渣浆泵

$d_2 = 2600\mathrm{mm}$, $n = 240\mathrm{r/min}$, $Q_{\mathrm{opt}} = 3.5\mathrm{m}^3/\mathrm{s}$, $H_{\mathrm{opt}} = 67\mathrm{m}$, $n_{\mathrm{q}} = 19$

7）叶轮叶片，尤其在叶片出口，磨损会导致较大的材料损失。随着运行时间的延长，大面积的磨损会降低扬程和效率。在选择泵时，应注意留出足够的余量。

8）选择的余量应考虑颗粒浓度和密度的变化范围。

9）由于输送介质成分及预测方法的不确定性，建议选择略大的电动机。

10）变速电动机可以覆盖较宽的工作范围及工况的不确定性。V 带驱动经常用于采矿业以适应实际所需的转速。

11）进行水力输送固体的泵大多是单级径向蜗壳泵，如果用单级达不到所需的扬程，可以采用多级泵。由于磨损问题，多级泵在泥浆输送中并不常见。

汽蚀余量并没有受到固体颗粒影响。但是，当确定 NPSH$_A$ 时，垂直管路中的混合物密度也必须考虑在内。如考虑一台泥浆泵在吸入密度为 ρ_{mix} 的沙水混合物时，进口管路被安放在水位 z_w 以下，泵的吸入口被安放在水面 z_e 以上。根据式（T2.2.8），有效汽蚀余量计算式如下：

$$\mathrm{NPSH_A} = \frac{p_{amb} - p_v}{\rho_{mix}g} - z_{w1}\left(1 - \frac{\rho}{\rho_{mix}}\right) - z_e - H_{v,s} \tag{13.22}$$

因此与吸入清水相比，液柱高度与周围压力与混合物密度成比例减小的。在这种情况下，吸入管内的压力梯度高于周围的液体，相比式（13.22）给出的 $\mathrm{NPSH_A}$ 会大幅减少。因此吸入能力有时也会成为固体颗粒密度的限制因素。

13.5 非牛顿流体

在牛顿流体中，根据 $\tau = \rho\nu\partial w/\partial y$，切应力随速度梯度线性上升，当 $w = 0$ 时切应力消失。所有不具备这个特性的液体被称为非牛顿流体。有的流体可以维持有限的切应力，即使相对速度为零；当相对速度大于零时，其切应力随着速度梯度的增加而线性增长。这种流体称为宾汉姆流体，例如具有高浓度固体的纸浆和泥浆，其流变特性和不均匀混合物并不相同，详见 13.4。

造纸原料为水中悬浮的纤维。造纸中涉及大量输送任务，"原料泵"在非牛顿流体的输送中应用十分广泛。原料一般由三部分组成，即水、固体和空气组成的三相混合物。固体物质是长度为 1~3mm，直径大约 25μm 的纤维，密度略大于水的密度。其质量分数 x，也叫"稠度"，定义了混合物中纤维的干物容量。

宾汉姆流体在管路内的流动就如同矩形剖面上的活塞运动，中心流的切应力较弱，但壁面应力较高。这是由管路内轴向压力梯度引起的，它对流动影响较大，把混合物中的载体（流体）挤压出去（如压缩海绵）。这些液体在壁面聚集，类似于在壁面和泵体之间的润滑油膜。

正如上面提到的，宾汉姆流体在 $w = 0$ 时具有有限的壁面切应力。湍流中的摩擦损失代表了 $\Delta H = f(w)$ 抛物线图形的起点。在 $w = 0$ 时，$\Delta H/L$ 呈现出一个有限的梯度，并随着稠度的增加而增加，如图 13.37 所示。随着速度的增长，扬程梯度 $\Delta H/L$ 接近于清水。而且摩擦损失较低，甚至略低于清水，如图 13.37 所示。如上所述，这种提升的原因可被解释为流动类

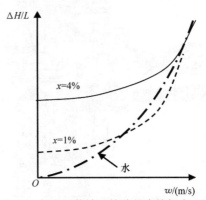

图 13.37　每米纸浆输送管路的摩擦损失 $\Delta H/L$
x 为稠度

似于润滑膜。

在不同阶段稠度是一直变化的。稠度高达1%的纸浆流变力学特性和纯水很相似。当稠度高达1.5%时，可选用闭式叶轮及常规设计的离心泵；在这种应用中无扬程和效率损失是可实现的。这种情况出现在将纸浆输送至造纸机的泵中。为了获得质量较高的纸张，纸浆必须很均匀的输送给造纸机。允许的压力脉动不超过0.5%的扬程（峰峰值之间），否则纸张会变得粗糙。扬程曲线必须在靠近关死点时持续上升且没有平坦部分，尽管避免低频的流量波动。表10.2列出的方法有助于实现较低的压力脉动：叶片数$z_{La} \geqslant 7$，较低的叶片载荷，双吸泵中采用交错叶片以保证均匀的入流条件。蜗壳制造中保证较高的表面光洁度，以减少湍流强度。

在造纸过程中，为了完成不同流程，纸浆会被泵入不同的容器。这些过程中纸浆需维持较高的稠度，以减少水和能量的消耗。

输送稠度6%以下的纸浆时，可采用叶片数为3~5的开式叶轮。稠度超过6%时就需要特殊类型的泵。图13.38给出了一种工作原理类似于旋涡泵的纸浆泵。进入泵的原料被一种具有三个长螺旋叶片的诱导轮（螺旋给料器）粉碎。如果空气含量和稠度很高，空气可以从填料室排出，也可以通过排气管（图13.38）或轴上设置的孔排出。

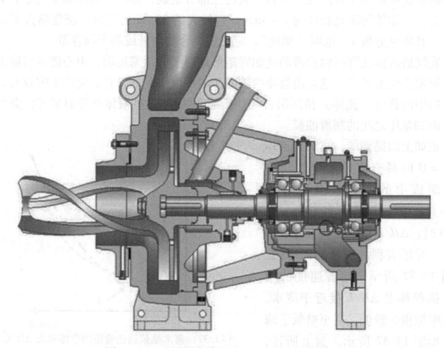

图13.38　适用稠度范围为8%~18%的纸浆泵

根据原料、流程阶段或系统装置的不同，纸浆中可能包含大量的溶解气体或自由气体。这些自由气体在水中会以非常细的泡沫悬浮或吸附在纤维上。这些气体的浓度会随着稠度和纸浆中的其他成分（如凝胶）的增长而增长。采用适当的管路布局，如将浆料注入口设置于液面之下，可有助于减少空气含量。

如 13.2 和图 13.20 所讨论的，气体含量会影响泵性能，吸入能力也会降低。纸浆泵中的气体含量是引起能量损失的主要因素，因此选择纸浆泵时必须要知道空气含量。

过高的空气含量甚至会造成泵的气封。由于较低的 GVF 和密度比，较高的吸入压力可以减缓泵的气封，正如 13.2 所讨论的。

纸浆对泵性能的影响：功率随着纸浆稠度的增加而增大。输送稠度为 8% 的浆料比输送清水需要多出 8% 的功率。稠度对扬程的影响主要依赖于气体含量。在给定气体含量下，叶轮和蜗壳的设计对气体处理能力和扬程损失都有影响，很难给出一个通用的规则。此外，水力损失随着纤维长度的增加而增加。这些参数通常是未知的，可利用的信息有时还存在相互矛盾。

文献［B.15］中式（13.23）基于输送清水时的性能提出了扬程损失的修正系数：

$$f_{\mathrm{H}} \equiv \frac{H_{\mathrm{stock}}}{H_{\mathrm{w}}} = 1 - q^* \cdot e^{-\frac{0.00095}{x^{2.5}}} \tag{13.23}$$

这个公式适用于 $q^* > 0.5$、$x < 0.06$ 的情况。修正因子 f_{H} 适用于恒定流量下（例 $f_{\mathrm{Q}} = 1$），如表 13.6 所述。可认为式（13.23）适用于气体含量与稠度成比例的情况。但是，式（13.23）中叶轮的具体设计及测试条件却并不明确。

与式（13.23）相比，图 13.17 所示的用于输送泥浆稠度为 1% ~ 10% 的叶轮，测试中并没有发现扬程损失，类似的叶轮也得出了类似的结果。有时对比于输送清水（对比图 13.37），扬程甚至会轻微的提高。这些叶轮的叶片会向进口延伸，尤其是在内轮毂侧。

当选择的叶轮较为合适，且含气率较低，那么就无需高的扬程余量：应避免选型过大的不利影响，如过大的泵和电动机、过高的成本及部分载荷运行等都可能导致较高的能源消耗和运行维护费用。

正如上面所提到的，高稠度时可采用开式叶轮、扇形后盖板（开口尽量接近轮毂中心，见图 9.23）。若半开式叶轮，由于浆料散热性较差，可能会在叶轮侧壁间隙处被加热。

单级蜗壳泵几乎是输送纸浆原料的唯一选择。应避免过大的叶轮切割，吸入管路应尽可能的直、短，且其直径应为叶轮进口直径的 2 倍以上。如果忽略这些方面，很难输送稠度高于 3% 的原料输入叶轮。复杂的吸入管路也将为原料输送带来风险。如果稠度很高，泵必须从吸入管路内部直接吸入，如图 13.38 所示。

原料中的颗粒将会引起磨损。由于湍流强度较低，这种类型的磨损和图 14.19

及图 14. 20 所示的波纹形磨损是不同的，而是类似于机械研磨过程。

参 考 文 献

[1] Hergt, P., et al.: Verlustanalyse an einer Kreiselpumpe auf der Basis von Messungen bei hoher Viskosität des Fördermediums. VDI Ber. 424 (1981)

[2] Stoffel, B., et al.: Untersuchungen von Einzelverlusten in Kreiselpumpen bei viskosen Flüssigkeiten. Pumpentagung Karlsruhe, K10 (1978)

[3] Gülich, J.F.: Pumping highly viscous fluids with centrifugal pumps. World Pumps. 395/396, Aug/Sept (1999)

[4] Holzenberger, K.: Vergleich von zwei Umrechnungsverfahren für die Kennlinien von Kreiselpumpen bei der Förderung zäher Flüssigkeiten. KSB. Techn. Ber. 25 (1988)

[5] Mollenkopf, G.: Einfluß der Zähigkeit des Fördermediums auf das Betriebsverhalten von Kreiselpumpen unterschiedlicher spezifischer Schnelläufigkeit. Pumpentagung Karlsruhe, K10 (1978)

[6] Hamkins, C.P., et al. Prediction of viscosity effects in centrifugal pumps by consideration of individual losses. ImechE paper C112/87, 207–217 (1987)

[7] Li Wen, G.: The "sudden-rising head" effect in centrifugal oil pumps. World Pumps 409, 34–36 (Oct 2000)

[8] Saxena, S.V., et al. Ermittlung von Korrekturfaktoren für Hochleistungs-Pipeline-Kreiselpumpen beim Fördern von Mineralölen mit erhöhter Viskosität. Pumpentagung Karlsruhe C, 7–3 (1996)

[9] Gülich, J.F.: Effect of Reynolds-number and surface roughness on the efficiency of centrifugal pumps. ASME. J. Fluids. Engng. 125(4), 670–679 (2003)

[10] Baker, O.: Design of pipe lines for simultaneous oil and gas flow. Oil. Gas. J. 26 (1954)

[11] Collier, J., Thome, J.R.: Convective Boiling and Condensation. 3rd ed Clarendon Press, Oxford (1996)

[12] Taitel, Y., Dukler, A.E.: A model for predicting flow regime transitions in horizontal and near-horizontal gas-liquid flow. AIChE. J. 22, 47–55 (2003)

[13] Bertola, V. (ed.): Modelling and Experimentation in Two-phase Flow. Springer, Wien (2004)

[14] Patel, B.R., Runstadler, P.W.: Investigation into two-phase flow behavior of centrifugal pumps. Polyphase flow in turbomachinery. ASME. 79–100 (1978)

[15] Kecke, H.J.: Zweiphasenströmung bei Radialkreiselpumpen. Pumpentagung Karlsruhe. A,1–3 (1996)

[16] Tillack, P.: Förderverhalten von Kreiselpumpen bei viskosen, gasbeladenen Flüssigkeiten. Diss. TU Kaiserslautern, (1998)

[17] Kosmowski, I., Hergt, P.: Förderung gasbeladener Medien mit Hilfe von Normal- und Sonderausführungen von Kreiselpumpen. KSB. Techn. Ber. 26 (1990)

[18] Sauer, M.: Einfluss der Zuströmung auf das Förderverhalten von Kreiselpumpen radialer Bauart bei Flüssigkeits-/Gasförderung. Diss. TU Kaiserslautern, (2002)

[19] Turpin, J.L., Lee, J.F., Bearden, J.L.: Gas-liquid Flow Through Centrifugal Pump—Correlation of Data. Proc. 3rd. Interntl Pump Symp, Texas A&M, 1986, pp 13 to 20

[20] Hench, J.E., Johnston, J.P.: Two-dimensional diffuser performance with subsonic, two-phase, air-water flow. ASME. J. Basic. Engng. 94, 105–121 (1972 March)

[21] Thum, D.: Untersuchung von Homogenisierungseinrichtugen auf das Förderverhalten radialer Kreiselpumpen bei gasbeladenen Strömungen. Diss. TU Kaiserslautern (2007)

[22] Brenne, L., et al.: Performance evaluation of a centrifugal compressor operating under wet gas conditions. Proc 34th Turbomachinery symp 111–120 (2005)

[23] Nguyen, D.L.: Sonic velocity in two-phase systems. Int. J. Multiphase. Flow. 7, 331–320 (1981)

[24] Gülich, J.F.: Energierückgewinnung mit Pumpen im Turbinenbetrieb bei Expansion von Zweiphasengemischen. Techn. Rundschau. Sulzer. 3, 87–91 (1981)

[25] Florjancic, D.: Einfluß von Gas- und Luftzuführung auf das Betriebsverhalten ein- und mehr-stufiger Pumpen. Techn. Rundschau. Sulzer. Forschungsheft. 35–44 (1970)

[26] Murakami, M., Minemura, K.: Effects of entrained air on the performance of centrifugal and axial pumps. Memoires Faculty Engng Nagoya University **124**, 23–1 (1971)

[27] Pessoa, R., Prado, M.: Two-phase flow performance for electrical submersible pump stages. SPE Prod Facil **18**, 13–27 (2003 Feb)

[28] Bratu, C.: Rotodynamic two-phase pump performance. Soc. of. Petroleum. Engrs. SPE. 28516, 555–567 (1994)

[29] Bratu, C.: Multiphase production systems. OMAE 1996. 15th Intl Conf Offshore Mechanics, Florence (1996)

[30] Arnaudau, P.: Development of a two-phase oil pumping system, Poseidon project. Offshore Techn Conf OTC 5648, Houston (1988)

[31] Arnaudau, P., Bratu, C.: Transport of unprocessed oil and gas in multiphase pumps. BHRA Seminar on Multiphase Pumping Technology, Cranfield, June 16, (1988)

[32] Gié, P., et al.: Poseidon multiphase pump: field test results. Offshore. Techn. Conf. OTC. 7037, **4**, 489–501 (1992)

[33] Gülich, J.F.: Apparatus and method for mixing, measuring and forwarding a multiphase gas mixture. US Patent 5,841,020, (1998)

[34] Gopalakrishnan, S.: Power Recovery Turbines for the Process Industry. 3rd Intl. Pump. Symp, Houston, (1986)

[35] Hamkins, C.P., et al.: Pumps as Energy Recovery Turbines with Two-phase Flow. ASME Pumping Machinery Symp, San Diego, (1989)

[36] Gülich, J.F.: Energierückgewinnung bei der Expansion von Zweiphasengemischen. In: Pumpen als Turbinen. Faragallah, Sulzbach, (1993)

[37] Weber, M.: Strömungsfördertechnik. Krauskopf, Mainz (1973)

[38] Holzenberger, K.: Energiebedarf von Kreiselpumpen beim hydraulischen Feststofftransport. VDI. Ber. **424**, 89–98 (1981)

[39] Cave, I.: Effects of suspended solids on the performance of centrifugal pumps. Hydrotransport 4, Paper H 3, BHRA Fluids Engineering, (1976)

[40] Gahlot, et al.: Effect of density, size distribution and concentration of solid on the characteristics of centrifugal pumps. ASME. J. Fluids. Engng. **114**, 386–389 (1992)

[41] Gneipel, G. et al.: Berechnung der Energiedifferenzzahlen von Kreiselpumpen bei der Förderung von heterogenen, grob-dispersen Flüssigkeits-Feststoff-Gemischen. Pumpentagung Karlsruhe. **A**, 1–1 (1996)

[42] Kreuzfeld, G.: Berechnung der Zweiphasenströmung in Kreiselpumpenbauteilen. Diss. TU Dresden, (1999)

[43] Matoušek, V.: Flow in Mechanism of Sand-water Mixtures Pipelines. Delft, University Press (1997)

[44] Gneipel, G.: Berechnung der Partikelbahnen bei der Förderung von Fluid-Feststoffgemischen. Diss. B Bergakademie Freiberg (1990)

[45] Gandhi, B.K., Singh, S.N., Seshadri, V.: Performance characteristics of centrifugal slurry pumps. ASME. J. Fluids. Engng. **123**, 271–280 (2001)

[46] Engin, T., Gur, M.: Comparative evaluation of some existing correlations to predict head degradation of centrifugal slurry pumps. ASME. J. Fluids. Engng. **123**, 149–157 (2003)

[47] Berg, C.H. van den, Vercruijsse, P.M., Van den Broeck, M.: The hydraulic transport of highly concentrated sand-water mixtures using large pumps and pipeline diameters. Hydrotransport. **14**, 445–453 (1999)

[48] Gneipel, G., Tuong, P.N.: Stoß- und Reibungsverluste beim hydraulischen Feststofftransport und deren Einfluß auf die Verminderung der Druckzahl der Pumpe. 10th Intnl Conf on Hydromechanisation, Zakopane, (1998)

[49] Weber, M.: Grundlagen der hydraulischen und pneumatischen Förderung. VDI Ber. **371**, 23–29 (1980)

[50] Radke, M., et al.: Untersuchung kostenbestimmender Faktoren bei Kreiselpumpen in Rauchgasentschwefelungsanlagen. VGB Kraftwerkstech. **71**, 455–461 (1991)

[51] Verhoeven, J.: Energy recovery in reverse running pumps. Pumpentagung Karlsruhe. B1 (1992)

[52] Bischof, F.: Experimentelle Untersuchungen an einer Kreiselpumpe zur Feststofförderung. Diss. TU Braunschweig, (1983)

[53] Radke, M. et al.: Neue konstruktive Entwicklungen für Kreiselpumpen in Rauchgasentschwefelungsanlagen. Konstruktion **42**, 53–60 (1990)

[54] Wilson, K.C., Addie, G.R., Sellgren, A., Clift, R.: Slurry transport using centrifugal pumps, 2nd ed. Blackie Academic and Professional, London. ISBN 0 7514 0408 X (1997)

[55] Hellmann, D.H.: Pumps for multiphase boosting. 2nd Intnl Conf on Pumps and Fans, Beijing, paper IL 4 (1995)

[56] Govier, G.W., Aziz, K.: The flow of complex mixtures in pipes. Van Nostrand Reinhold, New York (1972)

[57] Brennen, C.E.: Fundamentals of Multiphase Flow. Cambridge University Press (2005)

第14章 高流速下材料选择

疲劳、腐蚀、磨损和汽蚀所引起的材料退化或故障会导致泵的运行和维护成本提高。在大多数情况下这些问题可以通过合理的材料选择来避免。材料选择错误的原因通常有：①泵输送的腐蚀性的液体没有明确指明（或者不知道）；②成本原因而选择勉强符合运行要求最便宜的材料。

由于疲劳、磨损、汽蚀和腐蚀，泵件受损的严重程度与流速呈指数增长，但是各种材料的适用范围不易界定。这取决于流速及泵输送介质的腐蚀性和夹带颗粒物浓度（如果有的话）。同时，由压力脉动和动静干涉所引起的交变应力并不能准确地被量化。这也是叶轮叶片、盖板和导叶叶片的厚度通常是通过经验和工程应用来判断的原因。

本章对材料的讨论集中在流动现象和材料特性之间的相互作用。为此，关于腐蚀和常用材料的一些背景资料的介绍是必要的，但是并未能对材料选择提供全面的指导。本章中介绍的方法有助于系统性和规范性地选择材料和分析材料方面出现的问题。

以下有四个关于高速流动下材料选择的标准：

1）由于泵内流速较高，疲劳强度（通常在腐蚀环境下）与压力脉动、动静干涉和交变应力存在内在的联系。

2）高流速下会引起的腐蚀，尤其是侵蚀。

3）汽蚀，在第6章中已详细讨论。

4）由流体夹带的固体颗粒所引起的磨损。

磨损和汽蚀是主要的机械磨损机理，而这机理有时会被腐蚀强化。腐蚀是金属、泵输送介质、氧气和化学成分之间化学反应的综合作用。这种反应一直存在的，即使它未被察觉。此外，叶轮叶尖速度会受到液力、振动及噪声要求的限制。

14.1 叶轮或导叶的疲劳断裂

通过运用先进的设计和制造技术，可以避免叶轮叶片、盖板或导叶叶片的疲劳断裂。在大功率泵中，当忽视基本的设计规则或者在制造中不够精细，则会发生这类损坏。造成叶片或盖板断裂的主要原因包括：

1）叶轮叶片和导叶叶片之间的距离（间隙 B 或比例 $d_3^* = d_3/d_2$）过小（表10.2）。

2）盖板厚度不够。

3）质量缺陷：叶片和盖板间的圆角半径没有或者过小，或铸造缺陷、热处理不当导致脆性材料韧性不足。

4）泵或系统中过度的压力脉动，见10.3。

5）水力或声音激励振动导致的与叶轮本征模式的共振；叶轮盖板和叶轮侧壁间隙中流体可能发生的流固耦合。

第10章中讨论的动静干涉和压力脉动会在叶轮叶片、盖板和导叶叶片处产生交变应力。对这些应力进行精确的分析几乎是不可能的（即使可以通过有限元进行分析），因为非稳态压力分布的情况下，叶轮的水力负荷并不明确。它不只取决于叶轮、吸水室和侧壁间隙内的流动，而且也取决于声学特征和压力脉动（见10.3）。

均衡载荷下简支梁模型可作为简化模型，用来评估叶轮和导叶的载荷，选择叶片和盖板的厚度或者是进行故障分析。因此，闭式叶轮或导叶的叶片可以通过其两端夹紧的梁来表示。开式叶轮或导叶也可以通过一端夹紧而另一端无约束的单臂梁来表示。

根据表14.1和表14.2中的计算公式基于如下假设[⊖]：

1）闭式叶轮，叶轮出口处叶片宽度x是$5e$，跨度L是b_2（e是标称叶片厚度）。如果叶片是异形的，可选用平均叶片厚度e_m；e_m通过式（T14.3.3）来定义。

2）叶片承受稳定均匀的载荷，该载荷是由式（T14.1.2）给出的离心力和式（T14.1.1）给出的作用在叶片上的压力差（ψ_{Load}）组成的。叶片负荷可以通过叶片上的压力分布来决定（可通过CFD获得）。它和离心力的方向相反，所以式（T14.1.5）中ψ_{Load}是负号。导叶没有离心力，所以ψ_{Load}是正的。文中假定$\psi_{Load}=0.1$。

3）根据式（T14.1.6），由功的传递和离心效应产生的稳态力会形成一个平均应力σ_m，这代表了固定端的最大应力。

4）压力脉动可用来衡量作用于指定叶片截面的非稳态交变应力。叶轮和导叶之间的距离越小，压力脉动就越高。根据文献［17］，可使用式（T14.1.3）进行计算，所得到的压力脉动相当于$q^*=0.6$时文献［41］中的测量值。

5）根据式（T14.1.7），压力脉动产生了交变弯曲应力σ_w。从式（T14.1.4）得到的标称压力必须乘以一个缺口安全系数α_k以便确定应力峰值，而这和疲劳裂纹的产生是相关的。

6）计算公式由两个参数决定：

① 叶片与盖板之间的圆角半径r_f。由式（T14.1.7）得到的$\alpha_k=f(r_f/e)$。如果圆角半径未知，缺口安全系数$\alpha_k=2$。如果转角几乎是尖的，则设$\alpha_k=4$。

⊖ 用于应力分析的大多数公式可以参见文献［48］。

② 铸件质量，特别是铸造缺陷。由此产生的安全因素取决于缺口尺寸及与铸件表面的相对位置。铸件缺陷的准确评估需要掌握断裂力学规律，因此很难实现。下面假定：铸件质量较差时 $\alpha_k = 4$；铸件质量一般时 $\alpha_k = 2$；$r_f/e > 0.5$ 的高质量铸件为 $\alpha_k = 1.5$。

表 14.1　叶轮或导叶叶片的载荷

		闭式叶轮或导叶	开式叶轮或导叶	式号
同样载荷下横梁的弯曲度	静态或动态压差	L	L	—
叶片静态载荷	$\Delta p_{\text{stat}} = \dfrac{\rho}{2} u_2^2 \psi_{\text{Load}}$	$\psi_{\text{Load}} = \dfrac{2(p_{\text{DS}} - p_{\text{ss}})}{\rho u_2^2}$		T14.1.1
离心力产生的静态载荷	$\Delta p_z = \rho_{\text{Mat}} \omega^2 r e \cos\beta_{2B}$			T14.1.2
叶片动态载荷	$\Delta p_{\text{dyn}} = \dfrac{\rho}{2} u_2^2 \Delta p^*$	$\Delta p^* = \dfrac{0.008}{(d_3^* - 1)^{0.9}}$	Δp^*	T14.1.3
弯曲力矩 M，截面模量 W，弯曲应力 σ	$M = F_T \dfrac{x \Delta p L^2}{12}$	$W = \dfrac{x}{6} e_m^2$	$\sigma = \dfrac{M}{W} = F_T \dfrac{\Delta P}{2} \left(\dfrac{L}{e_m}\right)^2$	T14.1.4

	F_T	L	Y	ψ_{Load}	
叶轮：闭式	1	b_2	4	离心力作用	设为负	
叶轮：开式	6					
导叶：闭式	1	b_3	0	无离心力	设为正	T14.1.5
导叶：开式	6					

		式号
叶轮叶片平均应力 σ_m	$\sigma_m = F_T \dfrac{\rho}{4} u_2^2 \left(\dfrac{b_2^*}{e_m^*}\right)^2 \left(\psi_{\text{Load}} + Y e_m^* \dfrac{\rho_{\text{mat}}}{\rho}\right)$	T14.1.6
叶轮叶片：交变弯曲应力 σ_w	$\sigma_w = F_T \alpha_k \Delta p^* \dfrac{\rho}{4} u_2^2 \left(\dfrac{b_2^*}{e_m^*}\right)^2$ ｜ $\alpha_k = 1.2 \left(\dfrac{e}{r_f}\right)^{0.15}$　$r_f =$ 叶片和盖板之间的倒圆角	T14.1.7
允许交变弯曲应力 $\sigma_{\text{bw,al}}$	$\sigma_{\text{bw,al}} = \dfrac{\sigma_{\text{bw}}}{S_{\text{bw}}} \left(1 - \dfrac{\sigma_m}{R_m} S_z\right)$	T14.1.8
允许叶轮圆周速度	$u_{2,\text{al}} = 2 \dfrac{e_m^*}{b_2^*} \sqrt{\dfrac{\sigma_{\text{bw}}}{F_T \rho \left[S_{\text{bw}} \alpha_k \Delta p^* + S_z \dfrac{\sigma_{\text{bw}}}{R_m}\left(\psi_{\text{load}} + Y e_m^* \dfrac{\rho_{\text{mat}}}{\rho}\right)\right]}}$	T14.1.9
离心力作用下 r_i 处的切应力	$\sigma_t = \dfrac{3+\nu}{4} \rho_{\text{mat}} u_2^2 \left[1 + \dfrac{1-\nu}{3+\nu}\left(\dfrac{r_i}{r_2}\right)^2\right]$	T14.1.10

注：x 是式 (T14.1.4) 中的"横梁"宽度；当计算应力时，删去 x。S_{bw} 为抗疲劳安全系数；S_z 为抗疲劳断裂安全系数；α_k 为缺口安全系数，ν 为泊松比（大部分情况下为 0.3）；ρ_{mat} 为叶轮材料的密度；σ_{bw} 为疲劳强度（疲劳极限）；* 的数量为 d_2。

表 14.2　叶轮盖板载荷

			式号
叶轮盖板上的交变压力	Δp^*	$L_{\ddot{a}q}$	
叶轮盖板上的静态载荷	$\Delta p_{stat} = \dfrac{\rho}{2} u_2^2 \psi_{Rs}$	$\psi_{Rs} = \dfrac{2(p_{Rs} - p_{La})}{\rho u_2^2}$	T14.2.1
动态载荷	$\Delta p_{dyn} = \dfrac{\rho}{2} u_2^2 \Delta p^* \left(2 \dfrac{x}{t_2} - 1\right)$	$\Delta p^* = \dfrac{0.008}{(d_3^* - 1)^{0.9}}$	T14.2.2
弯曲力矩 M，截面模量 W，弯曲应力 σ	$M = \dfrac{x \Delta p L_{\ddot{a}q}^2}{60}$　　$W = \dfrac{x}{6} e_{Rs}^2$	$\sigma = \dfrac{M}{W} = \dfrac{\Delta p}{10} \left(\dfrac{L_{\ddot{a}q}}{e_{Rs}}\right)^2$	T14.2.3
叶轮盖板厚度 e_{Rs}	$e_{Rs} = 1.25 e$	$e = $ 叶片厚度（不考虑叶型）规定一个典型的 e_{Rs} 平均值，$\Delta r = 5 e_{Rs}$	T14.2.4
叶轮盖板上的静态载荷	$\psi_{Rs} = R_G \psi \left(1 - \dfrac{r^* - r_1^*}{1 - r_1^*}\right) - k^2 (1 - r^{*2}) \approx 0.1$		T14.2.5
有效半径（载荷中心）	$r^* = 1 - \dfrac{2\pi}{3 z_{La}} \sin \dfrac{a_2}{t_2} \cos \dfrac{a_2}{t_2} \approx 0.9$		T14.2.6
两个叶片间的等效翼展	$L_{aq}^* = \dfrac{L_{\ddot{a}q}}{d_2} = \dfrac{\pi}{2 z_{La}} (1 + 0.8 \sin \beta_{2B}) \approx 0.67 \dfrac{\pi}{z_{La}}$		T14.2.7
平均应力	$\sigma_m = \dfrac{\rho}{4} u_2^2 \left(\dfrac{L_{aq}^*}{e_{Rs}^*}\right)^2 \psi_{Rs}$	$t_2^* = \dfrac{t_2}{d_2} = \dfrac{\pi}{z_{La}}$	T14.2.8
交变弯曲应力 σ_w	$\sigma_w = \alpha_k \dfrac{\rho}{20} u_2^2 \left(\dfrac{L_{aq}^*}{e_{Rs}^*}\right)^2 \Delta p^*$		T14.2.9
允许交变弯曲应力 $\sigma_{bw,al}$	$\sigma_{bw,al} = \dfrac{\sigma_{bw}}{S_{bw}} \left(1 - \dfrac{\sigma_m}{R_m} S_z\right)$		T14.2.10
允许叶轮圆周速度	$u_{2,al} = 2 \dfrac{e_{Rs}^* z_{La}}{\pi} \sqrt{\dfrac{\sigma_{bw}}{\rho \left(S_{bw} \alpha_k \dfrac{\Delta p^*}{5} + S_z \dfrac{\sigma_{bw}}{R_m} \psi_{Rs}\right)}}$		T14.2.11

注：x 是式（T14.1.4）中的"横梁"宽度；当计算应力时，删去 x。S_{bw} 为抗疲劳安全系数；S_z 为抗疲劳断裂安全系数；α_k 为缺口安全系数；ν 为泊松比（大部分情况下为 0.3）；ρ_{mat} 为叶轮材料的密度；σ_{bw} 为疲劳强度（疲劳极限）；* 的数量为 d_2。

7）允许交变应力 σ_w 取决于图 14.1 中的平均应力 σ_m。抗疲劳安全系数 $S_{bw} = 2$ 和抗疲劳断裂安全系数 S_z 参见式（T14.1.8）和图 14.1。这些系数都根据材料的断裂伸长率来选择。适用于不同材料的值详见表 14.11 ～表 14.16。

8）如果设式（T14.1.7）中的交变弯曲应力等于式（T14.1.8）中的允许应

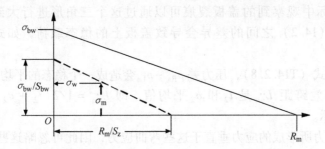

图 14.1　古德曼图可用以确定允许应力振幅 σ_{w}（作为平均应力 σ_{m} 的函数）

力，并且式（T14.1.6）中的平均应力已知，那么由此产生的公式可以得出允许的叶轮叶尖速度 $u_{2,\mathrm{al}}$。通过图 3.24 或式（3.26），可以计算允许的单级扬程。

9）叶轮盖板需要承受离心力的作用。在中心孔的边界处，厚度一样的圆盘承受的最大切应力为 σ_{t}，见式（T14.1.10）。由于均匀厚度圆盘的简化模型不能准确地描述叶轮上的应力分布，所以需要较高的安全系数 $S_{\mathrm{zz}}{}^{\ominus}$。这些安全系数都是按照极限伸长率来进行选择的（表 14.11 ~ 表 14.16）。如果通过式（T14.1.10）能够得出 u_2，那么也可得到叶轮叶尖速度的另一个限制。

10）如果叶轮叶片承受着动态载荷，同样也会作用于盖板。假定以下两种动态载荷类型：①当一个叶轮叶片绕导叶叶片一周时，叶轮上的压力分布是变化的。这意味着交变应力超过了中间距离 t_2，见表 14.2 所示。②另外，叶轮侧壁间隙中的流动会产生压力脉动。由密封间隙引起的脉动沿着圆周变化（偏心转子位置），例如当盖板和联轴器没有经过精密加工，又或者通过轴向剖分泵的上下泵壳部分之间存在偏移时。压力脉动可能会受到系统影响进而加剧，详见 10.3，盖板上的动态载荷是根据式（T14.2.2）假设的。

11）叶轮侧壁间隙处的静态压力 p_{Rs} 超过了叶轮流道内的压力 p_{La}。由此产生的压差在盖板上形成了稳定的弯曲应力 σ_{m}。p_{Rs} 与 p_{La} 的差值在叶轮外径处为 0，并向中心处增加。通过式（14.1）和式（14.2）得到的式（T14.2.5）也可以确定以上内容。叶轮侧壁间隙处的压力为

$$p_{\mathrm{Rs}} - p_1 = \rho \frac{u_2^2}{2}[\psi_{\mathrm{p}} - k^2(1 - r^{*2})] \tag{14.1}$$

假定叶轮流道内的压升是从叶轮进口到出口按比例增加的，那么上式可以写成：

$$p_{\mathrm{La}} - p_1 = \rho \frac{u_2^2}{2}\psi_{\mathrm{p}}\left(1 - \frac{r^* - r_1^*}{1 - r_1^*}\right) \tag{14.2}$$

根据式（T14.2.6），可以假定 r^* 是由 t_2 和 a_2 定义的三角形的重心，a_2 的定义

$\ominus$　注意上述讨论中 S_z 和 S_{zz} 之间的差异。

见表0.2。实际中观察到的盖板裂痕可以通过这个三角形进行大致的描述。式（14.1）和式（14.2）之间的差异会导致盖板上的稳态载荷，如式（T14.2.5）所示。

12）根据式（T14.2.8），压力差 $p_{Rs} - p_{La}$ 会造成一个稳态的平均弯曲应力 σ_m。两叶片间的等效跨距 $L_{aq}^{\cdot\cdot}$ 是 t_2 和 a_2 平均值，即 $L_{aq}^{\cdot\cdot} = 1/2 (t_2 + a_2)$，可以由式（14.2.7）表示。

13）离心力所形成的应力垂直于这些弯曲应力，因此可忽略这些应力。另外，在式（T14.2.10）中复合应力可以当作 σ_m。

14）通过式（T14.2.11）算出的允许叶轮叶尖速度与表14.1中的计算结果相似，这是由所选择材料的疲劳强度决定的。

疲劳强度 σ_{bw}（或疲劳极限）取决于以下参数：

① 峰值应力在横截面上的变化或组件的形状会对疲劳强度有很大的影响。这些可以通过应力集中和缺口系数来分析。

② 粗糙表面的样品比平滑表面的疲劳强度要低。毛坯铸件表面的疲劳强度比在抛光过的表面上测得的疲劳强度要低30%~50%。

③ 材料：塑性材料比脆性材料更好，因为裂纹根部的峰值应力可以通过局部塑性变形来削弱。因此对于高载荷的叶轮，导叶或轴的极限伸长率比较小，$A > 18\%$（$A > 25\%$ 更好）。

④ 材料缺陷（尤其是泵壳上）会像缺口一样会削弱疲劳强度。铸造材料往往要比锻造材料的疲劳强度低。材料的微观结构应该尽可能地和最好的晶体是同类型的，以便获得最佳的疲劳强度。晶体边界处出现沉淀物是不利的。通过铬镍铁合金718（$R_m = 1300\text{N/mm}^2$）来解释晶体尺寸的影响：在海水中经过 10^8 次周期后，晶粒尺寸从 0.01mm 增加到 0.15mm 时腐蚀疲劳强度从 400N/mm² 下降到 240N/mm²[50]。

⑤ 腐蚀会极大地降低疲劳强度。当在水中使用金属零件时，疲劳强度总会受到损害。因此空气中测量的疲劳强度不能用在水中，除非通过组件在水中运行的压力进行评估而进行修正。在海水中，需要考虑材料疲劳强度的削弱，且材料疲劳强度会随着抗局部腐蚀能力的增强而增加。

⑥ 在清水和或海水的疲劳试验中，由于疲劳极限（曲线应力的渐进区与负载周期数相关）通常是达不到的，所以向无限循环进行外推法很难实现。如文献[50]中的试验不能达到海水中的高合金结构钢和青铜的疲劳极限，即使经过 10^8 个负载周期后。在所有测试过的材料中，抛光过的样本在 10^8 次周期中都出现了失效，不锈钢的应力水平取决于点蚀指数。图14.2显示，试验数据在 10^7 和 10^8 负载周期之间。耐腐蚀性和负载周期数的相互关系可以通过这些数据观察到。在文献[50]中介绍了几种铜材料的腐蚀疲劳强度（CFS），试验在 $\sigma_{bw}/R_m = 0.11 \sim 0.13$ 的范围内进行（包括耐蚀高镍铸铁）。

⑦ 零件的残余应力应尽可能的低。残余抗拉应力（如磨削表面所产生的残余

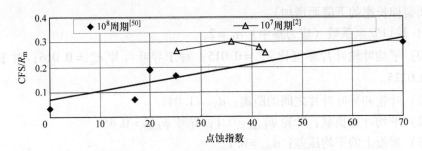

图 14.2　海水中抛光不锈钢试样的腐蚀疲劳强度 CFS
点蚀指数由式（14.8）定义，R_m 为极限抗压强度

应力）比疲劳强度要低。表面附近的残余压应力（如喷丸加工）会增强疲劳强度。

由于上述讨论的各种参数的影响，给定的材料的疲劳强度在不同文献中有不同的值。数据主要是由试验条件决定的，因此准确确定叶轮或导叶的疲劳强度数值是很难实现的（不是完全不可能）。不同试验条件下测得的疲劳强度没有对比意义。对一系列材料进行疲劳强度测量时，只有在试验条件都得以严格控制的情况下才有意义。

对于图 14.3 ~ 图 14.7 中的允许扬程的计算，假定 $\sigma_{bw}/R_m = 0.3$。海水中的腐蚀疲劳强度（CFS），可以预期在 $\sigma_{bw}/R_m = 0.12 ~ 0.15$ 的范围内；但是这种水平只有在钢材料的情况下才可以获得，然而钢材料不适用于海水中，详见 14.4.2。

对于几种常用材料，叶轮叶尖速度可以通过表 14.1 和表 14.2 计算得出，可根据式（7.1）来预估叶轮出口宽度。使用式（3.26）中的压力系数，可以确定最高效率处的允许单级扬程，并在图 14.3 ~ 图 14.7 中显示出来。这些计算和图表中有以下假设（应当予以重视）：

1）计算适用于强迫振动，叶轮本征模和水力或声激振动之间的共振在文献 [54] 中没有考虑。

2）叶轮出口宽度见式（7.1）；叶轮进口宽度 $b_3 = 1.15b_2$。

3）压力系数见式（3.26）。

4）最小抗拉强度 R_m 见表 14.11 ~ 表 14.16。

5）疲劳强度 $\sigma_{bw}/R_m = 0.3$。该疲劳强度适用于淡水、锅炉给水，即 14.4.1 中的水质类型 W1、W2、W5 和 W6，但不适用于海水（W3 和 W4）。如果假定海水中的 $\sigma_{bw}/R_m = 0.12 ~ 0.15$，那么允许的单级扬程比图 14.3 ~ 图 14.7 中的规定值要低很多。

6）抗疲劳断裂安全系数 $S_{bw} = 2$。

7）平均抗疲劳断裂系数 S_z 见表 14.11 ~ 表 14.16（S_z 随着断裂伸长率的降低而增加）。

8）在离心力作用下，盖板上的抗疲劳断裂系数 S_{zz} 见表 14.11 ~ 表 14.16（S_{zz}

随着断裂伸长率的下降而增加）。

9）缺口安全系数（应力集中）$\alpha_k = 2$。

10）平均叶轮叶片厚度比 $e_m^* = 0.015$；对于导叶叶片 $e_m^* = 0.016$；对于盖板 $e_{Rs}^* = 0.0225$。

11）叶轮和导叶叶片之间的距离：$d_3^* = 1.04$。

12）平均叶片负载：叶轮 $\psi_{Load} = 0.1$；导叶 $\psi_{Load} = 0.45$。

13）盖板上的平均压差：$\psi_{Rs} = 0.1$。

14）图 14.3 ~ 图 14.7 中所绘制的允许扬程适用于最高效率点。局部较高的载荷包括在安全系数中。

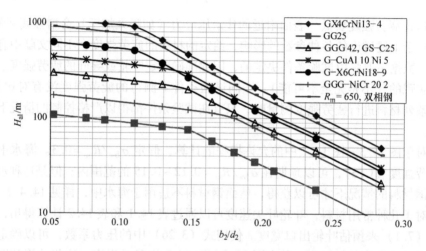

图 14.3　允许扬程 H_{al} 和闭式叶轮叶片强度之间的关系

根据 14.4.1，适用于 $\rho = 1000 kg/m^3$，水质类型为 W1、W2、W5、W6

上面所选择的（安全）系数可能会很高。这样的选择是有一定理由的，因为假定的载荷是不确定的，所使用的应力模型也很简单。安全系数的取值必须要覆盖运行铸造缺陷及腐蚀疲劳强度等内在的不确定性。

图 14.3 ~ 图 14.7 证明了以下几点：

1）允许扬程随着叶轮出口宽度的增加而急剧下降，因此扬程随着比转速的增加而降低。

2）当 $n_q = 30$ 时，叶轮单级扬程的上限是 1200m。因此，可根据图 14.3 中的运行条件确定叶片参数相应的范围。

3）允许扬程随着叶片数的减少而下降，这是因为叶轮出口处的间距 t_2 随之增加，如图 14.4 所示。五叶片（图 7.48）的双吸叶轮在最高效率点处的扬程在 700m 和 800m 之间。图 14.4 中根据运行情况确定了相应的叶片数范围。

4）如果将一些不利因素都结合起来考虑，那么允许扬程会比图 14.3 ~ 图 14.7

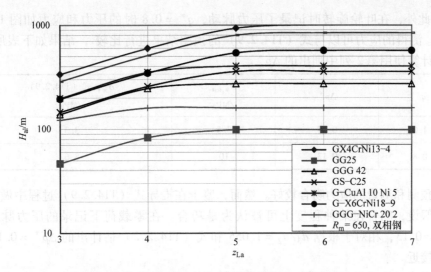

图 14.4　允许扬程 H_{al} 和叶轮盖板载荷之间的关系

根据 14.4.1，适用于 $\rho = 1000 kg/m^3$，水质类型为 W1、W2、W5、W6

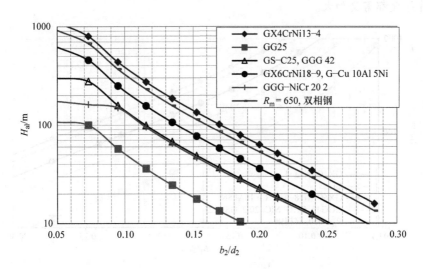

图 14.5　允许扬程 H_{al} 和开式叶轮叶片载荷之间的关系

根据 14.4.1，适用于 $\rho = 1000 kg/m^3$，水质类型为 W1、W2、W5、W6

中给出的值低很多。举一个典型的例子，叶轮盖板断裂往往发生在单级扬程低于 200m 的多级泵（$d_3^* = 1.025$）中，这是因为叶片和盖板之间的倒角几乎是尖的；由于中心偏移，盖板厚度要比设计的低很多。当 $\alpha_k = 4$、$e_{Rs}^* = 0.012$ 时，根据表 14.2 计算得到的允许扬程仅为 180m。因此，通过这个计算可以对叶轮的损伤风险进行预估。

5）文献［3］中测量了一台导叶式多级泵（$n = 22$）中的叶轮盖板交替应力

σ_w。此外，在叶轮旋转时记录了压力脉动，$q^* = 0.8$ 时的压力和应力如图 10.44 所示。测得的应力可以与式（T14.2.9）的预测结果进行比较，结果如下表所示。应力计算使用第 2 列中列出的 Δp^*。

q^*	Δp^*	$\sigma_{w,test}$ /MPa	σ_w，式（T14.2.9） /MPa
1.0	0.05	3.5	3.3
0.8	0.13	10	8.6

预测和测量的应力吻合较好。然而，鉴于在推导式（T14.2.9）过程中做出的各种假设，吻合在某种程度上可被认为是巧合。在零载荷下记录的压力脉动为 $\Delta p^* = 0.13$，相对于根据 $d_3/d_2 = 1.055$ 和式（T14.2.2）估计出的 $\Delta p^* = 0.11$ 的比较接近。

开式叶轮或导叶的扬程比闭式的要低。注意：由于较低的疲劳极限，海水中的允许扬程明显比图 14.3 ~ 图 14.7 中给出的要低。在高扬程情况下，海水中的盖板和叶片厚度都需要加大。

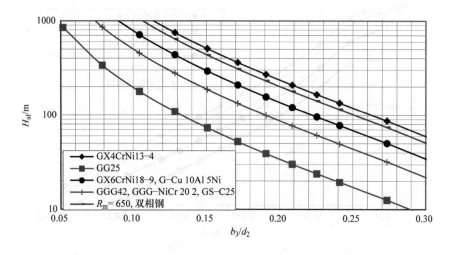

图 14.6 允许扬程 H_{al} 和闭式导叶叶片载荷之间的关系

根据 14.4.1，适用于 $\rho = 1000 kg/m^3$，水质类型为 W1、W2、W5、W6

表 14.1 和表 14.2 的计算和图 14.3 ~ 图 14.7 中的数据有助于开展叶轮和导叶疲劳断裂风险的评估。但是，使用这个方法时，应重视其中不确定性和假设的条件。当图 14.3 ~ 图 14.7 所给出的范围对于许多材料在特定的应用中不适用时，需要一个进行更为具体的分析。相反，通过正确的设计、分析和质量控制，部件的扬程会比图 14.3 ~ 图 14.7 中的规定扬程要高很多。

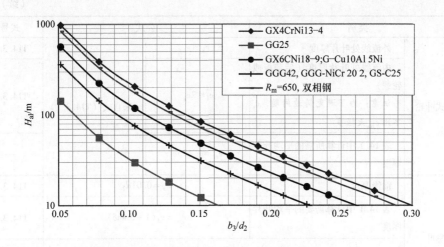

图 14.7　允许扬程 H_{al} 和开式导叶叶片载荷的关系

据 14.4.1，适用于 SG = 1.0，水质类型为 W1、W2、W5、W6

　　表 14.3 给出了叶片厚度、盖板、导叶叶片及进口边和出口边的设计准则。式（T14.3.1）可用于多叶片叶轮及具有 1 个、2 个或 3 个叶片的污水泵叶轮。所需的厚度随着叶尖速度和比转速的增加而增加（叶轮出口宽度和压力脉动随之增加）。

表 14.3　叶片和盖板厚度

类别	公式		式号
闭式叶轮	标称叶片厚度 e（不考虑外形）	$n_{g,Ref} = 100$ $u_{Ref} = 100 m/s$ $z_{Ref} = 7$ $(z_{La} = 1 \sim 10)$	
	$e^* \equiv \dfrac{e}{d_2} = 0.015\left(\dfrac{z_{Ref}}{z_{La}}\right)^{0.4}\left(1 + 0.25\left\{\dfrac{u_2}{u_{Ref}}\right\}^2\right)\left(1 + 0.5\left\{\dfrac{n_q}{n_{q,Ref}}\right\}^2\right)$		T14.3.1
	e_2 ⟍⟋ e		
	尾缘厚度	$e_2 = e/2$	T14.3.2
	表 14.1 中计算所需的平均叶片厚度	$e_m = 0.5(e_2 + e) = 0.75e$	T14.3.3
	盖板厚度	$e_{Rs} = 1.25e$　e 来自式（T14.3.1）	T14.3.4

（续）

类别		公式	式号
开式叶轮	外流线处叶片厚度	$e_a = e$	T14.3.5
	内流线处叶片厚度（后盖板或轮毂） 注意：为了避免铸造问题，e_i不比e_{Rs}大很多	$e_i \leqslant 2e_a$	T14.3.6
	表14.1中计算所需的平均叶片厚度	$e_m = 1.125e$	—
导叶	前缘厚度	$e_3 = 0.01d_2$	T14.3.7
	表14.1中计算需要的平均叶片厚度	$e_m = e_3(1 + 5\tan\delta)$	T14.3.8

（上方合并单元格）e来自式（T14.3.1）

$\delta = $ 导叶叶片压力面和吸力面的角度：$\delta \geqslant 5°$ —

注：1. 在设计和生产中，出于安全考虑，要注意叶轮本征频率和水力或声激振动之间的共振。高扬程情况下在海水中应用时需要更厚的厚度。

2. 需要注意实际铸造中的最小厚度。

3. 铸造叶轮的最小厚度 $e = 0.015d_2$。

如果要求的单级扬程超过了表14.1和表14.2中的计算值，那么可以考虑下面的补救措施：

1）增加材料厚度。

2）采用更好的材料，即更高的R_m和可延伸性（极限伸长率）。

3）选择具有较高抗腐蚀性的材料（更高的疲劳极限）。

4）进行高精度的有限元应力分析。

5）增加叶轮和导叶叶片之间的距离（间隙B），以便减小激振力。

6）提高铸造质量和光洁度，减少残余应力；注意检查热处理的质量（晶粒尺寸、材料均质性、沉淀物）。

7）修改设计，用更大的圆角半径来减小缺口系数。

后盖板的断裂风险比前盖板更大。同样，多级泵中最后一级会比其他级更容易受到损伤。这些现象可以通过下面的影响因素进行解释：①后盖板将叶片力传递到轮毂，因此会受到更高的交变应力。②前盖板通常呈略微锥形或拱形，并且可能比后盖板更加具有刚性。这些影响在很大程度上取决于子午面的形状和材料厚度的选择。③腔体和系统出口处的压力脉动会增强最后一级叶轮的激励（尤其是出现声激振动时此现象更明显），见10.3。④除了泵的最后一级，后盖板叶轮侧壁间隙处的流体旋转要比前盖板的小。根据式（T14.2.5），这会导致载荷的增加。⑤盖板上的应力常常会受到作用在叶轮盖板上的静态和动态力的影响。

14.2　腐蚀

14.2.1　腐蚀的基本原理

对于泵中所有的金属材料（除了防腐蚀材料），当其接触水时金属性能基本上都会发生变化（如果水中包含氧气或微量的酸性物质）。如果选择的材料是对应的特殊介质时，材料表面会形成抗腐蚀的保护膜，部件的使用寿命还是可靠的。这些保护膜阻碍了组件表面腐蚀的扩散和发生，并且阻碍了腐蚀的进一步损伤。保护膜的质量和厚度决定了腐蚀的速度。保护膜可以分为以下四种。

1）钝化：通常最有效的保护就是进行"钝化处理"，在金属表面产生较强抗氧化性能的薄膜。虽然其厚度大约只有 3nm（0.003μm），但对于阻止进一步氧化极其重要。钝化膜包含大量的铬，当金属暴露在空气、氧气或水中时，钝化反应就会自然发生。不锈钢包含不少于 12% 的铬、镍合金、钛和铝，也是按照这种方式钝化的。磨损、空蚀或腐蚀剂（如海水中的 H_2S）会对钝化膜造成损伤，因此需要限制材料的使用范围。然而，钝化处理不能提供通用的保护。特定材料的钝化处理范围取决于 pH 值、温度和腐蚀剂。这通常是由电化学原理决定的，可以通过测量电解质中的腐蚀电流进行分析。

2）钙质"锈"层：在含二氧化碳的水中，保护膜是通过非合金钢上的"锈"和石灰的沉淀而形成的。在特定环境下，这种膜可以有效地保护组件。然而，由于其具有多孔性，如果"锈"的沉淀不包括石灰，那么就不能有效地阻止腐蚀的发生。

3）在特定条件下，在无矿物质的水中碳素钢表面会产生磁铁石膜或赤铁石膜，见 14.3。

4）由各种腐蚀产物紧紧黏附形成的保护膜，如海水中铜合金表面形成的保护膜。

当保护膜形成后（同样在腐蚀过程中），金属、水、氧气和化学成分之间会发生化学反应。腐蚀物质参加的反应出现在金属表面时效率较高。质量传递是通过扩散和对流产生的。对流传递可以以质量传递系数为特征，该系数是由流动中的边界层决定的。因此，流速和湍流对许多腐蚀现象有着显著的影响。在质量传递决定化学反应速度的情况下，腐蚀速度与 $c_{cor} \sim w^x$ 成正比，湍流中 $x = 0.7 \sim 1.0$，x 的大小取决于几何尺寸。

很多文献都对"腐蚀"进行了大量的研究。第 14 章主要参考了标准文献 [N.12 - N.15，N.19] 和文献 [B.5，B.17，B.28]，相关的材料性能可从标准中获取。另外，文献中大量的图表提供了很多流体中材料适用性的数据，例如文献

[B.5，B.8，B.17，B.28，2]，腐蚀的基本原理可参阅文献 [1，29]。

14.2.2 腐蚀机理

根据腐蚀机理的不同，腐蚀的形成机制也各有不同。泵运行中最相关的腐蚀机制[43,52,69,N.12]如下所示。

(1) 均匀腐蚀(也称为"一般腐蚀")　指在整个金属表面中缺少保护膜处发生的金属损失，如碳素钢的锈化或酸溶液中金属的溶解。金属损失会随着水中氧化剂的浓度（如氧气或酸）和控制腐蚀剂向金属表面传递的质量传递系数（如速度和湍流）的增大而增加。

为了避免均匀腐蚀，确保保护膜能够形成，或者选择抗腐蚀性能更好的材料（通常是钝化处理）。非金属或金属涂层也常适用于防止均匀腐蚀。

另一种一般腐蚀会在表面形成均匀分布的波状腐蚀，过程与均匀腐蚀相似，故可以使用相同的修正系数。

(2) 局部腐蚀、点状和缝隙腐蚀　指发生在金属表面钝化膜缺陷处的局部腐蚀（点状、缝隙腐蚀）。在引起腐蚀电流的电化学电势中的局部差异和电化学腐蚀相似。阴极保护是防止点状腐蚀的有效方法。

(3) 缝隙腐蚀　指腐蚀剂会在间隙或裂缝中聚集，而这些地方会充满停滞的流体，极易产生强烈的局部腐蚀（图14.8）。腐蚀会吸收很多钝化过程所需要的氧气。由于 pH 值的降低（缝隙处酸浓度的增加）和氧气的不足，缝隙腐蚀比点状腐蚀更加具有侵蚀性，因此需要更高抗腐蚀性的材料。由于这些原理，阴极保护对仅缝隙腐蚀有限制作用。许多泵组件对缝隙腐蚀很敏感，通常会发生在垫圈、螺钉、联轴器和底座等位置，类似藻类的沉淀和结壳也会引起腐蚀剂的聚集并导致相似的损伤。

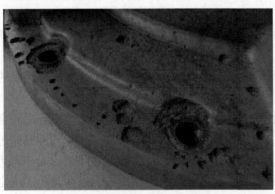

图14.8　复合钢1.4460在重污泥沉积的咸水中出现的缝隙腐蚀[10]

局部腐蚀是由氯化物、硫化物和除了氟之外的所有卤素所引起的，氟更倾向于引起一般腐蚀。腐蚀会随着温度和氯化物的增加而加剧。停滞流动中的钝化不锈钢易受局部腐蚀的影响，这通常发生在充满海水的时候备用泵中。不锈钢的抗局部腐蚀性取决于 14.4.2 中讨论的各种参数。

（4）氧化腐蚀　指沉淀和悬浮物引起钝化金属的局部腐蚀。解决方法包括清洗表面、过滤、氯化并去除藻类的沉淀和结壳等措施。

（5）电化学腐蚀（也称为"接触腐蚀"）　指在相同电解质中两种具有不同电化学势的金属之间产生的腐蚀。如果金属与电导体连接，那么就会产生腐蚀的环境。阳极（具有较低电势的材料）会受到较大的影响，而阴极（具有较高电势的材料）的溶解会比在金属间没有电导体连接的情况下要少。如果电势差不能避免，那么较低电势的表面要比较高电势的表面大。只有这样，腐蚀电流（即腐蚀速度）才可以有效降低。因此：①叶轮和耐磨环的材料通常比泵体材料具有更高的电势；②耐磨环材料的电势至少要和叶轮材料的相同。这些要求对于输送电解质强度或腐蚀性高的泵来说非常重要（如海水泵）；较低电势的材料在向较高电势材料的传递电流的过程中出现比较严重的腐蚀，如在焊接镀层边界处。

表 14.4 列出了根据文献［39］得到的流动海水中各种材料的电势；相似的值在文献［1,8］中给出。对于局部腐蚀敏感的材料会显示出较低的电势并在停滞的水中腐蚀更加严重。材料选择中需考虑两种材料之间的电势差，这是因为在不同的测试环境下绝对压力会各不相同。电势差越高，较低电势的材料的腐蚀程度就会越严重。但是腐蚀速度和电势差之间没有定量的关系。

表 14.4　流动海水中的电化学势

材料	电势/V	材料	电势/V
镁和镁合金	−1.60	90−10 白铜合金	−0.26
锌和锌合金	−1.00	80−20 白铜合金	−0.23
铝合金	−1.00 ~ −0.75	不锈钢类型 430（17% Cr）	−0.26 ~ −0.20
低碳钢、铸铁	−0.07 ~ −0.60	70−30 白铜合金	−0.20
低合金钢	−0.60	镍铝青铜	−0.19
奥氏体镍铸铁 GGG−NiCr20−2（EN0.7660）	−0.55 ~ −0.45	镍铬合金（合金 600, 76Ni16Cr8Fe）	−0.15
		镍 200	−0.20 ~ −0.10
铝青铜	−0.42 ~ −0.30	银	−0.12
铜锡锌合金、黄铜、红黄铜、铝黄铜合金	−0.40 ~ −0.30	奥氏体不锈钢，如 X6CrNi18−10	−0.07
锡	−0.32	镍铜合金 400、NiCu30Al（EN2.4374）、蒙乃尔合金	−0.13 ~ −0.03
铜	−0.32	奥氏体不锈钢，如 X2CrNiMo19−11−2	−0.10 ~ 0
锰青铜	−0.31	合金 20（EN2.4660）34Ni20Cr2Mo3Cu	0
硅青铜	−0.28	合金 825（EN2.4858）42Ni22Cr3Mo2Cu	0
锡青铜	−0.30	钛	0
不锈钢类型 410、416（13% Cr）	−0.34 ~ −0.28	铂	+0.23
		石墨	+0.25

在一些情况下，高流速会改变电势并加剧腐蚀，详见14.3。

电化学腐蚀可以通过较低电势的阴极来进行保护。使用钝化材料（如不锈钢）生产的泵可通过碳素钢的管路进行阴极保护。所以如果使用不锈钢管路，那么泵就不会产生电化学腐蚀。

如果涂上阳极材料（如碳素钢泵体），较高的腐蚀速度会发生在涂层材料脱落处。若阴极和阳极材料之间的比例不合适，这种腐蚀就会很强烈。由于存在失败的风险，不建议在海水泵部件上涂阳极材料。

（6）晶粒腐蚀　指发生在晶界处，因材料微结构的化学差异而产生的晶粒腐蚀。如在奥氏体钢中，碳化铬在热处理或焊接时就会沉淀；如果没有足够的铬（至少12%）来进行钝化处理，没有铬的区域会受到损伤。为了避免这个问题，选择含碳量少于0.03%的材料（"L等级"）。奥氏体钢遇到氯化物时，易发生晶粒腐蚀；酸性环境的危害更大。铬含量超过25%的合金不易发生晶粒腐蚀。

（7）穿晶（或横晶）腐蚀　指由腐蚀所产生的裂痕不再具有晶界，但能正常穿过晶体，如图14.9所示。

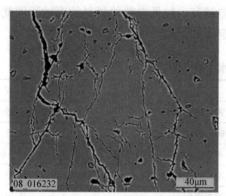

图14.9　黄铜中氨的穿晶应力腐蚀开裂（左图）[10]，海水中高应力双相钢表面的腐蚀坑（右图）

（8）应力腐蚀裂痕（SCC）　一般发生在受到持续拉应力并处在腐蚀环境的合金中。应力腐蚀裂痕也会由点状或缝隙腐蚀引起。因此，不锈钢的抗SCC性能随着抗局部腐蚀性的增加而增加。

奥氏体钢中发生SCC的风险会随着应力、温度和氯化物浓度（即使微量的Cl也是有害的）的增加而增加。当遇到其他化学剂时，即使是常温下也会产生危害。没有经过热处理或冷加工的材料更易受到损伤。

根据图14.10，发生SCC的风险在很大程度上取决于镍含量。镍含量为10%的奥氏体钢表现出最小的抗SCC性能；这种钢对由铬引起的SCC很敏感。如图14.10所示，可以使用双相钢或含铬量超25%的高合金铬镍钢来减小SCC的风险。

耐蚀镍合金如果没有用火炉消除应力，那么就易产生SCC。在铜合金中（尤其

是黄铜）氨（NH$_3$）和 NH$_4^+$ 会
引起 SCC。CuAlNi – 青铜或纯
铜可以用来解决这个问题。高
强度锰青铜对 SCC 很敏感，不
宜在泵中使用。SCC 会引起突
变失效，这是因为 SCC 在早期
不易被发现。

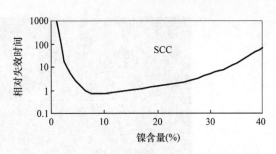

图 14.10　镍含量对应力腐蚀裂痕（SCC）的影响

　　（9）腐蚀疲劳　指在腐蚀
环境中，疲劳强度会减小。由
于循环的机械负荷，裂缝顶端或应力集中区域（如凹槽）不能形成钝化膜。这适
用于所有处于水中的金属，这一结论在 14.1 中已讨论。

　　（10）选择性腐蚀　指在两相或多相合金中，较小的惰性相会从材料中被萃取
出来。如：①灰铸铁的碳化腐蚀，材料中铁被萃取出来并留下柔软的石墨基质$^{\ominus}$。
在这个过程中，灰铸铁的铁基质中片状石墨会在铁阳极处形成局部原电池。②脱锌
现象会发生在铜含量少于 85% 的铜锌合金中，这里锌会有被选择地萃取出来。③
中耐蚀镍合金。④铝青铜中铝的浸析。⑤机械密封中的滑动金属环有时易产生选择
性腐蚀。

　　如果部件经历了不正确的焊接或热处理过程，奥氏体钢易产生晶粒分解。需要
针对材料使用合适的热处理方法并选用低碳钢（$w_C < 0.03\%$）。

　　（11）侵蚀性腐蚀　指由高速流（有或无磨料颗粒）引起的金属损失，这样会
造成保护膜的溶解或机械损伤。

　　（12）摩擦腐蚀　指会由两部件之间的微观振荡移动引起的腐蚀，如叶轮、联
轴器或其他安装在轴上的组件之间的微观振荡。由于轴的振荡产生微小移动，钝化
膜会受到机械性的破坏，同时由于腐蚀剂的存在，腐蚀会加剧。可采取的措施为采
用紧配合，增设零件之间的惰性层，喷涂或底座镀银（拆卸后重新镀锌）。

　　镀铬是不建议的，因为铬层易碎。由于轴上的交变应力，微小的移动都会引起
镀铬层产生细小的裂缝。

　　（13）生物腐蚀　指由微生物（尤其在铁合金中）引起的。当泵暂停较长时间
时，微生物很容易在停滞的水中形成。可采取的措施为：①加入额外的化学药剂；
②定期清除零件中的沉淀物。图 14.11 为一个由微生物引起的黄铜腐蚀，它使饮用
水中的硝酸盐减少并生成氨，图 14.11 中显示了腐蚀导致的开裂。

　　上面所述的腐蚀类型和机理很大程度上依赖于对水质的分析。四种水质的讨论
如下：①淡水，含很少腐蚀剂的污水，见 14.2.3；②海水，见 14.2.4；③排气脱
硫水（FGD），见 14.4.7；④去矿物质水，见 14.3（侵蚀腐蚀）。

　$\ominus$　石墨腐蚀通常称为"石墨化"，但这一术语更确切地描述了冶金过程中铁或钢中石墨的形成。

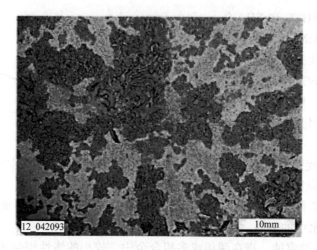

图 14.11　由微生物引起的黄铜表面腐蚀[10]

14.2.3　淡水、冷却水、污水中的腐蚀

当钢铁暴露在含有足够氧气的水中，生锈、金属氧化⊖就会发生。由于其多孔性，生锈层不能保护钢铁免受进一步损伤。甚至在较缓的流速中，锈会从表面被冲刷掉并沉淀下来。分析各个因素（pH、水硬度、盐度和氧气浓度）对腐蚀过程分析非常重要，对材料的选择会有很大帮助。与腐蚀相关参数的讨论如下。

（1）含氧量　腐蚀会随着氧气浓度的增加而加剧，但是为了形成保护膜，对氧含量有一个最小要求。

（2）温度　在很多情况下，当温度为 10～30℃ 时，腐蚀速度会加倍。

水的 pH 值表明反应是酸性或者是碱性的，在 25℃ 和 pH＝7 时，水是中性的；在 pH＜3 时，被认为是强酸性；4＜pH＜6 时是弱酸性，8＜pH＜10 时是弱碱性，pH＞11 时是强碱性。纯水的 pH 值会随着温度的上升而下降。总体上来说：

1）中性或者弱碱性水的腐蚀风险较小。

2）弱酸或强酸水被认为是强腐蚀性的，这就要求选择合适的材料。

（3）水硬度（总硬度）　该指标是水中碱金属离子含量的衡量，尤其是钙离子 Ca^{2+} 和镁离子 Mg^{2+}。与腐蚀最相关的是碳酸盐硬度，也就是 Ca^{2+} 离子的含量。含量单位为 $c_{(Ca^{2+})}$ mmol/L 或 ppm。°dH 是"德国硬度"是比较陈旧的硬度单位，但是在实践中还是会经常遇到。硬度的定义和单位转换见表 14.5。

水硬度对腐蚀和"锅炉垢"沉淀物的形成会有影响。保护性灰质锈只会在硬度足够的硬质水中形成。软水通常是具有侵蚀性的，如出现氯化物时，见式

⊖　铁锈由铁的氧化物和水合氧化物组成。生锈的过程是复杂的，涉及几个阶段，这些阶段在所有文献中都没有相同的描述。

（14.6）；或在高流速下，见 14.3 。水上升到8°dH 时，被认为是"软水"，水超过18°dH 时称之为"硬水"。

表 14.5　水硬度

1mmol/L Ca²⁺ =	100ppm CaCO₃	5.6°dH	56mgCaO/L	40mgCa²⁺/L
1°dH =	0.1786mmol/L Ca²⁺	17.86×10⁻⁶CaCO₃	10mgCaO/L	7.19mgCa²⁺/L

1mg/L = 1ppm，密度是1000kg/m³

（4）二氧化碳　CO_2 在所有水中都存在。一部分 CO_2（受限制的 CO_2）存在于碳酸钙或碳酸镁中，因此不会对腐蚀产生作用。剩下 CO_2（自由 CO_2）作为气体溶解在水中。一部分自由 CO_2（所需的 CO_2）要保持碳酸盐溶解（碳酸盐和 CO_2 之间的平衡）；这部分对腐蚀是无效的。超过所需求的 CO_2（超出的 CO_2）的一部分自由 CO_2 对钢铁和凝聚物是具有侵略性的，如图 14.12 所示。

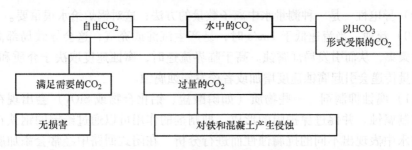

图 14.12　二氧化碳对腐蚀的影响

如果自由 CO_2 的浓度等于所需的 CO_2，那么保护性的灰质锈就能够形成并且可阻碍进一步的损伤，但是这只适用于低流速和温度低于30℃的情况下。与此相反，如果出现多余的 CO_2，那么就形成不了保护膜。随着多余 CO_2 含量的增加，腐蚀速度会增加，水的酸性也会增加。在水温是17℃时，式（14.3）或式（14.4）描述了这种关系。如果实际 pH 超过了式（14.3）或式（14.4）计算出来的值，保护膜就能够形成；如果 pH 值较低的话，水就会有腐蚀性。

$$pH = 8.71 - 0.775c_{(Ca^{2+})} + 0.0757[c_{(Ca^{2+})}]^2 \quad 在 mmol/L 中用 c_{(Ca^{2+})} \quad (14.3)$$
$$pH = 8.71 - 0.135°dH + 0.00242(°dH)^2 \quad (14.4)$$

受限制的 CO_2 与硬度存在如下关系：每7.86ppm 受限的 CO_2 = 1°dH 中计算出。

随着温度的上升，更多的 CO_2 需要来保持碳酸盐的溶解。如果实际 CO_2 含量比所需的要低，$CaCO_3$ 和 $MgCO_3$ 的硬沉淀层会沉淀在固体结构上（如锅炉垢）。所需的自由 CO_2 含量可以通过式（14.5）⊖计算出来：

⊖　式（14.5）和式（14.6）均来自文献［69］中给出的数据。

$$CO_{2,\text{free,required}}\text{ppm} = 7.31 \times 10^{-3} (°dH)^3 e^{2.9T^*} \qquad (14.5)$$

在式（14.5）中，设 $T^* = T/T_{\text{Ref}}$，$T_{\text{Ref}} = 100℃$。

（5）氯化物（包括所有卤素） 它们通常是具有腐蚀性的；氯化物越多，水就越软。氯化物含量超过 10ppm 时，根据式（14.6），碳素钢的腐蚀速度会随着 HCO_3 含量的上升而下降：

$$c_{\text{Cor}}[\text{mm}/\text{年}] = [60 - 0.45c_{(\text{HCO}_3)}]\text{ppm} \qquad (14.6)$$

（6）硫酸盐 在含有超过大约250ppm 的 SO_4 离子时，钢铁上的点状腐蚀和灰口铸铁上的碳化腐蚀，硫酸盐也会侵蚀混凝土。通常水中会包含 10 ~ 30ppm 硫酸盐[B.28]。

（7）硫化氢（H_2S）和氟化物 对所有金属都具有腐蚀性。

（8）氨（NH_3） 对碳素钢[52]没有腐蚀性（甚至被用于锅炉给水调节）。然而，氨会引起所有类型的黄铜出现应力腐蚀裂缝，并且增加了所有铜和白铜合金的均匀腐蚀。

（9）导电性 是一种测量水中离子数量的方法；这对锅炉给水很重要。

（10）流速 当流速低于1m/s 时，易产生沉淀或充气，这会导致局部温变腐蚀剂的聚集，从而引发局部腐蚀。高于临界流速时，腐蚀速度取决于介质和材料，加速质量传递会引起腐蚀速度增加或者诱发侵蚀腐蚀。

（11）腐蚀抑制剂 一些物质（如磷酸盐、铝化合物或 SiO_2）会出现在天然水中抑制腐蚀，并促进保护膜的形成。抑制剂的作用可以通过给定的钢铁在明显相同的水中表现出不同的抗腐蚀性而进行分析。在闭式回路中经常会添加腐蚀抑制剂。

14.2.4 海水和采出水中的腐蚀

海水一般含有3.5%（质量分数）溶解盐，主要为钠和镁氯化物［（70% ~ 80%）NaCl］。海水中的含 O_2 量在 10 ~ 15℃ 时一般在 10ppm 和 8ppm（饱和情况下）之间；pH 值为 7.5 ~ 8.5。在靠近海岸和港口处，水常常受到腐蚀剂的污染，尤其是氨硫化物具有侵蚀性。甚至在 H_2S 含量低至 5ppm 时，依然能够腐蚀保护膜并引起局部腐蚀。当泵应用在海水中时，材料的选择必须要考虑这些因素。

在 pH 为弱酸环境时，油井采出水的含盐量会升至30%。通常，采出水含有溶解的 H_2S，但是没有氧气 H_2S 就不会发生反应。

图 14.13 显示了不锈钢在海水中的特性。根据流速，可区分以下三种区域：①在停滞和低流速下，会有发生局部腐蚀的风险。当流速为零时腐蚀最强烈，并会随着流速的增长而减小，这是因为低流速促进了氧气向金属表面移动。②流速为 1 ~ 2m/s 时，局部浓度差异较小，所以局部腐蚀没有出现；在这个区域材料是钝性的。③临界流速取决于材料和介质，高于临界流速时材料的瞬时腐蚀速度会呈现出指数增长，这是因为钝化膜受到损伤。

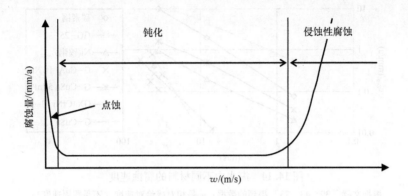

图14.13　海水中不锈钢的腐蚀

　　敏感的材料如奥氏体钢，需要测量抗停滞腐蚀性。可采取包括：①泵定期运行，如一个星期一次；②如果可能的话，泵内使用淡水；③阴极保护。然而，如果有狭长形间隙（这会使得难以通过扩散来缓慢地减小间隙处的聚集），这些方法也许不是非常有效，那么材料就需要更高的抗缝隙腐蚀性能。

　　如果在一个系统中使用不同的材料，就必须要分析电化学腐蚀的影响，见表14.4。

　　在扬程20~30m的离心泵，若流速较高，那么要求叶轮、导叶和泵壳使用钝化材料。碳素钢或铸铁的使用寿命较短，这可以从表14.6和图14.14中的腐蚀速度推断出来。

　　钝化材料包括不锈钢，这种材料具有抗均匀腐蚀性，但对局部腐蚀损伤钝化膜很敏感。停滞流体中的点状腐蚀、缝隙，腐蚀和沉淀都是主要的腐蚀进程。无钼奥氏体钢（1.4308，AISA型304）可以在氯化物含量达到200ppm的冷水中（<25℃）具有抗缝隙腐蚀性，奥氏体钢和钼合金（1.4409，AISI型316）可以使用在1000ppm的氯化物中[39]。

　　表14.6对主要的腐蚀机理进行了综述，各种材料的性能、适用于流速和单级扬程的近似范围都是基于文献［39，43，45，73］中的数据得到的。均匀腐蚀（c_{cor}）和点状腐蚀（c_{LC}）的腐蚀速度都是可以得到的。这些参数有助于对海水中零件寿命进行估计。表14.6中给出的范围适用于叶轮、导叶和泵体，但是不能用于耐磨环。如果主要考虑效率，那么环形密封上的金属损失要限制到0.05~0.1mm/a（转子动力学特性也会约束一个范围）。

　　总之，下面的建议可以用于选择输送pH>5.5，含自由H_2S或O_2的海水泵$^\ominus$所使用的材料。

　　$\ominus$　由于管路中的流速远低于泵，所以这些建议与管路的相关性较小。

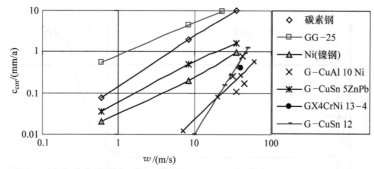

图 14.14　海水中不同材料的腐蚀速度

根据文献 [39, 43, 73] 得到的数据；w 是相对或绝对速度（不是圆周速度）；

材料损失 $c_{cor} > 0.1mm/a$ 的材料应该被认为是不稳定的

表 14.6　适用于 $T < 30℃$ 海水的材料（$H_{al} \approx \frac{1}{5}w_{al}^2$，$\psi_{opt} \approx 1$）

材料的类型	海水类型	天然海水		受污染的海水
	pH	>5.5		4~5.5
	O_2 含量	>1ppm	<0.01ppm	>1ppm
	H_2S 含量	≈0ppm	<10ppm	上升至500ppm
碳素钢，GS－C25，铸铁（GG－25，GGG－40）	UC（$w<0.5m/s$）	$c_{cor} \approx 0.1mm/a$		不能使用，在短时间内会有严重腐蚀
	侵蚀性腐蚀	$c_{cor} \approx 0.15w_r^{1.2}mm/a$		
	适用范围	$w_{al} \approx 2m/s$		
	$w<1m/s$ 时的 LC	$c_{LC} \approx 0.3~0.8mm/a$		
	SC（GG，GGG）	石墨化		
耐蚀镍合金，GGG－NiCr 202	UC（$w<0.5m/s$）	$c_{cor} \approx 0.7mm/a$		
	侵蚀性腐蚀	$c_{cor} \approx 0.031w_r^{0.95}mm/a$		
	适用范围	$w_{al} \approx 20m/s$	$H=80m$	
	$w<1m/s$ 时的 LC	$c_{LC} \approx 0.1mm/a$		
	SC	有抗性		
马氏体铬镍钢，型号 1.4317	UC（$w<0.5m/s$）	$c_{cor} \approx 0.1mm/a$		
	侵蚀性腐蚀	$c_{cor} \approx 10^{-6}w_r^{3.8}mm/a$		
	适用范围	无建议		
	$w<1m/s$ 时的 LC	$c_{LC} \approx 1.5mm/a$		
奥氏体铬镍钢，型号 1.4409	UC（$w<0.5m/s$）	$c_{cor} \approx 0.1mm/a$		
	侵蚀性腐蚀	抗性较好		限制应用
	适用范围	$w_{al} \approx 45m/s$	$H=400m$	$w_{al} \approx 25m/s$；$H=120m$
	$w<1m/s$ 处 LC 很敏感	10%Ni：$c_{LC} \approx 1.8mm/a$ 10%Ni：$c_{LC} \approx 0.2mm/a$ 无建议		无应用建议
	SC	采用合适的合金来避免：Nb、Ti、C<0.03		

（续）

材料的类型	海水类型	天然海水		受污染的海水
	pH	> 5.5		4 ~ 5.5
	O_2 含量	> 1ppm	< 0.01ppm	> 1ppm
	H_2S 含量	≈ 0ppm	< 10ppm	上升至 500ppm
超级奥氏体镍铬钢，镍 > 25% 型号 1.4587	UC（$w < 0.5$m/s）	$c_{cor} ≈ 0.01$mm/a		
	侵蚀性腐蚀	抗性较好		
	适用范围	$w_{al} ≈ 60$m/s		$w_{al} ≈ 55$m/s
	$w < 1$m/s 处 LC			
	SC	采用合适的合金来避免：Nb、Ti、C < 0.03		
双相钢	UC（$w < 0.5$m/s）	$c_{cor} ≈ 0.01$mm/a		PI > 40 时稳定，PI 的定义见式 (14.8)
	侵蚀性腐蚀	抗性较好		
	适用范围	$w_{al} ≈ 60$m/s	$H = 600$m	
	$w < 1$m/s 处 LC	$c_{LC} ≈ 0$mm/a		

UC：均匀腐蚀

LC：局部腐蚀（缝隙，点状）

SC：选择性腐蚀　　　　　　　　　　$w_r ≡ w/w_{Ref}$　　　$w_{Ref} = 1$m/s

c_{LC}：点状腐蚀速度

锡青铜、铜锡合金 G – CuSn 12, 2.1052.01	UC（$w < 0.5$m/s）	$c_{cor} ≈ 0.03$mm/a		不能使用，在短时间内会有严重腐蚀
	侵蚀性腐蚀	$c_{cor} ≈ 10^{-5} w_r^3$mm/a		
		金属损失随着氨含量的增加而增加		
	适用范围	$w_{al} ≈ 23$m/s	$H = 100$m	
	$w < 1$m/s 时的 LC	$c_{LC} ≈ 0.25$/a		
铜锡锌合金 G – CuSn 5ZnPb 2.1096.01	UC（$w < 0.5$m/s）	$c_{cor} ≈ 0.03$mm/a		
	侵蚀性腐蚀	$c_{cor} ≈ 0.06 w_r^{0.95}$mm/a		
		金属损失随着氨含量的增加而增加		
	适用范围	$w_{al} ≈ 10$m/s	$H = 25$m	
铝青铜 G – CuAl 10Ni 2.0975.01	UC（$w < 0.5$m/s）	$c_{cor} ≈ 0.05$mm/a		
	侵蚀性腐蚀	$c_{cor} ≈ 3.6 × 10^{-4} w_r^{1.8}$mm/a		
		金属损失随着氨含量的增加而增加		
	适用范围	$w_{al} ≈ 30$m/s	$H = 180$m	
	$w < 1$m/s 时的 LC	$c_{LC} ≈ 0.2$mm/a		
	SC	Ni 含量 ≥ 4% 无 SC		
镍基合金 NiCu30Al 2.4374	UC（$w < 0.5$m/s）	$c_{cor} ≈ 0.1$mm/a		
	侵蚀性腐蚀	抗性较好		
	适用范围	$w_{al} ≈ 50$m/s	$H = 500$m	$w_{al} ≈ 5$m/s
	$w < 1$m/s 处 LC	$c_{LC} ≈ 0.4$mm/a		

（续）

材料的类型	海水类型	天然海水		受污染的海水
	pH	>5.5		4~5.5
	O_2 含量	>1ppm	<0.01ppm	>1ppm
	H_2S 含量	≈0ppm	<10ppm	上升至500ppm
哈氏合金 C NiMo16Cr15W 2.4819	UC（$w<0.5m/s$）	$c_{cor}≈0.01mm/a$		
	侵蚀性腐蚀	有抗性		
	适用范围	$w_{al}≈60m/s$	$H=700m$	$w_{al}=60m/s$ $H=700m$
	$w<1m/s$ 处 LC	$c_{LC}≈0mm/a$		

UC：均匀腐蚀
LC：局部腐蚀（缝隙、点状）
SC：选择性腐蚀
c_{LC}：点状腐蚀速度

$$w_r \equiv w/w_{Ref} \qquad w_{Ref}=1m/s$$

注：w_{al}是相对于部件的速度（$w \neq u$）；w_r^*，c_{2u}^*可以从图3.25中估算出来。

1）碳素钢和铸铁（包括耐蚀镍合金）在高速流下是不稳定的，主要发生均匀腐蚀。

2）如果流速没有超过 $5~8m/s$，GGG–NiCr20 2（0.7660）类型的高合金铸铁适用于泵体。相应的蜗壳中的流速可作为一个规定，如果超过上面的等级，GGG–NiCr 就不能使用。GGG–NiCr 20 2（0.7660）不适用于叶轮或轴流泵的吸入室，这是因为腐蚀速度会在 $w>10m/s$ 时达到很快（约为 0.3mm/a）。由于较差的抗空化性，如果空化发生在叶片或吸入段和叶片之间的间隙，那么叶轮叶片和吸入室会出现空蚀。在回流发生时，空蚀也会发生在进口管。尽管其具有良好的无磨损特性，GGG–NiCr 20 2（0.7660）是不适用于耐磨环的，这是因为侵蚀性腐蚀会使密封间隙快速增加。

3）腐蚀损伤随着氧气含量的增加而加剧。在海水中，氧气几乎是自由的 $[O_2<10~20ppb(1000ppb=1ppm)]$ 并含有 H_2S，同样的材料在饱和氧气但无 H_2S 的海水中是可以使用的，见表14.6。

4）高合金钢本身对均匀腐蚀就具有抗性，但对缝隙腐蚀和点状腐蚀很敏感。这种风险会随着氯化物浓度的增加、温度的上升和 pH 值的下降而急剧上升。缝隙腐蚀比点状腐蚀危害更大。为了获得足够的抗缝隙腐蚀性能，钢铁的点状腐蚀指数须 PI >40，详见14.4.2，式（14.8）和式（14.9）（图14.21）。

5）型号 GX4CrNi 13–4（1.4317）的马氏体铬镍钢是不合适的，它们对局部腐蚀十分敏感。

6）型号 GX2CrNiMo 19–11–2（1.4409）奥氏体铬镍钢在海水中具有抗腐蚀性，但是对停滞腐蚀却很敏感，这必须通过上面讨论的方法加以预防。

7）超级奥氏体钢和双相钢在40℃时是稳定的。这同样适用于镍基合金和特殊合金。

8）特殊合金如 NiMo16Cr15W（哈氏合金 C）必须含有足够的铬和钼以抵抗局部腐蚀。

9）含铜量超过 70% 的合金具有抗局部腐蚀性，由于侵蚀性腐蚀只能用在流速较缓的场合中。这些合金不能应用在含 H_2S 的环境中。

10）型号为 G - CuSn 10（2.1050.01）的锡青铜适用于流速为 10m/s 和扬程为 25m 的叶轮和泵体。在该流速范围中，抗空化性是足够的。

11）型号为 G - CuAl 10Ni（2.0975.01）的材料适用于流速为 30m/s、扬程为 200m 的叶轮和泵体。

12）钛在沸腾的海水中依然是稳定的。

13）为了避免电化学腐蚀，叶轮和耐磨环的材料都必须比泵体材料具有更高的电势。耐磨环的电势至少要和叶轮一样，见表 14.4 和 14.2.2。

14）奥氏体钢对应力腐蚀缝隙很敏感。温度越高，风险越大。水温低于 65℃ 时，泵可以稳定运行。

15）为了防止生物腐蚀而加氯到水中，那么浓度不能超过 2ppm 并且自由氯必须在泵进口就溶解在水中，否则会加剧金属损失。氯必须在泵上游足够远的地方注入，以便提供充分的混合时间。

16）pH < 4 的酸性海水或含有一定量 H_2S 的水需要选择钼含量为 5% ~ 7% 的材料，以确保具有足够的抗腐蚀性。

17）上面所讨论的材料一些典型实例，同样的使用范围也许能应用在具有相似化学性能的材料上。

18）材料的选择不只受到腐蚀方面的影响，同时也受到其他条件的影响，其中一些方面会在 14.4 中讨论。

19）如果 $H_{stage} > 400$，那么海水中材料的疲劳极限将会急剧下降。

14.3　软化水中的侵蚀性腐蚀

为了避免腐蚀和沉淀，火力发电站在部分软化水的情况下运行，蒸汽压力上升至 60bar（1bar = 10^5Pa）。核电站和锅炉在压力超过 60bar 的情况下运行，使用全软化去除气体的水，其中只有微量的腐蚀剂，因此具有较低的导电性。本质上这种类型的水只有少量的腐蚀性。尽管如此，如果水质或材料的选择不恰当，腐蚀损伤也会很大程度上发生。这就是为什么在实际运行中，软化水的影响如此之大。在氧气自由的水中，材料形成不了保护膜。材料的选择、流速和水质必须确保保护膜能形成，这三种要素通常用于高压蒸汽发电机的水处理中$^\ominus$。

$\ominus$　水质处理应该根据实际情况进行，可参考文献 [68]。

1）碱性环境（pH > 9）是通过加入挥发性的碱性药剂（氨）实现的。导电性低于 $0.2\mu S/cm$，氧气含量低于 10ppb（1ppb = 10^{-9} kg/kg）。由于极低的氧气浓度[⊖]，碳素钢上的腐蚀产物是磁铁矿（Fe_3O_4），它以很小的晶体形式在金属表面生长。在低流速下，磁铁矿形成了足够的抗腐蚀保护膜，其颜色是黑色的。就如它的名字所示，它是有磁性的，因此可通过磁性过滤器将磁铁矿从水中移去，这样就能避免在蒸汽发电机中形成杂质。大量磁铁矿在系统中的形成和沉淀，高速流和湍流下抗腐蚀性较弱是碱性调节的缺点。

2）在中性环境中，pH = 7。为了确保保护膜的形成，氧气的浓度要增加到 50～200ppb。腐蚀产物是赤铁矿（Fe_2O_3），赤铁矿的外观是红棕色并且能形成很强的抗性保护膜。因为氧化剂（O_2）的存在，几乎其他腐蚀剂（如氯化物）允许出现在锅炉给水中。因此，其导电性必须限制在 < $0.2\mu S/cm$。必须保证水的纯度，系统进口不能含有腐蚀剂，如由于冷凝器泄漏所致的情况，这也是中性调节的缺点。

3）在组合调节中，在 pH = 8～8.5 下氨是用来碱性化处理的，增加氧气的浓度到（50～100）ppb，使得中性和碱性过程的不利因素的影响降至最小。

由于其较低的氧气含量，碱性调节对污染物的容许度（冷凝器泄漏）要比中性或组合调节好。低压锅炉也采用较为便宜的水调节方法，通过磷酸盐来进行碱性调节。

在全世界范围内，碱性调节是最常用的方法。但使用这种调节，会出现侵蚀性腐蚀而产生大量的损伤，这是因为磁铁矿产生的保护膜是可以溶解的。由侵蚀性腐蚀产生的过多金属损失不仅可能需要更换预加热器和泵体，核电站中磁铁矿的沉淀也会引起严重的损伤[13]。

在下文中，侵蚀性腐蚀被认为是由于溶解保护型磁铁矿膜的一种化学性腐蚀损伤。因此，侵蚀性腐蚀被理解为是一个质量传递的过程（流动流体的壁面切应力引起的机械磨损不包括在其中）。质量传递系数会随着流速的增加和湍流的加强而增加，因此侵蚀性腐蚀的风险也会加剧。图 14.15 显示了由侵蚀性腐蚀所引起的典型波状形损伤。

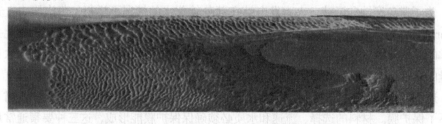

图 14.15　电热锅炉的电极上的侵蚀性腐蚀[14]

⊖　强酸性阳离子交换之后。

金属损失取决于温度和 pH 值。作为一个质量传递过程，它的计算在下文中讨论，可参考文献［14 - 16］。这个计算只适用于在碱性软化水中形成磁铁矿的碳素钢和低合金钢。高合金钝化钢不易产生侵蚀性腐蚀。底座产生的高压力差也会引起腐蚀。

根据图 14.16 考虑管路流动中的流体边界层。如果表面是由可溶解物质组成的（本例为磁铁矿），在靠近壁面处浓度会急剧增加（"浓度边界层"）。

在低流速下，根据 $\delta \sim t^m$（$m = 0.5 \sim 0.9$）的关系，磁铁矿膜的厚度 δ 会随着时间的增长而增加。腐蚀速度会随

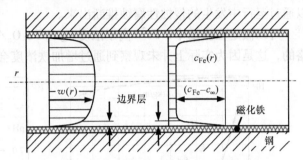

图 14.16　流速变化图 $w(r)$ 和浓度分布剖面图 $c_{Fe}(r)$

着运行时间的增加而减小。在这些情况下，金属表面磁铁矿膜形成的速度 m_{ox} 超过了磁铁矿和水界面上磁铁矿溶解的速度 m_s，即 $m_{ox} > m_s$。因此，边界层上是过饱和的，磁铁矿晶体会在表面上生长并形成保护膜。

随着流速的增加（边界层厚度会减小），过饱和溶解处磁铁矿晶体形成的边界层变得更薄。当达到平衡状态时，磁铁矿形成速度（氧化速度）等于溶解速度，即 $m_{ox} = m_s$。特定的铁损失速度［$kg/(m^2 s)$］可以根据式（14.7）的质量传递过程计算出来：

$$m_s = \beta \rho (c_{Fe} - c_\infty) \tag{14.7}$$

对于任何几何形状，质量传递系数 β 可以通过已知的质量或热传递公式 $Sh = aRe^b Sc^c$ 得出。如果实际质量传递关系未知，那么可以使用热量及其之间的传递进行类比。各种不同几何形状的质量传递关系在表 14.8 给出。对于表 14.8 没有给出的关系，质量传递系数可以根据相似及已知的湍流参数进行估计。

通常计算金属损失速度是为了找出损伤最严重的位置。这样的话，就需要局部最大质量传递系数。表 14.8 中给出的最大值，可从热传递测量中推断得到。这些最大值能够代表较低的范围，因为它们与测试段区域内的平均值是一致的。

边界层内的质量传递是由扩散系数 D 控制的。和其他流体性能一样，也是需要计算的，水的自扩散系数与相对应的温度在图 14.17 中标出[38]。⊖

边界层中的铁离子浓度 c_{Fe} 可以从图 14.17 中得出。根据式（14.7），计算金属损失速度时需要铁离子浓度。图 14.17 显示了磁铁矿的溶解性，它是温度和 pH 值的函数，如文献［24］（pH =7 的曲线是推断得到的）所述。金属损失的估算公式

⊖　在强稀释溶液中（在本例中甚至适用于边界层），腐蚀物的扩散系数等于自扩散系数[56]。

说明磁铁矿是在金属表面形成的，并且那部分磁铁矿是会发生溶解的。在流体边界层中为饱和 Fe^{2+} 离子的浓度。

图 14.17 只适用于碱性水中的碳素钢，水中含氧量要低于 20~40ppb。低合金钢和/或氧气浓度高于 100ppb 磁铁矿的溶解性要明显低于图 14.17 中给出的。这可以通过运行中发生的侵蚀性腐蚀推断出来。

可以假定在流动中，Fe^{2+} 离子浓度 c_∞ 与 Fe_3O_4/H_2O 界面的浓度相比是可以忽略的，这是因为实际上并未观察到通过增加铁浓度会对腐蚀过程产生影响。

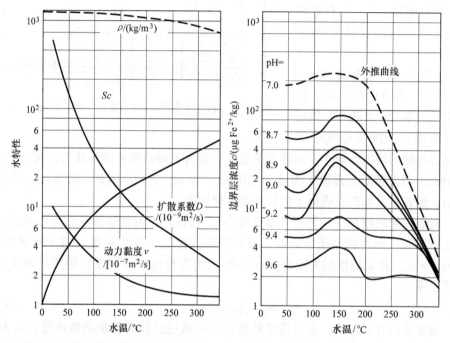

图 14.17　水的特性和磁铁矿的溶解性，氨、氧气的浓度低于 20~40ppb，25℃时的 pH

从图 14.17 和式（14.7）可以推出，如果 pH 值增加，那么由侵蚀性腐蚀所引起的金属损失急剧下降。因此，pH＝9.3~9.4 有利于抑制侵蚀性腐蚀。然而，高 pH 值有一些缺点：①化学药剂成本昂贵；②含铜合金时腐蚀会随着 pH 值的增加而加剧，所以在 pH＞9.2~9.3 运行时也会存在问题（这取决于冷凝器和预加热器的材料）。

在任何给定的 pH 值下，金属损失速度在 150℃ 附近时出现最大值，文献［32］中的数据也证明了这点。对比文献［32］中的经验模型，当温度明显高于 200℃ 时会发生侵蚀性腐蚀，如图 14.17 所示。这已经通过实际锅炉中观察到的侵蚀性腐蚀损伤得以证明。

一个零件中侵蚀性腐蚀的风险（如在泵体中）可以根据表 14.7 中设定的条件，如温度、pH 值、几何形状和流速来估计。式（T14.7.2）~式（T14.7.4）可用于估算金属损失。

软化水中碳素钢中铁的损失速度可以根据表 14.7 计算出来，不同 pH 值和温度下的情况已经在图 14.18 中绘制出来，近似于流速的函数。质量传递系数的计算是从进口到直径为 200mm 的管路，这些图表也可以用来对其他应用情况做粗略的估计。

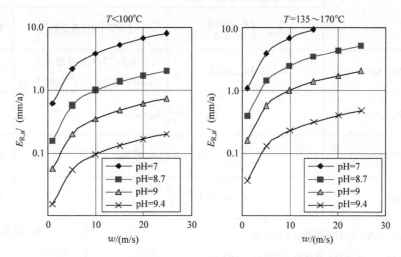

图 14.18　软化水中碳素钢的侵蚀腐蚀，氧气含量 <40ppb

在式（T14.7.2）中，1.7 的系数是通过表 14.7 中计算出的腐蚀速度和发电站中实际测量出的数据进行对比得到的[15,16]。21 个在发电厂观测到的侵蚀性腐蚀和实验室测得数据根据表 14.7 进行了分析，如文献［16］所述的。在文献［15，30］中的测量结果是根据同样的过程分析的。参数范围包括：质量传递系数 β = 0.013 ~ 0.035m/s，运行时间 200 ~ 63000h，Fe^{2+} 含量差 $c_{Fe} - c_{\infty}$ = 5 ~ 100μg/kg，pH = 8.5 ~ 10，温度 50 ~ 287℃，以及旋转圆盘、孔口、弯管、阀门和泵体等的几何尺寸。从这些对比中可以总结出，如果观察到明显的金属损失，在所有情况下都可以通过计算来预测损伤。

表 14.7　软化水中由侵蚀腐蚀产生的金属损失

前提条件	• 软化水 • O_2 浓度小于 20 ~ 40ppb • 没有腐蚀剂（或微量） • 碳素钢或低合金钢
内容	图 14.17 中的扩散系数，以及斯密特数、密度、黏度
	图 14.17 中的磁铁矿的溶解性 $c_{Fe} = f(T, pH)$

（续）

几何	选择表 14.8 中的质量传递模型		
计算最大局部质量传递系数	雷诺数	$Re = \dfrac{wX}{v}$	
	所选择的质量传递关系中的 Sh		式号
	$\beta_{\max} = \left(\dfrac{\beta_{\max}}{\beta}\right)\dfrac{ShD}{X}$	$\left(\dfrac{\beta_{\max}}{\beta}\right)$ 局部最大值	T14.7.1
金属损失/[kg/(m²s)]	$m_s = 1.7\beta_{\max}\rho c_{Fe} f_{Cr}$	kgFe^{++}/kgH$_2$O 的 c_{Fe}； 1μgFe^{++}/kg $= 10^{-9}$kgFe^{2+}/kg	T14.7.2
腐蚀速度/(m/s)	$E_R = 1.7\dfrac{\rho}{\rho_{Fe}}\beta_{\max} c_{Fe} f_{Cr}$		T14.7.3
腐蚀速度/(mm/a)	$E_{R,a} = 3.15 \times 10^{10} E_R$		T14.7.4
材料因素	$f_{Cr} = 0.17\left(\dfrac{Cr_{Ref}}{Cr}\right)^{0.77}$	$Cr_{Ref} = 1\%$	T14.7.5

c_{Fe}[kg Fe^{++}/kg H$_2$O]	边界层上的含量		
c_∞/[kg Fe^{++}/kg H$_2$O]	流体中的含量（$c_\infty = 0$）	**材料系数**	
D/[m²/s]	扩散系数	Cr(%)	f_{Cr}
f_{Cr}	铬的材料因数	< 0.1	1.0
m_s/[kg/m²s]	由质量传递引起的质量损失	0.1 < Cr < 12	
Sc	施密特数	图 14.16	
Sh	舍伍德数		
X/m	特征长度		
β/[m/s]	质量传递系数	> 12	0
ρ_{Fe}/[kg/m³]	铁密度		
ρ/[kg/m³]	水密度		

表 14.8　质量传递关系

几何形状	关系	有效范围	X
旋转圆盘	$Sh = 0.017 Re^{0.8} Sc^{0.33}$	$Re > 2.5 \times 10^5$	r
	$Sh = 0.05 Re^{0.8} Sc^{0.33}$	$Re > 6 \times 10^5$	$X = r$
	适用于分开的边界层	$\delta = \dfrac{0.0174r}{Re^{0.139}} < \dfrac{s_{ax}}{2}$	$w = r\omega$
平行流中的平板	$Sh = aRe^{0.8} Sc^{0.33}$ 质量传递： 局部：$a = 0.029$ 平均：$a = 0.037$	$Re > 5 \times 10^5$	$X = x$

（续）

几何形状	关系	有效范围	X
管道、凹槽、间隙 $w \longrightarrow$ ┊ D_t	$Sh = 0.027\, Re^{0.8} Sc^{0.33} \left[1 + \left(\dfrac{D_t}{L} \right)^{\frac{2}{3}} \right]$ 管道进口和弯管处： $\dfrac{\beta_{max}}{\beta} = 2 - 2.5$	$Re > 10^4$ $\dfrac{L}{D_t} > 60$	管道：D_t 间隙： $X = 2s$ s = 间隙宽度
突然扩大，最大局部质量传递 $d \dashv\; D_t \;\; w \rightarrow$ $\vdash L \dashv$	$Sh_{max} = 0.27\, Re^{0.67} Sc^{0.33} \left(\dfrac{D_t}{d} \right)^{0.67}$ 局部最高金属损失： $\dfrac{L}{D_t} = 4 \left(1 - \dfrac{d}{D_t} \right)$	$400 < Re < 1.5 \times 10^5$ $0.7 < Sc < 6$ $0.06 < \dfrac{d}{D_t}\, 0.94$	$X = D_t$
横向流动中的柱状物 d	$Sh = (0.52\, Re^{0.5} + 0.00145 Re) Sc^{0.33}$ 最大局部质量传递： $\dfrac{\beta_{max}}{\beta} = 1.5 \sim 2.5$	$10^3 < Re < 2 \times 10^6$	$X = d$
横向流动中的平板 $w \longrightarrow$ ▮ a	$Sh = 0.23\, Re^{0.731} Sc^{0.33}$ 也适用于表面上的冲击射流 （如导叶出口流体冲击到泵体上）	$4000 < Re < 1.5 \times 10^4$	$X = \dfrac{2a}{\pi}$
两相流	$\dfrac{\beta_{TP}}{\beta_{SPL}} = 3.5 \left(\dfrac{x}{1-x} \right)^{0.45} \left(\dfrac{\rho'}{\rho''} \right)^{0.25} \left(\dfrac{\mu''}{\mu'} \right)^{0.05}$ 由式（T13.3.4）定义	x = 蒸汽含量（质量分数）	
定义	$Re = \dfrac{wX}{v}$　$Sh = \dfrac{\beta X}{D}$　$Sc = \dfrac{v}{D}$	$Pr = \dfrac{c_p \rho v}{\lambda}$	$Nu = \dfrac{\alpha X}{\lambda}$

X = 特征长度 质量传递关系也可以用来计算热传递系数。舍伍德数由努塞尔数替代，施密特数由普朗特数替代。	Pr　普朗特数 Nu　努塞尔数 α　热传递系数 c_p　比热容 λ　导热系数

在表 14.7 中，因素 f_{Cr} 包括了材料中铬含量的影响。这是因为，含 0.7% ~3% 铬的低合金钢的腐蚀速度明显比碳素钢低。铬含量对金属损失的影响通过图 14.16 中的试验结果来表明。根据这些测量，铬含量略微的增加也可能会导致侵蚀腐蚀引起的金属损失大幅度的减少。图 14.19 显示了腐蚀速度的变化范围，包括了高达 30 的倍数。磁铁矿保护膜的形成和溶解，反映了对材料、样品的生产及化学和水力试验或运行条件的细小差异很敏感。当选择材料时，需要谨慎地考虑含铬量小于 0.1% 的低合金钢，可能会和碳素钢一样敏感。粗略地看，可以假定含铬量 2% 的钢铁材料的金属损失只有碳素钢的 $1/4^{[32]}$⊖。在设备运行时，pH 值和运行工况的变化需要出一定的余量，如式（T14.7.5）通过使用改进的较低范围来提供余量，

⊖　对于长期运行而言，这个值比文献［22］报道的短期测试中测得的 1:10 和 1:100 之间的减速比更加合理。由于腐蚀产生时间的影响和腐蚀速率过小时的测量准确性，短期测试的结果可能会产生误导。

这是从图 14.19 中的试验数据得到的。

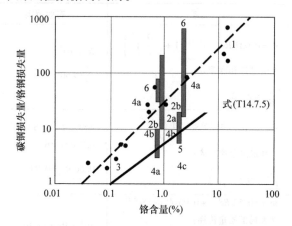

图 14.19　侵蚀性腐蚀中铬含量对金属损失的
影响；对应于 $1/f_{Cr}$

　　根据表 14.7，计算结果表明即使在低流速下也会产生有限的金属损失。在运行中，通常会有一个最小的腐蚀速度，根据不同的材料、温度和水质，腐蚀速度范围为 0.01 ~ 0.05mm/a。只有当损失明显高于某个范围才可以称之为侵蚀性腐蚀。

　　发生侵蚀性腐蚀的风险可以根据下面的标准来进行评估：

　　1）$E_{R,a} < 0.05mm/a$：侵蚀性腐蚀发生的概率小。

　　2）$E_{R,a} = 0.1 ~ 0.2mm/a$：可能发生轻微的侵蚀性腐蚀；设备开始对 pH 值变化变得敏感。

　　3）$E_{R,a} = 0.4 ~ 0.8mm/a$：发生侵蚀性腐蚀的可能性要超过 90%。

　　4）$E_{R,a} > 1.2mm/a$：预期会有严重的金属损失。

　　5）一般来说预测的金属损失越高，发生侵蚀性腐蚀性的可能性就越高，并且发生时间越短。

　　侵蚀性腐蚀受到下列其他参数的影响：

　　(1) 电势差　如果较多的惰性材料和碳素钢接触，且这些材料是具有抗侵蚀性腐蚀的（如不锈钢或铜合金），轻微的电势差会在电解质中产生（包括上面讨论的电化学腐蚀）。如果组件暴露在高流速下，那么由于侵蚀性腐蚀所产生的金属损失通常发生在碳素钢组件上。如当一个不锈钢轴衬安装在一个碳素钢泵体上，或者在一个惰性焊接涂层向一个较不惰性的基础材料过渡时。当给一个碳素钢组件焊接了不锈钢涂层时，其中的过渡段必须放置流速和湍流都足够低的流体中。

　　(2) 氧气含量　如果氧气含量低于 20 ~ 40ppb，那么图 14.17 中给出的溶解度是适用的。如果氧气含量明显超过上面的范围，那么计算就会过多地预测金属损失，保护膜的溶解度也不能再用图 14.17 中的浓度差来描述。根据参考文献，增加氧气到导电性较低的水中（低于 0.2μS/cm）会产生更稳定的保护膜，见文献

[6]。如果水中氧气浓度超过 50ppb，导电率低于 0.2μS/cm，那么腐蚀速度会急剧下降[31]。当氧气浓度超过 200ppb，pH 值对腐蚀速度的影响是可以忽略的[6]。

需要注意的是氧气浓度在整个系统中是不一样的，这是因为在各个组件腐蚀的过程中氧气会被不断地消耗掉。

（3）合金附加物　增加钼或锰可以减小发生侵蚀性腐蚀的风险。如文献［31］所述，铬和锰的总含量和低合金的金属损失速度是有关联的。然而，把短期试验结果（实验室中小型的储水管及管路）应用到实际运行中可能会产生误导，这是因为在一个小的试验回路中水的化学性能很难准确控制。而且，因为潜伏期的影响，对较小的金属损失速度的测量是很不准确的。少数抗性材料并不能适应运行参数（pH 值、温度、速度和湍流）的改变，因此并不建议使用。

目前对金属损失速度的估算是半经验的。金属/氧气和氧气/水的交界面上发生的复杂现象都通过模型进行简化的。并不能认为这些模型可以很好地描述金属损失的特性，就像是 pH 值和温度的函数[16,22,30,32]。上面的观点和想法在文献［14 - 16］中得到了发展，并与蒸汽管道中磁铁矿保护膜的讨论是相似的，可参考文献［37］。

14.4　材料选择和许用流速

在特定介质和温度下，任何给定材料的许用范围是由腐蚀标准、应力等级、疲劳、空化等决定的；如果流体中包括固体颗粒的话还会有磨损。由于泵采用了大量不同的金属材料，这里只取一小部分进行讨论。每种材料都是具有相似化学构成的典型代表。本节尝试选择不同应用中最常用的材料进行分析，按下面的方式进行：

1）定义常见的水化学过程。

2）常用金属材料的性能分析。

3）叶轮、导叶和泵体材料的选择。

4）耐磨环的材料。

5）轴的材料。

6）特定应用下的材料。

14.4.1　常见流体的定义

如同上面所提到的，为了确保能够正确地选择合适的材料，每个具体应用的水质需进行准确分析。表 14.6 和表 14.12 给出了适用于各种典型水质的不同材料，水质类型是由 W1 ~ W6 定义的。

（1）W1：弱腐蚀性水

1）水的 pH 值高于式（14.3）和式（14.4）给出的范围，CO_2 和磷酸盐是平衡的。

2）根据 DIN 50 930，能够在碳素钢上形成保护膜的水质需要满足：$O_2 > 3ppm$（不低于 2ppm）；$7 < pH < 8.5$（尽可能地高）；C（Ca^{2+}）$> 0.5mol/m^3$（mmol/L），相应的 $^\circ dH > 2.8$；氯化物 $Cl < 2ppm$。

3）水中含有有效的腐蚀抑制剂。

4）具有化学腐蚀性的中性饮用水。

5）如果水中的氧气都是自由的，保护膜几乎是不能形成的。腐蚀速度是由剩余氧气量决定的。如果 $O_2 < 0.1ppm$，$pH > 8.5$，金属损失是可以忽略不计的。这同样适用于水中（如温水供暖系统）。部分或全部软化水并不属于这一范围，而属于 W5 和 W6 范围。

6）推测只有在流速约为 0.1m/s 时才会形成保护膜。如果流速超过 4m/s 时，保护膜会受到持续破坏[N.12]。

另外，温度的影响并不明显。系统中充满整个封闭回路的氧气会因为腐蚀而耗尽，除非在维修时有氧气进入。

（2）W2：地表水和污水　自然水，如湖水、河流或雨水中通常含有氯离子，其浓度范围很广（10~250ppm）。根据式（14.6），金属损失取决于水的硬度。一般而言，这些水是含饱和空气的。腐蚀会随着氧气含量和溶解在水中的自由二氧化碳含量的增加而加剧。O_2 和 CO_2 向金属表面的质量传递会随着流速的增加而增加（见 14.3）。因为污染物含量会在较大的范围内变化，因此可以分类为弱腐蚀性到中度腐蚀性。有时，生物污染也会恶化水质。

（3）W3：不含有 H_2S 或 O_2 的海水　氯化物浓度超过 1000ppm，温度低于40℃的所有应用都属于这个分类，包括微咸水、矿用水和盐水。如果海水中几乎没有氧气（$O_2 < 0.01ppm$），10ppm 左右的 H_2S 也不会损害材料的抗腐蚀性。在这个范围内，同样的材料也可以用于含有 H_2S 而不含有氧气的海水，同样也能用于含有氧气而不含有 H_2S 的水（H_2S 和 O_2 之间会产生反应，所以它们不能同时存在于水中）。

（4）W4：含有 H_2S 或类似污染物的海水　和"采出水"一样，来自储油池的微咸具有很强的腐蚀性。腐蚀会随着 pH 值的下降和温度的上升而加剧，如式（14.9）和图 14.17 所示。

（5）W5：部分软化水　包括净化水，如在供暖系统中为了避免石灰沉淀物，在高温下系统中的循环水必须要软化，见式（14.5）。然而保护性的钙质锈垢是不能在软化水中形成的，见 14.2.3。当出现氧气和自由二氧化碳时，水就会具有腐蚀性。

（6）W6：软化水　可根据 14.3 进行调节，类似于蒸馏水和冷凝水。

（7）烟气脱硫装置（FGD）中的水　相关的特殊要求会在 14.4.7 中讨论。

假如水中不包含有腐蚀剂，一般碳氢化合物在低温下不具有腐蚀性。然而，热的碳氢化合物是具有腐蚀性的，这同样适用于含有酸或苯酚的碳氢化合物。原则上，以下所有列举的材料都可以用于输送碳氢化合物。然而，需要在每一个应用中进行检查，无论其输送介质是否含有腐蚀物质。许用叶尖速度主要受到振动、应力、疲劳和温度限制，可参考表 14.1 和表 14.2。灰口铸铁（通常简称为"铸铁"）、球墨铸铁、非合金铸钢和碳素钢可以在 230℃ 以下使用。当高于这个温度时，需要用到高合金钢，如 GXCrNiMo 12 - 1（1.4008）。

14.4.2 金属材料

金属材料是泵中的主要材料，塑料广泛应用在小型泵上，而陶瓷应用在一些特定场合中。常见的金属材料如下所述：

（1）铸铁 一般铸铁的含碳量≥3%，这会导致晶界上的石墨沉淀物，因此铸件的微观结构是不均匀的。所以，所有类型的铸铁都表现出较弱的抗空化和抗磨损能力；而且其力学性能严重地限制了许用叶尖速度。

在灰口铸铁（GG - 18 ~ GG - 50）中，石墨沉淀物是薄片状的，这会使得铸件十分脆弱（延伸率几乎为 0）。在一些突发灾难性的泵体故障往往与脆性材料有关，因此薄片状的铸铁不能用在泵体上，以避免出现安全问题。

与此相反，球墨铸铁（GGG - 40 ~ GGG - 50）上的石墨沉淀物形成了球形晶粒，这种铸造特性和钢相似。非合金灰口铸铁、球墨铸铁和碳素钢具有相似的抗腐蚀性（除了特殊介质，如高浓度硫酸）。

由于其较低的硬度，球墨铸铁（GGG - 40）的抗侵蚀腐蚀性要比灰口铸铁（GG - 25）低[20]。含15% ~ 20%镍的奥氏体铸铁（又名"耐蚀镍合金"）可用于海水中。

上面所述的所有类型的铸铁都是相对便宜的，因为这些材料易于铸型和制造。然而难以对其进行焊接修补，这在发生局部磨损时是一个很大的缺点，如由于回流产生的空蚀，或在隔舌处的侵蚀，或在入口处的空蚀。

（2）碳素钢（也称为"低碳钢"或"非合金钢"） 只有在保护膜形成后才会稳定（见 14.2.1），或者应用于不含氧气和腐蚀剂的水中。然而这些条件对于高流速下的软化水是不现实的，见 14.3。

（3）低合金钢 含有铬、钼和/或锰，可增加高温下的强度或抗侵蚀腐蚀性。合金元素的含量通常低于 5%。

（4）不锈钢 包括马氏体、奥氏体、精炼、全奥氏体（或超级奥氏体）不锈钢。在所有钢铁中，由于碳化物的形成，极限抗拉强度和屈服强度会随着碳含量的增加而增加，但延展性会下降。由于抗腐蚀性会随着碳含量的上升而下降，因此不锈钢中碳含量很少，绝大多数情况下 $w_C < 0.07\%$。如果需要高抗腐蚀性，碳含量甚至要限制在 $w_C < 0.03\%$。按照目前的铸造技术是能够生产出低碳钢的。表 14.11 ~ 表 14.16 列出了含碳量比相似合金低的一些钢铁材料。

所有的不锈钢都是进行过钝化处理的，不易受到均匀腐蚀的影响。钝化需要铬含量至少为 12% ~ 13% 。然而，当水中出现氯化物（一般都是卤素）或硫离子时，不锈钢对局部腐蚀会很敏感。对局部腐蚀的敏感性受到以下参数的影响：

① 随着卤素离子（大多数是 Cl^-）的浓度、硫化物（H_2S）的浓度及温度的增加，发生局部腐蚀的风险会越高。随着 pH 值的降低，敏感性会急剧上升。

② 无钼钢一般仅用在 $Cl \approx 200ppm$ 的情况下，这是为了避免缝隙腐蚀，详见文献 [8，39]。

③ 停滞水、气泡和沉淀物能够使腐蚀剂局部集中，导致钝化膜受到局部破坏。

④ 当出现拉应力时，会出现局部腐蚀。这通常是由应力腐蚀裂痕引起，在运行中可能施加了载荷或有残余应力。

⑤ 对由氯化物引起的局部腐蚀的抗性会随着铬、钼、铜、钨和氮浓度的增加而增加。点状腐蚀指数由式（14.8）决定，这是一个评估局部腐蚀风险的常用标准：

$$PI = Cr - 14.5C + 3.3Mo + 2Cu + 2W + 16N \quad [Cr, C, Mo, \%] \quad (14.8)$$

⑥ 点状腐蚀指数只适用于高合金钢，不能用于镍基合金。抗局部腐蚀性和 SCC 会随着 PI 值的增加而增加。当把点状腐蚀指数作为材料选择的标准时，需要注意不同 PI 的定义可能使得同一个材料会有不同的 PI 数。本章中使用的材料来自标准文献 [N.6] 和式（14.8）的定义，并且该 PI 值使用合金组成元素的平均浓度$^\ominus$。

⑦ 为了提高抗晶间腐蚀性并增强焊接性需要降低碳含量（$w_C < 0.03\%$）或者增加碳与钛或铌的稳定化。过高的碳含量会导致焊接时热影响区产生沉淀的风险，这会使得组件易于受到腐蚀的影响。

⑧ 当钝化膜受到破坏时，镍可以产生再次钝化，还可以提高机械加工性和焊接性。锰对抗腐蚀性有负面的影响。

⑨ 在易腐蚀的环境中，微观结构一定要避免沉淀，尤其是在组件的湿表面上。因为组件外表面的抗性通常要比内部的微观结构要低，所以如果腐蚀较强时会移除其外表面。材料的质量一般是由高分辨率的金相显微镜来检查的（比例 1000:1）。

⑩ 氯化物引起的 SCC 可以通过选择双相钢或含镍量高于 25% 的镍合金来避免，如图 14.9 所示。

⑪ 在含氯化物的电介质中，当温度超过临界温度时所有不锈钢都会受到局部腐蚀的影响。当暴露 24h 时，局部腐蚀就可以被观察到。临界温度 T_{crit} 随着点状腐蚀指数增加而增加；也可以通过测量电化学腐蚀的电势来得到。判断标准是当温度超过 T_{crit} 时，腐蚀速度会急剧上升。在材料的稳定区域是没有统一标准的。该范围取决于选定的合金，以及合金中的杂质、单个组件的热处理、电解质的化学成分、

$\ominus$ 如表 14.12 规定了 1.4409 Cr = 18% ~ 20% 。因此，PI 计算为 Cr = 19% 。

pH 值和温度等；因此每一个情况都要单独进行评估。在某特定条件下得到的正确结论，并不能作为统一的标准进行广泛应用。

⑫ 由于钼会产生铁酸盐，所以在奥氏体和双相钢中它的浓度必须要限制。

⑬ 氮不仅可以增加抗局部腐蚀性，还可以增加抗拉强度和延展性。

⑭ 氯化物会产生腐蚀疲劳，有时也会发生在无氯的水中。

（5）马氏体钢　含镍量达到 5% 时会在 $700 < R_m < 1200N/mm^2$ 的范围内表现出高强度，这取决于合金的构成和热处理。马氏体钢不适用于海水中，其对局部腐蚀和侵蚀性腐蚀很敏感。在腐蚀环境中，马氏体钢易产生应力腐蚀裂隙[23]。在交变应力下，腐蚀疲劳的风险很高。马氏体钢也易产生氢脆。当出现硼酸时，马氏体钢对氯化物腐蚀会很敏感，甚至是在氯化物含量低至 1ppm 时（取决于流体温度）[23]。在类型 W1 和 W2 的冷水中，马氏体钢可以使用的氯化物含量升至 (20 ~ 50)ppm 之间，这取决于额外加入的腐蚀物。

马氏体钢很适合用来生产输送清水或软化水的叶轮、导叶和泵体。尤其是钢 1.4317（也称之为 1.4313）GX4CrNi13 4（ASTM A743 Grade CA 6NM），被大多数设计人员认为是高扬程泵和水轮机的标准材料，而且其具有良好的抗空化性能。

（6）奥氏体钢　含镍量不低于 8%（类型 1.4409）时会表现出比马氏体或双相钢更低的抗拉强度（$400 < R_m < 650N/mm^2$）。奥氏体钢的强度常常会限制到其使用范围，这是因为其许用扬程、疲劳强度和抗空化和磨损性对于高扬程应用来说过低。虽然奥氏体钢的抗均匀腐蚀性和抗侵蚀腐蚀性很好，但它们对局部腐蚀、晶间腐蚀和应力腐蚀裂隙（SCC）很敏感。在高温和侵蚀性的环境下，应力等级只有屈服应力的 10% 就会产生 SCC。对于局部、晶间和应力引起的各种腐蚀的敏感性取决于钢铁的类型和上面讨论的参数。腐蚀发生风险会随着碳含量的减小而削弱，所以要限制 $w_C < 0.03\%$。

奥氏体钢含钼量不低于 45% 时在冷水中具有抗点状腐蚀性，但是在临界的条件下仍然易受到缝隙腐蚀的影响。

（7）双相钢　（$600 < R_m < 800N/mm^2$）具有奥氏体 – 铁素体的微观结构。它们比奥氏体钢的抗局部腐蚀性更好，但对 SCC 和晶间腐蚀的敏感性相近。当奥氏体钢的强度、磨损和抗空化性不足够时，可选择双相钢。在高腐蚀性环境中，双相钢的抗腐蚀性很大程度上取决于合金成分的微小差异、铸造过程和热处理。不正确的热处理可能导致脆性金属间"σ 相"发生沉淀，这会降低局部铬含量，从而促进局部腐蚀，如图 14.20 所示。图 14.20 中清楚可见的 σ 相，是导致图 14.8 所示的局部腐蚀的因素之一。

这种敏感性是因为奥氏体和铁素体相在化学性能上是不同的。奥氏体相含有较少的铬和钼，所以可能导致抗腐蚀性较弱。当组件易受腐蚀疲劳故障影响时，奥氏体的局部集中可能会产生裂缝，腐蚀疲劳强度也可能受到残余应力的影响。这些都

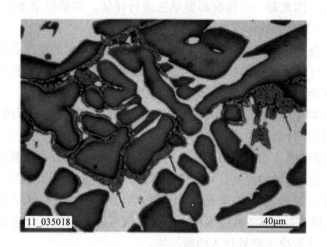

图 14.20　双相钢 1.4460 中的 σ 相（黑灰色斑驳区，箭头指向）沉淀
深色块区域是奥氏体，浅色块区域是铁素体[10]

可以在双相钢中得到改善和提高，因为奥氏体和铁素体有不同的热膨胀系数。

在高温下，双相钢会突然失去抗腐蚀性并且疲劳极限会急剧降低[71]。双相钢的使用范围在很大程度上取决于材料和。因此，高于 100 ~ 150℃ 的应用需要进行仔细的测试。当温度高于 450℃ 时，相的转变会削弱强度并降低抗腐蚀性。

选择双相钢的建议和标准：

① 碳含量：$w_C < 0.03\%$。

② 极限伸长率：$A > 20\%$。

③ 双相钢的铁素体成分总和应该达到 40% ~ 60%（较好的是 50% 铁素体和 50% 的奥氏体）。这种构成的机械和抗腐蚀性能最佳。

④ 式（14.8）中的点状腐蚀指数对材料的选择提供了重要的标准，见表 14.9 和图 14.21 所示。点状腐蚀指数 PI > 40 的双相钢，称之为"超级精良钢"。

表 14.9　基于点状腐蚀指数 PI 的钢铁选择

Cl = 氯离子浓度 = 0.55 × 盐浓度

流体	T /℃	pH	Cl ppm	O_2 ppm	H_2S ppm	PI	适用的材料		文献
污水，未处理的水	< 30	> 6	< 200	> 1	< 0.1	> 20	1.4309	有钼	8, 39
			< 1000			> 25	1.4409	无钼	39

（续）

流体	T/℃	pH	Cl ppm	O_2 ppm	H_2S ppm	PI	适用的材料		文献
海水	<10	>6	≈2×10⁴	>1	<0.1	>25	1.4409		8, 39
	<25					>34	1.4470	1.4458	8, 39
	<50			<0.01	<10	>35	1.4458	1.4568	
采出水	<50	>4	≈10⁵	>1	<50	>40	1.4517	1.4587	4
FGD 水	<65	>2.5	≈5×10⁵	>1		>45	1.4417	1.4573	

注：为了防止缝隙腐蚀，在海水中要求材料 PI >40。如果水中的污染物不确定或者钝化受到空化或磨损的影响，这个要求同样适用。

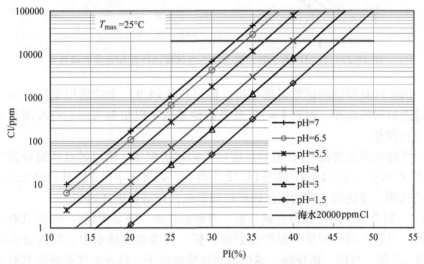

图 14.21　氯含量与点状腐蚀指数和 pH 的函数关系，适用于 $T < 20℃$
如流体中含有 10000ppm 氯和 pH = 5.5，合金的点状腐蚀指数应不低于 PI≈35%

⑤ 由于材料中的裂纹可以从腐蚀点蚀开始（图 14.10），为特定泵选择的材料点蚀指数应随着预期应力水平的增加而增加，单级扬程也是如此。

（8）全奥氏体钢（超级奥氏体）　含镍量至少为 25%（型号 1.4458）时表现出很高的 SCC，以及抗局部腐蚀和抗侵蚀腐蚀抗性。它和奥氏体钢具有同样的强度，并可代替应用在双相钢腐蚀抗性不足的场合中。

对于任何给定材料，其极限氯离子浓度可以通过式（14.9）或从图 14.21 和图 14.22 中的关于点状腐蚀指数 PI，pH 值和温度的函数来估计。

$$Cl[ppm] = 4 \times 10^{-5} e^{(0.4PI + pH)} \left(\frac{T_{Ref}}{T}\right)^{1.85e^{-0.04PI}}, \quad T_{Ref} = 80℃ \quad (14.9)$$

海水中的氯离子浓度可以通过盐的浓度来估计：氯含量 = 0.55 × 盐含量。海水中有 3.6% 的盐，包括 2% 或 20000ppm 的氯。式（14.9）和图 14.21 已经从文献

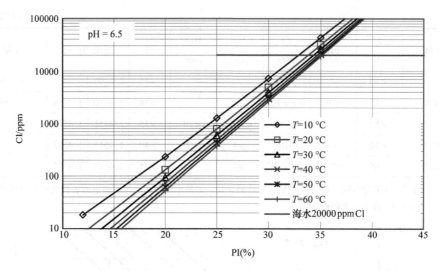

图 14.22 在 pH = 6.5 时，氯含量、点状腐蚀指数和温度的函数关系

[35] 中的 FGD 腐蚀测试数据推导出。根据式（14.9）中的适用范围可用于定量的估计及材料的选择。因数 4×10^5 或者其他系数可以根据实际运行或测量的特定数据进行调整。

对于任何由氯含量、pH 值和温度定义的特定应用，需求的点状腐蚀指数都可以从式（14.9）或图 14.21 或图 14.22 中得到。如果水中包含额外的腐蚀剂——尤其是硫化物、溴化物、碘和氟化物或粗糙颗粒，则需要更高的 PI。

（9）铜合金 通常是指青铜、铝、锡和硅青铜（不是黄铜）。青铜具有抗均匀腐蚀性，其表面可形成良好黏附性的保护膜。在冷水或热水中点状腐蚀也可能发生。低 pH 值、气泡、硫化物、氯化物和硫酸盐离子，以及氧气会增加其对点状腐蚀的敏感度。如果氧气含量低于 0.1ppm，点状腐蚀是不会发生的。当出现氨、H_2S、无机或有机酸（引起均匀腐蚀）或如果流体包含粗糙颗粒时，不能使用青铜。

型号为 G - CuAl - 10Ni 的铝青铜对点状腐蚀几乎不敏感，并且能够在沸腾的海水中保持稳定。抗腐蚀性会随着含量的增加而增加；抗拉强度可以达到 $R_m = 600N/mm^2$。

铜锡合金（锡青铜）G - CuSn10 和铜锡锌合金 G - CuSn5ZnPb 在流速缓慢时，它们都可以在海水中保持稳定。由于其强度较低，只能用于适中的扬程；同样也对侵蚀性腐蚀、空蚀和磨损很敏感。

铜合金的腐蚀速度会随着金属表面有效氧气的增加而增加。因此腐蚀是由质量传递所决定的（流速和湍流）。铜镍合金 CuNi10、CuNi20、CuNi30 等适用于管道系统，但并不适用于泵中高流速处。

（10）镍基合金或钛 可用在双相钢或超级奥氏体钢都不具有足够的抗腐蚀性

的介质中。如果应用在海水中，镍基合金必须包含铬和钼；其对点状腐蚀不敏感并对缝隙腐蚀具有很强的抗性。

无钼的镍铬离子合金，如 NiCr15（铬镍铁合金 600，2.4816）或 X10NiCrAlTi32-21（铬镍铁合金 800，1.4876）容易产生点状腐蚀，所以不能应用在海水中[14.58]。

14.4.3　叶轮/导叶和泵体

和管路系统相比，离心泵的叶轮、导叶和泵体都暴露在高速流下，其许用速度取决于一些参数的组合，所以每一个应用都要进行单独的评估。这在推测新的运行条件时尤其重要。因为发生空化的风险会随着 w^6 的比例增加（腐蚀则用 w^3），叶尖速度的微小增长就可能会引起意外的故障。

表 14.11 列出了常用泵材料，表 14.17 给出了不同流速下的敏感范围。还需要注意以下几点：

1）表中规定的许用速度应该被认为是粗略的、试验性的建议。可以认为是可能损伤的复合影响，包括腐蚀疲劳、空蚀和腐蚀产生的。

2）在给定速度下，给定材料发生的损伤在很大程度上取决于泵的设计和实际运行参数。如隔舌处腐蚀的风险取决于隔舌和叶轮之间间隙 B 的宽度。同样一个设计较好的异形隔舌会比一个半圆形隔舌受到的损伤小。泵体表面的抛光会有影响。

3）在特定应用中选择"勉强可以接受的"材料和具有良好抗性的材料之间存在较大的价格差，虽然通常只占维修运行费用的一小部分，但许多运行问题都是由材料等级不达标引起的。

4）一般材料的选择是根据最高效率点的扬程和速度进行的。偏工况下更高的速度也包括这些建议。

5）由磨损或侵蚀性腐蚀产生的金属损失由最大局部速度（未知）所决定，而不是平均速度。最大局部速度一般是在许用速度中保守假设的。

6）对于应力的估算，叶尖速度 u_2 是很重要的，然而应用平均速度来评估腐蚀和磨损。通常对平均速度的估算是充分的：当 $n_q < 50$ 时，可以粗略地假定叶轮进口处 $w_1 \approx u_1$ 和导叶进口处 $c_3 \approx u_2/2$。通过表 3.1 和表 3.2 或图 3.22 可以对这些速度进行准确的计算。表中"w"代表相对组件的速度（即对于泵体的绝对速度和相对于叶轮的相对速度）。因为靠近隔舌的速度是和导叶进口处速度大小相似，导叶和蜗壳可以使用同样的速度范围。蜗壳隔舌上的腐蚀、磨损或空蚀并不是特例。

7）对于环形密封，平均速度为：$w = (c_{ax}^2 + u_{sp}^2/4)^{0.5}$，这可以通过图 3.22 估算出来。

8）如果特定介质中对于一个给定的材料，其许用速度 w_{al} 已经从表 14.6 或表 14.17 得到，许用叶尖速度和许用扬程可以通过图 3.22 和表 14.10 来决定。对于任何给定的泵，比转速 n_q 可以计算出来。然后，叶尖速度 u_2 和压力系数可以从图 3.22 中读出。最终，u_2、w_1、c_{2u} 等参数都可以通过表 14.19 给出的公式计算出来。

9）在一个给定的泵和转速下，叶轮、导叶、蜗壳、多级泵的多级泵壳及采用半开式叶轮的立式泵的吸入室基本上在相同最大速度下，因此它们必须使用相似的抗性材料。多级泵的进出口泵体或筒式泵的泵体是暴露在较低流速下的，它们可以使用侵蚀腐蚀和电化学腐蚀抗性符合要求的其他材料。

10）在给定的环境中，特定材料的环形密封上的许用速度要比泵体或叶轮上小，这是因为即使很小的金属损失也会导致间隙增大及效率损失（尤其是对低 n_q）。

11）任何给定材料的成分和性能取决于适用的标准和铸造水平。本章表中给出的数据仅供参考，这些大多是从各种资料中获取的，有时还存在相互矛盾。

12）对于表中规定的特定材料的使用范围，也适合于相似的材料。如 GG – 25 的使用范围也适用于 GG – 18 到 GG – 50。当考虑不锈钢时，其化学成分包括碳含量和钢铁类型（即铁素体、奥氏体、双相钢）对于和表中列出的材料进行比较是很重要的。合金中一些低浓度的元素不能忽略，因为它们也许会对抗腐蚀性有很重要的影响（如 N、Cu、Nb）。

表 14.10　许用单级扬程的定义

类别	从图 3.22 得到	从表 14.6 或表 14.12 中的许用速度 w_{al} 可以计算出许用叶尖速度 $u_{2,al}$
叶轮进口	$w_1^*(n_q)$	$u_{2,al} = \dfrac{w_{al}}{w_1^*}$
叶轮出口	$w_2^*(n_q)$	$u_{2,al} = \dfrac{w_{al}}{w_2^*}$
导叶进口	$C_3^*(n_q)$	$u_{2,al} = \dfrac{w_{al}}{c_{2u}^*}$
蜗壳进口	$C_3^*(n_q)$	$u_{2,al} = \dfrac{w_{al}}{c_{2u}^*} d_z^*$
耐磨环	$w_{sp}^*(n_q)$	$u_{2,al} = \dfrac{w_{al}}{w_{sp}^*}$
许用单级扬程	$\psi_{opt}(n_q)$	$H_{opt,al} = \psi_{opt} \dfrac{u_{2,al}^2}{2g}$

13）综上所述，如果在特定介质中任何材料的金属损失低于 $c_{cor} < 0.1mm/a$，那么可称之为"稳定"。材料的 $c_{cor} > 0.1mm/a$ 则称之为"不稳定"。

14）硬度应该被理解为维氏硬度。由不同的试验载荷所产生的硬度差异与本书无关。同样的，假定布氏硬度和维氏硬度是相等的，则该硬度可以从抗拉强度 R_m 中估算出来：$HV \approx HB \approx (0.29 \sim 0.32) R_m$。

15）力学性能，如抗拉强度和伸长率及热膨胀系数、热传导性和比热容都取决于温度。表中列出的数据对于 20 ~ 100℃ 大致是正确的。至于更精确的计算，根据铸造或生产的材料标准或数据需要另外加以考虑。

根据特定的情况，特定材料的使用范围要考虑到疲劳、空蚀、侵蚀腐蚀或磨损等方面的影响。还有很多其他方面需要考虑，选用标准如下所述：

1）腐蚀强度：许用叶尖或单级扬程会随着介质腐蚀性的增加和比转速（或叶片跨度）的提高而减小。开式叶轮或导叶要比闭式的更加低。当叶片数 z_{La} < 5 时，需要特别注意叶轮盖板的厚度。腐蚀强度的分析可以根据 14.1、表 14.1 ~ 表 14.3 和图 14.2 ~ 图 14.7 来进行。

2）空蚀：叶轮空蚀风险可以根据 6.6 和 6.7 来进行评估。由于环形密封出口处的回流和/或空化，进口泵体也可能会出现空蚀。空化也可能发生在蜗壳隔舌处或导叶内。尽管叶轮出口处的有效 NPSH 有所提高，参见式（6.9），不均匀的叶轮出口速度分布会产生过高的局部速度和空化。由于高压差的存在，根据式（6.12）空化强度一般很显著。因此当选择泵体材料时要考虑局部空化损伤的风险。由于这个原因，表 14.17 中规定的许用速度对于所有铸铁类型（GG - 50、GGG - 40 和 GGG - NiCr20 - 2）都较低。由于间隙空化可能会出现在开式叶轮中，对于所有铸铁类型都是不稳定的，至少 u_1 > 10m/s 的应用中。表 14.11 ~ 表 14.16 给出了对应于钢铁 1.4317（CA6NM）的相对空蚀速度。这些数据是根据 6.6.7，按照图 6.34 中的假设来计算的，但是这只适用于不存在严重腐蚀的情况。

3）水质分析：氧气含量、化学药剂和杂质决定了腐蚀的风险。如果水质成分不确定，有效的材料选择是很难的。

4）当输送软化水时，侵蚀性腐蚀限制了碳素钢的应用。钢 1.4317（AISI 410、ASTM A 743Gr CA6NM）几乎是这种应用下的标准材料。对于海水泵，侵蚀性腐蚀在很大程度上决定了材料的选择，尤其是出现 H_2S 时。

5）酸性或碱性腐蚀：第 14 章中的信息主要集中在离心泵中各类型的水质。表格中给出了不同流体中不同材料的抗腐蚀性，参见文献 [B.5，B.8，B.28，52]。

6）腐蚀：预期的金属损失可以根据 14.5 来估算。参考钢 1.4317（CA6NM）的相对腐蚀速度可以作为预先评估。这些数据是从试验数据中推出的，或者从表 14.21 中计算出来。它们只适用于不存在严重腐蚀情况。

7）温度：在温度低于 0℃ 时，要求材料保持延展性。当温度高于 200℃ 时，必须要考虑材料的高温强度。这两方面都属于本书的范畴。

8）焊接性：所选择的材料应可以焊接修补泵体的缺陷（或运行中的局部磨损），并且在焊接区域不会失去抗腐蚀性。通常焊接后需要进行热处理；良好的焊接性是选择泵体材料的一个重要标准。

9）铸造性能：铸造缺陷会引起损伤，并且如果在生产或非破坏性材料试验中被检测到，会增加制造成本。

10）机械加工性：一些特殊的合金很难进行加工，这会限制其应用范围，在制造中也会增加成本。

11）成本：表 14.11 ~ 表 14.16 提供了参考钢 1.4317（ASTM A743 CA6NM）的各种材料的相对成本。这些数据可以用以在选择特定材料时进行初步的成本估计。很明显，实际成本会随着市场环境的变化而变化；如在 2007 年春季，所参考的材料（钢 1.4317）价格是 13 欧元/kg。

表 14.11 铸铁和铸碳素钢

类别			铸铁	球墨铸铁	耐蚀镍合金	铸钢	
DIN 17006			GG – 25 GJL – 250	GGG – 40 GJS – 400 – 15	GGG – NiCr20 – 2	GS – C25 GP240GH	GX8 CrNi 12
材料号（DIN, EN）			0.6025	0.7040	0.7660	1.0619	1.4107
ASTM			A278 30	A536 – 60 – 40 – 18	A439 D2	A216 Gr WCB	A217 Gr CA – 15
统一的数字表示 UNS			F12401			J03002	J91150
化学成分	C	%	3.4	3	3	0.21	< 0.1
	Cr				1 ~ 2.5	0.3	11.5 ~ 12.5
	Ni				18 ~ 22		0.8 ~ 1.5
	Mo						0.2 ~ 0.5
	Cu				< 0.5		
	Si				1.5 ~ 3	0.4	< 1
	Mn				0.5 ~ 1.5	0.5 ~ 0.8	< 1
微观结构			珠光体	铁素体	奥氏体合金	贝氏体	铁素体
屈服强度	$R_{p0.2}$	N/mm²		250	210 ~ 250	240	> 500
抗拉强度	R_m	N/mm²	245	400	370 ~ 480	420 ~ 600	> 590
延伸率	A	%		> 15	7 ~ 20	22	> 16
杨氏模量	E	N/mm²	1.1×10^5	1.72×10^5	1.2×10^5	2.1×10^5	2.1×10^5
维氏硬度（HV30）	HV		180 ~ 240	130 ~ 180	140 ~ 200	130 ~ 270	170 ~ 240
密度	ρ_{mat}	kg/m³	7300	7100	7400	7800	7700
比热容	c_p	J/kg K	540			460	460
热膨胀	α	10^{-6}/K	9	12.5	18.7	12.6	10.5
热导性	λ	W/m K	48	36	12.6	45	26
机械加工性				很好		好	好
焊接性			很差	差	差	好	有限
14.1 中的抗疲劳	S_z		10	4	4	4	2
断裂安全系数	S_{zz}		18	10	15	8	5
空蚀		相对于 1.4317 （CA6NM）	11	5.5	4.1	4.7	1.5
磨损			1.7	2	1.9	1.8	1.2
相对成本			0.25	0.35	0.4	0.55	0.8

表 14.12　马氏体和奥氏体铸铁

类别			马氏体		奥氏体		
DIN 17006			GX4CrNi 13 - 4	GX4 CrNiMo 16 - 5 - 2	GX2CrNi 19 - 11	GX2 CrNiMo19 - 11 - 2	GX2CrNi MoNb 17 - 13 - 4
材料号（DIN，EN）[N.14]			1.4317	1.4411	1.4309	1.4409	1.4446
ASTM：A743 等级			CA 6NM	CB 7Cu2	CF - 3	CF - 3M	
AISI					304L	316L	
统一的数字表示 UNS			J 91540		J 92500	J 92800	
化学成分	C	%	<0.06	<0.06	<0.03	<0.03	<0.03
	Cr		12 ~ 13.5	15 ~ 17	18 ~ 20	18 ~ 20	16.5 ~ 18.5
	Ni		3.5 ~ 5	4 ~ 6	9 ~ 12	9 ~ 12	12.5 ~ 14.5
	Mo		<0.7	1.5 ~ 2		2 ~ 2.5	4 ~ 4.5
	Cu						
	N				<0.2	<0.2	0.12 ~ 0.22
	Nb						
微观结构			铁素体 - 马氏体		奥氏体		
点状腐蚀	PI	式 (14.8)	14	21	20	25	34
屈服强度	$R_{p0.2}$	N/mm^2	>550	>540	>185	>195	>210
抗拉强度	R_m	N/mm^2	760 ~ 960	760 ~ 960	440 ~ 640	440 ~ 640	440 ~ 640
延伸率	A	%	>15	>15	>30	>30	>20
杨氏模量	E	N/mm^2	2.1×10^5	2.1×10^5	1.93×10^5	1.93×10^5	1.93×10^5
维氏硬度（HV30）	HV		240 ~ 300	260 ~ 320	130 ~ 200	130 ~ 200	130 ~ 180
密度	ρ_{mat}	kg/mm^3	7700	7800	7880	7900	7900
比热容	c_p	J/kg K	460	460	530	530	530
热膨胀	α	10^{-6}/K	10.5	11	16.8	15.8	16
热传导性	λ	W/m K	26	17	15.2	14.5	13.5
机械加工性			好	好	好	好	好
焊接性			好	好	好（低含碳量）		
14.1 中的抗疲劳	S_z		2	2	2	2	2
断裂安全系数	S_{zz}		5	5	5	5	5
空蚀	相对于 1.4317 （CA6NM）		1.0	0.8	1.5	1.5	1.5
磨损			1.0	1.0	1.3	1.3	1.4
相对成本			1.0	1.2	1.1	1.5	1.4

表 14.13 精炼和超级奥氏体铸铁的性能

类别			双相钢			超级奥氏体	
DIN 17006			GX2CrNiMoN 22-5-3	GX2CrNiMoCuN 25-6-3-3	GX2CrNiMoN 25-6-3	GX2CrNiMo28-20-2	GX2CrNiMoCuN 29-25-5
材料型号（DIN, EN）[N.14]			1.4470	1.4517	1.4468	1.4458	1.4587
ASTM：A890 等级			CD3MN	4B	3A		
AISI							
统一的数字表示 UNS			J 92205	J 92205	J 93371		
化学成分	C	%	<0.03	<0.03	<0.03	<0.03	<0.03
	Cr		21~23	24.5~26.5	24.5~26.5	19~22	24~26
	Ni		4.5~6.5	5~7	5.5~7	26~30	28~30
	Mo		2.5~3.5	2.5~3.5	2.5~3.5	2~2.5	4~5
	Cu		—	2.75~3.5	—	<2	2~3
	N		0.12~0.2	0.12~0.22	0.12~0.25	<0.2	0.15~0.25
			—	—	—	—	—
微观结构			铁素体-奥氏体			超级奥氏体	
点状腐蚀	PI	式 (14.8)	34	44	38	35	48
屈服强度	$R_{p0.2}$	N/mm²	>420	>480	>480	>165	>220
抗拉强度	R_m	N/mm²	600~800	650~850	650~850	430~630	>480
延伸率	A	%	>15	>15	>30	>30	>20
杨氏模量	E	N/mm²	2.0×10^5	2.1×10^5	2.1×10^5	1.93×10^5	1.93×10^5
维氏硬度（HV30）	HV		180~250	200~270	200~270	130~200	150~220
密度	ρ_{mat}	kg/mm³	7700	7700	7700	8000	8000
比热容	c_p	J/kg K	450	450	450	500	500
热膨胀	α	10^{-6}/K	13	13	13	14.5	14.5
热传导性	λ	W/m K	18	17	17	16	17
机械加工性			一般	一般	一般	一般	一般
焊接性			好	好	好	好	好
14.1 中的抗疲劳断裂安全系数	S_z		2	2	2	2	2
	S_{zz}		5	5	5	5	5
空蚀	相对于 1.4317（CA6NM）		1.1	1.0	1.0	1.5	1.3
磨损			1.2	1.1	1.1	1.4	1.3
相对成本			1.5	2	1.6	2.3	2.6

表 14.14 超级精炼铸铁和耐磨环材料

类别			超级双相钢			耐磨环材料
			GX3CrNiMoWCuN 27 – 6 – 3 – 1	GX3CrNiMo CuN 26 – 6 – 3 – 3	GX4CrNiMo Cu 24 – 6 – 5 – 3	GX120CrMo 29 – 2
材料型号 如 SEW410[N.19]			1.4471	1.4515	1.4573	1.4138
ASTM：A890 等级			6A CD3M2CuN			
化学成分	C	%	<0.03	<0.03	0.04	0.9 ~ 1.3
	Cr		25.5 ~ 28	25 ~ 26	22 ~ 25	27 ~ 30
	Ni		5.5 ~ 8	6 ~ 7.5	4.5 ~ 6.5	
	Mo		3 ~ 4	3 ~ 3.5	4.5 ~ 6	2 ~ 2.5
	Cu		0.8 ~ 1.3	1	1.5 ~ 2.5	
	N		0.15 ~ 0.28	0.17 ~ 0.25	0.15 ~ 0.25	
			1W	1W		
微观结构			铁素体，奥氏体，各50%	铁素体，奥氏体	铁素体，奥氏体	铁素体，硬质合金
点状腐蚀指数	PI	式 (14.8)	45	43	47	
屈服强度	$R_{p0.2}$	N/mm²	>480	>480	>485	
抗拉强度	R_m	N/mm²	650 ~ 850	650 ~ 850	690 ~ 890	
延伸率	A	%	>22	>22	>22	
弹性氏模量	E	N/mm²	2.1×10^5	2.1×10^5	2.1×10^5	2.1×10^5
维氏硬度	HV	硬化				
		退火	200 ~ 260	200 ~ 260	200 ~ 320	260 ~ 330
密度	ρ_{mat}	kg/m³	7700	7800	7800	7700
比热容	c_p	J/kg K	450	450	450	500
热膨胀	α	10^{-6}/K	13	14	14	9.5
热传导性	λ	W/m K	17	15	15	19
机械加工性			一般			
焊接性			好	好	有限	不
空蚀	相对于 1.4317 （CA6NM）		0.9	1.0	0.9	1.0
磨损			1	1.1	0.9	0.9
相对成本			2	2	2	
应用	pH		>2.5	>4	>2.5	>7
			海水，FGD			耐磨环

表 14.15 耐磨铸铁

类别			G300CrNiSi 9 - 5 - 2	GX300CrMo 15 - 3	GX300CrMo 27 - 1	GX150CrNi Mo 40 - 6
材料型号（DIN，EN）			0.9630	0.9635	0.9655	1.4475
标准			DIN 1695			
ASTM			A532			
化学成分 按百分数	C	DIN1695	2.5 ~ 3.5	2.3 ~ 3.1	3 ~ 3.5	
	C	减少		2.4 ~ 2.6	1.5 ~ 1.8	1.4 ~ 1.7
	Cr		8 ~ 10	14 ~ 17	23 ~ 28	39.5 ~ 42
	Ni		4.5 ~ 6.5	< 0.7	< 1.2	5 ~ 7
	Mo		< 0.5	1 ~ 3	1 ~ 2	2 ~ 3
	Cu					< 1.2
	N					0.1 ~ 0.2
	Si		1.5 ~ 3.2	0.2 ~ 0.8	0.2 ~ 1	
微观结构			在马氏体，珠光体，奥氏体结构中的铬硬质合金			铁素体，奥氏体，硬质合金，每个33%
点状腐蚀指数	PI	式（14.8）				31
抗拉强度	R_m	N/mm²	500 ~ 600	450 ~ 1000	450 ~ 1000	
延伸率	A	%				
弹性模量	E	N/mm²	1.96×10^5	1.72×10^5	1.72×10^5	
维氏硬度	HV	硬化	600 ~ 750	700 ~ 900	600 ~ 800	
		退火	自然硬化	< 400	< 400	
密度	ρ_{mat}	kg/m³	7700	7700	7600	
热膨胀	α	10^{-6}/K	14.5	13		
热传导性	λ	W/m K	13.8	13.8		
机械加工性			很差	退火好的话可减少含碳量		
焊接性						
磨损[5]	相对于 1.4317		0.08	0.04	0.07	0.1
相对成本	（CA6NM）		1.1	1.1	1.25	1.65
应用	流体		中性腐蚀		弱腐蚀	一般腐蚀，式（14.9）
	运行		疏浚泵	矾土、矿石、碳泥浆，或含沙污水		

表 14.16 铜和镍合金

类别			锡青铜	合金	蒙乃尔合金	哈氏合金 C
DIN 17006		G – CuSn 5ZnPb	G – CuSn 10	G – CuAl 10Ni	NiCu30Al	NiMo16Cr 15W
材料型号（DIN, EN）		2.1096.01	2.1050.01	2.0975.01	2.4374	2.4819
ASTM		B584 C83600	B427 C90700	B148 958		A574 N10276
统一的数字表示 UNS		C83600	C90700	C95800	N05500	N10276
点状腐蚀系数	PI	式(14.8)				70
化学成分	Cu	%	84 ~ 86	88 ~ 90	76	30	Cr 15 ~ 17
	Ni		2.5	2	4 ~ 6.5	其余部分	51 ~ 64
	Al				8.5 ~ 11	2 ~ 4	Mo 15 ~ 17
	Sn		4 ~ 6	9 ~ 11			W3 ~ 4.5
	Zn		4 ~ 6				
	Fe				3.5 ~ 5.5	0.5 ~ 2	4 ~ 7
	Pb		4 ~ 6				C < 0.015
	Mn		3	3	3		1
屈服强度	$R_{p0.2}$	N/mm^2	90	130	270	590	280
抗拉强度	R_m	N/mm^2	220	270	600	600 ~ 880	700
延伸率	A	%	16	18	12	12	35
杨氏模量	E	N/mm^2	0.85×10^5	1.0×10^5	1.2×10^5	1.79×10^5	
维氏硬度 （HV30）	HV		60	80	140	170 ~ 230	
密度	ρ_{mat}	kg/m^3	8700	8700	7600	8500	8900
比热容	c_p	J/kg K		400	≈400	≈525	
热膨胀	α	10^{-6}/K	17	20	≈17	≈15	
热传导性	λ	W/m K	58	45	≈50		
焊接性					很好		
14.1 中的抗疲劳 断裂安全系数	S_z		4	4	4	4	2
	S_{zz}		10	10	10	10	5
空蚀	相对于 1.4317 （CA6NM）		5	4.5	1	1	1
磨损			2.5	2.2	1.6	1.3	1.2
相对成本			1.0	0.9	1.2	5.0	1.8

表 14.17 铸造材料的速度范围 ($H_{al} \approx 0.2 w_{al}^2 \psi_{opt} \approx 1$)

	GG-25 EN-GJL-250	GGG-40 EN-CJS-400-15	GGG-NiCr20 2	GS-C25 GP240GH	GX8Cr Ni12	GX4Cr Ni 13-4	GX4Cr NiMo 16-5-2	GX2Cr Ni 19-11	GX2CrNi Mo 19-11-2	GX2CrNi MoN 22-5-3	GX2CrNi MoNb 17-13-4	GX2CrNi MoCuN 25-6-3-3	GX2NiCr MoCuN 29-25-5	G-Cu Sn 10	NiCu30Al	G-CuAl 10Ni
材料型号 (DIN 17006)	0.6025	0.7040	0.7660	1.0619	1.4107	1.4317	1.4411	1.4309	1.4409	1.4470	1.4446	1.4517	1.4587	2.1050.01	2.4374	2.0975.01
UNS	F 12401			J 03002	J 91150	J91540		J92500	J92800	J92205		J92205				
ASTM	A 278A Class 30	A 536-60 40-18	A 439 Type D2	A216 GrA WCB	217 GrA CA-15	743 GrA CA6NM	743 GrA CB 7Cu2	743 GrA CF-3	743 GrA CF-3M	A 890 GrA CD3MN		890 GrA CD3MN 4A				
点状腐蚀指数 PI					14		21	20	25	34	34	44	48			
叶轮、导叶、蜗壳 W1 形成保护膜 质量	u	u	u	g	e	e	e	e	e	e	e	e	e	g	e	e
叶轮、导叶、蜗壳 W1 w_{al}/(m/s)	17	20	20	30	45	70	70	50	50	60	50	60	50	22	50	45
叶轮、导叶、蜗壳 W2 无水、理想污水 质量	u	u	u	u	e	e	e	e	e	e	e	e	e	g	e	e
叶轮、导叶、蜗壳 W2 w_{al}/(m/s)	15	17	17	25	45	70	70	50	50	60	50	60	50	22	50	45
叶轮、导叶、蜗壳 W5 和 W6 软化水 质量	0	0	0	0	e	e	e	e	e	e	e	e	e	g	g	g
叶轮、导叶、蜗壳 W5 和 W6 软化水 w_{al}/(m/s)	0	0	0	0	45	70	70	50	50	60	50	60	50	22	50	45
耐磨环 W1 形成保护膜 质量	u	u	u	u	e	e	e	e	e	e	e	e	e	g	g	g
耐磨环 W1 w_{al}/(m/s)	12	15	15	17	45	70	70	50	50	60	50	60	50	15	50	15
耐磨环 W2 无水、理想污水 质量	u	u	u	u	e	e	e	e	e	e	e	e	e	g	g	g
耐磨环 W2 w_{al}/(m/s)	10	12	12	15	45	70	70	50	50	60	50	60	50	15	50	15
耐磨环 W5 和 W6 软化水 质量	0	0	0	0	e	e	e	e	e	e	e	e	e	g	g	g
耐磨环 W5 和 W6 软化水 w_{al}/(m/s)	0	0	0	0	45	70	70	50	50	60	50	60	50	15	50	15

质量: 0 = 不合适; u = 可用; g = 好; e = 很好

注意: 0 = 不合适; u = 可用; g = 好; e = 很好。w_{al} 是相对于叶组件的许用速度（不是叶尖速度 u_2，当 $n_q < 50$ 时大概是其 2 倍大小）。

14.4.4　耐磨环材料

和 3.6.2 中解释的一样，为了限制泄漏引起的效率损失，叶轮或平衡活塞上密封环的径向间隙只有 1mm 的 1/10，见式（3.12）。对于热流体，即使泵短暂运行，泵体或转子也可能会产生过度振动或热变形，所以转子触碰到定子的风险很大。转子和定子接触会引发磨损（增加间隙并降低效率）。它们之间的接触甚至可能会因为咬死而引起泵的损坏。因此间隙材料成分的准确选择对于泵的可靠运行至关重要。

由于流体以高圆周速度和高压差穿过密封环，耐磨环必须具有抗侵蚀腐蚀性。一些材料易磨损（如铸铁），这会使其在高速流下因为侵蚀腐蚀而产生金属损失；因此一般避免将其作为耐磨环的材料。耐磨环材料需要满足下列要求：

1）当动静接触时，耐磨环材料必须表现出很小的黏性和咬合性。通常，为了减小磨损风险，规定转子和定子之间的维氏硬度（或布氏硬度）的差值至少为 50HV。在文献［B.15］中，洛氏硬度 < HRC45（HV < 450）材料的硬度差建议为 10HRC（100HV）。

2）如果可能的话，转子和圆环应该使用不同的合金材料。

3）为了限制间隙的增长和避免效率和转子阻尼的过度损失，在运行中要求腐蚀或侵蚀腐蚀产生的金属损失应该尽可能的小。

4）为了避免电化学腐蚀，耐磨环材料的电势至少要和泵体、叶轮材料的相近，见 14.2。

5）如果流体中含有粗糙的固体，耐磨环必须采用耐磨损的材料，因为密封处极易磨损。

表 14.18 列出了耐磨环材料的一般组合。扬程的范围 H_{max} 相当于最高效率点的单级扬程（计算中 $\psi_{opt} \approx 1$）。当考虑到平衡活塞或圆盘，H_{max} 是最高效率点处泵的总扬程。

表 14.18　耐磨环材料

转子材料	定子材料	介质	H_{max}/m	注意事项
所有（就在输送介质中具有抗磨性的材料而言）	GG – 30，GGG – 40	W1，W2	100	具有良好模塑特性的转子材料 速度受到侵蚀性腐蚀的限制
	GGG – 40，GGG – NiCr 20 – 2		120	
	GX120CrMo 29 – 2（1.4138）wnt（软硝化）		受 H_{stage} 的限制	
	GG – 30，GGG – 40	碳氢化合物	200	
	G – CuSn 12 2.1052.03	W1 ~ W3，W5，W6	80	

（续）

转子材料	定子材料	介质	H_{max}/m	注意事项
铁素体、马氏体、奥氏体、双相、硬合金、科尔莫诺伊合金	X20Cr（1.4021）HV > 250 GX120CrMo 29 - 2（1.4138）wnt 硝化 X22Cr17（1.4057）可能硝化 硬合金，科尔莫诺伊合金	W1，W2，W5，W6	受 H_{stage} 的限制	通常用于平衡活塞转子和定子之间的硬度差尽可能高，至少要是 50HV
所有（就在输送介质中具有抗磨性的材料而言）	PEEK Simsite（见 14.4.8）	W1 ~ W6	35bar 140bar	压差影响较大
所有（就在输送介质中具有抗磨性而言）	X5CrNiMo 18 - 10（1.4401） X8CrNiMo 27 - 5（1.4460） 硬合金，科尔莫诺伊合金 Waukesha 88	W3，W2，W1	受 H_{stage} 的限制	可以用在 W5、W6 中，但不普遍
所有（就在输送介质中具有抗磨性的材料而言）	X2CrNiMoCuN 25 - 6 - 3 - 3（1.4517） GX2NiCrMoCuN 29 - 25 - 5（1.4587） 哈氏合金 C NiMo16Cr15W（2.4618）	W4	受 H_{stage} 的限制	在 W1 ~ W6 中具有抗磨性
所有类型的青铜	NiCu30Al（2,4374） Monel K500	W3	400	在 W1、W2、W5、W6中具有抗磨性
	G - CuAl 10 Ni（2.0975.03）		150	叶轮（转子）不采用双相或奥氏体钢

注：叶轮：$\psi_{opt} \approx 1$ 时，H_{max} 是有效的；平衡活塞：$H_{max} = H_{total,pump}$。

水质 W1 ~ W6 在 14.4.1 中有描述。

动静接触及侵蚀腐蚀的风险会随着叶尖速度的增加而增加。虽然对于低扬程泵来说，合适的耐磨环材料是很容易得到的。但是对于高扬程泵，既要满足上面所有的要求，又要考虑制造成本，且这样的材料还是未知的。根据现有的材料的组合，进行如下讨论：

1）在特定介质中铸铁具有抗腐蚀性，微观结构上的石墨使得其具有优异的磨损特性，因此很适合作为耐磨环的材料。

2）含铬量为 12% ~ 30% 的马氏体铬钢可以用在类型 W1、W2、W5、W6 的冷热水中，如 X20Cr13 或 X22Cr17 的铸件或锻件。壳体环比叶轮或动环更需要热处理以达到更高的强度。有时壳体环是表面硬化处理的，如通过软氮化或镀硬铬。当转子和定子环在硬度和/或合金上有差异时，如果转子和定子在强力作用下接触，仍然会有发生磨损和咬死的风险。

3）塑料材料 PEEK（聚醚酮，通过碳纤维加强）很适合用于壳体环。PEEK 在 W1～W6 的水类型中具有抗磨蚀性，即使接触金属叶轮或动环也没有发生磨损的风险。以下两种的 PEEK 是有效的：①纤维较短的 PEEK（"短切碳纤维"）可以使用在 -30～135℃、20bar 的压差下；②长纤维的 PEEK（"连续缠绕碳纤维"）可以使用在 -30～230℃、35bar 的压差下。如果其他结构能够充分的支撑 PEEK 轴衬或圆环，PEEK 甚至可以在 140bar 的情况下[N.6]使用。

4）和 PEEK 相似的一种复合材料，商品名称"Simsite"，它可以用在海水泵的耐磨环上。其许用压差和 PEEK 相近，更多的细节在 14.4.8 中给出。

5）尽管易出现擦伤，型号为 1.4409 的奥氏体钢会用在立式海水泵的耐磨环上，其具有很好的抗侵蚀腐蚀性[39]。通常立式泵中引起转子和定子接触的力并不会过多。

6）在海水泵中，双相钢通常与奥氏体钢相配合使用。

7）锡青铜、铝青铜和镍铝青铜发生咬合的风险很低，所以常用来作为海水中耐磨环的材料。然而，流速必须要在表 14.6（图 14.14）所规定的范围内。这些耐磨环材料通常要和铜合金及奥氏体钢相结合[39]。

8）尽管拥有良好的抗磨损特性，各型号的耐蚀镍合金（如 0.7660）都不适用于海水中的耐磨环，这是因为侵蚀性腐蚀引起的金属损失太高，如图 14.11 所示[39]。

9）马氏体/铁素体钢不能应用在海水中，会有严重的侵蚀腐蚀。

10）在海水中由于电化学腐蚀，蒙乃尔合金耐磨环不能和双相钢、奥氏体或超级奥氏体钢结合使用。

11）钨铬钴合金是钴基合金中的一种。科尔莫诺伊合金是镍基合金的一种。这两种材料都有较高的硬度并且发生咬合的风险较低，但在海水中会有产生电化学腐蚀的风险。尽管如此，这些材料在海水中应用较多[39]。

12）硬质喷涂，如碳化钨，有时会为了减小发生咬合和/或加强抗颗粒磨损性会使用这些材料。在成品中，这样的涂层厚度至少要达 0.8mm[N.6]。焊接涂层，如科尔莫诺伊合金可以产生同样的效果。

13）SiC（反应烧结碳化硅）的耐磨环应用在 FGD 泵上[46]。

14）Waukesha 88 是基于 12Cr、4Sn、1Mn、3Mo、2Fe、4Bi 的一种镍基合金。它发生咬合风险较低，并且在海水中有高抗侵蚀腐蚀性[39]。

15）采用碳化硅的耐磨环可应用在含有磨料颗粒的流体中，见 14.5。

16）在低密度流体中（低于 $500kg/m^3$），由于流体润滑作用很弱，发生磨损的风险有所增加。根据文献［B.15］，通常会采用金属石墨的壳体环；这也常用在液态 CO_2 的输送中。

有时泵的运营商会指定用于叶轮上的动环，可采用硬质合金，如科尔莫诺伊合金或 Waukesha 88。

14.4.5 轴材料

轴的机械尺寸和制造虽都属于本书的范围，但在此只讨论腐蚀部分。对轴材料的要求包括：

1）有效延伸率，$A > 18\%$（$> 20\%$ 更好），这是为了使轴避免受到刻槽影响和疲劳损伤。对于高负荷轴，建议 $A > 25\%$。

2）泵输送的特定水质时可能要求有高的疲劳极限（水质分析）。

3）在轴的生产和运行中具有良好的稳定性。

4）高负荷轴要有高的屈服强度。

5）轴在特定流体中的应具有抗腐蚀性，除非通过恰当的密封套筒使其在水中能够完全保护起来。

一些轴上常用的材料如表 14.19 所示。对于扬程的限制使用范围首先集中在腐蚀方面。对于多级泵的轴的尺寸，总转矩和级数都要考虑在内。

表 14.19 轴的材料

介质	质量	单级扬程	
		$H_{opt} < 300m$	$H_{opt} > 300m$
W1 形成保护膜	好	Ck45（1.1191）	42CrMo 4（1.7225）
	很好	X20Cr 13（1.4021）	
W2 无处理水、污水	一般	Ck45（1.1191）	42CrMo 4（1.7225）
	好	X5CrNiMo18 – 10（1.4401）	X20Cr 13（1.4021）
	很好	双相 X2CrNiMoN 22 – 5 – 3（1.4462）	
W3 不含 H_2S 的海水	好	X5CrNiMo18 – 10（1.4401）	
	很好	双相 X2CrNiMoN 22 – 5 – 3（1.4462）	
W4 含 H_2S 的海水	好	超级双相 X2CrNiMoCuN 25 – 6 – 3 – 3（1.4515）	
	很好	X2CrNiMnMoN Nb（1.3974）	
W5 部分软化水	好	X20Cr 13（1.4021）	
W6 全软化水（软化水）	好	X20Cr 13（1.4021）	
	好	X22CrNi 17（1.4057）	
	很好	X4CrNi 13 – 4（1.4313）	
	好	双相 X2CrNiMoN 22 – 5 – 3（1.4462）	

蒙乃尔合金 K – 500（2.4374）常用作海水泵的轴材料。但在高负荷循环下不能达到耐久极限，所以这种材料不建议使用。双相钢已经取代 2.4374 作为轴材料（不只是因为成本原因）。

14.4.6　给水泵和冷凝泵的材料

正如在 14.3 中讨论的，铸铁和碳素钢都不能用于给水泵或冷凝泵，这是因为在高流速区域易发生侵蚀腐蚀（图 14.23）。常用的材料包括：

（1）泵体　泵环形进口、出口段（图 2.6）及筒式泵的泵体（图 2.7），流速都较为平缓（不超过 10 ~ 15m/s）。根据水质，可以采用低合金钢，如对于锻造的泵体可采用 10CrMo 9 - 10（1.7380），铸造的部件可采用 GS17CrMoV 5 - 11（1.7706）或高合金马氏体钢。

（2）叶轮、导叶、蜗壳和单级泵　高流速下，需要采用高合金马氏体钢：GX7CrNiMo 12 - 1（1.4008）可以单级扬程达到 400m，GX4CrNi 13 - 4（1.4317）适用的单级扬程 $H > 400$m。另外也可以使用 GX7CrNiMoNb 15 - 5（ASTM A747 CB 7Cu - 1，17 - 4 pH）。在"高等级"的给水泵中，叶尖速度达 150m/s。如果 pH < 7，这些马氏体材料在无氧的给水泵中是不够稳定的。在这些条件下，奥氏体或双相钢可以在 6 < pH < 7.5 的范围内使用。

图 14.23　FGD 泵的叶轮在运行超过 40000h 后的磨损

（3）吸入叶轮　在温度高于 40℃ 的应用中，同样的材料和使用范围适合于叶轮，但是空泡长度必须要限制，以便避免空化损伤。然而如果泵在严重空化（即较低的 $NPSH_A / NPSH_3$）情况下运行，吸入叶轮输送低于 50℃ 的脱氧冷水时会有很高的空蚀风险。这种情况下，吸入叶轮进口处的圆周速度要限制在低于 $u_1 = 27$m/s。如第 6 章中所述，空化强度在脱气的冷水中是很高的，大尺度空泡通常会在较低空化系数（$\sigma_A = 0.18 ~ 0.25$）处形成。空蚀的风险可以通过选择更高强度的材料来减少，如 GX4CrNi 13 - 4（1.4317）或 GX7CrNiMoNb 15 - 5（17 - 4pH），通过热处理可达到 1200N/mm^2 的抗拉强度。也可以考虑使用 GX4CrNiMo 16 - 5 - 2

或特殊合金如 17Cr9Co 6Mn（见 6.67）。这些材料也可以减少在较高的水温中发生空蚀的风险。

水温大概高于 250℃ 时（如在锅炉循环泵中），侵蚀性腐蚀和空蚀的风险较低，所以具有较低抗蚀性的材料也可以考虑使用。

14.4.7 FGD 泵的材料

一般而言，烟气脱硫装置中的水是具有高腐蚀性的，其中氯化物含量较高。同时因为固体颗粒的含量很高，其磨损性也很强。固体大部分是 $CaCO_3$（石灰石）或 $CaSO_4$（石膏），含量在 10% ~ 60% 的范围内（质量分数）。大概 60% 的颗粒为 50μm 左右的晶体，而剩下的可达 200μm（最大 300μm）。通常石灰石会引起严重的磨损，如图 14.23 所示。如果使用 Ca (OH)$_2$ 来替代，那么泵的磨损程度会小很多[60]。

流体的性能可能在很大的范围内变化，如 pH = 3 ~ 8，氯含量 5000 ~ 80000ppm，温度 40 ~ 65℃（文献 [19，21，44，60] 中的数据）。大量的氯化物加剧腐蚀，根据式（14.9）和图 14.21 所示，随着 pH 值的降低和温度的上升，腐蚀也会加剧。当存在即使含量低于 10ppm 的氧化物，也会加剧腐蚀[19]。溴和碘离子也具有很强的腐蚀性。因此，准确的水质分析对于正确的材料选择是必需的。

由于强烈的磨损，要求的部件寿命（16000 ~ 24000h）并不能通过使用奥氏体钢得以保证。含碳量高的材料具有更好的抗磨损性，但在 pH < 4 时的抗腐蚀性不够。点状腐蚀指数 PI > 42 的超级双相钢可以用在 pH > 2.5 的情况下（或选用矿物铸件或合成橡胶）。对于所有的双相钢，进行特定的热处理是获得期望的抗腐蚀性的关键步骤。热处理是为了获得具有无沉淀物的微观结构，这可以通过将金相切片放大 1000:1 来检查。铸件表面更高的碳含量几乎是不可能的，因为限制湿表面碳含量 C < 0.03% 是非常重要的。

当低于 pH = 2.5 时，上述钢铁材料都会受到酸性腐蚀。对于 pH > 4，表 14.15 中提到的一些材料可以考虑，它们的高硬度使其具有更好的抗磨损性。如果使用这些材料，腐蚀的风险必须要在准确的水质分析基础上进行仔细评估。在调试或异常情况下，如果 pH 值降到 4 以下时，这些材料也会出现严重的磨损。铁素体基质会有选择性地浸出，由此形成的腐蚀处会增加湍流强度进而加剧磨损。

含碳量高的材料对局部腐蚀很敏感，并且很难加工。由于其低延展性，含碳量高的材料不建议作为泵体材料（出于安全考虑）。不同元素组成的微观结构对局部腐蚀也很敏感（由于运行中易出现裂缝腐蚀，不能使用 1.4464 材料）[47,19]。

所有金属泵的叶轮、泵体和耐磨护板通常都是使用一样的材料。有时候会选择塑料（"合成橡胶"）或橡胶涂层，一些类型的橡胶对腐蚀"免疫"。橡胶一般是由小颗粒组成，具有很好的抗磨损性。然而许多外界因素会破坏部件上的合成橡胶或橡胶表面。另外，材料的吸水性、膨胀、老化和温度因素都需要考虑在内[18,34]。

14.4.8　复合材料

14.4.4 中提到的 PEEK 是一种用于耐磨环的复合材料。商品名为"Simsite ®"的复合材料可以用在整个泵中，包括叶轮、耐磨环、泵体、轴承和其他部分。主要应用在船舶上的海水泵（海军和商用船），也用于化学过程工业、造纸、矿业、污水和石油化工厂。

Simsite 是由热固性塑料树脂组成的一种复合材料，它是通过纤维在三角方向编织过程中连续不断地互相编织来加强的。Simsite 中的树脂主要分为酚醛树脂、环氧基树脂和聚酰亚胺。在 Simsite 中优先使用加强纤维，如玻璃纤维、合成纤维和复合纤维。为了满足特定应用下的强度要求，可以选择合适的纤维类型。大多数类型的 Simsite 含有大量的石墨，这会使其在动静接触时具有自润滑特性，使得该材料对磨损和咬合较为不敏感，甚至允许短时间的干转。

该材料对海水及很多化学药剂具有抗腐蚀性，也可以应用在输送碳氢化合物的泵中。因为该材料不具有导电性，所以不会发生电化学腐蚀，其抗空蚀性是铝青铜的 3 倍。

所有的部件，包括叶轮和蜗壳壳体都可由复合材料制造，甚至还可应用在闭式叶轮上。

表 14.20 给出了一些复合材料的性能，注意与泵中大部分金属材料相比其密度较低。单级扬程和泵体的压力等级受到其强度的限制。最高效率点处单级扬程达 150m 的叶轮已经在低比转速泵中有所应用（$n_q = 20 \sim 25$）。作为叶轮出口宽度函数的最大许用单级扬程是无法获得精确的数据的，暂时可以假设其与图 14.3、图 14.4 给出的趋势相似。采用 Simsite 的叶轮成本和采用青铜相近。

表 14.20　复合材料的性能（由生产厂商提供）

类型			Simsite300	Simsite375
抗拉强度	R_m	N/mm²	138	375
延伸率	A	%	2	2
杨氏模量	E	N/mm²	9000	22000
密度	ρ_{mat}	kg/m³	1450	1800
热膨胀	α	$10^{-6}/K$	18	10
最高运行温度	T_{max}	℃	154	175
48h 内的吸水质量		%	1.75	0.15

Simsite 材料能吸收水分，因此在水中运行时部件的体积会有略微的增加[58,57]。使用 Simsite 采用的叶轮和耐磨环时，泵在第一次充满水后必须要运行一段时间，以防止在间隙处出现堵塞。

14.5 水力磨损

14.5.1 影响参数

水力磨损（简称"磨损"）是由流体中的固体颗粒引起的材料损失。通常，这个问题是由偶然进入泵内的低浓度沙粒引起的（如井/河流中的水、冰川或油井流出的水）。与此相反，大量高浓度的固体可能出现在泵输送的液体中（见13.4）或在 FGD 装置内。在这些应用中，磨损是泵设计和运行中主要考虑的因素。

磨损会形成特定方向上的波浪状磨损样式，如图 14.24 所示。磨损表面的波浪结构是由不规则表面上形成的旋涡引起的（考虑粗糙突起对压力损失的影响，见第 1 章）。这些颗粒会在旋涡处受到离心力的作用而冲击金属表面。因此，金属损失在区域 A 处最强烈，边界 K 是由背面处的旋涡形成的，如图 14.25 所示[72]。这个磨损模型是由 Ackeret 和 de Haller 建立的。

图 14.24　叶轮入口处的磨损

每个和零件接触的颗粒，当流动通过泵时，都会产生磨损。颗粒撞击泵的结构（如叶轮进口边）会引起一个类似冲击载荷（类似的空泡的破裂）。颗粒沿着壁面或叶片滑动，会和不规则表面或粗糙凸起产生相互影响，这个类似于摩擦的过程引起

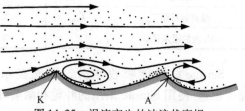

图 14.25　涡流产生的波浪状磨损

磨损。

不同类型的流动会产生不同的磨损机理。这同样适用于颗粒尺寸的影响：输送粗糙沙砾的渣浆泵（直径约50mm），叶轮和泵体会受到严重的冲击载荷；与此相反，FGD泵中50μm的悬浮石灰岩颗粒的磨损过程类似于抛光或研磨过程。细小的石灰岩颗粒大部分跟随着流线运动，粗糙沙砾的运行轨迹会与流体流线发生较大的偏移。

磨损是由靠近壁面或叶片的颗粒运动特性所决定的。流动过程和材料的反应机制几乎和空蚀一样复杂。因此泵中对磨损准确通用的磨损预测方法是不可能的。对磨损的估算要建立在磨损试验或运行数据的基础上。在研究试验而得的磨损模型之前，先回顾一下影响泵磨损的各种参数。

（1）固体含量　金属损失（侵蚀速度E_R）会随着接触泵结构的颗粒数量及其湍动能的增加而增加。许多试验表明金属损失与固体含量c_s成比例。根据流态，如果在颗粒含量较高时，颗粒之间相互影响而只有较少的颗粒和壁面接触，那么金属损失速度曲线$E_R=f(c_s)$就会在高分数时趋于平稳。固体含量可以定义为：①固体含量c_s是固体质量/液体体积；②质量分数x；③表13.6定义的体积分数c_v；④固体含量（1ppm固体对应于$c_s=0.001kg/m^3=1g/m^3$）。不同含量之间的转换可以通过式（T14.21.1）实现。

（2）流速　对于给定的固体含量，流速越高就会有更多的颗粒到达壁面。颗粒的湍动能以速度w的平方而增加。因此，磨损引起的金属损失速度在理论上是和流速的三次方成比例。很多试验结果符合这个关系式：$E_R\sim w^3$，但幂数的范围大约是0.9～5。这是由测试的难度和不准确性引起的，与6.6.7中讨论的一样。

（3）流态　部件的局部速度分布，取决于冲角、能量传递、二次流、失速或回流，这些因素决定近壁面的局部固体分布和颗粒撞击壁面的湍动能。这些并不能被量化的过程决定了磨损程度，而不是平均速度。

（4）旋涡　会在近壁面区形成较高的局部流速。另外，旋转流体中的离心力使得固体趋向于壁面，因此旋涡具有很强的研磨作用。旋涡是由局部流动分离产生的，如在泵体的通气孔处或者是发生流动偏向处。如图3.20所示叶片和盖板之间的角涡，易引起严重的磨损。

（5）湍流　会促进流体向主流的垂直方向流动，同时也会带动固体向壁面移动。因此，金属损失会随着湍流强度和雷诺数的增加而增加。颗粒的"移动性"同样也会有影响，根据表13.5可以通过沉降速度来描述。因此在黏性油中悬浮的细小颗粒所产生的磨损会比在水中小。

（6）冲角　如果载有固体颗粒的射流以90°撞击在壁面上，几乎所有的颗粒都会以全速接触表面并且产生磨损。相反，当流动平行于表面时，边界层内的速度要比平均流速小很多。因此，当使用所谓的平均流速对流道中的颗粒流动进行计算时，其影响可能会估计过高。同样，由于重力、离心力和自转偏向力，边界层内的固体浓度会偏离平均浓度。因此当以 ε 的角度喷射撞击壁面所引起的磨损通常要比 $\varepsilon = 0$ 的平行流动要高。脆性材料的损失速度会持续增加，直到在 $\varepsilon = 90°$ 时达到最大值。相反，塑性金属的最大磨损发生在大约 $\varepsilon = 30°$，而橡胶材料则是在大约 $\varepsilon = 15°$。

（7）颗粒尺寸　颗粒以给定的速度和角度接触壁面时的湍动能随着颗粒质量的增加而增加。原则上，磨损速度随着颗粒尺寸 d_s 的增加而增加，但并不是所有的试验都显现出这样的规律。

通常，颗粒尺寸包含一个范围，通过不同方法定义的平均颗粒直径 d_s 来描述的。如 d_s 被定义为 50% 质量的固体（或 50% 体积的固体）低于或高于这个平均直径。

（8）颗粒硬度、颗粒形状　颗粒硬度越高，磨损越严重。角形颗粒引起的磨损要比球形颗粒高很多（其他条件相同）。角形颗粒的流阻系数也比球形的高，因此它们的流动轨迹不同（见 13.4）。

（9）腐蚀和空蚀会增加磨损速度　如果磨损和腐蚀（或空蚀）同时出现，选择合适的材料将会很困难，因为高强度的钢（碳含量）通常不具有很好的抗腐蚀性。

（10）材料性能　如果材料表面的硬度 H_{Mat} 增加，磨损通常会减少。材料的微观结构有受影响。和空蚀相似（见 6.6.7），在磨损环境中，材料会受到无数的微小撞击。每一个单独的载荷不会产生明显的损伤，但是这些载荷的总和就会导致部件的破坏。根据磨损硬度（H_s）和材料硬度（H_{Mat}）的比例及冲击强度（速度和颗粒尺寸），会有不同的磨损机理。如粗糙沙砾撞击叶轮叶片进口边也许会引起局部塑性变形；相反，沿着叶片运动的细小石灰岩悬浮颗粒和表面不规则处的相互影响很弱。原则上，可以假设磨损机理和磨损速度取决于固体动能和材料硬度的比值，即 $\sum E_{kin}/H_{Mat}$。颗粒和材料的硬度比 H_s/H_{Mat} 也会有所影响。

14.5.2　水力磨损的定量估计

14.5.2.1　磨损模型的发展

上面讨论的影响参数表明可准确地量化所有和磨损相关的流动、材料和固体的特性，但是即使对于简单几何模型水力磨损的预测仍具有很多不确定性。为了进行合理的选择，对磨损速度进行粗略估计时需要对材料进行定量的评估。

水力磨损模型的研究一般考虑含沙水在 ΔL 长的短管道路的流动。假设磨损引起的金属损失与每秒内颗粒与金属接触的数量 z_w 及其动能成比例，在球形颗粒的情况下，水力磨损强度可由式（14.10）给出：

$$\frac{1}{2}\rho_s w_{mix}^2 (\pi/6) d_s^3 z_w \tag{14.10}$$

如果在湿表面 $A_b = U\Delta L$ 上，在 Δt 的时间内 ΔE 厚度的表面被磨去，那么作用在材料上的所有功是 $V_E R_X$（U 是湿表面的周长）。被磨去的体积是 $V_E = A_b \Delta E$。R_X 代表了材料的抗磨损性能。R_X 可以是抗拉强度、硬度或疲劳极限。硬度（表面）用以衡量材料的抗磨损性，是指材料在和颗粒接触时对变形的抗性。作用在材料上的功可以设为 $V_E H_{Mat}$（硬度的单位是 N/m^2）。

在这个过程中固体颗粒通常也会受到磨损，所以有部分 E_s 作用在固体上（角颗粒变圆，易碎的颗粒可能发生破碎）。颗粒与部件相比越软，相对吸收的能量 $E_s = f(H_{Mat}/H_s)$ 就会越大。磨损过程中的能量平衡为：

$$\frac{1}{2}\rho_s w_{mix}^2 (\pi/6) d_s^3 z_w \Delta t = V_E H_{Mat} + E_s (H_{Mat}/H_s) \tag{14.11}$$

流体中每秒携带的固体数量中球形颗粒的数量或者它的容积流速 Q_s 是：$z = 6Q_s/(\pi d_s^3)$ 或 $z = 6c_s Q/(\rho_s \pi d_s^3)$，因为 $Q_s = c_s Q/\rho_s$（Q 是流体流速）。在靠近壁面厚度为 δ 的流体中，携带的颗粒数量相当于 $z_w/z = U\delta/A$（假定浓度是相同的）。同时，假定固体和壁面相互影响的流体层的厚度 δ 和颗粒尺寸 d_s 是成比例的。那么通过上面的讨论可以得到磨损过程的比值：

$$E_{R,a} \sim \frac{c_s d_s w_{mix}^3}{H_{Mat}\left(1+\dfrac{c_s}{\rho_s}\right)\left(1+f\left\{\dfrac{H_{Mat}}{H_s}\right\}\right)\Delta L} \tag{14.12}$$

根据式（14.12），磨损会随着混合物速度 w_{mix} 的三次方增加而增加。磨损速度和颗粒尺寸是成正比的，而和硬度成反比。在低固体浓度（$c_s \ll \rho_s$）情况下，其损失和浓度几乎是线性关系，浓度越高损失越大。式（14.12）中分母包含 $(1+c_s/\rho_s)$，因此这种增长会随着浓度的增加而减小。磨损会随着 H_{Mat}/H_s 的增加而减小（即颗粒和部件相比越软）。式（14.12）不包含一些几何参数（如湿表面和流动区域的比值）；如果假定固液混合物是均匀的，那么可去除几何参数。实际上，颗粒和壁面接触的可能性取决于速度、浓度分布和湍流。这些参数是由几何形状决定的，但是它们又不能通过简单的算法来量化。

和上述提到的一样，磨损过程极为复杂，不能通过一个简单的模型来描述，式（14.12）可以作为相关试验数据的基础。表 14.21 的式（T14.21.2）中介绍了各种经验因素，这些因素将会在下面讨论。

密封圈上的磨损会增加间隙，减小泵的效率；密封圈的磨损试验较多[12,28,34,65,66和33]。文献［33］中对密封处磨损产生的金属损失进行了相关性研究，推导出的关系式也适用于其他几何形状。文献［33］所介绍的试验是在下面的条件下进行的：

1）密封的几何形状：定子内径 $D = 26mm$，长度 $L = 20mm$，径向间隙 $s = 0.2 \sim 0.65mm$。可以推导出无量纲参数：$s/R = 0.16 \sim 0.053$；$L/d_h = 15 \sim 50$（$d_h = 2s$）。泵内间隙和半径的比值较低，$s/R = 0.002 \sim 0.004$。

2）孔径为 $3 \sim 6mm$（长度 20mm）。

3）固体浓度高达 $x = 0.12$；粒径 $d_s = 0.016 \sim 0.19 \text{mm}$。

4）定子上的金属损失平均要比转子上少 40%，进口处的磨损要比靠近出口处严重很多（可能是因为进口尖角边引起了旋涡）。在文献 [11，12] 中，$s/R = 0.004 \sim 0.006$ 情况下的试验表明，定子上的金属损失明显要比转子上的严重，定子受到少量的磨损是因为受到了喷涂层的保护。文献 [12] 中的试验是在低轴向速度 $c_{ax} \ll u$ 下进行的，而文献 [13] 中的试验是在 $c_{ax} \geqslant u$ 下进行的。

5）根据 3.6.2 和式（T3.7.10），密封圈上的平均圆周速度 $w_u = 1/2\omega r$。这个值仅用来评估试验数据，因为轴向速度并不确定（见表 14.21）[○]。

6）按照式（5.6），轴向速度为 w_u 的颗粒会受到离心力和自转偏向力的作用。当 $w_u = 1/2\omega r$ 时，罗士培数 $R_o = 1/4$。因此，颗粒会偏向转子。这可以解释文献 [33] 中转子上的磨损比定子上更为严重的原因。在文献 [12] 的试验中，由于轴向速度较低 $c_{ax} \ll u$，颗粒在密封中的停滞时间很长。由于固体颗粒的分布，密封中的磨损对流态很敏感。因此，进行真正有代表性的试验是很难的。对表 14.21 中的相互关系进行研究时，并不是为了获得与泵设计无关的试验装置细节。

7）试验部件的几何公差是未知的，但是这对密封圈磨损的影响较大。另外，进口间隙处也有影响：试验开始时间隙边缘有多锐利？在试验中由于磨损，边缘被磨圆到什么程度？同时，试验中密封间隙的增大也会有影响。当测试硬质材料时，影响较小；但是如果材料偏软，那么磨损就会很大；材料性能的不确定性及测量公差（尤其是硬质材料上较低的磨损）都会加剧这种不确定性。总体上，如果磨损不是很大，这种类型磨损试验的离散度可以假定为 $20\% \sim 30\%$。对试验数据进行评估时要注意这点。

图 14.26 显示了部分试验数据，这些数据是在密封圈和孔上测得的。其趋势线符合 $E_{Ra} \sim w^3$，离散分布是由几何变化和试验过程中的不确定性引起的。磨损随着孔径（$d = 3 \sim 6\text{mm}$，$L/d = 3.3 \sim 6.7$）的增加而急剧增加；这也许是进口孔处产生的旋涡引起的。$L/d = $ 常数的试验也许会更有代表性。因此，在研究试验数据之间的关系时，忽略了孔径的影响。

14.5.2.2 磨损速度的计算

表 14.21 给出了评估水力磨损的方法，首先需要做以下假设：

1）混合物流动速度和磨损速度是相关的（在低固体浓度 c_s 下，可以假定等于流体速度）。

2）几何：不同的几何形状和流态通过经验形状因素 F_{Form} 来描述。表 14.21 中给出的一些因素已经在试验的基础上进行了评估。当处理旋涡、回流和射流时，形态因素变化范围较大。

3）密封圈：密封圈的形状因素 F_{Form} 是从试验中推导出来的。文献 [33] 中

○ 在文献 [33] 中是基于 $w_u = \omega r$ 进行评估的。

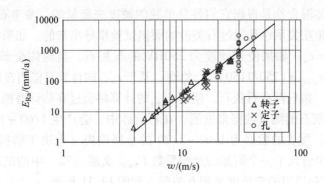

图 14.26　磨损引起的金属损失；$d_s = 83\mu m$，$x = 0.06$，$c_s = 64kg/m^3$；密封圈试验：

转子和定子材料为 $X105CrCoMo\ 18 - 2$，$H_{Mat} = 700HV$；圆柱孔的试验：双相 $H_{Mat} = 212HV$

的测量是在转子和定子均为 $F_{Form} = 7.4$ 下进行的。总体而言，建议定子和转子的平均 $F_{Form} = 5.9$，因为文献 [33] 中试验转子和定子之间的差异范围不能确定。叶轮进口处密封圈上的固体浓度要比每级间的密封处要低，这是因为离心力阻碍了颗粒进入前盖板的侧壁间隙。由于这个原因，表 14.21 给出了不同的形状因素。

4）同样的原因，叶轮侧壁间隙处的固体浓度要比叶轮上的低。叶轮侧壁间隙内的流动要比叶轮内平稳，磨损也轻微些。

5）叶轮或导叶叶片的前缘需要承受流动冲击。假定其和垂直射流相似，但是程度没有那么严重。

6）如果使用圆周速度 u_2 来计算，那么旋转圆盘的磨损可取 $F_{From} = 0.03$。实际情况并不确定，因为水槽中混合物的旋转速度未知。而且，沿半径上的局部速度和磨损是各不相同的。

7）相关速度：不同几何形状下的速度已在表 14.21 中明确定义。密封圈上的平均圆周速度是 $c_u = 1/2u_{sp} = 1/2\omega r_{sp}$。可以通过式（T14.21.3）来计算平均速度矢量。叶轮侧壁间隙内的相对速度可以假定 $w = c_u = 1/2u_2$ 作为第一近似值。根据 9.1 可以对 $c_u(r)$ 进行更精确的计算。式（T14.21.5）中确定了叶轮进口 w_1，式（T14.21.6）确定了叶轮出口 w_2，式（T14.21.7）中确定了导叶或蜗壳进口 c_3。

8）固体浓度：根据有的试验数据，可以假定磨损速度会和固体浓度按比例增加到大约 $c_v = 0.05$ 或 $x = 0.1$。浓度更高时，曲线 $E_R = f(c_s)$ 趋于平稳。根据表 14.21 计算渣浆泵输送 $x > 0.1$ 的混合物时，可能会过度估计磨损。为了避免这种情况，可以使用 $x = 0.1$ 进行计算，忽略超过该浓度时的影响。因此，对磨损的估计是偏低的（就考虑固体浓度的影响而言）。

9）典型含沙量：井水是 0.3ppm；油井是 6～600ppm（最高可达 3000ppm）；冰川水是 500ppm（最高 2500ppm）。

固体硬度 H_s 是通过系数 F_{Hs} 来和式（T14.21.8）定义的等价浓度 $c_{s,eq}$ 进行描述的，其中固体混合物是根据它们各自单独的硬度来衡量的。参考石英砂的硬度，表 14.21 中的相互关系也是通过石英砂的磨损试验推导出来的。如果固体只包含石英砂，设 $c_{s,eq} = c_s$。如果使用硬度为 250HV 的石灰石，当固体全部是石灰石时，其等价浓度是 $c_{s,eq} = (250/1150)c_s$。然而，基于 $c_{s,eq}$ 的计算只能用在固体和石英砂相似的情况下。如只存在石灰石，使用 $c_{s,eq}$ 的计算将会过高估计磨损。这可以通过文献［72］石灰石的测量数据来推测。在石英砂中，会产生 1/60～1/50 的金属损失。文献［66］报告的数据为 1/60～1/20 的金属损失（取决于磨损的强度）。因此，表 14.21 中引入了一个附加的经验系数 F_{Hs}。文献［72］中的试验数据可以通过 $F_{Hs} = 0.017$ 和适当的离散度来相互关联，如图 14.31 所示。

表 14.21 由水力磨损产生的金属损失的估计

固体浓度 $c_s/(kg/m^3)$	ρ = 流体密度 ρ_s = 固体密度	$c_s = \dfrac{x}{1-x}\rho = \dfrac{c_v}{1-c_v}\rho_s$	$x = \dfrac{c_s}{\rho + c_s}$	T14.21.1
金属损失速度 /(mm/a) 在 $c_s < 150kg/m^3$ 内有效		$\dfrac{E_{R,a}}{E_{R,Ref}} = \dfrac{F_{Form} F_{Mat} F_{KG} F_{KF} F_{Hs}}{1 + c_s/\rho_s}\left(\dfrac{c_{s,eq}}{c_{s,Ref}}\right)\left(\dfrac{w_{mix}}{w_{Ref}}\right)^3$		T14.21.2
		$E_{R,Ref} = 1mm/a; c_{s,Ref} = 1kg/m^3; w_{Ref} = 10m/s$		
几何形状		F_{Form}	相关速度	
密封圈	叶轮进口处密封圈,平衡活塞	3～5	$w = \sqrt{c_{ax}^2 + \left(\dfrac{u}{2}\right)^2}$	T14.21.3
	级间密封	4～6		T14.21.4
叶轮侧壁间隙		3～5	$w \approx 1/2 u_2$	T14.21.4
叶轮进口	前缘	20～100	$w_1 = \sqrt{c_{1m}^2 + (u_1^2 - c_{1u})^2}$	T14.21.5
	角涡	20～100		
	叶片表面	6～30		
叶轮出口	叶片压力面	20～60	$w_{2u} = u_2 - c_{2u}$	T14.21.6
导叶进口,蜗壳隔舌	前缘,角涡	10～30	$c_{3u} = \dfrac{d_2 c_{2u}}{d_3}$	T14.21.7
圆柱孔或流道[33]		3.3	$w = Q_{mix}/A$	
以 90°喷射在结构表面[33]		68	喷射孔中的速度	
耐磨装置上的旋转圆盘		0.03	$w = u_2$	

（续）

等价固体浓度 $c_{s,eq}$	$c_{s,eq} = \sum \left(c_s \dfrac{H_s}{H_{Quartz}} \right)$		固体混合物是根据它们各自的硬度来衡量的，$H_{Quartz} = 1150HV$		T14.21.8
颗粒尺寸	$F_{KG} = \dfrac{d_s}{d_{Ref}}$		$d_{Ref} = 1mm$； $d_s < 0.75s$（$s =$ 径向间隙宽度）		T14.21.9
颗粒形状	磨碎的石英砂 $F_{KF} = 1$；圆形颗粒 $F_{KF} = 0.6$				
材料硬度 H_{Mat} $H_{Ref} = 700HV$ 转换： $HV \approx 0.29R_m$ $HV \approx HB$	韧性金属（$A > 5\%$）			$F_{Mat} = 1 + 1.3\ln\dfrac{H_{Ref}}{H_{Mat}}$	T14.21.10
	硬质合金 20： $H_{Mat} = 670HV$	间隙或孔		$F_{Mat} = 0.14\dfrac{H_{Ref}}{H_{Mat}} - 0.063$	T14.21.11
	铁榍矿石： $H_{Mat} = 535 \sim 1150HV$	喷嘴		$F_{Mat} = 0.54\dfrac{H_{Ref}}{H_{Mat}} - 0.22$	T14.21.12
	材料	H_{Mat}		F_{Mat}	
		HV	圆柱孔		垂直喷嘴
	GX250CrMo15 - 3	876	0.25		0.6
	硬质金属 82.5WC	1380	0.004		0.01（估计）
	碳化硅 SiC	1500	0.0035（估计）		0.008
	碳化钨 WC		0.0012		0.003（估计）
	WC - CoCr 喷涂层		0.006 ~ 0.04		
洛氏硬度到维氏硬度的转化			$HV \approx 125^{(0.029HRC)}$		

10）各种固体颗粒的硬度的信息显示出了显著的离散度：石英 1100 ~ 1450HV；文献 [72] 中石灰石硬度为 100 ~ 150HV，但是文献 [67] 中为 200 ~ 300HV。其他物质：长石 600 ~ 800HV，褐铁矿 270 ~ 490HV，焦炭粉 580 ~ 640HV，玻璃 580 ~ 640HV，燧石 930 ~ 1040HV，石榴石 1260 ~ 1560HV，金刚砂 1800 ~ 2140HV，见文献 [72]。有时矿物的硬度是由摩氏硬度来定义的。摩氏硬度（MH）可以通过关系式 $HV = (MH/0.7)^3$ 来转换成维氏硬度（HV）。

11）颗粒尺寸：根据式（T14.21.9），颗粒尺寸 d_s 的影响是通过系数 F_{KG} 来描述的。磨损是和颗粒尺寸 d_s 成正比的（至少对于小的 d_s）。然而在大的范围内，颗粒尺寸对磨损的影响并不确定，试验结果有时是相互矛盾的。在文献 [72] 和图 7.8 报道的试验中，在 $d_s = 0.6 \sim 3.4mm$ 的测试范围内，金属磨损程度粗略地和颗粒尺寸成比例。只有当 d_s 比密封间隙足够小时，才能假设密封圈上的磨损颗粒尺寸之间存在比例关系。如果颗粒在间隙处堵塞，磨损将会急剧上升（文献 [67]）。

12）颗粒形状：文献 [33] 中的试验是采用石英砂进行的，假设为角颗粒。自然环境中的球形沙颗粒要比角颗粒造成的磨损小，如文献 [72] 中试验所描述的一样。球形颗粒引起的金属损失只有角颗粒的 60%。然而，很难界定在哪些范围内这种关系是通用的。当采用软的易碎颗粒（如石灰石或焦炭）时，将会很快磨损为近似球形形状，即使最初是呈角状的。根据文献［63］，相对金属损失（参考球形颗粒）一般根据关系式 $1 + 2.1(\zeta/\zeta_{sphere} - 1)$ 增长，式中 ζ 是颗粒的阻力系数，ζ_{sphere} 是从式（T13.5.6）中基于球形颗粒（相同直径）的计算得到的。

13）材料因素：磨损中材料的反应取决于"水力磨损强度"。因此材料因素并不能被认为是通用的量，见 14.5.3。

图 14.27 所示为计算的和测量的磨损速度之间的对比，图 14.31 证实根据表 14.21 对磨损速度进行的估算有利于材料的选择。当进行计算时，必须考虑至少 ±50% 的偏差，因为很多影响参数不能准确地进行定量分析。

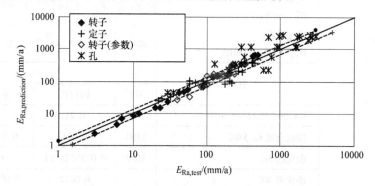

图 14.27　试验数据和表 14.21 的预测数据之间的对比；转子/定子的材料：
$X105CrCoMo\ 18-2$，$H_{Mat} = 700HV$；双相钢上的孔 $H_{Mat} = 212HV$

14.5.3　材料和固体物性的影响

材料系数是由文献［64］提供试验的测量数据所决定的。试验是通过孔和垂直射流进行的，数据的规律性不强，这是因为材料对磨损的反应取决于水力磨损强度和磨损抗性的比值（如 6.6.7，与空蚀相似），如图 14.28 所示。各种材料的相对金属损失（参考 $H = 700N/mm^2$、型号为 1.4528 材料的）取决于试验条件（即水力磨损强度）。为了分析材料对磨损的影响，恰当的进行平均是必需的。为此，圆孔和垂直射流的试验要分开来考虑，并且分别分析材料系数 F_{Mat} 和硬度的关系。根据式（14.13），F_{Mat} 被定义为任何材料和硬度 $H_{Mat} = 700HV$ 的参考材料，在相同试验条件下的磨损量比值：

$$F_{Mat} = \frac{H_{Mat} = x\ \text{下的金属损失}\ x}{H_{Mat} = 700\ \text{下的金属损失}} \tag{14.13}$$

确定的材料系数如图 14.29 所示。对于塑性材料，该曲线图同时适用于垂直射流及圆柱孔。相互关系通过式（T14.21.10）给出的，并显示在图 14.29 中。高硬质材料的系数 F_{Mat} 对于射流和钻孔是不一样的。如表 14.21 所示，式（T14.21.11）为圆孔试验，式（T14.21.12）为射流试验。

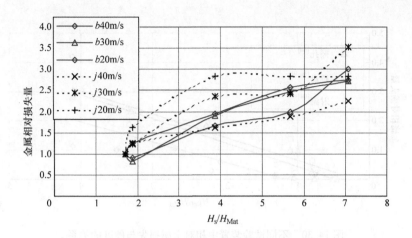

图 14. 28　相对金属损失作为硬度的函数

b—孔　*j*—射流

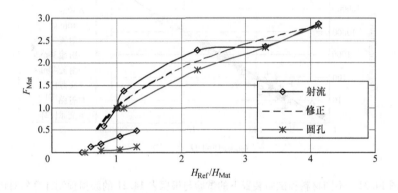

图 14. 29　材料系数的测定

在一些数据中，磨损和硬度的关系本质上是线性的[注]，参见式（14.12）。

即使试验结果存在较大的固有离散度，但在沙水混合物（$d_s \approx 1\text{mm}$，$x = 0.5$，$u_2 = 9\text{m/s}$）中的旋转圆盘的磨损试验仍证实磨损和硬度之间本质上为线性关系，见文献［5，36，59］和图 14.30。因此，这样的试验装置还是适合用来测定材料对磨损的影响（如材料等级）。

由于使用的材料系数是由上述方面决定的，那么结合试验数据及表 14.21 给出的公式就可得到实际磨损量与预估值的对比，如图 14.31 所示。

另外，图 14.31 包含有文献［72］中的试验数据；这些试验是在速度 $u = 8\text{m/s}$

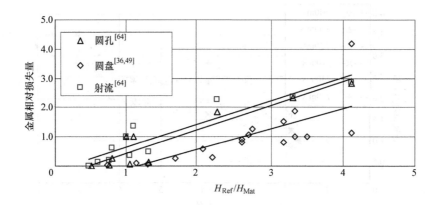

图 14.30　不同试验装置中相对金属损失与硬度的关系

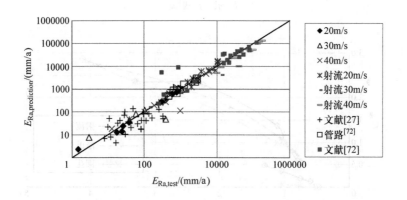

图 14.31　不同材料和试验装置下的试验与根据表 14.21 的磨损预测计算的对比
（从文献［27］中间隙内带涂层的试验）

的旋转管段中进行的，输送的是 $1:6$ 的固体和水。固体颗粒包括：①沙子（圆形），$d_s < 5mm$；②石英砂（有角的），$d_s = 0.2 \sim 1.5mm$；③焦炭粉（有角的），$d_s < 5mm$。测试的材料是碳素钢 St37（190HV）和钢铁 St70H（785HV）。密封圈的形状系数为 $F_{Form} = 5.9$。在这些条件下，根据表 14.21 进行的预测与这些试验数据吻合较好。

　　即使这种计算预测的绝对磨损速度是不确定的，一系列试验的对比也是很有意义的，因为这些数据显示了颗粒硬度和尺寸的影响，有助于材料的选择。

　　采用旋转销的测试可参见文献［72］，其以 $u = 6.4m/s$ 的速度在含有大量固体的水中旋转。试验包括不同类型、尺寸的固体颗粒不同型号的钢材。因为流动是垂直于销的，所以根据表 14.21 可以假定垂直射流的形状系数 $F_{Form} = 68$。除了使用钢 St60H、燧石和玻璃的测量点之外，其他数据都和图 14.31 相符。

对于塑性金属材料，式（T14.21.10）中的材料系数提供了很好的估计方法。因为单独测量的硬度不能充分地描述这个过程，所以对硬质材料和涂层的评估较为困难。抗腐蚀性可以通过碳化来提高，但并不能增加全局硬度。尽管存在这种不确定性，式（T14.21.11）和式（T14.21.12）依然可以用作第一次的估计，如图 14.31 所示。其中包含了文献［72］中关于涂层的试验数据。式（T14.21.12）比式（T14.21.11）能更好地描述文献［27］中的测量结果。然而，试验数据的离散度要比塑性材料的高。当处理硬质材料或涂层时，最好使用 F_{Mat} 的测量值，参见表 14.21。该系数在很大程度上依赖于水力磨损强度，即依赖于试验装置、流速、颗粒尺寸、硬度及固体浓度。

14.5.4 材料的选择

对于输送特定固体颗粒（类型和浓度）的泵应用中，为了达到设计寿命，可通过表 14.21 进行材料选择或是耐磨防护。

在高压泵中，当采用双相钢或其他钢材时，即使固体含量低至 5ppm，也会在密封圈处及平衡孔处产生严重的磨损，甚至硬质合金耐磨环也不能达到预期的零件寿命。作为一种补救措施，可考虑增设碳化钨或硅涂层。

采用 SiC 或 WC 的部件应该使用金属黏合剂进行生产，以获得充分的延展性。由于其脆性较高，全陶瓷组件对冲击载荷极其敏感。但是碳化金属层也需要仔细地进行机械设计，以避免周围零件变形而引起破裂。这种变形可能是因为机械载荷，也可能是因为在热膨胀性差异。在 FGD 泵中可采用碳化硅材料的耐磨环，见文献［72］；WC 已成功应用在了海水注入泵上，见文献［4］。

每一个泵生产商的生产流程（很少有公布的细节资料）及喷涂工艺都会各不相同。根据文献［27］中的调查研究，在铬钴基质上将碳化钨通过高速火焰喷涂形成的涂层表现最好，硬度可以达到 1100～1300HV。这种类型的涂层应用在海水注入泵上，能够增加零件寿命，详见文献［4］。涂层的使用范围受到表面加工难易的限制（如叶轮流道或蜗壳泵体），如耐磨环需要在涂层完成后进行复杂的再加工。

涂层的厚度需要最优化，原则上厚度至少是 0.8mm[N.6]。然而，涂层对基础材料的依附性是要优先考虑的，因为如果涂层脱落的碎片进入密封圈就有可能导致转子卡死。为了防止剥落，涂层要有足够的塑性。

另外，对于最大颗粒尺寸应有限制。当颗粒撞击零件的湍动能足够高使得基础材料发生塑性变形时，就需要这种限制。因为涂层通常是渗水的，并且不能避免基础材料与流体接触，所以在特定介质中基础材料必须要对局部腐蚀具有抗腐蚀性。

涂层的抗空蚀性能常常低于钢 1.4317。[⊖]

焊接覆盖物（如硬质合金）、硼化处理、渗氮法和其他硬化方法常用来增加其抗磨损性。根据文献［27］，通过焊接覆盖物来增加抗磨损性是合适的。在焊接过程中，热量输入引起的组件裂缝和变形是很难估算的。硼化钢和镍基合金在文献［27］的试验中显示出了很好的性能。部件在硼化处理后是不需要进行再加工的，甚至在发生变形的情况下。$Al_2O_3 + 20ZrO_2$ 的涂层在文献［27］的试验中没有显示出很好的结果，这是因为其脆性太大。文献［40］证实硬铬涂层效果较好。

渣浆泵的叶轮和泵体常常采用橡胶或塑料涂层，如聚氨酯。材料的肖氏硬度必须和要输送的固体保持一致。颗粒越大，通过弹性变形而作用在涂层上的能量就会越多。吸收的能量导致弹性物体老化，因此这对小尺寸的颗粒是最合适的，其使用范围一般在 $d_s = 1 \sim 2mm$。

如果流体是无（或弱）腐蚀性的，则根据 DIN 1695 在输送粗糙颗粒时应选择抗磨损材料。表 14.15 提供了这些材料的部分性能，可以用于叶轮和泵体。然而"自然硬"材料（商品名"NiHard"）难以进行机械加工，含碳量低于 DIN 1695 规定的几种材料可以在退火后仍有很好的加工性，加工后的硬度可达到 1000HV，详见文献［5］。

14.5.5　渣浆泵中的磨损

由于存在过高的水力磨损，渣浆泵的转速必须要加以限制。为了在特定的应用中明确合适的范围，可通过表 14.21 来估算磨损速度。因为局部磨损速度在整个泵中各不相同，所以这种计算只能提供粗略的预期零件寿命。通常观察到的磨损最严重的地方是在叶轮的前缘处、叶片和盖板的拐角处，以及靠近叶轮出口的叶片压力面和蜗壳隔舌处。

作为颗粒尺寸和固液混合物密度的函数，推荐的最大叶轮叶尖速度在文献［74］中给出。根据式（T14.21.2），磨损速度与 $E_{R,a} \sim d_s c_s w^3$ 成正比。对于一个选定的许用磨损速度，根据 $w \sim (d_s c_s)^{1/3}$，流速会随着颗粒尺寸和混合物浓度的增加而减小。根据这种比例关系，最大叶轮叶尖速度 $u_{2,max}$ 可以从文献［33］中推断出来，其是基于连续性方程（14.14）给出的：

$$u_{2,\mathrm{max}} = u_{2,\mathrm{Ref}}\left\{1 - 0.44\left(\frac{x}{(1-x)}\frac{d_s}{d_{\mathrm{Ref}}}\right)^{0.33}\right\}, \quad d_{\mathrm{Ref}} = 1\mathrm{mm} \quad (14.14)$$

金属材料在式（14.14）中的参考速度为 $u_{2,\mathrm{Ref}} = 47\mathrm{m/s}$，对于橡胶材料而言 $u_{2,\mathrm{Ref}} = 31\mathrm{m/s}$。根据文献［33］，出口的速度也应该被限制，即 $c_d = (0.21 \sim 0.28)u_2$。对于高磨损条件下运行的泵，还需要注意一些特别之处[21,26]：

1）由于旋转流动引起的严重磨损，不能使用环形密封；建议使用斜向或径向

　　⊖　抗汽蚀性的改善有待进一步确认。

密封间隙，如图3.15所示。泵的设计应该允许从外部对密封间隙进行调整而不用拆开泵体。阶梯式间隙会因为流动偏转而产生较高的磨损，这是要尽量避免的（图13.16中的渣浆泵通过填缝来避免流动穿过密封）。

2）后盖板上的副叶片会阻止大尺寸颗粒进入叶轮侧壁间隙，并减小轴封处的压力。然而，副叶片（有时也会用在前盖板上）也会在叶轮侧壁间隙处产生很强的旋涡，并形成比无副叶片的更高的磨损。因此输送高浓度的硬质固体时，要避免使用副叶片。

3）轴应该通过合适的密封轴套来避免轴受到磨损的影响。

4）泵体上排水或通气的孔会引起旋涡和局部磨损，应尽可能避免。

5）叶轮叶片应该是扭曲的（弗朗西斯叶片），并且叶片进口角应和入流条件相匹配。如果空间合适，叶片应该充分地前伸到叶轮的进口处。前缘处应加厚，轮廓的设计要尽可能地降低其对冲角变化的敏感性（如使用椭圆形轮廓）。

6）流动分离和局部过高的流速会导致局部磨损增加。这应该通过叶轮和泵体的水力设计来加以避免，见13.4。因此，圆柱和圆弧叶片不适合渣浆泵。

7）叶片和盖板之间设计大圆角半径可减小角涡的影响，并且会减小叶轮进口和出口处的磨损。

8）叶轮、导叶和泵体的光滑表面承受的磨损要比密封少。叶轮后缘附近的流动会引起压力面处出现严重的磨损，如图14.32所示（图3.4中的流线）。出口处较低的叶片载荷是有益的。有时靠近后盖板侧压力面上的磨损要比前盖板侧高，如图5.9和图5.10所示。然而，如果旋涡强度较大的情况下，磨损机制可能是相反的。

图14.32 双吸叶轮出口处的水力磨损

9）通常叶片数不超过 $z_{La}=5$，以减少厚前缘剖面引起的进口堵塞。

10）如果所选材料很难铸造，那么单蜗壳要比双蜗壳好，后者的焊接和磨削难度较低。

11）蜗壳隔舌处的泵体磨损是最高的。隔舌和泵体间设计较大半径的圆角、采用椭圆形剖面、在设计点处采用较小的冲角是减小磨损的重要方法。叶轮和隔舌之间较大的距离会使流动更为平稳，并且会减小平均流速和局部流速。

12）在叶轮侧壁间隙处使用可替换的耐磨护板。

13）泵应该在最高效率点附近运行，或者是以入口冲击较小的流速时以避免冲角变化和流动分离引起的磨损。因此入口冲击较小的流速运行的作用也适用于蜗壳。

14）在回流工况下运行会导致吸入口处的磨损。

15）导叶不适用于渣浆泵。

14.5.6 侵蚀类型和流动机制

侵蚀表面的形状和结构显示出了组件内的流动情况，分析尚普遍掌握的流动机制有助于诊断问题并提出补救措施。为此，下面讨论了泵运行中可能出现侵蚀的部件和位置。

图 14.33 显示了与叶轮前盖板对应的泵壁。在蜗壳隔舌处有马蹄涡形磨损（图 3.20）。吸入口处的螺旋磨损表明，泵在部分载荷工况运行时旋涡尺度较大。在吸入口周围的侵蚀不是旋转对称的（同样适用于通过叶轮侧壁间隙的流动），如 9.3.3 所述（图 9.29），在隔舌周围流体为旋涡形式并流入叶轮侧壁间隙。

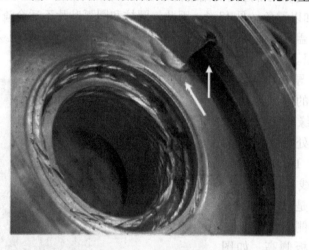

图 14.33   流程泵吸入口和隔舌处由马蹄形涡形成的
磨损（白色箭头位置）

见表 10.2，可以通过椭圆形的前缘（蜗壳隔舌或叶轮）减少马蹄形涡造成的侵蚀。这种设计可促使流体和固体颗粒从壁面向中间通道转移。

在叶轮、导叶和蜗壳隔舌的前缘处经常会观察到马蹄形涡引起的侵蚀，在螺钉和螺柱或其他凸起部位也会发现这种现象。

如图 14.34 所示为输送高含沙水后的泵壳，在右侧照片可看到后盖板和叶片上的磨损。尽管有副叶片的存在，叶轮侧壁间隙内的流动也不是绝对旋转对称的（见 9.3.3、图 9.29）。

图 14.35 显示了双蜗壳泵壳壁上的磨损，其螺旋形流动轨迹可以在叶轮侧壁间

图 14.34　输送高含沙水的泵壳

$q = 0.5$，$c_s = 150 \text{kg/m}^3$，$u_2 = 28 \text{m/s}$，$d_s = 32 \mu\text{m}$；材料：双相钢，260HV

隙中看出。左右两侧的差异表明通过双蜗壳两个流道的流量（压力分布）是完全不同的，见 5.8 和 10.7.3。

图 14.36 显示了泵壁面和蜗壳隔舌处的严重侵蚀。由于部分流体从隔舌上游的高压区进入叶轮侧壁间隙，使泵在部分载荷工况下运行。如图 14.33 所示，可看到吸入口周围存在不对称磨损，这证实叶轮侧壁间隙中的流量分布不是旋转对称的，相关的流动机理已经在图 9.29 中进行了讨论。

图 14.35　双蜗壳泵中的磨损[42]

图 14.37 所示为具有圆柱形叶片的叶轮，由于叶轮喉部区域下游的流动分离和侵蚀，后盖板已经部分磨穿。

图 14.38 显示了半开式叶轮的侵蚀情况，在最高效率点处侵蚀位于进口边上游后盖板和中间流线之间，这意味着即使在最高效率点下也存在着回流。在过载（$q^* = 1.3$）工况时，外流线侧的侵蚀最为严重，因为此处流速较高。在所有流量下，出口边附近的叶片压力侧均存在严重的金属材料损失，如图 3.4 所示。

图 14.36 流程泵泵壁上的磨损，颗粒为催化剂粉末

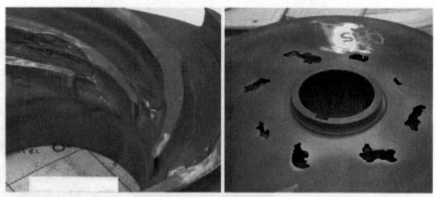

图 14.37 流程泵叶轮及盖板上的磨损，颗粒为催化剂粉末

$q^*=1.0$ $q^*=1.3$

图 14.38 用于流程泵的半开式叶轮

介质为 $c_s = 150\text{kg/m}^3$，$u_2 = 26\text{m/s}$，

$d_s = 32\mu\text{m}$ 的砂 – 水混合物，材料为双相钢

经常可以观察到叶轮出口边的涡流侵蚀，图 14.39 列举了三个例子。中间的叶轮显示，倾斜叶片（从前盖板侧）使颗粒朝着轮毂移动，因此在后盖板处观察到明显的磨损。产生涡流的机理包括：①如图 1.6 所讨论的角涡；②如图 3.20 所讨论的马蹄形涡；③不同起源的二次流，见 5.2；④也可能存在与叶轮盖板甩出的边界层的相互作用（较为微弱）。

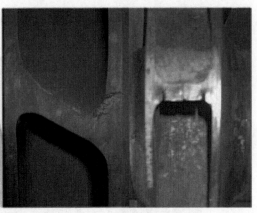

图 14.39　叶片出口涡流引起的磨损[42]

图 14.40 显示了叶轮叶片前缘和叶片吸力面上的磨蚀。显然，前缘已被侵蚀成一种钝形并导致旋涡脱落。

图 14.41 显示了一台锅炉给水泵在经过多年（超过 100 万 h）运行后，在导叶进口边出现严重侵蚀。值得注意的是：即使是输送固体含量极低的纯净锅炉水，仍然在运行多年后也会出现侵蚀（图 14.39 中间图片也来自于锅炉给水泵）。

图 14.40　注水泵叶轮进口处的磨蚀[42]

固体颗粒源自给水系统的腐蚀产物（赤铁矿或磁铁矿），颗粒尺寸仅为微米级，由于导叶前缘处的冲击速度较高（叶轮叶尖速度高于 $u_2 > 100\text{m/s}$）。此外，固体的密度相当高（约 5000kg/m^3），使颗粒的冲击能量较大。颗粒和流体之间的高密度差异意味着流体流动路径和固体轨迹不统一，这将会加剧磨损。

这种多级泵的所有级都会受到影响。

图 14.42 显示了导叶出口处的磨损。据推测，最高的固体颗粒浓度位于流道底部附件。出口处的流动分离会导致涡流并加剧局部侵蚀。

图 14.41　锅炉给水泵中叶片式导叶进口边的磨损（$u_2 > 100\text{m/s}$）

图 14.42　导叶出口处的磨损[42]

图 14.43 所示为单叶片叶轮（污水泵）流道内前盖板处的重砂侵蚀。当液流角局部达到或者超过叶片出口角 $\beta_{2B} = 45°$ 时，需要注意叶轮出口处的相对液流角的周向变化，详见 9.3.9。流动角必须保持相对稳定（尽管在圆周上有变化），除非侵蚀未留下清晰的磨损痕迹。

图 14.44 所示为疏浚泵中蜗壳上的磨损，源自蜗壳隔舌处的马蹄形涡导致的局部磨损穿透泵壁。在其他地方形成了规律的波纹状磨损。该类型泵的截面图如图 13.36 所示。

图 14.43　在单流道叶轮出口边附近的前盖板和叶片压力面上的侵蚀

$u_2 = 15\text{m/s}$，材料：铸铁

图 14.44　大型疏浚泵蜗壳壁面上的侵蚀穿孔

参 考 文 献

[1] ASM Handbook volume 13A, Corrosion: fundamentals, testing, and protection. ASM International, 2003. ISBN 0-87170-705-5. www.asminternational.org (2003)

[2] Berger, C., Schlücker, E.: Untersuchungen zur verbesserten Auslegung von Bauteilen aus Duplexstahle oder Superaustenit unter Schwingungsrisskorrosionsbelastung in wässrigen Medien. AiF report 13248 N, (2005)

[3] Berten, S.: Hydrodynamics of high specific power pumps for off-design operating conditions. Diss. EPF Lausanne. (2010)

[4] Bolliger, W.: Advancements in Material Technologies For Longer Life When Pumping Difficult Liquids. Proc Indian pump manufacturers association, Mumbai, (2001)

[5] Brendel, H., Dwars, A.: Neue Anwendungsgebiete für Umwälzpumpen in der Industrie- und Verfahrenstechnik. Industriepumpen und Kompressoren, 1, 20–26 (1999)

[6] Bursik, A.: Vergleichende Untersuchungen zur Konditionierung von Kesselspeisewasser. VGB-Konferenz Chemie im Kraftwerk (1981)

[7] Cooper, P. et al.: Reduction of cavitation damage in a high-energy water injection pump. ASME AJK2011-06092

[8] Dechema Werkstofftabellen E 40 für Meerwasser (1998)

[9] Effertz, P.H., Forchhammer, P., Hickling, J.: Spannungsrißkorrosionsschäden an Bauteilen in Kraftwerken – Mechanismen und Beispiele

[10] Galsterer, D., Heimgartner, P.: Analyzing and effectively avoiding corrosion. Sulzer Tech. Rev. 1, 22–25 (2013)

[11] Grein, H., Krause, M.: Research and Prevention of Hydroabrasive Wear. XVII IAHR Symposium, Beijing (1994)

[12] Grein, H., Schachenmann, A.: Abrasion an Maschinen hydraulischer Kraftwerke. Sulzer Techn. Rundschau 1/92

[13] Gülich, J.F.: Bedeutung der thermohydraulischen Verhältnisse für die Korrosionssicherheit von DWR-Dampferzeugern. Atomwitschaft. 2, 82–87 (1975)

[14] Gülich, J.F.: Abtragsraten bei der Erosionskorrosion unlegierter Stähle in Kesselspeisewasser. Techn. Rundschau Sulzer. 4, 19–22 (1986)

[15] Gülich, J.F.: Calculation of metal loss under attack of erosion-corrosion or cavitation erosion. Intl Conf on Advances in Material Technology Fossil Power Plants. Chicago, Sept. (1987)

[16] Gülich, J.F., et al.: L'érosion-corrosion dans les pompes d'alimentation et d'extraction. Colloque EdF "Chimie de l'eau et corrosion, Seillac (1980)

[17] Gülich, J.F., Bolleter, U.: Pressure pulsations in centrifugal pumps. ASME J Vibr Acoustics. 114, 272–279 (1992)

[18] Günther, R., Knapp, P., Scherrer, G.: Erfahrungen über die Beständigkeit verschiedener Werkstoffe gegenüber hydroabrasivem Verschleiß in Kalksteinsuspensionen. Pumpentagung Karlsruhe, C8 (1988)

[19] Hagen, M., Bolliger, W., Schöffler, W.: Influence of fluoride in chloride-containing FGD suspensions on the corrosion of duplex stainless steel. Vortrag DECHEMA (1997)

[20] Heil, K.: Erosionskorrosion an unlegierten Fe-Werkstoffen in schnellströmenden Wässern. Diss. TH Darmstadt (1979)

[21] Heimgartner, P., Schöffler, W., Bitterwolf, F.: Kreiselpumpen in Rauchgas-Entschwefelungsanlagen. Techn Rundschau Sulzer. 3, 13–19 (1987)

[22] Heitmann, H.G., et al.: Erosionskorrosion in Wasser-Dampfkreisläufen. VGB-Konferenz Chemie im Kraftwerk (1981)

[23] Heitz, E., Litzkendorf, M., Meysenburg, C.M., Weber, J.: Das Verhalten rostfreier Stahlgußlegierungen unter gleichzeitiger mechanischer und korrosiver Belastung. Z Werkstofftechnik. 11, 244–258 (1980)

[24] Held, H.D.: Zur Frage der Magnetitablagerungen in Zwangsdurchlaufkesseln. VGB Kraftwerkstech. 54(6), 406–408 (1974)

[25] Heubner, U., et al.: Nickelwerkstoffe und hochlegierte Sonderedelstähle, 2. Aufl., Bd. 153. Kontakt & Studium Werkstoffe, expert verlag. ISBN 3-8169-1011-4 (1993)

[26] Heumann, A.: Konstruktive Gestaltung von Spiralgehäusepumpen sowie Werkstoffauswahl für schleißendes Fördergut. Pumpentagung Karlsruhe, A3-03 (1992)

[27] Höppel, H.W.: Schädigungsmechanismen und hydroabrasives Verschleißverhalten unterschiedlicher Hartstoffsysteme. Diss Universität Erlangen-Nürnberg (1997)

[28] Hutchings, L.M.: Tribology, Friction and Wear of Engineering Materials. Edward Arnold. ISBN 0-340-56184-x. (1992)

[29] Kaesche, H.: Die Korrosion der Metalle. Springer, Berlin (1990)

[30] Kastner, W., Riedle, K., Tratz, H.: Untersuchungen zum Materialabtrag bei Erosionskorrosion. VGB Kraftwerkstech. 64(5), 452–465 (1984)

[31] Kastner, W., Hofmann, P., Nopper, H.: Erosionskorrosion in Kraftwerksanlagen – Entscheidungshilfe für Maßnahmen zur Schadensvermeidung. VGB Kraftwerkstech. 70(11), 939–948 (1990)

[32] Keller, H.: Erosionskorrosion an Naßdampfturbinen. VGB Kraftwerkstech. 54(5), 292–295 (1974)

[33] Kießling, R.: Zur Modellierung und Simulation des hydroabrasiven Verschleißes ringförmiger Strömungsspalte. Diss Universität Erlangen-Nürnberg (1994)

[34] Knapp, P., et al.: Werkstoffe für Pumpen in der Rauchgasentschwefelung – Langzeiterfahrungen und neue Entwicklungen. Pumpentagung Karlsruhe A2-01 (1992)

[35] Kovach, C.W.: High performance stainless steels. NiDI Reference book Series 11021, Nickel Development Institute. www.nidi.org

[36] Kratzer, A., Tischner, H.: Noridur 9.4460, ein ferritisch-austenitischer CrNiMo-Stahlguß für Pumpen und Armaturen in Rauchgasentschwefelungsanlagen. KSB Techn Berichte 18

[37] Kunze, E. (Hrsg): Korrosion und Korrosionsschutz, 6 Bände. Wiley, ISBN 3-527-29994-7 (2001)

[38] Landolt, B.: Zahlenwerte und Funktionen, 6. Auflage, Bd. 2, Teil 5a, S. 575 (1969)

[39] Materials for saline water, desalination and oilfield brine pumps. NiDI Reference book No 11004, 2nd ed, Nickel Development Institute. www.nidi.org (1995)

[40] Naidu, B.S.K.: Silt erosion problems in hydro power stations and their possible solutions. Workshop on silt damages in hydro power stations, New Delhi (1996)

[41] Offenhäuser, H.: Druckschwankungsmesssungen an Kreiselpumpen mit Leitrad. VDI Ber. 193, 211–218 (1973)

[42] Palgrave, R.: Personal communication

[43] Pini, G., Weber, J.: Werkstoffe für die Förderung von Meerwasser und hochchloridhaltigen Medien. Techn. Rundschau Sulzer. 2, 69–80 (1979)

[44] Plant, W.H.D., Mathay, W.L.: Nickel-containing materials in flue gas desulphurisation equipment. Nickel Development Institute. www.nidi.org

[45] Practical guidelines for the fabrication of duplex stainless steels. Intl Molybdenum Association, Nickel Development Institute. www.nidi.org (2001)

[46] Radke, M., et al.: Neue konstruktive Entwicklungen für Kreiselpumpen in Rauchgasentschwefelungsanlagen. Konstruktion. 42, 53–60 (1990)

[47] Radke, M. et al.: Untersuchung kostenbestimmender Faktoren bei Kreiselpumpen in Rauchgasentschwefelungsanlagen. VGB Kraftwerkstech. 71, 455–461 (1991)

[48] Roark, R.J., Young, W.C.: Formulas for stress and strain. McGraw-Hill, 5th ed (1986)

[49] Schläpfer, H.W., Weber, J.: Austenitic-Ferritic Duplex Steels. Material und Technik 14 H 2 (1986)

[50] Sedricks, A.J., Money, K.L.: Corrosion fatigue properties of Nickel-containing materials in seawater. NiDI Druckschrift Nr 1258 (1977)

[51] Stainless steels and specialty alloys for modern pulp and paper mills. NiDI Reference book Series 11025, Nickel Development Institute. www.nidi.org (2002)

[52] Stoffhütte. Taschenbuch der Werkstoffkunde. 4. Aufl. W Ernst & Sohn, Berlin (1967)

[53] Syrett, B.C.: Erosion-corrosion of copper-nickel alloys in seawater and other aqueous environments – a Literaturee review. Corrosion NACE. 32 (6), 242–252 (1976)

[54] Tanaka, H.: Vibration behavior and dynamic stress of runners of very high head reversible pump-turbines. IAHR Symp Belgrade, Beitrag U2 (1990)

[55] Taschenbuch der Chemie. 5. Aufl. Harri Deutsch, Zürich (1973)

[56] Technik-Lexikon, Rowohlt Verlag, Bd 35, S. 94

[57] Timcke, J.H.: Quellverhalten eines Schiffskreiselpumpen-Laufrads aus Gefüge-Verbundwerkstoff. Industriepumpen + Kompressoren 3, 191–196 (1999)

[58] Timcke, J.H.: Swelling behaviour of pump impellers made from a structural composite. World Pumps, Dec 28–31 (1999)

[59] Tischner, H.: Hochlegierte Gußwerkstoffe zur Förderung korrosiver und abrasiver Fluide. Pumpentagung Karlsruhe C7 (1988)

[60] Tischner, H.: Werkstoffwahl für Pumpen in Rauchgasentschwefelungsanlagen. KSB Techn Berichte 25 (1988)

[61] Tuthill, A.H., Lamb, S.: Guidelines for the use of stainless steel in municipal wastewater treatment plants. NiDI Technical series No 10076, Nickel Development Institute. www.nidi.org. (1998)

[62] Uetz, H.: Abrasion und Erosion. Hanser, München (1986)

[63] Van den Berg, C.H.: Grain shape effects on wear. Ports & Dredging. 152, 11–15 (1999)

[64] Vetter, G., Kießling, R.: Verschleißverhalten von Pumpenwerkstoffen bei hydroabrasiver Strahlbeanspruchung. Konstruktion. 47, 186–190 (1995)

[65] Vetter, G., Kießling, R.: Zur Auslegung von Spaltdichtungen in Pumpen gegen hydroabrasiven Verschleiß. Konstruktion. 48, 167–173 (1996)

[66] Vetter, G., Klotzbücher, G.: Einige tribologische Grundlagenuntersuchungen zum abrasiven Gleit- und Strahlverschleiß von Pumpenwerkstoffen. Konstruktion. 45, 371–378 (1993)

[67] Vetter, G., et al.: Multiphase pumping with twin-screw pumps. 17th intl pumps users symp, Texas A & M, pp. 153–169 (2000)

[68] VGB-Richtlinien für Kesselspeisewasser. VGB Kraftwerkstechnik 60(10), 793–800 (1980)

[69] Weber, J.: Korrosion und Ablagerungen in Kühlsystemen – Ursachen und Bekämpfung. Techn. Rundschau Sulzer. 3, 219–232 (1972)

[70] Weber, J.: Materials for seawater pumps and related systems. Pumps Offshore/Onshore, GOL, Norway, March (1984)

[71] Weber, J., Bolliger, W.: Werkstoffe für die Förderung korrosiver Medien. Dechema, 10–12.6. (1987)

[72] Wellinger, K., Uetz, H.: Gleitverschleiß, Spülverschleiß, Strahlverschleiß unter der Wirkung von körnigen Feststoffen. VDI-Forschungsheft 449, Ausg. B, Bd. 21 (1955)

[73] Werkstoffe für Meerwasseranlagen. International Nickel, Druckschrift 54 (1968)

[74] Wilson, K.C., Addie, G.R., Sellgren, A., Clift, R.: Slurry transport using centrifugal pumps, 2nd ed. Blackie Academic and Professional, London, ISBN 0 7514 0408 X (1997)

第 15 章　泵的选型和质量控制

运行问题通常会追溯到非最优选型或不合理的选型。选型不合理可能是由于未完全掌握泵的运行和安装条件所引起的，或由于未对具体情况进行仔细考虑和分析引起的。泵选型中常见错误有：

1）未确定泵最大运行流量和最小运行流量之间的工作范围。如果选的泵太大，则会有过大的"安全裕量"附加在实际需要的扬程和流量上，将使其在低负荷下运行。这样不仅降低了效率，而且引起了严重的振动和噪声，进而造成磨损和空蚀。

2）未指定或未修正系统最大流量。对于定义系统所需最低扬程，则需考虑以下因素：①最小真空度；②运行过程中最大进口压力；③最低排水扬程；④最大吸入高度；⑤最小管道阻力。如 11.1 所解释的那样，泵并联运行时更需要仔细检查。

3）为了减少成本，有时所选的泵尺寸超出所需的范围。这意味着叶轮需要做一定的切削以获得规定运行工况点。即使运行点未远离切割叶轮的最高效率点，泵仍旧远离无冲击叶轮全流量左边 Q_{SF} 运行，因为切割前后 Q_{SF} 保持不变。叶轮进口可能有回流，可能会产生严重的噪声、振动及空蚀，如图 4.22 所示。

4）未充分考虑泵的安装条件。合理布置吸入管，保证良好的入流条件尤其重要，详见 11.7。

5）泵所选 $NPSH_A$ 和 $NPSH_3$（$NPSH_i$）间的裕量不够大会导致振动、噪声或空蚀。

6）所选材料不适当（腐蚀、磨损、空蚀）。

7）所用机械元件不适当。

15.1　泵的规格

只要所有部件配合协调，那么每台泵都可以在最优条件下运行。因此，做出合理的选型、了解设备特性对运行影响重大。除了所要求的流量和扬程外，$NPSH_A$ 尤其重要。在缺少明确的参数时，至少应知道它的数量级。它是一个有几米 $NPSH_A$ 的吸入过程，还是一台由增压泵升压的高压泵？如果泵通过开式池给水，泵的最小 $NPSH_A$ 由大气压（取决于高于海平面的安装位置）和叶轮吸入口条件决定，需根据 11.7.3 确定最小浸没深度，若在吸入管内有压力损失也则需要明确说明。

在对泵进行选型时需了解以下条件：

1）泵在系统中的作用。

2）系统压力和温度。

3）额定性能数据：Q_R、$H_{R,tot}$。通常，额定性能与保证点 Q_g、H_g 等参数相等。额定或保证性能可能与最高效率点相同（但这并不是必需的）。

4）额定条件和保证条件或最高效率点条件下及所需要的其他运行条件下的 $NPSH_A$。

5）其他规定运行点的性能数据（若需要）。

6）运行范围内的最大、最小流量。

7）瞬态运行条件下的最大、最小流量，如在并联工作泵的切换、卸载期间或其他情况下。

8）对于并联运行泵，最大流量（run – out）由单级泵的运行决定。$NPSH_A$ 需要足够大，以防止空化，如图 11.3 所示。

9）当泵呈系列安装时，在泵出现故障时需根据控制和故障发生条件来分析它们的相互作用。

10）所抽送介质的种类和化学成分，尤其是否有腐蚀性。

11）需要明确介质的物性，输送的是水或其他成分的介质。这样可以正确确定饱和蒸气压以评估空化影响和风险。

12）根据 13.1 中的内容，对于黏度高于冷水黏度的介质需对 Q、H、P、η 和 NPSH 进行修正。

13）吸入管内可能存在自由气体或介质会分解气体等情况。叶轮进口处的自由气体量可根据 6.4.2 和 17.3 进行估计。必须选择有效的 $NPAH_A$ 以使得自由气体的体积分数在较低吸入压力下低于 2% ~4%，见 13.2。

14）介质中的固体（磨损）或可能的杂物。

15）动力机类型（电动机、涡轮、燃气机）。

16）定速或变速。

17）是否需要齿轮箱？

18）所采用的控制类型。

19）需要的备用能力是多少（如 2×100% 或 3×50% 泵）？

20）运行模式：连续运行还是短暂运行？还是频繁起动或循环运行？

21）安装条件：垂直安装还是水平安装？

22）流动路径或汽蚀条件：开式回路、闭式回路、开式水池？

23）吸水池和排水池的流体液面变化或输送系统吸入侧和排出侧上的压力变化。

24）由水头差和/或吸入口和排出口之间的压差可得到系统特性或静扬程 H_{stat}。

25）有没有关于扬程 – 流量特性的特别要求（陡峭程度、扬程增量、关死点压力）？

26）最大允许关死点压力。

27）为正确地选择驱动动力需先确定最大能耗；在比转速较低时，在最大流量处能耗最大；中等 n_q 时，在最高效率点附近能耗最大；而在比转速较高时，关死点处能耗最大，如图 4.11 所示。

28）有没有关于振动或噪声的特殊要求？噪声是否有具体限制？

29）制造和操作精度的允许范围，以及测试的参照标准。

30）效率或能耗的允许范围。

31）每年的运行周期或能耗成本的估计（如美元/kW）。所设计的运行方案要尽可能使每年能耗最小化。

32）安全考虑、爆炸防护、零泄漏等生态方面的要求。

根据特定应用场合，需分析系统相关的各种问题：

① 泵起动和停止过程。起动时的黏度、电流、电压是否足以起动？

② 瞬变和不稳定运行。

③ 确保安全运行所用仪器的最低要求。

④ 是否要求在地震情况下的安全分析？

⑤ 是否需要进行水锤分析？若有可能出现水锤现象，需要采取怎样的保护措施？

⑥ 检查止回阀。

⑦ 最小流量工况运行时：选择适当的阀门；确保有足够大的静压以避免空化（空化可能会损伤阀门且有可能引起振动和噪声）。

⑧ 泵可不可能反转？

⑨ 吸入管和排出管中的介质状态（压力脉动、空化）。

⑩ 限制最大流量的方法及设备。

此外，成本、运行和维修费用也非常重要。

满足以上所有标准，则需要将系统和泵一起进行优化。如 $NPSH_A$ 性能将会影响：①建设费用；②转速及泵和驱动器的类型、尺寸、成本；③增压泵和驱动器的成本，以及可能需要的管道和附属设备。

为满足备用容量要求可能会需要不同类型的泵和系统。进口或吸入管道的布置对泵类型和选择及无故障运行有影响。控制和安全问题、总能耗的优化则需要在工程师设计阶段和泵制造厂商紧密协作。

除了以上所列外，不同场合使用的泵也有一些特殊的要求（一些例子列于表2.5内）。因此，对运行过程和系统的了解对泵的正确选型是不可或缺的。

15.2　泵的类型和尺寸的确定

在多数情况下，可根据型谱或由泵制造厂商提供的相关计算机程序来选型。根据图 4.17 给出的建议范围，结合指定的流量和扬程可快速确定泵的类型。这种方法适用于不同类型的泵，如单吸或双吸泵、单级或多级泵，然后再根据每台泵的尺寸和各自的特性曲线确定以下几点：①泵在有效 $NPSH_A$ 内是否可以安全运行；②预期运行范围是否位于全运行范围内；③哪种类型的泵具有最优效率；④哪种泵具有最佳经济效益；⑤该类型的泵是否能满足所有的运行要求。这些评估需要依据流体机械设备的标准，见 15.1。

对于造价昂贵的大型泵（如 $P > 500kW$），以及不同的技术要求或无标准设备，可根据以下内容来进行泵的选择（表 15.1 列出了相关公式）。

首先，需选择驱动器的类型（定速或变速电动机、齿轮箱、涡轮机或燃气机）。

泵的选型通常是一个反复的过程，因为在最后都需要验证初始假设。基于所指定的数据，此处给出四种不同情况。

情况 1　给定：Q、H_{tot}、$NPSA_A$。

需求：类型、n、n_q、z_{st}、d_2、f_q、z_{pp}。

如果限定 $NPSA_A$，这往往决定了泵的类型、比转速和尺寸。因此，在很大程度上会影响泵的成本。

为了得到对于给定流量 Q_{opt} 和 $NPSH_A$ 条件下的预估的转速，可依据表 6.1 选择汽蚀比转速。根据 6.7，需进一步考虑 $NPSH_A$ 应大于 $NPSH_3$。为此，可利用式（T15.1.5）的安全裕量 F_{NPSH}。在确定泵的选型以及叶轮进口直径后，可对比表 6.6 检查 $NPSH_A$。

步骤 1：利用式（T15.1.5）计算 $NPSH_3$。由表 6.1 选择汽蚀比转速，根据式（T15.1.1）计算给定条件下对应的转速。该计算是针对单级泵和多级泵的，如果是针对表 6.1 给定的汽蚀比转速范围进行的，则可得到可能的驱动器转速范围。

步骤 2：在以上计算的基础之上选择转速。在多数情况下，泵通过电动机驱动；因此，要选择标准转速式（7.19）。如果泵通过齿轮、具有变转速的电动机、燃气机或涡轮机驱动，则需在某一限制内选择转速。

步骤 3：根据由此所确定的转速，可利用总流量和总扬程计算比转速 $n_{q,tot}$，进行首次估算（因此 $n_{q,tot}$ 与 z_{st} 或 f_q 无关）：

1）对于 $n_{q,tot} > 400 \sim 450$，无论是转速的减小还是流量分布在两个或多个并联单元中，实际情况中都需要考虑流量的绝对值。

2）对于 $180 < n_{q,tot} < 400$，则选择单级轴流泵。

3）在 $100 < n_{q,tot} < 180$ 范围内，通常使用最多的是单级混流泵。

4）对于 $15 < n_{q,tot} < 140$，双吸泵也是一种选择（见 2.3.3）。在这种情况下，流量的绝对值则是另一个要考虑的标准。

5）对于 $n_{q,tot} < 15$、扬程高于 300，倘若流量不是太小，通常选用多级泵。

步骤 4：关于级数有以下三个选择标准。

1）效率：由图 3.23 可看出，$n_q < 30$ 时，泵效率随着比转速的降低而减小，故低于 $n_q = 8$ 的离心泵（原则上）在对经济和生态有利时，对性能要求不高。功率越高，越应该选择 n_q 范围内最佳效率的泵，约在 $n_q = 30 \sim 60$。可利用有用功率 $P_u = \rho g H_{tot} Q$ 对级数进行合理评估，当 $P_u < 30kW$，可采用常规离心泵，甚至 $n_q = 5 \sim 6$（特殊叶轮更低）。对于 $n_{q,tot} < 10$、功率 $P_u > 100kW$，则需考虑多级泵，但是同时也需要综合考虑扬程 $H_{opt,tot}$ 及流量绝对值。每年计划运行时间也是一个选择标准，因为若泵全年运行，则能源经济成本显著提高；但是如果泵每年仅运行数小时，则经济指标可忽略不计。最终泵的选型是由市场现有产品决定的。

2）单级扬程：式（T15.1.7）为单级最大扬程提供了近似值，主要取决于材料选择及 14 章中所详细讨论的其他因素。

3）最大级数：级数及所形成的泵长度由于机械设计原因而受到限制。叶轮外缘转速或单级扬程越高，转子动力学允许的级数越少。此外，在卧式结构中由重力引起的轴下垂必须小于环形密封间隙，以避免环形密封产生磨损。另外，泵壳可按照转子的下垂曲线布置，在这种情况下必须考虑运行期间由于轴上的轴向载荷造成的下垂。最大级数的粗略估计可从式（T15.1.8）得到。如图 2.8 ~ 图 2.10 所示的背靠背布置的叶轮（在转子中间存在密封环结构）可以比图 2.7 中的泵配置更多级数。一般来说，级数限制为 16 级，但需要综合考虑叶轮尺寸。然而，具有特殊结构用于输送原油的泵可达 60 级以上。机械设计和制造工艺的考虑也是级数选择的要素。对于给定的轴径和流量，级数受最大允许转矩的限制。

步骤 5：当完成级数的选择后，可计算真实比转速。然后根据表 3.9 预估效率。根据（T15.1.10），利用图 3.21 或式（T15.1.9）中的扬程系数计算叶轮直径。这样就可以确定泵尺寸，并评估其可行性。

步骤 6：如果需要的话，现在即可确定叶轮进口直径。轴径或叶轮轮毂直径可通过式（T7.1.2）计算；但是机械设计方面的因素仍需要仔细考虑。图 6.21 中以"标准化"汽蚀比转速 n_{ss}^{**} 和叶片进口角绘制曲线。通过式（T15.1.12），可计算得到对所要求的汽蚀比转速必需的流动系数 φ_1，将 φ_1 代入式（T15.1.13）则可得到叶轮进口直径。

步骤 7：关死点压力可由式（T15.1.14）或式（T15.1.15）得到。

步骤 8：利用图 15.4 可对泵的重量进行粗略估计。

情况 2 给定：Q、H_{tot}、$NPSH_A$、n。

需求：类型、n、n_q、z_{st}、d_2、f_q、z_{pp}。

一旦给定转速和 $NPSH_A$，可根据式（T15.1.5）计算 $NPSH_3$，并根据式（T3.4.17）计算必需汽蚀比转速。依据表 6.1，可核对是否可实现这一吸入比转速（如果可能的话，以何种方式实现）。如果必需汽蚀比转速不能由单吸或双吸叶轮实现，则需降低转速。可考虑使用导叶来提高设备 $NPSH_A$，可参考 7.7.4 中所讨论的内容。如果 n、n_{ss} 和 $NPSH_A$ 是可行的，对比单吸或双吸结构的特点进行选择。

情况 1 可满足，则可进行步骤 3~8。

情况 3 给定：Q、H_{tot}、n。

需求：类型、$NPSH_A$、n_q、z_{st}、d_2、f_q、z_{pp}。

根据表 6.1 选择汽蚀比转速，通过式（T15.1.2）估计 $NPSH_3$。然后由式（T15.1.6）得到相应的 $NPSH_A$。接下来判定 $NPSH_A$ 是否可行？是否与系统布置相对应？是否存在更经济的方法？如果可以满足情况 1，则单吸泵或双吸泵可满足步骤 3~8。

情况 4 给定：Q、H_{tot}。

需求：类型、n、n_q、$NPSH_A$、z_{st}、d_2、f_q、z_{pp}。

在这种情况下，可先选择 n_q 和 n_{ss}。可通过式（T3.4.15）选择 n_q 并确定 $NPSH_3$，然后根据式（T15.1.2）和式（T15.1.6）选择 n_{ss}，并确定 $NPSH_3$ 和 $NPSH_A$。该过程需要多次重复直到得到可行的转速（可能是电动机的标准转速）及比较经济的 $NPSH_A$。若该目标实现，即可满足情况 1 中的步骤 3~8。

安全裕量：系统的实际要求也许与该类型泵的设计标准不同。由于计算和加工误差，实际的泵性能也可能与预测性能相偏离。因此，设计过程中会对流量和扬程增加一定的裕量。在确定安全裕量时，需考虑以下几个方面：

1）利用已有的铸件加工水力部件，并且要求公差尽可能小。

2）当加工水力性能已知（已测）的新结构（新泵尺寸）时，公差也许较大。

3）在水力模型为新设计的情况下，且无法测量叶轮和扩压元件时，性能预测存在固有的不确定性。

4）环形密封间隙的加工公差。

5）由于在运行期间磨损的原因，迷宫密封的间隙可能会增大。

6）当输送具有腐蚀性的流体时，叶轮或扩压元件的几何特征可能会发生改变。

7）扬程或流量的不确定性（如压力损失计算和预计水平面波动导致的不确定性等）。

8）在输送黏性较大的流体或水力部件发生变形等情况会使性能预测有很大的不确定性，故需添加较大的裕量，同时也需要考虑结构的变化（如温度和变化导致的形变）。

9）如果不允许流量或扬程存在负公差，则对称公差域需要更大的裕量。

10）添加适当的裕量以确保所选泵可满足计划的运行要求。从本质上来说，在泵的选型过程中有四种方法确定安全裕量（以下的 11）~14）项）。

11）对于变转速泵通常提供转速裕量。增加设计转速的 ±2%~±3% 范围以涵盖所有的加工公差引起的性能变化。

12）如果选择切割叶轮外径，则在设计时要在叶轮上增加一定的裕量。

13）第三种选择是增大叶轮直径。叶轮出口宽度保持恒定或前后盖板形状由外推法延伸，但叶轮和导叶之间的最小间距（表10.2）不应减小。

14）如果叶轮叶片出口边很厚，吸力面修整可作为增加扬程裕量的手段，见4.5.2。

如前面所提那样，选型过大的泵将会系统在低载荷下运行，这意味着产生较高的能耗和维修费用。在选择裕量时，需将低载荷运行的风险和具体运行要求进行平衡，实际运行点可能会轻微偏离设计工况点。

表 15.1 泵的选择

类别	公式		式号
根据 $NPSH_A$ 和 n_{ss} 计算转速	$n = \dfrac{n_{ss}\, NPSH_{3,opt}^{0.75}}{\sqrt{Q_{opt}/f_q}}$		T15.1.1
根据 n_{ss} 计算 $NPSH_3$	$NPSH_{3,opt} = \left(\dfrac{n}{n_{ss}}\sqrt{\dfrac{Q_{opt}}{f_q}}\right)^{1.333}$		T15.1.2
根据 $NPSH_3$ 计算 NPSH 的安全裕量	$F_{NPSH} = 1.16\left(\dfrac{NPSH_3}{NPSH_{Ref}}\right)^{0.14}$	$NPSH_{Ref}$ $=1m$	T15.1.3
根据 $NPSH_A$ 计算 NPSH 的安全裕量	$F_{NPSH} = 1.14\left(\dfrac{NPSH_A}{NPSH_{Ref}}\right)^{0.123}$		T15.1.4
根据 $NPSH_A$ 计算 $NPSH_3$ 的安全裕量	$\dfrac{NPSH_3}{NPSH_{Ref}} = 0.878\left(\dfrac{NPSH_A}{NPSH_{Ref}}\right)^{0.877}$		T15.1.5
根据 $NPSH_3$ 计算 $NPSH_A$ 的安全裕量	$\dfrac{NPSH_A}{NPSH_{Ref}} = 1.16\left(\dfrac{NPSH_3}{NPSH_{Ref}}\right)^{1.14}$		T15.1.6
最大单级扬程；$n_q < 32$、$H_{st,max} = 800m$	$H_{st,opt,max} = 60\left(\dfrac{n_{q,Ref}}{n_q}\right)^{2.27}$, $n_{q,Ref} = 100$		T15.1.7
估计最大级数	$z_{st,max} = \dfrac{H_{Ref}}{H_{st,max}}$, $H_{Ref} = 4000m$ $4 < z_{st} < 16$, $n_q < 35$		T15.1.8
根据图3.21计算最高效率点压力系数	$\psi_{opt} = 1.21 e^{-0.77 n_q/n_{q,Ref}}$ $n_{q,Ref} = 100$		T15.1.9
由式（T15.1.9）中的压力系数计算叶轮外径	$d_2 = \dfrac{60}{\pi n}\sqrt{\dfrac{2gH_{opt}}{\psi_{opt}}} = \dfrac{84.6}{n}\sqrt{\dfrac{H_{opt}}{\psi_{opt}}}$		T15.1.10
根据图6.21计算标准吸入比转速	$n_{ss}^{**}\dfrac{125}{\varphi_1^{0.455}}$		T15.1.11
满足吸入比转速的流量系数	$\varphi_1 = k_n^{1.1}\left(\dfrac{n_{ss,Ref}}{n_{ss}}\right)^{2.2}\left(\dfrac{n_q}{n_{q,Ref}}\right)^{0.418}$ $n_{q,Ref} = 27$ $n_{s,Ref} = 125$		T15.1.12
由 $\tan\beta_1 = \phi_1$ 计算叶轮进口直径	$d_1 = 2.9\sqrt[3]{\dfrac{Q_{La}}{n k_n \tan\beta_1}\left(1 + \dfrac{\tan\beta_1}{\tan\alpha_1}\right)}$		T15.1.13
导叶式泵在 $Q = 0$ 处的压力系数，图3.21	$\psi_o = 1.31 e^{-0.3 n_q/n_{q,Ref}}$, $n_{q,Ref} = 100$		T15.1.14
蜗壳式泵在 $Q = 0$ 处的压力系数，图3.21	$\psi_o = 1.25 e^{-0.3 n_q/n_{q,Ref}}$, $n_{q,Ref} = 100$		T15.1.15

式（T15.1.3）~式（T15.1.6）得到同样的结果

15.3 技术质量标准

确定一系列的技术质量标准用于泵的选型，有助于能耗和维修的成本最小化，且能防止由故障引起的损失。

下文只讨论水力设计方面，机械设计不是本书的重点。对于材料的选取详见第 14 章，该部分内容对泵的无故障运行是非常重要的。

15.3.1 水力标准

为做到最优的选型及性能优良的泵，需考虑以下的水力标准（以下给出的相关数值并不是严格的限制）。

1）额定流量 Q_R：额定流量是泵最常运行的流量。通常 Q_R 与保证点 Q_g 相同。根据标准文献 ［N.6］，泵的选择需符合条件 $0.8 < Q_R/Q_{opt} < 1.1$。泵的功率或流量越大，则更加需要在最高效率点附近运行。这有利于泵的能耗和维护费用及平稳运行，并避免严重的磨损或空蚀。

2）连续的运行区间：$n_q < 50$（对于大型泵或那些有空化上限的泵最好为 $q^* < 1.1$）的泵的连续运行区间需限制在 $0.6 < Q/Q_{opt} < 1.20$ 范围内。对于 $n_q > 50$ 的泵，连续运行区间可根据图 11.15 或根据泵制造商所给操作说明来选择。

3）扬程 - 流量曲线的稳定性：在所设计的运行范围内，扬程应该随着流量的增大而平稳的降低。即使 $Q - H$ 曲线在整个相对较大流量范围内很平坦也可能会导致泵或管路过度振动，因此这种情况要尽量避免（至少对于高耗能泵来说）。然而，非稳定的扬程 - 流量曲线在低于最小运行流量时是可以接受的，因为有时会受到设备安装条件的影响。最大扬程 H_{max} 由吸入口和排出口的位置给定的蓄水泵可能具有高于 H_{max} 的非稳定 $Q - H$ 曲线。

4）最小流量：根据 11.6，为防止过热，需要设定热力学最小流量。根据图 11.15 可进行估算。

5）最大流量：基于设计的运行模式所产生的系统特性确定最大流量。如果泵需要长期运行在最大流量处，则需要有足够的 $NPSH_A$ 以避免压力面（根据 6.6.3 此处发生空蚀风险通常很高）的空化。如果最大流量仅在过渡工况下产生（如并联运行泵的切换期间），泵在很短的运行时间内有空化产生是可以接受的。

6）效率：效率对工厂能量耗费（和生态方面）的影响很大，是一个非常重要的指标，其评定通常比较简单。将提供的效率与表 3.9 和图 3.23 ~ 图 3.26 所给出的数据做比较，对比的同时需考虑式（T3.9.10）的分散带。如果所提供的效率低于该分散带，有必要研究造成这种不足的原因。过低的效率可能是由较差的水力设计导致的，如具有非均匀速度分布的不适当叶轮设计、过度紧凑的设计、最高效率点附近回流严重、叶轮或导叶的冲角 i_1 过大、蜗壳喉部下游导叶和排出口设计不合理、不适当的表面粗糙度，或者是因泵尺寸不合适而过度切割叶轮。若效率明显高于3.9给定的统计数据，则需要合理评定测量是否可靠；或者效率仅是在小间隙条件下得到的，能否全面表达效率大小；低于10kW的低比转速泵的效率通常与水力设计评定无实际关系，电动机与泵耦合时产生的机械损失是能耗的重要部分。当工厂对大量泵的能耗进行统计分析时，这种情况是不同的。很明显，不管泵是连续运行还是每天只运行几个小时都需要考虑效率。

7）效率缩放：如果泵的工程验收测试没有在全转速和不同温度下（这通常是不切实际的）进行，会存在关于工程试验和实际运行之间效率差的不确定因素。如已在3.10所讨论的那样，"高估效率"没有多大实际意义。表3.10中的损失分析也受不确定性的影响，因为几何的表面粗糙度及其对泵损失影响很难准确分析。因此，一般有以下选择：①要求保证效率只和工程验收相符（忽略工厂测试的效率）；②要求工程内进行额外可接受的试验，这意味着时间和成本的增加；③要求严格控制加工制造质量和所应用的测量方法，以减小对效率的影响。

8）环形密封：如果泵在运行期间由于叶轮和轴向力平衡装置导致的环形密封间隙产生急剧磨损，则试验台所测量的较高的泵效率对于实际应用并无太大用处。对环形密封间隙、环形密封长度、表面结构及材料要进行测评，尤其是对于狭窄状的环形密封和不磨损的材料，详见第14章。

9）尺寸过大：泵的尺寸过大会导致低负荷运行，可能会导致磨损、噪声、振动及效率的降低。设计时保留的"安全裕量"如果太大也可能会影响安全运行。

10）$NPSH_A$：根据第6章，设计时需考虑设备的 NPSH 裕量以避免出现空化及空化引起的振动噪声。表6.2提供了选择 NPSH 裕量的标准，叶轮进口圆周速度 u_1 越大，$NPSH_A$ 和 $NPSH_3$ 之差越大。对于 $u_1 > 50m/s$，在水温低于200℃运行期间，出现有限的空泡是可以接受的，在这种情况下需采取特殊措施以防止空蚀，详见第6章。

11）流动：叶轮出口速度分布合理、均匀可以避免效率降低，以及噪声、振动和可能的空蚀。同时以及吸入管或泵进水流道的合理布置也是有必要的（见11.7），以确保良好的流动条件，在叶轮进口处的充分流动加速是必需的（见7.13）。有设计者通过使泵结构紧凑以压缩成本，这种方法会造成运行过程中产生不稳定现象（如噪声、振动，以及由于非均匀流动引起的空蚀）。如果在设计阶段考虑到这些问题，通过设计合理的结构（如整流器、弯角处的折流板和排水结构中的筋板等）可降低一部分泵的制造成本，见11.7。

12）冲角：叶轮或导叶的进口冲角应为 4°~6°（$u_1 > 50m/s$ 时，应更加小）。叶顶速度 u_1 越大，越需要控制冲角的大小。

13）叶轮出口直径的切割：如4.5.1所讨论的那样，切割标准泵的叶轮以满足规定性能是常见的做法。泵的比转速和功率越小通过这种方式可调节的范围越大。

随着比转速的增大，叶轮的切削需按照式（4.23）进行，详见4.5.1。如果涉及大型泵，可通过式（4.21）对效率损失和产生的高能耗进行权衡，也可考虑用一个新的模具来制造介于两个尺寸之间的部件。有时重新制造可能比过度切割的泵更经济，相比较而言平稳的运行比低维修成本更具有优势。

14）振动和噪声：10.8 包括了低振动泵的测量要求和标准。特别要注意的是：①根据表 10.2 确定叶轮和导叶及蜗壳隔舌间的距离；②根据 10.7.1 和式（10.13），避免叶轮叶片数与导叶叶片数不合适的组合；③避免在最高效率点叶轮进口处的过度减速，要使得轴向进口 $w_{1q}/w_1 > 0.75$，径向出口 $w_{1q}/w_1 > 0.65$；④同样也要严格控制导叶入口的减速，即 $c_{3q}/c_2 > 0.75$。[⊖]

15）低载荷工况下的回流：如第 5 章所讨论那样，每个泵在部分载荷工况下都存在回流。甚至在某种程度上，为得到稳定的泵特性，回流是必需的。回流流体中包含的能量（回流能量 P_{Rec}）以大尺度湍流形式耗散，进而导致了噪声、振动和磨损。这就是为何要避免过度（或多余）低载荷工况回流的原因。过度回流的间接表征是：①当 $Q = 0$ 有过多能耗（图 4.14）；②$q^* > 1$ 时曲线 $NPSH_3 = f(Q)$ 较为平滑；③在低载荷工况下曲线 $NPSH_3 = f(Q)$ 逐渐上升或有最大值，表明叶轮进口直径过大或叶轮出口角选择过大，而避免这样的 NPSH 曲线是有可能避免的。然而，在这种情况下常被作为过度回流表征的吸入比转速不再适用，详见6.2.4 及文献 [2]。

16）径向力的平衡：是否使用双蜗壳取决于泵类型、扬程及比转速。根据已有的数据预估环形密封和轴封处的轴承负荷和轴偏向，并判断是否有必要选择双蜗壳。在设计包角小于180°的双蜗壳泵时需要慎重考虑，根据表9.4，在这种情况下径向力将会增大很多，如图9.46所示。

17）输送系统：选择一台性能良好的泵并不足以保证运行的可靠性，整个输送系统的安装还需仔细规划。相对重要的几点是：与 11.7 相符的良好流动条件；阀门和装置正确的选择以避免产生的较高压力脉动；选取适当的监测仪器以降低故障和水锤的影响。对于泵来说，整个系统投资的小幅节约可能会使其水力损失及能耗增加。

15.3.2　制造质量

多数工业用叶轮、导叶和蜗壳，由于其结构的复杂性而使用不同的铸造方法制造。通常，使用铸件材料会使成形部件与设计尺寸偏离较大，这是由于铸件冷却时非均匀收缩引起部件变形和中心偏差。另外还需考虑由于部分材料脱落产生的材料损失。

⊖　w_{1q}/w_1 应为 1.0 以下；c_{3q}/c_2 见第 7 章详述，过低的 c_{3q}/c_2 也是不合适的。

根据 3.10 所述，泵的扬程和效率受表面粗糙度的影响很大。而表面粗糙度依赖于铸造方法、温度、所用材料、造型方式及铸件的修整工艺。

要满足泵的设计特性要求，水力部件的铸造公差是一个关键因素。它对效率、振动和噪声，甚至是叶轮断裂、空蚀都有影响。对于低载荷回流之外的运行范围，利用 4.7（表 4.4）所给步骤，可得到不同公差对泵特性影响的定量分析。

要达到要求的泵特性，必然要考虑叶轮出口宽度、叶片角、导叶喉部区域的最大许可偏差（在计算不确定性的限制内）。相反，轴截面或叶片形状的公差影响很难分析。

一般来说，较好的性能意味着要采用更加昂贵的铸造方法以减少额外的加工，故公差应根据不同泵用途来选择。基于使用目的和要求，根据以下标准和表 15.2 定义了三个质量等级（G1 ~ G3），15.4 给出了更加详细的定义。

1）操作者对公差的要求，可根据 ISO 9906、标准文献［N.2］中的规定（表 15.2 列出了这些公差）。

2）比转速：低比转速 n_q 下，导叶/蜗壳喉部区域公差范围比较小；高比转速 n_q 时，叶轮的公差非常重要。

3）操作者可参照表 10.7 ~ 表 10.9 及标准文献［N.6，N.16］制定最大许可振动的要求。

4）叶尖速度 u_2 或单级扬程可用于稳负载是否稳定和水力激振力大小的评估。

5）叶轮进口处的圆周速度 u_1 可用于空蚀程度的评估。

6）能耗是评估泵能耗和维修成本及振动和噪声的指标，这是因为低载荷工况下回流承载的能量完全以湍流形式耗散了。

这些标准中的哪一个作为质量等级的决定性因素取决于具体的应用场合，且每个标准的单独评定很重要。最严格的标准或要求决定了质量等级。如果对振动限制提出了更高的要求，尽管性能曲线允许加工有相当大的公差且泵功耗也很低，仍旧需选择较高的质量等级。

表 15.2 列出了三个质量等级对应的几何公差，需注意以下的情况：

1）所给数据适用于 $n_q < 150$ 的径向泵和混流泵，对于轴流泵不适用。

2）不需要考虑加工部件尺寸（如叶轮外径），因为加工精度都须保证在十分之一毫米内。

3）由于叶轮出口角 β_{2B} 在很宽范围内变化，它们的公差用百分比表示（不用等级表示）。进口角 β_{1B} 的公差一般表示成角度差。

4）叶轮出口宽度 b_2 的公差适用于所有流道，以及对同步激振很重要的单独流道间的差异分析（"水力失稳"）。此外，这些公差意味着相同流道内的偏差，因为通常出口宽度在某一范围内变化很大（尤其在叶片数较少的叶轮内）。

5）铸造公差的影响既可叠加又可抵消。为此，所给公差应该是近似值。如果叶轮出口宽度太大而出口角却很小（有时叶片太厚会引起阻塞），仍旧可在指定公差内得到性能数据。可通过表 4.4 预测不同公差对泵特性的影响。

6）H_{st} 或 P 较大时，需注意 β_{2B} 和 b_2 在流道内的偏差，需使流道间的偏差和定位点的误差足够小以减小水力激振。

7）如果零件与标准定义的质量等级一致，那么相应的公差范围应比表 15.2 所给出的更窄。

8）有些特殊情况下建议采用非对称公差，如在扬程无裕量的情况下，采用 $b_2{}^{+4\%}_{-0}$；或采用 $b_2{}^{+0}_{-2\%}$ 以避免非稳定特性的发生。这也适用于出口角 β_{2B} 和叶片间距 a_2。

9）叶片间距 a_2 为铸造中确定叶片位置提供参考。叶轮喉部处的宽度 a_1 对大流量工况下的 $NPSH_3$ 曲线影响很大。

10）对前后盖板、叶轮叶片及导叶流道形状的测量难度较大，需通过坐标测量仪或坐标测量模板来保证其完整性，因此很难确认形状所产生的偏差。即使知道其形状偏差，也很难就它们对泵特性的影响进行定量分析。为此，表 15.2 所给的公差也并不一定完全精确。

11）根据 3.10 可进行表面粗糙度的评定，允许表面粗糙度主要依赖于雷诺数和泵尺寸，如输送热水的泵的表面粗糙度一般比输送油的低。表 15.2 为一般情况下的近似值。

12）如第 6 章所述，当圆周速度 $u_1 > 50m/s$ 时，叶轮进口处只允许存在少量空泡。当 $u_1 > 75m/s$ 时泵应在无空泡条件下运行，详见 6.7。在这种情况下，叶轮叶片进口轮廓的精确度很重要，因为即使很小的偏差也会影响空化初生条件（$NPSH_i$）。特殊加工工艺通常是不可或缺的，如：①利用型模（指模）和吸入面模板（锥形模）仔细磨锉叶片进口；②电火花加工；③数控加工。完成的叶轮要通过上述的模板进行最后检查。在一些关键情况下甚至可以在指定的 $NPSH_A$ 下对每个叶轮进行单独的验收测试，并在叶轮入口处对汽蚀发展进行高速摄影观察。这需要有专用的试验泵并会产生额外的测试费用。

13）表 15.2 所给叶轮进口轮廓的公差涉及叶片厚度局部偏差。它们仅表示近似线，轮廓形状应尽可能光滑。较薄的进口边很可能会引起局部流动分离和空化，进口轮廓在吸力面和压力面应为凸面以减小冲角的影响。

图 15.1 所示为用于检查进口叶片形状的"锥形模"，其被设计成圆锥体以便对叶片进行检查。圆锥角度要尽可能使得模板以约为 90° 的角度接触叶片。图 15.1（右侧）是用于检查叶片进口边轮廓的"指模"。

表 15.3 包括对铸造部件补充的质量要求，其对部件完整及泵的振动和效率具有重要意义。对于高负载的叶轮或诱导轮，合适的叶片厚度及叶片与叶轮盖板间的倒圆半径对避免由疲劳引起的部件故障很重要，见 14.1。

综上所述：

① 质量等级是工程分析和用于满足特殊应用的衡量手段。

② 质量等级的选择应综合考虑多个方面的因素。

③ 最严格的标准或要求决定了最终的质量等级。

表 15.2　叶轮、导叶和蜗壳的公差

质量等级		G1	G2	G3	说　　明	
根据 ISO 9906 中 Q_g、H_g、η 的公差	t_Q	±5%	±8%	±9%	流量精度	
	t_H	±3%	±5%	±7%	扬程精度	
	t_P	+4%	+8%	+9%	轴功率精度	
	t_η	0(−3%)	−5%	−7%	效率精度	
API 610	v_u	3	—	—	mm/s	标准文献 [N.6]、 [N.16]
ISO 10816 − 7	v_u	3	3.7	5.6	RMS	中的振动精度
出口	u_2	>90	40 − 90	<40	m/s	圆周速度
进口	u_1	>50	15 − 50	<15		
扬程	H_{st}	>400	80 − 400	<80	m	最高效率点的单级扬程
功率	P	>3000	300 − 3000	<300	kW	整机轴功率

- 图 15.2、图 15.3 和图 15.5 提供了关于单级扬程、叶轮叶尖速度、单级功率的标准用于确定质量等级。
- 最严格的标准决定最终的质量等级。

参数		精度			测量工具	对性能的影响
叶轮出口宽度	b_2	±2.5%	±3.5%	±5%	卡尺	扬程
叶片出口处的叶片间距	a_2	±2.5%	±3.5%	±5%	测径器、圆盘	稳定性
出口安放角	β_{2B}	±4%	±7%	±10%	卡尺，坐标测量器	振动、激励
进口安放角	β_{1B}, α_{3B}	± 1°	± 2°	± 3°	卡尺，坐标测量器	空穴长度 $NPSH_i$, $NPSH_3$
叶片进口处的叶片间距	a_1	±3%	±4%	±6%	测径器、圆盘	$Q>Q_{SF}$时的$NPSH_3$
进口轮廓		±4%	±8%	—	轮廓量规	$NPSH_i$
出口轮廓		±5%	±10%		轮廓量规	扬程 压力脉动
叶片厚度	e	±7%	±10%	±15%	卡尺，测径器	扬程 应力
导叶或蜗壳的喉部面积	A3q	±5%	±7%	±10%		最高效率点
叶片间距①	a_3	±5%	±7%	±10%	测径器，卡尺，圆盘	效率 关死点扬程稳定性
叶片宽度①	b_3	±5%	±7%	±10%		

① 此处的公差应在导叶/蜗壳喉部区域的公差范围内。

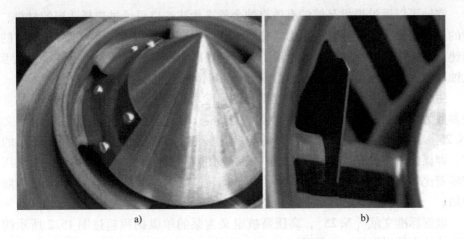

图 15.1　用于检查叶轮叶片入口的模板

a）用于检查叶片吸力表面的锥形模板　b）用于检查叶片轮廓的指板（苏尔寿泵业）

表 15.3　对叶轮和导叶的质量要求

等级	G1	G2	G3
叶轮盖板	加工	加工	铸造[①]
表面粗糙度（Rugo 测试，目视检查）	N8	N8 ~ N9	N9 ~ N10
叶轮和导叶的铸造过程	熔模陶瓷芯铸造	优质陶瓷芯铸造	砂型铸造
圆角半径，详见 14.1	重点检查：低缺口效应	检查	目视检查
叶轮盖板和流道的厚度变化	对振动和激励的检查非常重要	尺寸检查	目视检查
叶轮和导叶的铸件的检查	表面裂纹检查[②]染色渗透试验	整个流道的可视检查（必要时使用内窥镜）表面光洁，没有沙子或炉渣	

注：要进行的铸件检查内容主要取决于规格及要求。

① 是否对振动有限制。

② 表面裂纹检查：如果材料有足够磁性则可以采用磁性测试方法；对于非磁性材料则可以进行着色渗透测试（成本更高）。

15.4　高压泵

叶轮叶尖速度、单级扬程或单级功率的增加，会使泵受到振动、汽蚀和机械损伤的风险增高。通过合理的设计和选择合适的材料，可以确保泵达到预期的运行性能。应清楚认识到泵的重要性和性能要求的严苛性，这有助于在材料分析、铸件质量、工程分析和测试中做出适当的选择。

空蚀可以通过提供足够的有效汽蚀余量来预防，也可通过选择适当的材料、合理的设计以最大限度地减少水力空化气泡的产生。主要的选择标准是叶轮进口的周向速度和流体的物性，表 6.6 给出了参考。在高能量泵的定义中不需要明确地考虑汽蚀准则，这同样也包括腐蚀、磨损等在 14 章中讨论的内容。

由交变应力引起的叶轮或导叶损坏的风险可以根据 14.1 的内容进行评估。相关参数为单级压升、叶轮几何形状（比转速）、流体物性和材料。在标准文献 [N.25] 及文献 [B.15, 1] 中，叶轮叶片开裂的风险被用作定义高能量泵的标准，即根据"低能量"和"高能量"泵之间的"限制"曲线定义，规定单级压升应随着比转速的增加而下降，这是由于低比转速的情况下，发生结构共振的风险会增加。

根据标准文献 [N.25]，高压泵被定义为泵的单级扬程超过图 15.2 所示的相应曲线给出的极限值，以及式（15.1）对 $H_{Ref} = 1m$，$n_{q,Ref} = 25$，$\rho_{Ref} = 1000kg/m^3$ 的近似计算：

$$\frac{H_{st,opt}}{H_{Ref}} > 275 \left(\frac{n_{q,Ref}}{n_q}\right)^{1.85} \left(\frac{\rho_{Ref}}{\rho}\right) \tag{15.1}$$

该式仅对于 $25 < n_q < 67$ 的范围有效。低于 $n_q = 25$，极限为 $H_{st,opt} = 275m$；对于 $n_q = 67$ 以上的范围没有限定。

式（15.1）的不足是：①覆盖的具体速度范围相当狭窄；②从"低压"到"高压"泵有一个跳跃；③单级压升的上限相当低；④由于结构共振，叶轮盖板在低比转速下存在断裂风险，但这点目前并没有得到证实。

按照 15.3 介绍的质量等级 G1 ~ G3 的概念进行操作，以上缺陷则可以被消除。为此，质量等级由图 15.2 和图 15.3 中在最高效率点处的单级扬程边界（或叶轮叶顶速度）相对于特定速度绘图进行定义。曲线 1 表示工业应用中的上限（火箭用泵不在考虑范围之内），曲线 2 为曲线 1 给出的扬程的 $(1/\sqrt{3})$；而曲线 3 为曲线 1 给出的扬程的 1/3。由图 15.2 和图 15.3 可得出以下结论：

1）确定推荐的质量等级：①确定最高效率点对应的单级扬程的 $H_{st,opt}$；②将 $H_{st,opt}$ 乘以特定的比重 SG；③根据比转速 n_q 和 SG × $H_{st,opt}$ 在图 15.2 中确定质量等级。

2）质量等级由以下定义：G1 级在曲线 1 和曲线 2 之间，对应于"高能量泵"；G2 级在曲线 2 和曲线 3 之间，G3 级低于曲线 3，对应于"低能量泵"，见表 15.4。

3）曲线所示的是最大值。低比转速的叶轮可能具有较低的结构固有频率（见10.7.1）。

4）曲线 1 不代表绝对限制，但单级扬程超过曲线 1 的叶轮需要仔细的设计和结构分析，从应力（疲劳）、叶轮固有频率和共振等方面考虑。相较于蜗壳式泵，共振频率为 $\nu_3 z_{Le} n/60$ 更可能出现在导叶式泵中。如果在相同的叶轮几何形状、叶尖速度、材料和介质条件下已有长期的运行经验，那么就不需要进行详细的结构分析。

5）在本质上，曲线是基于经验和工程分析而来的，尤其是曲线极大值的左侧，参见 14.1 中叙述的内容。

6）叶轮材料的选择必须与 14.1 一致。图 15.2 和图 15.3 只针对金属材质的泵。

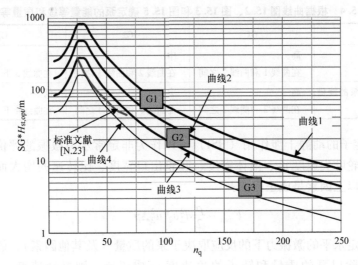

图 15.2　根据单级扬程定义的质量等级：相对密度 $SG = \rho/\rho_{Ref}$，$\rho_{Ref} = 1000 kg/m^3$

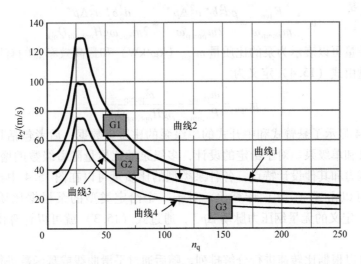

图 15.3　根据叶尖速度 u_2 定义的质量等级；液体密度 $\rho = 1000 kg/m^3$

7）不同质量等级的要求见表 15.2 和表 15.3。

8）输送海水（或生产水）的泵的限制要降低一级，低能量泵低于曲线4，高能量泵高于曲线3。

上述质量等级的定义是基于叶轮断裂的标准。振动强度随着单级扬程或叶轮叶顶速度的增加而升高，但还没有关于泵的振动敏感性的标准。图15.2定义的高能量泵的另一个缺点是没有给出泵的尺寸大小或功率，一些可替代的方法将在下面进行讨论。

表15.4　根据曲线图15.2、图15.3和图15.5确定泵的能量等级和质量等级

等级	G1	G2	G3
能量等级	高 在曲线1和曲线2之间	中 在曲线2和曲线3之间	低 在曲线3下
输送海水的泵的能量等级	高 在曲线2和曲线3之间	中 在曲线3和曲线4之间	低 在曲线4下

转子/定子的动静干涉作用（RSI）可以作为非定常水力激振的评价指标，其强度随着叶轮叶尖速度 u_2、液体密度、叶轮出口宽度、比转速的增大而增大。径向激振力和以上因素是成正比的：

$$F_{dyn} \sim \frac{\rho}{2} d_2^2 b_2^* u_2^2 \Delta p^* \tag{15.2}$$

泵在给定水平的激振力下的反应取决于泵的质量（及其他因素），假设振动速度与激振力除以泵的质量和转子的角速度 ω 成正比。则振动速度 v_v 可以由式（15.3）定义为

$$v_v \sim \frac{F_{dyn}}{m_{pump}\omega} = \frac{\rho d_2^2 b_2^* u_2^2 \Delta p^*}{2 m_{pump}\omega} = \frac{d_2^2 b_2^* u_2^2 \Delta p^*}{2 m_{spu}\omega g H_{opt,tot} Q_{opt}} \tag{15.3}$$

泵的质量可以表示为泵的比质量 m_{spu}（kg/kW）和最高效率点的有用功率的乘积，比质量由式（15.4）定义为

$$m_{spu} = \frac{m_{pump}}{P_{u,opt}} = \frac{m_{pump}}{\rho g H_{opt,tot} Q_{opt}} \tag{15.4}$$

图15.4显示了悬臂式和中开式的单级泵的比质量数据，后者包括具有双吸叶轮的多级泵和单级泵。对于给定的设计，多级泵的比质量随着级数的增加而减少。根据设计压力和其他设计特点，各种泵类型的比质量可以在图15.4中找到。叶轮出口宽度可以由式（7.1）计算出，对于一个给定类型的泵根据比质量和由式（T14.1.3）定义的无量纲压力脉动 Δp^*，通过式（15.3）就可以计算出典型的振动速度。

数据可以根据比转速进行分解排列，随后通过平滑曲线或幂函数进行拟合。最后，可以得出图15.5所示的曲线，图中具有恒定振动速度的曲线绘制为 $P_{u,st,opt} = f(n_q)$。

当然，根据式（15.3）计算泵的实际振动速度是不可行的。计算结果和真实

值不是绝对相关的，曲线只能给出趋势。图 15.5 中的曲线反映了与图 15.2 和图 15.3 相同的趋势；也就是说，定义的单级功率的边界随着比转速的减小而降低。

图 15.5 引入的概念仍主要依赖于经验和工程分析，因为一般来说无法进行精确计算，只有通过与测试数据的比较来以更加定量的方式进行验证。

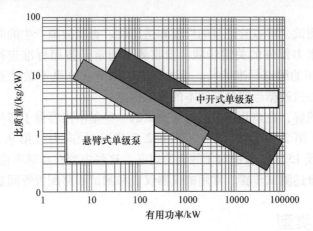

图 15.4　比质量与有用功率的关系

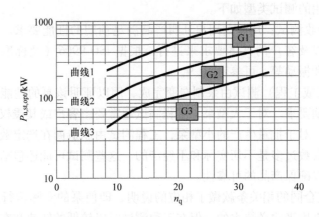

图 15.5　根据单级功率定义质量等级

参 考 文 献

[1] Cooper, P., et al.: Minimum continuous stable flow in centrifugal pumps. Proc. Symp Power Plant Pumps, New Orleans, 1987, EPRI CS-5857 (1988)

[2] Gülich, J.F.: Selection criteria for suction impellers of centrifugal pumps. World Pumps, Parts 1 to 3, January, March, April, (2001)

第 16 章 泵 的 测 试

通过试验测试，可以验证泵的性能和适用性、查找故障产生的原因，这也是开发新的或改进水力部件的关键步骤。验收测试通常是按照标准进行的，例如 ISO 9906 是一种常用的测试标准[N.2]。相关标准的细节在这里不做过多的叙述，因为在进行测试时必须遵循当前最新版本的测试标准。

为了便于理解，在前几章中已对泵测试的一些基本内容做了解释。如扬程和汽蚀余量 NSPH（第 2.2 节）、汽蚀（第 6.2.5 节）、径向力（第 9.3.2 节）、振动（第 10 章）以及 15.3.2 节中对于等级的定义。这些内容在本章不再重复介绍。

本章旨在概述测试步骤、常用的仪器仪表和测试回路配置等问题。

16.1 测试类型

离心泵常用的测试类型如下。

1）工厂验收测试：用以向用户证明产品满足预期的性能要求。测试根据国家或国际标准，以及客户的具体要求来进行。根据 ISO 9906（及标准文献 ［N.2]）检查水力性能和振动等，可参考 10.9。

2）工厂（或工程）测试由泵制造商完成，用以证明该泵的性能、振动和机械等方面满足预期要求。对于大型泵，工程测试通常要由客户或其授权的权威机构来进行现场认证。对于批量生产的小型泵，工程测试由制造商在选定数量的样品上进行，因为测试次数过多是不切实际和不经济的。这些测试可能还包括长达几个月的耐久性测试，以确保产品的可靠性。

3）如果在合同的相关条款做了相应的说明，即使泵的实际运行工况下的转速比较高，或者是用来输送热水的，但在工程测试时以较低的转速和在冷水中进行也是可以的。

4）有时为了测试泵、驱动器、齿轮箱和辅助装置的联合运行性能，需要进行"整机运转测试"。典型的应用是在泵的功率超过几兆瓦时，可能是由燃气涡轮机搭配齿轮箱或变频器来驱动的，整机运转测试可以检查振动等方面的问题。

5）现场试验（如火力发电站）有时是为了检查性能，尤其是在实际运行条件下（全速和实际温度）的效率。但现场测试很难准确地确定效率，且测试成本较高。因此现场测试主要用于检测故障原因，以便采取补救措施。

6）对于非常大的泵（如抽水蓄能泵），工程测试的成本非常高。这种情况下可以进行模型试验，即通过缩放模型来代替全尺寸泵进行测试。可用表 3.4 来确定模型缩放和性能之间的关系。通常缩比模型的外径不应小于 300mm，而且缩放比例不应大于 10。模型必须进行高精度制造（如采用数控加工水力部件），确保测试结果能反映全尺寸原型的性能。有时模型验收测试是由客户指定的专门从事该类试验的中立机构进行，测试可能包括空化试验、叶轮入口和导叶内的高速摄影等。在进行模型验收测试时，必须注意水力性能、空化、轴向力和径向力的结果，模型泵试验得到的振动数据不完全代表全尺寸原型泵性能，因为结构不同对水力激励的机械响应是完全不同的，噪声也是如此。然而，可以通过测量和分析缩比模型泵产生的压力脉动，来采取措施消除原型泵的一些问题，详见 10.2.7 和 10.2.5。压力脉动可以用于分析出口和进口处的流动导致噪声的强度。

7）模型试验是开发新型水力部件的常规试验。根据泵的类型和测试目的的不同，测试可以分为性能、空化（包括高速摄影）、内部压力的测量（见 4.1.3），以及导叶或叶轮中的径向和轴向力、压力脉动及应力的测试[B.19,2,3]。与上述模型验收测试一样，模型泵的振动测量和真机是不相关的。表 16.1 中列出了不同的测试类型。故障排除测试应在泵的实际工作流量区间内完成，但所需的精度远低于性能测试。

表16.1　测试项目

测试类型	验收或工程测试	现场试验	模型验收试验	模型开发测试
必测指标	T、n、Q、H、M、P	T、n、Q、H、M、P	T、n、Q、H、M、P	T、n、Q、H、M、P
选择测试指标		M、P		
热效率（见 11.6）	可选	根据应用要求	可选	可选
$NPSP_R$	根据具体要求	测试难度很大	必需	必需
轴承箱振动	根据具体要求	几乎必测	通常无法反映出原型泵的振动特性	
轴振动	如果具备测试条件就进行测量			
空化高速摄影	不测量	不测量	如果条件允许可测	如果进口速度很大就需进行测量
泄漏流量 Q_E 及轴密封处的泄漏	建议测量	如果具备测试条件就进行测量	建议测量	建议测量
内部压力（见 4.1.3）	不测量	不测量	根据具体要求	建议详细分析
径向和轴向力	不测量	不测量	根据具体要求	建议蜗壳泵进行测量

注：T = 进口处水温；M = 转矩；P = 功率。

16. 2　测试回路配置

测试回路的布局对测试结果的准确性及测试消耗的时间和成本有着重要的影响。最佳的布局需要考虑到泵的类型、测试项目和成本。下面介绍常用的测试回路配置。

1）测试回路的设计目标是测量真实的性能曲线，不会出现空化而引起扬程或效率下降，即使是在最大流量工况下也应是这样。为此，必须根据客户要求和相应的标准或规范，为需要测试的整个流量范围提供足够的 $NPSH_A$。一般来说，测试的流量应至少达到 $q^* = 1.3$（不可低于 $q^* = 1.5$）。如果泵是变速的，那么必须确保在最高转速下不会发生汽蚀，否则可能得到性能对转速具有依赖性的错误结果。

2）测试回路的设计要确保均匀的进口入流，以避免在超过规定的振动和噪声限值时需要增加额外的测试和校正成本。

3）回路应尽可能简单，以减少初始投资和故障排除的维修成本。

4）振动测试不可或缺，因此测试泵必须刚性安装，通常以不少于 1000mm 厚度的混凝土板作为大型泵的固定基础。

5）当测试泵采用轴向入口时，部分回流可能影响扬程和 NPSH 的测量。可参考图 5.16 所示的测试回路进行布局。在吸入口中采用消旋隔板并不能在所有情况下都完全消旋。

6）在使用真空泵进行 $NPSH_A$ 测量时，管道和阀门中使用的密封必须设计为真空，否则空气进入后将会造成测量误差。必须冲洗轴封以便在真空下工作。

7）碳钢的腐蚀是一个需要关注的问题。如在热交换器中，低流动区域会出现锈沉积物。

在法律允许范围内，应通过适当的技术措施和程序确保人员的安全。在这方面需要高度重视并制定严格的规定。

1）测试回路需在设定的压力和温度下进行设计的。如果使用真空泵调节进口压力进行 NPSH 测试，设备外部压力也必须设定为 1bar。

2）用于 NPSH 调节的空气容器必须配备安全阀。

3）吸入管道应安装压力阀，当超过允许压力时或者阀门出现故障时使电机跳闸。

4）排气管中也应安装压力阀以防压力超过设计压力。

5）电气设备需要制定独立的操作规则以确保安全。

16. 2. 1　闭式测试回路的类型和布局

表 16.2 比较了三种闭式测试回路的特点，测试回路中的空气分离限制了每种配置可以实现的最小 $NPSH_A$，表中给出了 $NPSH_{A,min}$ 的估计值。

表 16.2 闭式测试回路布置方案

项目	半开式测试回路	闭式测试回路（液体不通过稳压器）	闭式测试回路（液体通过稳压器）
试验台布置			
试验台详细布置图	图 16.2	图 16.1	图 16.3
原理	泵在闭环中运行，回路中无自由液面	液体不通过稳压器	液体通过稳压器
吸入口的压力控制	通过控制注入回路的液体和安全阀进行控制	通过对稳压器注入压缩空气和真空泵抽气进行控制	通过对稳压器注入压缩空气和真空泵抽气进行控制
NSPH 测试	1）对于 $NSPH_A > 10m$ 时无限制 2）对于 $NSPH_A < 10m$ 时通过调节射流泵和测试泵间的节流阀控制 3）最小 $NSPH_A$ 为 5m	1）在调压罐承受压力范围内没有限制 2）最小 $NSPH_A$ 为 2m	不使用真空泵的条件下最小 $NSPH_A$ 为 6m，使用真空泵调节的情况下测试时间会变得很长
脱气	注入回路的水不能是饱和空气水	1）回路中的水很有可能是饱和空气水 2）脱气过程有利于排气 3）空气不会通过小的换气管进入	1）回路中的水是空气饱和水 2）水中的气体含量与罐中压力成正比 3）需要脱气
冷却	使用注水泵或自来水	换热器	换热器
排气	由于几乎不用脱气因此也不用排气	测试前水通过稳压器循环以便排气	1）管路布置允许在测试工程中排气 2）在高 $NSPH_A$ 测试时水中会溶解较多的空气，同时在低压处空气析出。在 NSPH 测试过程中需要花费较长的时间
锈蚀或污垢沉积	对该问题不敏感	主要出现部位：冷却器	主要出现部位：冷却器
对于大型泵的成本考虑	1）系统简单 2）回路中无冷却器 3）成本较低 4）占用空间小	1）灵活的系统 2）适合做高精度的 NSPH 测试	1）储水罐成本较高 2）成本昂贵 3）空间要求高

（续）

项目	半开式测试回路	闭式测试回路（液体不通过稳压器）	闭式测试回路（液体通过稳压器）
应用	1）最大尺寸泵的测试 2）高压泵测试 3）吸入口高压测试（无限制） 4）高温测试 5）可用于大型项目的临时测试	1）最大尺寸泵的测试 2）高压泵的测试 3）吸入口高压测试（无限制） 4）高温测试 5）适用于测试水以外的流体，尤其是高气溶性的油	1）不需要 NPSH 测试情况下进行小泵测试是最经济的 2）低压泵测试 3）测试中吸入口压力最高为6bar
总结	可用于临时循环测试及高温高压测试	具有普遍适用性	和其他结构的系统没有明显的优势

16.2.2　带加压器的闭式测试回路

吸入压力的控制是通过一个并联安装在试验回路中的空气罐（稳压器）来调节的。

（1）主回路　图16.1 显示了没有通过加压器的闭式测试回路。在测试过程中测试泵只通过主回路循环，流量由节流阀 DTV 控制。

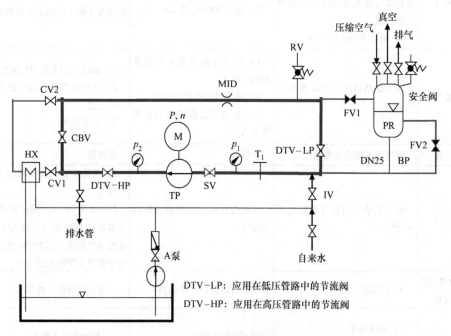

图 16.1　闭式测试回路（液体不通过稳压器）

在低压测试回路中（达到 16bar 或 25bar 的设计压力，1bar = 10^5Pa），出口节流阀 DTV 位于磁感应流量测量装置 MID 的下游，因为在 DTV 中产生的高速度会导致局部压力降低，出现空气分离的风险。如果安装了单个开口的阀门，DTV 中的局部压力将降至吸入压力。在高压试验回路中（设计压力高于 16bar 或 25bar），出口节流阀 DTV 位于磁感应流量测量装置 MID 的上游。这样可以降低 MID、吸入管、DTV 和测试泵之间连接部件的成本。泵排出口法兰和节流阀之间的高压排放管可以做的很短，但是存在着最小限制距离（如 $L > 5D$），以避免经过阀或泵产生的流量和压力波动过强。

（2）吸入压力控制　一般采用"稳压罐"来调节，它是一个自由水位的水箱，平行于主回路。稳压罐通过一个小型空气管（DN25）连接到主回路，并保持施加在液面上压力的方式来控制试验泵吸入管中的压力。小直径的换气管用来确保回路中使用的是脱气水（通过换气管将空气扩散到水中是非常缓慢的），而实际上在主回路中的水中不会溶解气体。

稳压罐内的压力是用压缩空气来控制的，根据真空泵允许使用范围，可进行 $NPSH_A < 10m$ 的试验，使汽蚀余量下降到约 2 米或更低。使用稳压罐的目的是：

1）在水温升高或回路冷却时，为水的膨胀和收缩提供空间。

2）当出现水泄漏时，也能保证整个回路完全淹没的状态。

3）维持和控制试验泵上游的吸入压力。当测量 $Q - H$ 曲线时保持吸入压力足够高，确保不会引起空化造成的扬程下降及效率损失。为了测量 NPSH 性能，测试从较大的吸入压力（压缩空气）开始，随后稳压罐中的压力降低；当需要低于大气压的吸入压力时再运行真空泵。

4）在试验之前，可对回路中的水进行脱气处理。即使是不需要脱气的试验，脱气也有助于从主回路中除去气体。脱气过程中，阀 FV1 和 FV2 是打开状态的；水在测试泵的驱动下通过稳压罐进行循环，而真空度由真空泵来维持。氧气含量可以用测氧器测量，当氧含量已经达到指定值时可以停止脱气，如 1×10^{-6}。这一水平意味着在 1bar 下的饱和空气水中，超过 80% 的空气已经被脱离。

5）当水经过有效的脱气处理后，最低的 $NPSH_A$ 可能接近 2m。

6）在测试过程中，稳压器水位应略高于测试管路的最高点。

表 16.3 列出了测试回路的主要组成部分。主要功能如下所述。

表 16.3　管路部件清单

部件		功　能
TP	测试泵	
SV	吸入口阀门	拆卸测试泵时保持回路中的水不流出
DTV	排放口阀门	1）控制流量 2）在拆卸测试泵时控制回路中的水
CBV	冷却器旁通阀	提供足够的压降使得水流通过冷却器

（续）

部件		功 能
IV	注水阀门	1) 为测试回路注水 2) 在无冷却器的情况下控制注水量为回路提供冷却
CV1、CV2	冷却器阀门	将冷却器和主回路分离
FV1、FV2	冲洗阀门	方便主循环的冲洗、排气、脱气
HX	冷却器	控制测试回路的水的温度
Pump A	辅助泵	1) 提供冷却水 2) 向测试回路充水
PR	调压器	控制吸入口压力、调节系统内的水量保持回路满流
BP	换气管	施加吸入压力，防止空气进入主回路
MID	电磁流量计	流量测量

（1）冷却　当测试泵运行时，通过冷却器可以将在水中消散的能量从测试回路中移除。冷却水可以由以下方式提供：①通过泵 A 从水池中（如果水池足够大）提供；②通过泵 A 从外部冷却装置（冷却塔）中提供；混合冷却塔在夏季主要通过蒸发冷却，冬季通过干燥空气流通冷却；③城市供水管道提供冷却用水，该方式不需要泵 A。

用于测试泵全流量的冷却器的成本非常高，所以通常将冷却器安装在旁路中。一般冷却器的压降比主管的高，因此为了确保有足够的流量通过冷却器，需要对冷却器旁通阀（CBV）进行节流限制。在测试期间可能需要调整阀 CBV 的位置，以便使其在测试泵的全流量范围内运行。

替代方案：对于低压泵，其最大流量的扬程可能小于冷却器上需要的压降。在这种情况下，辅助冷却水泵可以安装在图 16.1 的阀 CV1 的位置，这样可以移除 CBV 并使测试回路的操作更加简单。

（2）稳压罐　对于稳压罐没有严格的标准来确定增压器的具体尺寸，可以使用立式罐（或大口径管段）。对于尺寸较大的泵，稳压罐直径约为 1000～1200mm，其高度为 1500～1800mm；对于小循环可以使用较小的水箱。加热时水膨胀产生的附加体积可以通过被稳压器吸收，而不会产生太多的水平差。否则需要通过监测并调整水位，使测试过程变得更加复杂。

（3）排水节流阀 DTV　DTV 使泵的总扬程和回路中的压降平衡。对于低压回路，所选阀门的类型必须能够接近整个管道横截面，否则可能无法获得泵的最大流量。如果使用闸阀或蝶阀，则有一个阀门开口，产生速度约为 $c = (2gH)^{0.5}$ 的射流。该射流将导致噪声和振动，并可能由于局部压力较低而导致空气分离。由于具有平滑节流特性的阀门非常昂贵，因此对于大的管道直径来说可选的阀门不多。

（4）截止阀　打开或拆卸测试泵时，吸入阀 SV 和阀 DTV–HP 可用于控制回路中的大部分水,这不仅节省了注水和排水的时间,而且还保持水处于填充状态,以及减少了管路的腐蚀。

在低压测试回路中,截止阀应能全开,且不堵塞管路截面,以便产生最小的压降,达到测试规定的最高流速。

可以采用蝶阀和闸阀,但是蝶阀相对于闸阀具有以下优点:

1) 更小的尺寸。

2) 低成本。

3) 无空气积聚 (闸阀中可能阻塞空气)。

4) 减少积尘。

(5) 来流条件　如果泵上游的管道具有 $L \geqslant (8 \sim 10)D$ 的直线长度,并且在所述直段上游的不同平面中没有弯曲,则可认为泵或 MID 的入流条件是足够均匀。如果流向 MID 或测试泵的流动是紊乱的,则需要安装稳流器。

16.2.3　半开式测试回路 (图 16.2)

在无特殊要求条件下,参阅 16.2.2 中给出的组件和标准的说明。

(1) 主回路　图 16.2 所示为一个半开式测试回路,由于饱和空气的水被注入用于冷却和控制吸入压力,所以称为"半开式"。水通过试验泵循环,流量由排气节流阀 DTV 控制。由于系统中所有的空气都不能排出,因此在排气时需要注意安全。

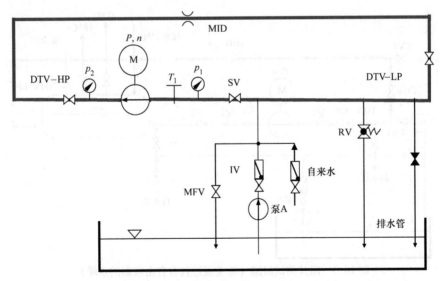

图 16.2　半开式测试回路 (无罐、可注水冷却)

(2) 吸入压力控制　回路中的压力通过水泵 A 进行注水来维持,泵 A 从水池或城市供水中取水。为了避免在关死点附近注入泵过热,需要设置最小流量阀

MFV 进行调节。

吸入压力由减压阀 RV 控制，低于大气压的压力可以通过节流吸入阀 SV 实现。由于阀门内的高流速和低压，空气将在该过程中析出。因此，可实现的最小 $NPSH_A$ 大致为 5m。

（3）冷却　当测试泵运行时，在水中消散的功率 P_i 通过从回路中的溢流阀 RV 流出的热水来除去，再由泵 A 注入冷水，从而形成循环。

待注入水的流量 Q_w 可由式（16.1）计算得：

$$Q_w = \frac{P_i}{\rho c_p \Delta T_{al}} \tag{16.1}$$

式中，P_i 为耗散在水中的能量，$P_i = P - P_m$；ρ 为水密度（1000kg/m³）；c_p 为水的比热容（410kg/m³）；$\Delta T_{al} = T_1 - T_{injection}$ 为回路中允许的温升；T_1 为测试期间吸入口温度，如 30℃；"冷水测试"的最高允许温度为 40℃；$T_{injection}$ 为注水温度，如 15℃。

16.2.4　带有自由液位溢流罐的闭式测试回路（图 16.3）

在无特殊要求条件下，见 16.2.2 中给出的组件和标准的说明。

（1）主回路　图 16.3 所示为一个闭式测试回路，水通过一个大的水罐循环，运行过程中水箱中的水位是自由变化的，测试泵的流量可通过流量节流阀 DTV 进行调节。

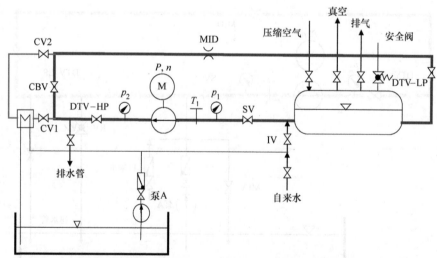

图 16.3　闭式测试回路（流动通过具有自由液面的水罐）

（2）吸入压力控制　吸入压力可以通过高于液位的压力或由吸入阀 SV 控制。当向水罐中施加压缩空气时，根据亨利定律将使更多的气体溶解在水中，这部分气体将在 NPSH 测试的回路中出现减压分离。可以通过真空泵进行脱气，但需要较长的时间来对测试回路中的水进行脱气，这会延长测试时间。

（3）水罐尺寸　罐的尺寸没有确定的规则，一般来说应该实现低速平稳流动，罐中的速度（液面以下区域）不超过约 0.7m/s。

进入水箱时形成的射流，应在流出时消散掉。这主要由挡板来实现，但采用挡板可能导致突然出现非常大的体积，而水罐出口流入管路的水流应是平稳无旋涡的。

16.2.5　开式测试回路

开式测试回路一般用于测试立式潜水泵，但也可以应用于干式泵，包括配备增压泵的大型水泵。无特殊情况下，见 16.2.2 中给出的组件和标准的说明。

图 16.4 显示了测试立式泵的水池和测试回路，通过测试泵的流量由出口节流阀 DTV 控制。图 16.5 显示了一种水池和管路的布局。由测试泵输送的水被引回到与泵相对的水池的另一端，管路排水管的末端安装有整流器。这种布置将从出水管排出的动能分解，将其在水池中快速消散，使泵吸入口处的流动比较稳定。整流器占用空间比较少，并且比常用的整流隔板效果更好。

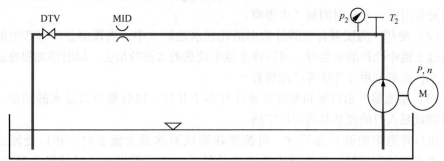

图 16.4　立式泵测试回路

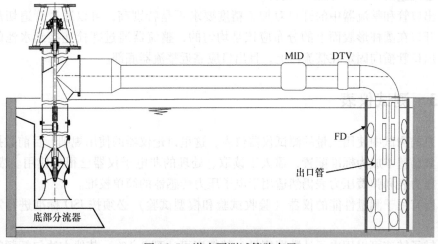

图 16.5　潜水泵测试管路布置

为了确保测试泵的进口处具有良好的流态，应根据 11.7.3 中的规定来设计水池，水池中的速度不应大于 0.5m/s。

（1）吸入压力控制　理论上 NPSH 测试可以通过调整水池的水位来进行，这在小水池和小泵的测试中是可行的。然而，在大型泵的 NPSH 测试中是完全不切实际的，除非是进行模型泵的 NPSH 测试；或者按照 16.2.2 中的介绍，将泵水平安装在回路中。

测试泵的吸入口需要提供足够的淹没深度，详见 11.7.3。应该预先估计出测试泵的 $NPSH_3$（可能从模型测试中换算），以便能够判断测试泵可以在没有因空化诱发的性能损失的流量范围内运行。

在大型泵的小流量工况运行期间，如果没有安装涡流破坏装置，则循环水将在水池中出现强烈的涡流，会影响到扬程和功率的测量。

如果试验泵的吸入口靠近底部分离器（图 16.5），则不需要在吸入口中设置涡流破碎结构。如果吸入口和底部分离器之间的距离较大，则吸入口中必须设置涡流破碎结构（筋）。

当小型泵在大水池中进行测试时，在小流量工况运行期间，叶轮产生的涡流可以被充分消散，不会对测量产生影响。

（2）冷却　测试泵会将部分功率消耗在水池的水中，当该部分功率产生的温度超过水池中允许的水温时，可以将水池中较热的水排放出去。同时添加温度适宜的冷水，也可采用冷却塔等冷却装置。

（3）整流器　出口管和整流器设计有多个开口，以分解出口处水的动能，并确保测试泵入口的流动是均匀稳定的。

出口管道中的开口总尺寸，可按照在测试回路最大流量时，开口处流速为 1m/s 左右来进行设计；整流器中的开口总尺寸，可以根据测试回路最大流量下，开口处流速为 0.5m/s 来进行设计。

出口管和整流器中的开口对加工精度要求不是特别高，可以通过管道切割加工。开口在圆柱形表面上的分布应该是均匀的，整流器通过螺栓连接到水池的底部，出口管横向固定在整流器上，且出口应靠近整流器底部。

16.3　测试仪表

泵的测试中使用大量的测试仪器仪表，这里讨论仪器的使用规则。目前数据自动采集已基本成为标准配置，需人工读取、处理的非电子仪器已很少使用。然而，自重压力表和弹簧压力表仍然适用于电子压力传感器的简单校准。

所有用于测量性能的仪器（验收试验和模型试验）必须按 ISO 标准进行定期校准。

转子转速可以用电子计数器测量，其精度可达到 0.1%，其他方法包括频闪装置、手动或自动旋转计数器等。

以下列出的各种仪器的精确度是由供应商给出的，这些参数在理想条件下是可以实现的。然而，在工业泵测试中可达到的精度一般低于供应商给出的参数。

16.3.1 压力测量

电子压力传感器的原理是测量在流体压力作用下膜的变形。一般用于测量两个测量点之间的静压差，例如：出口和进口之间的压差 $\Delta p_{stat} = p_d - p_s$。采用自重压力表进行校准是比较容易的，精度通常为传感器测量范围的 0.3%。

测压孔必须边缘锋利、与内管壁齐平且无毛刺。如果出现流动减速或加速，可能会产生高达总压百分之几的误差。孔直径一般为 3 ~ 4mm，以避免被污垢堵塞。吸入压力和出口压力分接头安装在直管上，距离相应法兰的距离为 $L = 2D$。

测压位置与压力计或传感器之间的仪表线应尽可能短，避免对测量结果产生影响。测压孔和仪器之间的高程差（如果有的话）必须用相对于测试参考基准的适当标志来说明，以便正确地评估高位差的影响。如果可能的话，建议将所有压力读数仪器安装在与泵轴相同的高度（对于卧式泵），这样可以避免在仪器线路中可能存在气泡时对读数产生影响。

16.3.2 流量的测量

（1）电磁流量测量（ISO 9104） 目前磁感应流量测量装置（MID）已经被广泛使用，这是目前主流的流量测试方法。

电磁流量测量原理：在电解液体流过磁场时，在线圈中会感应出电流（法拉第定律）。测量装置由具有电绝缘内表面的非铁磁管和磁性线圈组成，在管上沿直径形成与流体接触的两个电极。流过线圈的电流产生垂直于管轴的感应线 B 的磁场，该磁场将穿透管壁和流体。

根据法拉第定律，流体经过时产生电压，该电压与磁感应 B 成正比，流体的速度 w 和管的内径 D（即电极的间隔）成正比，在测量范围内 MID 提供与流速成线性的信号，该信号的感应电压为 $U_i = kBwD$（k 为无量纲常数）。

其特性与使用条件：

1）流体必须是导电的，且最小电导率为 $50\mu S/cm$（因此 MID 不适用于烃类）。普通饮用水的电导率约为 $400\mu S/cm$。然而，传输信号不完全依赖于实际的电导率，当导电率低于 $5\mu S/cm$ 时，可以使用电容式信号接收器。

2）MID 对电场和磁场是具有一定免疫的。

3）测量管路必须是满流状态。

4）可以测量双向流动。

5）该信号在很大程度上独立于黏度和密度（包括层流到湍流，误差都较小）。

6）测量管由电绝缘材料（塑料、陶瓷）制成。当使用金属管时，其衬垫必须是非导电材料。

7）流体中含有大量固体（浆料、废水）时，不会影响信号；如疏浚船舶上管径为 500mm 管路可以以 15m/s 的速度输送固体含量为 50% 的介质。

8）介质中存在的气泡会增加体积流量，因此在存在气泡的情况下，实际的液体流速低于测量值。

9）为了提高测量准确度，必须正确安装设备来防止气体与液体的分离。

10）管路安装可以是水平或垂直的，但电极轴必须始终水平安装。

11）安装位置的选择：向上流动的管道部分；不在泵的吸入侧；不在较高的位置；不在下降管路中。

12）MID 与管道的公称直径相同，则不会产生额外的压降。

13）只要径向对称，测量精度几乎不受速度分布的影响。

14）速度分布的影响示例：①平行于电极轴的平面上的 $L=5D$ 上游的一个 90° 弯头引起偏差为 -0.2%；②位于 MID 上游的 $L=5D$ 处的不同平面上的两个 90° 弯头产生的涡流，在流速高于 2m/s 时产生了 $\pm0.1\%$ 的偏差，在流速低于 1m/s 时产生了最高 0.4% 的偏差。

根据 ISO 9104，在 MID 的上游需要 $L=10D$ 的直管长度；然而根据上述数据，$L=5D$ 的直线长度也是足够了。MID 的下游直管长度至少为 $L=2D$。MID 的上游和下游所需的直管长度在很大程度上决定了测试回路所需的空间。另外，也可以通过安装整流器来减少 MID 上游的直管长度。

由于 MID 在较宽的速度范围内依然可以提供线性信号，所以测量范围可以提高到 1:100。因此，可以用单个测量装置覆盖各种测试泵。也可以在给定回路中要测试的最高流速下，来调整 MID；这样在测量流量较低的泵时，仍然可以获得良好的精度。且这样可以降低成本，最重要的是测试回路的总长度可以保持最小。

根据上述标准选择 MID，在给定测试回路中要测试的泵的最高效率点流量可以覆盖的范围通常为 1:12，标称精度为 $\pm0.3\%$，范围为 $1\sim12$m/s 或 1:50，精度为 $\pm0.6\%$，最低速度为 0.25m/s。

（2）孔板、喷嘴或文丘里喷嘴测量（ISO 5167 – 1） 其原理是：在直径为 D 的管道内，流体在通过直径为 d 的装置时会加速流动。为了确定体积流量，测量了收缩管中的静压差 Δp，如图 16.6 所示。这些装置会产生压力损失 Δp_v，如果压力太低则存在空化的风险。

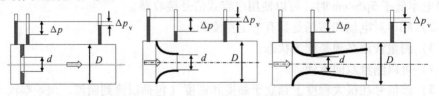

图16.6 孔板、喷嘴、文丘里喷嘴（自左向右）

流量可以通过式（16.2）和测量的压差 Δp 进行计算：

$$Q = \alpha \frac{\pi}{4} d^2 \sqrt{\frac{2\Delta p}{\rho}} \tag{16.2}$$

式中，d 为喉部直径。

式（16.2）适用于边缘锋利的喷嘴和文丘里喷嘴，其中出流系数 α 取决于装置的类型，出流系数由式（16.3）计算：

$$\alpha = \frac{C}{\sqrt{1 - \beta^4}} \tag{16.3}$$

式中，β 为直径比，即 $\beta = d/D$。

流量系数 C 和雷诺数的关系如下：

1）边缘锋利的孔（ISO 5167 – 2）：当 $Re > 50'000$ 时，$C = 0.6 \sim 0.61$，直径比 $\beta = d/D \leqslant 0.6$。

2）文丘里喷嘴（ISO 5167 – 3）：$C = 0.924 \sim 0.985$。

3）大曲率喷嘴（ISO 5167 – 3）：$C = 0.944 \sim 0.995$。

4）喷嘴（ISA 1932）：$C = 0.929 \sim 0.938$。

5）文丘里管（ISO 5167 – 4）：$C = 0.957 \sim 0.995$。

收缩管中的压差 Δp 由式（16.4）给出。喷嘴的压力损失 Δp_v 可以从式（16.5）计算出来。对于文丘里喷嘴，这种损失要小得多：粗略估计为 $\Delta p_v = 0.3$ $(1 - \beta)\Delta p$。

测量压差：

$$\Delta p = \frac{\rho}{2}\left(\frac{4Q}{\alpha \pi d^2}\right)^2 = \frac{\rho}{2}\left(\frac{4Q}{C\pi d^2}\right)^2 (1 - \beta^4) \tag{16.4}$$

喷嘴的压力损失：

$$\Delta p_v = (1 - \beta^{1.9})\Delta p, \ \beta = \frac{d}{D} \tag{16.5}$$

对于这种类型的测量必须在均匀流条件下进行。根据上游的部件类型，标准规定了上游管道所需的最小长度。

采用喷嘴进行流量测量时，相关注意事项可参考文献 [1, 4]。

1）入流必须均匀稳定，因为孔口对扭曲的速度分布和涡流比较敏感（类似在平面外设置弯管）。由不均匀入流引起的测量误差随着直径比 β 的增加而增加。文献 [1] 中的例子可以用于说明这种影响：在孔板上游 $L = 8D$ 处设置90°弯头，$\beta = 0.5$ 时流量系数 C 的误差为 -0.6%，$\beta = 0.75$ 时误差为 -2.1%。在 $L = 24D$ 处设置90°弯头，$\beta = 0.5$ 时对应的误差为 -0.25%，$\beta = 0.75$ 时误差为 -1%。

2）进水管的表面粗糙度必须低于标准规定值。

3）磨损、缺口及污垢沉积会使流量系数 C 增加。

4）管路必须是满流状态。

5）需要提供足够的系统压力，已避免空化及气液分离。

6）严格按照标准进行设计，安装过程中孔可以不进行校准。

7) 测压孔必须设置在合适的位置，孔口必须是边缘锋利、无毛刺的。

在理想条件下，边缘锋利的孔口流量系数 C 的精度在 $\beta \leqslant 0.6$ 时为 $\pm 0.6\%$，$\beta > 0.6$ 时为 $\pm \beta\%$。考虑到上述因素对流量系数的影响，实际的精度预计在 $\pm 1\% \sim 1.5\%$ 的范围内。

（3）超声波流量计　工作原理一般是基于时差法[6]。两个或多达六个的电声转换器（"压电体"）被布置在内径 D、角度 α 的管线上。压电体通过流过管道的液体（或气体）发射和接收在兆赫兹范围内的短脉冲，在流动方向上传播的脉冲到达相对的管壁需要的时间相对更短，根据式（16.6）和式（16.7）得出以上结论。

流动方向传播时间：
$$T_{wf} = \frac{D}{(a + w\cos\alpha)\sin\alpha} \tag{16.6}$$

流动反方向传播时间：
$$T_{cf} = \frac{D}{(a - w\cos\alpha)\sin\alpha} \tag{16.7}$$

两个行进时间的差值 ΔT 与流速间是线性关系，流速可以根据式（16.8）计算：

$$\Delta T = T_{cf} - T_{wf} = \frac{v\sin(2\alpha)}{D}T_{cf}T_{wf} \tag{16.8}$$

流体中的声速 a 可以直接从行进时间和脉冲行进距离根据式（16.9）确定：

$$a = \frac{2D}{\sin\alpha(T_{cf} + T_{wf})} \tag{16.9}$$

特性与使用条件：

1) 动态黏度的极限值由 $\mu_{max} = 0.1(D_{Ref}/D)P_{as}$ 和 $D_{Ref} = 1000mm$ 给出，在高黏度下信号似乎是阻尼的。

2) 固体颗粒会反射声波影响测量结果，因此测量流体中固体的体积浓度不应超过 5%。

3) 气泡对声波会产生反射和阻尼效应，对声波的传播影响较大，详见 13.2。因此，测量流体的体积气体含量不应超过 1%。同时，可通过合理安装设备来防止气液分离，提高测量结果的精度。

4) 速度分布对测量精度的影响取决于所使用的声束数量。单束装置只能用于湍流测量，因为在层流过渡时的测量误差约为 30%；双束装置在从层流到湍流的过渡期间可以达到 $\pm 0.5\%$ 的精度；具有 5 束的超声波流量计，即使在边界层转捩时也能达到 $\pm 0.15\%$ 的精度。

5) 如果管道的直径相同，则不会产生额外的压降。

超声波流量计可以灵活地安装在管道上。考虑到管道的声音传播特性（壁厚、材料和直径）和工艺流体，流量计上游的直管长度应为 $L > 10D$，雷诺数 $Re > 10000$，精度可达到 $\pm 2\%$。

16.3.3　功率、转矩及效率的测量

除了温度测量外，泵的效率只能通过测量功率或转矩来确定，这些量是很难精确测量的。有以下方案可供选择：

1）有各种类型的转矩仪可供选择，精度通常约为 ±1%。一般可能存在电磁滑差问题，因此在测试之前和之后必须要进行校零。

2）电动机功率可使用瓦特表进行测量。

3）电动机耗能可以通过电表进行计数测量。

4）如果通过上面的方式确定电动机功率，则必须知道电动机工作效率，以便计算电动机和泵的耦合功率。可以使用校准的电动机，但负载变化的电动机效率具有不确定性，这使电动机输出功率的评估比较难。

5）带有力捕捉器的回转式电动机，可以通过自重校准，其精度约为 ±0.5% ~1%。模型测试时可以选择这种电动机，但这种电动机价格比较昂贵。

6）如果泵由电动机通过齿轮箱驱动，必须精确地了解齿轮损耗。这些损失取决于负载和油黏度（温度），所以当使用齿轮箱时，测量的不确定性会非常显著（除非使用转矩仪）。

7）对于扬程高于 250m 的泵，温度测量也成为确定设备运行效率的方法之一。对于评估这些测试的方程式详见 11.6。

16.4　测试准备和测试步骤

16.4.1　测试准备

测试准备包括以下内容：

1）准备一个测试表格，定义要测量的数量、参数，以及每一个测试所需的测试点数量（以流量为例）。

2）准备评估测试的软件，包括不属于标准程序的测量（以模型测试为例）。

3）确保吸入压力读数不会受到小流量工况下回流的影响，否则可能导致 $Q-H$ 曲线不稳定及小流量下的 NPSH 过大，详见第 5 章及图 5.16。

4）明确测试内容；检查水力部件的主要尺寸；记录相应的值并与设计参数进行比较，检查尺寸是否符合要求。

5）记录流道的表面粗糙度（叶轮、导叶、蜗壳、叶轮前后腔体）。

6）测量和记录叶轮和轴向力平衡装置上的环形密封间隙。

7）在泵壳中心线上记录转子的径向设置。

8）记录轴向上转子相对于轴向间隙和叶轮/导叶对齐的设置。

9）测试泵组装后：转子是否可以不受摩擦地手动转动。

10）确保联轴器等旋转部件进行了适当保护。

11）检查旋转方向。

12）对包括仪表、管路在内的测试回路进行注水和放气。

13）检查密封性。

14）进行安全说明和安全措施检查。

15）设备安全检查：电气、高压元件、障碍物、紧急出口。

16）根据类型和供应商的说明检查仪器：各种传感器的排气、各测试仪表的校零检查、仪器电缆的屏蔽要求。

17）检查数据采集系统。

18）测试系统通水循环除气，详见 16.2.2。

19）当系统循环将气体（氧）含量降低到所需的水平时，关闭冲洗阀 FV1 和 FV2（图 16.1），然后准备开始测试。

16.4.2　性能测试步骤

测试可以在小流量或最大流量开始。在进行一次读数之前，泵内的流速应在该试验点上稳定；同时也要考虑到机械损失对轴承温度的影响。

对于每个测试点，同时记录表 2.2 中的量 n、T_s、p_s、P_D、Q、P（或 M）（根据实际情况读数）。当使用数据自动记录系统时，每一个量在短时间内记录，如记 5 次，读数随后被平均化，确定标准偏差及误差范围。

在完成记录该数据后，通过节流阀 DTV 调节下一个测试点（流量）。在进行下一个记录之前，流量条件必须稳定。根据测试设备的实际情况，对于高达 50kW 的泵，通常可能需要 2min 来进行稳定，随着功率的增加，稳定流量所需的时间将增加。

测试点的数量取决于 $Q-H$ 曲线的陡度。陡峭的 $Q-H$ 曲线只需要几个测量点，而平坦或不稳定的 $Q-H$ 曲线需要更多的流量点，以确保检测到可能的不稳定性现象。如果检测到明显的不稳定性，则可以从大流量到小流量进行一次测试，再从小流量到大流量进行第二次测试，以便排除流量调节产生的滞后现象，如图 8.21 所示。

测量关死点的扬程和功率是可行的，但是由于功率耗散会引起水温上升，这使得泵输入功率测量变得困难。如在 $Q=0$ 的 60s 操作期间，在具有 1000kW 的关死点功率的泵中，$1m^3$ 的水量被加热约 14℃。如果在类似条件下进行读数，则在计算扬程时应考虑相关的密度降低，否则将测量出看似不稳定的 $Q-H$ 曲线。如果使用变速驱动器，关死点的扬程和功率可以在低速条件下进行测量，然后换算成全速的结果。

试验结束后，应拆卸并检查泵是否出现机械损伤（如密封环的磨损、轴承或轴封的损坏）。

16.4.3　空化测试步骤

推荐步骤是在转速和流速稳定的情况下，连续降低试验回路中有效汽蚀余量 NPSH，以进行空化测试，详见 6.2.5 与图 6.9 中的试验步骤。如果测得的 H（$NPSH_A$）曲线很大一部分是水平的（图 6.9），那么试验结果是非常准确的。

确定空化效果的另一种方法是将吸入阀保持在一个恒定的位置，并连续打开出水口阀门以增加流量，直到扬程偏离无空化的 $Q-H$ 曲线，如图 6.18 所示。在该测试中，$NPSH_A$（不考虑流量增加引起的吸入管中的损失）基本上保持恒定，但流速增加。在大流量下越来越难以确定在打开 DTV 之前空化是否对性能已产生影响，因此这种方法比在恒定流量和速度下的测量精度要低。

可以将出水口阀门保持在恒定位置，同时连续关小吸入口阀门，直到扬程偏离无空化时的 $Q-H$ 曲线。在该测试中，$NPSH_A$ 减少的同时流速也在减小。

在所有空化测试中，都可以通过改变稳压罐液面上方的压力、吸入管中的流量或改变液面高度来控制 $NPSH_A$，也可以通过将液体加热到更高的温度来降低饱和蒸汽压从而降低 $NPSH_A$，但是这种方式很少使用。

16.5　测试评估与精度分析

根据表 2.2，扬程和 NPSH 由压力和流量的测量数据计算出的。因此需要考虑到测压孔和仪器安装高程对测量结果的影响。

如果进出口之间出现密度变化（热水、压力上升），则计算时使用平均密度。

在按照图 16.5 测试水池中安装的立式泵时，将水池中的水位作为入口水平面，以计算入口高程（液面可认为是不变化的）。

不同参数的测量不确定度叠加起来会形成总体的不确定度。个体的不确定度有：海拔 z（表 2.2）的不确定度 f_z、吸入压力的不确定度 f_{ps}、出口压力的不确定度 f_{pd}、流量的不确定度 f_Q、功率不确定度 f_P、扬程计算结果的不确定度为 f_H〔根据式（16.10）计算而来〕。

$$f_H = \pm \sqrt{\left(\frac{z_d - z_s}{H}\right)^2 f_z^2 + \left(\frac{p_d}{\rho g H}\right)^2 f_{pd}^2 + \left(\frac{p_s}{\rho g H}\right)^2 f_{ps}^2 + \frac{(c_d - c_s)^4}{(gH)^2} f_Q^2} \quad (16.10)$$

根据式（16.11）计算效率的不确定度：

$$f_\eta = \pm \sqrt{f_H^2 + f_P^2 + f_Q^2 + f_\rho^2} \quad (16.11)$$

16.6　测试中可能出现的问题与补救措施

泵测试中常见的问题有：①性能偏差（最为常见的问题）；②小流量工况扬程

和功率特别高；③NPSH 曲线偏离预期；④噪声异常；⑤振动超过限制。当出现以上问题时，第一步应该采取的措施是检查测试结果的有效性，可以通过更换测试仪器检查测量结果（其中压力的测量最为简单）。

前面的章节讨论了很多关于试验中容易出现的问题，为了便于参考将这些问题在表 16.4 中列出。

表 16.4 测试中可能出现的问题与补救措施

问题	可能的原因	供参考的补救措施
压力读数不稳定	1）仪表旁路泄漏 2）仪表管路内存在空气 3）仪表管路被堵塞	1）关闭旁路 2）排气 3）冲洗 4）重新校准 5）进行冗余测量
流量读数不稳定	1）空气在仪表处析出 2）流动不稳定	1）重新设计管路系统 2）脱气 3）排气 4）安装整流器
功率读数不稳定	1）电动机损失不明确 2）齿轮损失不明确（采用齿轮箱结构时） 3）密封环处摩擦严重 4）机械故障	1）电动机过大（在低载荷、低效率区间运行） 2）在高扬程情况下，需要考虑温升耗能 3）校核电动机 4）检查泵
转矩仪读数不稳定	1）转矩仪安装错位 2）参数设置有误	1）检查滑差 2）调节泵和电动机轴的同心、对齐 3）校核 4）检查数据 5）冗余测量
性能不达标	1）几何尺寸误差 2）Q、H、P 测量有误 3）旁路泄漏严重	详见表 4.3
NPSH 在小流量工况接近 $Q=0$ 的升高；$Q-H$ 曲线在关死点附近下降	预旋（具有轴向进口的泵或管道泵在吸入口处没有设置消旋隔板）	增设整流器，详见 5.2.6 中图 5.16
振动和噪声异常	1）基础不牢固 2）管路抖动 3）耦合问题 4）联轴器错位 5）流动不稳定 6）测试回路中存在驻波 7）出口阀门与泵出口法兰距离太近，产生干涉	1）检查管路刚性 2）重新设计回路 3）检查电动机与耦合部件是否对齐 4）检查耦合类型 5）将泵出口阀门向下游移动

参 考 文 献

[1] Baker, R.C.: Flow Measurement Handbook. Cambridge University Press (2000)

[2] Berten, S. et al. Experimental investigation of flow instabilities and rotating stall in a high-energy centrifugal pump stage. ASME FEDSM (2009)

[3] Bolleter, U. et al.: Rotordynamic modeling and testing of boiler feedpumps. EPRI Report TR-100980, Sept. (1992)

[4] Fiedler, O.: Strömungs- und Durchflussmesstechnik. Oldenburg Verlag München (1992)

[5] Hofmann, F.: Electromagnetic flow meters. 3rd ed Krohne, (2003)

[6] Hofmann, F.: Fundamantaly of ultrasonic flow mesurements or industrial application. Krohne (2001)

第17章 数据资料

1）单位和单位换算。
2）饱和水的特性。
3）气体在水中的溶解度。
4）物理常数。
5）液体中的声速。
6）机械振动的基本概念。
7）水力设计说明书。

17.1 单位和单位换算

加速度

1ft/s^2 $= 3.0480 \times 10^{-1}$ m/s^2

面积

1in^2 $= 6.4516 \times 10^{-4}$ m^2

1ft^2 $= 9.2903 \times 10^{-2}$ m^2

1yd^2 $= 8.3613 \times 10^{-1}$ m^2

1acre $= 4.0469 \times 10^{3}$ m^2

1mile^2 $= 2.5900 \times 10^{6}$ m^2

单位体积热量

1kcal/m^3 $= 4.1868 \times 10^{3}$ J/m^3

1Btu/ft^3 $= 3.7260 \times 10^{4}$ J/m^3

密度

1lb/ft^3 $= 1.6018 \times 10$ kg/m^3

比热容量

$1\text{kcal/kg}℃$ $= 4.1868 \times 10^{3}$ J/kgK

$1\text{cal/g}℃$ $= 4.1868 \times 10^{3}$ J/kgK

$1\text{Btu/lb}℉$ $= 4.1868 \times 10^{3}$ J/kgK

热导率

1kcal/mh℃	= 1. 1630	W/mK
1cal/cm s℃	= 4. 1868 × 10²	W/mK
1Btu/ft²h(℉/in)	= 1. 4423 × 10⁻¹	W/mK
1Btu/fth℉	= 1. 7308	W/mK

热流量

1kcal/m²h	= 1. 1630	W/m²
1kcal/ft²h	= 1. 2518 × 10	W/m²
1cal/cm²s	= 4. 1868 × 10⁴	W/m²
1Btu/ft²h	= 3. 1546	W/m²

能量、热、功

1Nm	= 1. 00	J
1Ws	= 1. 00	J
1kpm	= 9. 8067	J
1kcal	= 4. 1868 × 10³	J
1kWh	= 3. 6000 × 10⁶	J
1Btu	= 1. 0551 × 10³	J

比焓

1kcal/kg	= 4. 1868 × 10³	J/kg
1Btu/lb	= 2. 3260 × 10³	J/kg

力

1kp	= 9. 8067	N
1dyn	= 1. 00 × 10⁻⁵	N
1Dyn	= 1. 00	N
1lbf	= 4. 4482	N

质量

1kps²/m	= 9. 8065	kg
1lb	= 4. 5359 × 10⁻¹	kg
1t(长)	= 1. 0160 × 10³	kg
1t(短)	= 9. 0714 × 10²	kg

质量流量

1lb/h	= 1. 2600 × 10⁻⁴	kg/s

1t/h(短)	$= 2.5200 \times 10^{-1}$	kg/s
1t/h(长)	$= 2.8224 \times 10^{-1}$	kg/s
质量流速		
1lb/h ft^2	$= 1.3562 \times 10^{-3}$	kg/m^{2}s
1kg/h ft^2	$= 2.9900 \times 10^{-3}$	kg/m^{2}s
1lb/s ft^2	$= 4.8824$	kg/m^{2}s
功率		
1mkp/s	$= 9.8065$	W
1kcal/h	$= 1.1630$	W
1 马力	$= 7.3548 \times 10^2$	W
1m^{3}atm/h	$= 2.8150 \times 10$	W
1 ft lbf/min	$= 2.2597 \times 10^{-2}$	W
1 ft lbf/s	$= 1.3558$	W
1 Btu/h	$= 2.9308 \times 10^{-1}$	W
1 hp(UK)	$= 7.4570 \times 10^2$	W
传热系数		
1kcal/m^{2}h℃	$= 1.1630$	W/m^{2}K
1cal/m^{2}s℃	$= 4.1868$	W/m^{2}K
1kcal/ft^{2}h℃	$= 1.2518 \times 10$	W/m^{2}K
1Btu/ft^{2}h ℉	$= 5.6785$	W/m^{2}K
长度		
1Å	$= 1.00 \times 10^{-10}$	m
1μm	$= 1.00 \times 10^{-6}$	m
1in	$= 2.5400 \times 10^{-2}$	m
1ft = 12in	$= 3.0480 \times 10^{-1}$	m
1yd = 3ft	$= 9.1440 \times 10^{-1}$	m
1mil	$= 2.5400 \times 10^{-5}$	m
1mile(st)	$= 1.6094 \times 10^3$	m
1mile(n.)	$= 1.8532 \times 10^3$	m
温差		
1℃	$= 1$	K
1℉	$= 5/9$	K

动力黏性

Pa s	$= Ns/m^2 = kg/ms$	
$1 kps/m^2$	$= 9.8065$	Pa s
$1 cp$	$= 10^{-3}$	Pa s
$1 Poise = 1 g/cm\ s$	$= 1.00 \times 10^{-1}$	Pa s
$1\ lb/ft\ h$	$= 4.1338 \times 10^{-4}$	Pa s
$1\ kg/ft\ h$	$= 9.1134 \times 10^{-4}$	Pa s
$1\ lb/ft\ s$	$= 1.4882$	Pa s

运动黏性

$1\ cSt = 1 mm^2/s$	$= 10^{-6}$	m^2/s
$1 St$	$= 1.0000 \times 10^{-4}$	m^2/s
$1 ft^2/h$	$= 2.5806 \times 10^{-5}$	m^2/s
$1 ft^2/s$	$= 9.2903 \times 10^{-2}$	m^2/s

体积

$1 in^3$	$= 1.6387 \times 10^{-5}$	m^3
$1 ft^3$	$= 2.8317 \times 10^{-2}$	m^3
$1 yd^3$	$= 7.6455 \times 10^{-1}$	m^3
$1 US\ gal$	$= 3.7853 \times 10^{-3}$	m^3
$1 UK\ gal$	$= 4.5460 \times 10^{-3}$	m^3
$1 bar(US)$	$= 1.5898 \times 10^{-1}$	m^3

压力

$1 bar$	$= 1.0000 \times 10^5$	Pa
$1 at$	$= 9.8067 \times 10^4$	Pa
$1 kp/cm^2$	$= 9.8067 \times 10^4$	Pa
$1 atm$	$= 1.0133 \times 10^5$	Pa
$1 Torr$	$= 1.3332 \times 10^2$	Pa
$1 mmHg$	$= 1.3332 \times 10^2$	Pa
$1 mmWS$	$= 9.8067$	Pa
$1 lbf/in^2$	$= 6.8948 \times 10^3$	Pa

温度

$\theta\,℃$	$= (\theta + 273.15)$	K
$\theta\,℉$	$= 5/9(\theta - 32) + 273.15$	K

1°R	= 5/9	K
比体积		
1ft³/kg	$= 2.8317 \times 10^{-2}$	m³/kg
1ft³/lb	$= 6.2428 \times 10^{-2}$	m³/kg
体积流量		
1ft³/h	$= 7.8658 \times 10^{-6}$	m³/s
1ft³/min = 1cu/min	$= 4.7195 \times 10^{-4}$	m³/s
1ft³/s = 1cu/s	$= 2.8317 \times 10^{-2}$	m³/s
1USgal/h	$= 1.0515 \times 10^{-6}$	m³/s
1UKgal/h	$= 1.2628 \times 10^{-6}$	m³/s
1bar/d(US)	$= 1.8401 \times 10^{-6}$	m³/s
1USgal/min	$= 6.3089 \times 10^{-5}$	m³/s
1UKgal/min	$= 7.5766 \times 10^{-5}$	m³/s

17.2 饱和水的特性

表 17.1 提供了饱和水的特性数据。在液相时,其性质与压力的关系不大。因此,表中的值也可以近似用于高于饱和压力的情况,如在 1000bar 的压力下,水的密度只比饱和压力下高大约 4% ~ 5% 。

下列表中及方程中使用的符号为:

′	液相;
″	蒸汽;
p_v	饱和压力;
ρ'	水密度;
ρ''	蒸汽密度;
$c_{p,av}$	0 和 $T℃$ 之间的平均比热容;
c_p	温度 T 下的比热容;
h'	焓;
Δh_v	蒸发焓;
λ'	导热系数;
ν'	运动黏度;
S_T	表面张力水/蒸汽;
a_0	水中的声速。

临界点为 $T = 374℃$ 和 $p = 221.2bar$,此时水和蒸汽具有相同的性质;比热容趋

于无限；蒸发焓和表面张力为零。

表 17.2 给出了一些近似公式来描述水的物性参数。"F"列给出了常规误差，但是个别值可能会大于所示的偏差。

这些近似公式对大多数的数值计算来说，精度是足够的。但是它们不能用于对测试数据的评估，尤其是对模型验收测试来说，其准确性是不够的。对于正式的工程测量，必须使用实际的水汽表。

表 17.1 饱和水特性

T	p_v	ρ'	ρ''	h'	$c_{p,av}$	c_p^*	λ'	ν''	S_T	Δh_v	a_0
℃	bar	kg/m³		kJ/kg	kJ/kgK		W/mK	$10^6 m^2/s$	N/m	kJ/kg	m/s
0.01	0.0061	999.8	0.0049	—	—	4.217	0.569	1.75	0.076	2501	1405
10	0.0123	999.7	0.0094	42.03	4.203	4.193	0.587	1.3	0.074	2477.4	1445
20	0.0234	998.3	0.0173	83.86	4.193	4.182	0.603	1	0.073	2453.9	1480
30	0.0424	995.7	0.0304	125.61	4.187	4.179	0.618	0.8	0.071	2430.3	1505
40	0.0737	992.3	0.0512	167.34	4.184	4.179	0.632	0.656	0.070	2406.5	1520
50	0.1233	988	0.0830	209.11	4.182	4.181	0.643	0.551	0.068	2382.6	1540
60	0.1992	983.2	0.1302	250.91	4.182	4.185	0.654	0.471	0.066	2358.4	1550
70	0.3116	977.7	0.1981	292.78	4.183	4.19	0.662	0.409	0.064	2333.8	1560
80	0.4736	971.6	0.2932	334.72	4.184	4.197	0.67	0.361	0.063	2308.8	1560
90	0.7011	965.2	0.4233	376.75	4.186	4.205	0.676	0.322	0.061	2283.4	1560
100	1.013	958.1	0.5974	418.88	4.189	4.216	0.681	0.291	0.059	2257.3	1550
110	1.433	950.7	0.826	461.13	4.192	4.229	0.684	0.265	0.057	2230.5	1540
120	1.985	942.9	1.121	503.5	4.196	4.245	0.687	0.244	0.055	2202.9	1520
130	2.701	934.6	1.496	546.1	4.201	4.263	0.688	0.226	0.053	2174.4	1505
140	3.614	925.8	1.966	588.9	4.206	4.285	0.688	0.211	0.051	2144.9	1485
150	4.760	916.8	2.547	631.9	4.213	4.31	0.687	0.197	0.049	2114.2	1460
160	6.180	907.3	3.259	675.2	4.220	4.339	0.684	0.186	0.047	2082.2	1440
170	7.920	897.3	4.122	718.8	4.228	4.371	0.681	0.177	0.044	2048.8	1415
180	10.00	886.9	5.16	762.7	4.237	4.408	0.677	0.168	0.042	2014	1390
190	12.55	876	6.398	807	4.247	4.449	0.671	0.161	0.040	1977.4	1360
200	15.55	864.7	7.865	851.8	4.259	4.497	0.665	0.155	0.038	1939	1325
210	19.08	852.8	9.596	897.1	4.272	4.551	0.657	0.149	0.036	1898.7	1290
220	23.20	840.3	11.63	943	4.286	4.614	0.648	0.145	0.033	1856.2	1260
230	27.98	827.3	14.00	989.6	4.303	4.686	0.639	0.14	0.031	1811.4	1220
240	33.48	813.6	16.77	1036.9	4.320	4.77	0.628	0.136	0.029	1764	1185
250	39.78	799.2	19.99	1085.1	4.340	4.869	0.618	0.134	0.026	1713.7	1150
260	46.94	783.9	23.74	1134.3	4.363	4.986	0.603	0.131	0.024	1660.2	1105
270	55.05	767.8	28.11	1184.5	4.387	5.126	0.59	0.129	0.021	1603	1065

（续）

T	p_v	ρ'	ρ''	h'	$c_{p,av}$	c_p^*	λ'	ν''	S_T	Δh_v	a_0
℃	bar	kg/m³	kg/m³	kJ/kg	kJ/kgK		W/mK	10^6 m²/s	N/m	kJ/kg	m/s
280	64.19	750.5	33.21	1236.1	4.415	5.296	0.575	0.128	0.019	1541.2	1020
290	74.45	732.1	39.2	1289.3	4.446	5.507	0.558	0.127	0.017	1475.2	975
300	85.92	712.2	46.25	1344.2	4.481	5.773	0.541	0.127	0.014	1403.1	925
310	98.70	690.6	54.64	1401.3	4.520	6.12	0.523	0.125	0.012	1324.1	875
320	112.90	666.9	64.75	1461.3	4.567	6.586	0.508	0.124	0.010	1236.5	820
330	128.65	640.5	77.15	1524.8	4.621	7.248	0.482	0.124	0.008	1138.1	—
340	146.08	610.3	92.76	1593.5	4.687	8.27	0.46	0.124	0.006	1025.6	—
350	165.37	574.5	113.4	1670.3	4.772	10.08	0.437	0.123	0.004	893.2	—
360	186.74	528.3	143.5	1762.6	4.895	14.99	0.399	0.124	0.002	722.6	—
374	221.20	315.5	315.5	2099.7	5.612	∞	0.238	—	0	0	—

表17.2 饱和水及饱和蒸汽的各项特性的近似公式

注意适用范围	这些近似公式的精度不足以用于实际工程验收测试		
近似温度 <350℃	$x = \dfrac{T[\text{℃}]}{T_{Ref}}$ $T_{Ref} = 100\text{℃}$	误差（%）	适用的最高温度/℃
静压/bar	$p_v = 0.978x^4 - 0.345x^3 + 0.355x^2 + 0.0184x + 0.0067$，当 $T < 100$℃时	0.2	100
	$p_v = 1.4x^4 - 1.293x^3 + 0.666x^2 + 0.586x - 0.346$，当 $100 < T < 330$℃时	0.2	330
密度/(kg/m³)	$\rho' = 999.5 + 10.7x - 94.6x^2 + 69.5x^3 - 35.5x^4 + 9.34x^5 - 1.01x^6$	0.13	350
比热容(kJ/kg K)	$c_p' = 4.225 - 0.3148x + 0.5481x^2 - 0.3058x^3 + 0.0714x^4$	0.3	300
平均比热容 /(kJ/kgK)	$c_{p,av}' = 4.1987 - 0.0284x + 0.008x^2 + 0.0107x^3$ 0 和 T 之间的平均比热容	0.13	300
焓（kJ/kg）	$h' = c_{p,av} T$ 和 T(℃)	0.13	310
	$h' = 423x - 12x^2 + 6.8x^3$	0.35	
蒸发焓(kJ/kg)	$\Delta h_v = 2501 - 197x - 80.8x^2 + 43.2x^3 - 11.8x^4$	0.3	280
运动黏度/(m²/s)	$\nu = 10^{-6}(0.3303x^6 - 2.3962x^5 + 7.0454x^4 - 10.902x^3 + 9.7548x^2 - 5.2896x + 1.7473)$，当 $T < 200$℃时	2.3	200
	$\nu = 10^{-6}(-0.012x^3 + 0.1172x^2 - 0.3877x + 0.5575)$，当 $T > 200$℃时	1.5	340
产热量/(W/mK)	$\lambda = 0.569 + 0.191x - 0.0908x^2 + 0.0158x^3 - 0.00488x^4 + 0.00117x^5 - 0.000135x^6$	0.2	310
气体蒸发常数 /(m²/s²K)	$R = 461 + 6.2385x - 14.577x^2 + 2.9915x^3 - 1.3068x^4$	—	340
蒸汽密度/(kg/m³)	$\rho' = \dfrac{p_v}{RT}$ T(K)	0.5	340
水中的声速/(m/s)	$a_0 = 1416.2 + 356.8x - 253x^2 + 26.6x^3$	—	320

17.3 气体在水中的溶解度

气体在水中的最大浓度和溶解度取决于气体的种类、温度和液面上的压力。气体在水中溶解的质量分数可以从表 17.3 或图 17.1 和图 17.2 中计算出来。其他的气体与液体之间的可溶性数据可以在文献 [B.29] 中找到。

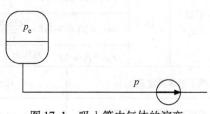

图 17.1　吸入管中气体的演变

根据亨利定律，溶解度与液面上该气体的局部压力成正比。表 17.3 给出了气体混合物的计算公式。亨利定律仅适用于压力较低和气体分数较低的场合。如它不能用于确定二氧化碳（CO_2）在高于 25bar 压力下的溶解度，甚至不能用于估算。

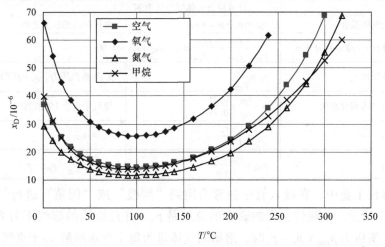

图 17.2　压力为 1.013bar 时不同气体在水中的质量的比溶解度（10^{-6}）

表 17.3　气体在水中的溶解度

注意：所有压力均是绝对值

所有计算采用摩尔溶解值[B.29]

气体	M_g	溶解对局部压力有效 $p_{Ref}=1.013bar$，温度单位为 K	适用范围
O_2	32	$\ln x_g = 18.554\ln T + \dfrac{6889.6}{T} - 139.485$	0～350℃
N_2	28	$\ln x_g = 18.7292\ln T + \dfrac{6921.99}{T} - 141.2677$	0～330℃
CO_2	44	$\ln x_g = 21.6694\ln T + \dfrac{8741.68}{T} - 0.0011026T - 159.854$	0～80℃

（续）

气体	M_g	溶解对局部压力有效 $p_{Ref}=1.013$bar，温度单位为 K	适用范围
甲烷 CH_4	16	$\ln x_g = 51.9144\ln T + \dfrac{13282.1}{T} - 0.042583T - 338.217$	$0\sim250℃$
		$\ln x_g = 20.6794\ln T + \dfrac{7478.8}{T} + 0.75316\ln p_{ges} - 152.777$	$0\sim350℃$ $6\sim2000$bar
		$p_{ges} = p_{CH4} + p_v = $ 总压力 （bar）	

摩尔溶解度定义		$x_g = \dfrac{n_g}{n_g + n_w}$	n_g 溶解气体摩尔数
通过 x_g 计算摩尔溶解数		$n_g = \dfrac{x_g n_w}{1 - x_g}$	n_w 溶解水摩尔数
溶解气体质量		$x_D = \dfrac{x_g}{1 - x_g}\dfrac{M_g}{M_w}$	$x_D = \dfrac{x_g}{1 - x_g}\dfrac{M_g}{M_w}10^6$

$M_g =$ 气体的摩尔质量 $M_w =$ 水的摩尔质量 $M_w = 18$

在局部压力的溶解气体分数亨利定律	$x = \dfrac{p_{gas}}{p_{Ref}}x_{Ref}$	x_{Ref} 等于 n_g 或 x_D $p_{Ref} = 1.013$bar

计算混合气体以空气为例

水平面上气体混合	$p_{gas} = p_v + p_{N2} + p_{O2}$	总压为局部压力之和
气体百分比 $r =$ 摩尔百分比 n	$\dfrac{p_v}{p_{gas}} + \dfrac{p_{N2}}{p_{gas}} + \dfrac{p_{O2}}{p_{gas}} = r_w + r_{N2} + r_{O2} = 1.00$	
水蒸气体积比 r_w	$r_w = \dfrac{p_v}{p_{gas}}$	p_v 为蒸汽压力，$p_v = f(T)$
氧气与氮气体积分数比	$a = \dfrac{r_{O2}}{r_{N2}} = \dfrac{0.21}{0.79}$	氮气中包含1%的氩气
体积分数	$r_{N2} = \dfrac{1 - r_w}{1 + a}$	$r_{O2} = a r_{N2}$
局部压力	$p_{N2} = \dfrac{p_{gas} - p_v}{1 + a}$	$p_{O2} = \dfrac{a}{1 + a}(p_{gas} - p_v)$

在过程工业中，在吸入管中经常会用到"解吸"或"闪蒸"进行气体分离。如图17.3所示，在液位上方的罐中的总压是 p_e，并且流体的蒸汽压力为 $p_v(T)$。在气体平衡压力 $p_{gas} = p_e - p_v$ 时，溶解的气体量为每千克水溶解 x_D 千克气体。当吸入管内的静态压降到局部压力值 p 时，只有 $x = x_D \times (p - p_v)/(p_e - p_v)$ 部分气体仍然溶解在水中，也就是说有 $(x_D - x)$ 的气体与水分离，形成游离气体（气泡）。游离气的体积 Q_{gas}（R 是气体常数）：

$$Q_{gas} = \frac{\varepsilon RT}{p - p_v}(x_D - x)\rho Q \tag{17.1}$$

参照液体体积流量 Q，游离气体与液体的体积比率为

$$\frac{Q_{gas}}{Q} = \frac{\rho \varepsilon x_D RT}{p - p_v}\left(1 - \frac{p - p_v}{p_e - p_v}\right) \tag{17.2}$$

气体溶解也受到扩散的影响，因子 ε 描述是否达到溶解平衡的情况：$\varepsilon = 1.0$ 表示达到平衡，而 $\varepsilon = 0$ 适用于没有气体分离的情况，这是因为运输时间太短而不能进行有效的扩散。

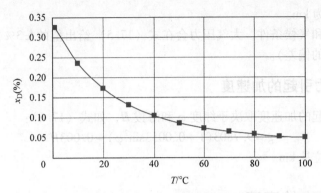

图 17.3　压力为 1.013bar 时水中二氧化碳的质量百分比溶解度

不仅水，所有液体都可以溶解气体，一个重要的例子就是气体在油中的溶解。每种单独的液气组合都有各自的溶解度，这可以在相关手册中找到。没有通用的准则来估算溶解度。

为了估算油中溶解的空气量，可以使用 Bunsen 系数：每立方米油中溶解的空气的占比约为 $\alpha_v = 0.09$。Bunsen 系数 α_v 的定义如下：在气相局部压力为 1.013bar，气体在液体中的溶解饱和时，所溶解的气体换算到标准状态下（$T = 273.15K$：压力 101.3kPa）的体积与油体积的比值。溶解度 α_v 取决于油的类型、温度和运动黏度；在温度为 40℃，运动黏度为 $30mm^2/s$ 时，$\alpha_v = 0.09$。从式（17.3）得出，溶解度随着温度的升高而增加，随着黏度的降低而降低，但是具体的影响程度会因油的不同而不同。式（17.3）的适用性应根据实际应用场合进行判定。

标准条件下（下标为 std），在压力 p 下，溶解在油中的空气体积由式（17.3）给出。

$$\frac{V_{air,std}}{V_{oil}} = \alpha_v \frac{p}{p_{Ref}} \left(\frac{T}{T_{Ref}}\right)^{0.56} \left(\frac{\nu_{Ref}}{\nu}\right)^{0.07} \tag{17.3}$$

式中，$\alpha_v = 0.09$；$p_{Ref} = 1.013bar$；$T_{Ref} = 313K$；$\nu_{Ref} = 30mm^2/s$。

溶解气体的质量分数可以由式（17.4）给出：

$$x_D = \alpha_v \frac{p}{p_{Ref}} \frac{\rho_{air,std}}{\rho_{oil}}, \text{其中} \rho_{air,std} = 1.29kg/m^3 \tag{17.4}$$

可知，密度对气体的溶解几乎没有影响。

17.4　物理常数

17.4.1　气压

大气压 p_{amb} 随着海拔 H 的增加而减小，根据式（17.5），$p_{amb,NN} = 1.013$：

$$\frac{p_{amb,H}}{p_{amb,NN}} = \left(\frac{288 - 6.5H}{288}\right)^{5.255} \tag{17.5}$$

式中，H 单位为 km。

由于天气和气候条件，大气压力会在式（17.5）给出值的 ±3% 左右波动（有可能存在更大的偏差）。

17.4.2 重力引起的加速度

由重力引起的加速度取决于纬度 φ 和海拔 H，如式（17.6）：

$$g = 9.7803(1 + 0.0053\sin^2\varphi) - 0.003H \tag{17.6}$$

式中，H 的单位是 km。

17.5 液体中的声速

液体中声音的速度 a_0 可以通过式（17.7）求出，其中 K_s 是等熵体积弹性模量，ρ 是液体的密度。

$$a_0 = \sqrt{\frac{K_s}{\rho}} = \sqrt{\frac{c_p}{c_v}\frac{|p_2 - p_1|}{|\rho_2 - \rho_1|}} \tag{17.7}$$

比热容比 c_p/c_v 可以假设为接近于 1.0。由于液体的可压缩性，声速随绝对压力的增加而提高。在高压下这种影响是不可忽略的。

海水中的声速随着盐度的增加而增加，具体影响可以从式（17.8）估得。

$$\frac{a_{\text{seawater}}}{a_{\text{freshwater}}} = 1 + 7 \times 10^{-4}\frac{S}{S_{\text{Ref}}}，其中 S_{\text{Ref}} = 1000 \times 10^{-6} \tag{17.8}$$

对于许多液体，很难确定 K_s 值。声速的估算可以依据图 17.4 或参考文献 [1] 的式（17.9），其不确定性是大约 ±15%。

$$a_0 = 1000\left(1.45 + 0.89\ln\left\{\frac{\rho}{\rho_{\text{Ref}}}\right\}\right)，其中 \rho_{\text{Ref}} = 1000\text{kg/m}^3 \tag{17.9}$$

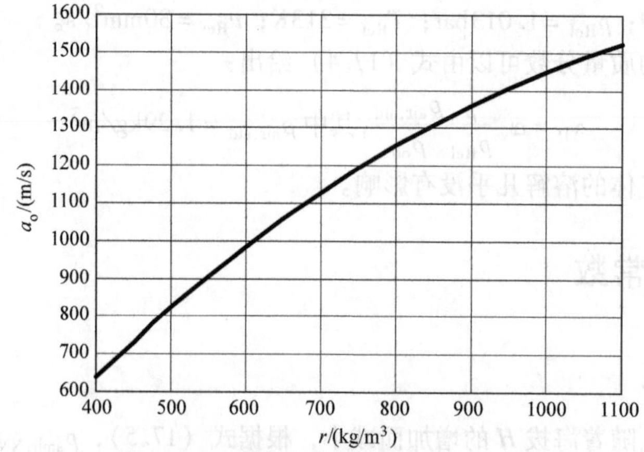

图 17.4 根据液体密度估算对应的声速

注：液体中小部分的自由气体会大幅减缓声音的传播速度。

17.6　机械振动的基本概念

由弹簧、质量和阻尼元件组成的简单系统，也能处理一些复杂的情况，其原因如下：

1）该模型有助于加深对复杂系统基本行为的基本理解。

2）该模型可以很好地描述许多实际问题，如双吸泵叶轮的运动。

详见 10.5 介绍的各种类型的振动。

（1）自由振动与黏滞阻尼　如果由弹簧和阻尼元件支撑的质量为 m 的物体，在受到单次外力作用下，则会发生自由振动。

自由振动的实例：通过冲击测试确定结构（如泵的轴承座）的固有频率。用仪器锤敲击相应的机械结构，并记录所产生的自由振动频谱。图 10.52 给出了一个例子（表 17.4）。

表 17.4　自由振动

如果一个质量为 m 的物体由弹簧与阻尼部件支撑，在受到单一的力作用时，会产生自由振动		
	m = 质量（kg） k = 弹簧系数（N/m） c = 阻尼数（Ns/m） x = 振幅	
运动微分方程	$m\ddot{x} + c\dot{x} + kx = 0$	
无阻尼固有频率	$\omega_o = \sqrt{\dfrac{k}{m}}$	
阻尼固有频率	$\omega_E = \sqrt{\omega_o^2 - \lambda^2} = \omega_o\sqrt{1 - D^2}$	$\lambda = \dfrac{c}{2m}$
自由振动幅值由于受阻尼作用，随时间不断减小		
对数衰减	$\delta = \ln\dfrac{\hat{x}_n}{\hat{x}_{n+1}}$	$\delta = -\dfrac{2\pi\lambda}{\omega_E}$
阻尼比	$\zeta = D = \dfrac{c}{c_c} = \dfrac{c}{2m\omega_o}$	
系统周期性衰减	$\lambda^2 = \omega_o^2 \quad \omega_e = 0$	$c = c_c = 2m\omega_e$
过阻尼：$\zeta > 1$	原始阻尼：$\zeta = 1$	低阻尼：$\zeta < 1$
ε 与 ζ 之间关系式	$\zeta = D = \dfrac{\delta}{\sqrt{(2\pi)^2 + \delta^2}}$	$\delta = \dfrac{2\pi\zeta}{\sqrt{1 - \zeta^2}}$
放大因子 Q	$Q \approx \dfrac{1}{2D}$，$D < 0.25$	

（2）强迫振动 强迫振动是指在激振频率为 ω 的外力作用下做周期性振动，如机械或水力不平衡所引起的。根据激励与固有频率之比 $\eta = \omega/\omega_o$，强迫振动的振幅随着"放大因子"V 变化。放大因子被定义为在给定频率下的幅度与静态偏差 x_{stat} 的比率。当稳定外力与所考虑的周期性激励力相同时，将会产生静态偏差。

当激励频率等于特征频率时，将会发生"共振"。谐振幅度随着阻尼的增加而减小。在低阻尼情况下，共振振幅在理论上趋于无穷大，会受到非线性影响并对机械造成破坏。

激振力 F 和振幅 x 之间的滞后由相位角给出。共振发生时，相角从 90°以下变为 90°以上。如果阻尼较高，相比振幅特性，相位角的变化更能表征共振（表 17.5 ~ 表 17.7）。

表 17.5　黏性阻尼下的受迫振动

案例 A：质量为 m 的物体受 $F = F_o \sin\omega t$ 的周期作用力	
  $x = X_o \sin(\omega t - \varphi)$ $F = F_o \sin\omega t$ 	m 为质量（kg） k 为弹性系数（N/m） c 为阻尼数（Ns/m） φ 为力与位移之间的相位角 位移 $x = X_o \sin(\omega t - \varphi)$ F_T 为传递给基座的力，可由表 17.6 确定

运动微分方程	$m\ddot{x} + c\dot{x} + kx = F_o\sin\omega t$	
特解	$x = X_o\sin\omega t$	
频率比	$\eta = \dfrac{\omega}{\omega_o}$	
无阻尼固有频率	$\omega_o = \sqrt{\dfrac{k}{m}}$	
阻尼固有频率	$\omega_E = \sqrt{\omega_o^2 - \lambda^2} = \omega_o\sqrt{1 - D^2}$	$\lambda = \dfrac{c}{2m}$
阻尼率	$\zeta \equiv D = \dfrac{c}{c_c} = \dfrac{c}{2m\omega_o}$	
频谱系数	$V_F = \dfrac{X_o k}{F_o} = \dfrac{1}{\sqrt{(1-\eta^2)^2 + (2\zeta\eta)^2}}$	
力与位移之间的相位角	$\tan\phi = \dfrac{2\zeta\eta}{1-\eta^2}$	
共振 $\eta = 1$	$V_F = \dfrac{X_o k}{F_o} = \dfrac{1}{2\zeta}$	

（续）

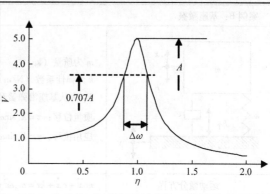

在阻尼较低的情况下，可以从振幅的测量中来确定阻尼，

$$\zeta \approx \frac{\Delta\omega}{2\omega_o}$$

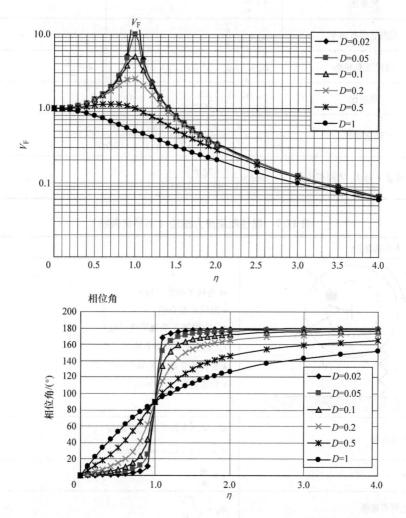

表 17.6 黏性阻尼下的受迫振动

案例 B：基座激振

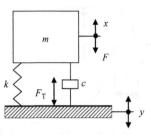

m 为质量（kg）

k 为弹性系数（N/m）

F_T 为从基座沿弹簧和阻尼元件传递过来的力

质量位移：$x = X_o \sin\omega t$

应用位移：$y = Y_o \sin\omega t$

运动微分方程	$m\ddot{x} + c\dot{x} + kx = m_u\omega^2 y\sin\omega t$	
频率比	$\eta = \dfrac{\omega}{\omega_o}$	
无阻尼固有频率	$\omega_o = \sqrt{\dfrac{k}{m}}$	
阻尼固有频率	$\omega_E = \sqrt{\omega_o^2 - \lambda^2} = \omega_o\sqrt{1-D^2}$	$\lambda = \dfrac{c}{2m}$
阻尼比	$\zeta \equiv D = \dfrac{c}{c_c} = \dfrac{c}{2m\omega_o}$	
频谱系数	$V_{BE} = \dfrac{X_o}{Y_o} = \dfrac{F_T}{F} = \dfrac{\sqrt{1+(2\zeta\eta)^2}}{\sqrt{(1-\eta^2)^2+(2\zeta\eta)^2}}$	
x 与 y 或者 F 与 F_T 之间相位角	$\tan\phi = \dfrac{2\zeta\eta^3}{1-\eta^2+(2\zeta\eta)^2}$	

表 17.7 黏性阻尼应力振动（不平衡激励）

案例 C：不平衡激振

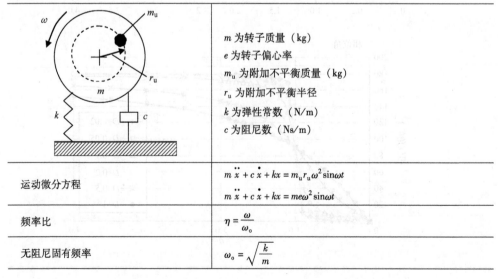

m 为转子质量（kg）

e 为转子偏心率

m_u 为附加不平衡质量（kg）

r_u 为附加不平衡半径

k 为弹性常数（N/m）

c 为阻尼数（Ns/m）

运动微分方程	$m\ddot{x} + c\dot{x} + kx = m_u r_u\omega^2 \sin\omega t$ $m\ddot{x} + c\dot{x} + kx = me\omega^2 \sin\omega t$
频率比	$\eta = \dfrac{\omega}{\omega_o}$
无阻尼固有频率	$\omega_o = \sqrt{\dfrac{k}{m}}$

（续）

阻尼固有频率	$\omega_{\mathrm{E}} = \sqrt{\omega_o^2 - \lambda^2}$	$\lambda = \dfrac{c}{2 \, (m + m_{\mathrm{u}})}$
阻尼率	$\zeta \equiv D = \dfrac{c}{c_c} = \dfrac{c}{2m\omega_o}$	
频谱系数	$V_{\mathrm{u}} = \dfrac{\eta^2}{\sqrt{(1 - \eta^2)^2 + (2\zeta\eta)^2}}$	
转子偏心率为 e 时的幅值	$X_o = eV_{\mathrm{u}}$	
转子在半径 r_{u} 处附加不平衡质量时的幅值	$X_o = \dfrac{m_{\mathrm{u}} r_{\mathrm{u}}}{m + m_{\mathrm{u}}} V_{\mathrm{u}}$	
如果转子在偏心率 e 运行下，并在半径 r_{u} 处附加不平衡质量，此时必须对两者都予以考虑		
振幅 X 与不平衡力之间的相位角	$\tan\phi = \dfrac{2\zeta\eta}{1 - \eta^2}$	

（3）简单结构的特征频率　表 17.8 给出了一些简单结构的特征频率。如果结构在水中（或任何其他液体）振动，由于"附加质量"效应，流体会降低结构的固有频率。

如果充满液体的管子在气体中振动，那么附加质量会由管子中的液体造成。浸没在液体中的任何结构的附加质量，可以按照结构所替代的流体体积的 1.5 倍来进行估算。

表 17.8　简单结构的固有频率

无质量连杆，在自由端有独立质量（悬臂）		$f_1 = \dfrac{1.732}{2\pi} \sqrt{\dfrac{EI}{mL^3}}$	
均匀连杆，一端加紧，一端自由（悬臂）		$f_{\mathrm{u}} = \dfrac{k_{\mathrm{n}}}{2\pi} \sqrt{\dfrac{EI}{\mu L^4}}$	$k_1 = 3.52$ $k_2 = 22$ $k_3 = 61.7$
均匀连杆一端加紧，一端自由，有独立质量在自由端		$f_1 = \dfrac{1.732}{2\pi} \sqrt{\dfrac{EI}{mL^3 + 0.236\mu L^4}}$	
无质量连杆，独立质量分布中间位置，简单支撑		$f_1 = \dfrac{6.93}{2\pi} \sqrt{\dfrac{EI}{mL^3}}$	
均匀连杆简单支撑		$f_{\mathrm{n}} = \dfrac{k_{\mathrm{n}}}{2\pi} \sqrt{\dfrac{EI}{\mu L^4}}$	$k_1 = 9.87$ $k_2 = 39.5$ $k_3 = 88.8$

（续）

均匀连杆，独立质量位于中间位置，两端简单支撑	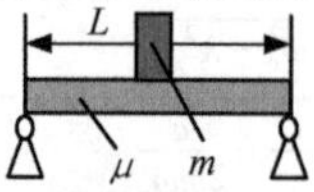	$f_1 = \dfrac{6.93}{2\pi}\sqrt{\dfrac{EI}{mL^3 + 0.496\mu L^4}}$
厚度为 h 半径为 R 的圆形平板在两端点处振动	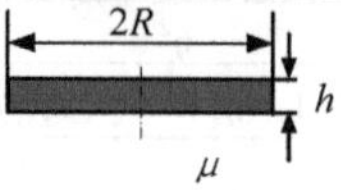	$f_1 = \dfrac{5.25}{2\pi}\sqrt{\dfrac{Eh^3}{12\,(1-\nu^2)\,\mu R^4}}$

E 为杨氏模量　　　　ν 为泊松比

I 为面积转动惯量

f 为固有频率（Hz）

μ 为每米所能承担重量（kg/m）或（kg/m^2）

17.7　水力设计说明书

水力设计说明书旨在收集水力设计所需的所有信息，包括可能影响水力设计的所有信息。主要目的有以下几个方面：①进行完整的产品规划；②作为一个清单；③在水力设计优化过程中，记录下各个方案。下面列出的内容并不适用于每一种泵，也可能不完整。机械设计的相关准则也需予以考虑，它们可能会对水力设计有指导作用。

修订	日期	作者	审阅	批准
1				
2				
3				
4				

（1）一般要求

1. 泵类型	
2. 安装	□ 水平　　　　　　□ 垂直
3. 泵应用场合	
4. 输送介质	液体类别： 温度：　　　　　$T =$　　　　℃ 密度：　　　　　$\rho =$　　　　kg/m^3 黏度：　　　　　$\nu =$　　　　mm^2/s（cSt） 蒸汽压力　　　$p_v =$　　　　bar 容易诱发腐蚀的杂质： 污水应用场合： 污水类型（堵塞风险）： 需通过的球形颗粒的直径：$d_k =$　　　mm 最低和最高温度（如起动或停机工况）

（续）

5. 固体污染物	含沙量：$c = $ kg/m^3 粒径大小：$d_s = $ mm 其他固体
6. 游离气体	气体类型： 气体体积分数 GVF：
7. 溶解气体	气体类型： 溶解质量含量： ppm
8. 发泡风险	
9. 设计压力与温度	$p_d = $ bar $T_d = $ ℃
10. 吸入条件	□ 从有自由液面的水箱 □ 从水坑中；最小的淹没处： m □ 从增压泵中 □ 其他说明：
11. 可用的 NPSH$_A$：	NPSH$_A = $ m 液位高于泵轴（＋）或低于泵轴（－） 吸入管损失 $H_{v,s} = $ m 过渡过程（如甩负荷）
12. 液位变化	□ 最大液位： m □ 最低液位： m □ 剧烈波动 气体（空气）进入风险
13. NPSH 安全边际	
14. 吸入管路布局	
15. 吸入口滤网	□ 是 □ 否
16. 安装条件	海拔 m （对 NPSH$_A$ 的影响）
17. 驱动类型	□ 电动机； □ 其他（请说明）：
18. 额定转速	$n_{nom} = $ r/min
19. 变速	□ 是 □ 否 速度范围：$n_{max} = $ r/min； $n_{min} = $ r/min
20. 旋转方向，从操作者视角观察	□ 顺时针 □ 逆时针
21. Q_{max} 和 Q_{min} 连续运行	$Q_{max,cs} = $ m^3/h； $Q_{min,cs} = $ m^3/h
22. Q_{max} 和 Q_{min} 短时间运行	$Q_{max} = $ m^3/h； $Q_{min} = $ m^3/h
23. 并联泵的数量	

（续）

24. 并联运行	$NPSH_A$ 是否满足 Q_{max}？ 最大流量是否受汽蚀限制？
25. 泵的控制	□ 节流阀；　　　　□ 转速控制 □ 其他（请说明）；
26. 运行条件	□ 连续；　　　　　□ 断续
27. 系统特性	$H_{A,stat} =$ 　　　　m
28. $Q-H$ 曲线稳定性	□ 强制性；　　□ $q^* >$
29. 最大允许关死点扬程	$H_{o,max} =$ 　　　　m 公差 = 高度升值：$H_o/H_{opt} =$
30. 最大功率	$P_{max} =$ 　　　kW 在关死点：$P_{o,max} =$ 　　　kW
31. 振动和噪声	振动限制： 噪声水平：声压 $L_p =$ 　　　dBA
32. 由于吸入位置引起的倒流	
33. 可能导致问题的特定运行条件	
34. 备用泵	
35. 起动方法	
36. 适用的标准	进行验收测试： 设计： 振动： 其他（请说明）：
37. 保证点 □ 在 BEP □ 在额定条件下	效率： 扬程： 流量： 功率：
38. 能量消耗	*每年的运行时间： *元/kWh 时： *元/kW：
39. 模型测试还是原型测试	
40. 仪表	
41. 安全要求，防爆要求，环保要求	

(2) 水力设计

42. 性能		最高效率点	额定	最大值	最小值	0
$n/(\mathrm{r/min})$						
$Q/(\mathrm{m^3/h})$						0
$H_{\mathrm{stage}}/\mathrm{m}$						
$H_{\mathrm{total}}/\mathrm{m}$						
$\mathrm{NPSH_A/m}$						
$\mathrm{NPSH_3/m}$						
n_{q}		—				
n_{ss}		—				
43. 扬程余量						
44. 级数		$z_{\mathrm{st}} =$				
45. 最大级数		$z_{\mathrm{st,max}} =$				
46. 范围图						
47. 泵选型的允许范围		$q^* =$				
48. 最大的叶轮切割量		$d'_2/d_2 \geqslant$				
49. 叶轮切割直径						
50. 圆柱形叶轮的扩展程度		最多: %				
51. 部件标准化要求						
52. 剖面图						
53. 叶轮在泵轴上的固定方式 　　>> 提供设计图样						
54. 诱导轮是否需要/允许						
55. 叶轮类型		□ 单吸　　　□ 双吸 □ 闭式　　　□ 开式				
56. 叶轮材料						
57. 叶轮制造工艺		□ 铸造 □ 其他 (请说明)				

58. 叶轮设计	类别	吸入级数	系列级数
	吸入比转速 n_{ss}		
	叶片数量 z_{La}		
	轮毂直径 $d_{\mathrm{n}}/\mathrm{mm}$		

59. 叶片设计	
60. 压力系数	
61. 适用的空化标准	□ $\mathrm{NPSH_3}$　　　□ $\mathrm{NPSH_i}$ □ 其他 (请说明)
62. 叶轮表面粗糙度	流道　　　　μm 盖板外侧　　μm

（续）

63. 泵壳材料	
64. 泵壳制造工艺	□ 铸造　　　　□ 其他（特定）
65. 泵壳安装	□ 底部安装　　□ 中心线安装
66. 进出口方向（吸入和排出）	
67. 进出口尺寸	d_s、d_d、L_s、L_d、进口位置（草图等）
68. 进口类型	□ 轴向入口　　□ 内联式 □ 径向入口
69. 出口类型	□ 蜗壳　　　　□ 环形压水室
70. 蜗壳类型	□ 单蜗壳　　　□ 双蜗壳
71. 蜗壳形状的横截面	□ 梯形　　　　□ 长方形 □ 圆形
72. 蜗壳设计细节	
73. 蜗壳表面粗糙度	μm
74. 导叶材料	
75. 导叶叶片间距 　　　蜗壳隔舌间距	$d_3/d_2 =$ $d_z/d_2 =$
76. 正导叶叶片的数量，反导叶叶片的数量	$z_{Le} =$ $z_{RV} =$
77. 间隙 A 和交叠尺寸 x_{ov}	
78. 密封设计	1）类型（环形、径向、对角线或其他） 2）间隙，$\Delta D/D =$ 3）表面形状（平面、锯齿等）
79. 径向力；蜗壳泵设计标准	□ 机械密封处的轴偏转 　　$q^* > 0.5$ 时为 50μm □ 关死点时轴的最大偏转小于密封间隙 □ 其他（请说明）
80. 轴向力平衡	□ 无 □ 背叶片 □ 平衡孔和后盖板处环形密封 □ 平衡活塞 □ 平衡盘 轴向承载能力：　　　　　N
81. 轴承座的固有频率	

参 考 文 献

[1] Robinet, F., Gülich, J.F., Kaiser, T.: Vane pass vibrations—source, assessment and correction—a practical guide for centrifugal pumps, pp. 121–137. 16th Intl Pump Users Symp, Houston (1999)

[2] Roark, R.j., Young, w.c.: Formulas for stress and strain. 5th ed. McGraw-Hill (1986)

其他文献及标准资料

其他文献（提要）

B.1   Pfleiderer C: Kreiselpumpen f. Flüssigkeiten u. Gase. 5. Aufl, Springer, Berlin, 1961
B.2   Stepanoff AJ: Radial- und Axialpumpen. Springer, Berlin, 1959
B.3   Traupel W: Thermische Turbomaschinen. 3. Aufl, Springer, Berlin, 1977
B.4   Anderson HH: Centrifugal Pumps. Trade and Technical Press, 1972
B.5   KSB-Kreiselpumpen-Lexikon. 3. Aufl, KSB AG, Frankenthal, 1989
B.6   Raabe J: Hydro Power. VDI, Düsseldorf, 1985
B.7   Sigloch H: Strömungsmaschinen. 2. Aufl, Hanser, München, 1993
B.8   Spengler H et al.: Technisches Handbuch Pumpen. VEB Technik, Berlin, 1976
B.9   Lobanoff VS, Ross RR: Centrifugal Pumps. 2nd ed, Gulf Publishing, Houston, 1985
B.10   Pumping Manual. 9th ed, Elsevier Advanced Technology, Oxford, 1995
B.11   Anderson HH: Centrifugal Pumps and Allied Machinery. 4th ed, Elsevier Advanced Technology, Oxford, 1994
B.12   Faragallah WH: (Hrsg) Pumpen als Turbinen. Faragallah, Sulzbach, 1993
B.13   Faragallah WH: (Hrsg) Seitenkanal-Strömungsmaschinen. Faragallah, Sulzbach, 1992
B.14   Neumaier R: Hermetische Pumpen. Faragallah, Sulzbach, 1994
B.15   Karassik I.Messina J, Cooper P, Heald C: Pump Handbook. 4th ed, McGraw-Hill, New York, 2008
B.16   Japikse D, Marscher WD, Furst RB: Centrifugal Pump Design and Performance. Concepts ETI, Norwich, 1997
B.17   Sulzer Centrifugal Pump Handbook. 3rd ed, Elsevier Advanced Technology, Oxford, 2010
B.18   Dicmas JL: Vertical Turbine, Mixed Flow, and Propeller Pumps. McGraw-Hill, New York, 1987
B.19   Gülich JF et al.: Feedpump operation and design guidelines. EPRI Report TR-102102, June 1993
B.20   Gülich JF, Egger R: Part load flow and hydraulic stability of centrifugal pumps. EPRI Report TR-100219, March 1992
B.21   Neumann B: The interaction between geometry and performance of a centrifugal pump. MEP, London, 1991
B.22   Troskolanski AT, Lazarkiewicz S: Kreiselpumpen, Berechnung und Konstruktion. Birkhäuser, Basel, 1976
B.23   Kovats A de, Desmur G: Pumpen, Ventilatoren und Kompressoren. Braun, Karlsruhe, 1968
B.24   Wislicenus GF: Preliminary design of turbo pumps and related machinery. NASA RP 1170, 1986
B.25   Cumpsty NA: Compressor Aerodynamics. Longman, Harlow, England, 1989
B.26   Grist E: Cavitation and the centrifugal pump. A guide for pump users. Taylor & France, 1999, ISBN 1-56032-591-7.
B.27   Japikse D, Baines NC: Introduction to Turbomachinery. Oxford University Press, 1994
B.28   Sterling SIHI. Pumpenhandbuch Grundlagen für Planung von Kreiselpumpenanlagen, 7. Aufl, 2000, Sterling SIHI GmbH, Itzehoe
B.29   Fogg PGT, Gerrand W: Solubility of gases in liquids. John Wiley, New York 1991. ISBN 0 471 92925 5.
B.30   Wesche W: Radiale Kreiselpumpen. Springer Berlin, 2012

J. F. Gülich, *Centrifugal Pumps,*
DOI 10.1007/978-3-642-40114-5, © Springer-Verlag Berlin Heidelberg 2014

标 准 目 录

N.1 DIN EN 12723 (formerly DIN 24260-1): Flüssigkeitspumpen; Kreiselpumpen und Kreiselpumpenanlagen. Begriffe, Formelzeichen, Einheiten. 2000-09

N.2 ISO 9906: Rotodynamic pumps – Hydraulic performance acceptance tests, 1999 (Ersatz für DIN 1944)

N.3 DIN 1184-2: Schöpfwerke/Pumpwerke. Kreiselpumpen für den Betrieb mit Rechen. Richtlinien für die Planung. 1992

N.4 Standards for centrifugal, rotary & reciprocating pumps. Hydraulic Institute, 14th ed, Cleveland, 1983

N.5 IEC 60193: International code for model acceptance tests of storage pumps. 1999

N.6 API Standard 610: Centrifugal pumps for petroleum heavy duty chemical and gas industry services. 10th ed, 2004, also as ISO13709-Centrifugal pumps for petroleum, petrochemical and natural gas industries.

N.7 Zustandsgrößen für Wasser und Wasserdampf in SI-Einheiten. Springer, Berlin, 1989

N.8 ISO 10816-3: Mechanical vibration - evaluation of machine vibration by measurements on non-rotating parts. Industrial machines with power greater than 15 kW (nicht spezifisch für Pumpen)

N.9 ISO 7919-3: Mechanical vibrations of non-reciprocating machines – Measurements on rotating shafts and evaluation criteria. Part 3: coupled industrial machines.1st ed, 1996

N.10 ANSI/HI 9.8 Standard: Pump Intake Design. ISBN 1-880952-26-2, 1998

N.11 ANSI/HI Standard 9.6.7-2004: Effect of liquid viscosity on pump performance. Also published as ISO/TR 17766:2005(E)

N.12 DIN EN 12502-1/-5: Korrosionsverhalten von metallischen Werkstoffen.

N.13 DIN 50900, Teil 1 bis 5: Korrosion der Metalle. 1993

N.14 EN 10283: Korrosionsbeständiger Stahlguß., Dezember 1998 (Ersatz für DIN 17445)

N.15 DIN-Taschenbuch 219: Korrosion u. Korrosionsschutz. Beurteilung, Prüfung, Schutzmaßnahmen. Normen, Technische Regeln, Beuth-Verlag, 2003

N.16 ISO 10816-7: Mechanical vibration – Evaluation of machine vibration by measurements on non-rotating parts. Part 7: Rotodynamic pumps for industrial application, 2009.

N.17 VDI 3839: Hinweise zur Messung und Interpretation der Schwingungen von Maschinen. Allgemeine Grundlagen. VDI-Richtlinie, 2001

N.18 DIN 45635: Geräuschmessung an Maschinen

N.19 Nichtrostender Stahlguß. Stahl-Eisen-Werkstoffblätter, SEW 410, 7. Ausgabe, 1998

N.20 ISO 5198: Centrifugal, mixed and axial pumps – Code for hydraulic performance tests – precision class

N.21 CCH 70-3: Pflichtenheft für die Abnahme von Stahlgußstücken für hydraulische Maschinen. Ausgabe 3, 1996, Groupe d'étude Cahier des charges hydrauliques, case postale 3, Ch 1297 Founex

N.22 ISO 5389: 2005: Turbocompressors – Performance test code

N.23 ANSI/HI Standard 1.1.-1.2-2000: Centrifugal Pumps

First published in English under the title

Centrifugal Pumps（3rd Ed.）

by Johann Friedrich Gülich

Copyright ⓒ Springer-Verlag Berlin Heidelberg, 2008, 2010, 2014

This edition has been translated and published under licence from

Springer-Verlag GmbH, part of Springer Nature.

北京市版权局著作权合同登记 图字 01-2013-8103 号。

图书在版编目（CIP）数据

离心泵：原书第 3 版/（德）约翰·弗里德里希·古里希著；周岭等
译. —北京：机械工业出版社，2019.6（2024.11 重印）

书名原文：Centrifugal Pumps（3rd Ed.）

ISBN 978-7-111-63565-9

Ⅰ.①离… Ⅱ.①约…②周… Ⅲ.①离心泵-设计 Ⅳ.①TH311.022

中国版本图书馆 CIP 数据核字（2019）第 186078 号

机械工业出版社（北京市百万庄大街 22 号 邮政编码 100037）
策划编辑：沈 红 责任编辑：沈 红
责任校对：樊钟英 封面设计：马精明
责任印制：邓 博
北京盛通数码印刷有限公司印刷
2024 年 11 月第 1 版第 5 次印刷
169mm×239mm · 59.75 印张 · 2 插页 · 1231 千字
标准书号：ISBN 978-7-111-63565-9
定价：298.00 元

电话服务 网络服务

客服电话：010-88361066 机 工 官 网：www.cmpbook.com
    010-88379833 机 工 官 博：weibo.com/cmp1952
    010-68326294 金 书 网：www.golden-book.com
封底无防伪标均为盗版 机工教育服务网：www.cmpedu.com